# DICTIONNAIRE

## DES

## JARDINIERS

### ET DES

## CULTIVATEURS,

### PAR

## PHILIPPE MILLER.

---

## TOME QUATRIEME.

# DICTIONNAIRE

## DES

## JARDINIERS

### ET DES

## CULTIVATEURS,

*PAR*

## PHILIPPE MILLER:

*Traduit de l'Anglois sur la VIIIe. Edition;*

Avec un grand nombre d'Additions de différens genres, Par MM. le Président DE CHAZELLES, le Conseiller HOLANDRE, &c.

## NOUVELLE ÉDITION,

*Dans laquelle on a rectifié un très-grand nombre d'endroits de l'Édition de Paris, afin de rendre la Traduction Françoise conforme à l'Original Anglois; & de plus, on y a ajouté les noms Anglois des Plantes, & plusieurs nouvelles Notes.*

### TOME QUATRIEME.

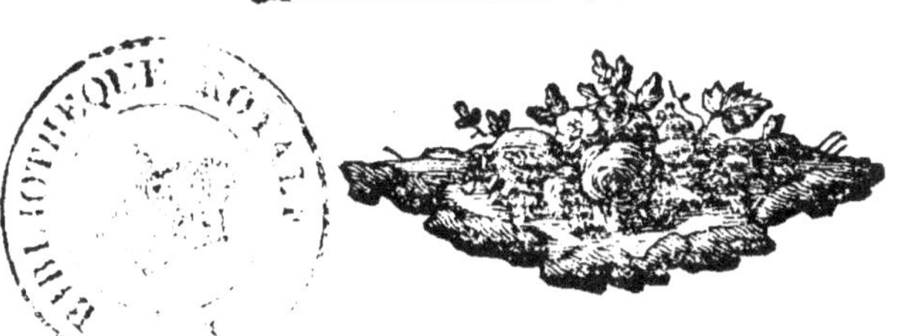

## A BRUXELLES,

Chez BENOIT LE FRANCQ, Imprimeur-Libraire, rue de la Magdelaine.

M. DCC. LXXXVIII.

# DICTIONNAIRE

## DE

## JARDINIERS.

HELICTERES. *Lin. Gen. Plant.* 913. *Ifora. Plum. Nov. Gen.* 34. *Tab.* 37. [ *Screw-tree.* ] Arbre à vis.

*Caractères.* Dans ce genre le calice eft formé par une feuille coriace, étroite au bas & ouverte au fommet, où elle eft divifée en cinq parties ; la corolle eft compofée de cinq pétales oblongs, égaux, & plus longs que le calice auquel ils font attachés : la fleur a dix courtes étamines fixées à la bâfe du germe, & terminées par des fommets oblongs, & cinq nectaires qui entourent le germe, & reffemblent aux pétales ; le ftyle eft fort long, mince, & furmonté par un germe rond & couronné par un ftigmat aigu : ce germe fe change, quand la fleur eft paffée, en

un fruit contourné en fpirale, & a une cellule, dans laquelle fe trouvent plufieurs femences en forme de rein.

Ce genre de plantes eft rangé dans la fixieme fection de la vingtieme claffe de LINNÉE, qui renferme celles dont les fleurs ont dix étamines jointes au ftyle.

Les efpeces font :

1°. *Helictères Ifora, foliis cordato-ovatis, ferratis, fubtùs tomentofis, fructu tereti contorto.* Hélictères avec des feuilles ovales, en forme de cœur, fciées & cotonneufes endeffous, & un fruit mince, long, & en fpirale.

*Helictères Ifora. Trew. Tab.* 92. *p. 5, 2.*

*Ifora Althea foliis, fructu longiore & anguftiore. Plum. Nov.*

*Gen.* 24. Arbre à vis avec une feuille d'Althéa, & un fruit long & étroit.

*Helicteres Jamaïcensis. Jacq. Amer.* 235. *t.* 179. *f.* 99. *Hort. t.* 143.

*Helicteres villofa & fruticofa, foliis cordatis, acuminatis, ferratis. Brown. Jam.* 330.

*Frutex Indicus, fructu è ftyli apice egreffo, fextuplici, funiculo in fpiram convoluto, conftante. Raii. Hift.* 1765.

*Ifora Murri. Rheed. Mal.* 6. *p.* 55. *t.* 30.

2°. *Helicteres brevior, foliis cordatis, acuminatis, ferratis, fubtùs tomentofis, fructu brevi contorto.* Helicteres avec une feuille en forme de cœur, pointue, fciée & cotonneufe en deffous, & un fruit court & tordu.

*Ifora Altheæ foliis, fructu breviore & craffiore.* **Plum.** *Nov.* 34. Arbre à vis avec une feuille de Mauve, & un fruit plus court & plus épais.

3°. *Helicteres Arborefcens, caule arboreo, villofo, foliis cordatis, crenatis, nervofis, fubtùs tomentofis, fructu ovato, contorto, villofiffimo.* Hélicteres avec une tige en arbre & velue, des feuilles en forme de lance, nerveufes, crenelées & cotonneufes en-deffous, & un fruit ovale, tors & fort velu.

*Ifora Altheæ folio ampliffimo, fructu craffiffimo & villofo.* **Edit.** *prior.* Arbre à vis avec une feuille de Mauve fort large, & un fruit fort épais & velu.

*Helicteres arbor Indiæ Occidentalis, fructu majore.* **Pluk.** *Alm.* 182. *t.* 245. *f.* 3.

*Abutilo affinis arbor, Altheæ folio, cujus fructus eft ftyli apex,* *acutus, quatuor fivè quinque filiquis hirfutis, funis ad inftar in fpiram convolutis.* **Sloan.** *Jam.* 97. *Hift.* 1. *p.* 22.

*Ifora.* La premiere efpece croît naturellement dans les Ifles de Bahama, d'où fes femences m'ont été envoyées. Elle s'éleve en tige d'arbriffeau à la hauteur de cinq ou fix pieds, & pouffe plufieurs branches latérales, couvertes d'un duvet mou & jaunâtre, & garnies de feuilles en forme de cœur, de la longueur de quatre pouces fur deux & demi de large, fciées fur leurs bords, cotonneufes en deffous, & poftées fur de longs pédoncules : fes fleurs fortent vers la partie haute des branches, oppofées aux feuilles, & fur des pédoncules minces & noueux ; elles font compofées de cinq pétales blancs & oblongs : le ftyle, qui en occupe le centre, eft courbé, & long de trois pouces ; il porte à fon fommet un germe couronné par un ftigmat aigu, qui devient par la fuite un fruit conique de deux pouces & demi de longueur, compofé de cinq capfules velues, étroitement contournées les unes fur les autres, en forme de vis, & dont chacune a une cellule, dans laquelle font renfermées plufieurs femences en forme de rein.

*Brevior.* La feconde efpece eft originaire de la Jamaïque, d'où le Docteur **Houstoun** m'en a envoyé les femences. Elle s'éleve avec une tige d'arbriffeau à la hauteur de neuf ou dix pieds, & produit plufieurs branches latérales, couvertes d'une écorce brune & unie, & garnies de feuilles en forme de cœur, terminées en pointe aiguë, fciées fur leurs bords, & un peu velues en-deffous : fes fleurs fortent des parties latérales des branches, fur des pédoncules plus courts que ceux de la précédente ; elles font compofées de cinq pétales & d'un ftyle droit, érigé, & moins long de moitié que celui de la premiere, qui en occupe le centre ; fon fruit eft plus épais, il n'a pas un pouce de longueur, mais il eft contourné de la même maniere.

*Arborefcens.* La troifieme efpece a une tige forte & ligneufe, de douze ou quatorze pieds de hauteur, qui produit plufieurs branches ligneufes, fort couvertes d'un duvet velu, & garnies de feuilles larges en forme de cœur, crenelées fur leurs bords, d'un vert jaunâtre, cotonneufes en deffous, & traverfées par des nervures qui s'étendent depuis la côte du milieu jufqu'aux bords : fes fleurs naiffent fur les côtés des branches ; elles font d'un blanc jaunâtre, & plus groffes que celles des autres efpeces. Le ftyle, qui a près de quatre pouces de longueur, eft courbé comme celui de la premiere efpece : le fruit eft ovale, long d'environ un pouce, fort épais vers le bas, & très-couvert d'un duvet velu. Cette efpece m'a été envoyée de Carthagène par M. Robert Millar.

*Culture.* Ces plantes fe multiplient par leurs graines, qu'il faut femer au printems fur une couche chaude ; lorfqu'elles font affez fortes pour être enlevées, on les plante chacune féparément dans de petits pots remplis de terre légère, que l'on plonge dans une couche de tan de chaleur modérée, en obfervant de les tenir à l'ombre jufqu'à ce qu'elles aient formé de nouvelles racines, après quoi on les traite comme les autres plantes délicates des pays chauds : mais il faut avoir l'attention de foulever les vitrages chaque jour à proportion de la chaleur, pour renouveller l'air ; ce qui leur donnera de la force & les empêchera de filer. Elles peuvent refter fous ces châffis pendant l'été, s'ils font affez élevés pour les contenir fans les gêner ; mais en automne on les plonge dans la couche de tan de la ferre chaude, où elles doivent refter conftamment ; on leur donne de plus gros pots lorfqu'elles en ont befoin, & on les arrofe légerement en hiver : en été elles exigent beaucoup d'air dans les tems chauds, & de fréquens arrofemens : ces plantes ont fouvent fleuri dans la feconde année dans le jardin de Chelféa, & leurs femences y ont mûri quelquefois : lorfqu'elles font bien traitées, elles fubfiftent plufieurs années.

**HÉLIOCARPOS.** *Lin. Gen. Plant.* 533. *Montia. Houft. Gen.*

Nous n'avons point de nom vulgaire, en Anglois, pour cette plante. En France, on la nomme *le Fruit Solaire.*

*Caracteres.* La fleur a un pétale tubulé vers le bas, & découpé en cinq fegmens étendus ; fon calice eft formé par une feuille découpée en cinq parties entièrement ouvertes ; dans fon centre eft placé un germe rond qui foutient deux ftyles érigés, couronnés par des ftigmats aigus & feparés ; ils font accompagnés par douze étamines de la même longueur, terminées par des fommets étroits, jumeaux & penchés. Le germe devient, quand la fleur eft paffée, une capfule ovale & comprimée, de trois lignes environ de longueur fur deux de large, avec une partition tranfverfale qui la divife en deux cellules, dont chacune contient une femence fimple & ronde, qui fe termine en une pointe ; les bordures de la capfule font garnies de poils en forme de rayons.

Ce genre de plantes eft rangé dans la feconde fection de la onzieme claffe de LINNÉE, intitulée : *Dodecandria Digynia*, qui renferme celles dont les fleurs ont douze étamines & deux ftyles.

Nous n'avons encore qu'une efpece de ce genre.

*Heliocarpus Americana. Hort. Cliff.* 211. *Tab.* 16. *Trew. Ehret. tom.* 45.

*Montia arborefcens, Mori folio, fruitu racemofo. Houft. Mss.* Montia en arbre avec une feuille de Mûrier & un fruit branchu.

Cette plante a été découverte par le feu Docteur HOUS-TOUN, aux environs de l'ancienne Vera - Cruz dans la Nouvelle - Efpagne, d'où il a envoyé fes femences en Angleterre : les plantes que ces graines ont produites dans le

jardin de Chelféa, ont donné des fleurs & des femences mûres pendant plufieurs années. Elle s'éleve à la hauteur de quinze ou dix-huit pieds, avec une tige épaiffe, molle & ligneufe, qui pouffe vers fon fommet plufieurs branches latérales garnies de feuilles en forme de cœur, remplies de veines, fciées fur leurs bords, & terminées en pointe aiguë ; elles font alternes, & portées obliquement fur des pétioles de trois pouces de longueur : fes fleurs, d'un jaune verdâtre, naiffent aux extrémités des branches en grappes branchues, & font remplacées par des capfules plates, comprimées, de forme ovale, de couleur brûnâtre quand elles font mures, & dont les bords font fortement garnis de filets en forme de rayons : ces capfules font divifées par une cloifon intermédiaire, en deux cellules, qui renferment chacune une femence fimple, ronde, & terminée en une pointe.

*Culture.* Cette plante fe multiplie par fes femences, qu'il faut répandre au printems fur une couche chaude ; quand les plantes font en état d'être enlevées, on les met chacune féparément dans de petits pots remplis d'une terre légère de jardin potager, que l'on plonge dans une couche chaude, où elles doivent être traitées de la même maniere que les autres plantes tendres, qui ne fupportent point le plein air dans ce pays, en quelque faifon de l'année que ce foit : tandis qu'elles font jeunes on

les tient plongées dans la couche chaude de tan ; mais quand
elles ont acquis de la force ,
on peut les laiſſer dans la ſerre
chaude. On les arroſe peu en
hiver, mais on les tient chaudement, & en été on leur donne
beaucoup d'air frais dans les
tems doux , & on les arroſe
ſouvent : au moyen de ce traitement, ces plantes fleuriront
dans la troiſieme année , & produiront des ſemences : on les
conſerve ainſi pluſieurs années.

J'ai ſemé des graines de
cette plante qui avoient été conſervées pendant dix années , &
qui ont pouſſé auſſi bien que
ſi elles avoient été fraîches ,
quoiqu'elles ſemblaſſent n'être
point ſuſceptibles de germer.
HELIOPHILA. *Lin. Gen.* 816.
[ *African Gilliflower.* ] Giroflier
*ou* Violier d'Afrique.

*Caractères.* Le calice eſt formé par quatre feuilles , dont
les bords ſont garnis de membranes; les deux extérieures ont
de petites veſſies à leur bâſe. La
corolle eſt compoſée de quatre
pétales ronds, unis, & placés en
forme de croix , & de deux nectaires recourbés vers les veſſies
du calice : la fleur a ſix étamines, dont quatre ſont plus
longues que les autres , & qui
ſont toutes terminées par des
ſommets oblongs & érigés ; &
un germe cylindrique , qui ſoutient un ſtyle court, couronné
par un ſtigmat obtus ; ce
germe devient enſuite un légume cylindrique à deux cellules remplies de ſemences.

Ce genre de plantes eſt rangé
dans la ſeconde ſection de la
quinzieme claſſe de LINNÉE ,



intitulée, *Tetradynamia ſiliquoſa,*
qui comprend celles dont les
fleurs ont quatre longues étamines & deux courtes , & des
ſemences renfermées dans des
longs légumes.
Les eſpeces ſont :
1°. *Heliophila integri - folia ,
foliis lanceolatis, indiviſis. N. Burmann. in Nov. Act. Upſal.* 1. *p.*
97. *t.* 7. Hiliophile avec des
feuilles en forme de lance &
non diviſées.

*Leucoïum Africanum , cærulea
flore, lati-folium. H.L.* 364 *t.* 365.
Giroflier d'Afrique avec une
feuille large & une fleur bleue.

*Cheiranthus foliis lanceolatis ,
integerrimis , ſub-hirſutis , acutis,
ſiliquis teretibus , toruloſis , caule
herbaceo, Amœn. Acad.* 6. *Afr.* 23.

*Naſturtium petræum Æthiopi-
cum , ſiliquâ in plurimos loculos.
Pluk. Phyt.* 432. *f.* 2.
2°. *Heliophila Coronopi-folia ,
foliis linearibus, pinnati-fidis. Lin.
Sp. Plant.* 927. Heliophile avec
des feuilles linéaires & en pointes aîlées.

*Leucoïum Africanum , cæru-
leo flore , anguſto Coronopi folio
majus. H. L.* 364. Giroflier
d'Afrique à feuilles étroites de
Corne de Cerf , avec une fleur
bleue , Leucoïum *ou* Violier
d'Afrique.

*Leucoïum Africanum , flore Lini
cærulei , Molluginis folio. Pluk.
Alm.* 213. *t.* 200 *f.* 3.
*Integri folia.* Cette plante &
la ſuivante ſont annuelles : elles
croiſſent naturellement au Cap
de Bonne-Eſpérance. La premiere s'éleve avec une tige érigée à la hauteur de quatre ou
cinq pouces , & produit deux
ou trois branches latérales ,

garnies de feuilles longues, ettoites, vertes & entieres ; elles font terminées par un paquet clair de fleurs bleues fans odeur, que remplacent des légumes coniques de près de trois pouces de longueur, dans chacun defquels eft renfermé un double rang de femences plates.

*Coronopi - folia.* La feconde efpece, qui fe trouve auffi au Cap de Bonne-Efpérance, s'éleve à la même hauteur que la précédente, mais elle eft plus garnie de branches : fes feuilles font découpées en plufieurs divifions de pointes ailées, & fes fleurs reffemblent à celles de la premiere.

On peut répandre les graines de ces deux efpeces fur une plate-bande à l'expofition du midi : quand les plantes ont pouffé, on les éclaircit, & l'on arrache toutes les mauvaifes herbes qui croiffent parmi elles.

**HELIOTROPIUM.** *Lin. Gen. Plant.* 164. *Tourn. Inft. R. H.* 138. *Tab.* 57. Ηλιοτρόπιον, de Ἥλιος, le Soleil, & τρέπω, tourner. [ *Turnfole.* ] Héliotrope, Herbe aux Verrues.

*Caractères.* Le calice eft d'une feuille tubulée vers le bas, & découpée en cinq fegmens à l'extrémité: la corolle eft monopétale, & pourvue d'un tube de la longueur du calice, qui s'étend à plat par-deffus, & elle eft découpée en cinq parties alternativement plus longues & plus courtes : les lèvres du tube font rapprochées, & ont cinq écailles qui débordent, & font jointes en forme d'étoile : en-dedans du tube font placées cinq étamines courtes & ter-

minées par de petits fommets, & quatre germes avec un ftyle mince, auffi long que les étamines, & couronné par un ftigmat dentelé ; le germe fe change, quand la fleur eft paffée, en une quantité de femences poftées dans le calice.

Ce genre de plantes eft rangé dans la premiere fection de la cinquieme claffe de **LINNEÉ**, intitulée *Pentandria Monogynia*, qui renferme celles dont les fleurs ont cinq étamines & un ftyle.

Les efpeces font :

1°. *Heliotropium Europæum foliis ovatis, integerrimis, tomentofis, rugofis, fpicis conjugatis.* Hort. *Upfal.* 33. *Sauv. Monfp.* 305. *Pollich. Pal. n.* 180. *Gmel. Sib.* 4. *p.* 74. *Murray. Prodr.* 141. *Scop. Carn. Ed.* 2. *n.* 184. *Jacq. Auftr.* 3. *t.* 207. Héliotrope avec des feuilles ovales, entieres, cotonneufes & ridées, & des épis conjugués.

*Heliotropium foliis ovatis, petiolatis, fpicis inferioribus fimplicibus, fupremis gemellis.* Hall. *Helv. n.* 593.

*Heliotropium majus Diofcoridis.* C. B. *p.* 253. Le plus grand Héliotrope de Diofcoride, Herbe aux Verrues.

*Heliotropium vulgare.* Boccone. *Plant. Sic. t.* 49.

*Heliotropium foliis ovatis, integerrimis, fpicis conjunctis. t.* Hort. *Cliff.* 45. *Roy. Lugd. B.* 404.

*Heliotropium majus. Aus.* 46.

2°. *Heliotropium Indicum, foliis cordato-ovatis, acutis, fcabriufculis, fpicis folitariis, fructibus bifidis.* Flor. *Zeyl.* 70. *Murray. Prod.* 141. *Kniph. Cent.* 1. *n.* 29. Héliotrope avec des feuilles ovales, en forme de cœur, rudes & pointues, des épis de fleurs solitaires, & des semences divisées en deux parties.

*Heliotropium foliis ovatis, acutis, spicis solitariis. Hort. Clif.* 45. *Roy. Lugd. B.* 405.

*Heliotropium Americanum, cœruleum, foliis Hormini. Acad. Reg. Sc.* Héliotrope bleu d'Amérique, à feuilles d'Ormin.

*Heliotropium Americanum, cœruleum. Dod. Pem.* 83. *Pluk. Phyt.* 245 *f.* 4.

3°. *Heliotropium Hormini - folium, foliis lanceolato - ovatis, acuminatis, rugosis, spicis solitariis, gracilioribus, alaribus & terminalibus.* Héliotrope avec des feuilles ovales, en forme de lance, ridées & terminées en pointe aiguë, & des épis de fleurs minces & solitaires, disposées sur les côtés & aux extrémités des tiges.

*Heliotropium Americanum, cœruleum, foliis Hormini angustioribus. H. L.* 307. *Sloan. Jam.* 98. *Sabb. Hort. Rom.* 2. *t.* 34. Héliotrope d'Amérique bleu, avec des feuilles d'Ormin plus étroites.

4°. *Heliotropium capitatum, foliis oblongo-ovatis, integerrimis, glabris, subtùs incanis, floribus capitatis, alaribus, caule arborescente.* Héliotrope à feuilles oblongues, ovales, entieres, unies, & blanches en-dessous, produisant des fleurs qui croissent en têtes aux ailes des tiges, avec une tige en arbre.

*Heliotropium arborescens, folio Tenerii, flore albo in capite, denso, congesto. Boërk. Ind.* Héliotrope en arbre avec une feuille de Germandrée, & une fleur blanche en tête, épaisse & courte.

5°. *Heliotropium Canariense,*

foliis ovatis, crenatis, oppositis, floribus capitatis alaribus dichotomis, caule arborescente; Héliotrope avec des feuilles ovales crenelées & opposées, des fleurs divergeantes disposées en têtes aux ailes des tiges, & une tige en arbre.

*Heliotropium Canariense arborescens, folio Scorodonæ. Hort. Amst.* Héliotrope en arbre des Canaries, avec une feuille de Sauge sauvage.

*Mentha Canariensis. Linn. Syst. Plant. t.* 3. *p.* 46. *Sp.* 16.

6°. *Heliotropium Peruvianum, foliis lanceolato-ovatis, caule fruticoso, spicis numerosis, aggregato-corymbosis Linn. Sp.* 187. *Murray. Prodr.* 141; Héliotrope du Pérou avec des feuilles ovales & en forme de lance, une tige d'arbrisseau & plusieurs épis de fleurs réunis en un corymbe.

7°. *Heliotropium Curassavicum, foliis lanceolato-linearibus, glabris, aveniis, spicis conjugatis. Hort. Cliff.* 45. *Hort. Ups.* 33 *Roy. Lugd. B.* 405. *Dalib. Paris.* 57. *Burm. Ind.* 41. *t.* 16. *f.* 2; Héliotrope avec des feuilles étroites en forme de lance, unies & sans veines, ayant des épis de fleurs conjugués.

*Heliotropium Indicum, procumbens, glauco-phyllon, floribus albis. Pluk. Alm.* 182. *t.* 36 *f.* 3.

*Heliotropium maritimum, minus, folio glauco, flore albo. Sloan. Hist.* 1. *p.* 213. *t.* 132. *f.* 3.

*Heliotropium Americanum, procumbens, facie Lini umbilicati. Herm. Par.* 183. *t.* 183.

*Heliotropium Curassavicum, foliis Lini umbilicati. Par. Bat. Prod.* Héliotrope de Curaçao avec des feuilles de Lin en nombril.

8°. *Heliotropium Gnaphaloïdes, foliis linearibus, obtusis, tomentofis, pedunculis dichotomis, spicarum floribus quaternis, caule frutescente. Lin. Sp.* 188. *Jacq. Amer.* 25. *t.* 173. *f.* 11. *Moris. Hist.* 3. *f.* 11. *t.* 28. *f.* 6 ; Héliotrope avec des feuilles linéaires, obtufes & cotonneufes, des pédoncules fourchus, quatre épis de fleurs & une tige d'arbriffeau.

*Heliotropium arboreum, maritimum, tomentofum, Gnaphalii Americani foliis. Sloan. Cat.* 93 ; Héliotrope maritime en arbre & cotonneux, avec une feuille de Gnaphalium d'Amérique.

*Heliotropium Gnaphaloïdes, littoreum, frutefcens, Americanum. Pluk. Alm.* 182. *t.* 193. *f.* 5.

9°. *Heliotropium fruticofum, foliis lineari-lanceolatis, pilofis, spicis folitariis, feffilibus. Lin. Sp.* 187. *Aman. Acad.* 4. *p.* 394 ; Héliotrope avec des feuilles linéaires en forme de lance & velues, & des épis de fleurs fimples & feffiles.

*Heliotropium hirfutum, foliis lanceolatis minoribus, spicis fingularibus, terminalibus. Brown. Jam.* 151.

*Heliotropium minus, Lithofpermi foliis* ; le plus petit Héliotrope à feuilles de Gremil.

10°. *Heliotropium procumbens, caule procumbente, foliis ovatis, tomentofis, integerrimis, spicis folitariis, terminalibus* ; Héliotrope avec une tige traînante, des feuilles ovales, cotonneufes & entieres, & des épis de fleurs folitaires qui terminent les branches.

*Heliotropium Americanum, fupinum & tomentofum, foliis fubrotundis. Houft. Mfs.* Héliotrope bas & cotonneux d'Amérique, avec des feuilles rondes.

11°. *Heliotropium Americanum,*



*foliis oblongo-ovatis, tomentofis, spicis conjugatis terminalibus, caule fruticofo ;* Héliotrope avec des feuilles oblongues, ovales & cotonneufes, & des épis de fleurs doubles qui terminent une tige d'arbriffeau.

*Heliotropium Americanum, frutefcens & tomentofum, foliis oblongis, floribus albis. Houft. Mfs.* Héliotrope d'Amérique en arbriffeau & cotonneux, avec des feuilles, & des fleurs blanches.

*Europæum.* La première efpece, qui croît naturellement dans la France méridionale, en Efpagne, en Italie & dans la plupart des pays chauds de l'Europe, eft une plante annuelle, qui réuffit mieux lorfqu'elle répand elle-même fes graines que quand on les feme à la main dans l'automne ou au printems ; car dans ce dernier cas elles pouffent rarement dans la même année ; mais quand une fois cette efpece eft établie dans un lieu, & qu'on lui laiffe écarter fes femences, elle fe maintient & fe conferve fans peine, & ne demande aucun autre foin que d'être tenue nette de mauvaifes herbes, & d'être éclaircie où les plantes font trop ferrées.

Elle s'éleve à fept ou huit pouces de hauteur, & fe divife en deux ou trois branches garnies de feuilles ovales & ridées, de deux pouces de longueur fur un de large au milieu, d'un vert-clair, & poftées alternativement fur des pétioles affez longs : fes fleurs naiffent aux extrémités des branches en épis doubles, joints au bas, d'environ un pouce & demi de longueur,

& tournés en arriere comme la queue d'un scorpion : ses fleurs sont blanches , & paroissent en Juin & en Juillet : ses semences mûrissent en automne , & bientôt après la plante périt ( 1 ).

*Indicum.* La seconde espece est originaire de l'Amérique. Elle est annuelle comme la précédente : sa tige s'éleve à la hauteur d'un pied & demi ou de deux pieds , & se divise vers son sommet : ses feuilles, rudes & velues, sont postées sur des pétioles assez longs ; elles ont deux pouces & demi de longueur sur un & demi de largeur au milieu, & se terminent en pointe aiguë : ses fleurs naissent en épis simples de six pouces de longueur vers les extrémités des branches, & se tournent en arriere au sommet comme celles de la précédente ; elles sont de couleur bleue , & paroissent en Juillet & en Août : leurs semences mûrissent en Septembre & en Octobre.

*Hormini solium.* La troisieme, qui se trouve en Amérique , est plus petite que la précédente , & s'éleve rarement audessus d'un pied : ses feuilles ont un pouce & demi de long sur un demi environ de largeur: ses épis de fleurs sont fort minces , & n'ont que deux pouces de longueur : ses fleurs sont petites , & d'un bleu léger ; elles paroissent en même-tems que celles de la précédente , & leurs semences mûrissent en automne.

Les semences de ces deux especes doivent être répandues au printems sur une couche chaude : quand les plantes sont en état d'être enlevées , on les transporte sur une autre couche chaude pour les avancer, & on les traite de la même maniere que les *Balsamines* & les autres plantes annuelles: on peut les enlever en mottes dans le mois de Juin , & les planter dans les plates-bandes du parterre, où elles fleuriront , & donneront des semences mûres dans les années chaudes.

*Capitatum.* La quatrieme s'éleve avec une tige d'arbrisseau à la hauteur de six à sept pieds ; ses jeunes branches sont fortement couvertes d'un duvet blanc ; les feuilles qui les ornent sont fort blanches & entieres : mais celles qui garnissent les plus vieilles branches sont plus vertes , & quelques-unes sont entaillées sur leurs bords : à chaque nœud des tiges sortent deux bran-

---

( 1 ) L'Héliotrope ou Herbe aux Verrues ( car c'est ainsi que l'on nomme vulgairement cette plante , ) contient un suc âcre & corrosif , dont on se sert avec succès pour détruire les verrues , après en avoir coupé les sommets ; on l'emploie aussi comme un excellent détersif dans les ulcères carciomateux , les dartres, & les anciennes plaies. Quoiqu'il soit dangereux de se servir de cette plante intérieurement , on pourroit cependant en user dans certaines circonstances qui exigent des moyens violens ; car il est reconnu que son infusion détruit les vers , pousse les regles & les urines , & purge avec force ; mais ces essais ne doivent être faits que par des médecins prudens & éclairés.

ches courtes oppofées, & garnies de petites feuilles blanches & oppofées, qui répandent lorfqu'on les froiffe, une odeur forte très-défagréable à quelques perfonnes, mais qui plaît à d'autres. Cette plante fleurit rarement en Angleterre; car depuis quarante ans que je la cultive, je ne l'ai vue qu'une feule fois en fleurs. Ces fleurs font blanches, recueillies dans des têtes rondes tournées en arriere & feffiles. Comme cette efpece conferve fes feuilles pendant toute l'année, on peut la placer dans la ferre pour augmenter la variété.

*Canarienfe.* La cinquieme a été envoyée des Ifles Canaries : elle s'éleve avec une tige ligneufe à la hauteur de trois ou quatre pieds, & fe divife en plufieurs branches garnies de feuilles ovales entaillées fur leurs bords, velues & de couleur de cendre en-deffous, portées fur de longs petioles & oppofées : fes fleurs fortent des côtés des branches fur de longs pédoncules, dont chacun foutient quatre épis ou têtes courtes & rondes, qui fe divifent par paires, & s'écartent les unes des autres ; ces fleurs font blanches ; elles paroiffent dans le mois de Juin & de Juillet ; mais elles ne donnent point de graines en Angleterre. Quelques perfonnes font cas de cette plante à caufe de l'odeur agréable que fes feuilles répandent quand on les froiffe. Les Jardiniers lui ont donné le nom de *Madame de Maintenon*, mais je ne fais par quelle raifon.



Les deux dernieres efpeces étant trop tendres pour refifter en plein air à la rigueur de notre climat, il faut les tenir en hiver dans une ferre ; mais comme elles n'ont befoin que d'être mifes à l'abri des gelées, on peut les placer avec les *Myr* & autres plantes dures, où on leur procurera beaucoup d'air dans les tems doux. On les multiplie aifément par boutures pendant tous les mois de l'été ; ces boutures pouffent des racines en cinq ou fix femaines fi on les plante dans une plate-bande à l'ombre, & fi on les arrofe à propos : on peut les mettre enfuite dans des pots & les tenir à l'ombre jufqu'à ce qu'elles aient formé de nouvelles racines, après quoi on les traite comme les vieilles plantes.

*Peruvianum.* La fixieme a été envoyée du Pérou par M. DE JUSSIEU, le jeune, au Jardin Royal à Paris, où elle a donné des fleurs & des femences : on m'en a envoyé quelques graines du jardin du Duc d'AYEN, à Saint Germain, qui ont réuffi dans celui de Chelféa : les plantes qu'elles ont produites, ont fleuri & perfectionné leurs femences pendant quelques années.

Elle s'éleve avec une tige d'arbriffeau à la hauteur de deux ou trois pieds, & fe divife en plufieurs petites branches, garnies de feuilles ovales, rudes, en forme de lance, & placées fans ordre ; ces feuilles ont trois pouces de longueur fur un & demi de large dans le milieu ; leurs pétioles font courts ; elles font velues , fort veinées , & de couleur cendrée en-deffous : fes fleurs font produites aux extrémités des branches en épis courts & réflechis, & difpofées en grappes ; leurs pédoncules fe partagent en deux ou trois divifions , lefquelles fe fous-divifent en d'autres plus petites , dont chacune foutient un épi de fleurs de couleur bleue-pâle, qui répandent une odeur forte & agréable : cette efpece donne des fleurs durant la plus grande partie de l'année ; celles qui naiffent en été produifent des femences qui mûriffent en automne.

On peut la multiplier par femences ou par boutures : on feme fes graines au printems fur une couche de chaleur modérée ; & quand les plantes font en état d'être enlevées, on les place dans de petits pots remplis de terre légere ; on les plonge dans une couche chaude, & on les tient à l'ombre jufqu'à ce qu'elles aient produit de nouvelles racines ; après quoi on les accoutume par dégrés au plein air , & on les y expofe tout-à-fait en été, en les plaçant dans un lieu abrité : en automne, on les enferme dans une ferre avec les autres plantes exotiques, où elles fleuriffent durant une grande partie de l'hiver , & produifent un très - bel effet parmi les orangers & les autres arbriffeaux. On multiplie auffi cette efpece par boutures , qu'on plante pendant l'été dans des pots remplis de terre légere , où elles

prennent aifément racine ; mais ces plantes ne font jamais auffi bonnes que celles qu'on éleve de femences.

*Curaffavicum.* La feptieme , qui croît naturellement fur les rivages de la mer dans les Indes occidentales, eft une plante annuelle, dont les branches trainent fur la terre, & croiffent d'un pied de longueur ; elles font garnies de feuilles étroites, grifâtres & unies : fes fleurs font produites en épis doubles fur les côtés des branches ; elles font blanches , petites & peu apparentes. On multiplie cette efpece par femences, & elle exige le même traitement que la feconde & la troifieme.

*Gnaphaloïdes.* La huitieme s'éleve à la hauteur de fix ou fept pieds , avec une tige droite & ligneufe couverte d'une écorce blanche , fur laquelle on obferve les veftiges des feuilles détachées : la partie haute de la tige fe divife en deux ou trois branches fortes, ligneufes, érigées & fortement garnies de feuilles longues , étroites, cotonneufes à chaque côté , & placées fans ordre : .fes fleurs naiffent fur les côtés des tiges auxquelles elles font feffiles ; elles font courtes & réfléchies comme celles des autres efpeces, de couleur pourpre, & poftées fur des calices fort laineux , & divifés en cinq fegmens entièrement ouverts. La plante entiere eft fort blanche & cotonneufe comme le *Gnaphalium maritime* , ce qui lui donne un coup-d'œil fingulier quand elle eft entremêlée avec d'autres plantes exotiques. On la multiplie par fes graines , qu'il faut fe procurer des endroits où elle croît naturellement ; car elle n'en produit jamais en Europe : il faut que ces femences foient mifes dans des caiffes remplies de terre dans le pays même ; car lorfqu'elles arrivent féches , elles croiffent rarement ; & quand elles réuffiffent , elles ne paroiffent que dans la feconde année : de plufieurs paquets de ces femences que j'ai reçues des Indes occidentales , je n'en ai obtenu que deux plantes , qui n'ont paru qu'au bout de deux ans : lorfqu'on les reçoit dans des caiffes , il faut plonger ces caiffes dans une couche chaude de tan , qui fera pouffer les plantes ; & quand elles feront en état d'être enlevées, on les mettra chacune féparément dans de petits pots remplis de terre compofée de fable , de terre légere fans fumier , & d'un peu de décombres de chaux , bien mêlée ; on les plongera dans une couche chaude de tan ; on les tiendra à l'ombre jufqu'à ce qu'elles aient pris racine; on les traitera enfuite comme les autres plantes tendres exotiques ; on les tiendra toujours dans la couche de tan de la ferre chaude , & on les arrofera légerement , fur-tout en hiver.

*Fruticofum.* La neuvieme croît fpontanément & en abondance fur les rivages de la mer dans les Indes Occidentales , où elle s'éleve à la hauteur d'un pied & demi , avec une tige droite d'arbriffeau , garnies de petites feuilles en forme de lance ,

d'un pouce environ de longueur fur quatre lignes de large dans le milieu , terminées en pointe aiguë , feffiles à la tige , blanches en-deffous , & unies au-deffus : fes fleurs fortent en épis fimples & minces fur les côtés & au fommet de la tige ; elles font légerement recourbées fur les parties latérales de la tige ; mais celles des extrémités font plus courbées encore ; elles font blanches & peu apparentes.

*Procumbens.* La dixieme m'a été envoyée de Carthagène de l'Amérique, où elle croît naturellement fur les rivages fablonneux : c'eft une plante annuelle , qui a des tiges traînantes de fix ou fept pouces de long , garnies de petites feuilles ovales , cotonneufes & entieres : fes fleurs font produites aux extrémités des branches en épis fimples, courts & réfléchis ; elles font petites, blanches & peu apparentes.

*Americanum.* La onzieme , qui m'a été envoyée de la Vera-Cruz par le Docteur HOUSTOUN, qui l'y a trouvée en abondance , s'éleve à la hauteur de trois pieds, avec une tige d'arbriffeau qui fe divife en branches minces fortement garnies de feuilles ovales , oblongues, cotonneufes & placées fans ordre ; fes fleurs naiffent aux extrémités des branches en épis doubles , minces , courts & érigés , mais point recourbés comme ceux des autres efpeces : ces fleurs font petites & blanches , & la plante eft vivace.

Ces trois dernieres efpeces fe multiplient par femences ;

mais il est difficile de s'en procurer de fraîches de l'Amérique, & on ne peut être assuré de les voir pousser, à moins qu'elles ne soient semées dans le pays même, & envoyées dans la terre ; c'est ce qui a rendu ces plantes rares en Europe ; & comme elles ont peu de beauté, très-peu de personnes ont voulu prendre la peine de les faire venir : elles exigent la serre chaude pour être conservées dans notre climat ; il leur faut un sol particulier & le même traitement qu'à la huitieme espece ; mais elles ne méritent pas d'être cultivées ici, si ce n'est dans les jardins de botanique, pour la variété.

HELLEBORE. *Voyez* HELLE-BORUS. ISOPYRUM: L.

HELLEBORE BLANC. *Voy.* VERATRUM. L.

HELLEBORINE. *Voy.* SE-RAPIAS & LIMODORUM.

HELLEBORUS RANUN-CULUS. *Voy.* TROLLIUS.

HELLEBORUS. *Linn. Gen. Plant.* 622. *Tourn. Inst. R. H.* 271. *Tab.* 144. Ἑλλέβορος [*Black Hellebore, or Christmas flower.*] Ellebore noir *ou* fleur de Noël, Pied-de-Griffon.

*Caracteres.* La fleur n'a point de calice ; elle a cinq larges pétales ronds, qui sont persistans, & plusieurs petits nectaires placés circulairement, chacun étant d'une piece, avec un tube étroit au fond, divisé au bord en deux levres, dont l'inférieure est courte & dentelée ; elle a un grand nombre d'étamines, terminées par des sommets comprimés & éri-

gés, & plusieurs germes comprimés qui soutiennent des styles en forme d'alène, & couronnés par des stigmats épais. Les germes deviennent ensuite des capsules comprimées avec deux carènes, dont l'inférieure est courte & la supérieure convexe, & qui sont remplies de femences rondes adhérentes à la suture.

Ce genre de plantes est rangé dans la septieme section de la treizieme classe de LINNÉE, intitulée, *Polyandria Polygynia*, qui renferme celles dont les fleurs ont plusieurs étamines & plusieurs styles.

Les especes sont :

1°. *Helleborus fœtidus, caule multi-floro folioso, foliis pedatis.* *Lin. Sp. Plant.* 784. Ellebore avec plusieurs fleurs sur une tige, entremêlées de feuilles, & des feuilles rameuses supportées par des pétioles.

*Helleborus caule infernè angustato, multi-folio, multi-floro, foliis caule brevioribus. Hort. Cliff.* 227. *Roy. Lugd. B.* 484. *Dalib. Paris.* 169. *Sauv. Monsp.* 180. *Pollich. Pal. n.* 540. *Dœrr. Nass. p.* 123.

*Helleboraster maximus. Lop. Ic.* 679.

*Helleborus femina. Sterb. Fung.* 372. *t.* 36. *f. c.*

*Helleborus ramosus, multi-florus, foliis multi-partitis, serratis, stipulis ovato-lanceolatis, coloratis. Hall Helv. n.* 1193.

*Helleborus niger fœtidus. C. B. P.* 185. Ellebore noir fétide, *ou* Pied de Griffon.

2°. *Helleborus viridis, caule multi-floro folioso, foliis digitatis.* *Lin. Sp. Plant.* 784. *Jacq. Aust.* 106. Ellebore avec plusieurs fleurs fur une tige, entremêlées de feuilles, & des feuilles digitées.

*Helleborus caule æquali-foliofo, foliis radicalibus caulem tandem fuperantibus. Hort. Cliff.* 227. *Hort. Ups.* 158. *Roy. Lugd. B.* 484.

*Helleborus foliis multi-partitis, ferratis, caule pauci-floro. Hall. Helv. n.* 1192.

*Helleborus nectariis ob-conicis, filamentis flaminum triplò brevioribus. Scop. Carn.* 1. *p.* 556. *n.* 1. *Ed.* 2. *n.* 697.

*Helleborus foliis digitatis, flore viridi. Crantz. Auftr. p.* 134.

*Helleborum nigrum alterum. Cam. Epit.* 941.

*Helleborus niger hortenfis, flore viridi. C. B. p.* 185. Ellebore noir de jardin à fleurs vertes, ou Pied-de-Griffon.

3°. *Helleborus niger, fcapo fub-uni-floro, fub-nudo foliis pedatis. Hort. Upfal.* 157. *Roy. Lugd. B.* 487. *Jacq. Auft. t.* 201. Ellebore avec une fleur fur chaque tige qui eft nue, & des feuilles digitées & pétiolées.

*Helleborus fcapo flori-fero, fub-nudo, petiolo communi bipartito. Hort. Cliff.* 227.

*Helleborus niger, flore Rofeo. Bauh. Pin.* 186. *Hill. Anat. t.* 1.

*Helleborus niger, legitimus. Clus. Hift.* 1. *p.* 275.

*Helleborus niger, flore albo, etiam interdùm valdè rubente. J. B.* Véritable Ellebore noir, ou Rofe de Noël.

4°. *Helleborus tri-folius, caule multi-floro, foliis ternatis, integerrimis.* Ellebore avec plufieurs fleurs fur une tige, & des feuilles compofées de trois lobes entiers.

*Helleborus niger tri-foliatus. Hort. Farn.* Ellebore noir à trois lobes.

5°. *Helleborus hyemalis, flore folio infidente. Hort. Cliff.* 227. *Hort. Ups.* 158. *Roy. Lugd. B.* 484. *Hall. Helv. n.* 1191. *Crantz. Auftr. p.* 133. *Jacq. Auftr. tom.* 202. Ellebore avec la fleur poftée fur la feuille.

*Helleborus Ranunculoïdes, præcox, tuberofus, flore luteo. Moris. Hift.* 3. *p.* 459. *S.* 12 *t.* 2. *f.* 4.

*Aconitum hyemale. Camer. Epit.* 728. Aconite d'hiver.

*Aconitum uni-folium bulbofum. Bauh. Pin.* 183. *Hill. Anat. t.* 11.

*Aconitum luteum minus. Dodon. Pempt.* 352. *R.*

*Helleborus lati-folius, caule multi-floro foliofo, foliis digitatis, ferratis, amplioribus.* Ellebore avec plufieurs fleurs fur une tige, entremêlées de feuilles, & des feuilles larges en forme de main, & fciées.

*Helleborus niger, amplioribus foliis. Tourn. Inft. R. H.* 272. Ellebore noir à larges feuilles.

*Fœtidus.* La premiere efpece croît naturellement dans les bois de plufieurs parties de l'Angleterre, & particulièrement en Suffex, où je l'ai vue en grande abondance: élle a une tige noueufe & herbacée, qui s'éleve à la hauteur de deux pieds, & fe divife en deux ou trois têtes garnies de feuilles compofées de huit ou neuf lobes longs & étroits, qui fe joignent à leur bâfe, dont quatre de chaque côté font réunis à leur pétiole, & celui du milieu eft pofté fur le centre du pétiole : ces lobes font fciés fur leurs bords , & terminés en pointe aiguë ; ceux du bas de la tige font larges , & ceux du haut font petits & étroits : la tige de fleurs fort du centre de la plante , & fe divife en plufieurs branches , dont chacune foutient plufieurs petits petioles , terminés par une feuille entiere & en forme de lance , & une groffe fleur verdâtre au fommet , avec deux bords pourpre , qui paroiffent en hiver , & donnent des graines mûres au printems : fi l'on donne à ces femences le tems de fe répandre , elles produiront fans aucun foin des plantes qu'on pourra tranfplanter à l'ombre des bois & dans d'autres lieux fauvages & écartés , où elles réuffiront bien , & produiront un effet d'autant plus agréable , que dans la faifon où leurs fleurs paroiffent , il y en a très - peu d'autres.

*Viridis*. La feconde efpece fe trouve à Ditton , près de Cambridge, & dans les bois aux environs de Stoken - Church , dans le Comté d'Oxford : fes tiges croiffent plus droites que celles de la premiere , & ne fe divifent pas autant : fes feuilles font compofées de neuf lobes longs , qui s'uniffent au petiole à leur bâfe , & font fortement fciées fur leurs bords ; elles font d'un vert plus clair que celles de la premiere : les fleurs font produites au fommet de la tige , fur des pédoncules qui portent auffi une ou deux feuilles ; elles font compofées de

cinq pétales verts & ovales , avec un grand nombre d'étamines qui entourent le germe qui en occupe le centre ; elles paroiffent au commencement de Février , & leurs femences mûriffent à la fin de Mai : fi l'on feme ces graines auffi-tôt qu'elles font mûres , les plantes pouffent au commencement du printems fuivant ; & quand elles ont acquis affez de force , on peut les placer à l'ombre des arbres , où elles profiteront & fleuriront très - bien : les feuilles de cette efpece périffent en automne , & les nouvelles s'élevent des racines au printems ; mais la premiere refte toujours verte.

*Niger*. La troifieme qu'on fuppofe être l'*Ellebore* des Anciens, croît naturellement fur les Alpes & fur l'Apennin : fa racine eft compofée de plufieurs fibres épaiffes & charnues , qui s'étendent fort loin dans la terre ; de cette racine s'élevent immédiatement des pédoncules nuds , dont chacun foutient une groffe fleur blanche compofée de cinq pétales ronds avec un grand nombre d'étamines au milieu : fes feuilles ont fept ou huit lobes , épais , charnus , obtus , légèrement fciés fur leurs bords , & unis au pétiole par leur bâfe. Cette plante fleurit en hiver , d'où on lui a donné le nom de *Rofe de Noël* : on la multiplie en divifant fes racines en automne , car les femences mûriffent rarement bien en Angleterre : elle a befoin pour bien fleurir d'une fituation plus abritée qu'aucune des efpeces précédentes· ( 1 )

-----

(1) Quoiqu'on fe ferve encore quelquefois de l'Ellebore dans notre médecine moderne, fon ufage eft cependant beaucoup moins fréquent aujourd'hui, qu'il ne l'étoit chez les anciens, qui ne connoiffoient, pour ainfi dire, aucun autre purgatif, & qui lui attribuoient fur-tout des vertus admirables pour guérir la folie, la manie & la mélancolie; mais à préfent que nous connoiffons des moyens curatifs bien fupérieurs à celui-là pour ces fortes de maladies, on ne s'en fert plus guère que comme d'un affez bon remede pour diffoudre les humeurs épaiffes, bilieufes & pituiteufes; pour guérir la galle, les dartres, la fievre quarte opiniâtre; & contre l'épilepfie invétérée, &c.

La dofe des racines de cette plante eft, fi on la prend en poudre, depuis quinze grains jufqu'à un fcrupule; en extrait, depuis un fcrupule jufqu'à un demi-gros, & en décoction dans l'eau ou le vin, depuis un gros jufqu'à deux.

Une once de cette racine, foumife aux menftrues chymiques, a fourni trois gros de fubftance gommeufe, & un gros de principe réfineux; ces deux fubftances font tellement unies, qu'il eft très difficile, pour ne pas dire impoffible, de les féparer entièrement : on y parvient cependant jufqu'à un certain point; alors fi on les adminiftre féparément, on obferve que la partie gommeufe n'eft point purgative, mais qu'elle pouffe au contraire fortement les fueurs, au-lieu que la partie réfineufe, ainfi depouillée, purge avec violence, & occafionne des tranchées très-vives; ce qui indique que le principe gommeux, qui n'a d'activité que par la petite quantité de réfine qu'il retient, fert naturellement de correctif à l'autre.



*Trifolius.* La quatrieme efpece reffemble à la premiere; mais elle en differe en ce que fes feuilles font à trois lobes plus larges et entiers, et que leur furface eft plus unie : elle fleurit de bonne heure en hiver, & fes tiges s'élevent plus haut qu'aucune des précédentes : elle eft à préfent rare en Angleterre.

*Hyemalis.* La cinquieme eft l'*Aconit* commun d'hiver, qui eft fi bien connu, qu'il n'eft pas néceffaire d'en donner une defcription. Elle fleurit dès le commencement du printems; ce qui la rend digne d'être admife dans tous les jardins curieux, avec d'autant plus de raifon, qu'il ne lui faut que très-peu de place : on la multiplie par les rejettons, que fes racines pouffent en abondance; ces rejettons peuvent être enlevés & tranfplantés en tout tems après que fes feuilles font flétries, ce qui arrive communément vers le commencement de Juin jufqu'en Octobre, tems auquel les racines pouffent de nouvelles fibres : mais comme elles font petites & prefque de la même couleur que la terre, fi on ne les cherche pas avec foin, on en laiffera plufieurs : il faut les planter en petits paquets, fans quoi elles n'auront point d'apparence ; car de petites fleurs écartées çà & là dans les

-----

On fait entrer la racine d'Ellebore, dans l'extrait catholique de Sennert, dans l'extrait panchimagogue de Crollius, les pillules tartarées de Quercetan; l'électuaire de Sené, &c.

les plates-bandes, font difficilement apperçues d'une certaine diftance ; mais quand celle-
ci & le *Galanthus*, ou *Perce-
neige*, font alternativement plantées en paquets, elles produifent le plus bel effet, parce
qu'elles fleuriffent en même
tems, & font prefque de la
même groffeur.

*Lati folius*. La fixieme reffemble à la premiere ; mais les
lobes des feuilles font plus larges, & les tiges s'élevent davantage ; on la trouve communément en Iftrie & en Dalmatie, d'où fes femences m'ont
été envoyées : on l'a regardée
comme une variété de la premiere, & je l'ai femée dans
cette idée ; mais je l'ai trouvée
très-différente : comme l'hiver
fuivant a été fort rude, &
qu'elle eft plus délicate que
l'efpece commune, toutes les
plantes que j'avois élevées ont
été détruites, & j'en ai perdu
l'efpece.

HÉLLEBORUS FLORE
GLOбOSO. *Voyez* TROLLIUS
ASIATICUS. L.

HELLEBORUS ALBUS.
*Voyez* VERATRUM.

HEMEROCALLE. *Voyez*
HEMEROCALLIS FLAVA. L.

HEMEROCALLIS. *Lin.*
*Gen. Plant.* 391. *Lilio-Afpho-
delus.* Tourn. *Infl. R. H.* 344.
*Tab.* 179. *Liliaftrum. Tourn.
Infl. R. H.* 369 *Tab.* 194.
[*Lily - Afphodel* or *Day-Lily.*]
Lys de S. Bruno, Lys Afpho-
dèle, Hémerocalle.

*Caraĉeres.* La fleur n'a point
de calice ; dans quelques efpeces la corolle eft monopétale, & découpée en fix par-

ties ; dans d'autres elle eft compofée de fix pétales avec un
tube court : ces pétales s'ouvrent au fommet, & font réfléchis : la fleur a fix étamines en forme d'alêne, penchées, difpofées autour du ftyle, & terminées par des fommets oblongs & couchés : dans
le centre eft placé un germe
rond & fillonné, qui foutient
un ftyle mince, & couronné
par un ftigmat obtus & à trois
angles : ce germe devient enfuite une capfule ovale, triangulaire & à trois lobes, qui
s'ouvre en trois valves, &
qui contient plufieurs femences
rondes.

Ce genre de plantes eft rangé dans la premiere Section de
la fixieme claffe de LINNÉE,
qui renferme celles dont les
fleurs ont fix étamines & un
ftyle. TOURNEFORT place la
premiere efpece dans la premiere Section de fa neuvieme
claffe, qui renferme les fleurs
en forme de lys monopétales
découpées en fix parties, dont
le pointal devient un fruit ; &
la feconde, dans la quatrieme
Section de la même claffe, avec
les fleurs de la même forme
qui ont fix pétales.

Les efpeces font :

1°. *Hemerocallis flava*, corol-
lis flavis. Lin. Sp. 462. *Jacq.
Hort. t.* 139. *Knorr. Del.* 1. t.
L. 5. *Kniph. Cent.* 10. *n.* 51.
Hémerocalle à fleurs jaunes.

*Hemerocallis, foliis enfi-formi-
bus, fcapo pauci floro, petiolis
lineatis. Hal. Helv. n.* 1230. *In-
addendis. p.* 188.

*Lilio-Afphodelus. Scop. Carn.
Ed.* 2. *n.* 425.

*Hemerocallis scapo ramoso, corollis monopetalis.* Hort. Upf. 88.

*Hemerocallis radice tuberofá, corollis monopetalis.* Hort. Cliff. **128.** Roy. Lugd.-B. 26.

*Hemerocallis radice tuberofá, corollis monopetalis, luteis.* Gmel. Sib. 1. p. 37.

*Lilio-Afphodelus, luteo flore.* Cluf. Hift. 1. p. 137.

*Lilium luteum, Afphodeli radice.* Bauh. Pin. 80.

*Lilio-Afphodelus luteus*; Park. Par. 148. Lys Afphodèle jaune, ou l'Hémerocalle.

2°. *Hemerocallis minor, scapo compreffo, corollis monopetalis, campanulatis.* Lys avec une tige comprimée & une corolle monopétale en forme de cloche.

*Lilio-Afphodelus, luteus minor.* Tourn. Inft. R. H. 344. Le petit Lys Afphodèle jaune.

3°. *Hemerocallis fulva, corollis fulvis.* Linn. Sp. Plant. 462. Edit. 3. Kniph. Cent. 7. n. 31. Lys à fleurs couleur de cuivre.

*Lilio-Afphodelus puniceus.* Park. Par. 148. Lys Afphodèle avec une fleur rougeâtre.

*Lilium rubrum, Afphodeli radice.* Bauh. Pin. 80.

*Phalangium Allobrogum majus.* Clus. App. Alt. Hort. Aich. Vern. Ord. 9. t. 6. f. 1.

4°. *Hemerocallis Liliaftrum, scapo fimplici, corollis hexapetalis, campanulatis.* Hort. Cliff. **128.** Lys avec une tige fimple fans branche & des fleurs en forme de cloche & à fix pétales.

*Anthericum Liliaftrum, foliis planis, fcapo fimpliciffimo, corollis campanulatis, ftaminibus declinatis.* Linn. Sp. Plant. 445.

Edit. 3. Syft. Plant. J. Richard. tom. 2. p. 63. Sp. 7. Lepech. It. 1. p. 197. Kniph. Cent. 7. n. 30.

*Hemerocallis floribus fpicatis fecundis.* Hall. Helv. n. 1230.

*Phalangium magno flore.* Bauh. Pin. 29.

*Phalangium Allobrogicum majus.* Clus. Cur. App. Alt.

*Phalangium.* Dalech. Hift. 852.

*Liliaftrum. Alpinum majus & minus.* Tourn. Inft. R. H. 369. Le plus grand Lys bâtard des Alpes, appelé *Lys de Saint-Bruno, Herbe à l'Araignée.*

*Flava.* La premiere efpece, qui croît naturellement en Hongrie, en Dalmatie & en Iftrie, eft depuis long tems cultivée dans les jardins Anglois: elle a des racines fortes & fibreufes, auxquelles font fufpendus des nœuds ou tubercules, comme dans celles de l'*Afphodèle*, & defquelles fortent des feuilles en forme de carène, qui ont deux pieds de longueur, & une côte ferme dans le milieu, & dont les deux côtés se ferment en-dedans, & forment une efpece de gouttière en-deffus: les tiges de fleurs s'èlevent à la hauteur de deux pieds & demi; elles font nues, fillonnées dans leur longueur par trois rainures longitudinales, & divifées au fommet en trois ou quatre courts pédoncules, dont chacun foutient une groffe fleur de la forme de celles du *Lys* à un feul pétale, avec un tube court, qui s'étend & s'ouvre à l'extrémité, où il eft divifé en fix parties. L'odeur agréable de ces fleurs leur ont fait donner par quelques perfonnes le nom de Tubéreufes jaunes : cette efpece fleurit en Juin, & fes femences mûriffent en Août ; on la multiplie aifément par les rejettons que fes racines produifent en abondance ; on peut les enlever en automne, qui eft la meilleure faifon pour tranfplanter les racines, & les placer dans quelque fituation que ce foit ; car elles font extrèmement dures, & n'ont befoin que d'être tenues nettes de mauvaifes herbes, & mifes à une certaine diftance les unes des autres, afin qu'elles aient affez d'efpace pour s'étendre : on la multiplie auffi par fes graines, qui, fi elles font mifes en terre dans l'automne, donneront au printems fuivant, des plantes qui fleuriront au bout de deux ans, mais fi on ne les feme qu'au printems, elles refteront une année dans la terre avant de germer.

*Minor.* La feconde, qu'on rencontre en Sibérie, a des racines femblables à celles de la précédente, mais plus petites : fes feuilles font moins longues, & n'ont que la moitié de largeur de la précédente ; elles font d'un vert-foncé : la tige de fleurs s'éleve à la hauteur d'un pied & demi : elle eft nue & comprimée, mais elle n'a point de fillons ; à fon extrémité naiffent deux ou trois fleurs jaunes dont la forme approche plus de celle d'une cloche que celles des autres, & qui font poftées fur de courts pédoncules : elles commencent à paroître dans les premiers jours de Juin, & leurs femen-

ces mûriffent dans le commencement du mois d'Août. On la multiplie par fes rejettons ou par femences comme la précédente, mais fes racines ne fe multiplient pas autant : elle veut être placé à l'ombre, & dans un fol humide, où elle profitera beaucoup mieux que dans une terre feche.

*Fulva.* La troifieme eft une plante beaucoup plus groffe qu'aucune des précédentes : comme fes racines s'étendent & fe multiplient fortement, elle deviendroit fort incommode fi on l'admettoit dans les jardins : fes racines ont des fibres très-fortes & charnues, auxquelles font fufpendus des tubercules oblongs : fes feuilles, dont la longueur eft de près de trois pieds, font creufées comme celles de la précédente, & tournées en arriere vers le fommet : les tiges de fleurs font auffi groffes que le doigt, & s'élevent prefque à la hauteur de quatre pieds ; elles font nues, fans nœuds, & fe divifent au fommet, où il y a plufieurs groffes fleurs de couleur de cuivre, de la même forme que celles du *Lys rouge*, & auffi groffes ; les étamines de cette efpece font plus longues que celles des autres, & leurs fommets font chargés d'une pouffiere de couleur de cuivre, qui tombe dès qu'on la touche ; de maniere que, fi quelqu'un vient à flairer cette fleur, la pouffière s'attache au vifage, & le teint eft couleur de cuivre, badinage qu'on emploie fouvent avec les perfonnes qui

ne connoiſſent point cette plante. Cette fleur ne dure qu'u-
ne journée, mais elles ſe ſuc-
cèdent ſur la même tige pendant quinze jours ou trois ſemaines. Cette eſpece fleurit
vers le même tems que la précédente; mais ſes racines s'é-
tendent trop pour les petits jardins. Elle réuſſit dans tous les
ſols & à toutes les ſituations:
on tranſplante ſes racines en
automne.

*Liliaſtrum. L'herbe à l'Araignée
de Savoie*, ou comme les François l'appellent, le *Lys de
Saint-Bruno*, eſt une plante
d'un crû plus bas qu'aucune
des précédentes: on en connoît deux variétés, l'une appelée par TOURNEFORT
*Liliaſtrum Alpinum majus*, &
l'autre, à laquelle il donne
le nom de *Liliaſtrum Alpinum
minus*. La premiere s'éleve avec
une tige de fleurs au-deſſus
d'un pied & demi de hauteur:
ſes fleurs ſont beaucoup plus
groſſes & plus nombreuſes
ſur chaque tige, que cel-
les de la ſeconde: mais comme il n'y a point entr'elles
d'autre différence eſſentielle,
je ne les ai point données comme étant des eſpeces diſtinctes. La premiere eſt fort rare
en Angleterre. M. RICHARD,
Jardinier du Roi de France,
m'a envoyé quelques racines
de la ſeconde, qui étant plantées dans le même ſol que la
premiere, ont produit des plantes qui ont conſervé leurs différences, & ont fleuri de très-
bonne heure: les feuilles de
cette eſpece approchent de
celles du *Lys de Saint Bruno*;
elles ſont aſſez fermes & croiſ-

ſent érigées: ſes tiges s'élevent
à la hauteur d'environ un
pied & demi, & ſupportent
pluſieurs fleurs blanches ſemblables dans leur forme à
celles du *Lys*, mais inclinées
d'un côté & d'une odeur agréable; elles ſont d'une courte durée, & conſervent rarement
leur fraicheur plus de trois
ou quatre jours; mais lorſque
les plantes ſont fortes, elles
produiſent huit ou dix fleurs ſur
chaque tige, qui forment alors
un coup-d'œil charmant.

On multiplie ordinairement
cette eſpece en diviſant ſes
racines en automne; car lorſqu'elles ſont tranſplantées au
printems, elles fleuriſſent rarement dans la même année:
cette opération ne doit être
faite que chaques trois ans,
& l'on ne doit pas même
les diviſer en trop petites parties; car dans ce cas elles ne
fleuriſſent que deux ans après:
ces plantes ſe plaiſent dans un
ſol léger & marneux, & à une
expoſition ouverte; on doit
par conſéquent bien ſe garder
de les planter ſous l'égoût des
arbres; mais ſi on les expoſe
au Levant, & de manière qu'elles ſoient à couvert de la chaleur du jour, elles conſerve-
ront leur beauté beaucoup plus
longtemps que ſi elles étoient
plus expoſées.

HEMIONITIS, ἡμιονῖτις, de
ἡμίονος, un Mulet; *Herbe à Mulet*;
parce que cette plante a été ſup-
poſée être auſſi ſtérile qu'un
Mulet [*Moon-fern*] Fougère en
forme de lune.

Comme on la multiplie ra-
rement dans les jardins, j'en
dirai peu de choſe: ceux qui

voudront cultiver quelques-
unes de ces efpeces, doivent
les faire venir de leur pays natal : deux d'entr'elles croiffent
dans les contrées meridiona-
les de l'Europe ; mais on en
trouve un grand nombre d'efpeces en Amérique : il faut les
planter dans des pots remplis
d'une terre graffe & fans fumier, & placer dans une ferre
chaude celles qui viennent des
pays chauds : les autres peuvent être abritées fous un châffis' ordinaire en hiver ; il eft
néceffaire de les arrofer fouvent, & de leur procurer beaucoup d'air libre en été ; mais
en hiver il ne leur faut que très-
peu d'eau : avec ces ménagemens ces plantes croîtront bien.

**HEPATICA.** *Boërh. Ind.*
*Plant. Ranunculus. Tourn. Inft.*
*R. H.* 286. *Anemone. Lin. Gen:*
*Plant.* 614. ὑπατῖτις, de ὕπαρ, *le*
*foie :* on appelle ainfi cette plan
te, parce que fes feuilles font
divifées en lobes comme le foie
des animaux ; mais ce nom ne
lui a point été donné à caufe
de fes propriétés pour guérir
les maladies de ce vifcère,
comme plufieurs perfonnes
l'ont fauffement imaginé. On
la nomme auffi *Trifolia*, à caufe
de fa reffemblance avec cette
Plante [ *Hepatica, or noble Li-*
*verwort.*] Hepatique ou la noble
Hepatique des Jardins.

*Caracteres.* Dans ce genre, le
calice eft formé par trois feuilles . la corolle eft compofée de
fix pétales ovales, qui s'étendent
jufqu'à l'extrémité ; la fleur a un
grand nombre de petites étami
nes plus courtes que la corolle,
& terminées par des fommets

obtus, & plufieurs germes raf-
femblés en une tête, qui foutient des ftyles pointus & couronnés par des ftigmats obtus ;
ces germes fe changent enfuite
en plufieurs femences pointues
comme une aiguille, qui font
placées tout autour des ftyles.

TOURNEFORT a claffé ce genre avec les *Renoncules*, & LIN-
NÉE avec les *Anémones* ; mais
comme ces dernieres n'ont point
de calice, & que l'*Hépatique*,
en a un à trois feuilles, elle
peut en être féparée avec d'autant plus de raifon, qu'étant
bien connue dans les Jardins
fous ce nom, on ne pourroit
la réunir à l'*Anémone*, fans occafionner de la confufion. Elle
eft rangée dans la feptieme fection de la treizieme claffe de
LINNÉE, qui renferme celles
dont les fleurs ont plufieurs
étamines & plufieurs ftyles.

*Synonymos. Anemone Hepa-*
*tica. Lin. Sp. Plant.* 758. *Edit. 3.*
*Syft. Plant. Richard. t. 2. p.* 631.
*Sp.* 1. *Anemone foliis tri-lobis,*
*integerrimis. Mat. Med.* 140. *Scop.*
*Carn. Ed. 2. n.* 658. *Pollich. Pal.*
*n.* 515.

*Hepatica. Hort. Cliff.* 223. *Fl.*
*Suec.* 445. 480. *Hort. Upf.* 155.
*Gron. Virg.* 61. *Roy. Lugd.-B.*
487. *Hall. Helv. n.* 1156. *Scop.*
*Carn. Ed.* 1. *p.* 567.

*Trifolium Hepaticum, flore*
*fimplici & pleno. Bauh. Pin.* 329.

Les variétés de cette plante font

1°. *Hepatica nobilis, tri-folia,*
*cœruleo flore. Cluf.* La fimple Hépatique bleue, ou la noble Hépatique.

2°. *Hepatica plena tri-folia,*
*cœruleo flore pleno. Cluf.* La double Hépatique bleue.

3°. *Hepatica alba tri-folia, flore albo, simplici. Boerh. Ind.* L'Hépatique à fleurs blanches & simples

4°. *Hepatica vulgaris tri-folia, rubro flore. Cluf.* L'Hépatique vulgaire, à fleurs rouges & simples.

5°. *Hepatica rubra tri-folia, flore rubro pleno. Boerh. Ind.* L'Hépatique à fleurs doubles & rouges.

Ces plantes font les plus belles de celles qui fleuriffent au printems ; elles paroiffent en grande abondance dans les mois de Février & de Mars, avant que les feuilles pouffent, & font un bel effet dans les plates-bandes des parterres, fur-tout l'efpece à fleurs doubles, qui conferve toute fa fraîcheur quinze jours plus tard que celles à fleurs fimples, & qui eft bien plus agréable : les Auteurs parlent fouvent de l'efpece à fleurs blanches & doubles ; mais je ne l'ai jamais vue dans nos Jardins, & je ne fais même fi on peut fe la procurer par les femences de l'efpece blanche fimple, ou par celles des efpeces bleues.

J'ai vu quelquefois la bleue à fleurs doubles produire des fleurs en automne, & alors elles tiroient fur le blanc : c'eft peut-être ce qui a trompé quelques perfonnes qui l'ont plantée dans ce tems ; mais au printems fuivant, elles ont dû être étonnées de voir une fleur bleue où elles en avoient vu une blanche en automne : ce changement de couleur arrive fréquemment, lorfque l'automne eft affez doux pour faire fleu-



rir ces plantes ; mais je ne puis dire fi l'efpece à fleurs blanches doubles, dont les Auteurs font mention, vient de ce changement ou de quelque altération accidentelle : il femble cependant que cette caufe doit être la véritable ; car je n'ai jamais connu perfonne qui ait vu au printems cette efpece d'*Hépatique à fleurs blanches doubles*.

Les efpeces fimples produifent annuellement des femences, au moyen defquelles on les multiplie facilement, & on fe procure de nouvelles variétés ; la meilleure faifon pour femer fes graines, eft le commencement d'Août, foit dans des pots ou dans des caiffes, qu'on remplit de terre légere : on les tient expofées au foleil levant jufqu'au mois d'Octobre ; mais alors on les place au plein foleil, & on les y laiffe pendant tout l'hiver. En Mars, lorfque les jeunes plantes commencent à paroître, on les remet à l'ombre, & on les arrofe dans les temps fecs : vers le commencement d'Août, on les tranfplante dans une plate-bande, à l'expofition du levant, & à fix pouces les unes des autres ; la terre doit être humide & graffe, & on la ferre un peu autour, pour empêcher les vers de les déraciner, ce qui arrive ordinairement dans cette faifon. Ces plantes produiront des fleurs au printems fuivant ; mais elles ne fleuriffent parfaitement qu'au bout de trois années, & avant ce tems on ne peut pas juger de leur beauté : fi on en trouve alors à fleurs doubles, ou d'une cou-

leur différente des efpeces ordinaires, il faut les tranfplanter dans les plates-bandes du
parterre, & les y laiffer au
moins deux ans avant de les
enlever pour les divifer ; car
cette plante fouffre beaucoup, &
court rifque de périr lorfquo'n
la tranfplante & qu'on la divife
fouvent ; elle croît au contraire
prodigieufement, & pouffe de
fortes racines quand on la
laiffe plufieurs années dans la
même place fans y toucher.

On multiplie les efpeces doubles par la divifion de leurs racines, & cette opération doit
être faite au mois de Mars,
lorfqu'elles font en fleurs, en
obfervant de ne pas les féparer en trop petites portions,
& de ne le faire que tous les
trois ou quatre ans. Ces plantes fe plaifent beaucoup dans
un fol gras & fort, & à l'expofition du levant : elles réuffiffent cependant dans toute autre fituation, pourvu qu'elles
ne foient pas expofées à une
chaleur trop forte ; & jamais
elles ne fouffrent du froid.

**HÉPATIQUE DES BOIS.**
*Voyez* Asperula odorata.

**HÉPATIQUE DE JARDIN.**
*Voyez* Hepatica.

**HÉPATIQUE** *ou* **HERBE
AU FOIE.** *Voyez* Lichen.

**HÉPATIQUE** *ou* **MORGE-
LINE.** *Voyez* Spergula. L.

**HEPATORIUM.** *Voyez*
Eupatorium.

**HEPTAPHYLLA.** *Voyez*
Potentilla Heptaphylla.

**HERACLEUM.** *Lin. Gen·*
345. *Sphondylium. Tour. Inft. 1·*
*Tab. 170.* [ *Cow Parfnep.* ] La

Berce ; fauffe Branc - urfine ;
Panais fauvage.

*Caractleres.* L'ombelle générale
eft large , & compofée de plufieurs plus petites qui font unies;
l'enveloppe de la grande ombelle a plufieurs feuilles qui
tombent. Les petites ombelles
en ont de trois ou de fept feuilles, dont les extérieures font
les plus longues : l'ombelle générale eft irréguliere ; les fleurettes font communément fertiles ; celles du difque ont cinq
pétales égaux & recourbés , &
celles des rayons en ont autant,
mais ils font inégaux, & les extérieurs font les plus larges :
elles ont chacune cinq étamines plus longues que la corolle,
& terminées en pointe : le germe, qui eft placé fous la fleur,
a une forme prefque ovale ,
& foutient deux ftyles couronnés par un fimple ftigmat ; ce
germe devient enfuite un fruit
elliptique , compofé de deux
femences ovales & comprimées.

Ce genre de plantes eft rangé dans le fecond ordre de la
cinquieme claffe de Linnée,
intitulé, *Pentandria Digynia*, qui
renferme celles dont les fleurs
ont cinq étamines & deux ftyles.

Les efpeces font :

1°. *Heracleum Sphondylium ;*
*foliolis pinnati-fidis , floribus uni-*
*formibus. Hort. Cliff. 103. Fl.*
*Suec. 231. 243. Roy. Lugd B. 113.*
*Gmel. Sib. 1. p. 213.* Berce à
feuilles pointues & ailées, avec
des fleurs uniformes.

*Sphondylium vulgare hirfutum.*
C. B. p. 157. Dod. Pempt. 307.
La Berce ou Panais fauvage.

*Sphondylium foliis hirfutis ,*

*pinnatis , pinnis quinque - fidis:*
*Hall. Helv. n.* 809.

*Sphondylium. Riv. t.* 4.

*Sphondylium Branca. Scop.*
*Carn. Ed.* 2. *n.* 335. Fauſſe
Branc - urſine.

2°. *Heracleum Panaces , foliis*
*pinnatis , foliolis quinis , interme-*
*diis , feſſilibus floribus radiatis.*
*Hort. Upſal.* 65. Panais à feuilles aîlées., compoſées de cinq
lobes , & à fleurs radiées &
feſſiles.

*Heracleum foliolis palmatis ſer-*
*ratis. Hort. Cliff.* 103. *Roy. Lugd.*
*B.* 113.

*Panax Sphondylii folio , fivè*
*Heracleum. C. B. p.* 157. La
anacée.

*Heracleum foliis pinnati-fidis.*
*Gmel. Siber.* 1. *p.* 213.

3°. *Heracleum Alpinum , foliis*
*ſimplicibus , floribus radiatis. Lin.*
*Sp.* 359. *Edit.* 3. Panais à feuilles
ſimples , produiſant des fleurs
radiées.

*Sphondylium foliis ſub-rotun-*
*dis , glabris , obtuſè ſemi-trilobis.*
*Hall. Helv. n.* 810.

*Sphondylium Alpinum glabrum.*
*C. B. p.* 35 . Panais des Alpes uni.

*Sphondylium Alpinum glabrum,*
*albo flore. Barr. Ic.* 55.

*Heracleum foliis pinnati-fidis.*
*Ger. Prov.* 246.

4°. *Heracleum Sibericum , fo-*
*liis pinnatis , foliolis quinis , in-*
*termediis , feſſilibus , corollulis uni-*
*formibus. Hort. Upſal.* 65. *Mant.*
354. Panais à feuilles aîlées ,
compoſées de cinq lobes, produiſant une petite corolle réguliere.

*Paſtinaca foliis ſimpliciter pin-*
*natis , foliolis pinnati-fidis. Flor.*
*Siber.* 1. *p.* 218.

*Sphondylium.* La premiere ef-



pece croît naturellement dans
la plus grande partie de l'Angleterre ; ce qui fait qu'on la
cultive peu. On en connoît
une variété, ſi ce n'eſt une eſpece diſtincte, à feuilles plus
étroites & plus éloignées les
unes des autres ; mais comme
on l'admet rarement dans les
Jardins, je n'en parlerai pas
davantage,

*Panaces.* La ſeconde eſt miſe
dans les Pharmacopées, au rang
des plantes médicinales ; mais
on s'en ſert peu en Angleterre :
elle s'éleve à-peu près à la hauteur de ſix pieds ; ſa tige eſt entourée par la bâſe des feuilles :
ſes feuilles ſont aîlées, & compoſées communément de cinq lobes preſque circulaires, dont la
ſurtace eſt inégale , & de couleur bleue foncée : ſes fleurs
naiſſent à l'extrémité de la tige ; elles ſont étroitement en-
fermées dans le calice , avant
qu'elles commencent à paroître ; lorſque cette enveloppe
creve , l'ombelle s'étend avec
de larges pétales , preſqu'en
forme de cœur , & elles produiſent des ſemences plates ,
comprimées , & ſemblables à
celles du *Panais ,* mais plus
larges , & marquées de traits
noirs au côté extérieur. Cette
eſpece ſe trouve ſur les monts
Appenins (1).

___

(1) Cette plante a les mêmes propriétés médicinales que l'*Achante*
ou *Branc-urſine ,* & peut lui être ſubſ-
tituée dans tous les cas : la décoction de toutes ſes parties, eſt néanmoins laxative , & on la regarde
encore comme inciſive & apéritive,
& comme propre à guérir les maladies du foie, l'épilepſie & autres
maladies du cerveau.

*Alpinum.* La troisieme croît sur les Alpes, ainsi qu'en Sibérie : ses tiges s'élevent à la même hauteur que celles de l'espece précédente ; mais ses feuilles font unies : on la cultive rarement.

*Sibericum.* La quatrieme est originaire de la Sibérie & de la Transylvanie : les habitans de ces contrées mangent ses tiges & ses feuilles, lorsqu'ils manquent d'autre nourriture

On cultive rarement ces plantes ailleurs que dans les Jardins de Botanique. Je conseille à ceux qui veulent en multiplier quelques unes, de semer leurs graines en automne ; & lorsqu'elles paroissent au printems, de les sarcler, & de les éclaircir comme les *Panais.*

HERBA GERARDI. *Voy.* Angelica Sylvestris Minor.

HERBE. [ *Grass.* ]

L'herbe est d'une si bonne qualité en Angleterre pour les promenades & les gazons, que quand elle est bien entretenue, elle a cette beauté exquise à laquelle les François & les autres nations ne peuvent atteindre. On ne fait pas ordinairement ces tapis de verdure en femant, mais en rapportant des gazons ; & certainement ceux que l'on prend dans de beaux pâquis, font bien préferables à ceux qui font femés.

On trouve difficilement de bonnes graines pour femer un beau tapis vert ; elles ne doivent pas être prifesdans les greniers à foin fans diftinction, parce que celles-ci pouffent trop haut, & forment de groffes tiges ; alors la partie baffe est nue & découverte ; & quoiqu'elle foit fouvent coupée, elle ne fait jamais une belle verdure, & ne produit pas un bel effet.

Si on fème ces promenades ou tapis, il faut fe procurer des femences dans les pâturages où l'herbe est naturellement fine & nette, fans quoi on aura bien de la peine à la tenir baffe, & elle ne fera jamais belle.

Avant de femer ces graines, on laboure la terre, & on en brife les mottes avec la bêche ; quand le terrein est dreffé & bien nivelé, on le herfe pour rendre la terre fine, on en ôte toutes les mottes & les pierres, & on le couvre enfuite d'un bon pouce de terreau : ces préparatifs étant terminés, on répand la graine affez épaiffe, de maniere que l'herbe puiffe pouffer très ferrée & courte, on y paffe la herfe une feconde fois, pour enterrer & couvrir les femences, & empêcher le vent de les emporter. Le meilleur tems pour cette opération est vers le milieu ou à la fin d'Août, parce que ces graines ne demandent que de l'humidité pour croître : fi elles ne font pas femées avant la fin de Février ou le commencement de Mars, & que le tems foit fec, la verdure ne paroîtra pas fitôt. Il vaut mieux auffi choifir pour cette opération un tems doux & incliné à la pluie, parce qu'alors les femences s'enfonceront dans la terre &

germeront plutôt : quand on les ſeme dans des jardins , on doit y mêler une bonne quantité de *Treffle* de Hollande, qui fera toujours un plus beau gazon, & qui garnira mieux qu'aucune autre eſpece d'herbe : ſa verdure eſt auſſi plus agréable.

Lorſque les ſemences ont pouſſé , & que l'herbe eſt fort épaiſſe & d'un beau vert, elle exigera un ſoin continuel pour être tenue en ordre : ce ſoin conſiſte à la faucher ſouvent; car plus elle eſt coupée , plus elle eſt belle & épaiſſe ; il faut auſſi la rouler avec un cylindre ou gros rouleau de bois , pour la mettre de niveau autant qu'il eſt poſſible. Si l'herbe eſt négligée , elle monte & devient ſauvage ; alors il n'y a plus d'autre moyen de la rétablir, que de la ſemer chaques deux ans; mais ſi la terre eſt bien débarraſſée des grandes herbes , & ſi on prend des gazons dans un pâquis très-uni , le tapis ſe conſervera beau pendant pluſieurs années, pourvu qu'il ſoit bien entretenu.

Pour conſerver les promenades & les tapis en bon état, il faut répandre de nouvelles ſemences en automne dans les places vuides , pour les renouveler & les remplir , mais il n'y a rien qui améliore autant l'herbe que de la rouler , & d'arracher les mauvaiſes eſpeces qui y ſont mêlées.

Quand on place des gazons dans un jardin, on répand ordinairement au-deſſous une certaine quantité de ſable, ou de terre de mauvaiſe qualité, afin d'empêcher l'herbe de devenir trop forte. Cette méthode peut être bonne dans un ſol riche ; mais elle ne convient point dans un terrein médiocre, car l'herbe s'uſeroit bientôt & périroit en paquets.

En choiſiſſant le gazon, il faut avoir égard à ſa netteté, & rejetter toutes les parties qui contiennent beaucoup de mauvaiſes herbes ; parce qu'il ſeroit fort déſagréable d'être obligé de les arracher lorſque le gazon eſt arrangé , & que cela produiroit un mauvais effet.

Lorſque le gazon doit durer pluſieurs années ſans être renouvelé , il faut y mettre des engrais tous les deux ans, ſoit du fumier très-conſommé , ou des cendres, ſoit du tan bien pourri, qui eſt très-propre à cet uſage ; mais on doit répandre ces engrais dans le commencement de l'hiver, afin que la pluie les enfonce dans la terre avant les ſéchereſſes du printems , ſans quoi ils feroient brûler l'herbe. Quand le gazon eſt ainſi dreſſé , bien roulé & fauché, on peut le conſerver dans toute ſa beauté pendant pluſieurs années ; & ſi on y fait parquer des brebis , il ſubſiſtera en bon état plus de huit à dix ans.

HERBE *aux Anes*. Voy. *Œnothera biennis*.

Herbe *à l'Araignée*. V. *Hemerocallis Liliaſtrum & Tradeſcantia*.

Herbe *qui porte Benjoin*, ou *Laſer*. Voy. *Laſerpitium*.

Herbe *blanche*. Voy. *Athanaſia maritima*.

Herbe à *bouton*. V. *Spermacoce*.

Herbe *au Cancer*, ou *la Dentelaire*. V. *Plumbago Europæa*.

Herbe *au Chantre, le Velar* ou *Tortelle*. V. *Erysimum officinale*.

Herbe *aux Chats*. Voyez *Nepeta cataria*.

Herbe *à Chiffons*. Voyez *Othonna*.

Herbe *de Chypre*, ou *Souchet*. V. *Cyperus*.

Herbe *au Coq, Coq des jardins* ou *la Menthe Coq*. Voyez *Tanacetum Balsamita*.

Herbe *à Coton*. Voyez *Filago Germanica*.

Herbe *en Croix*. V. *Valantia*.

Herbe *aux Cuilliers*, ou *au scorbut*. V. *Cochlearia officinalis*.

Herbe *aux Curedens* .V. *Daucus Visnaga*.

Herbe *dorée*. V. *Senecio altissimus*.

Herbe *douce*, ou *Reglisse sauvage*. V. *Scoparia dulcis*.

Herbe *aux Ecus*, ou *la Nummulaire*. V. *Lysimachia nummularia*.

Herbe *à l'épervier*. V. *Hypochœris radicata sive Hieracium Crepis*.

Herbe *à l'Esquinancie*, ou *Bec-de-grue*. V. *Geranium. Sherardia*.

Herbe *à éternuer*. Voy. *Achillea Ptarmica*.

Herbe *étoilée de l'Amérique*. Voy. *Tridax*.

Herbe *au foie*, ou *l'Hépatique*. V. *Lichen*.

Herbe *aux Gencives*. V. *Daucus gengidium*.



Herbe *à la Goutte*. Voy. *Ægopodium*.

Herbe *grasse ou huileuse*, ou *Grassette*. V. *Pinguicula*.

Herbe *aux Gueux* ou *la Clematite*. V. *Clematis Vitalba*.

Herbe *à l'Hirondelle*. V. *Passerina. Stapelia*.

Herbe *à jaunir* ou *la Gaude*. Voy. *Reseda Luteola*.

Herbe *à lait*. V. *Glaux maritima*.

Herbe *des Magiciennes*, Herbe *de St Etienne*, ou *la Circée*. V. *Circæa*.

Herbe *de Mai*. Voyez *Anthemis arvensis*.

Herbe *de Mai sauvage*. V. *Cotula*.

Herbe *des Marais*. V. *Menyanthes*.

Herbe *de Maure* ou *le Réséda*. V. *Reseda lutea, vulgaris*.

Herbe *aux mites*. V. *Verbascum Blattaria*.

Herbe *à Mulet*. V. *Hemionitis*.

Herbe *musquée*. V. *Moschatellina*.

Herbe *aux Oies*. Voy. *Aparine. Asperugo*.

Herbe *aux Panaris*. V. *Illecebrum paronychia*.

Herbe *à Páris*. V. *Páris. Trillium*.

Herbe *du Parnasse*. V. *Parnassia*.

Herbe *à Pauvre-homme* ou *la Gratiole*. V. *Gratiola officinalis*.

Herbe *aux Perles* ou *le Grémil*. V. *Lithospermum officinale*.

Herbe *aux Poules de Guinée*. V. *Petiveria*.

Herbe *aux Poux*, ou *la Staphisaigre*. V. *Delphinium Staphisagria. Pedicularis. Rhinanthus*.

Herbe *aux Puces, annuelle.* Voy. *Plantago Cynops.*

Herbe *aux Puces, vivace.* Voyez *Plantago Pfyllium.*

Herbe *aux Puces,* ou *la Conife.* V. *Conyza fquarrofa. Erigeron.*

Herbe *aux Punaifes.* V. *Conyza lobata.*

Herbe *à la Rage,* ou *Cameline.* V. *Alyffum. Afperugo.*

Herbe *à la Reine,* ou *la Nicotiane.* Voyez *Nicotiana ruftica.*

Herbe *à Robert.* Voy. *Geranium Robertianum.*

Herbe *de St.-Antoine,* ou *le petit Laurier Rofe.* V. *Epilobium anguftifolium.*

Herbe *de Sainte-Barbe.* V. *Eryfimum Barbarea.*

Herbe *de St Benoît,* ou *la Benoîte.* V. *Geum urbanum.*

Herbe *de St-Chriftophe.* V. *Actæa Spicata.*

Herbe *de St-Etienne.* V. *Circæa Lutetiana.*

Herbe *de St-Jacques,* ou *la Jacobée.* V. *Senecio Jacobæa.*

Herbe *de St-Pierre ; Paffepierre, Fenouil marin, Bacille,* ou *Crift-marine.* V. *Afcyrum. Crithmum maritimum.*

Herbe *fans couture,* ou *Langue de-Serpent.* V. *Ophioglossum vulgatum.*

Herbe *à Savon, Saponaire,* ou *Savonaire.* V *Saponaria.*

Herbe *à fept têtes ou à fept tiges,* ou *Gazon d'Olympe.* V. *Statice Ameria.*

Herbe *du Serpent à fonnettes.* Voyez *Eryngium aquaticum.*

Herbe *du Siége, la Scrophulaireaquatique,* ou *Bétoine d'eau.* Voyez *Scrophularia aquatica.*

Herbe *aux Teigneux, le Pé-*



*tafite, Bardane* ou *Glouteron.* V. *Arctium.*

Herbe *à Teinture,* ou *Genét des Teinturiers.* Voyez *Genifta tinctoria.*

Herbe *aux Trachées.* V. *Trachelium cœruleum.*

Herbe *au Vent* ou *la Pulfatille,* ou *Coquelourde.* Voyez *Pulfatilla vulgaris.*

Herbe *aux Verrues,* ou *l'Héliotrope.* V. *Heliotropium Europæum.*

Herbe *aux Vipères,* ou *la Vipérine.* V. *Echium vulgare.*

HERBORISTE, (*un*) eft celui qui connoît les genres, la nature & les vertus des plantes.

HERBORISER, c'eft aller dans les campagnes chercher des plantes.

HERBEUX, fignifie rempli d'herbes ou de plantes.

HERBIFER, fignifie portant ou produifant des herbes.

HERBIVORE, fe dit des animaux qui fe nourriffent d'herbes.

HERMANNIA. *Tourn. R. H.* 656. *Tab.* 432. *Lin. Gen. Pl.* 742. [*Hermania.*] L'Herman. M. De TOURNEFORT a nommé ainfi cette plante en l'honneur du fameux Botanifte PAUL HERMAN, Profeffeur de Botanique à Leyde.

*Caracteres.* Le calice de la fleur eft perfiftant, en forme de vâfe, & divifé à l'extrémité en cinq parties : la corolle eft compofée de cinq pétales étroits à leur bâfe, qui fe recourbent au foleil dans le tube du calice, & s'étendent enfuite vers le haut, où ils font larges & obtus ; la fleur a cinq larges étamines jointes en un corps, & terminées en pointe : le germe, qui occupe le centre de la fleur, est presque rond, & a cinq côtes ; il soutient un style en forme d'alêne, plus long que les étamines, & couronné par un stigmat ; ce germe se change ensuite en une capsule presque ronde, à cinq côtes & à cinq cellules, qui s'ouvrent vers le haut & contiennent plusieurs semences.

Ce genre de plantes est de la première section de la seizieme classe de LINNÉE, qui renferme celles dont les fleurs ont cinq étamines jointes en un corps, & un style.

Les especes sont :

1°. *Hermannia Alni-folia, foliis cunei-formibus, plicatis, crenato-emarginatis.* Hort. Cliff. 342. Roy. Lugd.-B. 347 ; l'Herman à feuilles en forme de coin, repliées, fendues & échancrées.

*Hermannia frutescens, folio oblongo, serrato, latiori.* Boerh. Ind. l'Herman en arbrisseau à feuilles plus larges, oblongues & sciées.

*Ketmia Africana, vesicaria, fruticans & erecta, Alni foliis latioribus & majoribus.* Comm. Hort. 2. p. 155. t. 78.

*Arbuscula Africana, tri-capsularis, Ononidis vernæ singulari folio.* Pluk. Mant. 14. t. 239. f. 1.

2°. *Hermannia Grossulariæ folio, foliis ob-ovatis, acutè incisis, pedunculis bifloris.* Prod. Leyd. 347 ; Herman à feuilles ovales & à pointes aiguës, ayant des pédoncules qui portent chacun deux fleurs.

*Hermannia foliis lanceolatis, pinnati-fidis.* Linn. Sp. Plant. 943. Edit. 3.

*Hermannia frutescens, folio Grossulariæ, parvo, hirsuto.* Boerh. Inst. l'Herman en arbrisseau & à petites feuilles velues & semblables à celles du Groseiller.

3°. *Hermannia Althææ folia, foliis ob-ovatis, plicatis, crenatis, tomentosis.* Hort. Cliff. 342. Roy. Lugd.-B. 347. Kniph. Cent. 2. n. 30 ; Herman à feuilles ovales, plissées, crénelées & cotonneuses.

*Hermannia frutescens, folio Hibisci, hirsuto, molli, caule piloso.* Boerh. 1 ; l'Herman en arbrisseau à feuilles douces au toucher, hérissées de poils & cotonneuses.

*Hermannia Capensis, Althææ folio.* Pet. Gaz. 53. t. 34. f. 2.

*Ketmia Africana, frutescens, foliis mollibus & incanis.* Comm. Hort. 2. p. 151. t. 79.

4°. *Hermannia Hyssopi-folia, foliis lanceolatis, obtusis, serratis.* Hort. Cliff. 342. Hort. Upf. 195. Roy. Lugd.-B. 347 ; l'Herman à feuilles obtuses, sciées & en forme de lance.

*Hermannia frutescens, folio oblongo, serrato.* Tourn. l'Herman en arbrisseau à feuilles oblongues & sciées.

5°. *Hermannia tri-foliata, foliis oblongo-ovatis, crenatis, tomentosis, flore mutabili* ; l'Herman à feuilles ovales, oblongues, crénelées, & velues, & à fleurs changeantes.

*Hermannia foliis ternatis, sessilibus, plicatis, retusis.* Hort. Cliff. 342. Roy. Lugd.-B. 347.

*Hermannia, frutescens, folio*

*oblongo, molli, cordato, hirſuto.*
*Boerh. Ind.* l'Herman en arbriſſeau à feuilles douces,
oblongues, hériſſées & en forme de cœur.

6°. *Hermannia pinnata, foliis,*
*tripartitis, mediâ parte pinnati-fidâ.*
*Hort. Cliff.* 342. *Roy. Lugd.-B.*
348 ; l'Herman à feuilles diviſées en trois parties, & terminées en pluſieurs pointes.

*Hermannia fruteſcens, folio*
*multi-fido, tenui, caule rubro.*
*Boerh. Ind. Alt. p.* 273 ; l'Herman en arbriſſeau à feuilles
étroites & diviſées ayant une
tige rouge.

*Ketmia Africana veſicaria,*
*Uvæ criſpæ foliis. Comm. Rar.*
7. *t.* 7.

*Ciſtoïdes frutex Æthiopicus,*
*parvis Coronopi foliis, ad nodos*
*caulem radiatim ambientibus. Pluk.*
*Mant.* 50. *t.* 344. *f.* 3.

*Mahernia pinnata, foliis tri-*
*partito-pinnati-fidis. Linn. Syſt.*
*Veg. p.* 253. *Syſt. Plant. t. 1. p.*
776. *Sp.* 2.

7°. *Hermannia Lavenduli-*
*folia, foliis lanceolatis, obtuſis,*
*integerrimis. Hort. Cliff.* 342. *Roy*
*Lugd.-B.* 347. *Kniph. Cent.* 1.
*n.* 39 ; l'Herman à feuilles obtuſes, entieres & en forme
de lance.

*Hermannia fruteſcens, folio*
*Lavendulæ, latiori & obtuſo ;*
*flore parvo aureo. Boerh. Ind.*
*Alt. p.* 273. *Dill. Elth.* 179. *t.*
1. *f.* 176 ; l'Herman en arbriſſeau à feuilles larges de La-
vende & obtuſes avec une petite fleur de couleur d'or.

8°. *Hermannia Hirſuta, fo-*
*liis ſimplicibus, ternatiſque, hir-*
*ſutis, feſſilibus ;* l'Herman à
feuilles ſimples, velues, di-

viſées en trois lobes & ſeſſiles.

*Alni-folia.* La premiere eſpece s'éleve à la hauteur de
ſix ou huit pieds, avec une
tige qui ſe diviſe en pluſieurs
branches irrégulieres, mais droites, couvertes d'une écorce brune, & garnies de feuilles en forme de coin, étroites à leurs bâſe, larges & rondes à leur extrémité, d'un pouce de longueur ſur trois quarts de pouce
de largeur à l'extrémité, où elles ſont échancrées & crenelées : ſes fleurs paroiſſent en
épis courts vers les extrémités
des branches ; elles ſont d'un
jaune pâle & petites ; elles paroiſſent en Avril & en Mai, &
leurs ſemences mûriſſent aſſez
ſouvent en Août.

*Groſſulariæ folio.* La ſeconde
eſt moins haute que la premiere,
mais elle produit un plus grand
nombre de branches qui s'étendent de chaque côté : ſes feuilles ſont auſſi plus petites, inégales & ſeſſiles : ſes fleurs naiſſent à l'extrémité de chaque
branche ; elles ſont courtes &
terminées en pointes, & l'arbriſſeau paroit en être entièrement couvert : elles ſont d'un
jaune clair, paroiſſent vers la
fin d'Avril, & ſont remplacées
par des ſemences en Angleterre.

*Althææ-folia.* La troiſieme eſt
plus baſſe encore que les précédentes, & s'éleve rarement
à plus de deux pieds & demi :
ſa tige eſt moins ligneuſe, &
ſes branches, qui ſe plient aiſément, ſont garnies de feuilles ovales, velues, pliſſées &
crenelées ſur leurs bords : ſes
fleurs ſortent à l'extrémité de
chaque branche en panicu-

les clairs ; elles font plus groffes que celles des autres efpeces , & leur calice eft très-velu.
Cette efpece fleurit en Juin &
en Juillet , & donne fouvent
des fleurs pour la feconde fois
en automne.

*Hyffopi-folia.* La quatrieme ,
qu'on cultive en Europe depuis plus long-tems que les efpeces précédentes , s'éleve à
la hauteur de fept à huit pieds ;
fa tige , droite & branchue ,
pouffe de tous côtés des branches ligneufes plus perpendiculaires que celles des autres efpeces , & garnies de feuilles
obtufes en forme de lance , de
la longueur à-peu-près d'un
pouce fur un & demi de large,
& fciées aux bords vers l'extrémité fupérieure : fes fleurs
font produites en petits paquets
à chaque côté de la tige ; elles
font d'un jaune pâle couleur
de paille , elles paroiffent dans
le mois de Mai & Juin , &
produifent fouvent des femences qui mûriffent vers la fin
d'Août.

*Trifoliata.* La cinquieme ne
s'éleve guere qu'à deux pieds
de hauteur : fa tige, douce &
ligneufe, pouffe de petites branches irrégulieres , garnies de
feuilles oblongues, ovales, velues & fupportées par des pétioles affez longs : fes fleurs
font produites au fommet des
branches en paquéts clairs :
lorfqu'elles commencent à s'é-
panouïr , elles font de couleur d'or ; mais quelques jours
après cette couleur fe change
en jaune : elles paroiffent en
Juin & en Juillet.

*Pinnata.* La fixieme a une
tige branchue & haute d'environ trois pieds , qui pouffe plufieurs petites branches couvertes d'une écorce rougeâtre , &
garnies de feuilles étroites &
aîlées : fes fleurs, qui fortent en
petits épis fur chaque côté des
branches , font petites , d'un
jaune foncé : elles paroiffent
en Juin & en Juillet.

*Lavenduli-folia.* La feptieme ,
qui s'éleve rarement à plus de
deux pieds & demi de hauteur ,
pouffe de chaque côté des branches fort touffues , minces &
garnies de feuilles velues ,
d'un vert pâle , & de différentes grandeurs : quelques-unes
ont trois pouces de longueur
fur un de largeur à leur extrémité ; mais celles du fommet
n'ont guere plus d'un pouce dans les deux diamètres ;
elles font poftées fur de très-
courts pétioles : fes fleurs font
fimples & fortent féparées fur
le côté de la tige ; elles font
petites & jaunes , & fe fuccedent durant la plus grande
partie de l'été.

*Hirfuta.* La huitieme, dont les
femences m'ont été envoyées
du Cap de Bonne-Efpérance ,
s'éleve à la hauteur de deux
pieds : fa tige , branchue & velue , pouffe de chaque côté
des branches, qui s'élevent plus
droites que celles de l'efpece
précédente , & qui font garnies
de feuilles veinées & velues,
quelquefois féparées , & fouvent réunies au nombre de
trois ; dans ce dernier cas celle
du milieu eft la plus large :
les fleurs font produites vers
le fommet des branches ; elles
font groffes , d'un jaune foncé,

& leurs calices font larges, en-
flés & velus : cette efpece fleurit pendant la plus grande partie de l'été.

*Culture.* Toutes les efpeces
connues de ce genre font originaires des environs du Cap
de Bonne-Efpérance, d'où elles
ont été apportées pour la plupart dans les jardins de la Hollande, où on les a cultivées,
& d'où elles fe font répandues
dans tous les jardins de l'Europe.

Ces plantes fe multiplient par
boutures ; on les coupe pendant l'été ; on les plante dans
une terre neuve ; on les arrofe, & on les garantit des
ardeurs du foleil jufqu'à ce
qu'elles aient pris racine, ce
qui arrive fix femaines après ;
alors on les enleve, en confervant une motte de terre
autour de leurs racines ; on
les plante dans des pots remplis d'une terre neuve & égere,
& on les tient à l'ombre jufqu'à ce qu'elles aient produit
des nouvelles fibres, après
quoi on peut les tenir en plein
air avec les *Myrtes* & les *Géranium* jufqu'à la fin d'Octobre,
pour les renfermer alors dans
une ferre en les plaçant
dans le lieu le plus frais, où
elles puiffent jouir, autant
qu'il eft poffible, d'un air libre ;
car elles languiront & fe flé-
triront fi on les met dans le
fond de la ferre, & elles produiront peu de fleurs : fi au contraire on fe contente de les
abriter du froid, & qu'elles
aient beaucoup d'air, elles refteront vigoureufes, & fleuri
ront fortement en Avril & en



Mai : il faut les arrofer fouvent,
& les changer de terre au
moins deux fois par an, en
Mai & en Septembre, faute
de quoi leurs racines s'entre-
mêlent & les plantes languiffent.

Il eft rare que ces plantes
produifent de bonnes femences en Angleterre, excepté la
quatrieme & la huitieme efpece, dont les graines mûriffent tous les ans : la raifon de
cela eft, à ce que je crois,
de ce qu'elles ont été multipliées par boutures ; car toutes les plantes de ce genre que
j'ai élevées de femences ont
été fertiles deux ou trois ans
après, tandis que celles qui
ont été multipliées par boutures n'ont jamais rien produit.

J'ai obfervé la même chofe
dans plufieurs autres plantes ;
ainfi quand on veut avoir des
arbres fertiles, on doit toujours
les élever de femences. On
répand leurs graines fur une
couche de chaleur modérée ;
& dès que les plantes commencent à paroître, on les met
dans de petits pots, qu'on plonge dans une autre couche d'une
chaleur auffi très-modérée,
afin d'accélérer l'accroiffement
de leurs racines ; on les endurcit enfuite par dégrés pour
qu'elles puiffent fupporter l'air
libre en été, après quoi on
les traite comme les vieilles
plantes.

HERMODACTES. *Voy.*
HERMODACTYLUS, *ou* IRIS TU-
BE O A.

HERMODACTYLUS [ *Her-
modactyl, or Snake's-head Iris.*]
Hermodacte, appellée communément

plantées un lit de rocailles : nément *Tête de Serpent*, *Iris Tuberofa*.

LINNÉE a joint ce genre à l'*Iris*, parce que les caracteres de fa fleur font à-peu-près les mêmes. TOURNEFORT l'en a féparé à caufe de la différence de fa racine, ce qui eft contraire à fon fyftême, dans lequel la forme des pétales, leur nombre & leur pofition font le caractere principal & diftinctif de fes claffes & de fes genres ; mais comme cette plante exige une defcription particuliere, je la donnerai d'après la dénomination de TOURNEFORT.

[ *Nota*. MILLER l'a cependant comprife dans le nombre des efpeces de l'Iris fous le nom trivial de *Tuberofa. Sp.* 21. ]

*Caracteres*. La fleur eft femblable à celle du *Lys* ; fa corolle eft monopétale & de la forme de celle de l'*Iris*, fa racine eft noueufe, divifée en deux ou trois mammelons, & femblable à des bulbes oblongs.

Nous n'avons qu'une efpece de cette plante, qui eft :

L'*Hermodactylus Tuberofa, folio quadrangulo. C. B. P.* Têtede-Serpent *ou* Iris, à laquelle on donne auffi le nom d'*Iris Tuberofa Belgarum* ; *Iris Tubéreufe des Hollandois. Iris Tuberofa. Linn. Sp. Plant.* p. 58. *Edit. 3. Syft. Plant. t.* 1. *p.* 110. *Sp.* 20.

On multiplie facilement cette plante au moyen de fes bulbes, qu'on fépare quand fes feuilles commencent à fe flétrir : cet inftant eft le plus propre pour les tranfplanter. Il ne faut pas les conferver long-

tems hors de terre, de peur qu'elles ne s'alterent, ce qui les feroit pourrir après avoir été plantées ; elles exigent une terre graffe, peu forte & peu profonde, & veulent être mifes à l'expofition du levant, où elles fleuriffent très - bien. On ne déplace ces plantes qu'une fois tous les trois ans, fi l'on veut qu'elles profperent & qu'elles fe multiplient ; mais alors elles doivent être à une plus grande diftance les unes des autres que fi elles étoient tranfplantées tous les ans. Il faut les tenir nettes de mauvaifes herbes, & à la Saint Michel couvrir l'endroit où elles font avec du terreau pour fortifier leurs racines : on les met à fix pouces de diftances en quarré, & on les enfonce de trois pouces. Ces plantes produifent leurs fleurs en Mai, & perfectionnent leurs femences en Août ; mais comme elles fe multiplient promptement par leurs racines, peu de perfonnes fe donnent la peine de les femer : ceux qui voudroient cependant fe fervir de ce moyen, doivent les conduire fuivant la méthode qui a été prefcrite pour l'*Iris Bulbeufe* ou *Xiphium*.

Les racines de cette plante s'enfoncent ordinairement fort avant dans la terre, & alors elles produifent peu de fleurs ; quelquefois même elles fe trouvent fi fort enterrées qu'elles fe perdent, fur tout dans un fol très-leger : pour prévenir cet inconvenient, il feroit à propos de placer dans le fond de la plate-bande où elles font cette précaution est sur-tout nécessaire dans un sol léger ; mais dans une terre forte elle devient inutile.

Quelques Écrivains ont cru que cette plante étoit le véritable *Hermodacte* ; mais on a long-tems employé en Europe à sa place la racine de *Colchique*.

**HERNANDIA.** *Plum. Nov. Gen.* 8. *Tab.* 40. *Lin. Gen. Plant.* 931. *Jacq. Amer.* 245. Communément appellée [ *Jackin-a-Box.* ] *Jacques dans une boîte.* Les habitans de la Martinique la nomment *Myrobolan.*

*Caractères.* Cette plante a des fleurs mâles & des fleurs femelles sur la même tige ; les fleurs mâles ont une enveloppe commune , composée de quatre petites feuilles ovales , qui renferment trois fleurs , dont chacune a un calice propre en cloche , & d'une seule feuille ; la corolle est en forme d'entonnoir, & divisée sur ses bords en six segmens : la fleur a trois courtes étamines inferées dans le calice , & terminées par des sommets perpendiculaires. Les fleurs femelles sont de la même forme que les mâles , mais sans étamines ; elles ont un germe presque rond , qui soutient trois styles minces & couronnés par des stigmats aigus. Le calice se change dans la suite en un fruit enflé , oblong, gros , & troué à chaque extrémité , qui renferme une aveline dure & globulaire.

Ce genre de plante est placé dans la troisieme Section de la vingt-unieme classe de LINNÉE , intitulée , *Monæcia Triandria ,* qui renferme celles qui ont des fleurs mâles & femelles sur le même pied , & dont les mâles ont trois étamines.

Nous n'avons en Angleterre qu'une espece de ce genre , qui est :

*Hernandia sonora , foliis peltatis. Hort. Cliff.* 485. *Tab.* 23. *Fl. Zeyl.* 423. *Brown. Jam.* 373. *Jacq. Amer.* 245.

*Hernandia amplo Hederæ folio , umbilicato. Plum. Gen.* 6. Hernandia à feuilles de Lierre & ombiliquées, communément appellée dans les Indes Occidentales , *Jacques dans une boîte.*

*Nux vesicaria oleosa , foliis umbilicatis. Pluk. Alm.* 266. *t.* 208. *f.* 1.

*Arbor Regis. Rumph. Amb.* 2. *p.* 257. *t.* 85.

*Balantine. Pet. Gaz. t.* 43. *f.* 1. Cette plante est très-commune à la Jamaïque, à la Barbade, à Saint-Christophe, & dans plusieurs autres Isles des Indes-Occidentales , où elle est connue sous le nom de *Jacques dans une boîte* : son fruit est percé lorsqu'il est tout-à-fait mûr ; la noix devient alors fort dure, & lorsque l'air agité pénètre par son ouverture, il produit un sifflement qu'on entend d'une distance considérable ; ce qui a sans doute donné lieu au nom singulier de cette plante. Elle croît dans les égoûts & dans le lit des petits ruisseaux.

Les curieux de l'Europe cultivent cette plante dans leurs jardins avec les autres plantes exotiques délicates : on la multiplie par ses graines, qu'on place dans une couche au printems ; lorsque les jeunes pieds ont deux pouces de hauteur, on les transplante séparément dans des pots remplis d'une bonne terre neuve, on les plonge dans une couche de tan, on les arrose, & on les tient à l'ombre jusqu'à ce qu'ils aient formé de nouvelles racines ; on leur donne ensuite de l'air en soulevant les châffis à proportion de la chaleur de la saison ou de la couche dans laquelle les pots sont plongés : pour faciliter leur croissance, on doit les arroser souvent, les changer de pots, proportionner leur grandeur au volume des racines, & leur donner de la bonne terre ; mais en faisant cette derniere opération, il faut avoir grand soin de ne pas endommager les racines & d'y conserver une bonne motte de terre : si leurs feuilles baissent après avoir été changées, on les tient à l'ombre jusqu'à ce qu'ils aient poussé de nouvelles fibres. La meilleure saison pour changer ces plantes, est le mois de Juillet, afin qu'elles puissent s'enraciner fortement avant l'hiver.

On les conserve dans la serre chaude de tan, où elles n'ont besoin en hiver que d'une chaleur modérée, & de beaucoup d'air en été : par le moyen de ces ménagemens, ces plantes s'éleveront au - dessus de seize pieds de haut ; leurs larges feuilles font un bel effet dans la serre chaude. Elles n'ont point encore produit de fleurs en Angleterre : mais on peut espérer qu'en peu de tems les plus grosses plantes en donneront.

HERNIAIRE, HERNIOLE, *ou* LA TURQUETTE. *Voyez* Herniaria glabra.

HERNIAIRE à feuilles de Mouron. *Voy.* Mollugo quadri-folia. L.

HERNIARIA. *Tourn. Inst. R. H.* 507. *Tab.* 283. *Lin. Gen. Plant.* 272. de *Hernia*, rupture. [ *Rupturewort.*] Herniaire, Herniole, ou la Turquette.

*Caracteres.* La fleur est apétale, mais elle a un calice formé par une feuille colorée, & divisée en cinq parties qui s'étendent ; cinq étamines en forme d'alêne, placées dans les séparations du calice, & terminées par des sommets simples, & cinq autres qui sont stériles & disposées alternativement entre les premieres : dans son centre est placé un germe ovale, surmonté de deux stigmats terminés en pointe aiguë ; ce germe se change ensuite en une petite capsule, renfermée dans le calice, & dans laquelle se trouve une semence ovale.

Ce genre de plantes est rangé dans la seconde Section de la cinquieme classe de Linnée, intitulée, *Pentandria Digynia,* qui renferme celles dont les fleurs ont cinq étamines & deux styles.

Les especes font :

1°. *Herniaria glabra, herbacea. J. B.* 3. *p.* 378. Herniole ou Turquette unie & herbacée.

*Herniaria glabra, glomerulis multi-floris. Mat. Med.* 72. *Hall. Helv. n.* 1552.

*Herniaria calicibus bracteâ nudis. Hort. Cliff.* 41. *Fl. Suec.* 207, 213. *Roy. Lugd. B.* 215. *Dalib. Paris.* 76.

*Polygonum minus sivè Milla-grana major. Bauh. Pin. 281.*

2°. *Herniaria hirfuta, herbacea. J. B. 3. p. 379.* Herniole velue & herbacée.

*Herniaria hirfuta , glomerulis pauci-floris. Hall. Helv. n. 1553.*

*Herniaria hirfuta , Raii. Zanichelli Ic. 284. Bauh. Hift. 3. p. 379.*

3°. *Herniaria Alfines - folia , Alfines folio. Tourn. Inft. 507.* Herniole à feuilles de Morgeline.

4°. *Herniaria fruticofa, caulibus fruticofis , floribus quadri-fidis. Amœn. Acad. 4. p. 269. Læft. It. 128.* Herniole en arbriffeau, ayant des fleurs divifées en quatre parties.

*Herniaria fruticofa , viticulis lignofis. C. B. p. 382.*

*Polygonum, Herniariæ folio & facie , peramplâ radice. Bauh. Hift. 3. p. 378. Lob. Ic. 85.*

*Glabra. Hirfuta.* Les deux premières efpèces croiffent naturellement en Angleterre, mais elles n'y font pas bien communes ; elles font baffes & rampantes ; leurs branches traînent fur la terre, & s'étendent à fix ou fept pouces de chaque côté ; leurs feuilles reffemblent à celles de la *Morgeline* ; celles de la première font unies, & celles de la feconde velues : les fleurs font produites en paquets fur les côtés des tiges, à chaque nœud ; elles font petites, d'un verd - jaunâtre, & peu apparentes. (1)

---

(1) Le nom d'*Herniaire* que l'on donne à cette plante, eft venu de fa propriété de guérir les Hernies ; on l'applique en cataplafmes fur les



*Fruticofa.* La quatrième a une tige traînante d'arbriffeau , couverte de petites feuilles velues & femblables à celles de la feconde efpèce : fes fleurs ont auffi la même forme & la même couleur.

*Alfines-folia.* La troifième eft une plante annuelle, qui croît fans culture en France & en Italie ; elle ne s'étend pas auffi loin que les deux premières ; mais fes fleurs font à - peu-prés les mêmes, quoique plus groffes.

On cultive peu ces plantes ailleurs que dans les jardins des Botaniftes, où on les conferve pour la variété. Les trois premières font annuelles : on doit laiffer tomber naturellement leurs femences fur terre, parce qu'elles réuffiffent beaucoup mieux ainfi, que fi on les femoit à la main.

La quatrième eft vivace : on peut la multiplier par boutures ; mais comme elle n'a point de beauté , on la cultive rarement.

On doit fe fervir de la première dans les Boutiques ; cependant on en voit peu dans Londres ; car on vend le *Perfil perce-Pierre ,* que les Herbieres apportent au marché au lieu de l'*Herniaire.*

HESPERIS. *Tourn. Inft. R. H. 222. Tab. 108. Lin. Gen. Plant. 731.*

---

defcentes, après en avoir fait la réduction , & l'on fait boire en même tems deux onces du fuc que l'on en a exprimé : on la regarde auffi comme un bon diurétique & apéritif, & on l'adminiftre en conféquence fous forme d'infufion dans l'hydropifie, la jauniffe , les affections glaireufes de la veffie, &c.

Quelques perſonnes préten-dent que cette plante tire ſon nom d'*Heſperia*, Italie, dont les peuples ont été appelés Heſpé-rides ; mais il eſt certain que ce nom vient du grec , ʒσπεϱος, parce que ſa fleur a plus d'o-deur dans la ſoirée : au ſurplus on peut admettre l'une ou l'au-tre de ces ſuppoſitions. On l'appelle auſſi *Viola matronalis*, parce qu'elle reſſemble au *Vio-lier*, & qu'elle a d'abord été cultivée par des femmes. [ *Dames Violet, Rocket, or Queen's Gilli-flower.* ] *Violier des Dames*, *Ro-quette* ou *Julienne*, *Alliaire*.

*Caraƈtères.* La corolle eſt com-poſée de quatre pétales oblongs, & placés en forme de croix, dont les bâſes ſont fort étroites ; le calice a quatre feuilles & tombe : la fleur a ſix étamines en forme d'alène, dont quatre ſont auſſi longues que le tube, & les deux autres plus courtes, & qui ſont toutes terminées en pointe aiguë, & recourbées à leur ſommet ; elle a une glande de neƈaire placée entre les deux courtes étamines ; le germe eſt quarré, auſſi long que les étamines, mais ſans ſtyle ; il eſt ſurmonté par un ſtigmat oblong, érigé, & diviſé en deux parties réunies à leurs pointes : ce germe devient enſuite une ſilique unie, longue, compri-mée, & à deux cellules ſépa-rées par une cloiſon intermé-diaire, qui renferment pluſieurs ſemences ovales & comprimées.

Ce genre de plantes eſt rangé dans la ſeconde ſeƈion de la quinzième claſſe de Linnée, intitulée, *Tetradynamia Siliquoſa* ; ſes fleurs ont quatre étamines longues & deux plus courtes, auxquelles ſuccédent des légu-mes longs.

Les eſpèces ſont :

1°. *Heſperis matronalis , caule ſimplici, ereƈo, foliis ovato-lanceo-latis , denticulatis , petalis mucrone emarginatis. Lin. Sp.* 927. *Hort. Cliff.* 335. *Hort. Ups.* 188. *Roy. Lugd.-B.* 338. *Dalib. Paris.* 197. *Gmel. Sib.* 2. *p.* 259. *n.* 18. *t.* 58. Julienne à tige ſimple & droite, ayant des feuilles ovales en forme de lance & dentelées, & des pétales échancrés en pointe au ſommet.

*Heſperis hortenſis , flore pur-puree. C. B. p.* 202. Julienne à fleurs pourpre, *ou* Roquette des jardins à fleurs purpurines.

*Viola matronalis. Dod. Pempt.* 161.

2°. *Heſperis alba, caule ſim-plici , ereƈo, foliis lanceolatis, ſerratis , petalis integris.* Julienne blanche à tige ſimple & droite, avec des feuilles en forme de lance & ſciées, & des pétales entiers.

*Heſperis hortenſis , flore candido. C. B. p.* 202. Julienne des Jardins à fleurs blanches.

3°. *Heſperis inodora , caule ſimplici , ereƈo, foliis ſub-haſtatis , dentatis , petalis obtuſis. Lin. Sp.* 927. *Gmel. Tub. p.* 205. *Jacq. Auſtr. t.* 347. Julienne ſans odeur à tige ſimple & érigée, à feuilles en forme de fer de pic & dente-lées, & à pétales obtus.

*Heſperis ſylveſtris inodora. C. B. pag.* 202. Julienne ſauvage ſans odeur.

*Heſperis* 3. *Cluſ. Hiſt.* 1. *p.* 297.

4°. *Heſperis triſtis, caule hiſ-pido , ramoſo, patente. Hort. Up-ſal.* 187. *Jacq. Vind.* 118. *Auſtr.*

*t.* 202. *Crantz. Auſtr. p.* **31.** *Pall. It.* 3. *p.* 687. Julienne à tige hériſſée de poils, diviſée en branches & étendue.

*Heſperis caule hiſpido procumbente. Hort. Cliff.* 335. *Roy. Lugd.- B.* 338.

*Heſperis Pannonica. Cam. Hort. t.* 18.

*Heſperis montana , pallida , odoratiſſima. C. B. p.* 202. Julienne de montagne pâle & très-odorante.

*Leucoïum melancholicum. Beſl. Eyſt.*

5°. *Heſperis Siberica , caule ſimplici , foliis lanceolatis , dentato-ſerratis , petalis obtuſiſſimis , integris. Lin. Sp.* 927. *Gmel. ſib.* 3. *p.* 260. *n.* 19. *Amm. Ruth. n.* 73. *& 74.* Julienne à tige ſimple, avec des feuilles en forme de lance & ſciées, & des pétales entiers & émouſſés.

6° *Heſperis exigua , caule ramoſiſſimo, diffuſo , foliis lineari-lanceolatis , dentatis ,ſiliquis apice truncatis.* Julienne à tige branchue & touffue , ayant des feuilles étroites en forme de lance & dentelées , & des légumes tronqués au ſommet.

*Heſperis exigua lutea , folio dentato , anguſto. Boerh. ind.* 146. Julienne avec une très-petite fleur jaune, & une feuille étroite & dentelée.

7°. *Heſperis dentata , foliis dentato-pinnati-fidis , caule lævi. Lin. Sp. Plant.* 928. Julienne à feuilles aîlées & dentelées , & à tige liſſe.

*Heſperis flore albo minimo ,ſiliquâ longâ , folio profundè dentato. Boerh. Ind. Alt.* 2, 20. *Dill. Elth.* 179. *t.* 148. *f.* 177. Julienne avec une petite fleur blanche,

un légume long, & des feuilles profondément dentelées.

*Heſperis foliis multi-fidis. Roy. Lugd. B.* 338.

*Siſymbrium Burſi-folium. Lin. Syſt. Plant. tom.* 3. *p.* 253. *Sp.* 9.

*Siſymbrium racemo flexuoſo, foliis lyratis, caule erecto folioſo. Amœn. Acad.* 4. *p.* 323. *Gouan. Illuſt.* 42.

*Siſymbrium foliis radicalibus ovatis ,dentatis ; caulinis pinnatis, pinnis linearibus , extremâ maximâ. Hall. Helv. n.* 481. *Gouan. R.*

*Draba paluſtris , ſiliquoſa , major , Alpina , Burſæ paſtoris folio. Cup. Sic.* 3.

8°. *Heſperis Africana , caule ramoſiſſimo, diffuſo , foliis petiolatis , lanceolatis, acutè dentatis , ſcabris , ſiliquis ſeſſilibus. Lin. Sp. Plant.* 928. Julienne avec une tige très-branchue & touffue, ayant des feuilles pétiolées , en forme de lance , à dents aiguës & rudes , & des légumes ſeſſiles.

*Heſperis Africana , Hieracii folio hirſuto ,flore minimo, purpuraſcente. Niſſ. Act.* Julienne d'Afrique à feuilles velues de Hieracium , & à fleurs très-petites & purpurines.

*Leucoïum Gallicum , folio Halimi. Bocc. Sic.* 77. *t.* 42. *f.* 1.

9°. *Heſperis verna , caule erecto, ramoſo , foliis cordatis , amplexicaulibus , ſerratis , villoſis , Lin. Sp. Plant.* 928. Julienne avec une tige droite & branchue, des feuilles velues , ſciées , en forme de cœur, & amplexicaules.

*Turritis annua verna , purpuraſcente flore. Tourn. Inſt.* 224.

*Leucoïum minus rotundi-folium , flore purpureo. Barr. Ic.* 876.

*Leucoïum maritimum lati-folium.*

*Bauh. Pin.* 201. *Moris. Hist.* 2. p. 231. *S.* 3. *t.* 8. *f.* 5.

*Leucoïum marinum, alternum, lati-folium, purpureo-violaceum. Lob. Ic.* 333.

*Rapistrum floribus Leucoii marini. Bauh. Pin.* 95. *Prodr.* 37. *Burs. IV.* 47.

La première espèce, qui croît naturellement en Italie, a été autrefois plus commune dans les jardins Anglois qu'elle ne l'est aujourd'hui ; on l'a négligée depuis long tems, parce que sa fleur est simple & sans apparence : cependant comme son odeur est très-agréable, elle mérite d'occuper une place dans tous les jardins. Cette plante a une tige droite d'un pied & demi de hauteur, & garnie de feuilles en forme de lance, sessiles, un peu dentelées sur leurs bords, & terminées en pointe aiguë : ses fleurs, qui naissent en bouquets clairs & détachés aux extrémités des tiges, ont leur corolle composée de quatre pétales presque ronds, dentelés à leur pointe, & de couleur pourpre foncé ; elles répandent une odeur douce & agréable, sur tout le soir quand le tems est couvert. Cette espèce fleurit en Juin, & ses semences mûrissent à la fin d'Août ; elle est bis-annuelle, ainsi chaque année il faut en élever de nouvelles pour remplacer celles qui périssent : si on lui donne le tems de répandre ses semences, elle se multipliera en abondance le printems suivant sans aucune culture. La meilleure saison pour semer ses graines, est l'automne ; celles que l'on ne sème qu'au printems, manquent souvent, si la saison est sèche, ou elles restent long-tems en terre avant de germer. Cette plante demande un sol gras & sans fumier, où elle réussira mieux que dans une terre riche.

On voit dans quelques jardins de la France, une grande quantité de cette espèce, dont les fleurs sont fort doubles : celle que nous cultivons en Angleterre, est une variété de la troisième, avec des fleurs sans odeur.

*Alba.* On a regardé généralement la seconde comme une variété de la première, parce que sa fleur étoit d'une couleur différente ; mais elle est certainement une espèce distincte ; ses feuilles sont moins longues & plus larges que celles de la première, & leurs bords sont entiers : ses fleurs ne sont point aussi larges, & elles ne forment pas non plus des pointes aussi bien marquées ; elles sont blanches, & leur odeur est moins agréable que celle de la première ; cette plante est aussi bis-annuelle : elle demande la même culture que la précédente.

*Inodora.* La troisième est originaire de la Hongrie & de l'Autriche ; sa tige est droite, haute d'environ deux pieds, & garnie de feuilles en forme de lance, terminées en pointe aiguë, ainsi que toutes les dents, d'un vert foncé & sessiles : ses fleurs croissent en épis clairs au sommet des tiges ; quelques-unes sont blanches, d'autres pourpre, & plusieurs sont teintes de ces deux couleurs ; mais comme elles n'ont aucune odeur, cette espèce mérite peu d'être admise dans les jardins ; sa culture est la même que celles des deux précédentes.

Celle-ci a produit accidentellement une variété à fleurs blanches & doubles, ainsi que celle à couleur pourpre, dont on fait beaucoup de cas à cause de leur beauté ; & si leur odeur étoit aussi agréable que celle de la *Julienne* de jardin, elles feroient un des plus beaux ornemens d'un Parterre.

Ces plantes font naturellement bis-annuelles ; celles à fleurs simples subsistent rarement au-delà de la seconde année, & celles à fleurs doubles ne durent guère plus long-tems ; de forte que, si l'on n'en éleve pas tous les ans de nouvelles pour remplacer les anciennes, on en manquera bientôt. Plusieurs personnes y ont été trompées ; car dans la persuasion où elles étoient que leurs racines font vivaces, elles espéroient toujours leur voir pousser des rejettons, ou même que les plantes subsisteroient encore après avoir fleuri ; & dès qu'elles les voyoient se flétrir, elles attribuoient cet accident à la mauvaise qualité du sol, sans pouvoir autrement rendre raison de leur perte ; mais dès que la fleur est passée, ces plantes cessent d'exister, & il est rare que la même tige donne une seconde fois des fleurs : il arrive cependant que dans une terre maigre, elle pousse quelques oibles rejettons qui peuvent fleurir une seconde fois ; mais ces fleurs ne font jamais aussi fortes ni aussi vigoureuses que celles de la tige principale.



Quand on veut cultiver ces plantes, on doit mettre de côté quelques fortes racines de chaque espèce qu'on ne destine pas à fleurir : lorsqu'elles auront poussé leurs tiges à fleurs à la hauteur de six pouces, on les coupera près de la surface de la terre, & on séparera chacune de ces tiges en deux, pour en faire des boutures, qu'on plantera dans une terre douce, légère & grasse, à l'exposition du levant, & assez près les unes des autres, pour pouvoir les couvrir plus aisément avec des cloches, après qu'elles auront été bien arrosées, & que la terre aura été bien serrée. Lorsque les cloches font placées, on presse la terre autour pour empêcher l'air d'y pénétrer, & on les couvre de nattes quand le soleil est bien ardent : il suffit que ces boutures soient légerement arrosées une fois dans sept ou huit jours, car trop d'humidité les feroit pourrir, & on remet les cloches comme elles étoient auparavant : de cette manière, les boutures pousseront des racines en cinq ou six semaines, & commenceront à croître au-dessus de terre ; alors on soulevera les cloches d'un côté, afin que l'air qui s'y introduira, puisse les fortifier : quand on juge qu'elles font bien enracinées, on les transplante avec foin à l'exposition du levant, & à la distance de huit ou neuf pouces ; on les abrite & on les arrose jusqu'à ce qu'elles aient formé de nouvelles racines ; on les laisse ainsi jusqu'en automne, pour les transplanter alors dans le Parterre.

Les pieds dont on aura coupé les tiges pour en faire des boutures, en pousseront d'autres plus fortes qu'auparavant ; & lorsqu'elles auront une hauteur convenable, on pourra les couper de la même manière ; en-forte qu'avec un seul pied de ces plantes, on peut avoir deux ou trois récoltes de boutures, & les vieilles racines qui les ont fournies, dureront bien plus long-tems que si on leur avoit laissé produire des fleurs. Ces espèces sont sujettes à la gangrêne & à la pourriture quand elles se trouvent dans une terre légère & riche ; mais dans un sol fort & maigre, elles fleuris-sent parfaitement ; leurs tiges deviennent fort grosses, & leurs fleurs aussi belles que celles des *Giroflées* doubles ; elles fleuris-sent au commencement de Juin. J'ai souvent élevé de jeunes plantes avec les mêmes tiges qui avoient déja produit des fleurs, en les traitant suivant la méthode que je viens de prescrire ; mais il est rare que ces plantes soient aussi bonnes que les premières, & d'ailleurs elles ne réussissent pas toujours.

*Tristis.* La quatrième espèce, qui croît spontanément en Hongrie, est fort cultivée dans la plupart des jardins étrangers, à cause de la bonne odeur de ses fleurs, qui est si forte le soir, qu'elle parfume l'air à une grande distance. Les Dames Allemandes les recherchent beaucoup, & elles les gardent le soir dans leurs appartemens pour jouir de leur parfum : cette fleur n'est pas belle, sa couleur est pâle, & elle n'est

pas plus grosse que celles de la *Julienne* de jardin ; mais son odeur est bien plus agréable : on ne s'apperçoit que foible-ment de ce parfum pendant le jour dans les tems sereins, mais il devient très-sensible dans la soirée : on croit que c'est à cette espèce que le nom de *Violier des Dames* a été donné.

On voit peu cette espèce dans les jardins Anglois ; j'ima-gine qu'elle y a été négligée, parce que sa fleur n'a point d'ap-parence : elle est bis-annuelle ; elle ressemble à la *Julienne* de jardin, & on la multiplie par semences de la même manière ; mais ses pieds ne sont pas aussi vigoureux, & sont très-sujets à être attaqués de pourriture en hiver, sur-tout dans un lieu humide & une terre riche, dans laquelle, pour l'ordinaire, ils deviennent trop succulens, & sont plus exposés à souffrir de l'humidité & du froid ; c'est pourquoi l'on doit planter cette espèce dans un sol maigre & sec, & à une exposition chaude : on peut mettre quelques plantes en pot pour pouvoir les tenir en hiver sous des châssis, & les mettre ainsi à l'abri des fortes pluies & de la gelée ; mais il faut, pour les conserver, leur procurer beaucoup d'air dans les tems doux.

Les feuilles de cette plante sont d'un vert pâle, & plus lar-ges que celles de la *Julienne* de jardin ; ses tiges sont couvertes de petits poils piquans & fort rapprochés ; ses fleurs croissent en panicules clairs au sommet de la tige, & paroissent à peu-près dans le même - tems que celles de la *Julienne* de jardin.

*Siberica.* Les femences de la cinquième m'ont été envoyées d'Allemagne fans aucune indi-cation fur le paquet, & fans que j'aie pu favoir de quel pays elles venoient ; mais comme je les ai trouvées avec des graines de la Sibérie, je penfe qu'elles font du même pays : celle-ci eft bis-annuelle ; fa tige eft branchue, de deux ou trois pieds de hau-teur. très-velue, & garnie de feuilles oblongues, en forme de cœur, terminées en pointe aiguë, feffiles, de quatre pouces de longueur fur un & demi de large à leur bâfe. rétrécies par dégrés jufqu'à leur extrémité fupérieure, & légerement fciées fur leurs bords ; le fommet de la tige fe divife en deux ou trois branches, garnies de petites feuilles de la même forme que celles du bas, & terminées par des panicules clairs de groffes fleurs fimples de couleur pour-pre, qui répandent beaucoup d'odeur : cette efpèce a fleuri à la fin de Juin de l'année 1757 ; mais les grandes pluies du mois d'Août fuivant, ont fait pourrir les plantes avant la maturité des femences.

*Exigua.* La fixième fe trouve dans les contrées chaudes de l'Europe : c'eft une plante an-nuelle, dont les tiges, hautes de huit ou neuf pouces, s'éten-dent beaucoup & confufément à chaque côté ; elles font gar-nies de petites feuilles étroites & dentelées, & font terminées par des bouquets de petites fleurs jaunes qui n'ont aucune appa-rence.



*Dentata.* La feptième, qu'on rencontre en Sicile, eft annu-elle, & s'éleve rarement au-deffus de fix pouces ; fa tige fe divife vers le fommet en trois ou quatre autres plus petites, qui font terminées par des fleurs blanches ; fes feuilles ont deux pouces de longueur fur un de large, & font découpées à cha-que côté, prefque en forme de feuilles aîlées.

*Africana.* La huitième croît naturellement en Afrique ; elle eft auffi annuelle ; fa tige eft très-branchue, haute d'environ neuf pouces, & garnie de feuil-les inégales, en forme de lance, & fciées fur leurs bords ; fa tige fe termine par des pédoncules minces qui fupportent de petites fleurs pourpres : elles paroiffent en Juin & en Juillet, & produi-fent des légumes longs, feffiles à la tige, & remplis de petites femences qui mûriffent en Sep-tembre.

On cultive peu ces trois ef-pèces, fi ce n'eft dans les jar-dins de Botanique pour la va-riété ; fi on leur permet d'écarter leurs femences, elles produi-fent fans aucune culture, des plantes qui n'ont befoin que d'être tenues nettes de mauvai-fes herbes : on peut auffi les fe-mer en place au printems ou en automne, mais elles fupportent difficilement la tranfplantation.

*Verna.* La neuvième eft une plante annuelle qui croît fans culture dans la France méri-dionale ; fa racine produit plu-fieurs feuilles en forme de cœur, étendues fur la terre, fciées & velues ; fa tige s'éleve à neuf pouces de hauteur, &

se divise au sommet en plusieurs branches, garnies de feuilles de la même forme, & qui embrassent les tiges de leurs bâses : ses fleurs, teintes d'un pourpre vif, naissent sur des pédoncules minces aux extrémités des branches. Les plantes qui levent en automne, fleurissent au commencement du printems, & réussissent beaucoup mieux que celles du printems.

HÊTRE, FAU *ou* FAYARD. *Voyez* FAGUS.

HEUCHERA. *Lin. Gen. Plant.* 383. [ *Sanicle.* ] Sanicle de l'Amérique

*Caractteres.* Dans ce genre, le calice est formé par une seule feuille ; la corolle est composée de cinq pétales étroits, insérés dans le bord du calice : la fleur a cinq étamines droites, en forme d'alêne, bien plus longues que le calice, & terminées par des sommets presque ronds; elle a un germe de même forme & divisé en deux parties, & deux styles érigés aussi longs que les étamines, & couronnés par des stigmats obtus ; ce germe se change ensuite en une capsule ovale & pointue, qui a deux cornes recourbées, & deux cellules remplies de petites semences.

Ce genre de plante est rangé dans la seconde section de la cinquième classe de LINNÉE, qui renferme celles dont les fleurs ont cinq étamines & deux styles.

Nous n'avons qu'une espèce de ce genre.

*Heuchera Americana. Hort. Cliff.* 82. *Gron. Vir.* 29 *Roy. Lugd.-B.* 437. *Kniph. Cent.* 5. *n.* 42.

*Mitella Americana, flore squalidè purpureo, villoso. Boerh. Ind. Alt.* Sanicle de l'Amérique, à fleurs velues & de couleur pourpre usé.

*Heuchera scapis sub-nudis, thyrso elongato, foliis radicalibus longè petiolatis septem-lobis, bis acutè crenatis. Murray. nov. Comm. Gott. Vol.* 3. *p.* 66.

*Cortusa Americana, flore squalidè purpureo. Herm. parad.* 131. *t.* 131.

*Sanicula sivè Cortusa Americana, spicata, floribus squalidè purpureis. Pluk. Alm.* 332. *t.* 58. *f.* 3. Sanicle de l'Amérique.

*Americana.* Cette plante, qui croît naturellement dans la Virginie, peut subsister en plein air en Angleterre : sa racine vivace pousse plusieurs feuilles ovales, en forme de cœur, découpées en quatre ou cinq lobes, cannelées sur leurs bords, & d'un vert brillant & uniforme ; du centre de ces feuilles s'élevent des pédoncules nuds & d'un pied de longueur, qui se divisent vers le haut en un panicule clair, & supportent plusieurs fleurs velues & de couleur pourpre usé : cette plante fleurit en Mai, & ses semences mûrissent en Août.

On la multiplie en divisant ses racines en automne, pour les planter à l'ombre ; quoiqu'elle soit assez belle, on ne la cultive cependant que dans quelques jardins pour la variété.

HIBISCUS. *Lin. Gen. Plant.* 756. *Ketmia. Tourn. Inst. R. H.* 99. *Tab.* 26. [ *Syrian Mallow.* ] La Mauve de Syrie.

*Caractteres.* Le calice est double & persistant ; l'extérieur est compofé de huit ou dix feuilles étroites , & l'intérieur eſt en forme de gobelet , & formé par une feuille , divifée à fon extrémité en cinq pointes aiguës : la corolle a cinq pétales en forme de cœur , & réunis à leurs bâfes : la fleur a pluſieurs étamines jointes au ſtyle en forme de colonne dans le tube , mais qui s'étendent vers le haut , & font terminées par des fommets en forme de rein ; elle a un germe rond , & un ſtyle mince plus long que les étamines , & couronné par un ſtigmat en forme de tête & prefque rond : ce germe fe change dans la fuite en une capfule à cinq cellules qui s'ouvrent en cinq valves , & renferment des femences en forme de rein.

Le genre de cette plante eſt rangédans la troifieme fection de la feizieme claſſe de LINNÉE, qui comprend celles dont les fleurs ont plufieurs étamines jointes au ſtyle en forme de colonne.

Les efpeces font :

1°. *Hibifcus Syriacus, foliis cuneiformi-ovatis, fupernè incifodentatis , caule arboreo.* Hort. Cliff. 350. Hort. Ups. 205. Mauve de Syrie à feuilles ovales & en forme de coin , dont les parties fupérieures font découpées & dentelées , avec une tige d'arbre.

*Alcea arborefcens Syriaca.* Bauh. Pin. 316.

*Alcea arborefcens.* Cam. Hort. t. 3 , 4.

*Ketmia Syriaca.* Scop. Carn. Ed. 2. n. 863.

*Ketmia Syriorum quibufdam.* C. B. p. 316. Ketmíe de Syrie , communément appelée. *Althæa frutex*, ou *Guimauve en arbre.*



2°. *Hibifcus Sinenfis, foliis cordato-quinque-angularibus , obfoletè ferratis , caule arboreo.* Hort. Upfal. 205. Hort. Cliff. 349. Roy. Lugd.-B. 358. Brow. Jam. 286. n. 7. Mauve à feuilles en forme de cœur , à cinq angles , & légèrement fciées , avec une tige d'arbre.

*Hibifcus mutabilis.* Lin. Sp. Plant. 397. Syſt. Pl. tom. 3. p. 360. Sp. 9.

*Ketmia Sinenfis , fructu fubrotundo.* Tourn. Inſt. R. H. 100. Ketmie de la Chine , avec un fruit prefque rond , communément appelée *Rofe de la Chine.*

*Althæa arborea , Rofa Sinenfis.* Moris. Hiſt. 2. p. 530. S. 5. t. 18. f. 2.

*Rofa Sinenfis.* Ferr. Flor. 493. t. 497.

*Flos horarius.* Rumph. Amb. 4. p. 27. t. 9.

*Hina-pariti.* Rheed. Mal. 6. p. 66. t. 38 , 39 , 40 , 41. Burm. Ind. 151.

3°. *Hibifcus Abelmofchus , foliis fub-peltato-cordatis , feptem-angularibus , ferratis , caule hifpido.* Hort. Cliff. 349. Hort. Ups. 206. Fl. Zeyl. 261. Mat. Med. 167. Roy. Lugd.-B. 358. Burm. Ind. 153. Mauve à feuilles en forme de bouclier , en cœur , à fept angles , & fciées , avec une tige velue.

*Alcea Ægyptiaca villofa.* Bauh. Pin. 317.

*Alcea hirfuta , flore flavo , femine Mofchato.* Margr. Bras. 45. t. 45. Brown. Jam. 285. n. 4.

*Flos Mofchatus.* Mer. Surin. 42. t. 42.

*Gramen mofchatum.* Rumph. Amb. 4. p. 38. t. 15.

*Cattu-Gafturi.* Rheed. Mal. 2. p. 71. t. 38.

*Mofch*, *five Bammia mofchata.* *Alp. Exot.* 197. R.

*Ketmia Americana hirfuta*, *flore flavo & femine mofchato.* *Tourn. Inft. R. H.* 100. Ketmie d'Amérique velue, ayant une fleur jaune & une femence mufquée, communément appelée *le Mufc*, *l'Ambrette*, ou *Alcée d'Egypte.*

4°. *Hibifcus Manihot*, *foliis palmato-digitatis*, *feptem-partitis.* *Hort. Cliff.* 350. *Hort. Ups.* 206. *Roy. Lugd.-B.* 358. *Kniph. Cent.* 9. *n.* 47. *Burm. Fl. Ind. p.* 152. Mauve à feuilles en forme de main ouverte, & divifées en fept parties.

*Alcea Sinica*, *Manihot ftellato folio*, *capfulá longá*, *pilofa*, *pyramidata, quinque-fariam divifa.* *Pluk. Amalth.* 7. *p.* 355. *f.* 2.

*Ketmia folio Manihot ferrato*, *flore amplo*, *fulphureo. Dill. Elth.* 189. *t.* 156. *f.* 189.

*Ketmia Americana*, *folio Papayæ*, *flore magno flavefcente*, *fundo purpureo*, *fruÉtu ereÉto*, *pyramidali*, *hexagono*, *femine rotundulo*, *fapore fatuo. Boerh. Ind. Alt.* 1, 272. Ketmie d'Amérique avec des feuilles de *Papaya*, une grande fleur jaune, dont la bâfe eft purpurine, un fruit en pyramide, érigé, & à fix angles, & une femence ronde & d'un goût fade.

Ketmie à feuilles de *Manihot.*

5°. *Hibifcus tomentofus*, *foliis cordatis*, *angulatis*, *ferratis*, *tomentofis*, *caule arboreo.* Mauve avec des feuilles angulaires, fciées, cotonneufes, & en forme de cœur, & une tige d'arbre.

*Malva arborea*, *folio oblongo*, *acuminato*, *veluto*, *dentato &*

*leviter finuato*, *flore ex rubro flavefcente. Sloan. Cat.* 95. Mauve en arbre avec une feuille oblongue, aiguë, dentelée, & légèrement finuée, & une fleur d'un jaune rougeâtre.

6°. *Hibifcus Tiliaceus*, *foliis cordatis*, *fubrotundis*, *indivifis*, *acuminatis*, *crenatis, caule arboreo.* *Prod. Leyd.* 532. *Fl. Suec.* 259; Mauve à feuilles entières en forme de cœur & pointues, avec une tige d'arbre.

*Malva arborea*, *maritima*, *folio fub-rotundo*, *minori*, *acuminato*, *fubtùs candido*, *cortice in funes duÉtili. Sloan. Jam.* 93. *Hift.* 1. *p.* 215. *t.* 134. *f.* 4.

*Alcea Malabarica*, *Tiliæ folio*, *flore minore*, *ex albo flavefcente*, *exteriùs afpero. Raii. Hift.* 1070.

*Alcea Indica Sinarum*, *flore luteo*, *Malvaceo. Pluk. Amalth.* 6. *p.* 355. *f.* 5.

*Althæa maritima*, *arborefcens*, *diffufa*, *foliis orbiculato cordatis*, *crenatis*, *fubtùs cinereis. Brown. Jam.* 284.

*Novella. Rumph. Amb.* 2. *p.* 218. *t.* 73.

*Ketmia Zeylanica*, *femper virens & florens*, *flore luteo. Burm. Zeyl.* 136. *Ind.* 150. R.

*Ketmia Indica*, *Tiliæ folio. Tourn. Inft. R. H.* 100. *Plum. SpeÉt.* 2. R. Ketmie des Indes à feuilles de Tilleul.

7°. *Hibifcus Javanica*, *foliis ovatis*, *acuminatis*, *ferratis*, *glabris*, *caule arboreo. Flor. Zeyl.* 260; Mauve à feuilles ovales, pointues, fciées & unies, avec une tige d'arbre.

*Hibifcus Rofa Sinenfis. Linn. Sp. Plant.* 977. *Ed.* 3. *Syft. Plant. t.* 3. *p.* 359. *Sp.* 6.

*Alcea Javanica*, *arborefcens*,

*flore pleno , rubicundo.* Breyn. *Cent.* 121. *Tab.* 56; Mauve, Verveine de Java à double fleur rouge, appelée dans les Indes *la Fleur de Soulier.*

*Flos veſtivalis.* Rumph. *Amb.* 4. *p.* 24.

*Scheru-pariti.* Rheed. *Mal.* 2. *p.* 25. *t.* 16.

*Ketmia Sinenſis. Tourn. Inſt.* 100.

8°. *Hibiſcus Viti-folius , foliis ſerratis, inferioribus ovatis , indiviſis , ſuperioribus quinque partitis, caule aculeato.* Prod. *Leyd.* 358 ; Mauve à feuilles ſciées , dont les plus baſſes ſont entières & ovales , & celles du haut diviſées en cinq parties , avec une tige épineuſe.

*Hibiſcus Cannabinus.* Linn. *Sp. Plant.* 979. *Syſt. Plant. t.* 3. *p.* 362. *Sp.* 15.

*Ketmia Indica Vitis folio , magno flore. Tourn. Inſt. R. H.* 100 ; Ketmie des Indes à feuilles de vigne avec une groſſe fleur.

*Alcea Benghalenſis , ſpinoſiſſima , Acetoſæ ſapore , flore luteo-pallido , umbone purpuraſcente.* Comm. *Hort.* 1. *p.* 35. *t.* 18.

*Ketmia Indica , foliis digitatis , flore magno ſulphureo , umbone atro-purpureo , petiolis ſpinoſis.* Ehret. *t.* 6. *f.* 1.

*Ketmia Indica , Cannabinis foliis , Bangue dicta.* Burm. *Zeyl.* 134. *Ind.* 152. R.

9°. *Hibiſcus Sabdariffa , foliis ſerratis , inferioribus cordatis , mediis tri-partitis , ſummis quinque-partitis, caule aculeato;* Mauve à tige épineuſe & à feuilles ſciées , dont celles du bas ſont en forme de cœur , celles du milieu diviſées en trois parties , & celles du haut en cinq.



*Ketmia Ægyptiaca , vitis folio, parvo flore. Tourn. Inſt. R. H.* 100 ; Ketmie d'Égypte avec une feuille de vigne & une petite fleur.

10°. *Hibiſcus Goſſypii-folius , foliis quinque lobatis , ſerratis , caule glabro ;* Mauve à feuilles ſciées & diviſées en cinq lobes , & à tige unie.

*Ketmia Indica , Goſſypii folio , Acetoſæ ſapore. Tourn. Inſt. R. H.* 100 ; Ketmie des Indes à feuilles de coton , ayant un goût d'oſeille.

11°. *Hibiſcus Ficulneus , foliis quinque-fido-palmatis , caule aculeato.* Hort. *Cliff.* 498. Roy. *Lugd.-B.* 359. *Fl. Zeyl.* 269 ; Mauve avec des feuilles à cinq pointes & en forme de main , & une tige épineuſe.

*Ketmia Zeylanica Fici folio , perianthio oblongo , integro.* Elth. 190. *t.* 157. *f.* 190. Burm. *Zeyl.* 137 ; Ketmie de Ceylan à feuilles de figuier , & dont les calices ſont entiers & oblongs.

12°. *Hibiſcus Surattenſis foliis quinque-partitis , lobis ovato-lanceolatis , hirſutis , crenatis , caule ſpinoſiſſimo ;* Mauve avec des feuilles diviſées en cinq lobes ovales en forme de lance , velues & cannelées , & une tige très-épineuſe.

*Ketmia Indica aculeata , foliis digitatis. Tourn. Inſt.* 101 ; Ketmie des Indes épineuſe à feuilles digitées.

*Herba crinium.* Rumph. *Amb.* 4. *p.* 46. *t.* 16.

*Narinam-Poulli.* Rheed. *Mal.* 6. *p.* 75. *t.* 44.

13°. *Hibiſcus cordi-folius , foliis cordatis , hirſutis , crenatis , floribus lateralibus , caule arboreo , ramofo* ; Mauve avec des feuilles velues, crénelées & en forme de cœur, des fleurs difpofées fur les côtés des branches, & une tige branchue & en arbre.

*Ketmia Americana, frutefcens, foliis fub-rotundis, crenatis, hirfutis, flore luteo. Houft. Mff.* Ketmie d'Amérique branchue, avec des feuilles prefque rondes, velues & une fleur jaune.

14°. *Hibifcus Bahamenfis, foliis oblongo-cordatis, glabris, denticulatis, fubtùs incanis, floribus ampliffimis* ; Mauve avec des feuilles oblongues en forme de cœur, unies, dentelées & blanches en-deffous, & une fleur très-grande.

15°. *Hibifcus Fici - folius, foliis quinque-partito-pedatis, calycibus interioribus latere rumpentibus* ; Mauve avec des feuilles divifées en cinq parties, dont les calices intérieurs font rompus latéralement.

*Hibifcus efculentus. Linn. Sp. Plant.* 980. *Syft. Plant. t. 3. p.* 364. *Sp.* 19. *Jacq. Obs. 2. p. 11. Burm. Ind.* 153.

*Alcea Americana, annua, flore albo flavo, potiùs maximo fruftu pyramidali, fulcato. Comm. Hort.* 1. *p.* 37. *t.* 19. *Raii. Suppl.* 518.

*Alcea maxima, Malvæ Rofæ folio, fruftu decagono, refto, craffiore, breviore, efculento. Sloan. Jam.* 98. *Hift.* 1. *p.* 223. *t.* 133. *f.* 3. *Brown. Jam.* 284. *n.* 3.

*Okra. Kalm. It.* 2. *p.* 209.

*Quingambo. Marcgr. Bras.* 31.

*Ketmia Brafilienfis, folio Ficûs, fruftu pyramidato, fulcato. Tourn. Inft. R. H.* 100; Ketmie du Bréfil à feuilles de Figuier &

à fruit pyramidal & fillonné.

16°. *Hibifcus pentacarpos, foliis inferioribus cordatis, angulatis ; fuperioribus fub-haftatis, floribus fubnutantibus, piftillo cernuo. Linn. Sp. Plant.* 697 ; Mauve dont les feuilles inférieures font angulaires & en forme de cœur, & les fupérieures prefque en forme de lance, ayant des fleurs fufpendues & des piftiles recourbés.

*Hibifcus foliis cordatis, angulatis, ferratis, ftipulis fetaceis, divaricatis. Hort. Cliff.* 350. *Roy. Lugd.-B.* 359.

*Ketmia paluftris, foliis lobatis, fub-rotundis, infernâ parte, molli fub-cinereâ lanugine, flore purpureo magno. Mich. Flor.* 54.

*Tozzet. It.* 2. *p.* 309.

*Ketmia paluftris, minor, folio angufto, flore parvo, purpurafcente, fruftu depreffo, pentagono. Zannich. Venet.* 155. *Tab.* 91 ; petite Ketmie de marais avec une feuille étroite, une petite fleur tirant fur le pourpre, & un fruit comprimé & à cinq angles.

17°. *Hibifcus Populneus, foliis ovato-acuminatis, ferratis, caule fimpliciffimo, petiolis floriferis. Hort. Upfal.* 205 ; Mauve avec des feuilles fciées, ovales & pointues, une fimple tige & des pétioles garnis de fleurs.

*Ketmia Africana, Populi foliis. Tourn. Inft.* 100; Ketmie d'Afrique à feuilles de Peuplier.

18°. *Hibifcus paluftris caule herbaceo, fimpliciffimo, foliis ovatis, fub-tri lobis, fubtùs tomentofis, floribus axillaribus. Linn. Sp. Plant.* 693 ; Mauve avec une tige herbacée & fimple, des feuilles à trois lobes &

cotonneuſes en-deſſous , & des fleurs aux ailes des feuilles.

*Ketmia paluſtris , flore purpureo.* **Tourn. *Inſt.* 100** ; Ketmie de marais à fleur pourpre.

*Althæa Paluſtris. Bauh. Pin.* 316.

*Althæa hortenſis , ſivè peregrina,* Dod. Pempt. 655.

19°. *Hibiſcus Trionum , foliis tri-partitis , inciſis , calycibus inflatis. Hort. Ups.* 206. *Gmel. It.* 1. *p.* 182. *Sabb. Hort.* 1. *t.* 55. *Kniph. Cent.* 5. *n.* 43 ; Mauve avec des feuilles découpées en trois parties & des calices gonflés.

*Ketmia Trionum, Scap. Carn. Ed.* 2. *n.* 862.

*Trionum. Hort. Cliff.* 349. *Roy. Lugd.-B.* 35.

*Alcea veſicaria. Bauh. Pin.* 317.

*Alcea peregrina , ſoli - ſequa. Lob. Ic.* 650.

*Ketmia veſicaria , vulgaris. Tourn. Inſt.* Ketmie commune à veſſie , appelée *Mauve de Veniſe* ou *la Fleur d'une heure,* Ketmie véſiculaire.

20°. *Hibiſcus Africanus , foliis tri-partitis , dentatis , lobis anguſtioribus , caule hirſuto , calycibus inflatis* ; Mauve à feuilles diviſées en trois parties, dentelées , & dont les lobes ſont étroits , une tige velue & des calices gonflés.

*Ketmia veſicaria , Africana. Tourn. Inſt.* 101 ; Ketmie d'Afrique avec des veſſies.

*Alcea veſicaria, Capitis Bonæ Spei. Moris. Præl.* 227. *Hiſt.* 2. *p.* 533.

21°. *Hibiſcus hiſpidus , foliis inferioribus tri-lobis , ſummis quin-que-partitis , obtuſis , crenatis , ca-* lycibus inflatis, caule hiſpido ; Mauve dont les feuilles inférieures ont trois lobes , & celles du haut ſont diviſées en cinq ſegmens obtus & crénelés , avec des calices gonflés & une tige épineuſe.

22°. *Hibiſcus Malvaviſcus , foliis cordatis , crenatis , angulis lateralibus extimis , parvis , caule arboreo. Hort. Cliff.* 349. *Roy. Lugd.-B.* 358 ; Mauve avec des feuilles crénelées & en forme de cœur , dont les angles latéraux & extérieurs ſont petits , & la tige en arbre.

*Hibiſcus fruteſcens , foliis angulatis , cordatis , acuminatis , petalis ab uno latere auritis. Brown. Jam.* 284.

*Malvaviſcus arboreſcens , flore miniato , clauſo. Hort. Elth.* 210. *Tab.* 170 ; Mauve en arbre , viſqueuſe & portant ſemences , avec une fleur fermée & d'un rouge écarlate.

*Malva folio Hederaceo , flore coccineo. Plum. Spec.* 2. *Ic.* 169. *f.* 2 ; Mauve à feuilles de Lierre.

*Alcea Indica , arborea , folio molli , flore amplo , eleganter coccineo. Pluk. Alm.* 14. *t.* 257. *f.* 2.

*Syriacus.* La première eſpèce , à laquelle les Jardiniers de Pépinière , qui la cultivent pour la vendre , donnent communément le nom d'*Althæa-frutex ,* offre quatre ou cinq variétés qui different entr'elles par la couleur de leurs fleurs : les plus communes ſont à fleurs d'un pourpre pâle , dont le fond eſt obſcur ; une autre a une fleur d'un pourpre plus éclatant avec un fond noir ; une troiſième a une fleur blanche

avec

avec un fond pourpre ; une quatrieme eſt à fleurs pana-chées avec un fond obſcur ; une cinquieme a des fleurs d'un jaune pâle avec un fond obſ-cur : cette derniere eſt fort rare dans les jardins Anglois : on en connoît encore deux autres à feuilles panachées, dont beaucoup de perſonnes font cas.

Cette premiere eſpèce, qui a été apportée de la Syrie, forme pendant l'automne un des plus beaux ornemens de nos jardins : ſa tige d'arbriſ-ſeau s'éleve à la hauteur de ſix ou ſept pieds, & pouſſe pluſieurs branches ligneuſes, couvertes d'une écorce unie, griſe, & garnies de feuilles ovales en forme de lance, dont les parties ſupérieures font diviſées en trois lobes ſciés ; ces feuilles ſont alternes & ſupportées par de courts pétioles : ſes fleurs naiſſent aux aiſſelles de la tige & à chaque nœud des branches de l'année précédente ; elles ſont larges & ſemblables à celles de la *Mauve* ; la corolle a cinq péta-les larges & preſque ronds qui ſe réuniſſent à leurs bâſes, & s'étendent à leurs extrémités en forme de cloche ; elles s'é-panouiſſent en Août ; & ſi la ſaiſon n'eſt pas trop chaude, il en paroît d'autres au mois de Septembre ; elles ſont rempla-cées par des capſules remplies de ſemences en forme de rein, qui mûriſſent difficilement dans notre climat, à moins que la ſaiſon ne ſoit très-chaude.

On multiplie cette eſpèce par ſes graines, qu'on répand vers la fin de Mars dans des pots remplis de terre légère ; on les tient à une chaleur modérée, pour les faire avan-cer ; & lorſque les plantes pa-roiſſent, on les accoutume à l'air : on peut enfoncer les pots dans la terre d'une plate-bande expoſée au Levant, afin qu'ils ſoient frappés par les rayons du ſoleil du matin, & que la terre qu'ils contiennent ne ſe deſſeche pas : au moyen de cette précaution, les plantes n'exigeront pas autant d'eau pendant l'été, & ne demande-ront aucune autre culture que d'être tenues nettes de mau-vaiſes herbes, & d'être arroſées dans les tems ſecs pendant le premier été ; mais en automne on fera bien de les changer de place, & de les mettre ſous des châſſis ordinaires pour les garantir des gelées, ou de les enterrer à côté d'une haie ou d'une muraille, à une expoſi-tion chaude, & de les couvrir dans les grands froids avec des nattes, de la paille ou quel-qu'autre litière ; car quoique ces plantes, après avoir acquis de la force, réſiſtent au froid de nos hivers, cependant quand elles ſont jeunes, & qu'elles ont beaucoup de racines, elles ſont ſouvent endommagées par les premieres gelées de l'au-tomne ; en ſorte que, ſi elles ne ſont pas abritées dans la pre-miere année, leurs tiges pé-riſſent preſque juſqu'à la racine. Vers la fin de Mars on ſe diſ-poſera à les tranſplanter ; on préparera pour cela un canton de terre légère pour les rece-voir ; on les ſéparera en plan-

ches de quatre pieds de largeur avec des fentiers de deux
pieds ; on enlevera les plantes
avec leurs mottes, mais de
maniere à ne pas déchirer leurs
racines, qui font tendres &
caffantes, & on les plantera
à neuf pouces de diftance l'une
de l'autre : il y en aura ainfi
quatre rangs fur chaque planche, & il reftera fix pouces
entre les fentiers & les rangs
extérieurs : on comprimera
doucement la terre autour des
racines pour empêcher l'air d'y
pénétrer, & en mettant du vieux
tan ou du terreau fur la furface,
elle fe confervera plus fraîche,
ce qui fera d'une grande utilité
aux plantes : on les tiendra
nettes pendant l'été fuivant ;
& fi l'hiver eft rude, on les
couvrira, fur-tout fi elles ont
pouffé tard en automne, & fi
elles font dans un terrein froid
& humide, car alors elles feroient en danger de perdre
leurs fommets : on peut les
laiffer deux ans dans cette pépiniere, & après ce tems on
les tranfplantera dans les places qui leur font deftinées ;
car fi on les laiffe plus long-
tems, il fera plus difficile de
les enlever. Cette tranplanta-
tion fe fait à la fin du mois de
Mars ou au commencement
d'Avril, car elles pouffent
rarement avant ce tems ; il leur
faut un fol léger & point trop
humide, parce qu'une terre
forte rend leurs tiges mouf-
feufes, & les empêche de
croître davantage.

Les boutures de cette plante
prennent aifément racine fi
elles font mifes vers la fin du

mois de Mars dans des pots
remplis de terre légère, que
l'on enterre dans une place où
la chaleur foit modérée ; mais
ces plantes de boutures ne font
jamais auffi bonnes que celles
qu'on éleve de femences : on
multiplie auffi toutes les efpèces
en les greffant les unes fur les
autres ; cette méthode eft ordinairement employée pour
conferver celles à feuilles panachées.

*Sinenfis.* La feconde eft originaire des Indes, d'où les
François ont apporté fes femences dans leurs établiffemens
de l'Amérique : nos Colons
Anglois qui les ont reçues des
François, ont donné à cette
efpèce le nom de *Rofe de la
Martinique* : il y a des plantes à
fleurs doubles & d'autres à
fleurs fimples, qui produifent
toutes deux des femences ; l'efpèce double donne fouvent des
plantes à fleurs doubles ; mais
celle à fleurs fimples en produit rarement de doubles : ces
fleurs changent de couleur ;
car dès qu'elles s'épanouiffent,
elles font blanches ; elles prennent enfuite une teinte de couleur de rofe, & elles deviennent pourpre en fe flétriffant.
En Amérique, tous ces change-
mens ont lieu dans un jour : j'i-
magine que dans ces pays
chauds la fleur ne dure pas plus
long-tems ; mais en Angleterre
les couleurs ne changent pas
auffi promptement, & la fleur
y fubfifte dans fa vigueur pendant près d'une femaine.

Cette plante a une tige tendre, qui devient ligneufe &
moëlleufe ; elle s'éleve à la hau-

teur de douze ou quatorze pieds, & pouffe de tous côtés vers fon fommet des branches velues & garnies de feuilles en forme de cœur, découpées fur leurs bords en cinq angles aigus, légèrement fciées, d'un vert-clair en deffus & pâles en deffous, & placées alternativement fur des pétioles affez longs : fes fleurs fortent des aiffelles de la tige, & reffemblent à celles de la premiere efpèce : la fleur fimple eft compofée de cinq larges pétales qui s'étendent & font d'abord blancs, mais qui fe changent enfuite, comme nous l'avons dit ci-deffus : ces fleurs font remplacées par des capfules courtes, épaiffes, émouffées, très-velues, & à cinq cellules, qui contiennent plufieurs petites femences en forme de rein, & couvertes d'un petit duvet.

Cette efpèce fe multiplie par fes graines, qu'on répand au printems fur une couche ; lorf-que ces plantes font en état d'être enlevées, on les met chacune féparément dans de petits pots remplis de terre de jardin potager ; on les plonge dans une couche de chaleur tempérée, en obfervant de les tenir à l'ombre jufqu'à ce qu'elles aient formé de nouvelles racines, après quoi on les cultive comme les autres plantes des Pays Méridionaux, mais moins délicatement ; car elles s'affoibliffent fi l'on ne leur donne pas beaucoup d'air dans les tems chauds ; elles ne doivent point être expofées au plein air dans la première fai-

fon, & elles exigent la chaleur d'une ferre chaude pendant le premier hiver ; mais à mefure qu'elles croiffent, on n'eft pas obligé d'en avoir autant de foin : elles peuvent fupporter l'air en été dans une pofition chaude & abritée, & pendant l'hiver elles fubfiftent dans une bonne ferre, pourvu qu'elles n'aient pas trop d'humidité : les plantes élevées auffi durement ne feront cependant pas des progrès auffi rapides, & ne fleuriront pas auffi bien que fi elles avoient un peu de chaleur artificielle ; fi au contraire on les traite trop délicatement, elles s'affoibliffent, & il eft à craindre qu'elles ne fleuriffent pas. Cette efpèce produit ordinairement fes fleurs en Angleterre au mois de Novembre, qui eft la faifon où elles paroiffent dans leur pays originaire.

*Abelmofchus.* La troifieme croît fans culture en Amérique, où elle eft connue fous le nom de *Mufc.* Les François la cultivent beaucoup dans leurs Ifles, d'où ils envoient fes femences en France tous les ans en grande quantité : ils ont certainement une façon de fe rendre cette plante utile, puifqu'ils en font une branche confidérable de commerce : elle s'éleve à la hauteur de trois ou quatre pieds, avec une tige herbacée qui pouffe fur les côtés deux ou trois branches garnies de feuilles larges, découpées en fix ou fept angles aigus & fciés au bord, fupportées par des pétioles longs, & placées alternativement : fes tiges & les feuilles font très-velues : fes fleurs, qui naiffent aux aiffelles de la tige fur des pédoncules affez longs & érigés, font larges, de couleur de foufre, avec un fond couleur de pourpre obfcur, & font remplacées par des capfules à cinq angles en forme de pyramide, & a cinq cellules remplies de groffes femences en forme de rein, & d'une odeur de mufc.

Cette efpèce fubfifte rarement plus d'une année en Angleterre ; mais dans fon pays originaire elle dure deux ans : on la multiplie par femences, qu'il faut répandre au printems fur une bonne couche ; on met enfuite les plantes qui en proviennent dans des pots remplis de terre légère, qu'on plonge dans une nouvelle couche, après quoi on les traite de la même manière que les *Amaranthes* ; elles fleuriffent en Juillet, & perfectionnent leurs femences en automne.

*Manihot.* La quatrieme, qui fe trouve également dans les deux Indes, s'éleve à la hauteur de trois ou quatre pieds, avec une tige herbacée garnie de feuilles divifées prefque jufqu'à leur bâfe en fept fegmens, dont celui du milieu a quatre pouces de longueur fur un & demi de largeur ; les fegmens fupérieurs & latéraux ont trois pouces de longueur & de largeur ; ils font dentelés à leurs extrémités ; mais les inférieurs n'ont guère plus d'un pouce : elles font fupportées fur des pétioles de quatre pouces de long. Les fleurs fortent aux aiffelles de la tige vers le fom-

met ; elles font foutenues par des pédoncules courts ; le fond eft d'un pourpre obfcur, & dans le centre eft fituée une colonne formée par les étamines & le ftyle : à ces fleurs fuccèdent des capfules larges, droites, à cinq angles & en pyramide, qui s'ouvrent en cinq cellules, remplies de femences en forme de rein, qui ont peu d'odeur ou de goût.

On la multiplie par femences comme la précédente ; fi on la traite de même, elle produira des fleurs & des graines dans la même faifon ; on peut conferver cette efpèce pendant tout l'hiver à une chaleur modérée, quoique peu de perfonnes fe donnent la peine de la garder après qu'elle a perfectionné fes femences, parce que les jeunes plantes font un meilleur effet.

*Tomentofus.* La cinquieme croît fans culture en Amérique ; elle s'éleve avec une tige ligneufe à fept ou huit pieds de hauteur, & pouffe vers fon fommet plufieurs branches latérales couvertes d'une écorce blanchâtre, & garnies de feuilles angulaires en forme de cœur, cotonneufes, de quatre pouces environ de longueur fur trois de large à leur bâfe, terminées en pointe aigue, & garnies de plufieurs nervures longitudinales : fes fleurs font produites aux aiffelles de la tige fur de longs pédoncules ; elles ont une corolle compofée de cinq pétales prefque ronds, unis enfemble à leur bâfe, mais étendus au fommet ; elles font d'une couleur jaune, qui se change en rouge à mesure qu'elles se fanent, & sont remplacées par des capsules larges, velues, obtuses & à cinq angles, qui s'ouvrent en cinq cellules remplies de grosses semences en forme de rein.

On multiplie cette espèce par semences, qu'il faut répandre sur une couche au printems; lorsque les plantes paroissent, on les traite en été comme celles des deux espèces précédentes; mais en automne on les met dans une serre chaude de tan, où elles doivent rester constamment, & être traitées de la même manière que les autres plantes des mêmes pays, en observant de ne les arroser que peu en hiver; elles fleuriront la seconde année : cette espèce n'a point encore produit de semences en Angleterre.

*Tiliaceus.* La sixieme, qui naît spontanément dans les deux Indes, s'éleve, avec une tige ligneuse & remplie de moëlle, à la hauteur de huit ou dix pieds, & se divise vers son sommet en plusieurs branches, couvertes d'un duvet cotonneux, & garnies de feuilles rondes en forme de cœur, terminées en pointe aiguë, d'un vert-clair en dessus, blanches en dessous, garnies de grosses veines, & placées alternativement sur les tiges : ses fleurs pendent aux extrémités de chaque branche en épis penchés; elles sont d'une couleur jaune-blanchâtre, produisent des capsules courtes, pointues, & s'ouvrent en cinq cellules, remplies de semences larges & en forme de rein.

On cultive cette espèce de la même maniere, & ses plantes exigent le même soin que celles de la premiere ; elle produit des fleurs dans la seconde année, pourvu qu'elle soit avancée, sans quoi elle n'en donnera qu'à la troisieme ou quatrieme saison ; en été, & à une bonne exposition, elle peut supporter le plein air, quoique cependant elle n'y fasse point de grands progrès.

*Javanica.* La septieme se trouve sur la côte de Malabar, d'où ses semences m'ont été envoyées : elle s'éleve avec une tige ligneuse à la hauteur de douze ou quatorze pieds, & se divise vers son sommet en plusieurs petites branches garnies de feuilles pointues, ovales, sciées, d'un vert-clair en dessus, pâles en dessous, & placées sans ordre : ses fleurs sortent des côtés des branches, aux aîles des feuilles, sur des pédoncules assez longs; leur corolle est composée de plusieurs pétales oblongs, presque ronds, & de couleur rouge; elles s'étendent comme la *Rose* ; & quand elles sont parfaitement épanouïes, elles sont aussi larges & aussi doubles que la *Rose rouge* ordinaire. Cette plante est vivace; on la multiplie par boutures, & on la conserve constamment dans la serre chaude, en lui donnant beaucoup d'air lorsqu'il fait chaud, & peu d'eau en hiver. Il y a une grande quantité de plantes de cette espèce à fleurs blanches : mais je n'en connois point dans les jardins Anglois, où je n'ai jamais vu que l'espèce simple. Les Indiens multiplient l'espèce double par boutures, qui prennent aisément racine ; ils la cultivent pour ses fleurs, dont les femmes de ce pays font usage pour noircir leurs cheveux & leurs sourcils, & cette couleur ne s'efface jamais, même en les lavant ; les Anglois de ce pays, qui s'en servent aussi pour noircir leurs souliers, lui ont donné par cette raison le nom de *Fleur des Souliers.*

*Viti-folius.* La huitieme est une plante annuelle, qui s'éleve avec une tige droite à la hauteur de sept ou huit pieds : ses feuilles basses sont ovales & entières ; mais celles du haut sont divisées presque jusqu'à leur bâse en cinq segmens ; elles sont en forme de main, lancéolées, & supportées par des pétioles très-longs, qui ont des épines à leur bâse : ses fleurs, qui sont produites aux aisselles de la tige, sont larges & de couleur de soufre pâle, mais d'un pourpre obscur à leur bâse ; elles sont remplacées par des capsules ovales, pointues & épineuses, qui s'ouvrent en cinq cellules, remplies de semences en forme de rein.

On multiplie cette espèce par ses graines, qu'on doit semer sur une couche chaude au printems, & on traite les plantes qui en proviennent comme celles de la troisieme espèce ; lorsqu'elles sont trop élevées pour pouvoir être contenues sous les vitrages, il faut les mettre dans une serre chaude, où elles fleuriront en Août, & perfectionneront leurs semences en automne.

*Sabdariffa.* La neuvieme ressemble fort à la huitieme ; mais ses tiges ne s'élevent pas aussi haut : ses feuilles basses sont en forme de cœur & entieres ; celles du milieu sont divisées en trois segmens, & celles du haut sont découpées en cinq portions jusqu'au périole : elles sont sciées sur leurs bords, & la tige est épineuse : ses fleurs sortent des aisselles des tiges, & sont d'une couleur de pourpre très-pâle, avec des fonds obscurs, mais elles sont moins larges que celles de la précédente.

On la multiplie par semences comme la huitieme, & ses plantes exigent le même traitement ; elle fleurit en Juillet & en Août, & ses graines mûrissent en automne.

L'écorce de ces deux plantes est remplie de fortes fibres, que les habitans de la côte de Malabar préparent, à ce qu'on m'a assuré, pour en faire de gros cordages ; & après l'avoir examinée, j'ai reconnu qu'il étoit possible d'en faire du fil fort de toutes grosseurs, en la préparant d'une manière convenable.

*Gossypii folius.* La dixieme croît naturellement en Amérique, où les habitans emploient son écorce verte pour donner un goût acide à leurs viandes : il y en a de deux espèces, l'une dont l'écorce est d'un vert clair, & l'autre d'un rouge foncé ; elles conservent l'une & l'autre ces différences ; mais comme elles ne font diftinguées que par la couleur de leurs écorces, elles ne méritent point chacune un nom particulier. Cette efpece s'éleve avec une tige herbacée à la hauteur de trois pieds, & pouffe plufieurs branches latérales garnies de feuilles unies, & divifées en cinq lobes : fes fleurs, d'un blanc fale avec des fonds de couleur pourpre-obfcur, fortent des parties latérales des branches, & produifent des capfules obtufes, & divifées en cinq cellules, remplies de femences en forme de rein.

On cultive cette plante de la même maniere que la troifieme : elle fleurit & donne de bonnes femences dans la même faifon ; ainfi on la conferve rarement plus d'une année en Angleterre.

*Ficulneus.* La onzieme, qui a été apportée de l'Ifle de Céylan, s'éleve, avec une tige herbacée & épineufe à la hauteur de deux ou trois pieds, & fe divife enfuite en plufieurs petites branches, garnies de feuilles en formes de main, & divifées en cinq fegmens : fes fleurs fortent des aîles des feuilles ; elles font petites & blanches, avec un fond couleur de pourpre, & font remplacées par des capfules courtes, obtufes, & à cinq cellules remplies de femences en forme de rein. Les graines de cette efpece m'ont été envoyées de Dantzick par le Docteur BREYNIUS.

Cette plante eft annuelle, & doit être cultivée comme la troifieme.

*Surrattenfis.* La douzieme eft auffi annuelle en Angleterre : elle a une tige herbacée de trois pieds de longueur, fort couverte de poils hériffés, & divifée à fon fommet en branches garnies de feuilles en forme de main, velues, crénelées fur leurs bords en cinq lobes, lancéolées & terminées en pointe aiguë, & fupportées par de longs pétioles : fes fleurs fortent des aiffelles de la tige, & reffemblent beaucoup à celles de la troifieme efpece : cette plante exige auffi la même culture ; fes femences m'ont été envoyées de Paris par M. de JUSSIEU.

*Cordi folius.* La treizieme a été découverte par le Docteur HOUSTOUN, dans l'Ifle de Cuba, d'où il me l'a envoyée : elle s'éleve avec une tige ligneufe à douze ou quatorze pieds de hauteur, & pouffe plufieurs branches latérales, garnies de feuilles velues en forme de cœur, & crénelées fur leurs bords : fes fleurs, qui fortent fimples des ailes des feuilles, font d'un jaune clair, mais moins groffes que celles des deux efpeces précédentes ; elles font remplacées par des capfules courtes, terminées en pointes aiguës, & divifées en cinq cellules, qui contiennent des femences en forme de rein. Cette plante eft délicate, & exige la même culture que la cinquieme & les autres efpeces tendres, au moyen de quoi elle fleurit, & produit de bonnes femences en Angleterre.

*Bahamenfis.* La quatorzieme a une racine vivace ; mais fa tige eft annuelle : fes femences, qui m'ont été envoyées des Ifles de Bahama, ont bien réuffi dans le jardin de Chelféa, où les plantes ont produit beaucoup de fleurs, mais point de graines. Cette efpece pouffe de la racine plufieurs tiges de quatre pieds de hauteur, garnies de feuilles oblongues en forme de cœur, unies, terminées en pointe aiguë, d'un vert clair en-deffus, blanches en-deffous, légerement dentelées fur leurs bords, & fupportées par de longs pétioles : fes fleurs, larges, de couleur pourpre clair avec un fond obfcur, naiffent aux extrémités des branches, & produifent des capfules courtes divifées en cinq cellules, & remplies de femences en forme de rein.

On la multiplie par fes graines, qu'il faut femer au printems fur une couche de chaleur modérée; lorfque les plantes font en état d'être enlevées, on les met chacune féparément dans de petits pots que l'on plonge dans une nouvelle couche, & on les traite de la même maniere que les autres efpeces délicates ; mais elles exigent plus d'air quand il fait chaud, parce que dans les étés favorables elles peuvent fupporter le plein air : fi cependant la faifon n'eft pas bien chaude, elles ne fleuriront point : celles qui ont produit des fleurs dans le jardin de Chelféa, ont été plongées dans une couche de tan dont la chaleur commençoit à décliner, fous un châffis profond, où elles ont fleuri abondamment, mais trop tard pour pouvoir perfectionner leurs femences. Les tiges de



cette efpece périffent en automne, à moins que les pots ne foient placés fous un châffis de couche qui les mette à couvert des gelées ; dans ce cas elle fubfifte plufieurs années, & produit de nouvelles tiges au printems.

*Fici-folius.* La quinzieme eft très-commune en Amérique, où les habitans la cultivent, parce qu'ils font entrer fes gouffes vertes dans leurs potages : le fuc de ces légumes, qui eft doux & vifqueux, épaiffit la foupe, & la rend plus délicate. Cette efpece s'éleve, avec une tige liffe & herbacée, depuis trois jufqu'à cinq pieds de hauteur, & fe divife vers fon fommet en plufieurs branches garnies de feuilles en forme de main, & divifées en cinq lobes : fes fleurs, qui fortent des aiffelles de la tige, font de couleur de foufre-pâle avec un fond pourpre obfcur ; elles font plus petites que celles des deux efpeces précédentes & peu durables, car elles s'ouvrent le matin avec le foleil levant, & fe flétriffent avant midi lorfque le tems eft chaud ; elles font remplacées par des capfules dont la forme varie : quelques-unes font plus groffes que le doigt, fur cinq ou fix pouces de long ; d'autres font encore plus épaiffes, & n'ont que deux ou trois pouces de longueur ; elles font droites fur quelques plantes, & inclinées fur d'autres. Toutes ces variétés font conftantes ; car je les ai cultivées pendant plufieurs années, & je ne les ai jamais vu changer.

On multiplie cette espece par semences de la même maniere que la troisieme, & elle exige le même traitement ; mais elle est trop délicate pour supporter le plein air dans notre climat : je l'ai souvent transplantée dans une plate-bande chaude, après lui avoir laissé acquérir assez de force, & dans les années favorables elle a poussé en peu de tems ; mais ses feuilles sont tombées au premier froid, de sorte qu'elle n'a fleuri que très-rarement, & jamais, même dans les années les plus chaudes, elle n'a perfectionné ses semences : lors donc qu'on veut cultiver cette plante, on doit la conserver sous un abri pendant les mauvais tems.

*Pentacarpos.* La seizieme croît naturellement dans des terres humides aux environs de Venise : elle a une racine vivace & une tige annuelle qui s'éleve à la hauteur de trois ou quatre pieds : ses feuilles basses sont angulaires & en forme de cœur, & celles du haut sont en forme de lance, & légerement dentelées sur leurs bords : ses fleurs sortent des aîles des feuilles sur de longs pédoncules ; elles sont petites & de couleur pourpre, avec un fond obscur, & elles produisent des capsules à cinq angles comprimés, & remplies de semences en forme de rein.

On multiplie cette espece par ses graines, qu'on répand sur une couche, & on traite les plantes qui en proviennent comme celles de la quatrieme ; car sans cela elles ne fleurissent point, quoique leurs racines subsistent aisément dans notre climat ; cependant les étés ne sont point assez chauds pour leur faire produire des fleurs : j'ai quelques racines de sept ans qui poussent plusieurs tiges nouvelles jusqu'à la hauteur de plus de trois pieds : les boutons à fleurs se forment à leur extrémité ; mais ils paroissent si tard qu'ils s'épanouissent rarement.

*Populneus.* La dix-septieme, qui a été apportée de l'Amérique Septentrionale, a une racine vivace & une tige annuelle : ces racines subsistent en plein air ; mais elles y produisent rarement des fleurs, à moins que l'été ne soit très-chaud ; elle a une seule tige, qui s'éleve à deux pieds & plus : ses feuilles sont ovales & sciées, & ses fleurs sont larges & de couleur pourpre.

*Palustris.* La dix-huitieme, qui croît aussi sans culture dans les terres humides de l'Amérique Septentrionale, a une racine vivace & une tige annuelle semblable à celle de la précédente : cette tige est herbacée & sans branches : ses feuilles sont ovales, divisées en trois lobes peu profonds, d'un vert clair en-dessus, & cotonneuses en dessous : ses fleurs sortent des aisselles de la tige ; elles sont larges & de couleur pourpre clair. Cette espece ressemble aux précédentes ; elle fleurit ici en plein air si l'été est assez chaud, & ses racines peuvent être mises en pleine terre en les abritant. La méthode la plus propre à faire fleurir ces plantes dans notre climat, est de les mettre en pots, de les tenir en hiver sous des châssis,

& de les plonger au printems dans une couche de chaleur modérée : lorfque leurs tiges fe font élevées jufqu'aux châffis, il faut les tranfporter dans la caiffe de vitrage, où elles fleuriront très-bien en Juillet, & perfectionneront leurs femences dans les années chaudes, pourvu qu'on les arrofe à propos, & qu'on leur donne beaucoup d'air dans les tems favorables.

*Trionum.* La dix-neuvieme eft une plante annuelle qui croît naturellement en quelques parties de l'Italie : elle a été long-tems cultivée dans nos jardins fous le titre de *Mauve de Venife.* GERARD & PARKINSON la nomment *Alcea Veneta* & *Flos horæ,* ou *la Fleur d'une heure,* à caufe de fa courte durée ; cependant comme fes fleurs fe fuccedent tous les jours à mefure qu'elles périffent, pendant un tems confidérable, on peut lui accorder une place dans les jardins. Cette efpece a une tige d'arbriffeau haute d'un pied & demi, & armée de plufieurs épines courtes & douces qui ne paroiffent point, à moins qu'on n'examine la plante de très-près : fes feuilles font divifées, prefque jufqu'à la côte du milieu, en trois lobes profonds ; les échancrures font oppofées, & les fegmens font obtus : fes fleurs, qui fortent aux nœuds des tiges fur d'affez longs pédoncules, ont un double calice, dont l'extérieur eft compofé de dix feuilles étroites & longues qui fe réuniffent à leurs bâfes, & l'intérieur eft formé par une feule feuille dé-



liée, enflée comme une veffie, divifée à l'extrémité en cinq fegmens aigus, fortifiée par plufieurs côtes longitudinales, teinte de couleur pourpre & velue ; ces deux calices font perfiftans, & renferment la capfule après que la fleur eft paffée ; la corolle eft compofée de cinq pétales obtus qui s'étendent au fommet, & dont le bas eft en forme de cloche ; le fond eft d'un pourpre foncé, & le deffus des pétales eft de couleur de foufre-pâle ; les étamines & les fommets font réunis en forme de colonne dans le centre : lorfque la fleur eft paffée, le germe fe change en une capfule émouffée qui s'ouvre en cinq cellules, & qui contient de petites femences en forme de rein. Cette efpece fleurit en Juin, en Juillet & en Août, & fes graines mûriffent dans le mois fuivant. On la multiplie par fes femences, qu'il faut répandre dans le lieu même où les plantes doivent refter, parce qu'elles ne fouffrent pas la tranfplantation : fi on les feme en automne, elles poufferont dans le commencement du printems, & fleuriront en été ; celles qui feront mifes en terre au printems leur fuccederont ; ainfi en les femant en trois faifons différentes, on pourra fe procurer des fleurs jufqu'aux premieres gelées : elles n'exigent aucune autre culture que d'être tenues nettes de mauvaifes herbes, & d'être éclaircies à propos ; fi on leur donne le tems de répandre leurs graines, les plantes fe propageront & fe conferveront fans aucun foin.

*Africana.* La vingtieme , qui a été apportée du Cap de Bonne - Efpérance , eft auffi une plante annuelle qui reffemble aux précédentes , mais dont les tiges font plus droites , de couleur tirant fur le pourpre , & très-velues : fes feuilles font divifées , prefque jufqu'au pétiole , en trois lobes étroits , dont celui du milieu s'étend deux fois plus loin que les deux latéraux ; ils font légerement dentelés à leurs bords , au-lieu que ceux de la précédente font découpés prefque jufqu'au milieu : fes fleurs font larges & de couleur plus foncée que celles de la dix-neuvieme.

*Hifpidus.* La vingt-unieme , dont les femences m'ont été envoyées du Cap de Bonne-Efpérance , il y a quelques années , eft une plante annuelle qui , à la premiere vue , paroît avoir quelque reffemblance avec les efpeces précédentes ; mais qui a une tige fort velue , branchue & garnie de feuilles bien plus larges qu'aucune des autres ; celles du bas font divifées en trois lobes , & celles du haut en cinq fegmens obtus & crénelés à leurs bords : fes fleurs font larges , mais d'une couleur plus pâle que celles des précédentes. Comme cette plante a confervé ces différences pendant dix ans de culture , on ne peut douter qu'elle ne foit une efpece diftincte. Toutes ces plantes font auffi dures au froid que la dix-neuvieme ; ainfi on peut les traiter de la même maniere.

*Malvavifcus.* La vingt-deuxieme croît naturellement à Campêche , d'où le Docteur HOUSTOUN m'a envoyé fes femences : celle-ci differe fi effentiellement des autres efpeces dans fa fructification , qu'elle mérite un autre nom : toutes les autres ont des capfules feches à cinq cellules , qui renferment plufieurs femences en forme de rein ; mais celle-ci a une baie vifqueufe & douce , qui contient une coque dure dans laquelle fe trouvent cinq femences prefque rondes. Cette efpece a une tige branchue de dix à douze pieds de hauteur , & divifée en plufieurs branches garnies de feuilles unies , angulaires , en forme de cœur & crénelées fur leurs bords : fes fleurs fortent fimples des aiffelles de la tige fur de courts pédoncules ; la corolle eft compofée de cinq pétales oblongs teints d'une belle couleur écarlate , roulés enfemble , & qui ne fe développent jamais : ces fleurs font remplacées par des baies prefque rondes , auffi de couleur écarlate ; lorfqu'elles font mûres , elles renferment une coque dure qui s'ouvre en cinq cellules , dont chacune contient une femence de même forme.

Comme les femences de cette efpece ne mûriffent pas fouvent dans notre climat , on la multiplie par boutures en Angleterre : on plante ces boutures dans des pots remplis de terre légere , qu'on plonge dans une couche de chaleur modérée , où l'on empêche l'air de pénétrer ; elles y prennent bientôt racine , & alors on les ac-

coutume à supporter l'air ouvert. Ces plantes exigent une
serre de chaleur tempérée pour
être conservées pendant l'hiver; & en les tenant chaudement en été, elles fleuriront
& perfectionneront quelquefois
leurs semences. On peut cependant les exposer au-dehors
pendant deux ou trois mois de
l'été, à une exposition bien
abritée; mais celles-ci fleurissent rarement aussi bien que
celles de la serre.

HIERACIUM. *Linn. Gen.
Plant.* 818. *Tourn. Inst. R. H.*
469. *Tab.* 267. ἱέραξ Épervier;
ainsi appellée parce que les
Éperviers qui, aussi-bien que
les Aigles, ont la vue très per-
çante, sont néanmoins sujets
à la cataracte que la chaleur
de l'air occasionne, & qu'une
goutte du jus de cette plante,
introduite dans leurs yeux,
peut, dit-on, les guérir de cette
maladie : elle est aussi très-
bonne pour éclaircir la vue des
hommes. [ *Hawkweed.* ] Herbe
à l'Épervier, la Pulmonaire des
François.

*Caractères.* La fleur est composée de plusieurs fleurettes hermaphrodites renfermées dans
un calice commun & écailleux,
dont les écailles sont étroites
& fort inégales dans leur longueur & leur position : ces
fleurettes sont égales & uniformes; elles ont un pétale en
forme de langue, dentelé à son
extrémité en cinq segmens placés les uns sur les autres en
forme de tuiles : elles ont chacune cinq étamines courtes &
velues, dont les sommets sont
cylindriques; le germe, qui est
placé au fond de la corolle,

soutient un style mince, couronné par deux stigmats recourbés, & devient ensuite une semence courte, quadrangulaire,
couronnée de duvet & placée
dans le calice.

Ce genre de plantes est rangé
dans la premiere section de la
dix-neuvieme classe de LINNÉE,
qui comprend celles dont les
fleurettes sont fructueuses.

Il y a une grande quantité
d'especes de ce genre, dont
plusieurs croissent en Angleterre comme des herbes communes. Je me contenterai de
choisir les plus belles d'entr'elles, & celles qui méritent le
plus d'être cultivées; car en les
rappellant toutes, je grossirois
cet Ouvrage au-delà des bornes que je me suis prescrites.

Les especes sont :

1°. *Hieracium aurantiacum, foliis integris, caule sub-nudo, simplicissimo, piloso, corymbifero.
Hort. Cliff.* 388. *Hort. Ups.* 238.
*Gmel. Sib.* 2. *p.* 31. *Kniph. Cent.*
11. *n.* 56. *Jacq. Austr. t.* 410.
Herbe à l'Epervier à feuilles
entieres, avec une tige nue,
simple, hérissée de poils, &
terminée par un corymbe de
fleurs.

*Hieracium hortense, floribus
atro-purpurascentibus. C. B. p.*
128. Hieracium des jardins, à
fleurs teintes en pourpre-noi-
râtre.

*Hieracium caule sub-nudo, fo-
liis ovatis, integris, floribus umbellatis, Aurantiis. Hall. Helv.
n.* 50.

*Hieracium Alpinum, non la-
ciniatum, flore fusco. Bauh. Pin.*
128. *Prodr.* 65.

*Hieracium Germanicum.* 1, *Col.
Ecphr.* 2. *p.* 28. *t.* 30.

*Pilosella poly-clonos , repens , major , Syriaca , flore amplo Aurantiaco. Moris. Hist.* 3. *p.* 78. *S.* 7. *t.* 8. *f.* 7.

2°. *Hieracium Cerinthoïdes, foliis radicalibus ob-ovatis ; denticulatis, caulinis oblongis, femi-amplexicaulibus. Prod. Leyd.* 124. *Hort. Ups.* 238. *Scop. Carn. Ed.* 2. *n.* 971, Herbe à l'Epervier avec des feuilles radicales ovales & dentelées, & celles des tiges oblongues, & embraffant les tiges à moitié.

*Hieracium foliis radicalibus obovatis , obtufis , petiolatis , denticulatis ; caulinis oblongis , femiamplexicaulibus , acutis. Gouan. Illuftr.* 58. 1. *t.* 22. *f.* 4.

*Hieracium Pyrenaïcum , folio Cerinthe. Schol. Bot.* Herbe à l'Epervier des Pyrénées à feuilles de Mélinet.

3°. *Hieracium Blattarioïdes , foliis lanceolatis, amplexicaulibus, dentatis, floribus folitariis, calycibus laxis. Hort. Cliff.* 387. *Roy. Lugd.-B.* 123. *Amœn. Acad.* 1. *p.* 151. Herbe à l'Epervier à feuilles dentelées, en forme de lance, & amplexicaules, ayant des fleurs fimples ou féparées, avec des calices larges.

*Hieracium Pyrenaïcum. Lin. Syft. Plant. t.* 3. *p.* 645. *Sp.* 24.

*Hieracium Pyrenaïcum, Blattariæ folio, minùs hirfutum. Tourn. Inft.* 472. Herbe à l'Epervier des Pyrénées , à feuilles de Bouillon-blanc, & moins velues.

4°. *Hieracium amplexicaule, foliis amplexicaulibus , cordatis , fub-dentatis , pedunculis uni-floris , hirfutis , caule ramofo. Hort. Cliff.* 387. *Roy. Lugd.-B.* 123. *Kniph. Cent.* 12. *n.* 56. Herbe à l'Epervier à feuilles amplexi-

caules, en forme de cœur & dentelées , dont les pédoncules fupportent chacun une feule fleur, & à tige branchue.

*Hieracium foliis ovato-lanceolatis , rariter dentatis , caulinis amplexicaulibus. Hall. Helv. n.* 36. *Sec. Gouan. R.*

*Hieracium Pyrenaïcum , rotundifolium , amplexicaule. Schol. Bot.* Herbe à l'Epervier des Pyrénées, à feuilles rondes & amplexicaules.

*Hieracium amplexicaule , foliis radicalibus , ovato-lanceolatis , acutis , bafi-dentatis ; caulinis haftato - cordatis , amplexicaulibus. Gouan. illuftr.* 58. *Quá cum denominatione Hier. Blattarioïdes ab ipfo combinatur. R.*

*Hieracium longi-folium , amplexicaule. Tourn. Inft.* 472.

5°. *Hieracium Sabaudum , caule erecto , multi-floro , foliis ovato-lanceolatis , dentatis , femiamplexicaulibus. Prod. Leyd.* 124. *Hort. Ups.* 238. *Fl. Suec.* 2. *n.* 703. Herbe à l'Epervier avec une tige droite, qui produit beaucoup de fleurs, & des feuilles ovales, en forme de lance & dentelées, qui embraffent à moitié les tiges.

*Hieracium foliis hirfutis , dentatis , inferioribus ellipticis ; fuperioribus ovato-lanceolatis. Hall. Helv. n.* 35.

*Hieracium caule multi-floro , foliofo , foliis lanceolatis , dentatis , dentibus glandulofis. Scop. Carn.* 1. *p.* 191. *n.* 10. *Defcriptio. Ed.* 2. *n.* 972.

*Hieracium virofum. Pallas. It.* 1.

*Hieracium fruticofum , lati-folium , hirfutum. Bauh. Pin.* 129.

*B. Hieracii Sabaudi varietas.* 1. *Bauh. Hift.* 2. *p.* 1030.

*Hieracium fruticofum, fub-ro-tundo folio. Bauh. Prodr. Hall. R.*

*Hieracium Sabaudum, altiffi-mum, foliis latis, brevibus, crebriùs-nafcentibus. Moris. Hift. 3. p. 71. Hall. R.*

6º. *Hieracium umbellatum, foliis lineuribus, fub-dentatis fpar-fis, floribus fub umbellatis. Fl. Lapp.* 287. *Fl. Suec.* 639, 704. *Hort. Cliff.* 387. *Roy. Lugd.-B.* 123. *Dalib. Paris.* 237. *Gmel. Sib.* 2. *p.* 25. *Hall. Helv. n.* 34. *Kniph. Cent.* 9. *n.* 48. Herbe à l'Epervier à feuilles linéaires, dentelées & écartées, & à fleurs prefque en ombelle.

*Hieracium fruticofum, angufti-folium majus. Bauh. Pin.* 129.

*Hieracium fruticofum, anguftif-fimo incano folio. H. L.* 316.

*Aurantiacum.* La premiere efpece, qui croît naturellement en Syrie, pouffe de fa racine plufieurs feuilles ovales, oblongues, enticres & velues : du centre de ces feuilles fort une tige couverte de poils, & haute d'environ un pied, du fommet de laquelle fortent des fleurs en corymbe, d'un rouge foncé, & compofées de plufieurs petites fleurettes, auxquelles fuccèdent des femences noires, oblongues, & couronnées d'un duvet blanc, qui, par fon élafticité, fait fortir les femences du calice quand elles font mûres, & les difpofe à être emportées par le premier fouffle de vent : ces fleurs paroiffent au commencement de Juin, & leurs femences mûriffent en cinq ou fix femaines ; mais elles font fouvent remplacées par d'autres fleurs qui fe fuccèdent jufqu'en automne.



On multiplie cette efpece par fes graines, qui doivent être femées en Mars fur une plate-bande expofée au levant ; lorfqu'elles commencent à pouffer, on les tient nettes de mauvaifes herbes jufqu'à ce que les plantes foient en état d'être enlevées ; ce qui pourra avoir lieu vers le commencement du mois de Juin ; alofs on les tranfplante dans une terre fans fumier, à l'ombre, à fix pouces de diftance, & on les arrofe avec foin dans les tems fecs, jufqu'à ce qu'elles aient formé de nouvelles racines ; on les tient conftamment nettes, & en automne on les place à demeure : ces plantes fleuriront & perfectionneront leurs femences pendant l'été de l'année fuivante, & leurs racines dureront quelques années, pourvu qu'elles ne foient pas plantées dans un fol riche & humide, qui les difpofe ordinairement à être attaquées de pourriture en hiver.

*Cerinthoïdes.* La feconde efpèce, que l'on rencontre fur les Pyrénées, eft une plante vivace, dont les feuilles radicales font ovales, dentelées, & de couleur grife ; & celles de la tige, qui font plus petites, mais de la même couleur & de la même forme, embraffent à moitié les tiges de leur bàfe : ces tiges ont un pied de hauteur, & fe féparent en plufieurs branches, terminées chacune par une fleur jaune. On multiplie cette plante par femences, comme la premiere efpece.

*Blattarioïdes.* La troifieme fe

trouve auffi fur les Pyrénées elle a une racine vivace qui pouffe plufieurs tiges droites & garnies de feuilles dentelées & en forme de lance : les fleurs naiffent aux aiffelles de la tige fur des courts pédoncules, dont chacun foutient une feule fleur large, avec une calice lâche : cette efpece fleurit en Juin ; on la multiplie en partageant fes racines en automne , & elle réuffit dans toutes les fituations.

*Amplexicaule.* La quatrieme s'éleve à la hauteur d'un pied & demi, avec un tige garnie de feuilles en forme de cœur, dentelées à leur bâfe, & amplexicaules : toutes fes branches font terminées par des pédoncules velus, qui foutiennent chacun une fleur jaune & large : cette plante fleurit au mois de Juin, & perfectionne fes femences vers la fin de Juillet ; elle eft vivace, fe multiplie de femences, comme la premiere , & elle exige la même culture.

*Sabaudum.* La cinquieme, qui eft originaire de la Savoie, eft une plante vivace qui pouffe plufieurs tiges droites, hautes d'environ deux pieds, & garnies de feuilles courtes , en forme de lance & dentelées , qui embraffent à moitié les tiges avec leur bâfe : fes fleurs font affez larges , d'un jaune foncé , & placées aux extrémités des tiges : elles paroiffent dans le mois de Juillet.

*Umbellatum.* La fixieme croît fans culture en Hollande ; c'eft auffi une plante vivace qui pouffe trois ou quatre tiges minces, garnies de feuilles blanches,

linéaires , & terminées par des fleurs jaunes. Comme cette efpece produit rarement des femences en Angleterre, on ne peut l'y multiplier qu'en divifant fes racines en automne : la cinquieme efpece fe multiplie auffi de cette maniere; mais on peut encore la propager au moyen de fes graines , qu'elle produit ici en abondance.

**HIPPOCASTANUM.** *Voyez* ÆSCULUS.

**HIPPOCRATEA.** *Lin. Gen. Plant.* 54. *Coa. Plum. Nov. Gen.* 8. *Tab.* 35. Sans nom Anglois.

*Caracteres.* Le calice de la fleur eft formé par une feuille étendue , & découpée à l'extrémité en cinq fegmens ; la corolle eft compofée de cinq pétales ovales , & dentelés au fommet : la fleur a trois étamines en forme d'alène & terminées par des fommets larges, & un germe ovale placé au deffous de la corolle , avec un ftyle auffi long que les étamines & couronné par un ftigmat obtus ; le germe devient dans la fuite une capfule en forme de cœur, ailée à l'extrémité fupérieure, & dans laquelle font renfermées cinq femences.

Ce genre de plantes eft rangé dans la premiere fection de la troifieme claffe de LINNÉE, intitulée , *Triandria Monogynia* , qui renferme celles dont les fleurs ont trois étamines & un ftyle.

Nous n'avons qu'une efpece de ce genre.

*Hippocratea volubilis. Lin. Sp. Plant.* 50. *Plum. Gen.* 8. *Jacq. Amer.* 12. *t.* 9. *Hort. Cliff.* 484. Hipprocrate avec un fruit triple & presque rond, & une tige torse.

*Coa scandens, fructu trigemino, sub-rotundo. Plum. Nov. Gen. 8. Ic. 88.* Coa grimpant avec un fruit triple & presque rond.

Les semences de cette plante qui m'ont été envoyées de Campêche par ROBERT MILLAR, ont produit dans les jardins Anglois plusieurs plantes que l'on a conservées deux ans, mais point assez long tems pour fleurir : elles se font élevées à la hauteur de huit ou dix pieds, avec des tiges qui s'entortilloient autour de leur soutien : elles étoient très-menues, & presque mortes à leurs racines ; ce qui venoit probablement d'avoir été trop arrosées.

Cette plante est fort tendre, & doit être tenue constamment dans la couche de tan de la serre chaude, où on lui donne trés-peu d'eau en hiver.

HIPPOCREPIS. *Lin. Gen. Plant.* 791. *Ferrum Equinum. Tourn.* 400. *tab.* 225. [*Horse-Shoe Vetch.*] Fer-de-Cheval.

*Caractères.* Dans ce genre la fleur a un calice persistant, & formé par une feuille divisée en cinq parties, dont les deux supérieures sont jointes ensemble ; la corolle est papilionnacée ; l'étendard est en forme de cœur, armé d'un onglet étroit & aussi long que la corolle ; les aîles sont ovales, oblongues & émoussées ; la carène est en forme de croissant & comprimée : la fleur a dix étamines, dont neuf sont jointes ensemble & l'autre séparée, droites, & terminées par des sommets simples & un germe



étroit, oblong, placé sur un style en forme d'alêne, & couronné par un simple stigmat : ce germe devient ensuite un légume long, uni, comprimé, & divisé en plusieurs parties depuis la jointure inférieure jusqu'à la supérieure ; chacune de ces parties forme un sinus presque rond, avec des jointures obtuses triangulaires, & attachées à la partie supérieure ; chaque nœud a la forme d'un fer de cheval, & renferme une seule semence.

Ce genre de plantes se trouve dans la troisieme section de la dix-septieme classe de LINNÉE, intitulée, *Diadelphia Décandria*, qui renferme celles à fleurs papilionnacées, pourvues de dix étamines réunies en deux corps.

Les especes sont :

1°. *Hippocrepis uni-siliquosa, leguminibus sessilibus, solitariis, erectis. Hort. Cliff.* 364. *Hort. Ups.* 233. *Roy. Lugd.-B.* 384. *Sauv. Monsp.* 236. *Gron. Orient.* 229. Fer-de-Cheval avec des légumes simples, sessiles à la tige, & érigés.

*Ferrum equinum, siliquis solitariis, lunatim excisis. Hall. Helv. n. 392.*

*Ferrum equinum, siliquâ singulari. C. B. p.* 349. *Garid. t.* 114. Fer-de-cheval avec un légume simple.

*Ferrum equinum vulgare. Col. Ecphr.* 1. *p.* 302. *t.* 300.

2°. *Hippocrepis comosa, leguminibus pedunculatis, confertis, arcuatis, margine exteriore repandis. Prod. Leyd.* 384. *Dalib. Paris.* 232. *Crantz. Austr. p.* 429. *Scop. Carn. Ed.* 2. *n.* 915. Fer-de-

de-cheval avec des légumes sur des pédoncules diſpoſés en paquets, armés, & dont les bords extérieurs ſont recourbés.

*Hippocrepis leguminibus pedun-culatis, confertis, margine exteriori lobatis. Hort. Cliff. 364.*

*Ferrum equinum, ſiliquis umbellatis, undulatis. Hall. Helv. n. 391.*

*Ferrum equinum, Germanicum, ſiliquis in ſummitate. C. B. p. 346.* Fer-de-cheval d'Allemagne, dont les légumes croiſſent aux extrémités des tiges.

*Ferrum equinum, comoſum ſivè capitatum. Col. Ecphr. 1. p. 302. t. 301. Riv. tet. 97.*

3°. *Hippocrepis multi-ſiliquoſa, leguminibus pedunculatis, confertis, circularibus, margine alterâ lobatis. Hort. Cliff. 364. Hort. Ups. 233. Roy. Lugd.-B. 384. Sauv. Monsp. 239.* Fer-de-cheval avec des légumes ſur des pédoncules qui croiſſent en paquets & circulairement, ayant des lobes ſur un de leurs côtés.

*Ferrum equinum, ſiliquâ multiplici. C. B. p. 356.* Fer-de-cheval à pluſieurs légumes.

*Ferrum equinum, alterum polyceraton. Col. Ecphr. 1. t. 300.*

*Uni-ſiliquoſa.* La premiere eſpece, qui croît naturellement en Italie & en Eſpagne, eſt une plante annuelle, dont la racine produit pluſieurs tiges rampantes, & d'un pied de longueur, qui ſe diviſent vers l'extrémité en branches plus petites, garnies de feuilles aîlées, & compoſées de quatre ou cinq paires de lobes petits, étroits, & terminés par un lobe impair ; ces lobes ſont obtus & dentelés à

leur extrémité : de fleurs ſimples & papilionnacées ſont produites aux aiſſelles de la tige ; elles ſont jaunes, & produiſent des légumes ſimples & ſeſſiles ; ces légumes, dont la longueur eſt d'environ deux pouces ſur un pouce de largeur, ſe recourbent en forme de cils, & ſe diviſent en pluſieurs nœuds en forme de fer de cheval. Cette plante fleurit en Juin & en Juillet ; ſes ſemences mûriſſent en automne, & la tige périt peu de temps après.

*Comoſa.* On trouve la ſeconde eſpece dans quelques parties de l'Angleterre, où elle croît ſans culture ſur les montagnes de craie, ſur-tout dans les collines Hogmagog près de Cambridge ; elle eſt vivace, plus petite que la précédente, & elle pouſſe des tiges minces & rampantes de ſix pouces de longueur, & garnies de feuilles étroites & aîlées : ſes fleurs naiſſent en paquets ſur de longs pédoncules, & produiſent des légumes plus courts & repliés en-dedans preſque en cercle ; leurs nœuds ſont ſemblables à ceux de la précédente.

*Multi-ſiliquoſa.* La troiſieme, qui ſe trouve dans la France méridionale, en Allemagne & en Italie, eſt une plante annuelle dont les tiges ſont rampantes, & reſſemblent beaucoup à celles de la premiere ; mais ſes fleurs naiſſent en paquets ſur des pédoncules aſſez longs ; elles ſont de la même forme que celles des autres eſpeces, & leurs légumes ſont joints enſemble de la même maniere ; les nœuds ſont attachés au bord oppofé. Cette plante fleurit en Juin & en Juillet, & fes femences mûriffent en Août & en Septembre.

On multiplie toutes ces efpeces par leurs graines, qui doivent être mifes en terre en automne dans les places où elles doivent refter ; lorfque les plantes paroiffent on les nettoie exactement & on les éclaircit : c'eft en cela que confifte toute leur culture. Les deux efpeces annuelles périffent en automne ; après avoir perfectionné leurs femences. Mais les racines de la feconde fubfiftent deux ou trois ans, fi elles ne font pas plantées dans un fol trop gras.

HIPPOLAPATHUM. *Voyez* RUMEX *obtufi-folius aquaticus.*

HIPPOMANE. *Lin. Gen. Plant.* 1099. *Mançanilla. Plum. Nov. Gen.* 50. *Tab.* 30. [*The-Manchineel.*] La Mançanille, *ou* le Manfanillier.

*Caracteres.* Dans ce genre les fleurs mâles & femelles font fur la même plante ; les fleurs mâles fortent en paquets d'un petit calice en forme de gobelet ; mais elles n'ont point de corolle : du centre de chaque calice, s'éleve un ftyle fimple terminé par deux fommets fourchus : les fleurs femelles font auffi fans corolle ; mais elles ont un germe ovale, enveloppé dans un calice à trois feuilles : elles n'ont point non plus de ftyles, mais feulement des ftigmats divifés en trois parties : le germe fe change par la fuite en un fruit prefque rond, avec une enveloppe charnue qui renferme une coque dure, inégale,

& à plufieurs cellules, dans chacune defquelles eft renfermée une femence oblongue.

Ce genre de plantes eft rangé dans la neuvieme fection de la vingt-unieme claffe de LINNÉE, qui comprend celles avec des fleurs mâles & femelles fur le même pied, & dont les mâles n'ont qu'une étamine ou plufieurs réunies en un feul corps.

Les efpeces font :

1°. *Hippomane Mancanilla, foliis ovatis, ferratis. Hort. Cliff.* 484. *Jacq. Hift. t.* 159. Mançanille à feuilles ovales & fciées.

*Mançanilla Pyri facie. Plum. Nov. Gen.* 50. *Catesb. Car.* 1. *p.* 95. *t.* 95. Mançanille ayant l'apparence d'un Poirier.

*Hippomane arboreum, lactefcens, ramulis ternatis, petiolis glandulâ notatis. Brown. Jam.* 350.

*Juglandi affinis arbor, julifera, lactefcens, venenata, Pyrifolia. Sloan. Jam.* 129. *Hift.* 2. *p.* 3. *t.* 159.

*Malus Americana, Lauro-Cerafi folio, venenata. Comm. Hort.* 1. *p.* 131. *t.* 68.

*Arbor venenata, Mançanilla dicta. Raii. Hift.* 1646. *Pluk. Phyt.* 142. *f.* 4.

2°. *Hippomane bi-glandulofa, foliis ovato-oblongis, bafi bi-glandulofis. Lin. Sp. Plant.* 1431. Mançanille à feuilles ovales & oblongues, avec deux glandes à leur bâfe.

*Mançanilla Lauri foliis oblongis. Plum. Nov. Gen.* 50. *Ic.* 171. *f.* 2. Mançanille à feuilles oblongues, & femblables à celles du Laurier.

*Sapium arboreum, foliis ellipticis, glabris, petiolis bi-glandulofis, flori-*

*bus spicatis. Brown. Jam. 338.*
*Sapium aucuparium. Jacq. Amer.*
*249. t. 158.*

*Tithymalus, arbor Americana,*
*Mali Medicæ foliis amplioribus,*
*tenuissimè crenatis, succo maximè*
*vénenoso. Pluk. Alm. 369. t. 229.*
*f. 8.*

3°. *Hippomane spinosa, foliis*
*sub-ovatis, dentato-spinosis. Lin.*
*Gen. Plant. 1191.* Mançanille
à feuilles ovales, dont les dents
font épineufes.

*Mançanilla Aqui-folii foliis.*
*Plum. Nov. Gen. 50. Ic. 171.*
*f. 1.* Mançanille à feuilles de
Houx.

*Ilex Aqui-folii foliis, Ameri-*
*cana. Pluk. Alm. 197. t. 196.*

*Mançanilla.* La premiere efpece, qui croît fpontanément
dans toutes les Ifles de l'Amérique, eft, dans fon pays natal, un très grand arbre, dont
la forme approche de celle du
*Chène* ; fon bois eft eftimé pour
les bibliotheques & les boiferies, parce qu'il dure long-tems,
& qu'il prend un beau poli ;
on prétend auffi que les vers
ne l'attaquent point ; & comme
ces arbres ont une fève abondante, laiteufe & cauftique, on
allume du feu autour de leurs
tiges, avant de les couper,
pour confumer cette fève, fans
quoi ceux qui travailleroient
à les abattre courroient rifque
de perdre la vue par la quantité de ce jus laiteux qui ré-
jailliroit dans leurs yeux : lorfque quelques gouttes de cette
fève touchent la peau, elles
y occafionnent des veffies ; s'il
en tombe fur le linge, elle le
noircit & le brûle, de maniere
qu'il s'y forme des trous en le



lavant. Il eft dangereux auffi
de travailler ce bois, même
après qu'il eft fcié, car la
moindre parcelle qui tombe
dans les yeux des ouvriers, y
occafionne des inflammations
qui entraînent pour quelque
tems la perte de la vue : afin
d'éviter ces accidens, les ouvriers fe couvrent les yeux avec
du Linon pendant qu'ils travaillent.

Cet arbre a une écorce unie
& brunâtre : fa tige fe divife
vers le fommet en plufieurs
branches garnies de feuilles
oblongues, d'environ trois pouces de longueur fur un & demi
de largeur, terminées en pointe
aiguë, légèrement fciées furleurs
bords, d'un vert luifant, & fupportées par de courts pétioles.
Ses fleurs naiffent en épis fur
des efpeces de poinçons courts
aux extrémités des branches ;
le même épi renferme les deux
fexes : mais elles n'ont point
de corolles, & font très-peu
d'effet ; à ces fleurs fuccede un
fruit de la même grandeur &
de la même forme que la petite pomme à pepins d'or ; la
couleur jaunâtre qu'il prend
en mûriffant, a fouvent tenté des
étrangers qui, après en avoir
mangé, ont éprouvé les accidens les plus graves, tels qu'une
inflammation violente à la bouche, à la gorge & à l'eftomac,
des angoiffes terribles, & d'autres fymptómes qui peuvent
avoir des fuites funeftes, à
moins qu'on n'y apporte un
prompt remede.

Les Habitans de l'Amérique
croient qu'il eft dangereux de
s'affeoir ou de s'endormir à fon

bre de cet arbre ; ils affûrent que la pluie ou la rofée qui tombe des feuilles, peut occafionner des ampoules : mais il eft certain que , fi les feuilles ne font pas déchirées, & fi la sève ne fe mêle point avec la pluie, elle ne peut faire aucun mal.

*Biglandulofa.* La feconde efpece croît naturellement à Carthagène en Amérique , & la troifieme à Campêche, d'où le Docteur HOUSTOUN m'en a envoyé la femence : la feconde s'éleve à la même hauteur que la premiere ; fes feuilles font plus longues, fciées fur leurs bords , & à leur bâfe croiffent deux petites glandes.

*Spinofa.* La troifieme, qui n'eft pas auffi grande, s'éleve rarement au - deffus de vingt pieds : fes feuilles reffemblent beaucoup à celles du *Houx* commun ; elles font d'un vert luifant, garnies d'épines pointues à chaque dentelure, & fubfiftent toute l'année.

On conferve ces plantes dans quelques jardins curieux de l'Europe, où l'on ne peut efperer de le voir s'élever à une grande hauteur ; elles font trop tendres pour fubfifter dans nos pays feptentrionaux fans le fecours des ferres ; on les éleve aifément de femences , pourvu qu'elles foient faines : on les répand fur une bonne couche, & lorfque les plantes paroiffent, on les met chacune féparément dans des pots remplis de terre légere & fablonneufe , & on les plonge dans une couche de tan, où on les traite de la même maniere que les autres plantes tendres ; mais il ne faut pas

leur donner beaucoup d'eau , parce que la grande quantité de sève laiteufe & âcre qu'elles contiennent, les rend , comme toutes celles qui leur reffemblent à cet égard, très-fufceptibles d'être attaquées de pourriture par trop d'humidité : on les place en automne dans la couche de tan de la ferre chaude, où elles doivent refter conftamment : on leur donne trèspeu d'eau en hiver & beaucoup d'air en été quand il fait chaud, & on les arrofe une fois ou deux par femaine dans cette faifon : en les traitant ainfi, j'ai élevé plufieurs de ces plantes, qui font parvenues à la hauteur de cinq ou fix pieds ; elles faifoient un affez bel effet en hiver dans les ferres, par le vert brillant de leurs feuilles.

HIPPOPHAE. *Lin. Gen. Plant.* 980. *Rhamnoïdes. Tourn. Cor. 52. tab. 481. [Baftard Rhamnus, or sea-Buckthorn.]* le Rhamnoïde.

*Caractères.* Cette plante a des fleurs mâles & des fleurs femelles fur différens pieds ; les fleurs mâles ont un calice formé par une feuille découpée en deux fegmens qui fe réuniffent à leur extrémité ; elles n'ont point de corolles , mais feulement quatre étamines courtes & terminées par des fommets oblongs, angulaires & de la longueur du calice : les fleurs femelles font auffi fans corolles & fans étamines ; elles ont un calice d'une feuille ovale , oblongue , tubulée & découpée en deux parties à fon extrémité, & dans leur centre un germe prefque rond & petit, qui foutient un ftyle court & couronné par un ftigmat oblong, épais & deux fois plus long que le calice : ce germe fe change, après que la fleur eft fanée, en une baie globulaire, & à une cellule qui contient une femence prefque ronde.

Ce genre de plantes eft rangé dans la quatrieme fećtion de la vingt-deuxieme claffe de LIN-NÉE, intitulé, *Diœcia Tetrandria*, dans laquelle font comprifes toutes les plantes qui ont des fleurs mâles & des fleurs femelles fur différens pieds, & dont les mâles ont quatre étamines.

Les efpeces font :

1°. *Hippophae Rhamnoïdes, foliis lanceolatis. Linn. Sp. Plant.* 1023. *Duham. arbr. 2. t. 49 ;* Hippophaë à feuilles en forme de lance.

*Rhamnoïdes flori-fera Salicis folio. Tourn. Cor.* 53 ; Rhamnoïde à feuilles de Saule.

*Hippophaes. Fl. Lapp. 372. Fl. Suec.* 815, 906. *Hort. Cliff.* 454. *Roy. Lugd.-B.* 207.

*Hippophae, foliis linearibus, fubtùs rubiginofis. Hall. Helv. n.* 1603.

*Ofyris Rhamnoïdes. Scop. Carn. Ed. 2. n.* 1216.

*Rhamnus, Salicis folio anguftiori, fruĉtu flavefcente. Bauh. Pin.* 477.

*Rhamni fpecies. Cam. Epit. 81.*

*Rhamnus 2. Clus. Hift. 110.*

*Oleafter Germanicus. Cord. Hift. 3. c. 24. p. 186.*

2°. *Hippophae Canadenfis, foliis ovatis. Linn. Sp. Plant.* 1024; Hippophaë à feuilles ovales, appelé *Nerprun du Canada.*

*Rhamnoïdes.* La premiere efpece croit naturellement fur les rivages de la mer en Lincoln-shire, ainfi que fur les bancs de fable entre Sandwich & Deal en Kent : on en connoît deux variétés, l'une à fruits jaunes & l'autre à fruits rouges ; mais je n'en ai jamais vu qu'un feul pied croître naturellement en Angleterre ; j'ai trcuvé l'autre fur les bancs de fable de la Hollande.

Elles ont des tiges branchues de huit ou dix pieds de longueur, qui pouffent plufieurs branches irrégulieres, dont l'écorce eft d'un brun argenté, & garnies de plufieurs feuilles étroites en forme de lance de deux pouces de longueur fur un quart de pouce de largeur au milieu, plus étroites par dégrés vers chaque extrémité, d'un vert foncé en-deffus, blanchâtres en-deffous, avec une côte faillante au milieu, & des bords recourbés comme celles du *Romarin* ; elles font alternes fur tous les côtés des branches contre lefquelles elles font appliquées : les fleurs de cette efpece font produites fur les côtés des plus jeunes branches : elles y font feffiles ; les fleurs mâles paroiffent en petits paquets, & les femelles fortent féparément ; mais elles n'ont pas beaucoup d'éclat. Cette plante fleurit en Juillet, & fes baies mûriffent en automne.

On la multiplie aifément par les rejettons que fes racines, qui s'étendent au loin, produifent en affez grande abondance pour former un gros buiffon ; on enleve ces rejettons en automne pour les mettre en pépiniere ; deux ans après ils fe-

ront affez forts pour être tranfplantés dans les places qui
leur font deftinées: comme cette
plante n'a pas beaucoup de
beauté, il fuffit d'en avoir deux
ou trois pour la variété.

*Canadenfis.* La feconde efpece, qui eft originaire de l'A-
mérique Septentrionale, eft prefque femblable à la précédente;
mais fes feuilles font d'une
forme différente: elles font bien
plus courtes, plus larges &
moins blanches en-deffous. Cette
plante n'a pas encore fleuri dans
ce pays; mais elle paroît auffi
vigoureufe & auffi forte que
la précédente: on peut la multiplier par rejettons ou par marcottes.

HIPPOSELINUM. *Voyez*
SMYRNIUM.

HIRUNDINARIA. *Voyez* As-
CLEPIAS.

HIVER. *Pregroftics d'un Hiver rigoureux.* Le Lord BACON
donne pour fignes avant-cou-
reurs d'un Hiver rigoureux:

Si la pierre ou la boiferie qui
fue habituellement, fuivant la
maniere vulgaire de s'exprimer,
eft plus feche au commencement
de l'Hiver, fi l'eau tombe des
gouttieres plus lentement que
de coutume, l'Hiver fera froid
& rigoureux, parce que ces
obfervations annoncent la féchereffe de l'air, qui eft toujours accompagnée en Hiver
de gelée & de froid.

Ordinairement un été humide
& frais annonce un Hiver froid,
parce que les vapeurs de la
terre n'étant pas diffipées par
le foleil en été, doivent néceffairement influer fur la température de l'Hiver.

Un été chaud & fec, fur-tout
fi la chaleur & la féchereffe
continuent bien avant en Septembre, annonce un commencement d'Hiver modéré, & du
froid vers la fin & au commencement du printemps, parce
que pendant tout ce tems-là,
la chaleur & la féchereffe de
l'été dominent encore, & que
les vapeurs ne font pas en fi
grande quantité.

Un Hiver chaud & doux an-
nonce un été chaud & fec,
parce que les vapeurs fe diffi-
pent pendant l'Hiver; au lieu
que le froid les concentre &
les conferve jufqu'au printems
& l'été fuivant.

Les gens de la campagne obfervent que dans les années où
il y a beaucoup de fruits fur
l'épine blanche, l'Hiver eft rigoureux: la caufe naturelle de
cette conféquence peut être le
defaut de chaleur ou l'abondante humidité de l'été qui pré-
cede la température qui eft propre à favorifer l'accroiffement
de ce fruit, & à raffembler une
grande quantité de vapeurs
froides qui, ne pouvant fe diffiper, occafionnent de grands
froids en Hiver.

Quand les oifeaux cachent
les fruits de l'épine blanche &
d'autres dans de vieux nids &
dans des arbres creux, on craint
un Hiver froid.

Si les oifeaux qui font accoutumés à changer de pays
dans certaines faifons, paroiffent plutôt qu'à l'ordinaire,
ils indiquent que le froid fe
fait déja fentir dans les contrées
qu'ils viennent de quitter; ces
oifeaux font tous ceux qui font

de paſſage en Hiver, les *bé-caſſes*, les *bécaſſines*, les *grives*, &c. Mais ſi ces oiſeaux reſtent dans le pays, ils annoncent une température ſemblable à celle des contrées où ils de-voient aller : ſi les *chauve-fou-ris*, les, *coucous*, les *roſſignols*, les *hirondelles*, qui viennent au commencement de l'été, arri-vent de bonne heure, ils an-noncent un été chaud : des ro-ſées froides, des pluies le matin vers la Saint-Barthelemy & des gelées blanches à la Saint-Mi-chel, annoncent un Hiver ri-goureux.

Quand les *pies de Mer* vien-nent en bande de l'eau ſalée à l'eau douce, on peut être aſ-furé qu'il y aura un changement ſubit du chaud au froid.

HOLCUS. *Linn. Gen. Plant.* 1015. *Milium. Tourn. Inſt. R. H.* 514. *tab.* 298. *Sorghum. Mich.* [ *Indian Miller, or Indian Corn.* ] Millet des Indes, Sorgho d'A-frique.

*Caracteres.* Ce grain a quel-quefois des fleurs mâles & des fleurs hermaphrodites ſur la même tige, & quelquefois auſſi ſur différens pieds : les fleurs mâles ſont petites ; elles ont une baſle bivalve, dont les écailles ſont ovales, en forme de lance, pliées & terminées par une barbe pointue ; elles ont une petite couronne ve-lue avec trois étamines auſſi velues & terminées par des ſommets oblongs : les fleurs hermaphrodites ſont ſimples dans une baſle à deux valves roides, dont l'intérieur eſt min-ce, velu & plus petit que le ca-lice, & l'extérieur eſt armé d'u-

ne barbe forte, plus longue que le calice ; elles ont trois éta-mines velues & terminées en pointe oblongue, avec un germe preſque rond qui ſoutient deux ſtyles velus & couron-nés par des ſommets couverts de duvet ou de plumes : ce ger-me ſe change, quand la fleur eſt paſſée, en une ſemence ſimple renfermée dans la baſle.

Ce genre de plantes eſt rangé dans la premiere ſection de la vingt-troiſieme claſſe de LINNÉE, intitulée, *Polygamia Monœcia*, qui contient celles qui ont des fleurs mâles & hermaphrodites ſur différentes parties du même pied, & dont les fleurs ont pluſieurs étamines.

Les eſpeces ſont :

1°. *Holcus Sorghum glumis villoſis, ſeminibus compreſſis, ariſ-tatis. Hort. Upſal.* 301. *Gron. Orient.* 325 ; Milet des Indes, dont la baſle eſt velue, & les ſemences ſont comprimées & barbues.

*Milium arundinaceum, ſub-ro-tundo ſemine, Sorgho nominatum. C. B. p.* 26 ; Millet ſemblable à un roſeau, avec une ſemence preſque ronde, appelée *Sorgho.*

*Sorghi. Bauh. Hiſt.* 2 ; Sor-gho d'Afrique *ou* grand Millet noir.

2°. *Holcus Saccharatus, glumis glabris, ſeminibus muticis. Linn. Sp. Plant.* 1047 ; Millet des In-des avec des baſles unies & des ſemences ſans barbe.

*Milium Indicum, arundinaceo caule, granis flaveſcentibus. H. L.* 425 ; Millet des Indes avec une tige en forme de roſeau & de grains jaunâtres.

*Milium Indicum Sacchari-ſeu*

*rum , altiſſimum , femine ferrugineo.*
*Breyn. prodr.* 2.

*Frumentum Indicum , quod Mi-*
*lium Indicum vocant. Bauh.*
*Theatr.* 488.

Il y a pluſieurs autres eſpeces herbacées qui ſe rapportent à ce genre ; mais comme
elles ne ſont d'aucune utilité ,
je n'en ferai pas mention.

Les deux eſpeces que je viens
d'indiquer croiſſent naturellement aux Indes, où l'on fait
ſervir leurs graines à engraiſſer
la volaille ; on les emploie auſſi
aſſez ſouvent au même uſage
en Europe. En Angleterre , les
étés ſont rarement aſſez chauds
pour mûrir cette graine ; mais
on cultive les deux eſpeces en
Italie : les tiges de ces plantes , qui s'élevent à la hauteur
de ſix ou ſept pieds , ſont fortes , & reſſemblent à celles des
*roſeaux* & du *maïs* ou *bled de*
*Turquie* ; leurs feuilles ſont longues , larges & ſillonnées par
une rainure profonde dans le
centre, dont la côte eſt en-
foncée en-deſſus, & ſaillante
en-deſſous : ces feuilles, dont
la longueur eſt de deux pieds
& demi ſur deux pouces de
largeur au milieu, embraſſent
les tiges de leur bâſe : leurs
fleurs naiſſent en panicules larges au ſommet des tiges , &
reſſemblent, lorſqu'elles paroiſſent , aux fleurs mâles du *bled*
*de Turquie* ; à ces fleurs ſuccedent des femences groſſes preſque rondes , & enveloppées
d'une bâſe.

On cultive ces plantes dans
quelques jardins pour la variété , mais non pour en tirer
aucun profit, parce que leurs
graines ne mûriſſent que très-
tard : on les répand en Mars
ſur une plate-bande chaude , ou
ſur une couche de chaleur tempérée ; dès que les plantes paroiſſent, on les éclaircit & on
les met enſuite en rangs éloignés de trois pieds , & à un
pied & demi entr'elles. Après
cela on a ſoin de les tenir conſtamment nettes , & d'amonceler la terre autour de leurs racines. Si le temps eſt chaud ,
leurs panicules paroîtront en
Juillet, & le grain mûrira en Septembre ; mais dans les années
froides ces femences ne ſe
perfectionnent point dans notre
climat.

HOMOGÊNE : Se dit des
plantes qui ſont du même genre.

HORDEUM. *Linn. Gen. Plant.*
94. *Tourn. Inſt. R. H.* 513.
[*Barley.*] Orge.

*Caractères.* La plante a une
enveloppe ou bâſe partiale
compoſée de ſix feuilles étroites & pointues qui renferment
trois fleurs : la corolle a deux
valvules, dont l'inférieure eſt
angulaire , gonflée , ovale ,
pointue, plus longue que le
calice, & terminée par une longue barbe ; la valvule intérieure
eſt petite & en forme de lance : la fleur a trois étamines
velues, plus courtes que la corolle, & terminées par des ſommets oblongs & un germe ovale
ſurmonté de deux ſtyles velus,
recourbés & couronnés par des
ſtigmats ſemblables : le germe
ſe change par la ſuite en une
femence oblongue , renflée ,
pointue aux deux extrémités,
& ſillonnée par une rainure
longitudinale bordée par le pé-

tale de la fleur qui ne tombe pas.

Ce genre de plantes eſt rangé dans la deuxieme ſection de la troiſieme claſſe de LINNÉE, qui comprend les fleurs pourvues de trois étamines & de deux ſtyles.

Les eſpeces ſont :

1°. *Hordeum vulgare, floſculis omnibus hermaphroditis, ariſtatis; ordinibus duobus exterioribus. Linn. Sp. Plant.* 125. *Edit.* 3 ; Orge commune, dont toutes les fleurettes ſont hermaphrodites, avec deux rangs de barbes érigées.

*Hordeum floſculis omnibus hermaphroditis, ſeminibus corticatis. Hort. Ups.* 22. *Mat. Med.* 47. *Hort. Cliff.* 24. *Roy. Lugd.-B.* 69, *Blackw. t.* 423.

*Hordeum ſpicâ ſub-diſlichâ, calice folioſo ſetaceo, floribus omnibus hermaphroditis, longè ariſtatis. Hall. Helv. n.* 1533.

*Hordeum polyſtichon floſculis omnibus fertilibus, ordinibus indiſtinctis. Hall. in nov. Comment. Gæt. VI. p.* 5. *t.* 2.

*Hordeum polyſtichum vernum. Bauh. Pin.* 22. *Theatr.* 439. *Moris. Hiſt.* 3. *S.* 8. *t.* 6. *ſ.* 3 ; Orge de printems à pluſieurs rangs de grains.

*Hordeum. Lobel. Ic. p.* 28.

B. *Hordeum Cœleſte floſculis omnibus hermaphroditis, ſeminibus decorticatis. Hort. Ups.* 23.

*Hordeum nudum, gymnocriton. Bauh. Hiſt.* 2. *p.* 430 ; Orge commune & nue.

2°. *Hordeum Zeocriton, floſculis lateralibus maſculis muticis, ſeminibus angularibus, patentibus, corticatis. Hort. Ups.* 23. *n.* 5. *Schreb. Gram.* 125. *t.* 17 ; Orge avec des fleurs mâles & ſans barbe, rangées ſur les côtés, & des ſemences angulaires, étendues & environnées d'écorces.

*Hordeum diſtichum, ſpicâ latâ, compreſsâ, breviore. Moris. Hiſt.* 3. *p.* 206.

*Hordeum diſtichum, ſpicâ breviore & latiore, granis confertis. Raii. Hiſt.* 1243 ; Orge avec des épis plus courts & plus larges, & des grains rapprochés, ordinairement appelée *Orge raquette, Orge cultivée.*

*Hordeum dictum Oryza Germanica. Bauh. Hiſt.* 2. *p.* 429 ; Orge connue vulgairement ſous le nom de *Riz d'Allemagne.*

*Zeocriton ſive Oryza Germanica. Bauh. Pin.* 22. *Theatr.* 1121.

3°. *Hordeum diſtichon, floſculis lateralibus maſculis muticis, ſeminibus angularibus, imbricatis. Lin. Mat. Med. p.* 47. *Hort. Ups.* 23. *Hall. Helv. n.* 1535. *Necker. Gallob. p.* 73 ; Orge avec des fleurs mâles ſans barbe & rangées ſur les côtés, & des ſemences angulaires & imbriquées.

*Hordeum æſtivum, ſpicis explanatis, floſculorum duobus ordinibus fertilibus, intermediis quaternis ſterilibus. Hall. Nov. Comm. Gætt. t.* 6. *p.* 6. *t.* 3.

*Hordeum diſtichon. Bauh. Pin.* 22. *Moris. Hiſt.* 3. *S.* 8. *t.* 6. *ſ.* 1 ; Orge commune & cultivée à épis longs.

B. *Hordeum nudum, floſculis lateralibus maſculis muticis, ſeminibus angularibus, imbricatis, decorticatis. Linn. Syſt. Plant. t.* 1. *p.* 236. *Sp.* 3 ; Orge nue.

4°. *Hordeum hexaſtichon floſculis omnibus hermaphroditis ariſ-*

*tatis, seminibus sexfariàm æqualiter positis.* Hort. Ups. 23 ; Orge dont toutes les fleurs sont hermaphrodites & barbues, avec six rangs de semences placées à égale distance.

*Hordeum spicâ polystichâ, floribus omnibus hermaphroditis, longè aristatis.* Hall. Helv. *n.* 1534.

*Hordeum floribus omnibus fertilibus : spicâ sexfariàm sulcatâ.* Hall. in Nov. Comm. Gætt. *VI. p. 3.*

*Hordeum hexastichon pulchrum.* Bauh. Hist. *2. p.* 129.

*Hordeum polystichum vernum.* Bauh. Theatr. *p* 439.

*Hordeum pol. stichum hybernum.* Bauh. Theatr. 439 ; Orge d'hiver, Orge d'Ourse *ou* grande Orge. Escourgeon.

*Vulgare.* La premiere espece est l'*Orge* commune que l'on seme au printems, & qu'on cultive principalement en Angleterre. Les Laboureurs en distinguent de deux sortes, savoir, l'*Orge commune,* & l'*Orge précoce,* qui sont en effet les mêmes ; car l'Orge précoce n'est qu'une variété qui provient d'avoir été cultivée dans une province plus chaude, & dans une terre sablonneuse : cette espece étant semée dans une terre froide & forte, mûrit dans la premiere année, presque quinze jours plutôt que celle qui a été recueillie sur le même sol : c'est pourquoi les Fermiers qui cultivent des vallons, achettent ordinairement leurs semences dans un canton plus chaud ; mais si on continue à semer cette espece précoce trois années de suite, elle finit par mûrir aussi tard que l'*Orge commune.* Les Fer-



miers d'un canton chaud sont aussi obligés de se procurer des semences d'un autre endroit où la terre est plus forte, sans quoi leurs grains diminueroient en grosseur & en qualité. Cette espece d'Orge se distingue aisément par deux rangs de barbes & de valvules érigées ; & comme sa paille est aussi plus mince que celle des deux dernieres, on la préfere pour l'usage des brasseries.

*Zeocriton.* La seconde espece d'Orge, qui est connue sous le nom d'*Orge raquette,* a des épis plus courts & plus larges que ceux de la précédente ; ses barbes sont aussi plus longues & ses grains plus serrés : ces longues barbes défendent le grain contre la voracité des oiseaux ; mais cette espece ne s'éleve pas autant que les autres, & sa paille, qui est plus rude, ne fait pas un bon fourrage pour les animaux [a].

*Distichon.* La troisieme espece d'Orge a de longs épis ; on la cultive en plusieurs parties de l'Angleterre ; elle est d'une bonne qualité ; mais quelques Fermiers ne l'aiment point, parce qu'ils prétendent que ses épis étant plus longs & plus pésans, sont plus sujets à se

------

[a] & [b] Ce que les Traducteurs disent ici de la seconde espece d'Orge, MILLER le dit de la troisieme espece ; & ce que celui-ci dit de la seconde espece, les Traducteurs l'appliquent à la troisieme ; mais comme il est apparent qu'il ont eu des raisons pour faire ce changement, on le laisse subsister ici, tel qu'il se trouve dans l'édition de Paris.

coucher : ſes graines ſont régulierement placées dans un
double rang l'un ſur l'autre
en forme de tuiles ou d'écailles de poiſſon : ſon enveloppe
étant auſſi très-fine , on la re-
cherche beaucoup pour en faire
de la bière [b].

*Nota.* La premiere & la troiſieme ont une variété avec des
grains ſans écorce , que l'on
nomme *Orge nue.*

*Hexaſtichon.* La quatrieme eſt
rarement cultivée dans le Midi
de l'Angleterre ; mais on la
ſeme dans les parties ſepten-
trionales & en Ecoſſe , où elle
réſiſte mieux aux injures du
tems que les autres , & ſupporte mieux le froid : les grains
de cette eſpece ſont placés en
ſix rangs ; ils ſont larges & gros,
mais ils ne ſont pas auſſi propres
pour la dreche ; ce qui fait qu'on
ne cultive point cette Orge dans
les cantons méridionaux de
l'Angleterre , où les autres eſpeces meilleures pour cet uſage
croiſſent fort bien.

*Culture.* On sème toutes ces
eſpeces d'Orge au printems ,
par un tems ſec , & dans une
terre légère & ſeche , au commencement de Mars ; mais dans
un ſol fort & argilleux , on ne
doit pas la ſemer avant le mois
d'Avril , ou même avant le commencement de Mai : quand
l'Orge eſt ſemée tard , ſi la ſaiſon ne ſe trouve point favorable, elle ne mûrit que quand l'automne eſt déja fort avancé , à
moins que ce ne ſoit l'eſpece précoce , qui mûrit ſouvent neuf ſemaines après qu'elle eſt ſemée.

Quelques perſonnes ſement
l'Orge dans les terres qui ont



produit du *Bled* l'année précédente ; mais alors il faut labourer au commencement d'Octobre & par un tems ſec , en
obſervant de faire des petits
ſillons , afin que la gelée puiſſe
ameublir la terre. Si l'on donne
une ſeconde culture au mois
de Janvier ou au commencement de Février , elle n'en ſera
que meilleure , & on la labourera pour la derniere fois au
mois de Mars. Si le terrein eſt
ſec on rend ſa ſurface de niveau ; mais s'il eſt fort humide ,
on arrondit les ſillons afin que
les eaux puiſſent s'écouler dans
les raies plus profondes.

La terre étant ainſi préparée ,
l'uſage commun eſt de ſemer
l'Orge en deux fois ; on paſſe
une ſeule fois la herſe ſur la
premiere ſemence , & on herſe
la ſeconde juſqu'à ce qu'elle
ſoit entiérement couverte. La
méthode ordinaire des fermiers , eſt d'employer quatre bichets de graines pour un âcre;
mais cette quantité eſt trop conſidérable de moitié au moins ;
ſi l'on pouvoit leur perſuader
de changer cet ancien uſage ,
leur bénéfice ſeroit beaucoup
plus fort , les récoltes ſeroient
plus abondantes , & l'Orge
moins ſujette à ſe coucher.
Cette obſervation eſt le réſultat de pluſieurs années d'expérience , & tout le monde peut
en ſentir la raiſon ; car lorſque
les grains , ou telle eſpece de
végétaux que ce ſoit , ſont trop
épais , leurs tiges ſont grêles ,
& par là peu en état de réſiſter à la violence des vents , &
de ſe ſoutenir après les grandes
pluies ; mais lorſqu'elles ſont

placées à une diſtance convenable les unes des autres, elles
deviennent deux fois plus fortes
& ſe couchent rarement : j'ai
toujours remarqué dans les
champs traverſés de ſentiers ,
que les graines qui étoient ſur
les bords & clair ſemés, ſe tenoient droits , tandis que les
autres étoient abattus ſur la
terre ; & quand on veut y faire
attention , on s'apperçoit que
les grains ſemés ſur le bord des
ſentiers , pouſſent quatre fois
plus de tiges que ceux des autres parties des champs : j'ai
ſouvent vu faire l'épreuve de
ſemer l'Orge en rayons dans
la longueur d'un champ & en
travers; mais de maniere que
les grains fuſſent éloignés de
trois ou quatre pouces les uns
des autres, & les rayons ſéparés dans l'intervalle d'un pied ,
tandis que l'eſpace intermédiaire étoit ſemé ſelon l'uſage
ordinaire : le réſultat de cette
épreuve a toujours été que les
grains des rayons produiſoient
chacun vingt ou trente tiges
plus fortes , chargées d'épis plus
longs , & dont les grains étoient
plus gros que ceux qui avoient
été ſemés épais , & qui ſe trouvoient couchés , tandis que les
autres ſe tenoient droits malgré les vents & la pluie. Comme
on ne peut attribuer cette dif-
ference à la bonté du ſol ou à
la poſition des rangées, ou voit
aiſément laquelle des deux méthodes eſt préférable : quand
même les récoltes ſe trouveroient égales , l'épargne que
l'on feroit ſur la ſemence , ſeroit toujours un avantage qui
mériteroit l'attention des cul-



tivateurs, & qui pourroit être
d'une grande reſſource dans les
années de diſette. Je ſais que
généralement les fermiers ſe
plaignent de ce que leurs grains
ne croiſſent point aſſez épais
pour couvrir le terrein en peu
de tems , comme l'herbe des
prés ; mais j'ai toujours remarqué que lorſque les mauvais
tems ou quelques autres accidens avoient fait périr une partie des tiges, celles qui reſtoient
devenoient plus fortes, & produiſoient des épis plus longs &
des grains plus gros ; de ſorte
que la récolte étoit plus abondante que dans les années où
les grains ſe trouvoient plus
épais ; car chaque grain doit naturellement pouſſer pluſieurs tiges , & ces tiges doivent être
hautes : mais lorſqu'elles ſont
ſerrées elles s'élevent davantage,& deviennent plus grêles. J'ai
obtenu une fois, d'un ſeul grain
d'Orge , quatre-vingt-ſix tiges
fortes , dont les épis étoient plus
longs , & les grains plus gros
qu'aucun de ceux qui croiſſent
dans les champs , après avoir
été ſemés ſuivant la méthode
ordinaire ; & le terrein dans
lequel ce ſeul grain avoit été
placé , n'étoit pas meilleur que
la terre commune des campagnes. J'ai ſouvent vu dans les
potagers, au bord des couches
que l'on avoit couvert avec de
la paille d'Orge , ſortir d'un ſeul
grain depuis trente juſqu'à ſoi-
xante tiges , qui toutes étoient
trois ou quatre fois plus fortes
que celles que l'on voit ordinairement. On m'obje-tera peut-
être que la bonne qualité de
la terre de jardin a produit

cette fécondité ; que l'on n'obtiendroit probablement pas le même réfultat dans un mauvais fol ; & que fi l'on ne femoit pas une plus grande quantité de grains, la récolte ne vaudroit pas la culture : mais c'eft une très-grande erreur, d'imaginer qu'un mauvais fol puiffe nourrir deux fois plus de racines qu'un bon dans le même efpace ; & c'eft une abfurdité dont on ne peut croire perfonne capable ; cependant cela fe voit tous les jours ; car l'on a coutume de femer plus de grains fur un mauvais fol que fur un bon ; & l'on ne fait pas attention que dans les places où les racines font épaiffes, elles fe privent mutuellement de leur nourriture, & s'étouffent ; ce que l'on peut voir au premier coup d'œil dans les endroits où la femence eft tombée plus épaiffe en la femant, & dans ceux où elle a été raffemblée par la herfe ; l'Orge qui y croît n'acquiert jamais le tiers de la hauteur de celui qui fe trouve dans les autres parties du champ ; quoique cette obfervation foit très-facile à faire, les fermiers n'y font point attention, & ne changent point leur maniere de femer. J'ai fait beaucoup d'expériences de ce genre pendant plufieurs années dans les plus mauvaifes terres, & j'ai conftamment obfervé que les récoltes des champs femés clairs, étoient toujours les meilleures ; & je fuis convaincu que, fi l'on pouvoit perfuader aux fermiers d'adopter la nouvelle méthode que je propofe, ils en retire-

roient un bénéfice confidérable.

Les Gentilshommes en France donnent des exemples de cette culture dans plufieurs provinces, fachant par expérience fa grande utilité, & il feroit à défirer que l'on fît la même chofe chez nous.

Quand l'Orge eft femée, on doit paffer le rouleau après la premiere pluie, pour brifer les mottes & unir la furface du fol ; ce qui rend l'Orge plus facile à faucher, & lui fait auffi beaucoup de bien pendant les féchereffes, parce que la terre fe trouve comprimée fur les racines.

Quand on veut femer l'Orge fur une terre nouvellement défrichée, la méthode ordinaire eft de labourer au mois de Mars, & de la laiffer repofer jufqu'au mois de Juin ; alors on la laboure une feconde fois, & on y fème tout de fuite des Navets, que l'on fait fervir de nourriture pendant l'hiver, aux moutons, dont les crottins fertilifent en même tems le fol ; au mois de Mars fuivant, on donne une troifieme culture, après laquelle on fème l'Orge fuivant la méthode qui vient d'être prefcrite.

Beaucoup de perfonnes fèment de la *Luzerne* avec l'Orge, d'autres y mêlent du *Trefle* ; mais aucune de ces méthodes ne doit être fuivie ; car lorfque la récolte de l'Orge eft bonne, la *Luzerne* & le *Trefle* ne font d'aucun rapport ; ainfi il vaut mieux femer l'Orge feul que d'y mêler d'autres graines, parce que d'ailleurs la terre refte libre après que la récolte eft faite ;

mais cette maniere de femer la *Luzerne* ou quelqu'autre efpece d'herbe avec l'Orge, eft depuis fi long-tems & fi généralement fuivie par nos fermiers, que l'on a peu d'efpoir de les engager à changer cet ufage, qui leur vient de pere en fils, quoique l'on puiffe leur prouver, par plufieurs expériences, l'abfurdité de cette pratique.

Trois femaines ou un mois après que l'Orge a commencé à paroître, il fera bon de la rouler avec un rouleau fort pefant, pour ferrer la terre autour des racines, ce qui empêchera la chaleur du foleil & de l'air d'y pénétrer, & les préfervera des grandes fécherefles : ce roulage, s'il eft fait à propos, fera trocher l'Orge davantage, la forcera à couvrir la terre, fi elle eft clair femée, & lui fera pouffer des tiges plus fortes.

Le bon tems pour couper l'Orge, eft lorfque le grain n'eft plus rouge, que la paille eft devenue jaune, & que les épis commencent à fe courber ; on scille toujours ce grain dans les parties feptentrionales de l'Angleterre, & l'on en fait des gerbes, comme on le pratique ici pour le bled : en fuivant cette méthode, l'on perd moins de grains, & l'Orge eft plus propre à être mife en meule ; mais elle eft impraticable quand il y a beaucoup de mauvaises herbes mêlées avec la paille ; ce qui n'arrive que trop fouvent dans les bonnes terres, aux environs de Londres, fur-tout lorfque les années font humides ; dans ce cas, il faut laiffer



l'Orge fur la terre, jufqu'à ce que les herbes foient bien féches ; mais comme elle eft fort fujette à germer dans les tems humides, on doit la fecouer & la retourner lorfque après la pluie il furvient du beau tems, non feulement pour prévenir cet accident, mais auffi pour empêcher qu'elle ne s'échauffe, ou qu'elle ne fe moififfe, comme il arriveroit fi, étant mife en tas, elle confervoit encore de l'humidité.

L'Orge produit ordinairement deux & demi ou trois quartiers par âcre ; mais j'en ai quelquefois vu recueillir fix ou fept dans une même étendue de terrein [*b*] (1).

HORMINUM. *Tourn. Inft.* 178. *Salvia. Lin. Gen. Plant.* 36 .[ Clary. ] l'Ormin.

*Caractéres.* Le calice de la fleur eft perfiftant, & formé par une feuille tubulée, cannelée & à deux lèvres, dont la fupérieure eft large & terminée en trois pointes aiguës, & l'inférieure plus courte & à deux pointes. La corolle eft monopétale & divifée en deux lèvres, dont la fupérieure eft concave, comprimée aux deux bords, réfléchie en-dedans, &

---

[*b*] Le *Quartier* en Angleterre contient huit bichets ou boiffeaux râfes. Les Traducteurs de Paris mettent ici *Quarte* ( qui fait un *Pot*) au lieu de *Quartiers.*

(1) L'Orge ayant les mêmes propriétés médicinales que l'Avoine, je ne repèterai point ici ce que j'ai dit à l'article A v e n a, que le Lecteur peut confulter.

légérement découpée au fommet , & l'inférieure eft plus
large & plus profondément dentelée : la fleur a deux courtes
étamines fituées dans le tube ,
& terminées par des fommets
courts & penchés , & deux autres qui périffent peu après que
la fleur eft épanouïe ; dans le
fond du tube font placés quatre
germes prefque ronds , qui foutiennent un feul ftyle couronné
par un ftigmat fendu en deux
parties , & placé dans la lèvre
fupérieure de la corolle ; les
germes fe changent dans la
fuite en quatre femences renfermées dans le calice.

Ce genre de plantes eft rangé
dans la 'premiere' fection de la
quatrieme claffe de Tournefort , qui contient celles dont
les fleurs font monopétales &
en gueule , & dont la lèvre fupérieure eft fourchue ou en
cafque. Linnée a joint ce
genre , ainfi que la *Sclarea* de
Tournefort , à celui de *Salvia ;*
mais comme chacun de ces
genres contient plufieurs efpeces , je les tiendrai féparés , &
je conferverai les anciens noms
fous lefquels on les connoît
dans les boutiques & fur les
marchés , quoiqu'il n'y ait
point de différence effentielle
dans leurs caracteres.

Les efpeces font :

1°. *Horminum Verbenaceum ,
foliis finuatis , ferratis , corollis
calyce anguftioribus , acutis ;* Ormin à feuilles finuées & fciées ,
dont les corolles font à pointes
aiguës , & plus petites que le
calice.

*Horminum fylveftre, Lavendulæ
flore. C. B. p. 339. Raii Hift. 245.*

Ormin fauvage à feuilles de
Lavande.

*Horminum Verbenæ laciniis ,
angufti-folium. Triumf. Obf. 66.
t. 66.*

*Salvia Verbenacea , foliis ferra-
tis , finuatis , laciniofiis , corollis calyce anguftioribus. Lin.
Syft. Plant. t. 1. p. 66. Sp. 17.
Virid. Cliff. 17. Gron. Virg. 8.
Roy. Lugd. B. 309. Dalib. Paris.
9. Sauv Monfp. 278*

*Salvia foliis pinnatim incifis ,
glabris. Hort. Cliff. 12.*

*Salvia foliis pinnati-fido-finua-
tis , corollæ labiis approximatis.
Ger. Prov. 258.*

2°. *Horminum lyratum , foliis
pinnato finuatis , rugofis , calycibus corollâ longioribus ;* Ormin
à feuilles ailées , rudes & finuées , dont les calices font
plus longs que la corolle.

*Horminum folio Quercino. Valk.*
Ormin à feuille de Chêne.

*Horminum Virginianum , caule
aphyllo, foliis Quercinis , tubulofo
longo flore. Moris. Hift. 3. pag.
395. S. 11. t. 13. f. 27.*

*Salvia lyrata , foliis radicali-
bus , lyratis , dentatis , corollarum
galeâ breviffimâ. Linn. Syft. Plant.
tom. I. pag. 61. Sp. 3.*

*Salvia , corollarum labio fupe-
riori breviori , fauce patente. Gron.
Virg. 8.*

*B Horminum Virginicum , fo-
liis cunei-formi-oblongis , caule
bi-folio. Linn. Sp. Plant. 832.*
Variété de Virginie dont les
feuilles font oblongues & en
forme de coin , & la tige garnie
de deux feuilles.

*Meliffa atro-rubens , Bugula
folio. Dill. Elth. 219. t. 175. f.
216.*

*Sideritis Bugula folio , Ma-*

*riana , floribus purpureis , longo tubo donatis. Pluk. Mant.* 171.

3°. *Horminum verticillatum , verticillis fub-nudis , ftylo corolla- rum labio inferiori incumbente ;* Ormin à feuilles verticillées , dont les pétioles font nuds, & dont les fleurs ont un ftyle couché dans la levre inférieure de la corolle.

*Horminum fylveftre, lati-folium, verticillatum. C. B. p.* 283. Ormin fauvage à larges feuilles, dont les fleurs font verticillées.

*Horminum fylveftre tertium. Clus. Hift.* 2. *p.* 29.

*Salvia verticillata , foliis cor- datis, crenato-dentatis, verticillis fub-nudis , ftylo corollæ labio in- feriori incumbente. Lin. Syft. Pl. tom.* 1. *p.* 68. *Sp.* 23. *Hort. Ups.* 11. *Scop. Carn. II. n.* 34.

*Salvia foliis cordato-fagittatis , dentatis. Hort. Cliff.* 495. *Roy. Lugd.-B.* 309.

4°. *Horminum Napi-folium , foliis radicalibus pinnato incifis ; caulinis cordatis , crenatis ; fum- mis femi-amplexicaulibus ;* Or- min dont les feuilles radicales font découpées & aîlées , cel- les des tiges en forme de cœur & crénelées, & celles des fom- mets embraffent à moitié les tiges.

*Horminum Napi-folio. Mor. Hort. R. Bless.* Ormin à feuilles de Navet.

5°. *Horminum fativum, foliis obtufis , crenatis , bracteis fummis fterilibus , majoribus , coloratis. Bauh. Pin.* 238. Ormin à feuil- les obtufes & crénelées , ayant au fommet des bractées larges, ftériles & colorées.

*Horminum comâ purpuro-vio- laceâ. J. B.* 3. 309. Ormin dont



le fommet eft d'un pourpre violet.

*Horminum verum Matthioli. Gesn. Fasc.* 17. *t. n. f.* 21.

*Salvia Horminum , foliis obtu- fis , crenatis , bracteis fummis fte- rilibus , majoribus , coloratis. Lin. Syft. Plant. tom.* 1. *pag.* 63. *Sp.* 9. *Vir. Cliff.* 4. *Hort. Cliff.* 11. *Mat. Med. p.* 40. *Roy. Lugd.-B.* 310.

*Verbenaceum.* La premiere ef- pece croît naturellement dans des terres de fable & grave- leufes de plufieurs parties de l'Angleterre. Cette plante eft vivace: les feuilles radicales font fupportées par des pétioles affez longs ; elles ont quatre pouces environ de longueur fur deux de large , & font divifées fur leurs bords en dentelures émouffées ; leurs furfaces font rudes & ridées : les tiges font longues, quarrées , inclinées , & garnies de feuilles plus pe- tites & crenelées fur leurs bords : les fleurs , petites , bleues , & un peu moins lon- gues que les calices , font ver- ticillées , & généralement pro- duites aux deux extrémités des tiges , en deux épis courts & oppofés ; fa corolle eft mono- pétale & divifée en deux lè- vres , dont la fupérieure eft un peu plus longue que celle du bas , & qui font prefque fer- mées au deffus ; chaque fleur n'a que deux étamines parfai- tes , & dans fon fond quatre germes qui fupportent un feul ftyle, & qui fe changent dans la fuite en autant de femences nues renfermées dans le calice. Cette plante fleurit en Juin & en Juillet, & fes femences mûrif-

fent

fent en Août & Septembre ; elle fe multiplie beaucoup par fes femences écartées, & elle n'a befoin d'aucune autre culture que d'être tenue nette de mauvaifes herbes.

On la nomme quelquefois *Oculus Chrifti* à caufe de la propriété d'éclaircir la vue, que l'on attribue à fes femences : cet effet eft dû à leurs enveloppes vifqueufes : lorfqu'on introduit une de ces graines dans l'œil, que l'on ferme exactement les paupieres, & qu'on la fait rouler doucement autour du globe, elle fixe tous les petits corps étrangers qui s'y trouvent, & les entraine avec elle. On regarde auffi fes femences comme ayant les mêmes propriétés que celles de la *Sclarea* de jardin, mais à un degré inférieur (1).

*Lyratum.* La feconde efpece eft originaire de la France méridionale & de l'Italie : fes feuilles radicales ont quatre pouces de longueur fur un de largeur ; elles font régulièrement fciées fur leurs bords en

---

(1) Quoique les feuilles & les fleurs de cette plante foient regardées comme apéritives & emménagogues, on ne les emploie cependant que très-rarement à l'intérieur, parce que fes principes font groffiers, & que fon odeur camphrée & pénétrante, agit avec trop d'impétuofité & porte fortement à la tête ; mais on s'en fert avec affez de fuccès en demi-bains contre la ftérilité, les fleurs blanches, les règles difficiles, & les autres maladies des femmes.

On peut voir dans le texte l'ufage que l'on fait de fes graines.





forme de feuilles ailées : fes tiges font à-peu-près de la même hauteur que celles de la précédente, & les feuilles qui les garniffent, font finuées comme celles du bas : fes fleurs font plus petites que celles de la premiere efpece, mais elles font, comme elles, en épis verticillés. Cette plante eft vivace & dure ; elle fe multiplie confidérablement par fes femences écartées ; on ne les cultive dans les jardins que pour la variété.

*Verticillatum.* La troifieme, que l'on trouve en Bohême & en Autriche, eft auffi une plante vivace : les feuilles radicales font fort nombreufes, en forme de cœur, fciées fur leurs bords, profondément veinées, & fupportées par des pétioles vélus & affez longs : les tiges fortent du milieu des feuilles ; elles font quarrées, de deux pieds & demi de hauteur, & garnies de deux feuilles en forme de cœur, produites aux nœuds, sessiles, & embraffant les tiges à moitié : au second ou troifieme nœud fupérieur de la tige, fortent de chaque côté de longs pédoncules, qui foutiennent, ainfi que la tige principale, de petites fleurs bleues, verticillées, & à-peuprès femblables à celle de l'efpece commune, mais plus larges : les épis ont plus d'un pied de longueur, & les fleurs qui les compofent font plus rapprochées vers le fommet. Cette plante fleurit en Juin, & perfectionne fes femences en Août.

*Napi-folium.* La quatrieme croît fans culture dans la France méridionale & en Italie : elle eſt vivace , & reſſemble un peu à la troiſieme ; mais ſes feuilles radicales ſont diviſées à leur bâſe juſques ſur la côte du milieu , en une ou deux paires d'oreilles ou lobes , petits & écartés l'un de l'autre : ſes feuilles ne ſont pas ſciées , mais découpées en dents émouſſées : ſes tiges ſont plus minces , moins élevées , & ſes épis de fleurs ſont moins longs. Cette plante fleurit & perfectionne ſes ſemences en même tems que la troiſieme eſpece.

On multiplie ces deux dernieres par leurs graines , que l'on ſeme au printems ſur une plate-bande ouverte , où elles n'auront beſoin que d'être débarraſſées des mauvaiſes herbes , & d'avoir aſſez d'eſpace pour croître ; il leur faut deux pieds de diſtance entr'elles , parce qu'elles s'étendent beaucoup , & ſubſiſtent pluſieurs années.

*Sativum.* La cinquieme eſt une plante annuelle qui naît ſpontanément en Eſpagne : on en connoît trois variétés conſtantes ; l'une a ſon ſommet pourpre , l'autre rouge , & la troiſieme vert. Comme elles ne different entr'elles que par la couleur de leurs bractées , je ne les donne point comme des eſpeces diſtinctes , quoiqu'elles n'aient point varié depuis trente ans que je les cultive.

Ces plantes ont des feuilles crenelées , obtuſes , & ſemblables à celles de la *Sauge rouge* ordinaire : leurs tiges ſont quarrées , droites , d'un pied environ de hauteur , & garnies à

chaque nœud de leurs parties baſſes , de deux feuilles oppoſées & de la même forme , mais plus étroites par degré vers le ſommet ; le haut des tiges eſt orné d'épis de petites fleurs , qui ſont terminées par des paquets de petites feuilles rouges dans les unes , bleues dans d'autres , & vertes dans la troiſieme eſpece : ces fleurs ſont aſſez belles , auſſi les cultive-t'on dans les jardins comme plantes d'ornemens ; elles fleuriſſent en Juin & Juillet , & perfectionnent leurs ſemences en automne.

On les ſème au printems dans les places où elles doivent reſter : elles n'exigent point d'autre culture que d'être tenues nettes de mauvaiſes herbes , & éclaircies où elles ſont trop épaiſſes.

HORMINUM *de Jardin.* Voyez SCLAREA GLUTINOSA.
HOTTONIA. *Boerh. Ind. Alt.* 1. *p.* 207. *Lin. Gen. Plant.* 203. *Stratiotes. Vaill. Act. Par.* 1718. [ *Water Violet.* ] Le Violier d'eau , *ou* la Plume d'eau.

*Caracteres.* Le calice de la fleur eſt formé par une feuille découpée vers le haut en cinq ſegmens ovales, oblongs, étendus & dentelés à leur extrémité; la corolle eſt monopétale ; ſon tube eſt auſſi long que le calice , & s'ouvre en forme d'entonnoir : la fleur a cinq courtes étamines en forme d'alêne, poſées ſur le tube du pétale , vis-à-vis les ſections , & terminées par des ſommets oblongs , & un germe globulaire placé dans le centre & terminé en pointe ; il ſoutient un ftyle court, mince, & couronné par un ftigmat globulaire , & fe change dans la fuite en une capfule globulaire, & à une cellule remplie de femences rondes, & placée fur le calice.

Ce genre de plante eft rangé dans la premiere fection de la cinquieme claffe de LINNÉE , intitulée , *Pentandria Monogynia* qui contient celles dont les fleurs ont cinq étamines & un ftyle.

Nous ne connoiffons qu'une efpece de ce genre, qui eft le

*Hottonia paluftris, pedunculis verticillato-multi-floris.* Beeh. Ind. Alt. 1. p. 207. Hort. Cliff. 51. Fl. Suec. 164, 174. Roy. Lugd.-B. 41. Dalib. Paris. 93. Scop. Carn. Ed. 2. n. 213. La Plume d'eau, *ou* Violier d'eau, avec des pédoncules foutenant plufieurs fleurs verticillées.

*Hottonia florum verticillis fpicatis.* Hall. Helv. n. 632.

*Mille-Folium aquaticum, fivè Viola aquatica, caule nudo.* C. B. p. 141. La Mille-Feuille de marais *ou* Violette de marais à tige nue.

*Mille-folium aquaticum, Equifeti-folium , caule nudo.* Bauh. Pin. 141.

*Myriophyllum alterum.* Matth. 1168.

*Viola aquatilis.* Dodon. Purg. 230.

*Stratioîtes vulgare.* Vail. Paris, 1718 , p. 20.

B. *Mille-folium aquaticum , dictum Viola aquatica , fecundum.* Bauh. Pin. 141. Variété.

Cette plante croît naturellement dans les eaux ftagnantes de plufieurs parties de l'Angle

terre : fes feuilles, qui font pour la plupart cachées fous l'eau en hiver, font joliment ailées , plates , & femblables à celles de beaucoup de plantes maritimes : elle s'étend affez loin, & au fond elle a des racines fibreufes qui s'enfoncent dans la vâfe : fes tiges s'élevent à cinq ou fix pouces au deffus de l'eau ; elles font nues, garnies vers le haut de deux ou trois anneaux de fleurs pourpre , & terminées par un paquet de pareilles fleurs , qui ont l'apparence de *Giroflées*, & font un effet agréable fur la furface de l'eau : elles paroiffent dans le mois de Juin.

On peut multiplier cette plante dans une eau dormante & profonde , en fe procurant fes femences dans les lieux où elle croît naturellement : on laiffe tomber ces femences dans l'eau où on veut les avoir : au printems fuivant les plantes paroîtront , & fi elles ne font pas dérangées, elles fe multiplieront beaucoup en peu de tems.

HOUBLON *mâle & femelle.* Voyez LUPULUS HUMULUS.

HOUER. C'eft remuer la terre avec une Houe : cette opération eft très-utile aux plantes , & on la pratique à deux fins; premièrement pour détruire les mauvaifes herbes ; fecondement pour préparer la terre à recevoir les rofées du foir , & la rendre propre à conferver la fraîcheur, ce qui donne une nouvelle vigueur aux arbres , & ajoute à la qualité des fruits.

Cette opération fe fait avec

des inftrumens appelés *Hoyaux*
ou *Houes* , qui font de différente grandeur : le plus petit,
qu'on nomme ordinairement
*Hoyau d'oignon* , eft large de
trois pouces : on s'en fert pour
nettoyer les oignons, les éclaircir , & arracher les mauvaifes
herbes.

Le fecond, qui a quatre pouces & demi de largeur, eft
appelé le *Hoyau de carottes;* on
s'en fert pour nettoyer ces
plantes , & les éclaircir à la
diftance de quatre pouces &
demi ; le plus grand , dont la
largeur eft de fept pouces, eft
le Hoyau de navets ; mais les
Jardiniers fe fervent de ce dernier pour toutes les plantes
qui exigent une grande diftance , pourvu qu'elle ne foit
pas moindre que la largeur de
l'inftrument. Outre ces différentes efpeces, il y en a encore une autre que l'on nomme
*Houe Hollandoife ;* l'ouvrier qui
s'en fert doit la pouffer en
avant , de maniere qu'il ne
marche pas fur la terre qu'il
a remuée , au-lieu que l'autre
fe retire à foi.

Ce dernier inftrument eft
très-commode pour détruire
les mauvaifes herbes dans les
lieux où les plantes font à une
diftance affez grande les unes
des autres pour le laiffer paffer ; il eft d'ailleurs beaucoup
plus expéditif que les autres ,
mais il n'eft pas auffi propre
pour éclaircir les plantes , &
remuer la terre , parce qu'il
ne pénetre pas affez avant.

On a introduit , il y a quelques années , dans la culture
des campagnes , un nouvel



inftrument appelé *Houe à chevaux ;* c'eft une efpece de charrue , dont le fer eft plus hori-
fortal que celui des charrues
ordinaires ; mais comme beaucoup de fermiers ne favent pas
s'en fervir , on l'emploie fort
peu , & il n'y a point d'apparence qu'il devienne jamais
d'un ufage général , à moins
que les fermiers & jardiniers
des environs de Londres , qui
font les meilleurs Cultivateurs
de l'Europe, ne l'adoptent eux-
mêmes pour montrer l'exemple : car on ne doit pas efpérer
que les anciens changent leurs
vieilles coutumes , à moins
qu'ils n'y foient forcés par né-
ceffité. Nous en avons une
preuve convaincante pour ce
qui regarde la culture des navets, que l'on fème depuis long-
tems, dans plufieurs provinces
de l'Angleterre , fans jamais les
Houer ni les nettoyer, excepté
dans le voifinage de Londres ;
mais depuis fix ans les jardiniers
qui ont été élevés dans les potagers deftinés à l'approvifion-
nement de cette Ville , dans l'é-
tendue de huit ou dix lieues à la
ronde , fe repandent en grand
nombre dans les Provinces pour
entreprendre de Houer les navets à un certain prix : le fuccès
de quelques fermiers qui , les
premiers , les ont employés
ayant fixé l'attention des autres,
ils ont fuivi leur exemple , de
maniere que cette méthode eft
devenue générale dans plufieurs
Provinces éloignées. L'ufage de
la Houe à chevaux pourroit
également devenir très-utile ;
mais on a conçu contre cette
méthode beaucoup de préjugés

qui, presque tous, viennent ou de l'ignorance des fermiers ou du trop grand attachement de l'Auteur à ses propres idées, ce qui en plus d'un cas l'a induit dans des absurdités palpables, & a jeté une espece de ridicule sur cette invention; cela suffit pour détourner les fermiers & les jardiniers d'en faire usage, & pour leur faire négliger les parties qui en sont réellement bonnes & utiles [c].

L'avantage de cette méthode dans le labour est :

1°. Que l'on proportionne le nombre des plantes à l'étendue & à la bonté du terrein.

2°. Que l'on remue souvent la surface de la terre, que l'on détruit les mauvaises herbes qui privent les plantes de leurs sucs nécessaires, & que l'on brise & pulvérise les mottes, de maniere que les racines pénètrent plus facilement pour pomper la nourriture nécessaire aux plantes : d'ailleurs, une terre légère & ameublie, reçoit plus aisément les rosées & l'humidité, qui sont les matériaux les plus essentiels à la végétation.

Il y a peu de personnes qui conçoivent tout l'avantage qui résulte du soin que l'on prend de briser les mottes, & de Houer la surface de la terre. J'en ai souvent fait l'épreuve

lorsque les plantes étoient si affoiblies & en si mauvais état, que l'on ne croyoit pas devoir les laisser subsister. Comme cet accident étoit occasionné par les grandes pluies, qui avoient tellement durci la surface du terrein, que les plantes ne pouvoient plus puiser la nourriture nécessaire pour les entretenir & les faire croître ; aussitôt que l'on eut Houé la terre, & brisé les mottes, ces plantes pousserent des nouvelles racines, & se rétablirent en peu de tems. Je puis assurer, d'après plusieurs essais pareils, que, si l'on semoit le bled en rangs, de maniere que la charrue pût passer dans les intervalles au printems, pour ameublir la surface du terrein, durcie par les grandes pluies de l'hiver, les récoltes iroient presque au double.

L'auteur de cette méthode a été trop présomptueux dans ses promesses. 1°. En nous assurant que par ce moyen la terre produiroit constamment la même récolte : 2°. en avançant que l'on y réussiroit sans être obligé d'y mettre aucun engrais : enfin, un trop grand attachement à son projet l'a mené si loin, qu'à force d'ajouter à ses procédés, il est parvenu à avoir les plus mauvaises récoltes de tout le canton : cependant cela ne doit pas détourner de suivre son plan de culture dans ce qu'il peut avoir de bon, & en se guidant par des principes différens : car, quoique la terre ainsi cultivée ne soit pas capable de nourrir des plantes pen-

---

[c] M. Tull est l'Inventeur de cette *Houe à Chevaux :* l'ouvrage qu'il publia sur ce sujet en Anglois, a été traduit en François, par M. Duhamel du Monceau, sous le titre de *Traité de la Culture des Terres, traduit en partie de l'Anglois*, Paris, 1750, & suiv. 6. vol. in-12.

dant plufieurs années sans le fecours des engrais, cependant j'ofe affurer que les récoltes en feront fi confidérablement augmentées, qu'elles indemniferont bien au-delà de la dépenfe que l'on fera obligé de faire, & que l'épargne que l'on fera fur la femence, fera de cinq fixiemes.

HOUETTE *ou* APOCIN. *Voyez* APOCYNUM. L. & ASCLEPIAS SYRIACA. L.

HOUX. *Voyez* ILEX AQUIFOLIUM.

HOUX. ( petit ) *Voyez* GENISTA ANGLICA.

HOUX FRELON, BUIS PIQUANT *ou* PETIT HOUX. *Voyez* RUSCUS ACULEATUS.

HOUX MARITIME, PANICAUT MARIN *ou* CHARDON ROLAND. *Voyez* ERYNGIUM. L.

HUMIDITÉ. L'humidité eft l'effet de la propriété que la plupart des liqueurs poffedent de s'attacher aux autres corps, & de les mouiller : elle differe beaucoup de la *Fluidité* & dépend entiérement de la proportion des parties qui compofent la liqueur avec les pores ou les furfaces des corps auxquels elles doivent adhérer.

Ainfi le Vif-argent n'eft pas une liqueur humide par rapport à la peau, aux étoffes & à plufieurs autres chofes auxquelles il ne peut s'attacher; mais on peut l'appeler *humide* par rapport à l'or, au plomb & à l'étain, auxquels il adhère facilement.

L'eau même, qui pénètre prefque tous les corps, & qui eft le premier principe de toute



Humidité, ne peut mouiller tout, & s'arrête en gouttes globulaires fur la furface des feuilles de choux & de plufieurs autres plantes, fur les plumes des canards, des cygnes & d'autres oifeaux aquatiques, &c.

Il eft évident que c'eft feulement à la contexture de leurs parties qu'on peut attribuer l'Humidité des fluides; car ni le vif-argent ni le bifmuth ne s'attachent au verre; mais étant mêlés enfemble, ils forment une maffe qui y adhère aifément, comme on le voit dans l'opération de l'étamage des glaces.

HUMULUS. *Voyez* LUPULUS.

HURA. *Linn. Gen. Plant.* 965. [ *Hura, or the Sand-box tree.* ] Le Buis de Sable, efpèce de Noyer d'Amérique : le Sablier *ou* Pet du Diable.

*Caractères.* Cette plante a des fleurs mâles & des fleurs femelles fur le même pied; les fleurs mâles font apétales & prefque fans calice; mais elles ont une colonne d'étamines jointes vers le bas au ftyle, & de forme cylindrique; ces étamines s'étendent au fommet, & font terminées par des anthères fimples, & couchées l'une fur l'autre : les fleurs femelles ont un calice gonflé & formé par une feuille, avec un pétale tubulé; le germe, qui eft prefque rond, eft placé au fond du calice, & foutient un ftyle long, cylindrique & couronné par un large ftigmat en forme d'entonnoir, convexe, uni & divifé en douze parties égales & obtufes; ce germe fe change, quand la fleur eft paffée, en un fruit rond , ligneux , comprimé à chaque extrémité , & féparé par douze rayons profonds , en autant de cellules qui s'ouvrent vers le haut avec élafticité , & dont chacune renferme une feule femence ronde & plate.

Ce genre de plantes eft rangé dans la neuvieme fection de la vingt-unieme claffe de LINNÉE , intitulée , *Monœcia Monadelphia* , qui renferme celles dont les fleurs mâles & femellesfont placées de diftance en diftance fur la même tige , & dont les étamines font jointes au ftyle , & ne forment qu'un feul corps.

Nous n'avons qu'une efpece de ce genre.

*Hura Crepitans. Hort. Cliff.* 486. *t.* 34. *Roy.-Lugd.-B.* 232 ; Buis de Sable.

*Hura Americana , Abutili Indici folio. Hort. Amft.* 2 , 131. *Tab.* 66. *Ecphr. Pict.* 12. *Trew. Chret.* 34 , 35. *f.* 1 ; Hura d'Amérique , avec une feuille d'Abutilon ou de Mauve des Indes.

*Hippomane arboreum ramulis ternatis , foliis cordatis , crenatis. Brown. Jam.* 351.

*Burau ex pluribus nucibus arboris Huræ. Bauh. Hift.* 1. *p.* 333. *Sloan. Jam.* 214.

*Arbor-crepitans. Herm. Mex.* 88.

Cette plante croît naturellement dans l'Amérique Efpagnole , d'où elle a été tranfportée dans les Colonies Britanniques , où l'on en conferve encore quelques pieds par curiofité : elle s'éleve avec une tige douce & ligneufe , à la hauteur de vingt-quatre pieds , & fe divife en plufieurs branches remplies de fève laiteufe , &



dont l'écorce eft cicatrifée dans les endroits d'où les feuilles font tombées ; fes branches font garnies de feuilles en forme de cœur , dont les plus grandes ont douze pouces de longueur fur neuf de largeur au milieu ; elles font dentelées fur leurs bords , & ont dans leur milieu une côte faillante , de laquelle naiffent plufieurs veines tranfverfales & alternes , qui s'étendent jufqu'aux bords ; fes feuilles font fupportées par des pétioles longs & minces : les fleurs mâles fortent entre les feuilles fur des pédoncules de trois pouces ; elles font en épis fermés en forme de colonne , & couchées les unes fur les autres comme des écailles de poiffon ; les fleurs femelles , qui font placées à quelque diftance des mâles , ont un calice gonflé & cylindrique , duquel fort le pétale de la fleur , qui a un tube long en forme d'entonnoir , & étendu à fon extrémité , où il fe divife en huit fegmens recourbés ; quand la fleur eft paffée , le germe fe gonfle , & devient une capfule ronde , comprimée , ligneufe & fillonnée par douze rainures profondes , dont chacune forme une cellule féparée qui renferme une femence groffe , ronde & comprimée : lorfque les capfules font mûres , elles s'ouvrent avec élafticité , & projettent au loin leurs femences.

On multiplie cet arbre par fes graines , qu'on met au commencement du printems dans des pots remplis d'une bonne terre légere , & qu'on plonge enfuite dans une couche de tan :

fi les femences font fraîches &
nouvelles, les plantes paroiffent
cinq ou fix femaines après ;
mais comme elles font des progrès rapides lorfqu'elles font
bien traitées, il eft néceffaire de
leur donner beaucoup d'air frais
dans les tems chauds, fans quoi
elles s'affoibliroient confidérablement. Lorfque les jeunes
plantes ont atteint la hauteur
de deux pouces, on les met
chacune féparément dans de petits pots remplis d'une bonne
terre légere, & on les replonge
dans une couche de tan, en
obfervant de les tenir foigneufement à l'abri de la chaleur
du foleil, jufqu'à ce qu'elles
aient formé de nouvelles racines, après quoi on leur donne
de l'air frais en foulevant les
châffis à proportion de la chaleur extérieure, & on les arrofe fréquemment, mais modérément à chaque fois. Quand
elles ont rempli les petits pots
de leurs racines, on les en
tire, on raccourcit un peu les
racines, & on les remet dans
de plus grands pots, que l'on
remplit avec une pareille terre,
après quoi on les replonge dans
la couche, où on les laiffe
jufqu'à la Saint Michel, pourvu
qu'elles aient affez d'efpace pour
croitre à l'aife fans toucher les
vitrages. A la Saint Michel on
les tranfporte dans une ferre,
& on les plonge dans l'endroit
le plus chaud de la couche de
tan ; on ne les arrofe que très-
peu pendant l'hiver, parce que
ces plantes ont des tiges fucculentes, qu'une trop grande humidité feroit aifément pourrir. Pour les conferver en



Angleterre, il faut les tenir
chaudement pendant l'hiver, &
leur donner beaucoup d'air frais
en été, fans jamais les expofer
en plein air ; car elles font trop
tendres pour y réfifter, même
pendant la faifon la plus chaude
de l'année.

Cette efpece eft affez commune dans les jardins Anglois
où l'on conferve des plantes
tendres : quelques-unes fe font
élevées jufqu'à la hauteur de
quatorze pieds, & plufieurs
ont produit des fleurs, mais
point de fruits.

Comme elles ont des feuilles
larges & d'un beau vert, elles
font une variété agréable parmi
les autres plantes tendres &
exotiques ; & lorfqu'elles font
tenues chaudement & arrofées
à propos, elles confervent leurs
feuilles pendant toute l'année.

Les habitans de l'Amérique
ouvrent les fruits de cette plante
au côté où le pédoncule étoit
placé ; & après en avoir ôté
les femences, ils les rempliffent de fable, dont ils fe fervent
enfuite pour répandre fur l'écri-
ture, ce qui a fait donner à
ces fruits le nom de *Sabliers.*
On conferve difficilement ceux
qu'on apporte entiers en Angleterre, parce que la chaleur
les fait crever avec explofion ;
c'eft à caufe du bruit qu'ils
produifent alors, qu'Hermandès
a appelé cet arbre, *Arbor-crepitans.*

HYACINTHE *ou* JACIN-
THE. *Voyez* HYACINTHUS.

HYACINTHE TUBÉREU-
SE D'AFRIQUE. *Voyez* CRI-
NUM AFRICANUM. L.

HYACINTHE DES INDES.

*Voyez* TUBÉREUSES, POLYAN-
THES.

HYACINTHE DU PÉROU.
*Voyez* ORNITHOGALUM. L.

HYACINTHUS. *Tourn. Inft.
R. H. 344. Tab.* 180. *Lin. Gen.
Plant.* 427. [ *Hyacinthe.* ] Ja-
cinthe *ou* Hyacinthe.

*Caractères.* La fleur n'a point
de calice ; la corolle eft monopétale & en forme de cloche ,
& fon limbe eft découpé en fix
fegmens recourbés ; elle a trois
nectaires au fommet du germe ,
avec fix étamines courtes en
forme d'alène , & terminées
par des anthères réunis ; fon
germe , qui eft triangulaire ,
prefque rond, placé au centre
& fillonné par trois rainures ,
fupporte un feul ftyle couronné
par un ftigmat obtus ; ce germe
s'y change , quand la fleur eft
flétrie , en une capfule prefque
ronde , triangulaire & à trois
cellules , qui contiennent des
femences arrondies.

Ce genre de plantes eft rangé
dans la premiere fection de la
fixieme claffe de LINNÉE , intitulée , *Hexandria Monogynia* ,
qui renferme celles dont les
fleurs ont fix étamines & un
ftyle.

Les efpeces font :

1°. *Hyacinthus non-fcriptus ,
corollis campanulatis, fex-partitis,
apice revolutis. Hort. Cliff.* 125.
*Roy. Lugd.-B.* 27. *Sauv. Monsp.*
17. *Kniph. Cent.* 2. *n.* 33 ; Jacinthe avec une corolle en
forme de cloche , & divifée en
fix parties, qui font recourbées
à leurs extrémités.

*Hyacinthus floribus tubulofis ,
bafi globofis , apice fex-partito ,
revoluto. Hall. Helv. n.* 1248.



*Hyacinthus oblongo flore , cœ-
ruleus major. C. B. p.* 43 ; la
grande Jacinthe avec une fleur
bleuâtre & oblongue.

*Hyacinthus Anglicus. Ger.* 99 ;
Jacinthe Angloife.

*Hyacinthus non fcriptus. Dod.
Cer.* 172. *Ex. Hall. R.*

2°. *Hyacinthus ferotinus , corollarum exterioribus petalis fub-
diftinctis , interioribus coadunatis.
Linn. Sp. Plant.* 453 ; Jacinthe
dont les pétales extérieurs de
la corolle font féparés , & les
intérieurs unis.

*Hyacinthus obfoleto flore. C. B.
p.* 44 ; Jacinthe à fleur de couleur fale.

*Hyacinthus obfoleti coloris ,
Hifpanicus , ferotinus. Clus. Hift.*
1. *p.* 177, 178.

3°. *Hyacinthus utrinque floridus , corollis campanulatis , fex-
partitis , floribus utrinque difpofitis.* Jacinthe avec une corolle
en forme de cloche , divifée
en fix parties , dont les fleurs
font placées aux deux côtés
de la tige.

*Hyacinthus floribus Campanu-
lœ , utrinque difpofitis. C. B. p.*
44 ; Jacinthe dont les fleurs
font en forme de cloche , &
rangées aux deux côtés des
tiges.

4°. *Hyacinthus cernuus , corollis campanulatis , fex - partitis ,
racemo cernuo. Linn. Sp. Plant.*
217 ; Jacinthe avec des corolles en forme de cloche , divifées en fix parties , & des tiges
de fleurs inclinées.

*Hyacinthus Hifpanicus. Clus.
Hift.* 1. *p.* 177.

*Hyacinthus floribus Campanu-
lœ , uno verfu difpofitis. C. B. p.*
44 ; Jacinthe avec des fleurs

en forme de cloche, rangées d'un feul côté des tiges.

*Hyacinthus oblongo flore, fuaviter rubente, minor. Bauh. Pin. 44.*

5°. *Hyacinthus amethyftinus corollis campanulatis femi-fex-fidis, bafi cylindricis. Hort. Upfal. 85*; Jacinthe avec des corolles en forme de cloche, découpées à moitié en fix parties, avec une bâfe cylindrique.

*Hyacinthus oblongo cæruleo flore, minor. C. B. p. 44*: petite Jacinthe à fleurs bleues & oblongues.

*Hyacinthus minor Hifpanicus, angufti-folius. Bauh. Hift. 2. p. 587. Clus. Curr. app. alt.*

6°. *Hyacinthus orientalis, corollis infundibuli-formibus femi-fex-fidis, bafi ventricofis. Hort. Upfal. 85. Hort. Cliff. 125. Roy. Lugd.-B. 27. Gron. Orient. 115. Kniph. Cent. 1. n. 43*; Jacinthe avec des corolles en forme d'entonnoir, découpées à moitié en fix parties, & gonflées à leur bâfe.

*Hyacinthus orientalis ( Spec. 1 — 15 ) & plenus (1 — 3 ). Bauh. Pin. 44.*

*Hyacinthus orientalis albus primus. C. B. P.* Jacinthe blanche printanniere du Levant.

*Hyacinthus orientalis major & minor. Dod. pempt. 216.*

Toutes ces efpeces font diftinctes; mais elles ont produit, fur-tout la fixieme, plufieurs variétés que la culture a tellement perfectionnées, qu'elles font devenues les plus belles fleurs du printems. Les Fleuriftes de la Hollande ont élevé un fi grand nombre de ces variétés, qu'on en connoît plufieurs centaines; & quelques-unes font fi larges, fi doubles



& fi agréablement colorées, que l'on vend leurs racines jufqu'à vingt & trente livres fterling : le détail de ces variétés augmenteroit trop cet Ouvrage, & ne ferviroit à rien, parce que tous les ans on en obtient de nouvelles.

*Non fcriptus.* La premiere efpece croit naturellement dans les bois & fous les haies, dans les terres nouvellement défrichées de plufieurs parties de l'Angleterre ; c'eft pourquoi on la cultive rarement dans les jardins; mais les gens de campagne, qui s'occupent à ramaffer les fleurs des champs & des bois pour en faire des bouquets & les vendre, en apportent au printems une grande quantité dans la ville de Londres.

On trouve dans quelques jardins une variété à fleurs blanches de cette efpece, de laquelle elle ne differe que par la couleur de fes fleurs.

*Serotinus.* On cultive quelquefois la feconde pour la variété ; mais comme elle n'a pas plus de beauté que la premiere, on ne la place pas ordinairement dans les parterres : fes fleurs font plus étroites que celles de la précédente, & les pétales paroiffent découpés prefque jufqu'au fond ; les trois fegmens extérieurs font féparés des autres, & fe tiennent un peu éloignés des trois intérieurs ; mais ils fe réuniffent à leur bâfe : dès que les fleurs paroiffent, elles font d'un bleu clair ; elles prennent, avant de fe flétrir, une couleur pourpre pâle : cette plante fleurit au commencement du printems : on la trouve en

Efpagne & en Mauritanie.

*Utrinque floridus.* La troifieme, qui croît fpontanément en Ef- pagne & en Italie, a des fleurs bleues qui font en forme de cloche, divifées en fix fegmens prefque jufqu'au fond , & ran- gées fur tous les côtés de la tige ; fes tiges ont neuf pou- ces de hauteur, & quand les racines font fortes, elles por- tent un large thyrfe de fleurs. Cette plante fleurit vers le même tems que la premiere ef- pece ; on la cultivoit beaucoup autrefois : mais depuis qu'on a élevé une fi grande quantité de belles fleurs avec des fe- mences de Jacinthes orientales, on l'a prefqu'entièrement aban- donnée ; de forte qu'on ne la trouve plus que dans les anciens jardins.

*Cernuus.* La quatrieme paroît être une variété de la premiere; fes fleurs étant rangées pour la plupart fur un feul côté des tiges , & l'extrémité de l'épi étant toujours courbé d'un côté : ces fleurs font rougeâtres, & pa- roiffent à-peu-près dans le même tems que celles de la premiere.

*Amethyflinus.* La cinquieme fe trouve en Efpagne : fa fleur eft plus petite que celles des efpeces précédentes, & paroît plutôt au printems ; la corolle eft divifée à moitié en fix par- ties, récourbées au bord ; le bas en eft cylindrique & un peu gonflé au fond ; elle eft d'un bleu plus foncé que celles des deux précédentes : les Jar- diniers lui donnoient autrefois le nom de *Jacinthe bleue de Coventry.*

*Orientalis.* La fixieme eft la Jacinthe Orientale , dont nous n'avions autrefois dans nos jar- dins d'autres variétés que la fimple & la double à fleurs blanches ; mais en la multi- pliant de femences, on a ob- tenu en Angleterre plufieurs variétés . & les Jardiniers Fla- mands nous en apportent an- nuellement de nouvelles ; les Hollandois ont élevé depuis cinquante ans un fi grand nom- bre de belles variétés de cette efpece , que les autres ont été abfolument négligées : ceux qui veulent cependant conferver quelques-unes des anciennes , n'ont pas befoin de fe donner beaucoup de peine ; car leurs ra- cines fe multiplient dans tous les fols & à toutes les expofitions : elles n'exigent aucun autre foin que d'être déplacées chaque deux ou trois ans après que leurs feuilles font flétries , & d'être remifes en terre en au- tomne ; car fi on les laiffoit plus long-tems fans les enlever , leurs racines fe multiplieroient à un tel degré, que leurs fleurs deviendroient foibles , très- petites , & fe réduiroient à rien.

*Culture.* Toutes les efpeces de Jacinthes fe multiplient par femences , & par les rejettons ou cayeux que les anciennes bulbes produifent : la premiere méthode n'eft en ufage que de- puis peu en Angleterre ; mais les Flamands & les Hollandois la pratiquent depuis un grand nombre d'années : ce qui leur a fait acquérir les plus belles variétés de ce genre ; & c'eft à l'induftrie des Fleuriftes de ces deux pays , que les Ama- teurs & les Curieux font redevables , non - feulement des charmantes variétés des Jacinthes, mais auffi de plufieurs autres efpeces de bulbes à fleurs. Peu d'autres perfonnes ont affez de patience pour attendre quatre ou cinq ans les fleurs d'une plante , dont à peine on en obtient une fur quarante qui mérite d'être cultivée dans un jardin ; mais on ne veut pas faire attention qu'après avoir femé cinq ans de fuite, on fe trouve une continuité de fleurs , parmi lefquelles il y a annuellement quelques efpeces nouvelles, & comme les habiles Fleuriftes font toujours beaucoup de cas de ces nouveautés , pourvu qu'elles aient quelques qualités qui les rendent recommandabies, ils fe croient fuffifamment récompenfés & du tems & de la peine qu'ils ont employés.

Pour élever ces plantes de femences , il faut d'abord fe pourvoir de bonnes graines recueillies fur des fleurs femidoubles ou fimples , qui foient larges & de bonne qualité ; on prend des caiffes quarrées & un peu profondes, ou des pots percés dans le fond pour l'écoulement de l'humidité ; on les remplit de terre neuve, légere & fablonneufe , dont on unit la furface : on y répand les graines auffi également qu'il eft poffible, & on les recouvre d'un demi-pouce de la même terre. Cette opération doit être faite vers le milieu ou à la fin d'Août : on place ces caiffes ou pots dans un endroit où ils puiffent jouir feulement du foleil du matin ; à la fin de Sep-

tembre , on les tranfporte dans une fituation plus chaude , & vers la fin d'Octobre , on les met fous un châffis de couche ordinaire , où on les tient pendant tout l'hiver & le printems, avec l'attention de les expofer en plein air dans les tems doux , en ôtant les vitrages. A la fin de Février ou au commencement de Mars , les jeunes plantes commenceront à paroître ; alors on doit avoir grand foin de les tenir à l'abri des gelées , fans quoi elles périroient bientôt ; mais on ne les couvre jamais dans cette faifon que pendant la nuit , ou quand le tems eft tout-à fait contraire : car comme elles commencent alors à pouffer , fi on les tenoit trop renfermées, elles deviendroient très-hautes & foibles , & leurs racines feroient peu de progrès.

Vers le milieu d'Avril, fi le tems eft beau, on pourra tirer des couches les caiffes & les pots , pour les placer à une expofition chaude , en obfervant de les arrofer légérement de tems en tems, fi la faifon eft fèche , & de les tenir nets de mauvaifes herbes ; au commencement du mois de Mai , on les place dans une fituation plus fraîche , parce que dans cette faifon, la chaleur commençant déja à devenir forte, les feuilles de ces jeunes plantes fe flétriroient beaucoup plutôt : on les met à l'ombre pendant les chaleurs de l'été , & l'on a foin durant cette faifon de les tenir conftamment nettes, de ne les point placer fous l'égoût des arbres, & de ne plus les arrofer lorfque les feuilles font fanées, car cela les feroit pourrir infailliblement : vers la fin d'Août, on crible un peu de terre riche & légere sur la surface des caisses, après quoi on les place dans une situation plus chaude, & on les traite pendant l'hiver, le printems & l'été suivans, comme on vient de le prescrire.

Vers le milieu du mois d'Août de la seconde année, on prépare une planche de terre riche & sablonneuse, proportionnée pour l'étendue à la quantité des plantes qu'on veut y placer, & on en met exactement la surface de niveau : cette opération préliminaire étant terminée, on met dans un crible la terre des pots où ces plantes ont été semées, & on en sépare les racines, qui, si elles ont bien profité, seront de la grosseur d'un tuyau de plume; on les place ensuite sur cette planche à deux ou trois pouces de distance entr'elles, & on a soin qu'elles soient dans leur situation naturelle, après quoi on les recouvre de deux pouces de terre ; comme il n'est guere possible de séparer toutes les petites racines qui se trouvent mêlées avec la terre des pots, on étend toute cette terre sur une autre planche. & l'on en met un peu de la nouvelle par-dessus, au moyen de quoi on ne perd aucune racine, quelque petite qu'elle soit.

On doit après cela arranger des cercles au-dessus des planches, afin de pouvoir les couvrir de nattes pendant les grands froids, pour préserver les plantes des impressions de la gelée; &

au printems, lorsque leurs feuilles paroissent, on les arrose, si le tems est bien sec, mais toujours légèrement; car rien n'est plus nuisible à ces plantes que trop d'humidité : pendant l'été, on tient les plantes nettes ; mais lorsque les feuilles sont flétries, on ne doit plus leur donner d'eau, & en automne on remue la surface de la terre avec une petite fourche, qu'on a soin de ne pas enfoncer trop avant, pour ne pas endommager les racines, auxquelles les moindres blessures peuvent devenir funestes; après quoi, l'on crible par-dessus un peu de terre neuve, riche & légere, jusqu'à l'épaisseur d'un peu plus d'un pouce, & en hiver on les recouvre comme on l'a indiqué ci-dessus. La troisieme année, on enleve avec soin ces racines, avant que leurs feuilles soient flétries ; on les tient couchées horisontalement dans la terre pendant trois semaines, pour les faire mûrir, & on les conserve ensuite au sec jusqu'à la fin du mois d'Août : alors on les plante dans de nouvelles planches préparées comme les premieres, à six pouces de distance entr'elles, & on les y laisse jusqu'à ce qu'elles fleurissent : pendant cet intervalle, on les traite comme auparavant, avec la seule différence qu'au-lieu de les couvrir avec des nattes en hiver, on répand du tan sur la terre. Lorsque les fleurs commencent à paroître, on marque avec un petit bâton, qu'on enfonce à côté de de la racine, celles qu'on croit etre de bonne qualité, pour pouvoir, en les arrachant, les féparer des autres & les planter à part : cependant, je ne confeillerai à perfonne de rejetter celles qui n'ont pas été choifies d'abord avant qu'elles aient fleuri pour la feconde fois ; parce que ce n'eft qu'à cette époque qu'on peut en connoître parfaitement la valeur : auffi-tôt que les feuilles commencent à fe flétrir, on enleve ces racines, & on les plante fur une planche de terre légere, à l'ombre, & élevée dans le milieu, pour faciliter l'écoulement des eaux : on place ces racines dans une fituation horifontale, & l'on a foin de laiffer les feuilles hors de terre, afin que la grande humidité qu'elles contiennent, ainfi que celle des pédoncules, puiffe s'évaporer, & qu'elle ne retourne point dans les racines, qui fans cette précaution, courroient rifque d'être auffi-tôt attaquées de pourriture. On laiffe ces racines dans la bute jufqu'à ce que les feuilles foient entièrement defféchées ; après quoi on peut les enlever, & après les avoir bien nettoyées, on les enferme dans des caiffes, & on les conferve au fec: au mois de Septembre fuivant, on les met en terre, & on les traite fuivant la méthode qui fera prefcrite plus bas pour les vieilles racines.

Je vais parler à préfent des Jacinthes qui nous font apportées de Hollande, ou qui font élevées parmi nous avec les femences des plus belles fleurs, & qui méritent d'être confervées



dans les bonnes collections : c'eft le défaut d'habileté qui a été caufe du mauvais fuccès que plufieurs perfonnes ont eu en Angleterre : mauvais fuccès qui leur a fait négliger la culture de ces fleurs; parce qu'elles s'imaginoient que leurs racines dégeneroient après avoir fleuri dans ce pays : mais c'eft une grande erreur ; car fi l'on cultivoit ces racines avec autant d'art & de foin que les Hollandois en emploient, je fuis très-perfuadé qu'elles réuffiroient auffi bien en Angleterre que dans tout autre pays. Cette opinion n'eft point hafardée, elle eft le fruit d'un grand nombre d'expériences que j'ai faites fur plufieurs centaines de ces racines, qui m'ont été envoyées en deux ou trois fois; je les ai confidérablement multipliées, & je fuis parvenu à leur faire produire des fleurs auffi larges & en auffi grande quantité qu'elles auroient pu le faire en Hollande.

*Terre.* La terre dans laquelle ces plantes réuffiffent le mieux, eft une terre légere, neuve, fablonneufe & riche, que l'on compofe de la maniere fuivante.

Prenez une moitié de terre neuve de pâturage, dont le fond foit, s'il eft poffible, d'une argille fablonneufe, en enlevant la furface à huit ou neuf pouces au plus d'épaiffeur, & en confervant l'herbe avec la motte, fi l'on a le tems de la laiffer pourrir avant de s'en fervir : ajoutez à cette terre un quart de fable de mer, & un autre quart de fiante de vache confommée ; mélez le tout enfemble, & formez-en un monceau, que vous retournerez une fois par mois, jufqu'à ce qu'il foit tems de vous en fervir : ce mélange fera beaucoup meilleur fi l'on peut le préparer deux ans avant de s'en fervir ; mais fi l'on eft forcé d'en faire ufage plutôt, il faut le remuer plus fouvent.

La terre doit avoir deux pieds de profondeur dans les planches deftinées à recevoir les Jacinthes ; on met au fond un peu de fiante de vache, ou du tan, auquel les fibres puiffent atteindre fans que cet engrais touche les bulbes : fi le terrein des planches eft humide, on les éleve de dix à douze pouces au-deffus de la furface, & fi au contraire le fol eft fec, il fuffira de les élever des trois pouces.

Lorfqu'il eft queftion de préparer ces planches, on enleve d'abord toute la vieille terre, jufqu'à la profondeur d'environ trois pieds, après quoi on met dans le fond du fumier de vache confommé ou du tan, de l'épaiffeur de fix pouces, & l'on a grand foin d'en rendre la furface bien unie : on met enfuite par-deffus deux pieds de la terre préparée, on la dreffe exactement ; on trace au cordeau des lignes qui s'y croifent à la diftance de huit pouces en tout fens, & l'on plante les racines au milieu de chaque quarré, dans leur pofition naturelle ; cette opération étant terminée, on les recouvre avec la même terre jufqu'à l'épaiffeur de fix pouces, & l'on a grand foin de ne pas déranger les racines : on arrondit les planches dans le milieu, fur-tout fi le fol eft humide, afin que l'eau des pluies puiffe s'écouler facilement ; cependant cette élévation du centre ne doit pas être trop confidérable, parce qu'elle donneroit lieu à des inconvéniens d'un autre genre.

Le meilleur tems pour planter ces racines, eft vers le milieu ou à la fin de Septembre, felon que la faifon eft plus ou moins avancée : je confeillerois cependant de ne pas les planter lorfque la terre eft fort feche, à moins qu'il n'y ait dans l'air quelque apparence d'une pluie prochaine ; car fi la faifon continue long-tems feche, ces racines fe moififfent, & périffent infailliblement : ces plantes n'exigent plus enfuite aucun foin jufqu'aux fortes gelées ; alors on y répand du tan pourri jufqu'à l'épaiffeur de quatre pouces, & l'on couvre auffi les allées avec la même matiere, de la fiante ou du fable, pour empêcher la gelée de pénétrer jufqu'aux racines : mais quand l'hiver eft fort rude, il eft bon d'ajouter à ces couvertures de la paille de Pois, de la litiere ordinaire, ou quelqu'autre chofe femblable, ce qui eft préférable aux nattes : toutes ces matieres n'étant point affez ferrées pour que l'air ne puiffe pas s'y introduire, les vapeurs de la terre fe diffiperont facilement, & les racines ne feront point en danger d'être détruites par la pourriture, comme cela arrive fouvent quand elles font trop couvertes : il faut avoir foin d'ôter

ces légères couvertures toutes les fois que le tems est doux,
& ne les remettre que par des
froids rudes ; mais en répandant sur les planches du tan
ou des cendres de charbon
de terre , les gelées ordinaires ne pénétreront pas , &
les autres couvertures ne seront nécessaires que dans les
gelées très-rigoureuses; un froid
modéré ne peut pas faire de tort
aux racines avant qu'elles aient
poussé des feuilles ; ce qui n'a
pas lieu ordinairement avant le
commencement de Février :
alors on dispose des cercles sur
ces planches, afin de pouvoir
les couvrir de nattes ou d'autres choses légeres, pour empêcher le froid de nuire aux
boutons à mesure qu'ils paroissent : mais il faut toujours
enlever ces couvertures dans
les tems doux, sans quoi les
tiges deviendroient trop hautes & trop foibles ; les pédon-
cuies , qui seroient longs &
minces, ne pourroient pas supporter les cloches, ce qui dé-
pare ces fleurs : car leur plus
grande beauté consiste dans un
ordre régulier de ces cloches;
quand on a arrangé les cercles, on enlève une bonne partie du tan qui couvre les plan
ches ; mais l'on s'y prend de
maniere à ne pas blesser les feuilles & les tiges de Jacinthes qui
commencent à paroître ; &,
pour éviter cet accident, on
se sert de la main, ou l'on
travaille très-légèrement, si l'on
emploie quelqu'autre moyen.

Quand les tiges ont atteint
leur hauteur , & avant que
les fleurs commencent à s'ou-



vrir , on enfonce un petit bâton
contre chaque racine, auquel on
attache la tige de la fleur au
moyen d'un cercle de fil-de-fer
qui y est fixé ; car sans cette précaution , lorsque les fleurs seroient entiérement épanouïes,
leur propre poids les feroit coucher , sur tout si elles n'étoient
point à l'abri du vent& de la pluie.

Lorsque ces fleurs sont ouvertes , on les met à l'abri du
soleil pendant la chaleur du
jour , & on les garantit de la
pluie; mais on les laisse jouïr des
pluies légères, ainsi que du soleil
du matin & du soir : si cependant on craint qu'il ne gele
pendant la nuit, on les met à
couvert : avec de pareils soins
ces fleurs conserveront toute
leur fraicheur au moins pendant un mois, & quelquefois
plus long tems, selon leur force
& la température de la saison.

Lorsque ces fleurs sont passées, & que l'extrémité des
feuilles commence à changer
de couleur, on souleve doucement les racines avec une
bêche étroite, ou quelqu'autre
instrument commode; ce que
les Jardiniers Hollandois appellent *les élever ;* pour cela on
enfonce doucement l'instrument
à côté de la racine, sans la
blesser , & l'on passe la bêche
en-dessous ; ensuite en baissant
le manche de l'instrument, les
fibres des racines se détachent :
on emploie cette méthode pour
les empêcher de puiser une nouvelle nourriture dans la terre ;
car lorsqu'elles s'imbibent de
trop d'humidité dans cette saison, elles se pourrissent fréquemment lorsqu'elles sont arrachées

rachées : on lève ces racines entièrement hors de terre quinze jours après, & on les étend horifontalement, & fans enter-rer leurs feuilles, fur une plate-bande de terre légère élevée au milieu, & expofée au levant : par ce moyen une grande par-tie de l'humidité renfermée dans les tiges fucculentes & épaif-fes de ces plantes, s'exha-lera ; car cette humidité, fi on la laiffoit rentrer dans les racines, les feroit bientôt pour-rir, comme cela eft malheu-fement arrivé à prefque toutes nos Jacinthes en Angleterre.

On laiffe les racines dans cette pofition jufqu'à ce que leurs feuilles foient entièrement flétries & defféchées, ce qui a lieu au bout de trois femai-nes : c'eft ce que les jardiniers Hollandois appellent *faire mû-rir leurs racines* : au moyen de cela les racines deviennent fer-mes, leur enveloppe extérieure eft unie & d'un pourpre clair : au-lieu que celles qu'on laiffe dans les planches jufqu'à ce que leurs feuilles & leurs tiges foient entièrement flétries, font groffes, fpongieufes, & leur en-veloppe extérieure de couleur pâle ; car les tiges de la plupart de ces fleurs font fort groffes, & contiennent beaucoup d'humi-dité, laquelle rentrant dans la ra-cine, rifquera de les faire périr.

Quand ces racines font mû-res, on les arrache, on les effuie avec une étoffe de lai-ne, on ôte toutes les feuilles & les fibres mortes, on les met dans des caiffes ouver-tes, on les expofe à l'air, on les garantit exactement



de toute humidité, & on les tient à l'abri du foleil. Par cette méthode on peut les conferver hors de terre juf-qu'au mois de Septembre, qui eft la bonne faifon pour les planter : alors l'on fepare les fortes racines qui doivent donner des fleurs, & on les met à part dans des planches, afin qu'elles paroiffent égales dans la faifon où elles fleurif-fent : les cayeux & les rejet-tons doivent être plantés dans une planche féparée, où on les laiffe pendant un an, afin qu'ils aient le tems d'acquérir de la force, & qu'ils puiffent devenir auffi forts l'année fui-vante, que les vieilles racines.

Les fleurs fimples ou femi-doubles doivent être placées dans une planche féparée, où l'on a foin de les abriter de la gelée, comme il a été dit ci-deffus, jufqu'à ce que les fleurs foient épanouïes, après quoi on enleve les couvertures pour les laiffer à l'air ; on foutient les tiges avec de petits bâtons, précaution qui eft abfolument néceffaire pour avancer la perfection de la femence, quoi-que peut-être le grand air puiffe effacer le brillant de la fleur. Lorfque les femences font bien mûres, l'on coupe les cap-fules pour les conferver, & l'on n'en tire les graines que lorf-qu'il eft queftion de les femer. On a remarqué qu'après que ces plantes ont donné de la femen-ce, elles fleuriffent rarement bien une autre fois, à moins que ce ne foit deux ans après : ainfi la meilleure méthode pour fe procurer des graines, eft de planter de nouvelles racines tous les ans ; & , quoique quelques perfonnes les arrachent annuellement , cependant fi les planches font bien préparées pour les recevoir , on peut les y laiffer deux années fans les enlever , parce que de cette maniere les racines font plus de progrès la feconde année que la premiere ; mais les fleurs font auffi plus fujettes à dégénérer : c'eft pour cela que ceux qui cultivent ces racines pour vendre , arrachent tous les ans celles qui font groffes & de défaite : pour ce qui eft des rejettons & petits cayeux , on les laiffe ordinairement deux années en terre.

Quelques perfonnes laiffent les racines de la Jacinthe trois ou quatre ans fans les tranfplanter ; au moyen de cela on en obtient un bien plus grand nombre ; mais cette trop grande multiplication les fait fouvent dégénérer , même au point de ne plus produire que des fleurs fimples ; c'eft pourquoi je confeille de les arracher tous les ans , fur-tout celles de la meilleure efpece , parce que cette méthode eft la plus fûre pour les conferver fans altération , quoiqu'elle foit moins propre à favorifer leur multiplication. Si l'on plante ces racines au printems , quinze jours ou trois femaines plutôt que nous ne l'avons dit , elles donneront des fleurs plus vigoureufes , & elles feront plus rondes & plus fermes que celles qui reftent deux années de fuite dans la terre.

Pour les autres efpeces de



Jacinthes : *Voyez* MUSCARI & ORNITHOGALUM.

HYACINTHUS TUBEROSUS. *Voy.* CRINUM & POLYANTHES.

HYDRANGEA. *Gron. Flor. Virg.* 50. *Lin. Gen. Plant.* 492. Nous n'avons point de nom vulgaire pour cette plante.

*Caracteres.* Le calice de la fleur eft petit , perfiftant , & formé par une feuille découpée en cinq parties ; la corolle eft compofée de cinq pétales prefque ronds , égaux , & plus longs que le calice ; la fleur a dix étamines alternativement plus longues que la corolle , & terminées par des fommets prefque ronds ; fous la fleur eft placé un germe prefque rond qui foutient deux ftyles courts , un peu écartés , & couronnés par des ftigmats obtus & perfiftans ; le germe fe change dans la fuite en une capfule prefque ronde , furmontée de deux ftigmats , qui ont la forme de deux cornes , & divifée tranfverfalement en deux cellules remplies de femences angulaires.

Ce genre de plantes eft rangé dans la feconde fection de la dixieme claffe de LINNÉE , intitulée , *Decandria Digynia*, avec celles dont les fleurs ont dix étamines & deux ftyles.

Nous n'avons qu'une efpece de ce genre.

*Hydrangea arborefcens, Gron. Flor. Virg.* 50. *Duham. Arb.* 1. *p.* 298. Hydrangéa en arbre à petit fruit.

Cette plante croit naturellement dans l'Amérique feptentrionale , d'où elle a été apportée en Europe il y a quelques années : on la conserve dans les jardins plutôt pour la variété que pour sa beauté.

Elle a une racine fort étendue & fibreuse, de laquelle sortent des tiges unies, gluantes, ligneuses, d'environ trois pieds de hauteur, & garnies à chaque nœud de deux feuilles oblongues, en forme de cœur, opposées, & supportées par des pétioles d'un pouce à-peu-près de longueur : ses feuilles ont trois pouces de long sur deux de large à leur bâse ; elles sont sciées sur leurs bords, & ont beaucoup de veines qui coulent en montant depuis la côte du milieu jusqu'aux bords ; elles sont d'un vert clair, & tombent en automne : ses fleurs, qui naissent aux extrémités des tiges en forme de corymbes, sont blanches, & composées de cinq pétales & de dix étamines qui environnent le style ; elles paroissent à la fin de Juin & au mois d'Août ; mais elles donnent rarement des semences mûres en Angleterre.

On multiplie aisément cette plante en divisant ses racines à la fin d'Octobre, qui est aussi le meilleur tems pour les transplanter : on place ces racines dans une terre humide ; parce qu'elles croissent naturellement dans des lieux marécageux ; & il faut avoir soin d'arracher les mauvaises herbes qui naissent aux environs, & de labourer chaque hiver la terre où elles se trouvent placées ; ces racines sont vivaces, & si leurs tiges sont détruites par les fortes gelées, elles en repoussent de nouvelles au printems suivant.

HYDRASTIS. *Voyez* WARNERA. L.

HYDROCOTYLE. de ὕδωρ, eau, & κοτύλη, cavité ; parce que cette plante a dans ses feuilles une cavité qui contient de l'eau : elle croît dans les marais. [*Water Navelwort.*] Ecuelle d'eau.

Cette plante est fort commune dans les lieux humides de plusieurs parties de l'Angleterre ; mais comme on ne la cultive jamais, & qu'elle n'est d'aucun usage, je n'en parlerai point.

HYDROPHYLLON. *Lin. Gen. Plant.* 187. *Hydrophyllum. Tourn. Inst. R. H.* 81. *Tab. 16.* [*Water Leaf.*] Feuille d'eau.

*Caractères.* Le calice de la fleur est persistant & formé par une feuille découpée en cinq segmens étendus ; la corolle n'a qu'un pétale en forme de cloche, & divisé en cinq parties, dentelées à leur extrémité ; au-dessous de chacun de ces segmens, est placé un nectaire vers le milieu, enfermé dans la longueur par deux petites lames : la fleur a cinq étamines plus longues que le pétale, & terminées par des sommets oblongs & couchés, avec un germe ovale & pointu, qui soutient un style en forme d'alène, de la même longueur que les étamines, & couronné par un stigmat étendu & divisé en deux. Le germe devient ensuite une capsule globulaire & a une cellule, qui renferme une grosse semence ronde.

Ce genre de plante est rangé

dans la premiere section de la cinquieme classe de LINNÉE, intitulée, *Pentandria Monogynia*, qui renferme celles dont les fleurs ont cinq étamines & un style.

Nous ne connoissons qu'une espece de ce genre.

*Hydrophyllon Virginianum, foliis pinnati-fidis. Lin. Sp.* 208. *Morini Joncq. Hort.* La feuille d'eau à feuilles aîlées.

*Hydrophyllum. Hort. Cliff.* 44. *Roy. Lugd.-B.* 413. *Gron. Virg.* 21.

*Dentariæ facie planta monopetalos, fructu rotundo monopyreno. Moris. Hist.* 3. *p.* 599. *S.* 51. *t.* 1. *f.* 1.

*Dentariæ affinis, Echii flore, capsula Anagallidis. Dod. Mem.* 77. *t.* 77.

Cette plante croît naturellement dans les terres humides & spongieuses de plusieurs parties de l'Amérique Septentrionale : sa racine est composée de plusieurs fibres fortes, charnues, & étendues en tous sens ; de cette racine s'élevent plusieurs feuilles dont les petioles ont cinq ou six pouces de longueur ; elles sont découpées presque jusqu'à la côte du milieu, en trois, cinq ou sept lobes, dentelés sur leurs bords, traversés par plusieurs nervures, & d'un vert-luisant, qui, au printems, contiennent de l'eau dans leur cavité ; d'où je suppose que MORINUS lui a donné le nom de *Feuille d'eau*, & non pas parce qu'elle vit dans l'eau, comme TOURNEFORT se l'est imaginé : ses fleurs sortent de la racine sur des pédoncules ornés d'une ou deux petites feuilles de la même forme que la fleur : ses fleurs, qui naissent en paquets inclinés, sont d'un blanc sale & en forme de cloche, de sorte qu'elles ne font point un bel effet. Elles paroissent en Juin & perfectionnent leurs semences en Août.

Cette plante supporte le froid, mais il lui faut un sol riche & humide ; si on la tient dans un terrein chaud & sablonneux, elle périra bientôt, à moins que l'on ne l'arrose constamment pendant les sécheresses : on peut la multiplier en divisant ses racines en automne, afin qu'elle soit bien établie avant le printems, sans quoi elle aura besoin de beaucoup d'eau : il faut la tenir à l'ombre & dans un sol humide.

HYDROPIPER. [*Common biting Arse-smart.*] Cu-écorché commun & piquant, *Persicaire, Poivre d'eau.*

C'est une plante qui croît en grande abondance dans presque tous les lieux humides, & à côté des fossés. *Voyez* POLYGONUM HYDROPIPER, ELATINE HYDROPIPER. *Suppl.*

HYDROSTATIQUE. Ce mot est composé de deux mots grecs, ὕδωρ & ϛατικη, dont le premier veut dire eau, & le second, équilibre.

*L'Hydrostatique* est la doctrine de l'équilibre des liqueurs, la science de la gravité des fluides, ou cette partie de la Méchanique qui considère la pésanteur ou gravité des corps fluides, particulièrement de l'eau, & aussi des corps solides qui y sont plongés.

Tout ce qui a rapport à la gravité ou à l'équilibre des liqueurs, fait partie de l'Hydroſtatique, ainſi que l'art de peſer les corps dans l'eau, afin de pouvoir eſtimer leur gravité ſpécifique.

Le Doſteur HALES, dans ſon exceilent *Traité de la Statique des Végétaux*, nous a donné pluſieurs exemples de l'utilité de cette ſcience dans la culture des jardins, & nous a fait connoitre les expériences qui lui ont ſervi à démontrer la quantité d'eau imbibée ou exhalée par les plantes, connoiſſance néceſſaire à tous ceux qui s'occupent de l'Agriculture & du Jardinage.

Voici quelques articles principaux de cette ſcience : 1º. La ſuperficie de toutes ſortes de fluides, preſſe ſur les parties inférieures.

2º. Un fluide plus léger peut preſſer ſur un plus lourd.

3º. Si un corps qui eſt contigu à l'eau, eſt entièrement plus bas, ou en partie ſeulement, que la ſurface de l'eau, la partie inférieure de ce corps ſera ſoulevée par l'eau qui ſe trouve ſous ſa bâſe.

4º. Il ne faut qu'une peſanteur ſuffiſante d'un fluide externe, pour expliquer la raiſon de l'élévation des eaux dans les pompes.

5º. Si l'on place un corps dans l'eau de maniere que ſa ſurface ſupérieure ſoit parallèle à la ſurface de l'eau, la preſſion directe que ce corps ſoutient, n'eſt pas plus forte que celle d'une colonne d'eau, dont la bâſe eſt égale à la ſuperficie



horiſontale de ce corps, & la hauteur de cette colonne, eſt la profondeur perpendiculaire de l'eau ; & ſi l'eau qui preſſe les côtés du corps, eſt contenue dans des tuyaux ouverts aux deux extrémités, la preſſion de l'eau doit être eſtimée par la peſanteur d'une colonne d'eau, dont la bâſe eſt égale à l'orifice inférieur de ce tuyau, & dont la hauteur eſt égale à une perpendiculaire qui s'élève du bas juſqu'à la ſurface de l'eau, quoique le tuyau ſoit beaucoup incliné dans quelque ſens que ce ſoit, ou quoiqu'il ſoit très-irrégulièrement fait, ou plus large dans les autres parties qu'au fond.

6º. Un corps plongé dans un fluide, éprouve de la part de ce fluide, une preſſion qui augmente à proportion que ce corps y eſt plus enfoncé.

7º. La raiſon qui fait monter l'eau dans les ſiphons, peut être déduite d'une preſſion extérieure, occaſionnée par quelqu'autre fluide, ſans être obligé de recourir aux ſyſtêmes de l'horreur du vuide.

8º. Le corps le plus ſolide, qui s'enfoncera par ſa propre peſanteur s'il ſe trouve néanmoins à une profondeur vingt fois plus grande que ſon épaiſſeur, ne deſcendra pas plus bas, à moins qu'il ne ſoit aidé par la preſſion de l'eau ſupérieure.

9º. Si un corps, ſpécifiquement plus léger qu'un fluide, y eſt ſubmergé, il s'élevera avec une force proportionnée au ſurplus de gravité de ce fluide.

10º. Si un corps plus peſant

qu'un fluide y eft plongé, il y defcendra avec une force proportionnée au furplus de fa pefanteur.

11°. Un vâfe rempli d'eau ou de quelqu'autre liqueur, & dont la furface eft unie, reftera dans cet état, jufqu'à ce qu'il foit mis en mouvement par quelque caufe extérieure.

12°. Lorfque les fluides font preffés, ils le font de tous côtés.

On connoîtra pofitivement combien la connoiffance des propriétés des fluides peut contribuer à la perfection philofophique du jardinage & à la culture des végétaux, plus par les expériences des Savans qui s'en font occupés, que l'on ne pourroit le faire par le raifonnement.

HYGROMETRE, *ou* HYGROSCOPE. Le premier vient des deux mots grecs ὕκρος & μετρέω, humidité & mefurer; le fecond, de ὕκρος & σκοπέω, voir.

C'eft une machine ou inftrument inventé pour mefurer la quantité d'humidité ou de fechereffe de l'Atmofphere, felon qu'elle abonde plus ou moins en vapeurs; & pour determiner le degré de cette humidité ou fechereffe.

Il y a plufieurs efpeces d'Hygromètres; car tous les corps qui fe refferrent & fe gonflent par la fechereffe ou par l'humidité, peuvent fervir d'hygromètre : tels font, par exemple, prefque toutes les efpeces de bois, & en particulier le *Frêne*, le *Sapin* & le *Peuplier*, ainfi qu'une *Corde de boyau ou de Chanvre.*



Etendez une corde de chanvre ou une corde de violon le long d'un mûr, paffez-la fur une poulie, & attachez à fon extrémité un poids, auquel vous ajouterez une éguille pour fervir de remarque; fixez contre le mûr une planche divifée en autant de parties égales que vous le jugerez à propos, & l'Hygromètre fera fait.

On a reconnu que l'humidité raccourcit fenfiblement la longueur de la corde; de maniere qu'à mefure que l'humidité s'évapore, la corde reprend fa premiere longueur.

Le poids fixé à cette corde montera en proportion de l'humidité de l'air, & defcendra de même en indiquant fur la planche le dégré de fechereffe ou d'humidité, qui fera toujours mefuré par l'allongement & le raccourciffement de la corde.

On fe fert ordinairement pour cela, d'une treffe bien ferrée, parce qu'elle s'allonge & fe raccourcit davantage, fuivant les différens dégrés d'humidité & de fechereffe de l'air.

Quelques perfonnes préférent une corde de boyau de trois ou quatre pieds, à laquelle on attache un plomb armé d'une éguille : cette corde fe tord ou fe détord, fuivant que l'air eft plus fec ou plus humide, & par-là fe raccourcit ou s'allonge de maniere qu'elle élève ou abbaiffe le plomb, & défigne fur la planche le dégré de fechereffe ou d'humidité que l'on veut connoître. Ce plomb doit pefer deux onces. Ceux qui préfèrent la treffe à fouet à la corde de boyau, fe fervent d'un poids plus lourd : le reffort du boyau ou de la treffe fera tourner l'éguille qui indiquera les différens dégrés que l'on peut marquer fur une lame de cuivre ou fur une vis.

Quand on eft pourvu d'un Baromètre & d'un Hygromètre, on doit comparer les mouvemens de l'un avec ceux de l'autre, afin de mieux juger de la proportion qui exifte entr'eux : & fi l'on joint à cela les obfervations faites fur le Thermomètre, l'on obtiendra des réfultats très-fatisfaifans & très-utiles par rapport aux variations du temps.

**HYGROSCOPE.** C'eft la même chofe que l'Hygromètre.

Cet inftrument eft d'une grande utilité dans les ferres, pour mefurer & découvrir leur humidité ou féchereffe pendant l'hiver.

**HYMENŒA.** *Lin. Gen. Plant.* 512. *Courbaril. Plum. Nov. Gen.* 49. *tab.* 14. [*Locuft-tree.*] Le Carouge.

*Caractères.* Le calice de cette fleur eft divifé en deux parties : l'intérieur eft formé par une feuille découpée en cinq dentelures ; la corolle eft compofée de cinq pétales égaux & étendus : la fleur a dix étamines inclinées, courtes, & terminées par des fommets oblongs ; dans le centre eft placé un germe oblong qui foutient un ftyle incliné, & couronné par un ftigmat aigu : ce germe fe change dans la fuite en un légume oblong & gros, couvert d'une coque épaiffe & ligneufe, & divifé par des cloifons tranfverfales, en plufieurs cellules, dont chacune renferme une feule femence groffe, comprimée, & entourée d'une pulpe farineufe.

Ce genre de plante eft rangé dans la premiere fection de la dixieme claffe de LINNÉE, intitulée, *Décandria Monogynia*, qui renferme celles dont les fleurs ont dix étamines & un ftyle.

Nous ne connoiffons qu'une efpece de ce genre.

*Hymenæa Courbaril. Hort. Cliff.* 484. *Hort Ups.* 305. *Mat. Med.* 510. *Brown. Jam.* 221. Le Carouge.

*Courbaril bi-folia, flore pyramidato. Plum. Nov. Gen.* 49. Courbaril avec deux feuilles & une fleur pyramidale, communèment appelé *Carouge.*

*Ceretia di-phylla, antegona, ricini majoris fruſtu nigro, filiquâ grandi inclufo. Pluk. Alm.* 96. *t.* 82. *f.* 2. *Raii. Hiſt.* 760.

*Arbor filiquofa ex quâ gummi elemi. Bauh. Pin.* 404. Arbre qui produit la gomme copale officinale.

*Itaïba. Pis. Bras.* 123.

Cet arbre devient très-gros & s'étend confidérablement dans les Indes Occidentales, où il croît en abondance : il a un gros tronc couvert d'une écorce rouffàtre, qui fe divife en plufieurs branches étendues, & garnies de feuilles fermes, unies, & difpofées par paires, dont les bàfes fe joignent au pétiole, auquel la paire de feuilles eft attachée obliquement ; elles ont un côté beaucoup plus large que l'autre ; leurs bords extérieurs font ronds,

& les intérieurs droits ; de sorte que les deux feuilles appairées reſſemblent à de grands ciſeaux ; elles ſont pointues au ſommet, & alternes ſur la tige : les fleurs naiſſent aux extrémités des branches, en épis clairs, ſur des pédoncules ligneux & courts, dont les uns en ſoutiennent deux, & d'autres trois fort ſerrées ; elles ont une corolle à cinq pétales jaunes rayés de pourpre, courts & étendus ; les étamines ſont beaucoup plus longues & de couleur pourpre ; ces fleurs ſont remplacées par des légumes bruns, épais, charnus, ſemblables à ceux des *Fèves* à grandes fleurs rouges, de ſix pouces de longueur ſur deux & demi de large, de couleur pourpre, & d'une ſubſtance ligneuſe, avec une large ſuture à chaque bord ; chacun de ces légumes contient trois ou quatre ſemences rondes ſerrées, & enveloppées de fibres. Le bois de cet arbre eſt recherché pour les charpentes dans les Indes Occidentales ; Il rend une réſine fine & claire que l'on nomme *Gomme Élémi* dans les boutiques, & dont on fait un excellent vernis.

On multiplie aiſément cet arbre au moyen de ſes graines, pourvu qu'elles ſoient fraîches : on les place dans des pots qu'on plonge dans une couche chaude de tan, en obſervant de ne mettre qu'une ſemence dans chaque pot, ou ſi l'on en met davantage, d'enlever les plantes, une ſeule exceptée, auſſi-tôt qu'elles commencent à pouſſer, & de les planter dans des pots ſéparés, de peur que leurs racines ne s'entremêlent ; mais comme elles ſont très-minces, on ne peut les tranſplanter qu'en conſervant une bonne motte de terre ; ſans quoi elles périſſent preſque toujours : c'eſt pour cette raiſon qu'on ne doit donner que très-rarement de nouveaux pots à cet arbre ; on le tient conſtamment plongé dans la couche de tan de la ſerre chaude. On le traite comme les autres plantes du même pays, & on l'arroſe très-peu, ſur-tout pendant l'hiver. Dès l'inſtant où cet arbre commence à paroître, il fait des progrès conſidérables pendant deux ou trois mois ; après quoi il reſte une année entiere ſans pouſſer ; il reſſemble en cela à l'*Anacardium*, ou *Noix d'Acajou*, & on le conſerve très difficilement en Angleterre.

HYOSCYAMUS. *Tourn. Inſt. R. H.* 117. *tab.* 42. *Lin. Gen. Plant.* 218. de ὓς *Cochon* & κύαμ☉, *Feve* ; c'eſt-à-dire, *Feve de cochon*, [ *Henbane.* ] *Juſquiame*, *Hennebane*, ou *Potelée*.

*Caractères.* La fleur a un calice cylindrique, d'une feuille, perſiſtant, gonflé au bas, & découpé vers le haut en cinq ſegmens aigus ; la corolle eſt monopétale, en forme d'entonnoir, & pourvue d'un tube cylindrique & court, avec un bord droit, étendu & découpé en cinq parties obtuſes, dont une eſt plus longue que les autres : la fleur a cinq étamines inclinées & terminées par des ſommets preſque ronds ; dans le centre eſt placé un germe de même forme, qui contient un style mince, & couronné par un stigmat rond : ce germe se change, quand la fleur est passée, en une capsule ovale, obtuse, placée dans le calice & divisée par une cloison intermédiaire, en deux cellules qui s'ouvrent par un couvercle vers le haut pour laisser sortir un grand nombre de petites semences attachées aux cloisons.

Ce genre de plantes est rangé dans la première section de la cinquieme classe de LINNÉE intitulée *Pentanária Monogynia*, qui renferme celles dont les fleurs ont cinq étamines & un style.

Les especes sont :

1°. *Hyoscyamus niger, foliis amplexicaulibus sinuatis, floribus sessilibus. Hort. Cliff. 56. Fl. Suec. 184. 199. Mat. Med. 64. Roy. Lugd-B. 422. Dalib. Paris. 70. Hall. Helv. n. 560. Gmel. Lib. 4. p. 93. it. 1. p. 8. Scop. carn. n. 253*; Jusquiame à feuilles sinuées & amplexicaules, & à fleurs sessiles.

*Hyoscyamus, Camer. Epit. 807.*

*Hyoscyamus vulgaris, vel niger. C. B. p. 169*; Jusquiame commune ou noire, hannebanne ou potelée.

*Hyoscyamus flavus. Fuchs. 837.*

2°. *Hyoscyamus major, foliis petiolatis, floribus pedunculatis terminalibus*; Jusquiame à feuilles pétiolées, dont les fleurs sortent sur des pédoncules qui terminent les branches.

*Hyoscyamus major albo similis, umbilico floris atro purpureo, Cor.* Grande Jusquiame semblable à la blanche; mais avec une fleur dont le fond est d'un pourpre obscur.

3°. *Hyoscyamus albus, foliis petiolatis, floribus sessilibus. Hort. Cliff. 56. Roy. Lugd.-B. 422. Sauv. Monsp. 275*; Jusquiame à feuilles pétiolées, & à fleurs sessiles.

*Hyoscyamus albus major. Bauh. Pin. 167.*

*Hyoscyamus major albo similis, umbilico floris virente. Jussieu.* Grande Jusquiame semblable à la blanche, dont la fleur est à fond vert.

4°. *Hyoscyamus minor, foliis petiolatis, floribus solitariis lateralibus*; Jusquiame à feuilles pétiolées, avec des fleurs simples sur le côté des tiges.

*Hyoscyamus albus vulgaris. Clus. Hist. 2. p. 118.*

*Hyoscyamus minor albo similis, umbilico floris atro-purpureo. Tourn. Cor. 5*; petite Jusquiame semblable à la blanche, avec des fleurs à fond d'un pourpre obscur.

5°. *Hyoscyamus reticulatus, foliis caulinis petiolatis, cordatis, sinuatis, acutis, floribus integerrimis, corollis ventricosis. Lin. Sp. 257*; Jusquiame dont les feuilles des tiges sont pétiolées, en forme de cœur, sinuées & terminées en pointes aiguës, avec des fleurs entieres, & des corolles gonflées.

*Hyoscyamus, rubello flore, C. B. P*; Jusquiame à fleurs rougeâtres.

6°. *Hyoscyamus foliis caulinis lanceolatis, subdentatis ; radicalibus sinuato-dentatis ; Gron. Orient. 51.*

*Hyoscyamus cauliculis spinosissimis, Ægyptiacus. Bauh. Pin. 169.*

*Hyoscyamus Ægyptius. Raii. Hist. 713.*

*Hyoscyamus peregrinus. Clus.
Pan.* 502.

*Hyoscyamus peculiaris. Cam.
Hort.* 77. *t.* 22.

*Hyoscyamus aureus, foliis petiolatis crofo-dentatis, acutis, floribus pedunculatis, fructibus pendulis. Lin. Sp.* 257. *Hort. Cliff.*
56. *Roy. Lugd.-B.* 422. *Kniph.
cent.* 11. *n.* 57. Jufquiame à
feuilles aiguës & dentelées,
fupportées par des pétioles,
avec des fleurs fur des pédoncules & des fruits pendants.

*Hyoscyamus Creticus, luteus
major. C, B. P.* La grande Jufquiame de Candie.

7°. *Hyoscyamus pufillus, foliis lanceolatis, dentatis; floralibus inferioribus binis, calycibus
fpinofis. Hort. Upfal.* 44. *Mant.*
339. *Murray, Prodr.* 144. *Gouan.
Illuft. p.* 7. *Kniph. cent.* 11.
*n.* 58; Jufquiame à feuilles en
forme de lance & dentelées,
dont les feuilles florales font
par paires, avec des calices
épineux.

*Hyoscyamus foliis lanceolatis.
Hort. Cliff.* 56. *Roy. Lugd.-B.*
422.

*Hyoscyamus pufillus aureus
Americanus, Antirrhini foliis glabris. Pluk. Alm.* 188. *tab.* 37.
*fol.* 5 ; petite Jufquiame dorée
d'Amérique à feuilles unies de
*Muffle-de-veau.*

*Niger.* La première, qui eft
très-commune en Angleterre,
& qu'on rencontre prefque partout aux bords des foffés & fur
les vieux fumiers, eft une plante
bifannuelle, dont les racines
longues & charnues s'enfoncent
profondément dans la terre :
elle a plufieurs feuilles larges,



douces, très-découpées fur les
bords, & étendues fur la terre :
au printems, fes tiges paroiffent & s'élevent à la hauteur
de deux pieds ; elles font garnies de feuilles de la même forme, mais plus petites & qui
embraffent les tiges de leur bâfe.
La partie fupérieure de la tige eft
garnie d'un feul côté de fleurs
placées en deux rangs & couchées alternativement fur la tige ; elles font d'un pourpre obfcur ; & leur fonds font noirs :
à ces fleurs fuccedent des capfules prefque rondes, & placées dans le calice qui s'ouvre par un couvercle placé fur
le haut, & elles font divifées
en deux cellules remplies de
petites femences irrégulieres.
Cette plante étant un véritable
poifon, on doit la détruire dans
tous les lieux que les enfans
fréquentent. En 1729, il y eut
trois enfans empoifonnés par
la femence de cette plante,
près de Tottenham-Court ; deux
de ces enfans dormirent deux
jours & deux nuits avant qu'on
pût les éveiller, & ce fut avec
bien de la peine qu'ils en furent
guéris ; le troifieme, plus fort
& plus âgé, fouffrit beaucoup
moins. On fait, avec les racines de cette plante découpées
en morceaux, des efpeces de
colliers qu'on fufpend au cou
des enfans pour prévenir le
retour des accès de convulfion,
& favorifer la dentition ; mais
ces racines, prifes intérieurement, font très-dangereufes ;
comme on peut s'en convaincre par l'obfervation que j'ai
rapportée à l'article de la *Gen-*

*tienne*, avec laquelle les Marchands ont eu quelquefois l'im-
prudence de la mêler, & de
les vendre ensemble. (*)

*Major.* La seconde espece
croît naturellement dans les
Iles de l'Archipel : ses feuilles
sont plus rondes, sinuées, obtuses sur les bords, & supportées par des pétioles : ses tiges poussent plus de branches
que celles de la premiere : ses
fleurs, d'un poupre pâle, avec
un fond d'un pourpre plus obscur, sortent en paquets vers
les extrémités des branches sur
des pédoncules courts.

*Albus.* La troisieme ressemble beaucoup à la seconde ;
mais ses fleurs sont produites
en plus gros paquets, & sessiles aux extrémités des branches : elles sont d'un jaune
verdâtre avec des fonds verts.
Cette plante croît naturellement dans les climats chauds
de l'Europe : on emploie sa
semence, en Médecine, sous
le nom de *Jusquiame blanche des
boutiques.*

*Minor.* La quatrieme a été

(*) La *Jusquiame*, qu'on met avec
raison au nombre des poisons narcotiques & stupéfians, ne peut être
administrée avec sûreté intérieurement, à quelque foible dose que ce
soit ; mais on peut s'en servir extérieurement comme d'un excellent
topique résolutif & calmant sur les
mammelles remplies de lait coa-
gulé, sur les tumeurs squirreuses
& carcinomateuses, sur les enge-
lures, &c.

Les feuilles de cette plante entrent dans la composition de l'*Onguent populeum*; ses semences qui sont
moins dangereuses font partie des
pillules de *Cynoglosse*, du *Philonium
Romanum*, du *Requies Myreps.*, &c.



apportée du levant par M. de
TOURNEFORT : sa tige est plus
mince que celle d'aucune des
précédentes ; ses nœuds sont
plus éloignés les uns des autres,
& ses feuilles presque rondes, &
profondément dentelées en segmens obtus, sont supportées
par des pétioles assez longs :
les fleurs de couleur jaunâtre
avec des fonds obscurs sont
produites séparément sur les
côtés de la tige, assez éloignées
les unes des autres.

*Reticulatus.* La cinquieme, qui
se trouve en Syrie a une tige,
branchue de deux pieds de
longueur, garnie de feuilles
longues, & en forme de lance,
portées sur des pétioles : ses
feuilles basses sont régulierement découpées à chaque côté
en segmens aigus & opposés ; de
maniere qu'elles paroissent aîlées ; ses feuilles supérieures sont
entieres : ses fleurs, qui naissent en paquets aux extrémités
des tiges, sont d'un rouge pâle,
& de la même forme que celles des précédentes, mais leurs
tubes sont gonflés. Toutes ces
plantes sont bis-annuelles, &
périssent bientôt après qu'elles
ont perfectionné leurs semences ; elles fleurissent en Juin
& en Juillet, & leurs graines
mûrissent en automne ; si l'on
donne à ces graines le tems
de se répandre, elles produisent beaucoup de plantes au
printems suivant : en les semant
en automne, elles réussissent
beaucoup mieux que quand
on ne les met en terre qu'au
printems ; parce que dans ce
dernier cas elles paroissent rarement dans la même année.

Toutes ces plantes, à l'exception de la cinquieme, font fort dures, & n'exigent aucune autre culture, que d'être tenues nettes des mauvaifes herbes, & d'être éclaircies, lorfqu'elles font trop ferrées ; la cinquieme demande une fituation plus chaude & un terrein fec, où elle réuffira beaucoup mieux, & réfiftera plus aifément aux rigueurs de l'hiver que dans une terre riche.

*Cultures.* La fixieme croît fans culture dans l'ifle de Candie ; elle eft vivace, & fa tige mince exige un foutien ; fes feuilles prefque rondes ont des dentelures aiguës fur leurs bords, & des pétioles affez longs : fes fleurs font produites aux nœuds de la tige ; elles font affez larges, & d'un jaune clair, avec un fond d'un pourpre foncé, & un ftyle beaucoup plus long que la corolle. Cette plante fleurit communément en été, & perfectionne quelquefois fes femences en automne ; on répand fes graines, auffi-tôt qu'elles font mûres, dans des pots qu'on tient en hiver fous un vitrage de couche ; les plantes paroîtront au printems : mais fi on attend au printems pour les femer, elles réuffiffent rarement. Cette efpece fubfifte plufieurs années, fi on la conferve dans des pots, & qu'on la mette à couvert en hiver ; car elle ne fupporte pas le plein air dans cette faifon ; mais auffi elle n'a befoin que d'être abritée des gelées : ainfi, en la tenant en hiver fous un châffis, où elle puiffe jouïr, autant qu'il fera poffible, de l'air libre dans

les tems doux, elle croîtra mieux que fi on la traitoit plus délicatement. Cette efpece fe multiplie aifément par boutures qui prennent racine dans l'efpace d'un mois ou de fix femaines : on les plante en été fur une plate-bande à l'ombre, on les met en pots en automne, & on les traite enfuite comme les vieilles plantes.

**HYPECOUM.** *Tourn. Inft. R. H.* 230. *Tab.* 115. *Hypecoum. Lin. Gen. Plant.* 155. Nous n'avons point de nom anglois qui défigne cette plante. *En françois, Cumin cornu.*

*Caracteres.* Le calice de la fleur eft compofé de deux petites feuilles ovales, droites & oppofées ; la corolle a quatre pétales ; dont les deux extérieurs font oppofés, larges, & divifés en trois lobes obtus ; les deux autres font alternes & découpés en trois parties à leurs extrémités. La fleur a quatre étamines placées entre les pétales & terminées par des fommets égaux ; le centre eft occupé par un germe oblong & cylindrique qui foutient deux ftyles courts & couronnés par un ftigmat aigu ; ce germe fe change enfuite en un légume long, comprimé, noueux & recourbé, dont chaque nœud contient une femence comprimée & prefque ronde.

Ce genre de plantes eft rangé dans la feconde fection de la quatrieme claffe de Linnée, qui comprend celles dont les fleurs ont quatre étamines & deux ftyles.

Les efpeces font :

1°. *Hypecoum procumbens, fili-*

quis *arcuatis*, *compreſſis*, *articulatis. Hort. Upſal. 31. Gmel. it.
2. p.* 197. Hypécoum avec des
légumes comprimés, noueux
& recourbés en dedans.

*Hypecoum. Bauh. Pin. 172.
Dod. ? empt. 449. Hort. Cliff. 38.
Roy. Lugd. B.* 402.

*Hypecoum latiori folio. Tourn.*
Hypécoum à feuilles larges ,
Cumin cornu.

2°. *Hypecoum pendulum , filiquis cernuis , teretibus , cylindricis.
Hort. Upſal.* 31. *Sauv. Monſp.*
263. Hypécoum avec des légumes coniques , cylindriques
& inclinés.

*Hypecoum tenuiori folio. Tourn.*
Hypécoum à feuilles étroites.

*Hypecoum filiquis pendentibus ,
non articulatis , bivalvibus , incurvis. Moris. Hiſt.* 2. *p.* 280.

*Hypecoi altera ſpecies. Bauh.
Pin.* 172.

*Cuminum ſylveſtre filiquatum
ponè. Dalech. Hiſt.* 698. Cumin
cornu ſauvage.

3°. *Hypecoum erectum , filiquis
erectis , teretibus , toruloſis. Hort.
Upſal.* 32. Hypécoum avec des
légumes droits , tordus & coniques.

*Hypecoum filiquis erectis , te-
retibus , tenui-folium. Amm. Ruth.*
58. Hypécoum , à plus petites
feuilles , avec des légumes droits
& coniques.

*Procumbens.* La premiere eſpece a pluſieurs feuilles ailées
& de couleur griſâtre , qui s'é-
tendent près de la terre , &
des tiges minces , branchues ,
couchées , nues vers la bâſe ,
& garnies à l'extremité de deux
ou trois petites feuilles de la
même couleur & de la même
forme que celles du bas : en-

tre ces feuilles ſortent les pédoncules des fleurs qui ſoutiennent chacune une fleur jaune
compoſée de quatre pétales , &
un ſtyle ou pointe qui s'étend
au delà de la corolle , & ſe
change dans la ſuite en un légume noueux & comprimé de
trois pouces à-peu-près de longueur , & recourbé en arc :
chaque nœud de ce légume
contient une ſemence preſque
ronde & comprimée. Cette plante fleurit en Juin & en Juillet , & perfectionne ſes graines en Août.

*Pendulum.* La ſeconde a des
tiges minces & plus droites ;
ſes ſegmens & ſes feuilles ſont
plus longs & plus étroits que
ceux de la précédente : ſes fleurs
ſont auſſi plus petites , elles
ſortent des diviſions des branches , & produiſent des légumes
étroits , coniques , & pendants ;
cette plante fleurit & perfectionne ſes graines dans le même
tems que la premiere.

*Erectum.* La troiſieme croît
dans le levant ; le Docteur AM-
MAN en reçut les ſemences de
la Daurie , & elles m'ont auſſi
été envoyées de l'Iſtrie , où
elle croît ſans culture ; elle
reſſemble beaucoup à la ſeconde par la forme de ſes fleurs
& de ſes feuilles : mais ſes
légumes ſont droits & tordus :
elle fleurit & perfectionne ſes
ſemences en même tems que
les autres.

Toutes ces eſpeces ſont annuelles , & doivent être ſemées
peu de tems après que leurs
graines ſont mûres , ſans quoi
elles reſtent une année dans
la terre avant de germer : en

les répand fur une plate-bande
de terre neuve & légere où elles doivent toujours refter ; car
elles réuffiffent rarement lorfqu'on les tranfplante. Quand
les plantes paroiffent, on les
nettoie foigneufement, & on
les éclaircit en laiffant entr'elles fix ou huit pouces de diftance ; après quoi, elles n'exigent plus d'autre culture que
d'être débarraffées exactement
de toutes les herbes inutiles
qui croiffent parmi elles.

Lorfqu'on feme ces graines
au printems, & que la faifon
fe trouve feche, elles ne pouffent point dans la même année ;
mais fi on tient la terre toujours
nette, fans la remuer, les plantes poufferont au printems fuivant : j'en ai vu qui ont demeuré deux ans ainfi, & qui
n'ont paru qu'à la troifieme
année ; les plantes qu'elles ont
produites font néanmoins devenues très fortes : ainfi il fera bon
d'en femer quelques-unes en automne auffi-tôt que les femences font parvenues à leur maturité fur une plate-bande chaude où elles pourront pouffer
de bonne heure au printems
fuivant : ces plantes feront plus
fortes, & probablement perfectionneront mieux leurs graines,
que celles qui n'auront été femées qu'au printems ; on confervera ainfi toutes les efpeces.

Si l'on donne à ces graines
le tems de fe répandre d'elles-
mêmes, les plantes poufferont
au printems fuivant, fans aucun foin, & elles croitront
comme les autres, pourvu
qu'on les traite de même ; mais



fi on ne les met en terre qu'au
printems, il fraudra les fortir
de leurs légumes, & enlever
leurs enveloppes fpongieufes
qui fe collent étroitement fur
les femences, & les empêchent
de croître jufqu'à ce que cette
enveloppe foit pourrie.

On ne cultive guere ces
plantes que dans les jardins de
Botanique : cependant on peut
leur accorder une place dans
les autres pour la variété,
parce qu'elles n'exigent que très-
peu de foin & de culture ; &
comme elles n'occupent pas
beaucoup de terrein, on les
mêle avec d'autres petites plantes annuelles dans les larges
plates-bandes, où elles feront
un bel effet. Le fuc de ces plantes eft jaunâtre, & reffemble
à celui de la *Célandine* ; beaucoup de Médecins célebres affûrent qu'il produit le même effet
que l'*Opium*.

**HYPERICUM.** *Tourn. Inft. R.
H.* 254. *Tab.* 131. *Lin. Gen.
Plant.* 808. [*St. John'swort.*] Mil-
le-pertuis.

*Caractéres.* La fleur a un calice perfiftant, & divifé en cinq
fegmens ovales & concaves ;
la corolle eft compofée de cinq
pétales ovales, oblongs &
étendus ; la fleur a un grand
nombre d'étamines velues &
jointes à leurs bâfes, qui forment
deux ou trois corps diftincts,
& font toutes terminées par de
petits fommets : dans fon centre eft un germe prefque rond,
qui foutient trois ou cinq
ftyles de la même longueur
que les étamines, & couronnés par des ftigmats fimples :
ce germe fe change dans la

fuite en une capfule prefque ronde, avec autant de cellules qu'il y a de ftyles dans la fleur, lefquelles font remplies de femences oblongues.

Ce genre de plantes eft rangé dans la troifieme fection de la dix-huitieme claffe de LINNÉE, intitulée *Polyadelphia Polyandria*, qui renferment celles dont les fleurs ont plufieurs étamines jointes enfemble en plufieurs corps diftincts & accompagnés de plufieurs ftyles.

**Les efpeces font :**

1°. *Hypericum perforatum, floribus trigynis, caule ancipiti, foliis obtufis pellucidè punctatis* Hort. Cliff. 380. Fl. Suec. 625, 680. Mat. Med. p. 177. Roy, Lugd.. B. 474. Dalib. Paris. 233. Gmel. Sib. 4. p. 179. n. 4.; Mille-pertuis avec trois ftyles, & des feuilles obtufes & perforées.

*Hypericum caule tereti, alato, ramofiffimo, foliis ovatis, perforatis.* Hall. Helv. n. 1037.

*Hypericum officinarum, calice integro, caule ancipiti ramofiffimo, foliis confertis, pellucidè punctatis.* Crantz. Auftr. p. 99.

*Hypericum floribus trigynis, petalis uno latere crenatis, caule ancipiti.* Scop. Carn. 1. p. 310 Ed. n. 944.

*Hypericum.* Dod. Pempt. 76.

*Hypericum vulgare.* C. B. p. 279. Mille-pertuis commun.

2°. *Hypericum quadrangulum, floribus trigynis, caule quadrato herbaceo.* Fl. Suec. 624, 679. Roy. Lugd.-B. 473. Dalib. Paris. 234. Hort. Cliff. 380; Mille-pertuis, dont les fleurs ont trois ftyles, avec une tige herbacée & quarrée.

*Hypericum caule quadrangulo, foliis ovatis, perforatis, punctatis.* Hall. Helv. n. 1038.

*Hypericum calice integro, foliis margine punctatis, caule quadrato herbaceo.* Crantz. Auftr. 98.

*Hypericum vulgare minus, caule quadrangulo, foliis non perforatis.* Bauh. Pin. 279.

*Afcyron.* Dod. Pempt. 78.

*Hypericum Afcyron dictum, caule quadrangulo.* J. B. 3. p. 382; Mille-pertuis avec une tige quarrée, communément appellé *Afcyrum* ou *Mille-pertuis quarré.*

3°. *Hypericum hircinum, floribus trigynis, ftaminibus corolli longioribus, caule fruticofo ancipiti.* Hort. Cliff. 331. Hort. Ups. 237. Roy. Lugd.-B. 374. Kniph. cent. 8. n. 51. Mille-pertuis, dont les fleurs ont trois ftyles, avec des étamines plus longues que les corolles, & une tige d'arbriffeau à deux tranchans.

*Androfæmum fætidum, capitulis longiffimis filamentis donatis.* Bauh. Pin. 280.

*Tragium.* Clus. Hift. 2. p. 205.

*Hypericum fætidum frutefcens minus.* Dill. Elth. 182.

*Hypericum fætidum frutefcens.* Tourn. 255; Mille-pertuis fétide en arbriffeau, & à odeur de bouc.

4°. *Hypericum Canarienfe, floribus trigynis, calycibus obtufis, ftaminibus corollâ longioribus, caule fruticofo.* Hort. Cliff. 381. Roy. Lugd.-B. 374. Kniff. cent. 7. n. 35; Mille-pertuis avec des fleurs à trois ftyles, des calices obtus, des étamines plus longues que les corolles, & des tiges d'arbriffeau.

*Hypericum frutefcens, Canarienfe multiflorum,* Hort. Amft. 2.

*p.* 135. *t.* 68 ; Mille-pertuis en arbrisseau des Isles Canaries à plusieurs fleurs.

*Hypericum sivè Androsœmum magnum Canariense ramosum, copiosis floribus, fruticosum. Pluk. Alm.* 189. *t.* 302. *f.* 1.

5°. *Hypericum Olympicum, floribus trigynis, calycibus acutis, staminibus corollá brevioribus, caule fruticoso. Hort. Cliff.* 380. *Roy. Lugd.-B.* 374 ; Mille-pertuis, dont les fleurs ont trois styles, avec des calices à pointes aiguës, des étamines plus courtes que les corolles, & une tige d'arbrisseau.

*Hypericum orientale, flore magno. Tourn. Cor.* 19 ; Mille-pertuis du levant à grandes fleurs.

*Hypericum montis Olympi. Wheel. itin.* 222. *Dill. Elth.* 182. *t.* 151. *f.* 183.

6°. *Hypericum inodorum, floribus trigynis, calycibus obtusis, staminibus corollá longioribus, capsulis coloratis, caule fruticoso ;* Mille - pertuis dont les fleurs ont trois styles, un calice obtus, des étamines plus longues que la corolle, des capsules corollées, & des tiges d'arbrisseau.

*Hypericum orientale fœtido simile, sed inodorum. Tourn. Cor.* 19 ; Mille-pertuis d'orient, semblable à l'espece fétide, mais sans odeur.

7°. *Hypericum Ascyron, floribus pentagynis, caule tetragono herbaceo, erecto, simplici, foliis lævibus integerrimis. Hort. Upsal.* 236. *Gmel. Sib.* 4. *p.* 178. *t.* 69. *Kniph. cent.* 9. *n.* 50 ; Mille-pertuis, dont les fleurs ont cinq styles, avec une tige quarrée, simple, herbacée, éri-



gée, & garnie de feuilles unies & entieres.

*Hypericum floribus pentagynis, foliis ovato-oblongis, glabris, integerrimis. Hort. Cliff.* 380. *Roy. Lugd.-B* 473.

*Androsœmum flore & thecá quinque - capsulari omnium maximis. Moris. Hist.* 2. *p.* 472.

*Ascyron magno flore. C. B. P.* 280 ; Mille-pertuis à grandes fleurs, & rampant.

8°. *Hypericum Balearicum, floribus pentagynis, caule fruticoso, foliis ramisque cicatrisatis. Lin. Sp. Plant.* 783. *Kniph. cent.* 2. *n.* 35 ; Mille-pertuis, dont les fleurs ont cinq styles, avec une tige d'arbrisseau, des feuilles & des branches cicatrisées.

*Hypericum floribus pentagynis, foliis & ramis verrucosis. Hort. Cliff.* 380. *Roy. Lugd.-B.* 473.

*Hypericum seu Ascyrum frutescens, magno flore. Magn. Char.* 260.

*Ascyron Balearicum frutescens, maximo flore luteo, foliis minoribus subtùs verrucosis. Salvad. Boerh. Ind. Alt.* 1. 242 ; Mille-pertuis en arbrisseau des Isles Baleares, avec une large fleur jaune, & des petites feuilles pleines de verrues à leur partie inférieure.

*Myrto-Cistus Pennæi. Clus. Hist.* 1. *p.* 68.

9°. *Hypericum Androsœmum, floribus trigynis, pericarpiis baccatis, caule fruticoso ancipiti. Hort. Upsal.* 237. Mille-pertuis, dont les fleurs ont trois styles, avec des péricarpes charnus, & une tige d'arbrisseau à deux côtés.

*Hypericum floribus trigynis, fructu baccato, foliis ovatis pedunculo longioribus. Hort. Cliff.* 380.

360. *Roy. Lugd.-B.* 374. *Dalib. Paris*, 235.

*Androsæmum maximum frutescens. C. B. P.* 280 ; grand Mille-pertuis en arbriffeau, ou la Toute-faine.

*Androsæmum. Dod. Pempt.* 78. *Blackw. t.* 94.

10°. *Hypericum Bartramium, floribus pentagynis, calycibus obtufis, ftaminibus corollam æquantibus, caule erecto, herbaceo* ; Mille-pertuis, dont les fleurs ont cinq ftyles, avec des calices obtus, des étamines auffi longues que la corolle, & une tige érigée & herbacée.

*Hypericum Kalmianum, floribus pentagynis, caule fruticofo, foliis lineari-lanceolatis. Lin. Syft. Plant. tom. 3. Sp.* 2. Mille-pertuis avec des fleurs garnies de cinq ftyles, une tige d'arbriffeau, & des feuilles linéaires, & en forme de lance.

11°. *Hypericum monogynum, floribus monogynis, ftaminibus corollâ longioribus, calycibus coloratis, caule fruticofo. Ic. t.* 151. *f.* 2 ; Mille-pertuis, dont les fleurs n'ont qu'un ftyle, avec des étamines plus longues que les corolles, des calices colorés, & une tige d'arbriffeau.

*Hypericum Chinenfe. Lin. Syft. Plant. Tom. 3. Sp.* 37.

Il y en a encore quelques autres efpeces de ce genre que les Botaniftes cultivent dans leurs Jardins pour la variété ; mais comme on ne les voit que rarement ailleurs, je n'en ai point fait mention, afin de ne pas augmenter mal-à-propos le volume de cet Ouvrage.

*Perforatum. Quadrangulum.* La premiere & la feconde efpece



font très-communes, & croiffent dans les campagnes de plufieurs provinces de l'Angleterre : la premiere eft d'ufage en Médecine ; mais la feconde n'eft d'aucune utilité. On les cultive rarement dans les jardins, & je n'en fais mention que pour introduire les autres qui meritent une place dans les plus belles collections.

La premiere efpece a une racine vivace, de laquelle fortent plufieurs tiges rondes, d'un pied & demi de hauteur, & divifées en plufieurs autres petites branches, garnies à leurs nœuds de deux petites feuilles oblongues, oppofées & feffiles ; les branches font auffi oppofées ; les feuilles ont un grand nombre de points tranfparens, qui paroiffent comme autant de trous, lorfqu'on les regarde contre la lumiere ; les fleurs qui naiffent en grand nombre aux extrémités des branches, fur des pédoncules minces, ont cinq pétales ovales & de couleur jaune, un grand nombre d'étamines un peu moins longues que la corolle, & terminées par des fommets prefque ronds, & dans le centre un germe prefque rond, qui foutient trois ftyles couronnés par un fimple ftigmat ; ce germe devient dans la fuite une capfule oblongue, angulaire, & à trois cellules, remplies de petites femences brunes : cette plante fleurit en Juin & Juillet, & fes femences mûriffent en Automne ; fa racine eft vivace, & fubfifte plufieurs années : fi on lui donne le tems de répandre fes femen·

ces, elle se multiplie si fortement qu'elle devient embarras-
sante. Ses fleurs & ses feuilles qu'on emploie en Médecine, sont regardées comme
propres à guérir les plaies, les
contusions & les meurtrissures.
On en compose une huile ou
baume excellent pour les mêmes usages. On exprime aussi
des étamines de la fleur un
suc rouge, dont on se sert
dans la Peinture ; mais cette
couleur n'est pas durable (1).

*Quadrangulum.* La seconde a
des tiges quadrangulaires, à-
peu-près de la même hauteur
que celles de la précédente,
mais moins branchues ; ses
feuilles plus courtes & plus
larges que celles de la premiere, n'ont point de taches transparentes ; ses fleurs qui naissent sur de courts pédoncules
aux extrémités des branches,
sont de la même forme que

(1) L'*Hypericum* ou *Mille-Pertuis*
est généralement regardé comme
un très-bon remede vulnéraire,
apéritif, diurétique, &c. on l'emploie fréquemment en infusion contre les obstructions des visceres,
pour dissoudre & dissiper le sang
extravasé, pour calmer les mouvemens hystériques, dans les rhu-
matismes, les tremblemens convul-
sifs, &c.

L'huile d'*Hypericum*, qui n'est
autre chose que de l'Huile d'*Olive*,
dans laquelle on a fait infuser
les sommités de cette plante, est
d'un usage très-commun dans le
traitement des plaies & des ulceres.

Cette plante entre dans la composition des Syrops apéritifs & ca-
chectiques de *Charas*, dans le Syrop d'*Armoise*, dans la *Thériaque*
réformée, &c.



celles de la précédente : cette
espece perfectionne ses graines
dans le même tems que la premiere, & se multiplie aussi aisément quand on lui permet de
répandre ses semences.

*Hircinum.* La troisieme est
originaire de la Sicile, de l'Espagne & de Portugal, ses tiges branchues s'élevent à la
hauteur de trois pieds ; de leurs
nœuds sortent de petites branches opposées, & garnies de
feuilles oblongues, ovales,
placées deux-à-deux, couchées
sur la tige, & d'une odeur de
bouc : les fleurs sortent en
paquets aux extrémités des
branches ; elles sont composées de cinq pétales jaunes &
ovales, d'un grand nombre
d'étamines plus longues que
les pétales, & de trois styles plus longs que les étamines ; le germe qui les soutient
se change en une capsule ovale, & a trois cellules remplies
de petites semences. Cette
plante fleurit en Juin, en Juillet & en Août, & perfectionne
ses graines en Automne.

*Canarienfe.* La quatrieme se
trouve dans les Isles Canaries ;
on lui faisoit autrefois passer
l'hiver dans la serre ; mais
comme on la trouve aujour-
d'hui assez dure pour supporter les plus grands froids, on
la cultive à-présent dans les pépinieres d'arbrisseaux à fleurs :
elle a une tige d'arbrisseau de
six à sept pieds de hauteur,
qui se divise vers le sommet
en branches, garnies de feuilles oblongues disposées par
paires & sessiles ; elles ont
aussi une odeur très-forte,

mais moins désagréable que celle de la précédente : ses fleurs qui sortent en paquets aux extrémités des tiges, ressemblent beaucoup à celles de de la troisieme ; elles ont un grand nombre d'étamines plus longues que la corolle : cette espece fleurit en même tems que la précédente, & perfectionne ses semences en Automne. Ces deux plantes ont une odeur de bouc, que le vent porte au loin, lorsqu'elles sont réunies en grande quantité, & qui s'attache aux mains, quand on les touche.

On multiplie ces deux especes au moyen des rejetons que les vieilles plantes produisent en abondance ; la meilleure saison pour les détacher est le mois de Mars, un peu avant qu'ils commencent à pousser ; il faut les planter dans un terrein sec & léger, où ces plantes supporteront les plus grands froids de notre climat ; on peut aussi les multiplier par boutures qui doivent être plantées dans le même tems ; ou enfin par semences, qu'on seme en Août ou Septembre, c'est-à-dire, aussi-tôt qu'elles sont mûres ; car si on les conserve jusqu'au Printems, il n'y en a qu'un petit nombre qui réussissent ; mais comme elles se multiplient très-vîte par rejetons, on emploie rarement les deux autres méthodes en Angleterre.

*Olympicum.* La cinquieme que le Chevalier GEORGE WHEELER à decouverte sur le Mont Olympe, & dont il a envoyé les semences dans les Jardins botaniques d'Oxford, s'eleve à la hauteur d'environ un pied, avec plusieurs tiges droites, ligneuses, & garnies de petites feuilles, en forme de lance, sessiles & opposées ; ses fleurs sont produites aux extrémités des tiges, au nombre de trois ou de quatre ; elles ont une corolle formée par cinq pétales oblongs & d'un jaune clair, & plusieurs étamines inégales, dont quelques-unes sont plus longues & d'autres plus courtes que la corolle, & qui sont toutes terminées par de petits sommets presque ronds : au centre est placé un germe ovale, qui soutient trois styles minces, & un peu plus longs que les étamines : le germe se change dans la suite en une capsule ovale, & à trois cellules, remplies de petites semences. Cette espece fleurit en Juillet & en Août, & dans les années chaudes, ses semences mûrissent en Automne.

On la multiplie ordinairement en divisant ses racines, parce que ses semences acquierent rarement une parfaite maturité dans notre climat : le meilleur tems pour cette opération est le mois de Septembre, afin qu'elles puissent bien s'établir dans la terre avant l'hiver : cette plante subsiste en plein air, pourvu qu'elle soit placée dans un terrein sec, & à une exposition chaude ; mais il est prudent d'en conserver deux ou trois dans des pots, pour les mettre à couvert sous des châssis en hiver, de peur que celles de

pleine-terre ne vienne à pe-
rir, dans les grands froids :
quand on veut la multiplier par
femences, il faut répandre les
graines auffi tôt qu'elles font
mûres dans des pots remp.is
de terre légere, & les tenir
fous des châffis en iver,
pour les abriter du froid : au
Printems fuivant les plantes
paroîtront, & lorfqu'elles feront en état d'être enlevées,
on pourra en mettre quelques-
unes fur une plate-bande
chaude, & les autres dans des
pots, pour les traiter enfuite
comme les vieux pieds.

*Inodorum.* La fixieme s'éleve
avec une tige d'arbriffeau, à
la hauteur de fept ou huit pieds;
elle eft couverte d'une écorce
rougeâtre, & pouffe plufieurs
petites branches, garnies de
feuilles ovales, en forme de
cœur, feffiles & oppofées ;
fes fleurs fortent en paquets
aux extrémités des tiges : elles
font plus petites que celles de
la troifieme, & leurs calices
font obtus : les étamines font
plus longues que la corolle,
& d'une couleur plus foncée :
à ces fleurs fuccedent des
capfules coniques, & d'un
rouge tirant fur le pourpre,
qui renferment trois cellules
remplies de petites femences.
Cette plante fleurit dans les
mois de Mai, Juin & Juillet,
& fes femences mûriffent en
Automne. On la multiplie aujourd'hui dans les pépinieres
d'arbriffeaux à fleurs : on peut
la traiter comme les troifieme
& quatrieme efpeces.

*Afcyron.* La feptieme qui a
été apportée de Conftantinople



en Angleterre, eft depuis long-
tems fort commune dans les
Jardins Anglois, car fes racines s'étendent & fe multiplie très-promptement, lorfqu'elle eft long tems fans être
tranfplantée : fes tiges font
minces, inclinées & garnies de
feuilles ovales, unies, en forme de lance, placées par paires & feffiles ; fes fleurs qui
font produites aux extrémités
des tiges font très-larges, d'un
jaune clair, & ont beaucoup
d'étamines plus longues que
la corolle : cette fleur a cinq
ftyles de la même longueur
que les étamines ; elle produit
une capfule à cinq cellules qui
contiennent plufieurs petites
femences, & elle paroît dans
les mois de Juin & Juillet.

Cette efpece fe multiplie aifément par la divifion de fes
racines ; le meilleur tems, pour
faire cette opération, eft le
mois d'Octobre, afin qu'elles
puiffent être bien établies avant
les féchereffes du Printems ;
car fans cela elles ne produifent pas beaucoup de fleurs.
Comme ces plantes réuffiffent
bien fous des arbres, elles
font très-propres à couvrir de
pareils endroits, où elles feront un bel effet dans la faifon de leurs fleurs.

*Balearicum.* La huitieme fe
trouve dans l'ifle de Minorque,
d'où fes femences nous en ont
été envoyées, en 1718, par
M. Salvador, Apothicaire à
Barcelone : elle a ici une tige
mince d'arbriffeau d'un pied
de hauteur qui pouffe plufieurs
branches foibles, rouges & ci-
catrifées dans les endroits où

étoient les anciennes feuilles : ſes feuilles ſont petites, ovales, ondées ſur les bords, & ſeſſiles ; elles ont en deſſous pluſieurs petites protubérances, & elles embraſſent leurs tiges à moitié avec leurs Lâſes : ſes fleurs qui naiſſent aux extrémités des tiges, ſont larges, & d'un jaune clair ; elles ont pluſieurs étamines plus courtes que la corolle, & cinq ſtyles ; elles ſont remplacées par des capſules pyramidales à cinq cellules, qui répandent une forte odeur de *Térébentine*, & ſont remplies de petites ſemences brunes : ces fleurs ſe ſuccedent pendant la plus grande partie de l'année, ce qui rend cette plante très-précieuſe ; mais comme elle eſt trop tendre pour réſiſter en plein air au froid de nos hivers, il faut la tenir durant cette ſaiſon dans une caiſſe de vitrage, bien airée & ſeche, où elle puiſſe être à l'abri du froid, & jouïr de beaucoup d'air frais dans les tems doux ; elle réuſſira mieux ainſi, que dans une ſituation plus chaude : il ne faut pas la placer dans un lieu humide, car ſes branches ſe moiſiroient, & ſeroient bientôt attaquées de pourriture ; on l'arroſe très-peu en hiver, & en été on la tient en plein air : lorſqu'il fait chaud, on lui donne de l'eau légèrement trois fois par ſemaine ; elle exige un ſol léger & ſablonneux, mais pas trop riche. Cette eſpece ſe multiplie par boutures qu'on doit planter au mois de Juin dans des pots remplis d'une terre

légere, pour les plonger enſuite dans une chaleur très-modérée, en obſervant toujours de les tenir à l'ombre pendant les grandes chaleurs du jour, & de les arroſer de tems en tems ; ces boutures ainſi traitées pouſſeront des racines en ſix ou ſept ſemaines ; alors on pourra les enlever pour les planter chacune ſéparément dans des petits pots, qu'on tiendra à l'ombre juſqu'à ce qu'elles aient formé de nouvelles racines ; après quoi, on pourra les tranſporter dans une ſituation abritée, où on les laiſſera juſqu'aux premieres gelées, pour les remettre alors dans la caiſſe de vitrage.

Quand on veut la multiplier par graines, il faut la ſemer en automne ſuivant la méthode qui a été indiquée pour la cinquieme eſpece : on traite enſuite les plantes qui en ſurviennent comme celles qu'on éleve de boutures.

*Androſœmum.* La neuvieme eſt l'*Aſcyron* commun ou le *Mille pertuis*, dont on ſe ſert quelquefois en médecine ; mais comme on la trouve communément dans les bois de pluſieurs parties de l'Angleterre, on la cultive rarement dans les jardins : elle a une tige d'arbriſſeau qui s'éleve à la hauteur de deux pieds, & produit vers ſon ſommet quelques petites branches garnies, ainſi que les tiges, de feuilles ovales, en forme de cœur, ſeſſiles, & diſpoſées par paires à chaque nœud : ſes fleurs, qui ſont produites en petits paquets aux extrémités des tiges, font jaunes & plus petites que celles des deux especes précédentes; elles ont plufieurs longues étamines qui s'étendent au-deffus de la corolle, trois ftyles, & un germe qui fe change, quand la fleur eft paffée, en un fruit prefque rond & couvert d'une pulpe humide qui devient noire lorfqu'elle eft mûre; la capfule eft à trois cellules, & remplie de petites femences: cette plante fleurit en Juin, & perfectionne fes femences en Automne; fa racine eft vivace, & on peut la multiplier en la divifant en automne; elle fe plaît à l'ombre, & dans un fol fort.

*Bartramium.* La dixieme naît fpontanément dans l'Amérique feptentrionale : fa tige droite, herbacée & haute de trois pieds & demi, pouffe vers fon fommet plufieurs petites branches oppofées & garnies de feuilles oblongues, auffi oppofées, qui embraffent les tiges à moitié de leur bâfe : à l'extrémité de chaque branche fort une fleur jaune, affez large, qui a un calice obtus, plufieurs étamines auffi longues que la corolle, & cinq ftyles fi étroitement unis enfemble qu'ils ne paroiffent en faire qu'un; les ftigmats font réfléchis & marquent leur nombre. Comme cette efpece perfectionne rarement fes femences en Angleterre, on la multiplie ici en divifant fes racines en automne : il lui faut un fol léger & une fituation ouverte : fes fleurs paroiffent vers la fin de Juillet & dans le mois d'Août.



*Monogynum.* Les femences de la onzieme, qui ont été envoyées de la Chine au Duc de NORTHUMBERLAND , ont produit dans les jardins curieux de ce Seigneur à Stanwick, des plantes dont plufieurs ont été données au jardin de CHELSEA.

La racine de cette efpece eft compofée de plufieurs fibres ligneufes qui pénétrent profondément dans la terre : elle produit plufieurs tiges d'arbriffeau hautes d'environ deux pieds, couvertes d'une écorce pourpâtre, & garnies de feuilles unies, roides, longues de deux pouces fur trois lignes de largeur, placées par paires, feffiles, d'un vert luifant en-deffus, griffes en-deffous, & fortifiées par plufieurs veines tranfverfales qui coulent de la côte du milieu jufqu'aux bords : fes fleurs naiffent aux extrémités des tiges en petits paquets, chacune fur un pédoncule affez court : le calice eft de couleur pourpre foncé, & formé par une feuille divifée prefque jufqu'au fond en cinq fegmens obtus : la corolle eft compofée de cinq pétales larges, obtus, d'un jaune clair, & concaves ; dans le centre eft placé un germe ovale qui foutient un fimple ftyle, couronné par cinq ftigmats minces & courbés d'un côté : le ftyle eft accompagné d'un grand nombre d'étamines plus longues que la corolle, & terminées par des fommets prefque ronds.

Cette plante fleurit pendant la plus grande partie de l'année ; ce qui la rend plus eftimable : elle fubfifte en plein air, fi on la place dans une fituation chaude; mais celles qu'on met en pleine terre ne fleuriffent point en hiver comme celles que l'on tient à couvert en automne. On peut la multiplier par Boutures ou Marcottes : les Boutures doivent être plantées au printems dans une couche tempérée : les Marcottes, qui fe font auffi dans la même faifon, acquierent des racines pour l'automne, qui eft le tems de les mettre en pots pour pouvoir les tenir fous des châffis en hiver : au printems fuivant on peut en planter quelques-unes dans une plate-bande chaude, & mettre les autres dans des pots pour pouvoir les abriter en hiver, & les faire fervir à remplacer celles de pleine terre, lorfqu'elles viennent à périr.

**HYPERICUM** *frutex. Voyez* Spiræa.

**HYPOCHÆRIS.** [ *Hawkweed.*] *Porcelle :* efpece d'herbe à l'*Epervier*, dont on connoit deux ou trois efpeces qui croiffent naturellement en Angleterre, & quelques autres qui, n'étant point ordinairement admifes dans les jardins, ne méritent pas qu'on en faffe mention.

**HYPOPHYLLOSPERMUS.** Nom formé de ὑπό, deffous; φύλλα une feuille; & σπέρμα femence : on appelle ainfi les plantes qni portent leurs femences derriere leurs feuilles.

HYSSOPE. *Voyez* Hyssopus.

Hyssope *de haie, Herbe à* Pauvre - Homme, *ou* Gratiole. *Voyez* Gratiola.

HYSSOPUS. *Tourn. Inft. R. H.* 200. *Tab.* 95. *Lin Gen. Plant.* 628 *:* cette plante tire fon nom du mot hébreu *Efob*, qui dans cette langue fignifie une *herbe fainte*, propre à purifier les lieux facrés, comme il eft dit dans les Pfeaumes ; *purifiez-moi par l'hyffope :* mais on ne fait pas quelle eft la plante à laquelle les anciens donnoient ce nom : cependant elle paroît avoir été une plante baffe ; car SALOMON dit avoir décrit toutes les plantes depuis le *Cedre du Liban* jufqu'à l'*Hyffope.* [*Hyffop.*] *Hyffope.*

*Caracteres.* Le calice de la fleur eft oblong, cylindrique, rayé, perfiftant, monophylle, découpé à l'extrémité en cinq dentelures aiguës ; la corolle eft monopétale & en mafque ; le tube eft étroit, cylindrique, & de la même longueur que le calice ; l'ouverture eft inclinée ; la levre fupérieure eft courte, unie, prefque ronde, droite & dentelée à l'extrémité ; la levre inférieure eft découpée en trois parties, dont les deux fegmens latéraux font plus courts que celui du milieu qui eft crenelé : la fleur a quatre étamines écartées, dont deux font plus longues que la corolle, & les deux autres plus courtes, mais qui font toutes terminées par des fommets fimples ; & quatre germes avec un ftyle placé fous la levre fupérieure, & couronné par un ftigmat fourchu : ces germes fe changent, quand la fleur eft paffée, en autant de femences ovales placées dans le calice.

Ce genre de plantes eft rangé dans la premiere fection de la quatorzieme claffe de LINNÉE, intitulée, *Didynamia Gymnofpermia*, qui contient celles dont les fleurs ont quatre étamines, defquelles il y en a deux longues & deux courtes, & auxquelles fuccedent des femences nues, & renfermées dans le calice.

Les efpeces font :

1°. *Hyffopus officinalis, fpicis fæcundis. Hort. Cliff.* 304. *Hort. Ups.* 152. *Mat. Med.* 145. *Roy. Lugd.-B.* 323. *Gouan. Hort.* 274. *Illuftr.* 35. *Jacq. Auftr. t.* 254 ; Hyffope avec des épis fertiles.

*Hyffopus foliis linearibus punctatis, verticillis in fpicam continuatis. Hall. Helv. n.* 249. *Riv. t.* 68.

*Hyffopus officinarum, cærulea, fpicata. C. B. P.* 217 ; Hyffope des boutiques avec des épis bleus, ou l'Hyffope commun.

*Hyffopus vulgaris. Dod. Pempt.* 287.

2°. *Hyffopus rubra, fpicis brevioribus, verticillis compactis ;* l'Hyffope avec des épis plus courts, & des fleurs verticillées & plus rapprochées.

*Hyffopus rubro flore. C. B. P.* 217 ; Hyffope à fleurs rouges.

3°. *Hyffopus altiffima, fpicis longiffimis, verticillis diftantibus ;* Hyffope avec des épis trèslongs, dont les anneaux de fleurs font à une plus grande diftance.

*Hyffopus verticillis florum rarioribus. Houft ;* Hyffope avec



des anneaux de fleurs plus éloignés.

4°. *Hyffopus Nepetoïdes, caule acuto, quadrangulo. Hort. Upfal.* 163. *Gouan. Illuftr.* 35. *Jacq. Hort. t.* 69 ; Hyffope avec une tige quadrangulaire, & à angles aigus.

*Sideritis Canadenfis altiffima, Scrophulariæ folio, flore flavefcente, Tourn. Inft.* 192. Crapaudine de Canada très-haute, avec une feuille de Scrophulaire, & une fleur jaunâtre.

*Nepeta, caule acuto. quadrangulo, glabro. Vir. Cliff.* 58. *Roy. Lugd.-B.* 316. *Gron. Virg.* 66.

*Brunella, bracteis lanceolatis. Hort. Cliff.* 316.

*Betonia Virginiana elatior, foliis Scropulariæ glabris, flore ochroleuco. Pluk. Alm.* 67. *t.* 150. *f.* 3. *Moris. Hift.* 3. *p.* 365. *S.* 11. *f.* 4. *f.* 11. *Herm. Parad. t.* 106.

5°. *Hyffopus lophanthus, corollis fub-refupinatis, ftaminibus inferioribus corollá brevioribus. Hort. Upfal.* 162. *Kniph. cent.* 2. *n.* 36. *Jacq. Hort. t.* 182 ; Hyffope, avec une corolle tranverfale, & des étamines inférieures plus courtes que le pétale.

*Nepeta floribus obliquis. Dill.;* Herbe-au-Chat, à fleurs obliques.

*Cataria, floribus inverfis. Hall. Gætt.* 344.

*Officinalis.* La premiere efpece, qui eft la feule qu'on cultive pour l'ufage, s'éleve à la hauteur d'un pied & demi: fes tiges font d'abord quarrées, mais elles deviennent enfuite rondes ; leurs parties inférieures font garnies de petites feuilles en forme de lance, oppofées & feffiles, avec fept ou huit bractées très–étroites, qui fortent du même nœud: le haut de la tige eft garni d'anneaux de fleurs, dont ceux du bas font écartés d'un demi pouce, & ceux du haut fe touchent : la levre fupérieure de la corolle eft dentelée à l'extrémité, & l'inférieure eft découpée en trois parties, dont celle du milieu eft auffi profondément dentelée à fon extrémité : chaque fleur a quatre étamines un peu écartées les unes des autres; les deux fupérieures font les plus courtes & placées à chaque côté de la levre du haut ; les deux plus longues font à chaque côté des deux fegmens extérieurs, & font terminées par des fommets jumeaux. Au fond du tube font placés quatre germes nuds, qui foutiennent un ftyle mince couché près de la levre fupérieure & couronné par un ftigmat divifé en deux parties : ces germes fe changent, quand la fleur eft paffée, en autant de femences noires & oblongues, renfermées dans le calice. Toute la plante a une odeur fort aromatique : elle fleurit en Juillet & en Août, & fes femences mûriffent en Septembre : fes racines fubfiftent plufieurs années. Cette efpece croît naturellement dans le Levant.

On en connoît une variété à fleurs blanches, qui ne differe de la bleue que par fa couleur [1].

*Rubra.* La feconde ne s'éleve pas autant que la premiere ; fes tiges font plus branchues ; fes épis de fleurs plus courts, & fes anneaux ou verticiles plus rapprochés ; fes fleurs font d'un beau rouge, & paroiffent en même tems que celles de la précédente ; au - deffous de chacune font placées des feuilles longues & étroites.

Cette efpece n'eft pas tout-à-fait auffi dure que l'Hyffope commune ; car en 1739, toutes ces plantes furent détruites par le froid : elle forme certainement une efpece particuliere, car je l'ai élevée de femences pendant vingt ans, fans y avoir jamais remarqué le moindre changement.

*Altiffima.* La troifieme s'éleve beaucoup plus que les

---

phrée, peu abondante, mais très-remuante, & une réfine fixe, âcre & amere : fes vertus pectorales, incifives, atténuantes, diurétiques & utérines, ne font point équivoques ; auffi emploie-t-on fréquemment cette plante dans les affections pituiteufes de la poitrine, l'afthme humide, la nephrétique, les affections glaireufes de la veffie, la cachexie ictérique, la fuppreffion des regles, les fleurs blanches, &c. on la donne ordinairement en infufion dans le vin, depuis une pincée jufqu'à quatre : on la fait auffi entrer dans la décoction dont on fe fert pour laver les contufions & les bleffures qui contiennent du fang extravafé, & dans les gargarifmes contre la tumeur des glandes falivaires, & le relâchement de la luette, la pourriture des gencives, &c.

---

(1) Les principes actifs de l'*Hyf-fope* ont une huile éthérée, cam-

deux premieres : fes feuilles font plus étroites : mais fes fleurs font plus larges & d'un bleu plus foncé que celles de l'efpece commune : la plante n'a pas une odeur auffi forte, & fes fleurs paroiffent dans le même tems.

Ces trois efpeces d'Hyffope fe multiplient par graines ou par boutures ; on feme ces graines en Mars fur une plate-bande de terre légere & fablonneufe, & lorfque les plantes paroiffent, on les met dans les places qui leur font deftinées, en laiffant entr'elles un pied de diftance ; mais fi elles doivent y refter long-temps, il leur faut au moins deux pieds, car elles deviennent affez larges, fur-tout lorfqu'on ne les taille pas fouvent pour les contenir dans de certaines bornes : elles réuffiffent mieux fur un terrein maigre & fec, où elles fupportent le froid de notre climat mieux que dans un fol plus riche. Si on veut les multiplier par boutures, on les plante en Avril ou en Mai dans une plate-bande, où elles foient à l'abri des grandes ardeurs du foleil, | & en les arrofant fouvent, elles poufferont des racines dans l'efpace de neuf mois ; alors on peut les tranfplanter à demeure & les traiter de la même maniere que celles qui ont été élevées de femences.

On cultivoit autrefois en Angleterre beaucoup plus communément la premiere efpece qu'on ne le fait aujourd'hui ; parce qu'elle eft d'ufage en médecine : les curieux confervent



les autres dans leurs jardins pour la variété, mais rarement pour l'ufage.

Toutes ces plantes font dures & fupportent aifément en pleine terre le froid de nos hivers lorfqu'elles fe trouvent placées dans un fol fans fumier ; car lorfqu'elles font dans un terrein gras, elles deviennent fort fucculentes en été, & par-là moins en état de fupporter les froids. Lorfque quelques-unes de ces plantes pouffent dans des crevaffes de vieilles murailles, ce qui arrive affez fréquemment, elles réfiftent aux plus fortes gelées, & ont une odeur plus aromatique que celles qui croiffent dans un bon terrein.

*Nepetoides.* La quatrieme, qui croît naturellement dans l'Amérique Septentrionale, a une racine vivace, & une tige annuelle qui périt en automne : elle s'éleve à la hauteur d'environ quatre pieds, avec une tige droite quarrée & garnie de feuilles obliques en forme de cœur, fciées fur leurs bords, terminées en pointes aiguës, oppofées & fupportées par de courts pétioles : fes fleurs croiffent en épis rapprochés, épais & de la longueur de quatre ou cinq pouces aux extrémités des tiges ; ces fleurs ont leur levre fupérieure divifée en deux fegmens prefque ronds, & celle du bas en trois, dont les deux extérieurs font érigés, & celui du milieu eft réfléchi & fcié en pointes aiguës à l'extrémité : les deux étamines fupérieures placées à chaque côté de la levre du haut font les plus longues ; les deux autres, qui font plus courtes, font jointes aux deux fegmens extérieurs de la levre du bas ; elles font terminées par de petits fommets : les germes, qui font fitués au fond du tube, ont un ftyle mince, placé fous la levre fupérieure, & terminé par un ftigmat fourchu ; ces germes fe changent, quand la fleur eft paffée, en quatre femences oblongues, brunes, & placées dans le fond d'un calice tubulé. Cette efpece fleurit en Juillet, & fes graines mûriffent en Septembre.

Il y a dans cette efpece une variété dont les tiges & les fleurs font de couleur pourpre : fes feuilles ont de plus longs pétioles, & fes épis de fleurs font plus gros : je ne puis néanmoins décider fi celle-ci eft une efpece diftincte ou feulement une variété : elle croît naturellement dans le même pays que les autres : elle eft nommée *Betonica maxima, foliis Scrophulariæ, floribus incarnatis* par Hermann. *Par. Bat.* 106.

*Lophanthus.* Les femences de la cinquieme ont été d'abord envoyées de la Sibérie au jardin impérial de Pétersbourg, fous le titre de *Lophanthus* ; & j'en ai reçu depuis quelques-unes de la Hollande, fous le nom de *Nepeta floribus obliquis. Dill.* Cette plante eft vivace : fa racine, qui eft fort fibreufe, pouffe plufieurs tiges quarrées & divifées en petites branches, garnies de feuilles oblongues, crenelées fur leurs bords & placées par paires : fes fleurs

naiffent à chaque nœud en petits paquets : deux pédoncules d'un demi-pouce de longueur, fortent des ailes des feuilles, tous deux inclinés du même côté de la tige, & divifés en deux autres plus petits, qui foutiennent chacun un paquet de quatre ou cinq fleurs, dont les calices font tubulés, gonflés, & découpés en cinq fegmens à leur extrémité : le tube de la corolle eft plus long que le calice ; les levres font obliques & placées horifontalement : les deux étamines fupérieures & le ftyle font plus longs que la corolle, mais les autres étamines font plus courtes : fes fleurs font bleues, & paroiffent dans les mois de Juin & Juillet, & leurs femences mûriffent en Septembre.

Ces deux efpeces font fort dures : & on les multiplie aifément par leurs graines, qu'on doit femer en automne ; car lorfqu'elles font gardées jufqu'au printems, elles reftent quelquefois une année dans la terre avant de pouffer : lorfque les plantes paroiffent, il faut les tenir nettes de mauvaifes herbes, & les éclaircir fi elles font trop ferrées : dès l'automne fuivant on les tranfplante où elles doivent refter : elles fleuriffent en été, & donnent des femences mûres ; leurs racines durent quelques années.

Une grande queftion entre les Auteurs modernes, eft de favoir fi notre *Hyffope* eft la même que celle dont l'Ecriture-Sainte fait mention, ce qui

eſt fort douteux ; car nous n'a-
vons aucun renſeignement qui
puiſſe faire ajouter foi à l'o-
pinion contraire. On penſe
que la *Sariette* d'hiver pourroit



bien être cette *Hyſſope*, parce
que cette plante eſt en grande
vénération parmi les habitans
du Levant, qui s'en ſervent
encore pour leurs purifications
extérieures.

# J



JACEA. *Voyez* CENTAUREA.

JACÉE D'ÉPIDAURE. *Voy.*
CENTAUREA RAGUSINA.

JACÉE DES PRÉS. *Voyez*
CENTAUREA JACEA.

JACINTHE. *Voy.* HYACIN-
THE.

JACOBÉE, *ou* HERBE DE
ST.-JACQUES. *Voyez* SENECIO
JACOBÆA. *Supp.*

JACOBÉE MARITIME. *V.*
CINERARIA.

JALAPA. *Voyez* MIRABILIS.

JALAP FAUX, *ou* BELLE
DE NUIT. *Voyez* MIRABILIS
JALAPA.

JALAP VRAI. *Voyez* CON-
VOLVULUS JALAPA.

JAQUE DANS UNE BOI-
TE. *Voyez* HERNANDIA SONO-
RA.

JACQUINIA. *Lin. Gen.*
254.

*Caracteres.* Le calice de la
fleur eſt perſiſtant, & compoſé de cinq feuilles concaves
& preſque rondes ; la corolle
eſt en forme de cloche gonflée dans le milieu & découpée en dix ſegmens ; la fleur
a cinq étamines en forme d'a-
lène, qui s'élevent du récep-



tacle & ſont terminées par des
ſommets en forme de hallebar-
de ; le germe eſt ovale, &
ſoutient un ſtyle auſſi long que
les étamines & couronné par
un ſtigmat à tête ; ce germe
ſe change, quand la fleur eſt
paſſée, en une baie preſque
ronde, & a une cellule qui
renferme une ſemence.

Ce genre de plantes eſt
rangé dans la premiere Section de la 5e. claſſe de LIN-
NÉE, intitulée, *Pentandria Monogynia*, qui comprend celles
dont les fleurs ont cinq étamines & un ſtyle.

Les eſpeces ſont :

1°. *Jacquinia Ruſci-folia, foliis lanceolatis, acuminatis. Jacq.
Amer. 54. Lin. Sp. 271* ; Jacquinia à feuilles de Houx fré-
lon, terminees en pointes aiguës
& en forme de lance.

*Fruticulus foliis Ruſci ſtella-
tis. Hort. Elth. 148. t. 123. f.
149.*

*Medeola aculeata, foliis ver-
ticillatis, ramis aculeatis. Linn.
Sp. Plant. 1. p. 339.*

2°. *Jacquinia armillaris, foliis
obtuſis cum acumine. Jacq. Amer.*

53. *t.* 39. *Lin. Sp.* 272; Jacquinia à feuilles obtufes & terminées en pointes aiguës.

*Chrifoph Ilum Barbafco. Læfl. it.* 204 Bois à braffelets.

3°. *Jacquinia linearis, foliis linearibus, acuminatis. Jacq. Amer.* 54. *t.* 40. *f. 1. Lin. Sp.* 272. Jacquinia à feuilles lineaires, & terminées en pointes aiguës.

*Rufci-folia.* La premiere efpece, qui fe trouve dans l'Ifle de Cuba, & dans quelques autres parties chaudes de l'Amérique, a une tige d'arbriffeau d'un pied environ de hauteur, ligneufe au bas, auffi groffe qu'une plume de l'aîle d'un cigne, & couverte d'une écorce d'un brun obfcur ; cette tige pouffe quelques petites branches minces, & garnies, de diftance en diftance, de feuilles roides, en forme de mains, verticillées autour des tiges, fermes comme celles du *Houx frelon* ou *Myrte fauvage*, terminées en pointes aiguës, d'un vert foncé en-deffus, & pâle en-deffous : fes fleurs, felon la figure de PLUMIER, naiffent entre les feuilles aux extrémités des branches ; mais, comme je ne les ai jamais vues en Angleterre, je ne puis en donner aucune defcription.

*Armillaris.* La feconde croît naturellement à Carthagene, dans la Martinique & d'autres parties de l'Amérique Méridionale, où elle s'éleve à la hauteur de quatre ou cinq pieds, avec une tige d'arbriffeau divifée vers fon fommet en quatre branches, placées circulairement autour de la tige principale, & garnies de feuilles oblongues, obtufes & verticillées, qui forment une tête courte & menue : fes fleurs naiffent en grappes aux extrémités des branches ; chaque grappe contient cinq ou fix fleurs blanches d'une fubftance épaiffe, qui répandent une odeur pareille à celle du Jafmin, même après qu'elles font fanées : les Dames de ce pays portent ces fleurs comme ornement, & à caufe de leur odeur.

*Linearis.* La troifieme fe trouve fur les rivages de la Mer dans l'Ifle de la Dominique : c'eft un arbriffeau bas, qui s'éleve rarement au-deffus de la hauteur de deux pieds, & fe divife en plufieurs branches garnies de feuilles roides, lineaires, terminées par une épine, & verticillées autour des branches ; du milieu de ces feuilles fortent des pédoncules, qui foutiennent chacun une petite fleur blanche & fans odeur.

Toutes ces efpeces, étant originaires des contrées Méridionales, ne peuvent réuffir en Angleterre, fans le fecours d'une ferre chaude : elles exigent le même traitement qui a été prefcrit pour les autres plantes des mêmes climats ; il faut les arrofer très-peu en hiver, & leur procurer beaucoup d'air frais dans les tems chauds. On les multiplie par leurs graines, qu'on répand fur une couche, lorfqu'on peut s'en procurer de leur pays natal : on peut auffi les propager aifément par boutures.

JARDINS. On diftingue les jardins en *Jardins à fleurs*, *Jardins à fruits*, & *Jardins potagers* : les premiers, n'étant deftinés qu'à l'agrément, doivent être placés dans les parties les plus vifibles, & précifément en face des habitations ; les deux derniers, ayant plutôt un objet d'utilité, doivent être difpofés plus à l'écart.

Quoiqu'on faffe ici mention des jardins à fruits & des potagers, comme de jardins particuliers & diftinéts, & qu'ils aient été regardés comme tels par les Jardiniers françois & par quelques-uns de notre pays; cependant, pour l'ordinaire, ils n'en font qu'un préfent, & avec raifon ; car, exigeant, l'un & l'autre, un fol fertile & une bonne expofition, on eft obligé de les placer hors de la vue des maifons; & comme il convient que les potagers foient entourès de murailles pour les mettre à l'abri du pillage, le jardin à fruits jouira du même avantage. D'ailleurs, quand un potager eft proprement diftribué en carreaux réguliers, on plante autour des efpaliers d'arbres à fruits, pour cacher les légumes à la vue ; difpofition, qui fera non-feulement économique, mais qui fervira encore à l'agrément.

La feule objeétion plaufible qu'on puiffe faire contre cet arrangement, eft que les Jardiniers, en plantant des légumes dans les plates-bandes près des murailles, privent les arbres de leur nourriture ; mais chaque maître peut les redreffer à cet égard, en ne fouffrant point que ces plates-bandes foient ainfi foulées. Je traiterai cette matiere plus amplement dans l'article des JARDINS POTAGERS.

Lorfqu'on fe propofe de former un Jardin potager, il faut examiner avec foin la fituation & l'expofition du terrein, afin d'en fixer l'emplacement ; car, fi l'on fe trompe dans ces deux points, toutes les peines & les dépenfes deviennent, pour ainfi dire, inutiles & perdues.

*Jardins d'Ornement.*

Dans un jardin d'ornement, on doit principalement obferver, 1°. la fituation, 2°. le fol, l'afpeét ou l'expofition, 3°. l'eau, 4°. la vue.

1°. La fituation doit être faine, fans être ni trop élevée ni trop baffe ; car un jardin trop élevé eft expofé aux vents, & s'il eft dans un lieu trop bas, l'humidité de la terre, & les infeétes qui s'engendrent dans les étangs & endroits marécageux, le rendent mal-fain.

Un terrein un peu élevé, fur le côté d'une colline peu efcarpée & d'une pente douce, eft beaucoup plus favorable que tout autre ; fur-tout fi l'on peut y avoir un efpace nivelé près de la maifon, & enfin s'il s'y trouve d'abondantes fources d'eau : un pareil emplacement étant à l'abri de la fureur des vents, & de la chaleur ardente du foleil, on y jouïra d'un air tempéré ; & l'eau de fources ou de pluies, qui defcend des montagnes, fournira non-feulement des fontaines, des canaux & cafcades pour l'ornement, mais arrofera encore les vallons voifins, & y répandra la fertilité, l'agrément & la falubrité, fi elle ne croupit dans aucun endroit.

Mais fi le penchant de la montagne eft trop efcarpé, & que les eaux y foient trop abondantes, alors le jardin peut en fouffrir : les arbres feront déterrés par les torrens ; les terres du haut s'écroûlent, renverfent les murailles, gâtent les allées, &c.

Les plaines ont auffi plufieurs avantages que n'ont point les fituations élevées ; les inondations & les pluies n'y font aucuns dégats ; la vue continue des campagnes, coupées par des rivieres, des étangs, des ruiffeaux, & des prairies, & l'afpect des montagnes couvertes de bâtimens ou de bois, font auffi très-agréables ; d'ailleurs, un terrein nivelé eft moins fatiguant pour la promenade, & exige moins de dépenfe que les montagnes, où tout eft en terraffes & en efcaliers : mais dans ces jardins la vue eft beaucoup moins étendue que fur un lieu élevé.

2º. Il faut choifir un bon fol.

Il eft prefqu'impoffible de faire un beau jardin dans une mauvaife terre ; on connoît, à la vérité, le moyen d'améliorer un fol ingrat, mais ces méthodes font toujours très-difpendieufes, & fouvent après qu'on a fait beaucoup de dépenfes pour acumuler deux pieds de bonne terre fur la furface, cela devient encore inu-

tile malgré l'expofition du midi & l'air fain ; parce que les arbres périffent toujours quand leurs racines ont atteint le mauvais fond.

On juge de la qualité du fol, en obfervant s'il y croît naturellement quelques *Bruyeres*, des *Chardons*, ou d'autres mauvaifes plantes femblables ; car cette remarque annonce infalliblement un terrein d'une qualité très-inférieure : s'il a de grands arbres aux environs, mais que ces arbres foient courbés, de mauvaife forme, d'un vert fané, couverts de mouffe, ou infectés de vermines, il faut s'éloigner d'un pareil terrein ; mais fi au contraire il eft couvert de bonnes herbes de pâturage, on effaie la profondeur du fol.

Pour la connoitre, on creufe en plufieurs endroits des trous de fix pieds de large fur quatre de profondeur ; fi on y trouve un fond de bonne terre, le fol fera bon ; mais fi cette terre n'a pas deux pieds d'épaiffeur, cela ne fuffira pas.

La qualité d'une bonne terre, eft de n'être, ni trop pierreufe, ni trop dure à travailler, ni trop feche, ni trop humide, ni trop fablonneufe & légere, ni trop forte, ni trop glaifeufe : cette derniere fur-tout eft la plus mauvaife pour un jardin.

3º. L'eau eft de toutes les chofes qu'on peut défirer dans un jardin, la plus néceffaire, & la plus agréable ; car, fans elle, tout languit & périt bientôt, fur-tout pendant les grandes fechereffes de l'été ; d'ail-

leurs, rien n'eſt plus propre à
orner un jardin que des eaux
abondantes diſtribuées en jets
d'eau , en canaux, en caſca-
des , &c.

4°. Ce que l'on exige en-
core pour une bonne ſituation, eſt la vue d'une belle campagne; mais , quoique cela ne
ſoit pas auſſi néceſſaire que
l'eau , cependant ce nouvel
avantage ajoûte beaucoup à
l'agrément d'un jardin : d'ailleurs, un jardin planté dans un
lieu bas & maſqué de tous côtés, eſt non-ſeulement triſte ,
mais encore mal - ſain ; parce
que les arbres retiennent les
vapeurs groſſieres & malfaiſan-
tes , au-lieu de répandre certain rafraîchiſſement qui pu-
rifie toute la nature végétable.

Un jardin exige donc néceſſairement, outre les ſoins du
Jardinier, une bonne expoſition, un ſol fertile, une belle
vue , ou au moins une ſituation ouverte, & ſur-tout de
l'eau ; car ce ſeroit une grande
folie de planter un jardin dans
un lieu où quelques-unes de
ces choſes manqueroient.

*Maniere de deſſiner un jardin*
*d'ornement.*

La ſurface d'un beau jardin
peut occuper trente ou quarante âcres de terre au plus [1];

----

(1) L'âcre de terre contient 160
perches quarrées en Angleterre;
la perche eſt de cinq verges &
& demi , la verge d'un pas, & le
pas de quatre pieds [d].
(d) Ceci eſt une erreur du tra-
ducteur françois ; la verge n'eſt que
de trois pieds.



quant à ſa diſtribution, on peut
ſe conformer aux inſtructions
ſuivantes.

On doit toujours deſcendre
de la maiſon dans le jardin au
moins de trois marches, &
même de ſix ou ſept s'il eſt
poſſible ; au moyen de cette
diſpoſition , le bâtiment ſera
ſec & plus ſain , & du haut
de l'eſcalier on découvrira une
plus grande étendue du jardin.

Ce qui doit d'abord ſe pré-
ſenter à la vue , eſt une vaſte
plaine verte , proportionnée
à l'étendue du jardin , & placée au milieu d'un bois ouvert : cette plaine ne doit pas
avoir moins de ſix ou huit âcres
dans un grand jardin ; mais
dans un médiocre ou petit,
on lui donne beaucoup plus
de largeur que la façade de
la maiſon , ſur le double de
longueur pour produire un bel
effet ; la figure de cette plaine
n'a beſoin d'aucune régularité:
on place ſans ordre des arbres ſur les côtés, en forme de
boſquet ouvert, les uns plus
avancés que les autres, pour
interrompre la ſymmétrie du
terrein , & ſe rapprocher autant qu'il eſt poſſible de la nature, dont les beautés ſimples
doivent toujours ſervir de mo-
dèle ; car ce n'eſt qu'ainſi que
ces jardins plaiſent d'une maniere durable.

On s'eſt trompé , toutes les
fois qu'on a prétendu copier
la nature par des lignes droites, des grandes allées, des
étoiles, &c. ; car de cette maniere , on n'a repréſenté de la
nature que ce qu'elle a de plus
dur & de plus difforme : par
exemple,

exemple, dans les lieux où le terrein étoit naturellement uni, on a creufé à grands frais des trous, & élevé des monticules, de forte que les allées de gazon font devenues plus désagréables pour la promenade, & difficiles à entretenir; & après s'être donné bien des peines pour contrefaire la nature, on découvre encore plus dans cet ouvrage l'effet d'un art mal-adroit, que dans les pentes les plus roides & les parterres les plus travaillés. Le grand art, en traçant des jardins, eft d'en adapter les différentes parties à la difpofition naturelle du terrein, de maniere que l'on ôte auffi peu de terre qu'il eft poffible; car, non-feulement ce bouleverfement eft ce qu'il y a de plus difpendieux; mais, on peut encore affurer, que fur dix jardins où l'on s'eft déterminé aux grands mouvemens de terre, il y en a toujours neuf pour lefquels on a pris le plus mauvais parti : de forte que, fi au-lieu de niveler des collines pour former de grandes terraffes, comme on le pratique trop fouvent, ou fi au-lieu de creufer des vallons pour élever des collines, la furface de la terre avoit été feulement applanie & bien gazonnée, elle auroit produit un bien meilleur effet, & auroit été généralement plus approuvée que le plus grand nombre de ces jardins dreffés à grands frais, & pendant un tems infini.

Ce qu'il faut enfuite obferver, eft de pratiquer tout au-

tour du jardin une grande allée fablée : car les jardins, étant particulierement deftinés à l'exercice de la promenade, plus les allées ont d'étendue, mieux elles fe rapportent à ce but; & dans les mauvais tems, ou dans les rofées du foir & du matin, lorfqu'on ne peut marcher dans les campagnes, on fe promene avec plaifir parmi les différentes plantations, en tournant autour d'une maniere aifée & naturelle; ce qui eft beaucoup plus agréable que de marcher dans des allées longues & droites, comme on en trouve trop fouvent dans un grand nombre de jardins.

Mais, comme on vient de changer l'ancienne méthode de tracer les jardins, il y a plufieurs perfonnes qui ont donné dans l'extrême oppofé : car, en formant ce qu'ils appellent des promenades qui ferpentent, ils ont pratiqué tant de petits détours, qu'ils les ont rendu défagréables, & peu propres à l'ufage auquel ils font deftinés; on y apperçoit plus de roideur, & l'art s'y montre davantage que dans aucune autre méthode ancienne; mais moins il y a de détours dans ces promenades, & plus elles font cachées, plus elles plaifent; & quand les tours font aifés & à de grandes diftances, on évite toute apparence de ligne droite. On me permettra d'obferver ici qu'on ne peut fuivre un modele plus aifé & plus naturel pour tracer ces promenades, que d'imiter les contours des

routes formées pour les voitures.

Ces routes doivent conduire, le plutôt poſſible, ſous un
ombrage & dans des plantations d'arbriſſeaux, où l'on
puiſſe ſe promener à l'écart &
à l'abri de tous vents, car un
jardin ne peut plaire s'il manque d'ombre & d'abri.

Il eſt encore indiſpenſable
de cacher les clôtures, telles
que les murailles ou paliſſades,
par des plantations d'arbriſſeaux
à fleurs, entrêmelées de lau-
riers & d'autres arbres toujours verts, qui feront d'ailleurs un très-bel effet.

Quand on a beaucoup d'eau,
le deſſinateur peut s'en ſervir
pour varier agréablement le
jardin ; l'effet ſera ſur-tout extrêmement agréable, s'il parvient à ménager un ruiſſeau
d'eau courante qui traverſera
le jardin en ſerpentant ; &
quand même la maſſe de ces
eaux ne ſeroit point aſſez conſidérable pour former une grande ſurface, cependant ſi on
les conduit avec intelligence
autour du jardin, elles plairont ſouvent beaucoup plus
que les grands étangs, ou des
canaux d'eau croupiſſante,
comme on n'en voit que trop
ſouvent dans les grands jardins;
car ſi ces pieces d'eau ſont grandes, & ſi l'on en voit d'un coup-
d'œil toutes les limites, elles
ne plairont pas aux perſonnes
de bon goût : d'ailleurs ces
eaux ſtagnantes ſont quelquefois ſi voiſines des habitations,
qu'elles en rendent le ſéjour
humide & mal ſain, & ne produiſent pas un coup d'œil fort
agréable de la maiſon.

Quand on veut avoir des
endroits écartés & déſerts,
il ne faut pas les découper en
étoiles, ou en quelques autres figures ridicules, non plus
qu'en labyrinthes, qui ſont
des colifichets dans un grand
jardin, mais les promenades
doivent être nobles & couvertes par de grands arbres, les
plaines ſe forment avec des
arbriſſeaux à fleurs & toujours
verts, pour les rendre plus
agréables dans toutes les ſai-
ſons de l'année ; des fleurs
qui réſiſtent à tout & qui profitent avec peu de ſoin, produiſent un bel effet ſur les
bords des routes & des allées,
& par leur beauté naturelle
font une variété agréable durant la plus grande partie de
l'année.

L'emplacement de ces dé-
ſerts doit être éloigné de la
maiſon, de peur qu'ils n'oc-
caſionnent de l'humidité, &
l'on pratique quelques petits
boſquets ouverts qui y con-
duiſent ; ces boſquets ſont très-
propres à garnir le voiſinage
des habitations, pourvu qu'ils
ne maſquent point les objets
remarquables.

Les bâtimens font auſſi de
fort grands ornemens dans un
jardin, s'ils ſont bien deſſinés
& placés convenablement ; mais
je n'approuve point les grands
bâtimens inutiles, imaginés depuis peu ; parce qu'ils écra-
ſent un jardin, qu'ils n'ajoûtent rien à l'agrément, & oc-
caſionnent beaucoup de dépenſes.

Les ſtatues & les vaſes font
des objets très-agréables, mais
ils ne doivent point être trop

rapprochés, pour éviter la confusion ; ils font plus d'effet quand ils font placés avec goût, de diftance en diftance.

Quelle dépenfe n'épagneroit-on pas, fi l'on ne s'attachoit qu'à imiter la belle nature ! cet art charmant feroit plus noble que le fafte & l'oftentation; car rien n'approche moins du naturel que ce que nous appellons mal-à-propos *fafte*.

Les fontaines ornent confidérablement un jardin, quand elles font faites avec goût, & qu'on peut fe procurer un courant d'eau continuel; mais fi elles font chétives ou defféchées, il vaut mieux s'en paffer; car rien n'eft plus ridicule que de voir une fontaine conftruite à grands frais, qui fournira pendant quelques heures une petite quantité d'eau, & qui fera à fec durant les chaleurs de l'été.

Il faut auffi faire la même obfervation à l'égard des cafcades & des chûtes d'eau, qui ne doivent jamais être admifes dans les jardins, quand on n'a pas un volume d'eau affez confidérable ; mais fi l'emplacement eft affez heureux pour en fournir naturellement une grande quantité, ces efpeces d'ornemens peuvent être très-agréables, fur-tout fi l'eau eft ménagée, & que le goût de ces ornemens ne foit point chétif, comme on le voit fouvent; l'eau tombe fur des marches de pierres régulieres, au-lieu de former une nappe depuis le haut, ou de tomber fur de groffes pierres brutes pour la diverfer & la difper-

fer ; mais lorfque le terrein eft inégal, qu'il y a des élévations & des pentes douces, on peut en tirer un grand agrément, en évitant les amphitheâtres ainfi que les pentes roides & régulieres, ce qui n'eft que trop ordinaire. Le fommet doit être planté proprement, en arbres & arbriffeaux placés fans ordre, & les pentes doivent être rendues unies ; mais toujours d'après les formes de la nature, en évitant les angles réguliers, les lignes droites, & les pentes plates que les deffinateurs ont nouvellement introduites dans les jardins.

Le goût des jardins a beaucoup varié, & a été confidérablement perfectionné depuis quelques années : la maniere hollandoife de les tracer, a d'abord été introduite. Elle ne confiftoit guere qu'à former des plates-bandes à fleurs, entourées de buis, d'arbres toujours verts & taillés, ainfi que d'autres ouvrages difpendieux & de mauvais goût. On entouroit de murailles un terrein de huit ou dix âcres, qu'on divifoit par d'autres murs croifés, de maniere qu'ils formoient trois ou quatre jardins féparés, exactement nivelés & traverfés par plufieurs allées fablées, & bornées de chaque côté par des arbres taillés & des haies toujours vertes, qui foudivifoient encore ces petits enclos, dont la conftruction & l'entretien occafionnoit une plus grande dépenfe, que des jardins fix fois plus grands & tracés d'après nature.

On ne peut décider si ce mauvais goût, généralement adopté en Angleterre, provenoit de la complaisance que l'on avoit pour le Roi GUILLAUME III, ou des idées basses & resserrées de ceux qui donnoient les plans de la plupart des jardins anglois : ce qu'il y a de certain, c'est que la Noblesse de ce tems-là, s'attachoit très-peu à la disposition des jardins : on se contentoit d'en laisser la conduite aux gens les plus ignorans, & qui n'avoient jamais eu aucune connoissance de cet art : mais un autre goût a prévalu, & ces anciens jardins ont presque tous été totalement détruits ; ce qui ne seroit point arrivé, si l'on avoit d'abord suivi une meilleure méthode, qu'on auroit pu ensuite perfectionner en se rapprochant davantage de la nature. Ce nouveau goût s'en est encore écarté ; car il est copié d'après les François, dont les jardins sont plus ouverts, plus étendus, distribués en longues avenues, en allées droites, en pentes roides & régulieres, en cabinets, en arbres taillés, en charmilles élevées sous différentes formes, en jets-d'eaux, en fontaines, en figures géométriques, tracées dans les bois, les bosquets & les parterres, & en beaucoup d'autres ornemens, où l'art se montre aux dépens de la nature.

Il n'est pas étonnant que ce goût ait prévalu en France, où les principaux jardins sont construits par des Architectes, si attachés aux proportions & aux formes symmétriques des bâtimens, que ni le tems, ni la perfection que les jardins des autres nations ont acquise, n'ont pu les engager à réformer ce mauvais genre, ni les convaincre de son absurdité.

Les jardins de Versailles, de Marly, & beaucoup d'autres, qu'on regarde comme les premiers de l'Europe pour la magnificence, ont été presqu'universellement copiés : les Dessinateurs, ou plutôt les Copistes, se contentoient d'en changer les parties, suivant la situation ou la forme des terreins. Cette pratique a été suivie pendant plusieurs années ; & si les sommes immenses, qu'on a dépensées pour cela, avoient été employées à copier la nature, on auroit rendu ce pays le plus beau de l'Europe. Ce que l'on doit encore beaucoup regretter, ce sont les plantations de ce tems que l'on a arrachées pour faire place aux nouveaux dessins, bons ou mauvais, que l'on a adoptés depuis ; & je vois, avec chagrin, que plusieurs personnes prétendent qu'on doit suivre les modes dans la maniere de tracer les jardins comme dans les habillemens : mais cette opinion démontre un goût bien vicié ; car les beautés simples de la nature plairont dans tous les tems & dans tous les pays, aux personnes de bon goût ; & l'on remarque souvent que les personnes peu instruites dans l'art du jardinage, sont souvent frappées de ces beautés, sans en connoître la cause.

Rien n'eſt plus mal entendu que de détruire dans les jardins des arbres déja grands, pour ſe conformer aux modes du tems : avant que ceux qui les remplacent puiſſent procurer de l'ombre & un bon abri, il doit s'écouler un grand nombre d'années : ainſi comme le tems eſt précieux en fait de plantation, on doit avoir grand ſoin de conſerver tous les bons arbres, par-tout où ils ſe trouvent, ſoit pour l'utilité, ſoit pour l'agrément.

Il y a auſſi une autre partie eſſentielle, qui ne peut être trop obſervée, & qui eſt néanmoins fort négligée par les jardiniers qui plantent les jardins ; c'eſt d'adapter ou d'accorder les différentes eſpeces d'arbres & d'arbriſſeaux & de les mettre dans des places qui leur conviennent. Si l'on examine la plupart des jardins modernes, on voit un grand nombre d'arbres & d'arbriſſeaux qui ſe nuiſent réciproquement ; de maniere qu'on ſeroit tenté de croire que le Deſſinateur qui en a donné le plan, a plus conſulté ſon intérêt particulier que tout autre motif.

Cette faute peut auſſi être attribuée aux Maîtres, qui étant ſouvent trop preſſés de ſe procurer de l'ombrage & des abris, font planter trois ou quatre fois plus d'arbres qu'il n'en faut : il arrive de-là, que, quand la plantation réuſſit, ces arbres ſe détruiſent les uns les autres en peu de tems ; comme on le voit auſſi arriver quelquefois aux plantations des grands arbres dans

les jardins & les parcs, où l'on en tranſplante de toute eſpece & de tout âge, qu'on fait arracher à grands frais dans les haies & les bois, & qui périſſent annuellement juſqu'à ce qu'ils ne paroiſſent plus être que des bâtons morts. Rien n'eſt plus déſagréable pour le Maître, qui après avoir attendu pluſieurs années, & avoir dépenſé des ſommes conſidérables pour faire arroſer, nettoyer & labourer, ſe trouve enſuite dans la néceſſité de replanter de nouveau, ou d'abandonner ſon projet. Beaucoup de perſonnes ſe ſont entretenues dans l'eſpérance du ſuccès, en voyant ces arbres nouvellement plantés, pouſſer des branches pendant une année ou deux ; mais trois ou quatre ans après, ces arbres, au-lieu de faire des progrès, ont commencé à ſe flétrir au ſommet, & ont décliné par degrés, juſquà ce qu'ils aient été entierement détruits ; ce qui n'arrive quelquefois qu'au bout de huit ou dix ans, ſur-tout quand il ne ſurvient point d'hiver dur, ou d'été trop ſec ; car chacune de ces intempéries eſt fatale aux plantations. L'eſpérance ſe ſoutient donc pendant tout cet intervalle, juſqu'à ce qu'on ait la certitude du vice qui attaque ces arbres & les empêche de croître ; mais je traiterai plus amplement cette matiere dans l'article des PLANTATIONS.

En traçant un jardin, on devroit toujours éviter les plans rétrécis & meſquins, pour ne s'attacher qu'à ce qui eſt noble & grand ; exclure toutes les petites chofes, les petites pieces d'eau, les allées étroites, &c. fur-tout dans les grands jardins ; car une grande piece vaut mieux que quatre petites, qui ne font que des colifichets : cela eft plus excufable dans les petits jardins, où l'on ne peut avoir ni plaines, ni grandes allées, ou grandes pieces d'eau ; on ne doit pas non plus furcharger ceux-ci, mais garder un jufte milieu : car fans cela ils paroitront encore n'être qu'une copie d'un grand jardin mal ordonné.

Avant de commencer à tracer un jardin, on doit confidérer ce qu'il fera dans vingt ou trente ans, lorfque les arbres & les arbriffeaux feront parvenus à une certaine grandeur ; car il arrive fouvent qu'un deffin qui paroît beaucoup, lorfqu'il eft nouvellement exécuté, devient avec le tems fi petit & fi ridicule, qu'on eft forcé, ou de le changer, ou de le détruire tout-à-fait.

La diftribution en général d'un jardin & de fes parties, doit être réglée fur les différentes fituations du terrein ; car un deffin peut être fort bon pour un jardin exactement nivelé, & ne pas convenir à un autre où il y a beaucoup d'inégalités : de forte que, fuivant que je l'ai dit ci-deffus, le grand art & toute la fcience, dans ce genre de travail, confifte à adapter le plan à la fituation des lieux, à épargner, autant qu'il eft poffible, la dépenfe du tranfport des ter-



res pour applanir les inégalités, à proportionner le nombre & les efpeces d'arbres & d'arbriffeaux à chaque partie du jardin, & à ne cacher à la vue aucun des objets qui peuvent concourir à l'agrément.

On trouvera dans des articles particuliers plufieurs autres regles relatives aux proportions, à la diftribution & à l'ornement des différentes parties d'un jardin.

## JARDINS POTAGERS.

Un bon jardin potager eft prefqu'auffi néceffaire à une maifon de campagne qu'une cuifine l'eft à une maifon ; car dans les campagnes, les marchés qui n'ont lieu qu'une fois la femaine, étant ordinairement mal fournis de légumes & d'herbes potageres, on rifque d'avoir ces provifions fort mauvaifes, & même d'en manquer abfolument fi on ne les tire pas de fon propre jardin.

Ceux donc qui veulent habiter la campagne, doivent avoir attention de choifir un endroit propre pour un jardin potager, & plutôt il fera planté, plutôt on en jouïra ; car comme il faut trois ans aux arbres fruitiers & aux afperges avant qu'on puiffe en recueillir les fruits, on ne peut trop fe hâter de former ces jardins. Tout le monde avoue qu'ils font utiles ; mais peu de perfonnes fe donnent la peine de choifir pour leur emplacement une fituation convenable.

Le goût actuel d'applanir & d'ôter tous les obftacles eft auffi extravagant, que l'ancien, qui

faifoit tout enfermer de murailles , étoit ridicule. On voit
aujourd'hui des jardins potagers
à une grande diftance des habitations , ce qui donne lieu
à bien des inconvéniens ; ces
jardins fouvent placés dans un
mauvais fol, dans un terrein
trop humide , ou privé d'eau,
exigent encore beaucoup de
dépenfes , fans qu'on puiffe
trop efperer de les voir réuffir.

Un jardin potager eft mal
foigné lorfqu'il eft éloigné des
yeux du Maître , fur-tout fi le
jardinier eft négligent, ou s'il
habite lui - même une maifon
fituée à une grande diftance
de fon ouvrage , car toutes
ces allées & venues lui font
perdre beaucoup de tems. Avant
donc de déterminer le plan général d'un parterre, il faut choifir un terrein pour le jardin
potager , & le conftruire de
maniere qu'il n'offenfe pas la
vue : ce qui fe fait en plantant des arbriffeaux pour cacher les murailles ; à travers
ces arbriffeaux , on peut ménager des allées qui conduiront
au jardin potager, & qui feront un auffi bel effet que
celles qu'on pratique ordinairement dans les jardins de pur
agrément. Quel que foit le
terrein qu'on deftine au jardin potager , il faut toujours
faire en forte qu'il foit voifin
de la cuifine , pourvu qu'il ne
mafque pas la vue de quelque objet agréable ; car fouvent on peut avoir befoin de
beaucoup de chofes, auxquelles on n'avoit pas penfé en
donnant les ordres au Jardinier , & il feroit défagréable

d'aller chercher tout cela fort
loin : ce jardin doit être auffi
à portée des écuries , afin qu'on
ait la facilité d'y conduire le
fumier fans dépenfe.

Quant à la forme du terrein
qui convient à un jardin potager , cette confidération eft
peu importante, parce qu'on
peut en cacher toutes les ir-
régularités par la diftribution
des différentes parties ; fi cependant on n'eft point gêné à
cet égard, on fera bien de le
tracer en carreaux réguliers
ou oblongs. Le point effentiel
eft de choifir un fol fertile,
qui ne foit ni trop humide ni
trop fec, mais qui tienne le
milieu entre ces deux extrê-
mes , il ne doit pas être non
plus argilleux ou trop fort,
mais facile à labourer ; & fi fa
furface n'eft point égale, mais
élevée à une extrêmité, & baffe à l'autre , je ne confeillerai
jamais de le niveler, car ces
inégalités procurent un avantage qu'on ne trouveroit pas
dans un terrein plat, une terre
feche pour les légumes précoces, & un fol bas pour les
plus tardifs : par-là la cuifine
pourra être mieux fournie pendant toute l'année, de toutes
fortes de plantes potageres.
Dans les faifons bien feches,
lorfque dans la partie fupérieure du jardin, les plantes
languiffent , elles réuffiffent
dans le bas, & *vice verfâ*. Je
ne confeillerai cependant pas
de choifir de préférence un
terrein bas ; car quoique dans
un pareil fol les herbes potageres foient ordinairement
plus vigoureufes , elles font

rarement d'un aussi bon goût & aussi saines que celles qui croissent dans une terre qui n'est ni trop seche, ni trop humide ; le terrein humide feroit d'autant plus mauvais qu'il faut y planter les meilleurs arbres à fruits.

Ce jardin doit être bien exposé au soleil, sans être ombragé par des arbres ou des bâtimens ; mais si on a la précaution de le mettre à l'abri des vents du Nord, par une plantation un peu éloignée, on conservera par-là les plantes précoces au printems, & on les empêchera d'être endommagées par le vent de l'Ouest qui nuit beaucoup aux jardins potagers & aux arbres à fruits en automne. Ces plantations ne doivent être ni trop hautes ni trop voisines des jardins ; car j'ai remarqué que quand les jardins potagers étoient trop près des bois ou des grandes plantations, ils souffroient beaucoup plus des nielles au printems, que ceux qui en étoient plus éloignés.

L'espace de terrein, nécessaire pour un jardin potager, doit être proportionné à la quantité des personnes qui composent la maison, ou au nombre d'arbres qu'on veut y cultiver : pour une petite famille, un âcre de terre suffira ; pour une famille nombreuse il n'en faut pas moins que trois ou quatre : car quand le terrein est rangé régulièrement & planté en espaliers, comme nous recommanderons de le faire ci-après, cet espace ne se trouvera pas trop

grand, malgré ce qu'en disent plusieurs personnes.

Ce terrein doit être entouré de murailles, de maniere qu'on puisse planter les deux côtés du mur qui auront un bel aspect ; ce qui augmentera de beaucoup le nombre des espaliers ; les petits espaces de terre qui se trouveront hors du mur, serviront à planter des groseilles, des fraisiers & quelques autres sortes de plantes : de cette maniere, ils deviendront aussi utiles que les parties renfermées dans les murs ; mais il ne faut pas que ces espaces hors des murs soient trop étroits, de peur que les haies, les palissades, ou les arbrisseaux qui les renferment n'ombragent les arbres à fruits : la moindre largeur de ce terrein, hors des murs, doit être de vingt-cinq ou trente pieds, & même plus s'il est possible, afin que les arbres à fruits aient plus d'espace pour étendre leurs racines. On donne à-peu-près douze pieds de hauteur aux murailles du jardin ; cette élévation suffira pour toutes sortes de fruits, & si la terre où elle se trouve est très-forte, on la labourera à la bêche trois ou quatre fois, avant d'y mettre les plantes, & on amoncellera la terre en petits tas pendant l'hiver, pour l'améliorer & l'ameublir.

L'engrais le plus propre à cette espece de terrein, est la cendre de houille, & les immondices des rues ou des égouts. On ne peut pas trop mettre de cendres, sur-tout si la terre est froide; mais si l'on ne peut pas s'en procurer une assez grande quantité, on se servira de sable de mer, si l'on se trouve dans le voisinage des côtes; le bois & les autres végétaux pourris, font aussi très-bons. Tous ces ingrédiens rendront le sol léger & le mettront en état, non-seulement d'être labouré plutôt, mais ils le rendront encore plus favorable à l'accroissemen des plantes.

Si au contraire le sol est chaud & léger, on ne peut employer un meilleur engrais que le fumier de vache, ou du crotin de cheval, bien pourris; sans quoi ils brûleroient les plantes à la premiere sécheresse.

Le sol du jardin potager doit avoir au moins deux pieds de profondeur, & même davantage s'il est possible; une moindre profondeur ne suffiroit pas pour certaines plantes potageres, telles que les carottes, les panais & les poirées, qui s'enfoncent assez avant. La plupart des autres ont également besoin d'un bon fond; car quoique leurs racines paroissent courtes, si on examine les fibres par lesquelles elles reçoivent leur nourriture, on verra qu'elles pénetrent fort avant dans la terre: de sorte que si elles se trouvent arrêtées par le gravier, la craie ou la glaise, on s'en apperçoit à leur couleur & à leur grosseur, qui est moindre que si elles avoient eu un bon fond.

Il faut aussi faire en sorte d'avoir dans les differentes par-

ties du jardin, une assez grande quantité d'eau; on reçoit & on contient, s'il est possible, cette eau dans de grands bassins ou réservoirs, afin qu'elle reste quelque tems exposée au plein air & au soleil qui l'adouciront. L'eau qu'on tire des puits & qu'on emploie sur le champ, ne convient à aucune espece de plante.

Après avoir construit des murailles, on pratique à côté, des plates-bandes de huit ou dix pieds au moins de largeur, afin que les racines des arbres puissent s'étendre librement. On pourra semer sur celles des plates-bandes qui sont exposées au Midi, quelques plantes précoces; & sur celles qui regardent le Nord, des especes plus tardives: mais on ne doit point planter dans le voisinage des arbres fruitiers, des légumes à longues racines, & encore moins des pois & des fèves que les Jardiniers ont la mauvaise coutume d'y placer pendant l'hiver, afin de les avancer au printems; ce qui cause de grands préjudices aux arbres fruitiers. Il vaut beaucoup mieux, quand on veut avoir de ces légumes de bonne heure, construire dans les parties les plus chaudes du jardin quelques haies de joncs, au pied desquelles on plante les pois & les feves, qui réussiront aussi bien ainsi, que contre les murailles.

On partage ensuite le terrein en carreaux, d'une grandeur proportionnée à l'étendue du jardin; il ne faut pas les faire trop petits, car tout le terrein se perdroit en allées, & les carreaux étant entourés d'espaliers, les plantes file-roient & ne parviendroient point à la moitié de la grosseur qu'elles auroient acquise dans une situation plus ouverte.

Les allées doivent aussi être proportionnées à l'étendue du terrein ; il suffira de leur don-ner quatre pieds dans un pe-tit jardin, & six dans un plus grand : à chaque côté de ces allées, on laisse une plate-bande de cinq ou six pieds entre l'es-palier & l'allée, afin que la distance entre les espaliers soit plus grande & que ces arbres puissent profiter des engrais qu'on met toujours dans les plates-bandes ; on peut y se-mer de la salade ou quelques autres herbes qui ne restent pas long-tems en terre, & qui ne prennent pas beaucoup de pro-fondeur, afin qu'aucune par-tie du terrein ne reste sans être employée.

Cette largeur, que j'indique pour les allées du milieu, paroî-tra peut-être trop considérable à plusieurs personnes ; mais elle est nécessaire pour que les espaliers ne s'ombragent point les uns les autres, & pour que leurs racines ne s'entre-mêlent point, & ne se privent point mutuellement de leur nourriture : si cependant on ne veut point donner cette largeur, il faut augmenter celle des plates-bandes en proportion.

Les allées d'un jardin pota-ger ne doivent point être cou-vertes de graviers ; comme on a toujours besoin d'y amener des engrais & de l'eau, elles



seroient bientôt défigurées & désagréables à la vue ; il ne faut pas non plus qu'elles soient gazonnées, le gazon se gâte lorsqu'on y roule la brouette ou qu'on y marche souvent : les meilleures allées pour un jardin potager sont celles qui sont remplies d'un sable gras & liant ; si le sol est fort & conserve l'humidité, on y pra-tique un canal souterrain, sur le côté, afin de saigner les eaux, sans quoi elles devien-droient impraticables dans les mauvais tems : dans ce cas il faut mettre dans le fond des allées des decombres de chaux, de pierres dures, de la craie ou quelques autres matériaux peu coûteux ; & si l'on ne peut se procurer facilement aucune de ces choses, on y met un lit de genets ou de bruyeres, avec une couche de sable par des-sus ; par ce moyen le sable restera sec, & les allées seront praticables en tous tems : les allées de sable, quand elles sont bien faites, s'entretien-nent plus aisément que toutes les autres ; & lorsque les mauvai-ses herbes ou la mousse com-mencent à y croître, en les ra-clant, on les rend aussi nettes que quand elles viennent d'ê-tre faites.

La meilleure forme pour les carreaux, est le carré parfait ou oblong, mais dans un ter-rein inégal, on peut employer la forme triangulaire ou toute autre qui soit propre à l'em-placement.

Quand on a dessiné le jar-din potager, si le sol se trouve fort & de nature à retenir l'hu-

midité, ou s'il eſt naturellement humide, il faut ménager
des canaux ſouterrains, des
cours ou des rigoles pour l'é-
coulement des eaux, ſans quoi
pluſieurs eſpeces de plantes potageres ſouffriroient en hiver,
& les arbres, dont les racines ſe trouveroient dans l'eau,
ne produiroient que de mauvais fruits.

Les carreaux doivent être
tenus nets de mauvaiſes herbes, &, auſſi-tôt qu'une partie du terrein n'eſt pas occu-
pée, il faut l'amonceler en petit tas, afin de l'adoucir & d'augmenter l'introduction des particules nitreuſes de l'air, en
multipliant les ſurfaces ; au
moyen de quoi cette terre ſe
perfectionnera, & ſera toujours propre à recevoir les
plantes qu'on voudra y mettre.

Il faut avoir l'attention de
ne pas ſemer deux années de
ſuite les mèmes plantes dans
le même endroit ; mais il faut
les changer tous les ans : par
cette méthode, les légumes
ſeront beaucoup meilleurs. Il
eſt vrai que les Jardiniers des
environs de Londres, où le
terrein eſt cher, ſont quelquefois obligés de mettre les mêmes plantes dans le même terrein trois ou quatre ans de
ſuite ; mais alors ils labourent
à la bêche, & engraiſſent leurs
terres de maniere qu'ils les
rendent preſque neuves ; cependant il eſt d'obſervation
qu'une terre nouvelle produit
toujours les meilleurs légumes.

On choiſira pour des cou-
ches de melons précoces, ou
de concombres, &c. les carreaux les plus voiſins des écuries & les plùs à l'abri des
vents froids, ou une de ces
portions de terre qui ſont hors
de l'enceinte des murs, ſi elle
ſe trouve convenablement placée, & d'une largeur ſuffiſante ; je donnerois la préférence
à ce dernier emplacement, 1º.
parce qu'on ne riſqueroit pas
de gâter les allées en portant
le fumier & les autres engrais
en hiver, lorſque le tems eſt
mauvais ou humide ; 2º. afin
que les couches ſoient hors
de la portée de la vue, &
pour qu'on ait plus de facilité
à porter le fumier ; parce
qu'en faiſant dans la haie ou
la palliſſade un paſſage aſſez
large pour l'entrée d'un char,
on auroit moins de peine que
d'amener le fumier avec des
brouettes à travers le jardin :
& quand une de ces portions
de terre eſt aſſez longue pour
contenir un nombre ſuffiſant
de couches pendant deux ou
trois ans, on en retire un
avantage conſidérable ; parce
qu'en changeant les couches
de place chaque année, elles
réuſſiſſent beaucoup mieux que
lorſqu'elles ſont faites pluſieurs
années de ſuite ſur le même
terrein ; & comme il eſt abſolument néceſſaire d'entourer
ces melonieres, avec des haies
de joncs, il faut les conſtruire
en panneaux, afin qu'on puiſſe
aiſément les changer de place : les haies de la partie ſupérieure étant tranſplantées à
une diſtance convenable au-
deſſous de celles, qui auparavant étoient au bas & qu'on
laiſſera en place, l'on n'aura

outre cela qu'à changer tous les ans une des haies de traverſe. Je ſuis perſuadé que ceux qui voudront faire eſſai de la méthode que je propoſe, trouveront qu'elle eſt préférable à toute autre.

L'article le plus important de la culture générale conſiſte à bien labourer, à améliorer la terre, à laiſſer entre chaque plante une diſtance proportionnée à leur grandeur, ce que nous avons toujours conſeillé dans les différens articles de cet ouvrage; & à les tenir conſtamment nettes de mauvaiſes herbes : car ſi on laiſſe croître & perfectionner leurs ſemences, elles rempliront la terre, de maniere qu'on ne pourra les détruire dans l'eſpace de pluſieurs années. Il faut avoir ſoin de nettoyer également les fumiers ; car il ne ſerviroit de rien, de nettoyer le jardin, ſi on négligeoit les fumiers à cet égard : les ſemences des plantes nuiſibles tombant dans le fumier, ſeroient apportées au jardin, agmenteroient annuellement le nombre de mauvaiſes herbes & occaſionneroient un travail continuel au Jardinier pour les détruire. Il faut encore avoir ſoin d'ôter toutes les feuilles de choux, les tiges de féves, & la paille de pois qui reſtent, après qu'on a arraché ces plantes; la mauvaiſe odeur qu'on reſpire ſouvent dans les jardins potagers, eſt occaſionnée par ces choux qu'on y laiſſe pourrir. Auſſitôt donc que les choux ſont coupés, il faut en ramaſſer toutes les feuilles & les faire ſervir à la nourriture des beſtiaux tandis qu'elles ſont fraîches ; au moyen de quoi le jardin ſera toujours net & ſans mauvaiſe odeur.

On trouvera encore diverſes inſtructions relatives aux jardins potagers, dans les différens articles qui y ont rapport.

*Parterre.* **JARDINS PARTERRES.** Les parterres ſont des portions de terre nivelées, ſymmétriquement arrangees, placées preſque toujours à l'expoſition du Sud, vis-à-vis la principale façade des habitations, & généralement garnies de verdure & de fleurs.

Il y a pluſieurs eſpeces de parterres, en tapis de gazon, en broderies, &c.

Les parterres en tapis de verdure ſont plus beaux en Angleterre que dans aucun autre pays, à cauſe de la fineſſe du gazon; d'ailleurs, la noble ſimplicité qu'on y remarque les rend très-agréables.

On en fait qui ſont découpés en coquilles, ou en bandes avec des allées ſablées entre deux, & ce ſont les parterres les plus eſtimés en France.

Quant à la proportion générale des parterres, une figure oblongue, ou un carré long, eſt la plus convenable ; parce que dans les regles de la perſpective, un carré long ſe réduit preſqu'en un carré parfait, & un carré équilatéral paroît beaucoup plus petit qu'il n'eſt réellement ; ainſi, pour donner une bonne proportion à un parterre, le quadrilatere qui le renferme doit avoir en longueur deux fois & demi sa largeur, & il est fort rare qu'on lui donne trois fois cette proportion.

Quant à sa largeur, elle dépend de celle du bâtiment; si la façade a cent pieds de longueur, la largeur du parterre doit être de cent cinquante ; & si la façade a deux·cents pieds, on donne deux cens cinquante pieds de largeur au parterre : mais si le bâtiment a plus de longueur, le parterre sera d'une bonne proportion, en lui donnant la même dimension qu'à la façade.

Des paterres aussi larges ne plaisent point à quelques personnes, parce qu'ils paroissent trop courts ; mais rien n'est plus agréable à l'œil qu'une vue raccourcie & réguliere. En sortant d'une maison, la vue directe est la meilleure, soit pour les parterres & les plaines de verdure, soit pour quelqu'autre aspect ouvert; aussi, quand la beauté de la vue est interceptée à l'entrée d'un jardin, on le désapprouve avec raison, parce que l'angle de lumiere est rompu & confus.

La trop grande largeur des parterres occasionne une grande dépense & diminue dans la même proportion l'étendue des plantations, qu'on estime par-dessus tout dans un jardin.

Quant à ce qui concerne l'ornement de ces parterres, ou unis ou brodés, cela dépend beaucoup de leur forme; ainsi, on doit abandonner cette partie au jugement & au bon goût du dessinateur.

JASIONE. *Lin. Gen Plant.* 896 ; c'est le *Rapunculus*, *Scabiofæ capitulo cæruleo. C. B. P.92.* [*Rampions with Scabious heads.*] Raiponse à tête de Scabieuse, ou Jasione.

Cette plante croît naturellement dans des sols stériles de plusieurs parties de l'Angleterre; mais on la cultive rarement dans les jardins.

JASMIN. *Voyez* JASMINUM.

JASMIN DU CAP. *Voyez* JASMINUM CAPENSE.

JASMIN D'ARABIE. *Voyez* NYCTANTES ET COFFEA.

JASMIN ÉCARLATE *ou* DE VIRGINIE, fleur à trompette. *Voyez* BIGNONIA.

JASMINOÏDE *ou* JASMIN BASTARD. *Voyez* CESTRUM & LYCIUM.

JASMINUM. *Tourn. Inst. R. H. 597. tab. 368. Lin. Gen. Plant.* 17 ; ce nom est arabe. [*The Jasmine, or Jessamine-tree.*] Jasmin.

*Caracteres.* La fleur a un calice persistant, tubulé, & formé par une feuille découpée en cinq segmens érigés à l'extrémité; une corolle monopétale avec un tube long, cylindrique, & divisé au sommet en cinq parties tout-à-fait ouvertes, & deux étamines courtes terminées par de petites antheres placées dans le tube de la corolle; son centre est occupé par un germe presque rond, qui soutient un style mince, &·couronné par un stigmat fourchu ; ce germe se change, quand la fleur est passée, en une baie ovale, couverte d'une peau douce, dans laquelle sont renfermées deux femences plates fur le côté où elles fe joignent, & convexes de l'autre.

Ce genre de plantes eft rangé dans la premiere feƈtion de la feconde claffe de LINNÉE, intitulée, *Diandria Monogynia*, qui renferme celles dont les fleurs ont deux étamines & un ftyle.

Les efpeces font :

1°. *Jafminum officinale, foliis oppofitis pinnatis, foliolis acuminatis. Hort Cliff.* 5. *Hort. Helv.* 5. *Mat. Med. p.* 37. *Roy. Lugd.-B.* 397. *Hall. Ups. n.* 529 ; Jafmin à feuilles oppofées & aîlées, dont les lobes font terminés en pointes aiguës.

*Jafminum oppofitis foliolis diftinƈtis. Syft. Veg. p.* 54.

*Jafminum vulgatius, flore albo. C. B. P.* 397. *Duham. tom.* 1. *f.* 122 ; Jafmin commun blanc.

*Jafminum flore albo, odorato. Lob-Ic.* 106.

2°. *Jafminum humile, foliis alternis, ternatis fimplicibufque, ramis angulatis. Hort. Upfal.* 5. *Kniph. orig. cent.* 5. *n.* 45 ; Jafmin à feuilles aîlées, à trois lobes, & alternes, avec des branches angulaires.

*Jafminum foliis alternis, ternatis, acuminatis. Hort. Cliff.* 6. *Roy. Lugd.-B.* 398.

*Jafminum luteum. Befl. Eyft. Æftiv. t.* 40. *f.* 2.

*Jafminum humile luteum. C. B. P.* 397 ; Jafmin jaune & bas, communement appelé *Jafmin jaune d'Italie.*

3°. *Jafminum fruticans, foliis alternis, ternatis fimplicibufque, ramis angulatis. Hort. Cliff.* 5. *Hort. Ups.* 5. *Roy. Lugd.-B.* 397. *Sauv. Monfp.* 174. *Kniph. orig. cent.* 1. *n.* 45 ; Jafmin à



feuilles fimples, à trois lobes & alternes, avec des branches angulaires.

*Jafminum luteum vulgò diƈtum bacciferum. C. B. P.* 298 ; Jafmin jaune commun.

*Trifolium fruticans. Dod. Pempt.* 571.

4°. *Jafminum grandi-florum, foliis oppofitis pinnatis, foliolis brevioribus obtufis* ; Jafmin à feuilles aîlées & oppofées, dont les lobes font obtus & plus courts.

*Jafminum Hifpanicum, magno flore externè rubente. Bauh. Hift.* 2. *p.* 101.

*Jafminum humilius magno flore. C. B. P.* 39 ; Jafmin blanc d'Efpagne ou de Catalogne, à fleurs plus grandes.

*Gelfemium Catalonicum. Cam. Epit.* 37.

*Pitfiegam-Mulia. Rheed. Mal.* 6. *p.* 91.

5°. *Jafminum odoratiffimum, foliis alternis, ternatis, foliolis ovatis, ramis teretibus. Hort. Ups.* 5 ; Jafmin à feuilles alternes & divifées en trois, dont les lobes font ovales & les branches coniques.

*Jafminum foliis alternis, ternatis, obtufis. Hort. Cliff.* 5. *Roy. Lugd.-B.* 397.

*Jafminum Indicum flavum odoratiffimum. Ferr. flor. cult.* 93 ; Jafmin jaune des Indes & odorant.

*Jafminum flavum odoratum. Barr. Ic.* 62.

6°. *Jafminum Azoricum foliis oppofitis, ternatis, foliolis cordato-acuminatis* ; Jafmin à feuilles oppofées & divifées en trois, dont les lobes font en forme de cœur & pointus.

*Jafminum foliis oppofitis, ter-*

*natis. Hort. Cliff. 5. Fl. Zeyl.* 13. *Roy. Lugd. B.* 397. *Kniph. orig. cent.* 9. *n.* 51.

*Jasminum Azoricum trifoliatum, flore albo odoratissimo. Hort. Amst. Hort.* 1. *p.* 159. *t.* 82; Jasmin des Açores à trois feuilles, avec des fleurs blanches à odeur agréable, communément appellé Jasmin à feuilles de Lierre.

*Jasminum sylvestre triphyllum, floribus rubellis umbellatis. Burm. Zeyl.* 127. *t.* 58. *f.* 1.

*Jasminum album trifoliatum, flore magno. Pluk. Alm.* 195. *t.* 393. *f.* 1.

7°. *Jasminum Capense, foliis lanceolatis, oppositis, integerrimis, floribus triandris;* Jasmin à feuilles entieres, en forme de lance & opposées, avec des fleurs à trois étamines. *Jasmin du Cap.*

LINNÉE l'a décrit sous le titre de *Gardenia florida.*

*Gardenia. Ellis. Act. Angl. Vol.* 51. *p.* 392. *t.* 23.

*Jasminum ramo unifloro, pleno; petalis coriaceis. Ehret. pict. t.* 15. *Optime. Act. Nat. Cur.* 1761. *p.* 333.

*Cotsjopiri. Rumph. Amb.* 7. *p.* 26. *t.* 14. *f.* 2.

*Officinale.* La premiere espece ou le Jasmin blanc commun, est si généralement connue, qu'il est inutile d'en faire la description; elle croît naturellement au Malabar & dans plusieurs autres parties des Indes : mais elle est depuis long-tems habituée à notre climat, où elle profite & fleurit très-bien, sans néanmoins produire de fruits ; ses branches foibles & traînantes ont besoin d'un soutien : on la multiplie aisé-

ment, en couchant ses branches, qui prennent racine dans l'espace d'une année, après quoi on peut les séparer des vieilles plantes pour les mettre en place: les boutures de cette espece réussissent aussi, en les plantant de bonne heure en automne. Si l'hiver est fort rigoureux, on répand sur la terre qui les environne du tan, des cendres de charbon ou de la sciure de bois, pour empêcher le froid d'y pénétrer ; & lorsque les gelées deviennent encore plus fortes, on les couvre avec de la paille, ou quelqu'autre litiere, qu'on enleve aussi-tôt que le tems est doux, afin de ne point les priver d'air trop long-tems, & de ne point entretenir l'humidité qui les fait souvent périr.

Lorsque ces plantes sont en état d'être transplantées, on les place à demeure près d'une muraille ou d'un treillage contre lequel on fixe leurs branches ; car, quoiqu'on les mette quelquefois en plein vent pour former une tête, il sera cependant difficile de leur donner une forme agréable, sans être forcé de retrancher les branches à fleurs, qui poussent toujours aux extrémités des rejettons de l'année : ainsi, il faut laisser pousser librement les branches en été, & ne pas les palisser avant le milieu ou la fin de Mars ; car elles seroient fréquemment détruites, si elles étoient frappées de la gélée aussi-tôt qu'elles viennent d'être taillées.

Il y a deux variétés de cette espece à feuilles panachées,

l'une en blanc, & l'autre en jaune ; la derniere eſt la plus commune ; elles ſe multiplient en les greffant ſur des Jaſmins communs : il arrive ſouvent que les greffes ne prennent point ; mais malgré cela, el-les communiquent leur cou-leur aux feuilles du ſujet ſur lequel elles ont été appliquées ; de ſorte que, quelque tems après, au-deſſus & au bas de la place de la greffe, les nouveaux rejettons ſe trouvent pana-chés ; & l'année ſuivante, j'ai ſouvent obſervé des branches fort éloignées de la greffe, & qui n'avoient eu avec elle d'au-tre communication que par la racine, être auſſi panachées que les branches les plus voi-ſines ; ce qui prouveroit que la ſève de la greffe eſt deſcen-due juſqu'aux racines, *& que le panache eſt une maladie qui ſe communique aiſément.*

Ces deux eſpeces panachées doivent être plantées dans des ſituations chaudes, ſur-tout la blanche ; car elles ſont beaucoup plus tendres que la commune & fort ſujettes à pé-rir, lorſqu'elles ſont expoſées aux fortes gelées : c'eſt-pour-quoi il faut placer celles à raies blanches à l'aſpeɛ du Midi ou du Sud-oueſt, & les couvrir de litiere ou de nattes en hi-ver.

Celles qui ſont panachées en jaune, n'étant pas auſſi ten-dres que les précédentes, peu-vent être plantées contre des murailles expoſées au Levant ou au Couchant : cette va-riété eſt beaucoup moins eſ-timée que l'autre.

*Humile.* La ſeconde, à la-quelle les Jardiniers donnent communément le nom de *Jaſ-min jaune d'Italie*, parce qu'on nous l'apporte tous les ans de ce pays avec les Orangers, eſt toujours greffée ſur des tiges de Jaſmin jaune commun ; de ſorte que, ſi les greffes ſe flétriſſent, les plantes ne ſont plus d'aucune valeur : cette eſpece eſt un peu plus déli-cate que les communes ; ce-pendant elle ſupporte le froid de nos hivers ordinaires, ſi elle eſt plantée à une expoſi-tion chaude.

Les fleurs ſont plus larges que celle du Jaſmin jaune commun, mais elles ont très-peu d'odeur, & ne paroiſſent pas auſſi-tôt. On peut la mul-tiplier en couchant ſes jeunes branches, comme on l'a preſ-crit pour le Jaſmin blanc com-mun, ou en la greffant ſur le Jaſmin jaune ordinaire : cette derniere méthode doit être préférée aux marcottes, parce que les plantes qui en provien-nent ſont plus dures ; il faut les planter contre des murail-les à une expoſition chaude, & les mettre à l'abri des froids rigoureux, en les couvrant avec des nattes.

La méthode pour dreſſer & tailler cette eſpece étant la même que celle qui eſt em-ployée pour le Jaſmin blanc, je n'entrerai pas ici dans un plus grand détail.

*Fruticans.* La troiſieme étoit autrefois plus cultivée dans les jardins qu'elle ne l'eſt à pré-ſent ; les fleurs ont ſi peu d'o-deur que perſonne ne les eſ-time ;

time ; ses branches foibles &
angulaires, exigent des soutiens
& s'élevent à la hauteur de huit
à dix pieds si elles sont fixées
à des palissades. Cette plante
produit souvent de sa racine
un grand nombre de rejettons,
ce qui est désagréable dans les
plates-bandes des jardins d'ornement ; & comme on ne peut
l'élever en plein vent, on l'a
presque entierement rejettée :
on la multiplie aisément par
rejettons ou par marcottes.

*Grandi-florum.* La quatrieme
espece croît naturellement dans
les Indes, ainsi que dans
l'Isle de Tabago où les bois
en sont remplis. Le Docteur
Robert Millar m'en a en-
voyé une grande quantité de
ce pays : ses branches sont
beaucoup plus grosses que celles du *Jasmin* blanc : ses feuilles sont ailées, & composées
de trois paires de lobes, courts,
obtus, avec une pointe aiguë
à leur extrémité, & terminées
par un lobe impair ; ces lobes
sont plus rapprochés que ceux
du *Jasmin* commun, & d'un
vert plus clair : ses fleurs sortent des aisselles des tiges sur
des pédoncules de deux pouces de longueur, dont chacun
en soutient trois ou quatre ;
elles sont d'un rouge pâle en-
dehors & blanches en-dedans :
leurs tubes sont plus longs,
& leurs segmens sont émoussés,
tordus à l'ouverture du tube
& d'une texture beaucoup plus
épaisse que dans le *Jasmin* commun ; de sorte qu'il n'est point
douteux que celui-ci ne soit
une espece distincte & que
Linnée ne s'y soit trompé en

*Tome IV.*

le confondant avec l'autre.
Comme on greffe généralement
cette espece sur des tiges de
*Jasmin* commun, ces tiges poussent toujours des rejettons qui
produisent des fleurs, & qui
finissent par détruire les greffes, si on les laisse subsister ;
de maniere que cette plante
ne differe plus alors de l'espece commune : c'est ce qui
a sans doute trompé ce Botaniste, & lui a fait croire que
la différence qu'il avoit d'a-
bord observée entre ces deux
especes, n'étoit qu'une variété
accidentelle produite par la
culture : mais sur l'inspection
seule des feuilles, il auroit dû
les séparer, comme il s'y est
enfin déterminé dans sa derniere
édition du *Species Plantarum*.

On greffe cette plante sur
le *Jasmin* blanc commun, parce
qu'elle réussit bien de cette
maniere, & qu'elle est plus
dure qu'étant greffée sur elle-
même ; mais comme on nous
l'apporte en si grande quantité
de l'Italie, qu'on ne prend pas
la peine de la greffer ici, je
donnerai seulement la maniere
de la conduire quand on la
reçoit. Ces plantes arrivent
communément en Angleterre
en petits paquets de quatre,
dont les racines sont enveloppées de mousse pour les tenir
fraîches ; ce qui souvent leur
fait pousser des rejettons, si
elles sont trop long-tems en
route ; on retranche alors ces
rejettons, qui, sans cela,
épuiseroient toute la nourriture de la plante & détruiroient
la greffe.

En choisissant ces plantes,

K

on doit obferver avec foin, fi les greffes font vives & en bon état; car fi elles étoient brunes, rétrécies ou ridées, elles ne poufferoient pas, & on ne conferveroit que la tige de l'efpece commune. Lorfqu'on reçoit ces plantes, il faut ôter toute la mouffe des racines, retrancher les branches flétries, faire tremper les racines dans des baquets d'eau placés dans une ferre ou une chambre pour les préferver du froid, & les laiffer ainfi pendant deux jours ; après ce tems, on détache toutes les racines feches, on taille les branches à quatre pouces de la greffe, on les plante dans des pots remplis d'une terre fraîche & légere, & on les plonge dans une couche de tan de chaleur modérée, en obfervant de les arrofer & de les tenir à l'ombre : un mois ou fix femaines après, elles commenceront à pouffer; alors on détachera tous les rejettons qu'on appercevra au-deffous de la greffe, on leur donnera beaucoup d'air en hauffant les vitrages pendant la chaleur du jour; on pincera les extrémités des bianches lorfqu'elles s'allongeront, pour les fortifier, & enfin on les accoutumera par degrés à fupporter le plein air, auquel on les expofera tout à-fait vers le commencement du mois de Juin, en les plaçant à une expofition chaude dans le premier été; car fi elles étoient trop au vent, elles feroient peu de progrès, parce que leur féjour dans la couche les a rendu un peu

délicates : fi l'été eft chaud, & que ces arbriffeaux aient bien réuffi, ils produiront quelques fleurs dès l'automne fuivant, mais en très-petit nombre, & beaucoup moins groffes que dans l'année fuivante, parce qu'alors ils feront plus forts & qu'ils auront acquis de meilleures racines.

On les conferve ordinairement dans les ferres, où ils doivent être fréquemment arrofés en hiver, mais toujours légérement, fur-tout dans les tems froids; parce que trop d'humidité dans cette faifon fait aifément pourrir les fibres de leurs racines. Comme ils ont auffi befoin de beaucoup d'air lorfque le tems le permet, on les place dans les endroits les plus froids de la ferre parmi les plantes dures, où l'on ouvre les fenêtres chaque jour, excepté dans les tems de gelée : il faut avoir l'attention de ne pas trop les couvrir avec les autres plantes, parce que cette feule caufe fuffit pour faire moifir & flétrir les jeunes branches. Au mois d'Avril, on taille & on rapproche ces plantes à quatre yeux, & on a foin de retrancher toutes les branches foibles; & fi l'on a des ferres à vitrages ou des châffis profonds dans lefquels on puiffe les mettre dans cette faifon, elles poufferont & fleuriront plus aifément : cependant il ne faut pas les trop forcer. Auffi-tôt que leurs jets auront atteint la hauteur de trois ou quatre pouces, on ouvrira les vitrages pendant le jour pour accoutumer les plantes par dégrés au plein air, auquel on les exposera dans le commencement de Juin ; car sans cela, les fleurs ne seroient pas aussi belles & ne dureroient pas aussi long-tems. Si l'automne est favorable, ces plantes continueront à fleurir jusqu'en Novembre, & quelquefois plus tard si elles sont fortes ; mais alors, il faut leur donner beaucoup d'air lorsque le tems est doux, sans quoi les boutons se moisiroient, & se flétriroient bientôt.

Quoique l'usage ordinaire soit de conserver ces plantes dans les serres, cependant elles peuvent supporter en plein air le froid de nos hivers ordinaires, pourvu qu'on ait l'attention de les planter contre des murailles à une exposition chaude, & de les couvrir avec des nattes pendant les gelées ; par ce moyen elles produiront dix fois plus de fleurs que celles qui sont conservées dans des pots, & ces fleurs seront aussi beaucoup plus belles ; mais on ne doit pas les mettre en pleine terre qu'elles ne soient devenues fortes, & qu'elles n'aient été conservées dans des pots pendant trois ou quatre ans, si on veut les préserver des ravages de la gelée. On fait cette transplantation au mois de Mai, afin qu'elles aient le tems d'acquérir de bonnes racines avant l'hiver ; on les tire des pots avec leurs mottes entieres, & on les place de façon que leurs tiges soient contre la muraille : on remplit ensuite les trous

dans lesquels on les a mises avec une terre riche & légère ; on les arrose pour affermir la terre, on attache les branches au treillage, on raccourcit celles qui sont trop longues, afin qu'elles puissent pousser au-dessous pour garnir le mur, & l'on continue ensuite à palisser les rejettons à mesure qu'ils sortent.

Ces plantes commenceront à fleurir au milieu ou vers la fin de Juillet, & continueront à produire de nouvelles fleurs jusqu'aux gelées : alors il faudra retrancher avec soin tous les sommets chargés de boutons, ainsi que les branches dont les fleurs sont fanées ; parce que toutes ces parties se moisiroient bientôt, gâteroient le jeune bois, & feroient beaucoup de tort aux plantes.

Vers le milieu de Novembre, lorsque le tems est froid, & qu'il gele pendant les nuits, il faut commencer à couvrir ces plantes avec des nattes, pourvu qu'elles soient tout-àfait seches ; car si les branches conservoient de l'humidité, elles se moisiroient, & se détruiroient bientôt : il sera aussi nécessaire d'ôter les nattes toutes les fois que le tems le permettra, pour dissiper cette humidité, & ne les recouvrir que pendant les gelées ; alors on répandra de la litiere sur leurs racines, & on entourera leurs tiges avec du foin.

A mesure que le tems devient plus dur, on augmente les couvertures, & l'on met jusqu'à deux ou trois paillassons fur les arbriffeaux : fi l'on prend exactement toutes ces précautions, on les confervera même dans les hivers les plus rudes. Au printems, lorfque le tems eft plus chaud, on les découvre par dégrés, pour ne pas les expofer trop promptement au plein air, & on les tient toujours à l'abri des gelées du matin & des vents fecs d'Orient qui regnent fouvent dans le mois de Mars. Ainfi on n'ôte ces couvertures tout-à-fait qu'au milieu du mois d'Avril & lorfque la faifon eft fûre : alors on taille ces plantes, on retranche toutes les branches foibles, ainfi que celles qui font flétries, & l'on rapproche les plus fortes à deux pieds de longueur, pour les faire pouffer plus vigoureufement , & leur faire produire beaucoup de fleurs.

Il y a une variété de cette efpece à fleurs femi-doubles , qui eft à préfent fort rare en Angleterre, & qu'on ne trouve guere que dans les jardins des curieux, quoiqu'elle foit affez commune en Italie, d'où on l'apporte quelquefois avec les fimples. Les fleurs de cette efpece n'ont que deux rangs de pétales ; de forte qu'on la cultive plutôt par curiofité que pour fa beauté : on la multiplie en la greffant fur le *Jafmin blanc* commun , comme on le pratique pour les fimples, & on la traite de la même maniere.

*Odoratiffimum.* La cinquieme , qui croît fans culture dans les Indes, s'éleve à la hauteur de huit ou dix pieds , avec une tige droite & ligneufe, cou-

verte d'une écorce brune, & de laquelle fortent plufieurs branches foibles qui ont befoin de foutien : ces branches font très-garnies de feuilles d'un vert luifant, alternes, & formées par trois lobes, dont les deux latéraux font oppofés & beaucoup plus petits que celui du milieu ; elles font ovales, entieres, & confervent leur verdure pendant toute l'année : les fleurs font produites en paquets aux extrémités des branches ; elles ont des tubes minces, longs, & divifés au fommet en cinq fegmens qui s'étendent & s'ouvrent : ces fleurs, dont l'odeur eft très-agréable , font d'un jaune brillant : elle paroiffent dans les mois de Juillet, d'Août, de Septembre , d'Octobre , & quelquefois même jufqu'à la fin de Novembre, & font fouvent remplacées par des baies oblongues & ovales qui deviennent noires en mûriffant, & dont chacune renferme deux femences.

Cette efpece de Jafmin fe multiplie par femences ou par marcottes; les femences réuffiffent quelquefois en Angleterre. Lorfqu'on veut employer ce moyen, on place au printems quelques petits pots , remplis d'une terre fraîche & légere dans une couche de chaleur tempérée ; un ou deux jours après, lorfque la terre des pots eft échauffée , on met dans chacun quatre graines qu'on recouvre d'un pouce de la même terre, en obfervant de les arrofer toutes les fois que la terre fe trouve feche ,

mais avec modération , sans
quoi les semences risqueroient
d'être attaquées de pourriture.
Six ou huit semaines après,
les plantes paroîtront ; alors
il fera néceffaire de mettre les pots fur une nouvelle
couche de chaleur modérée ,
afin de les avancer : on les
arrose auffi fouvent qu'il eft
néceffaire ; on souleve les vitrages affez haut pendant la
chaleur du jour , & on les
tient à l'ombre avec des nattes pour empêcher qu'elles
ne foient brûlées par le foleil.
Vers le milieu du mois de Mai,
on ôte les vitrages , lorfque
le tems eft chaud, pour les
accoutumer à l'air, fans cependant les expofer trop au
foleil dans le commencement,
ce qui leur feroit très-contrai-
re. On choifit donc , pour
commencer à les mettre à l'air ,
un tems chaud & nébuleux,
ou une pluie douce , &
on ne les expofe que par dégrés aux ardeurs du foleil ;
on ôte les pots de la couche
au mois de Juin , pour les
placer dans une fituation bien
abritée , où les plantes pourront
refter jufqu'au commencement
d'Octobre. Après ce tems, on
les portera dans la ferre, où
on leur procurera autant d'air
qu'il fera poffible, & on fera
en forte qu'elles ne foient point
couvertes par les autres plantes.

Ces plantes veulent être fouvent arrofées pendant l'hiver,
mais toujours légerement à la
fois. Au mois de Mars, on place
ces plantes chacune féparément
dans des pots , après les avoir
enlevées avec leurs mottes ;

& fi alors on les plonge dans
une autre couche de chaleur
modérée , elles poufferont de
nouvelles racines & fe forti-
fieront : mais lorfqu'elles font
parvenues à ce point, il eft
néceffaire de leur donner beaucoup d'air ; car fans cela elles
s'affoibliroient, & deviendroient
incapables de fupporter leurs
têtes.

On les endurcit enfuite au
plein air, & on les y expofe
tout-à-fait vers le milieu du
mois de Mai , en obfervant ce
qui a été prefcrit plus haut ;
on les tient à l'abri des vents
forts qui pourroient leur être
très-nuifibles , fur-tout dans
leur jeuneffe ; on les remet dans
la ferre pour y paffer l'hiver ,
& on leur continue les mêmes
foins dans la fuite : au moyen
de ce traitement, ces plantes
feront de grands progrès , &
donneront annuellement une
grande quantité de fleurs.

Ces plantes font affez dures ,
& n'exigent aucun autre foin
pendant l'hiver que d'être mifes à couvert des fortes gelées. J'ignore fi elles pourroient
fubfifter en plein air, contre une
muraille chaude ; mais on peut
l'effayer en enrifquant quelques-unes , & je crois que l'on
réuffiroit d'autant mieux qu'elles font plus dures que le
*Jafmin* d'Efpagne : mais il y a
cette différence entre les deux
efpeces , que le Jafmin des Indes , ayant des feuilles larges,
épaiffes & toujours vertes ,
fi on le couvroit pendant l'hiver comme celui d'Efpagne ,
il perdroit fes feuilles par la
pourriture, & fes jeunes bran-

ches fe flétriroient ; mais comme il n'a befoin de couvertures que pendant les fortes gelées, en mettant du terreau fur fes racines, en abritant légerement fes branches dans les gelées ordinaires, & en laiffant les plantes à découvert pendant le jour, il n'y aura point autant de rifque qu'elles foient endommagées, que fi elles étoient couvertes plus long-tems. Il faut les paliffer au printems, & retrancher toutes les branches flétries, fans toucher aux autres, comme on le pratique pour le *Jafmin* d'Efpagne ; car les fleurs de cette efpece n'étant produites qu'aux extrémités des branches, il n'y en auroit plus, fi l'on tailloit les rejettons : comme les branches de celle-ci font plus ligneufes que celle du *Jafmin* d'Efpagne, les rejettons de l'année ne produifent jamais de fleurs. Si l'on veut multiplier cette plante par marcottes, il faut coucher fes jeunes branches au mois de Mars, en obfervant de les couper aux nœuds, comme quand on marcotte les œillets, & de les arrofer fouvent dans les tems fecs : fi on les foigne convenablement, elles feront bien enracinées au printems fuivant & en état d'être tranfplantées ; alors on les met chacune féparément dans des pots remplis d'une terre légere, & on les traite comme les plantes de femences.

On multiplie auffi cette efpece très-aifément en la greffant fur des tiges de *Jafmin jaune* commun : mais les plantes qui en proviennent ne font jamais auffi fortes que celles qui font fur leurs propres tiges ; d'ailleurs, le *Jafmin jaune* commun eft fort fujet à pouffer un grand nombre de rejettons de fes racines, ce qui le rend défagréable, & fi on ne les arrache pas conftamment à mefure qu'ils paroiffent, ils privent bientôt les plantes de toute nourriture.

*Azoricum.* La fixieme efpece qu'on rencontre dans les ifles Açores, a des branches minces qui exigent un foutien, mais qui, fi on leur en fournit, peuvent s'élever jufqu'à la hauteur de vingt pieds : ces tiges font garnies de feuilles à trois lobes, larges, en forme de cœur, d'un vert luifant, oppofées fur les branches, & qui durent toute l'année.

Les fleurs qui naiffent en paquets clairs aux extrémités des branches, ont des tubes longs, étroits & découpés au fommet en cinq fegmens étendus ; elles font d'un blanc clair, & ont une odeur très-agréable : cette plante fleurit en même tems que les précédentes : les Jardiniers lui donnent communément le nom de *Jafmin à feuilles de lierre.* Ce *Jafmin* eft affez dur, & n'exige d'être abrité que pendant les fortes gelées : je fuis perfuadé que s'il étoit planté contre une muraille expofée au Midi, & traité comme le *Jafmin jaune* des Indes, il réuffiroit très-bien ; car je me fouviens d'en avoir vu quelques plantes croître contre un mur, dans les jardins de Hampton - Court, où elles réfistoient aux froids de nos hivers, & fleurissoient beaucoup mieux que celles qu'on tient en pots.

Cette espece se multiplie comme le *Jasmin jaune* des Indes, & exige le même traitement.

Cette plante est une des plus belles de la serre ; car ses feuilles sont d'un vert brillant, & font un très-bel effet durant toute l'année : ses fleurs répandent une odeur agréable, & durent très-long-tems.

*Gardenia florida.* La septieme espece a été apportée du Cap de Bonne-Espérance, par le Capitaine HUTCHINSON qui l'a trouvée à quelque distance de la mer ; attiré par la bonne odeur qui se faisoit sentir à une grande distance, après l'avoir examinée, & remarqué la place, il y retourna le lendemain, la fit mettre avec soin dans une caisse remplie de la même terre dans laquelle elle se trouvoit, & la fit transporter à bord de son vaisseau le *Godolphin* : elle continua à fleurir pendant presque tout son trajet, jusqu'en Angleterre, où elle arriva en bon état, & y produisit des fleurs plusieurs années de suite dans le jardin curieux de RICHARD WARNER, à Woodford en Essex, qui a eu la bonté de m'en donner une branche en fleurs, pour embellir les figures de mes plantes, où elle est représentée dans la cent-dix-huitieme planche.

Il paroît qu'aucun Botaniste n'a connu cette plante, car je n'en ai jamais vu ni figure ni description dans aucun livre. On trouve une espece qui en approche dans le *Hortus Malabaricus*, ainsi que dans le *Recueil des Plantes de Céylan*, fait par BURMANN : elle est intitulée *Nandi Ervatum Major*, [*Hort Malab.*] ; mais elle differe de celle-ci, en ce que ses feuilles sont plus longues & plus étroites, que le tube de la fleur est gros, & que ses segmens ne s'étendent pas autant : d'ailleurs les fleurs du *Jasmin du Cap* se changent en couleur de buffle avant de se flétrir, ce qui ne permet point de douter qu'elle ne soit différente de celle de BURMANN : il est cependant singulier que les habitans du Cap de Bonne-Espérance ne connoissent point cette plante, car elle ne se trouve dans aucuns de leurs jardins, & le Capitaine n'a pu en trouver d'autre que celle qu'il a rapportée en Angleterre. La tige de cette plante est grosse & ligneuse ; elle pousse plusieurs branches qui commencent par être vertes, & dont l'écorce devient ensuite grise & unie : ses branches sont opposées & chargées de nœuds courts, les feuilles sont sessiles & opposées ; elles ont cinq pouces de longueur & leur largeur, qui est de deux pouces & demi dans le milieu, diminue par dégrés vers chaque extrémité ; elles sont terminées en pointe, d'un vert luisant, entieres, d'une substance épaisse, & ont plusieurs veines qui s'étendent depuis la côte du milieu jusqu'aux bords : les fleurs sont produites aux extrémités des branches, tout près des feuilles; leur calice est tubal, a cinq angles, & découpé profondément sur les bords extérieurs, en cinq segmens longs, étroits, & terminés en pointes aiguës; la fleur n'a qu'un pétale, car quoiqu'elle soit découpée en plusieurs segmens profonds, ces segmens sont cependant joints en un tube vers le bas : quelques unes de ces fleurs, qui sont beaucoup plus doubles que les autres, ont trois ou quatre especes de pétales, & un stigmat divisé en deux parties; celles qui sont moins doubles, ont des stigmats séparés en trois portions. Toutes celles que j'ai examinées n'avoient qu'une ou deux étamines; ce qui peut avoir été occasionné par la plénitude des fleurs, comme on l'a souvent observé dans plusieurs especes de plantes, dont les fleurs ont un plus grand nombre de pétales qu'elles ne devroient en avoir : plusieurs n'ont aucune des parties de la génération; & d'autres n'ont que les parties mâles.

Cette fleur est tout-à-fait ouverte & aussi large qu'une rose médiocre, & quelques-unes sont aussi doubles qu'une *Rose de Damas* : son odeur est très-agréable, & ressemble d'abord à celle de la fleur d'Orange; mais lorsqu'on la respire de près, elle a l'odeur du Narcisse blanc. Cette plante fleurit en Angleterre dans les mois de Juillet & d'Août, mais dans son pays natal, on assûre qu'elle reste en fleur durant



une grande partie de l'année; car le Capitaine qui l'a apportée, a dit que ses fleurs se sont succédées jusqu'à ce que le vaisseau fût arrivé dans un climat plus froid; ce qui avoit arrêté leur développement.

LINNÉE s'est conformé à ce qui a été dit par la Société Royale, pour changer le nom de cette plante en celui de *Gardenia*; mais sa description & ses caracteres ont été pris sur la fleur double par quelques personnes qui se sont trop pressées & qui auroient dû se ressouvenir de ce que LINNÉE recommande au sujet des fleurs doubles. J'ai élevé des semences, depuis quelques années, de plusieurs de ces plantes, dont quelques-unes ont donné des fleurs simples, ayant toutes les marques des doubles; elles se changent en couleur de buffle avant de se faner, & toutes ont trois étamines & un stigmat divisé en trois parties. Dans celles de LINNÉE, il n'y a point d'étamines, mais seulement cinq antheres linéaires; ce qui a été occasionné par l'augmentation du nombre de pétales, ou plutôt de leurs segmens, ce que l'on reconnoît aussi dans les fleurs doubles des œillets, dont quelques-unes n'ont que deux ou trois étamines, pendant que les mêmes fleurs simples en ont communément dix. LINNÉE prétend aussi que la capsule du *Jasmin du Cap*, renferme deux cellules remplies de petites semences; mais ceux qui sont entraînés dans cette méprise, ont depuis supposé que la figure donnée par PLUKNET , dans ſa 448 planche , ſous le titre de *Um-Ky* , étoit le fruit de cette plante , renfermant des ſemences triangulaires & d'une odeur agréable : mais d'après la repréſentation que j'en ai donnée, il eſt certain que c'eſt le fruit d'une plante différente ; car les graines de ce Jaſmin que j'ai ſemées, étoient des baies contenant chacune deux graines ſemblables à celles des autres *Jaſmins*; c'eſt pour cette raiſon que je l'ai laiſſé dans le même genre ,.avec une addition au titre qui indique que la fleur renferme trois étamines.

Cette eſpece ſe multiplie aiſément par boutures , qu'on plante pendant l'été, dans des pots qu'on plonge dans une couche de chaleur modérée , qu'on couvre exactement de cloches de verre , pour en exclurre l'air extérieur, & qu'on tient à l'abri du ſoleil pendant le jour : lorſqu'elles ont pris racine, on les partage avec précaution, & on les tranſplante chacune ſéparément dans de petits pots qu'on replonge dans la couche chaude, où on les tient à l'ombre juſqu'à ce qu'elles aient formé de nouvelles racines ; après quoi on les accoutume par dégrés au plein air.

Quoique les boutures de cette plante prennent aiſément racine & pouſſent de forts rejettons en une ou deux années , cependant elles ſont ſujettes à être arrêtées dans leur accroiſſement; leurs feuilles deviennent pâles & malades, & ſouvent les plantes périſſent bientôt après. De ma connoiſ-

ſance cela eſt arrivé par-tout, quoiqu'on les ait tenues en hiver à pluſieurs dégrés de chaleur différens , & qu'on les ait traitées en été ſuivant des méthodes diverſes. Une perſonne qui avoit demeuré quelques années dans les Indes où elle cultivoit ces plantes dans ſon jardin, m'a appris qu'elles périſſoient ſouvent de la même maniere ; auſſi cette plante a-t-elle beaucoup perdu de ſa valeur en Angleterre.

**JASMINUM ARABICUM** *Voyez* COFFEA.

**JASMINUM ILICIS FOLIO.** *Voyez* LANTANA.

**JASMINUM PERSICUM. V.** SYRINGA.

**JATROPHA.** *Lin. Gen. Plant.* 961. *Manihot. Tourn. Inſt. R. H.* 958. *Tab.* 438. [*Caſſada, or Caſſava.*] Caſſave , noix médicinale d'Amérique.

*Caracteres.* Ce genre a des fleurs mâles & des fleurs femelles ſur la même plante ; le calice des fleurs mâles eſt preſqu'inviſible ; leur corolle eſt monopétale & en forme de ſous-coupe , & elles ont un tube court, dont l'extrémité ſupérieure eſt découpée en cinq ſegmens preſque ronds & étendus ; elles ont dix étamines en forme d'alène, dont cinq ſont alternativement plus courtes que les autres , & qui ſont toutes réunies, érigées dans le centre de la fleur, & terminées par des ſommets preſque ronds mouvans. Les fleurs femelles qui ſont placées dans la même ombelle n'ont point de calice , mais ſeulement cinq pétales qui s'étendent comme ceux de la *Rose* ; au centre eſt placé un germe preſque rond , & ſillonné par trois rainures profondes , qui ſoutiennent trois ſtyles , couronnés par des ſtigmats ſimples ; ce germe ſe change dans la ſuite en une capſule preſque ronde & à trois cellules , dont chacune renferme une ſemence.

Ce genre de plante eſt rangé dans la neuvieme ſection de la vingt–unieme claſſe de LINNÉE , intitulée *Monœcia Monadelphia* , qui comprend celles qui ont des fleurs mâles & des fleurs femelles ſur le même pied , & dont les étamines ſont réunies en un ſeul corps.

Les eſpeces ſont :

1º. *Jatropha Manihot , foliis palmatis , lobis lanceolatis , integerrimis , lævibus. Lin. Sp. Plant.* 1007 ; Caſſave avec des feuilles en forme de main , dont les lobes ſont lanceolés , entiers & unis.

*Jatropha foliis palmatis , pentadactylis ; radice conico-oblongâ , carne ſub-lactea. Brown. Jam.* 349.

*Ricinus minor , Viticis obtuſo folio , caule verrucoſo , flore pentapetalo albido , ex cujus radice tuberoſâ , ſucco venenato turgidâ , Americani panem conficiunt. Sloan. Jam.* 41. *Hiſt.* 1. *p.* 130. *t.* 85.

*Arbor ſucco venenato , radice eſculentâ. Bauh. Pin.* 512. *Tourn. Inſt.* 658. *f.* 438.

*Manihot inodorum , ſivè Yucca foliis Cannabinis. Bauh. Pin.* 90 *Pluk. Alm.* 241. *t.* 205. *f.* 1.

*Manihot Theveti , Yucca & Caſſavi. J. B.* 2. 794 ; Manihot du Thévé & l'Yucca de JEAN BAUHIN.

2º. *Jatropha quinque-lobatus , foliis quinque-lobatis , lobis acuminatis , acutè dentatis , lævibus , caule fruticoſo* ; Caſſave avec des feuilles compoſées de cinq lobes unis , terminés en pointe & dentelés finèment aux bords , avec une tige d'arbriſſeau.

*Juſſievia frutescens , non ſpinoſa , foliis glabris & minùs laciniatis. Houſt. Mss.* ; Juſſiévia en arbriſſeau ſans épines, avec des feuilles unies & moins découpées.

3º. *Jatropha urens aculeata , foliis quinque–lobatis , acutè inciſis , caule herbaceo* ; Jatropha épineux , dont les feuilles ont cinq lobes finement découpés ſur leurs bords, avec une tige herbacée.

*Juſſievia herbacea , ſpinoſiſſima , urens , foliis digitatis & laciniatis. Houſt. Mss.* ; Juſſiévia très–piquante & herbacée , avec des feuilles digitées & découpées.

*Ricinus lactescens , Fici foliis pinulis mordaceis armatis. Pluk. Alm.* 320. *t.* 220. *f.* 3.

4º. *Jatropha herbacea aculeata , foliis trilobis , caule herbaceo. Lin. Sp. Plant.* 1007. *Roy. Lugd. B.* 202 ; Jatropha épineux , avec des feuilles à trois lobes & une tige herbacée.

*Juſſievia herbacea , ſpinoſiſſima , urens , foliis trilobatis minimè inciſis. Houſt. Mss.* ; Juſſiévia épineuſe , piquante & herbacée , avec des feuilles à trois lobes & légèrement dentelées.

5º. *Jatropha Viti–folia , foliis palmatis , dentatis , aculeatis. Hort. Cliff.* 445. *Hort. Ups.* 290. *Roy.*

*Lugd.–B.* 202. *Gron. Virg.* 154. *Jacq. Hort. t. 21. Kniph. cent.* 4. *n. 31*; Jatropha avec des feuilles en forme de main, dentelées & épineuses.

*Manihot spinosissima, folio Vitigineo. Plum. Cat.* 20 ; Cassave, la plus épineuse, à feuilles de vigne.

*Jatropha urens. Lin. Syst. Plant. t.? 4. p. 193. Sp. 7.*

6°. *Jatropha Aconiti-folia, foliis lobatis, dentatis, acuminatis, urentibus, caule arboreo ;* Jatropha avec des feuilles à lobes dentelés, terminés en pointes aiguës & piquantes, ayant une tige d'arbre.

*Jussievia arborea, minùs spinosa, floribus albis umbellatis, foliis Aconiti urentibus ;* Jussiévia en arbre moins épineux, avec des fleurs blanches en ombelles, & des feuilles d'Aconit piquantes.

7°. *Jatropha multi-fida, foliis multi-partitis, lævibus, stipulis setaceis, multi-fidis. Hort. Cliff.* 445. *Roy. Lugd.-B.* 202 ; Jatropha à feuilles lisses & divisées en plusieurs parties, ayant des stipules chargées de poils & à plusieurs pointes.

*Jatropha assurgens, foliis digitatis, angustis, pinnati-fidis. Brown. Jam.* 348.

*Ricinoïdes Americanus, tenuiter diviso folio. Breyn. cent. 116. t. 53. Sloan. Jam. 40. Raii. Hist.* 167. *Moris. Hist.* 3. *p.* 348. *S.* 10. *t.* 3.

*Avellana purgatrix. Bauh. Pin.* 418.

*Manihot folio tenuiter diviso. Dill. Elth.* 217. *t.* 173. *f.* 213.

*Ricinoïdes arbor Americana, folio multi-fido,* 656 ; Ricinoï-

dès en arbre d'Amérique, avec des feuilles divisées en plusieurs segmens, communément appellé, *noix médicinale française d'Amérique.*

8°. *Jatropha Curcas, foliis cordatis angulatis. Hort. Cliff.* 445. *Mat. Med.* 208. *Roy. Lugd.-B.* 102. *Burm. Ind.* 306. *Jacq. Hort.* 3. *t.* 46 ; Jatropha à feuilles angulaires & en forme de cœur.

*Jatropha assurgens, ficûs folio, flore herbaceo. Brown. Jam.* 348.

*Ricinus Americanus major, semine nigro. Bauh. Pin.* 432.

*Ricinus ficûs folio, flore pentapetalo viridi, fructu lævi, pendulo. Sloan. Jam.* 40.

*Mundubignacu. Marcgr. Bras.* 97.

*Ricinoïdes Americana, Gossypii folio. Tourn. Inst.* 656 ; Ricinoïdes d'Amérique, bâtard, à feuilles de coton, ordinairement appellé *noix médicinale d'Amérique, pignon d'Inde,* ou le médicinier.

9°. *Jatropha Staphisagri-folia, foliis quinque-partitis, lobis ovatis integris, setis glandulosis ramosis. Flor. Leyd. Prod.* 202 ; Jatropha avec des feuilles divisées en cinq parties, dont les lobes sont ovales & entiers, ayant des poils branchus qui sortent des glandes.

*Ricinoïdes Americana Staphisagriæ folio. Tourn. Inst.* 656 ; Ricinoïdès d'Amérique, bâtard, à feuilles de *Staphisaigre ;* communément appellé, en Amérique, *herbe au mal de ventre.*

*Jatropha Gossypi-folia. Linn. Syst. Plant. tom.* 4. *pag.* 190. *sp.* 1.

*Jatropha humilior fetis ramo-fis, foliis tri-lobis fivè quinque-lobis denticulatis. Brown. Jam. 348.*

*Ricinus minor, Staphifagriæ folio, flore pentapetalo purpureo. Sloan. Jam. 41. Hift. 1.*

*Ricinus Americanus, perennis, floribus purpureis, Staphifagriæ foliis. Comm. Hort. 1. p. 17 t. 9.*

La premiere efpece eft le *Caffada* ou *Caffave commun*, que l'on cultive pour en faire une efpece de pain dans les contrées chaudes de l'Améri-que : après en avoir exprimé le fuc, qui eft un véritable poi-fon, on le réduit en une fa-rine, dont on fait des gâteaux ou puddings, qu'on regarde comme une nourriture faine.

Cette plante s'éleve à la hauteur de fix ou fept pieds, fous la forme d'un arbriffeau garni de feuilles liffes, fuppor-tées par des pétioles longs & alternes, & compofées de fept lobes réunis en un centre; ces lobes font étroits à leur bâ-fe, mais larges d'un pouce & demi vers le haut, & ter-minés au fommet en une pointe aiguë : les trois lobes du mi-lieu ont à-peu-près fix pouces de longueur fur deux dans la partie la plus large ; mais les deux fuivans n'ont que cinq pouces de long, & les deux latéraux n'en ont que trois : ceux du milieu font finués aux deux bords, près de la pointe, mais les deux côtés font en-tiers. Les fleurs de cette ef-pece naiffent en ombelles aux extrémités des tiges, les unes mâles & les autres femelles dans la même ombelle ; elles



font compofées de cinq pé-tales ronds, étendus & ouverts. Les fleurs mâles ont dix éta-mines réunies en une colon-ne, & les femelles ont un germe rond, avec trois fillons dans le centre qui porte trois ftyles, dont deux font écartés, & le troifieme s'éleve au mi-lieu, quoiqu'il foit affez court; ces ftyles font couronnés par des ftigmats fimples ; le germe fe change, quand la fleur eft paffée, en une capfule ronde & divifée en trois lobes, qui forment trois cellules diftinc-tes, dont chacune contient une femence.

*Quinque-lobata.* La feconde, que le Docteur HOUSTOUN a découverte à la Havanne, d'où il m'a envoyé fes femences, s'éleve à la hauteur de dix à douze pieds, avec une tige droite, d'abord verte & her-bacée, mais qui devient en-fuite ligneufe, & pouffe vers fon fommet quelques branches garnies de feuilles unies, com-pofées de cinq lobes ovales terminés en pointes & den-telés fur leurs bords, en plu-fieurs pointes aiguës & irré-gulieres. Les fleurs mâles & les fleurs femelles font produi-tes dans la même ombelle, aux extrémités des tiges & des capfules unies & divifées en trois cellules, dont chacune contient une fimple femence qui leur fuccede.

*Urens.* La troifieme a en-core été trouvée par le Doc-teur HOUSTOUN, dans des cam-pagnes fablonneufes, aux en-virons de la Vera Cruz, d'où il m'a envoyé fes femences, qui ont très bien réuſſi dans les jardins de Chelſéa. Cette eſpece a une racine fort épaiſ-ſe, charnue & ſemblable à celle d'une *Rave blanche* d'Eſ-pagne ; ſa tige s'éleve à un ou deux pieds de hauteur, comme une pyramide herba-cée, branchue & fort armée de tous côtés de poils très-piquants, blancs & longs, qui cauſent, comme l'Ortie, une douleur brûlante quand on les touche. Ses feuilles ſe diviſent en cinq lobes, dont celui du milieu eſt le plus long ; les deux voiſins ont un pouce de moins, & les deux extérieurs n'ont que la moitié de la lon-gueur de celui du centre : ces lobes ſont profondément de-coupés & ondés ſur leurs bords, & toutes leurs nervu-res ſont fortement armées de piquants, de façon qu'il eſt dangereux de les manier ; tou-tes les parties intermédiaires des feuilles ſont auſſi très-gar-nies de piquants ſemblables à ceux de l'Ortie, mais moins viſibles. Les fleurs qui ſortent en ombelles, aux extrémités des branches, ſont blanches, en forme de gobelet, & auſſi armées de piquants. La même ombelle renferme des fleurs mâles & des fleurs femelles ; ces dernieres ſont remplacées par des capſules triangulaires qui contiennent trois ſemences.

*Herbacea.* La quatrieme eſ-pece s'éleve en tige herbacée, à la hauteur d'environ un pied, & ſe diviſe en deux ou trois branches, garnies de feuilles alternes, ſupportées par de longs pétioles, & compoſées

de trois lobes oblongs, legé-rement ſinués ſur leurs bords, & terminés en pointes aiguës. La plante entiere eſt armée de piquants ſerrés, longs, poil-lus & vénimeux : les fleurs ſont petites, & ſortent en om-belles aux extrémités des bran-ches, elles ſont d'un blanc ſâle ; les mâles & les femelles ſont renfermées dans la même om-belle : les femelles produiſent une capſule ovale, à trois lo-bes, garnie de piquants comme le reſte de la plante, & di-viſée en trois cellules, dont chacune contient une ſimple ſemence : cette eſpece eſt an-nuelle.

*Viti-folia.* La cinquieme a été trouvée dans les environs de Carthagêne, dans la nou-velle Eſpagne, par ROBERT MILLAR, qui a envoyé ſes ſe-mences en Angleterre ; ces graines ont très-bien réuſſi dans pluſieurs jardins. La racine de cette plante eſt épaiſſe, groſſe & charnue ; elle produit une tige herbacée, auſſi groſſe que le pouce, qui s'éleve à la hau-teur de quatre ou cinq pieds, & ſe diviſe en pluſieurs bran-ches, armées de piquants bruns, longs & forts rapprochés. Les pétioles de ſes fleurs ont ſix ou ſept pouces de longueur, & ſont fortement garnis de piquants, moins rapprochés & moins longs que ceux de la tige & des branches ; ſes feuil-les ſont profondément décou-pées en cinq lobes fort den-telés ſur leurs bords, dont les côtes ſont auſſi armées de pi-quants : ſes fleurs qui ſont d'un beau blanc, naiſſent en ombelles fur des pédoncules nuds , aux extrémités des branches ; les mâles & les femelles font comprifes dans la même ombelle : les fleurs mâles paroiffent les premieres ; elles font compofées de cinq pétales , & d'un tube court qui en occupe le fond : les étamines font de la longueur du tube , & réunies en une colonne ; les pétales s'étendent & s'ouvrent en-deffus ; les étamines rempliffent l'ouverture du tube qui les contient ; les fleurs femelles font plus petites , mais de la même forme ; elles n'ont point d'étamine , mais feulement un germe ovale , divifé en trois angles , qui fe change en une capfule à trois lobes , dont chacune forme une cellule diftincte , qui renferme une femence.

*Aconiti-folia.* La fixieme efpece a été découverte par le Docteur HOUSTOUN , à la Vera-Cruz , où on la laiffe croître autour de la Ville comme une plante d'ornement ; elle s'éleve à la hauteur de dix à douze pieds , avec une tige forte , caffante , ligneufe , couverte d'une écorce grife , & divifée en plufieurs branches garnies de feuilles découpées en plufieurs parties comme celles de *l'Aconit* , mais armées de petits piquants femblables à ceux de *l'Ortie.* Les pédoncules fortent aux extrémités des branches ; ils ont cinq ou fix pouces de longueur , & foutiennent une ombelle de fleurs blanches. Les fleurs mâles font monopétales , elles ont un tube affez long & di-

vifé en cinq fegmens à fon extrémité ; les fleurs femelles s'étendent & s'ouvrent en forme de rofe , & renferment dans leur centre un germe qui devient dans la fuite un fruit rond , épineux , à trois lobes , & à trois cellules , dont chacune contient une fimple femence .

*Multi fida.* La feptieme efpece eft à préfent fort commune dans la plupart des ifles des Indes-Occidentales : elle a été apportée du continent , d'abord dans les ifles Françóifes , & de-là dans les ifles Britanniques , où on la nomme *French-phyfic-nut* , Noix médicinale de France , pour la diftinguer de l'efpece fuivante , que l'on appelle fimplement *Phyfic-nut* , *Noix médicinale* , à caufe de fa qualité purgative. Elle s'éleve en une tige épaiffe & molle , à la hauteur de huit ou dix pieds , & fe divife en plufieurs branches , couvertes d'une écorce grifâtre : les feuilles fortent de tous côtés , fur de forts pétioles de fept à huit pouces de longueur ; elles font divifées en neuf ou dix lobes en forme de main , & réunis à leurs bâfes : ces lobes ont fept ou huit pouces de longueur fur deux de large , & leurs bords font découpés en plufieurs pointes oppofées ; le deffus des feuilles eft d'un vert luifant , & le deffous eft gris & un peu cotonneux. Les fleurs naiffent fur de longs pédoncules , aux extrémités des branches , en forme d'ombelles , qui renferment les mâles & les femelles , comme les autres efpeces.

Ces ombelles font larges, & les fleurs, d'une couleur vive écarlate, ont une très-belle apparence, comme les feuilles font auffi remarquables par leur beauté, on cultive cette efpece comme plante d'ornement dans prefque toutes les ifles des Indes occidentales.

*Curcas.* La huitieme, qui croit naturellement dans toutes les ifles des Indes occidentales, s'éleve, avec une forte tige, à la hauteur de douze à quatorze pieds, & fe divife en plufieurs branches garnies de feuilles angulaires, en forme de cœur, & terminées en pointes aiguës. Les fleurs font produites en ombelles, aux extrémitésdes branches: elles font mâles ; mais comme elles n'ont qu'une couleur herbacée, elles font très-peu d'effet.

Les fleurs femelles font remplacées par des capfules ovales, oblongues, & à trois cellules renfermant chacune une femence noire & oblongue.

Les Américains employoient autrefois très-communément les femences des deux dernieres efpeces pour fe purger ; mais ce purgatif eft fi violent qu'on s'en fert très-rarement aujourd'hui : trois ou quatre de ces noix ont purgé par haut & par bas, près de quarante fois, une perfonne qui ignoroit leur effet. On croit que cette qualité purgative eft contenue dans une peau mince ou pellicule qui revêt l'intérieur de la noix, & que, fi on la ratiffoit, le fruit ne produiroit plus aucun effet,

& pourrroit être mangé fans danger. On emploie les feuilles de la huitieme efpece dans les bains & les fomentations

*Staphifagri-folia.* La neuvieme naît fpontanément dans les Indes Occidentales, où on la nomme quelquefois *Manihot fauvage*, & ailleurs, *Belly ach Weed*, ou Herbe pour le mal de ventre ; parce qu'on croit que fes feuilles font un remede pour la colique venteufe. Elle s'éleve à la hauteur de trois ou quatre pieds, en tiges molles, herbacées, & couvertes d'une écorce pourpre ; les nœuds font hériffés de poils branchus, qui s'élevent en petits paquets, non-feulement fur la tige principale, mais auffi fur les branches & les pétioles. La tige fe divife vers le haut en deux ou trois branches, chargées de feuilles, fupportées par de longs pétioles, & divifées en cinq lobes entiers, ovales & terminés en pointes aiguës : les fleurs font produites en petites ombelles, aux extrémités des branches, fur des pédoncules foibles & nuds ; elles font d'un pourpre foncé : les fleurs mâles & les femelles font renfermées dans la même ombelle ; les femelles produifent des capfules tricellulaires, oblongues, unies & couvertes d'une pellicule qui devient noire en mûriffant ; chacune de leurs cellules contient une femence brune & oblongue.

Toutes ces plantes étant originaires des contrées les plus chaudes de l'Amérique, font trop delicates pour profiter en plein air dans notre climat.

On cultive la premiere efpece en Amérique, comme une plante alimentaire : on la multiplie en faifant des boutures de fept à huit pouces qui prennent aifément racine : mais comme la maniere de les conduire eft rapportée dans différens livres, je n'en dirai rien ici.

Les autres fe multiplient facilement par leurs graines, qu'il faut femer au printems fur de bonnes couches chaudes. Lorfque les plantes font affez fortes, on les met chacune féparément dans des petits pots remplis de terre légere, on les plonge dans une nouvelle couche chaude de tan, on les tient à l'ombre, jufqu'à ce qu'elles 'aient pouffé de nouvelles racines, & on les traite pour la fuite de la mème maniere que les autres plantes des pays chauds, en leur donnant de l'air journellement à proportion de la chaleur de la faifon ; mais comme plufieurs de ces efpeces ont des tiges fucculentes, dont quelques-unes renferment une féve laiteufe, il ne faut les arrofer que très-peu, parce que l'humidité les détruiroit promptement.

La quatrieme eft une plante annuelle qui produira de bonnes graines dans l'année, fi on la feme de bonne heure au printems, & fi on hâte l'accroiffement des plantes.

Les autres font vivaces, & ne fleuriffent que dans la feconde ou la troifieme année ; c'eft-pourquoi on doit les plon-



ger dans la couche de la ferre chaude, où on les laiffera conftamment : on leur donne beaucoup d'air dans les grandes chaleurs, & en hiver on ne les arrofe que très-peu ; au moyen de ce traitement, on les confervera plufieurs années en Angleterre, où elles fleuriront & produiront de bonnes femences.

IBERIS. *Dillen. Nov. Gen. 6. Lin. Gen. Plant.* 721. *Thlafpidium. Tourn. Inft. R. H.* 214. *Tab.* 101. [*Sciatica Creff.*] efpece de Thlafpi, Creffon fauvage.

*Caracteres.* La fleur a un calice formé par quatre feuilles ovales, étendues, concaves & qui tombent. La corolle eft compofée de quatre pétales inégaux, ovales, obtus & étendus, avec des onglets oblongs & érigés, dont les deux extérieurs font plus longs que les autres. La fleur a fix étamines érigées & en forme d'alène, dont les deux latérales font plus courtes que les autres, & qui font toutes terminées par des fommets prefque ronds. Au centre du tube, eft placé un germe rond & comprimé, qui foutient un ftyle court, fimple, & couronné par un ftigmat obtus ; ce germe devient dans la fuite une filique prefque ronde, comprimée & à deux cellules, qui renferment chacune une fimple femence ovale.

Ce genre de plantes eft rangé dans la premiere fection de la quinzieme claffe de LINNÉE, intitulée, *Tetradynamia Siliquofa*, qui renferme celles dont les fleurs ont quatre étamines
longues

longues & deux plus courtes,
avec des femences renfermées
dans de courtes filiques.

Les efpeces font :

1°. *Iberis femper florens, fru-*
*tefcens, foliis cunei-formibus, ob-*
*tufis, integerrimis. Lin. Hort.*
*Cliff. 330. Hort. Ups. 184. Roy.*
*Lugd.-B. 336. Kniph. cent. 12.*
*n. 59*; Ibéris en arbriffeau à
feuilles entieres, obtufes, &
en forme de coin, communement appellée, l'arbre CANDY-
TUFT.

*Leucoium fruticofum umbella-*
*tum, Perficum, foliis Leucoii inf-*
*tar femper virentibus. Moris. Hift.*
*2. p. 296.*

*Thlafpi lati folium polycarpon,*
*Leucoii foliis. Bocc. Sic. 55. t.*
*22. f. a. 1.*

*Thlafpidium fruticofum, Leu-*
*coii folio, femper florens. Tourn.*
*Inft. 214*; Thlafpi en arbriffeau à feuilles de Giroflée,
toujours fleuriffant. Thlafpi
vivace.

*Thlafpi Perficum. Riu. tetrap.*
*224. f. 2.*

2°. *Iberis femper virens, fru-*
*tefcens, foliis linearibus, acutis,*
*integerrimis. Lin. Hort. Cliff. 330.*
*Roy. Lugd.-B. 336*; Ibéris en
arbriffeau avec des feuilles
étroites, entieres & pointues,
communément appellée Thlafpi
vivace.

*Thlafpi montanum, femper vi-*
*rens. C. B. p. 106*; Thlafpi de
montagne, toujours vert.

*Thlafpi montanum candidum.*
*Dalech. Hift. 1180.*

*Thlafpi Creticum perenne, flore*
*albo. Barr. Ic. 214. & 734.*

3°. *Iberis umbellata herbacea,*
*foliis lanceolatis, acuminatis,*
*inferioribus ferratis; fuperioribus*

Tome IV.



*integerrimis. Lin. Hort. Cliff. 330.*
*Hort. Ups. 184. Roy. Lugd.-*
*B. 336. Sabb. Hort. 4. t. 7*;
Ibéris herbacée, avec des feuilles en forme de lance & pointues, dont celles du bas font
fciées, & les fupérieures entieres, communément appellé
Thlafpi.

*Thlafpi Creticum quibufdam,*
*flore rubente & albo. J. B.*
*2. 924*; véritable Moutarde
de Candie, à fleurs blanches
& rougeâtres. Thlafpi de Jardin.

*Thlafphi umbellatum. Crantz.*
*Auftr. p. 25.*

*Iberis Cretica. Riu. tetr. 225.*

*Thlafpi umbellatum Creticum,*
*Iberidis folio. Bauh. Pin. 106.*

*Draba fivè Arabis, fivè Thlaf-*
*pi Candiæ. Dod. Pempt. 713.*

4°. *Iberis odorata herbacea,*
*foliis linearibus, fupernè dilatatis,*
*ferratis. Flor. Leyd. 330. Roy.*
*Ludg.-B. 336*; Ibéris à feuilles étroites, fciées & étendues
vers le haut.

*Thlafpi umbellatum Creticum,*
*flore albo, odoro, minus. C. B.*
*p. 106*; Thlafpi de l'ifle de Candie à fleurs blanches en ombelles qui répandent une odeur
agréable.

*Thlafpi parvum 4, odorato*
*flore. Clus. Hift. 2. p. 132.*

5°. *Iberis nudi-caulis herbacea,*
*foliis finuatis, caule fimplici.*
*Lin. Hort. Cliff. 328. Fl. Suec.*
*536. 581. Roy. Lugd.-B. 336.*
*Pollich. Pal. n. 615. Mattufch.*
*Sil. n. 480. Doerr. Naff. p. 133.*
*Flor. Dan. 323*; Ibéris à feuilles finuées, avec une tige fimple, nue, & herbacée.

*Iberis foliis pinnatis, pinnis*
*ovatis, acutis. Hall. Helv. n.*
*521.*

L

*Burſa paſtoris minor , foliis in-*
*ciſis. Bauh. Pin.* 108.

*Burſa paſtoris minor. Dod.*
*Pempt.* 103.

*Burſa paſtoris minima. Lob. Ic.*
221.

*Burſa paſtoris parva , folio*
*glabro , ſpiſſo. Bauh. Hiſt.* 2. *p.*
937.

*Naſturtium Petrœum. Tab. Ic.*
451 ; Creſſon de roc.

6°. *Iberis amara herbacea , fo-*
*liis lanceolatis, acutis , ſub-den-*
*tatis , floribus racemoſis. Lin. Hort.*
*Upſal.* 184. *Pollich. Pal. n.* 614.
*Kniph. cent.* 9. *n.* 52. *Scop. carn.*
*ed.* 2. *n.* 806 ; Ibéris avec des
feuilles aiguës , en forme de
lance , & dentelées , dont les
fleurs ſont en paquets.

*Iberis foliis obverſè lanceola-*
*tis , floribus umbellatis. Guett.*
*ſtam.* 2. *p.* 146.

*Iberis foliis dilatatis , denta-*
*tis , floribus umbellatis Hall.*
*Helv. n.* 520.

*Thlaſpi ſiliculis orbiculatis ,*
*bidentatis , floribus racemoſis , pe-*
*talis exterioribus majoribus. Scop.*
*carn. ed.* 1. *p.* 513.

*Thlaſpi amarum. Crantʒ. Auſtr.*
*p.* 25.

*Thlaſpi umbellatum , arvenſe ,*
*Iberidis folio. Bauh. Pin.* 106.

*Thlaſpidium folio Iberidis. Riu.*
*tetr.* 112.

*Thlaſpi arvenſe , umbellatum ,*
*amarum. J. B.* 2. 925. Moutarde amere , en ombelle &
ſauvage. Thlaſpi de montagne.

*Thlaſpi amarum. Tabern. Ic.*
462.

7°. *Iberis rotundi-folia foliis*
*ſub-rotundis , crenatis. Royen.*
*Lin. Sp. Plant.* 49. Ibéris avec
des feuilles crénelées & rondes.

*Thlaſpi minimum , ſiliculis ob-*
*cordatis ; foliis inferioribus ovatis,*
*petiolatis ; ſuperioribus lanceolatis,*
*amplexicaulibus. Ard. Spec.* 2. *p.*
33. *t.* 15. *f.* 1.

*Thlaſpi montanum , ſerrato Ce-*
*peæ folio , flore purpuraſcente ,*
*umbellato. Barr. Ic.* 848.

*Lepidium caule repente , foliis*
*ovatis , amplexicaulibus. Hall.*
*Helv. n.* 517.

*Thlaſpi Alpinum , folio ro-*
*tundiore , carnoſo , flore purpu-*
*raſcente. Tourn. Inſt.* 112 ; Thlaſpi des Alpes , ayant une feuille
plus ronde & charnue , & une
fleur pourpâtre.

8°. *Iberis Lini-folia , fruteſ-*
*cens , foliis linearibus , acutis ,*
*corymbis hemi-ſphæricis ;* Ibèris
en arbriſſeau à feuilles étroites & aiguës , dont les fleurs
ſont en corymbe hémiſphérique.

*Thlaſpi Luſitanicum umbella-*
*tum , Gramineo folio , purpuraſ-*
*cente flore. Tourn. Inſt. R. H.*
213 ; Thlaſpi de Portugal en
ombelle , à feuilles de *Gramen ,*
avec une fleur pourpâtre.

*Semper florens.* La premiere
eſpece eſt une plante en arbriſſeau qui s'éleve rarement
au-deſſus d'un pied & demi
de hauteur , & qui pouſſe pluſieurs branches minces , qui
s'étendent de tous côtés , &
penchent vers la terre ſi on
ne les ſoutient pas : ces branches ſont fort garnies à leur
extrémité de feuilles qui conſervent leur verdure pendant
toute l'année ; & en été ſes
fleurs naiſſent aux extrémités
des rejettons : elles ſont blanches & diſpoſées en ombelles ;

elles reftent belles durant l'automne & fe fuccedent continuellement pendant huit mois.

Comme cette efpece eft un peu tendre, on la conferve toujours dans les ferres pendant l'hiver, où, étant placée fur le devant parmi les autres plantes, elle fait une agréable variété, parce qu'elle fleurit pendant tout l'hiver : mais quoiqu'elle foit ordinairement traitée de cette maniere, elle pourroit cependant réuffir en pleine terre dans les hivers doux, pourvu qu'elle foit plantée dans une fituation chaude & fur un fol fec, & qu'on ait la précaution de la couvrir avec des nattes ou des rofeaux, du chaume de pois, ou de la grande litiere, pendant les fortes gelées : ces plantes de pleine terre profitent mieux, & produifent un plus grand nombre de fleurs que celles qu'on tient dans des pots ; mais le terrein dans lequel elles font placées ne doit pas être trop gras ni trop humide, parce qu'elles poufferoient trop fortement en été, & qu'étant fort fucculentes, elles feroient plus expofées à être détruites par les grands froids : fi au contraire on les tient dans une terre graveleufe ou dans des décombres de chaux, leurs rejettons feront plus courts, plus forts, moins remplis d'humidité & plus en état de réfifter au froid.

Comme cette plante produit très-rarement des femences en Angleterre, on ne peut guere la multiplier que par boutures, qui prendront racine dans l'efpace de deux mois fi on les arrofe à propos, & fi on les tient à l'ombre ; on peut enfuite les mettre dans des pots, ou les tranfplanter fur les plates-bandes qui leur font deftinées.

Il y a une belle variété de cette efpece à feuilles panachées que quelques curieux confervent dans leurs jardins ; mais comme elle eft moins dure que celle à feuilles unies, elle doit être traitée avec plus de ménagement : on la multiplie par boutures de même que les autres.

*Semper virens.* La feconde ne s'éleve guere au-deffus de fix à huit pouces de hauteur ; auffi fes branches ne font pas ligneufes, mais plutôt herbacées: fes feuilles confervent leur verdure pendant toute l'année, & fes fleurs durent auffi long-tems que celles de la premiere, ce qui la fait fort eftimer. Comme cette efpece ne produit pas fouvent des femences en Angleterre, on ne la multiplie ici que par boutures qui prennent aifément racine ; elles exigent le même traitement que celles de la précédente, & croiffent auffi en plein air.

*Umbellata.* La troifieme eft une plante annuelle & baffe dont on formoit autrefois les bordures des plates-bandes dans les parterres ; mais ces efpeces de plantes ne font point propres à cet ufage, parce qu'elles ne rempliffent pas le but auquel elles font deftinées, qui eft d'empêcher la terre des plates-bandes de tomber dans les allées ; & quoiqu'elles produifent un affez bel effet pendant qu'elles font en fleur, ce qui dure rarement plus de quinze jours ou trois femaines , cependant lorfqu'elles font paffées, les plantes deviennent très-défagréables à la vue: c'eft pourquoi ces efpeces de fleurs doivent être femées en petites touffes fur les plates-bandes de parterre, où elles feront très-bien, fi elles font entremêlées avec d'autres fleurs ; & en les femant en trois ou quatre tems diflérens, elles fe fuccéderont jufqu'à l'automne.

Il y a deux variétés de cette efpece, l'une à fleurs rouges, & l'autre à fleurs blanches ; cette derniere n'eft pas commune dans les jardins, & l'on vend ordinairement les femences de la fixieme pour celles de celle-ci : il n'y a que les habiles Botaniftes qui puiffent les diftinguer. Ces plantes n'ont guere que cinq ou fix pouces de hauteur ; mais fi on leur donne affez de place, elles s'étendent de tous côtés, au-lieu 'qu'étant trop ferrées elles deviennent foibles. Comme elles ne fupportent pas aifément la tranfplantation, on les feme fort claires dans le lieu même où elles doivent refter ; & lorfqu'elles font affez fortes, on les éclaircit, & l'on n'en laiffe que fept ou huit dans chaque touffe : par ce moyen elles pousseront des branches de côté, fleuriront beaucoup mieux, & conferveront leur beauté plus long-tems que fi elles étoient trop ferrées. Cette plante n'exige



aucune autre culture que d'être tenue nette de mauvaifes herbes.

*Odorata.* La quatrieme devient rarement auffi groffe que la précédente : fes fleurs font plus petites, mais d'une odeur agréable : elle croît naturellement en Suiffe, & on la conferve dans les jardins de Botanique pour la variété ; elle eft auffi annuelle , & demande la même culture que la troifieme.

*Nudi-caulis.* La cinquieme fe trouve dans plufieurs endroits de l'Angleterre fur des terreins fablonneux & remplis de roches ; mais on la voit rarement dans les jardins : fes feuilles font petites, découpées jufqu'à la côte du milieu , & étendues fur la terre ; du milieu de ces feuilles s'éleve un pédoncule nud, de deux ou trois pouces de longueur, qui foutient de petites ombelles de fleurs blanches : cette plante eft annuelle, & doit être femée en automne dans les places où elle doit refter ; elle n'exige que d'être débarraffée de mauvaifes herbes.

*Amara.* La fixieme reffemble beaucoup à la troifieme ; mais elle en differe dans la forme de fes feuilles : fes fleurs, qui font blanches, produifent une agréable variété , quand elles font mêlées parmi les rouges ; cette efpece fe cultive de la même maniere.

*Rotundi-folia.* La feptieme croît fauvage fur les Alpes, d'où elle m'a été envoyée ; c'eft une plante vivace dont les racines pénetrent affez profondément dans la terre : ſes feuilles radicales ſont rondes, charnues, & crénelées ſur leurs bords ; la tige qui s'éleve à la hauteur de quatre ou cinq pouces, eſt garnie de feuilles petites & oblongues, qui l'embraſſent à moitié avec leurs bâſes : ſes fleurs terminent les tiges en ombelles rondes & ſerrées ; elles ſont de couleur pourpre, & paroiſſent en Juin : mais elles produiſent rarement des ſemences en Angleterre.

On multiplie cette eſpece par ſes graines, qu'il faut ſemer en automne ſur une platebande à l'ombre. Lorſque les plantes ſont aſſez fortes pour être tranſplantées, on les place à l'ombre dans les lieux qui leur ſont deſtinés, où elles n'exigent aucun autre ſoin que d'être tenues nettes de mauvaiſes herbes.

*Lini-folia.* La huitieme, qui croît ſans culture en Eſpagne & en Portugal, reſſemble beaucoup à la ſeconde, mais ſes tiges ne s'étendent pas autant ; elles ſont droites, hautes de ſept ou huit pouces, ligneuſes & vivaces : ſes feuilles ſont fort étroites, ſeſſiles, d'un pouce environ de longueur, & râſes ſur les tiges : ſes fleurs naiſſent en ombelles hémiſphériques aux extrémités des tiges ; elles ſont de couleur pourpre & paroiſſent en Mai & en Juin : mais elles ne produiſent pas ſouvent de ſemences en Angleterre.

On peut multiplier cette eſpece par boutures, qui exigent le même traitement que celles de la premiere. On met quelques plantes dans une platebande chaude & ſeche, où elles ſupporteront les froids de nos hivers ordinaires ; mais il ſera prudent d'en conſerver deux ou trois dans des pots, qu'on tiendra à couvert ſous un châſſis pendant l'hiver, pour renouveler l'eſpece, ſi celles de pleine terre viennent à périr.

IBISCUS. *Voyez* HIBISCUS.

ICACO, ICAQUE, *ou* PRUNIER DES ANSES. *Voyez* CHRYSOBALANUS.

JETS-D'EAU. C'eſt ainſi qu'on nomme les Fontaines dont l'eau eſt lancée dans les airs à une certaine hauteur.

M. MARIOTTE, dans ſon *Traité d'Hydroſtatique*, dit qu'un *Jet-d'Eau* ne s'éleve jamais à la hauteur de ſon réſervoir, & ſe tient toujours un peu au-deſſous, en raiſon *ſubduplicate* de ſa hauteur, ce qu'il prouve par pluſieurs expériences ; car, quoique l'eau, ſuivant les loix ſtrictes de la phyſique, doive s'élever à la hauteur du réſervoir qui la contient, cependant le frottement qu'elle éprouve dans les tuyaux & la réſiſtance de l'air qu'elle traverſe en ſortant, la retiennent à quelque choſe au-deſſous. Il ajoûte que, ſi un plus grand jet d'eau ſe diſtribue en pluſieurs petits & ſe partage en différentes branches, le carré du diametre du tuyau principal doit être proportionné à la ſomme de toutes les dépenſes de ſes branches ; ſi le réſervoir eſt à cinquante pieds de hauteur & les ajoûtoirs d'un demi-pouce de diametre, les tuyaux ou corps doivent en avoir trois.

Il dit que la beauté d'un jet-d'eau confiſte dans l'uniformité & ſa tranſparence à ſa ſortie de l'ajoûtoir, & qui ne doit ſe ſéparer que très-peu, juſqu'au point le plus élévé de ſon aſcenſion.

Il prétend que la plus mauvaiſe eſpece d'ajoûtoir eſt le cylindrique, qu'elle diminue beaucoup la hauteur du jet, & que le conique eſt préférable : la meilleure façon eſt de faire un trou uni & poli dans le conduit horiſontal qui eſt à l'extrémité du tuyau ; mais il faut avoir ſoin que la plaque ſoit parfaitement unie, polie & uniforme.

Les jets-d'eau font la plus grande beauté des jardins d'Italie ; ils conviennent certainement mieux dans ces contrées méridionales que dans notre climat. Dans les grandes chaleurs de l'été, la vue de ces jets d'eau récrée l'imagination, & répand auſſi de la fraicheur ; mais dans les pays froids, ils réfroidiſſent l'air & le rendent humide, ce qui devroit empêcher d'en faire : mais ſi l'on en conſtruit, on doit les éloigner des habitations.

Quand on veut avoir des jets-d'eau, il faut qu'ils ſoient forts, abondans, & continuels ; car il n'y a rien de ſi miſérable que de voir des jets-d'eau maigres & en filets, tels qu'on en trouve ſouvent dans les jardins d'Angleterre, où il n'y a pas aſſez d'eau pour en four-



nir pendant une heure : alors il vaut mieux s'en paſſer.

ILEX. *Voyez* TAXUS. L. *Lin. Gen. Plant.* 158. *Aquifolium. Tourn. Inſt. R. H.* 600. *tab.* 371. [*The Holly tree.*] Le Houx.

*Caracteres.* Les plantes de ce genre ont des fleurs mâles, femelles, & hermaphrodites ſur différens pieds : les fleurs mâles ont un petit calice perſiſtant & formé par une feuille dentelée en quatre parties ; la corolle eſt monopétale & découpée en quatre ſegmens preſque juſqu'au fond ; elles ont quatre étamines en forme d'alène, plus courtes que la corolle, & terminées par de petits ſommets : les fleurs femelles ont un calice pareil & une corolle ſemblable à celle des mâles, mais elles n'ont point d'étamines ; le centre eſt occupé par un germe preſque rond, ſur lequel ſont placés quatre ſtigmats obtus : ce germe devient enſuite une baie preſque ronde & a quatre cellules, dont chacune contient une ſimple ſemence dure.

Ce genre de plantes eſt rangé dans la quatrieme ſection de la quatrieme claſſe de LINNÉE, intitulée, *Tetrandria Tetragynia*, qui renferme celles dont les fleurs ont quatre étamines & quatre ſtyles ; mais, ſelon ſon ſyſtéme, elles devroient être placées dans la troiſieme ſection de la vingt-troiſieme claſſe, avec celles qui ont des fleurs mâles, femelles & hermaphrodites ſur différens pieds.

Les eſpeces ſont :

1º. *Ilex Aquifolium foliis oblongo-ovatis, undulatis, ſpinis acutis* ; Houx à feuilles oblon-gues & ondées , avec des épi-nes aiguës.

*Ilex foliis ovatis , acutis , spi-nosis. Hort. Cliff.* 40. *Hort. Ups.* 32. *Roy. Lugd.-B.* 400. *Gron. Virg.* 12. *Dalib. Paris.* 54. *Hall. Helv. n.* 667. *Kniph. cent. 11. n.* 60.

*Aquifolium Ilex. Scop. carn. ed. 2. n. 177.*

*Aquifolium. Matth.* 161. *Ca-mer. epit.* 84.

*Ilex aculeata , baccifera. C. B. P.* 425 ; Houx épineux , pro-duifant des baies ; & l'*Aqui-folium fivè agrifolium vulgò. J. B.* 1. 114 ; Le Houx commun.

2°. *Ilex echinata foliis ova-tis , undulatis , marginibus aculea-tis , paginis fupernè fpinofis* ; Houx à feuilles ovales & on-dées , dont les bords font ar-més de fortes épines , & dont la furface eft également épi-neufe.

*Aquifolium echinata folii fu-perficie. Cornut. Canad.* 180 ; Houx dont la fuperficie des feuilles eft épineufe , commu-nément appellé Houx hérif-fon , *ou échiné.*

3°. *Ilex Caroliniana foliis ova-to-lanceolatis , ferratis. Hort. Cliff.* 40. *Mat. Med.* 54. *Roy. Lugd.-B.* 400 ; Houx à feuilles ovales en forme de lance & fciées.

*Aquifolium Caroliniense , fo-liis dentatis baccis rubris. Ca-tesb. Carol. p.* 31 ; Houx de la Caroline avec des feuilles dentelées & des baies rouges , communément appellé Da-hoon Houx.

*Ilex Cassine. Syst. Plant. tom.* 1. *p.* 354. *Sp.* 2.

*Aquifolium.* Il y a plufieurs variétés du Houx commun à feuilles panachées que les Jar-diniers de *pépinieres* cultivent pour les vendre ; elles étoient fort eftimées il y a quelques années ; mais on en fait peu de cas aujourd'hui, parce qu'on a prefque abandonné l'ancien ufage de remplir les jardins de plantes baffes & toujours vertes taillées en formes ré-gulieres ; cependant dans la diftribution des bofquets for-més de plantes ou arbriffeaux toujours verts , on peut en admettre quelques-unes d'une couleur vive, qui feront un affez bel effet pendant l'hiver, pourvû qu'elles foient bien en-tre-mêlées.

Comme les différentes va-riétés de *Houx* panachés font diftinguées par les Jardiniers de *pépinieres* fous des noms dif-férens , je vais indiquer ici ces dénominations vulgaires , fous lefquelles elles font générale-ment connues.

1°. *Le Houx Peint à la Dame.*

2°. *Le Houx d'Angleterre.*

3°. *Le meilleur Houx de Brad-ley.*

4°. *Le Phylis* ou le *Houx de Crême.*

5°. *Le Houx Laitiere.*

6°. *Le meilleur Houx de Prit-chet.*

7°. *Le Houx doré fur les bords & en Hériffon.*

8°. *Le Houx de Cheyney.*

9°. *La gloire du Houx de l'Oueft.*

10°. *Le Houx de Broaderick.*

11°. *Le oux de Partridge.*

12°. *Le Houx blanc de He-refordshire.*

13°. *Le Houx à Crême de Blind.*

14°. *Le Houx de Longſtaff.*
15°. *Le Houx d'Eales.*
16°. *Le Houx en Hériſſon, argenté ſur les bords.*

Toutes ces variétés ſe multiplient par la greffe en écuſſon ou en fente, ſur des tiges du *Houx vert* commun ; on connoît encore une variété du *Houx* commun à feuilles unies & ſans épines, mais il s'y trouve ſouvent des feuilles piquantes entre·mêlées avec les autres ſur la même plante, & quelquefois auſſi ſur la même branche.

Le *Houx* commun croît ſans culture dans les forêts de pluſieurs parties de l'Angleterre, où il s'éleve à la hauteur de vingt à trente pieds & quelquefois davantage ; mais leur hauteur ordinaire ne ſurpaſſe pas vingt cinq pieds ; ſa tige, qui devient groſſe avec le tems, eſt couverte d'une écorce unie & brune, & les arbres qui ne ſont pas rongés par les beſtiaux, ſont communement fournis de branches preſqu'auſſi longues que la tige, qui leur donnent la forme d'un cône : ces branches ſont garnies de feuilles oblongues, ovales, de trois pouces de longueur ſur un & demi de large, d'un vert luiſant en-deſſus & pâle en-deſſous ; la côte du milieu eſt forte, & leurs bords ſont dentelés, ondés, & garnis d'épines pointues à l'extrémité de chaque dentelure, dont les unes ſont rélevées & les autres baiſſées, ce qui les rend dangereuſes à manier : ces feuilles ſont alternes, & de la bâſe de leurs pétioles ſortent des

fleurs diſpoſées en paquets ſur des pédoncules trèscourts, dont chacun en ſoutient cinq ou ſix. J'ai obſervé que quelques arbres ne produiſoient que des fleurs mâles & ſans baies, & d'autres des fleurs femelles. & hermaphrodites ; mais j'ai auſſi vû les trois eſpeces de fleurs ſur un même arbre dans la forêt de Windſor : les fleurs ſont d'un blanc ſale, & paroiſſent dans le mois de Mai ; elles ſont remplacées par des baies preſque rondes, qui deviennent rouges vers la SaintMichel ; elles reſtent ſur les arbres juſqu'après Noël, ſi elles ne ſont pas détruites avant de tomber.

*Echinata.* La ſeconde eſpece croît naturellement dans le Canada, d'où elle a été apportée en Europe : ſes feuilles ſont moins longues que celles de l'eſpece commune, & leurs bords ſont armés d'épines plus fortes & plus rapprochées : leur ſurface eſt auſſi fortement garnie d'épines courtes, ce qui lui a fait donner par les Jardiniers le nom de *Houx Hériſſon* ; on la multiplie ordinairement dans les *pépinieres*, en la greffant ſur le *Houx* commun ; mais comme je l'ai élévée de baies, & que les plantes que j'ai obtenues par cette méthode, ont été trouvées ſemblables à celles ſur leſquelles les graines avoient été priſes, il n'eſt point douteux qu'elle ne ſoit une eſpece diſtincte.

Cette eſpece fournit deux variétés à feuilles panachées, l'une en jaune & l'autre en blanc ; il y en a auſſi une autre de *Houx* commun à baies jaunes, qui eſt accidentelle, & ſe trouve généralement ſur les plantes à feuilles panachées, mais très rarement ſur le *Houx* à feuilles unies.

*Aquifolium.* Le *Houx* commun eſt un arbre très-agréable en hiver, qui mérite une place dans les boſquets compoſés de plantes ou d'arbriſſeaux toujours verts, parmi leſquels ſes feuilles luiſantes & d'un beau vert, & ſes baies rouges feront une belle variété, & ſi l'on y en mêle quelques uns à feuilles panachées, ils augmenteront la beauté du coup-d'œil. On plantoit autrefois des haies avec le *Houx*, qui en effet eſt très-propre à cet uſage ; mais dans ce cas, il ne faut pas les tailler aux ciſeaux, car lorſque les feuilles ſont coupées en deux, elles deviennent déſagréables à la vue : ainſi on doit les tailler avec la ſerpette tout près du tronc, & quoiqu'on ne rende pas la haie auſſi égale par cette méthode qu'avec les ciſeaux, elle aura cependant une plus belle apparence, & elle deviendra auſſi épaiſſe & auſſi forte que par une autre maniere.

On multiplie le *Houx* par ſes graines ; mais comme elles ne germent jamais dans la premiere année, & qu'elles reſtent long-tems en terre, comme celles de l'*Aubépine*, il faut les mettre dans un pot ou dans un tonneau qu'on tient enterré pendant une année : après ce tems on les retire pour les ſemer en automne, ſur une plate-bande expoſée

ſeulement au ſoleil du matin. Les plantes paroîtront au printems ſuivant : alors on les tiendra conſtamment nettes ; & ſi la ſaiſon eſt ſeche, on les arroſera légerement une fois ſeulement par ſemaine ; car une plus grande humidité leur ſeroit fort nuiſible, ſurtout dans leur jeuneſſe.

Ces plantes peuvent reſter dans cette plate-bande pendant deux ans, mais au bout de ce tems on les tranſplante en automne dans des planches en pépinieres à cinq ou ſix pouces de diſtance entr'elles, & on les laiſſe ainſi encore pendant deux années ; après quoi, ſi elles ont bien profité, elles feront en état d'être miſes à demeure dans les places qui leur ſont deſtinées : en les enlevant à cet âge, il y a moins de danger de les voir périr, & elles profitent mieux que celles qu'on tranſplante plus grandes ; mais ſi le terrein n'eſt pas préparé pour les recevoir, il faut les mettre en pépiniere à un pied de diſtance entr'elles, & à deux pieds entre chaque rang, où elles pourront reſter encore deux ans : ſi on veut les greffer en eſpeces panachées, on doit le faire une année après qu'elles auront été miſes dans cette pépiniere, & celles qui auront été ainſi greffées, doivent y reſter encore deux ans de plus, afin qu'elles aient le tems de pouſſer de bonnes branches avant d'être enlevées : cependant, il ne faut pas laiſſer les eſpeces unies plus de deux ans dans la pépiniere ; car lorſqu'elles font plus vieilles, il eſt plus difficile de les tranſplanter. La meilleure ſaiſon pour les enlever eſt l'automne, ſur-tout ſi le terrein eſt ſec ; mais ſi le ſol eſt humide ou froid, on le fait au printems avec plus de ſûreté, pourvû que ces plantes ne ſoient pas trop vieilles, car lorſqu'elles ſont fortement enracinées, ou qu'elles ont été trop long-tems ſans être tranſplantées, on court riſque de les perdre en les enlevant.

*Caroliniana.* Le *Houx Dahoon* croît naturellement dans la Caroline (1), d'où MARC CATESBY en a envoyé ſes ſemences en Angleterre ; il a trouvé cette plante dans un marais près de Charles-Town, mais elle a été découverte depuis dans quelques autres parties de l'Amérique ſeptentrionale. Cette eſpece s'éleve avec une tige droite & branchue à la hauteur de dix-huit ou vingt pieds ; l'écorce des vieilles tiges eſt brune, mais celle des jeunes branches eſt verte & unie : ces branches ſont garnies de feuilles en forme de lance, de quatre pouces de longueur ſur cinq quarts de pouce dans la partie la plus large, d'un vert-clair, d'une conſiſtance épaiſſe, & ſciées ſur leurs bords en petites dentelures, dont chacune eſt terminée par une petite épine. Ces feuilles ſont alternes, ſupportées par de courts pétioles & placées ſur chaque côté des branches ; ſes fleurs, qui ſont blanches & de la même forme que celles du *Houx* commun, mais plus petites, naiſſent en gros paquets ſur les parties latérales des tiges. Les fleurs femelles & les hermaphrodites ſont remplacées dans leurs pays natal, par des baies rondes & & petites, qui produiſent un effet agréable en hiver ; mais je n'ai point entendu dire que cette eſpece ait encore produit des fruits en Angleterre.

LINNÉE croit que cette plante & la *Caſſine* toujours verte ſont les mêmes ; mais elles forment certainement deux eſpeces diſtinctes : peut-être a-t-il été induit dans cette erreur, en recevant de l'Amérique les ſemences de cette eſpece mêlées avec les baies de *Caſſine*, ce qui m'eſt arrivé plus d'une fois ; mais quand on compare ces deux arbres l'un avec l'autre, on ne peut douter qu'ils ne ſoient deux eſpeces abſolument ſéparées.

Comme celle-ci eſt tendre dans ſa jeuneſſe, il faut la tenir à l'abri des froids, juſqu'à ce qu'elle ſoit devenue forte

---

(1) On ſe ſert très-peu de cette plante en Médecine, quoiqu'elle ſoit miſe au nombre des eſpeces uſuelles ; cependant ſes baies, ſon écorce & ſes racines ſont regardées comme émollientes & réſolutives. On a quelquefois employé ces baies dans les douleurs de colique opiniâtres, occaſionnées par des humeurs âcres, dont elles ont la propriété d'émouſſer les ſels : la glu qu'on retire de ſon écorce peut auſſi ramollir, réſoudre ou conduire à ſuppuration les tumeurs des parotides & les dépôts qu'il eſt avantageux & difficile de faire abcéder.

& ligneufe; après quoi on peut la mettre en pleine terre, dans une fituation chaude où elle réfiftera affez bien aux rigueurs de nos hivers ordinaires : mais dans les fortes gelées, il faut néceffairement la couvrir, fi l'on veut la conferver.

On la multiplie comme l'efpece commune, par fes graines, qui reftent auffi une année dans la terre; de forte qu'il faut les enterrer pendant ce tems : après quoi on les feme dans des pots remplis de terre légere, & on les tient fous un vitrage en hiver. Au printems, on plonge les pots dans une couche chaude qui fait pouffer les plantes; on les conferve dans des pots tant qu'elles font jeunes, afin de pouvoir les mettre à l'abri des froids de l'hiver fous un châffis ordinaire; mais lorfqu'elles ont acquis une certaine force, on peut les mettre en pleine terre au printems dans une fituation chaude.

On fait de la glu avec l'écorce du *Houx* commun, & fon bois fert à éguifer les rafoirs; comme il eft très-blanc, & qu'il fe polit très-aifément, on l'emploie auffi à faire des meubles. J'ai vu un très-beau parquet en compartimens conftruit avec ce bois & celui du *Mahogany*.

**ILLECEBRUM.** *Lin. Gen.* 291. *Corrigiola. Dill. Gen. p.* 169. *Paronychia. Tourn. Inft.* 281. [*Illecebrum.*] Herbe aux Panaris.

*Caractteres.* Dans ce genre, le calice eft perfiftant, à cinq angles, & formé par cinq feuilles colorées; la fleur n'a point de corolle, mais feulement cinq tendres étamines, terminées par des fommets fimples, & un germe ovale, qui foutient un ftyle court & couronné d'un ftigmat obtus; le calice fe change dans la fuite en une capfule ronde à cinq angles, & à une cellule qui contient une groffe femence armée de pointes de tous côtés.

Ce genre de plantes eft rangé dans la premiere fection de la cinquieme claffe de LINNÉE, intitulée *Pentandria Monogynia*, qui comprend celles dont les fleurs ont cinq étamines & un ftyle.

Les efpeces font :

1°. *Illecebrum fuffruticofum, floribus lateralibus folitariis, caulibus fuffruticofis. Lin. Sp.* 298; Illecebrum avec une tige de fous-arbriffeau, & des fleurs fimples & laterales.

*Illecebrum, caule erecto. Roy. Lugd.–B.* 214.

*Paronychia Hifpanica fruticofa, Myrthi folio. Tourn. Inft.* 508.

*Polygonum Herniariæ foliis. Lob. Adv.* 404. *Dalech. Hift.* 1124.

2°. *Illecebrum Paronychia, floribus bracteis nitidis obvallatis, caulibus procumbentibus. Lin. Sp.* 299. *Kniph. cent. 1. n.* 46; Herbe aux Panaris, ayant des bractées brillantes qui renferment les fleurs & des tiges traînantes.

*Herniaria, fquamis nitidis, flores fuperantibus. Hort. Cliff.* 41. *Hort. Ups.* 54. *Roy. Lugd.– B.* 2. 5. *Sauv. Monfp.* 129.

*Paronychia Hifpanica. Clus.*

*Hift.* 2. *p.* 183 ; Herbe aux Panaris.

*Polygonum minus candicans. Bauh. Pin.* 281.

3ᶜ. *Illecebrum capitatum, floribus bracteis nitidis, occultantibus capitula terminalia, caulibus erectis, foliis ciliatis. Lin. Sp.* 299 ; Illecebrum avec des bractées brillantes, qui à l'extrémité cachent les tètes de fleurs, avec des tiges érigées & des feuilles argentées.

*Herniaria erecta, fquamis nitidis, flores occultantibus. Sauv. Monfp.* 129.

*Paronychia Narbonenfis erecta. Tourn. Inft.* 508.

*Polygonum montanum niveum minimum. Lob. Ic.* 420.

4°. *Illecebrum Achyrantha, caulibus repentibus, pilofis, foliis ovatis, mucronatis, oppofito minore, capitulis fub-globofis, fubfpinofis. Lin. Sp.* 299 ; Illecebrum avec des tiges rampantes, des feuilles terminées en pointes ovales & oppofées, & des têtes de fleurs prefque rondes armées de petites épines.

*Achyranthes repens, caule repente, capitulis lateralibus feffilibus. Linn. Sp. Plant.* 1. *p.* 205.

*Achyrantha repens, foliis Bliti pallidi. Hort. Elth.* 8. *tab.* 7. *f.* 7.

5°. *Illecebrum Polygonoïdes, caulibus repentibus, hirtis, foliis lato lanceolatis, petiolatis, capitulis orbiculatis, nudis. Lin. Sp.* 300 ; Illecebrum avec des tiges velues & rampantes, des larges feuilles en forme de lance & pétiolées, & des têtes de fleurs nues & rondes.

*Gomphrena Polygonoïdes. Linn. Sp. Plant.* 1. *p.* 225.



*Amaranthoïdes humile Curaffavicum, foliis Polygoni. Herm. Parad.* 17.

*Herniaria hirfuta repens, ad nodos alternos florida. Brown. Jam.* 184.

6°. *Illecebrum vermiculatum, caulibus repentibus, glabris, foliis fub-teretibus, carnofis, capitulis oblongis, glabris, terminalibus. Lin. Sp.* 300 ; Illecebrum à tiges unies & rampantes, avec des feuilles charnues & prefqu'en forme conique, & des têtes de fleurs oblongues & unies, qui terminent les branches.

*Gomphrena vermicularis. Linn. Sp. Plant.* 224.

*Caraxeron humile, Cepeæ foliis, capitulis albis. Vaill. Act.* 1722. *p.* 264.

*Gomphrena repens, rufefcens, foliis linearibus, craffiufculis. Brown. Jam.* 184.

*Trifoliispica, Crithmum marinum non fpinofum brafilienfe. Raii. Hift.* 1331.

*Amarantho affinis Aizoïdes fivè Amaranthoïdes minor Americana procumbens, Sedi tereti-folii foliis & facie, flore oblongo niveo. Br. yn. prodr.* 2.

*Amaranthoïdes humile Curaffavicum, Cepeæ foliis lucidis, capitulis albis. Herm. Parad.* 15. *t.* 15. *Pluk. Alm.* 27. *t.* 75. *f.* 9.

*Suffruticofum.* Les trois premieres efpeces croiffent naturellement en Efpagne, en Portugal, & dans la France Méridionale. La premiere a une tige ligneufe d'un pied environ de hauteur, garnie de petites feuilles femblables à celles du *Polygonum*, & des fleurs fimples fur les côtés de la tige; comme ces fleurs n'ont point d'apparence, on cultive rarement cette efpece dans les jardins.

*Paronichia. Capitatum.* La feconde & la troifieme ont des tiges traînantes, longues d'environ deux pieds, étendues fur la terre, & garnies de feuilles femblables à celles de la premiere. Les têtes des fleurs fortent des nœuds de la tige; elles ont des bractées luifantes & argentées qui les environnent, & font un affez bel effet : ces fleurs paroiffent dans le mois de Juin, & fe fuccedent ordinairement pendant deux mois; quand l'automne eft chaud, elles perfectionnent leurs femences au commencement d'Octobre.

On peut multiplier ces trois efpeces par leurs graines, qu'on feme fur une terre légere, au commencement d'Avril, lorfque les plantes paroiffent ; ce qui a lieu dans le mois de Mai : on les tient nettes de mauvaifes herbes, & lorfqu'elles font affez fortes, on les enleve avec précaution, on en met quelques-unes dans de petits pots; on place les autres dans une plate-bande chaude & feche, & on les arrofe jufqu'à ce qu'elles aient formé de nouvelles racines : celles de pleine terre n'ont befoin que d'être tenues nettes; elles réfiftent fort bien en plein air dans les hivers doux : mais comme elles font quelquefois détruites par les fortes gelées, celles des pots ferviront à les remplacer; on tient celles-ci, pendant l'hi-

ver, fous le châffis d'une couche ordinaire, où elles pourront jouïr de l'air libre dans les tems doux, & être en même tems à l'abri des gelées.

Comme les femences de ces plantes ne mûriffent pas toujours en Angleterre, on peut dans ce cas les multiplier par boutures qui prennent racine en deux mois, en les plantant en Mai ou en Juin, dans une plate-bande à l'ombre ; on les tranfplante enfuite, par un tems humide, & on les traite comme les vieilles plantes.

*Achyrantha. Polygonoïdes. Vermiculatum.* Les trois autres font originaires des parties chaudes de l'Amérique ; la quatrieme croît naturellement à *Buenos-Ayres*, les cinquieme & fixieme fe trouvent dans plufieurs ifles des Indes Occidentales; elles ont des tiges rampantes, qui pouffent à chacun de leurs nœuds, des racines qui s'enfoncent en terre, & s'étendent très-loin de cette maniere. En Angleterre, lorfque les pots qui les contiennent, font plongés dans une couche de tan, elles fe multiplient auffi vite en prenant racine dans le tan ou dans les pots voifins.

Comme les fleurs de la quatrieme ont peu d'apparence, on la cultive rarement, fi ce n'eft dans les jardins de botanique pour la variété ; mais la cinquieme & la fixieme ont des têtes feches de fleurs femblables à celle de *l'Amaranthoïdes*, fous lequel genre elles étoient autrefois rangées. Ces trois efpeces étant trop tendres pour fubfifter en plein air dans ce pays, il faut femer leur graines fur une couche chaude, au printems, en même tems que les *Amaranthes*, les *Gomphrena* & autres plantes délicates, & les plonger en- fuite dans la couche de tan de la ferre, où leurs bran- ches poufferont des racines & fe multiplieront en grande abondance.

IMMORTELLE *ou* AMA- RANTHOIDE. *Voyez* Gom- phrena.

IMMORTELLE JAUNE *ou* STHÆCHAS-ESTRIN. *Voyez* Gnaphalium Stæchas.

IMMORTELLE GRANDE *ou* LE XERANTHEME. *Voyez* Xeranthemum annuum.

IMPATIENS. *Rivin. Ord.* 4. *Lin. Gen. Plant.* 899. *Balfamina. Tourn. Inft. R. H.* 4i8. *Tab.* 235. [*Female Balfamine.*] Balfamine.

*Caraêteres.* Le calice de la fleur eft petit & formé par deux feuilles colorées, & pla- cées à côté de la corolle, qui eft compofée de cinq pétales inégaux & femblables à une fleur en gueule : les pétales font ronds ; le fupérieur eft érigé & légèrement découpé en trois parties à fon extré- mité, où il fe termine en pointe aiguë, & il forme la levre fu- périeure : les deux pétales in- férieurs font larges, obtus, irréguliers & réfléchis ; ils com- pofent la levre du bas : les deux intermédiaires font fem- blables, oppofés & joints à leur bâfe. Le fond de la co- rolle eft occupé par un nec- taire, en forme de capuche, qui eft oblique jufqu'à l'ouver- ture, élevé en dehors, & dont



la bâfe fe termine en quette ou éperon. La fleur a cinq étamines courtes, étroites vers leur bâle, recourbées & ter- minées par des fommets joints à l'extrémité des étamines, mais divifés par le bas ; au fond eft un germe ovale, pointu & fans ftyle, mais avec un fti- gmat plus court que les fom- mets : ce germe fe change dans la fuite en une capfule à une cellule qui s'ouvre avec élafticité en cinq valves ova- les, fortes en fpirales, & dans laquelle fe trouvent plufieurs fe- mences rondes, fixées à un axe.

Ce genre de plante eft ran- gé dans la cinquieme feÆion de la dix-neuvieme claffe de Linnée, qui renferme celles dont les étamines font réunies en cylindre par leurs fommets & qui ne font pas compofées de fleurettes.

Les efpeces font :

1°. *Impatiens Noli-tangere, pedunculis multi-floris folitariis, foliis ovatis, geniculis caulinis tumentibus. Flor. Suec.* 722. 792. *Dalib. Paris.* 270. *Gmel. Lib.* 4. *p.* 102. *Scop. Carn.* 2. *n.* 1101. *Sub-balfamina* ; Balfamine ayant des pédoncules qui foutiennent plufieurs fleurs fimples, des feuilles ovales, & des tiges dont les nœuds font gonflés.

*Impatiens pedunculis folitariis, multi-floris. Hort. Cliff.* 428. *Roy. Lugd.-B.* 431.

*Balfamina lutea, fivè Noli me tangere. C. B. P.* 306 ; Balfa- mine jaune.

*Balfamina lutea Polonica. ar. Ic.* 1297.

*Noli me tangere. Col. Ecphr.* 1. *p.* 149. *t.* 150.

2°. *Impatiens Balfamina, pedunculis uni-floris aggregatis, foliis lanceolatis, nectariis flore brevioribus. Hort. Upfal.* 276 ; Balfamine avec des pédoncules qui foutiennent des fleurs fimples en paquets, garnies de feuilles en forme de lance, & des nectaires plus courts que la fleur.

*Impatiens pedunculis confertis uni-floris. Hort. Cliff.* 428.

*Lacca Herba. Rumph. Amb.* 5. *p.* 274. *t.* 90. *Tilo-onapu, fivè Nolengu. Rheed. Mal.* 9. *p.* 101. *t.* 52.

*Balfamina femina. C. B. P.* 306 ; Balfamine femelle.

*Balfamina. Dod. Pempt.* 671.

3°. *Impatiens tri-flora, pedunculis tri-floris folitariis, foliis angufto-lanceolatis. Flor. Zeyl.* 315 ; Balfamine à trois fleurs fur un pédoncule, avec des feuilles étroites & en forme de lance.

*Balfamina erecta, fcilicet femina, Perficæ angufto folio, Zeylanica. Herm. Par. Bat.* 105 ; Balfamine érigée, ou femelle de Céylan, avec une feuille étroite de Pêcher.

*Balfamina angufti-folia, floribus ternis communi pedunculo ortis. Burm. Zeyl.* 41. *t.* 116. *f.* 2.

*Impatiens Noli-tangere.* Il y a plufieurs autres efpeces de ce genre qui croiffent naturellement dans les Indes ; mais comme elles ont peu de beauté, on les a négligées dans nos jardins ; celles que je viens d'indiquer font les feules que j'aie vues en Angleterre, à l'exception d'une autre plus élevée, qui venoit de l'Amérique feptentrionale.

La premiere croît naturel-lement dans plufieurs parties de Weftmoreland & d'Yorkshire ; mais on la cultive fréquemment dans les jardins pour la variété. Cette plante annuelle s'éleve à quatre pieds & demi de hauteur, avec une tige droite & fucculente, dont les nœuds font gonflés & garnis de feuilles ovales, unies, & alternes fur tous les côtés des tiges : fes fleurs font produites aux aiffelles de la tige fur des pédoncules minces, longs, & divifés en plufieurs autres plus petits, qui portent chacun une fleur jaune, compofée de cinq pétales, femblables par-devant à des fleurs en gueule ; mais elle a à fa bâfe un nectaire avec une longue queue pareille à celle du *Creffon d'inde* ou *Capucine.* Cette fleur eft remplacée par une capfule conique qui, lorfqu'elle eft mûre, fe crève pour peu qu'on la touche, fe tord en fpirale, & jette fes femences avec une grande élafticité : fi on laiffe écarter fes graines, elles réuffiffent mieux qu'en les femant à la main ; car à moins qu'elles ne foient mifes en terre auffi-tôt qu'elles font mûres, elles ne réuffiffent que très-rarement. Cette plante n'exige aucun autre foin que d'être tenue nette de mauvaifes herbes, & éclaircie à propos ; elle fleurit dans le mois de Juin, & fes femences mûriffent un mois ou cinq femaines après : cette efpece fe plaît beaucoup à l'ombre & dans un fol humide.

*Balfamina.* La feconde eft la *Balfamine* femelle, dont on connoit plufieurs variétés. On cultive depuis long-tems l'efpece ordinaire dans nos jardins ; elle eft à fleurs rouges , blanches , & rayées, ainfi qu'à fleurs fimples & doubles , d'une ou de deux couleurs. Ces variétés font affez dures pour profiter en pleine terre : lorfqu'on leur donne le tems de répandre leurs femences , les plantes pouffent au printems fuivant ; mais celles qui croiffent ainfi d'elles-mêmes , ne fleuriffent pas auffi-tôt que celles qu'on éleve fur une couche chaude : cependant elles font ordinairement plus vigoureufes , & continuent à fleurir plus tard en automne que les autres ; ainfi elles ornent les jardins dans le temsoù il y a très-peu d'autres fleurs.

Cette efpece a une tige haute d'un pied & demi , & divifée en plufieurs branches fucculentes, & garnies de feuilles longues en forme de lance & fciées. Les fleurs font produites aux nœuds de la tige , fur des pédoncules minces, d'un pouce de longueur, dont chacun en foutient une feule ; mais il y a deux , trois ou quatre de ces pédoncules qui fortent du même nœud. Ces fleurs, qui font compofées de cinq pétales , larges , inégaux , font de la même forme que celles de la précédente, mais plus larges & plus ouvertes; il y en a des blanches , des pourpres , & des rouges, ainfi que des fimples & des doubles. En femant leurs graines au printems fur une couche , elles produiront des plan-

tes qui fleuriront dans le mois de Juin ; mais celles qu'on feme en pleine terre ne produifent de fleurs qu'au milieu de Juillet : ces dernieres fe fuccedent jufqu'aux premieres gelées.

Il y a deux autres variétés , elles ne font pas des efpeces diftinctes, dont l'une croît naturellement dans les Indes Orientales & l'autre dans les Indes Occidentales : celle qui vient des Indes Orientales , & à laquelle on donne le nom de *fleur Immortelle de l'Aigle*, eft une charmante fleur ; elle eft double & bien plus large que celle de l'efpece ordinaire : quelques-unes de ces fleurs font de couleur écarlate mêlée de blanc, & d'autres font pourpres ou blanches. Comme ces plantes produifent beaucoup de fleurs , elles font très-recherchées ; & fi l'on recueille leurs graines avec foin, on peut les conferver toujours fans altération : mais j'en ai élevé quelques-unes avec des femences étrangeres, dont les fleurs étoient fi doubles qu'elles perdoient leurs parties mâles, & ne produifoient point de graines.

Les graines de cette efpece doivent être femées au printems fur une couche tempérée. Lorfque les plantes ont atteint la hauteur d'un pouce, on les tranfplante fur une autre couche tempérée à quatre pouces de diftance entr'elles ; on les tient à l'ombre jufqu'à ce qu'elles aient pouffé de nouvelles racines : on leur donne beaucoup d'air libre dans les

tems

tems favorables pour les empêcher de filer & de devenir foibles, & on les arrose souvent, mais toujours légèrement; car leurs tiges, étant succulentes, sont sujettes à être attaquées de pourriture par trop d'humidité. Quand elles sont devenues assez fortes pour se toucher, on les enleve avec précaution, en conservant une bonne motte de terre autour de leurs racines, on les met chacune séparément dans des pots remplis d'une terre riche & légere; on les plonge dans une couche de chaleur très-modérée sous un châssis profond, afin qu'elles aient assez d'espace pour croître; on les tient à l'ombre jusqu'à ce qu'elles aient poussé des racines nouvelles; on leur donne ensuite journellement beaucoup d'air, & on les habitue à supporter le plein air, auquel on les expose tout-à-fait en Juillet, en les plaçant dans une situation chaude & abritée, où elles fleuriront & feront un bel effet, si la saison se trouve favorable : mais il sera prudent d'en conserver quelques-unes sous un vitrage dans un châssis profond, afin de se procurer de bonnes semences; car celles qu'on laisse en plein air ne mûrissent point, à moins que l'été ne soit bien chaud. Les plantes que l'on tient à couvert doivent avoir journellement beaucoup d'air libre, sans quoi elles deviendroient pâles & languissantes; mais il ne faut pas les tenir trop exposées au soleil du Midi dans les tems chauds, parce que

leurs feuilles se flétriroient, & qu'on seroit obligé de leur donner plus d'arrosemens qu'il ne leur en faut : ainsi, si l'on couvre les vitrages vers le milieu du jour, pendant deux ou trois heures, les plantes croîtront mieux, & conserveront leur beauté plus long-tems que si elles étoient exposées aux grandes chaleurs. Les personnes qui desirent avoir ces plantes dans leur plus grande perfection, retranchent celles à fleurs simples & de couleurs communes, & ne conservent pour semences que celles dont les fleurs sont doubles & d'une belle couleur. Quand on suit cette méthode exactement, ces plantes ne dégenerent en aucune maniere.

Les habitans des Indes Occidentales donnent à celle qui croît dans ces contrées le nom d'*Eperon de Coq* : elle a une fleur simple, & aussi large que celle de la précédente : je n'en ai jamais vu que de semi-doubles, rayées en blanc & en rouge. Les plantes acquierent ordinairement une grosseur considérable avant de produire des fleurs; de sorte que l'automne est fort avancé avant qu'elles commencent à paroître, & quelquefois dans les années peu favorables, elles n'en produisent presque point; aussi perfectionnent-elles rarement leurs semences en Angleterre. C'est pourquoi peu de personnes se donnent la peine de cultiver cette espece, quand elles peuvent se procurer la précédente.

*Tri-flora.* La troisieme, qu'on

rencontre dans l'Isle de Céylan, & dans plusieurs parties des Indes Orientales, a des feuilles très-étroites, en forme de lance, & sciées sur leurs bords : chaque pédoncule soutient trois fleurs plus petites que celles de l'espece commune ; de sorte que cette plante ne mérite pas d'être cultivée dans les jardins, à moins que ce ne soit pour la variété ; elle est tendre & exige le même traitement que la *Fleur Immortelle* de l'*Aigle*.

IMPÉRATOIRE. *Voyez* IMPERATORIA OSTRUTHIUM.

IMPERATORIA. *Lin. Gen. Plant.* 321. *Tourn. Inst. R. H.* 316. *Tab.* 168. [*Masterwort.*] Impératoire, *ou* Benjoin de France.

*Caracteres.* Cette plante a des fleurs en ombelles, dont la principale est unie & composée de plusieurs autres plus petites. La plus grande n'a point d'enveloppe, mais les plus petites en ont une composée de plusieurs feuilles étroites, & presqu'aussi longues que l'ombelle ; la principale est uniforme. Les fleurs ont cinq pétales en forme de cœur, égaux & récourbés, cinq étamines velues & terminées par des sommets presque ronds, & un germe placé sous la corolle qui soutient deux styles réfléchis, & couronnés par des stigmats obtus ; ce germe se change dans la suite en un fruit presque rond, comprimé & divisé en deux parties, qui renferment deux semences ovales sur les bords.

Ce genre de plantes est rangé dans la seconde section de la cinquieme classe de LINNÉE, intitulée *Pentandria Digynia*, qui comprend celles dont les fleurs ont cinq étamines & deux styles.

Nous n'avons qu'une espece de ce genre :

*Imperatoria Ostruthium. Hort. Cliff.* 103. *Hort. Ups.* 65. *Mat. Med.* 84. 532. *Helv. n.* 805. *Camer. Epit. Hall. Scop. Carn.* 2. *n.* 328 ; Impératoire.

*Imperatoria major. C. B. P.* 156. le grand Impératoire.

*Selinum Imperatoria, foliis tripartito - divisis & sub - divisis. Crantz. Austr. p.* 174.

*Magistrantia. Cam. Epit.* 592.

*Astrantia. Dodonœus. Pempt.* 320 ; le faux Pellitory d'Espagne.

Cette plante croît naturellement sur les Alpes d'Autriche & de Styrie, ainsi que dans les cantons montagneux de l'Italie : sa racine est aussi grosse que le pouce, & s'enfonce obliquement dans la terre ; elle est charnue, aromatique, & d'une saveur très-âcre, qui pique la langue comme le *Pellitory* ou *Pariétaire d'Espagne* : ses feuilles sortent immédiatement de la racine ; leurs pétioles ont sept ou huit pouces de long, & sont divisés à l'extrémité en trois autres plus courts, dont chacun supporte une feuille à trois lobes, dentelée sur les bords ; les pétioles sont profondément sillonnés, & répandent, lorsqu'on les casse, une odeur fort désagréable : les pédoncules, dont la longueur est d'environ deux pieds, sont divisés en deux ou trois branches, terminées chacune par une ombelle affez large de fleurs blanches, dont les corolles font fendues, & auxquelles fuccedent des femences ovales, comprimées & à-peu-près femblables à celles de l'*Anet*, mais plus larges : cette plante fleurit en Juin, & perfectionne fes femences en Août.

On la cultive dans les jardins pour la vendre fur les Marchés : elle fe multiplie par femences, ou en partageant fes racines : fes graines doivent être répandues en automne un peu après qu'elles font recueillies fur une plate-bande à l'ombre ; mais il ne faut pas qu'elles foient trop épaiffes ni recouvertes d'une trop grande épaiffeur de terre. Les jeunes plantes paroiffent au printems ; alors on les tient nettes de mauvaifes herbes, & fi la faifon eft fort feche, on les arrofe de tems en tems pour avancer leur accroiffement vers le commencement de Mai. Si les plantes font trop ferrées, on prépare une planche de terre humide & à l'ombre, & après en avoir arraché un certain nombre, pour qu'il refte entre chacune un efpace de fix pouces, on tranfplante ces premieres dans cette terre, en confervant la même diftance entr'elles, & on les arrofe dans les tems fecs jufqu'à ce qu'elles aient pouffé de nouvelles racines. Ces plantes, ainfi que celles du Semis, n'exigent aucune autre culture que d'être tenues nettes de mauvaifes herbes ; ce que l'on fait facilement en les houant pendant les féchereffes. Cette opération détruit non-feulement toutes les herbes inutiles, mais elle fert encore à favorifer l'accroiffement des plantes. Dès l'automne fuivant, on les place à demeure dans un fol humide & à l'ombre, où elles réuffiront beaucoup mieux que fi elles étoient expofées au foleil ou dans un terrein fec ; fi l'on ne peut leur fournir un pareil emplacement, on fera obligé de les arrofer fouvent pour aider leur développement, qui fans cela feroit fort retardé ; en tranfplantant ainfi ces plantes à demeure, il faut laiffer entr'elles au moins deux pieds d'intervalle ; car elles s'étendent beaucoup lorfque le fol leur convient : quand elles font bien enracinées, on les tient conftamment nettes ; & au printems, avant qu'elles commencent à pouffer, on laboure la terre entr'elles avec la bêche, fans bleffer ou déchirer leurs racines. Au moyen de ce traitement, elles dureront plufieurs années, & produiront des femences en abondance. Si l'on veut les multiplier en divifant leurs racines, on doit le faire à la Saint-Michel, & les planter à l'ombre à la même diftance que les plantes élevées de femences ; on les arrofe jufqu'à ce qu'elles aient formé de nouvelles racines, & on les traite enfuite de la même maniere que les autres.

Les racines de cette plante font employées en Médecine dans les maladies contagieufes, & contre les morfures des animaux vénimeux. On les compte parmi les alexipharmaques & les fudorifiques ; quelques-uns les croient aufli propres à guérir la colique, l'afthme, la crampe & quelques autres affections froides des nerfs (1).

(1) La racine d'*Impératoire*, qu'on emploie affez fréquemment en Médecine, peut être mife au nombre des efpeces véritablement actives, dont il feroit important d'obferver les effets dans les différentes maladies contre lefquelles on l'adminiftre communément, afin de connoitre précifément quelles font les circonftances dans lefquelles elle peut être d'une utilité réelle : cette racine a une odeur aromatique, très-pénétrante, & une faveur âcre & amere ; fes principes véritablement actifs font une petite quantité d'huile effentielle, très-volatile, & une dofe affez forte de fubftance fixe, réfineufe : l'activité de ces deux fubftances eft en quelque forte adoucie & corrigée par une quantité affez confidérable de matiere gommeufe, qui leur eft intimement unie.

La racine d'*Impératoire* eft généralement regardée comme un bon remede carminatif, diurétique, pectoral, ftomachique, incifif, utérin, alexipharmaque, &c. On l'emploie en conféquence dans les foibleffes d'eftomac, les coliques venteufes, les vices de digeftion, la cardialgie, la diarrhée féreufe, les fuppreffions d'urine, la néphrétique pituiteufe, les fleurs blanches, les regles difficiles, les pâles couleurs, l'hydropifie, la cachexie, le fcorbut, l'afthme, la pefte, & enfin dans tous les cas où il eft néceffaire de fortifier les folides, & de divifer les humeurs épaiffies. Cette racine produit auffi d'heureux effets dans les maladies catharreufes, & on la regarde comme pro-



INDIGO BASTARD. *Voy.* AMORPHA.

INDIGO-FERA. *Lin. Gen.* 889. [*Indigo.*] Indigo.

*Caractleres.* Dans ce genre, une feuille étendue prefque horifontalement, & divifée en cinq fegmens, forme le calice : la fleur eft papillonnacée ; l'étendard eft prefque rond, ouvert, dentelé à fon extrémité & réfléchi : les ailes font oblongues & obtufes, & leurs bords inférieurs étendus ; la carène eft obtufe, étendue & terminée en pointe aiguë. Cette fleur a dix étamines réunies en deux efpeces de cylindres : leurs pointes font érigées & terminées par des fommets ronds : le germe eft cylindrique, & foutient un ftyle court, & couronné par un ftigmat obtus ; ce germe fe change, quand la fleur eft paffée, en un légume long & conique, qui renferme des femences en forme de rein.

Ce genre de plantes eft rangé dans la troifieme fection de la dix-feptieme claffe de LINNÉE, intitulée *Diadelphia Dé*-

pre à détruire les vers inteftinaux. Avant la découverte du *Quinquina* on s'en fervoit avec quelque fuccès pour guérir les fievres intermittentes ; on la prefcrit ordinairement en infufion vineufe ou aqueufe depuis un demi-gros jufqu'à deux, on la fait entrer dans les gargarifmes qu'on emploie pour guérir les ulceres fcorbutiques de la bouche, & le gonflement des glandes falivaires : elle entre auffi conjointement avec l'*Angélique* dans la compofition de l'Eau anti-fcorbutique de MYNSICHT, dans le *Diafcordium* de SYLVIUS, &c.

*candria*, qui comprend celles dont les fleurs ont dix étamines réunies en deux corps.

Les efpeces font :

1°. *Indigo-fera tinctoria, leguminibus arcuatis, incanis, racemis folio brevioribus. Flor. Zeyl.* 273. *Amæn. Acad.* 1. *p.* 408. *Hort. Ups.* 208. *Mat. Med.* 174. *Blanckw. t.* 596 ; Indigo à légumes velus & arqués, ayant des paquets de fleurs plus courts que les feuilles.

*Indigo-fera tinctoria, foliis pinnatis, ob-ovatis, racemis brevibus, caule fuffruticofo. Linn. Syft. Plant. tom.* 3. *p.* 520. *Sp.* 12.

*Indigo-fera foliis nudis. Hort. Cliff.* 487.

*Ifatis indica, foliis Roris-marini, Glafti-affinis. Bauh. Pin.* 113.

*Indicum. Rumph. Amb.* 5. *p.* 220. *t.* 80.

*Anil. Bauh. Hift.* 2. *n.* 945.

*Ameri. Rheed. Mal.* 1. *p.* 101. *t.* 54.

*Colutea Indica humilis, ex quâ Indigo, folio viridi. Burm. Zeyl.* 69.

*Anil, five Indigo Americana, filiquis in falculæ modum contortis. Acad. R. des Scienc.* 1718 ; Indigo de Guatimala.

2°. *Indigo fuffruticofa, leguminibus arcuatis, incanis, caule fruticofo ;* Indigo en arbriffeau, ayant des légumes velus & arqués.

*Colutea affinis fruticofa argentea, floribus fpicatis, è viridi purpureis, filiquis falcatis. Sloan. Cat. Jam.* 142.

*Indigo-fera argentea. Linn.* *Syft. Plant. tom.* 3. *p.* 521. *Sp.* 14.

3°. *Indigo Caroliniana, leguminibus teretibus, foliolis quinis, fpicis longiffimis, fparfis, radice perenni ;* Indigo à légumes coniques, avec des feuilles à cinq lobes, des épis de fleurs très-longs & détachés, & une racine vivace.

4°. *Indigo Indica, leguminibus pendulis, lanatis, compreffis, foliis pinnatis ;* Indigo avec des légumes laineux, comprimés & pendans, & des feuilles aîlées.

*Indigo-fera hirfuta. Linn. Syft. Plant. tom.* 3. *p.* 519. *Sp.* 9.

*Aftragalus fpicatus, filiquis pendulis hirfutis, foliis fericeis. Burm. Zeyl.* 37. *t.* 14.

*Kattu-tagera. Rheed. Mal.* 1. *p.* 55. *t.* 30.

5°. *Indigo glabra, leguminibus glabris, teretibus, foliolis tri-foliatis ;* Indigo avec des légumes unis & coniques, & des feuilles à trois lobes.

*Colutea filiquofa, glabra, ternis quinifve foliis, Maderafpatana, femine rubello. Pluk. Alm.* 113.

*Nir. Pulli. Rheed. Mal.* 9. *t.* 67. *Raj. Suppl.* 470.

*Tinctoria. Glabra.* La premiere & la cinquieme efpeces font des plantes annuelles dans notre climat ; il faut répandre leurs femences fur des couches chaudes dès le commencement du printems ; & lorfque les plantes qui en proviennent, ont atteint la hauteur de deux pouces, on les tranfplante dans de petits pots remplis de terre fraîche, qu'on plonge dans une couche chaude de tan : quand elles commencent à être fortes, on leur donne beaucoup d'air frais, en soulevant les vitrages pendant le jour, & on les expose davantage en plein air au mois de Juin ; alors elles commencent à produire leurs fleurs, qui seront suivies en peu de tems par des légumes, & leurs semences mûriront dans le mois d'Août, si les plantes ont été avancées au printems.

*Suffruticosa.* La seconde, qui s'éleve à la hauteur de cinq ou six pieds, peut être bisannuelle & même tris-annuelle, si on la conserve en hiver dans une serre fort chaude : ses fleurs naissent en épis aux ailes des feuilles sur le côté des tiges, & quelquefois ses semences mûrissent en Angleterre : il faut élever cette plante sur une couche comme l'espece précédente, mais il ne faut pas l'exposer tout-à-fait en plein air, même dans les jours les plus chauds.

*Indica.* On pense que cette quatrieme espece sert aussi à faire de l'*Indigo* ; mais la premiere est celle qu'on cultive ordinairement pour cette fabrication dans les plantations angloises de l'Amérique. Je tiens cependant d'un homme digne de foi, qu'on a fait avec la seconde de l'*indigo* aussi bon qu'avec l'autre ; & comme cette plante est beaucoup plus grosse, elle doit fournir une plus grande quantité de matiere colorante, sur tout si on la coupe avant que ses tiges soient devenues ligneuses ; d'ailleurs, comme elle réussit sur des terres médiocres, on peut la cultiver sur des terreins qui ne seroient pas assez fertiles pour la premiere espece, ce qui seroit très-avantageux dans nos plantations d'Amérique. On trouve dans les Indes quelques autres especes, dont on fait un pareil usage. J'ai élevé au jardin de Chelséa les quatrieme & cinquieme especes, qui sont très-différentes, par leurs feuilles & leurs légumes, de celles qu'on cultive en Amérique.

*Caroliniana.* On m'a aussi envoyé des Indes les semences de la troisieme, qui m'a paru être la même que celle qui croît naturellement dans la Caroline Méridionale, & que les planteurs de ce pays estimoient beaucoup il y a quelques années, pour la beauté de la matiere colorante qu'elle produit ; mais comme cette plante est foible, peu garnie de feuilles, & que ces feuilles sont petites, elle ne fournit point une quantité d'*Indigo* proportionnée à sa grandeur ; de sorte que, depuis peu, l'on en a négligé la culture ; quoiqu'on m'ait écrit, en m'envoyant ces semences, qu'elles fournissoit le meilleur *Indigo* des Indes.

Le P. LABAT, Dominicain, a détaillé parfaitement dans ses voyages la maniere de faire l'*Indigo.* Je vais la rapporter d'après lui.

» On faisoit autrefois beaucoup d'*Indigo* dans la paroisse de Macauba. On ne voit aucun ruisseau ni riviere dans lesquels on ne rencontre des bassins en pierres bien cimentés, qui servoient à contenir les plantes d'*Indigo* qu'on y faifoit fermenter. Il y a ordinairement trois de ces baffins l'un fur l'autre en forme de cafcades; de façon que le fecond, qui eft plus bas que le fond du premier, peut recevoir la liqueur que le premier contient, en débouchant les trous qui font au fond, & que le troifieme peut à fon tour recevoir ce qui eft dans le fecond. Le premier baffin, plus large & plus profond que les autres, s'appelle le *Trempoir*; fes dimentions font ordinairement de vingt pieds de long, fur douze ou quinze de largeur, & trois ou quatre de profondeur: le fecond baffin, qu'on nomme la *Batterie*, n'a guere que la moitié de la capacité du premier; le troifieme, plus petit que le fecond, eft nommé le *Diablotin*. Le nom des deux premiers répondent parfaitement à leur ufage; car on met les plantes dans le premier pour les faire tremper, fermenter & macerer, de façon qu'elles deviennent comme un fumier pourri: dans ce travail, les fels & la fubftance des feuilles font détachés & mêlés avec l'eau au moyen de la fermentation qu'elles ont fubie. Dans le fecond, on agite cette eau chargée des fels de ces plantes, jufqu'à ce que les petites portions de la fécule qu'elle contient foient réunies les unes aux autres. Quant au nom du troifieme, j'ignore à quoi il fe rapporte, à moins que ce ne foit à la couleur qui s'y trouve; car l'*Indigo* déjà formé y refte, & par conféquent fa couleur eft plus fon-

cée que dans les baffins fupérieurs".

» J'ajouterai à cela, qu'on ne fe fert de cette dénomination qu'à Saint-Domingue; car dans les Ifles *fous-le-vent*, on appelle ce dernier baffin *Répofoir*, nom qui lui convient très bien, parce que c'eft dans ce dernier que l'*Indigo*, commencé dans le Trempoir, & perfectionné dans la Batterie, fe fépare de l'eau & fe dépofe au fond en un corps folide, qu'on met enfuite dans des facs & dans des caiffes, comme on le dira ci-après."

» On ne doit rien négliger en conftruifant ces cuves, pour les rendre fortes & folides; car la fermentation de l'*Indigo* eft fi grande, que fi la maçonnerie eft mal faite, & le mortier mal travaillé, il s'y forme des fentes & des gerçures, dont la moindre fuffit pour laiffer échapper l'*Indigo* de la cuve, & caufer par-là une grande perte au propriétaire. Lorfque cet accident arrive, on peut employer le remede fuivant, que j'indique comme un moyen facile & infaillible, ainfi que l'expérience l'a prouvé".

» Prenez quelques coquilles de mer, pulvérifez-les, & paffez-les à travers un fin tamis; prenez auffi une quantité égale de chaux vive & paffez-là de même; mêlez le tout enfemble, avec une fuffifante quantité d'eau pour faire un mortier dur, & fervez-vous-en pour boucher les fentes des cuves auffi promptement qu'il fera poffible: ce mélange s'at-

tache, s'incorpore, fe deffeche dans un inftant, & empêche auffi-tôt la matiere de
s'échapper de la cuve."

» Tout le monde fait que
l'*Indigo* eft une fubftance dont
on fe fert pour teindre en
bleu la laine, la foie, les draps
& les étoffes; les Efpagnols
l'appellent *Anilo* : le plus fin,
qui fe fait dans la Nouvelle-
Efpagne, vient de Guatimala;
ce qui eft caufe que beaucoup de gens le nomment *Gua-
timalo*. On en fait auffi dans
les Indes-Orientales, fur-tout
dans l'Empire du Grand-Mo-
gol, & au royaume de Gol-
conde, fuivant le rapport de
TAVERNIER : on l'appelle plus
fouvent en Europe *India* que
*Indigo* ou *Anil*, en lui donnant le nom du lieu où il fe
fait. Quelques Auteurs, &
fur-tout le Pere DU TERTRE,
Dominicain, ont imaginé que
l'*Indigo* des Indes Orientales
étoit plus beau, plus fin, &
plus cher que celui qu'on apporte de l'Amérique ; parce
que celui-ci étoit appellé *Indigo* plat, tandis que celui de
l'Amérique eft nommé fimplement *India*. Ils auroient parlé
avec plus de juftefle, s'ils
avoient donné à ce dernier le
nom de *Indigo rond*; car toute
la différence entre ces deux
efpeces, confifte en ce que
celui des Indes Orientales a
la forme d'une moitié d'œuf,
& celui de l'Amérique d'un
petit pain plat; mais pour ce
qui eft de leur qualité, il n'y
a entr'eux aucune différence,
quand ils font travaillés avec
le même foin."



» La forme de l'*Indigo* Orien-
tal oblige les marchands, qui
l'apportent en Europe, à le ré-
duire en poudre, afin d'en pouvoir mettre davantage dans les
caiffes ou tonneaux qui le renferment. Il eft certain qu'étant
ainfi pulvérifé, il paroît plus
fin que celui de l'Amérique,
qui venant en pains plats, laiffe
appercevoir des veines qui femblent le rendre plus groffier :
mais tout cela n'influe pas fur
la bonté intrinfeque de cette
denrée ; & je prétends qu'ils
font également bons l'un &
l'autre, quelle que foit la différence qu'on remarque entr'eux."

* Pour reconnoître, » dit
le même Auteur, » la vérité
de ce que j'avance, prenez un
morceau de fucre également
blanc dans toutes les parties,
caffez-le en deux, réduifez
une de ces parties en poudre,
& vous verrez qu'elle paroî-
tra plus fine & plus blanche
que le morceau refté dans fon
entier; ce qui vient de ce que
le grain d'une de ces moitiés
a été divifé en un plus grand
nombre de parties, lefquelles,
quoique petites & prefqu'invifibles, ont cependant beaucoup plus de furface & réfléchiffent par conféquent plus
de lumiere; au-lieu que l'autre moitié, qui refte entiere,
n'offre à la vue que de gros
grains, qui, ayant moins de
furface, réfléchiffent moins de
lumiere, & paroiffent moins
blancs : le fucre paroît par
conféquent moins beau, parce
que fa beauté confifte dans fa
blancheur."

» Il me femble que nous pouvons appliquer le même raifonnement à l'*Indigo*, & dire que, toutes chofes égales d'ailleurs, l'*Indigo* de l'Amérique eft auffi beau que celui des Indes Orientales, lorfqu'il eft travaillé de la même maniere. "

„ Je crois pouvoir encore ajouter que l'*Indigo* de l'Amérique eft meilleur pour l'ufage que l'autre ; car n'eft-il pas évident qu'en réduifant cette matiere en poudre, fes parties les plus fines fe diffippent, ainfi que l'affure TA-VERNIER : & qui peut douter que ces parties ne foient les plus propres à donner une bonne teinture ? "

„ J'avoue que l'*Indigo* des Indes Orientales eft plus cher que celui de l'Amérique : mais il eft évident que cela doit être ainfi ; parce qu'il eft apporté de plus loin, & que ceux qui en font le commerce, ne retrouveroient point leur bénéfice, en le vendant au même prix que celui d'une contrée plus voifine ; mais cela ne prouve point qu'il foit meilleur ou plus beau que l'autre. "

„ L'*Indigo* eft compofé des fels de la fubftance des feuilles, & de l'écorce d'une plante du même nom ; ainfi, l'on peut dire que c'eft une diffolution ou digeftion de la plante, occafionnée par la fermentation. Je fais que quelques Auteurs prétendent que la fubftance des feuilles ne fait pas l'*Indigo*, qui n'eft, fuivant eux, qu'une couleur ou teinture vifqueufe que la fermentation de la plante répand dans l'eau : mais avant de recevoir cette opinion, je les prie de me dire ce que devient la fubftance de cette plante ; car, dès qu'on l'ôte de la trempe, il eft certain qu'elle n'a plus la même pefanteur, la même confiftance, ni la même couleur qu'elle avoit auparavant ; les feuilles, qui d'abord étoient graffes & fort remplies de jus, deviennent enfuite légeres, flétries, molles, & plus reffemblantes à du fumier qu'à tout autre chofe ; ce qui fait fouvent donner à la trempe le nom de *pourriture* : or, fi l'on ne trouve plus dans les feuilles & les autres parties de la plante la même fubftance qu'elles avoient avant d'être mifes dans la trempe, n'eft-il pas plus naturel de croire que c'eft cette même fubftance qui, étant détachée des vaiffeaux où elle étoit renfermée, s'eft répandue dans l'eau, l'a épaiffie, & qui, s'uniffant enfuite, a formé cette maffe bleue, que l'on nomme *Indigo* ?"

*Culture.* Cette plante exige un fol riche & uni, mais pas trop fec ; elle épuife beaucoup la terre dans laquelle elle eft cultivée : on doit la féparer de toute autre plantation, la tenir conftamment nette, & empêcher qu'aucune autre plante ne croiffe autour d'elle. Il faut nettoyer cinq ou fix fois le terrein avant d'y planter l'*Indigo* ; je crois qu'on doit dire femer : mais comme le terme de planter eft reçu dans nos Ifles, je ne dois pas pour cela me brouiller avec les Cultivateurs, qui méritent nos égards par toutes fortes de raifons, quoiqu'ils aient l'habitude de défigurer la langue. Ils font quelquefois fi fcrupuleux fur la propreté du terrein, qu'ils le balaient comme une chambre; enfuite ils font les trous pour y mettre la femence : les efclaves ou d'autres hommes deftinés à ce travail fe rangent en ligne à un bout du terrein, & en reculant ils font des petits trous de la largeur de leur hoüe, de deux ou trois pouces de profondeur, à un pied de diftance en tous fens, & le mieux allignés qu'il eft poffible. Quand ils font parvenus à l'extrémité du terrein, chacun fe pourvoit d'un petit fac de femences; & en retournant par le même chemin, ils mettent onze ou treize femences dans chaque trou. Un refte de fuperftition leur a fait conferver un nombre impair. Je ne les approuve pas dans cet ufage, mais auffi je n'entreprendrai pas de leur en prouver l'inutilité & la folie, perfuadé que j'y perdrois mon tems & mes peines.

Cette partie de la culture de l'*Indigo* eft la plus pénible; car il faut que ceux qui y travaillent foient toujours courbés, fans pouvoir fe relever avant que d'avoir planté toute la longueur du terrein ; de forte que, quand il eft grand, ce qui arrive prefque toujours, ils font obligés de refter deux heures, & fouvent plus, dans cette pofition.

Lorfqu'ils font parvenus au bout de la pièce, ils retournent fur leurs pas pour remplir les trous où font les femences, en y rejettant avec leurs pieds la terre qu'ils en avoient ôtée ; au moyen de quoi les graines fe trouvent couvertes d'environ deux pouces de terre.

On pourroit faciliter beaucoup la culture de cette plante, fi les habitans de nos colonies en Amérique vouloient fe fervir d'une charrue à femoir ; car avec cet inftrument, deux perfonnes & un cheval ou un mulet femeroient plus d'*Indigo* dans un jour, que vingt perfonnes ne pourroient le faire dans le même efpace de tems fuivant la méthode ordinaire : car cette charrue fait la rigolle ; le trémis, qui y eft fixé, fuit & y répand les femences également de diftance en diftance, & un autre inftrument, placé derriere le trémis, les recouvre de terre : par ce moyen toute l'opération fe fait en même tems & avec une grande facilité. Il eft vrai qu'il faut que l'ufage de cette maxime foit connu de ceux qui l'emploient, fans quoi ils s'en tireroient mal ; mais la moindre expérience mettra bientôt une perfonne au fait.

Comme on plante l'*Indigo* en rang, on pourroit employer une charrue à hoüe d'une largeur proportionnée pour nettoyer le terrein dans les rangs ; au moyen de cet inftrument, cette opération feroit terminée en beaucoup moins de tems que par la méthode ordinaire, mais je confeillerois de remuer la terre auffi - tôt que l'*Indigo* commence à paroître, & de ne point attendre que les mauvaises herbes soient devenues bien fortes, parce qu'alors on les détruit aisément, & cette culture, en fortifiant les plantes, devient très utile au Propriétaire qui recueille toujours le meilleur *Indigo* sur les plantes les plus vigoureuses.

Le conseil que donne LA-BAT de couper ces plantes avant qu'elle soient trop vieilles, pour donner une meilleure couleur à l'*Indigo*, est très-juste: ainsi il faut faire cette récolte aussi-tôt que les fleurs commencent à paroître; car si on les laisse plus long-tems, les tiges deviennent dures & filandreuses, les feuilles du bas jaunissent, & donnent une mauvaise qualité à l'*Indigo*; comme la même chose arrive, quand les plantes sont trop voisines les unes des autres, ou qu'on y laisse croître les mauvaises herbes, on doit avoir grand soin de les tenir toujours nettes.

Quoique toutes les saisons soient également favorables pour planter l'*Indigo*; cependant il faut avoir attention de ne pas choisir un tems sec; il est vrai que la semence peut rester en terre pendant un mois sans se gâter; mais il est toujours à craindre qu'elle ne soit détruite par les insectes, emportée par le vent, ou étouffée par les mauvaises herbes : aussi ceux qui entendent bien cette culture, ne plantent jamais l'*Indigo* dans un tems sec, c'est-à-dire, quand on n'espere pas avoir de la pluie dans

l'espace de deux ou trois jours; mais en choisissant pour cela une saison humide qui laisse espérer de la pluie, ils sont assurés de voir pousser leurs plantes en trois ou quatre jours.

Malgré tous les soins qu'on a pris pour nettoyer le terrein avant de répandre les graines, on ne doit pas négliger de renouveler cette opération lorsque les plantes paroissent, parce que la qualité du sol, aidée par l'humidité, la chaleur du climat, & les rosées abondantes du soir, produisent une grande quantité de mauvaises herbes, qui étoufferoient & gâteroient entiérement l'*Indigo*, si l'on n'avoit pas soin de les arracher sitôt qu'elles paroissent, & de tenir toujours le terrein très-propre; fort souvent aussi ces mauvaises herbes contribuent beaucoup à faire naître une espece de chenille, qui dévore les feuilles des plantes en très-peu de tems.

Depuis le moment où la plante paroît, elle n'est que deux mois pour parvenir à sa maturité, & au moment où il faut la couper, si on la laisse plus long-tems, elle fleurit, ses feuilles deviennent plus seches, plus dures, moins remplies de substances, & moins propres à donner une belle couleur.

Après que la premiere tige est coupée, les nouvelles branches, & les feuilles que la plante repousse, doivent être enlevées chaque six semaines, pourvu que la saison soit humide & qu'on ait foin de ne pas le faire dans un tems fec ; car alors les plantes ou leurs choupus, comme on les appelle, périroient infailliblement, & l'on feroit obligé d'en planter d'autres ; mais, quand on les traite convenablement, elles fubfiftent deux années ; après quoi il faut les arracher & en replanter de nouvelles.

Lorfque la plante eft mûre, ce qu'on reconnoît par les feuilles qui deviennent plus caffantes & moins fouples, on la coupe quelques pouces audeffus de la furface de la terre, avec de grands couteaux courbés en forme de fcille. Quelques planteurs attachent ces plantes enfemble comme des doubles bottes de foin, afin que les Negres puiffent les porter aifément à la trempe : mais la plupart les mettent dans de gros draps dont on réunit les quatre coins ; ce qui eft préferable à l'autre maniere, parce que les plantes font moins froiffées, & qu'ainfi on emporte les petites comme les groffes. D'ailleurs, cette façon eft beaucoup plus expéditive, & comme le tems eft précieux, fur-tout en Amérique, il faut en perdre le moins qu'il eft poffible.

Dix-huit ou vingt fardeaux de la groffeur à-peu-près chacun de deux bottes de foin, fuffifent pour remplir une trempe de la grandeur de celles dont on a déja donné les dimenfions. Lorfqu'on a mis dans cette cuve affez d'eau pour que les plantes foient couvertes, on les charge de quelques pieces de bois pour les empêcher de s'élever audeffus, à-peu-près comme on le pratique pour le chanvre, & on les laiffe fermenter fuivant le plus ou le moins de chaleur, ou le plus ou le moins de maturité des plantes. La fermentation a lieu ordinairement en huit ou dix heures de tems, & quelquefois elle ne fe fait qu'au bout de dix-huit ou vingt heures, mais rarement plus tard : alors on apperçoit l'effet de cette fermentation ; l'eau s'échauffe, elle bouillonne de tous côtés, comme les raifins dans une cuve, & de claire qu'elle étoit d'abord, elle devient infenfiblement épaiffe, & de couleur bleue tirant fur le violet. Lorfque les chofes font dans cet état, fans toucher les plantes, on ouvre les robinets qui font au fond des trempes, & on en laiffe écouler dans la batterie l'eau chargée des fels & de la fubftance colorante des plantes, divifée par la fermentation ; après quoi on jette les plantes qui font pourries & devenues inutiles, on nettoie la trempe pour y en remettre de nouvelles, & l'on bat l'eau qui s'eft écoulée de la trempe dans la batterie. L'on fe fervoit autrefois pour cette opération d'une roue garnie de battoirs, dont l'axe étoit pofé au milieu de la cuve, & qu'on faifoit tourner par le moyen de deux manches placés aux deux extrémités de cet axe ; mais depuis, on a remplacé ces battoirs par des boîtes fans fond, & enfuite l'on y a fubftitué des boîtes avec des fonds percés de trous. Aujourd'hui on emploie des fceaux affez grands fixés à de fortes perches en forme de chandeliers, par le moyen defquels les Negres agitent & battent l'eau avec violence, & continuellement, jufqu'à ce que les fels & les autres fubftances des plantes foient réunies, & fuffifamment coagulées pour former un corps.

L'habileté de celui qui préfide à cet ouvrage, confifte à faifir l'inftant, car s'il le fait ceffer un peu trop tôt, le grain n'étant pas encore formé, l'*Indigo* demeure répandu dans l'eau, fans fe précipiter & fe réunir au fond de la cuve : dans ce cas, la partie colorante s'écoule avec l'eau & le propriétaire éprouve une perte confidérable. Si l'on continue au contraire à battre après que l'*Indigo* eft formé, il en réfulte le même inconvénient ; il faut donc faifir & obferver avec bien de la précifion cet inftant, & ceffer auffi-tôt de battre l'eau pour laiffer repofer la matiere.

On fe fert pour trouver ce moment, d'un petit gobelet d'argent, fait exprès ; on le remplit de cette eau, & fuivant qu'on s'apperçoit que le dépôt fe précipite au fond, ou refte fufpendu, on ceffe ou on continue à battre.

*Le Dictionnaire Univerfel*, imprimé à *Trévoux*, rapporte très-férieufement d'après le Pere PLUMIER, Minime, que le faifeur d'*Indigo*, ayant pris de cette eau de la batterie dans un gobelet, crache dedans, & que fi l'*Indigo* eft formé, le dépôt defcend auffi-tôt au fond du gobelet, & qu'alors il fait ceffer le travail ; mais qu'au contraire, fi le dépôt ne fe fait pas, il le fait continuer : ce n'eft pas en cela feul qu'on en a impofé à la fimplicité & à la crédulité du Pere PLUMIER, ainfi que je m'en fuis apperçu dans plufieurs autres occafions.

Après qu'on a ceffé de battre l'eau, le dépôt defcend au fond de la cuve, & fe réunit en une maffe femblable à de la boue ; l'eau dépouillée des fels, dont elle étoit impregnée, furnâge & devient claire ; alors on ouvre les robinets placés dans la batterie à des hauteurs différentes, & on laiffe écouler l'eau. Quand l'on arrive à la furface du dépôt, l'on ouvre les robinets du bas, & il tombe dans le repofoir ou diablotin, où on le laiffe un peu plus long-tems ; après quoi on le met dans de petits facs de toile de quinze ou dix huit pouces de longueur, & terminés en pointes, où il fe dépouille exactement de toute l'humidité qu'il contient : on l'étend enfuite dans de petites boîtes de trois ou quatre pieds de longueur fur deux de largeur & trois pouces de profondeur, & on l'expofe à l'air pour le bien defTecher ; mais l'on a foin de ne pas le laiffer au foleil, qui détruiroit la couleur, ni à la pluie, qui la gâteroit entiérement.

Il arrive quelquefois que

les chenilles fe jettent fur les plantes d'*Indigo* : lorfque cet accident arrive , ces infectes mangent toutes les feuilles , & fouvent même l'écorce & les extrémités des branches; ce qui fait périr la tige. Comme il n'y a aucun moyen de les détruire toutes , & de les empêcher de dévorer la récolte , même en creufant un foffé autour du terrein , il n'y a point de meilleur parti à prendre que de couper auffi – tôt toutes les plantes, quelque jeunes qu'elles foient , & de les jetter avec les chenilles dans la trempe ; ces infectes y périront, ils rendront tout ce qu'ils auront mangé , & l'*Indigo* n'en fera pas moins beau : il eft vrai que quand les plantes ne font pas parvenues à leur entiere perfection , elles donnent beaucoup moins de fubftance ; mais comme plufieurs expériences nous ont appris que la couleur en eft bien plus belle , l'on retrouve d'un côté ce qu'on perd de l'autre.

Je n'attendrois pas pour couper ces plantes qu'elles fuffent tout-à-fait mûres : peutêtre que tout le fecret de ceux dont l'*Indigo* eft le plus eftimé , ne confifte qu'à couper la plante lorfque fa couleur eft la plus vive. J'ai fait une expérience analogue en laiffant des *Cochenilles* fur des *Figuiers* d'Inde qui étoient trop mûres. Ces *Cochenilles*, au-lieu d'être rouges , devinrent d'une couleur de feuilles mortes , femblable à celles du fruit dont elles fe nourriffoient. La même



chofe peut s'opérer auffi dans l'*Indigo*; & ce que je propofe ici n'eft pas fans fondement, puifque cette conjecture eft confirmée par l'expérience que je viens de rapporter ; de maniere qu'il paroît certain que la même plante coupée en différens âges , produit des couleurs plus ou moins belles. Je n'entreprendrai pas de donner cet avis à ceux qui font trop attachés à leur propre intérêt , & qui recherchent plutôt la quantité que la qualité de la denrée; mais je crois que je n'ai rien à craindre des habitans de nos Ifles, qui font généreux, vivent noblement, & quelquefois même au - delà de leurs facultés. Je leur confeille donc de faire différentes épreuves, pour ce qui regarde le fol , la faifon , l'âge de leurs plantes , l'eau dans laquelle on les trempe , & le moment de leur diffolution ; je fuis perfuadé qu'en peu de tems , avec du foin & de la patience , ils feront de l'*Indigo* égal & même fupérieur à celui fi vanté des pays étrangers. Les planteurs de Saint - Domingue favent qu'en 1701 , leur gros fucre étoit fort mauvais, & qu'on ne l'avoit fait qu'avec une peine incroyable; mais à préfent, tout le monde avoue que par leur travail, leur attention , & leurs recherches, cette production eft devenue meilleure que celles des Ifles *fous - le-vent*. Pourquoi ne pourrions-nous pas efpérer la même chofe de l'*Indigo* ?

M. POMET, Auteur de l'*Hiftoire générale des Drogues*, nous

dit dans la premiere partie de son Ouvrage, chapitre X, que les habitans du village de Sarqueſſe aux Indes, près d'Amadabat, ſe ſervent ſeulement des feuilles de l'*Indigo*, & qu'ils rejettent les tiges & les branches, & c'eſt de-là que nous vient l'*Indigo* le plus vanté.

Je goûte aſſez cette opinion ; car nous voyons que ceux qui ſe donnent la peine d'égrainer le raiſin avant de le jetter dans la cuve, & qui en rejettent les grappes, font du vin bien meilleur ; parce que ces grappes contiennent toujours un acide qui ſe mêle avec le jus de la graine quand on les foule. La même choſe doit arriver auſſi à l'*Indigo*, dont les tiges renferment néceſſairement des liqueurs d'une couleur moins parfaite que celle des feuilles : mais il nous faudroit le loiſir & la patience des Indiens pour entreprendre un pareil ouvrage, & avoir des ouvriers à auſſi bon marché que chez eux ; ſuppoſé que ce fait ſoit vrai, comme le dit POMET ſur le rapport de TAVERNIER.

Quoique je ſois fort porté pour les expériences qui peuvent encourager & perfectionner nos manufactures ; cependant je n'ôſe les propoſer, à cauſe des grands frais qu'elles occaſionneroient à ceux qui voudroient les entreprendre, & parce que le profit ne répondroit point aux frais. Cependant j'ai indiqué ici la méthode des habitans de Sarqueſſe, pour n'être point dans le cas de me reprocher d'avoir

omis une choſe qui peut être utile à ma patrie.

Le bon *Indigo* doit être aſſez léger pour nâger ſur l'eau ; l'on peut ſoupçonner qu'il eſt mêlé de terre, de cendres, ou d'ardoiſes pulvériſées, lorſqu'il ſe précipite au fond : il doit être d'un bleu foncé tirant ſur le violet, brillant, vif & clair, plus beau en-dedans qu'au dehors, & comme s'il étoit argenté.

S'il eſt trop peſant, en proportion de ſon volume, on doit croire qu'il eſt mêlé de matieres étrangeres, & on doit examiner ſa qualité ; car, comme il eſt ſouvent d'un grand prix, il eſt juſte que tous ceux qui l'achetent, connoiſſent les différentes manieres dont on peut le falſifier.

La premiere eſt, quand il eſt trop battu dans la trempe, de maniere que les feuilles & l'écorce ſont entièrement conſommées. Cette opération augmente conſidérablement la quantité de la matiere, mais elle eſt beaucoup moins belle ; elle devient noirâtre, épaiſſe, peſante, & peu propre à être miſe en œuvre.

La ſeconde s'opere en mêlant à l'*Indigo* des cendres, de la terre, un certain ſable brun & brillant qu'on trouve communément dans les baies, ſur les côtes de la mer, & ſur tout de l'ardoiſe pulvériſée. On ajoûte ces différentes matieres dans le moment où l'*Indigo* ſe précipite au fond du répoſoir. Cette fraude eſt plus aiſément cachée dans l'*Indigo* en poudre ; mais lorſqu'il eſt en pains on peut la reconnoître ; car il eſt très-difficile que ces corps hétérogènes ſoient ſi intimement mêlés à l'*Indigo*, qu'ils ne laiſſent appercevoir pluſieurs lits de différentes matieres, & qu'en les caſſant on ne découvre aiſément la fraude.

On peut ſe ſervir des deux moyens ſuivans, pour connoître la bonne ou la mauvaiſe qualité de l'*Indigo*.

1°. On fait diſſoudre un morceau d'*Indigo* dans un verre d'eau : s'il eſt pur & bien fait, la diſſolution ſera parfaite ; mais s'il eſt falſifié, la matiere étrangere tombera au fond du verre.

2°. En le brûlant, le véritable *Indigo* ſe conſume entièrement, tandis que la terre, les cendres, le ſable & l'ardoiſe pulvériſée reſtent.

En 1694, on vendoit l'*Indigo* aux Iſles *ſous-le-vent*, depuis trois livres dix ſols juſqu'à quatre francs la livre, ſelon ſa beauté, & le nombre de vaiſſeaux qui venoient le chercher. Je l'ai vu depuis à un prix bien plus bas ; cependant le planteur ne ceſſeroit pas d'en tirer un profit conſidérable, quand même il ne ſe vendroit que quarante ſous la livre, parce que cette denrée exige moins d'uſtenſiles, d'inſtrumens & de dépenſes que les fabriques de ſucre. »

Depuis qu'on a introduit la culture de l'*Indigo* dans la Caroline Méridionale, on a apporté une grande quantité de cette teinture utile en Angleterre. Il faut eſpérer que l'encouragement accordé aux plan-

teurs par le Parlement, les mettra en état de pourſuivre cette branche de commerce avec un tel ſuccès, qu'elle puiſſe être d'un grand avantage à la nation, ainſi qu'à nos colonies : mais les planteurs ne ſont point encore parvenus à une auſſi grande perfection qu'on pourroit le déſirer ; car preſque tout l'*Indigo* qui a été expédié de ces contrées étoit ſi dur, qu'à peine pouvoit-on le diſſoudre ; ce qui a été occaſionné par la grande quantité d'eau de chaux qu'on y avoit mêlée pour ſéparer le dépôt des matieres impures de la plante. J'ai auſſi appris, par pluſieurs lettres de ces planteurs, qu'après la fermentation, on retiroit de la cuve les plantes preſque entieres, & qu'elles n'avoient preſque rien perdu de leur volume ou de leur poids. Cet effet ne peut être attribué qu'à un vice de la culture ou au peu de capacité des cuves, & à ce qu'elles ſont placées en plein air ; ce qui fait que la fermentation n'eſt pas aſſez forte pour les diſſoudre, & qu'elle eſt encore retardée par les vents froids du ſoir. Dans les Iſles où l'on fait le meilleur *Indigo*, les cuves ſont toujours à couvert, quoique la chaleur y ſoit cependant bien plus forte que dans la Caroline. Les planteurs doivent faire attention à ces obſervations, pour ſe diriger dans leurs manœuvres.

Pour ce qui eſt de la culture de cette plante, nos cultivateurs de l'Amérique commettent une grande faute en

la

la plantant trop épaisse ; car , par-là , elle s'éleve avec des tiges minces & peu garnies de feuilles , qui ne font pas même aussi grandes ni aussi succulentes qu'elles le seroient si on leur donnoit un peu plus de distance. Il résulte de là , que les tiges ne font composées que de petits vaisseaux durs que la fermentation ne peut dissoudre , & que leurs extrémités feules font garnies de feuilles , comme il arrive aux jeunes arbres trop ferrés qui n'ont que des tiges minces, fans feuilles , ni branches latérales, si ce n'est à leur extrémité ; de forte qu'on ne peut pas espérer une grande quantité d'*Indigo* de plantes ainsi cultivées. Ceux qui cultivent la *Gaude* ou *Pastel* , ont constamment observé que quand leurs plantes filent & n'ont que des feuilles étroites & minces , elles ne produisent que très-peu de teinture. Pour éviter cet inconvénient, ils choisissent un terrein riche & fort pour les femer, & ils ont grand foin de les éclaircir, afin de leur donner assez d'espace pour s'étendre & pour pousser des feuilles larges & succulentes, qui fournissent toujours une grande quantité de matiere colorante. Si les cultivateurs d'*Indigo* en Amérique vouloient seulement suivre l'exemple de ceux qui plantent la *Gaude* , ils en retireroient certainement un bénéfice confidérable.

Ils font encore une faute, en coupant leurs plantes trop tard, dans l'idée de se procurer une plus grande quantité

d'*Indigo* : mais c'est une erreur grossiere ; car plus la plante est vieille , plus les tiges fe dessechent & deviennent dures : c'est pourquoi très-peu de fes parties peuvent fe dissoudre par la fermentation , & le dépôt de ces vieilles plantes ne fe trouve jamais aussi beau que celui des jeunes.

D'après toutes ces observations, il est à défirer que nos cultivateurs fassent quelques épreuves fur la culture & le traitement de ces plantes , en les femant claires, en les tenant nettes de mauvaifes herbes , & en les coupant tandis qu'elles font jeunes & remplies de feve. Ces expériences les éclaireront fur les moyens qu'ils doivent employer pour tirer de cette culture le parti le plus avantageux. Mais comme la main d'œuvre est chere dans ce pays, on m'objectera peutêtre la dépenfe excessive que doit entraîner la méthode que je propofe ; mais pour que ces moyens foient moins dispendieux, j'ai propofé de femer l'*Indigo* avec la charrue à femoir, ce qui diminuera confidérablement les premiers frais, & les graines feront en même tems également répandues. J'ai aussi confeillé de fe fervir de la charrue à houe, avec laquelle on peut remuer fouvent la terre, & la ramasser autour des racines pour les fortifier, & rendre la plante plus en état de réfifter aux attaques des insectes ; au moyen de quoi fes feuilles & fes tiges deviendront plus fucculentes , & plus propres à fournir une

bonne quantité de matiere colorante.

INTYBUS. *Voyez* CICHO-
RIUM INTYBUS.

INULA. *Lin. Gen. Plant.*
800. *Enula. Cæsalp. Helenium.*
*Raii Met.* 33. *Aster. Tourn. Inst.*
*R. H.* 481. *tab.* 274. *Enula*
*campana.* [ *Elecampane.* ] l'Aul-
née.

*Caracteres.* La fleur est composée à rayons ; son calice
est imbriqué , & composé d'é-
cailles étendues , lâches & petites , dont les extérieures sont
les plus larges : le disque renferme des fleurons hermaphrodites , & les rayons sont for-
més par des demi-fleurons femelles , qui s'étendent en dehors en forme de langue ; les
hermaphrodites sont en forme
d'entonnoir , érigés , & découpés à l'extrémité en cinq segmens : elles ont cinq étamines
courtes , minces , & terminées
par des sommets cylindriques
réunis à leur extrémité , & un
seul germe long & couronné
de duvet , qui soutient un style
mince de la longueur des étamines , & surmonté par un
stigmat droit & fourchu. Les
demi-fleurons femelles qui sont
dépourvus d'étamines , ont une
langue entiere & étroite , &
un germe long & couronné
par un style velu & un stigmat
érigé. Ce germe dans les deux
fleurs devient une semence simple , étroite , quadrangulaire ,
couronnée de duvet , & placée sur un réceptacle nud.

Ce genre de plantes est
rangé dans la seconde section
de la dix-neuvieme classe de
LINNÉE , qui a pour titre , *Syn-*



*genesia , Polygamia superflua ,* &
qui renferme celles dont les
fleurs sont composées de fleurons hermaphrodites dans le
disque , & de demi-fleurons femelles fertiles dans les rayons.

Les especes sont :

1°. *Inula Helenium , foliis*
*amplexicaulibus , ovatis , rugosis ,*
*subtùs tomentosis , calycum squa-*
*mis ovatis. Amæn. Acad.* 1. *p.*
410. *Mat. Med.* 186. *Kniph.*
*cent.* 7. *n.* 36. *Flor. Dan. t.*
728 ; Enule Campane , avec
des feuilles ovales , rudes , amplexicaules , & velues en-dessous , dont les écailles du calice sont ovales.

*Aster foliis ovatis , rugosis ,*
*amplexicaulibus , subtùs tomen-*
*tosis , calycum squamis ovatis ,*
*patulis. Hort. Cliff.* 407. *Fl. Suec.*
695. 755. *Roy. Lugd. B.* 166.
*Dalib. Paris.* 260. *Gmel. Sib.* 2.
*p.* 175.

*Aster foliis ovato-lanceolatis ,*
*serratis , subtùs tomentosis , caly-*
*cibus ovato-lanceolatis , maximis.*
*Hall. Helv. n.* 72.

*Aster Helenium. Scop. carn.*
2. *n.* 10,78.

*Aster omnium maximus. Hele-*
*nium dictus. Tourn. Inst.* 483 ;
le plus grand Aster , appellé
*Enula Campana* ; l'Aunée , *ou*
Inule Campane.

*Helenium vulgare. Bauh. Pin.*
267.

*Helenium. Cam. Epit.* 35.

2°. *Inula odora , foliis am-*
*plexicaulibus , dentatis , hirsutis-*
*simis , radicalibus ovatis , cauli-*
*nis lanceolatis , caule pauci-floro.*
*Lin. Sp. Plant.* 1236 ; Enule
peu chargée de fleurs avec des
feuilles très-velues , dentelées
& amplexicaules , dont les ra-

dicales font ovales , & celles des tiges en forme de lance.

*Afteris altera fpecies Apula.* Col. Ecphr. 1. p. 251. f. 253.

*After luteus , radice odorâ.* C. B· P. 266. After jaune , avec une racine odorante.

*Conyza altera Apula. Moris. Hift. 3. p. 113. s. 7. t. 21. f. 6.*

3°. *Inula Salicina , foliis feffilibus , lanceolatis , recurvis , ferrato-fcabris, floribus inferioribus altioribus , ramis fubangulatis. Amæn. Acad. 1. p. 410. Sauv. Monfp.* 86. Enule à feuilles feffiles , en forme de lance , recourbées , rudes & fciées , dont celles du bas font plus hautes que celles du fommet , avec des branches angulaires.

*After foliis glabris , ci'iatis , venofis. Hall. Helv. n.* 76.

*After montanus luteus , Salicis glabro folio.* C. B. P. 266 ; After jaune de montagne , avec une feuille de Saule unie.

*Bubonium luteum 1. Tabern. Hift.* 716.

4°. *Inula Germanica , foliis feffilibus, lanceolatis , recurvis , fcabris , floribus fub-fafciculatis. Lin. Sp. Plant.* 883. *Jacq. Auft. t.* 134, *Kniph. cent. 4. n. 32 ;* Enule à feuilles feffiles , en forme de lance , recourbées & rudes , & à fleurs en paquets.

*After, foliis lanceolatis , amplexicaulibus , oris reflexis , ramis multifloris , calycibus oblongis , laxis. Gmel. Sib. 2. p.* 181. *t. 78. f. 1.*

*After Thuringiacus altiffimus , lati-folius , montanus , flore luteo parvo. Haller. Jcen.* 181 ; After de Thuringe le plus élevé , à larges feuilles , & de mon-

tagne , avec une petite fleur jaune.

*Conyza affinis Germanica. Bauh. Pin.* 266. *Moris. Hift. 3. S. 7. t. 19. f. 26.*

5°. *Inula Crithmoïdes , foliis linearibus , carnofis , tri - cufpidatis. Lin. Sp. Plant.* 883. *Scop. carn. ed. 2. n. 10,66. Sub Senecione ;* Enule à feuilles étroites & charnues , terminées en trois pointes.

*After flore terminali , foliis linearibus , tri - cufpidatis. Hort. Cliff.* 409. *Roy. Lugd.-B.* 168. *Guett. Stamp. 2. p.* 464.

*Crithmum maritimum , colore Afteris Attici. Bauh. Pin.* 288.

*Crithmum Cryfanthemum. Dod. Pempt.* 706.

*After maritimus , flavus. Chritkmum Chryfanthemum dictus. Raii Syn. ed. 3.* 174 ; After maritime & jaune , appellé Crith-Marine dorée , ou *la Limbourde* ordinaire. [ *Golden Samphire.* ]

*Inula Crithmi-folia. Linn. Syft. Plant. Tom. 3. p.* 830.

6°. *Inula montana , foliis lanceolatis , hirfutis , integerrimis , caule uni - floro , calyce brevi , imbricato. Lin. Sp. Plant.* 124. *Couan. Monfp.* 445. *Pollich. Pal. n.* 808 ; Enule à feuilles entieres , velues , & en forme de lance , dont la tige ne porte qu'une feule fleur , avec un calice court & imbriqué.

*After montanus , luteo magno flore.* C. B. P. 267 ; After de montagne , avec une grande fleur jaune.

*After , foliis ellipticis , integerrimis , tomentofis , caule uni-floro. Hall. Hetv. n.* 81.

*After montanus , luteus , mas & femina. 3 , 4. Tabern. Haall.*

*Aster montanus, hirfutus. Lob.
Ic. 350.*

*Aster angufti – folius luteus.
Bauh. Hift. 3. p. 1046.*

7°. *Inula oculus Chrifti, foliis amplexi - caulibus, oblongis,
integerrimis, hirfutis, caule pi-
lofo, corymbofo. Lin. Sp. Plant.*
1237. *Jacq. Auftr. 223. Mattufch. Sil. n. 624*; Enule à feuilles oblongues, entieres, velues & amplexicaules, avec
des fleurs en corymbe, & une
tige garnie de poils.

*Aster, caule fupernè ramofo,
ampliato, foliis lanceolatis, calycibus laxis, terminalibus. Hort.
Cliff.* 407.

*Conyza Pannonica lanuginófa.
C. B. P.* 265; Conyze laineufe
de Hongrie.

*Conyza 3 Auftriaca, Clus.
Hift. 2. p.* 20.

8°. *Inula Britannica, foliis
amplexicaulibus, lanceolatis, diftinctis, ferratis, fubtùs villofis,
caule ramofo, villofo, erecto. Flor.
Suec. 756. Fl. Dan. t. 413. Pall.
it. 1. p.* 370; Enule à feuilles
amplexicaules, en forme de
lance, fciées, & velues en-
deffous, avec une tige velue,
branchue & érigée.

*Conyzis affinis. Bauh. Pin.*
265.

*Conyza paluftris repens, Bri-
tannica dicta. Moris. Hift. 3. p.*
113. *S. 7. t. 19. f. 8.*

*Aster paluftris luteus, folio
longiori lanuginofo. Tourn. Inft.*
483; Aster jaune de marais,
avec une feuille laineufe & plus
longue.

*Conyza aquatica, Afteris flore
aureo. Bauh. Pin. 266. Prodr.*
124. Variété.

9°. *Inula hirta, foliis feffili-*

bus, lanceolatis, recurvatis, fub-
ferratofcabris, floribus inferioribus altioribus, caule teretiufculo,
fub-pilofo. Lin. Sp. 1239. Jacq.
Auftr. f. 358. Pall. it. 1. p. 154.
Kniph. cent. 12. n. 63*; Enule
à feuilles feffiles, rudes, en
forme de lance, recourbées &
fciées, avec des fleurs vers le
bas, plus hautes que les autres, & une tige velue & cylindrique.

*Aster, foliis ovatis, venofis,
fcabris, hirfutis. Hall. Helv.
n.* 75.

*Aster luteus, Salicis folio,
hirfuto. C. B. P.* 266. After
jaune, avec des feuilles de
Saule velues.

*Aster tertius Pannonicus, Clufii
luteus, folio hirfuto Salicis. Bauh.
Hift. 2. p.* 1047.

10°. *Inula bifrons, foliis oblongis, decurrentibus, denticulatis,
floribus congeftis, terminalibus,
fub - feffilibus. Lin. Sp.* 1236;
Enule, à feuilles oblongues
& dentelées, qui coulent dans
la longueur des tiges, & à
fleurs en paquets & feffiles,
qui les terminent.

*Conyza lati–folia, vifcofa, fua-
ve olens, flore aureo è Gallo-Provinciâ. T. Garid. Aix. 125. t. 23.*

*Conyza Pyrenaïca, foliis Pri-
mulæ-veris. Par. Bat.* 127.

*Conyza præ-alta, caule alato,
odorata. Bocc. Muf. 1. p. 168.
t. 121. Raii Suppl.* 153.

11°. *Inula fquarrofa, foliis
ovalibus, lævibus, reticulato-ve-
nofis, fub - venatis, calycibus
fquarrofis. Lin. Sp. 1240. Gouan.
Illuftr. p.* 68; Enule à feuilles
unies, ovales, ayant des veines en filets, avec des calices
rudes.

*Aster Conyzoïdes, odoratus, luteus. Tourn. Inft.* 483.

*After luteus, lati folius, glaber, foliis rigidis & minutiffimis, crenatis. Pluk. Alm.* 37. *t.* 16. *f.* 1.

12°. *Inula Canarienfis, foliis linearibus, carnofis, tri-cufpidatis, caule fruticofo;* Enule, à feuilles étroites, charnues, & à trois pointes, avec une tige d'arbriffeau.

*After Canarienfis frutefcens, folio tri - dentato, craffo. Hort. Chelf.* 26. After des Canaries en arbriffeau, avec une feuille épaiffe & à trois pointes.

13°. *Inula Saturejaioïdes, foliis linearibus, hirfutis, oppofitis, pedunculatis, nudis, unifloris;* Enule, avec des feuilles linéaires, velues & oppofées, ayant des pédoncules nuds, qui foutiennent une feule fleur.

*After Satureja, foliis conjugatis & pilofis, flore luteo. Houft. Mff;* After, à feuilles femblables à celles de la Sariette, couvertes de poils, & difpofées par paires, avec une fleur jaune.

14°. *Inula Mariana, caule erecto, hifrido, foliis lanceolatis, afperis, floribus alaribus, folitariis, feffilibus, terminalibus umbellatis;* Enule, avec une tige droite & épineufe, des feuilles rudes & en forme de lance, & des fleurs qui fortent feules fur les côtés de la tige, & font difpofées en ombelles à fon extrémité.

*After luteus Marianus, Saligneis brevioribus foliis, hirfutis, pubefcentibus, fummo caule ramofus. Pluk. Mant.* 30. *t.* 340. *f.* 1; After jaune du Mariland,

avec des feuilles de Saule plus courtes, velues & pâles, & une tige branchue à l'extrémité.

15°. *Inula fruticofa, foliis lanceolatis, acutis, fubtùs trinerviis, fquamis calycinis acutis, caule fruticofo;* Enule, avec des feuilles aiguës, en forme de lance, traverfées par trois nervures en deffous, un calice couvert d'écailles pointues, & une tige d'arbriffeau.

*Helenium.* La premiere efpece croît naturellement dans plufieurs parties d'Angleterre ; mais on la cultive auffi dans les jardins pour fes racines, qui font d'ufage en Médecine : on les regarde comme carminatives, fudorifiques & alexipharmaques, & comme propres à guérir la courte haleine, la toux, les maladies de poumons, & les maladies peftilentielles.

Cette racine eft vivace, épaiffe, branchue, & d'une odeur forte. Les feuilles du bas ont un pied de longueur, fur quatre pouces de large au milieu ; elles font rudes audeffus, & garnies de duvet en-deffous; la tige, haute d'environ trois pieds, fe divife vers l'extrémité en plufieurs petites branches garnies de feuilles ovales, oblongues, dentelées fur les bords, & terminées en pointe aiguë. Les fleurs font placées aux extrémités des tiges, & chaque branche eft couronnée par une groffe fleur radiée & renfermée dans un calice imbriqué, dont les écailles font ovales & placées l'une fur l'autre comme des écailles de poiffon. Ces fleurs font rem-placées par des femences étroi-tes, à quatre angles, & cou-ronnées de duvet. Elles paroif-fent en Juin & Juillet, & per-fectionnent leurs femences vers la fin d'Août.

On peut la multiplier par fes graines, qu'on met en terre en automne auffi-tôt qu'elles font mûres ; car fi on les con-ferve jufqu'au printems, elles réuffiffent rarement : mais fi on leur permet de fe répan-dre d'elles-mêmes, les plantes poufferont au printems fans aucun foin, & on pourra les tranfplanter dès l'automne fui-vant. Si on veut les laiffer en place, on les éclaircira, de maniere qu'il refte entr'elles un intervalle d'un pied, & on les tiendra conftamment nettes.

Ces plantes feront bonnes pour l'ufage dans la feconde année : on multiplie plus com-munément cette efpece par fes rejettons, à chacun defquels on conferve un bouton ; ces rejettons prendront aifément racine, fi on les détache avec foin des vieilles racines. Cette opération fe pratique en au-tomne, auffi-tôt que les feuil-les commencent à fe flétrir. On les plante en rang à un pied de diftance, & à neuf ou dix pouces les uns des autres. Au printems fuivant, on nettoie exactement le terrein ; & fi on le laboure légérement en au-tomne, les plantes feront des progrès plus rapides : on peut s'en fervir au bout de deux ans ; mais leurs racines fub-fiftent plufieurs années, fi on

les laiffe en place : cependant les jeunes racines font préfé-rables aux vieilles, qui font trop fibreufes ; elles fe plai-fent dans un fol un peu ar-gilleux & pas trop fec (1).

*Odora*, La feconde a une ra-cine vivace, de laquelle s'é-levent plufieurs tiges de deux pieds de hauteur : fes feuilles radicales font ovales, dentelées & velues, & celles du haut font amplexicaules : fes tiges fe divifent en plufieurs bran-ches, garnies de quelques fleurs jaunes éparfes : fa racine ré-pand une odeur agréable lorf-qu'on la caffe : elle fleurit en Juillet, & perfectionne rare-ment fes femences en Angle-terre.

*Salicina*. La troifieme a auffi une racine vivace, de laquelle fortent plufieurs feuilles en

---

(1) La racine d'*Enule* ou *Enula Campana*, qui eft la feule partie de cette plante qu'on emploie en Médecine, a une faveur un peu amere & une odeur agréable qui a beaucoup de rapport avec celle de l'*Iris* : elle eft apéritive, incifive, ftomachique, diurétique, emme-nagogue, &c. ; on s'en fert avec fuccès dans l'afthme humide, la pul-monie, les foibleffes d'eftomac, les crudités, les vents & les rapports aigres, la fuppreffion chronique des regles, les vers inteftinaux, &c. ; on la prefcrit en infufion aqueufe ou vineufe, depuis une demi-once jufqu'à une once, ou en fubftance depuis un gros jufqu'à deux ; elle entre dans la compofition du fy-rop d'*Armoife*, dans le fyrop hy-dragogue & anti-afthmatique de CHARAS, dans l'opiate de SALO-MON, le catholicon fimple, l'on-guent *Martiatum*, le *Diabotanum*, &c.

forme de lance, unies & recourbées : les tiges ont à-peu-près deux pieds de hauteur ; elles font angulaires, & se divisent à leur extrémité en plusieurs pédoncules, qui soutiennent chacun une fleur jaune & radiée. Cette plante fleurit en Juin, Juillet & Août, & ses semences mûrissent en Septembre.

*Germanica.* La quatrieme a une tige droite, haute de trois ou quatre pieds, & garnie de feuilles en forme de lance, inclinées en arriere, dentelées sur leurs bords & rudes en-dessus : ses fleurs sont rassemblées en paquets serrés aux extrémités des tiges ; elles font petites & jaunes. Cette plante croît sur les Alpes & dans les autres contrées montagneuses de l'Europe ; elle fleurit en Juin & perfectionne ses semences en automne.

*Crithmoïdes.* La cinquieme naît spontanément sur les rivages de la mer dans plusieurs parties de l'Angleterre. Je l'ai vu en abondance près de *Scheernefs*, dans l'Isle de Sheepy & en Kent : elle a une tige droite, haute d'un pied & demi, & garnie de feuilles succulentes, charnues, disposées en paquets, de cinq quarts de pouce de longueur sur la huitieme partie d'un pouce de largeur, & terminées en trois pointes : ses fleurs sortent en petites ombelles aux extrémités des tiges ; elles font jaunes & ont une bordure en rayons. Cette espece fleurit en Juillet, & ses semences mûrissent en automne. On vend communément sur

les marchés de Londres ses branches les plus tendres, pour celles de la *Crith-Marine* ; mais elles n'ont point du tout la saveur chaude & aromatique de la véritable *Crith-Marine*, que les Anglois nomment *Samphire.*

*Montana.* La sixieme, qui est originaire de l'Allemagne, s'éleve à la hauteur d'un pied & demi, avec une tige droite garnie de feuilles en forme de lance, couvertes d'un poil doux, & entieres ; chaque tige soutient une grosse fleur jaune, qui paroît en Juillet, & perfectionne rarement ses semences.

*Oculus Christi.* La septieme a une racine vivace & une tige annuelle : elle croît naturellement en Hongrie : ses feuilles font oblongues & velues ; ses tiges font branchues & en forme de corymbe : ses fleurs font petites, jaunes & disposées en paquets serrés ; elles paroissent en Juillet : mais leurs semences mûrissent rarement en Angleterre.

*Britannica.* La huitieme se trouve en Autriche, en Bohême, & en d'autres parties de l'Allemagne : sa racine est vivace & sa tige annuelle, elle s'éleve à la hauteur d'environ deux pieds, & produit des feuilles laineuses, sciées, en forme de lance & amplexicaules : l'extrémité de la tige se divise en deux ou trois branches droites ou pédoncules qui soutiennent chacun une fleur assez large d'un jaune foncé. Cette plante fleurit en Juillet, mais ses semences ne mûrissent pas souvent ici.

*Hirta.* La neuvieme, qu'on rencontre dans la France méridionale, en Espagne & en Italie, a une racine vivace, de laquelle s'élevent plusieurs tiges jusqu'à la hauteur d'environ un pied : ses feuilles radicales sont en forme de lance & garnies de piquans ; celles du haut embrassent à moitié les tiges qui se divisent en plusieurs branches, terminées chacune par une simple fleur jaune. Ces fleurs paroissent en Juillet & ne perfectionnent pas souvent leurs semences dans notre climat.

*Bifrons.* La dixieme s'éleve à un pied de hauteur, & se divise en plusieurs branches garnies de feuilles ovales & velues, qui embrassent à moitié la tige : chaque branche est terminée par une grosse fleur jaune, dont le calice est composé d'écailles ovales ; elle fleurit en Juillet & Août, mais ses semences ne mûrissent jamais en Angleterre.

*Squarrosa.* La onzieme qui est originaire de la Hongrie, a une seule tige droite, haute de deux pieds, & garnie de feuilles ovales, légerement dentelées sur leurs bords, sessiles, velues, & en forme de lance ; elle se divise en corymbe à son extrémité : ses fleurs sont assez grandes & d'un jaune pâle ; elles paroissent en Juillet, mais elles ne donnent point de graines dans notre climat.

*Canariensis.* La douzieme croît sans culture dans les isles Canaries : elle a des tiges d'arbrisseau de quatre pieds de hauteur, qui se divisent en plus petites branches, garnies de paquets de feuilles étroites, charnues, & découpées en trois segmens à leur extrémité : ses fleurs sont produites sur les parties latérales des branches & aux extrémités des tiges ; elles sont petites, d'un jaune pâle, & paroissent an Août.

*Culture.* Les deux, trois, quatre, six, sept, huit & neuvieme especes, sont des plantes vivaces, qui fleurissent & croissent en plein air en Angleterre : on peut les multiplier toutes en divisant leurs racines. Le meilleur tems pour faire cette opération est l'automne ; alors on peut les transplanter, en les mêlant avec d'autres plantes dans les plates-bandes des grands jardins, où elles feront une variété agréable, pendant tout le tems qu'elles seront en fleurs. Comme ces racines se multiplient assez vîte, & qu'elles ont besoin d'avoir assez d'espace pour s'étendre, il faut les mettre au moins à deux pieds des autres plantes ; il suffira de les changer chaque trois ans, pourvu qu'on ait soin de labourer en hiver la terre où elles sont placées, & de les tenir nettes en été ; c'est en cela que consiste toute leur culture.

Quelques-unes de ces especes produisent des semences en Angleterre, par le moyen desquelles on peut aussi les multiplier, en les répandant en automne sur une plate-bande de terre légere à l'exposition du levant. Au printems suivant, quand les plantes paroissent, on les tient nettes de mauvaises herbes, jusqu'à ce qu'elles soient en état d'être enlevées ; alors on les transplante dans une planche de terre à l'ombre, à six pouces de distance, en observant de les couvrir & de les arroser, jusqu'à ce qu'elles aient poussé de nouvelles racines. Pendant l'été on les tient nettes de mauvaises herbes, & en automne on les met dans les plates-bandes, où elles doivent rester.

La dixieme espece croît naturellement dans les parties méridionales de la France & sur les Pyrénées : elle a une racine fibreuse, épaisse & vivace, qui pousse plusieurs feuilles oblongues & dentelées, dont la bâse coule le long de la tige de nœud en nœud ; de cette racine sortent trois ou quatre tiges de deux pieds environ de hauteur, qui se divisent en trois ou quatre petites branches, terminées par des paquets de petites fleurs jaunes, & sessiles aux ailes des feuilles : elles paroissent en Juin & Juillet, & sont remplacées par des semences minces, & couronnées de duvet, qui mûrissent en automne.

On multiplie cette espece par ses graines, qu'il faut semer sur une planche de terre légere, au commencement du printems : les plantes paroissent dans le mois de Mai ; on les tient nettes de mauvaises herbes, jusqu'à ce qu'elles soient assez fortes pour être enlevées : alors on les transplante dans une plate-bande exposée au levant, à six pouces de distance entr'elles, & on a grand soin

de les arroser & de les tenir couvertes, jusqu'à ce qu'elles aient formé de nouvelles racines ; après quoi elles n'auront besoin d'aucune autre culture que d'être tenues nettes de mauvaises herbes. En automne on les transplante dans les places qui leur sont destinées.

La onzieme espece croît naturellement aux environs de Montpellier & en Italie : sa racine est fibreuse, & pousse deux ou trois tiges droites de deux pieds environ de hauteur, garnies de feuilles unies, ovales, alternes, & amplexicaules : les veines des feuilles sont minces & en forme de filets ; les tiges sont terminées par une fleur jaune, renfermée dans un calice rude & imbriqué : aux deux nœuds de la tige au-dessous de la fleur sortent de petits pédoncules qui soutiennent de plus petites fleurs que celles de l'extrémité.

Comme cette plante ne dure guere que deux ou trois ans, il faut en élever des jeunes par semences pour les remplacer : on peut les semer dans le même tems & de la même maniere que la dixieme espece ; les plantes exigent aussi le même traitement.

La cinquieme naît spontanément en Angleterre dans les marais salés & inondés par le flux de la mer ; aussi la cultive-t-on rarement dans les jardins : sa racine est vivace ; mais ses tiges périssent en automne. Quand on est curieux de conserver une ou deux de ces plantes dans un jardin, on peut les transplanter du lieu où elles naissent dans une plate-bande à l'ombre ; en les arrosant dans les tems secs, elles croîtront assez bien, mais leurs tiges ne feront jamais aussi hautes, ni leurs feuilles aussi charnues qu'elles pourroient l'être dans les marais.

Comme la douzieme espece est trop tendre pour supporter en plein air le froid de nos hivers, il faut la mettre à couvert en automne, en lui donnant autant d'air qu'il est possible dans les tems doux, pour l'empêcher de filer & de s'affoiblir. Lorsqu'il fait froid, cette plante exige peu d'eau, car ses tiges & ses feuilles étant succulentes, l'humidité les feroit aisément pourrir. En été on la met dehors avec toutes les autres plantes dures & exotiques, mais dans une situation abritée, où elle augmentera la variété, quoiqu'elle ait peu de beauté : elle fleurit rarement en Angleterre, à moins que la saison ne soit bien chaude : on la multiplie aisément par boutures pendant tous les mois de l'été ; ces boutures prennent aisément racine, si on les plante dans une plate-bande à l'ombre.

*Saturejaioïdes.* La treizieme, que le Docteur HOUSTOUN a découverte à la Vera Cruz, a une tige d'arbrisseau haute d'environ deux pieds, & divisée en plusieurs petites branches velues & garnies de feuilles étroites, roides, opposées & sessiles, dont les bords sont garnis de poils longs, roides & placées par paires ; aux ex-trémités des branches sortent des pédoncules nuds de quatre ou cinq pouces de longueur, qui soutiennent chacun une petite fleur jaune & radiée.

On multiplie cette espece par boutures pendant tous les mois de l'été : on les plante sur une plate-bande de terre légere ; on les couvre jusqu'à ce qu'elles soient enracinées : on les traite ensuite comme les autres plantes exotiques dures, & on les tient à l'abri des froids de l'hiver.

*Mariana.* La quatorzieme m'a été envoyee du Maryland, où elle croit naturellement : elle a une tige forte, haute d'environ un pied, assez couverte de poils piquans & garnie de de feuilles rudes & en forme de lance, de trois pouces de longueur sur un de large au milieu : à chaque nœud de l'extrémité de la tige sortent des fleurs simples, & la tige est terminée par un paquet de petites fleurs jaunes en forme d'ombelles : cette plante fleurit en Août dans notre climat, mais elle n'a pas encore perfectionné ses semences.

*Fruticosa.* La quinzieme, que le Docteur HOUSTOUN a découverte à Carthagêne, a une tige d'arbrisseau, haute de dix ou douze pieds, & divisée en plusieurs branches ligneuses, & garnies de feuilles en forme de lance, de cinq pouces de longueur sur un & demi de large au milieu, unies en-dessus, & fortifiées par trois veines longitudinales en-dessous : ses fleurs naissent aux extrémités des branches, dans de très-larges calices imbriqués; elles font aussi grosses qu'une petite fleur de *Tournesol*, & d'un jaune pâle.

On multiplie cette espece par ses graines, qu'il faut se procurer de son pays originaire, car elle n'en produit point en Europe : on les répand sur une couche chaude ; & quand les plantes sont assez fortes pour être enlevées, on les met chacune séparément dans de petits pots remplis de terre légere ; on les plonge dans une autre couche chaude, & on les traite comme les autres plantes délicates qui viennent des mêmes contrées.

JOHNSONIA. *Dále. Callicarpa. Lin. Gen. Plant.* 127. *Sphondylococcos. Mitch.* 20. Cette plante a été ainsi nommée par le Docteur DALE, de la Caroline méridionale, en l'honneur du Docteur JOHNSON, qui a publié une Edition corrigée & fort augmentée de l'Herbier de GÉRARD.

*Caractéres.* Le calice est formé par une feuille découpée sur ses bords en quatre segmens courts & érigés : la corolle est monopétale, tubulée & divisée en quatre parties qui s'étendent & s'ouvrent ; la fleur a quatre étamines minces, plus longues que la corolle & terminées par des sommets jaunes & oblongs : au centre est placé un germe presque rond, qui soutient un style mince, & couronné par un stigmat épais & obtus ; ce germe devient ensuite une baie globulaire & unie, dans laquelle sont renfermées quatre sémences dures & oblongues.

LINNÉE range cette plante dans la premiere section de sa quatrieme classe, intitulée, *Tetrandria Monogynia*, qui renferme celles dont les fleurs ont quatre étamines & un style. Comme le Docteur DALE m'a envoyé les sémences de cette plante de la Caroline sous ce titre, en 1739, & avec elles le caractères de ce genre, long-tems avant que LINNÉE, en ait parlé, je lui ai conservé le même nom.

Nous n'avons qu'une espece de ce genre :

*Johnsonia Americana, floribus verticillatis, sessilibus, foliis ovato-lanceolatis, oppositis, caule fruticoso. Dále;* Johnsonia en arbrisseau à feuilles ovales, en forme de lance & opposées, ayant des fleurs verticillées & sessiles.

*Callicarpa Americana. Linn. Syst. plant. tom. 1. pag. 313. Sp. 1.*

*Callicarpa. Act. Upsal.* 1741. *p. 80. Kniph. cent. 4. n. 12.*

*Sphondylococcos. Mitch. E. N. C. 8. p. 218.*

*Burchardia. Duham. Arb. 1. p. 111. t. 44.*

*Anonymus baccifera, verticillata, folio molli & incano, ex Americá. Pluk. Alm. 33. t. 136. f. 3.*

*Frutex foliis amplis sub-rotundis, acuminatis, ex adverso binis, viminibus lentis, infirmis, quasi leni canitie tectis. Gron. Virg.* 138.

M. CATESBY, dans son *Histoire de la Caroline*, l'a décrite sous le titre suivant : *Frutex baccifer, verticillatus, foliis scabris, latis, dentatis & conjugatis, baccis purpureis densè conjectis. Vol. 2. p. 47. t. 47.*

Cet arbriſſeau croît en abondance dans les bois aux environs de Charles-Town, dans la Caroline méridionale ; il s'éleve à la hauteur de quatre ou ſix pieds, & pouſſe de ſa racine pluſieurs branches qui ſont laineuſes dans leur jeuneſſe & ſemblables à celles de la *Viorne* : ſes branches ſont garnies de feuilles ovales, en forme de lance, oppoſées & ſupportées par de courts pétioles, d'environ trois pouces de longueur ſur cinq quarts de pouce de largeur au milieu, plus étroites par dégrés vers les deux extrémités, dentelées, rudes en-deſſus & blanchâtres : ſes fleurs ſont verticillées, ſeſſiles aux branches & aux aîles des feuilles, petites, tubulées, diviſées en quatre ſegmens obtus à leur extrémité, étendues & d'un pourpre foncé ; elles ſont remplacées par des baies molles & ſucculentes, qui ſont d'abord d'un rouge clair, mais qui deviennent d'un pourpre foncé en mûriſſant, & renferment quatre ſemences dures & oblongues.

Les ſemences de cette eſpece, que M. CATESBY m'a envoyées de la Caroline, en 1724, ont produit dans pluſieurs jardins de l'Angleterre, quelques plantes dont la plupart ont été placées enſuite en pleine terre, où elles ont très-bien réuſſi pendant quelques années ; pluſieurs même ont produit des fleurs dans le jardin de Chelſéa quatre ou cinq ans de ſuite, mais aucune n'a donné des fruits. Toutes ces plantes, ayant été détrui-



tes par les grands froids de l'année 1740, ainſi que les jeunes qu'on avoit élevées avec des ſemences envoyées par le Docteur DALE l'année précédente, & qui n'étoient abritées que ſous un châſſis, on n'en vit plus aucune en Angleterre juſques en l'année 1744, que le Docteur DALE m'envoya de nouvelles graines ; mais on les a beaucoup multipliées depuis dans nos jardins.

On peut multiplier aiſément cette plante, en ſemant ſes graines ſur une couche de chaleur tempérée : mais la meilleure méthode eſt de les mettre dans des pots, & de les plonger enſuite dans une couche de tan de chaleur modérée. Quand les plantes ont pouſſé & qu'elles ont acquis un peu de force, on les accoutume par dégrés au plein air, & on les y expoſe tout-à-fait au mois de Juin, en les plaçant dans une ſituation abritée, où on les laiſſera juſqu'à l'automne : pendant cet intervalle, il faut les tenir nettes de mauvaiſes herbes, & les arroſer dans les tems chauds ; mais comme elles ſont fort délicates, il eſt néceſſaire de les mettre à couvert ſous un châſſis avant les gelées ; car les froids de l'automne feroient périr leurs jeunes rejettons, & la plus grande partie de leurs tiges ſeroit détruite avant le printems : en hiver, il faut les abriter du froid ; mais lorſque le tems eſt doux, on les expoſe en plein air, pour empêcher que leurs branches ne ſe flétriſſent, & ne ſoient attaquées

de moisissure : au printems suivant, un peu avant que les plantes ne commencent à pousser, on
les tire doucement hors des
pots avec leurs mottes, & sans
briser les racines, on en met
quelques-unes dans de petits
pots remplis de terre légere,
& on plante les autres en Pépiniere dans une plate-bande,
à une exposition chaude & à
quatre ou cinq pouces de distance entr'elles : celles des pots
doivent être plongées dans une
couche de chaleur modérée,
pour leur faire pousser plutôt
des racines ; mais on les habitue ensuite à supporter le plein
air comme auparavant : on les
abrite en hiver sous un châssis
pendant trois ou quatre ans ;
& lorsqu'elles sont devenues
fortes, on peut les transplanter en pleine terre dans une
situation chaude, où elles résistent en plein air au froid de
nos hivers ordinaires : mais,
comme elles sont en danger
d'être détruites par les fortes
gelées, il faut couvrir en hiver la surface de la terre autour de leurs racines, pour
empêcher le froid d'y pénétrer, & garnir la plante, de
paille, de chaume de pois ou
de fougere. Celles qui sont en
Pépiniere, doivent être couvertes de nattes ou de paille
pendant les gelées ; & lorsqu'elles auront acquis de la force,
on pourra les transplanter dans
une situation chaude, où on
les traitera pendant tous les
hivers comme on vient de le
prescrire.

Les feuilles de cet arbrisseau
ont souvent été employées par
le Docteur DALE avec beaucoup de succès dans les hydro-
pisies. Pendant la derniere
guerre, il m'a envoyé un détail circonstancié des vertus
& des propriétés de cette plante
& de plusieurs autres de la Caroline, avec des échantillons
desséchés de chacune : mais,
le vaisseau qui les transportoit,
ayant été pris dans la traversée, ces observations ont été
perdues, & le Docteur étant
mort quelque tems après, je
n'ai pu en avoir d'autres.

JONC. *Voyez* JUNCUS. L.

JONC FLEURISSANT, *ou*
GLAYEUL AQUATIQUE. *V.*
BUTOMUS.

JONC ODORANT. *Voyez*
ACORUS.

JONC MARIN. GENÊT
ÉPINEUX, AJONC, LAN-
DES, BRUSQUE. *Voyez* ULEX
EUROPÆUS.

JONQUILLES. *Voyez* NAR-
CISSUS JONQUILLA.

JONTHLASPI. *Voyez* CLY-
PEOLA.

JOUBARBE, GRANDE. *V.*
SEMPER VIVUM TECTORUM.

JOUBARBE, PETITE, *ou*
TRIQUE-MADAME. *Voy.* SE-
DUM ALBUM.

JOUBARBE DES VIGNES,
*ou* ORPIN, *ou* REPRISE. *Voyez*
SEDUM TELEPHIUM.

IPECACUANA BASTARD.
*V.* ASCLEPIAS CURASSAVICA. L.

IPOMŒA. *Lin. Gen. Plant.*
*199. Quamoclit. Tourn. Inst. R.*
*H. 116. [Quamoclit, or Scarlet*
*Convolvulus.] tab.* 39 ; Quamoclit, *ou* le Lizeron écarlate.

*Caracteres.* La fleur a un petit calice persistant, & divisé
en cinq parties sur ses bords :

la corolle est en forme d'entonnoir, avec un tube long &
cylindrique, dont le bord est
découpé en cinq pointes étendues, ouvertes, & plates. Cette
fleur a cinq étamines en forme
d'aiène, à-peu-près de la même longueur que la corolle,
terminées par des sommets
ronds : au fond du tube est
placé un germe rond qui soutient un style mince, couronné
d'un stigmat presque rond : ce
germe se change dans la suite
en une capsule ronde, & a
trois cellules, qui renferment
trois semences oblongues.

Ce genre de plantes est rangé
dans la premiere section de la
cinquieme classe de LINNÉE,
intitulée, *Pentandria Monogynia*,
dans laquelle se trouvent comprises toutes celles dont les
fleurs ont cinq étamines & un
style.

Les especes sont :

1º. *Ipomoea Quamoclit, foliis pinnati-fidis, linearibus, floribus subsolitariis. Hort. Cliff. 60.
Hort. Upsal. 39. Fl. Zeyl. 77.
Roy. Lugd.-B. 430. Kniph.
cent. 8 n. 53 ;* Quamoclit avec
des feuilles très-étroites, & aîlées à plusieurs pointes & des
fleurs éparses

*Quamoclit foliis tenuiter inci-
fis & pinnatis. Tourn. Inst. R.
H.* 116 ; Quamoclit à feuilles étroites, découpées & aîlées.

*Quamoclit sivè Jasminum Ame-
ricanum. Clus. Posth. 9.*

*Convolvulus pennatus, exoti-
cus, rarior. Col. Aquat. 73. f.
72.*

*Flos Cardinalis. Rumph. Amb.
5. p. 421. t. 155. f. 2.*



*Jasminum Millefolii folio. Bauh.
Pin. 398.*

*Tsjuria cranti. Rheed. Mal. 11.
p. 123. f. 60.*

2º. *Ipomoea Coccinea, foliis
cordatis, acuminatis, basi angulatis, pedunculis multi-floris. Hort.
Upsal. 39. Kniph. cent. 4. n. 33.
Fabric. Helmst. 3. p. 223 ;* Quamoclit à feuilles pointues, en
forme de cœur, & angulaires
vers la bâse, ayant plusieurs
fleurs sur chaque pédoncule.

*Ipomoea foliis cordatis, acu-
minatis, vix dentatis. Hort.
Cliff. 66. Roy. Lugd.-B. 429.*

*Quamoclit Americana, folio
Hederæ, flore coccineo. Comm.
Rar. Plant.* 21 ; Quamoclit d'A-
mérique à feuilles de Lierre,
& à fleur écarlate, communément appellé Lizeron écarlate.

*Convolvulus coccineus, folio
anguloso. Plum. Amer. 89. f.
103. Raii Suppl. 380.*

3º. *Ipomoea Solani-folia, foliis cordatis, acutis, integerrimis,
floribus solitariis. Prod. Leyd.*
430 ; Quamoclit à feuilles aï-
guës, entieres, en forme de
cœur, & à fleurs éparses.

*Quamoclit Americana Solani
folio, flore roseo. Plum. Cat. 3.
Ic. 94. f.* 1 ; Quamoclit d'A-
mérique à feuilles de Morelle, avec des fleurs couleur de
rose.

4º. *Ipomoea violacea, foliis
cordatis, integerrimis, floribus
confertis, corollis indivisis. Sauv.
Monsp.* 114 ; Quamoclit à feuilles entieres & en forme de
cœur, dont les fleurs sont rassemblées en paquets & les pétales non-divisés.

*Quamoclit foliis amplissimis,
cordiformibus. Plum. Cat.* 4 ;

Quamoclit à feuilles larges & en forme de cœur.

*Convolvulus major, folio subrotundo, flore amplo purpureo. Sloan. Jam. 55. Hist. 1. p. 155. t. 98. f. 1.*

5°. *Ipomoea tuberosa, foliis palmatis, lobis septenis, lanceolatis, integerrimis, pedunculis trifloris. Hort. Upsal. 39. Jacq. Obs. 1. p. 39 ;* Quamoclit à feuilles en forme de main, composées de sept lobes entiers, & en forme de lance, dont les pédoncules soutiennent chacun trois fleurs.

*Ipomoea heptadactyla major scandens, flore majori campanulato, calice membranaceo, seminibus villosis. Brown. Jam. 155.*

*Convolvulus Americanus, Mandiuccæ multi-fido folio, heptaphyllos, flore albo, fundo purpureo, radice tuberosa, cortice albo. Pluk. Alm. 116. t. 276. f. 5.*

*Convolvulus major heptaphyllus, flore sulphureo, odorato. Sloan. Cat. 56. Hist. 1. p. 152. t. 96. f. 2 ;* le plus grand Lizeron à sept feuilles, dont la fleur est odorante & de couleur de soufre, connue sous le nom de *Vigne de Berceau d'Espagne.*

6°. *Ipomoea tri-loba, foliis tri-lobis, cordatis, pedunculis trifloris. Lin. Sp. Plant. 161. Kniph. cent. 7. n. 37 ;* Lizeron à feuilles en forme de cœur & à trois lobes, ayant trois fleurs sur chaque pédoncule.

*Convolvulus pentaphyllos minor, flore purpureo. Sloan. Cat. 55. Hist. 1. p. 153. t. 97. Raii. Suppl. 381 ;* le plus petit Lizeron à cinq feuilles avec une fleur pourpre.

7°. *Ipomoea Hepatici-folia,* foliis palmatis, floribus aggregatis. *Flor. Zeyl. 79. Burm. Ind. 50. t. 20 ;* Lizeron à feuilles en forme de main, avec des fleurs disposées en paquets.

*Convolvulus Indicus villosus, Hederæ folio tri-partito, flore cæruleo. Herm. Lugd.-B. 182.*

*Convolvulus Zeylanicus hirsutus, foliis Hepaticæ. Herm. Prodr. 327.*

*Volubilis Zeylanica, Pes Tigrinus, dicta. Hort. Elth. 318 ;* Lizeron de Céylan, appellé Pied de-Tigre.

*Pulli-Schouadi. Rheed. Mal. 11. p. 121. t. 59.*

8°. *Ipomoea digitata foliis digitatis, glabris, floribus sessilibus, caule lævi. Lin. Sp. Plant. 162 ;* Lizeron à feuilles unies en forme de main, dont les lobes sont couchés, la tige unie, & les fleurs sessiles.

*Quamoclit foliis digitatis, flore coccineo. Plum. Spec. 3. Ic. 92. f. 1.*

*Convolvulus quinque-folius, glaber, Americanus. Pluk. Alm. 116 ;* Lizeron d'Amérique uni & à cinq feuilles.

*Quamoclit.* La premiere espece croît naturellement dans les deux Indes ; on la nomme dans les Indes occidentales *Sweet-William,* & d'autres l'appellent *Indian-Pink :* elle s'éleve avec une tige grimpante à la hauteur de sept ou huit pieds, & pousse plusieurs branches minces qui s'entortillent autour des plantes voisines pour se soutenir ; ses feuilles sont ailées, & composées de plusieurs paires de lobes étroits, très-fins, & semblables à un fil délié : elles ont à-peu-près un pouce de longueur , & font d'un vert foncé ; quelquefois elles font oppofées , & par paires , & d'autres fois alternes : fes fleurs fortent féparément des parties latérales de la tige, fur des pédoncules minces , d'un pouce de longueur ; elles ont la forme d'un entonnoir , avec un tube d'un pouce de longueur, étroit au fond , mais plus large vers l'orifice , où il s'ouvre en cinq angles : ces fleurs font de couleur écarlate très-vive , & font un très-bel effet. Cette plante eft annuelle en Angleterre, mais je ne fçais s'il en eft de même dans fon pays originaire ; les femences s'écartant d'elles-mêmes , les plantes fe fuccedent annuellement. Cette efpece fleurit pendant la plus grande partie de l'année.

Cette plante eft trop délicate pour fupporter le plein air dans notre climat ; on la multiplie par fes graines, qu'on répand au printems fur une couche chaude. Les plantes pouffent peu de tems après ; alors on les met chacune féparément dans de petits pots remplis de terre légere, avant qu'elles ne s'entrelaffent, parce qu'alors il feroit difficile de les féparer fans rompre leur extrémité. Auffi-tôt qu'elles font ainfi tranfplantées , on les plonge dans une nouvelle couche chaude, & l'on place une baguette contre chacune , afin que leurs tiges puiffent fe rouler autour. Lorfqu'elles font bien établies , on leur donne beaucoup d'air dans les beaux tems , pour les empêcher de filer ; & , lorfqu'elles font devenues trop hautes pour pouvoir être contenues fous les châffis, on les tranfporte dans la couche de tan de la ferre chaude , où il eft néceffaire de leur donner des foutiens , car leurs branches s'élevent beaucoup. Ces plantes commenceront à fleurir en Juin, & leurs fleurs fe fuccederont continuellement jufqu'à la fin de Septembre. Elles perfectionnent aifément leurs femences chaque automne dans la ferre chaude.

*Coccinea.* La feconde , qui eft originaire de la Caroline, & des ifles de Bahama , eft auffi une plante annuelle dans notre climat ; mais elle eft moins délicate que la précédente : fa tige , également grimpante, & garnie de feuilles en forme de cœur , terminées en pointe aiguë , & divifées en angles à leur bâie , s'éleve à la hauteur de fix ou huit pieds. Les fleurs fortent des côtés des branches fur de minces pédoncules , dont chacun foutient trois ou quatre fleurs de la même forme & de la même grandeur que celles de la précédente , mais d'une couleur moins foncée.

Il y a dans cette efpece une variété à fleurs couleur d'orange ; mais elle n'en differe en aucune autre partie : on la multiplie en femant fes graines au printems fur une couche chaude. Lorfque les plantes ont pouffé, on les endurcit par dégrés, après quoi on les tranfplante fur une plate-bande chaude , où elles fleu—

riffent

riffent & perfectionnent leurs femences dans les années favorables ; mais ordinairement on les éleve fur une couche de chaleur très-tempérée , & on les reporte enfuite fur une autre ; au moyen de cela , elles font des progrès beaucoup plus rapides , & leurs femences mûriffent plutôt.

*Solani-folia.* La troifieme ne differe de la feconde qu'en ce que fes feuilles ne font point angulaires , & que fes fleurs de couleur de rofe font portées une à une fur chaque pedoncule ; on peut la traiter de la même maniere que la feconde efpece.

*Violacea.* La quatrieme croît fpontanément dans les Indes Occidentales , où elle fe roule autour de tout ce qui l'avoifine , & s'éleve ainfi à dix ou dòuze pieds de hauteur ; elle eft garnie de feuilles larges , entieres & en forme de cœur : fes fleurs , qui fortent en paquets des côtés des branches fur de minces pédoncules , font bleues , & leurs bords ne font point angulaires comme dans la précédente , mais entiers. Cette efpece fe multiplie par fes graines , qu'il faut répandre au printems fur une couche chaude : on traite enfuite les plantes qui en proviennent de la même maniere que celles de la premiere ; car elle eft trop tendre pour croître en plein air dans notre climat.

*Tuberofa.* On cultive la cinquieme dans la plupart des Ifles des Indes Occidentales ; mais on croit qu'elle y a été apportée du continent par les Efpagnols : comme elle s'éleve à une hauteur confidérable , & qu'elle pouffe un grand nombre de branches , on s'en fert pour couvrir des berceaux dans ces ifles , où elle eft connue fous le nom de *Vigne de Berceau d'Efpagne* ; fes tiges , qui font couvertes d'une écorce pourpre , fe roulent autour des objets voifins , & pouffent plufieurs branches latérales , qui peuvent couvrir un berceau de cinquante pieds de longueur ; fes feuilles font divifées en fept lobes prefque jufqu'au bas : fes fleurs , qui fortent des parties latérales de la tige , font larges , en forme d'entonnoir , odorantes , & d'un jaune clair. Elles font remplacées par des capfules groffes , rondes , & à trois cellules , qui renferment chacune une groffe femence de couleur obfcure.

Cette plante eft vivace , mais trop tendre pour croître en plein air dans notre climat : il faut femer fes graines au printems fur une couche chaude ; & lorfque les plantes ont pouffé , on les met chacune féparément dans des pots que l'on plonge dans une autre couche chaude : mais comme elles feront bientôt trop hautes pour pouvoir être contenues fous les vitrages , on les tranfporte dans la couche de tan de la ferre chaude , où on leur donne de foutiens , fans quoi elles s'entortilleroient autour des plantes voifines. Comme leurs branches font très-longues , elles exigent une ferre élevée , où elles aient affez d'efpace pour s'étendre ; fans quoi, elles ne fleuriroient jamais. Quoique j'aie cultivé cette efpece pendant plufieurs années, je n'ai cependant encore vu qu'une feule fleur ; parce que ces plantes deviennent fi grandes avant d'en produire, qu'il y a peu de ferres en Angleterre affez hautes pour les contenir.

*Tri-loba.* La fixieme efpece croit naturellement dans la plupart des ifles des Indes Occidentales : fa tige torfe & grimpante s'eleve à la hauteur de dix ou douze pieds ; elle eft garnie de feuilles à trois lobes, & en forme de cœur. Les pédoncules, qui fortent fur les côtés des tiges, foutiennent chacun trois fleurs : comme cette efpece eft auffi délicate, il faut femer fes graines fur une couche chaude au printems, & mettre enfuite les plantes qui en proviennent dans des pots féparés qu'on plonge dans une autre couche chaude, où elles pourront refter jufqu'à ce qu'elles touchent les vitrages ; alors on les tranfporte dans une caiffe vitrée, pour leur donner de l'efpace & les garantir du froid : mais on doit leur donner beaucoup d'air dans les tems chauds. Au moyen de ce traitement, ces plantes fleuriront & perfectionneront leurs femences.

*Hepaticæ-folia.* La feptieme eft originaire des Indes orientales : elle s'eleve à la hauteur de quatre ou cinq pieds, avec une tige grimpante, velue, & garnie de feuilles velues, en forme de main, & divifées

à leur bâfe en plufieurs lobes : fes fleurs fortent en paquets, & font renfermées dans un calice à cinq angles ; elles font de couleur pourpre, petites, & ne s'épanouïffent que le foir, ce qui fait qu'elles n'ont point d'apparence. On la muliplie par femences, & elle exige la même culture que la fixieme efpece.

*Digitata.* La huitieme, qui naît fpontanément aux Indes Occidentales, a une tige torfe, grimpante, unie, de quatre ou cinq pieds de haut, & garnie de feuilles digitées, feffiles, & à cinq lobes : fes fleurs fortent des parties latérales de la tige, fur des pédoncules courts, dont chacun en foutient deux ou trois ; elles font d'une couleur pourpre, & font remplacées par des capfules rondes & à trois lobes, dont chacune renferme une femence brune.

Cette efpece demande le même traitement que les deux précédentes ; au moyen de cela, elle fleurit & perfectionne fes femences dans notre climat.

IRESINE. *Lin. Gen.* 1113.
*Amaranthus. Sloan. Cat. Jam.* 49.

*Caracteres.* Cette plante a des fleurs mâles & des fleurs femelles fur différens pieds : le calice des fleurs mâles eft compofé de deux belles petites feuilles ; la corolle a cinq pétales érigés, petits & en forme de lance, avec cinq nectaires placés entre cinq étamines droites, & terminées par des fommets prefque ronds : les fleurs femelles, placées fur d'autres plantes, ont le même calice & la même corolle que les mâles, avec un germe ovale, mais sans style, & couronné par deux stigmats ronds; le calice se change dans la suite en une capsule ovale qui renferme des semences laineuses.

Ce genre de plantes est rangé dans le cinquieme ordre de la vingt-deuxieme classe de LINNÉE, intitulé, *Diæcia Pentandria*, qui comprend celles qui ont des fleurs mâles & des femelles sur différens pieds, & dont les mâles ont cinq étamines.

Nous ne connoissons qu'une espece de ce genre:

*Iresine Celosioïdes. Linn. Sp. 1456.*

*Amaranthus, paniculâ flavicante, gracili, holosericeâ. Sloan. Cat. Jam. 49. Hist. I. p. 142. t. 90*; Amaranthe, avec des panicules minces & jaunâtres, & des fleurs soyeuses.

*Iresine herbacea, caule nodoso, paniculâ longâ, assurgente. Brown. Jam. 358.*

*Celosia, foliis lanceolato-ovatis, paniculâ diffusâ, fili-formi. Gron. Virg. 144.*

*Amaranthus nodosus, pallescentibus foliis Bliti, parvis, Americanus, multiplici speciosâ spicâ, laxa, candicante. Pluk. Alm. 26. t. 261. f. 1.*

Cette plante croît naturellement à la Jamaïque & dans la plupart des autres isles des Indes Occidentales, d'où ses semences m'ont été envoyées: elle est vivace; ses tiges sont foibles & exigent des soutiens; elles s'élevent à la hauteur de dix ou douze pieds, & ont de grosses bosses à chaque nœud: elles sont garnies de feuilles unies, ovales, & en forme de lance; leurs branches s'étendent beaucoup de tous côtés: leurs fleurs naissent aux extrémités, en panicules minces & clairs; elles sont couvertes d'un duvet soyeux, d'un jaune pâle, & paroissent en Juillet & en Août. Dans les années chaudes, elles perfectionnent leurs semences en automne.

On multiplie cette espece par ses graines, qu'on répand au printems sur une couche chaude. Quand les plantes ont poussé, on les traite suivant la méthode qui a été prescrite pour les especes délicates d'*Amaranthes*, jusqu'à ce que les plantes soient devenues trop hautes pour rester sous les vitrages, alors on les plonge dans la couche de tan de la serre chaude, & l'on fixe leurs branches contre un treillage, pour les empêcher de tomber sur les autres plantes; au moyen de cela, elles produiront des fleurs & des semences dans la seconde année: mais on peut encore conserver les plantes trois ou quatre ans après qu'elles ont fleuri.

IRIS. *Tourn. Inst. R. H. 358. Tab. 186, 187, 188. Lin. Gen. Plant. 57.* [*Flower - de - luce.*] Flambe ou Iris.

*Caracteres.* Les fleurs sont renfermées dans des spathes ou voiles persistants; la corolle est divisée en six parties; les trois pétales extérieurs sont oblongs, obtus & réfléchis, les trois intérieurs sont éri-

gés, terminés en pointe aiguë, & réunis à leur bâfe :
la fleur a trois étamines, en
forme d'alêne, couchées fur
les pétales réfléchis, & terminées par des fommets oblongs
& panachés; fous la fleur eft
placé un germe oblong, qui
foutient un ftyle mince, &
couronné par un large ftigmat
à trois pointes. Le germe fe
change dans la fuite en une
capfule angulaire, oblongue,
& à trois cellules remplies de
groffes femences.

Ce genre de plantes eft
rangé dans la premiere fection
de la troifieme claffe de Linnée, imitulée, *Triandria Monogynia*, qui renferme celles dont
les fleurs ont trois étamines
& un ftyle.

Les efpeces font :

1°. *Iris pfeudo–Acorus, corollis imberbibus, petalis interioribus
ftigmate minoribus, foliis enfi-formibus. Hort. Cliff. 19. Fl. Suec.
33, 37. Mat. Med. 44. Pollich.
Pal. n. 35. Gmel. Sib. 1. p. 31.
Scop. Carn. ed. 2. n. 49. Oed.
Dan. t. 494*; Iris, avec une
corolle fans barbe, dont les
pétales intérieurs font plus petits que le ftigmat, & les feuilles en forme d'épée.

*Iris paluftris lutea. Tabern.
Icon. 643*; Iris jaune de marais.

*Iris caule inflexo, foliis enfi-
formibus, petalis erectis, minimis,
reflexis, imberbibus. Hall. Helv.
n. 1260.*

*Acorus adulterinus. Bauh. Pin.
34. Theatr. 634. Blackw. t. 261.*

*Acorum falfum. Cam. Epit. 6*;
faux Acorus.

2°, *Iris fqualens, corollis barbatis, caule foliis longiore multi-*

*floro. Hort. Cliff. 18*; Iris avec
une corolle à barbe, & des tiges
plus longues que les feuilles,
& garnies de plufieurs fleurs.

*Iris, folio lato, rugofo, peta-
lis repandis, ex purpureo fordidè
pallido & luteo, variis, erectis,
verò fqualidè lutefcentibus. Boerh.
Lugd.–B. 2. p. 125.*

*Iris vulgaris Germanica, fivè
fylveftris. C. B. P. 30*; Iris
commun d'Allemagne, *ou* Iris
fauvage.

3°. *Iris aphylla, corollis barbatis, fcapo nudo, longitudine
foliorum, multi–floro. Prod. Leyd.
17*; Iris, avec une corolle à
barbe, & une tige nue, auffi
longues que les feuilles, &
garnie de plufieurs fleurs.

*Iris lati-folia, caule aphyllo.
C. B. P. 32*; Iris à larges feuilles, dont les tiges font nues.

4°. *Iris variegata, corollis
barbatis, caule fub-foliofo, longitudine foliorum, multi - floro.
Prod. Leyd. 17. Hort. Ups. 16.
Jacq. Auftr. t. 5. Knorr. Del.
Hort. 1. t. L. 2*; Iris, avec une
corolle à barbe, ayant une
tige feuillée auffi longue que
les feuilles, & garnie de plufieurs fleurs.

*Iris, corollis barbatis, foliis al-
titudine caulis multi-flori. Hort.
Clif. 19.*

*Iris lati-folia Pannonica, co-
lore multiplici. C. B. P. 31*; Iris à
larges feuilles de Hongrie, &
de diverfes couleurs.

*Iris lutea variegata. Lob. Hift.
34. Ehret. Pict. t. 10. f. 3.*

5°. *Iris Sufiana, corollis barbatis, caule foliis longiore, uni-
floro. Hort. Cliff. 18. Roy. Lugd.-
B. 17. Knorr. Del. Hort. I. t.
L. 6*; Iris, à corolle barbue,

ayant une tige plus longue que les feuilles, qui soutient une seule fleur.

*Iris Susiana, flore maximo, ex albo nigricante. C. B. P. 31. Theatr. 579. Moris. Hist. 2. p. 351. S. 4. t. 6. f. 6*; Iris, avec une très-large fleur grife tirant fur le blanc, communément appellé *Iris de Chalcédoine*, ou *Iris de Suse*.

*Iris lati-folia major. Clus. Hist. 1. p. 217.*

6°. *Iris biflora, corollis barbatis, caule foliis breviore, tri-floro. Hort. Upsal. 17. Pallas. it. 1. p. 171. Kniph. Orig. cent. 8, n. 54*; Iris, à corolle barbue, dont la tige est plus courte que les feuilles, & à trois fleurs.

*Iris, corollis barbatis, foliis caulem multi-florum superantibus. Hort. Cliff. 19. Roy. Lugd.-B. 17.*

*Chamæ-Iris major, faturaté purpurea, bi-flora. Bauh. Pin. 33*; Iris naine de la plus grande efpece, & d'un pourpre foncé, qui foutient deux fleurs fur chaque tige.

7°. *Iris pumila, corollis barbatis, caule foliis breviore, uni-floro. Lin. Sp. Plant. 38. Jacq. Austr. t. 1. Gmel. Lib. 1. p. 32. n. 32*; Iris à corolle barbue, ayant une tige plus courte que les feuilles, qui foutient une feule fleur.

*Iris, corollis barbatis, foliis caulem uni-florum fuperantibus. Hort. Cliff. 19. Roy. Lugd.-B. 17.*

*Chamæ-iris lati-folia minor. 1. 2. Clus. Hist. 1. p. 225.*

*Iris humilis minor, flore purpureo. Tourn. inst. 361*; Iris nain de la plus petite efpece, avec une fleur pourpre.

8°. *Iris Germanica, corollis barbatis, caule foliis longiore, multi-floro, floribus inferioribus pedunculatis. Lin. Sp. 55. Hort. Cliff. 18. Hort. Ups. 16. Mat. Med. 4. Roy. Lugd.-B. 17. Blackw. t. 69. Jacq. Vind. 18. Scop. carn. 2. n. 51*; Iris à corolle barbue, ayant une tige plus longue que les feuilles, & portant plufieurs fleurs, dont celles du bas ont des pédoncules.

*Iris Afiatica cærulea polyanthos. C. B. P*; Iris bleue d'Afie à plufieurs fleurs, appelée *la grande Iris de Dalmatie*. La Flambe.

*Iris fylveftris major. Camer. Épit. 2.*

9°. *Iris Orientalis, corollis barbatis, germinibus tri-gonis, foliis enfi-formibus longiffimis, caule foliis longiore bi-floro. Pluk. 154*; Iris à corolle barbue, ayant un germe triangulaire, des feuilles très-longues & en forme d'épée, & une tige plus longue que les feuilles qui foutient deux fleurs.

10°. *Iris graminea, corollis imberbibus, germinibus fex-angularibus, caule ancipiti, foliis linearibus. Hort. Cliff. 19. Hort. Ups. 17. Roy. Lugd.-B. 18. Jacq. Austr. t. 2. Jacq. Vind. 8. Scop. carn. 2. n. 50*; Iris à corolle fans barbe, avec un germe à fix angles, une tige chargée de fleurs à chaque côté, & des feuilles étroites.

*Iris angufti-folia. 3. Clus. Hist. 1. p. 230.*

*Iris fylveftris. Mathiol. Dioscor. 18.*

*Iris angufti-folia, prunum redolens, minor. C. B. P. 33*; la

plus petite Iris à feuilles étroites , à odeur de Prune.

*Iris graminea. Bauh. Hiſt. 2.
p. 77.*

11°. *Iris maritima , corollis imberbibus , caule foliis breviore ,
tri-floro , foliis lineari-enſi formibus ;* Iris à corolle ſans barbe,
ayant une tige plus courte que
les feuilles , avec trois fleurs ,
& des feuilles étroites en forme
d'épée.

*Iris anguſti-folia maritima ma-
jor. C. B. P.* 33 ; grande Iris
maritime à feuilles étroites.

12°. *Iris anguſti-folia , corollis imberbibus , caule foliis æqua-
li , multi-floro , ſpathâ majoribus
floribus , erectis ;* Iris à corolle
ſans barbe , ayant une tige auſſi
longue que les feuilles avec
pluſieurs fleurs , plus larges ,
plus droites , & plus érigées
que la ſpathe.

*Iris anguſti-folia maritima mi-
nor. C. B. P.* 33 ; la plus petite Iris maritime à feuilles
étroites.

*Chamæ—Iris minor flore varie-
gato. Bauh. Pin.* 34.

13°. *Iris bi-color, corollis imberbibus , caule foliis longiore , multi-floro , germinibus ſex-angulari-
bus , foliis linearibus ;* Iris à corolle ſans barbe , ayant des
tiges plus longues que les feuilles , pluſieurs fleurs , des germes à ſix angles , & des feuilles linéaires.

*Iris anguſti-folia bi-color. C.
B. P.* 33; Iris à feuilles étroites
& des fleurs de deux couleurs.

14°. *Iris ſpuria , corollis imberbibus , germinibus ſex—angularibus , caule tereti , foliis ſub-li-
nearibus. Hort. Cliff.* 19. *Hort.
Upſal.* 17. *Roy. Lugd.-B.* 16.



*Jacq. Auſtr. t.* 4. *Pall. it.* 2. *p.*
456; Iris à corolle ſans bar-
be , ayant des germes à ſix
angles , une tige conique , &
des feuilles très-étroites.

*Iris corollis imberbibus , germi-
nibus tri-gonis , angulis ſulcatis ,
foliis lineari-gladiatis , caule trian-
gulo. Gouan. Illuſtr. p.* 2 ; il
l'a joint avec l'Iris *graminea.*

*Iris pratenſis , anguſti-folia ,
folio foetido. C. B. P.* 32 ; Iris
de prés à feuilles étroites ,
qui ont une odeur fétide.

*Iris anguſti-folia.* 1. *Clus. Hiſt.*
1. *p.* 228.

15°. *Iris ſativa , corollis imberbibus , ſpathâ bi-foliâ , caule
folioſo longitudine foliorum , pedunculis longioribus ;* Iris à corolle
ſans barbe , avec une ſpathe
à deux feuilles , une tige feuillée de la longueur des feuilles , & des pédoncules plus
longs.

*Iris ſativa lutea. C. B. P ;*
Iris jaune de jardin.

16°. *Iris picta , corollis imberbibus , caule longitudine foliorum
multi-floro , foliis enſi-formibus ;*
Iris à corolle ſans barbe , avec
une tige auſſi longue que les
feuilles , qui ſoutient pluſieurs
fleurs , & des feuilles en forme d'épée.

*Iris humilis minor , flore picto.
Tourn. Inſt* 362 ; Iris à fleurs
peintes de la plus petite eſpece.

17°. *Iris verna , corollis imberbibus , caule uni-floro , foliis
breviore , radice fibroſâ. Flor.
Virg.* 10 ; Iris à corolle ſans
barbe , avec une tige plus
courte que les feuilles , qui
ſupporte une ſeule fleur , &
une racine fibreuſe.

*Iris Virginiana pumila, sivè Chamæ-Iris verna angusti-folia, flore purpureo, cæruleo, odorato. Pluk. Alm.* 198. *t.* 196. *f.* 6 ; Iris naine & printaniere de Virginie, à feuilles étroites, avec une fleur pourpre, tirant sur le bleu, & odorante.

18°. *Iris versi-color, corollis imberbibus, germinibus sub-trigonis, caule tereti, flexuoso, foliis ensi-formibus. Lin. Sp. Plant.* 39 ; Iris à corolle sans barbe, ayant des germes triangulaires, une tige cylindrique & flexible, & des feuilles en forme d'épée.

*Iris lati-folia Virginiana, florum petalis repandis, purpureis. Ehret. Pict. t.* 6. *f.* 2.

*Iris Americana versi—color, stylo crenato. Dil. Hort. Elth.* 188. *t.* 155. *f.* 188 ; Iris de l'Amérique de différentes couleurs, avec un style crénelé.

19°. *Iris fœtidissima, corollis imberbibus, petalis interioribus patentissimis, caule uni-angulato, foliis ensi-formibus. Hort. Cliff.* 19. *Roy. Lugd.-B.* 18. *Dalib. Paris.* 13. *Sauv. Monsp.* 41. *Murray. Prodr. p.* 137 ; Iris à corolle sans barbe, ayant les pétales intérieurs très-étendus, une tige à un seul angle, & des feuilles en forme d'épée.

*Iris fœtidissima, seu Xyris. Tourn. Inst.* 360 ; Iris très-fétide, *ou* Xyris, communément appellé *Glayeul puant.*

*Gladiolus fœtidus. Bauh. Pin.* 30.

*Spathula fœtida, Xyris. Bauh. Hist.* 2. *p.* 731. *Dod. Pempt.* 247. *Blackw. t.* 158.

20°. *Iris Siberica, corollis imberbibus, germinibus tri-gonis, caule tereti, foliis linearibus. Lin.*

*Hort. Cliff.* 19. *Hort. Upsal.* 17. *Roy. Lugd.-B.* 78. *Gmel. Sib.* 1. *p.* 28. *Jacq. Austr. t.* 3. *Pollich. Pal. n.* 36. *Mattusch. k. fil.* 1. *n.* 35 ; Iris à corolle sans barbe, ayant un germe triangulaire, une tige conique, & des feuilles étroites.

*Iris foliis linearibus, caule subnudo, petalis reflexis imberbibus, venosis, tubalium arcu acuminato. Hall. Helv. n.* 1259.

*Iris pratensis, angusti-folia, non fœtida, altior. C. B. P.* 32 ; la plus grande Iris de prés à feuilles étroites & non-fétide.

*Iris angusti-folia.* 2. *Clus. Hist. p.* 227.

21°. *Iris tuberosa, corollis imberbibus, foliis tetragonis. Vir. Cliff.* 6. *Hort. Cliff.* 20. *Mat. Med. p.* 44. *Roy. Lugd.-B.* 18 ; Iris à corolle sans barbe, & à feuilles quadrangulaires.

*Iris tuberosá, folio anguloso. Bauh. Pin.* 40. *Moris. Hist.* 2. *p.* 348. *S.* 4. *t.* 5. *f.* 1.

*Hermodactylus, folio quadrangulo. Tourn. Cor.* 50 ; Hermodacte avec une feuille quadrangulaire, *ou* l'Iris tubereuse des Hollandois.

*Nota.* Cette plante est la même que l'*Hermodactylus tuberosa* décrite ci-devant.

22°. *Iris Florentina, corollis barbatis, caule foliis altiore, sub-bi-floro, floribus sessilibus. Lin. Sp.* 55. *Mat. Med. p.* 44. *Knorr. Del. Hort.* 1. *f. L.* 7. *Blackw. f.* 414 ; Iris à corolle barbue, avec des tiges plus hautes que les feuilles, & deux fleurs sessiles.

*Iris alba Florentina. C. B. P.* 31 ; Iris blanche de Florence.

23°. *Iris Sambucina, corollis*

*barbatis , caule foliis altiore , multi-floro , petalis deflexis , planis , erectis , emarginatis. Lin. Sp.* 55. *Jacq. Hort. Tab.* 2 ; Iris à corolle barbue, avec des tiges plus hautes que les feuilles , & plufieurs fleurs dont les pétales font couchés en arriere, droits & échancrés.

*Iris lati-folia Germanica , Sambuci odore. C. B. P.* 31.

*Iris major lati-folia.* VIII. *Clus. Hift.* 1. *p.* 219.

*Pfeudo-Acorus.* La premiere efpece croît naturellement dans les foffés & les eaux ftagnantes de plufieurs parties de l'Angleterre : elle eft comprife dans la *Pharmacopée* fous le titre de *Acorus adulterinus* , ou *Pfeudo-Acorus* , *Acorus bâtard.* Les racines de cette efpece, qui font affez épaiffes & charnues, s'étendent en tous fens près de la furface de la terre ; fes feuilles font en forme d'épée , très-longues , d'un vert foncé , & moins roides que celles de l'*Iris* de jardin : fes tiges, dont la hauteur eft de deux ou trois pieds , portent vers leurs fommets trois ou quatre fleurs, placées les unes au-deffus des autres ; elles ont la forme du *Lys* commun , mais les trois pétales intérieurs font plus petits que les ftigmats ; ainfi elles n'ont point les trois pétales érigés que l'on nomme étendard. Ses fleurs paroiffent au mois de Juin, & font fuivies par de groffes capfules à trois angles , qui renferment trois rangs de femences plates. On ne cultive pas cette efpece dans les jardins ; mais comme elle eft d'ufage en Mé-

decine , j'en ai fait mention avant de parler des autres (1).

*Squalens.* La feconde, qui eft originaire de l'Allemagne , eft depuis long-tems cultivée en Angleterre comme plante d'ornement : fes racines font très-épaiffes , charnues, brunes en-dehors, blanches en-dedans , & étendues un peu au-deffous de la furface de la terre : fes feuilles croiffent en paquets, s'embraffent à leur bâfe, & s'étendent vers le haut en forme d'aîles ; elles ont un pied & demi de longueur fur deux pouces de large : leurs bords font tranchans, & elles font terminées en pointes comme une épée. Entre ces feuilles, fortent des tiges un peu plus longues, qui portent à chaque nœud une feuille fans pétiole, qui diminue de largeur jufqu'à leur fommet : fes tiges fe divifent en trois branches, dont chacune produit deux ou trois fleurs placées à une certaine diftance les unes au-deffus des autres : chacune de ces fleurs eft renfermée dans une enveloppe ; elles font compofées de trois pétales larges, violets, & recourbés en arriere , on les

_______________

(1) On fe fert rarement de cette efpece dans l'ufage de la Médecine ; cependant fa racine eft regardée comme aftringente : quelques Auteurs recommandent fon infufion dans le vin, comme propre à guérir les fluxions, & toutes les efpeces d'hémorrhagies , d'autres indiquent, pour guerir la toux opiniâtre, des bouillons dans lefquels on a fait bouillir une demi - once de cette racine avec fept ou huit écréviffes de riviere.

nomme *Tombans* : ils ont des barbes d'un pouce de longueur fur la côte du milieu vers leur bâfe, avec un court pétale arqué, qui couvre la barbe, & trois autres pétales larges érigés & de la même couleur, qu'on appelle *Etendards* : les étamines font couchées fur les pétales réfléchis : fous chaque fleur eft placé un germe oblong, qui fe change dans la fuite en une groffe capfule triangulaire, & à trois cellules remplies de groffes femences comprimées. Cette plante fleurit en Juin & perfectionne fes femences en Août (1).

Il y a une variété de cette efpece avec des étendards bleus, & des tombans pourpres, à laquelle GASPARD BAUHIN a donné le nom d'*Iris Hortenfis lati-folia*.

Une autre avec des étendards d'un pourpre pâle ; une troifieme avec des étendards blancs, & une quatrieme à fleurs plus petites : mais ces variétés font des produits accidentels de femences.

*Aphylla*. La troifieme a des feuilles plus larges que la précédente : fes tiges, qui font nues, font auffi longues que les feuilles, & foutiennent trois ou quatre groffes fleurs d'un pourpre clair, placées les unes au-deffus des autres ; elles ont des fpathes pourpâtres : les trois pétales recourbés ou tombans font rayés de blanc, depuis la bâfe jufqu'au bout de la barbe. A ces fleurs fuccedent de groffes capfules émouffées, triangulaires, & à trois cellules remplies de femences comprimées. Cette plante fleurit vers la fin de Mai ; & fes femences mûriffent au commencement d'Août.

*Variegata*. La quatrieme croît naturellement en Hongrie : fes feuilles reffemblent à celles de la feconde ; mais elles font d'un vert plus foncé : fes tiges font de la même longueur que les feuilles, & font garnies vers la bâfe à chaque nœud d'une feuille amplexicaule : la partie fupérieure eft nue & divifée en trois parties, qui foutiennent chacune deux ou trois fleurs placées l'une fur l'autre : les trois pétales érigés ou étendards font jaunes, & les trois pétales tombans font panachés de pourpre. Cette plante fleurit en Juin ; mais elle perfectionne rarement fes femences en Angleterre.

*Sufiana*. La cinquieme, qu'on rencontre dans les environs de Conftantinople & dans les autres parties de l'Orient, a des feuilles de couleur grifâtre, & moins larges que celles de la feconde : fes tiges s'élevent à deux pieds & demi de hauteur, & foutiennent une très-groffe fleur, dont les trois pétales érigés font auffi larges que la main, mais très-minces & rayés de noir & de blanc,

---

(1). On emploie quelquefois le fuc exprimé des racines de cette plante, depuis une once jufqu'à quatre, pour guérir l'hydropifie, en y ajoutant comme correctif une demi-once de crême de tartre, ou de cryftal minéral. On donne cinq ou fix dofes de ce remede de deux jours l'un, mais il ne peut être utile que dans l'hydropifie commençante.

& les trois tombans font d'une couleur plus foncée, ce qui lui a fait donner par quelques Jardiniers le nom d'*Iris en deuil*. Cette efpece fleurit vers la fin de Mai ou au commencement de Juin, mais elle ne produit point de femences en Angleterre.

*Bi-flora.* La fixieme a de larges feuilles, femblables à celles de la feconde, mais plus courtes : fes tiges ont neuf ou dix pouces de longueur, & fe divifent à leur extrémité en deux ou trois branches, qui foutiennent chacune deux fleurs : elles paroiffent dans le mois de Mai, mais elles ne produifent point de femences dans notre climat.

*Pumila.* La feptieme a des feuilles plus étroites & plus courtes que celles de la précédente : fes tiges font plus courtes que les feuilles & foutiennent à leur extrémité une feule fleur d'un pourpre clair, qui paroît au commencement du mois de Mai ; mais qui ne produit que très-rarement des graines dans ce pays. On en connoît deux ou trois variétés qui different par la couleur de leurs fleurs.

*Germanica.* Les feuilles de la huitieme font plus larges qu'aucune de celles des autres efpeces : elles font grifâtres, étendues, & s'embraffent l'une l'autre à leur bâfe, où elles font d'une couleur pourpâtre ; fes tiges ont à-peu-près quatre pieds de longueur, & fe divifent en plufieurs branches, qui foutiennent chacune trois ou quatre fleurs placées



l'une au-deffus de l'autre à quelque diftance, & couvertes d'une fpathe mince : les trois pétales tombans font d'un pourpre pâle tirant fur le bleu, & marqués dans leur longueur par des veines de couleur pourpre ; la barbe eft jaune, & les trois pétales de l'étendard font d'un bleu clair, avec quelques raies d'un pourpre pâle. Ces fleurs répandent une odeur affez agréable : elles paroiffent vers la fin de Juin, & font rarement fuivies de femences en Angleterre.

*Orientalis.* Les femences de la neuvieme ont été apportées de la Carniole, où le Révérend Docteur POCOCK, Evêque d'Offory, l'a découverte. Ces graines, qui ont d'abord été femées dans les jardins de Chelféa, ont produit des plantes qui ont été enfuite diftribuées dans les jardins de plufieurs curieux de l'Europe.

Cette plante a une racine épaiffe, charnue, & divifée en plufieurs nœuds tubéreux, qui s'étendent & fe multiplient dans la terre : elle pouffe plufieurs fibres fortes, épaiffes & charnues, qui pénetrent profondément dans la terre, & de leurs côtés fortent encore plufieurs autres petites fibres. Ces racines pouffent des paquets de feuilles plates, en forme d'épée, d'un vert foncé, de plus de trois pieds de longueur, fur un pouce dans la partie la plus large, & terminées en pointes : elles font rapprochées à leur bâfe en plufieurs paquets, & s'embraffent l'une l'autre. Du centre de ces paquets fortent des pédoncules qui s'élevent à la hauteur de quatre pieds, & produifent à chacun de leurs nœuds fupérieurs des boutons & des fpathes qui contiennent les fleurs. Ces tiges foutiennent ordinairement deux fleurs, dont chacune fort d'une fpathe perfiftante, qui, quand la fleur eft paffée, renferme exactement la capfule : la corolle eft divifée en neuf pétales, dont trois font érigés & blancs, & les fix autres font recourbés & unis enfemble à leur bâfe ; le plus inférieur s'ouvre en un tombant réfléchi, large & obtus, avec une barbe d'un jaune clair : le fegment fupérieur eft arqué au-deffus de l'inférieur, de maniere qu'il renferme une efpece de lèvre recourbée en arriere. Au-deffous de la fleur eft placé un germe oblong à trois angles, qui fe change en une capfule oblongue, gonflée, triangulaire, & terminée en pointes longues ; qui s'ouvre enfuite en trois cellules longitudinales, dans lefquelles fe trouvent rangées des femences angulaires & applaties. Cette plante produit fes fleurs vers la fin de Juin ou au commencement de Juillet, & perfectionne fes femences en automne : elle eft très-dure, & croît affez bien en plein air fans aucune couverture.

Ses feuilles périffent en automne jufqu'à la racine, qui en repouffe de nouvelles au printems fuivant. Ces racines fe multiplient auffi très-vite, lorfqu'elles fe trouvent dans un terrein léger & humide ;

ainfi, on peut fe procurer en peu de tems un grand nombre de plantes de cette efpece, fans être obligé de les femer.

*Graminea.* La dixieme croît naturellement en Autriche : fes feuilles font étroites, plates, femblables à celles du *Gramen*, d'environ un pied de longueur, & d'un vert clair ; du milieu de ces feuilles fortent des tiges de fix pouces de longueur, avec deux feuilles vertes, étroites, & plus longues que la tige. Ces tiges foutiennent deux ou trois fleurs plus petites qu'aucune de celles des efpeces précédentes : leurs pétales n'ont point de barbe ; mais feulement une ligne large, jaune, & ornée de raies pourpre : les trois tombans font d'un pourpre clair, rayés de bleu, & leur milieu eft occupé par une élévation, qui regne dans toute leur longueur ; les autres font d'un pourpre rougeâtre panaché de violet : leur odeur eft celle d'une prune nouvellement cueillie. Cette efpece produit des fleurs en Juillet, auxquelles fuccedent de courtes capfules, avec trois bordures ou aîles dans leur longueur. Ces capfules s'ouvrent en trois cellules, remplies de femences angulaires qui mûriffent en Septembre.

*Maritima.* La onzieme croît naturellement fur les bords de la mer dans les parties méridionales de la France & de l'Italie : elle a des feuilles étroites, en forme d'épée, d'un pied environ de longueur & d'un vert foncé : fes tiges, qui font moins élevées que les feuilles, foutiennent à leur extrémité deux ou trois fleurs rapprochées & d'un pourpre clair, dont les tombans font très - profonds ; elles ont trois étendards bleus, & des pétales recourbés & fans barbe, mais rayés de blanc dans le milieu. Ces fleurs paroiffent en Juillet, & leurs femences mûriffent en Septembre.

*Angufti-folia.* Les feuilles de la douzieme font plus étroites que celles de la précédente, mais d'un vert foncé comme les autres : fes tiges, qui font moins hautes que les feuilles, foutiennent deux ou trois fleurs, dont les calices font longs, perfiftans, érigés, & couvrent les capfules jufqu'à la maturité des femences. Ces fleurs font plus petites, & d'une couleur plus pâle que celles de la onzieme.

*Bi-color.* Les feuilles de la treizieme font fort étroites, longues, femblables à l'herbe, & d'un vert clair : fes tiges ont deux pieds & demi de hauteur, & foutiennent trois ou quatre fleurs placées les unes au-deffus des autres, qui ont des tombans bleus, & des étendards pourpre, rayés de bleu-pâle. Ces fleurs paroiffent en Juillet, & perfectionnent leurs femences à la Saint-Michel.

*Spuria.* La quatorzieme eft originaire de l'Allemagne : fes feuilles font femblables à celles de la onzieme ; lorfqu'on les déchire, elles exhalent une mauvaife odeur, qui n'eft cependant qu'accidentelle & n'eft pas commune à toutes les plantes : fes tiges font coniques &



s'élevent un peu au-deffus des feuilles ; elles foutiennent trois ou quatre fleurs placées les unes au deffus des autres, qui ont des étendards d'un bleu clair, & des tombans fans barbe, panachés de pourpre, & traverfés dans leur milieu par une ligne large & blanche. Ces fleurs font remplacées par des capfules épaiffes & courtes qui n'ont prefque point d'angle, & s'ouvrent en trois cellules remplies de femences angulaires. Cette plante fleurit en Juillet, & fes graines mûriffent en Septembre.

*Sativa.* La quinzieme a des feuilles d'un vert - pâle, plus étroites & moins roides que celles de la feconde : fes tiges font de la même hauteur que les feuilles ; elles foutiennent chacune une affez groffe fleur pourpre renfermée dans une longue enveloppe formée par deux feuilles : à chacun des nœuds qui donnent origine aux pédoncules, fe trouve une feuille fimple & amplexicaule. Cette plante fleurit en Juin, mais elle produit rarement des femences en Angleterre.

Il y a deux variétés de cette efpece, l'une à fleurs couleur de foufre, & l'autre à fleurs panachées, que l'on croit être des accidens de femences.

*Picta.* La feizieme a des feuilles larges, en forme d'épée, & de huit pouces de longueur : fes tiges font à - peu - près de la même hauteur que les feuilles ; elles fe divifent en deux ou trois pédoncules, qui foutiennent chacun deux ou trois fleurs, l'une au-deffus de l'autre, avec des étendards jaunes & des tombans rayés de lignes brunes ou obſcures. Cette plante fleurit en Juin, mais ces ſemences ne mûriſſent point ici.

*Verna.* La dix - ſeptieme, qu'on rencontre dans l'Améripue ſeptentrionale, a une racine fibreuſe & touffue, de laquelle ſortent pluſieurs feuilles ſemblables à celles de l'herbe commune, & de neuf pouces environ de longueur : du centre de ces feuilles s'élevent des tiges plus courtes, qui ſoutiennent une fleur pourpre, avec des étendards bleus. Les fleurs de cette eſpece paroiſſent dans le mois de Mai, & produiſent rarement des ſemences en Angleterre.

*Verſicolor.* La dix - huitieme eſt originaire des mêmes contrées que la précédente : ſes feuilles ſont étroites, en forme d'épée, longues d'un pied, & d'un vert clair ; ſes tiges s'élevent un peu au - deſſus des feuilles ; elles ſont coniques & ſoutiennent chacune deux ou trois fleurs placées les unes au-deſſus des autres, qui ont des étendards d'un bleu clair, & des tombans panachés de pourpre, avec une ligne large & blanche dans le milieu au lieu de barbe : le germe, qui eſt placé au-deſſous de la fleur, eſt triangulaire au bas, & conique vers l'extrémité. Cette plante fleurit en Juin, & produit ſouvent des ſemences en Angleterre.

*Fœtidiſſima.* La dix-neuvieme croît naturellement dans pluſieurs parties humides de l'Angleterre ; ce qui fait qu'on la cultive rarement dans les jardins : elle a une racine fibreuſe, touffue & épaiſſe ; ſes feuilles vertes comme de l'herbe, & en forme d'épée, répandent, quand on les déchire, une odeur qui approche de celle du bœuf roti & chaud ; mais ſi on les ſent de très-près, cette odeur devient déſagréable. Cette plante eſt connue en Angleterre ſous le nom de *Gladwyn* puant : ſes tiges ſont à - peu - près de la même hauteur que les feuilles ; elles ſoutiennent deux petites fleurs pourpre & panachées. Cette eſpece fleurit en Juin & perfectionne ſes ſemences en automne (1).

*Siberica.* La vingtieme eſt originaire de l'Autriche & de la Bohême : ſes feuilles ſont étroites & en forme d'épée ; elles ont un pied & demi de longueur, & ſont d'un vert foncé : les pédoncules s'élevent au-deſſus des feuilles, & ſoutiennent chacun deux ou trois fleurs avec des étendards d'un bleu clair & des tombans d'un bleu foncé, qui ont une raie blanche & large au lieu de barbe. Cette plante fleurit en Juin, & perfectionne ſes ſemences en Septembre.

Il y a pluſieurs variétés de ces *Iris* qui ont des feuilles en

---

(1). La racine de cette plante eſt regardée par quelques Auteurs comme propre à calmer les paroxiſmes hyſteriques & hypocondriaques, ainſi qu'à guérir les écroüelles ; ils la preſcrivent dans ces circonſtances depuis un ſcrupule juſqu'à un gros dans un verre de vin blanc.

forme de *Glayeul* ou d'épée ; mais comme elles ne diffèrent entr'elles effentiellement que dans la couleur de leurs fleurs ; on ne peut pas les regarder comme des efpeces diftinctes. Celles que nous venons de décrire font reconnues pour fpécifiquement différentes. J'ai multiplié la plupart de ces ef-peces par femences, & j'ai remarqué qu'elles produifoient conftamment les mêmes plan-tes que celles fur lefquelles les graines avoient été prifes.

On multiplie ordinairement toutes ces efpeces en divifant leurs racines qui, dans la plu-part, font des progrés très-ra·pides. L'automne eft la faifon la plus favorable pour cette opération, parce qu'ainfi elles ont le tems de bien s'établir avant le printems ; ce qui eft abfolument néceffaire pour qu'elles puiffent bien fleurir dans l'été fuivant. Toutes cel-les qui étendent beaucoup leurs racines, doivent être tranfplan-tées chaque deux ans, pour les contenir dans de certaines bornes, fans quoi elles fe pro-pageroient tellement, qu'elles deviendroient embarraffantes, fur-tout fi elles fe trouvoient dans le voifinage des autres plantes. Au refte, les efpeces qui deviennent fi groffes & fe multiplient fi confidérablement, ne conviennent point dans les jardins à fleurs, & ne font bon-nes qu'à remplir des efpaces en-tre les arbres & les arbriffeaux dans les grandes *pépinieres*, où elles font un bel effet dans le tems où leurs fleurs paroif-fent,



Comme les cinquieme, fixie-me, feptieme, dixieme, on-zieme, feizieme, dix-feptieme & dix-huitieme efpeces occu-pent moins d'efpace, on peut les placer dans les grandes plates-bandes, ou dans les cor-beilles & les maffifs des jar-dins à fleurs, dans lefquels elles contribueront à la variété.

La cinquieme exige une fi-tuation plus chaude, parce qu'elle eft plus délicate, mais les autres croiffent dans pref-que tous les fols & à toutes les expofitions. On peut les multiplier toutes par leurs grai-nes, qu'il faut femer auffi-tôt qu'elles font mûres ; au moyen de quoi les plantes poufferont au printems fuivant : mais fi on les garde jufqu'au printems, elles refteront dans la terre une année entiere avant de germer. Lorfqu'elles commen-cent à pouffer, on doit les tenir nettes de mauvaifes her-bes, & on les tranfplante dès l'automne fuivant à un pied ou dix pouces de diftance entr'el-les dans des plates-bandes, où elles pourront refter jufqu'à ce que leurs fleurs paroiffent ; ce qui aura lieu deux ans après qu'elles auront été tranfplan-tées : mais comme plufieurs fe multiplient aifément par la divifion de leurs racines, on fe donne rarement la peine de les élever de femences, à l'exception de celles qui font rares.

*Tuberofa.* La vingt-unieme croît naturellement dans les ifles de l'Archipel : fa racine, qui eft tubéreufe & remplie de nœuds, donne origine à cinq ou six feuilles longues, étroites & à quatre angles, du milieu desquelles s'éleve une tige qui soutient une fleur semblable à celle de l'*Iris*, mais petite & d'un pourpre foncé. Cette espece fleurit en Avril; elle ne produit point de semences dans notre climat. On ne la multiplie que par les rejettons que ses racines produisent, & qu'on peut arracher & transplanter quand leurs feuilles sont fanées; mais on ne doit pas les laisser trop long-tems hors de terre. Si on les place dans un sol profond & léger, leurs racines s'enfoncent trop profondément, & quand on n'a pas l'attention de les transplanter, elles se perdent en peu d'années; c'est pourquoi il faut les enlever tous les ans & les mettre dans un sol peu profond. Ces plantes sont dures, & n'exigent aucune autre culture que d'être tenues constamment nettes.

*Florentina.* Quoique la vingt-deuxieme soit originaire des contrées les plus méridionales de l'Europe; elle est néanmoins assez dure pour résister en plein air à la rigueur de notre climat : ses feuilles sont larges & d'un vert-pâle ; les pédoncules sont plus élevés que les feuilles, & soutiennent une ou deux fleurs blanches & sessiles. Les racines de cette espece, auxquelles on donne le nom d'*Iris douce*, sont employées en Médecine (1).

*Sambucina.* La vingt-troisieme a des feuilles larges & d'un bleu plus foncé que celles de l'espece précédente : ses tiges s'élevent beaucoup au-dessus des feuilles, & soutiennent chacune quatre ou cinq fleurs dont le fond est jaune, panaché d'un brun foncé, & qui répandent une odeur semblable à celle du *Sureau*. Ces deux especes fleurissent à la fin du mois de Mai, ou au commencement de Juin.

Elles peuvent résister en plein air comme la seconde. On les multiplie en divisant leurs racines, ou en semant leurs graines, suivant la méthode qui a été prescrite pour la seconde espece.

---

par l'analyse une grande quantité d'une terre légere & farineuse, une petite dose d'huile essentielle, volatile, environ deux scrupules par once de principe fixe, résineux, & un gros & demi de matiere gommeuse.

On pense généralement que cette racine a la propriété d'inciser, de résoudre, de discuter & de remuer doucement. On la regarde comme diurétique, anodine, céphalique & anti-acide; elle atténue, divise & déterge les mucosités, elle agace les parties solides, & augmente la circulation des humeurs en agissant avec force sur les membranes nerveuses ; enfin, la grande quantité de terre farineuse qu'elle contient absorbe puissamment l'acide des premieres voies. Ces différentes vertus de la racine d'*Iris* la rendent propre à combattre avantageusement plusieurs maladies, telles que les foiblesses d'estomac, & les affections de la tête dépendantes des vices de ce viscere, la toux, l'asthme humide, les affections venteuses, l'obstruction du foie dans les

---

(1) La racine d'*Iris* de Florence a une odeur agréable, semblable à celle de la *Violette*, & une saveur amere & un peu âcre; elle fournit

IRIS BULBEUSE. *Voyez* XIPHIUM.

IRIS DE PERSE. *Voyez* XIPHIUM.

IRIS FLAMBE. *Voyez* IRIS GERMANICA.

IRIS JAUNE. *Voyez* IRIS PSEUDO-ACORUS.

ISATIS. *Tourn. Inst. R. H.* 211. *Tab.* 100. *Lin. Gen. Plant.* 738. [ *Woad.* ] le Pastel ou la Guède.

*Caracteres.* Le calice de la fleur est composé de quatre feuilles ovales & colorées qui s'étendent, s'ouvrent & tombent : la corolle a quatre pétales oblongs, placés en forme de croix, étroits à leur bâse, mais larges & obtus à leur extrémité : la fleur a six étamines, dont quatre sont aussi longues que les pétales., & les deux autres plus courtes ; elles

---

enfans, la suppression des regles & des hémorrhoïdes, l'hydropisie, le coryfa, les fievres intermittentes, les maladies cathareuses, la diarrhée, la migraine, la néphrétique, toutes les maladies qui reconnoissent pour cause une abondante quantité de *mucus* épaissi dans les premieres voies.

On administre cette racine en poudre, depuis quelques grains jusqu'a un demi-scrupule : cette poudre, qui fait légérement vomir les enfans, les débarrasse de la pituite tenace à laquelle ils sont sujets : on l'emploie extérieurement comme sternutatoire, ptarmique & dentrifique ; on en saupoudre avec succès les os cariés, les ulceres fongueux, ichoreux & fistuleux, &c.

La racine d'*Iris* de Florence entre dans la composition du syrop d'*Armoise*, dans celle de la *Thériaque*, de l'emplâtre de *Melilot*, &c.

---



sont terminées par des sommets oblongs & latéraux : le germe est oblong, applati, de la longueur des deux courtes étamines, & couronné par un stigmat obtus ; il se change dans la suite en une silique oblongue, comprimée, & à une cellule qui s'ouvre en deux valves, & qui renferme dans son centre une semence ovale & applatie.

Ce genre de plantes est rangé dans la seconde section de la quinzieme classe de LINNÉE, intitulée, *Tetradynamia Siliquofa*, qui comprend celles qui ont quatre étamines longues & deux plus courtes, & dont les semences sont renfermées dans des siliques.

Les especes sont :

1°. *Isatis tinctoria, foliis radicalibus, oblongo-ovatis, obtusis, integerrimis, caulinis fagittatis, siliculis oblongis* ; Pastel à feuilles radicales oblongues, ovales, obtuses & entieres, dont celles de la tige sont en pointe de fleche, avec des légumes oblongs.

*Isatis. Hort. Cliff.* 341. *Roy. Lugd.-B.* 330.

*Isatis sativa vel lati-folia. C. B. P.* 113 ; Pastel de jardin à larges feuilles, *ou* la Guède.

2°. *Isatis Dalmatica, foliis radicalibus lanceolatis, crenatis, caulinis lineari-fagittatis, siliculis brevioribus emarginatis* ; Pastel dont les feuilles radicales sont en forme de lance, légérement crénelées, & celles des tiges très-étroites & en pointe de fleche, avec des siliques plus courtes & échancrées.

*Isatis Dalmatica major. Bobart ;*

*bart* ; le grand Paſtel de Dalmatie.

3°. *Iſatis Luſitanica, foliis radicalibus, crenatis, caulinis ſagittatis, pedunculis ſub tomentoſis. Lin. Sp. 936. Gmel. it. 3. p. 308* ; Paſtel dont les feuilles radicales ſont crénelées, & celles des tiges en forme de fleche, avec des pédoncules un peu cotonneux.

*Iſatis ſylveſtris minor Luſitanica. H. L. App* ; le plus petit Paſtel ſauvage de Portugal.

*Iſatis Orientalis maritima caneſcens. Tourn. Cor.* 14. *Buxb. cent.* 1 *p.* 4. *t.* 5.

4°. *Iſatis Ægyptiaca, foliis omnibus dentatis. Lin. Sp. 937* ; Paſtel dont toutes les feuilles ſont dentelées.

*Tinctoria.* On cultive la premiere eſpece dans quelques endroits de l'Angleterre pour la teinture : elle fait le fond ou la baſe de pluſieurs couleurs foncées.

Cette denrée mérite d'être cultivée par-tout où il y a des terreins qui lui ſont propres : elle exige un ſol un peu fort, mais pas trop humide.

Cette plante eſt bis-annuelle, & elle differe en cela de la de la troiſieme & quatrieme eſpeces, qui ſont annuelles : ſes feuilles radicales ſont oblongues, ovales, d'une conſiſtance aſſez épaiſſe, lorſqu'elles croiſſent dans un ſol convenable, étroites à leur baſe, mais larges au-deſſus, terminées en pointe obtuſe & preſque rondes, entieres ſur leurs bords, & d'un vert - luiſant : ſes tiges, dont la hauteur eſt d'environ quatre pieds, ſont

*Tome IV.*

diviſées en pluſieurs branches, garnies de feuilles en forme de fleche & feſſiles : les extrémités des branches ſont terminées par de petites fleurs jaunes, qui ſortent en paquets très ſerrés ; elles ſont compoſées de quatre petits pétales placés en forme de croix, & ſont remplacées par des légumes en forme de langue d'oiſeau, d'un demi-pouce de longueur ſur la huitieme partie d'un pouce de large, qui deviennent noirs en mûriſſant, s'ouvrent en deux valves, & n'ont qu'une cellule qui renferme une ſeule ſemence. Cette eſpece fleurit en Juillet, & perfectionne ſes ſemences au commencement de Septembre (1).

*Luſitanica.* On a cru que la différence qu'on remarque entre la troiſieme & la premiere, n'étoit occaſionnée que par la culture, & que ces deux plantes ne formoient qu'une eſpece : mais je les ai cultivées l'une & l'autre pendant quarante ans, & je n'y ai remarqué aucune altération. Il y a entre ces deux plantes des differences eſſentielles : dans la forme de leurs feuilles radicales, qui ſont étroites & en forme de lance dans l'eſpece ſauvage ; celles des tiges n'ont pas non-

---

(1) Quoiqu'on faſſe très - rarement uſage de cette plante, elle eſt neanmoins un des plus puiſſans réſolutifs, étant appliquée en forme de cataplaſme ſur les tumeurs : l'infuſion de ſes feuilles eſt auſſi regardée comme fort apéritive, & propre ſur - tout à guérir la jauniſſe.

plus la moitié de la largeur de celles du *Paſtel cultivé*; ſes tiges ſont auſſi beaucoup moins diviſées en branches, & ſes légumes ſont plus étroits que ceux de la précédente : de plus, ſes racines ne durent pas auſſi long-tems ; car elles périſſent ordinairement la même année.

*Dalmatica.* La ſeconde, qui eſt originaire de la Dalmatie, eſt une plante bis - annuelle : ſes feuilles radicales ſont en forme de lance & crénelées ſur leurs bords ; mais celles de la tige ſont très-étroites & en pointe de fleche : les tiges pouſſent un plus grand nombre de branches que celles de la premiere & s'élevent plus haut : ſes fleurs ſont plus larges & d'un jaune plus clair ; ſes légumes ſont plus courts, plus larges à leur extrémité & dentelés. Toutes ces plantes fleuriſſent en Juillet, & perfectionnent leurs ſemences en Septembre.

*Ægyptiaca.* La quatrieme ſe trouve en Egypte : elle eſt bis-annuelle, & trop délicate pour ſubſiſter en plein air dans ce pays ; c'eſt pourquoi il faut la ſemer ſur une couche chaude au printems. Quand les plantes ſont aſſez fortes pour pouvoir être enlevées , on les tranſplante ſur une nouvelle couche chaude pour les faire avancer ; mais auſſi-tôt qu'elles ont repris racine, on leur donne plus d'air frais tous les jours pour les empêcher de filer : elles peuvent reſter cinq ou ſix ſemaines dans cette couche ; mais après ce tems, elles ſe—



ront en état d'être miſes dans des pots ; ce qu'il faut faire avec précaution , de peur que la terre ne ſe détache de leurs racines : on plonge enſuite les pots qui les contiennent, dans une couche de chaleur tempérée ; on leur donne beaucoup d'air quand le tems eſt favorable, & on les fixe à des ſoutiens , pour les empêcher de tomber ſur la terre. Au moyen de ce traitement, ces plantes fleuriront en Juin & perfectionneront leurs ſemences en Septembre.

*Culture.* Les trois dernieres eſpeces n'étant d'aucun uſage, on ne les cultive que dans les jardins de Botanique pour la variété. Les ſeconde & troiſieme ſe multiplient par leurs graines, que l'on ſeme en automne. Lorſque les plantes ont pouſſé, on les éclaircit à ſix pouces de diſtance, & on les tient nettes de mauvaiſes herbes. Ces plantes fleuriſſent en été & donnent des ſemences mûres ; mais elles périſſent bientôt après. Les racines de la premiere ſubſiſtent une année de plus ; c'eſt celle qu'on cultive pour l'uſage : on répand ſes graines ſur une terre nouvelle & en bon état, pour laquelle les cultivateurs de *Paſtel* paient un gros loyer. Ils choiſiſſent ordinairement un terrein voiſin des grandes villes, où il y a beaucoup de teinturiers, mais ils ne reſtent pas long - tems dans le même lieu ; car le meilleur terrein ne peut produire du *Paſtel* plus de deux années de ſuite, & ſi l'on y en ſeme plus ſouvent, là récolte ne rend pas pour couvrir les dépenses que la culture a occasionnées.

Ceux qui cultive cette denrée, ont avec eux un grand nombre de manœuvres accoutumés à ce travail : de sorte que des familles entieres vont de place en place, & s'arrêtent par-tout où leur chef les fixe pour cette culture. Ces gens, ainsi que leur chef, se conforment toujours à ce que l'on a fait avant eux, & ils suivent constamment l'exemple de leurs devanciers : de sorte qu'il reste encore bien des choses à connoître pour arriver à la perfection de cette culture. Si quelques-uns de ces cultivateurs avoient du génie, & pouvoient être engagés à employer la culture du jardin autant qu'elle pourroit convenir à cette plante, ils y réussiroient certainement mieux, ainsi que l'expérience me l'a prouvé. Je vais donner ici la méthode que j'ai suivie dans plusieurs essais que j'ai faits à ce sujet, pour l'instruction de ceux qui auront le bon-sens d'en profiter pour changer leur ancienne routine.

Comme la bonté du *Pastel* consiste dans la grosseur de ses feuilles, la seule maniere de les obtenir ainsi, est de le semer dans une saison convenable, de donner aux plantes l'espace qui leur est nécessaire, & de les debarrasser constamment des herbes nuisibles qui les priveroient de leur nourriture, si on les laissoit croître. La méthode que plusieurs habiles Jardiniers de potagers ont suivie pour la culture des *Épinards*, pourra être appliquée avec succès à celle de cette plante ; car quelques-uns d'entr'eux ont tellement perfectionné par la culture l'*Epinard* à feuilles rondes, que ces feuilles sont devenues six fois plus grandes qu'elles n'étoient autrefois, & ont acquis de l'épaisseur en proportion. Ils ont obtenu ce succès, en éclaircissant ces plantes dans leur jeunesse, & en les tenant constamment nettes. Mais revenons à la culture du *Pastel*.

Après avoir choisi un terrein convenable, qui ne doit être, ni trop léger, ni trop sablonneux, ni trop fort, ni trop humide, mais plutôt un peu argilleux, d'un brun rougeâtre, & meuble ; on le laboure avec la charrue un peu avant l'hiver ; on le divise en sillons étroits & élevés, afin que la gelée puisse le pénétrer plus aisément pour le perfectionner & dissoudre les mottes. Au printems suivant, on donne un second labour en travers avec la charrue, & rangeant toujours la terre en sillons étroits ; & lorsqu'elle a été quelque tems dans cet état, & que les mauvaises herbes commencent à pousser, il faut la herser pour les détruire : on répete deux fois cette opération, tandis que les herbes sont jeunes ; & si l'on y rencontre de grosses racines de quelques plantes vivaces, on les arrache avec la herse, & on les emporte hors du champ. On laboure cette terre une troisieme fois au mois de Juin,

& toujours en fillons étroits, mais en creufant la terre auffi profondément que la charrue peut pénétrer, afin qu'elle foit bien ameublie dans toutes fes parties ; & lorfque les mau-vaifes herbes repouffent, on y paffe encore la herfe pour les détruire. Vers la fin de Juillet, ou au commencement d'Août, on laboure pour la derniere fois : alors on dreffe le terrein & on unit exacte-ment fa furface. Lorfqu'il y a quelqu'apparence de pluie, on la herfe encore, & on y ré-pand la femence en rangs avec le femoir ou avec la main. Il eft bon de faire tremper cette graine pendant une nuit avant de l'employer, pour la difpo-fer à germer. Si on la feme en rangs avec le femoir, elle fera recouverte par un inftru-ment propre à cet ufage, at-taché derriere la charrue; mais fi on la feme fuivant la mé-thode ordinaire, il faut y paffer la herfe. Si ces femences font bonnes; & fi elles font mifes en terre par un tems favora-ble, les plantes poufferont au bout de quinze jours, & fe-ront en état d'être houées un mois ou fix femaines après ; car plutôt cette opération eft faite, mieux les plantes croif-fent : d'ailleurs les mauvaifes herbes, qui dans ce tems font encore jeunes, font bien plus aifément détruites La maniere de faire ce houage eft la même que celle qui eft en ufage pour les *Navets ;* avec la feule dif-férence que ces plantes n'ont pas befoin d'être fi fort éclair-cies, & qu'il fuffit de les te-



nir à trois ou quatre pouces l'une de l'autre pour la pre-miere fois, & à fix pouces pour la derniere. Si cette opération eft faite avec foin & dans un tems fec, la plupart des mau-vaifes herbes périront ; mais comme quelques-unes peuvent échapper dans ce travail, & qu'il en paroit continuellement de nouvelles, il faut répéter ce houage une feconde fois au mois d'Octobre, & toujours par un tems fec : alors on éclaircit les plantes à la dif-tance qu'elles doivent avoir ; au moyen de quoi le terrein reftera net jufqu'au printems. Vers le quinze d'Avril, fi l'on voit reparoître d'autres mau-vaifes herbes, on les houera pour la troifieme fois, pen-dant qu'elles font encore jeu-nes, parce qu'alors il faut moi-tié moins de tems pour s'en débarraffer, que fi on les laif-foit devenir grandes, & le fo-leil & le vent les deffechent plus promptement ; d'ailleurs ce travail contribue encore à l'accroiffement du *Paftel*, qui reçoit ainfi une nouvelle cul-ture : fi cette opération eft faite dans un tems fec, le terrein reftera net jufqu'à la premiere récolte, après laquelle on le houera encore ; & en répé-tant ainfi ce travail après cha-que cueillette, la terre fera toujours nette, & les plantes feront beaucoup plus de pro-grès. Le premier houage coûte fix fchelings par âcre, & la moitié de ce prix pour chacun des autres, pourvu qu'on les faffe quand les herbes font en-core jeunes; car fi on les laiffe grandir, il faut plus de travail, & l'ouvrage n'eſt pas auſſi bon : c'eſt pourquoi ces opérations étant faites de bonne heure, ſont plus avantageuſes aux plantes, & moins diſpendieuſes pour le maître ; car le même nombre d'ouvriers, houe un champ de dix àcres trois fois quand les herbes ſont encore jeunes, au‑lieu qu'ils ne le feroient que deux fois, ſi elles étoient plus grandes, dans le même eſpace de tems.

Si l'on a cultivé le terrein où l'on veut mettre le *Paſtel*, pour d'autres grains, & qu'il ne ſoit pas nouveau, il faut l'engraiſſer avant de ſemer : le meilleur engrais qu'on puiſſe employer dans ce cas eſt le chaume pourri ; mais on ne doit le répandre ſur la terre qu'au dernier labour, & avant de ſemer ; & ne l'employer qu'à meſure qu'on laboure, afin que le ſoleil ne lui faſſe rien perdre de ſon efficacité. Il faut au moins vingt voitures de cet engrais par àcre, pour conſerver la terre en vigueur juſqu'après les récoltes entieres du *Paſtel*.

Le tems propre à cette récolte dépend de la ſaiſon : mais on doit la faire auſſi‑tôt que les feuilles ont acquis toute leur grandeur, & tandis qu'elles ſont encore parfaitement vertes ; parce que, ſi l'on attendoit pour les recueillir qu'elles fuſſent devenues pâles, elles perdroient beaucoup de leur qualité & de leur volume.

Lorſque la terre eſt bonne, & que les plantes ſont bien ſoignées, on fait trois ou quatre récoltes, dont les deux premieres ſont les meilleures. On mêle ordinairement ces deux récoltes en les travaillant ; mais on ſepare les autres, parce que, ſi elles étoient jointes aux premieres, elles en diminueroient beaucoup la valeur.

Les deux premieres ſe vendent vingt‑cinq à trente livres ſterling par tonneau, mais les dernieres valent au plus ſept ou huit livres ſterling, & quelquefois beaucoup moins. Un àcre produit un tonneau de *Paſtel*, & dans les bonnes années preſqu'un tonneau & demi.

Quand les planteurs veulent conſerver la ſemence, ils coupent trois fois les feuilles, & laiſſent enſuite les plantes juſqu'à l'année ſuivante pour produire des graines ; mais ſi on ne les coupe qu'une fois, & ſi dans cette récolte on n'enleve que les feuilles extérieures, en laiſſant celles du milieu, les plantes ſeront plus vigoureuſes, & produiront une plus grande quantité de ſemences.

On conſerve ſouvent ces graines pendant deux ans, mais celles de l'année précédente ſont toujours préférables, quand on peut s'en procurer. Ces graines mûriſſent dans le mois d'Août : on fait cette récolte quand les légumes ſont devenus un peu noirs, en coupant les tiges par le pied, comme on le pratique pour le bled ; on les étend de même en rang ſur la terre, & quatre ou cinq jours après on les bat pour en tirer les femences, pourvu que le tems foit fec ; fi on les laiffoit plus long-tems fur la terre, les lé-gumes s'ouvriroient & laiffe-roient tomber la graine.

Il y a des Cultivateurs de *Paftel* qui font brouter les feuil-les par leurs moutons ; mais cette pratique eft très-mauvaife, non feulement pour le *Paftel*, mais encore pour toutes les plantes que l'on conferve pour une récolte à venir, parce qu'étant ainfi rongées, elles s'affoibliffent beaucoup, ainfi que peuvent l'obferver ceux qui ont la pernicieufe habitude de faire paître en hiver les moutons fur leur bled.

**ISOPYRUM.** *Linn. Gen. Plant.* 621 ; *Helleborus. Amman.* [*Hellébore.*] Hellébore.

*Caraéteres.* La fleur eft fans calice : la corolle eft compo-fée de cinq pétales égaux & ovales qui tombent : elle a cinq neétaires courts, tubulés, pla-cés entre les pétales, & divi-fés fur leurs bords en trois lobes, dont celui du milieu eft le plus large ; un grand nom-bre d'étamines courtes, ve-lues & terminées par des fom-mets fimples, & plufieurs ger-mes ovales qui foutiennent des ftyles fimples de la même lon-gueur, & couronnés par des ftigmats obtus auffi longs que les étamines : ces germes fe changent, quand la fleur eft paffée, en autant de capfules recourbées & à une cellule remplie de petites femences.

Ce genre de plantes eft rangé dans la feptieme feétion de la treizieme claffe de Linnée, intitulée, *Polyandria Polygynia,*

qui comprend celles dont les fleurs ont plufieurs étamines & plufieurs ftyles.

Les efpeces font :

1°. *Ifopyrum Fumarioïdes, ftipulis fubulatis, petalis acutis. Hort. Upfal.* 157. *Gmel. Sib.* 4. p. 191. *Kniph. cent.* 12. *n.* 65 ; Ifopyrum, avec des ftipules en forme d'alêne, & des pé-tales aigus.

*Helleborus Fumariæ foliis. Amman. Ruth.* 74. *Tab.* 12 ; Hel-lébore à feuilles de Fume-terre.

2°. *Ifopyrum Thaliétroïdes, ftipulis ovatis, petalis obtufis. Linn. Sp. Plant.* 557. *Scop. Carn.* 555. *ed.* 2. *n.* 695. *Jacq. Auftr. t.* 105. *Mattufch. Sil. n.* 419. *Crantz. Auftr. p.* 135 ; Ifopy-rum, avec des ftipules ovales & des pétales obtus.

*Thaliétrum Batrachioïdes, flore albo, Italicum. Bocc. Muf.* 84. *t.* 79. *f,* 1.

*Ranunculus nemorofus, Tha-liétri folio. C. B. P.* 178. *Raii Hift.* 584. *Moris. Hift.* ; Renon-cule fauvage à feuilles de Rue-des-Prés.

*Ranunculus præcox II, Tha-liétri folio. Clus. Hift.* 1. *p.* 233.

3°. *Ifopyrum Aquilegioïdes, ftipulis obfoletis. Lin. Sp. Plant.* 557. *Hall. Helv. n.* 1190 ; Ifo-pyrum à ftipules ufées.

*Aquilegia montana, flore parvo, Thaliétri folio. C. B. P. p.* 144. *Prodr.* 75. *Bauh. Hift.* 3. *p.* 484. *Raii Hift.* 707. *Moris. Hift.* 3. *p.* 458. *S.* 12. *t.* 11. *f.* 5 ; An-cholie de montagne à peti-tes fleurs & à feuilles de Tha-liétrum.

*Fumarioïdes.* Les femences de la premiere efpece ont été

appertées de la Sibérie, où elle croît sans culture dans le jardin impérial de Pétersbourg, d'où le Docteur AMMAN, qui y étoit alors Professeur de Botanique, m'en a envoyé une partie. Cette plante est annuelle, & ne s'éleve gueres au-dessus de la hauteur de trois ou quatre pouces; ses feuilles ressemblent à celles de la *Fumeterre*, elles sont petites & grises; sa tige est nue jusqu'à son extrémité, où il y a un anneau de feuilles placées un peu au-dessous des fleurs: ses fleurs sont petites, herbacées au-dehors, jaunes en-dedans, & formées par cinq pétales aigus, autant de glandes mielleuses, un grand nombre d'étamines plus courtes que la corolle, & plusieurs germes réfléchis & ovales, qui soutiennent autant de styles simples, & couronnés par des stigmats obtus; ces germes se changent dans la suite en autant de capsules recourbées, & à une cellule remplie de petites semences noires & luisantes. Cette plante fleurit au commencement d'Avril, perfectionne ses graines au mois de Mai, & périt bientôt après.

Il faut répandre ses graines sur une plate-bande à l'ombre aussi-tôt qu'elles sont mûres; car si on les tient trop long-tems hors de terre, elles poussent rarement dans la premiere année; mais si on leur donne le tems de se semer elles-mêmes, elles réussiront beaucoup mieux. Ces plantes n'exigent aucun autre soin que d'être tenues nettes de mauvaises herbes; mais comme elles ne sont pas fort belles, il suffit d'en conserver une ou deux dans quelqu'endroit à l'ombre pour la variété.

*Thalictroïdes.* Les seconde & troisieme especes m'ont été envoyées des environs de Vérone, où elles croissent spontanément. La seconde espece a des feuilles semblables à celles de la petite *Rue-des-Prés*; sa tige, qui s'éleve à la hauteur de quatre ou cinq pouces, soutient quelques petites fleurs blanches, avec des pétales obtus qui renferment plusieurs petites semences. Cette plante fleurit vers la fin de Mars, & ses graines mûrissent dans le mois de Mai.

*Aquilegioïdes.* La troisieme a des feuilles semblables à celles de la seconde, mais un peu plus larges & plus vertes; ses tiges ont six pouces de hauteur, & soutiennent deux ou trois petites fleurs blanches de la même forme que celles de la seconde espece, auxquelles succedent des capsules recourbées, qui renferment plusieurs petites semences. Cette derniere fleurit en Avril, & ses graines mûrissent dans le mois de Juin.

Ces deux plantes se plaisent beaucoup dans une terre humide, & à l'ombre; elles se multiplient par leurs graines comme la premiere, mais elles se conservent deux ou trois ans.

ISORA. *Voyez* HELICTERES ISORA.

ITEA. *Linn. Gen. Plant.* 243. *Flor. Virg.* 143. *Diconangia.*

*Mitch. Gen.* 5. Cette plante n'a pas de nom Anglois.

*Caractères.* Dans ce genre, le calice eft petit, perfiftant, érigé & terminé en cinq pointes aiguës ; la corolle eft compofée de cinq pétales inférés dans le calice : la fleur a cinq étamines en forme d'alêne inférées dans le calice, auffi longues que la corolle, & terminées par des fommets prefque ronds ; le germe eft ovale, & foutient un ftyle cylindrique, perfiftant & couronné par un ftigmat obtus ; ce germe devient, quand la fleur eft paffée, une capfule longue, ovale, avec un ftyle à fon extrémité, & a une cellule remplie de petites femences.

Ce genre de plantes eft rangé dans la premiere fection de la cinquieme claffe de LINNÉE, intitulée, *Pentandria Monogynia*, qui comprend celles dont les fleurs ont cinq étamines & un ftyle.

Nous n'avons qu'une efpece de ce genre :

*Itea Virginica. Flor. Virg.* 143. *Duham. Arb.* 1. *p.* 319. *t.* 126.

*Gen. Diconangia. Mitch.* 5.

Elle croît dans les lieux humides de plufieurs parties de l'Amérique feptentrionale, où elle s'éleve à la hauteur de fix ou fept pieds, & pouffe de fa racine plufieurs branches érigées & garnies de feuilles en forme de lance, alternes, légerement fciées fur leurs bords, veinées & d'un vert clair : fes fleurs font produites en épis clairs aux extrémités des rejettons d'un an ; elles paroiffent au mois de Juillet, & font



blanches, longues de trois ou quatre pouces, & érigées. Quand ces arbriffeaux font en vigueur, ils font entiérement couverts de ces épis de fleurs, & alors ils ont une très-belle apparence.

Ces plantes font à préfent affez communes en Angleterre ; mais les plus belles que j'aie vues, fe trouvent chez le Duc d'ARGYLE à Whitton près de Hounflow, où le terrein leur eft fi propre, qu'elles y croiffent & fleuriffent auffi bien que dans leur pays natal.

Cet arbriffeau réfifte en plein air en Angleterre ; mais il ne fait aucun progrès dans un fol fec & graveleux, où il périt fouvent pendant l'été. On le multiplie par marcottes, qui prennent aifément racine fi on les couche en automne : elles feront bonnes à être tranfplantées dès l'automne fuivant, foit en pépiniere, ou dans les places qui leur font deftinées. Cette efpece eft d'autant plus précieufe, qu'elle donne des fleurs dans une faifon où il y en a très-peu d'autres.

IVA. *Lin. Gen.* 1059. *Tarconanthos. Vail. Par.* 1719.

*Caractères.* Les plantes de ce genre ont des fleurs mâles & des fleurs femelles fur le même pied ; le calice eft rond, perfiftant, & renferme plufieurs petites fleurs convexes. Les fleurs mâles font monopétales, en forme d'entonnoir, & dentelées en cinq parties au fommet ; celles-ci font placées dans le difque : elles ont cinq étamines garnies de poils, & terminées par des sommets érigés, qui se rapprochent l'un de l'autre : les demi-fleurettes femelles sont apétales & sans étamine ; leurs germes sont oblongs, & soutiennent deux styles déliés comme des cheveux, & couronnés par des stigmats aigus ; le calice se change dans la suite en une capsule, dans laquelle est renfermée une semence nue.

Ce genre de plante est rangé dans la cinquième section de la vingt-unieme classe de Linnée, intitulée, *Monoecia Pentandria*, avec celles qui ont des fleurons mâles & femelles sur le même pied, & dont les mâles ont cinq étamines.

Les especes sont :

1°. *Iva annua, foliis lanceolato-ovatis, caule herbaceo. Hort. Upsal.* 285. *Amœn. Acad. 23. p.* 5 ; Iva à feuilles ovales & en forme de lance, avec une tige herbacée.

*Tarconanthos, foliis cordatis, serratis. Prod. Leyd.* 538.

2°. *Iva frutescens, foliis lanceolatis, caule fruticoso. Amœn. Acad.* 3. *p.* 25 ; Iva à feuilles en forme de lance, avec une tige d'arbrisseau

*Parthenium foliis lanceolatis, serratis. Hort. Cliff.* 443. *Gron. Virg.* 115. *Rov. Lugd. B. 86.*

*Helichryso affinis Peruviana, frutescens. Herm. Lugd -B. 666.*

*Pseudo-Helichryfum frutescens Peruvianum, foliis longis . serratis. Moris. Hift. 3 p. 90.*

*Agerato affinis Peruvina, frutescens. Pluk. Alm.* 12.

*Annua.* La premiere espece, qui croît naturellement dans plusieurs parties de l'Amérique, est une plante annuelle, dont

la tige herbacée, & haute de deux ou trois pieds, pousse plusieurs branches latérales, garnies de feuilles ovales en forme de lance, sillonnées dans leur longueur par trois racines profondes, & sciées sur leurs bords ; ses tiges & ses branches sont terminées par de petits paquets de fleurs d'un bleu pale, qui paroissent dans le mois de Juillet, & perfectionnent leurs semences en automne.

On la multiplie par ses graines, qu'il faut semer au printems sur une couche de chaleur tempérée. Quand les plantes sont en état d'être enlevées, on les transplante sur une autre couche chaude pour les faire avancer, & on les traite de la même maniere que les *Balsamines* ou *Impatiens* ; au moyen de quoi les plantes fleuriront & perfectionneront leurs semences.

*Frutescens.* Il y a long tems qu'on cultive la seconde espece dans les jardins anglois sous le nom de *Quinquina*, ou *Ecorce de l'arbre des Jesuites* ; elle a des branches minces & ligneuses de huit ou dix pieds de hauteur, & garnies de feuilles en forme de lance & sciées ; ses branches sont terminées dans les années chaudes par de petits paquets de fleurs d'un pourpre pâle, qui paroissent vers la fin d'Août, mais qui ne produisent point de graines en Angleterre.

On a conservé cet arbrisseau pendant quelques années dans les serres, parce qu'on le croyoit trop délicat pour pouvoir fupporter en plein air le froid de nos hivers ; mais plufieurs épreuves récemment faites ont affuré que les ge-lées des hivers ordinaires ne lui font aucun tort, pourvu qu'il foit planté dans un ter-rein fec & abrité : on le cul-tive dans les pépinieres aux environs de Londres, pour en faire commerce. Si on marcot-te fes branches au printems, elles poufferont des racines dans l'efpace de fix mois ; fes boutures, plantées fur une plate-bande à l'ombre dans le mois de Mai, prennent auffi très-aifément racine.

IVETTE. *Voyez* TEUCRIUM. CHAMÆPITIS. L.

JUDAICA ARBOR. *Voyez* CERCIS.

JUGLANS. *Linn. Gen. Plant.* 950. *Nux. Tourn. Inft. R. H.* 581. *tab.* 346. [*Walnut.*] le Noyer.

*Caraêteres.* Cet arbre porte fur le même pied des fleurs mâles, & des fleurs fe-melles placées à une cer-taine diftance les unes des au-tres : les fleurs mâles font rangées fur un filet ou cha-ton cylindrique & imbriqué, & féparées par des écailles ; chaque écaille a une fleur avec un pétale placé dans le centre extérieur vers le dehors de l'é-caille ; la corolle eft divifée en fix parties égales ; au centre font fituées plufieurs courtes étamines, terminées par des fommets aigus & éri-gés. Les fleurs femelles croif-fent en petits paquets ; elles font feffiles, & ont un calice court, érigé, à quatre poin-tes, & placé fur le germe avec

un pétale aigu, érigé & di-vifé en quatre parties ; au-def-fous du calice eft un germe gros & ovale, qui foutient deux ftyles courts & couron-nés par des ftigmats réfléchis larges ; ce germe fe change dans la fuite en une baie ovale, feche, & a une cellule qui renferme une Noix groffe, ovale & brodée en forme de filet, dans laquelle eft renfer-mée une amande à quatre lo-bes, & diverfement fillonnée.

Ce genre de plantes eft rangé dans la huitieme feêtion de la vingt-unieme claffe de LIN-NÉE, intitulée *Monoecia Po-lyandria*, avec celles qui ont des fleurs mâles & des fleurs femelles fur le même pied, & dont les fleurs mâles ont plu-fieurs étamines.

Les efpeces font :

1°. *Juglans regia, foliolis ova-libus, glabris, fub-ferratis, fub-æqualibus. Hort. Cliff.* 449. *Hort. Ups.* 286. *Mat. Med.* 203. *Roy. Lugd.-B.* 81. *Dalib. Paris.* 293. *Blackw. t.* 247. *Knorr. Del.* 1. *t. N.* 7. *Kniph. cent.* 1. *n.* 47. *Regn. Bat.* ; Noyer à lobes ova-les, unis, fciés & égaux.

*Juglans foliis feptenis, ovato-lanceolatis, integerrimis. Hall. Helv. n.* 1624.

*Nux Juglans, fivè Regia vul-garis. C. B. P.* 417 ; Noyer ordinaire.

*Nux Juglans. Dod. Pempt.* 816

*Nux Juglans fruêtu maximo. Bauh. Pin.* 417 ; Noyer à gros fruit.

*Nux Juglans fruêtu tenero & fragili putamine. Bauh. Pin.* 417 ; Noyer à fruit dont la coque eft tendre.

*Nux Juglans bi-fera. Bauh.*

*Pin.* 417 ; Noyer bifere, ou produifant deux fois.

*Nux Juglans fruĉtu ferotino. Bauh. Pin.* 417 ; Noyer tardif, appelé communément de la *Saint-Jean,* parce qu'il commence feulement vers ce tems à pouffer des feuilles.

2°. *Juglans nigra, foliolis quindenis lanceolatis, ferratis, exterioribus minoribus, gemmulis femper-axillaribus. Lin Sp.* 1415. *Hort. Cliff.* 449. *Hort. Ups.* 287. *Gron. Virg. 150. Roy. Lugd.-B.* 82 ; Noyer à lobes en forme de lance, fciés à dents aiguës, & dont celui du milieu eft le plus large.

*Nux Juglans Virginiana nigra. H. L.* 452. *Duham. Arbr. 13. Catesb. Car. 1. p.* 67 ; Noyer noir de Virginie.

3°. *Juglans oblonga, foliolis cordato-lanceolatis infernè nervofis, pediculis foliorum pubefcentibus. Du Roi. Harbk. 1. p. 332 ;* Noyer à lobes en forme de cœur & de lance, marqués en-deffus par plufieurs veines, & portés fur des pétioles couverts de duvet.

*Juglans cinerea, foliolis undenis lanceolatis, bafi alterá breviore. Linn. Syft. Plant. tom.* 4. *p. 165. Sp.* 4.

*Juglans nigra, fruĉtu oblongo, profundiffimè infculpto. Cat. Hort. Chels.* ; Noyer noir de Virginie avec un fruit oblong, très-profondément fillonnée.

*Nux Juglans Virginiana nigra, fruĉtu oblongo, profundiffimè fculpto. Duham. Arb. 14.*

4°. *Juglans alba, foliis lanceolatis, ferratis, exterioribus latioribus. Lin. Sp. Plant.* 997 ; Noyer à lobes fciés & en for-me de lance, dont les extérieurs font les plus larges.

*Nux Juglans alba Virginienfis. Park. Theat.* 1414 ; Noyer blanc de Virginie, appelé *la Noix Hickery.*

5°. *Juglans glabra, foliolis cunei-formibus, ferratis, exterioribus majoribus ;* Noyer à lobes fciés & en forme de coin, dont les extérieurs font les plus grands.

*Juglans alba, fruĉtu minore, cortice glabro. Clayt. Flor. Virg.* ; Noyer blanc à petit fruit, avec une écorce unie.

6°. *Juglans ovata, foliolis lanceolatis, ferratis, glabris ;* Noyer à lobes unis, fciés, égaux, & en forme de lance.

*Juglans alba, fruĉtu ovato, compreffo, nucleo dulci, cortice fquamofo. Clayt. Flor. Virg.* ; Noyer blanc à fruit ovale & comprimé, ayant une amande douce, & une écorce écailleufe, communément appelé en Amérique *Shagbark.* Ecorce velue ou rude.

*Regia.* On connoît plufieurs variétés du *Noyer commun,* qu'on diftingue fous les noms fuivans : le *grand Noyer, Noyer à coque mince, Noyer françois, Noyer tardif,* & le *double Noyer :* mais toutes ces variétés changent lorfquelles font élevées de femences ; de maniere que les noix du même arbre produifent des plantes dont les fruits font différens : ainfi, comme on ne peut pas connoître la qualité d'un *Noyer* élévé de noix, avant qu'il ait produit du fruit, lorfqu'on veut planter plufieurs de ces arbres, il faut les choifir dans les *pé-*

*pinieres* quand ils portent déja du fruit, fans quoi on courra rifque d'avoir de mauvaifes efpeces.

*Nigra.* La feconde, à laquelle on donne communément le nom de *Noyer noir* de Virginie, s'eleve à une hauteur furprenante dans l'Amérique feptentrionale : fes feuilles font compofées de cinq ou fix paires de lobes en forme de lance, terminés en pointe aiguë, & fciés fur leurs bords, la paire inférieure des lobes eft la plus petite, les autres augmentent en grandeur à mefure qu'ils font plus voifins de l'extrémité ; la derniere paire & le lobe qui termine la feuille font les plus petits. Quand on déchire ces feuilles, elles répandent une odeur aromatique : cette odeur fe fait auffi remarquer dans les enveloppes extérieures des noix qui font rudes & plus rondes que celles de l'efpece commune ; la coque de ces noix eft très-dure & épaiffe ; l'amande eft petite & fort douce.

*Oblonga.* La troifieme, qui eft auffi originaire de l'Amérique feptentrionale, où elle fe montre fous la forme d'un très-grand arbre, a des feuilles compofées de fept ou huit paires de lobes oblongs, en forme de cœur, & larges à leur bâfe, où ils fe divifent en deux oreilles rondes, & terminées en pointe aiguë. Ces feuilles font plus rudes & d'un vert plus foncé que celles de la feconde efpece, & n'ont pas la même odeur aromatique : le fruit eft très-long ; la co-



que eft profondément fillonnée & fort dure, & l'amande eft petite, mais affez agréable au goût.

*Alba.* La quatrieme eft fort commune dans plufieurs parties de l'Amérique feptentrionale, où elle eft connue fous le nom de *Noix-Hickery* : fes feuilles font compofées de deux ou trois paires de lobes oblongs, & terminées par un lobe impair : elles font d'un vert clair, & fciées fur leurs bords ; les lobes inférieurs font les plus petits, & ceux du haut font les plus grands : le fruit a la même forme que celui de l'efpece commune ; mais fa coque, qui eft de couleur claire, n'eft point fillonnée.

*Glabra.* La cinquieme eft moins grande que la quatrieme : fes feuilles font compofées de deux paires de lobes, que termine un lobe impair. Ces lobes font étroits à leur bâfe, mais larges & ronds à leur extremité, fciés fur leurs bords, & d'un vert clair. Les fruits de cette efpece font petits ; ils ont une coque unie, très-dure & blanche.

*Ovata.* La fixieme croît naturellement dans l'Amérique feptentrionale, où elle eft d'une grandeur médiocre : fes feuilles font compofées de trois paires de lobes, unis, en forme de lance, d'un vert obfcur, fciés fur leurs bords, & terminés en pointe aiguë : le fruit eft ovale ; fa coque eft blanche, dure & unie, & l'amande eft petite, mais très-douce : les jeunes rejettons de cet arbre font couverts d'une écorce très-unie, & brunâtre ; mais celle des troncs & des vieilles branches eft rude & écailleufe, d'où lui vient le nom de *Shagbark*, ou *Ecorce rude*, qu'on lui donne en Amérique.

*Culture.* On cultive le *Noyer commun* dans plufieurs parties de l'Angleterre pour fon fruit. On le multiplioit autrefois pour fon bois, dont on faifoit beaucoup de cas ; mais la grande quantité de bois de *Mahagoni* & d'autres efpeces qu'on nous apporte à préfent, en a prefque fait oublier l'ufage.

On le multiplie par les noix, qui, comme nous l'avons déja remarqué, produifent rarement les mêmes efpeces de fruits. Ainfi, la feule méthode pour fe procurer ceux que l'on défire, eft de planter les noix des meilleures efpeces dans une pépiniere, & lorfque les arbres qui en proviennent ont trois ou quatre ans, de les tranfplanter à demeure, parce qu'ils ne veulent pas être déplacés lorfqu'ils font déja devenus grands. On les plante à fix pieds les uns des autres ; & lorfqu'ils commencent à produire du fruit, on laiffe en place ceux dont les noix font de l'efpece qu'on défire, & l'on arrache les autres pour donner plus d'efpace aux premiers, qui croîtront & profpereront, fi l'on a laiffé entr'eux un intervalle fuffifant. Mais comme peu de perfonnes ont affez de patience pour attendre le fruit, la feconde méthode eft de les choifir dans les pépinieres,

lorfqu'ils font chargés de noix. Ces arbres croîtront & produiront du fruit ; mais ils ne deviendront pas auffi grands, & ne feront pas d'une fi longue durée que ceux qu'on plante jeunes.

Toutes les efpeces de *Noyers* qu'on cultive pour le bois, doivent être femées en place ; car, comme leurs racines s'enfoncent toujours perpendiculairement, fi on venoit à les rompre en les arrachant, ils ne pufferoient plus en hauteur ; mais ils refteroient toujours bas, & produiroient un nombre confidérable de branches latérales : ceux au contraire qu'on cultive pour le fruit, fe perfectionnent par la tranfplantation, qui les rend plus fertiles, & leur fait produire des fruits plus gros & plus beaux. C'eft une obfervation générale, que les racines qui s'enfoncent perpendiculairement, contribuent beaucoup à l'accroiffement du bois, dans toutes les efpeces d'arbres ; au-lieu que ceux dont les racines s'étendent près de la furface de la terre, donnent des fruits plus abondans & de meilleure.qualité.

Il faut conferver les noix en coque dans du fable, jufqu'au mois de Février : alors on les plante en rang à telle diftance qu'on le juge à propos ; mais on les met ordinairement affez voifines les unes des autres .dans la crainte que quelques-unes ne viennent à manquer. Quand les jeunes plantes ont deux ou trois ans, on peut en arracher plufieurs dans les endroits où elles font trop épaiffes, afin de donner aux autres une diftance convenable.

Quand on tranfplante ces arbres, il faut avoir attention de ne jamais tailler, ni les racines, ni les groffes branches; car rien ne leur eft plus nuifible. On ne doit pas nonplus les tailler trop fort lorfqu'ils font devenus grands, car cette opération les fait fouvent périr : s'il eft néceffaire de couper quelques-unes de leurs branches, il faut le faire au commencement de Septembre; parce que dans cette faifon ils perdent moins de fève, & leurs bleffures peuvent être guéries avant les premiers froids. On retranche toujours ces branches contre la tige, parce que fi l'on en laiffoit une partie, elle fe deffècheroit & feroit périr la tige de l'arbre. La meilleure faifon pour tranfplanter les *Noyers*, eft quand leurs feuilles commencent à fe flétrir; alors, pourvu qu'on les enleve avec foin & qu'on laiffe leurs branches entieres, on eft prefque certain de les voir réuffir, quoiqu'ils aient huit ou dix ans. Mais, comme je l'ai déja dit, ces arbres ne s'éleveront pas autant & ne feront pas d'une auffi longue durée que ceux qui font tranfplantés plus jeunes.

Cet arbre fe plaît dans un fol ferme, riche & gras, ou dans un terrein qui tient de la nature de la craie ou de la marne; il croît fort bien dans un fol pierreux & fur les montagnes de craie, comme



on le peut voir par les grandes plantations qui couvrent les dunes des environs de *Leathen-head*, de *Godftone*, & *Carfhalton* dans *Surry*, fur lefquelles on recueille tous les ans une grande quantité de noix. Un des propriétaires de ces arbres vend annuellement les fruits de fa plantation à ceux qui les portent fur les marchés, pour la fomme de trente livres fterlings.

On plante les *Noyers* à quarante pieds de diftance les uns des autres, qnand on veut avoir de bons fruits; mais fi on les deftine à donner du bois de charpente, on peut les mettre plus près, pour les faire pouffer en hauteur. Le *Noyer noir* de Virginie croît naturellement plus droit & plus haut que l'efpece commune, & les veines de ce bois font bien plus belles, ce qui le fait cultiver de préférence. J'ai vu les échantillons de ces bois joliment veinés en blanc & noir, qui, étant polis, paroiffoient à quelque diftance comme des veines de marbre. Les Ebéniftes les recherchent beaucoup, pour en conftruire des ciels de lits, des chaiffes, des tables, des boifferies, &c. Ce bois eft de plus longue durée qu'aucun de ceux qui croiffent en Angleterre; il eft moins fujet à être rongé par les vers, fans doute, à caufe de fa grande amertume : mais il ne peut être employé dans la charpente des grands bâtimens; parce qu'il eft d'une nature caffante & fujet à fe brifer net, quoiqu'on en foit

fouvent averti par les craque-
mens qui précédent fa rupture.

Je ne puis adopter l'opinion
commune, qu'en abattant les
noix avec des gaules on améliore les arbres ; parce qu'en s'y
prenant ainfi, on caffe & on
détruit ordinairement les jeunes branches ; mais comme il
eft très-difficile de cueillir ces
fruits avec la main, on doit
les gauler avec précaution,
afin de ne pas nuire aux arbres. Quand on veut conferver
les noix, il faut les laiffer fur
les arbres, jufqu'à ce qu'elles
foient bien mûres, & après
qu'on les a abattues, les mettre en tas pendant deux ou
trois jours ; en les étendant
enfuite, les coffes fe féparent
aifément : après cela on les
fait fecher au foleil, & on
les conferve dans un lieu fec
à l'abri des fouris & des autres animaux deftructeurs. Ces
fruits, étant ainfi préparés, fe
confervent bons pendant quatre ou cinq mois.

Quelques perfonnes mettent
leurs noix dans un four de
chaleur tempérée, & les y
tiennent pendant quatre ou
cinq heures : lorfqu'elles font
feches, ils les renferment dans
des tonneaux ou dans d'autres
grands vâfes, en y mêlant du
fable ; par cette méthode, on
les conferve bonnes pendant
fix mois. La chaleur détruit le
germe, & l'empêche de pouffer ; mais fi le four fe trouve
trop chaud, les noix fe deffechent trop, & perdent beaucoup de leur qualité.

On multiplie toutes les autre efpeces de la même maniere que le *Noyer commun* ;
mais comme peu de ces arbres
produifent des fruits en Angleterre, on eft obligé de les
tirer de l'Amérique feptentrionale. Ces fruits doivent être
bien mûrs, & emballés dans
du fable fec pour les conferver durant la traverfée. Plutôt on les plante après leur
arrivée, & plus il y a à efpérer qu'ils réuffiront ; quand
les plantes ont pouffé, on les
tient nettes de mauvaifes herbes, & fi elles paroiffent fur
la fin de l'automne, & que
leurs branches foient remplies
de fève, il eft néceffaire de
les couvrir avec des nattes ou
quelques paillaffons légers, pour
empêcher les premieres gelées
de nuire à leurs tendres rejettons ; ce qui feroit périr
une grande partie de la branche avant le printems. En les
mettant ainfi à l'abri des premieres gelées, elles fe forti-
fieront & feront plus en état
de réfifter au froid. Comme
plufieurs de ces efpeces font
délicates dans leur jeuneffe,
il faut avoir foin de les mettre à l'abri des gelées dans les
deux premiers hivers, après
quoi elles feront affez dures
pour refifter aux plus grands
froids.

Le *Noyer noir* de Virginie eft
auffi dur que le commun : on
voit dans les jardins de Chelféa plufieurs grands arbres de
cette efpece, qui ont produit
beaucoup de fruits pendant
quarante ans ; les noix étoient
affez mûres pour pouvoir germer, mais leurs amandes étoient
petites & de peu de valeur.

Tous ces arbres exigent la même culture que l'espece commune ; mais ils réuffiffent mieux dans un fol mou , gras & pas trop fec, où ils trouvent un fond affez confidérable de bonne terre pour étendre leurs racines. Tant que le *Hyckery* eft jeune, fon bois eft fouple & coriace, c'eft pourquoi on eftime beaucoup les cannes faites de fes rejettons, mais lorfque l'arbre eft devenu grand, fon bois eft caffant, & ne peut plus gueres fervir aux mêmes ufages. Le *Noyer noir* de Virginie fournit le meilleur bois de toutes les efpeces de *Noyer* ; quelques arbres font agréablement veinés & fe poliffent aifément, mais beaucoup d'autres font moins beaux, ce que l'on remarque auffi dans plufieurs autres efpeces de bois.

JUGOLINE, SESAME, *ou* GRAINE HUILEUSE. *Voyez* SESAMUM. L.

JUJUBIER , *ou* GINGEOLE. *Voyez* ZIZIPHUS.

JULIANE *ou* JULIENNE. *Voyez* HESPERIS.

JUNCUS. *Tourn. Inft. R. H.* 246. *Tab.* 127. *Lin. Gen. Plant.* 396. [*Rush.*] JONC.

*Caracteres.* Dans ce genre, la bâfe a deux valves, avec un périante perfiftant, formé par fix petites feuilles oblongues & pointues : la fleur eft apétale, & n'a point de corolle ; mais le calice coloré eft regardé comme des pétales par quelques perfonnes : elle a fix étamines courtes, velues, & terminées par des fommets oblongs & érigés, & un germe pointu & à trois angles, qui foutient un ftyle court, mince, & couronné par trois ftigmats longs, velus, minces & réflechis. Ce germe devient enfuite une capfule renfermée, à trois angles, & a une cellule qui s'ouvre en trois valves, & renferme des femences prefque rondes.

Ce genre de plante eft rangé dans la premiere fection de la fixieme claffe dé LINNÉE, intitulée, *Hexandria Monogynia*, dont les fleurs ont fix étamines & un ftyle.

Les efpeces font :

1°. *Juncus acutus , culmo fubnudo , tereti, mucronato , paniculá terminali, involucro diphyllo fpinofo. Lin. Sp. Plant.* 325. *Scop. n.* 430 ; Jonc à tiges nues, pyramidales, pointues, & terminées en panicule, ayant une enveloppe piquante & à deux feuilles.

*Juncus culmo pungente , paniculá ex folii folitarii axillá. Sauv. Monfp.* 9.

*Juncus acutus , capitulis Sorghi. C. B. P.* 520 ; le grand Jonc épineux & maritime.

2°. *Juncus fili-formis , culmo nudo , fili-formi , nutante , paniculá laterali. Lin. Sp. Plant.* 326. *Roy. Lugd.-B.* 44 *Gron. Virg.* 152. *Fl. Suec.* 280. 300. *Gmel. Sib.* 1. *p.* 71 ; Jonc à tige nue, en forme de fil, & panchée, avec un panicule latéral.

*Juncus acutus , paniculá fparfá. C. B. P.* ; Jonc commun aigu

3°. *Juncus effufus , culmo nudo ftricto, paniculá laterali. Flor. Leyd.* 44. *Fl. Suec.* 279.

299 ; Jonc à tige nue & ſer-rée, avec un panicule latéral.

*Juncus lœvis, paniculâ ſpar-ſâ, major. C. B. P.* 12 ; le grand Jonc commun & liſſé, avec un panicule étendu & clair.

*Juncoïdes Alpinum, floſculis Junci glomeratis, atro — fuſcis. Scheuck. Hiſt.* 323.

4°. *Juncus conglomeratus, cul-mo nudo, ſtriſto, capitulo late-rali. Prod. Leyd.* 44. *Fl. Suec.* 278. 298. *Gmel. Sib.* 1. *p.* 70 ; Jonc à tige nue & ſerrée, ayant des têtes latérales.

*Juncus lævis, paniculâ non ſparſâ. C. B. P.* 12 ; Jonc liſ-ſé, avec un panicule plus rapproché.

Il y a pluſieurs autres eſ-peces de ce genre, dont quelques-unes croiſſent natu-rellement en Angleterre, & qui ſont des herbes très-incommo-des dans pluſieurs endroits ; auſſi ne méritent-elles pas qu'on en faſſe mention, & je ne parle de celles-ci, que pour donner la méthode de les dé-truire.

*Acutus, Fili-formis.* Les pre-miere & ſeconde eſpeces croiſ-ſent ſur les rivages de la mer, où elles ſont ſouvent inondées : on les plante avec beaucoup de ſoin en Hollande ſur les bords de la mer pour retenir la terre, qui, étant naturelle-ment légere, court beaucoup de riſque d'être emporrée à chaque flux, ſi elle n'eſt pas retenue par les racines des *Joncs*, qui la pénétrent pro-fondément, & s'entrelaçent près de la ſurface, de manie-re qu'elles affermiſſent le ter-

*Tome IV.*

rein en uniſſant les parties. Toutes les fois que ces racines ſont détruites, les habi-tans les remplacent pour pré-venir tous les dommages. En été, quand les *Joncs* ſont par-venus à leur grandeur, les gens du pays les coupent, & en forment des paquets ; ils les font ſecher, & les portent dans les grandes villes, où l'on en fait des paniers & pluſieurs autres ouvrages utiles, que l'on envoie ſouvent en Angleterre. Ces deux eſpeces ne devien-nes pas auſſi fortes en Angle-terre que ſur les bords de la Meuſe, & dans quelques au-tres endroits de la Hollande, où j'en ai vu qui avoient plus de quatre pieds de hauteur.

*Effuſus. Conglomeratus.* Les troiſieme & quatrieme croiſ-ſent dans des terres humides, fortes & incultes de preſque toute l'Angleterre, où elles font périr l'herbe, quand on les laiſſe ſubſiſter. La meilleure méthode pour les détruire, eſt de les arracher entièrement avec des fourches au mois de Juillet ; après les avoir laiſſé ſecher pendant quinze jours ou trois ſemaines, on les met en monceaux & on les brûle. Ces cendres font un excellent engrais pour la terre, elles em-pêchent ces mauvaiſes herbes de repouſſer & améliorent le pâturage ; mais pour les dé-truire totalement, il eſt né-ceſſaire de ſoigner le terrein : quand il n'y a plus d'eau, ſi l'on a ſoin d'arracher tous les ans leurs racines & d'y paſſer le rouleau, on peut s'en débar-raſſer tout à-fait.

Q

JUNIPERUS. *Tourn. Inst. R.*
*H. 598. Tab. 361. Lin. Gen.*
*Plant. 1005.* [*Juniper.*] Géne-
vrier.

*Caractères.* Dans ce genre,
les fleurs mâles & les femelles sont sur différentes plantes,
& quelquefois sur la même,
mais à des distances éloignées:
les fleurs mâles naissent en un
chaton conique, au nombre
de trois ensemble, dont deux
sont opposées dans la longueur
du chaton, qui est terminé par
une troisieme ; les étamines sont
larges, courtes, couchées l'une
sur l'autre, & fixées à l'axe
par des pédoncules très courts :
la fleur n'a point de corolle,
mais seulement trois étamines
qui sont réunies à leur bâse,
& surmontées par trois sommets distincts, qui adherent
aux écailles des fleurs latérales : les femelles ont un petit calice persistant à trois pointes, placé sur le germe, &
trois pétales roides, aigus &
persistans ; le germe, qui est
placé sous le calice, soutient
trois styles simples, couronnés par des stigmats, & se
change dans la suite en une
baie presque ronde, qui renferme trois semences osseuses,
oblongues, angulaires sur un
côté, & convexes de l'autre.

Ce genre de plantes est rangé
dans la douzieme section de
la vingt-deuxieme classe de
**Linnée**, intitulée, *Diœcia*
*Monadelphia*, qui renferme celles qui ont des fleurs mâles &
des femelles sur différens pieds,
& dont les étamines sont réunies en un seul corps.

Les especes sont :



1°. *Juniperus communis, fo-*
*liis ternis, patentibus, mucrona-*
*tis, baccâ longioribus. Lin. Sp.*
*Plant. 1040. Mat. Med. 217.*
*Scop. carn. 2. n. 1229. Pollich.*
*Pal. n. 924. Kniph. cent. 1. n.*
*48* ; Génevrier à feuilles en
forme de lance, étendues,
placées par trois, & plus longues que les baies.

*Juniperus foliis convexo-conca-*
*vis, aristatis, baccis alaribus.*
*Hall. Helv. n. 1661.*

*Juniperus foliis patentibus.*
*Hort. Cliff. 465. Fl. Suec. 824.*
*915. Gmel. Sib. 1. p. 182. Sauv.*
*Monsp. 169.*

*Juniperus vulgaris fruticosa.*
*C. B. P. 488* ; Génevrier commun d'Angleterre.

2°. *Juniperus Suecia, foliis*
*ternis, patentibus acutioribus, ra-*
*mis erectioribus, baccâ longio-*
*ribus*; Génevrier à feuilles étendues, à pointes plus aiguës,
& placées par trois, avec des
branches plus érigées, & des
feuilles plus longues que les
baies.

*Juniperus vulgaris arbor. C. B.*
*P. 488* ; Arbre du Génevrier
Suédois.

3°. *Juniperus Virginiana, fo-*
*liis ternis omnibus, patentibus* ;
Génevrier dont les feuilles sont
disposées par trois, & étendues.

*Juniperus Virginiana. H. L.*
*folio ubique Juniperino. Boerh.*
*Ind.* ; Cedre de Virginie ou
Cedre rouge.

4°. *Juniperus Caroliniana, fo-*
*liis ternis, basi adnatis, juniori-*
*bus imbricatis, senioribus patulis.*
*Hort. Cliff. 464. Roy. Lugd.-B.*
*00. Gron. Virg. 157. Kalm. it.*
*3. p. 119*; Génevrier avec des

feuilles adhérentes à leurs bâfes & difposées par trois, dont
les plus jeunes font couchées
l'une fur l'autre, & les veil-
les plus étendues.

*Juniperus Virginiana. Linn.
Syft. Plant. tom. 4. p. 277.
Sp. 6.*

*Juniperus Virginiana, foliis
inferioribus Juniperinis, fuperio-
bus Sabinam vel Cypreffum refe-
rentibus. Boerh. Ind.* ; Cedre de
là Caroline.

*Juniperus major Americana.
Ráii Hift. 1413. 1414.*

5°. *Juniperus Bermudiana, foliis inferioribus ternis, fuperioribus quadri-fariàm imbricatis* ; Génevrier dont les feuilles inférieures font étendues & difpofées par trois, & les fupérieures par quatre, & couchées
l'une fur l'autre.

*Juniperus Bermudiana. H. L.
345* ; Cedre de Bermude.

6°. *Juniperus Thurifera, foliis
quadri-fariàm imbricatis, acutis.
Lin. Sp. 1471* ; Genèvrier à
feuilles aiguës, en forme d'a-
lêne, imbriquées, & croiffant
par quatre.

*Juniperus major, baccâ cæru-
leâ. C. B. P.* ; le plus grand
Génverier à baies bleues.

7°. *Juniperus Phœnicca, foliis ternis, obliteratis, imbricatis,
obtufis. Lin. Sp. 1471. Gouan.
Monfp. 509* ; Génevrier avec des
feuilles croiffant par trois, de
couleur pâle, obtufes & imbriquées.

*Cedrus folio Cupreffi major,
fruĉlu flavefcente. C. B. P. 484;*
le plus grand Cedre à feuilles
de Cyprès & à fruits jaunes,
appellé le *Cedre de Lycie.*

*Juniperus major. Cluf. Hift. 1.
p. 38.*

8°. *Juniperus Lycia, foliis
ternis, undiquè imbricatis, ovatis,
obtufis. Flor. Leyd. 990. Mat.
Med. 217. Sauv. Monfp. 169.
Gouan. Monfp. 509. Gmel. Sib.
1. p. 182: Cron. Orient. 320. Pall.
it. 2. p. 522* ; Génevrier à feuilles ovales, émouffées, toutes imbriquées & croiffant par
trois.

*Cedrus folio Cupreffi media,
majoribus baccis. C. B. P. 487* ;
moyen Cedre à feuilles de
Cyprès, avec de plus groffes
baies.

*Cedrus Phœnicca altera Plinii
& Theophrafti. Lob. Ic. 221.*

9°. *Juniperus Barbadenfis,
foliis omnibus quadri-fariàm imbricatis, junioribus ovatis, fenio-
ribus acutis. Prod. Leyd. 90* ;
Génevrier avec des feuilles
difpofées par quatre, & imbriquées, dont les jeunes
font ovales, & les vieilles
aiguës.

*Juniperus Barbadenfis, Cupreffi
foliis, ramulis quadratis. Pluk.
Alm. 201. t. 197. f. 4.*

*Juniperus maxima Cupreffi fo-
lio minimo, cortice exteriore in
tenues philyras, fpirali-ductili.
Sloan. Cat. Jam. 128* ; le plus
grand Génevrier avec la plus
petite feuille de Cyprès, dont
la tige eft couverte d'une écorce qui fe détache en petits
morceaux, & roule en fpirale, appellé communément *Cedre de la Jamaïque à baies.*

10°. *Juniperus Sabina, foliis
oppofitis, erectis, decurrentibus,
ramis patulis* ; Génevrier à feuilles oppofées, érigées & coulantes, avec des branches étendues.

*Sabina folio Tamarifci, Diof-*

*coridis. C. B. P. 487* ; Sabine à feuilles de Tamarifque, *ou* la Sabine commune. *Savinier.*

11°. *Juniperus Lufitanica, foliis oppofitis, patulis decurrentibus, ramis ereflioribus* ; Genèvrier à feuilles oppofées & étendues, qui coulent l'une fur l'autre, avec des branches plus érigées.

*Juniperus foliis infernè adnatis, oppofitionibus concatenatis. Hort. Cliff. 464. Hort. Ups. 299. Roy. Lugd.-B. 90. Gmel. Sib. 1. p. 183.*

*Sabina folio Cupreffi. C. B. P. 487. Duham. Arb. 2. t. 62* ; Sabine à feuilles de Cyprès, appellée communément *Sabine à baies.*

*Sabina. Dod. Pempt. 854. Blackw. t. 214.*

12°. *Juniperus oxy - Cedrus, foliis undiquè imbricatis, obtufis, ramis teretibus* ; Genèvrier à feuilles obtufes, & toutes couchées les unes fur les autres, avec des branches coniques.

*Juniperus major, baccâ rufefcente. C. B. P. 489. Duham. Arb. 2. pag. 326. t. 128* ; le plus grand Genèvrier à baies brunâtres, *ou* le *petit Cedre.*

*Oxy - Cedrus. Clus. Hifl. 1. P. 39.*

13°. *Juniperus Hifpanica, foliis quadri-fariàm imbricatis, acutis. Prod. Leyd. 90* ; Genèvrier à feuilles aiguës, couchées les unes fur les autres & difpofées par quatre.

*Cedrus Hifpanica procerior, fruflu maximo nigro. Tourn. infl. 588* ; le plus haut Cedre d'Efpagne, avec un fruit très-gros & noir.

*Communis.* La premiere efpece, qui croît naturellement dans des terres de craie de plufieurs parties de l'Angleterre, eft un arbriffeau qui s'éleve rarement au-deffus de la hauteur de trois pieds, & qui produit plufieurs branches étendues, inclinées à chaque côté, couvertes d'une écorce brune, & garnies de feuilles étroites, en forme d'alêne, terminées en pointes aiguës; placées par trois autour des branches, dirigées en-dehors, de couleur grisâtre; & qui durent toute l'année. Les fleurs mâles fe trouvent quelquefois placées à une certaine diftance des femelles fur la même plante, & quelquefois fur des plantes féparées. Les fleurs femelles produifent des baies rondes, qui font d'abord vertes, mais qui deviennent d'un pourpre foncé en mûriffant en automme. Le bois, les baies & la gomme de cette efpece, font employés en Médecine. La gomme eft appelée *Sandarach* (1)

---

(1) On emploie en Médecine le bois, les fommités, les baies & la gomme de *Génevrier.*

Le bois n'a que peu d'odeur, & une faveur légèrement balfamique; on n'y découvre par l'analyfe qu'une trés-petite quantité d'huile effentielle; mais fes principes réfineux & gommeux font plus abondans : ce bois jouit des mêmes propriétés médicales que le *Saffafras*, & peut lui être fubftitué dans toutes les circonftances; mais comme il eft beaucoup moins aĉtif, il faut l'employer à une dofe beaucoup plus forte.

Les fommités du *Génevrier* font regardées comme fort diurétiques,

*Suecia.* La seconde espece est connue dans les jardins sous le nom de *Génevrier Suédois.* Plusieurs la prennent pour une variété de la premiere ; mais elle est indubitablement une espece distincte : car j'ai élevé l'une & l'autre de semence pendant plusieurs années, & ne les ai jamais vu

---

& comme très-propres à guérir l'hydropisie : on en prépare une boisson en les faisant bouillir dans du vin blanc.

Les baies de ces arbrisseaux ont une saveur en même tems douce & aromatique, & un peu amere & âcre. La douceur est due au principe gommeux qu'elles contiennent en grande quantité, & leur amertume à la partie résineuse, qui est aussi fort abondante. Ces baies, quoique très-communes, sont cependant un des meilleurs médicamens ; on les regarde avec raison comme un excellent remede stomachique, carminatif, pectoral, diurétique, utérin, antiscorbutique, alexipharmaque, &c. On les emploie avec succès contre la foiblesse d'estomac, les affections venteuses, l'hydropisie, la lientérie, la néphrétique pituiteuse, la suppression des regles, les affections catharrhales, les fievres intermittentes & malignes, &c. On les prépare sous forme d'extrait, & on les fait infuser dans du vin ou de l'eau.

Le *Sandarach* ou gomme de *Génèvrier* se tire de cet arbrisseau ; cette substance a une odeur balsamique, agréable, & une saveur amere ; elle est en partie résineuse, mais le principe gommeux est beaucoup plus abondant que l'autre. On ne se sert du *Sandarach* qu'à l'extérieur ; on le met au nombre des fortifians, des antiputrides & des traumatiques.



varier. Celle-ci croît à la hauteur de dix ou douze pieds ; ses branches sont plus érigées, ses feuilles plus étroites & terminées en pointes plus aiguës ; elles sont placées à des distances plus éloignées sur les branches, & les baies sont plus longues. Cette espece se trouve en Suede, en Danemarck, & dans la Norwège.

*Virginiana.* La troisieme croît naturellement dans la plus grande partie de l'Amérique septentrionale, où elle est connue sous le nom de *Cedre rouge,* pour la distinguer d'une espece de *Cyprès,* qu'on nomme *Cedre blanc.*

Il y a deux ou trois variétés de cet arbre, outre celle dont on vient de parler : l'une est entièrement couverte de feuilles semblables à celles du *Savinier,* qui, lorsqu'on les froisse, répandent une odeur très-forte & désagréable ; on la distingue ordinairement en Amérique par le nom de *Savinier.* La seconde a ses feuilles fort ressemblantes à celles de *Cyprès* ; mais comme ces variétés proviennent généralement des mêmes semences qu'on envoie d'Amérique, on ne doit les regarder que comme des variétés accidentelles.

*Caroliniana.* Les feuilles basses de la quatrieme espece ressemblent à celles du *Génevrier de Suede* ; mais celles du haut sont comme celles du *Cyprès,* & cette différence est constante, lorsque les semences sont soigneusement recueillies sur le même arbre. Comme la plupart de ceux qui en

.voient ici ces graines n'ont pas le foin de les diftinguer, il arrive fouvent qu'ils mêlent les baies de deux ou trois efpeces , ce qui a fait dire qu'elles n'en faifoient qu'une. Toutes les feuilles de la troifieme font femblables à celles du *Genèvrier* ; les Jardiniers l'appellent *Cedre rouge de Virginie*, & ils donnent à celle-ci le nom de *Cedre de la Caroline*, quoiqu'elle croiffe naturellement en Virginie.

*Bermudiana.* La cinquieme eft le *Cedre de Bermude*, dont le bois a une odeur très-forte. Il étoit autrefois très-eftimé pour des boiferies & les meubles. Mais fon odeur forte, qui ne plaît pas à tout le monde, l'a fait négliger ; de maniere qu'on n'en fait pas venir beaucoup aujourd'hui en Angleterre. Lorfque ces plantes font jeunes, elles ont des feuilles à pointe aiguë, tout-à-fait écartées, & placées par trois autour des branches ; mais à mefure que les arbres font des progrès, les feuilles changent, & les branches font à quatre angles : ces feuilles font fort courtes, & placées par quatre autour des branches, l'une fur l'autre, comme des ecailles de poiffon : les baies font produites vers les extrémités des branches ; elles font d'un rouge foncé, tirant vers le pourpre. Comme il y a peu de ces arbres d'une grande hauteur en Angleterre, je n'ai pas eu occafion d'examiner leurs fleurs, & je ne fais pas fi elles font fur des plantes différentes ; car quoique j'en

aie reçu de très-beaux échantillons de Bermude ; cependant ils avoient tous des fruits prefque mûrs, & aucun ne portoit de fleurs mâles. Comme ces arbres font ordinairement détruits en Angleterre, lorfqu'il arrive un hiver dur, s'ils ne font pas abrités, nous avons peu d'efperance de les voir fleurir ici.

*Thurifera.* La fixieme eft originaire de l'Iftrie, d'où fes baies m'ont été envoyées ; ces baies ont très-bien réuffi dans le jardin de *Chelféa* ; cette efpece a des branches étendues, minces, & garnies de feuilles à pointe aiguë, d'un vert foncé, placées par quatre autour des branches, affez éloignées les unes des autres, difpofées horifontalement, & dirigées en-dehors : fes baies, qui font plus groffes que celles du *Genèvrier* commun, deviennent bleues en mûriffant.

*Phœnicea.* La feptieme fe trouve en Portugal, d'où fes femences m'ont été fouvent envoyées ; fes branches forment une efpece de pyramide : celles du bas font garnies de feuilles grisâtres, avec des pointes courtes, aiguës, placées par trois, & dirigées en-dehors ; mais les feuilles des branches fupérieures font d'un vert foncé, difpofées les unes au-deffus des autres en écailles de poiffon, & terminées en pointe aiguë : fes fleurs mâles fortent aux extrémités des branches ; elles font fixées fur un chaton conique, pendant & ecailleux, & portées fur un pédoncule court & érigé : le fruit est quelquefois produit sur le même arbre à une certaine distance des fleurs mâles , & d'autres fois il se trouve sur des arbres séparés : ses baies font d'un jaune pâle , quand elles sont mûres , & de la grosseur de celles du *Génevrier commun.*

*Lycia.* La huitieme croît naturellement en Espagne & en Italie, d'où j'en ai reçu les semences : les branches de cette espece sont érigées & couvertes d'une écorce brune; ses feuilles sont petites , obtuses & placées les unes sur les autres comme des écailles de poisson : les fleurs mâles croissent aux extrémités des branches en un chaton conique , & le fruit est produit simple sur les côtés des branches au-dessous des chatons & sur la même branche; ses baies sont grosses , ovales & brunes lorsqu'elles sont mûres.

*Barbadensis.* La neuvieme se trouve à la Jamaïque & dans d'autres isles de l'Amérique , où elle devient un des plus grands arbres de bois de charpente de ce pays ; les habitans de l'Amérique recherchent beaucoup ce bois pour la construction de leurs navires : cette espece , qui se trouve toujours mêlée avec le *Cadre de Bermude* , & que l'on confond avec lui , est néanmoins différente , ainsi que je l'ai reconnu par les échantillons que le Docteur HOUSTOUN m'a envoyés. Les branches de celle-ci s'étendent en largeur; ses feuilles sont extrêmement petites,

& couchées les unes sur les autres dans toutes les parties de l'arbre : l'écorce en est rude , & se détache en corde ; elle est d'une couleur fort sombre : les baies font plus petites que celles du *Cedre de Bermude* , & d'un brun clair lorsqu'elles sont mûres. Cette espece a des fleurs mâles & des fleurs femelles sur différens arbres.

*Sabina.* La dixieme est le *Savinier commun* , qu'on rencontre en Italie , en Espagne, dans le Levant & sur les montagnes d'une temperature froide ; ses branches sont horisontales, & elle s'élève rarement au-dessus de la hauteur de trois ou quatre pieds : ces branches , qui s'étendent à une distance considérable en tous sens , sont garnies de feuilles très - courtes à pointe aiguë, opposées , & disposées les unes sur les autres dans la longueur des branches ; leur extrémité est dirigée vers le haut. Cette espece produit très-rarement des fleurs & des semences lorsqu'elle est transplantée dans les jardins. J'ai souvent examiné des plantes de cette espece qui avoient plus de cinquante ans, & je n'y ai jamais trouvé de fleurs mâles que trois fois , & qu'une seule fois des baies, mais sur une autre tige. Les baies sont plus petites que celles du *Génevrier ordinaire*, mais de la même couleur & un peu serrées. La plante entiere répand une odeur très-forte lorsqu'on la touche. Les maréchaux font usage de ses feuilles pour détruire les vers

des Chevaux, & M. RAY re-
commande d'en employer le
fuc mêlé avec du lait, &
adouci avec le fucre, pour
guérir les enfans de la même
maladie. Ces feuilles écrafées
avec du lard forment un bon
cataplafme pour diffiper la gale
de tête à laquelle les enfans
font fujets.

*Lufitanica.* La onzieme efpece a été regardée par plufieurs perfonnes comme une
variété accidentelle de la précédente, mais il y a entr'elles
une différence confidérable ;
car les branches de celle - ci
croiffent plus érigées ; fes
feuilles font auffi plus courtes,
terminées en pointe aiguë, &
dirigées en - dehors ; cette efpece s'éleve à la hauteur de
huit ou dix pieds, & produit
une grande quantité de baies.
Je l'ai multipliée par femence,
& je ne l'ai jamais vu varier.
Elle a été diftinguée par la
plupart des anciens Botaniftes
fous le nom de *Savinier.* Elle
croît fur les Alpes, d'où fes
femences m'ont été envoyées.

*Oxy - Cedrus.* La douzieme
naît fpontanément en Efpagne,
en Portugal & dans la France
méridionale, où elle s'éleve à
la hauteur de dix ou douze
pieds, & produit des petites
branches coniques, & fans
angle dans toute la longueur
de la tige ; ces branches font
garnies de petites feuilles obtufes, placées les unes fur
les autres en forme d'écaille
de poiffon : fes fleurs mâles
fortent des extrémités des branches dans des chatons coniques
& écailleux, & leurs baies,



qui font produites au-deffous
fur les mêmes branches, font
plus groffes que celles du *Génevrier ordinaire,* & brunes lorfqu'elles font mûres.

*Hifpanica.* La treizieme,
qu'on rencontre encore en
Efpagne & en Portugal, où
elle s'éleve à la hauteur de
vingt - cinq ou trente pieds,
pouffe plufieurs branches pyramidales, & garnies de feuilles à pointe aiguë, pofées les
unes fur les autres en quatre
fens, de maniere qu'elles rendent les branches quarrées :
fes baies font fort groffes &
noires lorfqu'elles font mûres.

Toutes ces plantes fe multiplient par leurs graines, qu'il
faut femer auffi - tôt qu'elles
font mûres, quand on peut
fe les procurer, parceque, fi
elles font gardées hors de terre
jufqu'au printems, elles ne
pouffent que dans la feconde
année. La terre qu'on deftine
aux efpeces dures doit être
neuve & légere, mais fans
fumier ; quand elle eft bien
labourée & nivelée, on y
feme les baies affez epaiffes :
les efpeces plus fortes peuvent être femées fur une plate-bande à l'expofition de l'O-
rient. On crible fur cette plate-bande un demi pouce d'é-
paiffeur de terre, & on la
tient toujours nette ; quelques
plantes paroîtront vers le milieu ou à la fin d'Avril, &
la plus grande partie reftera
peut - être jufqu'au printems
fuivant avant de pouffer. Il
eft néceffaire d'arrofer ce terrein dans les tems fecs, pour
avancer l'accroiffement des

plantes qui ont déja pouffé, & faire germer les autres femences : mais fi cette plate-bande eft fort expofée au foleil, on la couvre de nattes pendant le jour ; car lorfque les plantes paroiffent, elles n'endurent pas aifément la chaleur : on doit les laiffer dans le femis jufqu'au fecond automne ; alors on prépare des planches de terre légere, neuve & fans fumier ; on la laboure, on la nettoie, & on la dreffe exactement. Au commencement d'Octobre on enleve ces plantes avec une truelle, en confervant fur leurs racines autant de terre qu'il eft poffible, & on les place dans ces planches à cinq ou fix pouces de diftance en tous fens. On les arrofe pour fixer la terre, & fi le tems eft fort fec, on met du terreau autour de leurs racines. Comme il eft poffible que la plate-bande contienne encore des graines qui n'ont pas pouffé, il ne faut pas trop la déranger en enlevant les plantes. J'ai vu une planche femée de ces baies qui a donné des plantes pendant trois ans de fuite. Il faut donc tenir la furface de cette terre bien nivelée & conftamment nette, jufqu'à ce que toutes les graines aient pouffé.

Ces plantes peuvent refter deux ans dans les planches ; on les nettoie exactement, & au printems on laboure légèrement la terre entre les rangs, afin que les racines puiffent y pénétrer avec plus d'aifance : après ce tems, on les tranf-

plante dans une pépiniere à trois pieds de diftance, de rang à rang, & dix-huit pouces de l'une à l'autre dans les rangs, ou bien on les place à demeure dans les endroits qui leur font deftinés. On fait cette opération dans le commencement du mois d'Octobre, en confervant une bonne motte de terre à leurs racines. Si l'on fe conforme exactement aux inftructions que nous venons de donner, & fi l'on arrofe ces plantes dans les tems fecs, elles feront bientôt hors de danger, & fupporteront très-bien le froid de nos hivers les plus rudes, pourvu qu'elles ne fe trouvent pas dans un fol humide ou trop riche.

Pour faire croître ces arbres en hauteur, il faut retrancher leurs branches baffes, fur-tout celles qui paroiffent devoir devenir fortes, mais ne les pas tailler trop près, ce qui retarderoit leur accroiffement ; parce que ces arbres toujours verts contiennent une quantité plus ou moins grande de fucs réfineux, qui, venant à s'écouler par les grandes bleffures qu'ils reçoivent, les affoiblit néceffairement. C'eft pour cette raifon qu'on ne doit pas couper trop de branches à la fois, ni faire cette opération dans un tems chaud.

Les deux efpeces de *Cedre de Virginie* s'élevent à une plus grande hauteur que la précédente, & dans leur pays natal ils fourniffent un excellent bois propre à plufieurs ufages. Mais en Angleterre il y a très-peu de ces arbres qui parviennent à vingt-cinq ou trente pieds d'élévation ; cependant il n'y a point de raison de croire qu'ils ne puiſſent devenir plus grands ; car ils croiſſent très-vîte après les trois premieres années, & réſiſtent fort bien aux froids les plus vifs de notre climat. Leur forme eſt droite & réguliere quand on a ſoin de les élaguer vers le bas.

On multiplie auſſi ces eſpeces par leurs graines, qu'il faut ſe procurer de la Virginie & de la Caroline, car elles en produiſent rarement en Angleterre. On les ſeme comme celles des autres *Génevriers* ; mais comme on ne peut les avoir en Angleterre avant le printems, lorſqu'on les ſeme dans cette ſaiſon, elles reſtent en terre juſqu'au printems ſuivant avant que de pouſſer ; dans ce cas, on tient toujours nette la terre où elles ſont placées, & on ſe garde bien de les déranger ; ce qui arrive ordinairement à ceux qui, étant impatients de ne pas voir pouſſer les plantes dans la premiere année, s'imaginent qu'elles ne paroîtront point du tout, & labourent la terre une ſeconde fois ; cependant ſi l'on a la patience de les attendre, il eſt rare qu'elles ne réuſſiſſent pas. Quand ces plantes paroiſſent, on les tient nettes de mauvaiſes herbes, & on les arroſe dans les tems ſecs pour hâter leur accroiſſement : dès l'automne ſuivant on met un peu de tan pourri ſur la terre pour empêcher la

gelée d'y pénétrer ; les plantes peuvent reſter dans le ſemis pendant deux ans : mais au bout de ce tems on les tranſplante en planches, & on les traite comme il a été preſcrit ci-devant pour les autres eſpeces, en obſervant, lorſqu'on les enleve, de conſerver une bonne motte de terre à leurs racines, &, ſi la ſaiſon eſt ſeche, de les arroſer après qu'elles ſont plantées, & de couvrir la ſurface de la terre avec du terreau, pour empêcher la chaleur du ſoleil & le hâle d'y pénétrer & de deſſécher les fibres de leurs racines ; on ne doit pas cependant les arroſer trop, parce qu'une humidité trop abondante diſpoſe à la pourriture leurs fibres délicates à meſure qu'elles pouſſent, & fait périr ainſi beaucoup de plantes.

Ces jeunes arbres peuvent reſter deux ans dans les planches ; pendant ce tems on arrache conſtamment les herbes nuiſibles qui croiſſent parmi eux, & on couvre leurs racines en hiver avec du terreau, pour les garantir de la gelée ; car les grands froids peuvent leur être nuiſibles dans leur jeuneſſe : mais ils réſiſtent aux plus rudes gelées, lorſqu'une fois ils ont acquis de la force.

Deux ans après, on les tranſplante dans une *pépiniere*, comme on l'a déja preſcrit à l'égard du *Génevrier commun*, ou dans les places qui leur ſont deſtinées ; mais on doit les enlever avec précaution, ſans quoi ils ſont ſujets à man-

quer : on répand du terreau
fur leurs racines , & on les
arrofe légèrement jufqu'à ce
qu'ils aient repris racine ; après
quoi ils n'exigent plus aucun
autre foin que d'être nettoyés
& élagués par le bas , comme
on l'a déja dit.

Au moyen de ce traitement,
ces arbres s'éleveront en peu
d'années à une hauteur confidérable , & ils contribueront
beaucoup à la beauté des plantations, par la variété de leurs
feuilles toujours vertes , &
leur fingulier accroiffement ,
fi on les arrange bien ; ce
qu'on fait rarement dans les
jardins anglois & dans les labyrinthes : car il y a peu de
perfonnes qui faffent attention
à la hauteur des différentes
plantes en formant des jardins.
Cependant, une plantation ne
peut être agréablement diftri-
buée, fi on ne place pas les
plus grands arbres dans le
lointain, & ainfi de fuite par
gradation, jufqu'au *Génevrier
commun*, & d'autres arbriffeaux
du même crû. Au moyen de
cette difpofition , les arbres
forment un amphithéâtre de
verdure beaucoup plus agréable à la vue, & plus favorable à l'accroiffement de ces
plantes, qu'en les plaçant confufément & fans diftinction.
De cette derniere façon, les
grands arbres cachent &
font périr les arbriffeaux, &
on ne peut pas non plus leur
donner l'efpace qui convient
à leur volume ; au-lieu que,
fuivant la méthode que je propofe, on peut féparer chaque
efpece comme on le juge à

propos, & laiffer entre chaque arbre un intervalle proportionné à fa grandeur. D'ailleurs, les arbriffeaux plantés
fur le devant, étant plus ferrés, cachent les troncs nuds
des grands arbres, & font un
très bel effet.

Le bois de charpente de
ces arbres eft très-recherché
en Amérique, pour la conftruction des vaiffeaux, des boiferies & de plufieurs uftenfiles ;
parce qu'il eft rempli d'une racine amere, qui l'empêche d'ê-
tre détruit par les vers, mais
il eft très fragile & peu propre aux ouvrages qui exigent
beaucoup de folidité. Cependant, en augmentant le nombre de nos arbres de charpente, nous ne pouvons manquer de nous procurer de
grands avantages, fans compter le plaifir de la variété : au
moyen de cela, nous aurons
des arbres de genres très différens, qui, exigeant des fols
& des fituations différentes,
pourront convenir aux divers
terreins de l'Angleterre ; &
en adaptant ainfi les différentes efpeces aux différens fols,
plufieurs cantons de ce royaume, qui font aujourd'hui dénués
de bois, pourront fe couvrir
de plantations propres à la
nature du terrein, & devenir
ainfi d'une utilité réelle.

Les propriétaires de ces cantons penfent peut-être que,
leurs terres ne pouvant produire ni des Chênes ni des
Ormes, aucune autre efpece
ne pourroit y réuffir ; ce qui
eft une grande erreur : car fi
nous confidérons la ftructure

variée des différens arbres, &
si nous faisons attention que la
sage Nature ne les a ainsi for-
més que pour rendre les uns
propres à couvrir les montagnes seches & stériles, tandis
que les autres prosperent & vé-
getent avec force dans les lieux
bas & fertiles, nous pourrons
toujours faire choix de ceux
qui conviennent à toutes les
especes de terreins.

Le *Cedre de Bermude*, qui
se trouve aussi dans les isles
de Bahama, étant beaucoup
plus tendre qu'aucune des especes précédentes, excepté
celle de la Jamaïque, on ne
peut pas espérer de le voir
réussir dans notre climat; car,
quoique plusieurs de ces plantes aient subsisté en plein air
en Angleterre pendant plusieurs années; cependant, lorsqu'il survient un hiver un peu
rude, la plupart périssent, ou
sont tellement endommagées,
qu'elles ne recouvrent leur verdure qu'un ou deux ans après.

On multiplie ces especes
par semences de la même maniere que les précédentes,
avec cette seule différence,
qu'il faut les semer en pots ou
en caisse, afin de pouvoir aisément les mettre à l'abri pendant l'hiver; sans cette précaution, ces jeunes plantes
souffrent souvent beaucoup par
les grandes gelées : mais elles
n'ont besoin que d'être placées
sous un châssis ordinaire, que
l'on peut ôter quand le tems
devient plus doux, parce qu'a-
lors elles ont besoin de beaucoup d'air.

Comme ces semences ne
poussent qu'au bout de deux
ans, on ne doit point remuer
la terre des pots : en été on
les place à l'ombre, de peur
que la terre ne se desseche
trop vîte; & dans les tems
secs, on les arrose souvent,
mais toujours légèrement,
pour ne pas les faire pourrir.

Quand les plantes paroissent,
ce qui a lieu au printems,
on les tient nettes de mauvaises herbes, & on les arrose
pendant les sécheresses : en
été, on les met à couvert des
grands vents, & en hiver, on
les place sous un châssis où
elles soient à l'abri du froid;
mais on leur donne de l'air
dans les tems doux. Au mois
d'Avril, on les transplante chacune séparément dans des petits
pots d'un sou, remplis d'une
terre fraiche & légere, ayant
soin de les enlever avec une
motte de terre à leurs racines; on les arrose après les
avoir plantées, pour affermir
la terre, & l'on place ensuite
ces pots dans une situation
chaude à l'abri du soleil & du
vent : on peut les aider à pousser plutôt des racines, en les
plongeant dans une couche de
tan. Comme la grande chaleur
du soleil leur est fort nuisible, quand elles sont nouvellement tranplantées, il est nécessaire de les en garantir;
mais on peut les accoutumer
par dégrés à l'air, quand elles ont formé de nouvelles
racines : en laissant les pots
dans la couche, la terre ne
se dessèchera pas aussi vîte que
dans toute autre situation.

Au mois d'Octobre, on

les abrite de nouveau, ou du moins, on plonge les pots dans la terre à une expofition chaude, afin de les mettre à couvert des vents du nord & nord-eft. Au printems fuivant, on leur donne de plus grands pots ; on ôte un peu de la terre qui environne leurs racines, on la remplace par de la nouvelle, pour hâter leurs progrès ; & l'on continue à les traiter ainfi, jufqu'à ce qu'on les mette en pleine terre, où elles doivent refter : ce qu'il ne faut pas faire avant quatre ou cinq ans. A cet âge, ces plantes feront en état de fupporter le froid de nos hivers.

On les conferve dans des pots pendant quatre ou cinq ans, parce qu'elles font difficiles à tranfplanter, & qu'étant délicates dans leur jeuneffe, elles exigent un abri. En fuivant la méthode que je viens de prefcrire, ces plantes feront des progrès rapides ; elles gagneront deux années d'accroiffement fur celles qu'on éleve en plein air, & feront moins en danger de périr. Comme la dépenfe & la peine qu'elles exigent pour les élever ainfi, ne font pas confidérables, le moyen que j'indique doit être préféré.

Le bois de cet arbre eft d'une couleur brune & très-doux ; on le connoît en Angleterre fous le nom de *Bois de Cedre*, quoique cette dénomination foit auffi appliquée à plufieurs autres bois d'arbres différens ; c'eft fur-tout en Amérique, où l'on confond ainfi plufieurs efpeces, qui n'ont aucun rapport les unes avec les autres.

C'eft de ce bois qu'on fair les crayons ; on en fait auffi des boiferies, des efcaliers, &c., parce qu'il dure plus long-tems que beaucoup d'autres : ce qui peut être occafionné par la grande amertume de la racine, dont il eft rempli. On en conftruit des vaiffeaux en Amérique, mais ceux de *Cedre* font bien préférables à tous les autres, fur-tout pour voyager dans les mers de l'Amérique ; il ne vaut cependant rien pour des vaiffeaux de guerre, parce qu'il eft fi fragile, qu'un feul coup de canon le réduiroit en pieces.

Comme le *Genèvrier* de la Jamaïque eft beaucoup plus fenfible au froid que celui de Bermude, il ne peut fubfifter en plein air dans notre climat, on le conferve dans des pots, que l'on met à couvert en hiver ; fur-tout lorfque les plantes font jeunes. On le multiplie par fes femences, comme le *Cedre* de Bermude ; mais on plonge les pots qui les contiennent dans une couche de chaleur modérée : au moyen de cela les plantes pousferont plutôt au fecond printems, & elles auront plus de tems pour acquérir de la force avant l'hiver.

Toutes les autres efpeces étant affez dures pour réuffir en plein air, elles méritent d'être multipliées, parce qu'elles augmentent beaucoup la variété dans les plantations d'arbres toujours verts. Quelques-unes de ces efpeces s'élevent à une hauteur confidérable, & peuvent fournir du bois de charpente ; elles peuvent d'ailleurs être plantées dans des terreins où d'autres efpeces ne réuffiroient pas.

Le *Savinier commun* ne doit pas être négligé, parce qu'il eft fi dur, qu'il n'eft jamais endommagé par les froids les plus rigoureux; & comme il étend fes branches très bas, il peut être placé fur les bords des bois, où il fera un bel effet pendant l'hiver, en cachant le nud de la terre.

Toutes ces efpeces fe multiplient par leurs graines, que l'on feme de la même maniere que celles du *Genèvrier commun*, & les plantes exigent le même traitement.

Prefque toutes ces plantes peuvent auffi être multipliées par boutures, qui prennent racine, fi on les plante en automne fur une plate-bande à l'ombre ; mais comme celles qui font ainfi élevées ne font jamais auffi droites, ni auffi grandes que celles de femences, on doit préferer la premiere méthode, quand on peut fe procurer des graines, & ne faire ufage de la feconde, que pour celles dont les femences ne mûriffent point en Angleterre.

Comme beaucoup de ces plantes s'élevent à la hauteur de dix-huit ou vingt pieds, on augmenteroit confidérablement la variété de nos plantations d'arbres toujours verts, fi l'on fe procuroit toutes les efpeces poffibles de leurs pays originaires. On ne peut trop les multiplier en Angleterre, où en général les hivers font af-



fez tempérés pour qu'elles puiffent y réuffir. Quant aux efpeces plus tendres, lorfqu'elles feront fortifiées & faites au climat, elles feront moins en danger d'être détruites par les froids rigoureux ; il en fera de celles-ci comme de plufieurs plantes, qui d'abord étoient trop délicates pour croître en plein air, mais qui aujourd'hui fupportent très-bien les plus grands froids.

IVRAIE. *Voyez* LOLIUM.

JUSQUIAME. *Voyez* HYOS-CYAMUS.

JUSSIEVA. *Lin. Gen. Plant.* 478. [ *The Juffien.* ] La Juffieu.

*Caracteres.* Le calice de la fleur eft petit, perfiftant, divifé à fon extrémité en cinq fegmens, & fitué fur le germe : la corolle eft compofée de cinq pétales ronds & étendus : la fleur a dix étamines courtes, minces, & terminées par des fommets ronds : le germe, qui eft oblong, foutient un ftyle mince, couronné par un ftigmat plat & marqué de cinq raies ; il devient enfuite une capfule épaiffe, oblongue, & couronnée par le calice ; elle s'ouvre en longueur, & montre les petites femences dont elle eft remplie.

Ce genre de plantes eft rangé dans la premiere fection de la dixieme claffe de LINNÉE, intitulée, *Décandria Monogynia*, qui renferme celles dont les fleurs ont dix étamines & un ftyle.

Les efpeces font :

1°. *Juffieva fuf-fruticofa, erecta, villofa, floribus tetra-pe-*

*talis, octandriis, sessilibus, pe-dunculatis. Lin. Sp. Plant.* 557. *Rumph. Amb.* 6. *t.* 41. Jussieu droite & velue, avec des fleurs sessiles, ayant quatre pétales & huit étamines.

*Ludwigia capsulis oblongis, uncialibus. Roy. Lugd.-B.* 252.

*Lysimachia Indica, non pap-posa, flore luteo minimo, sili-quis Caryophyllum aromaticum æmulantibus. H. L.* 396; Lysi-machia des Indes, avec une très-petite fleur jaune, & des siliques semblables à celles du Girofflier aromatique.

*Carambu. Rheed., Mal.* 2. *p.* 55. *l.* 49. *Raii Hist.* 1510.

2°. *Jussieva pubescens, villo-sa, caule erecto, ramoso, floribus pentapetalis, decandriis, sessilibus. Lœfl. it.* 282. *n.* 201; Jussieu velue, avec une tige érigée & branchue, ayant des fleurs ses-siles à cinq pétales & dix éta-mines.

*Lysimachia lutea, erecta, non papposa, major, foliis hirsutis, fructu Caryophylloïde. Sloan. Cat. Jam.* 85; le plus grand Lysi-machia, jaune & érigé, dont les feuilles sont velues, avec un fruit semblable à celui du Girofflier.

3°. *Jussieva erecta, glabra, flo-ribus tetra-petalis, octandriis, ses-silibus, Flor. Zeyl.* 170. *Hort. Upsal.* 103; Jussieu unie & érigée, ayant des fleurs sessi-les, à quatre pétales & huit étamines.

*Ludwigia, capsulis oblongis. Hort. Cliff.* 491.

*Onagra Persica, foliis am-plioribus, parvo flore luteo. Plum. Spec.* 7. *t.* 175. *f.* 2.

*Lysimachia lutea, non pap-posa, erecta, foliis glabris, fructu Caryophylloïde. Sloan. Cat. Jam.* 85; Lysimachia érigée & jaune, avec des feuilles unies, & un fruit semblable à celui du Gi-rofflier.

*Jasminum Catalonicum, flore luteo. Seb. Thes.* 1. *p.* 42. *t.* 24. *f.* 3; la Jussieu.

*Herba vitiliginum. Rumph. Amb.* 6. *p.* 49. *t.* 21.

4°. *Jussieva Onagra, caule erec-to, ramoso, glabro, floribus tetra-pe-talis, octandriis, sessilibus, foliis lanceolatis;* Jussieu, avec une tige érigée, branchue & unie, ayant des fleurs sessiles à qua-tre pétales, huit étamines, & des feuilles en forme de lance.

*Onagra foliis Persicariæ am-plioribus, parvo flore luteo. Plum. Cat.* 7; Onagra à larges feuil-les de Persicaire, avec une petite fleur jaune.

5°. *Jussieva hirsuta, caule erecto, simplici, hirsuto, foliis lanceolatis, floribus pentapeta-lis, decandriis, sessilibus;* Jus-sieu, avec une tige simple, droite & velue, des feuilles en forme de lance, & des fleurs sessiles, à cinq pétales, & dix étamines.

*Onagra erecta, caule rubro, hirsuto, foliis oblongis, flore magno luteo. Houst. Mss.* Ona-gra érigée, avec une tige ve-lue & un peu rougeâtre, des feuilles oblongues, & une gran-de fleur jaune.

*Suf-fruticosa.* La premiere espece croît naturellement à Campêche, d'où M. Robert MILLAR m'a envoyé ses se-mences; elle s'éleve à la hau-teur d'environ trois pieds, avec une tige d'arbrisseau qui pouffe latéralement plufieurs branches garnies de feuilles oblongues, velues & alternes : fes fleurs naiffent fimples aux extrémités des tiges, fur de courts pédoncules ; elles ont quatre petits pétales jaunes & huit étamines placées fur le germe qui fe change dans la fuite en une capfule oblongue, couronnée par un calice de quatre feuilles, & fort femblable à celles du *Giroflier*. Cette efpece fleurit en Juillet & en Août, & perfectionne fes femences en Octobre.

*Pubefcens.* La feconde fe trouve à la Jamaïque : fes femences m'ont été envoyées par le Docteur HOUSTOUN ; elle s'éleve à la hauteur de deux pieds, avec une tige velue, fans branche, & garnie de feuilles en forme de lance, étroites & alternes : fes fleurs font feffiles, & fortent fimples aux aîles des feuilles vers les extrémités des branches ; la corolle eft compofée de cinq pétales jaunes, affez larges, au milieu defquels font placées dix étamines fixées fur un germe long, qui devient dans la fuite une capfule couronnée par le calice, & remplie entièrement de petites femences. Cette efpece fleurit & perfectionne fes graines à-peu près dans le même tems que la précédente.

*Erecta.* La troifieme fe trouve à la Jamaïque, d'où fes femences m'ont été envoyées avec celles de la précédente ; elle a une tige unie, érigée, haute de trois pieds, & en forme de lance : fes fleurs



font grandes, jaunes & feffiles ; elles font remplacées par des capfules longues, & de la même forme que celles des autres efpeces. Celle-ci fleurit & perfectionne fes femences en même tems que la feconde.

*Onagra.* La quatrieme, qui m'a été envoyée de Carthagêne par le Docteur HOUSTOUN, a une tige branchue, unie, de trois pieds de longueur, & garnie de feuilles en forme de lance, fupportées par de courts pétioles : fes fleurs font petites, jaunes, & compofées de quatre pétales & de huit étamines ; elles font feffiles, & produifent des capfules de la même forme que celles des efpeces précédentes.

*Hirfuta.* La cinquieme m'a été envoyée de la Vera-Cruz par le Docteur HOUSTOUN : elle s'éleve avec une fimple tige érigée, rouge, & de trois pieds de hauteur ; fes feuilles font en forme de lance, alternes & plus rapprochées que celles des autres efpeces : fes fleurs font produites aux aîles des feuilles vers l'extrémité des tiges ; elles font compofées de cinq grands pétales jaunes & de dix étamines ; elles font feffiles & font remplacées par des capfules d'un pouce de longueur & de la même forme que celles des précédentes.

*Culture.* Les premiere, feconde & quatrieme efpeces font des plantes annuelles, au moins en Angleterre ; car fi on les éleve au commencement

du

du printems, elles fleuriront au mois de Juillet, & perfectionneront leurs femences au commencement d'Octobre: celles que l'on feme tard au printems ne peuvent fe conferver pendant l'hiver, malgré qu'elles foient placées dans une ferre chaude; auffi leurs tiges ne deviennent jamais ligneufes, & elles ne paroiffent en aucune maniere devoir être des plantes vivaces dans leur pays originaire.

Les troifieme & cinquieme efpeces ont demeuré pendant tout l'hiver dans une ferre chaude de tan, mais ces plantes étoient du nombre de celles qui ne fleuriffent & ne perfectionnent point leurs femences dans la premiere année; car auffi-tôt que leurs graines ont mûri, elles fe font fanées, & ont péri dans le même été.

Toutes ces efpeces fe multiplient de graines qu'il faut femer au commencement du printems dans des pots remplis d'une terre douce & graffe, & les plonger dans une couche de chaleur tempérée; mais comme ces femences reftent fouvent ainfi une année entiere avant de germer, on doit les tenir humides, & couvrir les châffis de la couche pendant la chaleur du jour; au moyen de cela, elles poufferont bientôt. Quand les plantes auront paru, & qu'elles feront en état d'être enlevées, on les mettra chacune féparément dans de petits pots remplis d'une terre graffe & légere, que l'on plongera dans



une couche de tan; on les tiendra à l'ombre jufqu'à ce qu'elles aient formé de nouvelles racines; on leur donnera enfuite beaucoup d'air tous les jours, & quand leurs racines auront rempli les pots, on leur en donnera de plus grands: fi alors les plantes font trop hautes pour pouvoir être contenues fous les vitrages de la couche, on les tranfportera dans une ferre chaude de tan, où elles pourront refter pour fleurir & perfectionner leurs femences; car, lorfqu'elles font élevées au commencement du printems & avancées dans les couches, toutes les efpeces fleuriffent & perfectionnent leurs femences dans la même année, ce qui vaut encore mieux que d'être obligé de les conferver pendant l'hiver.

**JUSSIEU.** *Voyez* JUSSIEVA. L.

**JUSTICIA.** *Houft. Nov. Gen. Linn. Gen. Plant.* 27. *Adhatoda. Tourn. Inft. R. H.* 175. *Tab.* 79. Cette plante a été ainfi nommée par le Docteur HOUSTOUN en l'honneur de JACQUES JUSTICE, Ecuyer, grand amateur du Jardinage & de la Botanique. ( *The Jufticia* ) Noyer de Malabar.

*Caracteres.* Le calice de la fleur eft petit & divifé à fon extrémité en cinq fegmens aigus; la corolle eft monopétale, & féparée prefque jufqu'au fond en deux levres entieres, dont la fupérieure eft élevée & arquée, & l'inférieure eft réfléchie: la fleur a deux étamines en forme d'aléne, pla-

cées deſſous la levre ſupérieure, & terminées par des
ſommets érigés & fendus en
deux parties à leur bâſe; le
germe qui eſt oblong, ſoutient
un ſtyle mince, plus long que
la corolle, & couronné par
un ſimple ſtigmat : ce germe
devient enſuite une capſule
oblongue, & a deux cellules
partagées par une cloiſon op-
poſée aux deux valvules qui
s'ouvrent avec élaſticité, &
jettent au-dehors des ſemences
rondes.

Ce genre de plantes eſt rangé dans la premiere ſection
de la ſeconde claſſe de Linnée, intitulée, *Diandria Mono-*
*gynia*, qui renferme celles qui
ont deux étamines & un ſtyle.
A ce genre de plantes du Docteur Houstoun eſt joint l'*Ad-*
*hatoda* de Tournefort : cependant ces plantes different
par leurs fleurs, car les deux
levres des *Juſticia* ſont entières ; la levre ſupérieure de
l'*Adhatoda* eſt dentelée à ſon
extrémité, & celle du bas eſt
diviſée en trois parties ; de
plus, dans les capſules de la
*Juſticia*, il n'y a guere plus
de deux ſemences, & dans
celles de l'*Adhatoda* il y en a
davantage.

Les eſpeces ſont :

1°. *Juſticia Scorpioïdes, foliis*
*oblongo-ovatis, hirſutis, feſſili-*
*bus, floribus ſpicatis alaribus,*
*caule fruticoſo;* Juſticia à feuilles oblongues, ovales, velues
& ſeſſiles, ayant des fleurs en
épis, ſur le côté des tiges,
& une tige d'arbriſſeau.

*Juſticia frutefcens, floribus ſpi-*
*catis majoribus, uno verſu diſ-*

poſitis. *Houſt. Mss.* ; Juſticia
en arbriſſeau, avec de grandes fleurs diſpoſées en épis,
& placées d'un ſeul côté.

*Juſticia Scorpioïdes, fruticoſa,*
*foliis lanceolato-ovatis, hirſutis,*
*feſſilibus, ſpicis recurvatis. Linn.*
*Syſt. Plant. tom. 1. Sp. 4. pag. 41.*

2°. *Juſticia fex - angularis,*
*caule erecto, ramoſo, hexangu-*
*lari, foliis ovatis, oppoſitis,*
*bracteis cunei-formibus, confertis;*
Juſticia avec une tige érigée,
branchue & à ſix angles, des
feuilles ovales & oppoſées, &
des bractées en forme de coin,
raſſemblées en paquets.

*Juſticia annua ı hex-angulari*
*caule, foliis Circææ conjugatis,*
*flore miniato. Houſt. Mss. Amm.*
*Herb. 274. Hort. Cliff. 10 ;* Juſticia annuelle, avec une tige
à ſix angles, des feuilles de
Morelle placées par paires,
& une fleur couleur de Carmin.

*Euphraſia, Alſines majori fo-*
*lio, flore galeato, pallidè luteo,*
*Jamaïcenſis. Pluk. Alm. 142. t.*
*279. f. 6.*

3°. *Juſticia fruticoſa, foliis*
*ovato-lanceolatis, pediculatis, hir-*
*futis, bracteis cordatis, acumi-*
*natis, caule fruticoſo;* Juſticia
à feuilles ovales & en forme
de lance, ſupportées par des
pétioles velus, avec des bractées en forme de cœur, & à
pointes aiguës, & une tige
d'arbriſſeau.

*Juſticia frutefcens & hirſuta,*
*foliis oblongis, pediculis longiſſi-*
*mis, flore rubro. Houſt. Mss. ;*
Juſticia en arbriſſeau velu, avec
des feuilles oblongues, ſupportées par de trés-grands pétioles, & une fleur rouge.

4°. *Juſticia Adhatoda, arborea,*

*foliis lanceolato-ovatis, bracteis ovatis, persistentibus, corollarum galeâ concavâ. Flor. Zeyl. 16. Hort. Ups. 7. Kniph. Orig. cent. 9. n. 54. Fabric. Helmst. p. 215 ;* Justicia en arbre à feuilles ovales & en forme de lance, ayant des bractées ovales & persistantes, avec une corolle en forme de casque & concave.

*Adhatoda Zeylanensium. H. L. 642. t. 643. Pluk. Alm. 9. t. 173. f. 3 ;* Adhatoda de Céylan appelé communément *Noyer de Malabar.*

*Ecbolium. Riv. Mon. 129.*

5°. *Justicia Hyssopi-folia, fruticosa, foliis lanceolatis, integerrimis, pedunculis tri-floris ancipitibus, bracteis calyce brevioribus. Lin. Sp. Plant. 15. Kniph. Orig. cent. 8. n. 38. Fabric. Helmst. p. 218 ;* Justicia en arbrisseau, avec des feuilles entières & en forme de lance, & dont chaque pédoncule soutient trois fleurs placées en différens sens, avec des bractées plus courtes que le calice.

*Justicia foliis lineari-lanceolatis, floribus sæpiùs solitariis. Hort. Cliff. 10. Roy. Lugd.-B. 291.*

*Adhatoda Indica, folio saligno, flore albo. Boerh. Ind. Alt. 1. 239 ;* Adhatoda des Indes à feuilles de Saule & à fleurs blanches, appelé communément *le Snap-tree,* semences élastiques.

*Ecbolii Indici sivè Adhatodæ cucullatis floribus æmula, Hyssopi-folia, planta ex Insulis Fortunatis. Pluk. Alm. 132. t. 280. f. 1.*

6°. *Justicia spinosa, foliis ob-* longo-ovatis, emarginatis, caule fruticoso ramoso ; Justicia épineuse à feuilles oblongues, ovales & échancrées sur leurs bords, ayant une tige d'arbrisseau branchue.

*Justicia fruticosa, spicis axillaribus, pedunculis lateralibus. Lin. Syst. Plant. vol. 1. p. 41. Sp. 7.*

*Adhatoda Antegoana, Lycii facie, spinosa. Petiv. ;* Adhatoda épineuse d'Antigoa, semblable au *Buys épineux.*

*Justicia monanthera spinosa. Jacq. Amer. 2. t. 2. f. 1.*

7°. *Justicia arborea, foliis lanceolato-ovatis, sessilibus, subtùs tomentosis, floribus spicatis, congestis terminalibus ;* Justicia en arbre à feuilles ovales, en forme de lance, sessiles & cotonneuses en-dessous, ayant des fleurs en épis, produites en paquets aux extrémités des branches.

*Adhatoda arborea, foliis oblongis, subtùs villosis, floribus spicatis, albis. Houst. ;* Adhatoda en arbre à feuilles oblongues & velues en-dessous, avec des épis de fleurs blanches.

8°. *Justicia Ecbolium, arborea, foliis lanceolato-ovatis, bracteis ovatis, deciduis, mucronatis, corollarum galeâ reflexâ. Flor. Zeyl. 17. Fabric. Helmst. 217 ;* Justicia en arbre à feuilles ovales & en forme de lance, ayant des bractées à pointes ovales & tombantes, avec une corolle en casque & réfléchie.

*Adhatoda spicâ longissimâ, flore reflexo. Burman. Zeyl. 7. Tab. 4. f. 1 ;* Adhatoda avec des épis très-longs & une fleur réfléchie.

*Carim-Curini. Rheed. Mal.* 2. p. 31. t. 20. *Pluk. Alm.* 126. t. 171. f. 4.

*Scorpioïdes.* Le Docteur Hous-TOUN a découvert la premiere espece à la Vera - Cruz, d'où il a envoyé ses semences en Angleterre. Elle a une tige d'arbrisseau cassante, & de cinq à six pieds de hauteur, de laquelle sortent plusieurs branches garnies de feuilles oblongues, ovales de deux pouces de long sur un de large, velues & opposées ; des aîles des feuilles sortent des épis de fleurs, réfléchis comme la queue d'un Scorpion : ces fleurs sont larges, d'un rouge clair, & rangées sur un côté de l'épi ; elles sont suivies par des légumes d'environ un pouce de longueur.

*Sex-angularis.* Le même Docteur HOUSTOUN a découvert la seconde dans le même pays ; elle est annuelle, & sa tige droite à six angles, & de deux ou trois pieds de hauteur, se divise en plusieurs branches, garnies de feuilles oblongues, ovales & opposées, d'un pouce & demi de longueur sur un pouce de largeur, & unies ainsi que la tige ; de chaque nœud de cette tige sortent des paquets de petites feuilles en forme de coin que LINNÉE appelle *bractées* ; les grandes feuilles tombent long-tems avant que les tiges se fannent, de sorte qu'il ne reste alors que les petites : ses fleurs, qui naissent en petits épis sur les parties latérales des branches,



sont sessiles aux aîles des feuilles, & d'une belle couleur de carmin ; elles n'ont qu'un pétale à deux levres, dont la supérieure est en arc, & penchée sur l'inférieure, qui est aussi un peu réfléchie, mais toutes deux sont entières : ces fleurs sont remplacées par des capsules courtes, & en forme de coin qui s'ouvrent dans leur longueur, & renferment deux semences petites & ovales.

*Fruticosa.* La troisieme, que le Docteur HOUSTOUN a encore découverte à Campêche, a une tige d'arbrisseau, velue, de quatre ou cinq pieds de hauteur, & divisée en plusieurs branches, garnies de feuilles ovales, en forme de lance, velues, de quatre pouces de longueur sur deux & demi de large, supportées par des pétioles de plus d'un pouce de longueur, & opposées ; de la bâse des pétioles sortent des paquets de petites feuilles en forme de cœur, & à pointe aiguë qu'on nomme *bractées* : ses fleurs naissent en paquets clairs aux aisselles des tiges vers l'extrémité des branches ; elles sont d'un rouge pâle & de la même forme que celles des précédentes.

On multiplie ces plantes par leurs graines, qu'on doit semer au commencement du printems dans de petits pots remplis d'une terre neuve & légere ; on les plonge dans une couche de tan de chaleur modérée, & on les arrose légèrement, quand la terre paroit seche. Comme ces graines restent souvent une année dans la terre avant de germer, il ne faut pas déranger les pots , si les plantes ne paroiffent pas dans la premiere année ; mais en hiver on les tient dans la ferre, & au printems on les replonge dans une nouvelle couche chaude qui les fera pouffer , si ces graines font bonnes : quand les plantes commencent à paroître , il faut lever les châffis tous les jours dans les beaux tems , pour leur procurer un air frais, les arrofer fouvent pendant les chaleurs, mais légèrement, fur-tout dans leur jeuneffe , parce qu'alors elles font très-délicates , & que l'humidité fait aifément pourrir leurs racines.

Lorfque ces plantes ont à-peu-près deux pouces de hauteur, on les enleve avec précaution , pour les mettre chacune féparément dans de petits pots remplis d'une terre neuve & légere ; on les replonge enfuite dans une couche chaude, on les arrofe, & on les tient à l'ombre jufqu'à ce qu'elles aient pouffé de nouvelles racines : après quoi on leur donne de l'air tous les jours, à proportion de la chaleur de la faifon , & on les arrofe à propos chaque deux ou trois jours dans les tems chauds.

A mefure que ces plantes font des progrès , on leur donne de plus grands pots , parce que , si leurs racines étoient trop ferrées, elles ne croîtroient que foiblement. Il faut cependant éviter de leur en donner de trop grands, car dans ce cas elles fe réduiroient à rien , & fe fanneroient fans produire des fleurs.

Ces différentes efpeces étant trop délicates pour fupporter le plein air dans notre climat, il faut les tenir conftamment dans la couche , & leur donner affez d'air frais dans les tems chauds. L'efpece annuelle doit être avancée au printems autant qu'il eft poffible, afin que fes plantes puiffent fleurir de bonne heure , fans quoi elles ne produiroient pas de bonnes femences en Angleterre.

Les premiere & troifieme efpeces doivent refter dans la couche pendant l'été, pourvu qu'il y ait affez d'efpace fous les châffis, pour qu'elles ne foient pas expofées à être brûlées par le foleil ; mais à la Saint-Michel il faut les tranfporter dans la ferre , & les plonger dans la couche de tan, où elles refteront tout l'hiver : pendant ce tems on les tiendra chaudement, & on les arrofera légèrement deux ou trois fois par femaine , si elles en ont befoin. Ces plantes fleuriront dans l'été fuivant ; elles durent plufieurs années, mais elles produifent rarement de bonnes femences en Europe.

*Adhatoda.* La quatrieme efpece croît naturellement dans l'ifle de Céylan ; on la cultive depuis long tems en Angleterre, où elle eft connue aujourd'hui fous le nom de *Noyer de Malabar* ; & autrefois on lui donnoit celui de *Butte-noix,* [*Beetle-nut.*] Quelques perfonnes ont penfé que cet arbre eft celui dont les Chinois mâchent les feuilles & les noix. Cette efpece, quoiqu'originaire d'un pays très-chaud, eft cependant affez dure pour fubfifter dans les bonnes ferres en Angleterre, fans les fecours d'une chaleur artificielle. Elle a ici une tige forte & ligneufe de douze ou quatorze pieds de hauteur, de laquelle fortent plufieurs branches étendues garnies de feuilles ovales, en forme de lance, longues de plus de fix pouces fur trois de largeur, & oppofées : fes fleurs, qui naiffent en épis courts aux extrémités des branches, font d'un blanc tacheté de noir. Elles paroiffent au mois de Juillet, mais elles ne produifent point de femences en Angleterre.

On peut multiplier cette efpece par boutures, qui prennent aifément racine : on les plante dans des pots au mois de Juin & de Juillet ; on les plonge dans une couche de chaleur très-modérée, & on les tient à l'ombre, ou bien on les couvre d'une cloche pour en exclure l'air extérieur. On la multiplie auffi en marcottant fes jeunes branches dans des entonnoirs ou des pots. Quand ces boutures & ces marcottes ont pouffé des racines, on les met chacune féparément dans des pots remplis d'une terre graffe & légere, & on leur procure de l'ombre jufqu'à ce qu'elles aient formé de nouvelles racines ; après quoi on peut les tenir pendant l'été dans une fituation abritée ; mais en hiver il



faut les mettre à couvert, & les traiter comme les *Orangers*, avec cette différence qu'on les arrofe plus fouvent.

*Hyffopi-folia.* La cinquieme, qui eft originaire des Indes, a une tige d'arbriffeau de trois ou quatre pieds de hauteur, de laquelle fortent depuis fa bâfe jufqu'au fommet des branches dans tous les fens qui forment une efpece de pyramide : ces branches font couvertes d'une écorce blanche, & garnies de feuilles entières & en forme de lance, de deux pouces de longueur fur quatre lignes de large, unies, roides, d'un vert foncé, & oppofées. De la bâfe des pétioles fortent des paquets de plus petites feuilles d'une forme & d'une fubftance femblables : fes fleurs naiffent aux parties latérales des branches fur des pédoncules courts, dont chacun en foutient une ou deux ; elles font blanches, leurs calices font longs, & elles font remplacées par des capfules oblongues, qui jettent leurs femences avec élafticité, quand elles font mûres, d'où vient le nom de *Snap-tree*, qui lui a été donné.

On multiplie cette plante par boutures pendant tout l'été : on plante des boutures dans des pots remplis d'une terre graffe & légere, on les plonge dans une couche de chaleur tempérée, on les tient à l'ombre, & on les arrofe légèrement de loin en loin ; mais on ne doit pas leur donner trop d'air. Quand ces boutures auront pouffé des racines ; ce qui aura lieu dans l'efpace de deux mois, on les accoutumera par dégrés au plein air, auquel on les expofera enfuite en les plaçant dans une fituation abritée, où elles pourront refter jufqu'à l'automne ; mais fi elles ont pris racine de bonne heure en été, on fera bien de les mettre, chacune féparément, dans de petits pots, & de les tenir à l'ombre jufqu'à ce qu'elles aient pouffé de nouvelles fibres ; après quoi on pourra les traiter comme il a été dit ci-deffus : mais fi la faifon eft avancée avant qu'elles foient enracinées, il vaut mieux les laiffer dans les mêmes pots jufqu'au printems fuivant. En hiver on met ces plantes dans une ferre chaude, ou dans une ferre de chaleur tempérée, car elles n'endurent ni le froid ni l'humidité, & ne croiffent pas dans un lieu trop chaud ; elles doivent être fouvent arrofées en hiver, mais toujours légèrement à chaque fois : en été, on les expofe en plein air dans une fituation chaude & abritée, & lorfqu'il fait chaud, on leur donne beaucoup d'eau. Cette plante fleurit en différentes faifons, mais elle ne donne jamais de fruits en Europe.

*Spinofa.* La fixieme croît naturellement à la Jamaïque, d'où le Docteur HOUSTOUN a envoyé fes femences en Angleterre : elle pouffe plufieurs tiges minces d'arbriffeaux, qui s'elevent à la hauteur de cinq pieds, & près de fa racine plufieurs branches érigées, cou-vertes d'une écorce blanchâtre, & garnies de feuilles petites, oblongues, ovales, & oppofées ; au deffous des feuilles font placées à chaque nœud deux épines aiguës, femblables à celles de l'Epine *Vinette* : fes fleurs naiffent fimples aux aîles des feuilles ; elles font petites, d'un rouge pâle, & de la même forme que celles des autres efpeces.

*Arborea.* La feptieme, que le Docteur HOUSTOUN a découverte à Campêche, s'éleve à la hauteur de vingt pieds, avec une tige forte & ligneufe, qui fe divife en plufieurs branches irrégulieres, torfes, couvertes d'une écorce d'un brun clair, & garnies de feuilles ovales, en forme de lance, d'environ quatre pouces de longueur fur deux de largeur, & couvertes d'un duvet doux en-deffous : fes fleurs croiffent en épis aux extrémités des branches, au nombre de trois, quatre ou cinq fur le même bouton ; celui du milieu a près de trois pouces de longueur, & les autres n'ont que la moitié de cette dimenfion : fes fleurs font petites & blanches, mais de la même forme que celles des autres efpeces.

*Ecbolium.* La huitieme, qui fe trouve au Malabar & dans l'ifle de Céylan, a dans fon pays natal une tige forte, ligneufe, & de dix à douze pieds de hauteur, qui fe divife en plufieurs branches, garnies de feuilles ovales, en forme de lance, de cinq pouces de longueur fur deux & demi de large, d'un vert luifant & oppofées : fes fleurs fortent en épis très-longs aux extrémités des branches ; elles font de couleur verdâtre, avec une nuance de bleu : le cafque de la corolle eft réfléchi.

*Culture.* On multiplie ces trois efpeces par femence , comme les trois premieres , & elles exigent le même traitement, fur-tout dans leur jeuneffe ; mais l'*Ecbolium* peut être conduite plus durement, quand elle a une fois acquis de la force. Cette derniere peut auffi être multipliée par boutures comme la cinquieme. Quand ces plantes auront atteint l'âge de deux ou trois ans, on pourra les tenir en hiver à une chaleur tempérée, & les placer au-dehors pendant deux mois de l'été, mais dans une fituation abritée. Quand les nuits commencent à être froides, on les renferme dans les ferres, où on leur procure beaucoup d'air frais dans les tems chauds.

Les deux autres efpeces doivent toujours être confervées dans la couche de tan de la ferre chaude, & être traitées d'ailleurs comme les autres plantes délicates qui viennent des mêmes contrées.

IXIA. *Lin. Gen. Plant. Sifyrinchium. Com. Hort. Amft.* [*Ixia.*]

*Caracteres.* La fpathe, qui eft oblongue & perfiftante, renferme le germe : la corolle eft compofée de fix pétales oblongs, égaux, & en forme de lance ; la fleur a trois étamines en forme d'alêne, plus courtes que la corolle, pla-



cées à des diftances égales, & terminées par des fommets fimples : le germe eft ovale, à trois angles, & placé au-deffous de la fleur ; il foutient un ftyle fimple, auffi long que les étamines, & couronné par un ftigmat épais & divifé en trois. Ce germe devient enfuite une capfule ovale & à trois angles, qui forme trois cellules, remplies de femences rondes.

Ce genre de plantes eft rangé dans la premiere fection de la troifieme claffe de LINNÉE, intitulée, *Triandria Monogynia*, qui comprend celles dont les fleurs ont trois étamines & un ftyle.

Les efpeces font :

1°. *Ixia Chinenfis, foliis enfiformibus , floribus remotis, paniculâ dichotomâ , floribus pedunculatis. Hort. Upfal. 16. Trew. Chret. 23. t. 52. Kniph. Orig. cent. 4. n. 34* ; Ixia à feuilles en forme d'épée , avec des fleurs claires & éloignées, un panicule fourchu, & des pédoncules aux fleurs.

*Bermudiana , radice carnofâ, floribus maculatis , feminibus pulpâ obductis. Amm. Act. Petrop. VI. p. 308. f. 7.*

*Bermudiana , Iridis folio majori , flore croceo, eleganter punctato. Kraus. Hort. 25. Tab. 25* ; Bermudienne à feuilles de grande *Iris* , avec une fleur couleur de Safran , agréablement tachetée.

*Balemcanda - Schularmandi. Rheed. Mal. 11. p. 73. t. 37.*

2°. *Ixia Africana , floribus capitatis , fpathis laceris. Lin. Sp. Plant. 36* ; Ixia à fleurs croiſſant en tête , avec des ſpathes velus.

*Ixia , Hort. Cliff. 490.*

*Ixia , foliis ad radicem nervoſis , gramineis, floribus ac fructu convolutis. Burm. Afr. 191. t. 70. f. 2.*

*Bermudiana Capenſis , capitulis lanuginoſis. Pet. Hort. Sic.* 242 ; Bermudienne du Cap de Bonne - Eſpérance , dont les têtes de fleurs ſont laineuſes.

*Gramen Eriophorum Africanum. Pluk. Mant. 98.*

3°. *Ixia Scillaris , foliis gladiolatis , nervoſis , hirſutis , floribus ſpicatis terminalibus. Icon. Tab.* 155. *fig.* 1 ; Ixia à feuilles en forme d'épée , velues & veinées , avec des fleurs diſpoſées en épis aux extrémités des branches.

*Ixia , foliis enſi-formibus ſtriatis , ſpicâ elongatâ. Linn. Syſt. Plant. tom.* 1. *pag.* 99. *Sp.* 10.

4°. *Ixia polyſtachia , foliis lineari - gladiolatis , floribus alaribus & terminalibus. Icon. Tab.* 155. *f.* 2 ; Ixia à feuilles étroites & en forme d'épée , avec des fleurs qui ſortent des côtés & des extrémités des tiges.

*Ixia foliis linearibus , ſcapo ſpicis plurimis. Linn. Syſt. Plant.*

*Ixia , tubis florum capillaribus , erectis , ſpathis duplò longioribus. Berg. Cap.* 5.

5°. *Ixia Crocata , foliis gladiolatis , glabris , floribus corymboſis terminalibus. Icon. Tab.* 156 ; Ixia à feuilles unies & en forme d'épée , avec des fleurs en corymbe aux extrémités des tiges.

*Siſyrinchium Africanum majus , flore luteo , maculâ notato. Oiden.* ; le grand Siſyrinchium d'Afrique ; à fleurs jaunes & tachetées.

*Ixia maculata. Linn. Syſt. Plant. tom.* 1. *p.* 99. *Sp.* 11.

6°. *Ixia bulbifera , foliis lineari-gladiolatis , floribus alternis , caule bulbifero* ; Ixia à feuilles étroites en forme de ſabre , avec des fleurs alternes & des tiges qui produiſent des bulbes.

7°. *Ixia Sparſa , foliis gladiolatis , floribus diſtantibus* ; Ixia à feuilles en forme d'épée , avec des fleurs éloignées les unes des autres.

8°. *Ixia Flexuoſa , foliis lineari-gladiolatis , floribus ſpicatis , ſeſſilibus , terminalibus* ; Ixia à feuilles étroites & en forme d'épée , avec des fleurs ſeſſiles qui croiſſent en épis aux extrémités des tiges.

*Chinenſis.* La premiere eſpece croît naturellement dans les Indes , où ſes tiges s'élevent à la hauteur de cinq ou ſix pieds ; mais en Angleterre , elles ne parviennent qu'à la hauteur de deux ou trois pieds : ſa racine aſſez épaiſſe , charnue , & de couleur jaunâtre , ſe diviſe en nœuds ou jointures , & pouſſe pluſieurs fibres : ſa tige eſt aſſez groſſe , unie , noueuſe , & garnie de feuilles en forme d'épée , de la longueur d'un pied ſur un pouce de largeur , & ſillonnées dans leur longueur ; elles embraſſent les tiges avec leur bâſe , & ſont terminées en pointes aiguës : le ſommet de la tige ſe diviſe en deux autres plus petites : le pédoncule des fleurs s'éleve entr'elles : les plus petites branches se partagent aussi de la même maniere en deux pédoncules de deux pouces de longueur, dont chacun soutient une fleur; à chaque nœud se trouve une spathe qui embrasse la tige; ceux du bas ont trois pouces de longueur, & ceux du haut n'en ont qu'un; ils sont persistans, & terminées en pointes aiguës : les fleurs sont composées de six pétales égaux, jaunes en-dedans, & tachétés de noir & de rouge; le dehors est de couleur d'orange; elles paroissent dans le mois de Juillet & Août, & produisent des fruits dans les années chaudes.

On peut multiplier cette espece par ses semences, ou en divisant ses racines : on répand les graines dans des pots qu'on plonge dans une couche de chaleur modérée, qui fera pousser les plantes beaucoup plutôt que si elles étoient semées en pleine terre. Lorsque ces plantes sont assez fortes pour être enlevées, on les met chacune séparément dans de petits pots, remplis de terre legere, & on les tient sous des châssis jusqu'à ce qu'elles aient acquis de bonnes racines; elles feront ainsi de grands progrès, mais on pourra ensuite les placer en plein air dans une situation abritée. En automne, on les remettra sous un châssis pour les garantir de la gelée; & au printems, on pourra les ôter presque toutes des pots, pour les placer dans une plate-bande chaude, où elles résisteront assez bien au froid de nos hivers



ordinaires : mais comme les fortes gelées les détruisent souvent, à moins qu'elles ne soient couvertes de tan, ou de paillassons, il est prudent d'en garder quelques-unes dans des pots pour les tenir à l'abri sous un châssis pendant l'hiver.

Comme les tiges & les feuilles de cette plante périssent entièrement en automne, en couvrant la terre où elles sont placées de deux ou trois pouces de tan, leurs racines seront à l'abri des gelées; & au printems, avant que les tiges commencent à pousser, on pourra les diviser : mais cette opération ne doit être renouvellée que tous les trois ans; car si on les deterre souvent, elles deviennent foibles & ne fleurissent pas aussi bien.

*Africana.* La seconde espece, qui croît naturellement au Cap de Bonne-Espérance, est une plante basse, qui s'éleve rarement au-dessus de trois ou quatre pouces de hauteur : ses feuilles sont étroites & veinées; ses fleurs sont petites, & naissent en une tête chargée de duvet sur le sommet de la tige : mais comme elles ont peu d'apparence, on ne cultive cette espece que pour la variété.

*Scillaris.* J'ai élevé la troisieme espece avec des semences qui m'ont été envoyées du Cap de bonne-Espérance : elle a une racine ronde, bulbeuse, un peu comprimée & couverte d'une peau rouge; de cette racine sortent cinq ou six feuilles en forme d'épée,

de trois pouces environ de longueur, velues, & sillonnées dans
leur longueur, qui s'embraffent
l'une l'autre à leur bâse, &
font féparées au fommet : les
tiges, qui fortent du milieu
des feuilles, s'élevent à la hauteur de fept ou huit pouces ;
elles font nues au fommet, &
terminées par des grappes de
fleurs, qui ont chacune une
fpathe feche & perfiftante. Ces
fleurs font d'un bleu foncé ;
elles paroiffent dans le mois
de Mai, & font remplacées
par des capfules triangulaires
& à trois cellules, remplies
de femences rondes, qui mûriffent en Juillet. Les feuilles
& les tiges fe flétriffent bientôt après.

*Polyftachia.* La quatrieme
efpece a été élevée dans les
jardins de Chelféa, avec des
femences envoyées avec celle
de l'efpece précédente ; elle a
une racine ronde, petite &
bulbeufe, de laquelle fortent
quatre ou cinq feuilles étroites, longues, en forme d'épée,
& de fix à fept pouces de longueur : du centre de ces feuilles s'éleve une tige mince,
ronde, & haute d'environ huit
pouces, fur les côtés de laquelle font produites une ou
deux grappes de fleurs, portées fur des courts pedoncules, & dont le fommet foutient des fleurs en épis clairs.
Ces fleurs font d'un beau blanc,
& ont la même forme que
celles des autres efpeces ; elles
paroiffent dans le mois de
Mai, & leurs femences mû-
riffent en Juillet.

*Crocata.* La cinquieme, dont

les femences m'ont été envoyées du Cap de Bonne-Efpérance, a une racine ovale &
bulbeufe, & un peu applatie,
de laquelle fortent trois ou
quatre feuilles étroites, minces, en forme d'épée, & d'un
pied environ de longueur : la
tige de fleurs, qui s'éleve un
peu au-deffus des feuilles, eft
très-mince, nue, & terminée
par une grappe ronde de fleurs,
qui ont chacune une fpathe,
& font compofées de fix pétales oblongs, affez larges,
concaves, & d'un jaune foncé,
dont chacun a une grande tache noire à la bâfe. Cette plante
fleurit dans le commencement
du mois de Mai, & fes femences mûriffent à la fin de Juin.

*Bulbifera.* La fixieme a des
feuilles étroites, en forme de
lance, & de fix à fept pouces
de longueur : fa tige, dont la
hauteur eft d'environ un pied
& demi, eft garnie à chaque
nœud vers fes parties baffes
d'une feuille de la même forme,
mais plus petite, qui embraffe
la tige à fa bâfe & fe tient
érigée : la partie haute de la
tige eft ornée de fleurs, compofées de fix pétales oblongs,
ovales, de couleur de fouffre, &
alternes fur la tige qui eft courbée à chaque nœud où font
placées les fleurs. Ces fleurs
ont trois étamines, unies à
leur bâfe, & terminées par
des fommets longs, plats &
droits : le germe, qui fe trouve
au-deffous, foutient un ftyle
long, mince, & couronné par
un ftigmat à trois angles ; il
fe change, quand la fleur eft
paffée, en une capfule ronde,

& à trois cellules, remplies de petites femences de même forme : les tiges, à chaque nœud du bas, pouffent de petites bulbes, qui étant plantées, croiffent & produifent des fleurs.

*Sparfa.* La feptieme a des feuilles plus courtes & plus larges que celles de la précédente : fa tige eft mince & fillonnée, & chaque nœud du bas eft garni d'une feuille de la même forme, qui embraffe la tige de fa bâfe : les fleurs naiffent vers le fommet de la tige à la diftance de deux ou trois pouces ; chaque tige en fupporte deux ou trois, qui font de couleur de fouffre, & compofées de fix pétales, en forme de lance, d'un pouce & demi de long, égaux dans leur grandeur, & réguliers dans leur pofition ; leur calice eft court, perfiftant, & découpé en deux fegmens longs & deux plus courts : elles font remplacées par des capfules rondes & à trois cellules, remplies de femences de même forme. Cette plante fleurit en Mars, & fes femences mûriffent environ deux mois après.

*Flexuofa.* La huitieme a de petites racines rondes & bulbeufes, defquelles fortent trois ou quatre feuilles minces, longues comme celles de l'herbe, & d'un vert foncé : la tige, qui s'éleve du milieu de ces feuilles eft mince, ronde, & d'un pied & demi de hauteur : les fleurs font rapprochées au fommet en un épi ferré de fort près fur la tige ; elles ont chacune une fpathe mince, feche



& perfiftante, qui couvre la capfule lorfque la fleur eft tombée. Ces fleurs font d'un blanc pur & de la même forme que celles des autres efpeces, mais plus petite ; elles font remplacées par de petites capfules rondes & à trois cellules, qui renferment chacune deux ou trois femences rondes. Cette plante fleurit à la fin de Mai, & fes femences mûriffent en Juillet.

Il y a quelques autres variétés de ce genre qui ont fleuri dans le jardin de Chelféa ; mais comme elles ne different que par la couleur de leurs fleurs, on ne les regarde pas comme des efpeces diftinctes ; l'une eft de couleur pourpre au dehors & blanche en dedans ; une autre a des fleurs blanches & rayées de bleu en-dehors de chaque pétale ; une troifieme a des fleurs à fond jaune. Toutes ces variétés ont fleuri dans le jardin de Chelféa, où l'on en voit encore plufieurs autres, qui ont été élevées depuis par femences, & dont les fleurs n'ont point encore paru. Au Cap de Bonne-Efpérance, où ces plantes croiffent naturellement, on en connoit plus de trente variétés, qui font rapportées dans le Catalogue du Docteur HERMAN. Les habitans de ces contrés font beaucoup de cas de leurs racines, dont ils fe fervent comme aliment.

Comme toutes ces efpeces fe multiplient fort promptement par leurs rejettons, dès qu'elles font une fois dans un jardin, il n'eft pas néceffaire de les élever de femence, car

leurs racines pouffent des rejettons en grande quantité,
dont la plupart fleuriffent dès
l'année fuivante ; mais celles
de femence font trois ou quatre ans avant de produire des
fleurs.

Ces plantes étant trop délicates pour réfifter en pleine
terre au froid de nos hivers,
il faut les mettre dans de petits pots remplis de terre légere, & les tenir en hiver
fous des châffis ; mais il eft
néceffaire de leur procurer
beaucoup d'air dans les tems
doux, & de les garantir des
fouris, qui aiment beaucoup
leurs racines, & les détruifent
en peu de tems, lorfqu'elles
peuvent les découvrir.

IXORA. *Lin. Gen.* 131. *Jafminum. Burman.*

*Caracteres.* Le calice de la
fleur eft petit, perfiftant, &
découpé en quatre fegmens :
la corolle eft monopétale, en
forme d'entonnoir, & pourvue
d'un tube mince, & découpé
en quatre fegmens à fon extrémité : la fleur a quatre étamines courtes, placées dans
les divifions de la corolle, &
terminées par des fommets
oblongs : le germe, qui eft
prefque rond, & placé au fond
de l'enveloppe, foutient un ftyle
mince, auffi long que le tube,
& couronné par un ftigmat divifé en deux parties. Ce germe
fe change, quand la fleur eft
paffée, en une baie à deux
cellules, qui renferment deux
femences angulaires & convexes.

Ce genre de plantes eft
rangé dans le premier ordre
de la quatrieme claffe de LIN-
NÉE, intitulée, *Tetrandria Monogynia*, qui renferme celles
dont les fleurs ont quatre étamines & un ftyle.

Les efpeces font :

1°. *Ixora Coccinea, foliis
ovatis, femi — amplexicaulibus,
floribus fafciculatis. Flor. Zeyl.*
22 ; Ixora à feuilles ovales, qui
embraffent les tiges à moitié,
& des fleurs en paquets.

*Jafminum flore tetra — petalo.
Ixora Linnæi. Schetti horti Ma-
labarici. Burm. Zeyl.* 125. *f.* 57.

*Jafminum Indicum, Lauri fo-
lio, inodorum, umbellatum, floribus Coccincis. Pluk. Phyt. Tab.* 59.

*Flamma fylvarum. Rumph.
Amb.* 4. *p.* 105.

*Arbor Indica, Lauri amplio-
ribus foliis obtufis. Pluk. Mant.*
20. *t.* 364. *f.* 1.

*Schetti. Rheed. Mal.* 2. *p.* 17. *t.* 13.

2°. *Ixora alba, foliis ovato-
lanceolatis, floribus fafciculatis.
Lin. Sp.* 160 ; Ixora à feuilles
ovales, & en forme de lance,
avec des fleurs en paquets.

*Jafminum Indicum, Lauri fo-
lio, inodorum, umbellatum, floribus albicantibus, & Schetti album. Pluk. Phyt.* 109. *f.* 2.

3°. *Ixora Americana, foliis
ternis, lanceolato-ovatis, floribus
thyrfoïdeis. Amæn. Acad.* 5. *p.*
393 ; Ixora à feuilles ovales,
en forme de lance, & placées
par trois, avec des fleurs en
épis clairs.

*Pavetta, foliis oblongo-ovatis,
oppofitis, ftipulis fetaceis, Brown.
Jam. Tab.* 6. *f.* 2.

*Coccinea.* La premiere efpece
croît naturellement dans les
Indes, où elle s'éleve avec une
tige ligneufe, à la hauteur de

cinq ou fix pieds. Cette tige pouffe plufieurs branches minces, couvertes d'une écorce brune, & garnies de feuilles ovales, quelquefois oppofées, & d'autres fois réunies au nombre de trois ou de quatre fur chaque nœud : fes fleurs, qui naiffent en grappes aux extrémités des branches, ont des tubes très-longs, minces découpés au fommet en quatre fegmens ovales, & d'un rouge foncé.

*Alba.* La feconde efpece, qui eft auffi originaire des Indes, a une tige ligneufe de fix ou fept pieds d'élévation, de laquelle fortent des branches minces, & garnies de feuilles ovales, en forme de lance, oppofées, & feffiles : fes fleurs blanches & fans odeur ont des tubes minces, divifés en quatre fegmens.

*Americana.* La troifieme efpece croît naturellement à la Jamaïque, & dans quelques autres ifles des Indes Occidentales, où on la nomme *Jafmin fauvage* : elle s'éleve à la hauteur de quatre ou cinq pieds, avec une tige d'arbriffeau, qui produit des branches minces, oppofées & garnies de feuilles ovales, oppofées, de fix pouces de longueur fur deux & demi de large, & fupportées par de courts pétioles : fes fleurs naiffent aux extrémités des branches en épis clairs ; elles font blanches, & ont une odeur femblable à celle du *Jafmin.*

*Culture.* On multiplie cette plante par fes graines, quand on peut s'en procurer de fon pays natal, car elle n'en produit point en Angleterre : on les feme auffi-tôt qu'on les reçoit dans de petits pots qu'on plonge dans une couche chaude : fi elles viennent en automne ou dans l'hiver, on plonge ces pots dans la couche chaude de la ferre, entre les autres plantes, afin qu'ils occupent moins de place ; mais lorfqu'on les reçoit au printems, elles doivent être placées dans une couche de tan fous un vitrage. Si ces graines font bien fraiches, les plantes poufferont quelquefois au bout de fix femaines ; mais fi elles font déja un peu vieilles, elles ne germeront qu'après quatre ou cinq mois, & quelquefois qu'après une année entiere : c'eft pourquoi on ne doit jetter la terre hors des pots, que quand il n'y a plus d'efpoir de voir pouffer les graines. Lorfque les plantes font affez fortes, on les tranfplante chacune féparément dans de petits pots remplis de terre légere, & on les traite enfuite comme les *Caffiers.*

On les multiplie auffi par boutures pendant tout l'été : on plante ces boutures dans de petits pots que l'on plonge dans une couche de chaleur modérée ; on les courre exactement avec des cloches pour en exclure l'air extérieur, & on les tient à l'ombre pendant la grande chaleur du jour. Lorfqu'elles ont produit de bonnes racines, on les tranfplante chacune féparément dans des pots, & on les traite comme les plantes de femence.

# K



KÆMPFERIA. *Linn. Gen. Plant.* 7. *Galanga.* [*Round zedoary.*] Zedoaire rond.

*Caractéres.* La fpathe eft fimple & d'une feuille : la corolle, qui eft monopétale, a un tube long, mince & divifé en cinq parties au-deffus, dont trois font alternativement en forme de lance & égales, & les autres ovales, au fond elles font découpées en deux fegmens verticaux & en forme de cœur. La fleur n'a qu'une étamine membraneufe, ovale, dentelée, & terminée par un fommet linéaire; fixé à l'étamine dans toute fa longueur, & qui ne fort prefque pas du tube de la corolle : le germe eft rond, & foutient un ftyle auffi long que le tube, & couronné par un ftigmat obtus. Ce germe fe change dans la fuite en une capfule prefque ronde, à trois angles, & divifée en trois cellules remplies de femences.

Ce genre de plantes eft rangé dans la premiere fection de la premiere claffe de Linnée, intitulée, *Monandria Monogynia,* qui comprend celles dont les fleurs ont une étamine & un ftyle.

Les efpeces font :

1°. *Kæmpferia Galanga, foliis ovatis, feffilibus. Flor. Zeyl.* 8. *Fabric. Helmft. p.* 16 ; Galanga à feuilles ovales & feffiles à la racine.

*Kæmpferia. Hort. Cliff.* 2. *t.* 3. *Roy. Lugd.-B.* 12.

*Sonchoras. Rumph. Amb.* 5. *p.* 173. *t.* 69. *f.* 2.

*Wanbom. Kæmpf. Amæn.* 901. *t.* 902 ; le Galanga.

*Katsjula-kelengu. Rheed. Mal.* 11. *p.* 81. *t.* 41.

*Calceolus Philippenfis. Petiv. Gaz. t.* 19. *f.* 7.

2°. *Kæmpferia rotunda, foliis lanceolatis, petiolatis. Fl. Zeyl.* 9. *Mat. Med. p.* 35. *Blackw. t.* 399 ; Zedoaire rond à feuilles en forme de lance & pétiolées.

*Zedoaria rotunda. Bauh. Pin.* 36 ; le Zedoaire rond.

*Malan-kua. Rheed. Mal.* 11. *p.* 17. *f.* 9.

Ces plantes font toutes deux originaires des Indes orientales, où leurs racines font d'un grand ufage en Médecine, comme fudorifiques & carminatives.

*Galanga.* La premiere efpece a une forte odeur de *Gingembre,* lorfqu'elle eft nouvellement tirée de la terre : fes racines font divifées en plufieurs bulbes charnues, quelquefois jointes enfemble & de quatre à cinq pouces de longueur : fes feuilles font ovales, à-peu-près de quatre pouces de longueur fur deux de largeur, fans pétioles & feſſiles aux racines ; elles paroiſſent comme ſi elles étoient par paire, & s'ouvrent entièrement à chaque côté : du milieu de ces feuilles ſortent des fleurs ſimples, ſans pédoncule & étroitement embraſſées par les feuilles : elles ſont blanches & d'un pourpre luiſant au fond ; mais elles ne ſont pas ſuivies de ſemences dans nos climats.

*Rotunda.* Les racines de la ſeconde eſpece ſont à-peu-près ſemblables à celles de la premiere, mais plus courtes, diſpoſées en gros paquets, couvertes d'une écorce couleur de cendre, & blanches en-dedans : ſes feuilles ſortent des racines & s'embraſſent l'une l'autre à leur bâſe ; elles ont ſix ou huit pouces de longueur ſur trois de largeur au milieu, mais plus étroites par dégrés vers l'extrémité, & terminées en pointe aiguë : ſes fleurs, qui ſortent immédiatement des racines, ont chacune une ſpathe diviſée en deux ſegmens, qui embraſſe étroitement les pédoncules. Ces fleurs ont ſix pétales, dont les trois inférieurs ſont recourbés vers la terre, longs & étroits, & les deux ſupérieurs ſont diviſés ſi p ofondément, qu'ils reſſemblent à quatre pétales, dont celui de côté eſt encore ſéparé en deux ſegmens. Ces fleurs, ſur leſquelles on voit briller pluſieurs couleurs, telles que le bleu, le pourpre, le blanc, & le rouge, répandent une odeur très-agréable ; elles paroiſſent en Juillet & en Août ; mais elles ne perfectionnent



pas leurs ſemences en Angleterre.

Comme ces plantes, qui ſont originaires des pays chauds, ne ſupportent pas le plein air dans nos climats, on ne peut les conſerver en hiver qu'avec le ſecours d'une ſerre chaude ; mais comme leurs feuilles ſe fannent en automne, on ne doit pas leur donner trop d'humidité, tandis qu'elles ſont dans un état d'inaction. Si on les place dans la couche de tan de la ſerre, & ſi on les traite comme le *Gingembre*, elles croîtront & produiront beaucoup de fleurs en été. On multiplie ces deux eſpeces en diviſant leurs racines au printems, un peu avant que leurs feuilles commencent à pouſſer.

**KALI.** *Voyez* **SALSOLA.**

**KALMIA.** *Lin. Gen. Plant.* 482. *Chamærhododendros. Tourn. Inſt. R. H.* 604. *Tab.* 373. [*Kalmia.*]

*Caractères.* Le calice de la fleur eſt petit, perſiſtant, & découpé en cinq parties : la corolle eſt monopétale & découpée en cinq ſegmens preſque ronds, étendus & ouverts : la fleur a dix étamines de la même longueur que la corolle, inclinées vers le milieu, & terminées par des ſommets ovales ; au centre eſt placé un germe preſque rond, qui ſoutient un ſtyle mince auſſi long que la corolle, & couronné par un ſtigmat obtus. Ce germe devient enſuite une capſule ovale ou globulaire, & à cinq cellules remplies de très-petites ſemences.

Ce genre de plantes eſt rangé dans

dans la premiere section de la dixieme classe de LINNÉE, intitulée, *Decandria Monogynia*, qui comprend celles dont les fleurs ont dix étamines & un style.

Les especes sont:

1°. *Kalmia lati-folia, foliis ovatis, corymbis terminalibus.* Amœn. Acad. 3. p. 13. Kalm. it. 2. p. 43 ; & 3. p. 148 ; Kalmia à feuilles ovales, ayant des fleurs en corymbes aux extrémités des branches.

*Andromeda, foliis ovatis, obtusis, corollis corymbosis, infundibuli-formibus, genitalibus declinatis.* Gron. Virg. 160.

*Chamæ-Daphne, foliis Tini, floribus bullatis, umbellatis.* Catesb. Carol. 2. p. 98. tab. 98 ; Laurier nain à feuilles de Tinus, & à fleurs bouillonnées & ombellées, communément appelé *l'If de l'Amérique.*

*Ledum floribus bullatis, confertis in summis caulibus.* Trew. Ehret. t. 38. f. 1.

*Cistus Chamærhododendros Mariana, Lauri-folia, floribus expansis, summo ramulo in umbellam, plurimis.* Pluk. Alm. 49. t. 379. f. 6.

2°. *Kalmia angusti-folia, foliis lanceolatis, corymbis lateralibus.* Lin. Gen. Nov. 1079. Amœn. Acad. 3. p. 14. Kalm. it. 3. p. 147 ; Kalmia à feuilles en forme de lance, ayant des fleurs en corymbe sur les côtés des tiges.

*Azalæa, foliis lanceolatis, integerrimis, non nervosis, glabris, corymbis terminalibus.* Gron. Virg. 21.

*Ledum floribus bullatis, fasciculatis, ex alis oppositis foliorum.* Trew. Ehret. t. 38. f. 2.

*Cistus semper virens, Lauri-folia, floribus eleganter bullatis* Pluk. Alm. 106. t. 161.

*Anonyma.* Cold. Noveb. 100.

*Chamæ-Daphne semper virens, foliis oblongis, angustis, foliorum fasciculis oppositis.* Catesb. Carol. 3. p. 17. t. 17. f. 1 ; Laurier nain toujours vert, à feuilles oblongues, étroites, réunies en paquets & opposées.

*Lati-folia.* La premiere espece croît naturellement sur les rochers & dans les lieux steriles de la Virginie & de la Pensilvanie, où elle s'éleve à la hauteur de dix ou douze pieds, avec une tige branchue & garnie de feuilles très-roides, de deux pouces de longueur sur un de largeur, d'un vert luisant en-dessus, d'un vert-pâle en-dessous, supportées par de courts pétioles, & placées sans ordre autour des branches : les boutons de fleurs de l'année suivante se forment entre ces feuilles & aux extrémités des branches. Ces boutons se gonflent pendant l'automne, & au printems suivant, jusqu'au commencement de Juin : alors les fleurs sortent de leurs calices, en forme de corymbes, & sessiles aux branches : elles sont d'un rouge-pâle : leur corolle, qui, extérieurement, est de couleur de fleurs de *Pécher*, est monopétale ; sa bâse est tubulée, & ses bords sont divisés en cinq segmens presque ronds, & couverts par des bulles saillantes de couleur pourpre. Quand les fleurs sont passées, le germe, qui est au centre, devient une capsule ovale, couronnée par un style perfiftant, & à cinq cellules remplies de très petites femences.

Cet arbriffeau eft couvert de fleurs dans fon pays natal pendant la plus grande partie de l'été, & fait un des plus grands ornemens de ces contrées, mais il n'eft pas encore naturalifé dans notre climat autant qu'on pourroit le fouhaiter; cependant le froid ne l'endommage point, & quelques-uns ont fleuri en pleine terre pendant plufieurs années dans le jardin de Chelféa.

Dans les lieux où cet arbriffeau croît naturellement, il pouffe beaucoup de rejettons de fes racines; de maniere qu'il forme des brouffailles prefque impénétrables; mais il n'en a point encore produit ici, & fes femences n'ont point mûri en Angleterre. Auffi, cette plante eft-elle encore affez rare dans nos jardins : d'ailleurs, fes femences, qu'on nous envoie de l'Amerique, reftent une année dans la terre avant de germer, & lorfque les plantes paroiffent, elles ne font que des progrès très-lents; ce qui a dégoûté plufieurs perfonnes de cette culture. Le feul qui ait réuffi, eft M. Jacques GORDON de Mile-End, qui poffede un affez grand nombre de ces plantes élevées de femence.

*Angufti-folia.* La feconde efpece eft originaire des mêmes contrées que la précédente, où elle s'éleve à la hauteur de trois ou fix pieds, & fe di-

vife en petites branches ligneufes très-rapprochées, couvertes d'une écorce d'un gris-obfcur, & garnies de feuilles roides, à-peu-près de deux pouces de longueur fur un demi-pouce de largeur, d'un vert luifaut, placées fans ordre autour des branches, & fupportées par des petioles minces : fes fleurs fortent en paquets clairs des parties latérales des branches fur des pédoncules minces; elles font monopétales, pourvues d'un tube court, & ouvertes à l'extrémité, où elles font découpées en cinq angles. Dans l'inftant où ces fleurs paroiffent, elles font d'un rouge-clair, mais elles changent enfuite en une couleur de fleurs de *Pêcher*, & font remplacées par des capfules rondes, comprimées, couronnées par un style perfiftant, & divifées en cinq cellules remplies de petites femences prefque rondes. Cet arbriffeau fleurit pendant prefque tout l'été dans fon pays natal; mais il n'eft pas encore affez accoutumé à notre climat pour y produire autant de fleurs. On croit que les feuilles de cette plante élégante font un poifon mortel pour les moutons & les bœufs qui en mangent, mais elles ne font pas nuifibles aux bêtes fauves.

*Culture.* Ces deux efpeces fe multiplient fortement en Amérique par leurs racines rempantes. A Whitton, où on les a laiffées très-long-tems fans les toucher, elles ont pouffé une affez grande quantité de rejettons; & comme les plantes élevées de rejettons font plus en état d'en produire d'autres que celles qui viennent de graine, & qu'elles fleuriffent beaucoup plutôt, il ne faut pas les remuer, mais leur laiffer la liberté d'étendre leurs racines.

KARATAS. [ *The Penguin or wild Ananas.* ] Le Pinguin *ou* Ananas fauvage ; le Citronier de terre.

*Caracteres.* La fleur eft tubulée en forme de cloche, & divifée en trois parties à fon ouverture ; de fon calice ou le germe fe trouve placé, s'éleve le pointal fixé comme un clou dans le derriere de la fleur, & accompagné de fix courtes étamines : le germe fe change dans la fuite en un fruit charnu, prefque conique, & divifé par des membranes en trois cellules, remplies de femences oblongues.

Nous ne connoiffons encore en Angleterre qu'une efpece de ce genre, qui eft :

*Karatas Pinguin, foliis ciliatofpinofis, mucronatis, racemo terminali. Jac. Amer.* 91. *Trew. Ehret. t.* 51 ; Ananas fauvage *ou* Pinguin.

*Bromelia Karatas. Jacq. Amer.* 90. *Hort.* 31 . 32.

*Bromelia Pinguin. Linn. Syft. Plant. tom.* 2. *p.* 6. *Sp.* 2.

*Karatas. Sp.* 3.

*Karatas, foliis altiffimis, anguftiffimis & aculeatis. Plum. Gen.* 10.

*Caragnata Acange. Pif. Braf.* 190. *t.* 191.

*Mexocotl fivè Manguei. Hern. Mex.* 272. *Moris. Hift.* 2. *S.* 4. *t.* 22. *f.* 7.

*Pinguin. Dill. Elth.* 320. *t.* 240 *f.* 311.

Le Pere PLUMIER s'eft fort trompé dans la figure & defcription qu'il a données des caracteres de cette plante & de ceux du *Caraguata* ; car il a joint la fleur du *Caraguata* au fruit du *Karatas* & *vice verfá*, ce qui a induit plufieurs perfonnes en deux erreurs, & leur a fait confondre les *Bromelia* & les *Ananas* avec les *Karatas*, & leur a fait réunir dans le même genre ces différentes efpeces qui doivent être cependant diftinguées par leurs caracteres particuliers.

Cette plante eft commune dans les Indes Occidentales, où l'on fe fert de fon fruit, pour en exprimer le jus dans le punch ; ce jus eft d'un goût âcre & acide. On en fait auffi une efpece de vin très-violent, qui doit être bu tout de fuite, parce qu'il ne peut fe conferver. Comme cette liqueur enivre aifément, & qu'elle échauffe le fang, on ne doit en faire ufage qu'avec modération.

On conferve cette plante en Angleterre par curiofité ; car fon fruit y parvient rarement à un affez grand dégré de perfection pour qu'on puiffe s'en fervir, quoiqu'il y mûriffe quelquefois affez bien. Mais quand même il pourroit devenir auffi parfait dans nos ferres que dans fon pays natal, on n'en feroit cependant pas beaucoup de cas à caufe de fa très-grande âcreté qui déchire le palais & le gofier de ceux qui en mangent. On multiplie cette plante par femences ; car, quoique les vieilles produifent fouvent des rejettons, ces rejettons qui fortent des feuilles, font trop longs, trop minces, & d'une fi mauvaife forme, qu'ils ne donnent jamais des plantes régulieres. On feme ces graines au commencement du printems dans de petits pots remplis d'une terre riche & légere, & on les plonge dans une couche chaude de tan, où elles germeront en fix femaines Lorfque les plantes font affez fortes pour être enlevées, on les remet foigneufement chacune dans un pot féparé & rempli d'une même terre riche & légere, & on les replonge dans une couche chaude : lorfqu'elles ont formé de nouvelles racines, on leur donne de l'air, & on les arrofe à proportion de la chaleur de la faifon ; elles peuvent refter dans ces couches jufqu'à la Saint - Michel, mais alors on les porte dans la ferre chaude, où on les plonge dans la couche de tan, & on les traite comme les *Ananas.*

Comme ces plantes ne produifent leurs fruits en Angleterre qu'au bout de trois ou quatre ans, à mefure qu'elles grandiffent, il faut leur donner de plus grands pots ; car, fi leurs racines fe trouvoient trop gênées, elles ne feroient que peu de progrès. On doit auffi les placer à une affez grande diftance les unes des autres, parce que leurs feuilles, ayant trois ou quatre pieds de longueur, & étant recourbées vers la terre, occupent un grand efpace.

Les feuilles de cette plante font fortement armées d'épines recourbées, qui la rendent très-difficile à manier & à changer, car ces épines s'accrochent aifément à tout ce qui les approche, à caufe de leur forme recourbée ; les unes font inclinées d'un côté, & les autres dans un fens contraire, de forte qu'elles s'attachent de toutes parts & déchirent la peau & les habits de ceux qui les manient fans précaution.

Son fruit, qui eft formé de graines réunies, naît fur une tige d'environ trois pieds de hauteur, & il eft furmonté par une touffe de feuilles, qui lui donne l'apparence d'un *Ananas* ; mais lorfqu'on l'examine de près, on s'apperçoit qu'il n'eft qu'une grappe de fruits oblongs, dont chacun eft de la groffeur d'un doigt.

KERMÈS. *Voyez* QUERCUS COCCI - FERA.

KETMIE. *Voyez* HIBISCUS TRIONUM. L.

KIGGELARIA. *Lin. Gen. Plant.* 101. *Laurus. Sterb.*

Nous n'avons aucun nom vulgaire pour cette plante.

*Caractères.* Cette plante a des fleurs mâles & hermaphrodites fur différens pieds : les fleurs mâles ont un calice d'une feuille découpée en cinq fegmens concaves ; la corolle eft compofée de cinq pétales concaves, plus longs que le calice, & en forme de cruche : chaque pétale a une glande mielleufe attachée à fa bâfe, & trois lobes obtus & colorés, fixés à l'onglet ; la fleur a dix petites étamines terminées par des fommets oblongs : les fleurs hermaphrodites ont des calices & des petales femblables à ceux des fleurs mâles, mais peu d'entr'elles ont des étamines : au centre est placé un germe rond, qui foutient cinq styles couronnés par des ftigmats obtus. Ce germe fe change, quand la fleur eft paffée, en un fruit rude & globulaire, avec une enveloppe épaiffe, & a une cellule remplie de femences angulaires.

Ce genre de plantes eft rangé dans la neuvieme fection de la vingt-deuxieme claffe de LINNÉE, intitulée, *Dioecia Décandria* ; mais il faut le reporter à fa vingt-troifieme claffe, parce qu'il a des fleurs mâles & hermaphrodites.

Nous n'avons qu'une efpece de ce genre :

*Kiggelaria Africana. Hort. Cliff. 462. fol. 29. Roy. Lugd.-B. 478. Kniph. Aut. 2. n. 37. Mas. Fabric. Helmft. p. 424. Fem.*

*Evonymo affinis Æthyopica, femper virens, fructu globofo, fcabro, foliis Salicis, rigidis, ferratis. H. L. 139. Pluk. Alm. 139. t. 176. f. 3* ; plante approchant du Fufain, toujours verte & d'Éthiopie, ayant un fruit rude & globulaire, avec des feuilles de Saule, roides & fciées.

*Laurus non odorata, fructu globofo, Africana. Sterb. Citr. 246. t. 12. f.* B. C. D.

Cette plante croît naturellement au Cap de Bonne-Ef-

pérance : elle s'éleve fous la forme d'un arbre d'une hauteur médiocre, mais comme elle ne réfifte point ici en plein air, on ne doit point efpérer de la voir croître en Angleterre à une hauteur confidérable. On voyoit autrefois dans les jardins de Chelféa plufieurs de ces plantes qui avoient audelà de dix pieds d'élévation, avec des tiges ligneufes & des têtes affez groffes, dont les branches étoient couvertes d'une écorce unie, qui dans leur jeuneffe avoit été verte, mais qui enfuite étoit devenue de couleur pourpre. Ces plantes ont été détruites par les froids de l'hiver de l'année 1768. Ses feuilles ont à-peu-près trois pouces de longueur fur un pouce de large ; elles font d'un vert clair, fciées fur leurs bords, alternes & fupportées par de courts pétioles : fes fleurs fortent en grappe des parties latérales des branches, & pendent vers le bas ; elles font blanches & herbacées : elles paroiffent dans le mois de Mai, tems auquel les plantes font foiblement garnies de feuilles ; car la plupart des vieilles tombent un peu avant que les nouvelles paroiffent : les fleurs mâles fe fannent auffi-tôt après que la pouffiere féminale eft répandue ; mais les fleurs hermaphrodites produifent des fruits globulaires, à-peu-près auffi gros qu'une Cerife commune, couverts d'une peau rude & d'une confiftance épaiffe ; ils s'ouvrent en cinq valves au fommet, & montrent une cellule remplie de femences petites & angulaires : ces fruits font parvenus à leur groffeur ordinaire dans le jardin de Chelféa, mais leurs fémences ont rarement acquis une pleine maturité.

Ces plantes étoient affez rares en Europe il y a quelques années, parce qu'elles font très - difficiles à multiplier, à moins que ce ne foit par fémences : comme quelques-unes d'entr'elles ont produit depuis peu des graines en Hollande & en Angleterre, elles font devenues plus communes. A préfent les marcottes des jeunes branches prennent très-difficilement racine, de manière que fur cinq il y en a à-peine une qui réuffit, & celles qui profperent font deux ans avant que d'être bien établies : les boutures ne viennent pas mieux, & à peine en obtient-on une fur vingt, quelques foins qu'on puiffe y apporter.

On plante ces boutures au printems, précifément avant que les plantes commencent à pouffer, on les met dans des pots remplis de terre graffe & légere, on les plonge dans une couche de tan d'une chaleur très-modérée, on les couvre très-exactement avec des vitrages pour en exclure l'air, on les tient à l'ombre, & on les arrofe légérement auffi-tôt qu'elles font plantées. On met celles qui réuffiffent dans des pots féparés, remplis d'une terre graffe, on les tient à l'ombre, jufqu'à ce qu'elles aient formé de nouvelles racines , & on les expofe enfuite à l'air dans un lieu abrité, où elles reftent jufqu'en automne ; alors on les enferme dans la ferre, & on les traite comme les Orangers.

KLEINIA. *Voyez* CACALIA.

KNAUTIA. *Linn. Gen. Plant.* 109. *Lychnis Scabiofa. Boerh. Ind.* 1. 131. Cette plante a été ainfi nommée par LINNÉE en l'honneur du Docteur Chriftian KNAUT , qui a publié une méthode pour claffer les plantes.

*Caracteres.* Le calice, qui eft fimple & oblong , renferme plufieurs fleurs flofculeufes, qui, dans leur arrangement, paroiffent fymétriques , mais dont chacune eft néanmoins irréguliere : elles ont des tubes de la même longueur que le calice, & font découpées fur leur bords en quatre fegmens irréguliers, dont les extérieurs font les plus grands : la fleur a quatre étamines auffi longues que le tube, inférées dans le réceptacle, & terminées par des fommets oblongs & inclinés vers le bas : le germe eft fous la corolle, & foutient un ftyle mince, couronné par un ftigmat épais, & divifé en deux portions ; ce germe fe change dans la fuite en une femence quadrangulaire, dont l'extrémité eft velue.

Ce genre de plantes eft rangé dans la premiere fection de la quatrieme claffe de LINNÉE, intitulée, *Tetrandria Monogynia*, dans laquelle fe trouvent comprifes celles qui ont quatre étamines & un ftyle.

Les efpeces font :

1°. *Knautia Orientalis , foliis omnibus pinnati-fidis , corollis calyce longioribus. Linn. Sp. App.* 1679 ; la Knaut, dont toutes les feuilles font aîlées, & dont la corolle eft plus longue que le calice.

*Scabiofa Orientalis , Cariophylli flore. Vail. Act. 1722. p. 241.*

*Lychni-Scabiofa , flore rubro , annua. Boerh. Ind. Alt. t. p.* 131 ; Scabieufe du Levant.

2°. *Knautia Propontica , foliis fuperioribus lanceolatis , indivifis , corollis calyci æqualibus. Linn. Sp. App.* 1666 ; Knaut, dont les feuilles fupérieures font en forme de lance & entieres, & dont la corolle eft de la même longueur que le calice.

*Scabiofa Orientalis villofa , flore fuavè rubente , fructu pulchro oblongo. Tourn. Cor.* 35 ; Scabieufe velue du levant, produifant une fleur d'un rouge tendre , & un beau fruit oblong.

*Orientalis.* Ces plantes, qui font originaires du Levant, font toutes deux annuelles. Il y a long-tems qu'on cultive la premiere efpece dans les jardins anglois : elle a une tige érigée , branchue , haute de quatre pieds , & garnie de feuilles aîlées ; fes branches font terminées par des pédoncules fimples, qui foutiennent chacun une fleur , dont le calice eft tubulé & découpé en quatre fegmens à fon ex-trémité ; ce calice contient quatre fleurettes d'un rouge clair & luifant , & découpées en quatre fegmens inégaux , dont les extérieurs font plus larges que les autres : les fleurs ont quatre étamines auffi longues que la corolle , & terminées par des fommets oblongs ; elles font remplacées par des femences oblongues & à quatre angles , qui , lorfqu'elles font mûres , tombent hors du calice , fi on ne les recueille pas.

*Propontica.* La feconde efpece differe de la premiere, en ce que les feuilles fupérieures font entieres , & que la corolle de la fleur eft égale au calice ; fes feuilles inférieures font fciées fur leurs bords & terminées en pointe aiguë.

*Culture.* On multiplie aifément ces deux efpeces : fi on leur permet de répandre leurs femences en automne , les plantes poufferont plutôt ; & fi quelques-unes font femées dans le mois d'Octobre fur les plates-bandes du jardin à fleurs , ou parmi d'autres plantes baffes près des allées, elles refifteront au froid de l'hiver, fleuriront en Juin, & donneront des graines mûres vers la fin de Juillet, ou au commencement d'Août ; ces plantes n'exigent aucun autre foin que d'être tenues nettes de mauvaifes herbes.

# L



LABIÉE. Les fleurs la-
biées, ou fleurs en gueule,
font celles qui ont des levres;
ou, pour mieux dire, une
fleur labiée eft monopétale,
irréguliere & divifée en deux
levres, dont la fupérieure eft
appelée le *Cafque*, & l'inférieure *la Barbe*; quelquefois
elles n'ont point de cafque,
& alors les ftyles & les filets
en occupent la place, comme
dans le *Teucrium*, le *Scordium*,
le *Ruguta*: mais la plupart ont
les deux levres, & dans quelques efpeces la levre fupérieure
eft tournée vers le haut, comme dans le *Lierre rampant*; mais
ordinairement la fupérieure eft
convexe au fommet, & tourne
fa partie creufe vers la levre
inférieure: elle repréfente alors
une efpece de cafque ou de
capuche de Moine; ce qui a
fait donner à ces fleurs les
noms de *fleurs en cafque*, *fleurs
à capuche*, & *fleurs à bonnet*.
La plupart des plantes verticillées ont de pareilles formes.

LABLAB. *Voyez* PHASEO-
LUS.

### LABOUR.

La meilleure préparation que
puiffe recevoir une terre, eft
d'être bien labourée; par-là
le fol devient plus propre à
recevoir les fibres des plantes;
plus on répete ces labours,
mieux ils font faits, & plus la



terre fe perfectionne: mais il
eft peu de Cultivateurs qui
faffent affez d'attention à ce
travail effentiel; beaucoup
d'entr'eux fe contentent de fuivre la routine pratiquée par
leurs prédéceffeurs, de forte
que ceux qui ont amené à fa
perfection cette partie de l'A-
griculture font les grands Jardiniers, qui cultivant avec la
charrue la plus grande partie
de leurs terres, imitent, autant qu'il eft poffible, de faire
avec cet inftrument le travail
de la bêche. La différence qu'il
y a entre bêcher la terre & la
labourer, confifte en ce que,
par la premiere méthode, les
parties de la terre font bien
mieux divifées & ameublies;
auffi les Jardiniers, qui cultivent leur terre avec foin,
obligent leurs Ouvriers à caffer
les mottes le plus qu'ils peuvent, & de maniere qu'il n'y
en refte point: de même, quand
on laboure la terre avec la
charrue, il faut avoir foin de
caffer & de pulvérifer les mottes le plus qu'il eft poffible;
car lorfqu'il y a de gros morceaux de terre entiers, les
fibres des plantes ne pouvant
jamais pénétrer que dans leur
furface, toutes les parties nu-
tritives qu'elles contiennent ne
leur font d'aucune utilité: d'ailleurs, ces maffes de terre ne

pouvant jamais être parfaitement unies à leurs voisines, il se trouve souvent entr'elles de grands intervalles par lesquels l'air s'introduit, & nuit beaucoup aux fibres délicates des plantes ; ainsi, plus la terre sera divisée par des labours répétés , plus les plantes trouveront de substance propre à les nourrir. C'est surtout dans les terres fortes que cette partie de l'Agriculture sera d'une grande utilité : mais il faudroit les labourer quatre ou cinq fois avec des charrues armées de trois ou quatre socs, au moyen desquels l'on couperoit & on sépareroit les mottes de terre beaucoup mieux qu'avec une charrue commune.

Dans ce travail, il faut avoir grand soin de ne point donner trop de largeur aux sillons ; car lorsqu'ils sont trop larges, il est impossible de séparer & de diviser suffisamment les mottes de terre. Dans certaines provinces, où les Fermiers ne se servent point habilement de la charrue, j'ai vu des Seigneurs qui les obligeoient à labourer au cordeau, & à marquer la largeur précise de chaque sillon. Cette méthode ajoûte non-seulement à la beauté des champs, mais aussi rend la terre beaucoup plus également travaillée ; mais les habiles laboureurs des environs de Londres dirigent leurs sillons à l'œil aussi droits que s'ils avoient été tracés au cordeau.

Il faut encore observer en labourant , d'enfoncer le soc de la charrue à une profondeur convenable ; car si l'on ne fait que briser & pulvériser la surface de la terre, les racines des plantes qu'on y semera arriveront bientôt au fond, en rencontrant un sol dur & impénétrable , elles ne feront que de très foibles progrès.

Peu de personnes ont fait attention à la véritable grandeur des racines des plantes : elles n'ont considéré que les racines pivotantes , qui sont d'une substance forte & charnue , comme celles de la *Carotte* , & elles ont pensé que ces sortes de plantes exigent une terre labourée plus profondément , afin que leurs racines puissent s'enfoncer & devenir plus longues : car c'est en cela que consiste leur principale qualité ; mais ces mêmes personnes n'ont point imaginé que les petites plantes à racines fibreuses demandent autant de profondeur que les autres. Je parle ici d'après l'expérience ; car j'ai suivi les petites fibres d'une tige d'herbe & de bled qui s'enfonçoient plus de trois pieds dans la terre. Si on a la curiosité d'observer la longueur des fibres des différentes plantes, il faut en planter une de chaque espece dans un petit pot de terre, les arroser à propos jusqu'à ce que les plantes fleurissent, les tirer alors des pots sans casser leurs fibres ; &, après en avoir séparé la terre, on trouvera, en mesurant leurs racines, qu'elles sont plus grandes qu'on ne l'imagine com munément : j'ai souvent examiné moi-même plusieurs de ces racines qui avoient fait plus de douze fois le tour des pots ; quelques-unes des plus vigoureuses avoient passé à travers les trous des pots , & s'étoient étendues à dix ou onze pieds de distance dans l'espace de trois mois. D'après ces expériences on peut conclurre que plus on laboure profondément , plus les plantes doivent faire de progrès ; mais ceci n'est applicable qu'aux terres assez profondes; car si, au-dessous d'une petite épaisseur de terre fertile, on trouve de la glaise ou du gravier, il seroit fort imprudent de mettre ces matieres au-dessus; il faut donc proportionner la profondeur du sillon à la profondeur du sol propre à la nourriture des végétaux. Dans les endroits où la glaise est près de la bonne terre, si cette glaise n'est pas de l'espece bleue ou de couleur de fer, il n'y a pas beaucoup de danger d'aller plus avant que le fond ; car cette glaise, après qu'elle aura été exposée à l'air, & souvent labourée , deviendra fertile, & pourra fournir une nouvelle nourriture aux plantes.

Il est très-avantageux , entre chaque labour , de passer sur la terre une herse à longues dents , pour briser les mottes ; car plus on la remue avec différents instrumens , mieux les parties sont divisées & séparées. Ainsi , la méthode ordinaire que les fermiers emploient , lorsqu'ils mettent leurs terres en jachere , est bien éloignée de répondre à leurs vues : ils labourent & laissent de grosses mottes pendant plusieurs mois , & souvent , pendant ce tems , les chardons & les mauvaises herbes croissent sur la terre & en épuisent les sels : quelquefois , un peu avant de semer leurs grains, ils donnent encore deux labours , & ils regardent cette manœuvre comme une bonne culture : mais au lieu de cela, s'ils vouloient labourer leurs terres avec la charrue , la herse & un rouleau pesant pour en casser & diviser les parties , s'ils empêchoient encore les mauvaises herbes d'y croître , lorsqu'elles sont en jachere , je suis persuadé qu'ils en retireroient un avantage considérable ; premièrement par l'augmention de leurs récoltes, & aussi par la diminution des frais qu'ils sont obligés de faire pour détruire les mauvaises herbes qui naissent parmi le grain : car, si l'on avoit détruit les mauvaises herbes sur la terre en friche avant qu'elles eussent répandu leurs semences, on n'en verroit que très-peu parmi le grain.

Dans beaucoup d'anciens jardins aux environs de Londres , qui sont occupés par des jardiniers potagers, lorsque la surface de la terre est épuisée par les récoltes continuelles qu'ils y font, la pratique commune est de faire des fossés ou des creux de deux ou trois fers de bêche de profondeur , & de mettre le fond du fol au-deſſus ; par-là le fol eſt renouvelé, & produit des récoltes abondantes pendant quelques années. A l'imitation de cet uſage, pluſieurs Jardiniers fermiers qui ſe ſervent de la charrue, ont deux ou trois perſonnes qui la ſuivent dans les ſillons, & qui bêchent au fond en faiſant pénétrer leur inſtrument juſqu'au ſommet du fer : quand le ſol eſt bon, ils en répandent la terre ſur la ſurface ; &, ſi au contraire il eſt de mauvaiſe qualité, ils la laiſſent au fond du ſillon ; mais cette terre étant ainſi deſſerrée, devient plus propre à recevoir les racines des plantes.

Quand, après un pareil labour, on répand les ſemences, la terre produit en proportion de la profondeur du ſol remué, & ſelon que cette culture aura été plus ou moins ſouvent répétée : en outre, il ſera néceſſaire de remuer la terre pour en détruire les mauvaiſes herbes, dans le tems même que la récolte eſt ſur pied ; car ſi on les laiſſe croître avec le grain, elles le privent de la plus grande partie de la nourriture, & en diminuent la quantité. Dans les jardins, cette opération ſe fait avec un inſtrument à main, que l'on appelle *Houe*, à moins que la terre ne ſoit forte & ſujette à ſe lier, car dans ce cas, on ſe ſert de fourches pour en caſſer & diviſer les parties : quand ce travail eſt ſouvent renouvelé, les récoltes réuſſiſſent mieux, & ſont conſidérablement plus fortes,

ainſi que l'expérience me l'a prouvé : mais dans les campagnes ouvertes, ſemées en pois, en feves, ou autres groſſes plantes miſes en rangs, on peut remuer & rompre fréquemment la terre avec une petite charrue ſans roue, qui détruira encore les mauvaiſes herbes, & procurera aux plantes une nourriture plus abondante : car toutes les eſpeces de terres étant ſujettes à ſe lier, & à ſe durcir, lorſqu'on les laiſſe long-tems ſans les remuer, plus on les travaillera, plus elles ſeront légeres, & par conſéquent plus elles ſeront propres à la végétation : l'inſtrument dont on ſe ſert pour cet ouvrage eſt appelé *Houe à chevaux* ; mais comme il y a un traité particulier ſur cette eſpece de culture, par M. JETHRO TULL, de Shelbourn en Berkshire, dans lequel ces inſtrumens ſont repréſentés & décrits, j'y renvoie ceux qui voudront s'en ſervir ; j'obſerverai ſeulement, que quoique l'inſtrument employé dans cette opération ſoit une charrue deſtinée à détruire les mauvaiſes herbes, & à remuer la terre à une petite profondeur, cependant on l'appelle *Houe* pour la diſtinguer de celle qui laboure & prépare la terre à recevoir les ſemences.

LABRUM VENERIS. *Voyez* DIPSACUS.

LABRUSCA. *Voyez* VITIS.

LABURNUM. *Voyez* CYTISUS LABURNUM — CAJAN.

LABYRINTHE, Λαβύρινθος, (un) eſt compoſé d'allées percées à travers un bois, & tellement contournées & distribuées, qu'il est difficile d'en sortir.

Le dessin d'un *Labyrinthe* consiste à tracer des allées de maniere qu'il soit très-difficile d'en trouver le centre & de leur faire parcourir tant de détours qu'on puisse s'y perdre ; on doit y rencontrer autant d'ostacles qu'il est possible ; ceux qui sont les plus embrouillés sont les meilleurs.

Pour ce qui regarde le dessin & la distribution, il n'est pas possible d'en donner des regles par écrit ; mais on en trouve plusieurs plans & différens dessins dans les livres de Jardinage. On ne voit gueres de *Labyrinthes* que dans les vastes & magnifiques jardins, tels que celui de Hampton-Court.

Il y a deux manieres de faire les *Labyrinthes*, la premiere est avec des charmilles simples, comme on le pratique en Angleterre : ce sont peut-être les meilleurs, quand on n'a pas beaucoup d'espace, mais quand on peut sacrifier une grande étendue de terrein, les doubles charmilles sont préférables ; on laisse entr'elles une épaisseur de bois considérable, comme on le fait en France, & dans d'autres pays : mais le *Labyrinthe* de Versailles peut servir de modele en ce genre, car il est regardé comme le plus beau de tous les *Labyrinthes* connus.

On commet une faute en les faisant trop étroits ; car par-là, on est forcé de tailler toujours fort près les charmilles, au-lieu que, si les allées étoient plus larges, suivant l'usage des autres pays, cet inconvénient n'auroit pas lieu.

On garnit les allées de *Gravier*, & on plante ordinairement les haies en charmilles. Ces palissades doivent avoir douze ou quatorze pieds de hauteur ; elles doivent être toujours bien taillées, & le sol doit être exactement roulé.

**LACHRYMA JOBI**, ainsi appelée, parce que sa semence ressemble à une larme ou une goutte, Larme de JOB. *Voyez* COIX.

**LACTIFER**, se dit des plantes qui contiennent un suc laiteux telles que l'*Euphorbia*, le *Sonchus*, la *Lactuca*, &c.

**LACTUCA**. *Tourn. Inst. R. H.* 473. *tab.* 267. *Lin. Gen. Plant.* 814 ; ainsi appelée du mot latin *Lac, Lait,* parce que ses feuilles, ses tiges, ses fleurs, & ses branches, étant cassées, répandent beaucoup de lait, ou une sève blanche & laiteuse, qui devient bientôt jaune & aigre. [*Lettuce.*] Laitue.

*Caracteres.* Les fleurs sont composées de plusieurs fleurettes hermaphrodites, renfermées dans un calice écailleux & oblong ; les écailles sont couchées l'une sur l'autre comme des écailles de poisson ; les fleurettes sont monopétales, étendues d'un côté, en forme de langue, & légèrement dentelées à l'extrémité en trois ou quatre parties ; elles ont chacune cinq étamines courtes & velues : le germe, qui est

ovale, soutient un style mince, & couronné par deux stigmats réfléchis. Ce germe devient ensuite une semence
oblongue, pointue, couronnée
d'un duvet simple, & placée
dans un calice écailleux.

Ce genre de plantes est rangé
dans la premiere section de la
dix-neuvieme classe de LIN-
NÉE, intitulée, *Syngenesia Polygamia æqualis* qui comprend
celles dont les fleurs sont composées de fleurettes hermaphrodites fertiles, dont les étamines & les styles sont unis.

Il seroit inutile de faire mention ici de toutes les especes
de *Laitues*, qui ont été décrites par les Botanistes; car
plusieurs d'entr'elles ne sont
d'aucun usage, & ne sont cultivées dans les jardins de Botanique que pour la variété,
& quelques-unes croissent spontanément dans plusieurs parties
de l'Angleterre : je rapporterai
seulement ici les différentes variétés qu'on cultive dans les
jardins potagers pour l'usage
de la table.

Ces variétés sont : 1°. *La
Laitue* commune ou *de jardin*.
2°. La *Laitue Chou*. 3°. La
*Laitue de Cilicie*. 4°. La *Laitue
brune de Hollande*. 5°. La *Laitue d'Alep*. 6°. La *Laitue Impériale*. 7°. La *Laitue verte de
Capucin*. 8°. La *Laitue de Versailles*, ou *Laitue Cosse*, droite
& blanche. 9°. La *Laitue Cosse*
noire. 10°. La *Laitue rouge de
Capucin*. 11°. La *Laitue Romaine*. 12°. La *Laitue de Prince*.
13°. La *Laitue Royale*. 14°. La
*Laitue Cosse d'Egypte*.

1°. On seme communément
la premiere de ces especes
pour la manger de bonne heure, en la mêlant avec d'autres
petites herbes, que l'on met
ordinairement dans les salades;
elle differe de la seconde, seulement en ce qu'elle dégenere
de celle-là, ou pour mieux
dire, la seconde est la même
espece, perfectionnée par la
culture; car si l'on recueille
la semence de la seconde sur
des plantes qui ne sont pas
bien pommées, celles qu'elles
produiront, dégénéreront en
cette espece appelée par les Jardiniers Anglois *Lapped lettuce*
c'est-à-dire, *Laitue en plis* ou
qui n'est pas pommée, pour
la distinguer de l'autre, que
l'on nomme *Laitue Chou* ou
*pommée*. Les semences de la
premiere, qu'on recueille in-
différemment sur toutes les
plantes, sans avoir égard à
leur qualité, se vendent ordinairement à très-bon marché,
sur-tout dans les années seches, qui sont très-favorables
à la multiplication de ces graines; cependant ces semences,
ainsi recueillies sans aucun
choix, se vendent quelquefois
chez les marchands de graines
pour celles de la *Laitue Chou*
ou *pommée*, de maniere que
ceux, qui les achettent sont
presque toujours trompés. On
ne doit jamais cultiver cette
espece que pour la manger
toute jeune; mais elle est aussi
préférable à toutes les autres
pour cet usage : on peut la
semer en tout tems, pourvû
que ce soit à l'ombre dans les
tems chauds, & sur des plates-
bandes chaudes au printems &

en automne ; mais en hiver, elle doit être femée fous des cloches, autrement elle court grand rifque de périr par les fortes gelées.

2°. On feme auffi la *Laitue Chou* ou *pommée* en différentes faifons de l'année, afin que ces plantes fe fuccedent fans interruption ; le premier femis fe fait ordinairement en Février & dans un terrein chaud : quand les plantes font levées, on les éclaircit à dix pouces l'une de l'autre, en les houant comme on le pratique pour les *Navets, les Carottes, & les Oignons*, fi l'on ne veut faire aucun ufage de ces plantes fuperflues : mais on peut les enlever & les tranfplanter fur une autre bonne terre à pareille diftance, où elles réuffiront très-bien, fi l'on a foin de les prendre avant qu'elles foient trop avancées ; celles-ci ne deviendront cependant pas auffi groffes que celles qui n'ont point été tranfplantées ; mais comme elles feront un peu plus tardives, elles feront très-agréables aux perfonnes qui ne font point dans l'habitude de femer en été cette efpece chaque quinze jours ou trois femaines.

Il faut obferver auffi, quand on feme des récoltes fucceffives, de choifir une pofition humide & à l'ombre, à mefure que la faifon avance, mais de ne pas les placer fous l'égoût des arbres, ce qui les feroit monter en graines avant de pommer. La derniere récolte doit être femée au commencement d'Août, pour refter fur



pied pendant tout l'hiver : on la feme claire fur un fol fertile & léger, à une expofition chaude. Quand les plantes ont pouffé, on les houe, comme il a été dit plus haut, & on les débarraffe exactement des mauvaifes herbes. Au commencement d'Octobre on les tranfplante fur une plate-bande chaude, où elles réfifteront très-bien, fi l'hiver n'eft pas trop froid ; mais, pour plus de fûreté, on en plante quelques-unes fur des planches affez près l'une de l'autre, & on difpofe des cercles au-deffus, qu'on couvre avec des nattes ou de la paille dans les fortes gelées, pour les garantir de leur impreffion.

Au printems on peut les tranfplanter dans un fol chaud & riche, à la même diftance qui a été prefcrite ; cependant, fi celles qu'on a laiffées contre les murs ne periffent pas en hiver, elles pommeront plutôt que celles qui auront été tranfplantées : mais il faut avoir foin de ne pas les placer trop près de la muraille, parce que dans cette pófition elles deviendroient hautes & & longues, au-lieu d'être groffes & dures.

Quand on veut avoir de bonnes graines de cette efpece, on examine les *Laitues* quand elles font dans leur perfection, à côté de celles qui font dures & baffes ; on met des bâtons pour les remarquer, & on arrache toutes les autres dès qu'elles commencent à monter ; car, s'il en reftoit quelques-unes, leur pouffiere fécondante , se mêlant avec celle des bonnes especes, en feroit dégénérer la semence. On objectera peut-être que, si par hasard il en restoit quelques-unes de ces mauvaises qui produisissent des semences de la petite espece parmi les bonnes , il n'en doit résulter aucun inconvénient, parce que les bonnes étant marquées avec des bâtons, on ne peut s'y tromper en les recueillant. Je repondrai que , malgré tous les soins qu'on puisse prendre de tenir les semences séparées, la poussiere fécondante des plantes de la petite espece , qui restent en fleurs parmi les bonnes , ou d'autres causes que j'ignore , font toujours dégénérer celles de la bonne espece, quoique marquées avec soin par des bâtons , & elles se trouvent constamment moins bonnes que celles qui ont produit leurs graines dans un lieu isolé. Il faut toujours recueillir les semences de celles qui auront passé l'hiver, ou que l'on aura semées de bonne heure au printems , car celles qui font semées tard perfectionnent rarement les leurs.

3°. La *Laitue de Cilicie*, *l'Impériale* , la *Royale*, la *noire*, la *blanche* , & la *cosse droite*, peuvent être semées dans les tems suivants. La premiere saison est vers la fin de Février, ou le commencement de Mars, sur une couche de chaleur modérée, ou sur un sol chaud & léger dans une position abritée. Quand les plantes font bonnes à être transplantées , celles qui auront été semées sur la couche chaude doivent être mises sur une autre couche chaude en rangs éloignés de quatre pouces , & à deux pouces de distance entr'elles ; on les tient à l'ombre jusqu'à ce qu'elles aient commencé à pousser de nouvelles racines, & on leur donne ensuite plus d'air à mesure qu'on avance, pour les empêcher de filer : mais si la saison se trouve favorable , on les transplante au commencement d'Avril dans la place qui leur est destinée , en laissant entr'elles seize pouces d'intervalle en tous sens ; car ces grosses especes ne doivent pas être trop voisines les unes des autres. Comme celles qui auront été semées en pleine terre, feront plus long-tems à pousser , il faudra les houer pour les éclaircir , ou en arracher une partie pour transplanter ailleurs, ainsi que nous l'avons déja recommandé pour celles de la couche , en leur donnant la même distance , sur-tout si le sol est bon : quand elles auront poussé de nouvelles racines, on les tiendra nettes de mauvaises herbes ; mais elles n'exigent aucune autre culture : cependant la *Laitue Cosse noire* doit être liée , quand elle est parvenue à sa grandeur, comme on le pratique pour l'*Endive*, afin de faire blanchir ses feuilles intérieures, & les rendre plus tendres & cassantes ; sans cette précaution elles ne deviendroient point pommées, & ne seroient bonnes à rien.

Quand ces *Laitues* font parvenues à leur dernier degré

de perfection, on les examine, & on remarque celles qui font les plus propres à produire de bonnes graines, comme nous l'avons dit pour la *Laitue pommée* ordinaire ; on a foin auffi de ne laiffer parmi elles aucunes plantes médiocres, car elles leur feroient encore plus nuifibles qu'à l'efpece commune, parce qu'elles font plus fujettes à dégénérer dans notre climat, fi l'on n'a pas la plus grande attention pour les conferver.

On peut ainfi fe procurer ces efpeces pendant tout le tems que les *Laitues* fourniffent, en les femant dans les mois d'Avril, Mai & Juin, & en plaçant les dernieres récoltes à l'ombre, comme il a déja été dit, pour les empêcher de monter en graines avant d'avoir acquis leur entiere groffeur. On feme encore ces efpeces au milieu de Septembre pour les conferver pendant l'hiver. On tranfplante ces dernieres fous des cloches, ou dans une plate-bande, fur laquelle on établit des cercles pour pouvoir les couvrir en hiver, & les mettre à l'abri des fortes gelées, qui les détruiroient ; il faut avoir l'attention de leur donner beaucoup d'air frais, lorfque le tems eft doux, & de ne les couvrir que dans les grandes pluies & les gelées, car elles font fujettes à fe moifir, lorfqu'on les tient trop long-tems couvertes, & font bientôt enfuite attaquées de pourriture.

Au printems on les tranfplante dans un fol riche &



léger, à feize pouces au moins de diftance en tous fens ; parce que, fi elles font trop ferrées, elles montent aifément, & ne pomment jamais bien. Il fera à propos de conferver la femence de cette récolte, fi elle réuffit bien ; cependant il faut toujours en recueillir fur celles qui auront été femées fur couche au printems ; car il arrive quelquefois que la premiere femence manque à caufe de l'humidité de la faifon, lorfque les plantes font en pleine fleur, & que la feconde réuffit mieux, parce qu'elle vient dans un tems plus favorable. Si ces deux récoltes fe perfectionnent, cela vaudra encore mieux ; car la femence de deux ans croît très-bien, & peut même être encore très-bonne après trois années, fi l'on en a grand foin ; mais cela n'arrive pas toujours.

Les meilleures de toutes les *Laitues* en Angleterre font la *Coffe verte d'Egypte*, la *Coffe blanche* ou de *Verfailles*, & la *Cilicie*. Quelques perfonnes aiment beaucoup la *Laitue Royale* & *Impériale* ; mais ces dernieres fe vendent rarement fur les marchés auffi bien que les autres, & ne font pas auffi généralement eftimées depuis qu'on cultive par-tout la *Coffe blanche* ; celle-ci a eu la préférence fur toutes les autres efpeces, jufqu'à ce qu'on ait connu la *Coffe verte d'Egypte*, qui fe trouve beaucoup plus douce & plus tendre. Cette efpece fupporte le froid de nos hivers ordinaires, auffi bien que la *Coffe blanche* ; mais fi la faifon où elle

pomme

pomme se trouve fort humide, elle est sujette à pourrir, parce qu'elle est très-tendre.

La *Laitue brune de Hollande* & la *verte de Capucin* sont très-dures, & peuvent être semées dans les mêmes saisons que la *Laitue commune* : elles sont très-propres à être plantées contre une muraille ou une haie, pour y passer l'hiver ; ces especes résistent souvent ainsi, tandis que la plupart des autres périssent, & elles deviennent de cette maniere très-agréables dans un tems où les autres salades sont très-rares ; elles supportent aussi bien mieux les grandes chaleurs & les sécheresses, que les autres especes de *Laitues* ; ce qui les rend très-propres à être semées fort tard, parce qu'il arrive souvent que dans les tems chauds toutes les *Laitues* montent en fleurs peu de tems après qu'elles sont pommées, tandis que celles-ci restent en bon état pendant quinze jours, sur-tout si l'on a l'attention de couper les plus avancées les premieres, & de laisser toujours celles qui ne sont pas aussi fermes ni aussi tournées. Si l'on place quelques plantes de ces dernieres especes au mois d'Octobre, sous des châssis, dans une couche tempérée, elles seront bonnes à être mangées au mois d'Avril, &, en les tenant couvertes de cloches, elles deviendront tendres. Pour en avoir des semences, on conserve avec soin les plus grosses & les mieux pommées, parce que les autres dégéné-



reroient, & ne seroient plus bonnes à rien.

La *Laitue rouge de Capucin*, la *Romaine* & la *Laitue de Prince* sont des belles variétés qui se pomment de bonne heure ; c'est-pourquoi on peut en conserver quelques-unes, ainsi que celles d'Alep, à cause de la beauté de ses feuilles tachetées, quoique peu de personnes en fassent cas, lorsque les autres sont communes : mais dans une disette, elles peuvent les remplacer ; elles sont d'ailleurs très-bonnes pour les potages. Il faut aussi recueillir les graines de ces especes sur les plantes les mieux pommées, parce que celles des autres dégénéreroient, & ne seroient d'aucune valeur.

Les tiges, que l'on destine à donner de la semence, ne doivent jamais être trop voisines des autres especes ; car, par le mélange de leurs poussieres fécondantes, elles changeroient de nature, & participeroient l'une de l'autre. On fixe un bâton à côté de chacune, pour y attacher les tiges & empêcher qu'elles ne soient cassées & renversées par le vent, ce qui arrive fort souvent aux *Cosses*, à la *Cilicie*, & aux autres grandes especes, lorsqu'elles sont en fleur. On coupe aussi les branches de ces grosses especes qui mûrissent les premieres, sans attendre que les semences de toute la plante soient parvenues à leur maturité : ce qui ne peut arriver en même tems ; car au contraire quelques branches donnent des semences mûres

quinze jours ou trois femaines
avant les autres : après les
avoir coupées, on les étend
fur un drap dans un endroit
fec, pour les faire fecher; on
les bat enfuite, & l'on fait
fecher une feconde fois les
femences; après quoi on les
conferve pour l'ufage, en les
fufpendant dans une chambre
hors de la portée des fouris &
des infectes deftructeurs, qui
les dévoreroient bientôt s'ils
pouvoient y atteindre (1).

**LACTUCA AGNI.** *Voyez*
Valeriana Locusta.

**LAGOECIA.** [ *Baſtard Cumin.* ] Cumin bâtard *ou le* Cu-
minoïde.

*Caractères.* Cette plante a plufieurs fleurs raffemblées en une

---

(1) Les feuilles de *Laitue* font
très-rafraîchiffantes, tempérantes,
& légérement narcotiques; on en
extrait par la diftillation une eau
qu'on ajoûte & qui fert de bâfe
aux Juleps rafraichiffants & fom-
niferes : on en prépare des bouillons & des lavemens, qu'on adminiftre dans les mêmes circonftances dans lefquelles on emploie
l'émulfion de ces graines.

Les graines de *Laitue*, qui font
mifes au nombre des quatre petites femences froides, fourniffent
une émulfion rafraîchiffante, cal-
mante & antiputride, qu'on fait
prendre avec beaucoup de fuccès
dans les fievres ardentes, inflammatoires & bilieufes, ainfi que
dans la manie, l'hemorrhagie &
les autres maladies qui reconnoif-
fent pour caufe un caractere àcre
des humeurs. Comme le peu de
volume de ces graines ne permet
point d'en ôter l'écorce, on les
écrâfe entiéres, & on les emploie
à une plus forte dofe que les autres dans la même quantité d'eau.



tête, qui ont une enveloppe
commune compofée de huit
feuilles dentelées; mais les enveloppes particulieres de chaque fleur n'ont que cinq feuilles très-étroites, aîlées & terminées par plufieurs pointes
garnies de poils : la corolle
eft compofée de cinq pétales
cornés, plus courts que le calice ; au fond de chaque fleur
eft placé un germe qui foutient un ftyle couronné par
un fimple ftigmat, & accompagné de cinq étamines longues & capillaires. Le germe
fe change dans la fuite en une
femence ovale, couronnée par
le calice.

Nous ne connoiffons dans
ce genre qu'une feule efpece
qui eft :

*Lagoecia Cuminoïdes. Lin. Hort.
Cliff. 73. Hort. Upf. 52. Mat.
Med. Murray. Prodr.* 146 ; Cumin bâtard, *ou le* Cumi-
noïde.

*Cuminum Sylveſtre, capitulis
globofis. Bauh. Pin.* 146.

*Cuminum Sylveſtre. Cam. Epit.
518. Gefn. Epiſt.* 50.

Nous n'avons point d'autre
nom pour cette plante ; cependant celui-ci ne lui eft pas fort
propre : mais comme plufieurs
anciens Botaniftes l'ont appelé
*Cuminum Sylveſtre*, Cumin Sauvage, & que Tournefort en
a fait un genre diftinct fous
le titre des *Cuminoïdes*; on peut
lui laiffer cette dénomination.

Cette plante eft annuelle, &
s'éleve à-peu près à la hauteur d'un pied; fes feuilles reffemblent à celles du *Cerinthe* :
fes fleurs font d'un jaune verdâtre, & raffemblées en têtes

ſphériques aux extrémités des tiges ; mais comme elle n'a pas beaucoup de beauté, on ne la cultive que dans les jardins de Botanique. Elle croît en abondance dans les environs d'Aix en Provence, & dans la plupart des Iſles de l'Archipel ; elle périt après avoir perfectionné ſes ſemences, qu'on répand en Automne ſur une plate - bande chaude un peu après leur maturité. Si on leur donne le tems de ſe ſemer ellesmêmes, les plantes pouſſeront naturellement, & n'auront beſoin que d'être exactement nettoyées ; mais quand on les ſeme au printems, elles reſtent communément une année dans la terre avant de germer. J'en ai même vu qui ont demeuré juſqu'à deux ou trois ans ; ainſi, quand les plantes ne paroiſſent pas dans la premiere année, il ne faut pas remuer la terre.

LAGOPUS. *Voyez* TRI-FO-LIUM ARVENSE. L.

LAITERON. *Voyez* SON-CHUS.

LAITERON VELU. *Voyez* ANDRYALA.

LAITUE. *Voyez* LACTUCA.

LAITUE SAUVAGE. *Voyez* PRENANTHER L.

LAITUE D'AGNEAU. *V.* VALERIANA LOCUSTA L. & VESICARIA. L.

LAMIUM. *Tourn. Inſt. R. H.* 183. *Tab.* 89. *Linn. Gen. Plant.* 636. [ *Dead Nettle, or Archangel.* ] Ortie morte *ou* Archange, le Lamier.

*Caractere*s. Le calice eſt perſiſtant, & formé par une feuille tubulée & découpée à l'extré-

mité en cinq ſegmens égaux, qui ſe terminent en barbe : la corolle eſt monopétale & labiée ; elle a un tube court, cylindrique, gonflé à l'évâſement & comprimé ; la levre ſupérieure eſt arquée, ronde, obtuſe & entiere ; l'inférieure eſt courte, en forme de cœur, réfléchie & dentelée à ſon extrémité : la fleur a quatre étamines en forme d'alêne, & jointes à la levre ſupérieure ; deux d'entr'elles ſont plus longues que les autres, & elles ſont toutes terminées par des ſommets oblongs & velus : elle a un germe quadrangulaire, qui ſoutient un ſtyle mince, placé avec les étamines, & couronné par un ſtigmat aigu & à deux pointes. Le germe ſe change, quand la fleur eſt paſſée, en une ſemence triangulaire, placée dans le calice ouvert.

Ce genre de plantes eſt rangé dans la premiere ſection de la quatorzieme claſſe de LINNÉE, intitulée, *Didynamia Gymnoſpermia*, dont les fleurs ont deux longues étamines & deux plus courtes, & ſont ſuivies de ſemences nues, placées dans le calice.

Les eſpeces ſont :

1°. *Lamium purpureum, foliis cordatis, obtuſis, petiolatis. Hort. Cliff.* 314. *Fl. Suec.* 494, 521. *Roý. Lugd.-B.* 319. *Dalib. Paris.* 179. *Oed. Dan.* 532. *Pollich. Pal. n.* 556 ; l'Ortie morte à feuilles obtuſes, en forme de cœur & pétiolées.

*Lamium purpureum, fœtidum, folio ſubrotundo, ſivè Galeopſis Dioſcoridis. C. B. P.* 230 ; Ortie morte, *ou* Archange pourpre & fétide, *ou* le Galeopſis de Dioſcoride à feuilles preſque rondes.

*Lamium foliis cordatis, obtuſis, in ſummo ramo congeſtis. Hall. Helv. n.* 272.

*Lamium nudum, foliis cordatis, obtuſis, in ſummo caule congeſtis. Crantʒ. Auſtr.* 259.

*Lamium foliis cordatis, petiolatis, corollæ galeâ integerrimâ, tubo breviore. Scop. Carn. ed.* 1. *p.* 460. *n.* 1. *ed.* 2. *n.* 701.

*Galeopſis minor. Riv. Mon. t.* 62.

*Lamium rubrum. Blackw. t.* 152. *f.* 1.

*Urtica iners, altera. Dod. Pempt.* 153.

*Galeopſis.* 2. *Tabern.* 545.

2°. *Lamium album, foliis cordatis, acuminatis, ſerratis, petiolatis. Hort. Cliff.* 314. *Fl. Suec.* 493, 520. *Mat. Med.* 149. *Roy. Lugd.-B.* 319. *Dalib. Paris.* 178. *Oed. Dan.* 594; Ortie morte à feuilles pointues, en forme de cœur, ſciées & pétiolées.

*Lamium album non fœtens, folio oblongo. C. B. P.* 231; Archange, *ou* Ortie morte, non fétide, à feuilles oblongues.

*Galeopſis. Cam. Épit.* 865. *Riv. t.* 62.

3°. *Lamium Garganicum, foliis cordatis, pubeſcentibus, corollis fauce inflatá, tubo recto, dente utrinquè gemino. Lin. Sp.* 808; Ortie morte à feuilles en forme de cœur & velues, ayant l'évâſement de la corolle enflé, & armé de deux dents.

*Lamium Garganicum ſubincanum, flore purpuraſcente, cum labio ſuperiori crenato. Micheli.*

*Till. Piſ.* 93 *t.* 34. *f.* 2; Ortie morte, blanche, avec une feuille pourpâtre, dont la levre ſupérieure eſt crénelée.

*Lamium Catariæ folio, flore purpureo. Act. Paris.* 1717. *p.* 351.

4°. *Lamium moſchatum, foliis cordatis; obtuſis, glabris, floralibus ſeſſilibus, calycibus profundè inciſis;* Ortie morte à feuilles obtuſes, unies & en forme de cœur, dont les feuilles florales ſont ſeſſiles, & les calices profondément découpés.

*Lamium Orientale, nunc moſchatum, nunc fœtidum, magno flore. Tourn. Cor.;* Ortie morte du Levant, tantôt odoriférante, tantôt puante, avec une grande fleur.

5°. *Lamium Meliſſæ-folium, foliis cordatis, nervoſis, ſerratis, petiolis longioribus, caule erecto;* Ortie morte à feuilles en forme de cœur, nerveuſes, ſciées, & plus longues que les pétioles, ayant une tige érigée.

*Lamium montanum. Meliſſæ folio. C. B. P.* 231. *Icon. Pl.* 158; Ortie morte de montagne, à feuilles de Méliſſe.

Il y a pluſieurs autres eſpeces de ce genre, & quelques variétés, mais comme la plupart ſont de mauvaiſes herbes, je n'en parle pas, parce qu'il y a peu de perſonnes qui ſe donnent la peine de les cultiver dans les jardins.

*Purpureum.* La premiere eſpece, qui croît naturellement dans pluſieurs parties de l'Angleterre ſous les haies & à côté des routes, eſt auſſi une herbe fort incommode dans un jardin ; mais comme elle est comprise dans la plupart des pharmacopées, comme plante médicinale, j'ai cru devoir l'inférer ici ; elle est annuelle ; sa tige ne s'éleve guere qu'à la hauteur de quatre ou cinq pouces : ses feuilles basses sont en forme de cœur, émoussées & supportées par des pétioles assez longs, mais celles du haut sont plus rapprochées de la tige : ses fleurs verticillées sur la partie supérieure de la tige, sont d'un pourpre pâle, & produisent des semences nues, placées dans le calice : lorsque ces graines sont parvenues à leur maturité, la plante périt ; cette espece fleurit au milieu de Mars, quand les plantes de semences écartées commencent à paroître : celles ci sont remplacées par d'autres qui se succèdent ainsi jusqu'à la fin de l'été (1).

*Album.* La seconde, à laquelle on donne ordinairement le nom d'*Archange*, est d'usage en Médecine ; c'est pourquoi j'en fais mention ici : ses racines sont vivaces & rampent beaucoup dans la terre, de sorte qu'il est difficile de les détruire, quand elles se trouvent par hasard sous les haies, parce qu'elles s'entrelacent avec celles des arbrisseaux, & que la moindre partie qui reste, pousse & s'étend de nou-

---

(1) Cette plante jouit des mêmes propriétés médicinales que le *Lamium album non fœtens, folio oblongo*, auquel on peut la substituer dans tous les cas. Voyez la note suivante.

veau : les tiges de cette espece s'élevent beaucoup plus haut que celles de la précédente : ses fleurs, plus larges & blanches, sont disposées en anneaux autour des tiges, & se succèdent durant presque tout l'été (1).

*Garganicum.* La troisieme, qu'on rencontre sur les montagnes de l'Italie, a une racine vivace & traçante, de laquelle sortent plusieurs tiges épaisses, carrées, d'un pied de hauteur, & garnies de feuilles velues, opposées, en forme de cœur, & supportées par des pétioles assez longs : ses fleurs verticillées aux nœuds supérieurs des tiges sont larges, d'un pourpre pâle, se succedent pendant la plus grande partie de l'été, & sont remplacées par des semences qui mûrissent six semaines après que la fleur est

---

(1) Quel que soit le préjugé au sujet de cette plante, il n'est pas moins vrai que ses propriétés sont extrêmement foibles, & que c'est perdre un tems toujours précieux dans le traitement des maladies, que de recourir à des moyens aussi peu efficaces : cependant, comme d'ailleurs son usage ne peut être suivi d'aucun accident, on peut laisser à ceux qui y ont confiance la liberté de s'en servir, ne fût ce que pour guérir leur imagination.

On attribue à cette espece la vertu d'arrêter les pertes de sang ; on fait cuire pour cela ses feuilles & ses fleurs à la dose d'une poignée dans un bouillon de veau ; on en fait aussi usage dans les crachemens de sang ; mais dans des cas aussi pressans on doit peu compter sur la foible vertu astringente de ce remede.

T 3

paffée : on peut multiplier cette efpece par femences ; mais comme les racines s'étendent beaucoup, quand elles font une fois bien établies, elle fe multiplie affez vîte d'elle-même.

*Mofchatum.* La quatrieme croît naturellement dans les ifles de l'Archipel, cette efpece annuelle pouffe & réuffit mieux en lui laiffant écarter fes femences, que quand on les répand avec méthode : fes plantes paroiffent en automne, & ont une belle apparence pendant l'hiver, car elles font tachetées de blanc à-peu-près comme le *Cyclamen* d'automne ; leurs tiges s'élevent à la hauteur de huit ou neuf pouces, & font garnies de feuilles unies, oppofées & en forme de cœur, qui répandent une odeur de mufc dans les tems fecs, & fétide dans les tems humides : leurs fleurs, blanches & verticillées, paroiffent au mois d'Avril, leurs femences mûriffent dans le mois de Juin, & les plantes périffent bientôt après. Cette efpece n'exige aucun autre foin que d'être tenue nette de mauvaifes herbes.

*Meliffæ-folium.* La cinquieme eft originaire du Portugal ; fa racine eft vivace, & la tige annuelle, forte, carrée & érigée, s'éleve à la hauteur d'un pied & demi ; fes feuilles font larges, nerveufes, en forme de cœur, profondément fciées fur leurs bords, & oppofées : fes fleurs font verticillées à chaque nœud de la tige ; elles font très-larges & d'un pourpre foncé : celles du bas pa-



roiffent vers le commencement de Mai, & font fuivies par d'autres fur le haut, de forte qu'elles fe fuccedent pendant deux mois fur la même tige. Comme cette plante produit rarement de bonnes femences en Angleterre, & que fes racines ne fe multiplient pas vîte, cette efpece n'eft pas bien commune dans nos jardins.

La meilleure faifon pour tranfplanter & divifer ces racines eft le mois d'Octobre, mais il ne faut le faire que tous les trois ans, fi on veut les voir bien fleurir, parce que la beauté de cette plante confifte dans le nombre de fes tiges, qui eft toujours proportionné à la groffeur des racines ; les petites n'en pouffent qu'une ou deux, tandis que les plus groffes en fourniffent huit ou dix : ces racines font dures, & réuffiffent très-bien dans une terre légere & graffe (1).

LAMPSANA. *Voyez* LAPSANA.

**LAMPSANE**, *ou* CHICO-

---

(1) Cette plante, que TOURNEFORT met au nombre des diurétiques chauds, ne convient point également dans toutes les efpeces de rétention d'urine, quoique cet Auteur, qui la recommande contre cette maladie, n'en faffe aucune diftinction ; il faut fur-tout fe garder d'en faire ufage lorfqu'il y a quelqu'apparence d'inflammation, & dans le cas où la contraction fpafmodique des voies urinaires produit la maladie.

La racine de cette efpece répand une odeur femblable à celle de l'*Ariftoloche longue*, à laquelle on la fubftitue quelquefois.

RÉE DE ZANTHE. *Voyez* LAP-
SANA ZACINTHA.

LANDES , GENÈT ÉPI-
NEUX, JONC MARIN,
AJONC , *ou* BRUSQUE. *Voy.*
ULEX EUROPÆUS, *ou* GENIS-
TA SPARTIUM MAJUS.

LANGUE DE CERF , *ou*
SCOLOPENDRE. *Voyez* LIN-
GUA CERVINA.

LANGUE DE CHIEN , *ou*
CYNOGLOSSE. *Voyez* CYNO-
GLOSSUM OFFICINALE.

LANGUE DE SERPENT.
*Voy.* OPHIOGLOSSUM VULGA-
TUM. *C. B. P.*

LANIGER , se dit des plantes ou des arbres qui portent
une substance laineuse ou velue, comme celle qu'on trouve
ordinairement sur les chatons
des Saules.

LANTANA. *Lin. Gen. Plant.*
683. *Camara. Plum. Nov. Gen.*
32. *tab.* 2. [*American Viburnum ,
or Camara.*] Viorne d'Amérique , *ou* Camara.

*Caractères.* Le calice de la
fleur est découpé en quatre
segmens ; la corolle monopétale est irréguliere , a un tube
cylindrique , plus long que le
calice , & qui s'étend & s'ouvre sur le bord, où il est divisé en cinq segmens ; au centre de la fleur est placé un
pointal, qui soutient un stigmat courbe , accompagné de
quatre étamines , dont deux
font plus longues que les
autres ; le pistil se change
dans la suite en un fruit presque rond, qui s'ouvre en deux
cellules, dans chacune desquelles est renfermée une semence
arondie.

Ce genre de plantes est rangé



dans la seconde section de la
quatorzieme classe de LINNÉE ,
intitulée , *Didynamia Angios-
permia*, dont les fleurs ont deux
longues étamines & deux plus
courtes , & des semences renfermées dans une capsule.

Les especes sont :

1°. *Lantana aculeata , foliis
oppositis , caule aculeato , ramoso ,
floribus capitato-umbellatis. Lin.
Sp.* 874 ; Lantana à feuilles opposées , avec une tige branchue & épineuse , & des fleurs
en ombelle & réunis en tête.

*Lantana foliis oppositis , petio-
latis , caule aculeato. Linn. Hort.
Cliff.* 498. *Hort. Ups.* 380. *Roy.
Lugd.-B.* 290.

*Lantana caule quadrato & acu-
leato , floribus è colore citrino in
croceum sese mutantibus. Medic.
Act. Palat. vol.* 3. *Phyl. p.* 231.

*Myrobatindum Viburni folium ,
spinosum , floribus coccineis. Vaill.
Act.* 1722. *p.* 276.

*Viburnum Americanum odora-
tum , Urticæ foliis latioribus ,
spinosum , floribus miniatis. Pluk.
Alm.* 285. *tab.* 223 ; Viorne
d'Amérique odorante & épineuse, ayant de larges feuilles
d'Ortie & des fleurs couleur
de carmin.

2°. *Lantana inermis , caule
inermi , foliis lanceolatis , dentatis , alternis , floribus corymbosis ;*
Lantana à tige unie , garnie
de feuilles dentelées , alternes
& en forme de lance , avec
des fleurs disposées en corymbes.

*Periclymenum rectum , Salviæ
foliis majoribus , oblongis , mucronatis , subtùs villosis , alternatim sitis , flore & fructu minoribus. Sloan. Cat. Jam.* 164 ; Chè-

vrefeuille érigé, à feuilles de Sauge, larges, oblongues, couvertes de pointes aiguës, & velues en-deſſous, alternes, des fleurs & des fruits fort petits.

3°. *Lantana lanuginoſa, caule ramoſo, lanuginoſo, foliis orbiculatis, crenatis, oppoſitis, floribus capitatis;* Lantana à tige laineuſe & branchue, avec des feuilles rondes, crenelées, & oppoſées, & des fleurs raſſemblées en têtes.

*Periclymenum rectum, Salviæ folio rugoſo, minori, ſubrotundo. Cat. Jam.* 164 ; Chévrefeuille érigé, à feuilles plus petites, rudes & preſque rondes.

4°. *Lantana tri-folia, foliis ternis, caule inermi, ſpicis oblongis, imbricatis. Lin. Sp. Plant.* 873 ; Lantana à feuilles placées par trois autour des tiges, qui ſont ſans épines, avec des épis de fleurs oblongs & imbriqués.

*Camara tri-folia, purpuraſcente flore. Plum. Nov. Gen.* 32. *Ic.* 70 ; Camara à trois feuilles, avec une fleur pourpâtre.

*Myrobatindum ſpicatum, Viburni foliis ex adverſo ternis. Vaill. Act.* 1722. *p.* 277.

5°. *Lantana Urticæ-folia, caule aculeato, foliis oblongo cordatis, ſerratis, oppoſitis, floribus corymboſis;* Lantana avec une tige épineuſe des feuilles oblongues, ſciées, en forme de cœur, & oppoſées, & des fleurs en corymbe.

*Periclymenum rectum, Urticæ folio hirſuto, majori, flore flavo. Sloan. Cat. Jam.* 163 ; Chévrefeuille érigé, à larges feuilles d'Ortie, avec une fleur jaune.

6°. *Lantana Camara, caule inermi, foliis ovato-lanceolatis, ſerratis, rugoſis, floribus capitatis, lanuginoſis;* Lantana à tige unie, avec des feuilles ovales, rudes, ſciées, & en forme de lance, & des fleurs en têtes laineuſes.

*Camara Meliſſæ folio, flore variabili. Dill. Elth.* 64. *t.* 56. *f.* 65.

*Periclymenum rectum, Salviæ folio, rugoſo, majori, ſubrotundo & bullato. Sloan. Cat. Jam.* 163 ; Chévrefeuille droit, à feuilles de Sauge, rudes, larges, preſque rondes & bouillonnées.

*Viburnum Americanum, non ſpinoſum, Meliſſæ foliis, floribus coccineis. Pluk. Alm.* 385. *t.* 114. *f.* 4.

7°. *Lantana bullata, foliis oblongo-ovatis, acuminatis, ſerratis, rugoſis, alternis, floribus capitatis;* Lantana à feuilles oblongues, ovales, pointues, ſciées, rudes & alternes, avec des fleurs diſpoſées en têtes.

*Periclymenum rectum, Salviæ folio, rugoſo, minori, bullato, flore albo. Sloan. Cat.* 163 ; Chévrefeuille droit, à plus petites feuilles de Sauge, rudes & bouillonnées, avec une fleur blanche.

8°. *Lantana alba, caule inermi, foliis ovatis, ſerratis, floribus capitatis, alaribus ſeſſilibus;* Lantana à tige ſans épines, avec des feuilles ovales & ſciées, & des fleurs qui croiſſent en têtes, & ſont ſeſſiles aux aîles des feuilles.

*Camara foliis Urticæ, floribus minoribus albis, ex alis foliorum prodeuntibus. Houſt.;* Camara à feuilles d'Ortie , ayant de plus petites fleurs blanches qui fortent des aîles des feuilles.

9°. *Lantana annua, foliis quaternis , caule afpero , fpicis oblongis ;* Lantana à quatre feuilles, avec une tige rude & des épis de fleurs oblongs.

*Periclymenum rectum humilius, folio rugofo , majori , flore purpureo , fructu oblongo , efculento , purpureo. Sloan. Cat. Jam. 164. Hift. 2. p. 82. t 195. Raii. Dendr. 30 ;* le plus petit Chévrefeuille droit , avec une plus grande feuille rude , une fleur pourpre , & un fruit oblong, pourpre & bon à manger.

10°. *Lantana angufti-folia , caule inermi , foliis ovato-lanceolatis , oppofitis , floribus capitatis , pedunculis longiffimis ;* Lantana à tige fans épines , ayant des feuilles ovales , oppofées & en forme de lance , & des fleurs raffemblées en têtes, & fur de très-longs pédoncules.

*Periclymenum rectum , Salviæ folio , rugofo , longo & anguftiffimo. Sloan Cat. 164 ;* Chévrefeuille droit, avec une feuille de Sauge rude , longue & étroite.

11°. *Lantana Africana , foliis alternis , feffilibus , floribus folitariis. Hort. Cliff. 320. Roy. Lugd.-B. 290 ;* Lantana à feuilles alternes & feffiles, avec des fleurs croiffant feparément.

*Lantana floribus folitariis. Gen. Plant. 632.*

*Jafminum Africanum , Ilicis folio , flore folitario , ex foliorum alis proveniente , albo. Com. Plant. Rar. 6. tab. 6 ;* Jafmin d'Afrique , à feuilles de Chêne , produifant des fleurs folitaires &

blanches , qui fortent des aîles des feuilles.

*Spielmannia Jafminum , foliis alternis , feffilibus , decurrentibus , floribus feffilibus. Medic. In. Act. Palat. vol. 3. Phys. p. 198. R.*

12°. *Lantana Salvi-folia , foliis oppofitis , feffilibus , floribus racemofis. Lin. Sp. 875. Mant. 419 ;* Lantana à feuilles oppofées & feffiles , ayant des fleurs en grappes.

*Frutex Africanus , foliis conjugatis Salviæ anguftis , floribus hirfutis. Herm. Afr. 10.*

*Aculeata.* La premiere efpece eft affez commune dans les jardins de l'Angleterre où l'on conferve des plantes exotiques ; elle croît naturellement à la Jamaïque , & dans plufieurs autres ifles de l'Amérique , où elle eft connue fous le nom de *Sauge fauvage ,* ainfi que plufieurs autres efpeces qui ne font pas diftinguées par les habitans : fa tige , ligneufe , & de cinq ou fix pieds d'élévation , pouffe plufieurs branches quadrangulaires , armées d'épines courtes & courbes ; fes feuilles font oppofées , ovales , en forme de lance , à-peu près d'un pouce & demi de longueur fur trois quarts de pouce de largeur , velues & fupportées par de courts pétioles : fes fleurs naiffent aux aiffelles des branches vers l'extrémité des tiges ; deux pédoncules fortent du même nœud ; ils font oppofés, de deux pouces environ de longueur , & terminés par des fleurs difpofées en têtes prefque rondes : celles qui occupent la circonference , font d'abord d'un rouge-clair ou écarlate, mais avant de tomber, elles deviennent d'un pourpre foncé , celles du centre sont d'un jaune-clair en naissant, & prennent quelque tems après une teinte de couleur d'orange : toutes ces fleurs sont remplacées par des baies presque rondes, qui deviennent noires en mûrissant, & ont une enveloppe pulpeuse, qui environne une simple semence dure. Cette plante fleurit pendant presque toute l'année en Amérique ; mais en Angleterre, les fleurs ne commencent à paroître qu'en Juin, & se succedent jusqu'à Noël ; celles qui s'ouvrent de bonne heure produisent des semences.

*Inermis.* La seconde , qui se trouve aussi à la Jamaïque, a une tige d'arbrisseau mince, unie, d'environ quatre pieds de hauteur , & divisée en plusieurs petites branches quadrangulaires , érigées , & garnies de feuilles en forme de lance, de deux pouces environ de longueur sur un de large, dentelées sur leurs bords, blanches en-dessous, alternes & supportées par de courts pétioles : les pédoncules des fleurs sortent alternativement des aîles des feuilles vers l'extrémité des branches ; ils sont très-minces, & soutiennent de petites têtes de fleurs d'un pourpre pâle , auxquelles succedent de petites baies de couleur pourpre, dont chacune renferme une simple semence. Cette plante fleurit en même tems que la premiere ; le Docteur HOUSTOUN m'a envoyé ses

graines de la Vera-Cruz , mais depuis j'en ai reçu de semblables de la Jamaïque.

*Lanuginosa.* Les semences de cette troisieme espece m'ont aussi été envoyées de la Vera-Cruz par le même Docteur HOUSTOUN : elle a une tige d'arbrisseau de trois pieds environ de hauteur, qui se divise en plusieurs branches droites ; ses feuilles sont oblongues, sciées sur leurs bords , opposées vers la partie inférieure des branches , & placées par trois à leur extrémité ; ses pédoncules sortent des aîles des feuilles, ils ont à-peu-près trois pouces de longueur, & soutiennent un épi oblong de fleurs pourpre, qui naissent dans des écailles couchées les unes sur les autres , & sont terminées en pointes aiguës. Ces fleurs produisent des baies assez grosses & de couleur pourpre. Cette plante fleurit en même tems que les especes précédentes.

*Tri-folia.* Le Docteur HOUSTOUN m'a envoyé de la Havane les semences de la quatrieme : elle a une tige d'arbrisseau d'environ trois pieds de hauteur , couverte d'une écorce grise & laineuse , & divisée en plusieurs branches, qui sortent par paires & sont garnies de feuilles rondes , dentelées sur leurs bords, rudes, ridées sur la surface supérieure, comme celles de la *Sauge*, opposées & supportées par de courts pétioles ; ses pédoncules sortent aux extrémités des branches : ils sont courts, & soutiennent une tête globulaire de fleurs pourpres, auxquelles fuccèdent des baies affez groffes, qui renferment chacune une femence. Cette efpece fleurit en même tems que les autres ; elle donne une une variété à fleurs blanches, dont les feuilles ne font pas tout-à-fait auffi rondes ni auffi crenelées fur leurs bords. Comme je foupçonne que ces deux plantes ne font que des variétés des mêmes femences, je ne les indique point comme deux efpeces diftinctes.

*Urticæ-folia.* La cinquieme, dont le Docteur HOUSTOUN m'a envoyé les femences de la Vera-Cruz, s'éleve à la hauteur de quatre ou cinq pieds, avec une tige branchue, ligneufe & garnie de feuilles oblongues, en forme de cœur, fciées fur leurs bords, & terminées en pointe aiguë : fes fleurs naiffent en paquets ronds aux extrémités des branches, fur des pédoncules minces, droits, & d'environ un pouce de longueur ; ces fleurs font jaunes & croiffent en têtes plus claires que celles des efpeces précédentes. Cette plante fleurit en même tems que les autres.

*Camara.* La fixieme a une tige ligneufe, branchue, de cinq ou fix pieds de hauteur, & couverte d'une écorce d'un brun-obfcur : fes branches font plus divifées que celles des autres, & beaucoup plus ligneufes ; fes feuilles, longues de deux pouces & demi, fur cinq quarts de pouce de largeur, font profondément fciées fur leurs bords, & ont leur furface fupérieure très-rude ; plufieurs font fort chargées de taches blanches, qui font élevées comme fi elles 'y étoient enchâffées : ces feuilles font alternes fur les branches ; fes fleurs fortent aux aiffelles de la tige fur des pédoncules affez longs ; elles font blanches & raffemblées en petites têtes laineufes. Cette plante fleurit vers le même tems que les autres.

*Bullata.* La feptieme s'éleve à la hauteur d'environ quatre pieds, avec une tige d'arbriffeau branchue, couverte auffi d'une écorce d'un brun-obfcur, & garnie de feuilles oblongues, ovales, terminées en pointe aiguë, d'un pouce de longueur fur un demi de largeur, fort veinées en-deffus, alternes & affez voifines des branches : fes fleurs fortent à l'extrémité des branches fur de courts pédoncules, en petites têtes ferrées, elles font blanches & ont peu d'apparence. Cette plante fleurit en même tems que la précédente.

*Alba.* La huitieme, dont le Docteur HOUSTOUN m'a envoyé les femences de Campêche, a une tige mince d'arbriffeau, qui s'éleve à la hauteur de trois ou quatre pieds, & fe divife en plufieurs branches minces, unies, quarrées, & garnies de petites feuilles ovales, fciées & oppofées : fes fleurs, qui fortent à chaque nœud des aiffelles de la tige, font petites, blanches, raffemblées en têtes ferrées, placées par paires, & feffiles aux branches. Cette efpece fleurit en même tems que la précédente.

*Annua.* La neuvieme eſt annuelle ; le Docteur HOUSTOUN m'a auſſi envoyé ſes ſemences de la Vera-Cruz ; mais depuis j'en ai reçu d'autres de la partie ſeptentrionale de la Jamaïque : elle a une tige forte, droite, rude, de trois pieds de hauteur, & divitée vers ſon extrémité en deux ou trois branches érigées, & garnies de feuilles oblongues, ovales, ſciées, terminées en pointe aiguë, un peu laineuſes en-deſſous, & raſſemblées au nombre de quatre ſur chaque nœud ; ſes pédoncules, dont la longueur eſt de deux ou trois pouces, ſortent par paires, & quelquefois au nombre de trois, du même nœud ; ſoutiennent chacun un épi épais de fleurs larges & de couleur pourpre, qui produiſent des baies de même couleur, groſſes & très ſucculentes, que les habitans mangent communément. Cette eſpece fleurit en Juillet, lorſqu'elle a été élevée & avancée de bonne heure au printems : dans ce cas, ſes ſemences ſe perfectionnent en automne, & les plantes périſſent bientôt après.

*Anguſti-folia.* La dixieme croît naturellement à la Jamaïque, d'où le Docteur HOUSTOUN m'a envoyé ſes ſemences : elle s'éleve avec une tige mince, unie, & branchue, à la hauteur de trois pieds ; ſes branches ſont garnies de feuilles ovales, en forme de lance, de deux pouces de longueur ſur un de largeur, crenelées ſur leurs bords, rudes en-deſſous, oppoſées, d'une odeur agréable, & placées par paires ſur des pétioles très-courts : ſes fleurs naiſſent aux aiſſelles de la tige, ſur de très-longs pédoncules, & oppoſées dans toute la longueur des jeunes branches : ces pédoncules ſoutiennent de petites têtes rondes de fleurs blanches, qui paroiſſent vers le même tems que celles des autres ; mais elles produiſent rarement des ſemences en Angleterre.

*Culture.* On multiplie aiſément par boutures toutes ces plantes, à l'exception de la neuvieme, qui eſt annuelle, & ne ſe perpétue que par ſemences ; les autres peuvent auſſi ſe reproduire par ce dernier moyen, & quelques-unes d'entr'elles perfectionnent leurs graines en Angleterre : il eſt très-facile de ſe procurer ces plantes de l'Amérique, où il y en a une infinité de variétés, qui ne ſont point connues en Europe. Les habitans des Iſles Britanniques d'Amérique leur donnent à toutes le nom de *Sauge ſauvage*, ſans diſtinction d'eſpeces : il faut ſemer ces graines dans des pots remplis de terre légere, & les plonger dans une couche chaude de tan ; je conſeille de les ſemer dans des pots, parce qu'elles reſtent ſouvent dans la terre quelque tems avant de germer : ainſi, lorſque les plantes ne paroiſſent pas dans la même année, on met les pots dans une ſerre, & on les plonge au printems ſuivant dans une nouvelle couche chaude qui les fera pouſſer : quand ces plantes font affez fortes pour être enlevées, on les place chacune féparément dans de petits pots, on les plonge dans une autre couche, & on les tient à l'ombre jufqu'à ce qu'elles aient pouffé de nouvelles racines : alors on leur donne de l'air tous les jours, à proportion de la chaleur de la faifon, afin de les empêcher de filer ; après quoi on les traite comme les autres plantes du même Pays : lorfqu'elles font devenues très-fortes, on les tranfporte dans une caiffe de vitrage bien airée, ou dans une ferre chaude feche, afin qu'elles puiffent jouir de beaucoup d'air dans les tems chauds, & être en même-tems à l'abri des froids. Après la premiere année, on expofe ces plantes au plein air dans les tems les plus chauds de l'été ; & en hiver, on les place dans une ferre feche, où elles refteront long-tems en fleurs, & où plufieurs d'entr'elles perfectionneront leurs femences : on doit avoir attention pendant l'hiver de les arrofer peu, car l'humidité feroit pourrir leurs racines.

Si on veut les multiplier par boutures, il faut le faire dans le mois de Juillet, après que les plantes auront été expofées en plein air pendant un mois ; alors leurs rejettons feront affez durs pour ne pas courir le rifque de périr par l'humidité : on plante ces boutures dans de petits pots remplis de terre légere, on les plonge dans une couche de chaleur tempérée, & on les tient à l'ombre durant la plus grande chaleur du jour : ces boutures poufferont des racines en fix femaines ; alors on les accoutumera par degrés à fupporter le plein air, & on les traitera enfuite comme les vieilles plantes.

*Africana.* On cultive depuis long-tems la onzieme efpece dans les jardins anglois, où on la connoît généralement fous le nom de *Jafmin d'Afrique* à feuilles d'*Ilex* : elle s'éleve avec une tige d'arbriffeau à la hauteur de cinq ou fix pieds, & produit plufieurs branches irrégulere bien garnies de feuilles minces, ovales, terminées en pointe, & fciées fur leurs bords : ces feuilles embraffent les branches de leur bâfe, & du fein de chacune fort une fimple fleur blanche, découpée fur fes bords en cinq fegmens, qui, à la premiere vue, paroît femblable à celle de *Jafmin* ; mais quand on la confidere de près, on remarque que le tube eft courbé, comme dans celles auxquelles LINNÉE a donné le nom de *Labiées* ou en *Gueule.* Ces fleurs ne font pas fuivies de femences en Angleterre, mais on multiplie aifément la plante par boutures, qui, étant placées fur une vieille couche chaude dans le mois de Juillet, couvertes d'une cloche, & à l'abri du foleil, pouffent des racines en un mois ou cinq femaines ; on les tranfplante enfuite dans des pots, on les tient à l'ombre jufqu'à ce qu'elles aient formé de nouvelles racines , & on les met après dans une poſition abritée, où on les laiſſe juſqu'aux premieres gelées. Les ſemences de cette eſpece m'ont été apportées du Cap de Bonne-Eſpérance : la plante n'eſt pas fort délicate , & peut être conſervée dans une bonne ſerre pendant l'hiver ; mais dans cette ſaiſon, il faut lui donner beaucoup d'air dans les tems doux , parcequ'elle ſe moiſit aiſément , ce qui fait périr les jeunes branches : en été , elle peut être expoſée en plein air , avec les autres plantes de la ſerre , dans une ſituation chaude, où elle augmentera la variété; & quoique ſes fleurs ſoient petites, ſolitaires entre les feuilles, & par conſéquent ſans beaucoup d'apparence: cependant, comme elles ſe ſuccedent continuellement pendant preſque toute l'année, & que la plante conſerve toujours ſes feuilles vertes, elle mérite une place dans toutes les collections.

*Salvi-folia* La douzieme eſpece , qui eſt originaire de l'Afrique, s'éleve à la hauteur de huit ou dix pieds, avec une tige d'arbriſſeau quadrangulaire, & couverte d'une écorce pâle qui ſe détache : elle pouſſe pluſieurs branches latérales , garnies de feuilles rudes , de cinq ou ſix pouces de longueur, dont la bâſe embraſſe les tiges, terminées en pointe aiguë , & couvertes de duvet en-deſſous ; les branches ſont terminées par des épis clairs de fleurs d'un pourpre pâle , & couvertes d'un



duvet farineux : elles paroiſſent en été , mais elles ſont rarement ſuivies de ſemences en Angleterre.

On multiplie cette eſpece par boutures , comme la onzieme , & elle exige le même traitement.

LANUGINOSUS , ſignifie couvert d'un duvet laineux, comme le *Coing*.

LAPATHUM. *Voyez* RUMEX.

LAPPA. T. *Voyez* ARETIUM.

LAPSANA. *Lin. Gen. Plant.* 823. *Lampſana & Rhagadiolus. Tourn. Inſt. R. H.* 479. *tab.* 272 ; [ *Nipplewort.* ] Herbe en mammelon. La Lampſane.

*Caracteres.* La fleur eſt compoſée de pluſieurs fleurettes hermaphrodites , renfermées dans un calice commun & imbriqué : les fleurettes ont un pétale tubulé & étendu en-dehors en forme de langue ; elles ont chacune cinq étamines courtes , velues , & terminées par des ſommets cylindriques , & réunies : le germe , qui eſt placé au fond de la fleurette , ſoutient un ſtyle mince , couronné par un ſtigmat réfléchi, & diviſé en deux parties : ce germe ſe change enſuite en une ſemence oblongue & triangulaire , placée dans l'écaille du calice.

Ce genre de plantes eſt rangé dans la premiere ſection de la dix-neuvieme claſſe de LINNÉE , intitulée , *Syngénéſia Polygamia æqualis* , qui renferme celles à fleurs hermaphrodites, produiſant fruit, & dont les étamines & les ſtyles ſont réunis. Il a joint à ces plantes le *Rhagadiolus* &

le *Zacintha* de TOURNEFORT, dont il n'a fait que des especes du même genre.

Les especes sont :

1°, *Lapsana communis, calycibus fructûs angulatis , pedunculis tenuibus, ramosissimis. Hort. Cliff.* 384. *Flor. Suec.* 649. 710. *Roy. Lug.–B.* 130. *Hort. Upsal.* 246. *Dalib. Paris.* 244. *Gmel. Sib.* 2. *p.* 40. *Reyg. Ged.* 1. *p.* 195. *Scop. Carn.* 2. *n.* 988 ; Lampsane avec un calice angulaire, qui renferme le fruit, ayant des pedoncules très-minces & branchus.

*Sonchus sylvaticus.* 1. 2. 3. *Tabern.* 192. 193.

*Lampsana. Dod. p.* 675 ; le Nipplewort , *ou la* Lampsane commune.

*Soncho affinis Lapsana domestica. Bauh. Pin.* 124.

2°. *Lapsana Rhagadiolus, calycibus fructûs undiquè patentibus , radiis subulatis, foliis lyratis. Hort. Upsal.* 245. *Kniph. cent.* 4. *n.* 36 ; Lampsane avec un calice au fruit, qui s'étend & s'ouvre en tous sens , des rayons en forme d'alêne , & des feuilles en forme de lyre.

*Lampsana Rhagadiolus. Scop. carn. ed.* 2. *n.* 990.

*Hieracium falcatum alterum. Raii. Hist.* 256.

*Rhagadiolus alter. Cæsalp.* 511.

*Rhagadiolus edulis Hieraciis affinis. Bauh. Hist.* 2. *p.* 1014.

3°. *Lapsana Lampsanæ foliis , calycibus fructûs undiquè patentibus , radiis subulatis , foliis lanceolatis indivisis. Hort. Upsal.* 245. *Sauv. Monsp.* 82. *Gouan. Monsp.* 417 ; Lampsane avec un calice ouvert , renfermant un fruit & étendu en tous sens , ayant des rayons en forme d'alêne , & des feuilles lancéolées & non–divisées.

*Rhagadiolus Lampsanæ foliis. Tourn. Cor.* 36 ; Rhagadiolus à feuilles de Lampsane.

*Hieracium stellatum. Bauh. Hist.* 2. *p.* 1014.

*Lampsana stellata. Linn. Syst. Plant. t.* 3. *p.* 663.

4°. *Lapsana Zacintha , calycibus fructûs torulosis , depressis , obtusis, sessilibus. Lin. Sp. Plant.* 811. *Gouan. Monsp.* 417 ; Lampsane avec des calices aux fruits, applatis , couverts d'élévations, obtus, & sessiles aux branches,

*Chondrilla verrucaria , foliis Cichorei viridibus. Bauh. Pin.* 130.

*Zacintha , sivè Cichorium verrucarium. Tourn. Inst.* 476 ; Chicorée de Zanthe à verrues.

*Cichorium verrucatum Zacintha. Clus. Hist.* 2. *p.* 144.

*Communis.* . La premiere espece est une mauvaise herbe très - commune , qui croît sur les bords des sentiers & dans les haies de plusieurs parties de l'Angleterre ; ce qui fait qu'on ne la cultive pas dans les jardins.

*Rhagadiolus.* Les seconde & troisieme especes croissent naturellement en Portugal, d'où leurs semences m'ont été envoyées : ces plantes sont annuelles & sans beauté : elles ne sont d'aucun usage ; mais on les cultive dans les jardins de Botanique pour la variété : si on leur permet d'écarter leurs semences , les plantes pousseront sans culture ; mais il suffit d'en avoir deux ou trois pour en conserver l'espece.

*Zacintha.* La quatrieme, qu'on

trouve en Italie, eſt auſſi une plante annuelle, qui n'a aucune beauté & ne ſert à rien; auſſi ne la cultive-t-on que pour la variété : ſi on la livre à elle-même, elle ſe multiplie mieux que quand on ſe donne la peine de la ſemer au printems; elle n'exige d'ailleurs aucuns ſoins, & croît comme les mauvaiſes herbes.

LARIX. *Tourn. Inſt. R. H.* 586. *tab.* 353. *Pinus. Lin. Gen. Plant.* 956. [ *The Larch tree* ] Meleze & Cedre du Liban.

*Caracteres.* Cette plante a des fleurs mâles & des fleurs femelles, diſpoſées ſéparément ſur le même pied : les fleurs mâles, qui ſont arrangées ſur un chaton écailleux, ſont apétales, mais elles ont un grand nombre d'étamines réunies en une colonne vers le bas, ſéparées à leur extrémité, & terminées par des ſommets érigés : les fleurs femelles ſont apétales, diſpoſées en un cône, & placées par paires ſous chaque écaille ; elles ont un petit germe, qui ſoutient un ſtyle en forme d'alêne, & couronné par un ſtigmat ſimple : ce germe ſe change dans la ſuite en une noix garnie d'une aîle membraneuſe & renfermée dans les écailles du cône.

Ce genre de plantes eſt rangé dans la neuvieme ſection de la vingt-unieme claſſe de LINNÉE, intitulée *Monoecia Monadelphia*, qui comprend celles qui ont des fleurs mâles & femelles, placées ſur des parties différentes du même arbre, & dont les étamines des fleurs mâles ſont réunies en un corps. LINNÉE a joint ce genre, ainſi que l'*Abies* de TOURNEFORT, à celui du *Pinus*; parce que, ſuivant ſon ſyſtême, ces différentes plantes s'accordent entr'elles par leurs caracteres génériques : mais comme TOURNEFORT & tous les autres anciens Botaniſtes les ont ſéparées, à cauſe de la diſpoſition de leurs feuilles, qui dans l'*Abies* ſortent ſimples ſur les branches, au nombre de deux, trois ou cinq de chaque enveloppe ; dans le *Pin*, & dans le *Larix* en paquets, vers le bas, & en forme de pinceau ou broſſe vers le haut, j'ai cru néceſſaire de conſerver les anciennes diviſions, avec d'autant plus de raiſon, que ce ſont celles qui ſont les plus familieres aux Jardiniers.

Les eſpeces ſont :

1°. *Larix decidua, foliis deciduis, conis ovatis, obtuſis;* Meleze qui perd ſes feuilles, & qui a des cônes obtus & de forme ovale.

*Pinus Larix. Linn. Syſt. Plant. tom.* 4. *p.* 175. *Sp.* 7.

*Pinus foliis faſciculatis, obtuſis. Linn. Mat. Med.* 205. *Scop. carn. ed.* 2. *n.* 1198. *Trew. in. Nov. Act.* A. N. C. III. *App. t.* 13. *f.* 8-28. *Pall. it. p.* 451. *& 2. p.* 127. *Kniph. cent.* 9. *n.* 77.

*Pinus foliis faſciculatis, deciduis. Hall. Helv. n.* 1658.

*Pinus foliis faſciculatis, deciduis, conis ovato-oblongis, ſquamis ovatis, ſubſcabris, margine laceris. Du Roi Harbk.* 2. *p.* 61.

*Abies foliis faſciculatis, obtuſis. Hort. Cliff.* 450. *Roy. Lugd.-B.*

*Lugd.-B. 89. Gmel. Sib. 1. p. 176.*

*Larix folio deciduo, conifera. J. B. 1. p. 265. Hort. Anglic. 43. f. 11. Duham. Arbr. 1 ;* Meleze ordinaire, produifant des cônes.

*Larix. Bauh. Pin. 493. Dod. Pempt. 668. Cam. Epit. 45. 46.*

2°. *Larix Chinenfis , foliis deciduis, conis mucronatis, fquamis acutis ;* Meleze qui perd fes feuilles , & produit des cônes pointus avec des écailles aiguës.

3°. *Larix Cedrus , foliis acutis , perennantibus , conis obtufis ;* Cedre à feuilles aiguës & toujours vertes , avec des cônes obtus.

*Pinus Cedrus , foliis fafciculatis, acutis. Linn. Syft. Plant. tom. 4. p. 174 Sp. 6.*

*Cedrus conifera. foliis Laricis. C. B. P. 490. Raii Hift. 1404 ;* le Cedre portant cône , à feuilles de Meleze ; Cedre du Liban.

*Cedrus Libani. Barr. Ic. 499.*

*Decidua.* La premiere efpece , qui fe trouve fur les Alpes & fur l'Apennin, eft depuis quelques années fort cultivée en Angleterre : cet arbre , dont les progrès font très - rapides, s'éleve à la hauteur de cinquante pieds ; fes branches font très - minces , & ont ordinairement leur extrémité inclinée vers la terre ; elles font garnies de feuilles longues & étroites , qui fortent en faifceaux du même nœud , & divergent enfuite comme les crins d'un pinceau ; elles font d'un vert - clair , & tombent en automne , comme

Tome IV.

celles des autres arbres , qui fe dépouillent tous les ans : les fleurs mâles , qui paroiffent au mois d'Avril, font rangées en forme de petits cônes : les femelles font raffemblées dans des cônes de forme ovale & obtufe, qui dans quelques efpeces, ont leur extrémité d'un pourpre clair, & blanche dans d'autres : ces différences font accidentelles, car les femences de l'une ou de l'autre produifent en même tems les deux variétés : ces cônes ont à-peu-près un pouce de longueur , & leur pointe eft obtufe : leurs écailles font unies & couchées l'une fur l'autre ; il y a généralement deux femences aîlées fous chaque écaille.

On connoît deux autres variétés de cet arbre, dont une eft originaire de l'Amérique, & l'autre de la Sibérie ; la derniere exige un climat plus froid que l'Angleterre, parce qu'elle eft fujette à périr ici , pendant l'été fur - tout , fi elle eft plantée dans un terrein fec : fes cônes, qui ont été apportés en Angleterre , paroiffent en général être plus gros que ceux de l'efpece commune ; mais ces arbres different fi peu entr'eux par leurs principaux caracteres, qu'on ne peut les reconnoître pour des efpeces féparées, quoiqu'il y ait une différence fenfible dans leur accroiffement ( 1 ).

---

( 1 ) On recueille fur cet arbre une véritable manne , à laquelle on donne le nom de *Manne de Briançon* , & qu'on emploie aux mêmes

*Chinenfis.* Les cônes de la feconde efpece ont été envoyés de la Chine au Duc de Northumberland , qui eut la bonté de m'en donner quelques graines : ces femences ont été mifes en terre dans le jardin de Chelféa , où elles ont très-bien réuffi, ainfi que dans le jardin de Sa Grandeur à Stanwick : ces cônes étoient beaucoup plus gros que ceux de l'efpece commune , & terminés en pointe aiguë ; leurs écailles étoient faillantes comme celles du *Pin d'Ecoffe*, & reffembloient fi peu à celles des cônes de *Meleze*, que tous ceux qui les virent, les prirent pour une efpece de *Pin :* on avoit donné à cette efpece le nom de *Sapin* propre à retenir la terre des foffés. Comme ces plantes ne font que peu de progrès dans la premiere année , les premieres qui pousferent, parurent très-foibles , & comme leurs feuilles tomberent en automne , on les crut mortes ; ce qui a été caufe qu'on en a perdu la plus grande partie : mais celles qui échapperent, pousferent leurs branches horifontalement tout près de la terre, & à préfent , elles ont l'air d'être des arbriffeaux qui ne font jamais droits. Cette efpece eft affez dure pour croître en plein air fans aucun abri.

---

ufages que celle qu'on ramaffe en Sicile fur les feuilles du *Fraxinus rotundiori folio C. B.* 516 ; mais dont les propriétés font beaucoup plus foibles , quoiqu'elle puiffe lui être fubftituée en cas de befoin.



On cultive abondamment le *Meleze commun* dans les pépinieres de l'Angleterre, & depuis plufieurs années , on en a planté un grand nombre; mais ceux qui ont été placés dans le plus mauvais fol & à la plus mauvaife expofition, ont le mieux réuffi : car lorfque l'on a planté en mêmetems des arbres d'une grandeur égale, les uns dans une bonne terre , & les autres dans un fol froid & dur , ces derniers ont acquis dans l'efpace de douze ans deux fois la hauteur de ceux de jardin ; ce qui doit nous encourager à planter ces arbres , parce qu'ils réuffiffent dans les fituations les plus expofées, pourvu qu'on en mette plufieurs enfemble , & qu'on ne les fépare pas ; on doit obferver auffi de ne pas tirer des *pépinieres* chaudes ceux que l'on veut planter dans un lieu froid , mais plutôt de les élever auffi près qu'il eft poffible du terrein qui leur eft deftiné. Ces plantes ne doivent pas avoir plus de trois ou quatre ans quand on les tranfplante, fi l'on veut avoir de beaux arbres : car, quoiqu'on puiffe enlever aifément les plus gros , & qu'ils pouffent pendant plufieurs années, auffi bien que s'ils n'avoient pas été déplacés ; cependant ces derniers manquent fréquemment, & périffent après vingt ou trente ans d'accroiffement , tandis que ceux qui ont été plantés jeunes confervent leur vigueur beaucoup plus long-tems.

On éleve ces arbres au

moyen de leurs femences, qui ordinairement mûriffent très-bien en Angleterre ; on recueille leurs cônes vers la fin de Novembre, & on les conferve dans un endroit fec jufqu'au printems ; alors on les étend fur un drap, & on les expofe au foleil ou près du feu, dont la chaleur fait ouvrir leurs écailles, qui laiffent fortir les femences ; on les répand fur une plate-bande, qui ne reçoit que les rayons du foleil levant ; mais fi on les feme dans un lieu plus expofé au foleil, il eft néceffaire de les couvrir de nattes au milieu du jour ; car, dès que les plantes paroiffent, elles ne fupportent point la chaleur, & quand la plate-bande a peu d'ombre, la furface de la terre fe deffeche fi vîte, qu'on eft forcé de l'arrofer fouvent ; ce qui fait fouvent pourrir ces jeunes plantes : on évite cet inconvénient en les tenant à l'ombre tandis qu'elles font jeunes. Il faut avoir foin de les nettoyer conftamment ; & fi elles ont fait beaucoup de progrès, on peut les tranfplanter dès l'automne fuivant, ou les laiffer encore un an dans le femis, fur-tout fi elles n'y font pas trop ferrées. On les enleve en automne auffi-tôt que leurs feuilles font tombées, on les met en planches à fix pouces l'une de l'autre en tous fens, ce qui fuffit pour les deux années fuivantes ; au bout de ce terme, elles feront en état d'être tranfplantées à demeure dans les endroits qui leur font deftinés.

Quand on tranfplante ces arbres pour la derniere fois, il fuffit de laiffer entr'eux huit ou dix pieds d'intervalle ; mais il eft néceffaire de les tenir plus rapprochés quand le terrein eft plus expofé, que lorfqu'il eft plus abrité. Ces arbres étant une fois plantés, ils n'exigent que d'être tenus nets de mauvaifes herbes pendant trois ou quatre ans, après cela ils font affez forts pour les etouffer & les empêcher de croître ; mais il ne faut pas labourer la terre entr'eux, car j'ai remarqué que cela retardoit beaucoup leur accroiffement.

*Meleze de Sibérie.* Le Méleze de Sibérie eft peu élevé dans fon Pays originaire ; car lorfque le printems eft doux, ces arbres commencent à pouffer au mois de Févrir, ou au commencement de Mars : comme après ce tems il furvient fouvent des fortes gelées, qui font périr leurs jeunes rejettons, leur accroiffement en eft beaucoup retardé ; ces arbres étant d'ailleurs fort fujets à périr durant les fechereffes de l'été, lorfqu'ils fe trouvent plantés dans un lieu chaud & fec, ils font par cette feule raifon peu propres à notre climat, à moins qu'on ne les tienne dans une terre froide, humide & ferme, où peut-être ils pourront réuffir, quoique peu d'arbres puiffent profpérer dans un pareil fol.

*Méleze noir d'Amérique.* Le Méleze d'Amérique pouffe affez bien dans un terrein humide, mais il ne fait que peu

de progrès dans une terre feche. On peut conferver quelques plantes de cette efpece
pour la variété dans toutes
les collections d'arbres deftinés à l'agrement ; mais pour
le profit le *Meleze commun* eft
préférable à toutes les autres
efpeces. En Suiffe, où ces arbres font très - communs , &
où l'on voit fort peu d'autre
bois , on en bâtit les maifons,
& on en conftruit différens
meubles : ce bois eft rouge
ou blanc ; mais le rouge eft
généralement préféré ; quelques perfonnes croient qu'il
devient rouge avec l'âge ; elles penfent que cette différence
de couleur n'indique point
une efpece particuliere, mais
qu'elle eft occafionnée par
une plus grande quantité de
thérébentine qui y eft con—
tenue. On débite ces arbres
en petites planches d'un pied
carré , dont on fe fert pour
couvrir les maifons au lieu de
tuiles : ces planches font d'a-
bord blanches ; mais quand
elles ont été expofées deux
on trois ans à l'air, elles deviennent noires comme du
charbon ; tous les joints fe
rempliffent de réfine , que le
foleil fait fortir des pores du
bois , & qui , étant durcie,
devient un vernis unis & luifant : par ce moyen les maifons font parfaitement couvertes & impénétrables au vent
& à la pluie ; mais comme ce
bois eft très-combuftible , la
police ordonne que les maifons qui en font couvertes,
foient bâties à une certaine
diftance les unes des autres,



afin d'éviter la communication
du feu dans les cas d'incendie.

Dans les pays où ce bois
eft abondant , on le préfere
à toutes les autres efpeces de
*Sapin* pour toute forte d'ufage , & dans bien des contrées
on en conftruit des navires
qui, à ce qu'on prétend, durent très · long · tems ; ainfi cet
arbre feroit très - propre à
être planté fur quelques côtes
froides & ftériles de plufieurs
parties de l'Angleterre , qui
ne rapportent rien aujourd'hui
aux propriétaires , mais qui
produiroient un revenu confidérable à leurs enfans , &
deviendroient très-avantageu-
fes à la nation ; d'ailleurs,
cette entreprife n'occafionneroit pas une grande dépenfe ,
fi elle étoit exécutée avec intelligence.

La meilleure méthode feroit
d'établir des petites pépinieres
fur la place, ou dans le voifinage du terrein que l'on defti-
neroit à la plantation , en y
répandant la femence. On pourroit employer à ce travail les
plus pauvres habitans du pays,
qui , par ce moyen, trouveroient à fubfifter, prendroient
de l'attachement pour des arbres élevés de leurs mains,
ne feroient point tentés de
les détruire , & ne fouffriroient
point que d'autres leur occa-
fionnaffent le moindre dommage. Comme la faifon de
planter le *Meleze* eft précifément celle où les Fermiers
n'emploient plus d'Ouvriers,
il feroit plus avantageux de
leur donner du travail dans
ces momens , que de faire

payer un impôt aux paroisses pour les nourrir ; d'ailleurs, leurs enfans , pouvant être occupés en été à arracher les mauvaises herbes , deviendroient utiles, & ne seroient plus à la charge des paroisses.

On extrait du *Mélèze* la *Thérébentine de Venise* , dont les habitans du Vallon de Saint-Martin, près de Lucerne , font un grand commerce : ils la ramassent en faisant des trous dans les troncs des arbres à deux ou trois pieds de terre , dans lesquels ils insinuent de petits conduits étroits de vingt pouces à-peu-près de longueur , dont l'extrémité est creusée en forme de cuiller , & dont le milieu est percé de différens trous par lesquels s'écoule la thérébentine , qui est reçue dans un vâse placé au-dessous. Ceux qui la recueillent , visitent les arbres soir & matin , depuis la fin de Mai jusqu'au mois de Septembre , pour vuider les vâses qui se font remplis dans l'intervalle.

*Cedrus.* La troisieme espece est le *Cedre* du Liban, célebre dans la plus haute antiquité, & qui , ce qui est bien remarquable , ne se trouve en aucun autre lieu du monde que sur ces montagnes.

On apporte souvent du Levant les cônes de cet arbre , dans lesquels les semences se conservent bonnes pendant plusieurs années , pourvu qu'ils ne soient pas brisés ; ils mûrissent ordinairement au printems , & font presqu'un an avant d'arriver ici ; cependant ils n'en sont pas moins bons, & ils sont même préférables à ceux qui sont plus frais, parce qu'ayant perdu une grande partie de leur résine , leurs semences se détachent plus facilement.

La meilleure maniere de détacher ces semences , est de fendre les cônes en enfonçant un morceau de fer au travers de l'axe dans leur longueur, ce qui les divise en plusieurs parties , & donne la facilité d'enlever les semences avec les doigts ; ces semences sont couvertes d'une substance feuillue , appellée *ailes* semblables à celles du *Sapin* : mais avant de les ôter , il est bon de mettre tremper les cônes pendant vingt-quatre ou trente heures dans l'eau , pour les rendre plus faciles à fendre , & pouvoir enlever les semences avec plus de sûreté . parce qu'il faut avoir grand soin , en faisant cette opération, de ne pas les briser ; car , étant très-tendres , elles sont sujettes à se déchirer, quand on emploie la moindre force pour les séparer.

On répand ces semences dans des caisses ou dans des pots remplis d'une terre neuve & légere, & on les traite comme celles des *Sapins* ; mais il faut observer que ces plantes exigent plus d'ombre dans leur jeunesse , que les *Sapins* , & qu'elles doivent être arrosées plus souvent.

Quand ces plantes ont poussé, il faut les mettre à l'abri des oiseaux , qui sans cela déchireroient leurs extrémités , comme ils le font aux jeunes *Sapins* ; on doit aussi les tenir nettes de mauvaises herbes, & ne pas les placer sous l'égoût des arbres. On peut les laisser dans les caisses jusqu'au printems suivant : mais il est bon de les placer sous un châssis en hiver, ou de les couvrir de nattes, parce qu'il arrive souvent que les gelées font périr leurs jeunes rejettons, qui poussent tard en automne. Au Printems, & avant que la sève soit en mouvement, on les enleve avec soin, on les plante sur des plates-bandes, à quatre ou cinq pouces de distance ; on comprime doucement la terre autour des racines, & l'on établit des cercles au-dessus, sur lesquels on étend des nattes pendant les chaleurs du jour, pour les mettre à l'abri du soleil, jufqu'à ce qu'elles aient formé de nouvelles racines : si les nuits font froides, on les couvre encore de nattes pendant ce tems ; mais lorsqu'il fait humide, & que le tems est chargé de nuages, il faut toujours les laisser découvertes. Quand ces plantes ont repris ra ine, elles n'exigent plus aucune autre culture, que d'être tenues nettes de mauvaifes herbes, à moins que la faison ne foit fort feche ; car dans ce cas il est nécessaire de les arrofer deux ou trois fois par femaine, mais toujours légèrement, parce que la trop grande humidité leur est fouvent nuifible : ainsi il vaut encore mieux les couvrir pendant les chaleurs, pour em



pêcher la terre de se dessecher trop vîte, ou en couvrir la furface avec de la mousse, pour l'entretenir fraîche & prévenir le befoin des arrosemens.

Ces jeunes arbres peuvent refter deux années dans les plates-bandes ; au bout de ce tems on les tranfplante, ou dans le lieu qui leur est deftiné, ou dans une pépiniere, où on les laisse encore deux ans ; mais plus ces arbres font jeunes, quand on les met à demeure, mieux ils réussissent, & plus long-tems ils durent. Lorfqu'ils commencent à pousser de grosses branches, on s'apperçoit que la principale tige penche toujours d'un côté ; pour éviter cet inconvénient, & les rendre droits, on les attache exactement contre un tuteur, & on les laisse ainfi, jufqu'à ce qu'ils foient parvenus à la hauteur que l'on veut leur donner, fans quoi leurs branches s'étendroient beaucoup en tous fens, & les empêcheroient de s'élever.

Plufieurs perfonnes élevent ces arbres en pyramides, & les taillent comme des *Ifs* ; ce qui les prive de leur plus grande beauté, car l'extenfion de leurs branches est très-réguliere. Comme la plupart font penchées, on apperçoit facilement leur furface fupérieure, qui est conftamment couverte de feuilles, d'une maniere si réguliere qu'elle paroit être un tapis vert, si on la voit d'une certaine diftance ; lorfque le vent agite ces feuilles, elles font un des plus agréables coups-d'œil qu'il foit pof fible d'imaginer, fur-tout fi ces arbres font plantés fur la pente d'une colline.

Je fuis furpris qu'on ne les ait pas multipliés davantage autrefois en Angleterre, car ce n'eft que depuis peu d'années que l'on commence à les y cultiver : ils feroient un grand ornement fur les montagnes ftériles & froides, où peu d'autres arbres croîtroient auffi bien, étant originaires des parties les plus froides du mont Liban, où la neige féjourne prefque toute l'année. D'après les obfervations que j'ai faites fur ceux qui croiffent en Angleterre, j'ai remarqué qu'ils réuffiffent mieux dans les plus mauvais fols, & que ceux qui ont été plantés dans un terrein gras & fort, n'ont fait que peu de progrès en comparaifon de ceux qui ont été mis dans une terre pierreufe & maigre. Il eft évident par les quatre, qui fe trouvent dans le jardin de Chelféa, que leur accroiffement eft prompt; ils y ont été plantés, fuivant ce que l'on m'a dit, en 1683, & alors ils n'avoient que trois pieds de hauteur; deux ont aujourd'hui, en 1766, plus de douze pieds & demi de circonférence à deux pieds au-deffus de la terre, & leurs branches s'étendent à plus de vingt pieds de chaque côté du tronc, &, quoiqu'elles foient à douze ou quatorze pieds au-deffus de la terre, elles la touchent prefque de leurs extrémités, & par-là donnent un ombrage agréable dans les tems chauds.



Le terrein, où ces arbres font plantés, eft maigre, fablonneux & mêlé de gravier; il a tout au plus deux pieds de fond, & au-deffous eft un lit dur, rempli de rochers; ils font placés aux quatre angles d'un étang, autour duquel il y a un mur de briques à deux pieds de leurs racines, de forte qu'elles n'ont point d'efpace pour s'étendre de ce côté, & font par conféquent gênées dans leur accroiffement. Je ne puis affurer fi le voifinage de l'eau leur a été avantageux; mais il eft certain que fi leurs racines n'avoient point été refferrées, ils auroient fait des progrès beaucoup plus confidérables : j'ai auffi obfervé que la taille leur étoit plus nuifible qu'à toute autre efpece d'arbres réfineux, & que par-là on les retardoit infiniment; car deux de ces arbres, qui fe trouvoient mal-à-propos près d'une ferre, ayant été taillés, ont été tellement retardés qu'ils n'ont que la moitié de la groffeur des deux autres.

Tous ces arbres ont produit pendant plufieurs années un grand nombre de fleurs mâles, mais trois feulement ont donné des cônes, qui ne parviennent à leur maturité que depuis trente-cinq ans; aujourd'hui les femences qui tombent de ces cônes autour des arbres, produifent des plantes en abondance & fans aucuns foins : auffi, depuis que nous voyons qu'ils font affez naturalifés dans notre climat pour fournir des femences mûres, nous fommes affurés de pouvoir nous

en procurer une grande quantité fans être forcé de les faire
venir du Levant.

On connoît déja plufieurs
arbres de ce genre en Angleterre qui donnent du fruit, &
beaucoup d'autres prêts à en
produire. J'ai remarqué que ces
fruits réuffiffent mieux dans les
hivers durs que dans les plus
doux, ce qui eft une preuve
certaine qu'ils peuvent croître
même dans les parties les plus
froides de l'Ecoffe, où on les
multiplieroit avec un pareil
avantage qu'en Angleterre.

Ce que nous trouvons dans
l'*Ecriture-Sainte* au fujet des *Ce-*
*dres* extrêmement élevés, ne
peut s'entendre de ces arbres;
parce que d'après ceux que
nous avons vus en Angleterre,
& fur le rapport de plufieurs
voyageurs qui ont vifité le peu
d'arbres de cette efpece qui
reftent fur le Mont-Liban, il
ne paroît pas qu'ils foient de
nature à s'élever beaucoup; 
mais au contraire à étendre fort
loin leurs branches; l'allufion
que fait le PSALMISTE s'accorde
très-bien à cet arbre, lorfqu'en
repréfentant l'état floriffant des
peuples, il dit, qu'ils s'étendent
comme les branches du *Cedre.*

RAUWOLF dit dans fes voyages, qu'il n'y avoit, en 1574,
fur le Mont-Liban, que vingt-
fix de ces arbres fur pied, dont
vingt quatre étoient en forme
de cercle, & les deux autres
un peu plus éloignés, avoient
leurs branches prefque détruites & deffechées; & qu'il n'a
point trouvé de jeunes arbres
qui puffent les remplacer. après
avoir vifité exactement tous les

endroits où ils pouvoient fe
rencontrer.

Ces arbres croiffent au pied
d'une petite coline, au fommet des montagnes & dans la
neige.

Les grandes branches que
ces arbres produifent, s'étendent à une diftance confidérable, & font ordinairement
pencher l'arbre d'un côté; elles
s'arrangent dans un ordre fi
régulier & fi beau, qu'elles
paroiffent avoir été placées
avec beaucoup de foin, ce qui
les fait diftinguer du *Sapin* à
une grande diftance. Il ajoûte,
que les feuilles font femblables
à celles du *Meleze*, & rapprochées en petits paquets fur de
petites branches brunes.

MAUNDREL affûre, dans la
relation de fes voyages, que,
quand il vifita ces montagnes,
il n'y avoit plus que feize de
ces gros arbres, dont quelques-
uns étoient d'une grandeur pro-
digieufe, mais qu'il a vu encore
plufieurs autres petits arbres
d'une moindre taille; il en a
mefuré un des plus gros, qu'il
a trouvé avoir trente-fix pieds
& demi de circonférence, &
il a obfervé que fes branches
couvroient un efpace de cent
onze pieds de diametre; il fe
divifoit à quinze ou vingt pieds
au-deffus de la terre, en cinq
branches, dont chacune étoit
égale à un grand arbre. Tout
ce que MAUNDREL avance,
m'a été confirmé par une perfonne de ma connoiffance, digne de foi, qui avoit vifité le
Liban en 1720, avec la feule
différence que l'efpace couvert par les branches, & qu'il

dit avoir mesuré, n'avoit que soixante-six pieds de diametre ; de sorte qu'on ne peut assurer que Maundrel, par ses trente-sept pas, ait entendu la circonférence ou la longueur des branches, mais l'un & l'autre sens s'accorde très-bien avec le récit qui m'en a été fait.

M. De Bruyn a compté trente-cinq ou trente-six de ces arbres quand il s'est trouvé sur le Mont-Liban ; il a voulu nous persuader qu'il n'étoit pas facile d'en savoir le nombre, comme il est rapporté de notre *Stone-Henge* dans la plaine de Salisbury, ( *monument d'antiquité, où l'on trouve des pierres d'une grandeur énorme.* ) Il ajoûte, que quelques-uns ont des cônes qui pendent ; ce qui est absolument contredit par les voyageurs, & par nos propres observations : ces cônes croissent érigés aux extrémités des branches ; ils ont un style ou axe fort ligneux & central, au moyen duquel ils sont étroitement fixés à la branche, de maniere qu'il est difficile de les en détacher : ce style reste sur les branches après que le cône est tombé en morceaux ; de sorte qu'il ne se sépare jamais en entier comme ceux du *Pin*.

Le bois de cet arbre fameux est regardé comme incorruptible, & comme ayant la propriété d'empêcher la putréfaction des corps des animaux : on croit que sa sciure est un des ingrédiens secrets dont se servent les Charlatans qui prétendent avoir l'art d'embaumer. Ce bois fournit aussi, à ce que l'on dit, une espece d'huile propre à conserver des livres & manuscrits. Mylord Bacon croyoit que ce bois pouvoit se conserver sans altération plus de mille ans. On rapporte aussi, que dans le Temple d'Apollon à Utique, on trouva des débris de charpente faite de ce bois, qui avoit près de deux mille ans. On dit encore, que la statue de Diane, qui étoit placée dans le fameux Temple d'Ephèse, étoit faite de ce bois, ainsi que la charpente de ce magnifique édifice.

Ce bois, étant très-sec, est sujet à se fendre, ne veut pas être attaché avec des cloux, dont il se retire ordinairement ; ainsi la meilleure façon est de l'assujettir avec des broches du même bois.

LARME DE JOB. *Voyez* Coix Lachryma Jobi.

LASER. *Voyez* Laserpitium Gallicum.

LASERPITIUM. *Tourn. Inst. R. H.* 324. *tab.* 172. *Lin. Gen. Plant.* 366. [ *Laserwort.* ] Laser.

*Caractères.* La fleur forme une ombelle, composée de plusieurs ombelles plus petites, lesquelles, ainsi que la principale, ont une enveloppe commune, & à plusieurs feuilles : l'ombelle générale est uniforme ; les corolles ont cinq pétales égaux, dont les pointes sont en forme de cœur & courbées en-dedans : les fleurs ont cinq étamines aussi longues que la corolle, & terminées par des sommets simples : le germe, qui est presque rond, & placé au-dessous de la fleur, soutient

deux styles épais, aigus, &
couronnés par des stigmats obtus & étendus : ce germe se
change ensuite en un fruit
oblong, garni de huit aîles
ou membranes longitudinales ;
qui ressemblent à une roue de
moulin à eau : le fruit se divise en deux parties, dont chacune renferme une semence.

Ce genre de plantes est rangé
par LINNÉE dans la seconde section de sa cinquieme classe,
intitulée, *Pentandria Digynia*,
dans laquelle sont comprises
celles qui ont cinq étamines
& deux styles.

Les especes sont :

1°. *Laserpitium commune, foliolis oblongo-cordatis, inciso-serratis* ; Laser avec des lobes
oblongs, en forme de cœur,
& découpés en forme de scie.

*Laserpitium, foliolis latioribus,
lobatis. Mor. Umbel.* 29 ; Laser
avec des folioles plus larges
& à lobes.

*Libanotis lati-folia altera, sivè
Vulgatior. Bauh. Pin.* 157.

2°. *Laserpitium lati-folium, foliolis cordatis, inciso-serratis. Hort.
Cliff.* 96. *Flor. Suet.* 230. 242.
*Mat. Med.* 79. *Roy. Lugd.-B.*
101. *Hall. Helv. n.* 792. *Riv.
Pent. t.* 21. *Scop. carn. ed.* 2. *n.*
320. *Gouan. Illustr. p.* 13. *Jacq.
Austr. t.* 146 ; Laser avec
des lobes en forme de cœur
& sciés.

*Laserpitium foliolis amplioribus,
semine crispo, Inst. R. H.*
324 ; Laser à feuilles plus larges, avec des semences frisées.

*Laserpitium glabrum & aspe-
rum. Crantz. Austr. p.* 179. 182.
*Libanotis Theophrasti major.
Lob. Ic.* 704. *R.*



*Libanotis lati-folia, semine
crispo. Moris. Hist.* 3. *p.* 320. *R.*

*Libanotis Alpina lati-folia,
semine crispo. Boccon. R.*

*Libanotis lati-folia major.
Bauh. Pin.* 157.

*Seseli Æthiopicum, herba. Dod.
Pempt.* 312.

3°. *Laserpitium palud-Apii
folio, foliolis ovatis, obtusis,
acutè serratis* ; Laser à lobes
obtus, de forme ovale, & sciés
à pointes aiguës.

*Laserpitium humilius palud-
Apii folio, flore albo. Inst. R.
H.* ; Laser nain, à feuilles d'A-
che, avec une fleur blanche.

4°. *Laserpitium Gallicum,
foliolis cunei-formibus, furcatis.
Lin. Sp. Plant.* 248 ; Laser à
lobes en forme de coin &
fourchus.

*Laserpitium, foliolis ramulo-
sis, sessilibus. Roy. Lugd.-B.*
101.

*Laserpitium, foliolis quinque-
lobis. Hort. Cliff.* 96.

*Laserpitium, foliis angustiori-
bus, dilutè virentibus, conjuga-
tim dispositis. Raii Hist.* 426.

*Laserpitium è regione Massiliæ
allatum. Bauh. Hist.* 3. *p.* 137.

*Laserpitium Gallicum. C. B.
P.* 156. *Raii Hist.* 426 ; Laser
de France.

5°. *Laserpitium angusti-folium, foliolis lanceolatis, integerrimis, sessilibus. Hort. Cliff.*
96. *Roy. Lugd.-B.* 102 ; Laser
a lobes entiers, en forme de
lance & sessiles.

*Laserpitium angustissimo &
oblongo folio. Inst. R. H.* 324 ;
Laser à feuilles très-étroites &
oblongues.

*Laserpitium, foliis longiori-
bus, dilutè virentibus, conjuga-

tim *pofitis. Pluk. Alm. 207. t. 198. f. 4.*

6°. *Laferpitium Selinoïdes, foliolis tri-fidis, acutis;* Lafer à lobes aigus & divifés en trois parties.

*Laferpitium Selinoïdes, femine crifpo. Inft. R. H.;* Lafer femblable à l'Ache douce, ayant une femence frifée.

7°. *Laferpitium tri-lobum, foliolis tri-lobis, incifis. Lin. Sp. 357. Jacq. Vind. 48*; Lafer avec des lobes découpés en trois portions.

*Laferpitium Aquilegi-folium. Jacq. Auftr. t. 147.*

*Siler tri-lobum. Crantz. Auftr. R.*

*Ligufticum Rauwolfii, foliis Aquilegiæ. Bauh. 3. p. 148.*

*Libanotis, lati-folia Aquilegiæ folio. C. B. P. 157. Prodr. 83.*

*Angelica foliolis tri-partitis, lobis fupernè incifis, obtufis. Roy. Lugd.-B. 104.*

8°. *Laferpitium Prutenicum, foliolis lanceolatis, integerrimis, extimis coalitis. Linn. Hort. Cliff. 96. Jacq. Auftr. t. 153*; Lafer à lobes entiers & en forme de lance, dont les extérieurs fe réuniffent enfemble.

*Laferpitium Daucoïdes Prutenicum, vifcofo femine. Breyn. cent. 167. t. 84.*

*Laferpitium minus. Rivin. pent. t. 23. Rupp. Ien. 277. Hail. Gætt. 177.*

9°. *Laferpitium Peucedanoïdes, foliolis lineari-lanceolatis, venofo-ftriatis, diftinctis. Amæn. Acad. 4. p. 310*; Lafer à feuilles linéaires & en forme de lance, diftinctes & veinées.

*Laferpitium exoticum, lobis*

anguftiffimis, integris. *Pluk. Phyt. tab. 96. f. 2.*

*Laferpitium Peucedanoïdes, foliorum fegmentis anguftiffimis. Segu. Veron. 3. p. 227. t. 17.*

10°. *Laferpitium Siler, foliolis ovato-lanceolatis, integerrimis, petiolatis. Hort. Cliff. 96. Mat. Med. 79. Jacq. Auftr. t. 145. Scop. carn. ed 2. n. 322*; Lafer à feuilles ovales, entieres, en forme de lance & pétiolées.

*Siler montanum. Mor. Hift. 3. p. 276*; le Séféli commun.

*Ligufticum quod Sefeli officinarum. Bauh. Pin. 152.*

11°. *Laferpitium Chironium, foliolis obliquè cordatis, petiolis hirfutis. Lin. Sp. 358. Black. t. 434*; Lafer à lobes obliques & en forme de cœur, avec des pétioles velus.

*Panax Heracleum. Mor. Hift. 3. p. 315. Herculus all heal*; l'Herbe d'Hercule, qui guérit tout.

*Panax Paftinacæ-folio. Bauh. Pin. 156.*

*Panaces peregrinum. Dod. Pempt. 309.*

12°. *Laferpitium Ferulaceum. foliolis linearibus. Lin. Sp. 358*; Lafer à feuilles linéaires.

*Cachrys Orientalis Ferulæ folio tenuioris, fructu alato, plano. Tourn. Cor. 23. it. 2. p. 121. t. 121.*

On connoît encore d'autres variétés, qui peut-être font des efpeces diftinctes, quelques-unes, qui ont été regardées comme telles, ne font néanmoins que des variétés, parce qu'elles ne different que par la couleur de leurs fleurs; mais le nombre en a été beaucoup diminué par quelques Écri-

vains modernes, & ces derniers sont tombés dans une
aussi grande erreur que ceux
qui les avoient multipliées,
peut-être parce qu'ils les avoient
semées dans les voisinage des
vieilles plantes du même genre, ou sur la même terre,
dans laquelle elles avoient été
cultivées, & où leurs semences s'étoient écartées & enfoncées, ainsi, à moins qu'on ne
les seme à une certaine distance des autres especes, on
obtiendra souvent de ces variétés embarrassantes. De plus,
j'ai souvent observé que la semence d'une espece écartée
avoit produit une plante beaucoup plus élevée qu'une ancienne qui se trouvoit près
d'elle, & que cette jeune plante
auroit détruit la vieille, si l'on
n'avoit pas eu soin de l'arracher : ainsi, ce n'est qu'en sé-
parant avec soin les différentes especes dans un jardin,
qu'on peut parvenir à les conserver.

Ces plantes croissent naturellement dans la partie méridionale de la France, en Italie & en Allemagne : on les
cultive dans les jardins de Botanique pour la variété ; mais
comme elles n'ont point de
beauté, elles sont rarement
admises ailleurs : elles exigent
beaucoup de place ; car leurs
racines s'étendent au loin, &
les feuilles de plusieurs especes
ont jusqu'à trois pieds de longueur, lorsque les plantes sont
vigoureuses : leurs pédoncules
s'élevent à la hauteur de quatre ou cinq pieds, & leurs
ombelles sont très-larges ; el-



les ont toutes des racines vivaces, & des tiges annuelles ;
elles fleurissent en Juin, &
perfectionnent leurs semences
en Septembre.

On suppose que le *Silphium*
des anciens étoient tiré de quelques especes de ce genre ;
mais nous n'avons aucune certitude à cet égard. Lorsque ces
plantes reçoivent quelques blessures, elles répandent un suc
très-acre, qui prend ensuite
la consistance d'une résine ou
d'une gomme. Les anciens s'en
servoient extérieurement pour
enlever les taches noires &
bleues, qui restent sur la peau
à la suite des contusions, ainsi
que pour détruire les excrois-
sances. Quelques-uns la donnoient intérieurement ; mais
d'autres conseilloient de ne
point s'en servir ainsi, à cause
des effets pernicieux qu'elle produit par son excessive acrimo-
nie.

Toutes ces plantes sont très-
dures, excepté la derniere qui
est souvent détruite dans les
hivers rigoureux, si elle ne
se trouve point placée à une
exposition chaude : les autres
croissent dans presque tous les
sols, & dans toutes les situations ; on les multiplie par leurs
graines qui, étant semées en automne, poussent au printems
suivant ; mais lorsqu'elles ne
sont mises en terre que dans
cette derniere saison, elles y
restent ordinairement une année entiere avant de germer.
Dès l'automne suivant, on les
transplante dans le lieu qui
leur est destiné ; car elles ont
des racines très-longues, qui

rifquent d'être caffées, quand on les enleve trop grandes. Il faut laiffer entre-elles trois pieds de diftance, parce qu'elles s'étendent beaucoup : leurs tiges periffent tous les ans; mais elles en repouffent de nouvelles au printems fuivant. Leurs racines fe confervent plufieurs années, & n'ont befoin que d'être tenues nettes de mauvaifes herbes, & labourées tous les printems (1).

**LATHYRUS.** *Tourn. Inft. R. H.* 394. *tab.* 216. 217. *Lin. Gen. Plant.* 791. [*Chichling Uetch.*] La Geffe.

*Caraȼteres.* Le calice de la fleur eft formé par une feuille en forme de cloche, decoup'e fur les bords en cinq parties, dont les deux fupérieures font plus courtes & les autres plus longues. La *Corolle* eft papillonnacée; l'étendard, en forme de cœur, large, & réflechi à fon extrémité, les aîles font oblongues & émouffées & la carène eft à moitié ronde, & auffi grande que les aîles. La fleur a dix étamines, dont neuf font jointes en un corps,

& l'autre eft féparée. Elles font toutes couronnées par des fommets prefque ronds : elle a un germe oblong, etroit & comprimé, qui tounient un ftyle plat & érigé, dont la partie fupérieure eft large, terminée par une pointe aiguë, & couronnée par un ftigmat velu. Le germe fe change dans la fuite en un légume long, comprimé, terminé en pointe, & a deux valvules remplies de femences prefque rondes.

Ce genre de plantes eft rangé dans la troifi.me fection de la dix-feptieme claffe de LINNÉE, intitulée, *Diadelphia Decandria,* qui renferme celles dont les fleurs ont dix étamines réunies en deux corps.

Les efpeces font :

1°. *Lathyrus fativus, pedunculis uni-floris, cirrhis diphyllis, leguminibus ovatis, compreffis, dorfo bimarginatis. Hort. Cliff.* 367. *Hort. Upfal.* 216. *Roy. Lugd.-B.* 363. *Dalib. Paris.* 216. *Sanu. Meth.* 193. *Scop. Carn. ed.* 2. *n.* 889. *Neck. Gallop. p.* 306. *Kniph. cent.* 5. *n.* 49; la Geffe ayant une fleur fur chaque pédoncule, des vrilles à deux feuilles, & des légumes de forme ovale, & comprimés avec deux bordures fur les dos.

*Lathyrus annuus, flore cœruleo, Ochri filiquá. H. L.* 357; Geffe annuelle à fleurs bleues, avec un légume femblable à celui du *Pifum Ochrus.*

2°. *Lathyrus Cicera, pedunculis uni-floris, cirrhis diph.llis, leguminibus ovatis, compreffis, dorfo caniculatis. Lin. Sp. Plant.* 730. *Scop. Carn. ed.* 2. *n.* 891;

---

(1) On fubftitue quelquefois au *Turbith* le *Laferpitium foliis latioribus lobatis*; mais on ne doit fe fervir de ce remede qu'avec les plus grandes précautions, à caufe de fon âcreté.

Les femences de la dixieme efpece, ou *Séféli commun*, font diurétiques, apéritives, carminatives, emménagogies, &c. On peut les employer, comme celles de l'*Anis*, à la même dofe, & dans les mêmes circonftances, elles entrent dans l'électuaire de baies de Laurier, dans l'*Aurea Alexandrina*, dans le fyrop diacalaminthès, &c.

la Gesse ayant une fleur sur chaque pédoncule, des vrilles à deux feuilles, avec un légume ovale, comprimé, & sillonné par une rainure sur le dos.

*Lathyrus sativus , flore purpureo. C. B. P.* 344 ; Gesse de jardin, *ou* cultivé à fleur pourpre.

*Aracus sivè Cicera. Dod. Pempt.* 523.

3°. *Lathyrus seti—foliis , pedunculis uni—floris , cirrhis diphyllis . foliolis setaceo—linearibus. Li n. Sp.* 1031. *Allion. Nicæns.* 143. *Ger. Prou.* 495 ; la Gesse ayant une fleur sur chaque pédoncule, une vrille à deux feuilles avec des lobes linéaires & garnis de poils.

*Lathyrus foliis angustis , floribus singularibus , coccineis. Seg. Pl. Veron. ;* Gesse à feuilles étroites, avec des fleurs simples & de couleur écarlate.

*Lathyrus Baldi. Riv. Tetr.*

*Lathyrus folo tenuiori , floribus rubris. Bauh. Hist.* 2. *p.* 308.

*Lathyrus sylvestris major, angustissimo folio. Bauh. Pin.* 344.

*Lathyrus angustissimo sivè capillaceo folio. Bauh. Prodr.* 148.

4° *Lathyrus Parisiensis, pedunculis uni-floris, cirrhis polyphyllis , stipulis lanceolatis. Hort. Cliff.* 368 ; Gesse avec une fleur sur chaque pédoncule, une vrille à plusieurs feuilles, & des stipules en forme de lance.

*Clymenum Parisiense flore cæruleo. Tourn. Inst. R. H.* 396 ; Gesse de Paris à fleurs bleues.

5°. *Lathyrus Hispanicus, pedunculis bi-floris , cirrhis poly-*phyllis , foliolis alternis. Hort. Cliff. 368. Ups. 217. Roi. Lugd.-B. 363 ; la Gesse ayant deux fleurs sur chaque pédoncule , une vrille à plusieurs feuilles , & des lobes alternes.

*Clymenum Hispanicum , flore vario , siliquâ articulatá. Tourn. Inst. R. H.* 396 ; Gesse d'Espagne avec une fleur variée & des légumes articulés.

*Lathyrus articulatus. Linn. Syst. Plant. tom.* 3. *pag.* 465 ; *Sp.* 9.

6°. *Lathyrus odoratus , pedunculis bi-floris , cirrhis diphyllis , foliis ovato-oblongis , leguminibus hirsutis. Hort. Cliff.* 368. *Hort. Ups.* 216. *Roy. Lugd.-B.* 363; la Gesse ayant deux fleurs sur chaque pédoncule, une vrille à deux feuilles , des feuilles ovales & oblongues, & des légumes velus.

*Lathyrus Siculus. Rupp. Jen.* 210.

*Lathyrus disto-platy-phyllos , hirsutus mollis , magno & peramæno flore , odoro. Hort. Cath.* 219 ; Pois odorant.

7°. *Lathyrus hirsutus , pedunculis bi floris , cirrhis diphyllis , foliolis lineari-lanceolatis , leguminibus hirsutis , seminibus scabris. Roy. Lugd.-B.* 368. *Dalib. Paris.* 216. *Sauv. Monsp.* 113 ; la Gesse ayant deux fleurs sur chaque pédoncule, des vrilles à deux feuilles, des lobes étroits & en force de lance, des légumes velus , & des semences rudes.

*Lathyrus angusti-folius , siliquâ hirsutâ. C. B. P.* 344; Gesse à feuilles étroites, avec des légumes velus.

*Lathyrus siliquâ hirsutâ. Bauh. Hist.* 2. *p.* 305.

8°. *Lathyrus Tingitanus, pedunculis bi - floris, cirrhis diphyllis, foliolis alternis, lanceolatis. Flor. Leyd. Prod.* 263. *Jacq. Hort. t.* 46. *Kniph. cent.* 5. *n.* 50 ;* la Gesse ayant deux fleurs sur chaque pédoncule, des vrilles à deux feuilles, & des lobes en forme de lance, & alternes.

*Lathyrus Tingitanus, siliquis Orobi, flore amplo, ruberrimo. Mor. Hist.* 2. 55 ; Gesse de Tanger, avec un légume d'Orobe *ou* vesse noire, & une fleur large & rouge.

9°. *Lathyrus annuus, pedunculis bi - floris, cirrhis diphyllis, foliolis ensi-formibus, leguminibus glabris, stipulis bi - partitis. Amœn. Acad.* 3. *p.* 417 ; la Gesse avec deux fleurs sur chaque pédoncule, des vrilles à deux feuilles, des lobes en forme de sabre, des légumes unis & des stipules fendus en deux.

*Lathyrus luteus lati - folius, Bot. Monsp.* 150 ; Gesse jaune à larges feuilles.

*Lathyrus Hispanicus, flore luteo. Herm. Lugd. - B.* 357.

*Lathyri species lutea. Bauh. Hist.* 2. *p.* 304.

10°. *Lathyrus tuberosus, pedunculis multi-floris, cirrhis diphyllis, foliolis ovalibus, internodiis nudis. Hort. Cliff.* 367. *Hort. Ups.* 216. *Roy. Lugd.-B.* 364. *Dalib. Paris.* 217. *Sauv. Monsp.* 194. *Gmel. Sib.* 4. *p.* 6. *Pall. it.* 1. *p.* 319. *Pollich. Pal. n.* 678. *Kniph. cent.* 5. *n.* 51 ; la Gesse avec plusieurs fleurs sur chaque pédoncule, des vrilles à deux feuilles, des

lobes ovales, & nuds entre les nœuds.

*Lathyrus arvensis, repens, tuberosus. C. B. P.* 344 ; Gesse rempante des champs, avec une racine tubéreuse, appelée vulgairement *Magjon* ou *Gesse tubéreuse.*

*Arachidna Theophrasti. Colum. Ecphr.* 301, 304. *R.*

*Terræ Glandes. Dodon. Cer.* 168. *Hall. R.*

*Apios. Fuschs. Hist.* 131.

11°. *Lathyrus pratensis, pedunculis multi-floris, cirrhis diphyllis, simplicissimis, foliolis lanceolatis. Hort. Cliff.* 367. *Fl. Suec* 599, 647. *Roy. Lugd.-B.* 364. *Dalib. Paris.* 217. *Gmel. Sib.* 4. *p.* 5. *Scop. Carn. ed. n.* 893. *Neck. Gallop. p.* 305. *Pollich. Pal. n.* 679 ; la Gesse avec plusieurs fleurs sur chaque pédoncule, des vrilles très-simples & à deux feuilles, ayant des lobes en forme de lance.

*Lathyrus foliis binatis, utrinquè acutis, pedunculis multi-floris, floribus luteis. Crantz. Austr.* 379. *R.*

*Lathyrus luteus sylvestris dumetorum. J. B.* 2. *p.* 304 ; Gesse jaune & sauvage des bois.

*Lathyrus luteus, foliis Viciæ. Bauh. Pin.* 344.

*Lathyrus pratensis. Riv. Tetr. t.* 43.

12°. *Lathyrus heterophyllus, pedunculis multi - floris, cirrhis diphyllis, tetraphyllisque, foliolis lanceolatis. It. W. Goth.* 75. *Flor. Suec.* 2. *n.* 646 ; la Gesse avec plusieurs fleurs sur chaque pédoncule, des vrilles à deux, & quelquefois à quatre feuilles, & des lobes en forme de lance.

*Lathyrus caule alato, foliis quaternis & binis, lanceolatis, scapis multi-floris.* Hall. Helv. n. 432.

*Lathyrus major Narbonensis angusti-folius.* J. B. 2. 304; la grande Gesse de Narbonne à feuilles étroites.

13°. *Lathyrus lati-folius, pedunculis multi-floris, cirrhis diphyllis, foliolis lanceolatis, internodiis membranaceis.* Hort. Cliff. 367. Hort. Ups. 217. Fl. Suec. 1139, 645. Kniph. cent. 7. n. 40; la Gesse avec plusieurs fleurs sur chaque pédoncule, des vrilles à deux feuilles, & des lobes en forme de lance, ayant une tige membraneuse entre chaque nœud.

·*Lathyrus lati-folius.* C. B. P. 344; Gesse à larges feuilles, appelée communément le *Pois éternel; Pois vivace.*

*Lathyrus major lati-folius, flore purpureo, speciosior.* Bauh. Hist. 2. p. 302.

*Lathyrus Narbonensis.* Riv. Tetr. t. 40. R.

14°. *Lathyrus magno flore, pedunculis multi-floris, cirrhis diphyllis, foliolis ovato-lanceolatis, internodiis membranaceis;* la Gesse avec plusieurs fleurs sur chaque pédoncule, des vrilles à deux feuilles, des lobes ovales & en forme de lance, & une tige aîlée & membraneuse entre les nœuds.

*Lathyrus lati-folius minor, flore majori.* Boerh. Ind. Alt. 2. pag. 42; la plus petite Gesse à larges feuilles, avec une plus grande fleur, *ou* le gros pois rouge éternel & à fleurs; Pois vivace & à fleurs.

15°. *Lathyrus Pisi-formis,*



*pedunculis multi-floris, cirrhis polyphyllis, stipulis ovatis, basi acutis,* Hort. Upsal. 217; la Gesse avec plusieurs fleurs sur chaque pedoncule, des vrilles à plusieurs feuilles, & des stipules ovales, & aiguës à leur bâse.

*Vicia pedunculis multi-floris, foliis ovatis, stipulis maximis.* Hall. Gœtt. 295.

16.° *Lathyrus Nissolia, pedunculis uni-floris, foliis simplicibus stipulis subulatis.* Linn. Sp. Plant. 729. Neck. Gallop. 306. Scop Carn. ed. 2. 888. Scholl. Barb. n. 1013. Pollich. Pal. n. 676; la Gesse avec une fleur sur chaque pédoncule, des feuilles simples, & des stipules en forme d'alêne.

*Lathyrus sylvestris minor.* Bauh. Pin. 344

*Nissolia vulgaris.* Tourn. Inst. 656; Gesse cramoisie.

*Nissolia parva, flore purpureo.* Bux. cent. 3. p. 84.

17°. *Lathyrus amphicarpos, pedunculis uni-floris, calyce longioribus, cirrhis diphyllis, simplicissimis, subvenosis;* la Gesse avec une simple fleur sur chaque pédoncule, plus longue que le calice, & une simple vrille à deux feuilles, veinées en-dessous.

*Lathyrus amphi-carpos sivè suprà infràque terram siliquas gerens.* Moris. Hist. 2. p. 51. S. 2. t. 23. f. 1.

*Lathyrus pedunculis uni-floris, cirrhis diphyllis, radicibus etiam sub terrâ fructificantibus.* Hort. Cliff. 367. Hort. Ups. 216. Roy. Lugd.-B. 262. Sauv. Monsp. 192.

*Vicia similis suprà & infrà terram*

*terram siliquas gerens. Bauh. Pin.*
245.

*Arachidna sivè Arachoïdes Honorii belli. Bauh. Hist. 2. p. 323.*

18°. *Lathyrus Aphaca, pedunculis uni - floris, cirrhis aphyllis, stipulis sagitto - cordatis. Lin. Sp. 129. Scop. Carn. ed. 2. n. 887. Pollich. Pal. n. 675. Neck. Gallop. 305*; la Gesse avec une seule fleur sur chaque pedoncule, des vrilles sans feuilles, & des stipules en forme de cœur, & en pointe de flèche.

*Lathyrus aphyllos, stipulis sagittatis, latissimis. Hall. Helv. n. 442.*

*Aphaca. Lob. Ic. 2. p. 70. Elatine. 3. Tabernæm. p. 116. R.*

*Vicia lutea, foliis Convolvuli minoris. Bauh. Pin. 345.*

19°. *Lathyrus Americana, pedunculis bi-floris, foliis reni-formibus, simplicissimis, subtùs venosis*; la Gesse avec deux fleurs sur chaque pédoncule, des feuilles simples & en forme de rein, veinées en-dessous.

*Nissolia Americana procumbens, folio rotondo, flore luteo. Houst. Mss.*; Nissolia rampant d'Amérique, avec une fleur ronde & une fleur jaune.

*Lathyrus sativus.* La premiere espece croît naturellement en France, en Espagne & en Italie; elle est annuelle, & sa tige grimpante s'éleve à la hauteur de deux pieds; ses feuilles sont alternes à chaque nœud, & composées de deux lobes, longs, étroits & garnis au milieu d'une vrille qui s'attache à tous les soutiens qui l'avoisinent : ses fleurs naissent simples sur un pédon-



cule à chaque nœud : elles sont bleues, de la même forme que celles des *Pois*, & sont remplacées par des légumes de forme ovale, & comprimés avec une double membrane ou aîle qui coule dans toute la longueur du dos. Cette plante fleurit en Juin & Juillet ; & ses semences mûrissent en Septembre. On ne la cultive gueres que dans les jardins de Botanique pour la variété.

*Cicera.* On cultive la seconde dans quelques contrées, pour sa graine, dont on se sert pour engraisser la volaille; elle croît spontanément en Italie & en Espagne : sa tige est moins haute que celle de la premiere ; ses feuilles sont plus longues, & ses légumes, presque deux fois plus grands que ceux de la précédente, sont sillonnés sur le dos : on cultive cette plante de même que les *Lentilles.*

*Seti-folius.* La troisieme m'a été envoyée de Verone, où elle naît sans culture ; cette plante qui est annuelle s'éleve rarement à plus de six ou sept pouces de hauteur ; les deux lobes de ses feuilles sont petits & terminés par des vrilles : ses fleurs sont d'un écarlate clair, & produisent des légumes coniques, qui sont remplis de semences presque rondes. On ne cultive cette espece que dans les jardins de Botanique.

*Parisiensis.* La quatrieme, qui se trouve aux environs de Paris, est aussi annuelle, & s'éleve à-peu-près à la hauteur d'un pied , avec une tige garnie de feuilles compofées de plufieurs lobes étroits , alternes fur la côte du milieu , & terminés en vrilles : fes fleurs qui fortent fimples fur un pédoncule affez long , font de couleur bleue , & à-peu-près de la même grandeur que celles de *l'Ivroie commune.* On rencontre auffi cette efpece dans quelques endroits de l'Angleterre , fur-tout dans la forêt de Windfor , & dans les prairies humides : fa fleur eft fujette à varier.

*Hifpanicus.* La cinquieme eft originaire de l'Efpagne & de l'Italie ; elle eft annuelle , & s'éleve à la hauteur de trois ou quatre pieds , avec une tige grimpante , garnie de feuilles compofées de plufieurs lobes en forme de lance , alternes fur la côte du milieu , & terminés par de très-longues vrilles ; les pédoncules ont cinq ou fix pouces de longueur , & foutiennent chacun deux fleurs placées l'une au-deffus de l'autre , & de la même forme que celles des *Pois ;* leur étandard eft large & d'un rouge clair , mais la carène & les aîles font blanches : ces fleurs font remplacées par des légumes affez longs , noueux , & remplis de femences prefque rondes. Cette plante fleurit en Juin & Juillet , & perfectionne fes femences en automne.

*Odoratus.* La fixieme que l'on connoît généralement fous le nom de *Pois odorants* , croît naturellement dans l'ifle de Céylan ; mais elle eft affez dure pour réfifter en plein air en Angleterre. Cette plante annuelle à une tige grimpante , haute de trois ou quatre pieds , & garnie de feuilles compófées de deux lobes grands & ovales , dont la côte du milieu eft terminée par une longue vrille ; les pédoncules fortent des nœuds , ils ont à-peu-près fix pouces de longueur , & foutiennent chacun deux grandes fleurs dont les étendards font d'un pourpre obfcur , & la carène & les aîles d'un bleu clair : ces fleurs ont une odeur forte & agréable , & produifent des légumes oblongs , gonflés & velus , dont chacun renferme quatre ou cinq femences prefque rondes.

Il y a deux variétés de cette efpece , dont l'une a fon étendard d'un rouge d'œillet , avec une carène blanche & des aîles d'un rouge pâle ; on l'appelle communément *Pois des Dames fardées* : les fleurs de la feconde variété font entiérement blanches ; du refte , elles ne different que par leurs couleurs.

*Hirfutus.* La feptieme croît naturellement en Effex ; je l'ai trouvée près de Hockerel , dans des endroits couverts de ronces : fa racine eft vivace , & pouffe trois ou quatre tiges foibles , à-peu-près de deux pieds de longueur , & garnies de feuilles compofées de deux lobes oblongs , dont la côte du milieu fe termine en vrille ; les pédoncules ont à-peu-près quatre pouces de longueur , & foutiennent chacun deux fleurs pourpre , qui font remplacées par des légumes rudes , velus , & d'un peu plus d'un pouce de longueur, qui renferment trois ou quatre femences prefque rondes. On cultive rarement cette efpece dans les jardins.

*Tingitanus.* La huitieme efpece a été originairement apportée de Tanger, en Angleterre : cette plante eft annuelle, & fa tige haute de quatre ou cinq pieds, eft garnie de feuilles compofées de deux lobes ovales & veinés, dont la côte du milieu fe termine en vrille ; fes pédoncules font courts, & foutiennent chacun deux larges fleurs, dont les étendards font de couleur pourpre, les aîles & la carène d'un rouge - clair ; elles font remplacées par des légumes longs & noueux, qui renferment plufieurs femences prefque rondes. Les Jardiniers donnent quelquefois à cette plante le nom de *Lupin écarlate.*

*Annuus.* La neuvieme eft annuelle, & croît naturellement dans les environs de Montpellier ; fes femences m'ont auffi été envoyées de la Sibérie : elle s'éleve à la hauteur de cinq ou fix pieds, avec une tige grimpante, ornée de deux membranes ou aîles qui coulent dans fa longueur de nœud en nœud ; fes feuilles font compofées de deux lobes longs & étroits, & la côte du milieu fe termine en vrille : fes fleurs font d'un jaune - pâle, & placées deux-à-deux fur de longs pédoncules ; elles font remplacées par des légumes longs & coniques, qui renferment plufieurs femences prefque rondes.

*Tuberofus.* La dixieme croît naturellement parmi les grains dans le Midi de la France & en Italie ; mais en Hollande, on la cultive pour fa racine, que l'on vend fur les marchés pour l'ufage de la table. Cette plante a une racine irréguliere, tubéreufe, auffi groffe que celle de la *Noix de terre,* & couverte d'une peau brune : cette racine pouffe plufieurs branches foibles, trainantes, & garnies de feuilles compofées de deux lobes ovales, & terminés en vrille ; les pédoncules font foibles ; ils ont à-peu-près trois pouces de longueur, & foutiennent chacun deux fleurs d'un rouge foncé, qui produifent rarement des légumes ; mais les racines fe multiplient beaucoup : cette efpece croît dans les terreins humides, & réuffit mieux dans un fol léger.

*Pratenfis.* La onzieme naît fpantanément fur les bords des foffés & fous les haies dans plufieurs parties de l'Angleterre : fa racine eft vivace & rampante, & elle fe multiplie fi promptement d'elle - même, qu'elle devient une herbe très-incommode ; c'eft pourquoi on ne doit pas la cultiver dans les jardins.

*Heterophyllus.* La douzieme croît naturellement fur les bords des haies & buiffons, dans plufieurs endroits de l'Angleterre : fa racine, vivace & rampante, pouffe plufieurs tiges grimpantes, qui s'élevent à la hauteur de cinq ou fix pieds, & font garnies de feuilles compofées quelquefois de deux, & quelquefois de quatre lobes longs, étroits, & terminés par des vrilles; les pédoncules soutiennent plusieurs petites fleurs, dont les étendards font d'une couleur pâle, & les ailes & la carène bleues : à ces fleurs fuccedent des légumes longs & coniques, qui renferment plusieurs femences presque rondes. Cette plante fleurit en Juin & Juillet, & perfectionne fes femences en automne.

*Lati-folius.* La treizieme naît fpontanément dans plusieurs parties de l'Angleterre, où on la cultive assez souvent dans les jardins comme plante d'ornement; mais on ignore si elle est originaire de ce pays : fa racine vivace, pouffe plusieurs branches épaisses & grimpantes, de six ou huit pieds de longueur, qui ont des ailes membraneufes à chaque côté entre les nœuds; fes feuilles font compofées de deux lobes en forme de lance, dont la côte du milieu est terminée par des vrilles : les pédoncules ont huit ou neuf pouces de longueur, & soutiennent chacun plusieurs grandes fleurs rouges, qui font remplacées par des légumes longs & coniques, qui renferment plusieurs femences presque rondes. Cette plante fleurit en Juin, Juillet & Août; fes femences mûriffent en automne, & fes tiges périffent enfuite jufqu'à la racine. Au printems fuivant, les racines en produifent de nouvelles, ce qui lui a fait donner le nom de *Pois éternel.*



*Magno flore.* La quatorzieme differe de la derniere par fes tiges, qui font bien plus courtes & plus fortes : fes feuilles font plus larges & d'un vert plus foncé : fes fleurs font beaucoup plus groffes & d'un rouge plus clair; auffi font-elles un plus bel effet. Ces différences ne varient point, car j'en ai élevé plusieurs plantes de femence pendant quarante ans, & les ai toujours trouvées femblables aux plantes meres.

*Pifi formis.* La quinzieme efpece, qui est originaire de la Sibérie, a une racine vivace & une tige annuelle, garnie de feuilles compofées de six ou huit paires de lobes oblongs & aigus : fes fleurs font bleues, & plusieurs ont chacune leur pédoncule; elles produifent des légumes femblables à ceux des *Pois.* Cette plante fleurit en Juin, & perfectionne fes femences en Août.

*N. folia.* La feizieme, qu'on rencontre daus les prairies humides de plusieurs parties de l'Angleterre, s'éleve à la hauteur d'un pied, avec une tige droite & garnie à chaque nœud de feuilles longues, étroites & fimples : fes pédoncules fortent des nœuds vers l'extrémité de la tige, ils font minces, de trois pouces environ de longueur; les uns foutiennent une fimple fleur, & d'autres deux, qui font d'un rouge clair. Cette plante fleurit en Mai & Juin, & fes femences mûriffent en automne; on la cultive rarement dans les jardins.

*Amphicarpos.* La dix-feptieme

fe trouve en Syrie : elle eſt annuelle, & ſa tige traînante eſt garnie de feuilles compoſées de deux lobes, dont la côte du milieu ſe termine par une ſimple vrille ; ſes pédoncules ſoutiennent chacun une ſeule fleur d'un pourpre–pâle. Lorſque cette fleur eſt flétrie, le germe s'enfonce dans la terre, où les légumes ſe forment & les ſemences mûriſſent.

*Aphaca.* La dix-huitieme, que le Docteur HOUSTOUN a découverte à la Vera-Cruz dans la nouvelle Eſpagne, eſt une plante annuelle : ſa tige, traînante, & d'un pied de longueur, eſt garnie à chaque nœud d'une ſimple feuille en forme de rein : ſes fleurs croiſſent par paires ſur des pédoncules très-courts, elles ſont petites, d'un jaune-foncé, & ſont remplacées par des légumes très-courts & coniques, qui renferment trois ou quatre petites ſemences preſque rondes.

Comme cette eſpece eſt délicate, il faut la ſemer au printems ſur une couche chaude : quand les plantes ſont en état d'être enlevées, on les met chacune ſéparément dans de petits pots remplis de terre légere, & on les plonge dans une couche de tan, où elles doivent toujours reſter : on les traite comme les autres plantes des pays chauds, en les avançant au printems, pour les faire fleurir en Juillet, de maniere que leurs ſemences puiſſent mûrir en automne.

On cultive pluſieurs autres eſpeces dans les jardins curieux pour la variété de leurs fleurs, dont quelques-unes ont une belle apparence & conſervent long-temps leur beauté.

On peut les multiplier toutes en les ſemant au printems ou en automne : mais celles qu'on ſeme en automne, exigent une terre légere & une expoſition chaude, où les plantes reſteront pendant l'hiver, fleuriront de bonne heure au printems ſuivant, & perfectionneront leurs ſemences au mois de juillet ; mais celles que l'on ſeme au printems, doivent être placées à une expoſition ouverte, & peuvent être plantées dans preſque tous les ſols, pourvu qu'ils ne ſoient pas trop humides. Ces plantes ne ſont pas délicates, & n'ont pas beſoin de beaucoup de ſoin ; on répand leurs graines dans les places qui leur ſont deſtinées ; car elles réuſſiſſent rarement quand elles ſont tranſplantées, à moins que ce ne ſoit dans leur premiere jeuneſſe : ainſi, par-tout où on les ſeme pour ſervir d'ornement, on met quatre ou cinq graines enſemble, dans différens endroits des plates-bandes d'un paterre : quand les plantes ont pouſſé, il faut avoir ſoin de les tenir nettes, & lorſqu'elles ont atteint la hauteur de deux ou trois pouces, on place près d'elles des bâtons pour les ſoutenir, car ſans cela elles ramperoient ſur la terre, ou s'attacheroient à quelques plantes voiſines, & & feroient un effet déſagrable.

La ſixieme eſpece & ſes deux variétés méritent une place dans tous les jardins, à cauſe de la beauté & de l'odeur de leurs fleurs. Quelques perfonnes cultivent la huitieme pour la couleur de de fa fleur ; mais il y en a peu parmi les autres qui doivent être admifes dans les jardins, excepté les treizieme & quatorzieme efpeces, qui, étant plantées dans une fituation convenable & foignées exactement, auront une belle apparence.

LATI-FOLIUS, fe dit des arbres & des plantes qui ont de larges feuilles.

LAVANDE. *Voyez* LAVENDULA.

LAVANDE DE FRANCE, *ou* CASSIDONY. *V.* STÆCHAS. T.

LAVANDE DE MER. *Voy.* LIMONIUM.

LAVATERA. *Tourn.* *Act. Gal.* 170 . *tab. 3. Dil. Gen. 10. Lin. Gen. Plant.* 752. [*Lavatera.*] efpece de Mauve.

*Caracteres.* La fleur a un double calice, dont l'extérieur eft formé par une feuille, courte, obtufe, & découpée en trois parties, & l'intérieur eft d'une feuille, découpée en cinq portions : ces deux calices font perfiftans ; la corolle eft compofée de cinq pétales, réunis à leur bàfe, unis & étendus au-deffus ; la fleur a plufieurs étamines jointes en une colonne vers le bas, mais féparées en haut, inferées dans la corolle, & terminées par des fommers en forme de rein : le germe qui eft rond, foutient un ftyle court, cylindrique, & couronné par plufieurs ftigmats couverts de poïls ; le calice fe change enfuite en un fruit

à plufieurs capfules couvertes en-devant par un bouclier creux, & dont chacune renferme une femence en forme de rein.

Ce genre de plantes eft rangé par le Docteur LINNÉE dans le cinquieme ordre de fa feizieme claffe, intitulée, *Monadelphia Polyandria*, dans laquelle fe trouvent comprifes celles dont les fleurs ont plus de douze étamines réunies en une colonne.

Les efpeces font :

1°. *Lavatera Athæa-folia, foliis infimis cordato—orbiculatis, caulinis tri—lobis, acuminatis, glabris, pedunculis uni-floris, caule herbaceo* ; Mauve, dont les feuilles baffes font rondes & en forme de cœur, & celles de la tige font garnies de trois lobes unis & aigus, avec une feule fleur fur chaque pédoncule, & une tige herbacée.

*Lavatera folio & facie Althææ. Act. R.P.* 1706 ; Lavatera avec des feuilles femblables à celles de l'Althæa de marais, & qui a auffi la même apparence.

2°. *Lavatera Africana, foliis infimis cordato-angulatis, fuperne fagittatis, pedunculis uni-floris, caule herbaceo, hirfuto* ; Lavatera, dont les feuilles baffes font en forme de cœur & angulaires, & celles du haut en forme de flèche, avec une feule fleur fur chaque pédoncule, & une tige herbacée & velue.

*Lavatera Africana, flore pulcherrimo. Boerh. Ind. Alt.* ; Lavatera d'Afrique, avec une belle fleur.

3°. *Lavatera trimeftris, foliis glabris, caule fcabro herbaceo, pedunculis uni – floris , fructibus orbiculo tectis. Hort. Upsal. 203. Jacq. Hort. t. 72. Kniph. cent.* 8. *n.* 56 ; Lavatera avec des feuilles unies, une tige rude & herbacée, une seule fleur sur chaque pédoncule, & un fruit rond & couvert.

*Malva folio vario. C. B. P.* 315 ; Mauve à feuilles variées.

4°. *Lavatera Thuringiaca , caule herbaceo , fructibus denudatis , calycibus incisis. Hort. Upsal.* 203. *Crantz. Austr.* p. 144. *Pall. it.* 1. *p.* 31. *Jacq. Aust. t.* 311. *Kniph. cent.* 6. *n.* 53 ; Lavatera avec une tige herbacée, un fruit nud, & des calices découpés.

*Althæa flore majore. C. B. P.* 316 ; Mauve à plus grandes fleurs.

5°. *Lavatera hirsuta , foliis quinque-lobatis , hirsutis , caule erecto fruticoso. Icon. tab.* 161 ; Lavatera à feuilles velues & à cinq lobes, avec une tige d'arbrisseau érigée.

6°. *Lavatera Veneta , caule arboreo , foliis septem-angularibus , tomentosis , plicatis , pedunculis confertis , uni-floris , axillaribus. Hort. Ups.* 202 ; Lavatera avec une tige d'arbre, des feuilles plissées, cotonneuses & à sept angles, ayant des pédoncules qui soutiennent chacun une seule fleur, & sortent en paquets des aîles des feuilles.

*Malva arborea Veneta dicta , parvo flore. C. B. P.* 215 ; Mauve en arbre, avec une petite fleur.

*Malva arborescens. Dod. Pempt.* 653.

*Lavatera arborea. Linn. Syst.*

*Plant. tom.* 3. *pag.* 350. *Sp.* 1.

7°. *Lavatera tri-loba , caule fruticoso , foliis sub-cordatis , subtrilobis , rotundatis , crenatis , stipulis cordatis , pedunculis aggregatis , uni-floris. Lin. Sp. Plant.* 691. *Jacq. Hort. t.* 74. *Kniph. cent.* 7. *n.* 41 ; Lavatera avec une tige d'arbrisseau, des feuilles en forme de cœur, à trois lobes ronds, dentelés & crenelés, ayant des stipules en cœur, & une seule fleur sur chaque pédoncule.

*Malva foliis sub cordatis , trilobis , obtusis , serratis , villosis. Hort. Cliff.* 347.

*Althæa frutescens folio rotundiori incano. C. B. P.* 316 ; Mauve de marais en arbrisseau, à feuilles blanches & plus rondes.

8° *Lavatera Olbia , caule fruticoso , foliis quinque-lobo-hastatis. Hort. Upsal* 202. *Jacq. Hort. t.* 73 ; Lavatera à tige d'arbrisseau, avec des feuilles à cinq lobes, terminées en pointe de fleche.

*Althæa frutescens , folio acuto , parvo flore. C. B. P.* 316 ; Mauve de marais en arbrisseau, avec une feuille aiguë & une petite fleur.

*Althæa arborea Olbia in Gallo-Provinciâ. Lob. Ic.* 653.

9°. *Lavatera Hispanica , caule fruticoso , foliis orbiculatis , crenatis , tomentosis , pedunculis confertis , uni-floris , axillaribus* ; Lavatera à tige d'arbrisseau, avec des feuilles rondes, crenelées & cotonneuses, ayant des pédoncules qui sortent en paquets des aisselles de la tige, & soutiennent chacun une simple fleur.

*Althæa frutescens Hispanica, folio rotundiori.* Tourn. *Inst. R. H.* 97 ; Mauve de marais en arbrisseau , d'Espagne , avec une feuille plus ronde.

10°. *Lavatera undulata , caule fruticoso , tomentoso , foliis orbiculato-cordatis , undatis , incanis , serrato-crenatis , pedunculis sæpiùs tri—floris ;* Lavatera avec une tige d'arbrisseau cotonneuse , des feuilles rondes , velues , en forme de cœur , blanches , ondées , & dentelées en pointes aiguës , ayant des pédoncules , qui fréquemment soutiennent trois fleurs.

*Althæa frutescens Lusitanica, folio rotundiori, undulato.* Tourn. *Inst.* 97 ; Mauve de marais en arbrisseau , de Portugal , avec une feuille plus ronde & ondée.

11°. *Lavatera Bryoniæ folio, caule fruticoso , foliis quinque-lobatis , acutis , crenatis , tomento—sis , racemis terminalibus ;* Lavatera à tige d'arbrisseau , avec des feuilles cotonneuses & à cinq lobes aigus , ayant de longs épis de fleurs qui terminent les tiges.

*Althææ frutescens folio Bryoniæ.* C. B. P. 316 ; Althæa en arbrisseau , avec des feuilles de Bryonne.

*Althæa-folia.* La premiere espece , qui croît naturellement en Syrie , est une plante annuelle , dont la tige est érigée , branchue , herbacée , & de deux pieds de hauteur : ses feuilles basses sont rondes , en forme de cœur , unies & supportées par de longs pétioles ; ses feuilles supérieures sont divisées en trois lobes aigus : ses fleurs naissent sur de longs

pédoncules aux ailes des feuilles ; elles sont très - larges , étendues , comme celles de la *Mauve de marais* , & d'un rouge-pâle ou de couleur de rose : elles paroissent en Juillet , & perfectionnent leurs semences en Septembre ; les plantes périssent en automne.

Il y a une variété de cette espece à fleurs blanches , qui n'est qu'un produit accidentel de semences.

*Africana.* La seconde est originaire du Cap de Bonne-Espérance , d'où on a apporté ses semences en Hollande , & elles se sont répandues de-là dans presque toute l'Europe. Cette espece differe de la premiere dans la forme de ses feuilles : celles du bas ont des angles , & les supérieures sont terminées en pointe de flèche ; ses tiges sont velues : ses fleurs sont plus larges & d'un rouge plus clair.

Cette plante est annuelle ; elle fleurit en même tems que la précédente , & perfectionne ses semences en automne.

*Trimestris.* La troisieme , qui se trouve en Espagne & en Sicile , est aussi annuelle , & s'éleve avec une tige mince & herbacée , à la hauteur d'environ deux pieds : elle est couverte d'une écorce brune ; ses feuilles radicales sont presque rondes , & les supérieures angulaires ; quelques-unes sont terminées en pointe de flèche : ses fleurs n'ont pas la moitié de la largeur de celles des especes précédentes , elles sont d'un rouge—pâle , portées sur de courts pédoncules, & paroiffent vers le même tems que celles de la précédente : celle-ci eft certainement une efpece diftincte , car dans l'efpace de quarante années que je l'ai multipliée , je ne l'ai jamais vu varier.

*Thuringiaca.* La quatrieme a une racine vivace ; fa tige eft annuelle , de cinq ou fix pieds de hauteur , laineufe , & garnie de feuilles angulaires , & en forme de cœur , fupportées par de longs pétioles : fes fleurs , qui fortent de chaque nœud vers l'extrémité de la tige , font feffiles , d'une couleur tirant fur le pourpre , & de la même forme que celles de la *Mauve de marais* , mais plus larges ; elles paroiffent en Juillet & Août : leurs femences mûriffent en automne , & les tiges périffent après jufqu'à la racine. Cette plante croît naturellement en Autriche & & en Bohême.

*Hirfuta.* La cinquieme fe trouve au Cap de Bonne-Efpérance : fes femences m'ont été envoyées par l'habile M. Storm, Jardinier d'Amfterdam; elle s'éleve à la hauteur de huit ou dix pieds, avec une tige d'arbriffeau branchue, & garnie de feuilles larges & velues , profondément découpées en cinq lobes prefque ronds, dentelés fur leurs bords , d'un vert-clair, alternes, & fupportés par de longs pétioles. A mefure que cette plante dévient plus forte & ligneufe, les feuilles diminuent de grandeur; de maniere que celle du haut font fix fois plus petites que celles

du bas : fes fleurs naiffent fimples aux ailes à chaque nœud; ainfi à mefure que les branches s'étendent , les fleurs fe fuccedent & durent pendant prefque toute l'année ; elles font d'un pourpre-clair, peu larges , & font remplacées par des capfules à plufieurs cloifons dont chacune renferme une femence en forme de rein , & ces femences mûriffent fucceffivement.

*Veneta.* La fixieme , à laquelle on donne communément le nom de *Mauve en arbre* , a une tige très-forte, très-épaiffe , & de huit ou dix pieds de hauteur, qui fe divife à fon extrémité en plufieurs branches garnies de feuilles douces, cotonneufes, pliffées, & découpées fur leurs bords en plufieurs angles : fes fleurs font produites en paquets aux ailes des feuilles , & font foutenues chacune par un pédoncule ; elles font de couleur pourpre , de la même forme que celles de la *Mauve commune*, & produifent des femences femblables. Cette plante fleurit depuis le mois de Juin jufqu'en Septembre, & perfectionne fes femences en automne.

*Triloba.* La feptieme s'éleve avec une tige d'arbriffeau à la hauteur de fept ou huit pieds , & pouffe plufieurs branches longues & garnies de feuilles laineufes, qui different beaucoup entr'elles en grandeur & en forme : celles du bas font prefqu'en forme de cœur à leur bâfe , & fe divifent en cinq lobes prefque

ronds ; celles du haut font petites, & ont trois lobes, dentelés fur leurs bords : fes fleurs
fortent aux aiffelles des branches, au nombre de trois ou
quatre à chaque nœud, fur
de très - courts pédoncules ;
elles font d'un pourpre clair,
de la même forme que celles
de la *Mauve de marais*, & fe
fuccedent depuis le mois de
Juin jufqu'en automne.

*Olbia.* La huitieme eft un arbriffeau de la même grandeur
que la feptieme efpece, &
ne differe de cette derniere
que par la forme de fes feuilles, qui font divifées en trois
ou cinq lobes à pointes aiguës : fes fleurs font plus petites, de la même forme, de
la même couleur, & fe fuccedent auffi long-tems. Cette
plante croît naturellement dans
la France méridionale.

*Hifpanica.* La neuvieme s'é-
leve en tige d'arbriffeau à la
hauteur de fix ou huit pieds,
& pouffe plufieurs branches
garnies de feuilles cotonneufes, crénelées, prefque rondes
& fupportées par des pétioles : fes pédoncules fortent
en paquets des ailes des feuilles, & foutiennent chacun une
feule fleur large, d'un bleu-
pâle, & femblable à celles des
autres efpeces ; elles paroiffent auffi dans le même tems,
& leurs femences mûriffent en
automne.

*Undulata.* La dixieme a une
tige d'arbriffeau cotonneufe &
douce, qui s'éleve à la hauteur de quatre ou cinq pieds,
fe tient plus érigée que celles des autres efpeces, & ne



s'étend pas autant ; fes feuilles ont la forme de cœur à
leur bâfe, mais elles font
rondes fur leurs bords, très-
blanches, ondées, & fupportées par de longs pétioles : fes
fleurs fortent en paquets des
ailes des feuilles fur des pédoncules de différentes lon-
gueurs, qui ordinairement n'en
portent chacun qu'une feule,
mais quelquefois deux ou trois;
elles font larges & d'un bleu
pâle, & paroiffent en même
tems que celles de la précédente, & leurs femences mûriffent en automne. Cette plante
croît naturellement en Portugal.

*Bryoniæ folio.* La onzieme s'é-
leve avec une tige d'arbriffeau
à la hauteur de fix ou fept
pieds, & pouffe plufieurs branches ligneufes, garnies de
feuilles cotonneufes, divifées
en cinq lobes terminés en
pointes aiguës, & crenelées
fur leurs bords. La partie inférieure des branches eft ornée à chaque nœud d'une fleur
fimple & feffile ; mais fes branches font terminées par des
épis clairs de fleurs, d'un bleu
pâle, & femblables à celles de
la précédente.

*Culture.* Les fix dernieres efpeces n'ont ici que peu de durée, quoiqu'elles aient des tiges ligneufes : les fixieme,
dixieme & onzieme ne fubfiftent gueres plus de deux ans,
à moins qu'elles ne fe trouvent dans des décombres fecs,
où elles ne peuvent faire que
peu de progrès, mais où leurs
tiges & leurs branches font plus
fermes & plus en état de réfifter

au froid : si, au contraire, elles se trouvent dans une bonne terre, elles sont plus succulentes, plus remplies de séve, & plus sujettes à être détruites par la gelée. Les trois autres étant moins délicates, subsistent plus long-tems ; elles peuvent durer trois ou quatre ans, & quelquefois davantage, pourvu que les hivers ne soient pas trop rigoureux, & qu'elles se trouvent dans une situation chaude, & dans un terrein sec ; car dans un sol riche & humide, elles périssent beaucoup plutôt.

On multiplie aisément toutes ces especes en arbrisseau par leurs graines, qu'il faut semer au printems sur une plate-bande de terre légere. Quand les plantes ont atteint la hauteur de trois ou quatre pouces, on les enleve pour les placer où elles doivent rester ; car elles poussent des racines longues & charnues, avec peu de fibres, & ne réussissent pas bien, quand elles sont transplantées trop grandes : si l'on donne à ces différentes especes le tems de répandre leurs semences, les plantes pousseront au printems suivant ; & si, par hazard, elles se trouvent dans des décombres secs, elles deviendront courtes, fortes, ligneuses, & produiront une plus grande quantité de fleurs que celles qui sont plus succulentes. Comme ces plantes sont long tems en fleurs, on peut donner place à quelques-unes de chaque espece dans les grands jardins.

Les trois premieres sont an-
nuelles, & se multiplient par leurs graines qu'on seme à la fin de Mars ou au commencement d'Avril, dans une plate-bande de terre neuve & légere : lorsque les plantes ont poussé, on les nettoie avec soin, & si la saison est seche, on les arrose de tems en tems. Quand elles sont parvenues à la hauteur d'environ deux pouces, on les transplante à demeure au milieu des plates-bandes dans les jardins à fleurs ; car si le sol est bon, elles s'éleveront à deux ou trois pieds ; mais il faut les enlever avec précaution, pour conserver une motte de terre à leurs racines ; sans quoi elles courent risque de ne pas réussir : on les arrose ensuite, & on les tient à l'ombre, jusqu'à ce qu'elles aient poussé de nouvelles racines ; après quoi, elles n'exigent aucun autre soin, que d'être tenues nettes de mauvaises herbes, & d'être soutenues par des bâtons de peur qu'elles ne soient renversées par les grands vents : on peut aussi les semer en automne. Quand les plantes ont poussé, on les met dans de petits pots qu'on place, vers la fin d'Octobre, sous un châssis ordinaire, où elles seront à l'abri de fortes gelées, & se conserveront très-bien pendant l'hiver. Au printems, on les tire des pots pour les planter, ou dans de plus grands, ou en pleine terre où elles doivent fleurir ; par ce traitement, elles deviendront plus grandes, & fleuriront mieux, & plutôt que celles qu'on seme au prin-

tems : on recueille toujours la femence fur celles d'automne, parce que fouvent celles du printems n'en produifent point. La troifieme efpece doit être femée au printems, dans la place qui lui eft deftinée ; car elle ne fouffre pas bien d'être tranfplantée en été.

Les deux premieres font un grand ornement dans les beaux jardins, lorfqu'elles font placées parmi les autres plantes annuelles, foit dans des pots ou dans une plate-bande.

La quatrieme a une racine vivace, qui fe conferve plufieurs années ; mais fes tiges périffent en automne, & les racines en pouffent de nouvelles au printems. On multiplie cette efpece par fes graines qu'on feme au printems, dans une plate-bande de terre légere ; auffi-tôt que les plantes font en état d'être enlevées, on les tranfplante ou dans les places qui leur font deftinées, ou dans des pots pour leur faire acquérir plus de force avant de les mettre en pleine terre : lorfqu'elles font bien enracinées, elles n'exigent plus aucune culture, que d'être nettoyées avec foin. Si l'hiver eft fort rigoureux, on couvre la furface de la terre dans laquelle elles fe trouvent, avec du vieux tan, pour empêcher la gelée d'y pénétrer ; mais elles fupportent très-bien le froid de nos hivers ordinaires ; elles produifent leurs fleurs, & perfectionnent leurs femences annuellement.

Comme la cinquieme ne fupporte pas le plein air dans no-

tre climat pendant l'hiver, il faut la femer de la même maniere que les autres. Quand les plantes font en état d'être enlevées, on les met chacune féparément dans de petits pots remplis d'une terre légere, & on les tient à l'ombre, jufqu'à ce qu'elles aient formé de nouvelles racines ; enfuite on peut les placer dans une pofition abritée parmi d'autres plantes exotiques, dures ; à mefure qu'elles font des progrès, on leur fournit de plus grands pots, & on les foigne de la même maniere que les plantes exotiques : on les enferme en automne dans la ferre en les plaçant parmi les myrtes & les autres plantes qui n'ont befoin que d'être mifes à l'abri des gelées ; mais il leur faut autant d'air frais qu'il eft poffible dans les tems doux.

**LAVENDULA.** *Tourn. Infl. R. H. 198. Lin. Gen. Plant.* 630. [*Lavender.*] Lavande ; cette plante tire fon nom de *lavando*, *laver*, parce qu'on l'employoit dans les bains à caufe de fon odeur agréable, ou parce qu'on s'en fervoit dans les leffives pour donner une bonne odeur au linge, ou enfin parce qu'elle eft bonne pour laver le vifage, le parfumer, & lui donner de la beauté.

*Caractere* Le calice de la fleur eft ovale, perfiftant, & fourni par une feuille légèrement découpée fur les bords ; la corolle eft en gueule & monopétale, elle a un tube cylindrique, plus long que le calice, & qui s'étend au deffus ; la levre fupérieure eft large, divisée en deux partiés & ouverte, celle du bas est coupée en trois segmens égaux : la fleur a quatre étamines courtes, & placées dans le tube de la corolle ; deux de ces étamines sont plus longues que les autres, & elles sont toutes terminées par de petits sommets : elle a un germe divisé en quatre parties, qui soutient un style mince de la même longueur que le tube, & couronné par un stigmat obtus & dentelé ; le germe se change dans la suite en quatre semences ovales, placées dans le calice.

Ce genre de plantes est rangé dans la premiere section de la quatorzieme classe de LINNÉE, intitulée, *Didynamia Gymnospermia*, qui comprend celles dont les fleurs ont deux longues étamines & deux courtes, avec des semences nues, placées dans le calice.

Les especes sont :

1°. *Lavendula spica, foliis lanceolatis, integerrimis, spicis nudis.* Hort. Cliff. 303. Hort. Ups. 162. Mat. Med. 146. Roy. Lugd.-B. 322. Sauv. Monsp. 143. Sabb. Hort. 3. t. 72. Kniph. Cent. 4. n. 39. Regn. Bot. ; Lavande à feuilles entieres & en forme de lances, ayant des épis nuds.

*Lavendula lati-folia.* C. B. P. 216.; Lavande à larges feuilles, Aspic de Provence, Nard *ou* Lavande mâle.

2°. *Lavendula angusti-folia, foliis lanceolato-linearibus, spicis nudis*; Lavande à feuilles étroites & en forme de lance, avec des épis nuds.

*Lavendula angusti-folia.* C. B. P. 216.; Lavande à feuilles étroites.

3°. *Lavendula multifida, foliis duplicato-pinnati-fidis.* Vir. Cliff. 56. Hort. Cliff. 303. Roy. Lugd.-B. 322. Hort. Ups. 162. Burm. Ind. t. 38. f. 1. Kniph. Cent. 4. n. 38.; Lavande à feuilles doublement ailées.

*Lavendula folio dissecto.* C. B. P. 216.; Lavande à feuilles découpées.

4°. *Lavendula Canariensis, foliis duplicato-pinnati-fidis, hirsutis, spicis fasciculatis*; Lavande a feuilles velues & doublement ailées avec des épis de fleurs en paquets.

*Lavendula folio longiori, tenuiùs & elegantiùs dissecto.* Tourn. Inst. R. H. 198.; Lavande à feuilles plus longues, plus étroites & agréablement découpées.

*Spica.* La premiere espece qu'on cultive dans plusieurs jardins anglois, est généralement connue sous le titre d'*Aspic* ou *Lavande à épis*; ses feuilles sont plus courtes & plus larges que celles de la *Lavande* ordinaire, & ses branches sont aussi plus courtes, plus applaties, & mieux garnies de feuilles : cette plante produit rarement de fleurs; mais lorsqu'elle en donne, leurs pédoncules sont garnis de feuilles très-différentes de celles qui naissent sur les branches, mais qui ressemblent à celles de l'espece ordinaire, quoiqu'elles soient un peu plus larges : ses tiges sont plus élevées, & ses épis de fleurs plus larges : ses fleurs sont plus petites, & moins

nombreuſes ſur les épis. Cette
eſpece fleurit ordinairement
plus tard dans la ſaiſon ; on
l'a ſouvent confondue avec la
*Lavande* ordinaire ; mais elle
eſt certainement une plante diftincte.

Je la crois la même que celle
que le Docteur MORISSON a
appelée *Lavendula lati-folia ſte-
rilis*, parce qu'elle ne produit
des fleurs qu'après pluſieurs
années, & que pendant cet
intervalle, elle paroît très-différente de la *Lavande* commune, ſur-tout par ſes branches
qui ne fleuriſſent point ; mais
j'ai fait des boutures avec des
rejettons des branches à feuilles étroites, qui étoient en
fleurs, & d'autres, avec celles à feuilles larges, & j'ai
toujours vu que les plantes
ainſi multipliées reprenoient
leur premiere forme : car les
boutures à feuilles étroites en
ont produit de larges (1).

---

[1] Les fleurs de *Lavande* ont
une odeur forte & agréable, & une
ſaveur âcre & légerement amere :
cette odeur penetrante réſide preſque uniquement dans l'huile éthérée eſſentielle, qu'elles contiennent
abondamment, & dans laquelle réſident toutes les propriétés de cette
plante.

Ces fleurs ſont miſes au nombre des remedes nervins & céphaliques, parmi leſquels elles tiennent
un rang diſtingué ; on les emploie
principalement dans le vertige, la
foibleſſe de mémoire, la céphalalgie,
l'epilepſie, l'apoplexie ſereuſe, la
paralyſie, les mouvements convul-
ſifs, les maladies ſoporeuſes, l'aſthme humide, la ſuppreſſion chronique des regles, &c.

On prepare ces fleurs en infuſion
théiforme ou vineuſe ; ou bien on



*Anguſti-folia.* La ſeconde eſt
la *Lavande* ordinaire qui eſt ſi
connue, qu'il n'eſt pas néceſſaire d'en donner une deſcrip-
tion : ces deux eſpeces fleuriſſent en Juillet, qui eſt le tems
de recueillir les épis de la ſeconde pour l'uſage : celle-ci
produit une variété à fleurs
blanches.

On les multiplie par boutures qu'on arrache ou que l'on
coupe. La meilleure ſaiſon pour
faire cette opération, eſt le
mois de Mars ; on les plante
à l'ombre, ou du moins on les
couvre de nattes, juſqu'à ce
qu'elles aient pris racine, après
quoi on peut les expoſer au
ſoleil, lorſqu'elles ont acquis
de la force, on les tranſplante
dans le lieu qui leur eſt deſ-
tiné : elles ſubſiſteront plus
long-tems dans un ſol ſec,
graveleux & pierreux, où elles paſſeront pluſieurs hivers,
quoiqu'elles pouſſent beaucoup
plus vîte en été, quand elles
ſont plantées dans une terre
riche, legere & humide ; mais
alors elles périſſent généralement en hiver ; d'ailleurs leur
odeur eſt mois forte, & elles
ſont moins bonnes pour l'uſage de la médecine, que celles qui croiſſent dans un ſol
pierreux & ſtérile.

---

emploie leur huile eſſentielle à la
doſe de huit ou dix gouttes dans
une liqueur convenable ; ons'en ſert
auſſi avec beaucoup de ſuccès pour
des bains & des fumigations contre
l'édeme, la paralyſie, les douleurs
rhumatiſmales, les fleurs blanches, &c.

Ces fleurs entrent dans le ſyrop
de *Stœcas*, dans la poudre odorante
céphalique de *Charas*, &c.

Autrefois on faifoit des bordures dans les jardins avec cette plante ; mais elle n'eft point du tout propre à cet ufage, parce qu'elles s'éleve trop, & qu'elle eft fujette à périr, fi on la coupe fouvent dans les tems fecs : d'ailleurs, comme elle eft fouvent détruite par les hivers rudes, les bordures fe trouvent imparfaites ; de plus, ces plantes épuifent beaucoup la terre, & privent celles des plates-bandes de leur nourriture : ainfi, on ne doit jamais les planter dans les beaux jardins parmi d'autres plantes & fleurs choifies ; mais plutôt dans les plates-bandes des jardins de Botanique, ou dans quelqu'endroit du potager, fi le fol en eft fec.

*Multifida.* La troifieme efpece, qui eft originaire de l'Andaloufie, s'éleve à la hauteur de deux pieds, avec une tige droite, laineufe, & garnie de feuilles blanches, oppofées & découpées en plufieurs parties, jufqu'à la côte du milieu ; fes fegmens font encore divifés fur leurs bords à leur extrémité en trois autres qui font obtus, de maniere qu'elles finiffent en plufieurs pointes : les pédoncules fortent de l'extrémité des branches ; ils font nuds, de fix pouces environ de longueur, à quatre angles, & terminés par des épis épais d'environ un pouce de longueur : fes fleurs font rangées en fpirale autour des épis ; au-deffous de ces épis, on en voit communément deux autres plus petits, qui fortent des parties latérales de la tige,

& font éloignés d'un pouce de l'épi du milieu. Cette efpece fleurit en Juillet, & perfectionne fes femences en automne. On en connoit deux variétés, l'une à fleurs bleues, & l'autre à fleurs blanches. On feme les graines de cette efpece au printems, fur des planches d'une terre légere & neuve. Lorfque les plantes ont pouffé, on peut les tranfporter dans les plates-bandes du parterre, ou dans des pots à demeure ; après cela elles n'exigent plus aucune culture que d'être tenues nettes de mauvaifes herbes. Ces plantes font agréables, & font un très-bel effet dans de grandes plates-bandes parmi les autres efpeces ; mais ce n'eft pas ainfi qu'on les difpofe dans ce pays. On peut auffi les conferver en hiver en les enfermant en automne dans une ferre ; mais elles ne fe confervent jamais plus de deux ans dans notre climat, & fouvent, quand elles produifent des femences dans la premiere année, elles périffent auffi-tôt après, ou, fi elles fubfiftent encore, elles ne font plus qu'un très-médiocre effet dans dans l'été fuivant, de forte qu'elles ne valent pas la peine d'être confervées, à moins que la faifon ne foit mauvaife, & que les femences ne puiffent fe perfectionner en plein air. Si on leur laiffe écarter leurs graines, les plantes poufferont au printems fuivant fans aucun foin, & on les traite comme il a été dit ci-deffus.

*Canarienfis.* La quatrieme croît naturellement dans les

ifles Canaries, d'où fes femences ont été envoyées à l'Evêque de Londres; ces graines ont été femées dans le jardin de fa Seigneurie à Fulham, où les plantes ont d'abord été élevées. Cette efpece a une tige droite, branchue, carrée, haute de quatre pieds, & garnie de feuilles plus longues, découpées en fegmens plus étroits que celles de la troifieme, d'un vert plus clair & prefqu'unies; leur pédoncule eft nud, bien plus long que ceux de la précédente, & terminé par un épi de petites fleurs bleues; deux ou trois pouces au deffous fortent deux autres petits épis de fleurs, oppofés aux deux côtés de la tige : ces fleurs font plus petites que celles de la *Lavande commune*, mais elles ont la même forme.

Comme cette efpece eft plus tendre qu'aucune des autres, il faut répandre fes graines au printems fur une couche tempérée : quand les plantes ont pouffé, on les met chacune féparément dans de petits pots remplis de terre légere, & on les plonge dans une autre couche pour les avancer. Vers le commencement de Juin, on les accoutume au plein air; après quoi on les place dans un lieu abrité vers la fin du même mois. Ces plantes fleuriront en Juillet, & fi l'automne eft chaud, leurs femences mûriront en Septembre; mais quand elles ne fe perfectionnent pas, on peut les conferver en hiver dans une bonne ferre, où elles fleuri-



ront pendant la plus grande partie de cette faifon, & produiront de bonnes femences.

LAUREOLE MASLE, *ou* GAROU. *Voyez* DAPHNE LAUREOLA.

LAUREOLE FEMELLE, MESEREON, *ou* BOIS GENTI. *Voyez* DAPHNE MESEREUM.

LAURO–CERASUS. *Voyez* PADUS.

LAURIER. *Voyez* LAURUS.

LAURIER ALEXANDRIN à feuilles étroites. *Voyez* RUSCUS HYPOPHYLLUM.

LAURIER AMANDIER. *V.* PADUS LAURO-CERASUS.

LAURIER CERISE. *V*, PADUS LAURO-CERASUS.

LAURIER D'EPURGE, *ou* LAUREOLE, *ou* GAROU. *V.* DAPHNE LAUREOLA. L.

LAURIER MARITIME *V.* PHYLLANTHUS. L.

LAURIER ROSE. *V.* NERIUM OLEANDER.

LAURIER ROSE (petit), HERBE DE SAINT-ANTOINE, CHAMÆNERION, *ou* LAURIER DE SAINT-ANTOINE. *Voyez* EPILOBIUM ANGUSTI-FOLIUM.

LAURIER ROSE NAIN. *V.* RHODODENDRON. L.

LAURIER DE PORTUGAL, *ou* AZARERO. *Voyez* PADUS LUSITANICA.

LAURIER-THYM .*V.* VIBURNUM THYMUM.

LAURUS. *Tourn. Inft. R. H.* 597. *tab.* 367. *Lin. Gen. Plant.* 452. [*The Bay-tree.*] Laurier.

*Caracteres.* Ces plantes ont des fleurs mâles & hermaphrodites fur différens pieds : les fleurs mâles n'ont point de calice; leur corolle eft monopétale & découpée

découpée en six segmens sur les bords ; ces fleurs ont neuf étamines plus courtes que la corolle, placées par trois, & terminées par des sommets minces : les fleurs hermaphrodites n'ont point de calice ; elles font monopétales & légerement découpées sur le bord de la corolle ; dans le fond est placé un germe ovale, qui soutient un style simple de la même longueur que la corolle, & couronné par un stigmat obtus, accompagné de six ou huit étamines, avec deux glandes rondes, placées sur des pédoncules très-courts, & fixées à la bâse de la corolle ; ce germe devient, quand la fleur est passée, une baie ovale, & a une cellule qui renferme une semence de la même forme.

Ce genre de plantes est rangé dans la premiere section de la neuvieme classe de LINNÉE, intitulée, *Enneandria Monogynia*, qui comprend celles dont les fleurs ont neuf étamines & un style ; mais elle doit être reportée à la vingt-troisieme qui renferme les plantes avec des fleurs mâles & hermaphrodites sur différens pieds.

Les especes font :

1°. *Laurus nobilis, foliis lanceolatis, venosis, perennantibus, floribus quadri-fidis, dioïcis.* Hort. *Cliff.* 105. Hort. *Upf.* 98. Mat. *Med.* 107. Roy. *Lugd.-B.* 98. *Scop. carn. ed. 2. n. 474. Blackw. t. 175. femina ;* Laurier à feuilles toujours vertes, veinées, & en forme de lance, avec des fleurs mâles & femelles, découpées en quatre pointes, & placées sur différentes tiges.

Tome *IV.*

*Laurus lati-folia Dioscoridis.* C. B. P. ; Laurier à larges feuilles de Dioscoride.

*Laurus foliis ovato-lanceolatis, ramis flori-feris, folio breviori-bus.* Hall. *Helv. n.* 1602.

*Laurus vulgaris.* Bauh. *Pin.* 460.

*Laurus.* Cam. *Epit.* 60. Tourn. *Inst.* 597. *Dod. Pempt.* 849. *Raii Hist. 2. p.* 1688.

2°. *Laurus undulata, foliis lanceolatis, venosis, perennantibus, marginibus undatis ;* Laurier à feuilles toujours vertes, en forme de lance, veinées & ondées sur leurs bords.

*Laurus vulgaris folio undulato.* H. R. Par. ; Laurier commun à feuilles ondées.

3°. *Laurus tenui-folia, foliis lineari-lanceolatis, venosis, perennantibus, foribus quinque-fidis, dioïcis ;* Laurier à feuilles étroites, en forme de cœur, toujours vertes & veinées, avec des fleurs découpées en cinq parties, qui font males & femelles sur différentes plantes.

*Laurus tenui-folia.* Tab. *Icon.* 925 ; Laurier à feuilles étroites.

4°. *Laurus Indica, foliis venosis, lanceolatis, perennantibus, planis, ramulis tuberculatis cicatricibus, floribus racemosis.* Hort. *Cliff.* 154. Gron. *Virg.* 159. Fabric. *Helmst. p.* 400 ; Laurier à feuilles toujours vertes, veinées, unies, & en forme de lance, avec des branches chargées de tubercules & de cicatrices, & des fleurs en grappes.

*Laurus Indica.* Pluk. *Alm.* 210. *t.* 301. *f.* 1. Ald. *Farneze.* 61 ; Laurier des Indes.

*Cinnamomum sylvestre Ameri-*
Y

*canum. Seb. Thef. 2. p. 90. t. 84. f. 6.*

*Laurus Indica Alpini. Raii. Hift. 2. p. 1553. R.*

*Laurus lati-folia Indica. Barr. Rav. 123. t. 877.*

5°. *Laurus Borbonia, foliis venofis, lanceolatis, calycibus fructûs baccatis. Lin. Sp. 529. Hort. Cliff. 154. Gron. Virg. 46. Roy. Lugd. - B. 226. Fabric. Helmft.* 389; Laurier à feuilles veinées & en forme de lance, ayant des calices qui fe changent en baies.

*Laurus Carolinienfis, foliis acuminatis, baccis cæruleis, pediculis longis, rubris, incidentibus. Catesb. Carol. 1. p. 63. t. 63. Seligm. Avef. Ic. 26*; Laurier de la Caroline à feuilles pointues, avec des baies bleues, placées fur des pédoncules longs, rouges & tombans.

*Borbonia fructu oblongo, nigro, calyce coccineo. Plum. Gen. 4. Ic. 60.*

6°. *Laurus Benzoin, foliis ovato-lanceolatis, obtufis, integris, annuis*; Laurier à feuilles ovales, obtufes, entieres, annuelles, & en forme de lance.

*Arbor Virginiana Citreæ vel Limonii folio, Benzoïnum fundens. Comm. Hort. Amft. 1. p. 189. t. 97*: Arbre du Benzoin.

*Arbor Virginiana, Pishaminis folio, baccata, Benzoïnum redolens. Pluk. Alm. 42. t. 139. f. 3, 4.*

7°. *Laurus Saffafras, foliis integris tri-lobifque. Hort. Cliff. 154. Mat. Med. 108. Gron. Virg. 46. Roy. Lugd.-B. 227. Trew. Ehret. t. 59, 60*; Laurier à feuilles entieres & à trois lobes.

*Cornus mas odorata, folio tri-*



*fido, margine plano, Saffafras dicta. Pluk. Alm. 120. t. 222. Catesb. 6. Car. 1. p. 55. t. 55*; Saffafras.

*Saffafras arbor,* ex Floridâ, *Ficulneo folio. Bauh. Pin. 431.*

8°. *Laurus enervia, foliis venofis, oblongis, acuminatis, annuis, fubtùs rugofis, ramis fuprà axillaribus*; Laurier à feuilles oblongues, veinées, annuelles, à pointes aiguës, & rudes en deffous.

*Laurus foliis enervibus, ovatis, utrinquè acutis. Flor. Virg. 46.*

*Laurus æftivalis. Lin. Syft. Plant. tom. 2. p. 228, 210. Sp. 10.*

*Laurus foliis lanceolatis, enervibus, annuis. Flor. Virg. 159*; Laurier à feuilles aîlées, fans veines, annuelles, en forme de lance.

*Cornus foliis Salicis Laureæ acuminatis, foribus albis, fructu Saffafras. Catesb. Car. 2. pag. 28. f. 28.*

9°. *Laurus Camphora, foliis tri-nerviis, lanceolato-ovatis, nervis fuprà bafim unitis. Lin. Mat. Med. p. 107. Fabric. Helmft.* 400; Laurier à feuilles ovales & en forme de lance, ayant trois veines qui s'uniffent au-deffus de la bâfe.

*Laurus Camphori-fera. Kæmpf. Amæn. 770. f. 771.*

*Laurus foliis ovatis, utrinquè acuminatis, tri-nerviis, nitidis, petiolis laxis. Hort. Cliff. 154.*

*Camphora Officinarum. C. B. P.; 500*; l'arbre de Camphre ou Camphrier.

*Arbor Camphori-fera Japonica. Breyn. Prodr. 2. p. 16. Ic. 16. f. 2. Comm. Hort. 1. p. 185.*

10°. *Laurus Americana, fo-*

*ttis ovatis, planis, integerrimis, pedunculis racemosis, floribus in capitulum collectis ;* Laurier à feuilles unies, ovales & entieres, avec des pédoncules branchus, & des fleurs rassemblées en tête.

*Laurus Americana, foliis subrotundis, floribus in capitulum collectis. Houst. Mss.* ; Laurier d'Amérique à feuilles presque rondes, avec des fleurs rassemblées en tête.

11°. *Laurus Cinnamomum, foliis tri-nerviis, ovato-oblongis, nervis versùs apicem evanescentibus. Flor. Zeyl.* 145. *Mat. Med. p.* 106. *Jacq. Amer.* 117. *Blackw. t.* 354 ; Laurier à feuilles oblongues, qui deviennent plus étroites vers la pointe, sillonnées par trois veines, & ovales.

*Laurus foliis oblongo-ovatis, nitidis, planis. Hort. Cliff.* 154.

*Cinnamomum sivè Canella Zeylanica. Bauh. Pin.* 408.

*Cinnamomum foliis latis, ovatis, frugi-ferum. Burm. Zeyl.* 62 ; le Cinnamomum, *ou* Canelier.

*Cassia Cinnamomea. Burm. Ind.* 91.

*Katu-Karua. Rheed. Mal.* 5. *p.* 105. *f,* 53. *R.*

12°. *Laurus Canella, foliis tripli-nerviis, lanceolatis. Flor. Zeyl.* 146 ; Laurier à feuilles en forme de lance, & à trois nervures.

*Cinnamomum perpetuò florens, folio tenuiori, acuto. Burm. Zeyl.* 63. *t.* 28.

*Laurus Cassia. Lin. Syst. Plant. tom.* 2. *pag.* 225. *Sp.* 2.

*Cassia lignea. Blackw. t.* 319.

*Cassia Malabarica. Herm. Lugd.- B.* 130.

*Cassia Cinnamomea, Myrrhæ odore, folio tri-nervio, subtùs cœsio. Plukn. Alm.* 89.

*Cinnamomum, sivè Canella Malabarica, scilicet Javanensis. C. B. P.* 409 ; Cassia *ou* Cinnamomum sauvage.

*Carua. Rheed. Mal.* 1. *p.* 107. *f.* 59. *Burm. Ind.* 91.

13°. *Laurus Persea, foliis venosis, ovatis, coriaceis, perennantibus, floribus corymbosis. Linn. Sp.* 529. *Jacq. Obs.* 1. *p.* 37 ; Laurier à feuilles ovales, épaisses & veinées, qui durent toute l'année, avec des fleurs en corymbe.

*Laurus foliis oblongo-ovatis, fructu obovato, Pericarpio butyraceo. Brown. Jam.* 214.

*Persea. Clus. Hist.* 1. *p.* 2; Poire d'Avocat. *Voyez* Persea pour sa description.

*Persea Americana. Bauh. Pinn.* 441.

*Pyro similis fructus in novâ Hispaniâ, nucleo magno. Bauh. Pin.* 439.

*Pruni-fera arbor, fructu maximo, pyri-formi, viridi, pericarpio esculento, butyraceo, nucleum unicum, maximum, nullo osficulo tectum, cingente. Sloan. Jam.* 132. *Hist.* 2. *p.* 132. *t.* 222. *f.* 2. *Raii. Dendr.* 48.

*Arbor Americana, amplissimis, pergamenis foliis, superficie nitidissimâ, fructu pyri-formi, crustaceo cortice, coriato. Pluk. Alm.* 39. *t.* 267. *f.* 1.

*Nobilis.* La premiere espece est le *Laurier* à larges feuilles ; il est originaire de l'Asie, & croît ordinairement en Espagne & en Italie. J'ai reçu ses baies de tous ces endroits en différens tems ; il est un peu trop délicat pour croître en plein air en Angleterre, car il périt fréquemment dans les hivers rigoureux, ou au moins ſes branches ſont ſi endommagées, qu'elles paroiſſent mortes pendant long‑tems ; il faut par conſéquent le planter dans des caiſſes, pour l'enfermer dans une ſerre en hiver.

Les feuilles de cette eſpece ſont bien plus larges & plus unies que celles du *Laurier commun* ; elle a auſſi des plantes mâles & femelles, comme toutes les autres (1).

*Undulata.* La ſeconde eſt le

____

(1) Les baies de *Laurier*, qu'on emploie en Médecine bien plus fréquemment que les feuilles, ont une odeur forte & agréable, & une ſaveur âcre, amere & aromatique. Ces baies fourniſſent par l'analyſe un principe fixe, reſineux & gommeux, & deux eſpeces d'huile, dont l'une eſt graſſe, épaiſſe & onctueuſe, & l'autre volatile, ſubtile, éthérée & aromatique ; c'eſt dans cette derniere que réſident toutes les vertus de ces baies. Ces baies ſont céphaliques, nervines, ſtomachiques, carminatives, fortifiantes, &c. On en fait principalement uſage dans les vices de digeſtion, les douleurs de tête qui proviennent de la même cauſe, les affections venteuſes, les maladies hyſtériques, l'aſthme humide, &c. On les fait prendre en poudre depuis ſix grains juſqu'à douze, & en infuſion vineuſe depuis un ſcrupule juſqu'à un demi‑gros. On emploie auſſi l'huile de *Laurier* en linimens dans la paralyſie, les convulſions, &c.

Ces baies entrent dans la compoſition de l'électuaire de baies de *Laurier*, auquel elles ont donné leur nom dans le *Laurea Alexandrina*, la *Thériaque*, l'emplâtre *de baccis Lauri*, &c.



*Laurier commun* dont quelques plantes ont des feuilles unies, & d'autres les ont ondées ſur leurs bords ; mais elles paroiſſent être de la même eſpece, car les jeunes plantes que j'ai élevées des baies de l'une de ces deux eſpeces ſe ſont montrées ſous la forme des deux variétés : cette eſpece differe cependant de la premiere & de la troiſieme ; car celle‑ci croît bien en plein air, & ne ſouffre que dans les hivers très‑rigoureux ; au‑lieu que la premiere ne peut pas ſubſiſter en plein air, étant jeune, dans les hivers les plus doux.

*Tenui‑folia.* La troiſieme a des feuilles très‑longues, étroites, moins épaiſſes que celles des deux premieres, & d'un vert plus tendre ; l'écorce qui couvre ſes branches eſt de couleur pourpre : ſes fleurs mâles, qui naiſſent entre les feuilles, ſont raſſemblées en grappes & ſeſſiles aux branches. Cette eſpece étant trop délicate pour réſiſter en plein air au climat de l'Angleterre, on la met dans des pots, pour la renfermer en hiver.

*Indica.* La quatrieme eſpece a été trouvée dans les Iſles Canaries & dans l'iſle de Madere ; d'où elle a été apportée en Portugal & multipliée de maniere qu'on croiroit qu'elle eſt originaire de ce pays. En 1620, on obtint cette plante dans les jardins de Farneze, au moyen de ſes graines qui avoient été apportées des Indes, & on l'a priſe d'abord pour une eſpece de *Cinnamomum bâtard*. Dans nos climats tempérés, elle s'élève à la hauteur de trente ou quarante pieds; mais comme elle est trop délicate pour réussir en plein air en Angleterre, on la tient généralement dans des pots ou des caisses, pour la mettre à couvert durant la mauvaise saison; ses feuilles sont plus larges que celles du *Laurier ordinaire*, elles sont épaisses, douces, & d'un vert tendre; les pétioles sont d'une couleur presque rouge: les fleurs mâles sont rassemblées en grappes longues; les branches sont disposées régulièrement de chaque côté: les fleurs sont d'un vert blanchâtre; & les baies sont plus grosses que celles des autres especes. On lui donne le nom de *Laurier Royal* ou *Laurier de Portugal.*

*Borbonia.* La cinquieme a été apportée de la Caroline, où elle est connue sous le nom de *Laurier rouge*; elle se trouve aussi dans d'autres parties de l'Amérique, mais nulle part en aussi grande abondance. Dans les environs de la mer, le tronc de cet arbre est droit & d'une hauteur considérable, mais dans les parties intérieures il est moins élevé; son bois est très-estimé, son grain est fin, & les Ebénistes en font un grand usage: ses feuilles sont plus longues que celles du *Laurier ordinaire*; leur surface inférieure est couverte de duvet; leurs bords sont un peu réfléchis, & elles sont traversées par des nervures qui s'étendent depuis la côte du milieu jusqu'aux bords: les fleurs mâles sont rassemblées

en grappes longues aux ailes des feuilles; les fleurs des arbres femelles forment des grappes moins serrées, elles sont soutenues par de longs pédoncules rouges; les baies sont bleues, & renfermées dans des gousses rouges. Cette espece ne résiste point en plein air en Angleterre; car quoique quelques plantes y aient réussi pendant des hivers doux, étant placées à une exposition chaude, cependant le premier hiver rigoureux les a fait périr: il faut donc la tenir dans des caisses, pour la renfermer en hiver.

On multiplie ces cinq especes par marcottes, & l'espece commune par ses rejettons; mais comme ces plantes en produisent toujours un grand nombre qui les épuisent & les empêchent de s'élever, la meilleure méthode est de les faire venir de baies quand on peut s'en procurer; car les plantes de semences s'élevent toujours à une hauteur plus considérable que les autres, elles ne poussent pas non plus autant de rejettons, & leurs tiges sont plus régulieres. La meilleure maniere est de semer ces baies dans des pots, que l'on plonge dans une couche de chaleur tempérée; par cette méthode, les plantes font de plus grands progrès, que si elles étoient élevées en pleine terre, & elles ont plus de tems pour acquérir de la force avant l'hiver: il ne faut pas cependant les tenir trop chaudement, mais les accoutumer par dégrés au plein air, les y exposer entièrement au commencement de Juin, & les y tenir jusqu'à l'automne : alors on les place sous le châssis d'une couche ordinaire, pour les abriter de la gelée ; mais dans le tems doux on leur donne de l'air. Toutes ces especes, même la commune, craignent la gelée, quand elles sont jeunes. Au printems suivant, on met en pots les especes qui ne peuvent croître en plein air, & on plante le *Laurier ordinaire* dans une plate—bande en pépiniere, en suivant entre chaque tige un intervalle de six pouces ; deux ans après on les place à demeure.

On plante les autres especes dans des pots, comme nous l'avons déja dit ; tous les ans on les change de terre, & à mesure que les plantes font des progrès, on leur en donne de plus grands : comme il est nécessaire de les enfermer en hiver, il suffit d'en avoir quelques-unes de chaque espece, pour les plus grandes terres. Le *Laurier commun* fait une variété agréable dans les plantations d'arbres toujours verts, & comme il croît bien à l'ombre des autres, quand il n'est pas trop serré, il est propre à être planté sur les bords des bois, où il fera un bel effet pendant l'hiver.

*Benzoin.* La sixieme espece qui nous vient de l'Amérique Septentrionale, s'éleve à la hauteur de huit à dix pieds, & se divise en plusieurs branches garnies de feuilles ovales, en forme de lance, à peu-près de trois pouces de longueur, sur un pouce & demi de large, unies en dessus, & traversées

par des nervures en-dessous. Cet arbre perd ses feuilles en automne, & je n'ai vu qu'une fois ses fleurs, qui étoient toutes mâles, & d'un blanc herbacé ; si je m'en souviens bien, elles n'avoient que six étamines.

*Saffafras.* La septieme espece, qui est l'arbre de *Saffafras*, est aussi très-commune dans plusieurs parties de l'Amérique septentrionale : ses racines s'étendent fort loin, & poussent une quantité prodigieuse de rejettons : mais en Angleterre, ce n'est qu'avec beaucoup de précautions qu'on peut le multiplier : en Amérique, sa hauteur est de huit à dix pieds ; ses branches font garnies de feuilles qui varient dans leur forme & leur grandeur : les unes font ovales & entieres, de quatre pouces de longueur, sur trois de large ; les autres qui font profondément divisées en trois lobes, font longues de six pouces, sur une largeur un peu plus considérable, en les mesurant de l'extrémité d'un lobe à celle de l'autre : ses feuilles font alternes, supportées par des pétioles assez longs & d'un vert brillant ; elles tombent en automne & au printems, un peu après que les jeunes feuilles commencent à pousser : les fleurs font placées au dessous des feuilles sur de minces pédoncules, qui en soutiennent chacun trois ou quatre : elles font petites, jaunes, & formées par cinq pétales ovales & concaves ; les fleurs mâles ont huit étamines, & se trouvent placées sur des plantes

différentes de celles qui produifent les fleurs hermaphrodites. Ces dernieres ont un germe
ovale, qui fe change dans la
fuite en une baie ovale, qui
devient bleue en mûriffant;
mais ces plantes ne produifent
point de fruits en Angleterre.

*Enervia.* La huitieme efpece
croît naturellement dans les
parties marécageufes de l'Amérique feptentrionale; elle s'é-
leve à la hauteur de huit ou
dix pieds, avec une tige d'arbriffeau branchue, & couverte
d'une écorce pourpre; fes feuilles font oppofées, de deux pouces environ de longueur, fur
un de large, unies en-deffus,
mais veinées & rudes en deffous. Cette plante n'a pas encore produit de fleurs dans ce
pays: fes baies qui m'ont été
envoyées du Mariland, étoient
rouges, & à-peu-près de la
même groffeur & de la même
forme que celles du *Laurier commun.*

*Camphorata.* La neuvieme,
qui produit le *Camphre*, fe
trouve au Japon, dans plufieurs
parties des Indes, & au Cap
de Bonne-Efpérance: elle eft
d'une grandeur médiocre, &
fe divife en plufieurs petites
branches garnies de feuilles
ovales, en forme de lance,
unies en-deffus, avec trois veines longitudinales, qui fe réuniffent un peu au-deffus de
la bafe: fi on broie les feuilles ou les branches de cet arbre, elles répandent une odeur
de *Camphre* très-forte; les fleurs
mâles & hermaphrodites naiffent fur des arbres différens.
Je n'ai vu fleurir en abondance

en Angleterre, que la plante
mâle; fes fleurs étoient petites, elles avoient cinq pétales
jaunes & concaves, & reffembloient beaucoup à celles du
*Saffafras;* le même pédoncule
en foutenoit trois ou quatre.

*Americana.* La dixieme efpece,
qui a été découverte par le
Docteur HOUSTOUN, à la Vera-
Cruz, a une tige ligneufe, qui
s'éleve à la hauteur de vingt
pieds, & fe divife en plufieurs
branches couvertes d'une écorce grife & rude; aux extrémités de ces branches paroiffent
des pédoncules de différente
longueur, qui fe divifent en
plufieurs autres, dont chacun
foutient une grappe de petites
fleurs blanches, raffemblées
en têtes ou ombelles, avec
une enveloppe générale: elles
font mâles & hermaphrodites
fur différens arbres; les fleurs
hermaphrodites produifent des
baies ovales, un peu moins
groffes que celles du *Laurier
commun*: les feuilles de cet
arbre, qui ont à-peu-près deux
pouces de longueur, fur un
de largeur, font rondes à leur
extrémité, entieres, & fupportées par des pétioles très-
courts.

*Culture.* On multiplie le *Saffafras* au moyen de fes baies
qu'on nous apporte de l'Amérique; mais quand elles font
femées au printems, elles reftent un an dans la terre, &
fouvent deux ou trois avant de
pouffer. La meilleure maniere
de fe procurer ces plantes, eft
de faire mettre ces baies, un
peu après qu'elles font mûres,
dans un tonneau rempli de

terre, & de les envoyer dans cet état : lorſqu'on les reçoit on les répand ſur une plate-bande de terre légere, en les enfonçant de deux pouces ; & ſi le printems eſt ſec, on les arroſe ſouvent, & on les préſerve de la chaleur du midi. Avec ces précautions, pluſieurs de ces plantes pouſſeront dans la premiere année ; mais comme la plupart de ces graines ne germent qu'au printems ſuivant, il ne faut pas remuer la terre juſqu'à ce tems. Dans le premier hiver, & ſur-tout dans le premier automne, on les met avec ſoin à l'abri des gelées ; car comme elles ſont alors tendres & délicates, elles craignent plus les premiers froids de l'automne, que ceux des hivers les plus rudes. Si l'extrémité des branches vient à être endommagée, toute la plante s'en reſſent. Quand on a laiſſé ces plantes une année entiere dans la terre où elles ont été ſemées, on les met en pépiniere, où elles doivent reſter deux ans pour acquérir de la force ; après ce tems, on les tranſplante dans les places qui leur ſont deſtinées : on multiplie auſſi quelquefois ces plantes par marcottes ; mais ces marcottes reſtent ordinairement deux années, & ſouvent trois ſans pouſſer de racines, & ſi on ne les arroſe pas ſouvent dans les ſechereſſes, elles ne réuſſiſſent jamais. Quant au Saſſafras, on obtient tout au plus une marcotte ſur trois, ce qui eſt cauſe que cette plante eſt toujours fort rare en Angle-

terre. On prépare avec eſpece de cet arbriſſeau, une de *Thé*, qu'on regarde comme anti ſcorbutique. Dans la *Caroline*, on donne la décoction de ſes feuilles dans les fievres intermittentes, & quelques curieux font deſſecher ſes fleurs pour s'en ſervir en guiſe de thé.

L'arbre fauſſement appelé *Benzoin*, peut être multiplié par ſes baies, ainſi que le *Saſſafras* ; mais comme ces baies ne germent qu'après un tems conſiderable, à moins qu'on ne les envoie du pays dans de la terre, comme il a été dit ci-deſſus, elles manquent très—ſouvent. On multiplie aujourd'hui cette plante en Angleterre, par marcottes qui prennent aiſément racine, lorſqu'on choiſit bien les jeunes rejettons pour les coucher en terre.

*Enervia*. La huitieme eſpece eſt originaire des mêmes contrées que les dernieres ; elle ſe multiplie auſſi par ſemences, & exige le même traitement : ſes marcottes reprennent auſſi très-aiſément, & comme cet arbriſſeau ne produit point de graines en Angleterre, cette derniere méthode eſt ordinairement pratiquée.

Ces trois eſpeces croiſſent en plein air dans notre climat ; mais comme le *Saſſafras* eſt ſouvent endommagé par les fortes gelées, ſur tout lorſqu'il ſe trouve dans une ſituation expoſée, il faut le placer dans un lieu chaud, & dans un ſol léger. Le *Saſſafras* & l'*Enervia* croiſſent mieux dans une terre humide que dans un terrein fec ; aufli périffent-ils fouvent en été , lorfque la faifon fe trouve feche. On cultive beaucoup toutes ces efpeces en Angleterre, pour augmenter la variété des arbriffeaux ; mais elles ne font pas d'un grand ornement , excepté le *Saffafras* qui , étant couvert en été de larges feuilles de différentes formes , fait a'ors un très-bel effet parmi les autres arbriffeaux de même grandeur.

*Camphora* L'arbre de *Camphre* approche beaucoup du *Cinnamomum* , duquel il differe cependant par fes feuilles ; celles du *Cinnamomum* ont trois côtes qui coulent depuis le pétiole jufqu'à la pointe où elles diminuent ; au-lieu que les côtes des feuilles du *Camphrier* font petites & étendues , avec une furface unie & luifante ; les fleurs mâles & les fleurs hermaphrodites naiffent fur des arbres différens.

En Europe , on multiplie cette efpece par marcottes , qui reftent fouvent un an & plus avant de pouffer des racines ; auffi cet arbre eft-il fort rare dans notre climat. Tous ceux que j'ai vu en fleurs étoient mâles , & ne pouvoient point produire de baies ; mais en faifant venir les graines de cet arbre & celles du *Cinnamomum* de leur pays natal , & en les femant avec les mêmes précautions que nous avons indiquées pour le *Saffafras* , on les multiplicroit en Angleterre, d'où l'on pourroit enfuite en envoyer dans nos Colonies d'Amérique , où elles feroient très-utiles , fur-tout le *Cinna-*

*momum* , qui vient auffi-bien dans les Antilles que dans fon pays natal. Ces arbres fe multiplieroient beaucoup en peu d'années par leurs baies qui réuffiffent très-bien , ainfi que les François l'ont éprouvé dans leurs ifles de l'Amérique.

Les Portugais ont apporté autrefois des Indes quelques *Cinnamomum* , qu'ils ont plantés dans l'ifle des Princes , près de la côte d'Afrique , où ces arbres ont reuffi de maniere qu'ils couvrent aujourd'hui une grande partie de l'ifle. On trouve auffi à Madere , un de ces arbres qu'on dit être mâle , & qui ne produit jamais de baies ; & plufieurs voyageurs , dignes de foi , m'ont affuré qu'il y en avoit dans le Bréfil.

L'arbre du *Camphre* n'a befoin d'aucune chaleur artificielle ; de forte que , fi on le place dans une terre chaude & feche , il croît très-bien ; il ne faut l'arrofer que très-peu en hiver : mais il eft néceffaire de lui donner fréquemment de l'eau en été , & de le placer de maniere qu'il ne foit expofé ni aux vents , ni aux rayons perpendiculaires du foleil.

Ces arbres fe multiplient par marcottes que l'on couche en automne pendant que les branches font jeunes ; on les traite comme celles du *Benzoin*.

*Americana.* On ne peut conferver la dixieme efpece en hiver , qu'en la plaçant dans une ferre chaude ; on la multiplie par fes graines , qu'il faut faire venir de fon pays natal.

Cette plante exige le même traitement que l'arbre du *Café*; ainsi, il faut la tenir constamment dans la serre chaude avec les autres plantes délicates des climats méridionaux.

*Cinnamomum. Canella.* Les onzieme & douzieme especes ont été généralement confondues par la plupart, & même par tous les Ecrivains qui en ont parlé, quoiqu'il soit facile de les distinguer par leur écorce, que ceux qui font commerce de cette denrée savent très-bien reconnoître.

LINNÉE s'est certainement trompé en rapportant la derniere à la figure que le Docteur BURMANN a donnée dans son *Histoire des Plantes de Céylan*, sous le titre de *Cinnamomum perpetuò florens*; ce qui est une vraie description du *Cinnamomum mâle*, & non pas du *Cassia lignea*; mais comme on trouve toutes ces especes de plantes dans les isles Britanniques de l'Amérique, nous espérons les avoir toutes mieux detaillées.

Les plantes de ces deux dernieres especes étant moins tendres qu'on ne le pense ordinairement, on les a fait périr en les traitant trop délicatement dans ce pays : c'est-pourquoi je conseille à tous ceux qui les cultivent de les conduire d'une autre maniere, sans quoi elles se conserveront difficilement. Quand ces plantes auront poussé des racines dans les pots où elles font placées, on les mettra dans une caisse de vitrages pour y passer l'été, où on leur procurera beaucoup



d'air dans les tems chauds ; mais en hiver on les tiendra dans une serre de chaleur tempérée.

LAURUS ALEXANDRINA, *Voy.* RUSCUS.

LAWSONIA. *Lin. Gen. Plant.* 433. *Henna. Ludw.* 143. [ *Lawsonia.* ] Troëfne d'Égypte, Nerprun de Malabar, *ou* l'Alkanne.

*Caracteres.* La fleur a un petit calice persistant, & divisé en quatre parties sur ses bords; la corolle est composée de quatre pétales ovales, & en forme de lance, qui s'étendent & s'ouvrent : la fleur a huit étamines minces aussi longues que les pétales, placées par paires entr'eux, & terminées par des sommets presque ronds; elle a un germe rond, qui soutient un style mince, persistant, & couronné par un stigmat à tête ; ce germe se change dans la suite en une capsule globulaire, terminée en pointe, & a quatre cellules remplies de semences angulaires.

Ce genre de plantes est rangé dans la premiere section de la huitieme classe de LINNÉE, intitulée, *Octandria Monogynia*, qui comprend celles dont les fleurs ont huit étamines & un style.

Les especes font :

1°. *Lawsonia inermis, ramis inermibus. Flor. Zeyl.* 135. *Gron. Orient.* 47. *Mat. Med.* 102.; l'Alkanne à branches sans épines.

*Ligustrum Ægyptiacum. Alp. Ægypt.* 47.

*Ligustrum Ægyptiacum latifolium. C. B. P.* 476; Troëfne

d'Egypte à larges feuilles, appelé par les Arabes : *Alhenna* ou *Henna*.

*Alhenna fivè Henna Arabum.* *Walth. Hort.* 3. *f.* 4.

*Pontaletfce, Rheed. Mal.* 4. *p.* 117. *f.* 57.

*Alcanna Arabum, Bell. Itin.* 35.

*Cyprus, Henna, Alcanna. Rauw. Itin.* 60. *f.* 60.

2°. *Alhenna fpinofa, ramis fpinofis. Flor. Zeyl.* 134.; l'Alcanne à branches épineufes.

*Cyprus, Rumph. Amb.* 4. *p.* 42. *f.* 17.

*Rhamnus Malabaricus. Mail-anski. Pluk. Alm.* 38. *tab.* 220.; Nerprun de Malabar, appelé *Mail—anski.*

*Mail-anski. Rheed. Mal.* 1. *p.* 73. *f.* 40.

*Inermis.* La premiere efpece croît naturellement dans les Indes, en Egypte, & dans d'autres contrées méridionales, où elles s'élevent à la hauteur de huit ou dix pieds, avec une tige d'arbriffeau, dont les branches font difpofées par paires, oppofées, minces, couvertes d'une écorce d'un jaune blanc, & garnies de feuilles petites, oblongues, d'un vert pâle, terminées en pointes aiguës & oppofées : ces fleurs naiffent en grappes claires aux extrémités des branches; elles font d'un blanc fale, & compofées de quatre petits pétales recourbés en arriere à leur extrémité. Ces fleurs font remplacées par des capfules rondes, & à quatre cellules remplies de femences angulaires.

Les femmes Egyptiennes emploient ces feuilles pour peindre leurs ongles en jaune, ce qu'elles regardent comme une beauté.

*Spinofa.* La feconde efpéce fe trouve dans les deux Indes; j'en ai reçu des échantillons des ifles Efpagnoles de l'Amérique, où elle eft fort commune. Cette plante s'éleve à la hauteur de dix-huit pieds & plus, avec une tige ligneufe : fon bois eft dur, ferme, & couvert d'une écorce d'un gris clair; fes branches font alternes, & garnies de feuilles oblongues, ovales, & placées fans ordre : aux nœuds d'où fortent les feuilles, fe trouvent des épines fimples, fortes & aiguës; les fleurs font produites en grappes claires fur les côtés des branches; elles font d'un jaune pâle, & ont une odeur defagréable : la corolle a quatre pétales qui s'étendent & s'ouvrent, & entre deux font placées deux étamines fortes, affez longues, & terminées par des fommets ronds. Quand ces fleurs font paffées, le germe fe change en une capfule ronde, & à quatre cellules, qui renferment plufieurs femences angulaires.

Ces deux efpeces fe multiplient par leurs graines, qu'il faut femer fur une couche chaude, dans le commencement du printems, afin que celles qui auront pouffé puiffent acquérir de la force avant l'hiver. Quand les plantes font en état d'être enlevées, on les met chacune féparément dans de petits pots, remplis d'une terre légere & fablonneufe; on les plonge dans une couche chaude de tan, & on les tient à l'ombre jusqu'à ce qu'elles aient formé de nouvelles racines ; après quoi on les traite comme les *Cafés* , avec cette feule différence qu'on ne doit par les arrofer beaucoup en hiver ; car elles périflent ordinairement lorfqu'on leur donne trop d'humidité dans cette faifon. Ces plantes ne fouffrent pas le plein air en Angleterre, ce qui fait qu'on eft obligé de les tenir conftamment dans la ferre ; mais dans les tems chauds, elles ont befoin de beaucoup d'air.

LEDUM. *Raii. Syn.* 1. 142. *Lin. Gen. Plant.* 483. [ *Marsh Ciflus* , or *Wild Rofemary.* ] Cifte de Marais , *ou* Romarin fauvage.

*Caracteres.* La fleur a un calice formé par une feuille dentelée en cinq parties ; la corolle eft compofée de cinq pétales ovales, concaves & étendus ; la fleur a dix étamines minces, auffi longues que les pétales , & terminées par des fommets oblongs ; fon germe qui eft rond , foutient un ftyle mince , couronné par un ftigmat obtus. Ce germe fe change dans la fuite en une capfule ronde , & à cinq cellules, qui s'ouvrent à la bâfe en cinq valvules, & font remplies de petites femences étroites & à pointes aiguës.

Ce genre de plante eft rangé par LINNÉE dans la premiere fection de fa dixieme claffe , intitulée , *Decandria Monogynia* , qui renferme celles dont les fleurs ont dix étamines & un ftyle.

Nous n'avons qu'une efpece de ce genre, qui eft le



*Ledum paluftre , foliis linearibus , fubtùs hirfutis , floribus corymbofis. Flor. Suec.* 341. 352 ; Ledum à feuilles très-étroites, velues en-deffous, avec des fleurs difpofées en corymbe.

*Ros-marinum fylveftre minus, noftras. Park. Hift.* 76 ; le plus petit Romarin fauvage , *ou* Cifte de marais.

*Ciftus Ledon , foliis Roris-marini ferrugineis. Bauh. Pin.* 467. *Duham. Arb.* 13.

Cette plante croît naturellement dans les lieux humides & marécageux de plufieurs parties du Duché d'Yorck, des Comtés de Cheshire & de Lancashire au Nord de l'Angleterre, où elle s'éleve à la hauteur d'environ deux pieds, avec des tiges d'arbriffeau divifées en plufieurs branches minces, garnies de feuilles étroites, & femblables à celles de la *Bruyere:* fes fleurs, qui naiflent en petites grappes aux extrémités des branches , font de la même forme que celles de l'*Arboufier* ou *Fraifier* en arbre. mais plus ouvertes; elles font d'une couleur rougeâtre, & paroiffent en Mai , dans les lieux où elles croiffent naturellement; elles font remplacées par des capfules remplies de petites femences qui mûriffent en automne.

On conferve difficilement cette plante dans les jardins , car comme elle croît naturellement dans des lieux marécageux, elle ne peut fubfifter fi on ne la met pas dans un emplacement à-peu-près femblable & à l'ombre.

Il faut fe procurer ces plantes des endroits où elles croiffent fauvages, & les enlever avec de bonnes racines. fans quoi elles ne reprendront point : on ne peut pas les multiplier dans les jardins ; mais on doit les planter dans de la mouffe, où leurs racines s'étendront & poufferont affez librement.

LÉGÉRETÉ. C'eft la privation ou le défaut de péfanteur dans un corps, comparé avec un autre plus pefant ; dans ce fens la *Legéreté* eft oppofée à la *Gravité*.

Les Scholaftiques foutiennent qu'il y a une *Légéreté* pofitive & abfolue, & ils l'attribuent à l'élévation d'un corps fpécifiquement plus léger, que le fluide dans lequel il fe trouve.

Mais, outre que tout le monde conçoit que la *Légéreté* n'eft qu'un terme relatif, nous voyons que tous les corps tendent vers la terre, les uns plus lentement, d'autres avec plus de viteffe, à travers tous les fluides, tels que l'air, l'eau, &c.

Ainfi, on dit que le liége eft plus léger que l'or ; parce que, fous des dimenfions égales, l'or s'enfoncera, tandis que le liége furnagera dans l'eau.

ARCHIMEDE a démontré qu'un corps folide flottera dans un fluide de la même gravité fpécifique, & qu'un corps plus léger fe tiendra au-deffus d'un plus péfant : la raifon de cet effet eft, que les corps qui ont un pareil nombre de parties égales ont une gravité égale ; la gravité d'un tout, n'étant autre que la fomme de la gravité de toutes fes parties. Ainfi, tous les corps qui ne péfent pas également fous les mêmes dimenfions, ne contiennent pas des portions égales de matiere C'eft-pourquoi, quand nous voyons qu'un cube d'or tombe dans l'eau, tandis qu'un volume égal de liége y furnage, il eft évident que l'or doit avoir un plus grand nombre de parties égales de matiere fous le même volume que le liége, ou que le liége doit avoir un plus grand nombre d'interftices que l'or, & qu'il y a auffi dans l'eau une plus grande quantité d'intervalles vuides que dans l'or.

Cette Théorie nous donne une idée claire de la denfité, de la gravité & de la *Légéreté*, & nous fait connoître qu'en parlant ftrictement, on ne peut pas appeler la *Légéreté* une qualité pofitive, mais qu'elle n'eft qu'une fimple négation, une abfence de parties qui rend ce corps plus léger qu'un autre qui en contient davantage.

LÉGUME. LEGUMEN. On donne le nom de *Plantes Légumineufes* à celles qu'on peut recueillir avec la main fans les couper, telles que les pois, les feves, &c.

M. RAY range dans cette claffe toutes les fleurs papillionnacées ; mais les François comprennent fous ce titre général de *Légume* la plupart des plantes bonnes à manger.

LÉGUMINEUX, eft tout ce qui a du rapport aux légumes.

LEMNA. *Linn. Gen.* 1038. *Lens paluftris.* [ *Duck-meat.* ]

Lentille de marais *ou* fauvage. Lentille d'eau.

Cette plante eft très - commune dans les eaux ftagnantes de la plupart de l'Angleterre ; fi on ne la dérange point, elle couvre bientôt toute la furface de l'eau (1).

LENTILLE. *Voyez* ERVUM LENS.

LENTILLE A FLEURS. *Voy.* ERVUM MONANTHOS.

LENTILLE D'EAU. *Voyez* LEMNA.

LENTISQUE , *ou* ARBRE AU MASTIC. *Voyez* PISTACIA LENTISCUS.

LEONTICE. *Lin. Gen. Plant.* 423. *Leontopetalon. Tourn. Cor.* 49 *tab.* 484. [ *Lion's Leaf.* ] Pied-de-Lion.

*Caractères.* Le calice de la fleur eft compofé de fix feuilles très - étroites , alternativement plus longues & plus petites , & qui tombent : la corolle a fix pétales ovales , aigus , & deux fois plus longs que le calice , & fix nectaires fixés par de petits pédoncules à la bâfe des pétales : la fleur a fix étamines courtes , minces , & terminées par des fommets érigés ; au centre eft pla-

ce un germe oblong & ovale , qui foutient un ftyle court & conique , inferé obliquement fur le germe , & couronné par un fimple ftigmat : ce germe fe change dans la fuite en une baie globulaire , gonflée , un peu fucculente , & a une cellule qui renferme deux ou trois femences globulaires.

Ce genre de plantes eft rangé dans la premiere fection de la fixieme claffe de LINNÉE , qui comprend celles dont les fleurs ont fix étamines & un ftyle.

Les efpeces font :

1°. *Leontice chrysogonum , foliis pinnatis , petiolo communi , fimplici. Hort. Cliff.* 122. *Gron. Orient.* 113 ; Pied - de - Lion à feuilles aîlées , avec un pétiole fimple & commun.

*Leontopetalo affinis , foliis quernis. Bauh. Pin.* 324. *Moris. Hift.* 2. *p.* 285.

*Leontopetalon , foliis coftæ fimplici innafcentibus. Tourn. Cor.* 49; Pied de-Lion , avec un fimple pédicule au fruit.

*Chryfogonum Diofcoridis. Raw. Itin.* 119. *Raii Hift.* 1326.

2°. *Leontice Leontopetalum , foliis decompofitis , petiolo communi trifido. Hort. Cliff.* 122. *Gron. Orient.* 114 ; Pied—de - Lion à feuilles décompofées , avec un pétiole commun divifé en trois.

*Leontopetalon , foliis coftæ ramofæ innafcentibus. Tourn. Cor.* 49 ; Pied-de—Lion à feuilles fupportées par des pétioles branchus.

*Leontopetalon. Bauh. Pin.* 324. *Cam. Epit.* 565. *Moris. Hift.* 2. *p.* 285. *Raii Hift.* 1326.

Ces plantes croiffent natu-

---

(1) Cette plante eft fort rafraichiffante & adouciffante ; on ne s'en fert qu'en forme de cataplafme, qu'on applique fur des tumeurs inflammatoires & les hémorrhoïdes : quelques Auteurs recommandent encore de s'en fervir pour calmer les douleurs de la goutte ; mais dans ce cas, ce moyen n'eft point fans danger ; car , toutes les fois qu'on emploie des topiques fur les tumeurs goutteufes, on a à craindre la répercuffion.

rellement dans les isles de l'Archipel , ainsi que dans les campagnes cultivées aux environs
d'Alep , où elles fleurissent un
peu après Noël : elles ont des
racines tubéreuses , à-peu-près
aussi grosses que celles des
*Cyclamen*, couvertes d'une écorce d'un brun - obscur ; leurs
feuilles sont supportées par des
pétioles minces , qui sortent
immédiatement de la racine ,
& s'élevent à la hauteur de six
pouces ; celles de la premiere
espece sont simples , & ont
plusieurs petites feuilles rangées sur la côte du milieu ;
mais les pétioles de la seconde sont divisés en trois autres
plus petits , sur chacun desquels sont rangées plusieurs
petites feuilles, de la même
forme que les feuilles aîlées :
les fleurs naissent sur des pédoncules nuds ; ceux de la
premiere espece soutiennent
plusieurs fleurs jaunes; les fleurs
de la seconde sont plus petites & plus pâles. Ces deux
especes , dans leur pays originaire , fleurissent tout de suite après Noël ; mais en Angleterre , leurs fleurs ne paroissent pas avant le commencement d'Avril , & les semences ne mûrissent jamais ici.

On multiplie ces deux plantes par leurs graines , qu'il
faut semer quelques tems après
leur maturité , sans quoi elles
réussissent rarement ; mais comme on les apporte des pays
étrangers & éloignés , on doit
les envoyer dans du sable en
Angleterre. M. le Duc d'Ayen
m'a donné quelques-unes de
ces graines , qui lui avoient

été envoyées d'Alep , empa-
quetées dans du sable , & elles ont mieux reussi qu'aucunes de celles qu'on avoit apportées seches ; car de plusieurs paquets de semences de
ces deux especes que j'ai semées pendant trois ans de suite , je n'ai obtenu que deux
plantes.

On les conserve difficilement en Angleterre , parce que
leurs racines ne croissent pas
dans les pots , & qu'étant mises en pleine terre , les froids
de l'hiver les détruisent souvent , sur-tout dans leur jeunesse. Comme , depuis quelques années , les hivers ont
été fort rigoureux , j'ai perdu
ainsi toutes les jeunes racines
que j'avois élevées dans le
jardin de Chelséa. J'avois placé dans une plate-bande à l'exposition du Sud-Ouest quelques racines qui avoient fleuri pendant plusieurs années ,
& supporté le froid des hivers
sans aucun abri ; & quoique
j'en eusse couvert ensuite quelques-unes des plus jeunes ,
je n'ai pu cependant les conserver pendant l'hiver rigoureux
de l'année 1740. Les feuilles
de ces plantes se fiétrissent vers
la Saint-Jean , & leurs racines
restent dans l'inaction jusqu'au
printems suivant , tems auquel
les fleurs & les feuilles sortent
à-peu-près ensemble.

Quand on reçoit leurs graines des pays étrangers , le
mieux est de les semer aussi-
tôt après leur arrivée ; on les
couvre avec des cloches en
hiver , pour les mettre à l'a-
bri des gelées ; & au printems ,

lorfque les plantes commencent à paroître, on leur donne beaucoup d'air dans les tems doux, fans quoi elles fileroient, & leurs racines ne grofliroient point. Si ces plantes ne font pas trop ferrées, il eft bon de les laiffer dans la même place pendant deux ans; mais fi elles font trop épaiffes, on en enleve une partie au mois d'Octobre, & on les tranfplante contre une muraille chaude; mais en faifant cette opération, il faut avoir grand foin de ne pas déranger les racines de celles qu'on laiffe dans le femis. Au mois de Novembre, avant que les grandes gelées ne commencent à fe faire fentir, on met trois ou quatre pouces d'épaiffeur de vieux tan fur la furface de la terre, pour empêcher la gelée de pénétrer jufqu'aux racines; mais il faut l'enlever au mois de Mars, avant que les premieres feuilles ne commencent à pouffer : on fera encore mieux d'ôter une partie de ce tan un peu après que les fortes gelées du mois de Février feront paffées, & de n'enlever le refte que trois femaines ou un mois après. Cette petite épaiffeur de tan, qui refte fur la terre, empêche le hâle de la deffecher & de nuire aux racines.

Ces plantes ont befoin d'un fol fec & léger, & ne veulent pas être remuées fouvent; mais quand on le fait, ce doit toujours être dans le mois d'Octobre, parce qu'alors leurs racines font dans l'inaction.

**LEONTODON.** *Lin. Gen. Plant.* 817. *Dens Leonis. Tourn.*



*Inft. R. H.* 468. [ *Dandelion.* ] Dent de Lion, *ou* Piffenlit.

Il y a quatre ou cinq efpeces de ce genre, qui croiffent naturellement dans les campagnes en Angleterre & en France ; mais on les cultive rarement dans les jardins : cependant, comme quelques perfonnes ramaffent dans les champs leurs racines au printems, & les font blanchir, j'en fais mention ici ; mais je n'ajouterai rien à cet article, fi ce n'eft que ces plantes font des herbes fort embarraffantes dans les jardins, & qu'il faut les arracher avant que leurs femences mûriffent, fans quoi elles fe multiplieroient beaucoup, parce que leurs graines, étant couronnées de duvet, le vent les tranfporte à une grande diftance.

**LEONTOPODIUM.** *Voyez* Plantago.

**LEONURUS.** *Tourn. Inft. R. H.* 187. *Tab.* 87. *Phlomis. Lin. Gen. Plant.* 642. Λεωνυρ Θ-, de Λέων un lion, ὀρὰ & une queue ; parce que la crête de cette fleur reffemble à la queue d'un lion. [ *Lion's Tail.* ] Queue-de-lion.

*Caracteres.* Le calice de la fleur eft tubulé, a cinq angles, perfiftant & formé par une feuiile ; la corolle eft monopétale & en gueule, la levre fupérieure eft longue, cylindrique, velue & entiere : celle du bas eft courte, réfléchie, & découpée en trois parties : la fleur a quatre étamines placées fous la levre fupérieure, deux font plus courtes que les deux autres, & elles font terminées

minées par des sommets oblongs & comprimés. Au fond du tube, sont placés quatre germes qui soutiennent un style mince, placé avec les étamines, & couronné par un stigmat aigu, & divisé en deux parties ; ces germes se changent dans la suite en quatre semences oblongues, angulaires, & fixées dans le calice.

Ce genre de plantes est rangé dans la seconde section de la quatrieme classe de TOURNEFORT, qui comprend les herbes à fleurs en gueule d'une feuille, dont la levre supérieure est creusée en forme de cuillier. LINNÉE a joint les especes de ce genre au *Phlomis*, & a donné ce titre à la *Cardiaca*, de laquelle il les a séparées, parce qu'elles n'ont pas de points à leurs sommets. Il les range dans la premiere section de sa quatorzieme classe, dont les fleurs sont labiées, & ont deux étamines longues & deux courtes, suivies de semences nues, & placées dans le calice.

Les especes sont :

1°. *Leonurus Africana, foliis lanceolatis, obtusè serratis.* Hort. Cliff. 312 ; Queue-de-lion à feuilles en forme de lance, & sciées à dentelures obtuses.

*Leonurus perennis Africanus, Sideritidis folio, flore Phœnicco majore.* Breyn. Cent. 1. 171 ; Queue-de-lion vivace d'Afrique à feuilles de Crapaudine, avec une plus grande fleur écarlate.

*Phlomis Leonurus. Linn. Syst. Plant. tom. 3. pag. 72. sp. 12.*

*Sideritis Africana, flore aureo*

oblongo. Barth. Act. 2. pag. 57.

*Stachys Africana, frutescens, angusti-folia. flore longissimo Phœniceo, Leonurus dicta. Moris. Hist. 3. p. 383. S. 11. t. 19. f. 17.*

2°. *Leonurus Nepeti-folia, foliis ovatis, calycibus decagonis, septemdentatis, inæqualibus. Hort. Cliff. 312 ;* Queue-de-lion à feuilles ovales, avec un calice à dix angles, & sept dents inégales.

*Leonurus minor, Capitis Bonæ-Spei vulgo. Boerh. Ind. Alt. 180 ;* petit *Leonurus* du Cap de Bonne Espérance.

*Phlomis Nepeti - folia. Linn. Syst. Plant. tom. 3. pag. 72. sp. 11.*

*Cardiaca Americana, annua, Nepetæ folio, floribus brevibus, Phæniceis, villosis. Herm. Lugd.-B. 115. t. 117.*

*Africana.* La premiere espece qui est originaire d'Ethiopie, est depuis long-tems cultivée en Angleterre ; elle s'éleve avec une tige d'arbrisseau à la hauteur de sept ou huit pieds, & pousse plusieurs branches de côté à quatre angles, & garnies de feuilles oblongues, étroites, découpées sur leurs bords en dentelures aiguës, d'environ trois pouces de longueur sur un demi de large, velues en-dessus, veinées en dessous & opposées ; ses fleurs sont verticillées, disposées en deux ou trois anneaux vers l'extrémité de chaque branche, sessiles, en gueule, & de la même forme que celles de l'*Ortie morte*, mais avec des crêtes plus longues & plus couvertes de poils. Ces fleurs sont de couleur d'or, & ont une très-belle apparence; elles paroissent communément en Octobre & en Novembre, & continuent quelquefois à se montrer jusqu'au milieu de Décembre; mais elles ne produisent point de graines en Angleterre. Il y a une variété de cette espece à feuilles panachées, que quelques personnes trouvent belle; mais comme ses anneaux de fleurs sont rarement aussi gros que ceux de l'espece unie, elle ne doit pas être aussi estimée.

*Nepeti - folia.* Plusieurs Auteurs font mention de la seconde espece, comme d'une plante annuelle; ils pensent qu'elle est aussi originaire de l'Amérique, & qu'elle a été apportée de Surinam en Hollande; mais il est certain qu'elle se trouve au Cap de Bonne-Espérance, d'où ses semences m'ont été deux ou trois fois envoyées. Le Docteur Houstoun m'a aussi assuré qu'il en avoit reçu plusieurs fois du même pays, ainsi que le dessin de la plante; de sorte qu'il n'est pas douteux qu'elle ne soit originaire de cette partie de l'Afrique.

Cette plante s'éleve à la hauteur de trois pieds, avec une tige quarrée d'arbrisseau, qui pousse plusieurs branches à quatre angles, & garnies de feuilles ovales, crenelées, rudes en - dessus, comme celles de l'*Ortie morte*, veinées, d'un vert pâle en - dessous, & opposées par paires, de même que les branches: ses fleurs sont verticillées, & semblables à celles de la précédente, mais moins



longues, & d'une couleur moins foncée; elles paroissent avec celles de la premiere, & conservent leur beauté aussi longtems.

On multiplie ces deux especes par boutures en Europe; car elles n'y produisent point de semences: on plante ces boutures en Juillet, après que les plantes auront été assez long-tems exposées au soleil & au plein air, pour que leurs rejettons soient durcis; alors elles poussent aisément des racines, si on les met dans une plate-bande de terre grasse, & à l'exposition du levant: on les couvre exactement avec des cloches, pour en exclure l'air, & on les met à l'abri du soleil, pour leur faire produire plutôt des branches; mais lorsqu'elles commencent à pousser, il faut soulever les cloches pour leur donner de l'air, afin de les empêcher de filer: on les accoutume ensuite par dégrés au plein air; quand elles sont bien enracinées, on les enleve pour les planter chacune séparément dans des pots remplis d'une terre grasse & douce: on les tient à l'ombre jusqu'à ce qu'elles aient formé de nouvelles racines, & on les transporte dans un lieu abrité, où elles doivent rester jusqu'au mois d'Octobre: alors on les serre dans la serre, où on les traite comme les autres plantes qui y sont renfermées. On doit arroser souvent la premiere espece.

**LEPIDIUM.** *Tourn. Inst. R. H.* 215. *tab.* 103. *Lin. Gen. Plant.* 718. [ *Dittander, or Pep-*

*perwort.*] Poivrée *ou* Passerage. Cresson.

*Caractères.* Le calice de la fleur a quatre feuilles ovales & concaves, qui tombent; la corolle a quatre pétales ovales, placés en forme de croix, & bien plus larges que le calice: la fleur a six étamines en forme d'alêne, aussi longues que le calice, dont deux font plus courtes que les autres, & qui font toutes terminées par des sommets simples; au centre est placé un germe en forme de cœur, qui soutient un style simple & couronné par un stigmat obtus : ce germe se change ensuite en une capsule en forme de lance, & à deux cellules, divisées par une cloison intermédiaire, & qui renferment des femences oblongues.

Ce genre de plantes est rangé dans la premiere section de la quinzieme classe de LINNÉE, intitulée, *Tetradynamia siliculosa,* avec celles dont les fleurs ont six étamines, quatre longues & deux courtes, & dont les femences font renfermées dans des légumes courts.

Les efpeces font :

1°. *Lepidium lati-folium, foliis ovato — lanceolatis, integris, ferratis.* Hort. Cliff. 330. Flor. Suec. 533. Roy. Lugd.—B. 334. Dalib. Paris. 194. Hall. Helv. n. 505. Sub-Nasturtio. Crantz. Auftr. p. 11. Kniph. cent. 3. n. 53. Regn. Bot. ; Lepidium à feuilles entieres, ovales, en forme de lance & fciées. La grande Passerage.

*Lepidium Plinii.* Dod. Pempt. 716.

*Lepidium Æginetæ.* Tabern. 456. Camer. Epit. 278. R.

*Lepidium lati-folium.* C. B. P. 97; Cresson à larges feuilles.

2°. *Lepidium arvenfe, foliis lanceolatis amplexicaulibus, dentatis.* Hort. Cliff. 331 ; Cresson à feuilles dentelées, en forme de lance & amplexicaules.

*Lepidium humile incanum arvenfe.* Tourn. Inst. R. H. 216 ; Cresson bas & velu des champs.

3°. *Lepidium Chalepenfe, foliis fagittatis, feffilibus, dentatis.* Amœn. Acad. 4. p. 321 ; Cresson à feuilles dentelées, en forme de flèche & feffiles.

*Lepidium humile minus incanum Alepicum.* Tourn. Inst. 216; Petit Cresson d'Alep avec des plus petites feuilles velues & blanches.

*Draba Chalepenfis repens humilior, foliis minùs cinereis & quafi viridibus.* Moris. Hist. 2. p. 314.

4°. *Lepidium Iberis, floribus diandris, tetra-petalis, foliis inferioribus lanceolatis, ferratis, fuperioribus linearibus, integerrimis.* Flor. Leyd. Prod. 334. Gmel. Sib. 3. p 254; Passerage avec des fleurs à quatre pétales & deux étamines, dont les feuilles inférieures font en forme de lance & fciées, & celles du haut étroites & entieres.

*Lepidium foliis lanceolato - linearibus, ferratis.* Hort. Cliff. 331.

*Lepidium gramineo folio, five Iberis.* Tourn. Inst. 216 ; Passerage à feuilles de Gramen, petite Passerage, Cresson de fciatique.

*Iberis latiori folio.* Bauh. Pin. 97.

*Iberis II.* Tabern. 457.

*Iberis.* Dod. Pempt. 714.

5°. *Lepidium perfoliatum, fo-*

liis caulinis pinnato-multifidis , ramiferis , cordatis , amplexicaulibus, integris. *Hort. Cliff.* 331. *Hort. Upsal.* 183. *Roy. Lugd.-B.* 335. *Gron. Orient.* 79. *Pall. it.* 2. *p.* 329. *Jacq. Austr. t.* 346. *Kniph. cent.* 10. *n.* 54 ; Passerage , dont les feuilles inférieures font ailées , & celles des branches en forme de cœur , entieres , amplexicaules.

*Nasturtium spicatum Persicum, perfoliatum , maximum. Moris. Hist.* 2. *p.* 294. *S.* 3. *t.* 25. *f.* 17.

*Thalspi verum Dioscoridis.* 1. *Zan. Hist.* 193 ; la vraie Moutarde de Mithridate de Dioscoride.

*Thlaspi Alexandrinum. Bauh. Pin.* 108. *Prodr.* 50. *Bauh. Hist.* 2. *pag.* 933. *Raii Hist.* 834.

6°. *Lepidium Virginicum, floribus sub-triandris , tetra petalis , foliis linearibus , pinnatis. Lin. Gen. Plant.* 645. *Kniph. cent.* 10. *n.* 55 ; la Passerage avec des fleurs à quatre pétales, dont la plupart ont trois étamines , avec des feuilles ailées & fort étroites.

*Lepidium foliis omnibus lineari-lanceolatis, serratis. Roy. Lugd.-B.* 334.

*Iberis humilior annua Virginiana , ramosior. Mor. Hist.* 2. *pag.* 311. *Sloan. Jam.* 80. *Hist.* 1. *p.* 195. *t.* 123. *f.* 3. *Raii Hist.* 827 ; Cresson de sciatique , bas, annuel, & branchu, de la Virginie.

*Iberis Virginiana lati-folia, ramosa. Moris. Prœl.* 277 ; Passerage de Virginie.

7°. *Lepidium lyratum, foliis lyratis, crispis. Lin. Sp. Plant.* 644 ; Passerage à feuilles frisées & en forme de lyre.

*Lepidium Orientale , Nasturtii*



crispi folio. *Tourn. Cor.* 15. *Itin.* 339. *t.* 339 ; Passerage du Levant à feuilles frisées , comme celles du Cresson.

8°. *Lepidium nudi-caule , scapo nudo simplicissimo , floribus tetrandriis , foliis pinnati-fidis. Lœsl. It.* 155. *Gouan. Illustr. p.* 40 ; Passe-rage avec une simple tige nue , & des fleurs à quatre étamines.

*Lepidium foliis fili-formibus , apice pinnati-fidis , caule nudo. Sauv. Monsp.* 228. 281.

*Nasturtium minimum vernum , foliis tantum circa radicem. Magn. Monsp.* 187. *t.* 186.

9°. *Lepidium petræum, foliis pinnatis , integerrimis , petalis emarginatis , calyce minoribus. Flor. Suec.* 535. 573. *Jacq. Virid.* 115. *Jacq. Austr. t.* 131 ; Passerage , ou Cresson de roche, à feuilles entieres & ailées, avec des pétales dentelés , plus petits que le calice.

*Lepidium Linnæi , petalis calyce vix majoribus , filiculo stylo carente. Crantz. Austr. p.* 7. *t.* 2. *f.* 4. 5.

*Nasturtium pumilum vernum. C. B. P.* 105.

*Cardamine pusilla saxatilis , montana , discoïdes. Col. Ecphr.* 1. *p.* 274. *t.* 273.

10°. *Lepidium sativum , floribus tetra-dynamis , foliis oblongis , multifidis. Vir. Cliff.* 63. *Hort. Ups.* 183. *Fl. Suec.* 2. *n.* 571. *Mat. Med.* 159. *Roy. Lugd.-B.* 335 ; Cresson avec quatre étamines , & des feuilles oblongues, à plusieurs pointes.

*Nasturtium hortense vulgatum. Bauh. Pin.* 103.

*Nasturtium hortense. Dod. Pempt.* 771. *Blackw. t.* 23 ; Cresson de jardin. Cresson Ale-nois, *ou* Nasitor.

*Nasturtium hortense crispum. Bauh. Pin. 104;* Variété à feuilles frisées.

11°. *Lepidium subulatum, foliis subulatis, indivisis, sparsis, caule suffruticoso. Lin. Sp. 889;* Cresson à feuilles indivisées & en forme d'alène, avec une tige de sous-arbrisseau.

*Nasturtium fruticosum, foliis glaucis, linearibus, sub-hirsutis. Hall. Helv. n. 506.*

*Lepidium capillaceo folio, fruticosum Hispanicum. Tourn. Inst. 216.*

12°. *Lepidium ruderale, floribus diandris apetalis, foliis radicalibus dentato-pinnatis, ramiferis, linearibus, integerrimis. Flor. Suec. 534. 572. Hort. Cliff. 331. Roy. Lugd.-B. 335 Neck. Gallob. p. 275. Mattusch. Sil. n. 476. Dœrr. Nass. pag. 141. Flor. Dan. t. 184;* Cresson avec deux étamines sans pétale, dont les feuilles radicales sont dentelées, & celles des branches linéaires & entieres.

*Iberis ruderalis. Crantz. Austr. 21.*

*Nasturtium sylvestre, Osyridis folio. C. B. P. 105.*

*Nasturtium angusti-folium. Fuchs. Hist. 307.*

13°. *Lepidium Bonariense, floribus diandris tetra petalis foliis omnibus pinnato-multi-fidis. Lin. Sp. 901. Murray. Prodr. 165. Pall. It. 2. pag. 329;* Cresson avec des fleurs à deux étamines & quatre pétales, dont toutes les feuilles sont ailées.

*Lepidium foliis pinnati fidis, incisis. Roy. Lugd.-B. 335.*

*Thlaspi Bonariense multi-scis-sum, flore invisibili. Hort. Elth. 286.*

*Lati-folium.* La premiere espece croît naturellement dans les lieux humides de plusieurs parties de l'Angleterre ; mais on la cultive rarement dans les jardins : elle a des racines blanches, petites, & rampantes, au moyen desquelles elle se multiplie très-vite, de maniere qu'il est très-difficile de la détruire quand elle est établie depuis long-tems dans la même place ; ses feuilles radicales sont ovales, en forme de lance, longues d'environ trois pouces sur un & demi de largeur vers la base, sciées sur leurs bords, & supportées par de longs périoles : ses tiges, dont la hauteur est d'environ deux pieds, sont unies, & poussent plusieurs branches latérales ; les feuilles des tiges sont plus longues & plus étroites ; elles ont des pointes plus aigues que les feuilles radicales, & sont sciées sur leurs bords : ses fleurs sont produites en grappes serrées vers l'extrémité & sur les côtés des branches ; elles sont petites, & composées de quatre petits pétales blancs ; elles paroissent en Juin & Juillet, & perfectionnent leurs semences en automne. Toutes les parties de cette plante ont une saveur chaude & mordante, comme le *Poivre.* Les habitans de la campagne se servent des feuilles pour assaisonner leurs viandes d'où lui vient le nom de *Poivre de Pauvres* qu'on lui a donné.

On la multiplie aisément,

car chaque morceau de la racine croît & se multiplie partout où il se trouve, ce qui la rend fort incommode lorsqu'elle est depuis long-tems établie dans un jardin : ses feuilles, écrasées & mêlées avec du lard, font un cataplasme que l'on applique sur les reins pour guérir les sciatiques; lorsqu'on les mâche, elles occasionnent un grand flux de salive, & diminuent ainsi les tumeurs scrophuleuses de la gorge (1).

*Arvense.* La seconde espece, qui naît sans culture en Autriche & en Italie, a une racine fibreuse & charnue, de laquelle sortent plusieurs branches minces, d'un pied & demi de hauteur, & garnies de feuilles en forme de lance, de trois pouces de long sur un & demi de large, profondément découpées sur leurs bords, unies, blanchâtres, & amplexicaules : ses fleurs sont petites, blanches, & disposées en grappes claires aux extrémités des branches ; elles se montrent depuis le mois de Juin jusqu'au commencement de Septembre, & ses semences mûrissent en automne.

---

(1) Les feuilles de cette plante passent pour être un excellent remede antiscorbutique ; on peut les manger cuites ou crûes, ou bien les faire infuser dans de l'eau ou du vin : elles sont aussi très-diurétiques, & peuvent convenir dans les embarras des reins, les affections glaireuses de la vessie, l'hydropisie, &c.

Le *Lepidium Iberis* ne differe point de cette espece, quant à ses propriétés médicinales.



Cette plante est vivace, & se multiplie fort vîte par ses racines ; mais on la cultive rarement dans les jardins.

*Chalepense.* La troisieme se trouve aux environs d'Alep : ses racines sont rampantes, & s'étendent à une grande distance, de maniere qu'en peu de tems elles couvrent un grand espace de terre; ses feuilles sont plus longues, plus étroites, & moins blanches que celles de la précédente : ses fleurs, qui naissent en grappes claires aux extrémités des branches, sont petites, blanches, & semblables à celles de la premiere espece. Cette plante, qui est dure & vivace, se multiplie par ses racines rampantes aussi promptement que les autres.

*Iberis.* La quatrieme est originaire de la France méridionale, de l'Italie & de la Sicile ; on la cultive dans quelques jardins anglois pour la variété : sa racine est longue, charnue, & s'enfonce profondément dans la terre ; elle pousse plusieurs feuilles oblongues, sciées sur leurs bords, & couchées sur la terre : ses tiges sont minces, roides, & s'étendent horisontalement à chaque côté ; elles ont près de deux pieds de hauteur, & sont garnies de feuilles fort étroites & entieres : ses fleurs sortent en petites grappes serrées aux extrémités des branches ; elles sont blanches, & paroissent en Juin & Juillet ; leurs semences mûrissent en automne : si on leur permet de s'écarter, les plantes pousferont au commencement du printems, elles n'exigeront aucune autre culture que d'être tenues nettes de mauvaises herbes ; leurs racines se conservent plusieurs années, pourvu qu'elles soient dans une terre sèche. Cette plante est fort recommandée, comme étant très-propre à guérir les sciatiques ; on l'emploie comme la premiere, en la pilant avec du lard, & c'est de là que lui vient le nom de *Cresson de sciatique*.

*Perfoliatum.* La cinquieme, qui croît naturellement en Perse & en Syrie, est regardée comme la véritable *Moutarde de Mithridate de Dioscoride*. Cette plante annuelle a ses feuilles radicales aîlées, & agréablement découpées en plusieurs segmens : ses tiges ont un pied de hauteur, & se divisent en plusieurs branches minces, garnies de feuilles en forme de lance & entieres, qui embrassent les tiges avec leur bâse : ses fleurs sortent aux extrémités des branches en épis longs & clairs ; elles sont jaunes & petites ; elles paroissent en Juin & Juillet ; leurs semences mûrissent en Septembre, & un peu après la plante périt.

Il faut semer en automne les graines de cette espece ; car celles qui ne sont mises en terre qu'au printems, fleurissent rarement dans la même année, & sont sujettes à être détruites par les gelées de l'hiver ; tandis que celles qui ont été semées en automne, ou qui sont levées de semences écartées, fleurissent toujours vers la Saint Jean, & perfectionnent leurs semences au mois d'Août suivant. Ces plantes n'exigent aucun autre soin que d'être éclaircies & nettoyées de mauvaises herbes.

*Virginicum.* La sixieme est annuelle & originaire de la Virginie, ainsi que de toutes les isles de l'Amérique, dont les habitans ramassent ses feuilles pour les manger en salade, comme nous mangeons celles du *Cresson de jardin*.

Les feuilles radicales de cette plante ont trois pouces de longueur sur un de largeur ; elles sont d'un vert-clair, sciées sur leurs bords, & d'un goût âcre, comme le *Cresson* : la tige s'éleve à la hauteur d'un pied & demi, & pousse latéralement un grand nombre de petites branches, garnies de feuilles étroites, sessiles, & régulièrement sciées sur leurs bords, de maniere qu'elles ressemblent à des feuilles aîlées : ses fleurs naissent aux extrémités des branches en épis clairs ; elles sont petites & blanches, & sont remplacées par des semences rondes, ou en forme de cœur, applaties, & environnées d'une bordure. Cette plante fleurit en Juin & Juillet, & perfectionne ses semences en automne ; on la multiplie aisément par ses semences, qu'on peut répandre en Avril sur une plate-bande ouverte où les plantes doivent rester ; lorsqu'elles paroissent, on les éclaircit où elles sont trop épaisses, & on les tient nettes de mauvaises herbes : si on leur laisse écarter leurs femences en automne, les plantes poufferont bien ; on les traite comme les autres efpeces.

*Lyratum.* La feptieme, qui eft originaire de l'Afie & de l'Efpagne, d'où fes femences m'ont été envoyées, eft une plante bis-annuelle : fes feuilles radicales s'étendent fur la terre ; elles ont à-peu-près deux pouces de longueur fur un demi de largeur ; elles font découpées fur leurs côtés en forme de lyre & frifées fur leurs bords : fes tiges s'élevent à la hauteur d'un pied, & fe divifent en beaucoup de branches minces, garnies de petites feuilles oblongues, découpées fur leurs côtés, & un peu frifées fur leurs bords ; fes tiges & fes feuilles font d'un gris tirant fur le blanc : fes fleurs font produites en paquets aux extrémités des branches; elles font très-petites & blanches : elles paroiffent en Juillet, & produifent des capfules rondes, bordées, applaties, & à deux cellules, dans lefquelles font renfermées deux petites femences oblongues, qui mûriffent en automne.

Cette efpece fe multiplie comme la précédente, par fes graines, qui s'écartent en automne ; les plantes pouffent ainfi fans aucun foin : on les traite comme celles de la fixieme ; mais comme elles ne fleuriffent que dans la feconde année, on doit laiffer entr'elles une plus grande diftance.

*Nudi-caule.* La huitieme, qui croît aux environs de Montpellier, eft une petite plante



annuelle, qui a quelques feuilles aîlées, couchées fur la terre ; du centre de ces feuilles s'éleve une tige nue, de deux ou trois pouces de hauteur, qui foutient cinq ou fix petites fleurs blanches, formées par quatre pétales placées en forme de croix, & quatre étamines fixées près du ftyle. Le germe fe change, quand la fleur eft paffée, en une capfule courte, qui renferme quatre ou cinq femences rondes.

Les femences écartées de cette efpece produifent des plantes qui fleuriffent en Avril, & perfectionnent leurs graines en Mai, fans aucun autre foin que d'être nettoyées & éclaircies à propos.

*Petræum.* La neuvieme eft auffi une plante baffe & annuelle, qui croît naturellement fur Putney-Heath : fes feuilles font aîlées, entieres, & placées près de la terre ; leurs pédoncules ont deux pouces de longueur, & foutiennent quelques fleurs blanches, dont les corolles font plus petites que le calice, & dentelées à leurs bords. Cette efpece fleurit en Mai & Juin, & fe multiplie de même par fes femences écartées.

*Sativum.* La dixieme eft le *Creffon de jardin*, qu'on mange fouvent en falade en hiver & au printems. Comme elle eft bien connue, elle n'exige aucune defcription. On en connoît trois variétés, l'une à feuilles larges, une autre à feuilles frifées, & la commune, qui eft celle dont on fait ufage ; il faut femer cette efpece en rigoles aſſez épaiſſes en hiver, ſur des couches tempérées ; mais au printems & en automne, on la ſeme en planche. Ces plantes ſont bientôt propres à être mangées ; on les coupe étant jeunes pour les empêcher de devenir trop hautes.

*Subulatum.* La onzieme eſt une plante baſſe d'arbriſſeau, garnie de feuilles entieres, fort étroites, en forme d'alêne & alternes : ſes pédoncules ſortent des aîles des feuilles & aux extrémités des tiges : ſes fleurs ſont blanches & ſemblables à celles des autres eſpeces.

On la multiplie par ſemences & par boutures ; on ſeme ſes graines au printems ſur une planche de terre légere en plein air : lorſque les plantes ſont aſſez fortes pour être enlevées, on en tranſplante quelques-unes dans des pots qu'on tient en hiver ſous des châſſis, car les froids rigoureux détruiſent ſouvent celles de plein air ; celles qui y reſtent, doivent être miſes à une expoſition abritée, dans une terre ſeche & parmi des décombres, où elles pouſſeront lentement, deviendront ainſi plus ligneuſes, & riſqueront moins d'être détruites par le froid.

*Ruderale.* La douzieme eſt une plante annuelle qui croît naturellement en pluſieurs parties de l'Angleterre ; ce qui fait qu'on ne la cultive que rarement dans les jardins, d'autant plus que la plante n'a pas beaucoup de beauté, & n'eſt

d'aucun uſage ; cependant je l'ai vu manger en ſalade, quoiqu'elle ait un mauvais goût. Tandis que ces plantes ſont jeunes, elles reſſemblent un peu au *Creſſon de Porc* ; leurs tiges s'élevent à la hauteur de huit ou dix pouces, & ſoutiennent une quantité de petites fleurs blanches de la même forme que celles des autres eſpeces, & qui ſont remplacées par des ſemences ſemblables à celles du *Creſſon* de jardin ; ſi on leur permet de s'écarter, elles rempliſſent le terrein d'un grand nombre de jeunes plantes.

*Bonarienſe.* La treizieme croît ſans culture dans pluſieurs pays chauds ; je l'ai vu pouſſer dans de la terre qui avoit été apportée du Bréſil & de pluſieurs autres parties de l'Amérique, de ſorte que l'on peut la trouver dans beaucoup d'autres endroits : ſes feuilles & ſes tiges reſſemblent beaucoup à celles du *Creſſon* de jardin, mais elles ſont plus diviſées, & different par le goût & l'odeur ; ſes petales ſont ſi petits qu'ils ſont à peine viſibles, de maniere qu'on n'apperçoit que deux étamines dans chaque fleur. Cette eſpece ne ſe cultive que dans les jardins de botanique pour la variété : on repand ſes graines au printems ſur une couche tempérée ; & , quand les plantes ont acquis de la force, on les tranſplante dans une plate-bande chaude, où elles fleuriront & perfectionneront leurs ſemences.

LÉPIDO - CARPO - DENDRON. *Voyez* Protea Nitida. L.

LEUCOIUM. *Lin. Gen. Plant.*
363. *Narciſſo-Leucoïum. Tourn.*
*Inſt. R. H.* 387. *tab.* 208; Λευχαῖον
de λευχὸς blanc, & ῖον Violier.
[ *Snowdrop.* ] Violier blanc,
grand Perce-neige.

*Caractres.* La Spathe, qui
eſt oblongue, obtuſe & applatie s'ouvre ſur les côtés; la
corolle eſt en forme de cloche
étendue, & découpée en ſix
parties réunies à leur bâſe: la
fleur a ſix étamines, courtes,
couvertes de poils, & terminées par des ſommets oblongs,
obtus, à quatre angles & érigés: le germe, qui eſt rond,
& placé ſous la fleur, ſoutient
un ſtyle épais, obtus à ſon
extrémité, & couronné par un
ſtigmat érigé & couvert de
poils: ce germe ſe change
dans la ſuite en une capſule
turbinée, & à trois cellules,
qui s'ouvrent en trois valvules,
& ſont remplies de ſemences
rondes.

Ce genre de plantes eſt rangé dans la premiere ſection de
la ſixieme claſſe de LINNÉE,
qui comprend celles dont les
fleurs ont ſix étamines & un
ſtyle.

Les eſpeces ſont:

1°. *Leucoïum vernum, ſpathâ
uni-florâ, ſtylo clavato. Linn.
Sp. Pl.* 289. *Jacq. Auſtr. t.* 312.
*Scop. carn.* 2. *n.* 392; Perce-
neige avec une ſpathe qui contient une ſimple fleur, & un
ſtyle en forme de maſſue.

*Galanthus uni-florus, petalis
ſub - æqualibus. Hall. Helv. n.*
1253.

*Narciſſo - Leucoïum vulgare.
Tourn. Inſt. R. H.* 287; le grand
Perce-Neige commun.



*Leucoïum- Hort. Cliff. Hort.
Ups.* 74. *Roy. Lugd. - B.* 35;
Perce-Neige du printems, Vio-
lette de Fevrier.

*Leucoïum bulboſum vulgare.
Bauh. Pin.* 55. *Rudb. Elys.* 2.
*p.* 95. *f.* 1; Violier bulbeux,
la Campane *ou* Cloche-blan-
che, le Baguenaudier d'hiver.

*Leucoïum bulboſum. Cluſ. Hiſt.*
1. *p.* 169.

*Narciſſus VII. Mathioli. Camer.
Epit.* 957. R.

*Leucoïum bulboſum hexaphyl-
lon. Dodon. Coron. p.* 202. *Hiſt.*
230. R.

2°. *Leucoïum æſtivum, ſpathâ
multi - florâ, ſtylo clavato. Lœſl.
Lin. Sp. Plant.* 289. *Jacq. Auſt.
t.* 203. *Scop. Carn. ed.* 2. *n.* 393;
Perce - Neige, avec pluſieurs
fleurs dans une ſpathe, & un
ſtyle en forme de maſſue.

*Leucoïum bulboſum majus, ſi-
vè multi-florum. Bauh. Pin* 55.

*Leucoïum ſerotinum majus, ſi-
vè multi-florum. I. Cluſ. Hiſt.* 1.
*p.* 170.

*Narciſſo - Leucoïum pratenſe,
multi-florum. Tourn. Inſt. R. H.*
387; Perce-Neige des prés à
pluſieurs fleurs, appelé communément *le grand Perce-Neige
tardif.*

*Polyanthemum. Renealm. Spec.*
99. *t.* 100.

*Vernum.* La premiere eſpece
croît naturellement en Suiſſe
& en Allemagne, ainſi que ſur
les montagnes des environs
de Turin: ſa racine eſt oblongue, bulbeuſe, & de la même forme que celle du Nar-
ciſſe, mais plus petite; elle
pouſſe quatre ou cinq feuilles
plates, d'un vert foncé, plus
larges & plus longues que cel-

les du *petit Perce - Neige* : du milieu de ces feuilles s'éleve une tige angulaire d'un pied environ de hauteur, nue, creuse & sillonnée ; vers son extrémité sort une spathe blanche, qui s'ouvre sur les côtés, & laisse paroître deux ou trois fleurs blanches, suspendues par des pédoncules minces, monopétales ; découpées en six parties presque jusqu'au fond, & bien plus larges que celles du *petit Perce-Neige* ; les extrémités des segmens de la corolle sont verts, & d'une substance plus épaisse que dans les autres parties : ces fleurs paroissent en Mars, un peu après la petite espece ; elles ont une odeur agréable, qui approche de celle des fleurs de l'*Epine-blanche* : quand la fleur est passée, le germe, qui se trouve au-dessous, se gonfle, & devient une capsule en forme de poire & à trois cellules, qui renferment plusieurs semences oblongues.

Les feuilles de cette espece se fletrissent vers la fin de Mai ; alors on peut enlever les racines pour les transplanter ; car il ne faut pas les tenir trop long-tems hors de la terre : on la multiplie ici au moyen des cayeux que ses racines produisent en assez grande quantité, lorsqu'elles se trouvent dans une situation qui leur convient, & quand elles ne sont pas trop souvent transplantées ; elles exigent un sol léger, doux & gras, avec l'exposition du Levant ; il faut les planter à six pouces de distance, & à quatre ou cinq pou-

ces de profondeur dans la terre, mais il ne faut pas les enlever plus d'une fois en trois ans.

*Æstivum.* La seconde, qui est généralement connue sous le nom de *grand Perce-Neige* ou *tardif*, croît spontanément en Italie près de Pise, en Hongrie & dans les environs de Montpellier ; ses racines sont presqu'aussi grosses que celles du *Narcisse commun*, & leur ressemblent beaucoup dans leur forme ; ses feuilles ont aussi beaucoup de rapport avec celles de cette derniere plante, & sont en plus grand nombre que celles de la précédente ; elles sont d'un vert pâle, & en forme de carène vers le bas, où elles s'enveloppent l'une & l'autre, & embrassent la tige qui s'éleve à un pied & demi de hauteur ; à son extrémité est placée une spathe qui s'ouvre d'un côté, & laisse sortir trois ou quatre fleurs qui pendent vers le bas, & sont soutenues par des pédoncules assez longs : ces fleurs sont découpées presque jusqu'au fond en six segmens ovales & concaves ; ils sont d'un blanc pur, & ont une tache verte à l'extrémité de chaque segment, où elles sont d'une substance plus épaisse que dans le reste de la corolle ; en-dedans sont placées six étamines en forme d'alêne, & terminées par des sommets oblongs & jaunes, qui se tiennent érigés autour d'un style très-mince, & couronné par un stigmat obtus. Ces fleurs paroissent vers la fin d'Avril ou au commen-

cement de Mai. Comme tou-
tes celles qui font renfermées
dans chaque fpathe ne fortent
pas enfemble, elles fe fuccedent pendant trois femaines &
plus, lorfque le tems eft frais :
ces fleurs produifent des capfules triangulaires, groffes, &
à trois cellules, qui contiennent chacune deux rangs de femences.

On multiplie ordinairement
cette efpece en Angleterre par
cayeux, parce que les plantes
que l'on éleve de femences ne
fleuriffent qu'au bout de quatre
ans ; & comme leurs raci-
nes produifent beaucoup de
cayeux, cette methode eft la
plus prompte. On peut traiter ces bulbes comme ceux de
la premiere efpece ; elles exigent un fol gras & léger, avec
l'expofition du Levant, où elles fleuriront mieux & conferveront plus long - tems leur
beauté, que dans une fituation
plus expofée, quoiqu'elles puiffent réuffir dans tous les fols
& à toutes les expofitions.

LEUCOIUM INCANUM.
*Voyez* CHEIRANTHUS.

LEUCOIUM LUTEUM. *Ibid.*

LEUCOIUM BULBOSUM.
*Voyez* GALANTHUS NIVALIS. L.

LEVECHÉ ou LIVECHE,
ACHE DE MONTAGNE. *Voy.*
LIGUSTICUM LEVISTICUM.

LICHEN. *Hepatica* [ *Liver-
wort.* ] Hepatique, Herbe au
Foie.

Comme on emploie en Mé-
decine deux efpeces de ce genre, dont l'une eft regardée
comme un remede infaillible,
pour guérir les morfures de
chiens enragés, j'ai penfé qu'il

ne feroit pas inutile d'en faire mention ici, quoiqu'il foit
impoffible de cultiver ces plantes, à moins que l'on n'enleve
le gazon fur lequel elles fe
trouvent, pour les placer dans
un lieu humide & à l'ombre,
où elles pousseront & réuffiront, fi l'herbe du gazon prend
racine & croît.

Les efpeces font :

1°. *Lichen petræus, lati-folius, fivè Hepatica fontana. C.
B. P.* 362 ; l'Hépatique de
fontaine, commune, à larges
feuilles.

*Marchantia polymorpha. Lin.
Syft. Plant. tom.* 4. *pag.* 515.
*Sp.* 1.

2°. *Lichen officinarum, terref-
tris, cinereus. Raii Syn.* ; l'Hépatique de terre, couleur de
cendre.

. *Petræus.* La premiere efpece croît à côté des puits, dans
les lieux humides & à l'ombre, non - feulement dans la
terre, mais parmi les briques,
il y a plufieurs variétés de
cette plante, que les Botaniftes curieux diftinguent ; mais
comme elles ne font d'aucun
ufage, je n'en ferai pas le détail (1).

_________

(1) Cette premiere efpece d'*Hépatique* eft regardée comme rafraichiffante & apéritive par plufieurs
Auteurs qui prétendent s'en être
fervis avec beaucoup de fuccès dans
les maladies du foie & de la ratte,
dans la jauniffe, les maladies cu-
tantées, opiniâtres, les dartres, &c.

La longueur des maladies chroni-
ques, qui permet d'effayer beaucoup de remedes, offre un moyen
de vérifier les vertus attribuées à
cette plante, dont l'ufage ne peut

*Officinarum*. La seconde espece, dont on se sert contre la morsure des chiens enrages, croît en Angleterre sur les pâquis & les plaines incultes, où l'herbe est courte & la terre presque nue ; on la rencontre principalement sur les penchans des montagnes, & sur les bords des puits & des fossés. Cette plante s'étend sur la surface de la terre, & lorsqu'elle est arrivée à un certain dégré de développement, elle devient d'une couleur de cendre, mais elle prend dans la suite une teinte obscure : on l'apporte souvent dans les jardins avec les gazons qui servent à faire des tapis & des talus : si le sol est humide & frais, elle s'étend, devient difficile à détruire, & rend le tapis vert désagréable à la vue ; mais cette méthode est la seule que l'on connoisse aujourd'hui pour la conserver dans les jardins ; on la regarde comme un remede certain contre la morsure des chiens enragés, & l'expérience a constaté son efficacité. Cette découverte a été communiquée à la Société royale par M. George DAM-PIER, dont l'oncle avoit fait usage de cette plante avec succès contre l'hydrophobie, tant pour les hommes que pour les animaux.

Voici la méthode qu'il pres-

---

d'ailleurs produire aucun effet funeste.

Ce *Lichen* entre dans la composition du syrop de *Chicorée*, qu'on emploie communément dans les maladies du foie.

crit dans l'administration de ce remede :

On prend l'herbe, on la desseche dans un four, près du feu, ou au soleil ; il faut ensuite la piler, la passer dans un tamis fin, & y mêler une quantité égale de poivre bien pulvérisé : la dose ordinaire de ce mélange est de quatre scrupules que l'on fait prendre dans du lait chaud, de la bierre, de l'âle, *espece de bierre forte*, ou du bouillon ; il conseille aussi de bien laver la partie mordue, & les habits de la personne, de peur qu'il n'y reste de la bave du chien enragé : si c'est un homme qui a été mordu, il veut qu'on le saigne avant de lui administrer le remede, & il ordonne de l'employer le plutôt qu'il est possible après la morsure, & de le faire prendre deux ou trois jours de suite à la même dose & à jeun.

LICHNIS SAUVAGE. *Voy.* Lychnis dioica.

LIEGE. *Voyez* Quercus suber.

LIERRE. *Voyez* Hedera helix.

LIERRE FRANÇOIS. *Voyez* Epilobium. L.

LIERRE RAMPANT. *Voyez* Glechoma.

LIERRE TERRESTRE. *Voy.* Glechoma hederacea.

LIGUSTICUM. *Tourn. Inst. R. H. 323. tab. 171. Lin. Gen. Plant. 308.* Cette plante tire son nom de *Liguria*, parce qu'autrefois elle croissoit en grande quantité près d'une riviere de Gènes, appellée *Liguria.* [ *Lovage.* ] *Leveche,* ou

*Liveche.* Ache de montagne.

*Caractères.* La fleur est ombellée; l'ombelle générale est composée de plusieurs petites, qui en contiennent encore d'autres d'une moindre grandeur : l'enveloppe de l'ombelle générale est composée de sept feuilles inégales ; le périanthe de la fleur est dentelé en cinq parties, & placé sur le germe : la corolle a cinq pétales égaux, qui sont recourbés en-dedans à leurs pointes, & ont la forme de carène en-dedans : la fleur a cinq étamines velues, plus courtes que la corolle, & terminées pas des sommets simples : le germe, qui est placé sous la fleur, supporte deux styles simples & couronnés par des stigmats simples ; ce germe se change ensuite en un fruit oblong, divisé en deux parties, angulaire & sillonné, qui renferme deux semences oblongues & unies.

Ce genre de plantes est rangé dans la seconde section de la cinquieme classe de LINNÉE, qui renferme celles dont les fleurs ont cinq étamines & deux styles.

Les speces sont :

1°. *Ligusticum Levisticum, foliis multiplicibus, foliolis supernè incisis.* Hort. Cliff. 97. Hort. Upsal. 62. Mat. Med. p. 80. Roy. Lugd. - B. 104. Sauv. Monsp. 261. Blackw. t. 275 ; la Liveche à plusieurs feuilles, dont les lobes sont découpés à l'extrémité en-dehors.

*Ligusticum vulgare.* Bauh. Pin. 157.

*Levisticum vulgare.* Mor. Hist. 3. pag. 275 ; Liveche commu-



ne, *ou* Ache de montagne.

2°. *Ligusticum Scoticum, foliis bi-ternatis.* Lin. Sp. Plant. 250. Oed. Dan. t. 207 ; la Liveche à feuilles doubles & à trois lobes.

*Ligusticum duplicato - ternatis foliis.* Hort. Cliff. 97. Fl. Suec. 232. 244. Roy. Lugd. - B. 104. Gron. Virg. 31.

*Ligusticum Scoticum, Apii folio.* Tourn. Inst. R. H. 324 ; Liveche d'Ecosse à feuilles d'Ache.

*Apium maritimum.* Fl. Lapp. 107.

*Seseli maritimum Scoticum.* Herm. Par. 227. t. 227.

3°. *Ligusticum Austriacum, foliis bi-pinnatis, foliolis confluentibus, incisis, integerrimis.* Lin. Sp. 360. Jacq. Vind. 221. Segui. Ver. 3. p. 226. Jacq. Austr. f. 151. Mattusch. Sil. n. 195 ; Liveche à feuilles doublement ailées dont les lobes se joignent par des ailes, & ont des segmens entiers.

*Ligusticum foliis bi-pinnatis, confluentibus, nervo fistuloso.* Crantz. Austr. p. 197.

*Ligusticum Cicutæ folio, glabrum.* Tourn. Inst. R. H. 323 ; Liveche à feuilles unies de Ciguë. Séséli de montagne.

*Seseli montanum, Cicutæ folio, glabrum.* Bauh. Pin. 161.

4°. *Ligusticum lucidum, foliis pinnati-fidis, foliolis linearibus, planis ;* Liveche à feuilles ailées, dont les lobes sont fort étroits & unis.

*Ligusticum Pyrenaïcum, Fœniculi folio, lucidum.* Tourn. Inst. 324 ; Liveche des Pyrénées, à feuilles luisantes de Fenouil.

5°. *Ligusticum Peloponnesia-*
*tum , foliis multiplicato-pinnatis ,*
*foliolis pinnatim incifs. Lin. Sp.*
36. *Hort. Cliff.* 97. *Roy. Lugd.-*
*B.*104. *Sauv. Monfp.* 250. *Gmel.*
*Sil.* 1. *f.* 45. *Scop. carn.* 2. *n.*
338 ; Liveche à feuilles plufieurs fois ailées , avec des
lobes découpés en forme d'aîles.

*Liguftrum foliis duplicato-pin-*
*natis , pinnulis acutè dentatis ,*
*longè lanceolatis. Hall. Helv. n.*
758.

*Cicutaria lati-folia , fœtida. C.*
*B. P.* 161 ; Ciguë à larges
feuilles , fétide & bâtarde , la
Cicutaire.

*Sefeli Peloponnenfe. Cam. Epit.*
514. *Matth.* 753.

*Leviflicum.* La premiere
efpece eft la *Liveche commune*
*des boutiques* , qu'on cultivoit
autrefois dans les jardins potagers comme une plante bonne à manger ; mais on l'a négligée depuis long-tems en Angleterre : elle croît naturellement fur les Monts-Apennins ,
ainfi qu'aux environs de la riviere de Liguria dans le voifinage de Gênes. Cette plante a une racine forte , charnue & vivace , qui pénetre
profondément dans la terre ;
elle eft compofée de plufieurs
fibres fortes & charnues, couvertes d'une peau brune ; elle
a une odeur & un goût chaud ,
fort & aromatique : fes feuilles font grandes, ailées, & compofées de plufieurs lobes larges , & femblables à ceux de
la *Ciguë* , mais plus grands &
d'un vert plus foncé : fes lobes font découpés vers l'extrémité en fegmens aigus : fes

tiges s'élevent à la hauteur de
fix à fept pieds ; elles font groffes , fillonnées , & divifées en
plufieurs branches , dont chacune eft terminée par une
grande ombelle de fleurs jaunes , qui font remplacées par
des femences oblongues &
cannelées. Cette plante fleurit en Juin & Juillet , & perfectionne fes femences en automne (1).

On la multiplie aifément
par fes graines, qu'il faut femer en automne , un peu après
leur maturité ; car fi on les
garde jufqu'au printems , elles pouffent rarement dans la
premiere année. Quand les
plantes font en état d'être enlevées , on peut les tranfplanter dans une planche de terre
riche & humide , à trois pouces de diftance ; lorfqu'elles auront repris racine , elles n'exigeront plus aucun foin , que
d'être tenues nettes de mauvaifes herbes. Leurs racines
fubfiftent plufieurs années , &
quand on leur laiffe écarter
leurs femences , elles pouffent
fans aucun foin.

Les racines, les feuilles , &
les femences de la *Liveche* font
chaudes & defficatives ; elles
échauffent , foulagent l'eftomac , chaffent les vents &
excitent l'urine.

*Scoticum.* La feconde efpe-

---

[1] Les feuilles & les racines de
cette plante ayant à-peu-près les
mêmes vertus que l'*Ache ordinaire,*
nous ne répeterons point ici ce qui
a été dit ailleurs fur les propriétés
de cette derniere efpece. Ses femences font carminatives & alexi-
teres.

ce croît fans culture fur les rivages de la mer en plufieurs parties de l'Ecoffe : fa racine eft bis-annuelle, & bien plus petite que celle de la précédente : fes feuilles font compofées de lobes plus larges & plus courts, chaque feuille, ayant trois fegmens, dont les lobes font dentelés fur leurs bords : fes tiges s'élevent à la hauteur d'un pied, & foutiennent à leur extrémité une petite ombelle de fleurs jaunes, de la même forme que celles de la précédente. Ces fleurs paroiffent en Juin, & produifent des femences oblongues & cannelées, qui mûriffent en automne ; on peut la cultiver de la même maniere que la premiere.

*Auftriacum.* La troifieme, qu'on rencontre fur les Alpes, eft une plante vivace, dont les tiges, hautes d'environ un pied, font penchées alternativement à chaque nœud de côté & d'autre, & garnies auffi à chaque nœud de feuilles doublement ailées, & compofées de petits lobes, qui coulent l'un dans l'autre ; un peu au deffus de chaque feuille fort une branche de côté, qui, ainfi que les tiges principales, eft terminée par une ombelle de fleurs blanches, qui paroiffent en Juin, & font fuivies de femences cannelées, qui mûriffent en automne.

*Lucidum.* La quatrieme fe trouve fur les Monts Pyrénées ; elle a une racine bis-annuelle, & des feuilles doublement ailées, dont les lobes font fort étroits, & agréablement décou-

pés : fes tiges, fortes & hautes d'un pied & demi, font garnies de feuilles luifantes, ailées, & terminées par des ombelles de fleurs' affez larges, qui paroiffent en Juin, & perfectionnent leurs femences en Septembre.

*Peloponnefiacum.* La cinquieme eft originaire des montagnes du Péloponnèfe : fa racine, épaiffe & charnue, comme celle du *Panais*, pénetre profondément dans la terre : fes feuilles font très-larges, d'un vert-foncé, & compofées de plufieurs feuilles ailées, dont les lobes font découpés en pointes aiguës ; lorfqu'on les froiffe, elles répandent une odeur fétide : fes tiges s'élevent à la hauteur de trois ou quatre pieds ; elles font très-groffes, creufes, comme celles de la *Ciguë*, & terminées à leurs extrémités par de larges ombelles de fleurs jaunes, difpofées en corymbe, qui paroiffent en Juin, & produifent des femences oblongues & cannelées qui mûriffent en automne.

Quelques perfonnes ont penfé que cette plante étoit la *Ciguë* des anciens ; leur conjecture étoit fondée fur ce qu'elle reffembloit en quelques points à la defcription que les anciens ont donnée de la *Ciguë*, fur fa qualité vénimeufe & fon odeur fétide, & fur ce qu'elle fe trouve dans plufieurs endroits de l'Afie.

On cultive toutes ces efpeces dans les jardins de Botanique ; mais elles font rarement admifes ailleurs : on les multiplie

tiplie aifémemt par leurs graines, qu'il faut femer en automne, & on traite les plantes
qui en proviennent comme celles de la premiere ; elles fe
plaifent dans des lieux humides
& à l'ombre.

LIGUSTRUM. *Tourn. Inft.
R. H.* 596. *tab.* 367. *Lin. Gen.
Plant.* 18. [ *Privet.* ] Troëfne.

*Caraēteres.* Le calice de la
fleur eft petit, tubulé, & découpé en quatre fegmens obtus fur fes bords : la corolle
eft monopétale, en forme d'entonnoir, & pourvue d'un tube
cylindrique, découpé à fon extrémité en quatre fegmens ovales entièrement ouverts : la
fleur a deux étamines oppofées, & terminées par des fommets érigés & aufli longs que
la corolle : fon germe eft rond,
& foutient un ftyle court &
couronné par un ftigmat obtus,
& divifé en deux parties ; ce
germe fe change dans la fuite
en une baie ronde, unie, &
à une cellule qui renferme
deux femences oblongues, plates d'un côté, & convexes de
l'autre.

Ce genre de plantes eft rangé dans la premiere feētion de
la feconde claffe de LINNÉE,
qui comprend celles dont les
fleurs ont deux étamines & un
ftyle.

Les efpeces font :

1°. *Liguftrum vulgare, foliis
lanceolato-ovatis, obtufis* ; Troësne à feuilles en forme de lance & obtufes.

*Liguftrum Germanicum. C. B.
P.* 472 ; Troëfne commun.

2° *Liguftrum Italicum, foliis lanceolatis, acutis* ; Troëfne à feuil-

*Tome IV.*    ·

les en forme de lance, terminées par une pointe aiguë.

*Liguftrum foliis majoribus, &
magis acuminatis, toto anno folia
retinens. Pluk. Alm.* 217 ; Troësne à feuilles plus larges &
plus aiguës, qui durent toute
l'année, appelé communément
*Troëfne toujours vert d'Italie.*

*Phillyrea. Dod. Pempt.* 775.

*Vulgare.* La premiere efpece
croît naturellement dans les
haies de plufieurs parties de
l'Angleterre, où elle s'éleve
à la hauteur de quinze ou feize pieds, avec une tige ligneufe, couverte d'une écorce grife & unie, qui pouffe plufieurs
branches laterales, garnies de
feuilles en forme de lance,
ovales, unies, terminées en
pointes obtufes, placées par
paires, oppofées, feffiles, & d'un
vert foncé : les fleurs, qui naiffent
en épis épais aux extrémités
des branches, font blanches ;
leur corolle eft monopétale,
tubulée, & découpée à fon extrémité en quatre parties, qui
s'étendent & s'ouvrent ; elles
paroiffent en Juin, & produifent des baies noires, petites
& rondes, qui mûriffent en
automne, & qui renferment
chacune deux femences : les
feuilles de cette efpece confervent leur verdure jufqu'après
Noël, alors elles changent de
couleur & tombent (1).

---

(1) On emploie quelquefois en
Medecine les feuilles & les fleurs
du *Troëfne*, qui font regardées comme deterfives, & légèrement aftrin-
gentes ; c'eft pour cette raifon qu'on
emploie leur infufion dans les maux
de gorge, les ulceres de la bouche, les
crachemens de fang, la brûlure, &c.

Il y a deux variétés de cette espece, dont une a ses feuilles panachées en blanc, & l'autre en jaune; mais pour conserver ces variétés, il faut les planter dans un sol stérile, car si elles se trouvent dans une terre riche, elles deviennent trop vigoureuses, & leurs feuilles prennent une teinte unie.

*Italicum.* La seconde, qui naît sans culture en Italie, a une tige plus forte que celle de la précédente; ses branches sont moins souples & plus érigées, & leur écorce est d'une couleur plus claire : ses feuilles sont plus grandes, terminées en pointe aiguë, & d'un vert plus clair; elles conservent leur verdure jusqu'à ce que les nouvelles les fassent tomber au printems suivant: aussi cette espece est elle certainement distincte de la précédente, quoique plusieurs aient cru qu'elles n'en formoient qu'une seule : ses fleurs sont un peu plus grosses que celles de l'espece commune, & ne produisent pas toujours des baies dans notre pays.

Les feuilles & les fleurs de la premiere espece sont d'usage en Médecine; on les regarde comme rafraîchissantes, astringentes & dessicatives, & comme propres à guérir les ulceres, les inflammations de la bouche & de la gorge, les hémorrhagies des gençives, & le relachement de la luette.

On cultive communément cet arbrisseau dans les pépinieres des environs de Londres, pour le faire servir ensuite à



décorer les petits jardins & les balcons de la ville; parce qu'il est du petit nombre des plantes qui peuvent croître dans la fumée de Londres; & quoiqu'il subsiste pendant quelques années dans les lieux renfermés de la ville, cependant il y produit rarement des fleurs après la premiere année, à moins qu'il ne soit dans un endroit exposé à l'air libre. Dans la campagne, cette plante conserve sa verdure durant la plus grande partie de l'hiver; elle fleurit en Juin, & perfectionne en automne ses baies, qui restent généralement sur les branches jusqu'à Noël.

Le *Troësne d'Italie* est toujours préféré à l'espece commune; parce que ses feuilles sont plus larges & toujours vertes; & comme il est assez dur pour supporter les plus grands froids de notre climat, on peut le planter dans les mêmes lieux que le *Troësne ordinaire*; je l'ai souvent placé sous l'égoût des gros arbres, où j'ai observé qu'il réussissoit mieux que beaucoup d'autres arbrisseaux.

Je ne puis m'empêcher de croire que cette espece, qui est la plus commune en Italie, ne soit celle dont VIRGILE fait mention dans son *Eglogue* ou *seconde Pastorale*, & voici ma raison : comme les fleurs de cet arbrisseau sont d'un blanc pur, & qu'elles tombent bientôt, elles ne sont point dutout propres à faire des bouquets, & ses baies, qui sont d'un beau noir, & qui restent long tems sur l'arbre, produi-

fent un bel effet. Plufieurs
Auteurs, dignes de foi, affûrent qu'on ramaffoit ces baies
pour les employer à la teinture, & qu'on en faifoit la meilleure encre.

D'ailleurs, n'eft-il pas plus
raifonnable de fuppofer que
Virgile a plutôt voulu tirer
fa comparaifon des fleurs &
du fruit de la même plante,
lorfqu'il avertit la jeuneffe de
ne pas fe fier à fa beauté,
que de faire mention de deux
différentes plantes, comme on
le croit ordinairement ; car
dans cette comparaifon, on
voit les fleurs blanches du
*Troëfne* qui paroiffent de bonne heure au printems, ce qui
eft une image de la jeuneffe ;
mais elles font d'une courte
durée, & flétriffent bientôt ;
tandis que les baies qu'on peut
rapporter à l'âge mûr, durent
long-tems, & font recueillies
pour l'ufage.

On multiplie aifément ces
plantes en marcottant en automne leurs tendres rejettons,
qui poufferont affez de racines
dans un an pour pouvoir être
tranfplantés : alors on les place
à demeure, ou on les tient dans
une pépiniere pendant deux ou
trois ans pour les élever fuivant l'ufage auquel on les deftine.

On peut auffi les multiplier
par leurs rejettons, que leurs
racines produifent en abondance ; mais comme elles font fujettes à en pouffer beaucoup,
il eft difficile de les retenir
dans de juftes bornes, & les
plantes, qu'on éleve de cette
maniere, ne deviennent jamais

auffi hautes que celles qui ont
été marcottées ; ainfi cette derniere méthode eft préférable
à l'autre.

Ces plantes reuffiffent auffi
par boutures, qui prennent
aifément racine, fi on les place en automne à l'ombre &
dans un fol gras ; on les traite enfuite comme les marcottes.

Mais les meilleures & les
plus fortes plantes, font celles
qu'on éleve de femences : cette méthode eft plus longue &
plus ennuyeufe que les autres,
puifque ces graines reftent ordinairement une année dans
la terre avant de germer ; quand
on veut l'employer, on doit
cueillir les baies lorfqu'elles
font mûres, les mettre dans
des pots avec du fable & enterrer enfuite ces pots, comme on le pratique pour les baies
de *Houx*, & de l'*Epine-blanche* ;
on les retire dans l'automne
de l'année fuivante, & on les
feme fur une plate-bande expofée au Levant, où les plantes poufferont au printems :
lorfqu'elles auront acquis un
peu de force, elles feront de
grands progrès, s'éleveront très-
droites, & produiront des
rejettons comme les autres.

Autrefois, on employoit
communément cette efpece dans
la plantation des haies ; mais
elle ne fert plus à cet ufage
aujourd'hui, parce qu'il eft
difficile de la tenir en ordre,
que les haies qui en font formées ont peu d'épaiffeur, &
qu'enfin on a trouvé beaucoup
d'autres plantes, qui font préférables à tous égards.

Les deux efpeces panachées font de jolies variétés parmi les autres arbriffeaux panachés ; on peut les multiplier par la greffe en écuffon, ou par la greffe en arc fur l'efpece unie, ainfi que par marcottes ; mais comme elles produifent rarement des branches affez longues pour pouvoir être couchées en terre, la greffe eft préférée : l'efpece rayée en argent eft un peu plus délicate que l'efpece unie ; mais elle fupporte le plein air dans un fol fec & à une expofition chaude.

LILAC. *Voyez* SYRINGA.

LILAC DÉS INDES, *ou* AZEDARACH. *Voyez* MELIA AZEDARACH.

LILIANTHOS *V.* UVULARIA AMPLEXICAULIS. L.

LILIASTRUM. *Voyez* HEMEROCALLIS.

LILIO-ASPHODELUS. *Voy.* HEMEROCALLIS & CRINUM.

LILIO-FRITILLARIA. *Voy.* FRITILLARIA.

LILIO HYACINTHUS. *V.* SCILLA.

LILIO - NARCISSUS. *Voyez* AMARYLLIS.

LILIUM. *Tourn. Inft. R. H.* 369. *tab.* 191. *Lin. Gen. Plant.* 371. Cette plante tire fon nom de λεῖο, poli, uni, à caufe du poli de fes feuilles, ou de λειρός, qui fignifie la même chofe. [ *The Lily.* ] Lis.

*Caracteres.* La fleur n'a point de calice : la corolle, qui a la forme d'une cloche ouverte, eft compofée de fix pétales étroits à leur bâfe, larges, obtus, & réfléchis à leur extrémité, épais, & en forme de carène ; ils ont chacun fur le dos un nectaire étroit & longitudinal à fa bâfe : la fleur a fix étamines érigées, plus courtes que la corolle, & terminées par des fommets oblongs & couchés : fon germe, oblong & cylindrique, eft fillonné par fix rainures, & foutient un ftyle de même forme, auffi long que la corolle, & couronné par un ftigmat épais & triangulaire ; ce germe fe change dans la fuite en une capfule oblongue, avec fix fillons rudes & creux fur le haut, & dans laquelle fe trouvent trois cellules remplies de femences plates & à moitié rondes, couchées les unes fur les autres en double rang.

Ce genre de plantes eft rangé dans la premiere fection de la fixieme claffe de LINNÉE, qui comprend les plantes dont les fleurs ont fix étamines & un ftyle.

Les efpeces font :

1°. *Lilium candidum, foliis fparfis, corollis campanulatis, erectis, intùs glabris. Hort. Cliff.* 120. *Hort. Upfal.* 80. *Mat. Med.* 93. *Roy. Lugd.-B.* 30. *Gron. Orient.* 105. *Kniph. cent.* 7. *n.* 4. *Knorr. Del.* 1. *tab.* L. *Blackw. t.* 11. *Hall. Helv. n.* 1231. *Regn. Bat.* ; Lis à feuilles éparfes, avec une corolle érigée, en forme de cloche & unie en-dedans.

*Lilium album, flore erecto, & vulgare. C. B. P.* 76 ; Lis blanc commun à fleur érigée.

*Lilium candidum. Dod. Pempt.* 197. *Camer. Epit.* 570.

2°. *Lilium peregrinum, foliis fparfis, corollis campanulatis, cernuis, petalis bafi anguftioribus* ;

Lis à feuilles éparfes avec une corolle penchée & en forme de cloche, dont les pétales font plus étroits à leur bâfe.

*Lilium album, floribus dependentibus sivè peregrinum. C. B. P.* 76 ; Lis blanc étranger à fleurs pendantes.

3°· *Lilium bulbi-ferum, foliis sparsis, corollis campanulatis, erectis, intùs scabris. Hort. Cliff.* 120. *Hort. Upsal.* 80. *Roy. Lugd.-B.* 31. *Gmel. Sib.* 1. *p.* 41. *Gron. Orient.* 104. *Jacq. Aust. f.* 226. *Scop. carn.* 2. *n.* 404. *Knorr. Del.* 1. *f.* L. 4; Lis à feuilles éparfes, avec une corolle érigée, en forme de cloche, & rude en dedans.

*Lilium caule foliofo, foliis fulcatis, floribus campanulatis, intùs floccofis. Hall. Helv. n.* 1232.

*Lilium purpureo croceum majus. C. B. P.* 76 ; le grand Lis à fleur pourpre couleur de fafran, communément appelé *Lis-Orange.*

4°. *Lilium humile, foliis linearibus, sparsis, corollis campanulatis, erectis, caule bulbi-fero ;* Lis nain à feuilles étroites & éparfes, avec des corolles érigées & en forme de cloche, dont la tige produit des bulbes.

*Lilium bulbi-ferum minus. C. B. P.* 77 ; Lis nain, produifant bulbe, appelé par quelques-uns le *Lis de feu.*

5°. *Lilium Pomponium, foliis sparsis, subulatis, floribus reflexis, corollis revolutis. Hort. Cliff.* 120. *Hort. Upsal.* 81. *Roy. Lugd.-B.* 31. *Kniph. cent* 2. *n* 40. *Knorr. Del.* 1. T. 4 ; Lis à feuilles éparfes & en forme d'alène, avec des fleurs réfléchies, dont les pétales font recourbés en arriere.

*Lilium radice tunicata, foliis sparsis, floribus reflexis, corollis revolutis. Gmel. Siber.* 1. *pag.* 42. *n.* 9.

*Lilium reflexum, montanum, humile, angusti-folium, aurantium. Amm. Ruth. n.* 138. *Gmel. R.*

*Lilium rubrum præcox. Clus. Hist.* 1. *p.* 133.

*Lilium rubrum, angusti-folium. C. B. P.* 78 ; Lis rouge à feuilles étroites *ou* le Martagon de Pompone.

6°. *Lilium angusti—folium, foliis linearibus, sparsis, pedunculis longiffimis ;* Lis à feuilles étroites & éparfes, dont les fleurs ont de très-longs pédoncules.

*Lilium brevi & gramineo folio. C. B. P.* 79 ; Lis à feuilles courtes & de Gramen, appelé communément *Martagon de Pompone.*

7°. *Lilium Chalcedonicum, foliis sparsis, lanceolatis, floribus reflexis, corollis revolutis. Hort. Cliff.* 120. *Hort. Upsal.* 81. *Roy. Lugd.-B.* 31. *Scop. carn. ed.* 2. *n.* 403. *Kniph. cent.* 3. *n.* 54 ; Lis à feuilles éparfes & en forme de lance, avec des fleurs réfléchies, dont les pétales font recourbés en arriere.

*Lilium Bizantinum, miniatum. C. B. P.* 78 ; Lis de Bizance avec une fleur de Carmin, ordinairement appelé *Martagon écarlate* ou *l'Hemerocalle.*

*Hemerocallis Chalcedonica. Lob. Ic.* 169.

8°. *Lilium superbum, foliis sparsis, lanceolatis, floribus pyramidatis, reflexis, corollis revolutis ;* Lis à feuilles éparfes & en forme de lance, ayant des fleurs pyramidales & réfléchies dont les pétales font recourbés en arrierre.

*Lilium foliis sparfis, multiflorum, floribus reflexis, fundo aureo, limbo aurantio, punctis nigricantibus, pedunculis fingulis, uno foliolo. Trew. Ehret. 2. t. 11.*

*Lilium fivè Martagon Canadenfe, flore luteo punctato. Catesb. Car. 2. p. 56. t. 56.*

*Martagon multis & magnis floribus luteis, alios fuperans. Suvert. Icon. Pl. 57;* le grand Martagon jaune.

9°. *Lilium Martagon, foliis verticulatis, floribus reflexis, corollis revolutis. Hort. Cliff. 120. Hort. Upf. 81. Gmel. Sib. 1. p. 44. Roy. Lugd.-B. 31. Jacq. Auftr. t. 351; Scop. car. 2. n. 402. Pollich. Pal. n. 331. Kniph. cent. 3. n. 55.;* Lis à feuilles verticillées, avec des fleurs réfléchies, & des pétales recourbés en arriere.

*Martagon. Camer. Epit. 617.*

*Lilium floribus reflexis montanum. C. B. P. 77;* Lis de montagne à fleurs réfléchies, ordinairement appelé *Martagon pourpre.*

*Lilium fylveftre. Dod. Pempt. 201.*

10°. *Lilium hirfutum, foliis verticillatis, hirfutis, floribus reflexis, corollis revolutis;* Lis à feuilles velues & verticillées, avec des fleurs réfléchies, dont les petales font recourbés en arriere.

*Lilium floribus reflexis alterum, lanugine hirfutum. C. B. P. 718;* un autre Lis à fleurs réfléchies, couvert de poils & de duvet, appelé *Martagon rouge.*

11°. *Lilium Canadenfe, foliis verticillatis, floribus reflexis, co-*



*rollis revoluto campanulatis. Lin. Sp. Plant. 303;* Lis à feuilles verticillées, avec des fleurs réfléchies, & en forme de cloche.

*Lilium angufti-folium, flore flavo, maculis nigris diftincto. Tourn. Inft. 3. t. Barr. Rar. 778, f. 125.*

*Lilium, fivè Martagon Canadense maculatum. Mor. Hift. 2. p. 408;* Lis ou Martagon du Canada à fleurs tachetées.

12°. *Lilium Campfchatenfe, foliis verticillatis, floribus erectis, corollis campanulatis. Amœn. Acad. 2. p. 348;* Lis à feuilles verticillées, avec une fleur érigée, & en forme de cloche.

13°. *Lilium Philadelphicum, foliis verticillatis, brevibus, corollis campanulatis, unguibus petalorum anguftioribus, floribus erectis. Icon. tab. 165;* Lis à feuilles très-courtes & verticillées, avec des corolles en forme de cloche, dont les onglets des pétales font fort étroits & les fleurs érigées.

Il y a un plus grand nombre de variétés de *Martagons,* que celles dont nous avons fait mention; mais comme on les regarde comme des produits accidentels, j'ai penfé qu'il étoit inutile de les rapporter ici : je me contenterai d'en donner les titres ci après.

*Candidum.* Le *Lis commun blanc* eft fi bien connu, qu'il feroit fuperflu d'en donner la defcription. Cette plante croît naturellement dans la Paleftine & la Syrie ; mais on la cultive depuis long-tems dans les jardins de l'Europe : elle eft fi dure que les plus fortes gelées de notre climat ne peuvent l'endommager ; elle se multiplie si promptement par ses bulbes , & elle est devenue si commune, qu'on n'en fait plus de cas, quoique ses fleurs soient très-belles & d'une odeur très-agréable.  Les variétés de cette espece sont :

*Le Lis blanc rayé de pourpre.*

*Le Lis blanc à feuilles panachées.*

*Le Lis blanc à fleurs doubles.*

Toutes ces variétés ont été obtenues accidentellement par culture.  Il n'y a pas plus de trente-cinq ans qu'on cultive l'espece panachée en Angleterre ; mais à présent elle est fort commune dans la plupart des jardins.  Quelques personnes en font cas à cause de ses raies pourpre ; mais comme les taches pourpre dont elle est peinte lui donnent une couleur sombre , beaucoup de personnes lui préférent le *Lis blanc commun.*

L'espece à feuilles panachées est principalement estimée à cause de l'effet agréable qu'elle produit en hiver & au printems ; ces feuilles, qui sont agréablement bordées de larges raies de couleur jaune , poussent dans le commencement de l'automne, & s'étendent sur la terre : ses fleurs ressemblent à celles de l'espece commune , mais elles paroissent un peu plutôt en été, ce qui peut être occasionné par la foiblesse de ses racines ; car toutes les plantes panachées ne sont jamais aussi fortes que les unies.

*Fleurs doubles.* Le *Lis blanc* à fleurs doubles est moins recherché que les deux autres , parce que ses fleurs ne s'ouvrent jamais bien , à moins qu'on ne les couvre avec des cloches pour les mettre à l'abri des pluies & de la rosée, car elles se pourrissent souvent avant de s'épanouir : ces fleurs n'ont point l'odeur agréable qui fait estimer l'espece commune, lors même qu'elles sont bien ouvertes ; parce que le grand nombre de pétales , dont elles sont ornées , detruit les parties de la génération , de maniere que la poussiere fécondante , qui répand de l'odeur , ne s'y trouve plus.

Les racines, les feuilles & les fleurs du *Lis blanc commun* sont d'usage en Médecine ; on emploie souvent ses racines pour adoucir, mûrir & faire suppurer les tumeurs dures. MATHIOLE dit que l'eau distillée de ses fleurs est bonne pour les femmes qui ont une couche pénible , & facilite la sortie de l'enfant ; l'eau distilée de ses feuilles est d'un grand usage dans les maladies du poumon (1).

*Peregrinum.* Le *Lis blanc* à

---

(1) L'*Oignon de Lis* est résolutif, émollient & détersif : on l'emploie souvent dans les cataplasmes , après l'avoir fait cuire sous la cendre , pour hâter la résolution ou la suppuration des tumeurs . On tire aussi de la fleur du *Lis* une eau distilée , qu'on ajoute aux juleps & potions anodines , à la dose de quatre ou six onces , dans les douleurs néphrétiques , la pleurésie , & toutes les inflammations internes.

fleurs pendantes, qui a d'abord été apporté de Conftantinople, eft regardé par quelques perfonnes comme une variété de l'efpece commune; mais il en eft certainement diftinct : fa tige eft bien plus courte : fes feuilles font plus étroites & en plus petit nombre : fes fleurs font un peu moins groffes , & leurs pétales font plus étroits à leur bâfe : elles font toujours penchées vers le bas, tandis que celles de l'efpece commune font toujours érigées ; les tiges de cette efpece font quelquefois très-larges & plates , de maniere qu'il femble qu'elles foient formées par deux ou trois tiges réunies : lorfque cela arrive , elles portent depuis foixante jufqu'à cent fleurs, & même davantage ; ce qui a fait croire à plufieurs perfonnes que c'étoit une efpece différente ; elles en ont fait mention comme ayant une tige large avec plufieurs fleurs : cependant ces plantes ne font que des variétés accidentelles ; car les mêmes racines produifent rarement de pareilles fleurs deux années de fuite.

Ces efpeces fe multiplient aufli très-aifément par les rejettons que leurs racines produifent en fi grande quantité, que l'on eft obligé de les enlever tous les deux ans, ou au moins chaque trois ans , de peur qu'ils n'affoibliffent la racine principale. Le tems le plus propre pour cette opération eft la fin d'Août, un peu après que les tiges font flétries : fi on les laiffoit plus longtems dans la terre , elles pouf-

feroient bientôt de nouvelles fibres & des feuilles, & ne pourroient plus alors être transplantées ; car, fi on le faifoit , elles ne fleuriroient point dans l'année fuivante. Ces plantes croiffent dans prefque tous les fols , & à toutes les expofitions ; elles font très-propres à orner les plates-bandes de grands jardins ; mais comme elles deviennent très-grandes , & qu'elles occupent beaucoup de place , elles ne conviennent point dans les petits endroits.

*Bulbi ferum*. Le *Lis-orange commun* , ou le *Lis rouge* eft auffi-bien connu dans les jardins anglois, que le *Lis blanc* ; & il y eft cultivé depuis auffi longtems. Cette efpece croît naturellement en Autriche & dans quelques endroits de l'Italie; comme elle fe multiplie trèspromptement par fes bulbes, elle eft devenue fi commune, que l'on en fait fort peu de cas aujourd'hui : cependant, comme fes fleurs font un très-bel effet, lorfqu'elles fe trouvent placées d'une maniere convenable , on doit toujours admettre quelques-unes de ces plantes dans les jardins.

Les variétés de cette efpece font :

*Le Lis-orange à fleurs doubles.*
*Le Lis-orange à feuilles panachées.*
*Le petit Lis-orange.*
On s'eft procuré ces variétés par la culture , & les Fleuriftes les confervent dans leurs jardins; toutes celles-ci fleuriffent en Juin & Juillet, & leurs tiges fe fanent en Septembre : on

peut alors les enlever & détacher les bulbes, ce qu'il faut faire tous les deux ou trois ans, sans quoi les racines deviendroient trop grosses, & les tiges de fleurs trop foibles. Comme cette espece ne pousse des feuilles que vers le printems, on peut la transplanter depuis l'instant où ses tiges sont flétries, jusqu'à Noël. Elle croît dans tous les sols & à toutes les expositions; mais elle réussit mieux dans une terre grasse & légere, & peu humide.

*Humile.* Le *Lis de feu*, portant bulbes, s'éleve rarement à la moitié de la hauteur de la précédente; ses feuilles sont plus étroites: ses fleurs sont plus petites, d'une couleur de feu plus claire, en petit nombre, plus érigées. Ces fleurs paroissent un mois avant celles du *Lis commun*, & les tiges produisent à la plus grande partie de leurs nœuds des bulbes qui, étant détachées & mises en terre lorsque les tiges sont flétries, forment des plantes; de maniere que l'on peut multiplier aisément & abondamment cette espece: elle offre plusieurs variétés que l'on rapporte comme des especes différentes, mais que l'on croit avoir été produites par la culture, telles sont:

Le grand *Lis à larges feuilles*, & portant bulbes.

Le *Lis à plusieurs fleurs*, portant bulbes.

Le petit *Lis à bulbes*.

Le *Lis blanc à bulbes*.

Comme toutes ces especes de *Lis* croissent à l'ombre des arbres, on peut les employer



dans les plantations & sur le bord des bois, où elles feront un bel effet dans le tems de leurs fleurs.

*Pomponium.* Le *Lis Martagon* offre un grand nombre de variétés; il differe des *Lis communs* en ce que ses pétales sont recourbés en arriere en forme de turban, d'où vient le nom de *Bonnets de Turcs*, que quelques-uns donnent à ces fleurs. Les Fleuristes Hollandois possedent plus de trente variétés de cette espece; mais on en connoît à peine la moitié de ce nombre en Angleterre; la plupart de ces variétés sont accidentelles, car celles, dont nous faisons mention, sont, à ce que je crois, les seules que l'on peut regarder comme spécifiquement différentes. Cependant en faveur des personnes, qui font leur amusement de la culture de ces fleurs, je rapporterai ici toutes les variétés qui se trouvent dans les jardins anglois; elles sont:

Le *Martagon commun à doubles fleurs.*

Le *Martagon blanc.*

Le *Martagon blanc à doubles fleurs.*

Le *Martagon blanc tacheté.*

Le *Martagon Impérial.*

Le *Martagon précoce* ou *Printanier écarlate.*

Le *Martagon vermillon de Constantinople.*

Le *Martagon commun à fleurs rouges*, qui forme notre cinquieme espece, a des feuilles fort étroites & placées sans ordre; sa tige s'éleve à la hauteur de trois pieds, & soutient à son extrémité huit ou dix fleurs d'un rouge clair, un peu éloignées l'une de l'autre, & qui paroiffent dans le mois de Juin ; fes tiges fe fanent en Août, & un peu après on peut tranfplanter fes racines.

*Angufti-folium.* La fixieme efpece, que l'on connoît fous le nom de *Martagon de Pompone*, a des tiges plus élevées que celles de la précédente ; fes feuilles font plus courtes & plus feffiles : chaque tige porte depuis quinze jufqu'à trente fleurs d'un rouge fort vif, tirant fur l'écarlate, dont les pédoncules font fort longs, de forte que ces fleurs forment une tête fort étendue : elles font pendantes, mais leurs pétales font tout-à-fait réfléchis en arriere. Cette plante fleurit après la cinquieme efpece.

*Chalcedonicum.* La feptieme, à laquelle on donne ordinairement le nom de *Martagon écarlate*, s'éleve à la hauteur de trois ou quatre pieds ; fes feuilles font bien plus larges que celles des efpeces précédentes, & femblent être bordées de blanc ; elles font feffiles & placées fans ordre : fes fleurs naiffent aux extrémités des branches ; elles font d'une écarlate vive, & fortent rarement au-delà de cinq ou fix enfemble. Cette efpece fleurit fur la fin de Juillet ; & dans les années tempérées elle conferve fa beauté durant la plus grande partie du mois d'Août.

*Superbum.* La huitieme s'éleve à la hauteur de quatre ou cinq pieds avec une tige forte & garnie de feuilles auffi larges que celles de l'efpece précé-

dente, & placées fans ordre : fes fleurs font produites en forme de pyramide vers l'extrémité de la tige ; quand les racines de cette plante font fortes, chaque tige produit quarante ou cinquante fleurs larges, d'un jaune tacheté de brun, & d'une magnifique apparence ; mais elles exhalent une odeur fi forte & fi défagréable, que peu de perfonnes peuvent refter auprès ; ce qui eft caufe que l'on a rejetté cette efpece de plufieurs jardins Anglois : ces fleurs paroiffent à la fin de Juin.

*Martagon.* La neuvieme eft communément appelée *Martagon pourpre*, quoique dans plufieurs jardins anciens, on la nomme fimplement *Bonnet de Turc* ; elle pouffe une tige forte de trois ou quatre pieds de hauteur, & garnie de feuilles affez larges, & verticillées de diftance en diftance : fes fleurs, qui font d'un pourpre obfcur avec quelques taches noires, naiffent en épis clairs aux extrémités des tiges. Cette plante fleurit en Juin, mais moins fortement que l'efpece précédente.

*Hirfutum.* La dixieme reffemble beaucoup à la neuvieme, mais fes feuilles font plus étroites, & leurs anneaux plus éloignés ; fes tiges & fes feuilles font un peu velues : les boutons de fleurs font couverts d'un duvet doux, & les fleurs font d'une couleur plus brillante, avec quelques taches ; elles paroiffent plutôt en été, quoique les tiges pouffent plus tard. Cette plante fleurit au commencement de Juin, &

les tiges périssent en automne.

On connoît ordinairement la onzieme sous le nom de *Martagon du Canada*, d'où elle a été d'abord apportée en Europe ; mais elle croît aussi dans plusieurs autres parties de l'Amerique septentrionale ; ses racines sont oblongues, grosses & composées d'écailles comme celles des autres especes ; ses tiges ont quatre ou cinq pieds de hauteur, & sont garnies de feuilles oblongues, pointues & verticillées : ses fleurs, qui sortent vers l'extrémité des tiges, sont grosses, jaunes, tachetées de noir, & de la même forme que celles du *Lis orange* ; leurs pétales sont recourbés en arriere comme ceux des autres especes : celle-ci fleurit au commencement d'Août ; & quand ses racines sont grosses, les tiges produisent un assez grand nombre de fleurs, qui font un très-bel effet. Il y a dans cette espece deux variétés, dont l'une a des fleurs plus larges & d'une couleur plus foncée ; mais on croit qu'elles proviennent toutes deux de semences.

*Campschatense.* La douzieme est originaire de l'Amérique septentrionale, & l'on dit qu'elle se trouve aussi au Kamtschatka. Elle a des fleurs érigées comme celles du *Martagon* du Canada ; mais leurs pétales sont ovales, & ne diminuent point à leur bâse : ces fleurs sont sessiles, d'une couleur plus foncée, & tachetées comme celles de la précédente. Cette plante fleurit en Juillet, & ses tiges périssent en automne.

Cette espece est aujourd'hui fort rare en Angleterre, & ne se trouve que dans peu de jardins. On me l'a envoyée, il y a quelques années du Maryland ; mais elle a péri après avoir produit des fleurs.

*Philadelphicum.* La treizieme m'a été envoyée de la Pensylvanie par M. JEAN BARTRAM, qui l'avoit trouvée dans ce pays, où elle croît spontanément ; sa racine, qui est écailleuse, blanche & plus petite que celles des autres especes, pousse au printems une tige d'environ un pied & demi de hauteur ; ses feuilles sont verticillées de distance en distance, courtes, assez larges, & terminées par des pointes obtuses, sa tige porte à son extrémité deux fleurs érigées, portées sur des pédoncules courts & séparés, & de la même forme que celle du *Lis de feu* portant bulbes ; leurs petales sont plus étroits à leur bâse, & laissent des intervalles entr'eux ; mais ils s'élargissent & se joignent vers le haut, ce qui donne à cette fleur la forme d'une cloche ouverte ; ces pétales sont en forme de lance, & ne sont pas rapprochés à leur extrémité où ils se terminent en pointe aiguë : ses fleurs sont d'un pourpre clair, & marquées vers la bâse par plusieurs points d'un pourpre obscur ; au centre est placé un germe à six angles, qui soutient un style fort & couronné par un stigmat à trois angles autour duquel sont placées six étamines en forme d'alène, plus courtes que le style, & terminées

par des sommets oblongs &
couchés ; ce germe se change dans la suite en une capsule oblongue, à trois angles,
émoussée à son extrémité, &
divisée en trois cellules, remplies de semences plates, &
couchées l'une sur l'autre. Cette plante fleurit en Juillet, &
perfectionne ses semences vers
la fin de Septembre ; elle est
à présent fort rare en Angleterre : mais comme ses semences ont mûri l'année derniere
ici, elle peut y devenir fort
commune en peu de tems :
comme elle est petite, & que
ses fleurs n'ont point d'odeur
desagreable, elle est propre à
orner les petits jardins ; les tiges de cette espece périssent
après que les semences sont
parvenues à leur maturité, &
c'est alors qu'il faut transplanter leurs racines, car elles ne
poussent point de fibres avant
Noël : ces racines ne produisent pas beaucoup de rejettons ;
& l'on ne peut pas se procurer cette plante en grande quantité, à moins que l'on ne la
multiplie par semences.

*Culture.* Toutes les especes
de *Martagons* peuvent être multipliées par leurs rejettons,
que l'on détache des racines
de la même maniere qu'on le
pratique pour le *Lis commun* ;
quelques-unes en produisent
en aussi grande quantité : mais
d'autres n'en donnent que très-
peu ; ce qui les rend fort rares. Les racines de tous les
*Martagons* peuvent être enlevées après que leurs tiges sont
flétrics, & se conservent pendant deux mois hors de terre,



en les enveloppant dans de la
mousse sèche ; ce qui donne
la facilité de les envoyer au
loin : mais quand on les destine à être replantées dans le
même jardin, & que l'on ne
doit pas les tenir long-tems à
l'air, cette précaution est inutile ; car si le terrein est dis-
posé pour les recevoir, il faut
les planter au commencement
d'Octobre : ainsi, en les mettant dans un lieu frais & sec,
elles se conserveront bonnes
sans autre soin ; mais si le terrein n'est pas encore préparé,
il sera bon de les couvrir avec
du sable sec, ou de les enve-
lopper de mousse pour les mettre à l'abri de l'air qui en flé-
triroit les écailles, si elles y
étoient trop exposées, les affoibliroit & les disposeroit à
être attaquées de moisissure ou
de pourriture.

Ces racines doivent être
plantées à cinq ou six pouces de
profondeur dans la terre, sur-
tout si le sol est sec & léger :
mais quand le terrein est humide, il seroit utile d'élever
la plate-bande de cinq ou six
pouces au-dessus de la surface ;
car si l'eau venoit à les atteindre, elles seroient en danger
de se pourrir : si le sol est naturellement fort & dur, on
doit y mêler une grande quantité de cendres de charbon de
terre, ou du gros sable, pour
en diviser les parties & les
empêcher de se lier ; car sans
cette précaution, ces racines
ne pousseroient point des tiges
aussi fortes, & ne se multiplieroient pas si bien.

Comme le *Martagon du Ca-*

*nada*, celui de *Pompone*, & la derniere efpece, font un peu plus délicats que les autres, on fera bien, pour les garantir de la gelée, de couvrir la furface de la terre où elles font placées avec du vieux tan ou de la cendre de houille, & de l'ôter au printems avant que les tiges ne commencent à pouffer. Les efpeces qui deviennent fort hautes ne font bonnes que pour les grands jardins; on peut les entremêler avec les *Lis blancs* & *orange*, de grands *Iris*, & d'autres fleurs du même crû; elles feront ainfi un très-bel effet, pourvu qu'elles ne foient pas trop ferrées, & qu'elles foient arrangées convenablement. Comme elles fleuriffent l'une après l'autre, on peut les placer ainfi de fuite, fuivant la faifon où leurs fleurs paroiffent. Plufieurs efpeces de *Martagons communs* étant affez dures pour croître à l'ombre des arbres, on peut planter ces dernieres dans les pleins des *Labyrinthes* avec le *Lis commun*, où elles produiront un effet très-agréable.

Les racines de toutes ces efpeces ne doivent jamais être tranfplantées quand elles ont commencé à pouffer leurs tiges, à moins qu'on ne veuille courir les rifques de les faire périr, ou au moins de les affoiblir à un tel point, qu'elles ne puiffent fe rétablir qu'au bout de deux ou trois ans, ainfi que je l'ai éprouvé à mes dépens; car, ayant été obligé de changer une belle collection de fes racines au commencement du printems, j'en ai perdu une grande partie, & les autres ont été très-long-tems à réparer leurs forces.

Toutes les efpeces de *Lis* & de *Martagon* peuvent être multipliées par femences; on fe procure fouvent par cette méthode de nouvelles variétés, pourvu que la femence qu'on emploie ait été recueillie fur les meilleures efpeces; ceci a fur-tout rapport aux *Martagons*, qui font plus fujets à changer que les autres *Lis*.

Pour faire cette opération, il faut d'abord fe pourvoir de quelques caiffes quarrées, de fix pouces de profondeur, & percées de plufieurs trous dans le fond pour en laiffer écouler l'humidité; on remplit ces caiffes d'une terre neuve, légere & fablonneufe, & au commencement d'Octobre, après la maturité des femences, on les y feme affez épaiffes, & on les recouvre d'un pouce & demi d'une terre légere & tamifée; on place enfuite les caiffes de maniere qu'elles ne foient expofées qu'au foleil du matin : fi la faifon fe trouve feche, on les arrofe fouvent & l'on a foin d'arracher toutes les mauvaifes herbes qui y croiffent : il faut laiffer ces caiffes à cette expofition jufqu'au commencement de Novembre; alors on les place de maniere qu'elles jouiffent de l'afpect du foleil le plus qu'il eft poffible, & qu'elles foient à l'abri des vents froids du Nord & de l'Eft pendant l'hiver. Au printems fuivant,

& vers le commencement d'A-
vril, on les remet à leur premiere expofition, où les plantes commenceront bientôt à
pouffer. Durant toute cette
iaifon, il ne leur faut pas trop
de chaleur, parce que la terre
des caiffes où elles font placées fe deffecheroit trop vîte,
ainfi qu'on l'éprouve lorfqu'on
les expofe au plein foleil du
Midi.

Il faut obferver encore au
printems de les tenir nettes de
mauvaifes herbes, & de les arrofer légérement fi la faifon fe
trouve feche ; mais on doit le
faire avec ménagement & précaution : on laiffe ces caiffes à
l'afpect du Levant jufqu'au
commencement d'Août ; alors
on prépare quelques plates-bandes de terre femblable, que
l'on nivelle parfaitement, &
après avoir enlevé la terre des
caiffes avec les petites bulbes,
on la répand fur ces plates-
bandes, & on la recouvre encore d'un demi pouce de terre
tamifée ; fi le tems eft fec &
chaud, on couvre ce terrein
au milieu du jour & on l'arrofe de tems en tems.

On tient ces plantes conftamment nettes, & fi l'hiver fuivant
eft très-froid, on couvre les
plates-bandes avec du chaume
de *Pois* ou quelqu'autre litiere
légere, pour empêcher la gelée
d'y pénétrer, & d'endommager
ces jeunes racines ; mais lorfque le tems eft doux, on ne
peut les laiffer couvertes fans
leur nuire beaucoup.

A la fin de Février ou au
commencement de Mars, lorfque les grandes gelées font paf-

fées, il faut enlever la furface
de ces plates-bandes, qui pendant l'hiver peut avoir contracté
du moifi, & cribler enfuite
également un peu de terre neuve fur la plate-bande, pour
donner de la vigueur aux racines. En ôtant la terre de la
fuperficie, il faut avoir l'attention de ne pas aller trop avant,
de peur de déranger les racines,
& ne pas faire cette opération
trop tard, afin que les jeunes
rejettons, qui commencent à
paroître, n'en foient point endommagés. A mefure que la
faifon avance, on les tient nettes de mauvaifes herbes, & on
les arrofe légérement dans les
tems fecs ; on fera bien auffi de
les mettre à couvert pendant
les grandes chaleurs du foleil,
c'eft-à-dire, vers la fin d'Avril
ou le commencement de Mai,
quand la faifon devient féche
& chaude.

Lorfque les feuilles font flétries, on remue encore la furface des plates-bandes, mais
pas trop profondément : cette
opération empêche l'accroiffement des mauvaifes herbes, &
fortifie les racines. Au mois de
Septembre, on crible encore
de la terre neuve fur les plates-bandes à l'épaiffeur à-peu-
près d'un demi-pouce ; & durant
l'hiver & le printems fuivant,
on les traite comme dans l'année précédente.

Au mois de Septembre fui-
vant, il faut tranfplanter ces
racines à une plus grande diftance ; on prépare pour cela de
nouvelles plates-bandes de terre
neuve & légere, on les nivelle,
& après avoir enlevé les raci-

nes, on les plante dans cette nouvelle terre, à huit pouces de diſtance, en obſervant de mettre le germe des racines en haut, & de les enfoncer de quatre pouces.

Il faut attendre un tems humide pour faire cette tranſplantation ; car ſi on la faiſoit par un tems chaud, qui ne ſoit point ſuivi immédiatement de pluie, les racines ſeroient en danger de ſe moiſir & ſouvent de périr tout-à-fait.

On doit encore obſerver de tenir toujours ces plates-bandes nettes de mauvaiſes herbes ; & ſi le froid eſt rigoureux en hiver, on les couvre de chaume ou de vieux tan, afin d'empêcher la gelée de pénétrer juſqu'aux racines. Au printems, on enleve cette couverture ainſi que la ſurface de la terre, pour en remettre de la nouvelle, & on traitera ces plantes durant l'été & l'hiver ſuivans, comme on l'a fait dans l'année précédente.

Au bout des deux années de ſéjour dans ces plates-bandes, les plus fortes racines commenceront à fleurir ; ſi l'on obſerve alors dans ce nombre quelques variétés particulieres, on les remarque, en enfonçant un bâton près de chacune, & on les enleve après que leurs feuilles feront flétries, pour les placer dans les plates-bandes du parterre, ou dans d'autres endroits à une plus grande diſtance, afin qu'elles fleuriſſent plus fortement. Comme on ne peut pas trop bien juger ces plantes d'après la premiere fleur, il faut attendre, pour en connoître la valeur, qu'elles

aient fleuri une ſeconde fois. Il arrive ſouvent que pluſieurs de ces fleurs n'ont qu'une mauvaiſe apparence dans la premiere année, & quelles deviennent plus belles après avoir acquis de la force ; c'eſt-pourquoi il faut laiſſer les plantes dont on n'eſt pas ſûr pendant deux ans ſans les tranſplanter, afin de connoître plus certainement celles qui méritent d'être conſervées ; lorſqu'on les enleve, ce qui doit être fait dans une ſaiſon convenable, on peut rejetter les communes, ou les planter à l'ombre de quelque muraille, où elles produiront encore un aſſez bel effet.

**LILIUM CONVALLIUM.** *Voyez* CONVALLARIA MAJALIS BI-FOLIA.

**LILIUM PERSICUM.** *Voyez* FRITILLARIA PERSICA.

**LILIUM SUPERBUM ZEYLANICUM.** *Voyez.* GLORIOSA.

**LIMODORUM.** *Flor. Virg.* 110. *Lin. Gen. Plant.* 904. *Helleborine. Tourn. Inſt. R. H.* 436. *tab.* 249. [ *Baſtard Hellebore.* ] Helleborine batarde.

*Caracteres.* La fleur a une tige ſimple & nue, qui s'éleve immédiatement de la racine ; elle n'a point de calice, mais ſeulement une ſpathe placée au-deſſous : la corolle eſt compoſée de cinq pétales ovales, qui ſont differens ; ceux de côté s'étendent & s'ouvrent : mais les deux ſupérieurs ſont unis enſemble, & l'inférieur a la forme d'une carène ; de ſorte que cette fleur reſſemble beaucoup aux papilionnacées. Au-dedans des petales eſt placé un nectaire concave & formé par une feuille, de la même longeur que la corolle ; elle a deux étamines aussi longues que les pétales, & terminées par des sommets ovales : son germe, qui est en forme de colonne, & de la longueur des pétales, est placé sous la fleur, & soutient un style simple, fixé aux étamines, & couronné par un stigmat en forme d'entonnoir : ce germe se change ensuite en une capsule de la même forme, qui s'ouvre en trois valves, & montre une cellule remplie par quatre ou cinq semences rondes.

Ce genre de plante est rangé dans la premiere section de la vingtieme classe de LINNÉE, qui renferme celles dont les fleurs n'ont que deux étamines jointes au style.

Nous n'avons encore en Angleterre qu'une espece de ce genre, qui est le

*Limodorum tuberosum, foliis longis, angustis, sulcatis & acuminatis, pedunculis longissimis.* Ic. f. 145 ; Helleborine avec des feuilles longues & étroites, terminées en pointes aiguës, & un fort long pédoncule qui soutient la fleur.

*Helleborine Americana, radice tuberosâ, foliis longis, angustis, caule nudo, floribus ex-rutro pallidè — purpurascentibus.* Martyn. Cent. 1. Pl. 50. Icon. tab. 165 ; Helleborine tubéreuse d'Amérique, avec une racine tubéreuse, des feuilles longues & étroites, une tige nue, & des fleurs de couleur rouge & d'un pourpre - pâle.

*Limodorum tuberosum, floribus sessilibus, racemis alternis. Linn.*



*Syst. Plant. tom. 4. pag. 32. Sp. 1. Roy. Lugd.-B. 16. Gron. Virg. 138. Act. Upsal.* 1740. *p.* 21.

Cette plante croît naturellement dans la Jamaïque, sur-tout au nord de cette Isle, d'où plusieurs de ses racines m'ont été envoyées par le Docteur HOUSTOUN, sous le titre suivant : *Helleborine purpurea, tuberosâ radice. Plum. Cat. 9* ; de sorte que cette plante est la même que celle qui a été indiquée par PLUMIER ; elle croît aussi sans culture dans les isles Françoises de l'Amérique : ses racines ont été ensuite apportées des isles de Bahama, & depuis elles m'ont été envoyées de Pensylvanie par M. JEAN BARTRAM, qui a découvert cette espece dans ce pays.

La racine de cette plante a la même forme que celle du vrai Safran ; mais son enveloppe extérieure est d'une couleur brune plus foncée, elle produit, suivant qu'elle est plus ou moins grosse, deux ou trois feuilles de neuf ou dix pouces de longueur sur près de neuf lignes de largeur dans le milieu, mais plus étroites vers les deux extrémités, terminées en pointe aiguë, plissées l'une sur l'autre à leur bâse, & sillonnées par cinq rainures longitudinales, comme les premieres feuilles des *Palmiers*. Ces feuilles poussent au printems, & périssent souvent en hiver ; mais quand les plantes sont tenues dans une serre chaude, elles ne restent que très-peu de tems dépouillées de leurs feuilles :

feuilles : la tige de fleurs, qui s'éleve immédiatement de la racine fur un côté des feuilles, eft nue, unie, & d'une couleur de pourpre vers fon fommet ; fa hauteur eft d'environ un pied & demi , & elle eft terminée par un épi clair de fleurs d'un rouge tirant fur le pourpre, foutenues par de courts pédoncules, & compofées de cinq ou fix pétales, dont les deux fupérieurs font joints enfemble en forme de casque , les deux latéraux étendus comme les ailes d'une fleur papilionnacée, & l'inférieur en forme de carène : dans le centre eft placé un germe en forme de colonne , qui s'éleve de la bâfe des pétales, & foutient un ftyle mince , auquel adherent deux étamines terminées par des fommets ovales, comme le ftyle, qui eft couronné par un ftigmat en forme d'entonnoir : quand ces fleurs font fanées, le germe devient une capfule en forme de colonne triangulaire , & à une cellule qui s'ouvre en trois valves, & contient plufieurs femences rondes ; mais ces femences mûriffent rarement en Angleterre.

Cette plante ne fleurit pas régulièrement dans la même faifon ; quelquefois fes fleurs paroiffent en Avril ou en Mai , & dans d'autres années , elles ne fe montrent pas avant le mois de Septembre ou Octobre ; mais le tems le plus ordinaire eft dans les mois de Juin & de Juillet. Quand ces fleurs s'ouvrent de bonne heure au printems , elles produi-

fent des capfules qui mûriffent quelquefois dans ce pays.

Le Pere PLUMIER fait mention de plufieurs autres efpeces de ce genre ; mais je n'en ai vu qu'une feule, dont les feuilles étoient ovales, obtufes, & fillonnées comme celles de la nôtre , mais d'une fubftance plus épaiffe : fes fleurs n'ont point encore paru : la racine m'a été envoyée du Maryland , où elle croît naturellement dans les haliers.

L'efpece dont il a été queftion plus haut eft trop tendre pour profiter en plein air dans notre climat , & quoiqu'on puiffe , avec beaucoup de foin , la conferver dans une ferre chaude , cependant elle y fleurit rarement ; de forte que, pour l'avoir dans fa perfection , il eft néceffaire de la tenir en hiver dans la couche de tan de la ferre chaude, & de plonger en été les pots qui la contiennent dans une couche de tan fous un châffis profond : au moyen de ce traitement , cette plante fera de grands progrès , & fleurira auffi bien que dans fon pays natal.

On la multiplie par les rejettons, que fa racine produit quand elle eft en pleine vigueur ; mais on ne doit les enlever que quand ils ont perdu leurs feuilles : ces racines exigent un fol mou & marneux, & peu d'arrofemens , fur-tout en hiver.

LIMODORUM. *V.* ORCHIS ABORTIVA.

LIMON. *Tourn. Inft. R. H.* 621. *Citrus. Lin. Gen. Plant.*

807, ainfi appelé de Λειμων; *une prairie*, parce que les feuilles de cet arbre font d'une couleur verte de prés, ainfi que le fruit, avant fa maturité. [ *The Lemon - tree.* ] Le Limonier.

*Caraɛteres.* La corolle eft compofée de cinq pétales oblongs, épais, un peu concaves, entièrement ouverts, & placés dans un petit calice formé par une feuille découpée au fommet en cinq parties : la fleur a environ dix ou douze étamines jointes en trois ou quatre corps, & terminées par des fommets oblongs : fon germe, qui eft ovale, foutient un ftyle cylindrique auffi long que les étamines, & couronné par un ftigmat globulaire; ce germe fe change dans la fuite en un fruit ovale, charnu, couvert d'une peau épaiffe, & a plufieurs cellules, qui contiennent chacune deux femences dures.

Ce genre de plantes doit être rangé dans la premiere feɛtion de la vingt-unieme claffe de TOURNEFORT, qui renferme les arbres & arbriffeaux dont les fleurs font en forme de Rofe, & dont le pointal devient un fruit charnu avec des femences dures & feches. LINNÉE a réuni le *Citronier*, l'*Oranger*, & le *Limonier*, & n'en a fait que des efpeces différentes du même genre; mais fi l'on admet qu'on puiffe diftinguer les genres d'après la forme & la ftruɛture du fruit, le *Limonier* doit être féparé de l'*Oranger*, parce que ce dernier a un fruit globulaire, com-



primé aux deux extrémités, & que celui du *Limonier* eft ovale, gros au fommet, & qu'il a moins de cellules.

Le *Limonier* eft placé dans la feconde feɛtion de la dix-huitieme claffe de LINNÉE, qui renferme les plantes dont les fleurs ont environ vingt étamines jointes en plufieurs corps.

Les efpeces font :

1º. *Limon vulgaris, foliis ovato-lanceolatis, acuminatis, fubferratis* ; Limonier à feuilles ovales, en forme de lance, à pointes aiguës & un peu fciées.

*Citrus Limon. Linn. Syft. Plant. tom.* 3. *p.* 585.

*Limon vulgaris. Fer. Hefp.* 193 ; le Limonier ordinaire.

*Citrus medica. Linn. Syft. Plant. t.* 3. *p.* 684. *Sp.* 1.

2º. *Limon fpinofum, foliis ovatis, integris, ramis fub—fpinofis ;* Limonier à feuilles ovales & entieres, avec des branches un peu épineufes.

*Limon acris. Ferr. Hefp.* 331 ; le Limon aigre.

3º. *Limon racemofum, foliis ovato - lanceolatis, fub—ferratis, fruɛtu conglomerato* ; Limonier à feuilles ovales, en forme de lance, & un peu fciées fur les bords, & dont le fruit croît en grappes.

*Limon fruɛtu racemofo. Tourn. Inft. R. H.* 621 ; Limonier avec des fruits difpofés en grappes ou paquets.

Il y a beaucoup de variétés de ce fruit que l'on conferve dans quelques jardins d'Italie; & dans les deux Indes, on en voit plufieurs autres qui n'ont point encore été intro-

duites dans les jardins Euro-
péens ; mais celles-ci , comme
celles des *Pommiers* & des *Poi-
riers* , peuvent être multipliées
fans fin par femences : c'eft-
pourquoi je ne ferai mention
ici que des variétés les plus remarquables qu'on trouve à
préfent dans les jardins Anglois ; car il feroit peu utile
de parler de toutes celles qu'on
trouve dans les catalogues
étrangers.

Le *Limonier à feuilles panachées.*

Le *Limon doux.*

Le *Limon en forme de Poire.*

Le *Limon Impérial.*

Le *Limon* appelé *Pomme d'A-
dam.*

Le *Limon fillonné.*

Le *Limon productif.*

Le *Limon à doubles fleurs.*

On apporte en grande quantité de l'Efpagne & du Portugal en Angleterre le *Limonier commun* & le *Limonier doux* ;
mais le fruit du dernier n'eft
pas fort eftimé. On ne reçoit
pas fouvent la *Limette* dans ce
pays , & ce fruit n'eft pas
fort cultivé en Europe ; dans
les Indes Occidentales , on le
préfere au *Limon* ; fon fuc eft
regardé comme plus fain , &
fon acide eft plus agréable au
goût. Il y a en Amérique plufieurs variétés du *Limonier* ,
dont quelques-unes font très-
douces , mais elles ne font pas
fort eftimées ; & comme les
habitans de ces Ifles ne multiplient pas ces fruits par la
greffe , & qu'ils fe contentent
de les femer , il n'eft pas douteux qu'on ne puiffe trouver
chez eux beaucoup de varié-

tés que les curieux diftingue-
roient.

Je n'ai jamais vu le *Limon
commun* fe changer en *Limette*
par femences ; & j'ai toujours
obfervé que ces deux arbres
confervoient chacun leurs différences qu'on obferve dans
leurs feuilles & dans leurs branches ; mais je n'attendois point
que leurs fruits pouffaffent ,
quand ils étoient deftinés à
fournir des fujets pour être
greffés.

Le *Limon* en forme de *Poire*
eft un petit fruit peu fuccu-
lent , qu'on ne multiplie pas
beaucoup dans aucuns jardins.
Les curieux qui ont affez de
place & de facilité pour conferver plufieurs de ces arbres, peuvent en avoir un ou deux de
cette efpece pour la variété.

On apporte quelquefois de
l'Italie en Angleterre le fruit
du *Limonier Impérial* , mais je
ne me fouviens pas d'en avoir
vu un feul de cette efpece venu de l'Efpagne ou du Portugal , & je foupçonne qu'il n'y
eft pas fort commun , parce
que les habitans de ces deux
belles contrées font fi peu curieux , fur-tout dans la culture du Jardinage , qu'ils abandonnent tout à la nature , &
que le produit de leurs jardins
eft bien inférieur en abondance & en qualité, à ce que l'on
retire de ceux de plufieurs
autres parties de l'Europe , où
le climat eft beaucoup moins
favorable pour ces productions. Nous avons fur-tout
plufieurs preuves convaincan-
tes de la pareffe & de la non-
chalance des Portugais , qui

posſédoient autrefois les eſpeces les plus curieuſes d'*Orangers*, de *Limoniers* & de *Citroniers*, apportées des Indes, & qui paroiſſoient profiter chez eux preſque auſſi bien que dans leur pays natal; mais ils n'ont pas eu la curioſité de les multiplier. On trouve encore dans des anciens jardins aux environs de Lisbonne quelquesunes de ces eſpeces abandonnées, que les habitans ne regardent pas, & dont ils ne font pas plus de cas que de pluſieurs autres arbres & plantes qui ont été anciennement apportées de l'Amérique & de l'Inde, & dont quelques-unes font de grands progrès, & produiſent des fruits au milieu des buiſſons & des herbes ſauvages dont ces jardins font remplis.

On multiplie toutes ces eſpeces, en les greffant ſur des ſujets de *Limoniers* & de *Citroniers* produits de ſemences; mais la greffe ne prend pas ſi aiſément ſur les *Orangers* que ſur les *Citroniers*, qu'on préfere ordinairement pour cela, parce qu'ils reçoivent plus aiſément la greffe de toutes les eſpeces de ce genre, & qu'ils font d'un crû plus prompt: d'ailleurs, ils font pouſſer les greffes plus fortement que ſi elles étoient placées ſur des ſujets de leur propre eſpece. La méthode d'élever ces ſujets, & la maniere de les greffer, ayant été amplement traitée dans l'article Aurantium, je ne la répeterai pas ici.

La culture du *Limonier*, étant la même que celle de *l'Oranger*,

je renvoie le lecteur à cet article; j'obſerverai ſeulement ici, que les *Limoniers communs* font un peu plus durs que les *Orangers*, & que leurs fruits mûriſſent mieux chez nous que ne font ces derniers: mais comme ils exigent plus d'air frais en hiver, il faut toujours les placer plus près des portes & des fenêtres de l'orangerie. Dans quelques jardins curieux, on a planté ces arbres contre des murailles, où, en les couvrant avec des vitrages en hiver, pour les garantir des fortes gelées, ils ont produit des gros fruits. Comme ces arbres pouſſent généralement de fortes branches, ils exigent plus d'arroſement que *l'Oranger*; mais les eſpeces tendres doivent être traitées avec un peu plus de ſoin, ſans quoi leurs fruits tomberoient en hiver & ne ſeroient bons à rien. On trouvera tous ces préceptes & tous les détails relatifs à la culture de ces arbres à l'article Aurantium. ( 1 )

LIMONIER. *Voyez* Limon.

LIMONIUM. *Tourn. Inſt. R. H.* 341. *tab.* 177. *Statice. Lin. Gen. Plant.* 348. Cette plante prend ſon nom de Λειμών, un pré, un marais, parce qu'elle croît dans les marais. [ *Sea Lavender.* ] Lavande de mer.

*Caracteres* Les fleurs ont un périanthe imbriqué, dont les écailles font placées les unes

---

(1) Le ſuc du *Limon* a tant de rapport avec celui du *Citron*, que l'on peut, ſans inconvénient, l'employer à ſa place, toutes les fois que les acides doux font indiqués. Voyez pour cela la note qui ſe trouve à la ſuite de l'article *Citron*.

fur les autres ; la corolle eft en forme d'entonnoir, & compofée de cinq pétales étroits à leur bâfe, mais larges & étendus au fommet : la fleur a cinq étamines en forme d'alène, plus courtes que la corolle, & dont les fommets font tombans, avec un germe très-menu, qui foutient cinq ftyles minces, éloignés, & couronnés par des ftigmats aigus: le calice de la fleur fe refferre enfuite au cou par l'expanfion du limbe, & renferme les femences.

Ce genre de plantes eft rangé dans la feconde fection de la huitieme claffe de TOURNE-FORT, qui renferme les herbes avec une fleur cariophyllée, dont le pointal devient une femence renfermée dans le calice. LINNÉE a joint ce genre au *Statice* de TOURNEFORT, & l'a placé dans la cinquieme fection de fa cinquieme claffe, qui contient les plantes dont les fleurs ont cinq étamines & cinq ftyles. Comme les fleurs de ce genre font rangées l'une fur l'autre en forme d'épis, & que celles de la *Statice* font recueillies en têtes globulaires, on peut les tenir féparées, avec d'autant plus de raifon, que chaque genre renferme plufieurs efpeces, & qu'en les réuniffant, on en augmenteroit trop le nombre.

Les efpeces font:

1°. *Limonium vulgare, foliis ovato-lanceolatis, caule tereti, nudo, paniculato;* Limonium à feuilles ovales & en forme de lance, avec une tige cylindrique & en panicule.

*Statice Limonium. Linn. Syft. Plant. t. 1. p. 753. Sp. 2.*

*Limonium maritimum majus. C. B. P.* 192; Lavande maritime commune, *ou* le Behen rouge.

2°. *Limonium Narbonenfe, foliis oblongo-ovatis, caule paniculato, patulo, fpicis florum brevioribus;* Limonium à feuilles oblongues & ovales, avec une tige étendue & en panicule, & des épis courts de fleurs.

*Limonium maritimum majus alterum ferotinum Narbonenfe. H. R. Par.;* autre grande Lavande maritime de Narbonne, tardive & à fleurs.

3°. *Limonium Oleæ-folium, foliis ovatis, obtufis, petiolis decurrentibus, caule paniculato, fpicis florum ereclioribus;* Limonium à feuilles ovales & obtufes, ayant des pétioles coulans, une tige en panicule, & des épis de fleurs plus érigés.

*Limonium maritimum minus, Oleæ folio. C. B. P.* 192; petite Lavande maritime à feuilles d'Olivier.

4°. *Limonium humile, foliis lanceolatis, caule humile, patulo, fpicis florum tenuioribus;* Limonium à feuilles en forme de lance, avec une tige baffe, & des épis de fleurs plus minces.

*Limonium Anglicum minus, caulibus ramofioribus, floribus in fpicis rariùs fitis. Raii Hift.* 217; plus petite Lavande maritime d'Angleterre, avec des tiges plus divifées, & des fleurs rarement en épis.

5°. *Limonium Tartaricum, foliis lineari-lanceolatis, caule ramofo, patulo, floribus diftantibus, uno verfu difpofitis;* Limonium à feuilles étroites & en forme de lance, avec une tige branchue & étendue, & des fleurs éloignées & placées fur un côté de la tige.

*Statice Tartarica. Linn. Syft. Plant. tom.* 1. *pag.* 755. *Sp.* 8.

*Limonium Orientale, Plantaginis folio, floribus umbellatis. T. Car.* 25. *Boerh. Lugd.—B.* 1. *p.*76. *t.* 76 ; Lavande maritime Orientale, à feuilles de Plantin, avec des fleurs en ombelle.

6°. *Limonium finuatum, foliis radicalibus alternatim pinnato - finuatis, caulinis ternis, triquetris, fubulatis, decurrentibus. Hort. Ups.* 71. *Gron. Orient.* 96. *Kniph. cent.* 2. *n.* 90 ; Limonium dont les feuilles radicales font alternes & finuées, en forme d'ailes, & celles des tiges triangulaires, en forme d'aléne & coulantes.

*Limonium peregrinum, foliis Afplenii. C B. P.* 192 ; Lavande maritime étrangere, à feuilles de Scolopend e.

*Limonium e atius, Plantaginis foliis procumbentibus, in aculeum terminatis, floribus albis fpicatis. Amm. Ruth.* 1 0.

7°. *Limonium Siculum, caule fruticofo, patulo, foliis lineari-lanceolatis, craffis, floribus folitariis, diftantibus* ; Limonium avec une tige d'arbriffeau étendue, & des feuilles étroites, épaiffes & en forme de lance, qui produit des fleurs fimples, placées à une certaine diftance les unes des autres.

*Statice monopetala. Linn. Syft. Plant. t.* 1. *p.* 757. *Sp.* 14.

*Limonium Siculum lignofum, gallas ferens & non ferens. Bocc. Rar.* ; Lavande maritime & ligneufe de Sicile, qui produit quelquefois des galles.

*Limoniaftrum. Hift. Fabric. Helmft. p.* 47.

8°. *Limonium Africanum, foliis inferioribus lanceolatis, hirfutis, ferratis·, caulinis ternis, linearibus, acutis, decurrentibus* ; Limonium dont les feuilles du bas font en forme de lance, velues & fciées, & celles des tiges difpofées par trois, étroites, à pointes aiguës, & coulant le long de la tige.

*Limonium Africanum, caule alato, foliis integris, hirfutis, petalo pallidè flavo, calyce amœnè purpureo. Martyn. cent.* 48. *tab.* 48 ; Lavande maritime d'Afrique, avec une tige aîlée, des feuilles entieres & velues, des pétales d'un jaune-pâle, & un beau calice de couleur pourpre.

*Statice finuata. Linn. Syft. Plant. t.* 1. *p.*758. *Sp.* 18.

*Limonii fpecies. Rauw. Itin.* 313. *t.* 314.

9°. *Limonium reticulatum, foliis cunei-formibus, caule erecto, paniculato, ramis inferioribus fterilibus, nudis* ; Limonium à feuilles en forme de coin, avec une tige droite & en panicule, dont les branches du bas font nues & ftériles.

*Limonium minus, flagellis tortuofis. Bocc. Mus.* ; petit Limonium à branches tortueufes.

*Statice reticulata. Lin. Syft. Plant. t.* 1. *p.*754. *Sp.* 5.

10°. *Limonium cordatum, caule nudo, paniculato, foliis fpatulatis, retufis* ; Limonium avec une tige nue & en panicule, ayant des feuilles en forme de fpatule & émouffées.

*Statice cordata. Linn. Syft. Plant. t.* 1. 754. *Sp.* 4. *Sauv. Monfp.* 15. *Allion Nicœum.* 162.

*Limonium maritimum minus,*

*foliolis cordatis. C. B. P. 192;*
petite Lavande maritime, avec
des petites feuilles en forme
de cœur.

*Limonium minimum cordatum,
sivè folio retuso. Barr. Ic. 805.*

11°. *Limonium Echioïdeum,
caule nudo, paniculâ tereti, foliis tuberculatis;* Limonium avec
une tige nue, cylindrique &
en panicule, ayant des feuilles couvertes de tubercules.

*Statice Echioïdes. Linn. Syst.
Plant. t. 1. Sp. 6.*

*Statice scapo paniculato, tere-
ti, foliis calycibusque tuberculato-
leprosis. Gouan. Monsp. 230. Illustr. 22.*

*Limonium minus, annuum,
bullatis foliis, vel Echioïdes. Bot.
Monsp.;* petite Lavande maritime annuelle, avec des
feuilles couvertes de petites
bulles.

12°. *Limonium fruticosum,
caule erecto, fruticoso, foliis lineari-lanceolatis, obtusis, floribus
alternis;* Limonium avec une
tige droite d'arbrisseau, des
feuilles étroites & en forme
de lance, terminées en pointes
aiguës, & des fleurs rangées
alternativement.

*Limonium Ægyptiacum, fru-
ticosum, foliis-lanceolatis, obtusis;* Lavande maritime d'É-
gypte en arbrisseau, avec des
feuilles émoussées & en forme
de lance.

*Statice suffruticosa. Linn. Syst.
Plant. tom. 1. pag. 756. Sp. 13.*

*Vulgare.* La premiere espece croît naturellement sur les
marais inondés par la mer dans
plusieurs parties de l'Angleterre; ses racines sont épaisses,
de couleur rougeâtre, & d'une
saveur astringente; elles poussent plusieurs fortes fibres,
qui pénètrent profondément
dans la terre, & du sommet
desquelles sortent plusieurs
feuilles ovales, en forme de
lance, de quatre à cinq pouces
de longueur sur plus de deux
pouces de largeur au milieu,
unies, d'une substance épaisse,
& d'un vert foncé; ses tiges,
qui s'élevent à plus d'un pied
de hauteur, sont nues, & divisées en plusieurs branches,
qui se sous-divisent vers leur
extrémité en d'autres plus petites, qui sont terminées par
des épis minces de fleurs d'un
bleu pâle, rangées sur un côté des branches les unes au-
dessus des autres : ces fleurs,
qui percent des enveloppes
étroites, paroissent en Juillet,
& sont remplacées par des semences oblongues, renfermées
dans le calice, qui mûrissent
en automne.

*Narbonense.* La seconde espece se trouve sur les bords de
la mer dans la France méridionale; ses feuilles sont oblongues, ovales, de six pouces
de longueur sur trois de largeur, unies, entieres, & d'un
vert foncé; sa tige s'éleve à
la hauteur de quinze ou seize
pouces, & se divise en plusieurs branches étendues, qui
se sous-divisent en plus petites,
& sont terminées par plusieurs
épis courts de fleurs d'un bleu
pâle, rangées sur un côté des
pédoncules. Comme cette
plante fleurit rarement avant
la fin d'Août, elle ne produit
jamais de bonnes semences en
Angleterre.

*Oleæ-folium.* La troifieme croît fans culture dans les environs de Narbonne, & dans la Provence ; elle a des feuilles ovales, obtufes, de deux pouces environ de longueur fur un de largeur, & portées fur de longs pétioles bordés ou aîlés d'une partie des feuilles qui fe joignent, & qui, prefque toutes, embraffent le haut de la racine ; ces feuilles font d'un vert plus clair qu'aucunes des précédentes : fa tige s'éleve à la hauteur d'un pied & demi, & pouffe fur chaque côté des branches alternes, dont celles du bas font longues, & les autres graduellement plus courtes, à mefure qu'elles approchent du fommet, de forte qu'elles forment une efpece de pyramide claire ; fes branches, qui font toutes dirigées vers le haut, produifent à leur extrémité des épis de fleurs d'un bleu pâle, & érigées. Cette plante fleurit vers la fin d'Août, & ne perfectionne jamais fes femences en Angleterre.

*Humile.* La quatrieme efpece, qui croît naturellement en Angleterre, a d'abord été découverte fur les bancs de la mer près de Walton en Effex, enfuite près de Malden dans le même Comté, & depuis à l'embouchure de la riviere qui coule de Chicheffer en Suffex. Les feuilles de cette plante font en forme de lance de trois pouces environ de longueur fur un de largeur au milieu, mais plus étroites par dégrés vers les deux extrémités ; fa tige s'éleve à la hauteur de quatre

ou cinq pouces, & fe divife en plufieurs branches, qui s'écartent, & font fort garnies d'épis courts de fleurs d'un bleu blanchâtre. Ces fleurs paroiffent en Août, & leurs femences mûriffent en Octobre.

*Tartaricum.* La cinquieme a été trouvée par TOURNEFORT dans le Levant, d'où il a envoyé fes femences au Jardin Royal à Paris ; ces graines ont produit des plantes qui ont elles-mêmes donné des femences pour la plupart des jardins de l'Europe. Cette efpece, dont les graines m'ont été envoyées des Dardanelles, où elle croît en grande quantité, a des feuilles d'environ quatre pouces de longueur fur neuf lignes de large au milieu, mais graduellement plus étroites vers les deux extrémités ; fes tiges s'élevent à la hauteur d'environ fix pouces, & fe divifent en plufieurs branches étendues, & fous-divifées en branches plus petites, qui font terminées par des épis de fleurs d'un bleu pâle, & rangées fur un côté du pédoncule : quand ces fleurs font entièrement ouvertes, elles ont l'apparence d'une ombelle. Cette efpece fleurit en Août ; ainfi fes femences ne muriffent jamais en Angleterre.

*Sinuatum.* La fixieme, que l'on rencontre en Sicile & dans la Paleftine, eft bis-annuelle ; fes feuilles radicales, qui s'étendent fur la terre, font divifées, prefque jufqu'à la côte du milieu, en dentelures alternes & émouffées ; fes tiges s'élevent à la hauteur

d'un pied & demi , & se divisent à l'extrémité en plusieurs
branches garnies à chaque
nœud de trois feuilles étroites ,
rudes , un peu velues , sessiles
aux tiges , & dont la bâse est
formée par une membrane feuillée , ou une aîle qui coule dans
la longueur sur les deux côtés de la tige : les tiges sont
terminées par des panicules
de fleurs d'un bleu léger , postées sur les aîles des pédoncules qui en soutiennent chacun
trois ou quatre ; elles durent
long-tems sans se faner. Cette plante fleurit en Juillet &
Août ; mais ses semences ne
mûrissent point en Angleterre,
à moins que l'été ne soit chaud
&. sec.

*Siculum.* La septieme croît
naturellement en Sicile ; elle
a une tige d'arbrisseau qui s'é-
leve à la hauteur d'environ
deux pieds , & se divise en
plusieurs branches ligneuses ,
écartées de chaque côté ; la
partie inférieure de cette tige
est fortement garnie de feuilles grises comme celles de
l'*Atriplex* ou *Pourpier de mer* ,
& d'une substance épaisse ; les
branches sont terminées par
des panicules de fleurs bleues ,
dont la corolle est en forme
d'entonnoir : ces fleurs, qui
naissent simples à une certaine distance les unes des autres , ont des tubes longs &
divisés en cinq segmens entièrement ouverts. Cette plante
fleurit depuis le mois de Juin
jusqu'en automne ; mais elle
ne produit point de semences
en Angleterre. Il y a dans cette
espece une variété qui porte

des noix de Galle semblables
à celles du *Chêne* ; elle croît
naturellement en Sicile ; mais
j'ignore si elle forme une espece particuliere Cette variété , qui se trouve dans les jardins anglois , ne ressemble à
aucune autre.

*Africanum.* La huitieme a
été élevée dans le jardin de
Chelséa avec des semences qui
ont été apportées d'Afrique.
Cette plante bis-annuelle périt bientôt après qu'elle a produit des fleurs & des graines ;
ses feuilles radicales sont en
petit nombre , & en forme de
lance , velues , & légèrement
sciées sur leurs bords ; elles
ont environ deux pouces de
longueur sur un demi de large :
la tige, qui s'éleve à-peu-près
à la hauteur de quinze pouces , est garnie à chaque nœud
de trois feuilles étroites , & terminées en pointe aiguë ; de la
bâse de ces feuilles sort une
aîle feuillée , qui coule dans
la longueur de la tige sur chaque côté : les tiges ne poussent que peu de branches , &
sont terminées par de courts
panicules de fleurs, dont les
pédoncules ne sont pas aîlés
comme ceux de la précédente ;
chacun de ces pédoncules soutient deux ou trois fleurs d'un
bleu brillant, du milieu desquelles s'éleve une autre petite fleur d'un jaune pâle. Cette espece a fleuri, en 1757
dans les mois de Juillet & Août,
mais elle n'a pas perfectionné
ses semences.

*Reticulatum.* La neuvieme ,
qui croît sans culture en Sicile , a été aussi trouvée sur

le bord de la mer en Norfolk par M. Henri SCOTT, Jardinier, & depuis en abondance dans le Comté de Lincoln par M. BANKS, Ecuyer. Les feuilles radicales de cette plante font étroites à leur bâfe, & plus larges vers le haut, où elles font arrondies à l'extrémité en forme de coin ; fes tiges minces & roides s'élevent depuis fept jufqu'à quatorze pouces de hauteur, & pouffent plufieurs branches minces & latérales : toutes celles qui fortent de la partie baffe de la tige font ftériles & n'ont point de fleurs ; mais celles du fommet produifent de courts panicules de fleurs blanchâtres, petites & poftées trois ou quatre enfemble fur un même pédoncule. Cette plante fleurit en Juillet & en Août.

*Cordatum.* La dixieme fe trouve fur les rivages de la mer dans les environs de Marfeille & de Livourne ; elle a plufieurs feuilles épaiffes, charnues, unies, de couleur grifâtre, & en forme de fpatules, qui croiffent près de la racine, & s'étendent fur la terre : fes tiges nues s'élevent à fix pouces environ de hauteur, & fe divifent vers le fommet en plufieurs petites branches terminées par des panicules de fleurs courts & courbés : ces fleurs font petites, d'un rouge pâle ; elles paroiffent en Août, mais elles ne produifent jamais de femences en Angleterre.

*Echioïdeum.* La onzieme, que l'on rencontre aux environs de Montpellier & en Italie, eft une plante annuelle, dont les feuilles font longues, étroites & couvertes de tubercules rudes comme celles de la *Bugloffe* & de la *Vipérine* ; fes tiges s'élevent à la hauteur d'environ huit pouces, & fe divifent en deux ou trois petites branches terminées par de courts épis réfléchis de fleurs d'un bleu pâle. Ces fleurs paroiffent fur la fin du mois d'Août ; mais leurs femences mûriffent rarement en Angleterre.

*Fruticofum.* La douzieme croît naturellement en Egypte, d'où fes femences ont été envoyées au jardin Royal à Paris ; quelques-unes de ces femences, qui m'ont été données par M. Bernard de JUSSIEU, ont produit des plantes dont plufieurs ont donné des fleurs pendant plufieurs années. Cette efpece s'éleve à la hauteur de huit ou dix pieds, avec une tige droite d'arbriffeau qui fe divife vers fon fommet en plufieurs branches garnies de feuilles étroites, en forme de lance, placées fans ordre, d'une couleur grife, & feffiles aux branches : les fleurs naiffent aux extrémités des branches en panicules clairs, & poftées alternativement fur chaque côté de la tige, l'une au-deffus de l'autre, avec des intervalles entr'elles ; elles ont de longs tubes qui s'élargiffent vers le haut, où elles font découpées en cinq fegmens obtus, qui s'étendent & s'ouvrent : ces fleurs font d'un bleu célefte brillant, mais elles fe changent en une couleur de pourpre avant de tomber. Elles commencent à paroître en Juillet, & fe fuccedent jufqu'à l'hiver.

*Culture.* La premiere, seconde, troisieme, quatrieme, cinquieme & huitieme especes sont des plantes dures, qui profitent en plein air en Angleterre. Celles qui sont originaires de notre isle, peuvent être prises aisé‑ment dans les endroits où elles croissent ; on peut les transplan‑ter dans presque tous les tems de l'année, pourvu qu'elles soient enlevées avec soin & avec une bonne motte : on les couvre dans les tems chauds jusqu'à ce qu'elles aient formé de nou‑velles racines ; après quoi el‑les n'exigeront plus d'autre cul‑ture, que d'être tenue nettes de mauvaises herbes, & au printems d'avoir la terre labou‑rée entr'elles pour la desserrer : comme elles n'ont pas besoin de beaucoup de soin, & qu'elles n'occupent pas un grand terrein, on peut en plan‑ter quelques-unes de chaque espece dans les jardins spa‑cieux pour la variété. Ces plantes ne se multiplient pas aisément dans les jardins, il n'est pas nécessaire d'enlever leurs racines plus souvent que chaques trois ou quatre ans, pour les séparer & les propa‑ger ; on pratique cette opéra‑tion en automne, afin que les plantes puissent être bien en‑racinées avant le printems, au moyen de quoi elles fleurissent beaucoup mieux dans l'été sui‑vant : il faut les planter dans un sol marneux sur une pla‑te-blande à l'exposition du Le‑vant, où elles puissent jouir du soleil du matin, & être à l'abri de la grande chaleur du milieu du jour ; dans cette si‑



tuation les racines dureront plusieurs années, & donneront autant de fleurs, que dans leur sol natal.

Ces plantes peuvent être aussi multipliées par semences, & l'on peut obtenir facilement les especes étrangeres en fai‑sant venir leurs graines des pays où elles croissent natu‑rellement : on répand ces se‑mences au commencement du printems sur une plate-bande exposée au soleil du matin, & dans un sol mou & marneux. Je recommande de les mettre en terre de bonne heure, parce que ces graines y restent un tems considérable avant de pousser : c'est aussi par cette raison qu'il faut tenir le terrein tout à-fait net de mauvaises her‑bes, & l'arroser deux ou trois fois par semaine dans les tems secs ; car sans cela ces semen‑ces ne germeroient qu'au bout d'une année : quand les plantes paroissent, on les tient nettes, on les arrose dans les tems secs, & en automne on les transplante à demeure.

Les sixieme & huitieme es‑peces sont des plantes bis-an‑nuelles, qui perfectionnent ra‑rement leurs semences en An‑gleterre ; de sorte qu'il est fort difficile de les multiplier, à moins qu'on ne puisse faire venir de nouvelles graines des pays chauds, où elles mûris‑sent bien : si on les recevoit assez tôt pour les semer en au‑tomne, les plantes pousseroient au printems suivant ; mais quand on ne les seme qu'au printems, elles croissent rarement dans la même année. On répand ces graines sur une planche de terre marneuse, ni forte, ni humide, & expofée au midi ; mais quand le foleil eft chaud, on étend des nattes au-deffus de cette planche, pour l'empêcher de fe deffecher trop vîte. Lorfque les plantes pouffent, on les tient nettes de mauvaifes herbes, & fi elles font trop ferrées, on en enleve quelques-unes avec précaution, auffi-tôt qu'elles font affez fortes pour être tranfplantées, & on les met dans de petits pots, que l'on tient à l'ombre jufqu'à ce qu'elles aient formé de nouvelles racines ; on les place enfuite de maniere qu'elles puiffent jouïr des rayons du foleil du matin, & on les laiffe ainfi jufqu'en automne : alors on les met fous un châffis de couche chaude, où elles feront à l'abri des fortes gelées, & auront en même tems beaucoup d'air dans les tems doux. Les plantes qu'on a laiffées dans le femis doivent être couvertes de nattes pendant les fortes gelées ; car, quoiqu'elles puiffent réfifter aux froids des hivers doux, cependant les fortes gelées les détruifent toujours. Ces plantes fleuriront & perfectionneront leurs femences dans l'été fuivant ; mais leurs racines périront bientôt après.

Les feptieme & douzieme efpeces, étant trop délicates pour pouvoir fubfifter en plein air dans notre climat, il faut les placer fous un abri en automne ; mais comme elles n'ont befoin que d'être mifes à couvert des fortes gelées, elles peuvent être placées dans la



ferre avec les *Myrtes*, les *Laurier-rofes*, & autres plantes dures, où elles continueront fouvent à fleurir durant une grande partie de l'hiver, & contribueront beaucoup à la variété. Ces efpeces fe multiplient aifement par boutures, qui prendront racine en fix ou fept femaines, fi on les plante en Juillet fur une plate-bande à l'ombre ; on les enleve enfuite, on les plante dans des pots remplis d'une terre légere & marneufe, & on les tient à l'ombre jufqu'à ce qu'elles aient pouffé de nouvelles fibres ; après quoi on les expofe à l'air & au foleil, où on les tient jufqu'au mois d'Octobre, pour les mettre enfuite à l'abri.

La onzieme efpece eft annuelle ; mais comme elle donne rarement des femences mûres en Angleterre, il faut faire venir ces graines de fon pays natal, & les femer comme celles des fixieme & huitieme efpeces.

LIN *Voyez* LINUM.

LIN VIVACE DE SIBÉRIE. *Voyez*. LINUM PERENNE.

LINAIRE *ou* LIN SAUVAGE. *Voyez* LINARIA ET LINUM TENUIFOLIUM.

LINARIA. *Tourn. Inft. R. H.* 168. *tab.* 76. *Antirrhinum. Lin. Gen. Plant.* 668 ; ainfi appelée de *Linum*, *Lin*, parce que fes feuilles reffemblent à celles du Lin. [ *Toad-flax.* ] Linaire.

*Caracteres.* Le calice de la fleur eft perfiftant, & formé par une feuille divifée en cinq parties prefque jufqu'au fond :

la corolle, qui eſt monopétale & labiée, a un tube oblong & gonflé, avec deux levres fermées au-deſſus ; la levre ſupérieure eſt diviſée en deux parties réfléchies ſur les côtés, & l'inférieure eſt ſéparée en trois ſegmens obtus : ſon neſtaire, oblong & en forme d'alêne, déborde en arriere : la fleur a dans la levre ſupérieure quatre étamines, dont deux ſont plus courtes que les autres, avec un germe rond, qui ſoutient un ſtyle ſimple, couronné par un ſtigmat obtus ; ce germe devient enſuite une capſule ronde, obtuſe, & a deux cellules remplies de petites ſemences.

Ce genre de plantes eſt rangé dans la quatrieme ſection de la troiſieme claſſe de Tournefort, qui renferme les herbes à fleur monopétale, anomale ou irréguliere, tubulée & perſonnée.

Linnée a joint ce genre, ainſi que l'*Aſarina* de Tournefort, à l'*Antirrhinum*, & l'a placé dans la ſeconde ſection de ſa quatorzieme claſſe, dans laquelle ſont compriſes les plantes dont les fleurs ont deux étamines longues & deux courtes, & des ſemences renfermées dans une capſule. Les plantes de ce genre s'accordent par leurs caracteres généraux avec ceux de l'*Antirrhinum*, excepté dans un ſeul point ; car le neſtaire de la *Linaria* s'étend en-dehors, comme une carène, à la bâſe de la corolle, au-lieu que les fleurs de l'*Antirrhinum* ont leurs neſtaires renfermés en-dedans de la bâſe de la corolle. Comme ces deux genres ont pluſieurs eſpeces, j'ai penſé qu'il étoit plus commode pour ceux qui étudient la Botanique de les trouver rangées ſous differens genres que ſous un ſeul.

Les eſpeces ſont :

1°. *Linaria vulgaris, foliis lanceolato-linearibus, confertis, caule erecto, ſpicis terminalibus, ſeſſilibus, floribus imbricatis* ; Linaire à feuilles en forme de lance, linéaires, & diſpoſées en grappe, avec une tige droite & terminée par des épis de fleurs imbriquées & ſeſſiles à la tige.

*Antirrhinum Linaria. Linn. Syſt. Plant. t. 3. Sp. 31. Fl. Suec.* 501. 557. *Mat. Med.* 155. *Roy. Lugd.-B.* 297. *Gmel. Sib.* 3. p. 196. *Crantz. Auſtr.* p. 308. *Neck. Gallob.* p. 268. *Pollich. Pal.* n 594. *Mattuſch. Sil.* n. 467. *Kniph. cent.* 6. n. 9. *Regn. Bot.*

*Antirrhinum foliis linearibus, aſcendentibus, congeſtis, caule erecto, ſpicato. Hall. Helv.* n. 336.

*Antirrhinum racemis terminalibus, floribus imbricatis, foliis linearibus, confertis. Scop. carn.* ed. 1. p. 475. n. 2. ed. 2. n. 768.

*Antirrhinum foliis linearibus, ſparſis. Hort. Cliff.* 325.

*Antirrhinum foliis lanceolato-linearibus, ſparſis, calycis laciniis capſu à dimidio brevioribus. Guett. Stamp.* 2. p. 203.

*Linaria vulgaris lutea, flore majore. C. B. P.* 212 ; Linaire commune & jaune, avec une groſſe fleur. Lin ſauvage.

*Oſyris. Fuchs. Hiſt.* 543. *Cam. Epit.* 390.

2°. *Linaria biphylla, foliis*

*ternis , ovatis* ; Linaire à feuilles ovales, & placées par trois.

*Linaria tri-phylla minor lutea.* C. B. P. 212 ; la plus petite Linaire jaune à trois feuilles.

*Antirrhinum tri-phyllum. Linn. Syſt. Plant. t. 3. Sp. 7. Hort. Cliff. 324. Hort. Ups. 174. Roy. Lugd. - B. 295. Sauv. Monſp. 165. Murray. Prodr. p. 163.*

*Linaria Hiſpanica. Clus. Hiſt. 1. p. 320.*

*Linaria Sicula lati-folia, tri-phylla. Bocc. Sic. 44. t. 22.*

*Linaria tri - phylla cœrulea. Bauh. Pin.* 312 ; Variété.

3°. *Linaria Luſitanica , foliis quaternis , lanceolatis , caule erecto , ramoſo , floribus pedunculatis* ; Linaire à feuilles en forme de lance , & placées par quatre , avec une tige droite & branchue , & des fleurs ſur des pédoncules.

*Linaria latiſſimo folio Luſitanica. H. R. Par* ; Linaire de Portugal à plus larges feuilles.

*Antirrhinum tri-ornithophorum. Linn. Syſt. Plant. tom. 3. pag. 127. Sp. 8. Hort. Cliff. 324. Roy. Lugd.-B. 296.*

4°. *Linaria Alpina, foliis ſub-quaternis , linearibus , caule diffuſo, floribus racemoſis* ; Linaire à feuilles linéaires & placées par quatre ſur le bas de la tige , avec une tige étendue & des fleurs branchues.

*Linaria quadri-folia ſupina. C. B. P.* 213 ; Linaire baſſe & à quatre feuilles.

*Antirrhinum Alpinum. Linn. Syſt. Plant. tom. 3. p. 132. Sp. 22. Roy. Lugd. - B. 297. Sauv. Monſp. 165. Crantz. Auſtr. p. 306. Jacq. Auſtr. t. 58.*

*Antirrhinum caule procumben-*

*te , rariter ſpicato , foliis verticillatis. Hall. Helv. n. 338.*

*Antirrhinum racemis terminalibus , foliis verticillatis , caule diffuſo. Scop. carn. ed. 1. pag. 475. n. 1. ed. 2. n. 767.*

*Linaria 3 Stiriaca, Clus. Hiſt. 1. p. 322.*

5°. *Linaria purpurea , foliis lanceolato-linearibus , ſparſis , caule florifero , erecto , ſpicato* ; Linaire avec des feuilles en forme de lance & linéaires , & une tige chargée de fleurs , érigée & en épis.

*Linaria purpurea major odorata. C. B. P.* 213 ; la plus grande Linaire pourpre & odoriférante.

*Antirrhinum purpureum. Linn. Syſt. Plant. t. 3. pag. 128. Sp. 9. Hort. Ups. 174.*

*Antirrhinum foliis linearibus , ſparſis , nectariis ſubulatis , recurvis , floribus laxè ſpicatis. Hort. Cliff. 498. Roy. Lugd.-B. 296.*

*Linaria flore purpureo minore. Riv. Mon. 82.*

*Linaria purpurea magna. Bauh. Hiſt. 3. p. 460.*

*Linaria altera purpurea. Dod. Pempt. 183.*

6°. *Linaria repens , foliis linearibus , confertis , caule erecto , ramoſo , floribus ſpicatis terminalibus* ; Linaire à feuilles linéaires & rapprochées en grappes , avec une tige érigée & branchue , & des fleurs en épis qui terminent les tiges.

*Linaria cœrulea , foliis brevioribus & anguſtioribus. Raii. Syn. 3. 282* ; Linaire bleue , avec des feuilles plus courtes & plus étroites.

*Antirrhinum arvenſe. Linn. Syſt. Plant. t. 3. p. 130. Sp. 16.*

7º. *Linaria multi-caulis, foliis inferioribus quinis, linearibus*; Linaire à feuilles linéaires & placées par cinq au bas des tiges.

*Linaria Sicula multi-caulis, folio Molluginis. Bocc. Rar.* 38; Linaire de Sicile, avec plusieurs tiges, & une feuille de Caille-Lait. Bedstraw.

*Antirrhinum multi—caule. Linn. Syst. Plant. t.* 3. *p.* 132. *Sp.* 20. *Hort. Cliff.* 324. *Roy. Lugd.-B.* 296.

8º. *Linaria tristis, foliis lanceolatis, sparsis, inferioribus oppositis, nectariis subulatis, floribus sub—sessilibus*; Linaire à feuilles en forme de lance, éparses, & opposées sur la partie basse de la tige, avec des nectaires en forme de lance, & des fleurs presque sessiles.

*Antirrhinum triste. Linn. Syst. Plant. t,* 3. *p.* 130. *Sp.* 14.

*Linaria Hispanica procumbens, foliis uncialibus, glaucis, flore flavescente pulchri—striato, labiis nigro-purpureis. Act. Phil. n.* 412; Linaire d'Espagne tombant, avec des feuilles grises d'un pouce de longueur, des fleurs jaunes joliment rayées, ayant des levres d'un pourpre-foncé.

*Linaria tristis Hispanica. Dill. Elth.* 201. *t.* 264. *f.* 199. *Mill. Ic. t.* 166.

9º. *Linaria Monspessulana, foliis linearibus, confertis, caule nitido, paniculato, pedunculis spicatis, nudis*; Linaire à feuilles linéaires en grappes, avec une tige en panicule, & des fleurs en épis sur des pédoncules nuds.

*Antirrhinum Monspessulanum. Linn. Syst. Plant. tom.* 3. *p.* 128. *Sp.* 11. *Roy. Lugd.-B.* 297. *Sauv. Monsp.* 47.

*Linaria capillaceo folio, odorata. C. B. P.* 213; Linaire odoriférante, avec des feuilles en forme de cheveux.

*Linaria odorata Monspessulana. Bauh. Hist.* 3. *p.* 459.

10º. *Linaria villosa, foliis lanceolatis, hirtis, alternis, floribus spicatis, foliolo calycino supremo maximo*; Linaire à feuilles alternes, velues & en forme de lance, avec des fleurs en épis, & la feuille supérieure du calice fort large.

*Antirrhinum hirtum. Linn. Syst. Plant. t.* 3. *p.* 134. *Sp.* 28.

*Linaria lati-folia villosa, laciniis inæqualibus, flore majore pallido, striato, rictu aureo. Hort. Icon.*; Linaire à larges feuilles velues dont le calice est découpé inégalement, ayant une fleur pâle & rayée, avec des levres dorées.

11º. *Linaria Pelisseriana, foliis caulinis linearibus, sparsis, radicalibus rotundis*; Linaire à feuilles linéaires placées éparses sur les tiges, dont les feuilles radicales sont rondes.

*Antirrhinum Pelisserianum. Linn. Syst. Plant. t.* 3. *p.* 131. *Sp.* 17.

*Linaria annua, purpureo—violacea, calcaribus longis, foliis imis rotundioribus. Vaill. Bot. Par.* 118; Linaire d'un pourpre violet, & annuelle, avec de longs chicots, & des feuilles plus rondes vers le bas.

*Linaria cœrulea minor. Lob. Illustr.* 103.

*Linaria cœrulea calcaribus longis. Bauh. Hist.* 3. *p.* 461.

12º. *Linaria Chalepensis, foliis lineari-lanceolatis, alternis, floribus racemosis, calycibus corollâ longioribus, caule erecto*;

Linaire à feuilles en forme de lance, linéaires & alternes, avec des fleurs branchues, des calices plus longs que la corolle, & une tige érigée.

*Antirrhinum, Chalepenfe. Linn. Syft. Plant. t. 3. p. 136. Sp. 33. Roy. Lugd.-B. 296. Hort. Ups. 174.*

*Linaria annua, angufti-folia, flofculis albis, longiùs caudatis. Triump. 87*; Linaire annuelle, à feuilles étroites, avec de petites fleurs blanches, & de plus longues queues.

*Linaria Chalepenfis minor erecta, flore albo, lineis violaceis. Moris. Hift. 3. p. 502. S. 5. t. 35. f. 9.*

13°. *Linaria Dalmatica, foliis lanceolatis, alternis, caule fuffruticofo*; Linaire à feuilles en forme de lance & alternes, avec une tige d'arbrifleau.

*Antirrhinum Dalmaticum. Linn. Syft. Plant. tom. 3. p. 134. Sp. 27. Pall. it. 3. p. 590.*

*Linaria lati-folia Dalmatica, magno flore. C. B. P. 212. Prodr. 106*; Linaire à larges feuilles de Dalmatie, avec une grande fleur.

*Linaria maxima, folio Lauri. Bauh. Hift. 3. p. 458. Buxb. cent. 1. p. 95. f. 24.*

14°. *Linaria Genifti-folia, foliis lanceolatis, acuminatis, paniculâ virgatâ, flexuofâ*; Linaire à feuilles en forme de lance & à pointes aiguës, ayant un panicule en verges flexibles.

*Antirrhinum Genifti - folium. Linn. Syft. Plant. tom. 3. p. 135. Sp. 29. Gmel. it. 2. pag. 196. Jacq. Auftr. t. 244.*

*Linaria Genifta-folio glauco,*

*flore luteo. Par. Bat. App. 9*; Linaire à feuilles de Genêt & d'un vert — de - mer, avec une fleur jaune.

*Linaria Pannonica. I. Clus. Hift. 1. p. 321.*

15°. *Linaria fpuria, foliis ovatis, alternis, caule flaccido procumbente*; Linaire à feuilles ovales & alternes, ayant une tige foible & traînante.

*Antirrhinum fpurium. Linn. Syft. Plant. t. 3. p. 126. Sp. 4. Hort. Ups. 175. Hort. Cliff. 323. Roy. Lugd.-B. 295. Crantz. Auftr. p. 311. Neck. Gallob. p. 267. Scop. carn. ed. 2. n. 771. Pollich n. 591. Regn. Bot.*

*Elatine folio fub — rotundo. C. B. P. 253*; Véronique à feuilles rondes.

*Veronica fœmina. Dod. Pempt. 42.*

16°. *Linaria Elatine, foliis haftatis, alternis, caule flaccido procumbente*; Linaire avec des feuilles à pointes étroites & alternes, ayant une tige foible & traînante.

*Antirrhinum Elatine. Linn. Syft. Plant. tom. 3. pag. 126. Sp. 3. Hort. Cliff. 323. Hort. Upfal. 175. Gron. Virg. 68. Roy. Lugd.-B. 295. Neck. Gallob. pag. 267. Scop. carn. ed. 2. n. 772.*

*Elatine folio acuminato. C. B. P. 253*; Véronique avec des feuilles à pointes aiguës.

*Elatine folio acuminato, flore cœruleo. Bauh. Pin. 253*; Variété à fleurs bleues.

*Linaria Cymbalaria, foliis cordatis, quinque-lobatis, alternis, glabris*; Linaire à feuilles en forme de cœur, avec cinq lobes unis & alternes.

*Antirrhinum Cymbalaria. Linn. Syft.*

*Syft. Plant. tom. 3. pag.* 125. *Sp.*
1. *Hort. Cliff.* 32. *Hort. Upfal.*
175. *Roy. Lugd.-B.* 295.

*Linaria Hederaceo folio glabro,
feu Cymbalaria vulgaris. Tourn.
Inft. R.H.* 169; Linaire à feuilles
unies de Lierre, *ou* la Cym-
balaire.

*Cymbalaria. Bauh. Pin.* 306.
*Cam. Fpit.* 860. *Dalech. Hift.*
1322. *Riv. f.* 86.

On connoît plufieurs autres
efpeces de ce genre, qui font
toutes décrites & même gra-
vées ; mais comme elles font
inférieures à celles-ci, & qu'elles font rarement admifes dans
les jardins, je n'en ferai pas
mention ici.

*Vulgaris.* La premiere de ces
plantes croît en grande abondance fur le bord des bancs
fecs de la plus grande partie
de l'Angleterre ; on la cultive
peu dans les jardins, car on
a beaucoup de peine à la tenir dans de juftes bornes, parce que fes racines font fort
fujettes à s'étendre fous la terre, & qu'elles pouffent des
réjettons à une grande diftance, ce qui nuit beaucoup aux
plantes voifines. Cette efpece eft comprife dans le Catalogue des plantes médicinales à
la fin de la Pharmacopée du
collége de Médecine.

Elle a un grand nombre de
racines minces & blanches,
qui s'étendent fort loin à chaque côté, & produifent plufieurs tiges érigées & branchues, d'un pied & demi de
hauteur, & garnies de feuilles étroites, grifes, en paquets,
& terminées par des épis de
fleurs jaunes & feffiles à la ti-





ge : fes fleurs font monopeta-
les, & ont un long tube, auquel eft fixé un nectaire ; le
devant de la fleur a l'apparence d'une gueule ; la levre inférieure eft velue en-dedans : les
levres font d'une couleur d'or,
mais les autres parties de la
fleur font d'un jaune pâle ;
elles font fuivies par des capfules rondes à deux cellules,
remplies de femences plates &
noires. Cette efpece fleurit en
Juillet & Août, & fait alors
un bel effet. Ainfi, on peut
en mettre quelques plantes dans
les jardins ; & comme elles ont
des racines rampantes, qui
s'étendent trop, & qu'elles deviennent des herbes embarraffantes, il faut les tenir dans
des pots pour les refferrer.

On fait, avec cette herbe
& du *Sain-doux*, un onguent
fort eftimé pour les hémorrhoïdes ; on le mêle avec un
jaune-d'œuf quand on en fait
ufage : cette plante eft regardée comme apéritive & diurétique, comme propre à diffiper les obftructions du foie &
de la rate, & à guérir l'hydropifie & la jauniffe (1).

---

(1) Cette plante paffe pour être
réfolutive, diurétique & apéritive :
on en exprime le fuc, ou on la
fait infufer dans de l'eau, que l'on
prefcrit pour guérir les obftructions
du foie & de la rate, ainfi que
pour débarraffer les reins & la veffie des mucofités & des graviers
qui s'y forment. Son fuc & fon
eau diftillée font regardés par quelques Praticiens comme propres à
diffiper l'inflammation des yeux.
On compofe avec fes feuilles un
onguent très-utile dans les hémorrhoïdes.

*Tri-phylla.* La seconde espece croît sans culture aux environs de Valence & en Sicile ; elle est annuelle, & s'éleve à la hauteur d'environ un pied, avec une tige droite, branchue, & garnie de feuilles ovales, unies, grises, placées souvent par trois & quelquefois par paires, & opposées aux nœuds : les fleurs, qui croissent en épis courts au sommet des tiges, ressemblent à celles de l'espece commune, mais elles n'ont pas de si longs tubes ; elles sont jaunes, & leurs levres sont de couleur de Safran. Cette espece fleurit en Juillet & en Août; ses semences mûrissent en automne, & les plantes périssent bientôt après.

Il y a une variété de cette espece, dont les fleurs ont des étendards & des nectaires pourpre, qui font un très-bel effet dans un jardin ; mais on la regarde comme provenant accidentellement des semences de la seconde ; ce qui m'a empèché de la dénombrer ici, quoique je n'aie jamais vu ces deux plantes s'altérer, même après plusieurs années de culture. Les feuilles de celle-ci sont plus longues que celles de la jaune, pour le reste, elles ne different en rien.

On peut multiplier cette espece par semences ou par la division de ses racines : on seme ses graines sur des plates-bandes de jardins à fleurs, où elles doivent rester. Quand les plantes poussent, on les éclaircit dans les endroits où elles sont trop serrées, & on les débarrasse des mauvaises



herbes ; c'est en cela que consiste toute leur culture. Si l'on en seme quelques-unes en automne sur une plate-bande chaude & seche, les plantes subsisteront pendant tout l'hiver, à moins que les gelées ne soient trop rudes, & ces plantes d'automne deviendront plus grosses, fleuriront beaucoup plutôt, & donneront toujours de bonnes semences. La premiere espece est rarement admise dans les jardins.

*Lusitanica.* La troisieme s'éleve à la hauteur de près de deux pieds, avec des tiges droites, garnies de feuilles unies, en forme de lance, & placées quelquefois par quatre autour de la tige, & quelquefois par paires opposées : ces tiges sont terminées par de grosses fleurs pourpre, qui ont de longs chicots postés sur les pédoncules. Cette plante fleurit en Juillet, mais ses semences mûrissent rarement en Angleterre : elle croît sans culture en Portugal & en Espagne.

Comme cette espece est plus tendre que la précédente, il faut la placer dans un sol sec & à une exposition chaude, sans quoi elle est exposee à être souvent détruite en hiver : on la multiplie par ses graines, comme la précédente, & en divisant ses racines; mais il est toujours prudent d'en conserver quelques plantes dans des pots, afin de pouvoir les mettre à l'abri pendant l'hiver, pour les garantir des fortes gelées.

*Alpina.* La quatrieme se trouve dans les environs de Vérone , d'où ses semences m'ont été envoyées. Cette plante, qui est vivace , pousse de ses racines plusieurs tiges de huit pouces environ de longueur, & garnies de feuilles étroites, courtes , grises , & placées par quatre vers le bas & autour des tiges , & opposées vers le haut : ces tiges sont terminées par des touffes courtes & branchues de fleurs d'un jaune pâle , dont les levres sont dorées. Cette espece fleurit en Juin , & , dans les années chaudes , ses semences mûrissent quelquefois en automne.

*Purpurea.* La cinquieme , qu'on rencontre dans la France méridionale & en Italie, a une racine vivace , qui pousse plusieurs tiges : celles qui soutiennent les fleurs sont érigées , & ont près de trois pieds de hauteur ; les autres sont plus foibles , & pendent séparément sur chaque côté des plantes ; elles sont garnies de feuilles longues , étroites , en forme de lance , fort rapprochées, unies & grises : les tiges sont terminées par des épis longs & clairs de fleurs bleues , qui paroissent dans les mois de Juin , Juillet & Août , & qui donnent des semences mûres en automne : si l'on donne à ces graines le tems de se répandre , elles produisent sans aucun soin une grande quantité de jeunes plantes.

*Repens* La sixieme croît naturellement aux environs de Henley , dans le comté d'Oxford, ainsi que dans quelques parties de celui de Hertford : elle a une racine vivace , de laquelle sortent plusieurs tiges hautes d'environ deux pieds, qui poussent de chaque côté des branches garnies de feuilles étroites , disposées en paquets vers le bas , & par paires ou simples au sommet : ses fleurs, qui naissent en épis clairs aux extrémités des tiges , sont d'un bleu pâle : elles paroissent dans les mois de Juin & de Juillet , & perfectionnent en automne leurs semences , qui donnent une abondance de plantes si on leur laisse le tems de s'écarter. Quand ses graines s'arrêtent sur de vieilles murailles , les plantes qu'elles produisent durent plus longtems que celles qui se trouvent dans la terre. J'ai reçu du continent un échantillon de cette espece sous le nom de *Linaria arvensis cœrulea. C. B. P.*

*Multi-caulis.* La septieme , qui est originaire de la Sicile , est une plante annuelle , dont la racine pousse plusieurs tiges fort minces , hautes d'environ un pied , & garnies à leur partie basse de cinq feuilles fort étroites , & placées à chaque nœud : mais vers le haut , elles sont quelquefois par paires , & d'autrefois simples : les tiges sont divisées en plusieurs petites branches garnies de petites fleurs jaunes , qui sortent simples à une certaine distance les unes des autres ; elles sont de la même forme que celles des autres especes : elles paroissent en Juillet , & leurs semences mûrissent en automne. Il y a deux variétés de cette espece , l'une à fleurs d'un jaune foncé, & l'autre de couleur de foufre.

On la multiplie de la même maniere que la feconde, & fi on lui laiffe écarter fes femences, les plantes pouffent fans aucun foin; en les tenant nettes de mauvaifes herbes, elles produifent leurs fleurs dans le commencement de l'été.

*Triflis.* La huitieme naît fpontanément fur des rochers aux environs de Gibraltar, d'où le Chevalier Sir Charles WAGER a apporté fes femences, qui ont réuffi dans fon jardin de Parfon's-green, près de Fulham, & ont produit des plantes pour plufieurs beaux jardins. Cette efpece a une racine vivace, de laquelle fortent plufieurs tiges fucculentes de huit ou neuf pouces de longueur, foibles, pendantes vers le bas fur chaque côté de la racine, & garnies de feuilles courtes, étroites, en forme de lance, grifes, fucculentes, placées fans ordre, & d'environ un pouce de longueur fur près de deux lignes & demi de largeur: fes fleurs, qui naiffent aux extrémités des tiges en petits paquets, font jaunes, marquées de raies pourpre, & ont leurs levres, ainfi que leurs nectaires, d'un pourpre foncé; elles font feffiles au fommet de la tige: elles paroiffent dans les mois de Juin & de Juillet, mais elles ne produifent point de femences en Angleterre.

Cette plante fe multiplie aifément par boutures, qu'on peut planter pendant tout l'été, & qui prennent bientôt racine



fi on les arrofe, & fi on les tient à l'ombre: on peut les mettre enfuite dans des pots remplis de terre fraîche, légere & fans fumier, dans laquelle elles réuffiffent beaucoup mieux que dans un fol plus riche; car, en les plantant dans une bonne terre, elles croiffent fort vîte & en peu de tems, mais elles pourriffent prefque toujours après. Il faut les tenir à couvert pendant l'hiver, & leur donner autant d'air qu'il eft poffible dans les tems doux, car elles n'ont befoin que d'être mifes à l'abri des froids trop rigoureux; de forte que, fi on place les pots qui les contiennent fous un châffis de couche chaude, les plantes réuffiront mieux que dans une ferre, où elles font fujettes à filer, ce qui les fait bientôt périr.

*Monfpeffulana.* La neuvieme croît naturellement dans le pays de Galles & particuliérement dans les environs de Penryn: fa racine, vivace, pouffe plufieurs tiges branchues, d'environ deux pieds de hauteur, & garnies de feuilles fort étroites, difpofées en grappes, & d'une couleur jaunâtre: fes fleurs font produites en épis clairs aux extrémités des branches; elles font d'un bleu pâle, & répandent une odeur agréable: elles paroiffent dans le mois de Juin, & fouvent elles fe fuccedent fur les plantes jufqu'à l'hiver. Leurs femences, qui mûriffent en automne, produifent, fans aucun foin, une grande quantité de jeunes plantes, quand on leur permet de s'écarter. Lorſque ces graines tombent ſur une muraille, les plantes qui en proviennent durent beau-coup plus long-tems que cel-les qui ſe trouvent dans une bonne terre.

*Villoſa.* La dixieme croît naturellement en Eſpagne ; ſes ſemences m'ont été envoyées de Madrid par Monſieur HORTEGA : cette plante eſt annuelle , & s'éleve à la hau-teur d'environ un pied , avec une tige ſimple, garnie de feuil-les velues, en forme de lance , alternes & ſeſſiles à la tige : ſes fleurs ſortent en épis clairs ſur le ſommet des tiges ; elles ſont d'un jaune pâle, avec quelques raies brunes , & des levres de couleur d'or ; le ſegment ſupérieur du calice eſt beaucoup plus large que les inferieurs : ces fleurs ſont auſſi larges que celles de l'eſ-pèce commune ; elles paroiſ-ſent en Juillet , & , dans les an-nées chaudes, leurs ſemences mûriſſent en automne dans ce pays.

*Peliſſeriana.* La onzieme eſ-pece, qui eſt originaire de la France , eſt une plante annuel-le , dont les feuilles radicales ſont rondes : ſes tiges minces & branchues s'élevent à la hau-teur d'un pied , & ſont garnies à chaque nœud de feuilles fort étroites : ces fleurs , qui naiſ-ſent en épis clairs aux extré-mités des branches , ſont d'un bleu brillant ; elles paroiſſent dans le mois de Juillet , & leurs ſemences mûriſſent en au-tomne , tems auquel il faut les mettre en terre ; car ſi on les

garde juſqu'au printems , elles reſtent ſouvent dans la terre une année ſans pouſſer : quand les plantes paroiſſent, on les éclaircit , & on les tient net-tes de mauvaiſes herbes ; c'eſt en cela que conſiſte toute leur culture.

*Chalepenſis.* La douzieme ſe trouve en Sicile ; elle eſt an-nuelle , & s'éleve à la hauteur de deux pieds avec une tige branchue , garnie de feuilles fortes , en forme de lance & alternes : ſes fleurs naiſſent ſimples dans preſque toute la longueur des branches ; elles ſont petites , blanches & ornées de fort longues queues ; elles paroiſſent dans le mois de Juil-let , & leurs ſemences mûriſ-ſent en automne : ſi l'on permet à ces graines de s'écarter , les plantes pouſſeront & réuſſiront mieux que ſi on les ſemoit avec ſoin ; elles n'exigent aucune autre culture que d'être tenues nettes de mauvaiſes herbes.

*Dalmatica.* La treizieme , qui croît ſans culture dans l'iſle de Candie & en Dalmatie , s'éleve à la hauteur de trois pieds : ſa tige eſt forte , ligneu-ſe , & garnie de feuilles unies , en forme de lance , alternes & ſeſſiles : ſes fleurs ſont pro-duites aux extrémités des bran-ches en épis courts & clairs ; elles ſont d'un jaune foncé , beaucoup plus larges que cel-les de l'eſpece commune , & portées par des pedoncules courts. Cette eſpece fleurit en Juillet ; mais comme ſes ſemences mûriſſent fort rare-ment en Angleterre , elle eſt aſſez rare dans nos jardins.

On multiplie cette plante par ses graines, qu'il faut répandre au commencement du printems fur une planche de terre légere : quand les plantes qui en proviennent font devenues affez fortes pour être enlevées, on en met quelques-unes dans des pots remplis de terre légere & fablonneufe ; on les tient à l'ombre jufqu'à ce qu'elles aient pouffé de nouvelles racines ; on les place enfuite avec d'autres plantes exotiques dures ; & à la fin d'Octobre on les met fous un châffis ordinaire de couche chaude, où elles puiffent être à couvert des fortes gelées : car dans les hivers doux, elles fubfifteront en plein air fans couverture, pourvu qu'elles foient placées dans un fol fec ; c'eft pourquoi on peut en planter une partie fur une plate-bande chaude d'un fol fablonneux & de mauvaife qualité, où elles réfifteront très-bien aux froids de nos hivers ordinaires ; fi quelques-unes d'entr'elles fe trouvent placées fur des decombres, où leurs racines foient gênées, elles endureront beaucoup mieux le froid que les autres.

*Genifti-folia.* La quatorzieme eft originaire de la Sibérie ; elle eft bis-annuelle, & s'éleve à la hauteur de trois ou quatre pieds, avec une tige droite, branchue & garnie de feuilles en forme de lance, terminées en pointes aiguës, d'une couleur grifâtre, & alternes : les fleurs, qui fortent en panicule clair aux extrémités des branches, font d'un jau-



ne brillant, & de la même forme que celles des autres efpeces : celle-ci fleurit en Juin & Juillet, & fes femences mûriffent en automne ; fi on leur permet de fe répandre elles-mêmes, les plantes poufferont au printems fuivant, & n'exigeront aucun autre foin, que d'être éclaircies où elles feront trop ferrées, & d'être tenues nettes de mauvaifes herbes ; comme ces plantes périffent toujours après avoir perfectionné leurs graines, il faut en élever tous les ans de nouvelles.

*Spuria.* La quinzieme eft une plante annuelle qui croît naturellement en Angleterre dans les campagnes femées en *Seigle* & en *Froment* ; elle a des tiges foibles, traînantes, d'un pied & demi de longueur, velues & garnies de feuilles ovales & alternes ; du bas des petioles des feuilles & de chaque nœud fort une fleur femblable à celles des autres efpeces, mais dont la levre fupérieure eft jaune, & celle du bas pourpre. Cette plante fleurit dans les mois de Juin & de Juillet, & fes graines mûriffent en automne, tems auquel il faut les femer ou les laiffer écarter, fans quoi elles poufferont rarement dans la premiere année ; car on ne les voit guere parmi les grains femés au printems, mais feulement dans les champs où elles viennent ordinairement.

Cette plante, qui eft d'ufage en Médecine, eft regardée comme vulnéraire, & comme propre à guérir les vieux cancers & les ulceres, ainſi que les hémorrhagies de toute eſpece.

*Elatina.* La ſeizieme differe de la quinzieme, ſeulement par la forme de ſes feuilles qui ſont en pointe de flèche, tandis que celles de la précédente ſont ovales. On trouve celle-ci plus communément en Angleterre que l'autre.

*Cymbalaria.* La dix-ſeptieme a été apportée de l'Italie en Angleterre, où elle croit en ſi grande abondance aux environs de Londres, qu'on l'en croiroit originaire; elle naît dans les crevaſſes des murailles, & par-tout ou tombent ſes ſemences. Cette plante eſt vivace, & profite dans tous les ſols & à toutes les expoſitions: quand elle eſt une fois établie dans un lieu, il eſt difficile de la détruire, car ſes ſemences pénetrent dans les fentes des murs & dans les parties pourries de palliſſades, ainſi que dans les creux d'arbres où elles croiſſent & ſe multiplient en abondance: d'ailleurs, ſes tiges pouſſent des racines à chacun de leurs nœuds, & s'étendent par-là à une grande diſtance. Cette eſpece fleurit pendant tout l'été & ſes ſemences mûriſſent ſucceſſivement; on ne la cultive jamais dans les jardins, quoiqu'on la regarde comme excellente pour guérir les bleſſures.

**LINGUA-CERVINA.** [*Hart's Tongue.*] *Langue-de-Cerf*, ou *Scolopendre.*

Ces plantes, dont on connoit un grand nombre d'eſpeces en Amérique & dans l'Inde, & très peu en Europe, croiſſent ordinairement dans les crevaſſes des murailles, ſur les anciens bâtimens, dans les lieux humides & à l'ombre, & ſur les bancs humides & ombragés; mais on les cultive rarement dans les jardins: celles qui ſont dures peuvent être multipliées par la diviſion de leurs racines; elles exigent un ſol humide, & beaucoup d'ombre. *Voyez* ASPLENIUM, & autres plantes dénommées au ſupplément ſous le titre de *Lingua.*

**LINUM.** *Tourn. Inſt. R. H.* 339. *Tab.* 170. *Lin. Gen. Plant.* 349. [ *Flax.* ] Lin.

*Caracteres.* Le calice de la fleur eſt perſiſtant, & de cinq petites feuilles en forme de lance, & aiguës; la corolle eſt compoſée de cinq pétales, larges, oblongs, étroits à leur bâſe, plus larges vers le haut, & qui s'étendent en s'ouvrant: la fleur a cinq étamines érigées, en forme d'alène, & terminées par des ſommets en forme de flèche; dans le centre eſt placé un germe ovale, qui ſoutient cinq ſtyles minces, & couronnés par des ſtigmats réflechis: ce germe ſe change enſuite en une capſule globulaire & à dix cellules qui s'ouvrent en cinq valves, & renferment chacune une ſemence ovale, unie, & terminée par une pointe aiguë.

Ce genre de plantes eſt rangé dans la cinquieme ſection de la cinquieme claſſe de LINNÉE, intitulée, *Pentandria Pentagynia,* qui renferme celles dont les fleurs ont cinq étamines & cinq ſtyles.

Les eſpeces ſont :

1°. *Linum uſitatiſſimum* , calycibus capſuliſque mucronatis, petalis crenatis , foliis lanceolatis , alternis , caule ſub-ſolitario. *Lin. Sp. Plant.* 277. *Hall. Helv. n.* 836. *Lin. Mat. Med.* 90. *Gmel. Sib.* 4. *p.* 115. *Scop. carn.* 2. *n.* 381. *Kniph. cent.* 9. *n.* 57 ; Lin avec des calices & des capſules terminés en pointes aiguës, des pétales crenelés , des feuilles en forme de lance & alternes , & communément des tiges ſimples.

*Linum arvenſe. Bauh. Pin.* 214. *Raii Hiſt.* 1073.

*Linum ſativum. C. B. P.* 214. *Blackw. t.* 160 ; Lin d'uſage.

2°. *Linum humile* , calycibus capſuliſque mucronatis , petalis emarginatis , foliis lanceolatis, alternis, caule ramoſo ; Lin avec des calices & des capſules à pointes aiguës, des pétales denrelés, des feuilles en forme de lance & alternes , une tige branchue.

*Linum ſativum humilius , flore majore. Boerh. Ind. Alt.* 1. *p.* 284; Lin bas ordinaire à plus grande fleur.

3°. *Linum Narbonenſe* , calycibus acuminatis , foliis lanceolatis , ſparſis, ſtriſtis , ſcabris , acuminatis , caule tereti , baſi ramoſo. *Lin. Sp. Plant.* 278 ; Lin avec des calices à pointe aiguë , des feuilles rudes en forme de lance , placées ſans ordre , & terminées en pointe aiguë , avec une tige cylindrique, & branchue à la bâſe.

*Linum foliis linearibus , lanceolatis , ariſtatis , calycibus ovatolanceolatis , ſemi - membranaceis. Hall. Helv. n.* 837.



*Linum montanum , foliis tenuibus , ereſtis , flore amplo. Zanon.* 177 , 147. *Haller.*

*Linum ſylveſtre anguſti-folium , cœruleo amplo flore. Magn. Monſp.* 161. *Sauv. Monſp.* 54.

*Linum ſylveſtre cœruleum , folio acuto. C. B. P.* 107 ; Lin ſauvage bleu à feuilles aiguës.

4°. *Linum tenui-folium* , calycibus acuminatis , foliis ſparſis , linearibus , ſetaceis , retrorſum ſcabris. *Lin. Sp. Plant.* 278. *Jacq. Auſtr. t.* 215. *Pollich. Pal. n.* 318. *Mœnch. Haſſ.* 264. *Scop. carn. n.* 2. 386 ; Lin avec des calices à pointe aiguë , des feuilles étroites, velues, placées ſans ordre , & rudes au dehors.

*Linum foliis linearibus , calycibus longè ariſtatis. Hall. Helv. n.* 838.

*Linum ſylveſtre anguſti-folium , floribus dilutè purpuraſcentibus vel carneis. C. B. P.* 214 ; Lin ſauvage à feuilles étroites , avec une fleur pâle , pourpâtre ou couleur de chair.

*Linum ſylveſtre V. anguſti-folium. Cluſ. Hiſt.* 1. *p.* 318.

*Linum ſylveſtre, anguſti-folium, flore magno, intenſè cœruleo. Tourn. Inſt.* 340 ; Variété à grande fleur d'un bleu plus foncé.

*Linum ſylveſtre anguſti-folium , flore magno violaceo. Tourn. Inſt.* 340 ; Variété à grande fleur violette.

*Linum ſylveſtre anguſti-folium , flore magno , lineis purpureis diſtinſto. Tourn. Inſt.* 340 ; Variété à grande fleur rayée de pourpre.

5°. *Linum Anglicum , calycibus capſuliſque acuminatis , caule ſubnudo , ſcabro , foliis acuminatis ;* Lin avec des calices & des capſules à pointes aiguës , une tige rude & preſque nue , &

des feuilles à pointe aiguë.

*Linum perenne majus cæru-leum, capitulo majori. Mor. Hiſt. 2. 573* ; le plus grand Lin bleu & vivace, avec de plus groſſes têtes.

*Linum ſylveſtre cæruleum, pe-renne, erectius, flore & capitulo majori. Raii Angl. 3. p. 362.*

6°. *Linum perenne, calycibus capſuliſque obtuſis, foliis alternis, lanceolatis, acutis, caulibus ramo-ſiſſimis. Plat. 166* ; Lin avec des calices & capſules obtuſes, de feuilles alternes, en forme de lance & aiguës, & des tiges fort branchues, commu-nément appelé *Lin vivace de Siberie.*

7°. *Linum Hiſpanicum, caly-cibus acutis, foliis lineari-lanceo-latis, ſparſis, caule paniculato procumbente* ; Lin avec des ca-lices aigus, des feuilles linéai-res en forme de lance, & pla-cées ſans ordre, & une tige en panicule.

8°. *Linum bienne, calycibus patulis, acuminatis, foliis linea-ribus, alternis, caule ramoſo* ; Lin avec des calices étendus, & à pointe aigue, des feuilles linéaires & alternes, & une tige branchue.

9°. *Linum hirſutum, calycibus hirſutis, acuminatis, ſeſſilibus, alternis, caule corymboſo. Linn. Sp. Plant. 277* ; Lin avec des calices velus & à pointe aiguë, alternes & ſeſſiles aux tiges, qui ſont en forme de corymbes.

*Linum hirſutum. Jacq. Auſtr. f. 31. Scop. carn. ed. 2. n. 382.*

*Linum ſylveſtre lati-folium, hir-ſutum, cæruleum. C. B. P. 339* ; Lin ſauvage à fleur bleue.

*Linum ſylveſtre lati - folium. Cluſ. Hiſt. 1. p. 317.*

10°. *Linum ſtrictum, calyci-bus foliiſque lanceolatis, ſtrictis, mucronatis, margine ſcabris. Linn. Sp. Plant. 279* ; Lin avec des feuilles & des calices en for-me de lance, terminées en pointes aiguës, ayant des bords rudes.

*Linum foliis aſperis umbella-tum, luteum. Magn. Monſp. 164. Raii Hiſt. 1076. Sauv. Monſp. 53.*

*Lithoſpermum, Linariæ folio, Monſpelienſium, Bauh. Pin. 259.*

*Paſſerina Lobelii. J. B. 3. p. 454.*

11°. *Linum fruticoſum, caly-cibus acutis, petalis integris, fo-liis inferioribus linearibus, faſci-culatis, ſuperioribus alternis, caule fruticoſo* ; Lin avec des calices aigus, des pétales en-tiers, les feuilles baſſes, lineai-res, & en paquets, celles du haut alternes, & une tige d'ar-briſſeau.

*Linum ſylveſtre, acutis foliis, fruticans. Barrel. Icon. 1008* ; Lin ſauvage, avec une tige d'arbriſſeau & des feuilles ai-guës.

12°. *Linum nodi-florum, foliis lanceolatis, alternis, floribus al-ternis, ſeſſilibus, caule ſimplici* ; Lin avec des feuilles en forme de lance & alternes, & des fleurs ſimples, alternes, & ſeſſiles à la tige.

*Linum luteum, ad ſingula ge-nicula floridum. C. B. P. 214. Moris. Hiſt. 2. p. 574. S. 5. t. 26. f. 11. Raii Hiſt. 1026* ; Lin jaune avec des fleurs ſim-ples ſur les nœuds.

*Linum luteum, ſylveſtre, lati-folium. Column. Ecphr. 2. p. 79. t. 80.*

13°. *Linum catharticum, fo-*

liis oppofitis, ovato-lanceolatis, caule dichotomo, corollis acutis. Hort. Cliff. 372. Fl. Suec. 255, 271. Mat. Med. 91. Roy. Lugd. Bat. 434. Blackw. t. 368. de Neck. Gallob. p. 158. Pollich. Pal. n. 230. Scop. Carn. ed. 2. n. 389. Lin avec des feuilles en forme de lance, ovales & oppofées, une tige divifée par paires, & des pétales aigus.

Alfine verna, glabra, flofculis albis, vel potius Linum minimum. Bauh. Hift. 3. p. 55. Hall.

Chamælinum fub-rotundo folio. Barrel. Ic. 1165. n. 1. Hall.

Spergula bi-folia, Lini capitulis. Loef. Pruff. 261. t. 86.

Linum pratenfe, flofculis exiguis. C. B. P. 214; Lin des prés, à petites fleurs, ordinairement appellé Lin de montagne, ou Lin purgatif.

14°. Linum maritimum, calycibus ovatis, acutis, muticis, foliis lanceolatis, inferioribus oppofitis. Lin. Sp. Plant. 280. Jacq. Hort. t. 154. Eniph. cent. 9. n. 54; Lin avec des calices ovales, aigus & garnis de barbes, & des feuilles en forme de lance, dont celles du bas font oppofées.

Linum caule fimplici, ramis, foliifque inferioribus oppofitis, lineari-lanceolatis. Hort. Cliff. 114. Roy. Lugd.-B. 434. Sauv. Monfp. 147.

Linum foliis ovatis, floribus racemofis. Guett. Stamp. 2. p. 499.

Linum luteum Narbonenfe. Bauh. Hift. 3. p. 454. Raii Hift. 1074.

Linum maritimum luteum. C. B.



P. 214; Lin maritime jaune. Linum fylveftre. Dod. Pempt. 354.

Ufitatiffimum. La premiere efpece eft le Lin, que l'on cultive dans la plus grande partie de l'Europe, & principalement dans les pays feptentrionaux. Cette plante eft annuelle, & s'éleve ordinairement à la hauteur d'un pied & demi avec une tige mince, fans branche & garnie de feuilles étroites, en forme de lance, alternes, terminées en pointe aiguë, & de couleur grife : les fleurs de couleur bleue naiffent au fommet des tiges qui en foutiennent chacune quatre ou cinq ; elles font compofées de cinq pétales étroits à leur bâfe, mais larges & légèrement crenelés à leur extrémité ; leur calice eft découpé en cinq parties terminées en pointe aiguë : ces fleurs paroiffent dans le mois de Juin, & font fuivies par des capfules rondes à dix cellules, qui s'ouvrent en cinq valves terminées par des pointes aiguës ; chaque cellule renfefme une femence unie, plate, de couleur brunâtre, & qui finit en pointe. Ces graines mûriffent en Septembre, & les plantes périffent bientôt après.

Quand cette efpece eft cultivée dans les campagnes, fuivant la méthode ordinaire, elle ne s'éleve guere au-deffus d'un pied & demi, comme on l'a déja dit, & fes tiges ne pouffent point de branche ; mais lorfqu'on laiffe entre chaque tige un efpace plus confidérable, elles s'élevent à plus de deux pieds, & produisent vers leur sommet deux ou trois branches latérales, sur-tout si le sol où on les seme est riche & fertile (1)

*Humile.* La seconde espece diffère de la premiere, en ce que ses tiges sont plus fortes & plus courtes, & en ce qu'elle pousse plus de branches : ses feuilles sont plus larges, ses fleurs plus grosses, & leurs pétales sont découpés à leur extrémité ; les capsules sont aussi

(1 La graine de *Lin* qui est la seule partie de cette plante dont on fasse usage, est remplie de mucilage & d'huile grasse & onctueuse. On l'emploie à l'extérieur, & intérieurement pour détendre, calmer, relâcher & tempérer dans les tisannes, les lavemens, les fomentations, les onguents & les emplâtres : elle convient dans les douleurs néphrétiques, les gonorrhées simples & vénériennes, la disurie, la colique, les hémorrhoïdes, la passion iliaque, la constipation, la rétention d'urine, &c. : on la donne dans ces différentes circonstances sous forme de tisanne, ou bien on prescrit l'huile elle-même à la dose d'une ou de deux onces ; elle est sur-tout utile dans la péripneumonie, la dyssenterie, dans les empoisonnemens produits par des substances âcres, minérales & corrosives, & enfin dans toutes les érosions des conduits. On se sert à l'extérieur de l'huile, ou d'une forte décoction des graines, dans les brûlures, la sécheresse de la peau, les tumeurs dures, les douleurs de colique, &c.

La farine de graines de *Lin* est employée avec les autres dans les cataplasmes émolliens & résolutifs ; ces graines entrent dans la composition du syrop de *Prassio*, dans l'onguent d'*Althæa*, l'emplâtre de mucilage, &c.

plus grosses, & leurs pédoncules plus longs : ces différences sont invariables, car j'ai cultivé cette espece avec le *Lin commun* sur la même terre pendant plus de trente ans, sans qu'elle ait jamais éprouvé la moindre altération.

*Narbonense.* La troisieme croît naturellement dans la France méridionale, en Italie & en Espagne : elle s'élève à la hauteur d'un pied ou dix-huit pouces, & produit dans presque toute sa longueur des branches longues, minces, & garnies de feuilles étroites, en forme de lance, à pointe aiguë, placées sans ordre, & rudes au toucher : ses fleurs, qui sortent aux extrémités des branches, presque en forme d'ombelle, sont plus petites que celle de l'espece commune, & d'un bleu pâle : leurs capsules sont aussi beaucoup plus petites & moins rondes. Cette espece fleurit & perfectionne ses semences vers le même tems que les précedentes.

*Tenui-folium.* La quatrieme, qui croît sans culture aux environs de Vienne & en Hongrie, s'élève rarement au-dessus de la hauteur d'un pied, avec une tige mince & divisée au sommet en trois ou quatre pédoncules minces & noueux, qui soutiennent chacun deux ou trois fleurs d'un bleu pâle : la tige est garnie de feuilles courtes, étroites, velues, érigées & rudes au dehors. Cette plante fleurit & perfectionne les semences vers le même tems que l'espece précédente, & périt bientôt après. Il y a deux ou trois variétés de cette espece, qui diffèrent par la couleur de leurs fleurs ; mais qui se ressemblent pour tout le reste.

*Anglicum.* La cinquieme se trouve dans quelques parties de l'Angleterre, & particulièrement dans le comté de Cambridge : elle a une racine vivace, de laquelle s'élevent trois ou quatre tiges penchées, & garnies vers le bas de feuilles courtes & étroites, mais presque nues vers le haut : ses fleurs sortent très-voisines les unes des autres vers l'extrémité de la tige ; elles sont de couleur bleue, à peu-près semblables à celle de l'espece commune, & remplacées par des capsules grosses, rondes, & terminées en pointe aiguë. Cette plante fleurit vers le même tems que le *Lin commun*, mais ses racines subsistent quatre ou cinq ans.

*Perenne.* La sixieme, qui est originaire de la Sibérie, a une racine vivace, de laquelle sortent plusieurs fortes tiges, en nombre proportionné à sa grosseur, & qui s'élevent plus ou moins, suivant la qualité du sol ; car dans une terre riche & humide, ces plantes ont près de cinq pieds de hauteur, au-lieu que dans un sol médiocre, elles acquierent tout-au-plus trois pieds d'élévation ; elles se divisent vers le haut en plusieurs branches, garnies de feuilles étroites, en forme de lance, alternes, d'un pouce de longueur au plus sur une ligne & demie de large, d'un vert foncé, & terminées en pointe aiguë : ses fleurs sortent aux extrémités des branches,



& forment une espece d'ombelle : les tiges s'élevent à-peu-près à la même hauteur : les fleurs sont larges & d'un beau bleu ; elles paroissent en Juin, & sont remplacées par des capsules obtuses qui mûrissent en Septembre.

*Hispanicum.* La septieme croît sans culture en Espagne, d'où ses semences m'ont été envoyées : elle a une racine vivace, de laquelle sortent plusieurs branches traînantes, & fortement garnies de feuilles ; elles ne s'élevent pas beaucoup au-dessus de la terre, mais entre celles-ci sortent des tiges droites de deux pieds de hauteur, & garnies de feuilles longues, étroites, en forme de lance, & placées sans ordre : ses fleurs naissent en une espece de panicule vers le haut des branches ; elles sont à-peu-près de la même grosseur & de la même couleur que celle de l'espece commune. Cette plante fleurit & perfectionne ses semences dans le même tems, & ses racines se conservent plusieurs années.

*Bienne.* La huitieme que j'ai reçue de l'Istrie, a une racine bis annuelle, de laquelle s'élevent deux ou trois tiges, qui se divisent à six pouces au-dessus de la racine en plusieurs branches, qui se sous-divisent encore vers le sommet en d'autres plus petites : ces branches sont garnies de feuilles courtes, étroites, à pointe aiguë, & placées alternativement : ses fleurs sont produites aux côtés des branches sur de longs pédoncules : le calice de la fleur est composé de cinq feuilles larges, terminées en pointe aiguë, & qui s'ouvrent entierement ; elles sont de la même grosseur & de la même couleur que celle du *Lin commun*, & paroissent dans la même saison : les sémences mûrissent en automne, & les racines durent plusieurs années.

*Hirsutum*. La neuvieme qui croît naturellement en Hongrie & en Autriche, a une racine vivace, de laquelle sortent plusieurs tiges de deux pieds environ de hauteur, épaisses, roides, velues & divisées au sommet en plusieurs branches, garnies de feuilles plus larges que celles des autres especes, & velues : ses fleurs qui sont placées alternativement dans la longueur des tiges, sont larges, d'un bleu foncé, & paroissent en même tems que celles de l'espece commune : ses semences se perfectionnent en automne.

*Strictum*. La dixieme nait spontanément en Allemagne, & se trouve dans les campagnes ensemencées de bled dans la France méridionale : elle est annuelle, & s'éleve à la hauteur d'environ un pied & demi, avec une tige droite & garnie de feuilles en forme de lance, à pointe aiguë, rudes sur leurs bords, & de la même longueur que celles du *Lin commun*, mais un peu plus larges & alternes : ses tiges se divisent vers le sommet en plusieurs branches, dont chacune soutient deux ou trois fleurs jaunes, placées dans des calices en forme de lance & à pointe aiguë : elles parois-sent en Juillet ; mais leurs sémences ne mûrissent point en Angleterre, à moins que l'automne ne soit très-favorable.

*Fruticosum*. La onzieme, qui est originaire de l'Espagne, & dont les femences m'ont été envoyées de Madrid par Monsieur HORTEGA, a une tige d'arbrisseau, qui s'éleve à la hauteur d'un pied, & pousse plusieurs branches, garnies de feuilles fort étroites & en grappes ; mais les branches à fleurs ont des feuilles plus larges, plus longues, & alternes sur chaque nœud : ses fleurs, qui sont produites à l'extrémité des branches, sont érigées & placées sur des pédoncules longs & minces : leurs calices sont à pointe aiguë, & leurs pétales sont larges, entiers & blancs ; mais avant que ces fleurs s'ouvrent, elles sont d'un jaune pâle : elles paroissent en Juillet, & leurs femences ne mûrissent en Angleterre que lorsque l'automne est favorable. Les tiges à fleurs de cette espece périssent en automne, & la tige basse d'arbrisseau se conserve avec les autres branches durant toute l'année.

*Nodi — florum*. La douzieme, qu'on rencontre sur les Alpes, a une racine vivace, qui pousse deux ou trois tiges roides & minces, lesquelles se divisent au sommet en deux ou trois branches minces, & garnies de feuilles en forme de lance & alternes : ses fleurs sortent simples aux nœuds, & sont sessiles aux tiges ; leurs calices sont découpés en cinq segmens minces, plus longs que les corolles : ces fleurs font jaunes, & paroiſſent vers le même tems que celles de l'eſpece commune ; leurs ſemences mûriſſent en automne.

*Catharticum.* La treizieme croît en abondance dans pluſieurs parties de l'Angleterre ſur des montagnes ſtériles ; on la connoît ordinairement ſous le nom de *Linum catharticum*, ( *Lin purgatif* ), & de *Lin de montagne* ; elle s'eleve à la hauteur de ſept à huit pouces, avec des tiges branchues, minces, & garnies de feuilles petites, ovales, en forme de lance & oppoſées : ſes fleurs ſont petites, blanches, & ſoutenues ſur de longs pédoncules, qui ſortent aux côtés des branches où ils ſont auſſi diviſés ; elles paroiſſent en Juillet, & produiſent des capſules petites & rondes, dans leſquelles ſont renfermées de petites ſemences plates, qui mûriſſent en automne. Cette plante eſt une de celles qui ſe refuſent à toute eſpece de culture. J'ai ſouvent ſemé ſes graines au printems & en automne, & je n'ai jamais pu en obtenir aucune plante ; d'autres perſonnes ont fait les mêmes eſſais, & n'ont pas eu plus de ſuccès.

*Maritimum.* La quatorzieme ſe trouve aux environs de Montpellier & près de la mer dans quelques parties de l'Italie : elle s'eleve avec des tiges droites à la hauteur d'environ deux pieds ; ſes parties baſſes ſont garnies de feuilles en forme de lance & oppoſées ; mais ſur le haut, elles ſont alternes : ſes tiges ſe diviſent au



ſommet en pluſieurs branches, terminées par des fleurs jaunes, à-peu-près auſſi groſſes que celles du *Lin commun*, & qui pendent vers le bas : ſes fleurs ſont remplacées par des capſules petites & ovales, qui renferment des graines moins groſſes que celles du *Lin commun*. Cette plante fleurit dans le mois de Juillet, & ſes ſemences mûriſſent en automne.

On trouve dans différentes parties de l'Europe pluſieurs autres eſpeces de *Lin*, qui croiſſent naturellement ; mais celles dont il vient d'être queſtion ſont les ſeules que j'aie vues dans les jardins anglois.

*Culture.* La premiere eſpece eſt une plante très-utile, qu'on cultive dans différentes parties de l'Europe : elle exige un terrein riche, & qui n'ait point été labouré depuis pluſieurs années ; c'eſt dans cette eſpece de terre que le *Lin* fait les plus grands progrès ; mais comme il épuiſe beaucoup la ſubſtance du ſol, il ne faut pas le ſemer deux fois de ſuite dans le même endroit, mais on doit laiſſer au moins cinq ou ſix ans d'intervalle.

La terre qu'on deſtine à la culture du *Lin* doit être tenue auſſi nette de mauvaiſes herbes qu'il eſt poſſible ; & pour y réuſſir, on la laiſſe en jachere durant deux hivers & un été, en obſervant de la herſer convenablement entre chaque labour, principalement en été, pour détruire les jeunes herbes ſauvages auſſi-tôt qu'elles paroiſſent, de maniere qu'il n'en reſte pas la moindre qui parvienne en femences : cette opération fervira auffi à brifer les mottes & à féparer toutes les parties de la terre ; car plus on la remue, & plus elle fe pulvérife & s'ameublit. Si ce terrein exige des engrais, il ne faut pas le répandre def-fus avant le dernier labour, qui doit fervir à l'enterrer ; mais le fumier qu'on y em-ploie doit être exempt de fe-mences de mauvaifes herbes, ce qu'il eft aifé de prévenir, en le tenant en tas, & en dé-truifant les plantes qui naiffent à mefure qu'elles paroiffent : mais quand même il y auroit dans ce monceau de fumier quelques graines de plantes nuifibles, la fermentation qui s'en empare les détruit bien-tôt. Comme il y a peu de per-fonnes qui fe donnent la pei-ne de tenir leur tas de fumier & les environs exempts de mauvaifes herbes, & que les graines qui y font tombées pro-duifent de nouvelles plantes lorfqu'il eft répandu dans les champs, cette négligence a don-né lieu à l'opinion mal fondée où l'on eft, que le fumier en-gendre de mauvaifes herbes ; mais cela n'arriveroit jamais s'il ne contenoit point de grai-nes. Précifément avant la fai-fon de femer le *Lin*, on doit bien labourer la terre, la met-tre de niveau, & y répandre enfuite la graine vers la fin de Mars ou au commencement d'Avril, par un tems doux & chaud.

La maniere ordinaire eft de jetter cette femence à la volée & d'en employer deux ou trois boiffeaux par àcre de terre ; mais différens effais plufieurs fois répétés m'ont démontré qu'il vaut beaucoup mieux fe-mer le *Lin* en rigolles éloignées de dix pouces les unes des au-tres ; au moyen de quoi l'on ne confomme que la moitié de la graine qu'on emploie par la méthode ordinaire, & la ré-colte eft auffi plus abondante. Quand le *Lin* eft ainfi femé, on peut aifément houer la ter-re pour détruire les mauvaifes herbes, & en répétant deux fois ce travail par un tems fec, la terre reftera nette jufqu'au tems de la maturité du *Lin*. Cette opération peut être exé-cutée avec la charrue à houe, ce qui réduira les frais de moi-tié ; il n'y aura aucune tige de *Lin* détruite, & la terre ne fera pas autant foulée que par la méthode ordinaire : mais ce houage eft abfolument nécef-faire ; car fi le *Lin* n'eft pas tenu très propre, il eft étouffé par les mauvaifes herbes, & la récolte fe trouve gâtée.

Quelques perfonnes confeil-lent de nourrir les brebis avec du *Lin*, quand il eft parvenu à une bonne hauteur ; elles prétendent que ces animaux détruifent les mauvaifes herbes, & qu'en broutant le feuillage du *Lin*, ils le bonifieront, & que, s'ils viennent à s'y cou-cher & à l'abattre, il fe re-levera à la premiere pluie : mais cette pratique eft fort mauvaife ; car fi les brebis ron-gent la tige du *Lin*, ces plan-tes poufferont enfuite très-foi-blement, & ne parviendront jamais à la moitié de la hauteur qu'elles auroient eue fans cela ; & comme d'ailleurs les brebis préferent le *Lin* aux herbes fauvages , elles le dévorent , & laiffent les autres plantes.

Vers la fin du mois d'Août, ou au commencement de Septembre , le *Lin* commencera à mûrir ; alors il faut avoir foin de ne pas le laiffer trop avancer , & de l'enlever auffi-tôt que les têtes deviennent brunes & s'inclinent vers le bas , fans quoi les femences fe répandroient bien-tôt & feroient perdues : c'eft pourquoi il faut que les ouvriers qu'on emploie à ce travail s'en acquittent avec la plus grande promptitude poffible : on forme des paquets de ce *Lin* , on les drefle pour les faire fécher , & on les porte enfuite à couvert. Si l'on arrachoit le *Lin* auffi-tôt qu'il commence à fleurir , il feroit plus blanc , mais on perdroit la femence , & la filaffe qu'on en retireroit feroit beaucoup moins forte que celle que donne cette plante lorfqu'on la laiffe mûrir tout-à-fait , pourvu cependant qu'on ne la recueille pas trop long-tems après que fes graines font parvenues à leur entiere perfection.

On a effayé de cultiver le *Lin* vivace de Sibérie, qui a été trouvé très bon & très-fort, quoique plus groffier que le *Lin commun* ; mais le fil qu'on en façonne n'eft ni auffi fin ni auffi blanc que celui de l'efpece commune : cependant comme les racines de celle-ci durent plufieurs années, il y au-



roit beaucoup d'épargne à introduire cette culture, d'autant plus que ce *Lin* n'exige aucun autre foin que d'être tenu toujours net de mauvaifes herbes, ce que l'on ne pourroit pas bien exécuter s'il n'étoit femé en rigolles , afin que la terre puiffe être conftamment houée pour enlever les mauvaifes herbes tandis qu'elles font jeunes ; car fi on les laiffoit devenir trop grandes , il feroit alors difficile de les détruire , & elles affoibliroient d'ailleurs beaucoup les racines du *Lin.* Quand les tiges de cette efpece font mûres, on les coupe tout près de la terre, on en forme de petits paquets, & on les traite pour le refte comme celles du *Lin ordinaire.*

Cette plante ne produit jamais plus de trois récoltes , qui dédommagent amplement de l'emploi qu'elle fait du terrein.

La huitieme efpece que j'ai reçue de l'Iftrie, produit un fil plus fin que celui de toutes celles que j'ai effayées : elle s'éleve à une hauteur plus confidérable que le *Lin commun* ; & fa racine , étant bis - annuelle , peut mériter d'être éprouvée en grand pour voir comment elle profitera dans des champs ouverts; car dans les jardins , elle réfifte aux froids de l'hiver, fans recevoir la moindre injure de la gelée. Ces racines ont fubfifté dans le jardin de Chelféa pendant plufieurs années de fuite. J'ai donné une partie des tiges de cette efpece, autant de celles d'Efpagne, ainfi que de l'efpece

vivace

Vivace de Sibérie, à une perfonne habile, pour les laver, les préparer & les filer, & après toutes ces épreuves, elle m'a affuré que le *Lin d'Iftrie* étoit beaucoup plus fin que celui des deux autres efpeces, & qu'à tous autres égards encore, il étoit bien fupérieur à tous ceux qu'elle eut jamais vus.

On apporte annuellement une grande quantité de femences de *Lin* en Ecoffe & en Irlande des pays qui bordent la Mer Baltique, & principalement de Riga, pour la fomme de plufieurs mille livres fterlings ; ce que le public peut épargner, en encourageant la culture du *Lin* dans nos colonies feptentrionales de l'Amérique, où les étés font plus chauds qu'en Angleterre, & où ces graines mûriffent parfaitement ; mais il faut fe borner à cultiver cette plante dans les parties les plus feptentrionales de l'Amérique, parce que la plupart des femences qui viennent des contrées plus chaudes réuffiffent rarement bien ici, comme je l'ai éprouvé fur plufieurs autres efpeces de plantes dont j'avois envoyé les graines dans la Caroline, où elles ont donné des plantes pendant deux ou trois ans : au bout de ce tems, les femences de ces nouvelles productions m'ont été envoyées en Angleterre ; j'ai remarqué qu'elles avoient befoin de beaucoup plus de tems pour fe perfectionner qu'auparavant.

On conferve dans les jardins les autres efpeces de *Lin* dont il a été queftion, feulement pour la variété ; car elles ne font d'aucune utilité, excepté le *Lin de montagne*, qu'on regarde comme propre à guérir les hydropifies, & qu'on ordonne fouvent depuis quelques années.

On multiplie toutes ces efpeces par leurs graines, qu'on peut répandre au printems dans les places qui leur font deftinées ; elles n'exigent aucune autre culture que d'être tenues nettes de mauvaifes herbes : les efpeces annuelles fleuriffent & perfectionnent leurs femences dans la même année ; mais leurs racines vivaces durent plus long-tems, & pouffent de nouvelles tiges à chaque printems. Les efpeces en arbriffeau fubfiftent pendant l'hiver, en plein air, pourvu qu'elles fe trouvent placées dans un fol fec, & à une expofition chaude. Ces dernieres produifent rarement des femences en Angleterre.

La méthode de tremper, d'éplucher le *Lin*, & d'en féparer la filaffe, étant l'objet d'un art particulier, étranger au but de cet ouvrage, je n'entreprendrai point de donner ici aucune inftruction à ce fujet.

L'efpece commune eft d'une grande utilité, & fert à plufieurs ufages les plus effentiels aux befoins de l'homme : on extrait de fes graines une huile qu'on emploie en medecine, dans la peinture, &c. ; on fait de la toile avec l'écorce de fes tiges, & ce linge étant ufé, on en fabrique du papier, de forte que cette plante peut être regardée comme une des plus utiles, & fans laquelle on manqueroit de beaucoup de chofes

qui fervent aux commodités &
à l'agrément de la vie.

LINUM UMBILICATUM.
*V.* Cynoglossum lini - po-
lium. L.

LIPPIA. *Houft. Gen. Nov.*
*Lin. Gen. Plant.* 699.

Cette plante a été ainfi nommée par le feu doêteur William Houstoun, en l'hon-
neur de M. Auguste Lip-
pi, favant Botanifte, qui a
voyagé en Egypte, & y a découvert plufieurs nouvelles
plantes. Celle ci a été trouvée par M. Houstoun, à la
Vera-Cruz, où elle croît naturellement.

*Caraêteres.* Le calice de la
fleur eft perfiftant, rond & applati; la corolle eft monopétale, & de l'efpece des *Labiées*;
la levre fupérieure eft divifée
en deux parties réfléchies; l'inférieure eft plus petite & découpée en deux fegmens ronds:
la fleur a quatre étamines courtes, dont deux font un peu
plus longues que les autres,
mais qui font toutes terminées
par des fommets fimples; fon
germe eft ovale & foutient un
ftyle mince auffi long que les
étamines, & couronné par un
ftigmat découpé: ce germe fe
change enfuite en une capfule
applatie, & a une cellule qui
s'ouvre en deux valves femblables aux écailles du calice, &
qui renferme deux femences
jointes l'une contre l'autre.

Ce genre de plantes eft rangé dans la feconde feêtion de
la quatorzieme claffe de Linnée,
intitulée *Didynamia Angyofper-*
*mia*, qui renferme celles dont
les fleurs ont deux étamines



longues & deux courtes, &
dont les femences font renfermées dans des capfules.

Les efpeces font:

1°. *Lippia Americana, arbo-*
*refcens, foliis conjugatis, oblon-*
*gis, capitulis fquamofis & rotun-*
*dis. Houft.*; Lippia en arbre à
feuilles oblongues, & difpofées par paires, avec des têtes
rondes & écailleufes.

*Lippia capitulis pyramidatis.*
*Lin. Sp.* 883; Lippia à têtes
pyramidales.

2°. *Lippia hemifphærica capi-*
*tulis hemifphæricis. Jacq. Amer.*
176. *t.* 179. *f.* 100; Lippia à
têtes hémifphériques.

*Americana.* La premiere efpece, dans fon pays originaire,
s'éleve communément à la hauteur de feize ou dix-huit pieds;
elle eft couverte d'une écorce
rude: fes branches fortent par
paires oppofées, ainfi que fes
feuilles qui font oblongues,
pointues, & un peu fciées
fur leurs bords; leur pédoncules naiffent aux ailes des
feuilles, & foutiennent plufieurs
têtes pyramidales. écailleufes,
& du volume environ d'un
gros pois gris, dans lefquelles
font raffemblées plufieurs petites fleurs jaunes, qui fortent
entre les écailles, & font remplacées par des capfules.

*Hemifphærica.* La feconde
croît fans culture à Carthagéne
de l'Amérique, où elle s'éleve
avec des tiges d'arbriffeau à la
hauteur de dix ou douze pieds,
& pouffe vers fon fommet des
branches minces & garnies de
feuilles ovales, en forme de
lance, de trois pouces de longueur, terminées en pointe

biguë , unies au-deſſus & oppoſées ; les pédoncules ſortent
auſſi oppoſés , préciſément au-
deſſus des feuilles , & ſoutiennent chacun une tête pyramidale de fleurs blanches , qui
paroiſſent hors des écailles de
la tête , & produiſent des capſules à deux cellules qui renferment de petites ſemences.

*Culture.* Les ſemences de la
premiere eſpece , qui ont été
envoyées par le Doct. Hous-
TOUN dans pluſieurs jardins
curieux de l'Europe , ont produit quelques plantes ; mais
comme cette eſpece eſt originaire d'un pays très-chaud ,
elle ne peut profiter dans notre climat , à moins qu'on ne
la conſerve dans une ſerre
chaude;ſes graines doivent être
placées ſur une couche chaude , & les plantes qu'elles produiront peuvent être traitées
comme les autres arbriſſeaux
qui nous viennent des contrées
méridionales ; on les tient conſtamment dans la couche de tan
de la ſerre ; on leur donne
beaucoup d'air dans les tems
chauds , & on les rafraîchit
ſouvent avec de l'eau ; mais
en hiver on les arroſe très peu
& on les tient à un dégré de
chaleur modérée , ſans quoi
elles ſeroient en danger de périr, ſur-tout dans leur jeuneſſe :
mais quand elles ont acquis de
la force, on peut les conſerver avec moins de chaleur.

A meſure que ces arbriſ-
ſeaux font des progrès , il faut
leur donner de plus gros pots ,
ce qu'on ne doit cependant
pas répéter trop ſouvent , mais
ſeulement chaque printems ;

car , lorſqu'ils ſont , ainſi que les
autres plantes exotiques , trop
ſouvent déplacés , ils ne profitent pas autant , que quand
on donne aux racines le tems
de remplir les pots. La meilleure ſaiſon pour les changer
eſt le mois d'Avril ; alors on
remue le tan de la couche ,
& on y en ajoûte du nouveau
pour en augmenter la chaleur ;
la terre qu'on donne à ces
plantes doit être fraîche & legere , mais pas trop riche.

LIQUIDAMBAR. *Mitch. Gen.*
12. *Lin. Gen. Plant.* 955. [ *Li-
quidamber , Sweet-Gum , or Sto-
rax-tree.* ] Arbre de Storax ,
qui produit une gomme douce
& tranſparente.

*Caracteres.* Cet arbre a des
fleurs mâles & des fleurs femelles ſur le même pied , &
quelquefois ſur des plantes
différentes : les fleurs mâles
ſont nombreuſes , & diſpoſées
dans des chatons longs , clairs ,
& coniques ; elles ont des calices à quatre feuilles , ſans
corolle , & un grand nombre
d'étamines jointes en un corps ,
courtes , convexes d'un côté ,
unies ſur l'autre , & terminées
par des ſommets jumeaux , érigés & ſillonnés par quatre rainures : les fleurs femelles ſont
ſouvent ſituées à la bâſe de
l'épi mâle , & recueillies en un
globe ; elles ont un double calice , comme celui du mâle , &
chacune a un calice particulier
en forme de cloche , angulaire
& diſtinct , avec beaucoup de
protuberances; elles n'ont point
de pétale , mais ſeulement un
germe oblong & fixé au calice , qui ſoutient deux ſtyles

en forme d'alêne , auxquels font auffi joints des ftigmats recour-bés , velus , & auffi longs que les ftyles : le calice devient dans la fuite une capfule ron-de & à une cellule , avec deux valvules aiguës au fom-met ; elles font receuillies dans un globe ligneux , & con-tiennent des femences oblongues & à pointe aiguë.

Ce genre de plantes eft rangé dans la huitieme fection de la vingt-unieme claffe de LINNÉE , qui renferme celles qui ont des fleurs mâles & fe-melles , & dont les fleurs mâ-les ont plufieurs étamines.

Les efpeces font :

1°. *Liquidambar Styraci-flua , foliis quirque-lobatis , ferratis ;* Liquidambar à feuilles fciées & à cinq lobes.

*Liquidambar foliis palmato-angulatis , lobis indivifis , acutis.* Lin. Nat. Med. 204. Kalm. it. 2. p. 102. *du Roi. Har.* 1. p. 369. *Blackw.* f. 485.

*Liquidambar. Bauh. Pin.* 502. *Gron. Virg.* 151. *Hort. Upf.* 287. *Hort. Cliff.* 486. *Roy. Lugd-.B.* 534. *Cold. Noveb.* 228.

*Liquidambar arbor five Styra-ci-flua , Aceris folio. Plum. Alm.* 224. t. 42. f. 6. *Catesb. Cat.* 2. p. 65. t. 65. *Duham. Arb.* 1. t. 139.

*Styrax Aceris folio. Raii Hift.* 1681. Arbre de Storax à feuil-les d'Erable.

2°. *Liquidambar Orientalis , foliis quinque-lobatis , finuatis , obtufis ;* Liquidambar à feuilles à cinq lobes , finuées & obtufes.

*Styraci-flua.* La premiere ef-pece a été rangée , par quel-ques Auteurs , avec l'*Erable ,* par la feule raifon de la ref-



femblance de fes feuilles ; car fes fleurs & fon fruit font bien différents de ceux de l'*Erable ,* & de ceux de la plupart des autres genres ; elle ne reffem-ble pas non plus à l'arbre du *Storax ;* mais la gomme qui en fort , étant tranfparente & ayant une odeur forte , a été prife par plufieurs perfonnes ignoran-tes , pour la véritable efpece.

Celle-ci croît en abondance dans la Virginie , & dans plu-fieurs autres parties de l'Amé-rique feptentrionale , où elle s'eleve avec une tige de quinze ou feize pieds de hauteur , & alors feulement elle pouffe des branches régulieres jufqu'à la hauteur de quarante pieds & plus , & forme une tête py-ramidale ; fes feuilles font an-gulaires & à-peu-près fembla-bles à celles du petit *Erable ;* elles ont cinq lobes & font d'un vert foncé ; leur furface fupérieure eft luifante. Il fort de leurs pores une fubftance gluti-neufe d'une odeur forte & agréa-ble , qui dans les tems chauds , les rend gluantes au toucher.

Les fleurs naiffent générale-ment dans le commencement du printems ; elles font d'une couleur de Safran avant d'être épanouïes , & croiffent en épis aux extrémités des branches : quand elles font paffées , le fruit fe gonfle jufqu'à la grof-feur d'une noix : il eft parfai-tement rond , & couvert de plufieurs protubérances ; cha-cun de ces fruits a un petit trou & une queue d'un demi pouce de longueur.

Les planches faites du bois de cet arbre font agréable-

ment veinées ; on s'en fert fouvent en Amérique, pour boifer
les appartemens ; mais ces planches ne peuvent être mifes en
œuvre qu'au bout d'un certain
tems, parce qu'elles font fujettes à fe rétrécir.

Cet arbre qu'on cultive en
Europe pour la variété, eft
affez dur pour fupporter en
plein air le froid le plus rude ;
on en voit dans nos jardins
quelques-uns de plus de vingt
pieds de hauteur ; mais je n'ai
point entendu dire qu'aucun ait
encore produit du fruit.

On multiplie communément
cette efpece par marcottes en
Angleterre : cependant les plantes élevées de femences deviennent de plus beaux arbres.
Comme les graines de cet arbre qu'on feme au printems
reftent ordinairement dans la
terre une année entiere avant
de germer, la méthode la plus
fûre pour les élever, eft de
les répandre dans des caiffes
ou des pots remplis d'une terre
légere ; on les tient à l'ombre
pendant le premier été, & en
automne on peut les placer au
foleil ; mais fi l'hiver eft rude,
il eft prudent de les couvrir
avec du chaume de pois,
ou quelqu'autre paille légere,
qu'on doit toujours ôter dans
les tems doux. Au printems
fuivant on difpofe ces caiffes
ou ces pots fur une couche
de chaleur modérée, pour
faire pouffer les femences de
bonne heure, afin que les
plantes aient le tems d'acquérir de la force avant l'hiver.
Durant le premier & le fecond
hiver, il eft néceffaire de met-

tre ces plantes à l'abri des gelées
fortes ; mais après cela elles fupporteront fort bien le froid (1).

*Orientalis.* Les femences de
la feconde efpece ont été envoyées du Levant, par M.
Peyssonel, au jardin du Roi
de France à Marly. Quelques-
unes de ces femences qui m'ont
été données par M. Richard,
Jardinier du Roi, ont réuffi
dans le jardin de Chelséa.

Les feuilles de cette efpece
different de celles de la premiere en ce que leurs lobes
font plus courts, beaucoup
plus finués fur leurs bords,
terminés en pointe émouffée,
& en ce qu'ils ne font pas
dentelés ; mais comme je
n'en ai point vu le fruit, je
ne fais quelles peuvent être
les autres différences.

LIRIODENDRON. *V.* Tu-
lipifera.

LIS. *Voyez* Lilium.

LIS ASPHODEL. *Voyez*
Amaryllis. Crinum. Heme-
rocallis.

LIS ATAMASCO. *Voyez*
Amaryllis Atamasco.

LIS BELLADONNE. *Voyez*
Amaryllis Belladonna.

LIS ECARLATE d'Afri-
que. *V.* Amaryllis Ciliaris.

---

1) La fubftance, qui découle
du *Liquidambar*, eft un Baume li-
quide, refineux, jaunâtre, d'une
odeur qui approche de celle du *Sty-*
*rax*, & d'une faveur acre & aromatique ; fes propriétés médicinales ne different point de celles du
*Baume de Copahu*, du *Baume du Pé-*
*rou* & de l'*Opobalfamun*, ou *Baume*
*de la Mecque*, auxquels on peut le
fubftituer dans tous les cas.

LIS D'EAU *ou* NÉNUFAR. *Voyez* NYMPHÆA MAJOR.

LIS DE GUERNESEY. *Voy.* AMARYLLIS SARNIENSIS.

LIS NARCISSE JAUNE PRINTANIER. *Voy.* AMARYLLIS VERNALIS.

LIS DU MÉXIQUE. *Voy.* AMARYLLIS ZEYLANICA.

LIS DE SAINT BRUNO. *Voyez* HEMEROCALLIS LILIASTRUM.

LIS DE SAINT JAQUES. *Voyez* AMARYLLIS FORMOSISSIMA.

LIS SUPERBE DE CEYLAN. *Voyez* GLORIOSA SUPERBA.

LIS DES VALLÉES *ou* MUGUET. *Voyez* CONVALLARIA.

LIS DE CÉYLAN. *V.* AMARYLLIS CILIARIS.

LISERON. *Voyez* CONVOLVULUS.

LISERON ÉCARLATE *ou* QUAMOCLIT. *Voy.* IPOMÆA.

LITHOSPERMUM. *Tourn. Inst. R. H.* 137. *tab.* 55. *Lin. Gen. Plant.* 166. de Αισο une pierre, & Σπέρμα, femence, c'eſt-à-dire, femence à pierre, parce que la femence de cette plante eſt dure & propre à diſſoudre la pierre. [ *Gromwell* , *Gromill* , *or Graymill.* ] *Grémil* ou *Herbe aux perles.*

*Caracteres.* Le calice de la fleur eſt oblong, érigé, perſiſtant, à pointes aiguës, & découpé en cinq parties; la corolle, qui eſt monopétale, a un tube cylindrique de la longueur du calice, & diviſé fur fes bords en cinq pointes obtufes & érigées; les levres font trouées : la fleur a cinq étamines courtes & terminées par des fommets oblongs, & ren-

fermées dans les levres de la corolle ; elle a quatre germes avec un ſtyle mince de la longueur du tube, & couronné par un ſtigmat diviſé en deux parties obtuſes. Ces germes fe changent dans la fuite en autant de femences ovales, dures, unies, à pointes aiguës, & placées dans le calice ouvert.

Ce genre de plantes eſt rangé dans la premiere feſtion de la cinquieme claſſe de LINNÉE, qui renferme celles dont les fleurs ont cinq étamines & un ſtyle.

Les eſpeces font :

1°. *Lithofpermum officinale, feminibus lævibus, corollis calicem vix fuperantibus, foliis lanceolatis. Hort. Cliff.* 46. *Fl. Suec.* 151, 159. *Mat. Med.* 55. *Roy. Lugd.-B.* 505. *Dalib. Paris.* 58. *Gmel. Sib.* 4. *p.* 73. *de Neck. Gallop. p.* 99. ; Grémil avec des femences liſſes, un pétale à peine plus long que le calice, & des feuilles en forme de lance.

*Lithofpermum majus, erectum. C. B. P.* Le plus grand Grémil érigé, *ou* l'Herbe aux perles.

2°. *Lithofpermum arvenfe, feminibus rugofis, corollis vix calycem fuperantibus. Hort. Cliff.* 46. *Fl. Suec.* 152. 160. *Roy. Lugd. B.* 405. *Dalib. Paris.* 59. *Pollich. Pal. n.* 184. *Neck. Gallob.* 99. *Scop. Carn.* 2. *n.* 187 ; Grémil avec des femences rudes, & des corolles à peine plus longues que le calice.

*Heliotropium foliis ligulatis, floribus tubulofis. Hall. Helv. n.* 594.

*Lithofpermum arvenfe, radice rubrâ. C. B. P.* 258. ; Grémil des champs à racine rouge.

*Echioïdes flore albo. Riv. t. 9.*

*Lithofpermum fylveftre, ar-*
*venfe, vel nigrum. Camer. Epit.*
*660.*

3°. *Lithofpermum purpuro-cæru-*
*leum, feminibus lævibus, corollis,*
*calycem multotiès fuperantibus.*
*Hort. Cliff. 46. Roy. Lugd.-B.*
*405. Jacq. Auftr. t. 14. Pollich.*
*Pal. n. 185. Kram. Auftr. 38. Scop.*
*Carn. ed. 2. n. 185.*; Grémil
avec des femences liffes, &
des corolles beaucoup plus
longues que le calice.

*Lithofpermum umbellatum, lati-*
*folium. Boccon. Sic. 75. t. 40. &*
*angufti-folium t. 41.*

*Lithofpermum minus, repens,*
*latifolium. C. B. P. 258.*; Le
plus petit Grémil rampant à
larges feuilles.

*Anchufa repens, Lithofpermi*
*facie, floribus cæruleis fecundùm*
*folia provenientibus. Pluk. 30. t.*
*76. f. 2.*

4°. *Lithofpermum Virginianum,*
*foliis fub-ovalibus, nervofis, co-*
*rollis acuminatis. Lin. Sp. Plant.*
*132.* Grémil à feuilles nerveufes & prefqu'ovales, avec des
corolles à pointes aigues.

*Lithofpermum corollatum laci-*
*niis acuminatis, hirfutis. Gron.*
*Virg. 140.*

*Lithofpermum lati-folium Vir-*
*ginianum, flore albido longiore.*
*Mor. Hift. 3. p. 447. Raii. Suppl.*
*272;* Grémil à larges feuilles de
Virginie, avec une fleur plus
longue & blanchâtre.

5°. *Lithofpermum fruticofum,*
*foliis linearibus, hifpidis, fta-*
*minibus corollam fub-æquantibus.*
*Lin. Sp. 190;* Grémil en arbriffeau, avec des feuilles rudes & linéaires, & des étamines prefque de la longueur des
corolles.

*Anchufa lignofior Monfpeli-*
*enfium, flore violaceo. Barr. Ic.*
*1168.*

*Bugloffum fruticofum, Ro-*
*rifmarini folio. T. Garid. Aix.*
*68. f. 15.*

*Anchufa arborea. Alp. Exot.*
*67. t. 68;* variété.

*Bugloffum Samium frutefcens,*
*foliis Rorifmarini obfcurè vi-*
*rentibus, lucidis & hirfutis. Tourn.*
*Cor. 6.*

*Officinale.* La premiere efpece, qui croît naturellement
fur les bancs & dans des endroits fecs de plufieurs parties
de l'Angleterre, eft rarement
admife dans les jardins ; elle a
une racine bis-annuelle, de
laquelle fortent deux ou trois
tiges droites de deux pieds de
haut, qui pouffent vers leurs
fommets des branches garnies
de feuilles en forme de lance,
rudes, velues, alternes, & feffiles : fes fleurs naiffent fimples
à chaque nœud des petites branches ; elles font blanches, monopétales, decoupées en quatre
parties au fommet, & placées
au dedans du calice. Ces fleurs
font remplacées par quatre femences dures, blanches & luifantes, qui mûriffent dans le
calice. Cette plante fleurit dans
le mois de Mai, & fes femences mûriffent en Août.

Les graines de cette efpece
font regardées comme un diurétique puiffant : le vin dans
lequel on les a fait cuire nettoie les reins, diffipe la gra-
velle, & rétablit le cours des
urines (1).

______

(1) On peut faire avec les grai-

*Arvenfe.* La feconde eft une plante annuelle, qui croît parmi les bleds d'hiver, dans plufieurs cantons de l'Angleterre; elle s'éleve à la hauteur d'un pied & demi, avec une tige branchue, & garnie de feuilles étroites, rudes, en forme de lance & alternes; fes fleurs fortent fimples fur les parties hautes des tiges; elles font petites, blanches, & produifent quatre femences rudes, qui mûriffent dans le calice. Cette plante fleurit dans le mois de Juin, & perfectionne fes femences en Août; elle périt bientôt après.

*Purpuro-cæruleum.* La troifiéme fe trouve auffi dans plufieurs parties de l'Angleterre; elle a une racine vivace, de laquelle fortent deux ou trois tiges traînantes d'un pied de longueur au plus, & garnies de feuilles longues, étroites, en forme de lance, alternes, & plus unies que celles des autres efpeces: fes fleurs font produites aux extrémités des tiges, entre les feuilles; elles font blanches, & leurs corolles font beaucoup plus longues que les calices. Elles paroiffent à la fin de Mai, & chacune eft remplacée par quatre femences lifles qui mûriffent dans le calice.

*Virginianum.* La quatrieme efpece eft originaire de l'Amérique feptentrionale; elle a une racine vivace qui pouffe plu-

fieurs tiges fort velues, d'un pied & demi environ de hauteur, & garnies de feuilles rudes, velues, veinées, prefqu'ovales, alternes & feffiles: les fleurs croiffent en épis courts, & réfléchis aux extrémités des tiges & des branches; elle font blanches, & leurs corolles, qui font plus longues que les calices, font terminées en pointes aiguës. Cette plante fleurit dans le mois de Juin, & fes femences mûriffent en automne.

*Fruticofum.* La cinquieme, qu'on rencontre dans la France méridionale & dans le Levant, a une racine vivace qui coule profondément dans la terre, & qui produit au printems une tige d'arbriffeau érigée de deux ou trois pieds de hauteur, & fortement garnie de poils & de feuilles étroites & alternes: fes fleurs, qui font produites à l'extrémité de la tige en petits épis réfléchis, dans des calices velus, font d'un pourpre rougeâtre; mais à mefure qu'elles fe fletriffent, elles fe changent en une couleur de pourpre foncée; elles font tubulées & découpées au fommet en quatre ou cinq fegmens, dont les deux fupérieurs font réfléchis. Cette efpece fleurit dans le mois de Juin; mais fes femences mûriffent rarement en Angleterre.

On peut multiplier ces plantes en femant leurs graines auffitôt qu'elles font mûres, en rangs, à la diftance d'un pied, fur une planche de terre fraîche, & on les tient conftamment nettes de mauvaifes herbes; elles réuffiffent dans prefque

---

nes de cette plante une émulfion rafraîchiffante, femblable à ce que l'on extrait des femences de *Melon*, de *Concombre*, &c.

tous les fols, & à toutes les expofitions.

**LOBELIA.** *Plum. Nov. Gen. 21. Tab. 31. Lin. Gen. Plant. 897.*

Cette plante n'a pas d'autre nom Anglois.

*Caractères.* Le calice de la fleur qui croît vers le germe eft petit, & formé par une feuille découpée en cinq parties ; la corolle eft monopétale, & tubulée, un peu labiée & divifée fur fes bords en cinq fegmens, dont les deux fupérieurs font plus petits, plus réfléchis, & plus profondément découpés que les autres ; ils forment la levre fupérieure ; les trois inférieurs font plus larges & s'étendent en s'ouvrant : la fleur a cinq étamines en forme d'alêne, de la longueur du tube, & terminées par des fommets oblongs, cylindriques, & divifés à leur bâfe en cinq parties ; fon germe, qui eft pointu & placé fous la corolle, foutient un ftyle cylindrique, couronné par un ftigmat obtus & épineux ; il fe change dans la fuite en une baie ovale, charnue, & à deux cellules, qui contiennent chacune une fimple femence.

Ce genre de plantes eft rangé dans la cinquieme fection de la dix-neuvieme claffe de LINNÉE, & il y a joint le *Rapuntium* de TOURNEFORT : mais, quoique la forme des fleurs & le nombre de leurs étamines s'accordent parfaitement bien, cependant comme le fruit de celle-ci eft une baie charnue, qui ne renferme que deux femences, & que le *Rapuntium*

a des capfules feches, qui contiennent plufieurs petites graines, je tiendrai ces plantes féparées.

Nous ne connoiffons qu'une efpece de ce genre :

1°. *Lobelia fratefcens, foliis ovato-oblongis, integerrimis. Flor. Zeyl. 313. Plum. Sp. 2 p. 1317. Ofb. It. 275. Jacq. Amer. 219. t. 179. f. 88.* ; Lobelia en arbriffeau, avec des feuilles oblongues, ovales & entieres.

*Buglossum littoreum. Rumph. Amb. 4. p. 116. f. 54.*

*Lobelia frutefcens, Portulacæ folio. Plum. Nov. Gen. 21. Ic. 165. f. 1. Catefb. Car. 1. p. 79. f. 79.* ; Lobelia en arbriffeau à feuilles de Pourpier.

*Scævola Lobelia. Lin. Syft. Plant, tom. 1. pag. 476.* ; placée dans la Pentandria Monogynia.

Cette plante s'éleve à la hauteur de cinq ou fix pieds, avec une tige fucculente, & garnie de feuilles ovales, oblongues, fucculentes, alternes & feffiles : fes fleurs font produites fur de longs pédoncules qui fortent des côtés de la tige, & foutiennent deux ou trois fleurs blanches monopétales, & découpées fur leurs bords en cinq fegmens aigus ; elles font remplacées par deux baies ovales, & auffi groffes qu'une prunelle, qui renferment un noyau à deux cellules, contenant chacune une fimple femence.

Les graines de cette plante ont été envoyées en Angleterre, par M. CATESBY, en 1724. Il les avoit recueillies dans les ifles de Bahama, où elle croît en abondance, près du rivage de la mer, & depuis nous en avons reçu du Docteur HOUSTOUN, qui a trouvé cette espece à la Vera-Cruz; de sorte que je crois que cette plante est commune dans la plupart des pays chauds de l'Amérique.

On la multiplie par ses graines, qu'il faut faire venir de son pays natal, parce qu'elle n'en produit point en Europe; on répand ces semences dans des pots remplis de terre legere & sablonneuse, & on les plonge dans une couche chaude de tan, où les plantes pousseront au bout d'un mois, ou de cinq semaines, pourvu que la couche soit chaude, & la terre souvent arrosée: quand les plantes paroissent, on les tient dans une couche de chaleur modérée, & on les rafraîchit souvent avec de l'eau, mais en petite quantité; car elles sont fort succulentes, & sujettes à périr par trop d'humidité, sur-tout lorsqu'elles sont jeunes: lorsqu'elles ont atteint la hauteur de deux pouces, on les enleve avec précaution, & on les met chacune séparément dans de petits pots remplis d'une terre fraîche, légere & sablonneuse; on les replonge dans la couche chaude, & on les tient à l'ombre pendant la chaleur du jour, jusqu'à ce qu'elles aient formé de nouvelles racines: on les laisse dans la couche jusqu'au milieu ou à la fin de Septembre; alors on les plonge dans la couche de tan de la serre chaude, en les plaçant dans l'endroit le plus chaud, parce qu'elles sont fort tendres dans leur jeunesse, & qu'elles ont besoin d'être tenues très-chaudement, sans quoi elles seroient détruites dans le premier hiver. Au printems suivant on peut mettre ces plantes dans des pots un peu plus larges, & les plonger alors dans une nouvelle couche chaude pour les avancer; car si on ne les pousse pas tandis qu'elles sont jeunes, elles parviennent rarement à quelque hauteur, & ne fleurissent jamais: de sorte que, pour les avoir belles, il faut les traiter avec beaucoup de soin. Comme leurs feuilles sont fort sujettes à se couvrir d'ordures, étant constamment tenues dans la serre, il est nécessaire de les laver souvent avec une éponge, sans quoi elles paroissent désagréables à la vue.

**LOBELIA CARDINALIS.** *Voyez* RAPUNTIUM CARDINALIS, RAPUNTIUM LONGI FLORUM, &c.

**LOBELIA LONGI-FLORA,** & toutes les autres especes de LOBELIA. *Ibid.*

**LOBUS ECHINATUS.** *V*. GUILANDINA, BONDUC.

**LOCULAMENTS** *ou* **CELLULES**; ce sont des petites loges distinctes, & séparées par des cloisons dans les capsules des plantes.

**LOLIUM. LOLIACEA.** *Ivraie.* Nous avons deux ou trois especes de cette herbe qui croissent naturellement en Angleterre, quelques-unes dans des terres seches de pâquis: il y en a une qui est annuelle & que l'on trouve quelquefois dans les terres labourées ; mais comme on n'en fait aucun ufage, & qu'on ne la cultive pas dans les jardins, je n'en donnerai pas la defcription ici.

LONKITE. *Voy.* LONCHITIS.

LONCHITIS. Ainfi appellée de λόγχη, une lance, parce que fes feuilles ont des pointes fi aiguës, qu'elles reffemblent à la pointe d'une lance. [ *Rough Spleenwort.* ] *Scolopendre rude. Lonchite.*

*Caractteres.* Les feuilles font comme celles de la *Fougere*, mais les lobes ou *pinnulæ* font aîlés à leur bâfe ; le fruit reffemble auffi à celui de la *Fougere*. LINNÉE a placé ces deux efpeces fuivantes fous le titre de *Polypodium Lonchitis.*

Les efpeces font :

1°. *Lonchitis afpera.* Ger.; Scolopendre rude, *ou* Lonkite.

*Polypodium Lonchitis. Lin. Syft. Plant. t. 4. f.* 415. *Sp.* 27.

2°. *Lonchitis afpera major.* Ger. *Emach.;* La plus grande Scolopendre rude.

*Afpera.* La premiere efpece de ces plantes eft fort commune dans les bois & fur les bords des petits ruiffeaux dans différentes parties de l'Angleterre.

*Major.* La feconde efpece n'eft pas tout-à-fait fi commune; elle a été apportée dans plufieurs jardins de Botanique, des montagnes du pays de Galles. On trouve auffi en Amérique un grand nombre d'efpeces de ce genre qu'on ne voit guere en Europe, que dans les jardins de Botanique pour la variété ; elles exigent un fol humide & une fituation où elles puiffent ne pas être privées d'ombre.

LONICERA. *Lin. Gen. Plant. Chamæ-cerafus. Tourn. Inft. R. H.* 609. *tab.* 379. [ *Upright Honeyfukle.* ] Chevre-feuille érigé.

*Caractteres.* Le calice de la fleur qui eft petit & découpé en cinq parties, foutient le germe ; la corolle eft monopétale, & pourvue d'un tube oblong & découpé fur fes bords en cinq parties : la fleur a cinq étamines en forme d'alène, prefque de la longueur de la corolle, & terminées par des fommets oblongs; fous la corolle eft placé un germe rond, qui fupporte un ftyle mince de la même longueur que la corolle, & couronné par un ftigmat obtus. Ce germe fe change dans la fuite en deux baies jointes à leur bâfe.

Ce genre de plante eft rangé dans la premiere fection de la cinquieme claffe de LINNÉE, qui renferme celles dont les fleurs ont cinq étamines & un ftyle, & à ce genre il a joint le *Caprifolium*, le *Periclymenum*, le *Xylofteum* de TOURNEFORT, & le *Symphoricarpos* de DILLENIUS. TOURNEFORT place ce genre dans la fixieme fectiou de fa vingtieme claffe, dans laquelle il range les arbres & les arbriffeaux à fleurs monopétales, dont le calice devient une baie.

Les efpeces font :

1°. *Lonicera Xylofteum, pedunculis bifloris, baccis diftinctis, foliis integerrimis, pubefcentibus. Prod. Leyd.* 238. *Fl. Succ.* 192., 194. *Dalib. Paris.* 69. *Sauv. Monfp.* 140. *Duham. Arb-*

2. *t.* 54. *Pellich. Pal. n.* 21 .
*Scop. Carn.* 2. *n.* 144 ; Chevre-feuille avec deux fleurs fur
chaque pédoncule , des baies
diſtinctes , & des feuilles entieres couvertes de duvet.

*Caprifolium foliis ovatis , acuminatis , fub—hirfutis , baccis gemellis. Hall. Helv. n.* 677.

*Lonicera pedunculis bifloris ,
foliis ovatis , obtuſis , integris.
Hort. Cliff.* 58.

*Allotrogum Periclymenum , ſivè
Periclymenum rectum.* ʃ *ob.Ic.*633.

*Xyloſteum. Dod. Pempt.* 412.
*Riv. Irreg. t.* 120.

*Chamæ ceraſus Alpina , fructu
nigro gemino. Bauh. Pin.* 451.
*Gmel. L. C.*

*Chamæ-ceraſus dumetorum ,
fructu gemino rubro. C. B. P.*
451.; Ceriſier nain avec un
fruit rouge & jumeau , communément appelé *Chevrefeuille
à mouches* , ou le *Cameriſier*.

2°. *Linocera Alpigena , pedunculis bifloris , baccis coadunatis , didymis. Lin. Sp. Plant.* 174;
*Scop. Carn.* 2. *n.* 145. *Jac. Auſt. t.*
274; Chevrefeuille avec deux
fleurs fur chaque pédoncule , &
des baies jumelles jointes enſemble.

*Caprifolium foliis ovato-lanceolatis , ſubhirſutis , baccá ſingulari bicolti , biflorá. Hall Helv.
n.* 675.

*Chamæ-ceraſus. Geſn. Faſc.* 33.
*t.* 14. *f.* 44.

*Chamæ-ceraſus Alpina , fructu
gemino , rubro , duobus punctis
notato. C. B. P.* 451.; Ceriſier
nain des Alpes , avec des fruits
jumeaux , rouges , & marqués
de deux points , ordinairement
appelé *Chevrefeuille érigé à baies
rouges.*

*Lonicera pedunculis bifloris ;
foliis ovatis , acutis , integris. Hort.
Cliff.* 58. *Sauv. Monſp.* 140.

*Lonicera baccis bifloris , concretis , floribus bilabiatis. Roy.
Lugd.-B.* 238.

*Periclymenum rectum quartum.
Cluſ. Hiſt.* 1. *p.* 59.

*Periclymenum rectum* 3. *Tabern.* 900.

*Xyloſteum fructu Ceraſi. Riv.
Irr. t.* 121.

3°. *Lonicera cærulea , pedunculis bifloris , baccis coadunatis ,
globofis , ſtylis indiviſis. Lin. Sp.
Plant.* 174. *Syſt. Veg. p.* 180.
*Gmel. Sib.* 3. *p.* 131. *n.* 6. *Scop.
Carn.* 2. *n.* 246. ; Chevrefeuille avec deux fleurs fur
chaque pédoncule , des baies
globulaires qui ſont jointes &
des ſtyles entiers.

*Caprifolium foliis ovatis , baccá ſingulari , ovatá , biflorá. Hall.
Helv. n.* 674.

*Lonicera pedunculis bifloris ,
bilabiatis , baccá ſingulari , globoſá ,
integerrimá. Roy. Lugd.-B.* 239.

*Chamæ-ceraſus montana , fructu
ſingulari , cæruleo. C. B. P.* 451;
Ceriſier nain de montagne ,
avec un ſimple fruit de couleur
bleue , communément appelé
*Chevrefeuille ſimple & érigé , à
baies bleues.*

4°. *Lonicera nigra , pedunculis
bifloris , baccis diſtinctis , foliis
ſerratis. Prod. Leyd.* 238. *Sauv.
Monſp.* 140. *Jacq. Auſtr. t.* 314;
Chevrefeuille avec deux fleurs
fur chaque pédoncule , des
baies diſtinctes , & des feuilles
ſciées.

*Caprifolium foliis ovato-lanceolatis , glabris baccis gemellis , calyce
quinque-fido. Hall. Helv. n.* 676.

*Chamæ-ceraſus Alpina , fructu*

*nigro*, *gemino*. *C. B. P.* 451 ; Chamecerisier des Alpes, avec un fruit noir & jumeau, connu sous le nom de *Chevrefeuille érigé* à baies noires.

*Periclymenum Alpinum nigrum. Gesn. Fasc.* 37. *t.* 8. *f.* 48.

*Periclymenum rectum, fol o serrato. Bauh. Hist.* 2. *p.* 107.

*Periclymenum rectum.* 2. *Clus. Hist.* 1. *p.* 58.

5°. *Lonicera Tartarica, pedunculis bifloris, baccis distinctis, foliis cordatis, obtusis. Hort. Upsal.* 42. *Gmel. Sib.* 3. *p.* 134. *n.* 7. *Kniph. cent.* 9. *n.* 61 ; Chevrefeuille avec deux fleurs sur chaque pédoncule, des baies distinctes, & des feuilles émoussées, & en forme de cœur.

*Chamæ-cerasus, fructu gemino, rubro, foliis glabris, cordatis. Amm. Ruth.* 184 ; Chame-cerisier avec un fruit jumeau & rouge, & des feuilles unies & en forme de cœur.

6°. *Lonicera Pyrenaïca, pedunculis bifloris, baccis distinctis, foliis oblongis, glabris. Lin. Sp. Plant.* 174. *Pall. It.* 2. *n.* 568. ; Chevrefeuille avec deux fleurs sur chaque pédoncule, des baies distinctes, & des feuilles oblongues & unies.

*Xylosteum Pyrenaïcum. Tourn. Inst.* 609. *Magn. Hort.* 209. *t.* 209. *Raii Dendr.* 29. *Duham. Arb.* 2. *p.* 274. *t.* 110 ; Cerisier nain des Pyrenées.

*Lonicera pedunculis bifloris, baccis distinctis, floribus infundibuli-formibus, ramis divaricatis. Roy.-Lugd.-B.* 238.

7°. *Lonicera Symphori-carpos, capitulis lateralibus pedunculatis, foliis petiolatis. Lin. Sp. Plant.* 175. *du Roi. Har.* 1. *p.* 396 ; Chevrefeuille avec des têtes latérales de fleurs placées sur un pédoncule, & des feuilles supportées par des pétioles.

*Symphori-carpos foliis alatis. Dill. Hort. Eth.* 371 ; communément appelé *Herbe de Saint-Pierre en arbrisseau*; Chevrefeuille de la Caroline.

*Vitis idœa Caroliniana, foliis subrotundis, hirsutis. Hort. Tul. Angl.* 85. *t.* 20.

*Xylosteum.* La premiere espece a été cultivée pendant plusieurs années dans les jardins anglois sous le nom de *Chevrefeuille à mouches*; elle croît naturellement sur les Alpes & dans d'autres parties froides de l'Europe, & s'éleve à la hauteur de six ou huit pieds avec une tige forte, ligneuse, couverte d'une écorce blanchâtre, & divisée en plusieurs branches garnies de feuilles oblongues, ovales, opposées, entieres & couvertes d'un duvet court & velu : ses fleurs sont opposées, & naissent par paires à chaque côté des branches sur des pédoncules minces ; elles sont blanches, érigées, monopétales & découpées en cinq parties, dont les trois inférieures sont étroites & réfléchies, & les deux autres sont plus larges & érigées ; elles paroissent dans le mois de Juin, & sont suivies de deux baies rouges, visqueuses, & jointes à leur base, qui mûrissent au commencement de Septembre.

*Alpigena.* La seconde espece, que l'on rencontre aussi sur les Alpes, a été long-tems cultivée dans les jardins anglois sous le nom de *Chevrefeuille érigé à baies rouges* ; elle a une tige courte, épaisse, ligneuse, & divisée en plusieurs branches fortes, ligneuses, érigées & garnies de feuilles en forme de lance, opposées, supportées par des pétioles, entieres, d'un vert foncé en-dessus, & d'un vert pâle en-dessous : ses fleurs qui naissent sur des pédoncules longs & minces, sortent opposées à chaque côté des branches, & à la bâse des feuilles ; elles sont rouges au-dehors, mais pâles en-dedans, de la même forme que celles de l'espece précédente, mais un peu plus larges : elles paroissent à la fin du mois d'Avril, & sont ordinairement remplacées par deux baies ovales, rouges, jointes à leur bâse, & marquées de deux piquûres ; elles mûrissent au commencement du mois d'Août : quelquefois chaque fleur ne produit qu'une baie, qui alors est souvent aussi grosse qu'une cerise de Kent ; ce qui a fait croire à quelques personnes que cette variété constituoit une espece distincte ; je l'ai pensé moi-même en voyant que tous les fruits de l'arbrisseau étoient simples : mais l'année suivante j'ai reconnu qu'ils étoient mêlés de fruits jumeaux comme les autres.

*Cœrulea.* La troisieme, qui se trouve sur le mont Apennin, est un arbrisseau d'un crû plus bas qu'aucun des précédens ; il ne s'éleve guere qu'à la hauteur de quatre ou cinq pieds : ses branches sont minces, couvertes d'une écorce unie & de couleur tirant sur le pourpre ; ses nœuds sont éloignés, & ses



feuilles sortent opposées ; quelquefois il y en a deux sur chaque côté : ses pédoncules, qui sont fort courts, soutiennent chacun deux fleurs blanches, de la même forme que celles des especes précédentes ; elles produisent des baies bleues, simples & distinctes. Ces fleurs paroissent dans le mois de Mai, & les baies mûrissent en Août.

*Nigra.* La quatrieme est originaire des Alpes & des montagnes de la Suisse ; cet arbrisseau ressemble beaucoup au précédent ; mais ses branches sont plus minces : ses feuilles sont un peu sciées sur leurs bords, & ses fleurs produisent deux baies ; c'est en cela que consiste toute leur différence : celle-ci fleurit en même tems que la troisieme.

*Tartarica.* La cinquieme croît sans culture en Tartarie, d'où ses semences ont été envoyées au Jardin Impérial de Petersbourg, où elles ont réussi, & d'où j'en ai reçu quelques-unes. Cet arbrisseau s'éleve à-peu-près à la même hauteur que les deux precédents, auxquels il ressemble beaucoup par ses branches ; mais ses feuilles sont en forme de cœur, & ses baies rouges croissent quelquefois simples, & d'autrefois doubles ; il y en a même souvent trois jointes ensemble ; elles sont à-peu-près de la même grosseur que celles de la précédente. Cette plante fleurit en Avril, & son fruit mûrit en Juillet.

*Pyrenaïca.* La sixieme naît spontanément sur les montagnes des Pyrénées, & au Cahada, d'où les femences, qui ont été apportées au Duc D'AYEN, ont réuffi dans fon jardin de Saint-Germain ; & fon Alteffe a eu la bonté de m'en envoyer une plante : elle s'éleve rarement au-deffus de trois ou quatre pieds de hauteur, & fe divife en plufieurs branches étendues, irrégulieres, & garnies de feuilles oblongues, unies & oppofées : fes fleurs fortent des parties latérales des branches fur des pédoncules minces, qui en foutiennent chacun deux ; elles font blanches, divifées en cinq fegmens prefque jufqu'au fond, & produifent des baies femblables à celles des autres efpeces. Cette plante fleurit dans le mois d'Avril.

*Symphori-carpos.* La feptieme, qui croît naturellement dans l'Amérique Septentrionale, eft depuis long-tems multipliée dans les jardins anglois ; elle a une tige d'arbriffeau d'environ quatre pieds de hauteur, qui pouffe plufieurs branches minces, unies, & garnies de feuilles ovales, velues & placées par paires oppofées fur de fort courts pétioles : fes fleurs font verticillées autour de la tige, elles font d'une couleur herbacée, & paroiffent en Août ; le fruit eft creux & en forme de pot : il mûrit en hiver.

Le Docteur DILLEN, dans fon *Hortus Elthamenfis*, a intitulé cette plante *Symphori-carpos foliis alatis*, dans la fuppofition que fes feuilles étoient aîlées ; mais comme elles tombent fimples, & que les branches, fur lefquelles elles étoient fixées, reftent en place, on ne peut leur donner le nom de feuilles aîlées.

*Culture.* On cultive à préfent ces plantes dans les pépinieres des environs de Londres, pour en faire commerce ; on les mêle communément avec d'autres arbriffeaux à fleurs pour la variété ; mais comme les fleurs de quelques-unes font peu remarquables, on ne devroit admettre que les meilleures efpeces.

Ces plantes font toutes fort dures, & réuffiffent mieux à une expofition froide, que dans une fituation plus chaude ; elles profitent auffi davantage, & produifent une plus grande quantité de fruits dans un fol humide, que dans une terre feche.

On peut les multiplier par femences ou par boutures ; leurs graines reftent communément dans la terre pendant un an avant de pouffer, mais elles n'exigent aucune culture particuliere : quand on les feme en automne, plufieurs croiffent au printems fuivant : on plante les boutures en automne dans une plate-bande à l'ombre où elles poufferont des racines pour le printems fuivant ; & l'automne d'après, on pourra les mettre en pépiniere, où on les laiffera deux ans, pour leur donner le tems d'acquérir de la force ; après quoi on les placera à demeure.

LORANTHUS. *Vaill. Act. R. Sc.* 1702. *Lin. Gen. Plant.* 400. *Lonicera. Plum. Nov. Gen.* 17. *tab.* 37 ; plante parafite, eſpece de *Guy.* [ *Loranth.* ]

*Caracteres.* Le calice de la fleur, qui eſt entier & conca-ve, couronne le germe : la corolle eſt tubulée, & décou-pée preſque juſqu'au fond en cinq ſegmens étroits & réflé-chis : la fleur a quatre étami-nes plus longues que le tube, & terminées par des ſommets globulaires : le germe eſt ſitué au-deſſous du calice, & ſoutient un ſtyle ſimple, plus long que les étamines, & couronné par un ſtigmat oblong ; ce germe devient dans la ſuite un fruit ovale, charnu, & a une cel-lule qui contient pluſieurs ſe-mences applaties.

Ce genre de plantes eſt ran-gé dans la premiere ſection de la ſixieme claſſe de Linnée ; mais il devroit être placé dans ſa quatrieme ; car la fleur n'a que quatre étamines & un ſtyle.

Il y a pluſieurs eſpeces de ce genre, qui croiſſent naturel-lement ſur des arbres dans quel-ques parties de l'Amérique : mais comme elles ne peuvent être cultivées dans les jardins, il n'eſt pas néceſſaire de les in-diquer ici.

LOTIER. *Voyez* Lotus. L.

LOTUS. *Tourn. Inſt. R. H. 402. Lin. Gen. Plant.* 803. [ *Bird's-foot Trefoil.* ] Lotier.

*Caracteres.* Le calice de la fleur eſt formé par une feuille, perſiſtant, & diviſé au ſommet en cinq parties : la corolle eſt papilionnacée ; l'étendard eſt rond & réfléchi en arriere ; les aîles ſont larges, rondes, plus courtes que l'étendard, & jointes enſemble au ſom-met ; la carène eſt fermée ſur

le haut, convexe en-deſſous ; & un peu élevée : la fleur a dix étamines, dont neuf ſont jointes & une ſéparée, & qui ſont toutes terminées par de petits ſommets : ſon germe, qui eſt oblong & cylindrique, ſoutient un ſtyle ſimple & cou-ronné par un ſtigmat réfléchi : ce germe ſe change dans la ſuite en un légume comprimé, cylindrique, à une cellule, & qui s'ouvre en deux valves ; ce légume eſt ſéparé par plu-ſieurs partitions tranſverſales, qui forment autant de caſes, dont chacune renferme une ſe-mence ronde.

Ce genre de plantes eſt rangé dans la troiſieme ſection de la dix—ſeptieme claſſe de Linnée, intitulée *Diadelphia Decandria,* qui contient celles dont les fleurs ont dix étamines en deux corps.

Les eſpeces ſont :

1°. *Lotus corniculatus, capi-tulis depreſſis, caulibus decumbenti-bus, leguminibus cylindricis pa-tentibus. Lin. Sp. Plant.* 775. *Crantz. Auſtr.* 400. *Schreb. Spicil.* 27. *Neck. Gallob.* 316. *Gmel. Tab.* 230. *Pall. it.* 1. *p.* 370. *Pollich. Pal. n.* 711 ; Lotier, *ou* Treffle à pied d'oiſeau, avec des têtes abaiſſées, des tiges traînantes, & des légumes cylin-driques & étendus.

*Tri-folium corniculatum. Dod. Pempt.* 573.

*Lotus corniculata, glabra, mi-nor. J. B.* 2. 356 ; le plus petit Lotier uni & corné. Treffle jaune, *ou* Lotier à cornes.

*Lotus ſivè Melilotus penta-phyllos minor, glabra. Bauh. Pin.* 332. *Riv. t.* 76.

2°.

2°. *Lotus angustissimus, legu minibus sub-binatis, linearibus, strictis, erectis, caule erecto, pedunculis alternis. Lin. Sp. Plant.* 774 ; Lotier linéaire, avec des légumes érigés, & disposés par paires, une tige érigée, & des pédoncules alternes.

*Lotus leguminibus sæpiùs ternatis, linearibus, strictis, erectis. Hort. Cliff. 372. Roy. Lugd.- B.* 388. *Sauv. Monsp.* 188.

*Lotus pentaphyllos minor, hirsutus, siliquâ angustissimâ. C. B. P.* 332 ; le plus petit Lotier à cinq feuilles, avec des siliques très-étroites.

*Lotus corniculata, siliquis singularibus, sivè binis, tenuis. Bauh. Hist.* 2. *p.* 356.

3°. *Lotus glaber, capitulis depressis, caulibus decumbentibus, foliis linearibus, glabris, leguminibus linearibus* ; Lotier à têtes abaissées, avec des tiges traînantes, des feuilles unies & linéaires & des légumes très-étroits.

*Lotus pentaphyllos frutescens, tenuissimis glabris foliis. C. B. P.* 332 ; Lotier en arbrisseau à cinq feuilles fort étroites & unies.

*Trifolium corniculatum frutescens, tenuissimis foliis. Bauh. Prodr.* 144. *Burs. XVIII.* 73.

4°. *Lotus rectus, capitulis subglobosis, caule erecto, leguminibus rectis, glabris. Hort. Upsal.* 221. *Kniph.* cent. 8. *n.* 63 ; Lotier à têtes globulaires, avec une tige érigée, & des légumes droits & unis.

*Lotus Lybica. Riv. Tetr.* 192.

*Lotus villosus, altissimus, flore glomerato. Tourn. Inst. R. H.* 403 ; le plus grand Lotier, avec une fleur arrondie.

*Tome IV.*

*Trifolium rectum Monspessulanum. Bauh. Hist.* 2. *p.* 359.

5°. *Lotus Creticus, leguminibus sub-ternatis, caule fruticoso, foliis cericeis, nitidis. Hort. Cliff.* 372. *Roy. Lugd.- B.* 387 ; Lotier avec trois légumes sur chaque pédoncule, une tige d'arbrisseau, & des feuilles luisantes.

*Lotus polyceratos, fruticosa, Cretica, argentea, siliquis longissimis propendentibus, rectis. Moris. Hist.* 2. *pag.* 177.

*Lotus argentea, Cretica. Pluk. Alm.* 226 ; Lotier de Crète argenté.

6°. *Lotus hirsutus, capitulis sub-rotundis, caule erecto, hirsuto, leguminibus ovatis Hort. Upsal.* 220. *Sauv. Monsp.* 188. *Kniph.* cent. 8. *n.* 62 ; Lotier avec des têtes rondes, une tige érigée & velue, & des légumes de forme ovale.

*Lotus incana. Riv. Tetr.* 191.

*Lotus pentaphyllos siliquosus, villosus. C. B. P.* 372 ; Lotier velu à cinq feuilles, avec des légumes velus. Treffle hémorrhoïdal.

7°. *Lotus candidus, capitulis sub-globosis, hirsutis, caule erecto, ramoso, hirsuto, foliis tomentosis* ; Lotier avec des têtes globulaires & velues, une tige érigée, branchue & velue, & des feuilles cotonneuses.

*Lotus hæmorrhoïdalis humilior & candidior. Tourn. Inst.* 403, Lotier bas à feuilles plus blanches.

8°. *Lotus ornithopodioïdes, leguminibus sub-quinatis, arcuatis, compressis, caulibus diffusis. Hort. Cliff.* 372. *Hort. Ups.* 220. *Roy. Lug.-B.* 388. *Sauv. Monsp.* 188. *Pall. it.* 2. *p.* 523 ; Lotier avec cinq légumes arqués & comprimés, & des tiges étendues.

*Lotus filiquis ornithopodii.* C. B. P. 332 ; Lotier avec des filiques en pied d'oiseau, *ou le* Pied-d'Oiseau.

9°. *Lotus peregrinus, leguminibus sub-binatis, linearibus, compreffis, nutantibus. Hort.Cliff.* 372. *Roy. Lugd.-B.* 388. *Sauv. Monfp.* 188 ; Lotier avec deux légumes étroits, applatis & penchés.

*Lotus filiquis geminis peregrina. Boerh. Ind.* 2. *p.* 38 ; Lotier étranger avec des filiques jumelles.

10°. *Lotus pratenfis, leguminibus folitariis, rectis, teretibus, terminalibus, caule erecto. Sauv. Monfp.* 189 ; Lotier avec une tige érigée, & terminée par de fimples légumes cylindriques & érigés.

*Lotus pratenfis, filiquofa, lutea. C. B. P.* 332 ; Lotier jaune des champs.

11°. *Lotus edulis, leguminibus fub folitariis, gibbis, incurvis. Hort. Cliff.* 370 ; Lotier avec des légumes fimples, convexes & recourbés.

*Lotus edulis Cretica. Raii Hift.* 967.

*Lotus petaphyllos, filiquá cornutá. C. B. P.* 332 ; Lotier à cinq feuilles, avec des filiques en forme de corne.

*Trifolium corniculatum Creticum. Alp. Exot.* 1. 268.

12°. *Lotus maritimus, leguminibus folitariis, membranaceo-quadrangulatis, bracteis lanceolatis. It. Oel.* 143. *Flor. Suec.* 610. *Sauv. Monfp.* 188. *Kniph. cent.* 7. *n.* 45 ; Lotier avec des légumes fimples, qui font quadrangu-

laires par le moyen d'une membrane, & des bractées en forme de lance.

*Lotus tetra-gonolobus maritimus, flore luteo. Barth. Act.* 2. *p.* 346.

*Lotus maritima, lutea, filiquofa, folio pingui-glabro. Bot. Monfp.* ; Lotier maritime jaune à feuilles unies.

*Lotus filiquofa lutea, filiquis pinnatis ftrictioribus & longioribus. Raii Hift.* 967.

13°. *Lotus conjugatus, leguminibus conjugatis membranaceo-quadrangulis, bracteis oblongo-ovatis. Lin. Sp. Plant.* 774 ; Lotier avec des légumes conjugués, ayant une membrane qui les rend quadrangulaires, & des bractées oblongues & ovales.

*Lotus lutea, filiquá angulofá. Boerh. Ind. Alt.* 2. *p.* 37 ; Lotier jaune à filiques angulaires.

14°. *Lotus tetra-gono-lobus, leguminibus folitariis, membranaceo-quadrangulis, bracteis ovatis. Hort. Ups.* 220. *Kniph. cent.* 5. *n.* 53 ; Lotier avec des légumes fimples, ayant une membrane qui les rend quadrangulaires, & des bractées ovales.

*Lotus leguminibus fub-folitariis, angulis quatuor membranaceis. Hort.Cliff.*372.*Roy.Lugd.-B.* 388.

*Lotus pulcherrimus tetra-gonolobus. Comm. Hort.* 91. *t.* 26.

*Lotus ruber filiquá angulofá. C. B. P.* 332 ; Lotier rouge à filiques angulaires, communément appelé *Pois aîlés*, ou le *Lotier rouge.*

15°. *Lotus Cytifoïdes, capitulis dimidiatis, caule diffufo ramofiffimo, foliis tomentofis. Prod. Leyd.* 387 ; Lotier avec des tètes divifées en deux parties égales, une tige branchue & étendue, & des feuilles cotonneufes.

*Lotus filiquofa maritima, lutea, Cytifi facie. Barr. Icon. 1031;* Lotier maritime à filiques jaunes, ayant l'apparence de Cytife.

16°. *Lotus Jacobæus, leguminibus fub-ternatis, caule herbaceo, erecto, foliis linearibus. Hort. Cliff. 372. Roy. Lugd.-B. 388. Kniph. cent. 1. n. 54;* Lotier à trois légumes, avec une tige érigée & herbacée, & des feuilles étroites.

*Lotus angufti-folia, flore luteo purpurafcente, infulæ Sancti - Jacobi. Hort. Amft. 2. p. 165. t. 83;* Lotier à feuilles étroites de l'ifle de Saint-Jacques, avec une fleur d'un jaune pourpâtre.

17°. *Lotus Dorycnium, capitulis aphyllis, foliis feffilibus, quinatis; Lin. Sp. Plant. 776. Crantz. Auftr. pag. 402. Kniph. cent. 3. n. 60.;* Lotier à têtes nues, avec des feuilles placées par cinq & feffiles.

*Dorycnium pentaphyllum. Scop. carn. ed. 2. n. 939.*

*Dorycnium Monfpelienfium. Lob. Icon. 51.;* Dorycnium de Montpellier.

*Trifolium album angufti-folium, floribus veluti in capitulum congeftis. Bauh. Pin. 329.*

*Corniculatus, Anguftiffimus, Glaber.* Les premiere, feconde & troifieme efpeces croiffent naturellement dans plufieurs parties de l'Angleterre ; ainfi on les cultive rarement dans les jardins : lorfqu'elles fe trouvent dans un fol humide & à l'ombre, elles pouffent des ti-

ges d'environ deux pieds de hauteur ; mais fur une terre feche mêlée de craie & remplie de gravier ; les tiges n'ont que quatre à cinq pouces de longueur & rampent fur la terre. J'ai fouvent remarqué que toutes les efpeces de beftiaux évitent de toucher à ces plantes, quoiqu'ils rongent de très-près toutes les autres herbes voifines. J'ai coupé ces plantes tandis qu'elles étoient encore jeunes, & je les ai préfentées à différens animaux, qui n'ont jamais voulu en manger, & cependant leurs femences ont été recueillies & vendues par les Charlatans en labourage, fous le nom de l'*Herbe du doigt des Dames*, pour améliorer les pâturages du pays. Les racines de ces efpeces font vivaces & très-difficiles à arracher; lorfqu'elles font vieilles, elles produifent une grande quantité de graines, qui font lancées de tous côtés à une diftance confidérable, par l'élafticité de leurs légumes : elles fleuriffent dans le mois de Juin, & les femences mûriffent en Septembre (1).

*Rectus.* La quatrieme eft originaire de la France méridionale, de l'Italie & de la Sicile ; plufieurs perfonnes l'ont prife pour le *Cytife de Virgile*, mais fans fondement; car elle n'a aucun rapport avec la de-

---

(1) On donne le nom de *faux Baume du Pérou* à l'huile d'Olive dans laquelle on a fait infufer les fleurs & les feuilles de ces plantes, & dont on fe fert quelquefois dans le traitement des plaies.

fcription que cet Auteur a faite de cette plante : elle a une racine forte & vivace, de laquelle fortent plufieurs tiges fortes, droites, de trois à quatre pieds de hauteur, & couvertes d'une écorce qui tire fur la couleur pourpre : ces tiges pouffent vers leur fommet quelques branches latérales, garnies à chaque nœud d'une feuille à trois lobes en forme de coin : à la bâfe des pétioles font placés deux lobes en forme de cœur très-rapprochés de la branche : ces feuilles font velues en deffous : fes fleurs naiffent à l'extrémité de chaque branche en une tête prefque globulaire, fortement fixée au pédoncule, & d'une couleur de chair pâle : elles paroiffent dans le mois de Juin, & produifent des légumes unis, érigés, & d'un pouce environ de longueur, qui deviennent bruns en mûriffant, & qui renferment plufieurs femences rondes, qui fe perfectionnent en Septembre

On ne cultive guere cette efpece que dans les jardins de Botanique ; mais fi l'on vouloit en faire ufage pour la nourriture des beftiaux, on pourroit la traiter à peu-près comme la *Luzerne*, dont il fera queftion à l'article MÉDICAGO. Cette plante, qu'on éleve aifément de femences, eft très-dure, & profite dans les terres feches, légeres, & de la plus mauvaife qualité.

Les vaches & les chevaux la mangent en verd ; mais je n'ai pas effayé s'ils l'aiment également lors qu'elle eft féchée & réduite en foin.



*Creticus.* La cinquieme, qu'on rencontre en Syrie & dans l'ifle de Candie, s'éleve à la hauteur de trois ou quatre pieds, avec des tiges minces, qui exigent un foutien : elles pouffent latéralement quelques branches, garnies à chaque nœud de feuilles, belles, luifantes, argentées, à trois lobes, & ornées de deux oreilles ou appendices placés à la bâfe de leurs pétioles, comme dans les autres efpeces ; elles font de la même forme que celles de la précédente, mais un peu plus petites, & terminées par une pointe aiguë à l'extrémité : les pédoncules, qui ont jufqu'à deux ou trois pouces de longueur, fortent fur les côtés des branches, & foutiennent des têtes de fleurs jaunes, qui fe féparent au milieu ; chaque tête renferme quatre ou fix fleurs, qui paroiffent dans les mois de Mai, Juin & Juillet, & font remplacées par des légumes longs, cylindriques, & remplis de femences rondes, qui mûriffent en automne.

Cette efpece a une tige vivace, mais comme elle eft trop délicate pour réfifter en plein air aux froids de nos hivers, il faut la tenir dans des pots, que l'on place en automne dans la ferre, & on la traite comme les autres plantes dures & exotiques, qui n'ont befoin que d'être mifes à l'abri des gelées : on peut la multiplier par fes graines, qu'on répand en Avril fur une planche de terre légere, où les plantes pousferont environ un mois après ; au bout du fecond mois, elles feront en état d'être tranfplantées : alors on les mettra chacune féparément dans des petits pots remplis de terre fraîche & légere, on les tiendra à l'ombre jufqu'à ce qu'elles aient produit de nouvelles fibres, & on les placera enfuite à une expofition abritée, où elles pourront refter jufqu'à l'automne.

On les multiplie auffi par bouuures, qu'on peut planter pendant tout l'été fur une plate-bande de terre légere; on les couvre exactement avec une cloche, & on les tient à l'ombre : lorfqu'elles auront pouffé des racines, ce qui aura lieu au bout de fix femaines, on les accoutumera à l'air, & bientôt après on pourra les mettre dans des pots, & les traiter comme les plantes de femences.

*Hirfutus.* La fixieme naît fpontanément dans la France méridionale & en Italie : fa tige eft vivace, & haute de trois pieds : lorfque fes racines font groffes, elles pouffent plufieurs tiges, fur—tout quand on a coupé les anciennes; ces tiges font velues, & fe divifent en plufieurs branches, garnies de feuilles à trois lobes, dont les pétioles font ornés de deux appendices : fes fleurs font rapprochées en tête, & font foutenues fur des pédoncules affez longs, qui fortent des parties latérales des tiges; elles ont des calices velus, & font d'un vert fale avec quelques marques d'un rouge pâle : elles paroiffent dans les mois de Juin &

de Juillet, & produifent des légumes courts, épais, & de couleur de *Châtaigne*, dans lefquels font renfermées plufieurs femences rondes, qui mûriffent en automne.

On multiplie cette efpece par femences, comme la précédente : elle réfifte en plein air aux froids de nos hivers ordinaires; mais il eft prudent d'en mettre une ou deux dans des pots, qu'on tient à l'abri pendant la mauvaife faifon, pour remplacer celles de pleine terre, qui peuvent être détruites par les fortes gelées.

*Candidus.* La feptieme, qui croît fans culture en Sicile, s'éleve à la hauteur de trois pieds, avec une tige droite, ligneufe, & garnie de feuilles femblables à celles de la précédente, mais beaucoup plus blanches, & couvertes d'un duvet blanc, court & laineux, de même que les tiges : fes fleurs naiffent en têtes ferrées, comme celles de la derniere, & produifent des légumes courts, qui renferment plufieurs femences jaunes. Cette plante fleurit en été, & perfectionne fes femences en automne : comme elle eft trop tendre pour pouvoir fubfifter en plein air pendant l'hiver dans notre climat, il faut la mettre en pot, & la tenir dans la ferre durant cette faifon.

On la multiplie comme la cinquieme efpece, & elle exige la même culture.

*Ornithopodioides.* La huitieme eft auffi originaire de la Sicile : elle eft annuelle, & pouffe de fa racine plufieurs tiges fermes, d'un ou deux pieds de hauteur, qui se divifent en plufieurs branches touffues, placées fans ordre, & garnies de feuilles à trois lobes, avec deux oreilles ou appendices à leur bâfe : fes pédoncules fortent aux aîles des tiges, ils ont deux ou trois pouces de longueur, & font terminés par des grappes de fleurs jaunes, qui produifent des légumes plats, de deux pouces de long, courbés en arc, & divifés par plufieurs nœuds, qui forment autant de cellules, où les femences font renfermées. Cette plante fleurit en Juillet ; fes femences mûriffent en automne, & elle périt bientôt après.

On la multiplie par fes graines, qu'on feme dans le commencement du mois d'Avril fur une planche airée, ou dans une plate-bande expofée au foleil, dan laquelle les plantes doivent refter : lorfqu'elles pouffent, il faut les éclaircir à près de deux pieds de diftance, & les tenir nettes de mauvaifes herbes : c'eft en cela que confifte toute leur culture.

*Peregrinus.* La neuvieme, qui fe trouve en Efpagne & en Portugal, eft annuelle, comme la précédente, mais elle ne pouffe pas autant de branches : fes petites feuilles font plus rondes à leur extrémité & plus unies; fes pédoncules font courts, & ne foutiennent la plupart que deux fleurs, qui font fuivies par deux légumes fort étroits, de deux pouces environ de longueur, & inclinés vers le bas. Cette efpece exige



la même culture que la précédente.

*Pratenfis.* La dixieme croît naturellement dans la France méridionale : elle a une racine vivace, de laquelle fortent plufieurs tiges velues, de près d'un pied de longueur, & garnies de feuilles à trois lobes, velues, fupportées fur de courts pétioles, & pourvues de deux oreilles à leur bâfe : fes fleurs naiffent fimples fur des pédoncules affez longs, qui pouffent au fommet des branches; elles ont des calices longs & velus, avec deux feuilles oblongues, terminées en pointe aiguë, & placées immediatement au-deffous : les fleurs font jaunes, érigées, & remplacées par des légumes érigés, cylindriques, & d'un pouce & demi de longueur. Cette plante fleurit en Juin & en Juillet, & fes femences mûriffent en automne; elle fe multiplie par fes graines, qu'on feme dans les places où les plantes doivent refter ; on les traite comme les deux efpeces précédentes : leurs racines fubfiftent plufieurs années.

*Edulis.* La onzieme croît fpontanément en Sicile & dans l'isle de Candie, dont les plus pauvres habitans fe nourriffent de fes légumes quand ils font jeunes : elle croît auffi aux environs de Nice, d'où fes femences m'ont été envoyées. Cette plante qui eft annuelle, pouffe de fes racines plufieurs tiges rampantes, d'un pied de longueur, & garnies à chaque nœud de feuilles à trois lobes, rondes, & pourvues d'oreilles : fes fleurs font produites fimples fur de longs pédoncules aux côtés des branches ; elles font jaunes, petites, & font remplacées par un feul légume épais, arqué, & fillonné en-dehors par une rainure profonde : ces fleurs paroiffent en Juillet, & dans les années chaudes, leurs femences mûriffent en automne ; mais quand l'été eft froid, elles n'acquierent point ici leur entiere perfection. Cette efpece exige la même culture que les précédentes, qui font annuelles.

*Maritimus.* La douzieme, qui naît fur les rivages de la mer, en France, en Efpagne, & en Italie, a une racine vivace, de laquelle fortent plufieurs branches minces, d'environ un pied & demi de longueur, rampantes, & garnies à chaque nœud de feuilles à trois lobes, unies, & ornées de deux oreilles à la bâfe de leur periole : fes fleurs fortent fimples fur de longs pédoncules aux aiffelles de la tige ; elles font jaunes, & produifent un légume d'environ deux pouces de longueur, & compofé de quatre membranes, qui coulent longitudinalement, & forment quatre angles. Cette plante fleurit en Juin & Juillet, & fes femences mûriffent en automne ; on la multiplie par fes graines, comme la dixieme efpece.

*Conjugatus.* La treizieme croît naturellement dans la France méridionale & en Italie. Cette plante, qui eft annuelle, pouffe de fa racine plufieurs tiges branchues, d'un pied de longueur, & garnies de feuilles à trois lobes, terminées en pointe aiguë, & garnies de deux oreilles placées à la bâfe des pétioles :

fes pédoncules fortent des aiffelles des branches, & foutiennent chacun deux fleurs jaunes, auxquelles fuccedent des légumes cylindriques, de deux pouces environ de longueur, & pourvus de quatre membranes, qui s'étendent d'une extrémité à l'autre. Cette efpece fleurit en Juillet, & fes femences mûriffent en automne ; on la multiplie par fes graines, comme les précédentes, qui font annuelles.

*Tetra-gono-lobus.* La quatorzieme, qui croît naturellement en Sicile, eft depuis long-tems cultivée dans les jardins anglois, & étoit autrefois employée comme plante alimentaire ; on préparoit feslégumesvertscommeceux des *Pois.* Les habitans de quelques pays feptentrionaux continuent toujours à en faire ufage ; mais ils font trop gros, & ne font point agréables au goût pour ceux qui font accoutumés à de meilleurs mêts. Cette efpece eft annuelle, on la cultive dans les jardins à fleurs des environs de Londres comme une plante d'ornement : fa racine produit plufieurs tiges fucculentes, d'environ un pied de hauteur, & garnies à chaque nœud de feuilles à trois lobes, ovales, & pourvues d'oreilles de la même forme à la bâfe de leurs pétioles. de chacun de fes nœuds s'élévent alternativement des pédoncules de deux ou trois pouces de longueur, qui foutiennent chacun une groffe fleur rouge, avec trois feuilles placées au deffous : lorfque ces fleurs font fannées, leurs germes fe changent en un légume cylindrique, gonflé, de deux pouces de longueur, & pourvu de quatre membranes feuillées, qui s'étendent d'une extrémité à l'autre. Cette espece fleurit dans le mois de Juin & de Juillet, & ses semences mûrissent en automne.

Les graines de cette espece sont communément semées au nombre de cinq ou six ensemble dans les plates-bandes du parterre où elles doivent rester : quand toutes ces semences poussent, on peut arracher quelques plantes, & n'en laisser que deux ou trois dans le même endroit ; elles n'exigent aucun autre soin que d'être tenues nettes de mauvaises herbes.

*Cytisoïdes.* La quinzieme croît sur les rivages de la mer dans la France méridionale & en Espagne. Cette plante, vivace, pousse de ses racines plusieurs tiges garnies de branches dans toute leur longueur, avec des feuilles à trois lobes, qui ont deux oreilles, & sont couvertes d'un duvet laineux : ses fleurs, qui sortent sur de courts pédoncules, au nombre de quatre ou six en une tête divisée, sont de couleur jaune, & paroissent en Juillet ; elles sont remplacées par des légumes cylindriques, remplis de semences rondes, qui mûrissent en automne. On multiplie cette espece par ses graines, qu'il faut semer au printems dans les places où elles doivent rester, & on traite les plantes qui en proviennent comme les especes dures & vivaces dont il vient d'être question.

*Jacobæus.* La seizieme se trou-

ve dans l'isle de Saint-Jacques, d'où ses semences ont été d'abord portées en Europe ; mais j'en ai depuis reçu de semblables du Cap de Bonne - Espérance : elle a une tige mince & ligneuse, qui s'éleve à la hauteur de trois pieds, & pousse plusieurs branches minces, herbacées, & garnies de feuilles étroites, blanchâtres, quelquefois à trois lobes, souvent composées de cinq, très rapprochées des branches, & velues : ses fleurs naissent aux côtés des tiges vers le haut sur des pédoncules fort minces, qui en soutiennent chacun quatre ou cinq réunies en une tête ; elles sont d'un jaune tirant sur le pourpre foncé, & produisent des légumes minces, cylindriques, & de plus d'un pouce de longueur, qui renferment cinq ou six semences rondes.

Cette plante fleurit durant tout l'été & l'automne, & souvent pendant une grande partie de l'hiver, sur - tout si on la place dans des caisses de vitrages seches & airées, où elle soit à l'abri de l'humidité ; car rien ne lui est plus préjudiciable : elle est trop tendre pour résister en plein air aux froids de nos hivers, il faut la mettre en pots, & la tenir durant la mauvaise saison dans des caisses de vitrages chaudes & airées ; mais en été, on l'expose en plein air dans une situation abritée. On peut aisément multiplier cette espece par boutures pendant l'été, comme la cinquieme ; mais les plantes qui ont été deux ou trois fois multipliées de cette façon, font rarement fructueufes.

*Dorycnium.* La dix-feptieme, qui croît fans culture dans les environs de Montpellier, s'éleve en tiges foibles d'arbriffeau, à trois ou quatre pieds de hauteur, & pouffe plufieurs branches minces & peu garnies de petites feuilles velues, à cinq lobes, en forme de main, & très-rapprochées des branches: fes fleurs fortent en petites têtes, aux extrémités des branches; elles font très-petites & blanches, & n'ont pas beaucoup d'apparence. Cette plante fleurit en Juin, & produit des légumes courts, qui renferment deux ou trois femences petites & rondes, qui mûriffent en automne.

. Cet arbriffeau fubfifte en plein air dans un fol fec & à une expofition chaude ; on le multiplie par fes graines, qui réuffiffent dans une plate-bande commune.

LOTIER EN ARBRE . *Voy.* CELTIS AUSTRALIS. L.

LOTIER, *ou* TREFFLE JAUNE. *Voyez* LOTUS CORNICULATUS.

. LOTIER, *ou* TREFFLE HÉMORRHOIDAL. *V.* LOTUS HIRSUTUS.

LOTIER ODORANT, *ou le* MÉLILOT. *Voyez* TRIFOLIUM. MELILOTUS CŒRULEA.

LUDWIGIA. *Linn. Gen. Plant.* 142. : LINNÉE a donné ce nom à ce genre de plantes en l'honneur de M. LUDWIG de Leipfic, qui a publié des remarques fur la méthode de RIVINUS pour claffer les plantes, *A Leipfic, en 1737.*

*Caractères.* Le calice de la fleur eft formé par une feuille découpée au fommet en quatre fegmens, & pofté fur le germe : la corolle eft compofée de quatre petales en forme de lance, égaux, & entièrement ouverts : dans le centre de la fleur eft placé un pointal quarré & accompagné de quatre étamines ; le germe fe change en un fruit quarré, couronné par le calice, & à quatre cellules remplies de petites femences.

Ce genre de plante eft rangé dans la premiere fection de la quatrieme claffe de LINNÉE, quirenfermecelles dont les fleurs ont quatre étamines & un ftyle.

Nous n'avons à préfent qu'une efpece de ce genre dans les jardins anglois.

*Ludwigia alterni-folia, foliis alternis, lanceolatis. Lin. Sp. Plant.* 118. *Trew. Ehr.* 2. *t.* 2; Ludwigia à feuilles alternes & en forme de lance.

*Ludwigia capfulis fub-rotundis. Hort. Cliff.* 491. *Roy. Lugd.-B.* 252; Ludwigia avec des capfules rondes.

*Ludwigia capfulis cubicis, apice perforatis. Hort. Upfal.* 30.

*Ludwigia. Gron. Virg.* 17.

*Lyfimachia non pappofa, flore luteo majore, filiquâ Caryophylloïde minore, ex Virginiâ. Pluk. Alm.* 235. *t.* 203. *f.* 2.

*Frutex Salignéis foliis, caule purpureo, capfularis. Pluk. Amalt.* 99. *t.* 412. *f.* 1.

Nous n'avons point de noms anglois pour cette plante : elle reffemble beaucoup à l'Onagra, ou à l'Œnothera, auquel elle differe cependant par le nombre des étamines.

Cette plante croit naturelle.

ment dans la Caroline méridionale, d'où le feu Docteur Dale m'a envoyé fes femences : elle eft annuelle, & s'éleve à la hauteur d'un pied, avec une tige droite, branchue, & garnie de feuilles en forme de lance & alternes : fes fleurs, qui naiffent fimples aux pétioles des feuilles, font compofées de quatre petits pétales jaunes, qui s'étendent & s'ouvrent, & de quatre étamines ; elles font placées fur de courts pédoncules, & produifent des capfules rondes, avec quatre membranes aîlées & à quatre cellules, qui renferment plufieurs petites femences. Cette plante fleurit en Juillet, & fes graines mûriffent en automne.

Il faut élever cette efpece fur une couche chaude au printems, & la traiter fuivant la méthode qui a été prefcrite pour l'*Amaranthe* ; car fi on ne l'avance pas au printems, elle produit rarement de bonnes femences en Angleterre.

LUFFA. *Tourn. Aft. R. S.* 1706. *Momordica. Lin. Gen.* 967. [ *Egyptian Cucumber.* ] Concombre d'Égypte. La Pampaie.

*Caractères.* La fleur eft en forme de cloche, monopétale, & divifée en cinq parties jufqu'au centre : il y a des fleurs mâles & des fleurs femelles fur la même plante : les fleurs mâles font produites fur de courts pédoncules, & n'ont point d'embryon : les fleurs femelles naiffent fur le fommet des embryons, qui fe changent enfuite en un fruit qui a la forme d'un *Concombre*, mais qui n'eft pas charnu ; fon in-

térieur eft compofé de plufieurs fibres, élégamment rangées comme des filets, & on y remarque trois cellules remplies de femences prefque ovales.

Nous n'avons qu'une efpece de ce genre, qui eft la

*Luffa Ægyptiaca Arabum. Tourn. Aft. R.* 1706 ; Luffa des Arabes.

*Momordica Luffa, pomis oblongis, fulcis catenulatis, foliis incifis. Linn. Syft. Plant. tom.* 4. *pag.* 201. *Sp.* 4. *Hort. Cliff.* 451. *Hort. Upfal.* 293. *Fl. Zeyl.* 352. *Roy. Lugd.-B.* 262. *Kniph. cent.* 9. *n.* 69.

*Cucumis Ægyptiacus reticulatus, fivè Luffa Arabum. Veft. Ægypt.* 199. *t.* 58. 59. *Moris. Hift.* 1. *p.* 35. *S.* 7. *t.* 7. *f.* 1. 2.

*Perola. Rumph. Amb.* 5. *p.* 405. *t.* 148.

Il y a deux variétés de cette plante, l'une à femences blanches, & l'autre à femences noires ; mais elles ne forment pas des efpeces diftinctes.

On cultive cette plante de la même maniere que les *Concombres* & les *Melons* ; on feme fes graines fur une couche chaude dans le mois de Mars, & quand les plantes ont pouffé, on les met fur une nouvelle couche chaude pour les fortifier ; on leur donne de l'air chaque jour dans les tems chauds, & on les arrofe fouvent : quand elles ont produit quatre ou cinq feuilles, on les tranfplante fur une couche chaude à demeure, & on les couvre d'un châffis ; une feule plante fuffit pour chaque vitrage ; car, comme elles pouffent un grand nombre de branches latérales, si elles sont trop serrées, elles s'entrelacent les unes avec les autres, elles deviennent fort touffues, & le fruit tombe. Au reste, cette plante exige le même traitement que les *Concombres* & les *Melons*, avec la différence seulement, qu'il lui faut beaucoup d'air dans les tems chauds, sans quoi ses branches deviendroient foibles, & ne produiroient point de fruits.

Quand ces plantes ont fait assez de progrès pour remplir le châssis de tous côtés, il faut le soulever & le tenir élevé sur des briques : on tire ensuite dehors les branches afin qu'elles puissent croître ; car lorsqu'elles sont dans un état de vigueur, elles s'étendent jusqu'à huit ou dix pieds de distance, & si elles étoient resserrées, elles deviendroient si épaisses, que les plus tendres se pourriroient, seroient étouffées, & ne produiroient point de fruits.

Quelques personnes mangent ces fruits tandis qu'ils sont encore jeunes, & les font mariner comme les *Mangos*; mais leur saveur est désagréable, & on ne les regarde pas comme fort sains ; aussi cette plante n'est-elle pas fort cultivée en Europe, si ce n'est par les Botanistes, pour la variété.

**LUMIERE.** On donne plusieurs sens à ce mot.

1°. On l'emploie pour exprimer la sensation que les corps lumineux produisent sur nos organes, & par leur moyen dans notre esprit.

2°. Il donne aussi l'idée de la propriété d'un corps qui excite le sentiment de la lumiere.

3°. Ce mot signifie quelquefois l'action d'un corps lumineux, sur le fluide qui se trouve entre ce corps & l'œil ; c'est ainsi que l'un est supposé agir sur l'autre, & cela est appelé *Lumiere secondaire*, ou *Lumiere dérivée*, pour la distinguer de celle des corps lumineux, que l'on appelle *Lumiere premiere*, ou *Lumiere innée*.

Les Philosophes ont expliqué différemment le phénomène de la *Lumiere*. ARISTOTE suppose que quelques corps sont transparens comme l'air, l'eau, & la glace. Les Cartésiens ont beaucoup subtilisé sur cette notion de la *Lumiere* : ils avouent que la *Lumiere*, comme elle existe dans un corps lumineux, n'est autre chose que le pouvoir ou la faculté d'exciter en nous une sensation claire & vive. Le Pere MALEBRANCHE explique la nature de la *Lumiere*, en supposant une analogie entr'elle & le Son, qu'on regarde comme étant produit par la vibration des parties insensibles des corps sonores.

Mais les plus grandes découvertes dans ce phénomene merveilleux ont été faites par NEWTON : suivant ce Philosophe la lumiere primitive ne consiste pas dans un certain mouvement des particules qu'on suppose être placées dans les pores cachés des corps lumineux : mais plutôt dans le mouvement des particules très-déliées des corps lumineux mêmes, qui les lancent & les répandent dans l'espace avec une très-grande force & vitesse.

La lumiere fecondaire ou dérivée confiſte, non dans un effort, mais dans un mouvement réel de ces particules qui ſortent en tous ſens & en ligne droite de ces corps lumineux avec une viteſſe incroyable.

M. DE ROEMER a démontré, par ſon obſervation ſur les ſatellites de Jupiter, que le tems que la lumiere met à parcourir l'eſpace qui ſe trouve entre le ſoleil & la terre, n'eſt que de dix minutes ; & comme la terre eſt éloignée du Soleil de dix mille fois ſon diametre, il faut que la lumiere parcoure mille de ces diametres dans une minute, ce qui fait plus de cent mille milles anglois dans une ſeconde. Un boulet qui conſerveroit toujours la même viteſſe qui lui a été imprimée en ſortant du canon, emploieroit vingt cinq ans pour parvenir de la terre juſqu'au Soleil, ſuivant le calcul de M. HUYGENS : or la viteſſe de la lumiere eſt à celle de ce boulet de canon comme vingt-cinq ans à dix minutes, ce qui fait plus de 1,300 000 à un ; de ſorte que les particules de la lumiere ſe meuvent plus d'un million de fois plus vite qu'un boulet de canon : ce mouvement rapide peut produire des effets extraordinaires & différens ; mais Sir ISAAC NEWTON ayant démontré que la lumiere arrive du Soleil à la terre dans ſept minutes, & qu'elle parcourt dans ce petit eſpace de tems l'immenſe diſtance de plus de 80,000,000 milles, ſa viteſſe eſt près de 2,000,000 de fois plus grande que celle d'un boulet de canon.



Le même Philoſophe a obſervé que les corps & la lumiere agiſſent mutuellement l'un ſur l'autre ; les corps agiſſent ſur la lumiere en la refléchiſſant & en lui faiſant ſubir différentes réfractions ; & la lumiere agit ſur les corps en les échauffant, & en mettant leurs parties dans un mouvement de vibration, en quoi conſiſte principalement la chaleur ; car il obſerve que tous les corps fixes, lorſqu'ils ſont échauffés audelà d'un certain dégré, deviennent brillans & lumineux : cette lumiere paroît venir de la vibration rapide de leurs parties, & tous les corps abondans en particules terreuſes & ſulphureuſes, ſi elles ſont ſuffiſamment agitées, darderont la lumiere en quelque maniere que ſe faſſe l'agitation.

NEWTON obſerve encore que la lumiere n'a que trois affections dans leſquelles ſes rayons different, ſavoir la réfrangibilité, la réflexibilité & la couleur. Les rayons qui s'accordent en réfrangibilité, s'accordent auſſi dans les deux autres affections ; d'où il réſulte que ces trois différentes affections peuvent être regardées comme homogènes ; c'eſt ainſi que ce Philoſophe appelle couleurs homogènes celles qui ſont produites par une lumiere homogène, & qu'il nomme couleurs hétérogènes celles qui doivent leur origine à une lumiere hétérogène.

C'eſt d'après cette théorie qu'il avance les propoſitions ſuivantes :

18. Que la lumiere du So—

leil est composée de rayons qui diffèrent par des dégrés indéterminés de réfrangibilité.

2°. Que les rayons qui diffèrent en réfrangibilité lorsqu'ils sont séparés l'un de l'autre, diffèrent en même proportion dans les couleurs qu'ils produisent.

3°. Qu'il y a autant de couleurs simples & homogènes qu'il y a de dégrés de réfrangibilité ; car à tous ces dégrés appartient une différente couleur.

4°. La blancheur, à tous égards, semblable à celle de la lumiere immédiate du soleil, & de tous les objets ordinaires qui tombent sous nos sens, ne peut pas être composée de couleurs simples sans une variété indéfinie de ces couleurs, car pour une telle composirion il faut des rayons doués de tous les dégrés indéfinis de réfrangibilité ; ce qui renferme autant de couleurs simples.

5°. Les rayons de lumiere n'agissent pas l'un sur l'autre en traversant le même milieu.

6°. Les rayons de lumiere ne souffrent dans leur qualité aucune altération par la réfraction qu'ils éprouvent, ni de la part du milieu qu'ils traversent.

7°. Il ne peut avoir aucune couleur homogène produite par la lumiere dans la réfraction, qui ne s'y trouve mêlée auparavant. La réfraction ne change pas la propriété des rayons, mais sépare seulement ceux qui ont des qualités differentes par le moyen de leur réfrangibilité plus ou moins grande.

8°. La lumiere du Soleil est un assemblage de couleurs homogènes, d'où on peut appeler les couleurs homogènes, primitives ou originaires.

De là procede toute la théorie des couleurs qu'on apperçoit dans les plantes & dans leurs fleurs.

C'est ainsi, par exemple, que les parties les plus réfrangibles de la lumiere forment la couleur violette, qui est la plus obscure & la moins vive de toutes.

Au contraire, les particules qui sont le moins réfrangibles, composent la couleur rouge, qui est la plus claire & la plus vive de toutes les couleurs : les autres particules étant distinguées selon leur grandeur respective & leur dégré de réfrangibilité, excitent des vibrations intermédiaires, & par-là occasionnent les sensations des couleurs qui forment la nuance respective entre les deux précédentes. Pour connoitre cette doctrine à fond, il faut avoir recours aux ouvrages que Sir Isaac Newton a donnés sur *l'Optique*.

Ces observations sur la lumiere paroîtront peut-être un peu étrangeres à notre sujet ; cependant si cette matiere étoit bien entendue, elle pourroit y être utile. Le Docteur Hales, auteur de tant d'expériences nouvelles & curieuses sur la *Végétation*, dans son traité sur ce sujet, examinant la question suivante, proposée par Newton :

*Les corps grossiers & la lumiere ne peuvent-ils point se changer l'un dans l'autre, & les corps ne peuvent-ils point recevoir beaucoup de leur activité de la part des particules de la lumiere qui entrent dans leur compofition ? Le changement des corps en lumiere & de la lumiere en corps, eft très-conforme à l'ordre de la nature qui femble fe plaire dans la tranfmutation:* M. HALES, dis-je, ajoute : *La lumiere en entrant librement dans la furface des feuilles & des fleurs, ne peut-elle pas beaucoup contribuer à donner de l'activité aux principes des végétaux ?*

On a trouvé , après plufieurs expériences, que la lumiere fert beaucoup à l'accroiffement des végétaux; car fi l'on peint en noir l'intérieur d'une ferre, pour empêcher la réflexion des rayons de la lumiere ; ou lorfque le tems devient froid, fi l'on eft obligé de tenir les volets fermés pendant quelques jours, les feuilles des arbres qui y font placés fe fannent & tombent bientôt.

Les plantes qu'on place dans des chambres obfcures fubiffent le même fort. Quand on entaffe la terre autour des plantes pour les faire blanchir, les attendrir& les rendre plus propres à fervir d'aliment, fi l'on ne s'en fert pas lorfqu'elles font parvenues au dégré de blancheur qu'elles doivent avoir, elles fe pourriffent bientôt. La même chofe arrive aux plantes qu'on couvre de maniere que la lumiere ne peut les frapper, car elles deviennent pâles , malades , & périffent enfuite.

Il eft difficile d'expliquer com-



bien la lumiere contribue à donner aux fruits ce goût exquis qui les fait rechercher : plufieurs expériences tendent à prouver que c'eft en effet à cette matiere qu'ils doivent la plus grande partie de leurs qualités ; ainfi on peut dire avec vérité, que la lumiere eft auffi néceffaire à la végétation qu'à l'économie animale.

**LUNAIRE GRANDE** ou **BULBONAC.** *V.* **LUNARIA ANNUA.**

**LUNAIRE PETITE.** *Voyez* **LUNARIA REDIVIVA.**

**LUNARIA.** *Tourn. Inft. R. H. 218. Tab. 105. Lin. Gen. Plant. 725.* ainfi appelé de *luna*, la lune, parce que les capfules ont la forme d'une lune. [*Moonwort Sattin-flower , or Honefty.*] *Lunaire* ou *Bulbonac.*

*Caracteres.* Le calice de la fleur eft formé par quatre feuilles oblongues , petites , ovales, obtufes & qui tombent ; la corolle a quatre pétales placés en forme de croix, larges , obtus & entiers : la fleur a fix étamines en forme d'alène , dont quatre font de la longueur du calice, & les deux autres plus courtes , & qui font toutes terminées par des fommets érigés. Son germe eft oblong, ovale & porté fur un petit pédoncule qui foutient un ftyle court, & couronné par un ftigmat entier & obtus ; ce germe fe change, quand la fleur eft paffée, en un légume uni, comprimé, érigé, elliptique, placé fur un petit pédoncule , & terminé par le ftyle : ce légume a deux cellules , il s'ouvre en deux valves parallèles, & renferment plufieurs femences applaties, en forme de rein, bordées & placées dans le centre.

Ce genre de plantes eſt rangé dans la premiere ſection de la quinzième claſſe de LINNÉE, intitulée, *Tétradynamia Siliculoſa*, qui renferme celles dont les fleurs ont quatre étamines longues & deux courtes, & dont les ſemences ſont renfermées dans des légumes courts.

Les eſpeces ſont :

1°. *Lunaria rediviva, ſiliculis oblongis. Lin. Sp. Plant.* 653; Lunaire avec des ſiliques oblongues.

*Lunaria major, ſiliquâ longiore. J. B.* 2. 881 ; La plus grande Lunaire ou Bulbonac, à ſiliques plus longues, communément appelée *ſatin blanc.*

*Viola Lunaria major, ſiliquâ oblongâ. Bauh. Pin.* 203.

*Viola lati-folia. Lunaria odorata. Cluſ. Hiſt.* 1. *p.* 297.

2°. *Lunaria annua, ſiculis ſubrotundis. Lin. Sp. Plant.* 653 ; Lunaire avec des ſiliques rondes.

*Lunaria major, ſiliquâ rotundiore. J. B.* 2. *p.* 881 ; La plus grande *Lunaire* ou *Bulbonac* avec des ſiliques plus rondes.

*Viola Lati-folia. Dod. pempt.* 161.

3°. *Lunaria Ægyptiaca, foliis ſuprà decompoſitis, foliolis trifidis, ſiliculis oblongis, pendulis.* Bulbonac avec des feuilles décompoſées dont les lobes ſont diviſées en trois parties & des ſiliques oblongues & pendantes.

*Cardamine foliis ſuprà decompoſitis, ſiliquis uni-locularibus, pendulis. Lin. Sp. Plant.* 656. Chemiſe de dame avec des feuilles décompoſées au-deſ-

ſus, & des ſiliques pendantes & à une cellule.

*Ricotia Ægyptiaca. Lin. Syſt. Plant. tom. 3. pag.* 243.

4°. *Lunaria perennis, ſiliculis, oblongis, foliis lanceolatis, incanis.* Bulbonac vivace, dont les ſiliques ſont oblongues, & les feuilles velues & en forme de lance.

*Lunaria perennis lutea, folio Leucoii, ramis expanſis. Vaill.* Lunaire jaune & vivace avec une feuille de grand Perceneige & des branches étendues.

*Rediviva.* La premiere eſpece qui croît naturellement en Hongrie, en Autriche & en Iſtrie, eſt depuis long-tems cultivée dans les jardins anglois. Cette plante eſt bis-annuelle, & périt auſſi-tôt que ſes ſemences ſont mûres ; elle s'éleve à la hauteur de deux ou trois pieds, avec une tige branchue, couverte d'une écorce velue & rougeâtre, & garnie depuis la terre juſqu'à ſon ſommet de branches chargées de feuilles en forme de cœur, alternes, terminées en pointe aiguë, dentelées ſur leurs bords & un peu velues ; celles du bas ſont ſupportées par de longs pétioles, & celles du haut ſont ſeſſiles : ſes fleurs ſortent en paquets au ſommet de ſa tige, & ſur les côtés des branches vers leurs extrémités ; elles ſont compoſées de quatre pétales en forme de cœur, de couleur tirant ſur le pourpre, & placées en forme de croix ; elles paroiſſent dans le mois de Mai, & produiſent des légumes larges, plats, ronds & à deux cellules qui renferment deux rangs de femences plates, en forme de rein, & entourées d'une bordure. Quand ces légumes font mûrs, ils deviennent d'un blanc clair, fatinés & tranfparents, ce qui lui a fait donner le nom de *fleurs fatinées.* Quand les capfules font en pleine matnrité, on les coupe, on les fait fécher, & on les place fur les cheminées des grands appartemens, où elles confervent long-tems leur beauté.

On multiplie cette efpece par fes graines, qu'il faut femer en automne, car celles que l'on garde jufqu'au printems manquent fouvent ou reftent long-tems dans la terre avant de germer. Cette plante croît dans prefque tous les fols, mais elle réuffit mieux à l'ombre; elle n'exige aucun autre foin que d'être débarraffée de mauvaifes herbes qui l'entourent. Si on laiffe à fes graines le tems de fe répandre, elles produiront fans culture une grande quantité de plantes, qui, n'étant pas dérangées, deviendront beaucoup plus grandes que celles qui font tranfplantées. Les racines de cette efpece périffent auffi-tôt que leurs femences font mûres.

*Annua.* La feconde naît fpontanément fur les montagnes d'Italie; elle reffemble beaucoup à la premiere par fes tiges & les feuilles; mais fes fleurs font plus larges & d'un pourpre plus clair : elles different encore davantage par leurs légumes; ceux de celle-ci font plus longs & plus étroits que ceux de la premiere; elle fleurit & produit des femences en

même tems, & elle exige la même culture.

*Ægyptiaca.* La troifieme eft annuelle & fe trouve en Egypte; elle s'élève un peu au-deffus d'un pied de hauteur; fa tige eft unie, branchue, & garnie de feuilles ailées, & compofées de plufieurs paires de lobes unis, d'un vert luifant, & rangés dans la longueur de la côte du milieu : ces lobes varient dans leur forme, quelques-uns font prefqu'entiers, & d'autres font découpés à leur extrémité en trois parties : fes fleurs naiffent fur des pédoncules minces & en petits paquets clairs aux côtés & aux extrémités des branches : elles font de couleur pourpre, & produifent des légumes oblongs, plats & inclinés vers le bas. Cette efpece fleurit vers le mois de Juin & de Juillet; fes femences mûriffent au commencement de Septembre, & les plantes périffent bientôt après.

On la multiplie par fes graines, qu'on feme à demeure fur une plate-bande ouverte; fi on les met en terre auffi-tôt qu'elles font mûres, les plantes pouffe-ront en automne, & fubfifte-ront pendant tout l'hiver, fi elles fe trouvent à une expofition chaude, elles fleuriront dans l'été fuivant : au moyen de cette méthode, on obtient toujours des femences mûres; on peut auffi les mettre en terre au printems. Ces plantes n'ont befoin que d'être tenues nettes de mauvaifes herbes, & éclaircies où elles font trop ferrées. Si on leur laiffe écarter leurs femences en automne, elles pouf-

feront

feront fans aucun foin, & pourront être traitées comme celles
qui ont été femées à la main;
ce qui vaut mieux que de ne
les mettre en terre qu'au printems.

*Perennis.* La quatrieme qu'on
rencontre dans les ifles de l'Archipel, a une racine vivace de
laquelle fortent deux ou trois
tiges ligneufes d'un pied de
hauteur, couvertes d'une écorce blanche & velue, & divifées vers le haut en plufieurs
petites branches garnies de
feuilles en forme de lance, un
peu velues & feffiles aux tiges;
ces branches font terminées par
des épis clairs de fleurs jaunes
qui paroiffent en Juin, & font
remplacées par des légumes oblongs & plats, renfermant des
femences plates & en forme de
rein qui mûriffent en automne.

Cette efpece fe multiplie par
fes femences, qui réuffiffent
mieux lorfqu'elles font mifes en
terre en automne qu'au printems : on les répand fur une
plate-bande chaude & fur un
fol fec & de mauvaife qualité,
fans quoi les plantes périffent
en hiver ; mais dans une terre
remplie de décombres elles durent deux ou trois ans.

LUPIN. *Voyez* LUPINUS.

LUPINUS. *Tourn. Infl. R. H.*
392. *tab.* 213. *Lin. Gen. Plant.*
774. [ *Lupine.* ] Lupin.

*Caraɛteres.* Le calice eft formé
par une feuille divifée en deux
parties ; la corolle eft papillion-
nacée, l'étendard eft rond en
forme de cœur, & découpé au
fommet : les côtés font réfléchis
& comprimés ; les aîles font
prefqu'ovales, & prefqu'auffi





longues que l'étendard ; elles
ne font pas fixees à la carène,
mais près de leur bafe; la carène
eft auffi longue que les aîles,
étroite, courbée & terminée
en pointe; la fleur a dix étamines jointes à leur bâfe en
deux corps : mais à mefure
qu'elles s'élevent, elles fe féparent ; elles font terminées par
cinq fommets oblongs. Dans le
centre eft placé un germe velu, comprimé en forme d'alêne,
qui foutient un ftyle érigé &
terminé par un ftigmat obtus.
Ce germe devient dans la fuite
un légume large, épais, oblong,
à une cellule, & terminé par une
pointe aiguë ; il contient plufieurs femences rondes & comprimées.

Ce genre de plantes eft rangé
dans la troifieme fection de la
dix-feptieme claffe de LINNÉE,
intitulée, *Diadelphia Decandria,*
qui renferme celles dont les
fleurs ont dix étamines jointes
en deux corps.

Les efpeces font :

1°. *Lupinus varius, calycibus femi-verticillatis, appendiculatis ; labio fuperiori bifido, inferiori fub-tridentato. Hort. Cliff.*
499. *Hort Ups.* 367. *Kniph. Cent.*
7. *n.* 47. Lupin avec des calices verticillés à moitié, & garnis d'appendices, dont la levre
fupérieure eft divifée en deux
parties, & l'inférieure prefqu'en trois.

*Lupinus fylveftris purpureo flo-
re, femine rotundo, vario. J. B.*
2. *p.* 291 ; Lupin fauvage,
avec une fleur pourpre & une
femence ronde & bigarrée,
communément appelé *le plus petit Lupin bleu.*

*Lupinus sylvestris, flore cœru-leo. Bauh. Pin. 348.*

2°. *Lupinus angusti-folius, calycibus alternis, appendiculatis; labio superiori bipartito, inferiori integro. Lin. Sp. Plant. 721. Kniph. Cent. 4. n. 46 Knorr. Del. e. t. L. 7;* Lupin avec des calices alternes & des appendices, dont la levre supérieure est divisée en deux parties, & l'inférieure est entiere.

*Lupinus angusti-folius cœruleus, elatior. Raii Hist. 908;* Le plus grand Lupin bleu à feuilles étroites.

*Lupinus flore cœruleo minore Riv. Tetr.*

3°. *Lupinus luteus, calycibus verticillatis, appendiculatis, labio superiori bipartito, inferiori tridentato Hort. Cliff. 499. Hort. Upf. 209. Lugd. - B. 367. Sauv. Monsp. 215. Kniph. Cent. 4. n. 47;* Lupin avec des calices verticillés & des appendices, ayant sa levre supérieure découpée en deux parties, & l'inférieure en trois.

*Lupinus flore luteo, semine compresso vario. Bauh. Hist. 2. p. 291.*

*Lupinus sylvestris flore luteo C. B. 348;* Lupin jaune commun.

4°. *Lupinus hirsutus, calycibus verticillatis, appendiculatis, labio superiori inferiorique integris. Hort. Cliff. 499. Hort. Upf. 209.;* Lupin avec des calices en forme de têtes verticillées, & des appendices, ayant ses levres supérieure & inférieure entieres.

*Lupinus lanuginosus, lati-folius humilis, flore cœruleo purpurascente, stoloni-ferus. Shaw. Afr. 393.*

*Lupinus peregrinus major vel villosus, cœruleus major. C. B.*



*p. 348;* Le plus grand Lupin étranger, velu, & à plus grande fleur, de couleur bleue, communément appelé grand *Lupin bleu.*

5°. *Lupinus albus, calycibus alternis, inappendiculatis, labio superiori integro, inferiori tridentato. Hort. Cliff. 499. Hort. Upf. 209. Mat. Med. 171. Roy. Lugd.-B. 366. Blackw. t. 282. Kniph. Cent. 4. n. 43. Regn. Bot.;* Lupin avec des calices alternes & sans appendice, dont la levre supérieure est entiere, & l'inférieure découpée en trois parties.

*Lupinus caule composito. Hort. Cliff. 359.*

*Lupinus sativus, flore albo. C. B. P. 347. Cluf. Hist. 2. p. 228;* Lupin de jardin à fleurs blanches.

*Lupinus flore albo. Riv. Tetr.*

6°. *Lupinus perennis, calycibus alternis, inappendiculatis, labio superiori emarginato, inferiori integro. Linn. Sp. Plant. 721. Kalm. It. 3. p. 96. Gron. Virg. 104;* Lupin avec des calices alternes, & sans appendice, dont la levre supérieure est échancrée, & l'inférieure entiere.

*Lupinus calycibus alternis, radice perenni, reptante. Gron. Virg. 1. p. 172.*

*Lupinus radice reptatrice, perenni. Roy. Lugd.-B. 531.*

*Lupinus cœruleus, minor, perennis, Virginianus, repens. Moris. Hist. 2. p. 87. S. 2. t. 7. f. 6;* Lupin vivace à racine tracante.

*Varius.* La premiere espece croît naturellement & en grande abondance parmi les bleds dans la France méridionale & en

Italie, ainſi qu'en Sicile. Cette plante, qui eſt annuelle, s'e-leve à la hauteur d'environ trois pieds, avec une tige fer-me, droite, canelée, & divi-ſée vers ſon ſommet en plu-ſieurs branches garnies de feuil-les en forme de main, & com-poſées de cinq, ſix ou ſept lobes oblongs & velus, qui ſe réuniſſent en un centre à leur bâſe : ſes fleurs naiſſent en épis aux extrémités des branches ; elles ſont à moitié verticillées autour de la tige, d'un bleu clair, & de la même forme que celles des *Pois* ; à ces fleurs ſuccedent des légumes érigés, & à une cellule, qui renfer-ment un rang de ſemences rondes. Cette eſpece fleurit dans les mois de Juin & de Juillet, & ſes ſemences mû-riſſent en automne.

On la cultive dans les jar-dins à fleurs comme plante d'ornement : on la ſeme en Avril dans la place où elle doit reſter ; & quand les plantes pouſſent, on les éclaircit dans les endroits où elles ſont trop ſerrées, & on les tient nettes de mauvaiſes herbes : c'eſt en cela que conſiſte toute leur culture.

*Anguſti-folius.* La ſeconde eſpece reſſemble beaucoup à la premiere, mais ſes tiges s'élevent à une hauteur plus conſidérable, & ſes feuilles, qui ont plus de lobes, ſont ſupportées par des plus longs pétioles, leurs lobes ont des pointes émouſſées, & les ſe-mences ſont panachées. Cette eſpece exige la même culture que la premiere, & fleurit dans le même tems.



*Luteus.* La troiſieme eſt le *Lupin* jaune commun, que l'on cultive depuis long-tems dans les jardins anglois pour la bonne odeur de ſes fleurs : elle croît naturellement en Sicile, & s'é-leve à la hauteur d'environ un pied, avec une tige branchue, & garnie de feuilles en forme de main, compoſées de neuf lobes étroits, velus, réunis par leur bâſe au pétiole, & de quatre à cinq pouces de longueur : ſes fleurs ſont jau-nes, diſpoſées en épis clairs aux extrémités des branches, autour deſquelles elles ſont ver-ticillées, avec des intervalles entr'elles, & terminées par trois ou quatre fleurs ſeſſiles ; à ces fleurs ſuccedent des légumes plats, velus, de près de deux pouces de longueur, & éri-gés, & dans leſquels ſont ren-fermées quatre ou cinq ſemen-ces rondes, un peu comprimées ſur les côtés, d'un blanc jau-nâtre, & panachées de taches noires. Cette eſpece fleurit en même tems que la précéden-te, mais ſes fleurs ſe ſuccedent pendant long-tems ; on la ſeme en différentes fois, ſavoir en Avril, en Mai & en Juin ; les premieres plantes ſemées ſont les ſeules qui perfectionnent leurs ſemences ; on peut les cultiver de la même maniere que les deux précédentes, car elles ſont également dures.

*Hirſutus.* La quatrieme eſt regardée comme originaire des Indes ; on la conſerve depuis pluſieurs années dans les jar-dins anglois. Cette plante, qui eſt annuelle, s'éleve à la hauteur de trois ou quatre pieds, avec une tige forte, ferme, canelée, couverte d'un duvet mou & brunâtre, & divifée vers le haut en plufieurs branches fortes & garnies de feuilles en forme de main, & compofées de neuf, dix ou onze lobes velus en forme de coin, étroits à leur bâfe où ils fe réuniffent au pétiole, plus larges vers le haut, & arrondis au fommet; les pétioles des feuilles ont trois ou quatre pouces de longueur : les fleurs font verticillées autour des tiges l'une fur l'autre, & forment un épi clair, qui fort de l'extrémité de branches : ces fleurs font larges & d'un beau bleu, mais fans aucune odeur; elles paroiffent en Juillet, & leurs femences mûriffent en automne. Les légumes de cette efpece font larges d'environ un pouce fur trois de longueur, & renferment trois femences rondes, groffes, comprimées fur leurs côtés, fort rudes, & d'un brun pourpâtre. Il y a une variété de cette efpece à fleurs couleur de chair, que l'on appelle communément *Lupin rofe*; elle ne diffère de la bleue que par la couleur de fa fleur; mais cette différence eft perfiftante & n'éprouve aucun changement.

Elle perfectionne ordinairement fes femences fort tard; car elles ne mûriffent pas à moins que l'automne ne foit chaud & fec : c'eft-pourquoi la meilleure méthode, pour en avoir de bonnes, eft de les femer en Septembre près d'une muraille chaude, fur une terre fèche, où elles réfifteront à nos hivers ordinaires : les plan-

tés qu'elles produiront, fleuriront de bonne heure dans l'été fuivant, & auront affez de tems pour perfectionner leurs graines avant que les pluies d'automne commencent; car ces pluies les font fouvent pourrir avant qu'elles foient tout-à-fait mûres.

En mettant quelques femences de ces deux variétés dans de petits pots, au commencement de Septembre, en plaçant ces pots fous un chaffis de couche chaude ordinaire, dès que les gelées commencent, pour les en garantir, & en leur donnant de l'air dans les tems doux, on pourra conferver ces plantes en hiver; au printems on les ôtera des pots avec leurs mottes, & on les plantera dans une plate-bande chaude, où elles fleuriront de bonne heure, & produiront de bonnes graines.

*Albus.* La cinquieme, qui croît naturellement dans le Levant, eft cultivée dans quelques parties de l'Italie comme un légume propre à la nouriture de l'homme; elle a une tige épaiffe, droite, de deux pieds environ de hauteur, & divifée vers fon fommet en plufieurs petites branches velues & garnies de feuilles en forme de main, & compofées de fept ou huit lobes étroits, oblongs, velus, d'un gris foncé, réunis à leur bâfe, & couvert d'un duvet argenté : fes fleurs naiffent en épis clairs aux extrémités des branches; elles font blanches feffiles & remplacées par des légumes érigés, velus „ de trois pouces environ de longueur, &

un peu applatis fur les côtés, qui renferment cinq ou fix femences plates, blanches, & creufées par une petite cavité femblable à un nombril, dans la partie qui eft fixée au lé-gume. Cette efpece fleurit en Juillet, & fes femences mûrif-fent en automne; elle eft an-nuelle, & on la cultive dans les jardins comme plante d'or-nement : il faut la femer en place, & la traiter comme la premiere efpece (1).

*Perennis*. La fixieme fe trouve en Virginie & dans d'autres parties feptentrionales de l'A-mérique; elle a une racine vivace & rampante, de la-quelle fortent plufieurs tiges érigées, canelées, & d'un pied & demi de hauteur, qui pouf-fent plufieurs petites branches latérales, garnies de feuilles en forme de main, & com-pofées de dix ou onze lobes étroits, en forme de lance, réunis à leur bâte, poftées fur

de fort longs pétioles, & gar-nies de quelques poils fur leurs bords : les fleurs croiffent en épis longs & clairs aux extré-mités des tiges, & font difpo-fées fans ordre fur chaque cô-té ; elles font d'un bleu pâle, & placées fur de courts pé-doncules ; elles paroiffent en Juin, & leurs femences mû-riffent en Août : les graines s'écartent bientôt, fi l'on n'a pas foin de les recueillir auffi-tôt qu'elles font mûres ; car, après un peu d'humidité, le fo-leil fait ouvrir les légumes avec élafticité, & les femences font lancées à une diftance confi-dérable tout autour. On mul-tiplie cette efpece par fes grai-nes comme la précédente : il faut la femer en place ; car, quoique fa racine foit vivace, cependant elle pénètre fi pro-fondément dans la terre, que l'on ne peut pas l'enlever dans fon entier ; & fi elle eft cou-pée ou caffée, la plante pro-fite rarement bien après. J'en ai découvert quelques racines, qui s'étoient enfoncées de trois pieds dans la terre en une feule année, & qui s'étoient éten-dues auffi loin à chaque côté, de forte qu'elles exigent beau-coup de place ; auffi les jeu-nes plantes doivent être mifes au moins à trois pieds de dif-tance : quand elles fe trouvent placées dans un fol léger & fec, leurs racines fubfiftent plufieurs années, & produifent quelques épis de fleurs, qui paroiffent dans les mois de Juin & Juillet; cependant, quand il tombe de la pluie en Août, les racines pouffent fouvent

---

(1) Les *Lupins* paffent pour être apéritifs, diurétiques & emménago-gues ; on prefcrit quelquefois la dé-coction de ces graines dans les ob-ftructions du foie & des autres vif-ceres, la fuppreffion d'urine, les vers inteftinaux, les maladies cuta-nées, &c : leur farine eft mife au nombre des quatre efpeces refolu-tives, & s'emploie en forme de ca-taplafme ; cette farine detrempée & cuite avec le vinaigre, a la réputa-tion de fondre peu-à peu les tu-meurs écrouelleufes fur lefquelles on l'applique.

On fait auffi avec la farine de *Lupin* en général une très-bonne pâte bien fupérieure a la pâte d'a-mandes dont on fe fert pour la-ver les mains.

de nouvelles tiges, qui donnent des fleurs à la fin de Septembre, ou au commencement d'Octobre.

Les femences de la cinquieme efpece, dont on fe fert en Médecine, ont une faveur amere, & on les regarde comme digeftives, fondantes, & déterfives ; lorfqu'on les fait tremper dans l'eau pendant quelques jours, & qu'on leur laiffe ainfi perdre leur amertume, on peut les manger en cas de befoin ; mais on croit qu'elles engendrent beaucoup d'humeurs, & qu'elles font difficiles à digérer. Les femmes font ufage de la fleur & des femences de cette plante, qu'elles mêlent avec du jus de *Limon* & un peu d'*Alumen faccharinum*, pour en former une efpece d'onguent mou, dont elles fe fervent pour rendre le vifage uni [& paroître plus belles.

On feme fouvent le petit *Lupin bleu* en Italie, pour ameublir & engraiffer la terre, furtout celle que l'on deftine à recevoir de la *Vigne*. Ces Lupins reftent jufqu'à ce qu'ils commencent à fleurir ; alors on les coupe, on les enterre en labourant, & les pluies d'hiver font pourrir les tiges, qui fervent d'engrais ; mais je doute que cette méthode puiffe produire quelques beaux effets ; car il y a peu de plantes qui épuifent & appauvriffent autant la terre que le *Lupin* : quand on n'a pas affez de tems pour cette opération, on fait bouillir les femences pour les empêcher de germer, & on

les répand fur la terre avant qu'elle foit labourée, on en emploie ainfi feize boiffeaux par âcre, & cet engrais eft préférable au premier.

Toutes les efpeces de *Lupins* font un bel effet quand ils font en fleurs ; mais le jaune eft préférable à caufe de fa bonne odeur : comme fes fleurs font de peu de durée, fur-tout dans les tems chauds, il faut le femer en différens tems, afin qu'elles fe fuccédent pendant la belle faifon ; elles continueront ainfi jufqu'à ce qu'elles foient arrêtées par les fortes gelées, & celles qui commenceront à s'épanouir en automne, conferveront leur beauté plus longtems que les printanieres. Si on feme quelques graines de *Lupins* en automne fur des plates-bandes chaudes, les plantes fe conferveront pendant l'hiver, & fleuriront de bonne heure au printems.

LUPULUS. *Tourn. Inft. R. H.* 535. *tab.* 309. *Humulus. Lin. Gen. Plant.* 989. Cette plante prend fon nom de *Lupus*, un Loup, parce que les Anciens croyoient que ces animaux avoient la coutume de fe cacher deffous. [*Hop.*] Houblon.

*Caractères.* Cette plante a des fleurs mâles & des fleurs femelles fur différens pieds : le calice de la fleur mâle eft compofé de cinq petites feuilles concaves & obtufes ; elle n'a point de corolle, mais feulement cinq étamines courtes, velues, & terminées par des fommets oblongs : les fleurs femelles ont un périanthe commun, quarré, aigu, & formé

par une feuille ovale & divifée en quatre parties, qui renferme huit fleurs, dont chacune a à fa bâfe un calice d'une
feule feuille : ces fleurs n'ont
ni corolle ni étamine, mais
feulement un petit germe qui
en occupe le centre, & qui
foutient deux ftyles en forme
d'alêne, & couronnés par des
ftigmats aigus, réfléchis &
étendus : ce germe fe change
dans la fuite en une femence
ronde, couverte d'une peau
mince, & renfermée dans la
bâfe du calice.

Ce genre de plantes eft rangé
dans la cinquieme fection de
la vingt-deuxieme claffe de LIN-
NÉE, intitulée, *Diæcia Penran-
dria*, qui renferme celles dont
les fleurs mâles & les femelles naiffent fur différens pieds,
& dont les fleurs mâles ont
cinq étamines.

Nous n'avons qu'une efpece
de ce genre :

*Lupulus Humulus, mas & fæ-
mina. C. B. P.* 298 ; Houblon
mâle & femelle.

*Humulus Lupulus. Linn. Syft.
Plant. tom.* 4. *pag.* 252. *Hort.
Cliff.* 458. *Flor. Suec.* 818. 908.
*Mat. Med.* 214. *Dalib. Paris.*
301. *Roy. Lugd.-B.* 222.

*Lupulus. Hall. Helv. n.* 1618.

*Lupulus falictarius. Fuchs.
Hift.* 124.

Le *Houblon mâle* croît fauvage dans les haies & fur les
chemins de plufieurs parties de
l'Angleterre ; les pauvres gens
cueillent fouvent fes jeunes
branches au printems, & les
mangent après les avoir fait
bouillir ; mais il faut les prendre fort jeunes, fans quoi el-

les font coriaces & filandreu-
fes. On diftingue aifément
cette plante par fes fleurs, qui
font petites, & pendent en paquets longs & clairs fur les
côtés des tiges ; leurs fommets font couverts de pouffiere fécondante, & elles ne
produifent point de femences.

Le *Houblon femelle* eft l'efpece qu'on cultive pour l'u-
fage ; on en compte trois variétés différentes ; le *Houblon
long à œil quarré*, le *Houblon
long & blanc*, & le *Houblon
ovale*. On multiplie diftincte-
ment ces trois variétés en Angleterre, mais on n'admet point
le *Houblon mâle* dans les plantations.

Comme la plus grande plantation de *Houblon* qui foit en
Angleterre fe trouve dans le
Kent, il eft vraifemblable que
la methode qu'on emploie dans
ce pays pour le traitement de
cette plante doit être la meilleure.

La terre dont on fait choix
pour y établir ces plantations,
eft ordinairement riche & fertile ; un fol chaud, fec, &
d'une bonne profondeur, y eft
auffi fort propre, & le *Houblon* y réuffit encore mieux,
fi à deux ou trois pieds de
profondeur le terrein fe trouve
pierreux & rempli de roches :
mais il ne profite en aucune
maniere fur une glaife ferme
ou fur un fol humide & fpon-
gieux.

On feroit encore mieux de
choifir pour le *Houblon* une
piece de terre de prairie, ou
quelque terrein qui n'ait point
encore été défriché, ou, fur

lequel on n'ait point fait de récoltes depuis plusieurs années, ou enfin quelques anciens vergers ; car la terre qui a produit longtems du *Bled* est usée, & a besoin de beaucoup d'engrais, pour devenir propre à la culture du *Houblon*. Les Planteurs de Kent regardent les terres nouvelles comme les meilleures ; ils plantent sur ces terres des *Pommiers* à une grande distance les uns des autres, & des *Cérisiers* entr'eux. Quand la terre a produit du *Houblon* pendant dix années, alors les arbres commencent à porter ; les *Cerisiers* durent eux mêmes environ trente ans, & on les détruit au bout de ce tems pour faire place aux *Pommiers*, qui sont devenus fort grands.

Les Planteurs d'Essex choisissent les terres marécageuses, comme celles qui conviennent le mieux au *Houblon*, quoiqu'ils regardent aussi comme très-bonnes plusieurs autres especes de sols.

Quelques personnes pensent qu'une surface sablonneuse & un fond de terre de brique forment le terrein le plus propre à cette culture, & elles regardent comme une chose très indifférente que ce sable soit blanc ou noir.

Il y a des terres marécageuses de différentes especes ; les unes font fortes & lourdes, de maniere qu'elles se fendent & se crevassent en été ; d'autres font si légeres, que dans les années seches, elles font emportées par le vent, & quelques-unes enfin font d'une consistance moyenne, & font composées des deux especes précédentes.

La valeur & la qualité de ces marais dépend de la nature du sol, qui se trouve en-dessous, ce qui fait un très-bel effet quand on le répand sur la surface ; car il vaut toujours mieux enterrer cette surface quand on veut y planter du *Houblon* ; parce que ses racines font naturellement dirigées vers le bas, & qu'elles pénetrent quelquefois à la profondeur de quatre ou cinq pieds ; ainsi le sol le plus profond & le plus riche lui convient le mieux.

Peu de personnes font attention à la qualité des marais, parce qu'elles ne cherchent point à reconnoître la nature du fond, à cause des frais que ce travail occasionne, & des difficultés qu'il y a à faire écouler les eaux.

Si le terrein est humide, il faut le préparer en sillons très-élevés, afin qu'il puisse bien se secher, & tenir les rigolles & les tranchées nettes & ouvertes, sur tout en hiver, de maniere que l'eau ne se forme point en glace, ou ne se croupisse pas sur les racines.

Si la terre est rude ou froide, on peut l'améliorer beaucoup en la brûlant. Une bonne méthode seroit de brûler chaque année les chaumes du *Houblon* dans un coin du jardin, de les couvrir de terre à mesure qu'ils brûlent, de remettre ensuite du nouveau chaume, & de continuer toujours de même de rang en rang ; on se procureroit par-là de

petits monceaux d'excellens engrais.

Quant à la fituation d'une
terre à *Houblon*, celle qui eft
inclinée au midi ou au couchant doit être préférée ; mais
fi elle fe trouve expofée aux
vents du nord-eft ou du fud-
oueft, il faut l'abriter avec quelques arbres placés à une certaine diftance, parce que les
vents du nord-eft font fujets
à pincer les tendres rejettons
au printems, & ceux du fud-
oueft caffent & emportent fouvent les perches à la fin de l'été ;
ce qui nuit beaucoup au *Houblon*.

Le *Houblon* doit être planté
à une expofition ouverte, afin
que l'air puiffe librement circu-
ler entre chaque plante, pour
en diffiper l'humidité ; par-là,
elles feront moins fujettes à
la nielle, qui détruit bientôt le
milieu des grandes plantations,
tandis que les dehors n'en font
point endommagés.

Pour ce qui concerne la préparation de la terre avant de
planter, il faut la labourer &
la niveler avec une herfe l'hiver
auparavant, & mettre enfuite
deffus en monceaux une bonne
quantité de terre fraîche & riche, ou du fumier bien pourri
mêlé avec de la terre, & en
affez grande quantité, pour
qu'il y en ait la valeur d'un
demi-boiffeau dans chaque trou
de *Houblon*.

On tend enfuite un cordeau
dans la fongueur de la haie
qui environne le terrein, après
y avoir formé des nœuds à
huit ou neuf pouces de diftance les uns des autres, pour
marquer les endroits où les
tiges de *Houblon* doivent être
placées, & on enfonce un
bâton pointu à chacun de ces
endroits ; on tranfporte enfuite
le cordeau à côté avec deux
bâtons à fourches à environ
huit ou neuf pieds de diftance,
& par ce moyen, du premier
rang on peut marquer tout le
terrein, en attachant les deux
fourches aux deux bâtons placés
les premiers, & tracer un autre
rang à l'extrémité oppofée, où
les bâtons à fourche fe ren-
contrent en forme triangulaire ;
après quoi on fait dans tous
les endroits indiqués par les
bâtons un trou d'un pied &
demi de largeur, que l'on remplit de l'engrais ou de la bonne
terre mife en monceaux.

Quand on laboure la terre
avec des chevaux entre les
petites hauteurs, il vaut mieux
les planter en *Quinconce* ou en
forme d'*Echiquier* ; mais le *Quinconce* eft préférable pour le
*Houblon*, & il eft d'ailleurs plus
agréable à l'œil. Si on fe propofe de cultiver la terre avec
la charrue à main, il eft plus
avantageux de difpofer cette
plantation en quarré ; mais,
quelle que foit la maniere dont
on faffe choix, il faut enfoncer
un poteau dans les endroits où
l'on veut élever les petites
buttes.

On doit auffi apporter beaucoup d'attention dans le choix
des plantes & de l'efpece de
*Houblon* ; car fi on forme cette
plantation avec deux ou trois
efpeces qui mûriffent en différens tems, on éprouvera
beaucoup d'embarras & même
de perte.

Les deux meilleures especes font les *Sarmens blancs & gris*; le dernier est un *Houblon* quarré, plus grand, plus dur, & plus fécond, mais qui mûrit plus tard que le premier.

Il y a aussi une autre espece de *Sarment blanc*, qui mûrit huit ou dix jours avant le commun, mais elle est plus tendre, & produit moins; cette espece est celle qu'on voit la premiere sur les marchés.

En plantant trois terreins différens avec ces trois especes de *Houblon*, on aura l'avantage de pouvoir les cueillir successivement, à mesure qu'ils parviendront en maturité.

On doit prendre les *Pieds* ou *Plants* dans des terreins entièrement plantés de la seule espece que l'on veut avoir; ces pieds doivent avoir cinq ou six pouces de longueur, & porter trois nœuds ou boutons après qu'on en a retranché tous les vieux *Sarmens* & les vieilles écorces de l'ancienne poussée. Quand on veut multiplier une espece de *Houblon*, on couche en terre les *Sarmens* superflus, on en coupe les sommets, & on les enterre dans les petites élévations. Toutes ces marcottes pousseront des racines, & pourront ensuite être mises en rangs dans une planche de bonne terre; car presque toutes ces branches croîtront, & donneront de bons *Pieds* au printems suivant. Quelques personnes ont essayé de former une plantation de *Houblon* par semences, mais elles n'en ont retiré aucun avantage, parce que cette méthode est non-



seulement ennuyeuse, mais les *Houblons* ainsi produits sont communément de différentes especes, les uns sauvages & d'autres stériles. La meilleure saison pour planter le *Houblon* est, suivant les habitans de Kent, les mois d'Octobre & de Mars; mais on ne peut pas avoir au mois d'Octobre les *Pieds* de l'espece commune, à moins qu'on ne laboure & qu'on ne détruise une plantation, & l'on est encore en danger de les voir pourrir si l'hivér est fort humide: le tems le plus ordinaire pour se les procurer est le mois de Mars, quand on coupe le *Houblon* & qu'on le dresse.

La maniere de planter le *Houblon* est d'en mettre deux ou trois bons pieds dans chaque trou avec un plantoir, à quatre pouces environ les uns des autres, & de les placer en pente en les tenant au niveau de la surface de la terre; on les presse ensuite ensemble avec la main, on les couvre avec de la terre fine, & on enfonce un bâton à chaque côté pour les assurer.

Les choses étant ainsi disposées, il n'y a rien de plus à faire pendant l'été suivant, que de tenir les petites hauteurs absolument nettes, de houer la terre avec une houe à cheval vers le mois de Mai, de ramasser les pierres si l'on en a déterré quelques-unes en labourant, & d'élever les petites hauteurs autour des plantes. Au mois de Juin, on rassemble ces *Sarmens* en les tordant ensemble, & l'on en forme un nœud;

car fi on les fixoit dès la premiere année à de petits poteaux pour en retirer quelques *Houblons*, on affoibliroit les plantes, & le bénéfice ne feroit pas confidérable.

Lorfque l'on a fait un mélange de terre & de fumier pour fervir d'engrais, le meilleur tems pour le répandre eft vers la Saint-Michel, fi la faifon eft feche, afin que les roues des charriots ne puiffent pas endommager les *Houblons*, ni former des traces trop profondes dans la terre : fi on ne peut pas voiturer l'engrais dans ce tems, on eft obligé d'attendre jufqu'à ce que la gelée ait affermi la terre, de maniere qu'elle puiffe porter les chariots ; c'eft auffi dans ce tems qu'il faut voiturer dans la plantation des nouvelles perches pour remplacer celles qui peuvent être détruites, & qu'il faut enlever chaque année.

Si l'on a une bonne provifion de fumier, la meilleure méthode fera de le répandre fur toute la terre, & de l'enterrer par un labour l'hiver fuivant ; la quantité néceffaire eft de quarante charges par âcre, en comptant trente boiffeaux environ pour une charge.

Quand on n'a pas affez de fumier pour couvrir toute la terre en une feule fois, on peut y en mettre une partie la premiere année, & le refte dans la feconde, & même dans la troifieme ; car, fuivant cette méthode, il n'eft pas néceffaire d'engraiffer le terrein plus fouvent qu'une fois dans deux ou trois ans.

Ceux qui n'ont qu'une petite quantité de fumier, fe contentent ordinairement d'en répandre chaque année environ vingt charges fur un âcre, & ne le mettent que fur les petites élévations ; on fait ce travail dans le mois de Novembre, ou au printems : quelques perfonnes préferent le printems, parce qu'alors les *Houblons* font arrangés, & qu'on les couvre après qu'ils font coupés ; mais quand on differe jufqu'à ce tems, cet engrais doit être fin & bien confommé.

Quant à l'arrangement des *Houblons*, lorfque le terrein eft labouré en Janvier ou en Fevrier, on doit ôter la terre avec la bêche près des hauteurs, afin de pouvoir couper plus commodément les tiges.

Vers la fin de Fevrier, fi les *Houblons* ont été plantés au printems précédent, ou fi la terre eft légere, il faut les arranger par un tems fec ; & fi la terre eft forte & en bon état, on differera cette opération jufqu'au milieu du mois de Mars, & même jufqu'à la fin de ce mois : fi la terre eft fujette à produire des *Sarmens* trop forts, on pourra reculer encore ce travail jufqu'au commencement du mois d'Avril.

Après avoir enlevé avec une bêche ou quelqu'autre inftrument de fer toute la terre des hauteurs, de maniere que la tige foit découverte jufqu'aux racines principales, on retranchera tous les rejettons qui ont crû avec les *Sarmens* de l'année précédente, ainfi que tous les jeunes *Bourgeons*, afin qu'il n'en reſte aucun qui puiſſe couler dans les allées, & affoiblir les tiges principales : on fera bien auſſi de couper une partie de la tige plus bas que l'autre, & de retrancher encore la partie baſſe qui a été laiſſée plus haute l'année précédente. En ſuivant cette méthode, on peut eſperer de bons boutons, & les hauteurs feront en bon ordre : lorſqu'on dreſſe les *Houblons* qui ont été plantés l'année précédente, on doit jetter bas les deux ſommets morts & les jeunes rejettons qui ont pouſſé aux pieds ; après quoi l'on recouvre les tiges avec de la terre fine juſqu'à l'épaiſſeur d'un doigt.

Vers le milieu d'Avril, lorſque les branches commencent à pouſſer, on place les perches, & on les enfonce profondément contre les hauteurs, avec une pince de fer quarrée, afin qu'elles puiſſent mieux réſiſter aux vents. Trois perches ſuffiſent pour une hauteur, en les plaçant auſſi près des buttes qu'il eſt poſſible, & en faiſant pencher leurs ſommets en-dehors, pour empêcher les *Sarmens* de s'entrelacer. On doit auſſi laiſſer une ouverture entre deux perches du côté du midi, pour que les rayons du ſoleil puiſſent y pénétrer.

Les perches doivent avoir ſeize ou vingt pieds de longueur, plus ou moins ſuivant la force de la terre. Il faut avoir grand ſoin de ne pas mettre trop de perches dans une terre maigre, parce qu'el-



les feroient filer les tiges & les affoibliroient : ſi la terre eſt trop chargée de perches, on ne doit pas attendre une bonne récolte, parce que les branches qui portent les *Houblons* feront fort petites, jusqu'à ce que les *Sarmens* ſoient parvenus au-deſſus des perches, ce qui n'a jamais lieu quand les perches ſont trop longues ; deux petites perches ſuffiſent pour une terre nouvelle.

Si l'on attendoit pour placer les perches que les jeunes tiges euſſent atteint la hauteur d'un pied, on feroit plus en état de juger de quelle longueur elles doivent être ; mais ſi on laiſſe ces tiges devenir aſſez grandes pour tomber dans les allées, on leur nuit beaucoup, parce qu'elles s'entrelacent les unes avec les autres, & ne s'attachent pas ſi aiſément autour des perches.

Les perches d'*Erable* ou de *Tremble* ſont regardées comme les meilleures pour les *Houblons* : on prétend qu'ils y réuſſiſſent mieux, à cauſe de la chaleur qu'elles leur procurent, & parce qu'étant plus rudes, les tiges de *Houblon* y grimpent plus aiſément ; mais quant à la durée, les perches de *Fréne* ou de *Saule* ſont préférables ; celles de *Chataignier* durent encore davantage.

Quand les *Houblons* ſont montés, ſi on trouve quelques perches trop courtes, on peut en placer de plus hautes à côté pour recevoir les *Sarmens*.

Quant à ce qui concerne le liage des *Houblons*, les jets qui ne s'attachent point à la perche la plus voifine, quand ils font parvenus à la hauteur de trois ou quatre pieds, y doivent être guidés avec la main, en les tournant vers le foleil, dont ils fuivent toujours le cours ; on les fixe avec des joncs fariis, mais il ne faut pas trop les ferrer, afin de ne pas les empêcher de grimper jufqu'au haut de la perche.

On continue cette opération jufqu'à ce que les perches foient garnies de *Sarmens*, dont deux ou trois fuffifent pour une perche ; tous les rejettons qui ne font pas néceffaires peuvent être déracinés.

Quand les *Sarmens* font parvenus au - deffus de la portée de la main, s'ils abandonnent alors les perches, il faut faire ufage d'une échelle pour les fixer.

Quelques perfonnes confeillent de retrancher les têtes pour faire poufler un plus grand nombre de branches au - deffous, quand les *Sarmens* font très forts & qu'ils croiffent trop au-deffus des perches.

Vers la fin de Mai, quand on a fini de lier, la terre doit être labourée ; ce qui fe fait, en mettant une bêche chargée de terre fine fur chaque hauteur, & l'on recommence un mois après cette opération, pour donner aux buttes une hauteur convenable.

Il eft très-certain qu'un arrofement copieux feroit extrèmement avantageux aux *Houblons* dans les étés chauds &fecs ; mais cela occafionneroit tant de peine & de dépenfe, que la chofe n'eft point praticable, à moins qu'il n'y ait dans le voifinage un ruiffeau qu'on puiffe faire couler fur le terrein.

Quand les *Houblons* fleuriffent, il faut obferver s'il n'y a pas quelques buttes garnies de plantes fauvages & ftériles, & les marquer, en ènfonçant un bâton dans le chaume de ces buttes, afin de pouvoir les arracher & les replanter.

Les *Houblons*, ainfi que les autres végétaux, font fujets à beaucoup de maladies & de défaftres, fur-tout à ce qu'on appelle le *Marais*.

Le Docteur HALES, dans fon excellent *Traité de la Statique des Végétaux*, à l'article du *Houblon*, rapporte l'état des plantes que M. AUSTEN de Cantorbery lui avoit envoyées en 1725.

Dans le milieu d'Avril, il ne paroffoit pas la moitié des réjettons hors de la terre ; de maniere que les planteurs ne favoient comment mettre les perches.

En ouvrant les hauteurs, on s'apperçut du defaut des jets, & on trouva une multitude de différens infectes qui dévoroient les racines, & on attribua la naiffance de cette vermine aux grandes féchereffes qui avoient duré prefque fans interruption depuis trois mois. Vers la fin d'Avril, plufieurs feps de *Houblon* furent infetiés par des mouches.

Le 10 Mai, la croiffance des feps paroiffoit fort inégale ; les uns avoient fept pieds de long ; d'autres tout au plus trois ou quatre ; quelques-uns étoient liés aux perches ; & d'autres

n'étoient pas visibles ; cette iné-
galité dans leur hauteur continua pendant tout le tems de
leur accroissement.

Les mouches parurent alors
sur les feuilles des seps les plus
avancés, mais en moindre quantité ici que dans la plupart des
autres endroits. Vers le milieu
de Juin, les mouches augmen-
terent ; cependant pas assez fort
pour endommager la récolte,
comme dans des plantations
éloignées, où elles s'étoient si
considérablement multipliées,
qu'elles fourmillioient à la fin
du mois.

Le 27 Juin il parut quelques
taches de marais ; depuis ce
jour, jusqu'au 9 Juillet, il y
eut un tems fort sec, & l'on
disoit alors, que la plus grande partie des *Houblons* paroif-
soit mal-saine, noire, & dans
un état irréparable ; les nôtres
cependant étoient en assez bon
état, suivant l'opinion de la
plupart des habiles Planteurs.

Les grandes feuilles étoient
dérangées & un peu fannées ;
le marais étoit un peu augmenté, & du 9 jusqu'au 23
Juillet, il s'accrut encore beaucoup ; mais les mouches &
les poux diminuerent par la
forte pluie qui tomba journellement. Une semaine après,
le marais, qui paroissoit s'être
arrêté, augmenta considérablement, sur-tout dans les cantons où il s'étoit d'abord montré.

Vers le milieu d'Août les seps
cesserent de croître & de pouffer des tiges & des branches ;
les plus avancés produisirent
du *Houblon*, & le reste donna
seulement des fleurs : le ma-

rais commença à s'étendre dans
les endroits où l'on ne l'avoit
point encore apperçu, & non
seulement les feuilles en furent
gâtées, mais aussi plusieurs boutons.

Le 20 Août quelques hou-
blons étoient infectés par le
marais, & des branches entieres étoient corrompues ; la
moitié de plantations avoit
échappé & s'étoit assez bien
conservée jusqu'à ce moment :
mais alors le marais commença à augmenter un peu, le
vent & la pluie, qui eurent
lieu durant plusieurs jours de
la semaine suivante, leur nui-
sirent beaucoup ; plusieurs com-
mencerent à decheoir & tomberent à rien ; quelques-uns
de ceux qui étoient restés en
fleurs ne donnerent point de
*Houblon*, & le surplus resta
très-petit.

Nous ne commençâmes point
à éplucher, avant le 8 Septembre, 18 jours plus tard que
l'année précédente : la récolte,
qui fut d'un peu plus de deux
cents par âcre de terre, ne
fut pas bonne. Les meilleurs
*Houblons* se vendirent cette année à Way-Hill, 16 livres fterling le cent ou quintal.

Le Docteur H ALES rapporte encore l'expérience suivante qu'il
fit sur des seps de *Houblons* :
dans le mois de Juillet il cou-
pa deux seps en bon état près
de la terre, dans un endroit
du jardin fort à l'ombre, la
perche y étant toujours ; il
dépouilla un de ces seps de
ses feuilles & mit les tiges
dans de petites bouteilles avec
une certaine quantité d'eau :

celui auquel il avoit laiffé les feuilles abforba en douze heures de tems quatre onces d'eau, & celui qui avoit été depouillé, trois quarts d'once.

Il prit une autre perche avec les feps deffus, & l'emporta hors du jardin à *Houblons* dans une expofition libre & ouverte; ceux-ci abforberent & transpirerent une fois autant, que les premiers, ce qui fert à démontrer pourquoi les feps qui fe trouvent fur les bords de la plantation, où ils font les plus expofés à l'air, font courts & mauvais en comparaifon de ceux du milieu; parce qu'étant fort deffechés, leurs fibres fe durciffent plutôt, & ne peuvent pas fe prêter auffi-bien au prolongement de leurs fibres que ceux du centre qui fe confervent toujours humides, & ont par conféquent plus de foupleffe.

Le même Auteur continue ainfi : un âcre de terre plantée en *Houblons* contient mille buttes de trois perches chacune, & chacune de ces perches porte trois feps ; le nombre des feps dans cette piece de terre eft par conféquent de neuf milles, dont chacun tranfpire quatre onces d'eau ; ce qui forme par âcre, dans l'efpace de douze heures, 36000 onces, qui font 15750000 grains, 62007 pouces cubes, ou 220 gallons, lefquels divifés par 6272640 pouces quarrés dans un âcre, font la quantité de liqueur tranfpirée par tous les feps de *Houblons* qui égale une furface de liqueur auffi étendue qu'un âcre, & d'une

partie d'un pouce de profondeur, fans compter ce qui s'évapore de la terre.

Cette quantité d'humidité dans un air en bon état, fi elle fe diffipe journellement, eft fuffifante pour entretenir les *Houblons* comme ils doivent l'être; mais quand l'air eft humide, pluvieux, & fans intervalle de tems fecs, alors les *houblons* fe trouvent environnés d'une trop grande humidité qui empêche en quelque maniere la tranfpiration des feuilles; par là la feve croupit, fe corrompt & engendre un moifi qui fait le marais, & gâte fouvent de grandes plantations de *Houblons*.

C'eft ce qui eft arrivé en 1723 : il plut prefque continuellement pendant les dix ou quinze derniers jours de Juillet, après quatre mois de tems fec, ce qui infecta de marais les *Houblons* les mieux fleuris & de la meilleure apparence, & gâta leurs feuilles & leurs fruits, tandis que ceux qui avoient mal réuffi, échapperent & produifirent en abondance, parce qu'étant petits, ils n'avoient point tranfpiré en auffi grande quantité que les autres, & la vapeur tranfpirée ne s'étoit pas trouvée fi gênée que dans les gros feps en bon état & placés à l'ombre.

Les cultivateurs ont obfervé que, lorfque le marais eft une fois établi dans quelques parties des plantations, il fe répand bientôt fur tout le terrein, que les plantes qui naiffent fous les *Houblons*, en font alors probablement infectées ; & que les petites femences d'un crû prompt, parvenant bientôt en maturité, & s'écartant fur toute la furface du fol, peuvent être la caufe de cette propagation fucceffive du marais qui s'étend ainfi pendant plufieurs années fur différens terreins. Ne feroit-il pas alors prudent de brûler les feps attaqués de cette maladie auffi-tôt que les *Houblons* font recueillis, pour détruire la racine du mal.

M. Austen de Cantorbery, obferve que le marais eft plus pernicieux aux terres baffes & abritées qu'à celles qui font élevées & découvertes, & qu'il fait plus de mal aux côteaux expofés au nord, qu'à ceux qui penchent vers le midi, au milieu des plantations qu'à l'extérieur, aux terres feches & douces, qu'à celles qui font humides & fortes.

On s'eft apperçu de la vérité de toutes ces obfervations dans les plantations dont le travail avoit été le même, & qui avoient été cultivées en même-tems; mais quand il y avoit eu quelque différence dans le traitement, l'effet étoit auffi différent; les terres baffes & douces que l'on avoit négligées étoient alors moins attaquées que les terreins ouverts & humides qui avoient été foigneufement cultivés.

On a obfervé que les rofées douces commençoient vers le onze Juin, & que vers le milieu de Juillet elles rendoient les feuilles noires.

Le même Docteur Hales rapporte que dans le mois de Juillet, que les planteurs ap-

pellent la faifon de nielles, il avoit vu des feps au milieu d'une terre à *Houblon*, brûlés d'une extrémité à l'autre d'un grand terrein; ce qui avoit été occafionné par un coup de foleil vif, furvenu immédiatement après la pluie, qu'alors on voyoit à l'œil nud, & furtout avec un telefcope, les vapeurs monter en fi grande abondance, qu'elles obfcurciffoient & troubloient les objets; & comme il n'y avoit point de veine & de gravier dans l'efpace du terrein brûlé, on ne pouvoit atribuer cette plus grande quantité de vapeurs brûlantes, qu'à la fituation du lieu renfermé au milieu de la plantation, ce qui n'étoit point arrivé à l'extérieur, l'air étant plus denfe & plus échauffé dans ce milieu.

Peut-être auffi que la plus grande maffe de vapeurs étant plus épaiffe dans le milieu de la plantation, rend dans cet endroit les rayons du foleil convergents, & augmente ainfi confidérablement la chaleur; car on a remarqué que la partie où fe trouvoient les *Houblons* brûlés, formoit une ligne en angle droit avec les rayons du foleil vers les onze heures, qui eft le tems où ils font le plus ardens.

Cette terre à *Houblon* fe trouvoit dans une vallée dirigée du fud-oueft au nord-eft; & autant qu'il put s'en refouvenir, il n'y avoit alors que très-peu de vent, fur-tout dans la ligne brûlée, car fi le vent du nord ou du fud avoit régné il eft probable que ce vent du nord,

nord, en soufflant doucement, auroit porté la maffe de cette vapeur naiffante fur le côté méridional, & qu'alors le lieu de cette direction auroit été le plus brûlé.

Quant aux nielles brûlantes particulieres qui frappent çà & là quelques feps de *houblons*, ou une ou deux branches d'arbre, fans endommager le voifinage, les phyficiens ne peuvent nous en donner aucune raifon fatisfaifante. Ils obfervent fouvent, avec des telefcopes refléchiffans, de petites portions de vapeurs, féparées & tranfparentes, qui flottent dans l'air, lefquelles quoiqu'invifibles à l'œil nud, font cependant confidérablement plus denfes que l'air qui les environne, & de pareilles vapeurs peuvent fort bien acquérir un dégré de chaleur fuffifant pour brûler les parties des plantes qu'elles touchent, fur-tout fi ces parties font fort tendres.

Les jardiniers des environs de Londres ont fouvent obfervé à leurs dépens, qu'en mettant fans précaution des cloches fur leurs choux-fleurs de bonne heure dans une matinée de gelée, & avant que la rofée foit évaporée, cette rofée attirée par la chaleur du foleil & refferrée en-dedans de la cloche, formoit une vapeur denfe, tranfparente & ardente qui brûloit & détruifoit les plantes.

Peut-être auffi que la furface fupérieure de ces maffes de vapeurs tranfparentes, féparées & voltigeantes, prenant différentes formes hémifphériques ou de demi cylindre, rendent les rayons du foleil convergens, de maniere qu'ils brûlent fouvent les plantes les plus tendres, fur lefquelles tombent les globules de vapeur, ainfi que les parties plus dures des plantes & des arbres, à proportion que ces vapeurs affectent une figure plus propre à raffembler les rayons du foleil.

Le Savant BOERHAAVE (dans fes *Elemens de Chymie*, *page 245*, *Edition de SHAW*,) obferve que les nuées blanches qui paroiffent en été font comme autant de miroirs ou de verres ardens qui occafionnent une chaleur exceffive; ces miroirs nébuleux étant quelquefois ronds & quelquefois concaves, lorfque le foleil luit entre ces nuées, il doit néceffairement produire une chaleur véhémente, puifque plufieurs de ces rayons, qui autrement ne parviendroient peut être point jufqu'à la terre, s'y font fentir avec violence: c'eft ainfi que des nuées difpofées de cette maniere font l'office de véritables verres ardens, qui enflamment l'air & occafionnent le phénomène du tonnerre.

J'ai quelquefois obfervé, continue-t-il, une efpece de nuée creufe, remplie de grêle & de neige, qui produifoit une chaleur extrême, parce qu'étant plus condenfée, elle réfléchiffoit une plus grande quantité de rayons: la nuée fe diffipant enfuite en grêle, il furvenoit un froid piquant, qui étoit fuivi d'une chaleur modérée ; ainsi les nuées de glace & concaves produisent par leurs grande réflexion une chaleur vigoureuse, & quand elles se dissipent, un froid excessif.

De-là le Docteur HALES conclut que la nielle peut être occasionnée par la réflexion des nuées, ainsi que par la réfraction des vapeurs épaisses & transparentes.

Les *Houblons* commencent à fleurir vers le milieu de Juillet, & sont en état d'être cueillis dans le tems de la fête de Saint Barthélemi ; on peut juger de leur maturité par leur odeur forte, leur dureté & la couleur brunâtre de leurs semences.

Quand au moyen de ces observations on s'apperçoit qu'ils sont mûrs, on les recueille le plus promptement qu'il est possible ; car ils seroient exposés à être fortement endommagés, si dans ce tems-là il survenoit des vents violens ; & leurs branches étant rompues ou froissées, ils perdroient beaucoup de leur couleur ; ce qu'il faut éviter : car il est certain que le *Houblon* vert & luisant se vend un tiers de plus que celui qui a perdu sa couleur, & qui est devenu brun.

La maniere la plus commode de faire cette récolte est de mettre le *Houblon* dans une caisse longue & quarrée, appellée *Bin*, semblable à un terrin de Boulanger ; à mesure qu'on le cueille, on le jette dans un rap suspendu en-dedans avec des cloux à crochets.



La caisse est composée de quatre morceaux de bois joints ensemble, & soutenus par quatre pieds, avec un pilier à chaque côté pour soulever un autre morceau de bois placé sur le milieu de la caisse à une hauteur convenable pour y mettre dessus les perches que l'on veut éplucher.

Cette caisse a ordinairement huit pieds de longueur sur trois de largeur ; on peut y placer deux perches à la fois, de maniere que trois ou quatre personnes peuvent y travailler de chaque côté.

Il vaut mieux commencer à recueillir le *Houblon* du côté de l'Orient ou du Nord de la plantation, si l'on peut le faire commodément ; parce qu'ainsi on est toujours à l'abri des vents impétueux du Sud-Ouest.

Si l'on veut commencer par une piece de terre de onze buttes quarrées, on place le châssis ou la caisse sur celle qui occupe le centre de cet espace, de maniere qu'il y en a cinq de chaque côté ; quand ces buttes sont épluchées, on transporte la caisse dans une autre piece de terre de la même étendue, & on continue toujours ainsi jusqu'à ce que la récolte soit finie.

Quand on enleve les perches pour les éplucher, il faut avoir grand soin de ne pas couper les sarmens trop près des hauteurs, sur-tout lorsque ces tiges sont vertes ; parce que l'on occasionneroit ainsi un écoulement trop considérable de la séve : si les perches sont difficiles à arracher, on les enlevé au moyen d'un morceau de bois en forme de lévier, & garni d'un fer fourchu, dentelé en dedans, & fixé à deux pieds de l'extrémité.

Il faut éplucher bien proprement les *Houblons*, c'est-à-dire, sans qu'il y reste ni feuilles, ni tiges, vuider la caisse deux ou trois fois par jour dans un sac de grosse toile, & porter les *Houblons* tout de suite au four pour les secher ; car si on les laisse long-tems dans la caisse ou dans le sac, ils sont sujets à s'échauffer & à se décolorer.

Quand le tems est chaud, on ne doit pas enlever plus de perches qu'on ne peut en éplucher dans une heure, & il faut toujours faire cette récolte dans un beau jour, si cela est possible, & quand les *Houblons* sont secs ; car au moyen de cela on épargne le feu du four, & leur couleur se conserve beaucoup mieux.

La meilleure méthode pour sécher les *Houblons* est d'employer du charbon de bois, & de se servir d'un four couvert d'une toile de crin de la même forme & du même tissu que celle dont on se sert pour sécher la Drèche. Il n'est pas nécessaire de donner des instructions particulieres pour faire ce four, puisque tous les Charpentiers & les Maçons du pays où croissent les *Houblons*, & où l'on fait de la Drèche, connoissent parfaitement cette construction.

Ce four doit être quarré, & peut avoir dix, douze, quatorze ou seize pieds au-dessus du sommet, qui est la place où l'on met les *Houblons*, suivant que la plantation l'exige & que l'emplacement le permet ; mais il y a certaines proportions qui doivent nécessairement être suivies entre la hauteur & la largeur du four, ainsi que pour l'endroit où l'on met le feu, c'est-à-dire que, si le four a douze pieds quarrés sur le sommet, on lui donne neuf pieds de hauteur depuis l'endroit où l'on place le feu, qui doit avoir six pieds & demi en quarré ; on observe les mêmes proportions dans les autres dimensions.

On étend le *Houblon* de niveau au dessus du four jusqu'à un pied d'épaisseur, & même davantage, si la profondeur de la gourmette le permet ; mais il faut avoir soin de ne pas surcharger le sommet, si le *Houblon* est vert & humide.

On échauffe d'abord le sommet avant d'y mettre le *Houblon*, & l'on entretient cette chaleur sans interruption, mais pas trop vivement, pour ne pas brûler le *Houblon* ; il ne faut pas non plus la diminuer, mais plutôt l'augmenter jusqu'à ce que les *Houblons* soient presque secs, afin que l'humidité, ou les vapeurs que le feu fait monter, ne les décolore pas, & ne retombe point.

Quand ils ont été dessus pendant environ neuf heures, on les retourne, & deux ou trois heures après on peut les ôter. On connoît quand ils sont bien secs par la fragilité des queues,

& lorſque les feuilles tombent aiſément.

Les Hollandois & les Flamands s'y prennent différemment pour ſecher leurs *Houblons*; ils ont des fours quarrés d'environ huit ou dix pieds de largeur, conſtruits en briques ou en pierres avec une porte ſur un côté, & une place à feu ſur l'aire de treize pouces environ en-dedans, & treize pouces de hauteur en longueur dans l'embouchure preſque juſqu'au fond du four; on y laiſſe préciſément aſſez de place pour qu'un homme puiſſe tourner autour de l'extrémité, ce qu'ils appellent *un cheval*, tel qu'on le fait ordinairement dans les fours à drèche; le feu ſort par des trous à chaque côté & à chaque bout.

Le plancher, ſur lequel on place le *Houblon*, ſe trouve à cinq pieds d'élévation au-deſſus; autour de cette aire eſt une muraille de près de quatre pieds de hauteur, qui ſert à retenir le *Houblon*. On pratique une fenêtre à un des côtés de cette muraille, par laquelle on jette le *Houblon* ſec dans une chambre préparée pour le recevoir; les planchers ſont faits de lattes ſciées fort droites, & placées à trois lignes de diſtance les unes des autres ſur une ſolive qui les croiſe dans le milieu pour les ſoutenir.

On dépoſe le *Houblon* par paniers ſur ce plancher, & ſans toile, en commençant par un bout, & en continuant de même, juſqu'à ce que toute cette ſurface en ſoit couverte juſqu'à l'épaiſſeur d'une demi - verge (1), mais ſans la fouler; on ſe ſert enſuite d'un fateau pour le mettre de niveau, & d'une épaiſſeur égale.

Cela fait, on allume le feu au deſſous avec du bois ou du charbon; mais on préfere le charbon: on entretient ce feu, autant qu'il eſt poſſible, à un dégre égal & conſtant, ſeulement à l'entrée du four, car l'air le diſperſe ſuffiſamment.

On ne remue pas ce *Houblon* juſqu'à ce qu'il ſoit tout-à-fait ſec dans toute la profondeur; mais ſi l'on trouve quelqu'endroit qui ne ſoit pas auſſi ſec que le reſte, ce dont on s'apperçoit en étendant deſſus un bâton, & en le frappant partout pour reconnoître ceux qui ne font point de bruit, on place ſur le *Houblon* le plus ſec, celui qui conſerve encore un peu d'humidité. On reconnoit que le *Houblon* eſt entièrement ſec à la fragilité de la queue; alors on retire le feu, & l'on jette le *Houblon* par la fenêtre deſtinée à cet uſage dans la chambre qui doit le recevoir, en ſe ſervant d'une perche large par le bout: on entre enſuite par la porte d'en-bas pour balayer le *Houblon* & les ſemences qui peuvent y être tombées par la fenêtre, & on les met avec les autres; après cela on remet une autre couche de *Houblon* verd, & l'on rallume le feu comme auparavant.

Quelques perſonnes déſapprouvent cette méthode, parce

_______________

(1) La Verge eſt de trois pieds anglois.

qu'ils prétendent que la couche de *Houblon* étant trop épaiſſe, & n'étant pas retournée, ceux du bas doivent néceſſairement ſecher avant ceux du haut, & que la chaleur du feu, paſſant à travers la couche entiere pour ſecher ceux du deſſus, doit néceſſairement trop deſſecher & endommager beaucoup la plus grande partie des *Houblons*: ils ajoûtent encore que cette opération entraine une dépenſe inutile par l'entretien du feu qui doit durer plus long-tems pour ſecher entièrement une ſi groſſe maſſe.

C'eſt pourquoi l'on conſeille de conſtruire le four comme il a été dit avant, à la maniere hollandoiſe: de pratiquer d'abord une couche à rebords plats d'un pouce environ d'épaiſſeur ſur deux ou trois pouces de largeur, & de mettre au-deſſus des traverſes plates en forme d'échiquier à trois ou quatre pouces de diſtance l'une de l'autre; afin que le plancher puiſſe être droit & uni: on peut poſer cette couche ſur deux ou trois ſolives en forme de bord pour l'empêcher de s'enfoncer.

Elle doit être couverte d'une feuille de fer blanc double & ſoudée à chaque joint; les ſolives doivent être faites de maniere qu'étant placées, les joints du fer-blanc ſoient toujours au milieu: lorſque la couche en eſt entièrement couverte, on attache les planches autour des bords du fourneau pour ſoutenir le *Houblon*; mais il eſt néceſſaire de ménager une ouverture d'un côté pour en ôter le *Houblon* comme auparavant.

On court moins de riſque, & il y a moins de perte en retournant le *Houblon* ſur ce plancher de fer-blanc, que ſur une toile de crin, & cette méthode exige auſſi moins de frais pour l'entretien du feu: on peut brûler dans ce four telles matieres combuſtibles que l'on veut, ainſi que du charbon de terre, parce que la fumée ne peut pas paſſer au travers des *Houblons*, comme cela a lieu avec une toile de crin; mais alors on doit ménager ſur les angles & les côtés du four des paſſages pour la fumée.

Il eſt reconnu par l'expérience que la méthode la plus aiſée, & la meilleure étoit de retourner le *Houblon*, mais elle en diminue beaucoup la quantité quand il n'y en a qu'un petit volume, qui d'ailleurs exige autant de dépenſe en matieres combuſtibles, & de tems pour le ſecher & le retourner, que quand il eſt en plus grande maſſe.

On pourroit obvier à cet inconvénient par le moyen d'un couvercle que l'on deſcendroit & rehauſſeroit avec aiſance au deſſus de la couche ſur laquelle ſont les *Houblons*.

Cette couverture ſeroit garnie de fer-blanc ſimplement cloué, lorſque le *Houblon* commence à ſecher, & qu'il eſt prêt à brûler: alors la plus grande partie de ſon humidité étant évaporée, on pourroit abaiſſer à un pied du *Houblon* le couvercle qui feroit l'effet d'un réverbere , & réfléchiroit la chaleur au-deffus ; par ce moyen le haut feroit auffi-tôt fec que le fond , & tout le *Houblon* feroit également feché.

Auffi-tôt que le *Houblon* eft enlevé de deffus le four , on le tient dans une chambre pendant trois femaines ou un mois pour le laiffer refroidir , fuer & durcir ; car fi on le mettoit dans des facs immédiatement après , il fe réduiroit en poudre : il eft donc néceffaire de le tenir pendant quelque tems dans une chambre ; car plus il y refte , plus il acquiert de qualité , pourvu qu'il foit bien couvert avec quelqu'étoffe de laine , pour le mettre à l'abri de l'air : on pourra le mettre enfuite en fac , & fans qu'il coure rifque d'être réduit en poudre lorfqu'on le foule avec les pieds ; ce qu'il eft néceffaire de faire avec force , pour le mieux conferver.

Quand on veut le mettre en fac , on fait dans le plancher fupérieur un trou rond & quarré , affez large pour recevoir un fac fait de quatre aunes & demie d'une toile d'une aune de largeur , qui tient ordinairement deux cents & demi de *Houblon* ; on lie une poignée de *Houblon* à chaque coin du fond du fac pour fervir de manche , & l'on attache l'ouverture du fac au trou du plancher , de maniere que le *Houblon* puiffe refter fur le bord du trou ; ces préparatifs étant terminés , une perfonne met le *Houblon* dans le fac , tandis qu'une autre le foule avec les pieds à mefure qu'on l'en-

taffe , jufqu'à ce que le fac foit bien rempli : alors on le détache & on le defcend pour le fermer , en liant toujours une poignée de *Houblon* à chaque coin de l'ouverture , comme on a fait dans le bas.

Quand le *Houblon* eft ainfi emballé s'il eft bien feché & mis dans un endroit fec , il peut fe conferver pendant plufieurs années ; mais il faut avoir foin qu'il ne foit point détruit ni gâté par les fouris , qui pourroient faire leurs nids dedans.

La récolte du *Houblon* étant terminée , il faut préparer la récolte fuivante , en prenant d'abord foin des perches que l'on doit placer fous un apentis , après en avoir ôté le chaume : fi l'on n'a pas cette commodité , on les arrange en pyramide , en foutenant leurs angles par trois ou plufieurs perches , qu'on enfonce dans la terre avec un inftrument de fer , & en les attachant enfemble au fommet : on place les autres par-deffus ces premieres , de maniere qu'il n'y ait que celles du dehors qui foient expofées aux injures du tems ; toutes celles de l'intérieur fe confervent feches , excepté au fommet ; fi on les couchoit fimplement fur la terre , elles feroient plus endommagées dans quinze jours , que pendant tout le refte de l'année , étant dreffées.

En hiver il faut préparer le fol , & les engrais pour le printems fuivant.

Si le fumier eft pourri , on le mêle avec deux ou trois

parties de terre commune , &
on laisse le tout s'incorporer
ensemble , jusqu'à ce qu'on le
mette en œuvre pour former
les hauteurs du *Houblon* ; mais
si le fumier est nouveau, ce
mélange doit rester une année
en monceau , sans quoi il nuiroit beaucoup au *Houblon*.

Autrefois on se servoit plus
communément qu'aujourd'hui
de toutes sortes de fumiers ;
quand ces especes d'engrais
sont bien pourris & conver-
tis en terreaux, on peut s'en
servir , si l'on n'en a point d'autre. Le fumier de vache , celui de cochon , & les immondices des latrines , étant mêlés
avec de la boue , peuvent faire
un engrais fort propre au *Houblon* , à qui il faut des substances fraîches & humides.

Quelques personnes recom-
mandent la craie ou la chaux
comme le meilleur de tous les
engrais ; ce qui peut être en
effet très-bon dans les terres
froides : ainsi que le crotin de
pigeon ; mais il faut mêler ces
substances de maniere qu'elles
ne puissent pas exciter trop de
chaleur , & ainsi elles seront
très-utiles (1).

**LUSERNE** *Voyez* MEDICA &
MEDICAGO.

______

(1) La décoction des racines &
des jeunes tiges du *Houblon* est un
très-bon remede apéritif, diapho-
rétique & antiputride ; on l'emploie
avec succès dans les obstructions des
visceres , l'affection hypocondria-
que, le scorbut , &c.

Le *Houblon* a donné son nom au
syrop de *Lupulo* ; il entre aussi dans
le syrop bisantin & dans celui de
*Chicorée composée.*



LUSERNE EN ARBRE. *V.*
MEDICA ARBOREA.

LUTEOLA. *Voyez* RESEDA
LUTEOLA. L.

LYCHNIS. *Tourn. Inst. R. H.
333. Tab. 175. Lin. Gen Plant.
517 ;* ainsi appellé de Λυχνφ une
*Bougie* ou *Lumiere ,* parce que
les fleurs de cette plante imitent la flâme d'une bougie.
[ *Campion.* ]

*Caracteres.* Le calice de la fleur
est gonflé, persistant & formé
par une feuille découpée sur
ses bords en cinq parties; la
corolle est composée de cinq
petales, dont les onglets sont
de la longueur du calice ; la
partie supérieure est unie, large , & souvent fendue en lames : la fleur a dix étamines
plus longues que le calice , rangées alternativement , fixées
aux onglets des pétales , & terminées par des sommets penchés. Dans le centre est placé
un germe presqu'ovale , qui
soutient cinq styles couronnés
par des stigmats réfléchis & velus ; le calice devient dans la
suite une capsule ovale , & a
une cellule remplie de semences rondes, & qui s'ouvre en
cinq valves.

Ce genre de plantes est rangé
dans la cinquieme section de la
dixieme classe de LINNÉE , intitulée *Decandria Pentagynya* qui
renferme celles dont les fleurs
ont dix étamines & cinq styles.

Les especes sont :

1°. *Lychnis Chalcedonica , floribus fasciculatis , fastigiatis. Hort.
Cliff.* 174. *Hort. Ups.* 115. *Roy.
Lugd.-B.* 449. *Gmel. Sib.* 4. *p.*
14; Lychnis avec des fleurs
recueillies en pyramide.

· *Lychnis hirfuta , flore coccineo ,
major.* C. B. P. 203 ; le plus
grand Lychnis à fleur ecarlate ,
que les François appellent
*Croix-de-Jerufalem ,* ou *fleur de
Conflantinople.*

*Flos Conflantinopolitanus. Dod.
Pempt. 178.*

2°. *Lychnis vifcaria, petalis
integris. Lin. Sp. Plant. 436.
Gmel. Sib. 4.pag. 142. Scop. carn.
ed. 2. n. 529. Pollich. Pal. n.
439. Mattuch. Sil. n. 328. Kniph.
cent. 12. n. 69* ; Lychnis avec
des pétales entiers.

*Silene floribus pentagynis, cap-
fulis quinque - locularibus. Hort.
Cliff. 172. Fl. Suec. 364. 409.
Roy. Lugd.-B. 445.*

*Lychnis Sylveftris , vifcofa ,
rubra , angufti-folia.* C. B. P. 205 ;
Lychnis fauvage & vifqueux ,
avec une fleur rouge & des
feuilles étroites , communément appelé *Attrape-Mouche.*

*Lychnis fylveftris purpurea. Ta-
bern. 294.*

*Lychnis fylveftris.* IV. *Clus.
Hift. 1. pag. 289.*

3°. *Lychnis dioïca , floribus
dioïcis. Hort. Cliff. 171. Fl. Suec.
361. 411. Roy. Lugd.-B. 448.
Gmel. Sib. 4. p. 137. Scop. carn.
ed. 2. n. 530. Pollich. Pal. n.
440. Kniph. cent. 11. n. 64* ;
Lychnis avec des fleurs mâles &
femelles fur differentes plantes.

*Cucubalus caule compofito, ca-
lycibus oblongo-ovatis. Fl. Lapp.
182.*

*Lychnis fylveftris , five aqua-
tica, purpurea , fimplex.* C. B. P.
204 ; Lychnis fauvage ou aquatique , avec une fleur fimple
de couleur pourpre à laquelle
on donne fouvent le nom de
*Bouton-de-Bachelier.*



*Melandrium Plinii genuinum.
Clus. H. 1. p. 394. mas* ; Lychnis fauvage.

*Ocymaftrum rubrum. Tabernæ-
M. p. 299.*

4°. *Lychnis alba , floribus dioïcis , calycibus inflatis , hirfutis* ;
Lychnis avec des fleurs mâles
& femelles fur différentes plantes, qui ont des calices gonflés
& velus.

*Cucubalus floribus hermaphro-
ditis, pentagynis , capfulis uni-locularibus. Hort. Cliff. 170.*

*Lychnis fylveftris , alba, fim-
plex.* C. B. P. 204 ; Lychnis
fauvage, avec une fleur fimple
& blanche.

*Lychnis alba multiplex. Bauh.
Pin. 204* ; Variété.

5°. *Lychnis flos cuculi, petalis
quadrifidis , fructu fub - rotundo.
Hort. Cliff. 174. Flor. Suec. 384.
408. Roy. Lugd.-B. 134. Hall.
Helv. n. 921. Oed. Dan. t. 590.
Pollich. Pal. n. 438. Gmel. Sib.
4. p. 145* ; Lychnis avec des
pétales divifés en quatre parties, & un fruit rond.

*Caryophyllus pratenfis , flore
laciniato fimplci , feu flos cuculi.
Bauh. Pin. 210.*

*Lychnis pratenfis , flore lacinia-
to , fimplici. Mor. Hift. 2. pag.*
537 ; Lychnis des. prés ,
avec une fleur fimple & découpée , ordinairement appelé
*Robin - en - Lambeaux , Ragged-
Robin ,* ou la *Maglonette.*

*Caryophyllus pratenfis , flore
pleno. Bauh. Pin. 210* ; Variété.

*Odontites Plinii. Cluf. Hift. 1.
pag. 292. 293.*

6°. *Lychnis Alpina, petalis
bifidis , floribus corymbofis. Lin.
Sp. Plant. 436* ; Lychnis avec

des pétales divifés en deux parties, & des fleurs en corymbe.

*Lychnis petalis bifidis, floribus tetragynis. Oed. Dan. t. 65. Linn. Syſt. Plant. tom. 2. Sp. 5. p. 397.*

*Silene floribus in capitulum con-geſtis. Haller. Helv. 376* ; Lychnis avec des fleurs recueillies
en têtes.

*Silene floribus corymbofis, caule erecto, foliis lanceolato-linearibus. Roy. Lugd.-B. 447.*

*Silene Lapponica Alpina, facie Vifcariæ. Fl. Lapp. 185.*

7°. *Lychnis Siberica, petalis bifidis, caule dichotomo, foliis fub-hirfutis. Lin. Sp. Plant. 437* ;
Lychnis avec des pétales divi-
fés en deux parties, une tige
branchue, & des feuilles un
peu velues.

8º. *Lychnis Lufitanica, caule erecto, calycibus ftriatis, acutis, Plant. 170* ; Lychnis avec une
tige érigée, des calices cane-
lés & aigus, & des pétales
découpés en plufieurs parties.

9º. *Lychnis apetala, calyce in-flato, corollâ calyce breviore, caule fub – uni – floro. Lin. Sp. Plant. 437. Gmel. Sib. 4. pag. 137* ;
Lychnis avec un calice gonflé,
des pétales plus courts que le
calice, & une feule fleur fur
chaque tige.

*Cucubalus caule fimpliciffimo, uni-floro, petalis calyce breviori-bus. Fl. Suec. 363. 412.*

*Lychnis fylveftris alba, calyce amplo, veficario. Vaill.* ; Lychnis
blanc fauvage, avec un calice
gonflé.

*Cucubalus caule fimpliciffimo, uni-floro, corollâ inclufâ. Fl. Lapp. 181. t. 12. f. 1.*

*Chalcedonica.* La première efpece eſt communément connue
fous le nom de *Lychnis écarlate*;
il y a une variété de cette efpece
à fleurs doubles, qui eſt fort eftimée, à caufe de la groffeur de
fa fleur, & la multiplicité de fes
pétales, ainfi que par la durée
de fes fleurs, qui fe confervent
beaucoup plus long-tems belles
que les fimples, qu'on ne cultive pas beaucoup à préfent,
quoiqu'elles foient fort agréables, & qu'on puiffe les multiplier bien plus facilement par
femences que celles à fleurs
doubles, qui ne produifent
point de graines. Il y a trois
variétés de l'efpece fimple,
mais la première eſt la plus
belle.

Cette plante fe multiplie aifément par fes graines, qu'il
faut femer à l'expofition du
Levant vers le milieu du mois
de Mars ; les plantes paroîtront
en Avril. Si la faifon eſt feche,
on les arrofe deux ou trois
fois par femaine : lorfqu'elles
feront affez fortes pour être
tranfplantées, ce qui aura lieu
au commencement de Juin, on
préparera une planche de terre
commune, & on les y plantera
à la diſtance d'environ quatre
pouces, en obfervant de les
arrofer & de les tenir à l'ombre, jufqu'à ce qu'elles aient
repris racine ; après quoi elles
n'exigeront plus aucun autre
foin que d'être tenues nettes
de mauvaifes herbes. En automne, on les placera à demeure dans les plates-bandes
du jardin à fleurs. Ces plantes
fleuriront dans l'été fuivant, &
produiront de bonnes femences. Les racines de cette efpece

durent plusieurs années , & continuent à donner des fleurs , qui paroiffent dans les mois de Juin & de Juillet , & perfectionnent leurs femences en automne. On peut auffi les multiplier par rejettons ; mais comme leurs femences mûriffent très-aifément, peu de perfonnes prennent la peine de les divifer. Les François donnent à cette plante le nom de *Croix-de-Jérufalem.*

L'efpece à fleurs doubles eft fort recherchée ; fes fleurs font très-doubles , & d'une belle couleur écarlate ; elle a une racine vivace , qui produit , fuivant fa force, deux, trois ou quatre tiges, fortes, érigées , & velues, qui s'élevent au-deflus de la hauteur de quatre pieds, dans une terre riche & humide , & font garnies dans toute leur longueur de feuilles en forme de lance , feffiles , & oppofées : précifément au-deflus de chaque paire de feuilles, il y en a quatre petites difpofées autour de la tige ; fes fleurs naiffent en paquets ferrés fur le fommet de la tige : quand les racines font fortes, ces bouquets font fort larges , & produifent un bel effet ; car ces fleurs font très-doubles, & d'une écarlate brillante ; elles paroiffent à la fin de Juin , & dans les années tempéreés, elles confervent leur beauté pendant près d'un mois : les tiges périffent en automne , & les nouvelles s'élevent au printems.

Cette variété a été originairement produite par les femences de l'efpece fimple : on la



multiplie par boutures, qu'on détache des racines en automne ; mais comme cette méthode eft lente , il vaut mieux , pour fe procurer une plus grande quantité de plantes , couper les tiges dans le mois de Juin , avant que les fleurs paroiffent, & les divifer en boutures de trois ou quatre nœuds, qu'on plante à l'expofition du Levant fur une plate-bande de terre douce & marneufe , on enfonce trois nœuds dans la terre, & on ne laiffe qu'un œil au niveau de la furface ; il faut les arrofer, les bien couvrir avec des cloches, afin d'en exclurre l'air extérieur, .& les tenir à l'ombre avec des nattes , quand le foleil eft trop ardent.

Ces boutures , ainfi traitées , poufferont des racines en cinq ou fix femaines de tems : alors on les expofera à l'air , & dans les grandes fécchereffes , on les arrofera de tems en tems ; cet arrofement doit être léger , & pas trop fouvent répeté , car trop d'humidité les fait fouvent pourrir. Ces plantes pourront être tranfplantées en automne dans les plates-bandes du parterre , où elles fleuriront dans l'été fuivant.

Quelques perfonnes , qui ne veulent point perdre les fleurs de leurs plantes, ne coupent les tiges pour en faire des boutures, que quand les fleurs font paffées ; mais alors ces tiges font trop dures, & ne réuffiffent que rarement, & celles qui pouffent ne font jamais d'auffi bonnes plantes que celles qui ont été mifes en terre de bonne heure : c'eft-pourquoi il vaut mieux sacrifier les fleurs de quelques racines, que de risquer d'en manquer.

Ces plantes se plaisent dans une terre douce, riche & marneuse, mais pas trop humide ni trop ferme; elles font ainsi de grands progrès, & fleurissent fortement : mais il ne faut pas leur donner trop de fumier, qui très-souvent gâte les racines & les fait pourrir : c'est pour cette raison qu'elles ne réussissent pas bien dans les terres riches & fumées des environs de Londres. Comme ces plantes s'élevent à une grande hauteur, on doit les placer dans le milieu des larges plates-bandes, & ne pas les étouffer avec d'autres plantes, car leurs racines s'étendent à une grande distance; & si elles sont gênées par d'autres, leur accroissement en est considérablement diminué.

Je n'ai jamais vu de doubles fleurs des deux autres variétés; cependant on m'a assuré qu'on en trouvoit dans quelques jardins françois, que leurs fleurs étoient blanches, mais qu'elles étoient moins belles & moins estimées que l'écarlate.

*Viscaria.* La seconde espece, à laquelle on donne vulgairement le nom d'*Attrappe-Mouche* rouge d'Allemagne, naît spontanément sur les rochers du parc d'Edimbourg, & dans quelques endroits du pays de Galles : on la cultivoit autrefois comme plante d'ornement dans les parterres; mais depuis que celle à fleurs doubles a été introduite, la simple a presqu'été bannie des jardins. Cette espece a des feuilles longues & étroites, comme de l'herbe; elles sortent de la racine sans ordre, & tout près de la terre : du milieu de ces feuilles sortent des tiges droites & simples, qui s'élevent à la hauteur d'un pied & demi dans une bonne terre; de chacun de leurs nœuds naissent deux feuilles opposées, de la même forme que celles du bas, mais qui diminuent en largeur vers le haut : sous chaque paire de feuilles, dans la longueur d'un pouce, on voit sortir de la tige une liqueur glutineuse, & presqu'aussi collante que la *Glu*, qui retient les mouches qui viennent s'y poser; ce qui lui a fait donner le nom d'*Attrappe-Mouche*.

La tige est terminée par un bouquet de fleurs pourpre, & des deux nœuds supérieurs sort, sur chaque côté de la tige, un pareil paquet de fleurs semblables, qui forment ensemble une espece d'épi clair; elles paroissent au commencement du mois de Mai, & les fleurs simples produisent des capsules rondes & remplies de petites semences angulaires, qui mûrissent en Juillet.

On peut multiplier cette espece en grande quantité, en divisant ses racines en automne; ces racines croîtront à merveille dans cette saison : si on la seme suivant la méthode qui a été prescrite pour la premiere, on se procurera un grand nombre de plantes à fleurs simples. Cette plante se plaît dans un sol léger & humide, & dans une situation abritée.

Les plantes à fleurs doubles de cette espece ont été obtenues accidentellement des semences de l'espece simple ; on ne les connoissoit point autrefois dans les jardins anglois ; mais à présent, elles y sont devenues si communes, qu'on n'y cultive plus celles à fleurs simples.

Comme elles ne produisent point de semences, on ne peut les multiplier qu'en les divisant, ou en faisant des boutures de leurs racines : le meilleur tems pour cette opération est l'automne ; elles réussissent toutes dans cette saison : si on les plante en Septembre, ces boutures auront de bonnes racines avant les gelées, & donneront des fleurs dans l'été suivant : si l'on veut qu'elles fleurissent fortement, il ne faut pas diviser leurs racines en trop petites parties, à moins qu'on ne veuille les multiplier beaucoup ; on les plante sur une plate-bande exposée au Levant, & on les couvre quand le soleil est chaud, jusqu'à ce qu'elles aient produit de nouvelles fibres. En plantant ces boutures au commencement de Septembre, elles seront assez enracinées pour être placées dans le parterre, au milieu ou à la fin du mois d'Octobre. Les racines de cette espece se multiplient si considérablement, qu'on est obligé de les diviser & de les transplanter chaque année ; car si on les laissoit plus long tems, elles seroient sujettes à se pourrir ; elle exige



le même sol & la même situation que la précédente.

*Dioica.* La troisieme, qu'on rencontre sur les bords des fossés & dans des pâturages humides des plusieurs parties de l'Angleterre, est rarement admise dans les jardins ; elle a une racine vivace, de laquelle sortent plusieurs tiges branchues, de deux ou trois pieds de hauteur, & garnies de feuilles ovales, à pointe aiguë, & placées par paires à chaque nœud : ces tiges sont terminées par des paquets de fleurs pourpre, qui paroissent dans les mois de Mai & de Juin. Les fleurs mâles croissent sur des plantes différentes de celles qui portent les femelles ; ces dernieres produisent des semences qui mûrissent en Juillet ; les tiges périssent en automne, mais les racines durent plusieurs années.

Il y a une variété de cette espece à fleurs doubles, que l'on cultive dans les jardins sous le nom de *Bouton rouge de Bachelier,* ou *Passe fleur-Jacée* : c'est une plante d'ornement, dont les fleurs durent fort long-tems ; on la multiplie par boutures, qu'il faut planter au commencement du mois d'Août, à l'ombre, dans une planche de terre marneuse, où elles prendront racine dans l'espace de six semaines ou deux mois : alors on peut les transplanter dans les plates-bandes du parterre. Ces racines doivent être enlevées annuellement, sans quoi elles sont exposées à être attaquées de pourriture, & il est encore nécessaire d'élever de jeunes plantes, pour remplacer les anciennes, qui ne font pas de longue durée. Cette efpece profite mieux dans un fol mou & marneux .que dans tout autre ; elle aime l'ombre, & n'a befoin que d'être expofée au foleil du matin.

*Alba.* La quatrieme eft fort commune fur les bancs fecs & les bords des chemins dans la plus grande partie de l'Angleterre ; mais on ne l'admet point dans les jardins : elle a une variété à fleurs de couleur pourpre, que quelques perfonnes fuppofent être la même que la troifieme efpece : mais elle eft fort différente ; car fes tiges font plus branchues au-dehors, fes feuilles font plus longues & plus veinées, & fes fleurs fortent fimples fur de longs pédoncules, & ne font point difpofées en grappes, comme celles de la troifieme ; elle eft auffi fort velue, & le calice de la fleur eft gonflé en forme de veffie. Cette efpece fleurit un mois après l'autre, mais fes fleurs mâles & femelles naiffent fur des plantes différentes, comme celle de la précédente.

On connoît encore une variété de celle-ci à fleurs doubles, que l'on cultive dans les jardins fous le nom de *Fleurs doubles & blanches du bouton de Bachelier* : cette plante fert à orner les parterres ; mais, comme elle eft blanche, elle a beaucoup moins d'apparence que l'autre ; cependant elle peut fervir à augmenter la variété : on la multiplie de la même maniere que l'efpece double

dont il a été queftion plus haut ; elle exige un fol plus fec & une expofition plus ouverte.

*Flos cuculi.* La cinquieme efpece croît communément dans les prairies & les pâquis, ainfi que fur les bords des rivieres de la plus grande partie de l'Angleterre, où elle pouffe au milieu des autres herbes, & s'éleve à la hauteur d'un pied & demi avec des tiges droites, branchues & garnies de feuilles étroites, en forme de lance, & placées par paires oppofées fur chaque nœud : ces tiges font minces, canelées, & terminées par fix ou fept fleurs de couleur pourpre, & foutenues par des pédoncules longs & branchus au-dehors ; le calice de la fleur eft raye de pourpre, & les pétales font profondément découpés en quatre fegmens étroits, qui femblent être déchirés ; ce qui a fait donner à cette plante par les gens de campagne le nom de *Robin déchiré* ou *Robin-en-lambeaux* : elle fleurit dans le mois de Mai, & fes femences mùriffent en Juillet. On ne cultive jamais cette efpece dans les jardins ; mais elle a une variété à fleurs très-doubles, que les Jardiniers multiplient pour l'ornement, elle ne differe de la fimple que par la grande quantité de fes pétales : mais comme elle ne produit point de femences, on ne peut la multiplier que par boutures de la même maniere que la feconde efpece : on la connoît vulgairement, comme on l'a déja dit, fous le nom de *Robin-en-lambeaux*, ou *Maglonette.*

*Alpina.* La fixieme croît fans culture fur les Alpes , en Laponie & dans quelques autres contrées feptentrionales de l'Europe ; cette plante eft vivace , & fe plaît dans un fol humide : fes tiges érigées & hautes de fix pouces font garnies de feuilles étroites, en forme de lance, placées par paires, & oppofées comme celles de la précédente, mais elles font un peu plus courtes & plus larges : les feuilles radicales font plus larges que celles des tiges ; elles fortent près de la terre, & font unies & d'un vert foncé : fes fleurs , qui naiffent en corymbe au fommet de la tige , font très-rapprochées l'une de l'autre , & de couleur pourpre ; leurs pétales font divifés au milieu. Cette efpece fleurit au commencement de Juin, & fes femences múriffent en Août. On la multiplie par femences , & en divifant les racines ; elle exige un fol humide & une fituation ombragée ; car fans cela elle ne fait point de progrès. Le tems le plus propre à tranfplanter & divifer fes racines eft le même que l'on choifit pour la feconde efpece : fes graines peuvent être femées dans le mois de Mars fur une planche de terre à l'ombre ; mais les plantes ne pouffent point, à moins que l'on n'entretienne la terre humide : quand elles font en état d'être enlevées, on les tranfplante dans une plate-bande à l'ombre , où elles peuvent refter jufqu'à ce qu'elles fleuriffent.

*Siberica.* La feptieme, qui eft originaire de la Sibérie , a une racine vivace, de laquelle fortent plufieurs feuilles étroites tout près de la terre : fes tiges ont un demi-pied de hauteur, & fe divifent en branches, qui fortent par paires : fes fleurs font produites aux divifions des branches , ainfi qu'aux extrémités des tiges qui font partagées au milieu ; elles paroiffent dans le mois de Juin, & font remplacées par des capfules rondes & remplies de petites femences angulaires, qui múriffent en Août. Cette plante exige le même traitement que la précédente.

*Lufitanica.* La huitieme, qui a été portée de Portugal en Angleterre, eft probablement une variété d'une autre à fleurs fimples, qui croît naturellement dans ce pays ; mais elle differe de toutes celles que nous avons en Angleterre, quoiqu'elle ait quelques rapports avec le double *Robin-en-lambeaux* : elle a une racine vivace, de laquelle fortent près de la terre plufieurs feuilles oblongues & étroites, qui fe féparent en différentes têtes, comme celles de la feconde efpece ; de chacune de ces têtes s'éleve une tige droite de neuf pouces environ de hauteur, & divifée vers le haut en branches difpofées par paires ; de chacune de ces branches fortent deux pédoncules minces & de deux pouces de longueur, qui foutiennent chacun une double fleur de couleur pourpre, dont les pétales font fort divifés à leur extrémité , & rayés en pourpre foncé. Il y a auffi fur les parties latérales des tiges, des pédoncules qui fortent des aîles des feuilles, & foutiennent pour la plupart une feule fleur, & quelques-uns deux : ces fleurs font fort doubles, & ne produifent jamais de femences. Cette plante fleurit ordinairement dans le mois de Juin, mais elle pouffe quelquefois des tiges nouvelles qui donnent des fleurs en automne : on la multiplie par boutures comme les troifieme & quatrieme efpeces ; mais comme elle eft originaire d'un climat chaud, elle eft fenfible au froid, & exige un traitement particulier, car elle ne profiteroit pas bien dans des pots & ne fubfifteroit pas pendant l'hiver en plein air ; de forte que la feule méthode qui m'ait réuffi étoit de la placer auffi près qu'il eft poffible d'une muraille expofée au fud, & dans une terre fèche & fans fumier ; car dans un terrein riche & humide fes racines pourriffent bien-tôt, ainfi que quand on les arrofe : elle profite encore mieux en la plantant dans des décombres de brique. Cette plante m'a été donnée par Jean BROWNING, Ecuyer, de Lincoln's-inn, à qui on l'avoit envoyée du Portugal.

*Apetala.* La neuvieme efpece eft originaire des parties feptentrionales de l'Europe ; elle reffemble à la quatrieme ; mais fes pétales ne s'étendent pas au-delà du calice, & fes calices font beaucoup plus gros, & plus gonflés.

Les autres efpeces de *Lychnis* font à préfent rangés fous les genres fuivans, favoir :

AGROSTEMMA, CUCU-BALUS, SAPONARIA & SILENE, articles auxquels je renvoie le Lecteur.

LYCHNIS BASTARD. *Voy.* PHLOX. L.

LYCIUM. *Lin. Gen. Plant.* 232. *Jafminoïdes. Niffol. Act. R. Paris. Rhamnus. C. B. P.* 477. [ *Boxthorn.* ] Jafminoïde *ou* Jafmin bâtard.

*Caracteres.* Le calice de la fleur eft petit, obtus, perfiftant, érigé, & divifé au fommet en cinq parties ; la corolle eft monopétale & en forme d'entonnoir ; elle a un tube recourbé, dont l'extrémité eft découpée en cinq fegmens obtus, qui s'étendent & s'ouvrent : la fleur a cinq étamines en forme d'alêne, un peu inclinées, plus courtes que le tube, & terminées par des fommets érigés ; dans le centre eft placé un germe rond, qui foutient un ftyle fimple, plus long que les étamines, & couronné par un ftigmat épais & divifé en deux parties ; ce germe fe change dans la fuite en une baie ronde & à deux cellules, qui renferment des femences en forme de rein, attachées à la partition du milieu.

Ce genre de plantes eft rangé dans la premiere fection de la cinquieme claffe de LINNÉE, intitulée, *Pentandria Monogynia,* qui renferme celles dont les fleurs ont cinq étamines & un ftyle.

Les efpeces font :

1°. *Lycium Afrum, foliis lineari-longioribus, tubo florum longiore, fegmentis obtufis* ; Jafminoïde avec des feuilles plus longues & linéaires, un plus long tube, & des segmens oblongs.

*Lycium foliis linearibus. Hort. Cliff.* 57. *Hort. Upsal.* 47. *Trew. Ehret.* 4. *t.* 24; Lycium à feuilles linéaires.

*Jasminoïdes Africanum, Jasmini aculeati foliis & facie. Niss. Act.* 1711. *p.* 420. *t.* 12.

2°. *Lycium Italicum, foliis lineari-brevioribus, tubo florum breviori, segmentis ovalibus patentissimis*; Lycium avec des feuilles plus courtes & linéaires, un tube plus court, & des segmens ovales entierement ouverts.

3°. *Lycium Salici-folium, foliis cunei-formibus. Vir. Cliff.* 14; Jasminoïde avec des feuilles en forme de coin.

*Jasminoïdes aculeatum, Salicis folio, flore parvo ex albo purpurascente. Mitchel. Gen.* 224; Jasminoïde à feuilles de Saule, avec une petite fleur d'un blanc tirant sur le pourpre.

*Rhamnus alter, foliis salsis, flore purpureo. Bauh. Pin.* 477.

4°. *Lycium Barbarum, foliis lanceolatis, crassiusculis, calycibus bifidis. Lin. Sp. Plant.* 192; Jasminoïde avec des feuilles épaisses & en forme de lance, & des calices divisés en deux parties.

*Jasminoïdes aculeatum, Polygoni folio, floribus parvis albidis. Shaw. Afr.* 349. *f.* 349; Jasminoïde, ou Jasmin bâtard épineux, avec une feuille de Sanguinaire, & des petites fleurs blanchâtres.

5°. *Lycium Chinense, foliis ovato-lanceolatis, ramis diffusis, floribus solitariis, patentibus, ala-*

ribus, *stylo longiori*; Lycium avec des feuilles ovales & en forme de lance, des branches touffues, & des fleurs étendues, qui sortent simples sur les côtés des branches, & ont un plus long style.

6°. *Lycium Halimi-folium, foliis lanceolatis, acutis*; Lycium à feuilles en forme de lance & aiguës.

*Jasminoïdes Sinense, Halimi folio longiori & angustiori. Duham.* 306; Jasmin bâtard de la Chine, avec des feuilles plus étroites & plus longues.

*Rhamnus peregrinus, Rorismarini folio, candidior. Pluk. Alm.* 370.

7°. *Lycium capense, foliis oblongo-ovatis, crassiusculis confertis, spinis robustioribus*; Lycium avec des feuilles oblongues, ovales, étroites, qui croissent en paquets, & armé de plus fortes épines.

8°. *Lycium angusti-folium, foliis lineari-lanceolatis, confertis, calycibus brevibus, acutis*; Lycium avec des feuilles linéaires, en forme de lance, qui sortent en paquets, & des calices courts & aigus.

9°. *Lycium inerme, foliis lanceolatis, alternis, perennantibus*; Lycium uni, avec des feuilles en forme de lance, toujours vertes & alternes.

10°. *Lycium cordatum, foliis cordato-ovatis, sessilibus, oppositis, perennantibus, spinis crassis, bigeminis, floribus confertis*; Lycium avec des feuilles ovales, en forme de cœur, & opposées, qui conservent leur verdure toute l'année, & sont sessiles aux branches, avec des épis

épis épais & doubles, & des fleurs en grappes.

*Arbor Africana fpinofa, foliis craffis, cordatis & conjugatis, fpinis craffis, bigeminis.* Herm. Cat. 4; Arbre d'Afrique épineux, avec des feuilles épaiffes en forme de cœur, & difpofées par paires, & des épines doubles & épaiffes.

*Arduina bifpinofa.* Linn. Syft. Plant. t. 1. p. 550.

*Afrum.* La premiere efpece croît naturellement en Efpagne, au Portugal & au cap de Bonne-Efperance: elle s'éleve avec des tiges irrégulieres à la hauteur de dix ou douze pieds, & pouffe plufieurs branches courbes, noueufes, couvertes d'une écorce blanchâtre & armées d'épines longues & aiguës, fur lefquelles croiffent plufieurs paquets de feuilles étroites; il y a fouvent une ou deux épines plus petites à côté des grandes qui produifent quelques grappes de petites feuilles au-deffus : fes branches font garnies de feuilles fort étroites, & d'un pouce & demi de longueur, au bas defquelles fortent des paquets de feuilles plus étroites : fes fleurs naiffent aux côtés des branches, fur de courts pédoncules; elles ont un calice court, perfiftant, formé par une feuille tubulée & découpée en cinq fegmens fur fes bords : la corolle, qui eft monopétale & en forme d'entonnoir, a un tube long, recourbé & découpé en cinq fegmens obtus fur fes bords; fes fleurs font d'un pourpre fale, & ont cinq étamines prefqu'auffi lon-

*Tome IV.*

gues que le tube, avec des fommets érigés : dans le centre eft placé un germe rond qui foutient un ftyle plus long que les étamines, & couronné par un ftigmat divifé en deux parties; ce germe fe change, quand la fleur eft paffée, en une baie ronde, charnue & de couleur jaunâtre à fa maturité, qui renferme plufieurs femences dures. Cette plante fleurit ordinairement dans les mois de Juin & de Juillet, & fes femences mûriffent en automne; mais elle donne encore fouvent quelques fleurs dans tous les mois de l'été.

On peut la multiplier par fes graines, par boutures ou par marcottes : on feme les graines en automne auffi-tôt qu'elles font mûres; car fi on les confervoit jufqu'au printems, elles poufferoient rarement dans la premiere année : fi on les feme dans des pots, il faut les tenir dans du vieux tan pendant l'hiver, & dans les très-fortes gelées les couvrir avec de la paille ou chaume de pois, mais les découvrir dans les tems doux, pour qu'elles puiffent recevoir l'humidité. Au printems on place ces pots dans une couche de chaleur modérée, qui fera bientôt pouffer les plantes : on les accoutume à fupporter le plein air auffi-tôt que le danger des gelées eft paffé; & quand elles font parvenues à trois pouces de hauteur, on peut les enlever, les planter chacune féparément dans de petits pots remplis d'une terre marneufe, & les tenir à l'ombre jufqu'à ce qu'elles aient formé de nou-velles racines : alors on les met dans une situation abritée, où on les laisse jusqu'à l'automne pour les renfermer ensuite dans la terre, ou sous les châssis d'une couche chaude où elles soient à l'abri des fortes ge-lées ; car ces plantes étant trop tendres pour subsister en plein air dans notre climat, il faut les conserver dans des pots, & les traiter de la même ma-niere que les *Myrtes* & les autres plantes dures de la ser-re ; mais quand elles ont ac-quis de la force, on peut en mettre quelques-unes en pleine terre, à une exposition chau-de, où elles résisteront aux hivers modérés, pourvu qu'on les mette à l'abri quand il sur-vient de fortes gelées. Les bou-tures de cette espece doivent être plantées à l'ombre dans une plate-bande, au mois de Juillet : si l'on a soin de les bien arroser, elles prendront facilement racine, & pourront être traitées comme les plantes de semences.

*Italicum.* La seconde espece a été élevée dans le jardin de Chelséa avec des semences du cap de Bonne-Espérance ; elle a une tige irréguliere d'ar-brisseau comme la précédente : mais elle s'éleve rarement au-dessus de quatre ou cinq pieds de hauteur : ses grandes feuilles sont plus courtes & un peu plus larges que celles de la premiere, mais les touffes des petites feuilles sont plus étroi-tes ; le tube de la fleur est plus court, & ses bords sont plus profondément découpés en segmens ovales & tout-à-fait ouverts ; le calice est plus court, & découpé en segmens aigus, & les fleurs & les fruits sont plus petits : ces diffé-rences sont constantes dans toutes les plantes que j'ai éle-vées, deux ou trois fois par semences. Cette espece fleurit vers le même tems que la pré-cédente, & peut être multi-pliée de la même maniere ; elle exige aussi la même cul-ture.

*Salici-folium.* La troisieme es-pece naît sans culture dans les haies de la France méridionale, en Espagne & en Italie ; elle a plusieurs tiges en forme d'ar-brisseau, irrégulieres, couver-tes d'une écorce blanche, & armées de fortes épines ; ses feuilles sont étroites à la bâse, plus larges vers le haut, & d'un vert pâle : ses fleurs qui sortent sur les côtés des bran-ches sont d'un blanc tirant sur le pourpre, petites & de peu d'apparence. Cette espece fleurit dans les mois de Juin & de Juillet, mais elle ne produit pas souvent de semences dans ce pays ; elle conserve ses feuilles jusqu'à l'hiver.

On peut la multiplier par boutures ou par marcottes, comme la premiere ; elle ré-siste en plein air dans une si-tuation abritée & chaude, mais les très-fortes gelées font périr ses branches, & détruisent quel-quefois ses racines quand elles ne sont pas couvertes.

*Barbarum.* La quatrieme es-pece a été apportée par le feu Docteur SHAW de l'Afrique, où elle croît naturellement ;

elle a une tige d'arbriſſeau de ſept ou huit pieds de hauteur, qui pouſſe pluſieurs branches irrégulières, armées de fortes épines, & garnies de feuilles courtes, épaiſſes, ovales, en forme de lance, & placées ſans ordre : ſes fleurs naiſſent ſur les côtés des branches ; elles ſont petites, blanches, & de peu d'apparence. Cette plante fleurit en Juillet & Août, mais elle ne produit point de ſemences en Angleterre. On peut la multiplier par boutures comme la premiere eſpece ; mais comme elle eſt trop tendre pour reſiſter en plein air au froid de nos hivers, il faut la tenir en pots, & la placer dans la ſerre en automne, où on la traitera comme les autres eſpeces qui y ſont renfermées.

*Chinenſe.* La cinquieme croît naturellement à la Chine, d'où ſes ſemences ont été apportées en Angleterre, il y a quelques années : ces graines ont produit dans pluſieurs jardins, des plantes qui ont été priſes par quelques perſonnes pour celle du *Thé* ; elle s'éleve à une grande hauteur avec des branches foibles, irrégulières & étendues, qui exigent un ſoutien ſans lequel elles traîneroient ſur la terre. J'ai meſuré quelques-unes de ces branches, qui dans une année ont acquis plus de douze pieds de longueur ; les feuilles les plus baſſes ont plus de quatre pouces de long ſur trois de large dans le milieu ; elles ſont d'un vert clair, minces, & placées ſans ordre, ſur chaque côté

des branches : à meſure que les branches s'allongent, les feuilles diminuent en grandeur, de manière que vers l'extrémité elles n'ont pas plus d'un pouce de longueur ſur trois lignes de largeur ; elles ſont ſeſſiles ſur chaque côté : ſes fleurs naiſſent ſimples à chaque nœud, vers la partie ſupérieure des branches, ſur des pétioles courts & minces : elles ſont d'une couleur pâle, & ont des tubes courts ; leurs bords s'étendent plus que dans aucune des eſpeces précédentes, & le ſtyle eſt conſidérablement plus long que le tube de la fleur. Cette plante fleurit dans les mois d'Août, Septembre & Octobre ; elle eſt fort dure, & conſerve ſes feuilles juſqu'en Novembre ; elle ſe multiplie aſſez fort par ſes racines rampantes, qui pouſſent des rejettons à une grande diſtance : les boutures de cette plante, étant miſes en terre, pouſſent auſſi a ſément des racines que celles des *Saules.*

*Halimi folium.* La ſixieme eſt encore originaire de la Chine, d'où ſes ſemences ont été apportées au Jardin Royal à Paris. Monſieur Bernard de JUSSIEU, Démonſtrateur des plantes dans ce jardin, m'a donné quelques-unes de ces graines : elle s'éleve en tige d'arbriſſeau à la hauteur de quatre ou cinq pieds, & pouſſe pluſieurs branches irrégulieres, couvertes d'une écorce fort blanche, & armées de quelques épines courtes : ſes feuilles ont environ trois pouces de longueur ſur un de large au milieu ; elles font alternes, & d'un vert pâle : fes fleurs paroiffent dans les mois de Juin & de Juillet, & produifent de petites baies rondes qui mûriffent en automne, & deviennent alors rouges comme du corail. Cette plante fe multiplie par boutures, qu'il faut planter au printems avant qu'elles commencent à pouffer : on les met dans une plate-bande expofée au foleil du matin, où elles prendront racine fort aifément ; mais on ne doit pas les enlever avant l'automne : alors on les placera de maniere qu'elles puiffent être paliffées contre une muraille : car leurs branches font trop foibles pour pouvoir fe foutenir ; & comme leurs feuilles fe confervent vertes auffi long-tems que celles d'aucunes des plantes qui perdent les leurs, elles font très-propres à garnir des murailles.

*Capenfe.* La feptieme, qui a été élevée dans le jardin de Chelféa avec des femences apportées du Cap de Bonne-Efperance, a des tiges branchues d'arbriffeau de fept à huit pieds de hauteur, & armées d'épines longues & fortes, au deffous defquelles naiffent plufieurs grappes de feuilles : fes branches font garnies de petites feuilles oblongues, ovales, placées fans ordre, quelquefois réunies en petites grappes fur un même bouton, & d'autrefois fimples fur chaque côté de la tige ; ces feuilles font d'un vert clair, d'une confiftance épaiffe, & confervent leur verdure toute l'année. Comme ces plantes n'ont

point encore montré leurs fleurs ici, je ne puis en donner aucune defcription ; mais, d'après l'infpection du fruit que j'ai reçu entier, je ne doute pas qu'elles ne foient de ce genre.

Cette efpece eft affez dure, car elle a fubfifté en plein air pendant quatre hivers contre une muraille à l'expofition du Sud-Eft. On peut la multiplier ou par marcottes ou par boutures, comme la premiere efpece : quand les plantes ont acquis de la force, on les place dans une fituation chaude, où elles fubfifteront avec peu d'abri pendant les fortes gelées. Les branches de cette efpece font plus fortes que celles de la précédente, & n'exigent aucun foutien ; il fera prudent de tenir toujours une plante de celle-ci à couvert pour en conferver l'efpece, de peur que celles de pleine terre ne viennent à être détruites.

*Angufti-folium.* La huitieme a beaucoup de rapport avec la premiere ; mais fes branches font moins fortement armées d'épines, & leur écorce eft plus blanche ; fes feuilles font plus larges, d'un vert plus clair, & difpofées en grappes fur chaque nœud : fes fleurs, qui font plus petites, & d'un pourpre plus foncé, ont des calices plus courts & découpés en fegmens aigus. Cette efpece fleurit en même tems que la premiere, mais elle ne produit point de femences dans ce pays : comme elle eft moins dure que la précédente, & qu'elle doit être mife à couvert des fortes gelées, il faut la mettre en pots, & la tenir en hiver dans la ferre, où on la traite comme les autres arbuſtes durs. On peut la multiplier par boutures ou marcottes, comme la premiere eſpece.

*Inerme.* La neuvieme, que l'on cultive depuis long-tems dans le jardin de Chelſéa, y a été élevée avec des ſemences apportées de la Chine : on l'a d'abord regardée comme l'arbre de *Thé* ; mais lorſqu'elle eut montré ſes fleurs, on reconnut ſon véritable genre. Elle s'éleve avec une tige forte & ligneuſe à la hauteur de ſix ou ſept pieds, & pouſſe pluſieurs branches unies, couvertes d'une écorce brune, ſans épine, & garnies de feuilles en forme de lance, de trois pouces environ de longueur ſur neuf lignes à-peu près de largeur, placées alternativement ſur les branches, & ſupportées par de courts pétioles ; elles ſont d'un vert foncé, & ſubſiſtent toute l'année : ſes fleurs ſont blanches & de la même forme que celles des autres eſpeces, mais elles n'ont point encore produit de ſemences en Angleterre.

Cette plante peut ſubſiſter en pleine terre, ſi elle ſe trouve à une expoſition chaude & dans un ſol ſec ; mais elle croît lentement & ne s'éleve guere qu'à la hauteur de trois ou quatre pouces dans une année : on la multiplie auſſi très-difficilement ; car ſes branches marcottées ne prennent pas racine avant deux ans, & les boutures ne réuſſiſſent pas aiſément. Le meilleur tems pour les planter

eſt le mois de Mai ; on les met dans des pots remplis de terre légere & marneuſe ; on les plonge dans une vieille couche de tan ; on les couvre exactement avec une cloche pour en exclurre l'air ; on les pare chaque jour du ſoleil, & on les arroſe une fois la ſemaine avec ménagement. Celles qui réuſſiſſent, pouſſent des racines au commencement d'Août ; alors on peut les enlever, les planter dans de petits pots, les tenir à l'ombre juſqu'à ce qu'elles aient formé de nouvelles racines, & les tenir enſuite avec d'autres plantes exotiques, dures, dans une ſituation abritée, juſqu'à la fin d'Octobre, pour les placer alors ſous un châſſis ordinaire, afin de les garantir des froids de l'hiver. Quand les plantes ont acquis de la force, on les ôte des pots pour les mettre en pleine terre à une expoſition chaude, où elles profiteront mieux que dans les pots, ſi elles ſont miſes à l'abri des fortes gelées.

*Cordatum.* La dixieme eſpece eſt originaire du Cap de Bonne-Eſpérance, d'où ſes ſemences ont été envoyées en Hollande, il y a quelques années, & ont produit des plantes. Cette eſpece eſt baſſe & en arbriſſeau ; elle pouſſe des branches couvertes d'une écorce d'un vert foncé, & armées d'épines courtes & fortes, qui ſortent par paires, & quelquefois en paires doubles, du même pétiole : elles ſont ſituées préciſément au - deſſous des feuilles ; & quand il y en a quatre, deux font élevées vers le haut & les deux autres tournées en-bas : les feuilles font en forme de cœur, & guere plus grandes que celles du *Buis*, de la même confiftance & d'une couleur femblable, terminées en pointe aiguë, placées par paires oppofées fur de fort courts petioles, & très-rapprochées ; elles confervent leur verdure pendant toute l'année : les fleurs fortent aux côtés des branches fur des pédoncules minces & courts, qui en fupportent chacun cinq ou fix difpofées en paquets : leurs calices font fort courts, & elles ont des tubes longs & divifés fur leurs bords en cinq fegmens aigus : elles font petites & d'une odeur agréable : elles paroiffent dans les mois de Juillet & Août ; mais elles font rarement fuivies de femences en Angleterre.

On peut multiplier cette plante par boutures comme la premiere efpece ; ces boutures prendront fort aifément racine, fi on les plante en Juillet, & fi on les tient à l'ombre ; on pourra les mettre enfuite chacune dans un petit pot, on les tiendra à l'ombre jufqu'à ce qu'elles aient pouffé de nouvelles fibres, & on les traitera de même que l'efpece précédente.

Cette plante n'a pas encore été mife en pleine terre en Angleterre ; mais on la conferve pendant l'hiver fous un châffis ordinaire.

Les autres efpeces, qui avoient été comprifes dans ce genre, font à préfent placées fous celui de *Celaftrus*.



**LYCOPERSICON.** *Tourn. Infl. R. H.* 150. *Tab.* 63. *Solanum. Lin. Gen. Plant.* 224 ; de Λύϰο un Loup, & de *Perfica*, une Pêche. [ *Love Apples, or Wolf's Peach.* ] Pomme d'Amour.

*Caraéteres* Le calice de la fleur eft perfiftant, & formé par une feuille découpée en cinq fegmens aigus : la corolle eft monopetale & en forme de roue, avec un tube fort court, & un large bord à cinq angles pliffes, qui s'étendent & s'ouvrent : la fleur a cinq petites étamines en forme d'alêne, & terminées par des fommets oblongs & rapprochés ; elle a un germe rond, qui foutient un ftyle mince auffi long que les étamines, & couronné par un ftigmat obtus : ce germe devient dans la fuite un fruit rond, charnu & divifé en plufieurs cellules, qui renferment une grande quantité de femences rondes.

Ce genre de plantes eft rangé dans la feptieme feétion de la feconde claffe de TOURNEFORT, qui renferme les herbes avec une fleur monopétale & en forme de roue, dont le pointal devient un fruit mou. LINNÉE a joint ce genre & le *Melongena* de TOURNEFORT au *Solanum*, & les a placés dans la premiere feétion de la cinquieme claffe qui renferme les plantes dont les fleurs ont cinq étamines & un ftyle. Mais comme il y a une grande quantité d'efpeces de *Solanum*, il vaut beaucoup mieux les tenir féparées, pour éviter la confufion : ce que l'on peut faire

en regardant comme un caractere diftinctif que le fruit du
*Solanum* n'a que deux cellules,
tandis que celui du *Lycoperficon*
en a plufieurs ; ce qui eft fuffifant pour faire plufieurs genres.

Les efpeces font :

1°. *Lycoperficon Galeni, caule
inermi, herbaceo, foliis pinnatis,
incifis, fructu rotundo, glabro* ;
Pomme d'Amour, avec une tige
herbacée & fans épine, des
feuilles aîlées & découpées,
un fruit uni & rond.

*Pomum Amoris. Cam. Epit.
821. Rumph. Amb. 5. p. 416.
154. f. 1. Blackw. f. 133.
Lycoperficon Galeni. Aug. 217* ;
Pomme d'Amour du célébre
Docteur Galien.

*Solanum Lycoperficum. Linn.
Syft. Plant. t. 1. p. 513. Sp. 13.*

2°. *Lycoperficon efculentum,
caule herbaceo, hirfutiffimo, foliis
pinnatis, incifis, fructu compreffo,
fulcato* ; Pomme d'Amour, avec
une tige fort velue & herbacée,
des feuilles aîlées & découpées,
un fruit applati & fillonné.

*Solanum Pomi-ferum, fructu
rotundo, ftriato, molli. C. B. P.
167* ; Morelle portant des Pommes, dont le fruit eft mou,
rond & canelé, communément
appelé *Tomatas* par les Efpa-
nols. Tomate.

3°. *Lycoperficon Æthiopicum,
caule inermi, herbaceo, erecto,
foliis ovatis, dentato-angulatis,
fub-fpinofis, fructu fub-rotundo,
fulcato* ; Pomme d'Amour, avec
une tige herbacée, érigée &
fans épine, avec des feuilles
ovales, angulaires & dentelées,
ayant quelques épines, & avec
un fruit prefque rond & fil—
lonné.

*Solanum Pomi-ferum herbario-
rum. Lob. Ic. 265.
Lycoperficon fructu ftriato, duro.
Tourn. Inft. R. H. 150* ; Pomme
d'Amour, dont le fruit eft dur
& canelé.

*Solanum Æthiopicum. Linn.
Syft. Plant. t. 1. p. 515. Sp. 8.*

4°. *Lycoperficon Pimpinelli-fo-
lium, caule inermi, herbaceo, foliis inæqualiter pinnatis, foliolis
obtufè dentatis, racemis fimplicibus* ; Pomme d'Amour, avec une
tige herbacée & fans épine,
des feuilles aîlées inégalement,
dont les lobes ont des dentelures obtufes & des branches
à fleurs fimples.

*Lycoperficon inodorum. Juff* ;
Pomme d'Amour fans odeur.

*Solanum Pimpinelli - folium.
Linn. Syft. Plant. t. 1. p. 513.
Sp. 12.*

5°. *Lycoperficon Peruvianum,
caule inermi, herbaceo, foliis pinnatis, tomentofis, incifis, racemis
bi-partitis, foliofis* ; Pomme d'A-
mour, avec une tige herbacée
& fans épine, des feuilles aîlées,
découpées, & cotonneufes,
& un épi double de fleurs
feuillées.

*Lycoperficon Pimpinellæ fan—
guiforbæ foliis. Feuil. Obs. 3.
p. 37* ; Pomme d'Amour à feuilles
de Pimprenelle.

*Solanum Peruvianum. Linn.
Syft. Plant. t. 1. p. 514. Sp. 14.*

6°. *Lycoperficon procumbens,
caule herbaceo procumbente, foliis
pinnatifidis, glabris, floribus folitariis alaribus* ; Pomme d'A-
mour, avec une tige herbacée
& traînante, des feuilles unies
& à ailes pointues, & des fleurs
fimples aux aiffelles de la tige.

7°. *Lycoperficon tuberofum* ,

*caule inermi, herbaceo, foliis pinnatis, integerrimis. Vir. Cliff.* 15. *Hort. Cliff.* 60. *Hort. Upsal.* 48. *Roy. Lugd.-B.* 423. *Dalib. Paris.* 73. *Blackw. f.* 523. *Ab. & f.* 587. *Kniph. cent.* 6. *n.* 88. *Knorr. Del.* 2. *f. S.* 9. 10. *sub solanum*; Pomme d'Amour, avec une tige herbacée & sans épine, des feuilles aîlées & entieres.

*Solanum tuberosum. Linn. Syst. Plant. t* 1. *p.* 513. *Sp.* 11.

*Solanum tuberosum esculentum.* C. B. P. 167; Morelle bonne à manger & tubéreuse, communément appelée *Potato*, par les Indiens *Batatas*, & par les François *Pomme-de-terre*.

*Galeni.* La premiere espece, qu'on regarde comme le *Lycopersicon* de GALIEN, est une plante annuelle, dont la tige herbacée, branchue & velue, s'éleve à la hauteur de six ou huit pieds, si on lui fournit un support; car sans cela, ses branches tombent à terre: ses branches sont garnies de feuilles ailées, d'une odeur très - forte & désagréable, & composées de quatre ou cinq paires de lobes, terminées par un impair; ils sont découpés sur leurs bords, & terminés en pointe aiguë: ses fleurs naissent aux côtés des branches, sur des pédoncules longs, qui en soutiennent chacun plusieurs; elles sont jaunes, & rangées en simple paquet long ou thyrse, & sont remplacées par un fruit rond, uni, charnu, & de la grosseur à-peu-près d'une grosse cerise. Il y a deux variétés dans cette espece, l'une à fruits jaunes, & l'autre à fruits rouges. Ces plantes fleurissent depuis le mois de Juin, jusqu'à ce que la gelée les arrête, & les fruits mûrissent successivement depuis la fin de Juillet, jusqu'à ce que les plantes soient détruites par les froids; cette espece est d'usage en Médecine.

*Esculentum.* La seconde ressemble fort à la premiere; mais elle en differe par ses fruits; car ceux de la seconde espece sont très-gros, comprimés aux deux extrémités, & profondément sillonnés sur tous les côtés. Comme celle-ci ne varie jamais, elle est indubitablement distincte; on la cultive communément pour ses fruits, qu'on emploie dans les potages. Les Portugais, les Espagnols, & plusieurs autres peuples en font usage dans les sauces, auxquelles ils donnent un goût acide & agréable, & on les confit au vinaigre quand ils sont jeunes, comme les *Cornichons.*

*Æthiopicum.* La troisieme est aussi annuelle; elle s'éleve à la hauteur d'un pied & demi, avec une tige érigée & herbacée, qui se divise en plusieurs branches, garnies de feuilles ovales, angulaires, de trois ou quatre pouces de longueur sur près de trois pouces de largeur au milieu, & placées alternativement sur de longs pétioles, armés d'une ou deux épines au-dessus, ainsi que de la côte du milieu des feuilles. Les fleurs sortent simples aux côtés des branches, sur des pédoncules; elles sont blanches, & produisent un fruit rouge, canelé, plus ferme que celui des autres especes, & de la grosseur à-peu-près d'une grosse *Cerise*. Ce fruit mûrit en automne, & la plante périt bientôt après.

*Pimpinelli — folium.* La quatrieme a quelque ressemb'ance avec la premiere ; mais ses feuilles sont inégalement aîlées, & ont quelques petits lobes placés entre les larges ; ces lobes sont plus courts, plus larges, & ne font pas découpés, comme ceux de la premiere; mais ils ont quelques dentelures obtuses à leur bâse ; ces feuilles n'ont point cette odeur forte & désagréable qu'ont celles des deux premieres ; le fruit est moins gros que celui de la premiere, mais il est rond & uni ; il murit fort tard ici, & ne donne point de graines mûres, si les plantes ne font pas élevées de bonne heure au printems.

*Peruvianum.* La cinquieme est aussi annuelle ; elle a une tige fort branchue & herbacée, qui s'étend en-dehors en plusieurs divisions, & n'est pas si velue que celle des deux premieres ; ses feuilles sont composées d'un plus grand nombre de lobes, beaucoup plus courts & plus dentelés sur leurs bords, où ils font un peu ondés & garnis de duvet : ses fleurs, qui naissent en grand nombre sur des pédoncules branchus, ont un plus long style que celles des autres especes ; ce style est persistant, & reste sur le sommet du fruit. Cette plante perfectionne son fruit fort tard ; de sorte qu'on ne peut l'avoir en Angleterre dans sa parfaite maturité, à moins de l'élever de bonne heure au prin ems.

Les semences de ces deux especes ont été envoyées du Perou au Jardin Royal de Pa-

ris, par Joseph de JUSSIEU ; & son frere, Bernard de JUSSIEU, de l'Académie Royale des Sciences, m'en a donné une partie.

*Procumbens.* La sixieme a été élevée par M. James GORDON, Jardinier à Mile-End, qui m'en a donné quelques semences ; mais je n'ai pu savoir de quel pays elles venoient ; elle a des tiges très-foibles, unies, traînantes, d'un pied de longueur au plus, & garnies de feuilles unies, disposées par paires opposées, & régulierement découpées sur les côtés, presque jusqu'à la côte du milieu, en forme de feuilles aîlées ; ses segmens sont aussi dentelés sur leurs côtés & à leurs pointes : les fleurs sortent simples sur les parties latérales des tiges, & font d'un jaune blanchâtre ; elles ont un calice large, étendu, & profondément divisé sur ses bords en plusieurs parties aiguës, qui s'étendent & s'ouvrent : ces fleurs font remplacées par des baies rondes, petites, un peu comprimées au sommet, & d'un jaune herbacé quand elles sont mûres.

Ces plantes se multiplient toutes par leurs graines, qu'on seme au mois de Mars sur une couche de chaleur modérée : quand elles ont atteint la hauteur de deux pouces, on les transplante sur une autre couche, aussi de chaleur modérée, à quatre pouces environ de distance l'une de l'autre ; on les tient à l'ombre, jusqu'à ce qu'elles aient formé de nouvelles racines ; on les arrose souvent, & on leur donne beaucoup d'air ; car si on les laisse filer beaucoup tandis qu'elles font jeunes, elles réuffiffent rarement bien après.

On met ces plantes au mois de Mai dans des pots remplis d'une terre riche & légere, ou dans des plates-bandes près d'une muraille, d'une paliffade, ou d'une haie de rofeaux, contre lefquelles on puiffe paliffer leurs branches, pour qu'elles ne traînent point fur la terre, ce qui empêcheroit leurs fruits de mûrir ; & comme on ne cultive ces plantes que pour le fruit, il faut les placer à une expofition chaude, & fixer leurs branches régulièrement à mefure qu'elles s'étendent, afin que le fruit puiffe jouïr de la chaleur du foleil, fans quoi il ne fe formeroit que bien tard, & ne pourroit être d'aucun ufage : mais quand on avance les plantes au printems, & qu'elles font bien paliffées à l'expofition du midi, les premiers fruits mûriffent vers la fin de Juillet, & les autres fe fuccedent jufqu'à ce que les gelées détruifent les plantes.

Quelques perfonnes les cultivent pour l'ornement : mais leurs feuilles répandent une odeur forte & dangereufe quand on les touche ; ce qui les rend très-peu propre à garnir un parterre. D'ailleurs, leurs branches s'étendent fi fort & fi irrégulièrement, qu'elles deviennent défagréables à la vue dans un jardin à fleurs ; car ces branches, ne pouvant être contenues, fur-tout fi on les plante dans une bonne terre, ne peuvent non-plus que déplaire dans de pareils endroits : ainfi, il



vaut mieux les placer dans des plates-bandes de jardins potagers, pour en recueillir le fruit ; & ne pas leur donner une terre trop riche, parce que dans un fol ordinaire, elles font moins fucculentes, & produifent plus de fruits.

Les Italiens & les Efpagnols mangent ces *Pommes* comme nous mangeons les *Concombres*, en les affaifonnant avec du poivre, de l'huile & du fel ; quelques perfonnes les mangent auffi avec une fauce à l'étuvée, &c. En Angleterre, on en met beaucoup à préfent dans les potages, fur-tout celles de la feconde efpece, que l'on préfere à toutes les autres. Ce fruit donne un goût acide à la foupe. Bien des perfonnes les regardent comme mal-faines, & comme une mauvaife nourriture, à caufe de leur grande humidité & de leur fraîcheur.

La troifieme efpece n'eft d'ufage, ni dans la cuifine, ni en Médecine ; mais on la cultive pour la variété dans les jardins des curieux. On la multiplie par fes graines, qu'il faut femer au printems fur une couche chaude, & l'on traite enfuite les plantes fuivant la méthode qui a été prefcrite pour le *Capficum* ; au moyen de quoi elles profiteront & produiront annuellement une grande quantité de fruits.

*Tuberofum*. La feptieme efpece eft la *Pomme-de-terre* commune, qui eft fi bien connue à préfent, qu'il n'eft pas néceffaire d'en donner la defcription. On en connoît deux variétés, l'une à racines rouges, & l'autre à racines blanches : celles dont les racines sont rouges ont des fleurs pourpre, & celle à racines blanches produisent des fleurs de même couleur ; on les regarde comme des variétés accidentelles, & non comme des especes distinctes.

Le nom commun de *Potatoe* en Anglois, & *Patate* en François, qu'on lui donne, paroît être une corruption du nom Indien *Batatas*. Cette plante a été beaucoup multipliée en Angleterre depuis trente ou quarante ans ; car, quoiqu'elle ait été apportée de l'Amérique vers l'année 1623, cependant elle avoit été peu cultivée d'abord ; parce que les personnes riches méprisoient cette nourriture, & ne la croyoient bonne que pour le bas peuple ; mais à présent, elle est généralement estimée par tout le monde, & je crois que l'on en cultive plus dans les environs de Londres que dans aucune autre partie de l'Europe.

Cette plante avoit toujours été rangée dans le genre des *Solanum* ou *Morelle*, & Linnée a suivi cette méthode ; mais le *Lycopersicon*, ayant été regardé comme un genre distinct, à cause que son fruit est divisé en plusieurs cellules par des cloisons intermédiaires, & que le fruit de celle-ci s'accorde exactement avec ce caractere distinctif, j'ai cru devoir l'insérer ici.

On cultive généralement cette espece pour ses racines, lesquelles se multiplient consi-dérablement, quand elle est plantée dans un sol convenable : l'usage commun est de planter les petites racines ou rejettons entiers, ou de couper les plus grosses en morceaux, en conservant un œil ou bouton à chacun : mais je ne recommanderai aucune de ces méthodes ; car, en employant les plus petites racines, elles en produisent généralement un plus grand nombre, mais elles sont toujours petites, & les morceaux des plus grosses sont sujets à pourrir, sur-tout quand il survient un tems humide immédiatement après qu'ils ont été mis en terre ; ainsi, je pense qu'il faut faire choix des plus belles racines, & laisser entr'elles un plus grand intervalle, ainsi qu'entre chaque rang. En suivant cette méthode, j'ai observé que ces racines étoient toujours plus grosses [e].

Le sol qui convient le mieux à cette plante, est une terre légere, sablonneuse & marneuse : cette terre doit être bien labourée deux ou trois fois,

---

[e] Ce que dit Miller ici, vient d'être confirmé par une nouvelle expérience. Un Cultivateur a planté une *Patate* sans la couper, & une autre à quelque distance de la première, coupée en morceaux, selon la méthode usitée. La premiere en a produit 217, dont 50 fort grosses, & les autres d'une grosseur médiocre. Celle qui a été coupée n'en a produit que 120, qui sont beaucoup plus petites que les premieres. ( *Voyez. Journal Général de France, & Esprit des Journaux Janvier 1788, page 345* ).

pour en brifer & divifer les parties, & plus ce labour eft profond, mieux les racines profitent. Au printems, précifément avant le dernier labour, on répand fur ce terrein une bonne quantité de fumier pourri, qu'on enterre par la derniere culture au commencement de Mars, fi le tems eft doux; fans quoi il vaut mieux différer cette opération jufqu'au milieu ou à la fin de ce mois; car s'il y furvenoit une gelée forte lorfque ces racines font plantées, elles pourroient en être non-feulement endommagées, mais même détruites: cependant il eft néceffaire de planter ces racines le plutôt qu'il eft poffible, après que le danger des gelées eft paffé, fur-tout fi le fol qui leur eft deftiné eft fec & léger. Au dernier labour, on met la terre de niveau, on creufe des fillons à trois pieds de diftance l'une de l'autre, & de fept ou huit pouces de profondeur, & on place les racines au fond de ces rigoles, à un pied & demi environ de diftance; enfuite on les remplit avec de la même terre, & l'on continue ainfi jufqu'à ce que toute la piece foit plantée.

Ce travail étant fini, on peut laiffer la terre dans le même état, jufqu'à ce que les plantes commencent à paroître; alors on paffe une herfe pour bien brifer les mottes & rendre la furface très-unie: cette opération détruit les mauvaifes herbes qui commencent à pouffer, épargne la dépenfe du premier houage, & ameublit la furface



de la terre, qui, étant fujette à fe lier, forme une croûte dure, qui empêche les jeunes tiges de fortir, fur-tout s'il eft tombé beaucoup de pluie.

En fixant à trois pieds l'intervalle qui doit fe trouver entre les rangs, c'étoit pour avoir la faculté d'introduire la charrue à houe entr'eux, & d'améliorer les racines par une nouvelle culture; car il eft néceffaire de remuer & de brifer la terre deux fois entre ces plantes, non-feulement pour détruire les mauvaifes herbes, mais auffi pour l'ameublir, & fournir à l'eau des pluies le moyen de pénétrer jufqu'aux racines. Mais ces ouvrages doivent être faits de bonne heure, c'eft-à-dire, avant que les branches de ces plantes commencent à tomber & à traîner fur la terre, parce qu'alors, il feroit impoffible d'y toucher fans endommager les racines.

Si ces labours entre les rangs font foigneufement exécutés, & fi on a foin de houer à la main l'efpace qui fe trouve entre chaque plante dans les rangs, les mauvaifes herbes feront entièrement détruites: lorfque les tiges auront couvert la terre, les herbes inutiles qui pourroient croître par-deffous ne feront aucun tort à la récolte.

Dans les endroits où le fumier eft rare, plufieurs perfonnes en mettent feulement dans les rigoles où l'on doit planter les racines, mais cette méthode eft fort mauvaife; car, dès que les *Pommes-de-terre* commencent à pouffer , leurs racines s'étendent au loin , & s'écartent ainfi du fumier , qui ne peut leur être d'aucune utilité. D'ailleurs , comme les Fermiers fement ordinairement du *Bled* après les *Pommes - de- terre* , il arrive que le terrein fe trouve inégalement fumé , & qu'il n'eft pas auffi bien préparé qu'il le feroit, fi les engrais avoient été répandus d'une maniere uniforme , & mêlés exactement à la terre.

' J'ai toujours obfervé , qu'en fuivant la méthode que j'ai preferite , non - feulement on obtenoit une abondante récolte de *Pommes - de - terre* , mais qu'encore le *Froment* de l'année fuivante n'étoit point gâté par les tiges de ces plantes : c'eft ainfi que dans les pays où les Fermiers plantent de groffes *Pommes-de terre* , au moment de la récolte , ils recueillent fur chaque racine fix , huit ou dix de ces fruits , d'un gros volume , fans qu'il y en ait aucun petit mêlé parmi ; tandis que dans les endroits où l'on ne plante que de petites *Pommes- de-terre* , on ne recueille que de très-petits fruits , dont plufieurs fe perdent dans la terre , & pouffent parmi les *Bleds* dans l'année fuivante.

Lorfque les tiges des *Pommes-de-terre* commencent à être flétries par les premieres gélées de l'automne , il faut enlever les racines , les couvrir de fable , & les conferver dans un lieu où elles foient à l'abri de la gelée & de l'humidité.

Mais les perfonnes qui cul-tivent ces racines aux environs de Londres n'attendent pas que la gelée ait détruit les tiges pour les recueillir ; elles commencent à en enlever une partie auffi-tôt que leurs racines font parvenues à une certaine groffeur , pour les porter au marché , & elles continuent ainfi jufqu'à ce qu'elles foient toutes ramaffées : d'autres ne les enlevent pas auffi-tôt que leurs tiges font flétries , mais elles les laiffent beaucoup plus long-tems dans la terre ; celles-ci n'éprouvent aucun dommage , pourvu qu'elles foient enlevées avant les fortes gelées , qui les détruiroient. Si l'on a befoin du terrein pour y femer d'autres plantes , alors il vaut mieux les arracher auffi-tôt que leurs tiges font fannées. Quand on veut conferver ces racines , on les mêle avec une bonne quantité de fable ou de terre feche , pour les empêcher de s'échauffer , & par la même raifon , on évite de les entaffer en trop gros monceaux.

Les Jardiniers de jardins potagers , & les Fermiers du voifinage de Mancheſter , cultivent une grande quantité de ces racines , parce que les habitans de cette ville en confomment beaucoup , & les préferent à toutes autres plantes : cette confommation a produit une grande émulation parmi les cultivateurs , qui ont fait tous leurs efforts pour fe furpaffer les uns les autres , & ont cherché tous les moyens poffibles pour les faire groffir de bonne heure ; afin d'y réuffir, ils ont choifi les racines qui avoient produit les premieres fleurs, & ont laiffé perfectionner leurs graines, qu'ils ont femées avec grand foin : les plantes ainfi élevées ont toujours été plus précoces que les autres, & en répétant fouvent ce procédé, ils font parvenus à avoir des *Pommes de terre*, bonnes pour la table, deux mois après les avoir plantées. Cette pratique peut devenir très-avantageufe, en l'appliquant à plufieurs efpeces de plantes potageres, & fi l'on vouloit fe donner la peine de faire tous les effais néceffaires.

LYCOPUS. *Tourn. 89. Pfeudo-Marrubium. Riv.* I. 30. λυκόπ8ς, de Λὖκθ, un loup, & Π8ς, un pied ; c'eft-à-dire, *Pied de loup*, parce que les Anciens avoient imaginé que les feuilles de cette plante reffembloient aux pattes d'un loup. On l'appelle communément. [ *Water Horehound.* ] Marrube aquatique.

Cette plante croît en grande abondance dans des terreins humides, & fur les bords des foffés & des étangs de la plus grande partie de l'Angleterre ; mais comme on ne la cultive jamais dans les jardins, il eft inutile d'en parler davantage ici.

LYS *Voyez* LIS.

LYSIMACHIA. *Tourn. Inft. R. H.* 141. *tab.* 59. *Lin. Gen. Plant.* 188. Cette plante a été ainfi appelée de LYSIMACHUS, fils d'un Roi de Sicile, qu'on prétend en avoir découvert le premier les propriétés. [ *Looftrife.* ] Corneille, Chaffeboffe, ou Perce-boffe.



*Caracteres.* Le calice de la fleur eft perfiftant, & découpé en cinq fegmens aigus & érigés ; la corolle eft monopétale, & divifée jufqu'au fond en cinq parties oblongues, ovales & étendues : la fleur a cinq étamines en forme d'alêne, de moitié moins longues que la corolle, & terminées par des fommets à pointe aiguë : dans le centre eft placé un germe rond, qui foutient un ftyle mince, auffi long que les étamines, & couronné par un ftigmat obtus ; ce germe fe change, quand la fleur eft paffée, en une capfule globulaire, & à une cellule qui s'ouvre en dix valves, & qui contient beaucoup de petites femences angulaires.

Ce genre de plantes eft rangé dans la premiere fection de la cinquieme claffe de LINNÉE, intitulée, *Pentandria Monogynia*, qui renferme celles dont les fleurs ont cinq étamines & un ftyle.

Les efpeces font :

1º. *Lyfimachia vulgaris paniculata, racemis terminalibus. Lin. Sp. Pl.* 209. *Blackw. f.* 278. *Neck. Gallob.* 110. *Pollich. Fl. Pal. n.* 199. *Kniph. cent.* 7. *n.* 49 ; Chaffeboffe en panicule, avec des paquets de fleurs qui terminent les tiges.

*Lyfimachia vulgaris. Linn. Syft. Plant. t.* 1. *p.* 419. *Sp.* 1.

*Lyfimachia lutea major, quæ Diofcoridis C. B. P.* 245. *Matth.* 349 ; la plus grande Corneille jaune de Diofcoride.

2º. *Lyfimachia thyrfi-flora, racemis lateralibus pedunculatis. Lin. Sp. Plant.* 147. *Oed. Dan.*

*tom.* 517. *Pollich. Pal. n.* 200. *Mattufch. Sil. n. 130* ; Lyfima-chia , avec des épis de fleurs latérales fur des pédoncules.

*Lyfimachia bi-folia , flore glo-bofo , luteo. C. B. P.* 242 ; Cor-neille à deux feuilles , avec une fleur jaune & globulaire.

*Lyfimachia lutea. Clus. Hift.* 2. 53. *f.* 12.

3°. *Lyfimachia atro-purpurea, fpicis terminalibus, petalis lanceo-latis, ftaminibus corollâ longiori-bus. Lin. Sp. Plant.* 147 ; Chaf-feboffe avec des épis de fleurs en forme de lance , étendus, & qui terminent les branches, & des étamines plus longues que la corolle.

*Lyfimachia foliis lanceolato-li-nearibus , fpicis terminalibus. Roy. Lugd.-B.* 415. *Hort. Ups.* 37.

*Lyfimachia Orientalis angufti-folia , flore purpureo. Tourn. Cor.* 7 ; Corneille Orientale à feuil-les étroites & à fleur pourpre.

4°. *Lyfimachia ephemerum , racemis fimplicibus terminalibus, petalis obtufis , ftaminibus corollâ brevioribus. Lin. Sp. Pl.* 146. *Gmel. it.* 1. *p.* 117. *Kniph. cent.* 7. *n.* 48. *Sabb. Hort.* 2. *t.* 43 ; Corneille avec des épis de fleurs qui terminent les tiges , une fleur à pétales obtus , & des étamines plus courtes que la corolle.

*Lyfimachia fpicata purpurea minor. Buxb. cent.* 1. *p.* 22. *f.* 33.

*Lyfimachia Orientalis minor, foliis glaucis , annuentibus , flore purpureo. Hort. Piff.* 106. *t.* 40. *f.* 2 ; la plus petite Corneille Orientale , à feuilles penchées & de couleur de vert-de-mer , avec un épi de fleurs pourpre.

5°. *Lyfimachia ciliata , petio-lis ciliatis , floribus cernuis. Lin. Sp. Plant.* 147 ; Corneille avec des pétioles velus & des fleurs penchées.

*Lyfimachia Canadenfis Jalappa foliis. Sarr. Canad. ;* Corneille du Canada à feuilles de Jalap.

*Lyfimachia foliis ovato-lanceo-latis , fub-cordatis , petiolis mar-gine utrinquè lanatis, flore folitario. Wach. Ultr.* 390.

6°. *Lyfimachia Salici-folia , fpicâ fimplici , erectâ , terminali , petalis ovatis , ftaminibus corollâ longioribus* ; Lyfimachia avec des épis fimples & érigés qui terminent la tige , des pe-tales ovales , & des étamines plus longues que la corolle.

*Lyfimachia fpicata , flore albo , Salicis folio. Tourn. Inft. R. H.* 141 ; Corneille avec un épi de fleurs blanches & une feuille de Saule.

7°. *Lyfimachia Nummularia , foliis fub-cordatis , floribus folita-riis caule repente. Vir. Cliff.* 13. *Hort. Cliff.* 52. *Flor. Suec.* 168. *Mat. Med.* 58. *Roy. Lugd—B.* 416. *Oed. Dan. t.* 493. *Pollich. Pal. n.* 202. *Mattufch. Sil. n.* 132; Nummulaire avec des feuil-les prefqu'en forme de cœur , des fleurs fimples, & une tige rampante.

*Hirundinaria fivè Nummularia major & minor. Tabern.* 874.

*Nummularia lutea major. C. B. P.* 309 ; la plus grande Herbe aux écus , *ou* Nummulaire , à fleurs jaunes.

*Anagallis mas. Cam. Epit.* 394.

8°. *Lyfimachia tenella , foliis ovatis , acutiufculis , pedunculis folio longioribus , caule repente. Lin. Sp. Plant.* 148 ; Nummu-laire avec des feuilles ovales

& à pointe aiguë, des pédoncules plus longs que les feuilles , & une tige rampante.

*Nummularia minor , purpura-
scente flore. C. B. P. 310* ; la plus
petite Herbe aux Ecus à fleurs
de couleur tirant sur le pourpre.

9°. *Lysimachia nemorum , foliis ovatis, acutis, floribus solitariis , caule procumbente. Hort.
Cliff. 52. Roy. Lugd.-B. 416.
Oed. Dan. 174. Pollich. Pal. n.
201. de Necker. Gallob. p. 108.
Mattusch. Sil. n. 131 ;* Perce-
bosse avec des feuilles ovales,
des fleurs simples, & des tiges
traînantes.

*Anagallis. Clus. Hist. 2. p.
182.*

*Anagallis lutea nemorum. C. B.
P. 252* ; Mouron jaune sauvage.

*Anagallis Alpina , ramosa ,
lutea. Muralt. 703.*

10°· *Lysimachia quadri-folia,
foliis sub-quaternis , pedunculis
verticillatis uni-floris. Lin. Sp.
Plant. 147. Gmel. Sib. 4. p. 86.
n. 35. Jacq. Austr. tom. 3 ;* Corneille avec des feuilles généralement placées par quatre ,
& des pédoncules verticillées,
qui soutiennent chacun une simple fleur.

*Lysimachia lutea minor , foliis
nigris punctis notatis. C. B. P.
245* ; la plus petite Corneille
jaune , avec des feuilles marquées de taches noires.

*Blattariæ affinis planta minor,
flore luteo, foliis nigris punctis notatis. Moris. Hist. 2. p. 491. S.
5. t. 10. f. 15.*

*Lysimachia punctata. Linn. Syst.
Plant. t. 1. p. 421. Sp. 6.*

*Vulgaris.* La premiere espece
croît sur les bords des fossés



& des rivieres dans plusieurs
parties de l'Angleterre ; mais
on ne l'admet pas fort souvent
dans les jardins , avec d'autant
plus de raison , que ses racines
s'étendent fort loin dans la
terre , & poussent des tiges à
une grande distance , qui deviennent fort embarrassantes ;
cependant elle peut mériter d'y
occuper une place par la variété
de ses fleurs , sur-tout dans des
endroits humides , où de meilleures plantes ne profiteroient
pas : elle s'éleve à la hauteur
de deux ou trois pieds , avec
des tiges droites & garnies de
feuilles unies , en forme de
lance , quelquefois disposées
par paires , opposées, & quelquefois aussir éunies au nombre
de trois ou quatre sur chaque
nœud autour de la tige : la
partie haute de cette tige se
divise en plusieurs pédoncules ,
qui soutiennent des fleurs jaunes
en panicule , dont la corolle est
profondément découpée en cinq
segmens tout-à-fait ouverts :
ces fleurs paroissent dans les
mois de Juin & de Juillet , &
font remplacées par des capsules rondes , remplies de petites
semences , qui mûrissent en automne. Cette espece est mise au
nombre des plantes médicinales , mais on n'en fait pas
souvent usage. On peut enlever ses racines en automne
dans les endroits où elle croît
naturellement , & les placer
dans un sol humide , où elles
profiteront assez bien , sans aucun soin.

*Thyrsi - flora.* La seconde,
qu'on rencontre dans les parties septentrionales de l'Angleterre

terre, a une racine rampante &
vivace, de laquelle fortent plufieurs tiges érigées, d'environ un
pied & demi de hauteur, & garnies à chaque nœud de deux feuilles longues, étroites & oppofées,
dont la bâfe eft fort rapprochée
de la tige : ces feuilles ont environ trois pouces de longueur
fur plus de fix lignes de largeur
vers leur bâfe ; mais graduellement plus étroites vers l'ex—
trémité, & terminées en pointe
aiguë : les pédoncules, qui fortent oppofés fur chaque côté
des tiges, ont un pouce de
longueur, & foutiennent à leur
fommet un thyrfe globulaire
ou ovale de fleurs jaunes, dont
les étamines font beaucoup plus
longues que les pétales. Cette
efpece fleurit en même tems
que la précédente, mais elle
produit rarement des femences ;
car fes racines rampent fi fort,
qu'elles la rendent ftérile : on
ne l'admet guere dans les jardins, par la même raifon qui
a fait rejetter la précédente ;
mais les perfonnes qui voudront la cultiver, peuvent s'en
procurer les racines, & les
planter dans un fol humide, où
elles s'étendront bientôt.

*Atro—purpurea.* La troifieme
eft une plante bis-annuelle, que
TOURNEFORT a découverte
dans le Levant, d'où il a envoyé fes femences au Jardin
Royal à Paris : ces graines ont
produit des plantes, qui ont
été tranfportées dans plufieurs
jardins de l'Europe. Cette efpece s'éleve à la hauteur d'environ un pied, avec une tige
droite, & garnie de feuilles
en forme de lance, terminées

en pointe aiguë, placées par
paires, oppofées, unies, &
d'un vert luifant : fes fleurs
naiffent en épis clairs & terminent les tiges ; elles font poftées horifontalement, & s'étendent au-dehors fur chaque côté
de la tige ; elles ont de plus
longs tubes que les autres efpeces, & font d'une couleur
de pourpre ; elles paroiffent en
Juin, les femences mûriffent
en Septembre, & les plantes
périffent bientôt après.

On multiplie cette efpece par
fes graines, qu'il faut femer
au printems fur une couche de
chaleur modérée ; on arrofe
fouvent la terre pour faire pouffer les plantes, & fi la faifon
eft chaude, on couvre les vitrages de la couche pendant la
chaleur du jour. Quand les
plantes ont pouffé, on leur
donne beaucoup d'air dans les
tems chauds pour les empêcher
de filer, & on les arrofe fouvent : dès qu'elles ont acquis
affez de force pour pouvoir
être enlevées, on les met chacune féparément dans des pots,
que l'on plonge dans une couche de chaleur modérée, pour
les avancer & leur faire produire de nouvelles racines ;
après quoi on les habitue à
fupporter le plein air, auquel
on les expofera au commencement du mois de Juin. Au
mois d'Octobre, on les place
fous un châffis ordinaire, pour
les mettre à l'abri des gelées,
& on leur donne toujours de
l'air dans les tems doux. Au
printems fuivant, on en place
quelques-unes dans des plates-
bandes, & l'on met les autres

dans des pots plus grands , où elles pourront fleurir & produire des femences. L I N N É E appelle cette efpece *Ephemerum*; mais c'eft une erreur.

Quand les plantes pouffent, on leur donne beaucoup d'air dans les tems chauds, pour les empêcher de filer , & on peut les placer dans des plates-bandes du parterre, où elles fleuriront & produiront des femences mûres dans l'été fuivant.

*Ephemerum.* La quatrieme eft une plante annuelle, qui eft trop délicate pour pouvoir être élevée en plein air dans notre pays ; il faut femer fes graines au printems fur une couche de chaleur tempérée, & traiter enfuite les plantes qui en proviennent comme celles de la troifieme efpece.

*Ciliata.* La cinquieme, qui a d'abord été apportée du Canada, où elle croît naturellement, a une racine vivace & rampante, de laquelle fortent plufieurs tiges érigées , d'environ deux pieds de hauteur, & garnies de feuilles oblongues , obliques , unies , oppofées , veinées en - deffous, & terminées en pointe aiguë : fes fleurs naiffent aux aiffelles des tiges chacune fur un pédoncule long & mince , & trois ou quatre enfemble fur des branches courtes, qui fortent de chaque côté de la tige à tous les nœuds fupérieurs ; elles reffemblent à celles de la premiere efpece , mais elles font plus petites & inclinées vers le bas ; elles paroiffent dans les mois de Juin & de Juillet : mais elles pro-



duifent rarement des femences en Angleterre.

Cette efpece s'étend & fe multiplie par fes racines auffi fortement que la premiere ; elle eft également dure , & n'exige que la même culture.

*Salici - folia.* La fixieme fe trouve en Efpagne, où Jean BAUHIN & d'autres Botaniftes lui ont autrefois donné le nom d'*Ephemerum* ; elle a une racine vivace , de laquelle fortent plufieurs tiges droites , de plus de trois pieds de hauteur, & garnies de feuilles étroites , unies , en forme de lance , & oppofées ; à leur bâfe naiffent des branches courtes, latérales, & garnies de feuilles plus petites & de la même forme : fes fleurs font produites en épis longs , ferrés , & minces au fommet de la tige ; elles font découpées en cinq fegmens ovales , blancs , & qui s'étendent en s'ouvrant ; les étamines s'étendent au-dehors , & font plus longues que les pétales. Cette plante fleurit vers le mois de Juin, & fes femences mûriffent en automne.

Cette efpece eft la plus belle de ce genre : comme fes racines ne s'étendent pas autant que celles des autres, elle mérite d'occuper une place dans les parterres, où elle fervira à orner les plates-bandes placées à l'ombre ; elle exige auffi un fol humide, où elle confervera plus long-tems fa beauté, que par-tout ailleurs : on peut la multiplier en divifant fes racines ; mais comme elle fe multiplie lentement par cette méthode, il vaut mieux semer ses graines, aussi tôt qu'elles sont mûres, sur une plate - bande exposée au Levant; au moyen de cela les plantes pousseront au printems suivant, au - lieu que, si l'on ne les met en terre que dans cette saison, elles ne paroissent pas dans la même année: quand ces plantes commencent à pousser, on les tient nettes de mauvaises herbes, & si elles sont trop serrées, on en enleve quelques unes pour les transplanter sur une plate-bande à l'ombre; ce qui donnera aux autres assez de place pour croître jusqu'à l'automne: alors on pourra les placer dans le parterre où elles fleuriront; après quoi il suffira de les tenir nettes, & de labourer la terre entr'elles à chaque printems.

*Nummularia.* La septieme espece, à laquelle on donne vulgairement le nom d'*Herbe aux Ecus*, est une plante vivace qui croît naturellement dans les endroits humides & à l'ombre de plusieurs parties de l'Angleterre; mais on ne la cultive pas dans les jardins: ses tiges traînent sur la terre, & poussent des racines, au moyen desquelles elles s'étendent bientôt à une grande distance; ses feuilles sont presqu'en forme de cœur & placées par paires: ses fleurs, qui sortent simples aux côtés des tiges, sont jaunes, & paroissent dans les mois de Juin & de Juillet.

*Tenella* La huitieme espece est une plante basse & trainante, qui croît en Angleterre dans des fondrieres & des lieux remplis de mousse; mais elle ne peut pas être cultivée dans des terres seches: ses tiges ont rarement plus de trois ou quatre pouces de longueur, & sont terminées par trois ou quatre petites fleurs d'un pourpre brillant, qui naissent en paquet. Cette plante fleurit en Juin, & n'est guere admise dans les jardins ( 1 ).

*Nemorum.* La neuvieme est une plante vivace, dont les tiges sont trainantes; elle naît sans culture dans les bois humides de plusieurs parties de l'Angleterre; mais on ne l'admet guere dans les jardins: ses feuilles sont opposées à chaque nœud, unies, ovales, & terminées en pointe aiguë: ses fleurs sortent simples des parties latérales de la tige sur de longs pédoncules; elles sont jaunes, & s'étendent en s'ouvrant comme la fleur du *Mouron.* Cette plante fleurit dans les mois de Mai & de Juin, & ses semences mûrissent en automne.

*Quadri-folia.* La dixieme espece, que l'on rencontre parmi les roseaux & les joncs sur le bord des rivieres en Hollande, a une racine vivace & rampante, comme celle de la premiere: ses tiges s'élevent à un pied de hauteur; elles sont minces & garnies de feuilles en forme de lance, d'un pouce & demi de longueur sur trois

---

(1) La *Nummulaire* ou *Herbe aux Ecus* est astringente & vulnéraire ; on donne quelquefois sa décoction dans l'eau ou le lait contre les pertes de sang, les fleurs blanches & les ulceres au poumon, mais on doit peu compter sur ce remede.

lignes de largeur au milieu : ces feuilles font quelquefois difpofées par paires, d'autres fois par trois, & fouvent réunies au nombre de quatre fur les nœuds qui entourent la tige : fes fleurs, qui font produites auffi à chaque nœud au nombre de quatre, font verticillées autour de la tige, & placées chacune fur un pédoncule diftinct, mince, & d'un pouce de longueur : elles font petites & jaunes ; elles paroiffent en Juin, & produifent quelquefois des femences qui mûriffent en automne. On peut traiter cette efpece de la même maniere que la premiere ; elle eft également dure.

**LYSIMACHIA SILIQUOSA.** *Voyez* EPILOBIUM.

**LYTHRUM.** *Lin. Gen. Plant.* 532. *Salicaria. Tourn. Inft. R. H.* 253. *Tab.* 129. [ *Willow Herb*, *or Purple Loeftrife.*] Herbe de Saule, Corneille pourpre, *ou* Salicaire.

*Caracteres.* Le calice de la fleur eft cylindrique, canelé, & formé par une feuille divifée fur fes bords en douze parties, qui font alternativement plus petites & plus larges : la corolle eft compofée de fix pétales oblongs, émouffés & étendus, dont les onglets font inférés dans les fections du calice : la fleur a douze étamines de la longueur du calice, dont les fupérieures font plus courtes que les inférieures, & qui font toutes terminées par des fommets fimples & élevés ; dans fon centre eft placé un germe oblong, qui foutient un ftyle, couronné

par un ftigmat érigé & orbiculaire ; ce germe fe change dans la fuite en une capfufe oblongue, aiguë, & à deux cellules remplies de petites femences.

Ce genre de plantes eft rangé dans la premiere fection de la onzieme claffe de LINNÉE intitulée, *Dodecandria Monogynia* qui renferme celles dont les fleurs ont douze étamines & un ftyle.

Les efpeces font :

1°. *Lythrum Salicaria*, *foliis oppofitis*, *cordato-lanceolatis*, *floribus fpicatis, dodecandriis. Lin. Sp. Plant.* 446. *Neck. Gallop.* p. 208. *Scop. Carn. ed.* 2. *n.* 565. *Pollich. Pal. n.* 450. *Martufch. Sil. n.* 335. *Blackw. t.* 520. *Flor. Dan. t.* 671. *Kniph. cent.* 5. *n.* 55 ; Salicaire avec des feuilles en forme de lance & de cœur, & oppofées, & des fleurs en épis, garnies de douze étamines.

*Salicaria vulgaris*, *purpurea*, *foliis oblongis. Tourn. Inft. R. H.* 253 ; Salicaire commune & pourpre à feuilles oblongues.

*Lyfimachia fpicata*, *purpurea. Bauh. Pin.* 246.

*Blattaria rubra*, *fpicata*, *major*, *folio fub-rotundo. Morif. Hift.* 2. *p.* 490. *S.* 5. *t.* 10. *f.* 11 ; Variété dont la tige eft à fix angles.

2°. *Lythrum tomentofum*, *foliis cordato-ovatis*, *floribus verticillato-fpicatis*, *tomentofis* ; Salicaire avec des feuilles ovales & en forme de cœur, & des fleurs en épis verticillés, & cotonneufes.

*Lythrum floribus verticillatis. Fl. Lapp.* 197.

Salicaria purpurea, foliis sub-
rotundis. Tourn. Inst. R. H. 253;
Salicaire pourpre à feuilles
presque rondes.

3°. Lythrum Hyssopi-folia,
foliis alternis, linearibus, floribus
hexandris. Hort. Upsal. 118. Scop.
Carn. ed. 2. n. 566. Jacq. Austr.
t. 133. Pollich. Pal. n. 451;
Salicaire avec des feuilles linéaires & alternes, & des fleurs
à six étamines.

Salicaria Hyssopi folio angustiori. Tourn. Inst. R. H. 253 ;
Salicaire à feuilles d'Hyssope
étroites.

Hyssopi-folia. Bauh. Pin. 218.

4°. Lythrum Lusitanicum, foliis lanceolatis, ternis, glabris,
floribus spicatis, decandriis ; Salicaire avec des feuilles unies,
en forme de lance, placées
par trois, des fleurs en épis,
& dix étamines.

Salicaria Lusitanica, angustiori
folio. Tourn. inst. R. H. 253 ;
Salicaire de Portugal à feuilles
plus étroites.

5°. Lythrum Hispanicum, foliis oblongo-ovatis, infernè oppositis, supernè alternis, floribus
hexandriis ; Salicaire à feuilles
oblongues, ovales, oppofées au
bas de la tige, mais alternes
au fommet, avec des fleurs à
six étamines.

Salicaria Hispanica Hyssopi-
folia, floribus oblongis, faturatè
cæruleis. Tourn Inst. 253 ; Salicaire d'Espagne à feuilles
d'Hyssope, & à fleurs oblongues, & d'un bleu foncé.

6°. Lythrum verticillatum, foliis oppositis, subtùs tomentosis,
sub-petiolatis, floribus verticillatis lateralibus. Lin. Sp. Plant.
446 ; Salicaire avec des feuil-



les oppofées, cotoneufes en-
deffous, & pétiolées ; des fleurs
verticillées autour des tiges.

Lythrum foliis oppositis, floribus verticillatis. Gron. Virg. 52.

7°. Lythrum petiolatum, foliis
oppofitis, linearibus, petiolatis,
floribus dodecandriis. Lin. Sp.
Plant. 446 ; Salicaire à feuilles
linéaires, oppofées & poftées
fur des pétioles, ayant des
fleurs à douze étamines, & auffi
oppofées.

Lythrum foliis petiolatis. Gron.
Virg. 52.

8°. Lythrum lineare, foliis oppositis, linearibus, floribus oppositis, hexandriis : Salicaire avec
des feuilles linéaires & oppofées, & des fleurs oppofées &
à six étamines.

Lythrum foliis linearibus, floribus hexandriis, solitariis. Gron.
Virg. 162.

9°. Lythrum Americanum, foliis oblongo-ovatis, infernè oppositis, supernè alternis, floribus
hexandriis, caule erecto ; Salicaire avec des feuilles oblongues, oppofées au bas & alternes au-deffus, des fleurs à fix
étamines, & une tige érigée.

Salicaria Americana, Hyssopi
folio latiori, floribus minimis.
Houst. Mss. ; Salicaire d'Amérique avec une plus large
feuille d'Hyssope, & de fort
petites fleurs.

Salicaria. La premiere espece
croît fans culture fur les bords
des foffés & des rivieres dans
plufieurs parties de l'Angleterre ; elle a une racine vivace, de laquelle fortent plufieurs tiges droites, angulaires,
hautes de trois ou quatre pieds,
de couleur pourpre, & garnies

de feuilles ovales, quelquefois placées par paires, opposées, & d'autres fois réunies au nombre de trois fur chaque nœud autour de la tige : les fleurs, qui naissent en épis longs au fommet de la tige, font d'une belle couleur pourpre, & font un effet agréable; elles paroissent en Juillet, & leurs femences mûrissent en automne. Quoique cette plante foit négligée, parce qu'elle eft commune ; cependant elle mérite une place dans les jardins à plus jufte titre que beaucoup d'autres, que l'on y conferve avec foin à caufe de leur rareté. On la multiplie aifément en divifant les racines en automne ; on lui donne un fol humide où elle profite & fleurit, fans autre foin que celui qu'il faut pour la tenir nette de mauvaifes herbes.

Il y a une variété de cette efpece qui a une tige à fix angles, & toujours trois feuilles fur chaque nœud : mais elle n'eft qu'accidentelle ; car, en cultivant les racines dans un jardin, elle devient comme l'efpece commune.

*Tomentofum.* La feconde a comme la premiere des racines vivaces, defquelles fortent des tiges droites, branchues, de trois pieds de hauteur, & garnies de feuilles ovales, en forme de cœur, d'un pouce environ de longueur fur neuf lignes de largeur, cotonneufes, & placées par trois autour de la tige : fes fleurs naiffent en épis longs au fommet des tiges, mais elles font difpofées en têtes épaiffes & verticillées, &

laiffent entr'elles un efpace vuide : ces fleurs font d'une belle couleur pourpre, & paroiffent dans le même tems que la précédente. On peut multiplier cette efpece de la même maniere que la premiere, & elle eft également dure.

*Hyffopi-folia.* La troifieme efpece croît naturellement dans des fondrieres humides de plufieurs parties de l'Angleterre ; mais on l'admet rarement dans les jardins ; elle a une racine vivace, de laquelle fortent deux ou trois tiges branchues à peu-près d'un pied de hauteur, & garnies de feuilles étroites & alternes : la partie haute de la tige eft chargée de fleurs, qui fortent fimples fur les côtés à chaque nœud, & fort rapprochées à la bafe des feuilles ; elles font petites & teintes d'un pourpre léger; elles paroiffent dans le mois de Juin, & perfectionnent leurs femences en automne.

*Lufitanicum.* La quatrieme, que l'on rencontre en Efpagne & en Portugal dans des lieux humides & fur le bord des eaux, a une racine vivace & des tiges comme celles de la premiere, qui ne s'elèvent guere au-deffus d'un pied de hauteur ; ces tiges font garnies de feuilles plus étroites & plus courtes que celles de la premiere ; elles font unies & placées par trois autour des tiges : les fleurs font produites en épis au fommet des tiges; elles font d'une couleur de pourpre léger ; elles paroiffent dans le mois de Juillet, & donnent des femences mûres en automne. Cette plante est dure, & peut être multipliée de la même maniere que la premiere.

*Hispanicum.* La cinquieme croît aussi sans culture en Espagne & en Portugal. Ses semences m'ont été envoyées de ces deux pays; sa racine est vivace : ses tiges sont minces; elles ont plus de neuf ou dix pouces de longueur, & s'étendent au-dehors de chaque côté; la partie basse de ses tiges est garnie de feuilles oblongues, ovales & opposées, & leurs sommets portent des feuilles étroites & alternes : ses fleurs sortent simples à chaque nœud sur les parties latérales des tiges; elles sont plus larges que celles de l'espece commune & d'un pourpre plus foncé; elles ont une très-belle apparence dans le mois de Juillet, lorsqu'elles sont dans toute leur beauté.

Cette espece n'a jamais produit de semences en Angleterre; les fortes gelées de 1740 ont détruit ici toutes ces plantes, de maniere que depuis ce tems je n'en ai vu aucune dans les jardins anglois.

*Verticillatum.* La sixieme, qui est originaire des parties septentrionales de l'Amérique, s'éleve à la hauteur d'un pied & demi avec une tige roide, branchue & garnie de feuilles oblongues, cotonneuses, supportées par de courts pétioles, & opposées : ses fleurs sont rassemblées en têtes verticillées autour des tiges; elles sont d'un pourpre pâle, elles paroissent dans le mois de Juillet, & produisent des capsules à deux cel-

lules, remplies de semences qui mûrissent en automne.

*Petiolatum.* La septieme, dont les semences m'ont été envoyées de la Virginie, a une tige droite, laineuse, d'environ deux pieds de hauteur, & garnie de feuilles linéaires, opposées & supportées par de courts pétioles : ses fleurs naissent simples aux aisselles des tiges; elles sont petites, tubulées, d'un pourpre pâle, & de peu d'apparence; elles se montrent dans le mois de Juillet, & dans les années chaudes seulement elles perfectionnent leurs semences; mais les racines de cette plante se multiplient & s'étendent si fort, qu'il n'est pas nécessaire de la semer, quand elle est une fois établie dans un jardin.

*Lineare.* La huitieme croît naturellement dans l'Amerique septentrionale ; elle a une racine vivace, & des tiges minces d'un pied environ de hauteur, & garnies de feuilles linéaires, opposées & entieres : ses fleurs sortent simples des ailes des feuilles sur la partie haute des tiges ; elles sont petites, blanches, & ont six pétales & six étamines; leur calice est rayé & divisé en six segmens sur ses bords. Cette plante fleurit dans le mois de Juin, & ses semences mûrissent en automne.

*Americanum.* La neuvieme, que le Docteur HOUSTOUN a découverte à la Vera-Cruz, dans des terres marécageuses & des eaux croupissantes, a une racine ligneuse, de laquelle sortent deux ou trois

tiges minces, de plus de deux
pieds de hauteur, & garnies
de feuilles oblongues, ovales,
unies & oppoſées ſur la partie
baſſe des tiges, mais étroites
& alternes ſur le haut : les
fleurs naiſſent ſimples aux ailes
des feuilles ſur le haut des tiges ; elles ſont petites & blanches, & ont ſix pétales & ſix
étamines ; elles ne paroiſſent
pas avant la ſeconde année,
quand on les éleve de ſemences, & elles n'ont point produit de bonnes graines en Angleterre.

Cette plante eſt tendre, &
ne peut ſubſiſter en plein air
dans ce pays : on la multiplie par ſemences, qu'il faut
répandre dans des pots ; on
les tient dans une vieille couche de tan, parce que les plantes ne paroiſſent jamais dans
la premiere année, à moins



qu'on ne les ait ſemées en automne : pendant l'hiver on tient
ces pots à l'abri, & au printems ſuivant on les place ſur
une couche chaude : quand
les plantes ont pouſſé, on les
traite comme les autres eſpeces tendres, qui viennent des
mêmes contrées.

Toutes les autres eſpeces
de ce genre doivent être ſemées en automne, ſans quoi
les plantes ne paroiſſent que
dans l'année ſuivante, de ſorte
que les graines que l'on apporte de l'Amérique ne pouſſent jamais qu'un an après qu'elles ont été miſes en terre :
c'eſt-pourquoi il ne faut pas
ſe preſſer de remuer cette terre ; mais l'on doit attendre juſqu'au printems ſuivant, qui
eſt le tems où les plantes paroitront, ſi les ſemences ſont
bonnes.

# M



MACAW, GRAND ARBRE.
*Voyez* PALMA SPINOSA.

MACÉRON, *ou* GROS PER-
SIL DE MACÉDOINE. *Voyez*
SMYRNIUM OLUSATRUM. L.

MACHE, BOURSETTE,
DOUCETTE, *ou* SALADE
DES BLEDS. *Voy.* VALERIANA
LOCUSTA. L.

MACJON. *Voyez* LATHYRUS
TUBEROSUS. L.

MAGNOLIER *ou* TULIPIER



A FEUILLES DE LAURIER.
*Voyez* MAGNOLIA. L.

MAGNOLIA. *Plum. Nov.
Gen.* 38. *tab.* 7. *Lin. Gen. Plant.*
610. [ *The Laurel leaved Tulip-
tree.* ] Tulipier à feuilles de
Laurier, *ou* le Magnolier.

*Caracteres.* Le calice eſt compoſé de trois feuilles ovales,
concaves & en forme de petales, qui tombent en peu de
tems ; la corolle a neuf pé-

tales oblongs , émouſſés & con- caves : la fleur a un grand nombre d'étamines courtes , comprimées , inſérées dans le germe , & terminées par des ſommets linéaires , qui adhe- rent à chaque côté des étami- nes,& pluſieurs germes oblongs, ovales, & fixés au réceptacle , qui ſoutiennent des ſtyles courts , recourbés & tordus , avec des ſtigmats longs & ve- lus ; chaque germe ſe change dans la ſuite en un cône ovale, avec des capſules rondes , com- primées , preſqu'imbriquées , & à une cellule qui s'ouvre à deux valves , & renferme une ſemence en forme de rein , ſuſpendue par un fil mince , fixé à l'écaille du cône.

Ce genre de plantes eſt ran- gé dans la ſeptieme ſection de la treizieme claſſe de LINNEÉ, intitulée , *Polyandria Polygynia* , qui renferme celles dont les fleurs ont pluſieurs étamines & ſtyles. Si la figure de ce fruit , donnée par le Pere PLU- MIER , eſt exacte , la plante qui la donne doit être d'un genre différent ; car ſes ſemen- ces ſont repréſentées en-dedans du fruit , & fixées autour d'une colonne.

Les eſpeces ſont :

1°. *Magnolia glauca , foliis ovato-lanceolatis , ſubtùs glaucis.* Lin. Sp. 755 ; Magnolier à feuil- les ovales, en forme de lance, & de couleur de vert-de-mer en deſſous.

*Tulipi-fera Virginiana , Lauri- nis foliis averſâ parte rore cœruleo tinctis , coni - baccifera. Pluk. Alm.* 379. *t.* 68. *f.* 4.

*Lauris Tulipi-fera , baccis ca-* lyculatis. Raii. Hiſt. 1690 & 1798. *n* 4.

*Magnolia Lauri folio , ſubtùs albicante. Catesb. Hiſt. Car.* 1. *p.* 39 *Dill. Elth.* 207. *t.* 168. *f.* 205. *Trew. Ehr. t.* 9 ; Magnolier avec une feuille de Laurier , blan- châtre en-deſſous, communé- ment appelé *petit Tulipier à feuil- les de Laurier.*

2°. *Magnolia grandi-flora , fo- liis lanceolatis perſiſtentibus , cau- le erecto arboreo. Fig. Plant. tab.* 127 ; Magnolier avec des feuil- les en forme de lance , tou- jours vertes , & une tige d'ar- bre érigée.

*Magnolia grandi-flora , foliis lanceolatis perennantibus. Linn. Syſt. Plant. t.* 2. *p.* 625. *Sp.* 1.

*Magnolia altiſſima , flore in- genti candido. Catesb. Carol.* 2. *Plant.* 61 ; le plus grand Tu- lipier , avec de fort groſſes fleurs blanches , communément appelé *le plus grand Tulipier à feuilles de Laurier.*

*Magnolia maximo flore , foliis ſubtùs ferrugineis. Trew. Ehr. f.* 33.

3°. *Magnolia tri-petala , foliis lanceolatis ampliſſimis , annuis , petalis exterioribus dependentibus ;* Magnolier avec de très grandes feuilles en forme de lance , qui ſont annuelles , & des pétales penchés.

*Magnolia ampliſſimo flore albo , fructu coccineo. Catesb. Car.* 2. *pag.* 80 ; Magnolier avec de fort groſſes fleurs blanches , & un fruit écarlate , commu- nément appelé *Arbre à Paraſol.*

4°. *Magnolia acuminata , fo- liis ovato-lanceolatis , acuminatis , annuis , petalis obtuſis ;* Magno- lier avec des feuilles ovales , en forme de lance , pointues

& annuelles, & des fleurs à pétales obtus.

*Magnolia flore albo, folio majori acuminato, haud albicante.* Catesb. Car. 3. pag. 15. Gron. Virg. 61. Kalm. it. 2. pag. 324; Magnolier avec une fleur blanche, & une feuille plus large, à pointe aiguë, & qui n'est pas blanchâtre.

*Glauca.* La premiere espece croît en assez grande abondance dans la Virginie, la Caroline, & dans plusieurs autres parties de l'Amérique septentrionale, où on la trouve dans des lieux humides & près des ruisseaux; elle s'éleve ordinairement à la hauteur de quinze ou seize pieds, avec une tige mince, dont le bois est blanc & spongieux, & l'écorce unie & blanche; ses branches sont garnies de feuilles épaisses, lisses, & semblables à celles du *Laurier*, mais d'une forme ovale, unies sur leurs bords, & blanches en-dessous : ses fleurs naissent dans les mois de Mai & de Juin aux extrémités des branches; elles sont blanches, composées de six pétales concaves, & répandent une odeur douce & agréable : quand ces fleurs sont passées, le fruit grossit, & devient comme une *Noix* avec son enveloppe, mais d'une forme conique, avec plusieurs cellules autour à l'extérieur, dont chacune renferme une semence plate, de la grosseur d'un *Haricot* : ce fruit, qui est d'abord vert & ensuite rouge, prend une couleur brune en mûrissant. Quand les semences sont mûres, elles sortent de leurs cellules, & restent



suspendues à un fil mince.

Dans les contrées où cette plante croît naturellement, ses fleurs se succedent pendant deux mois & plus, & parfument les forêts où elles se trouvent; mais tous les arbres de cette espece, qui ont fleuri en Angleterre, ont rarement produit plus de douze ou quatorze fleurs chacun; elles ne durent pas long-tems, & ne sont pas suivies par d'autres. Les feuilles de cet arbre tombent en hiver.

Les jeunes plantes de cette espece retiennent souvent leurs feuilles pendant la plus grande partie de l'hiver, & ne les quittent que quand les jeunes branches les poussent dehors; ce qui a induit plusieurs personnes à croire que ces plantes étoient toujours vertes; mais quand elles ont atteint l'âge de trois ou quatre ans, elles perdent constamment leurs feuilles au commencement du mois de Novembre.

Lorsqu'on transplante ces arbres du lieu où ils croissent dans une terre seche, ils deviennent très beaux, & produisent un plus grand nombre de fleurs, c'est-à-dire en Amérique; car en Europe, ils ne profitent pas aussi bien dans un sol sec que dans une terre humide & marneuse. Le plus grand nombre de ces arbres, qui croissent à présent en Angleterre, appartient au Duc de NORFOLK, & ils se trouvent à Worksop-Manor, dans la province de Nottingham.

*Grandi-flora.* La seconde espece croît dans la Floride, &

dans la Caroline feptentrionale, où elle s'eleve à la hauteur
de quatre-vingt pieds & plus,
avec un tronc droit, de plus
de douze pieds de diametre,
qui a une groffe tête angulaire. Les feuilles de cet arbre reffemblent à celles du *Lau-
riet commun*, mais elles font
beaucoup plus grandes, &
d'un vert luifant au-deffus;
dans quelques arbres elles font
brunes, & d'une couleur de
buffle en deffous : elles fubfiftent pendant toute l'année; de
forte que cet arbre eft un
des plus beaux qu'on connoiffe
parmi ceux qui font toujours
verts : fes fleurs naiffent aux
extrémités des branches; elles
font compofées de huit ou dix
pétales, étroits à leur bâfe,
où ils font arrondis & un peu
ondés, largement ouverts, &
d'un blanc pur : dans le centre de chaque fleur font placés un grand nombre d'étamines & de ftyles, fixés à un
réceptacle commun : ces fleurs
font remplacées, dans leur
pays natal, par des cônes
oblongs & écailleux; mais les
étés ne font pas affez chauds
en Angleterre pour que cet arbre puiffe y perfectionner fon
fruit : on voit cependant dans
quelques-uns de nos jardins
de vieilles plantes de cette espece, qui forment fouvent des
cônes. Cet arbre fleurit dans
le mois de Mai en Amérique,
& fes fleurs, qui fe fuccedent
pendant long-tems, parfument
les forêts pendant la plus grande partie de l'été; mais ceux
qui fleuriffent en Angleterre
ne commencent guere qu'au



milieu ou à la fin de Juin, &
ne reftent pas long-tems en
fleurs. Le plus grand arbre
de cette efpece, que j'ai vu
en Angleterre, fe trouve dans
le jardin du Chevalier Sir Jean
COLLITON, d'Exmouth en De-
vonshire, où il a produit des
fleurs pendant plufieurs années:
on voit auffi plufieurs grandes
& belles plantes de cette efpece dans les jardins du Duc
de RICHMOND, à Goodwood
en Suffex, dont une a produit
des fleurs pendant plufieurs années; ainfi que dans la pépiniere de Chriftophe GRAY,
près de Fulham, il y a auffi
un très-bel arbre, qui produit des fleurs depuis quelques
années.

Comme cette efpece croît
naturellement dans un climat
chaud, elle eft un peu fenfible au froid, fur-tout tandis
qu'elle eft jeune; c'eft-pourquoi il faut tenir les plantes
dans des pots, pour pouvoir
les mettre à l'abri pendant les
hivers, jufqu'à ce qu'elles aient
acquis de la force ; après quoi
elles pourront être enlevées &
mifes en pleine terre : mais
il faut les placer de façon qu'elles foient à couvert des vents
violens du nord & de l'eft,
fans quoi elles ne fubfifteroient
pas en plein air.

Il y avoit un grand nombre
de jeunes plantes de cette espece en Angleterre avant l'année 1739; mais une grande partie a été détruite par ce rude
hiver qui fuivit, & depuis, on
nous en a envoyé très-peu de
bonnes; de forte qu'on ne trouve pas à préfent beaucoup de

ces plantes à acheter dans les pépinières ; & , comme presque toutes les personnes, qui font leur amusement du jardinage , desirent avoir de ces beaux arbres dans leurs jardins , l'empressement des curieux en a beaucoup augmenté le prix.

Si l'on pouvoit naturaliser cet arbre en Europe, de maniere qu'il puisse supporter le plein air durant nos hivers les plus rudes, il deviendroit le plus bel ornement de nos jardins : nous pouvons espérer qu'à la suite on y réussira, par beaucoup d'expériences & de soins ; car le tems où ces plantes souffrent le plus, est l'automne : l'extrémité des jeunes branches, étant alors fort tendre, la moindre petite gelée les pince, & la branche entiere périt souvent ensuite ; de sorte qu'il est nécessaire de les garantir de ces premieres gelées, en couvrant leur sommet avec des nattes, jusqu'à ce que les branches soient devenues tout-à-fait ligneuses ; après cela, elles seront moins en danger d'être endommagées ; car, j'ai souvent observé, que lorsque ces plantes échappent aux premieres gelées de l'automne, elles sont rarement surprises après. Dans le dur hiver de 1739 à 1740, j'avois une grande & belle plante de cette espece, qui croissoit en plein air, & qui parut être détruite tout à-fait par la gelée ; je l'avois regardée comme perdue, parce qu'il n'y avoit pas la moindre apparence de vie dans la tige ; en conséquence, après à Saint-Jean, je la coupai

jusqu'au bas, en laissant seulement la racine ; mais je fus fort surpris de la voir repousser l'année suivante. Je rapporte ce fait, pour engager à ne pas trop se presser de détruire des plantes après une gelée dure, & à attendre pour cela qu'il n'y ait plus d'espérance de les voir se rétablir.

*Tri-petala.* La troisieme croît assez souvent dans la Caroline, mais assez rarement dans la Virginie ; elle s'éleve ordinairement à seize ou vingt pieds de hauteur, avec une tige mince, dont le bois est mou & spongieux : ses feuilles sont d'une grandeur remarquable ; elles naissent en cercle horisontal, & ressemblent à-peu près à une ombelle ou *Parasol* ; ce qui lui a fait donner, par les habitans de ce pays, le nom d'*Arbre à Parasol* : ses fleurs sont composées de dix ou onze pétales blancs, qui pendent sans ordre ; le fruit ressemble beaucoup à celui de la précédente. Les feuilles de cette espece tombent au commencement de l'hiver.

Cet arbre a été, jusqu'à présent, fort rare en Europe ; mais, comme on le multiplie par semences, nous pouvons espérer de l'avoir bientôt en grande abondance, si nous recevons de bonnes graines de la Caroline.

*Acuminata.* La quatrieme est aussi fort rare en Angleterre ; elle n'est pas non-plus fort commune dans plusieurs parties habitées de l'Amérique. M. Jean B A R T R A M a découvert quelques arbres de cette espece

au nord de la riviere Sufque-
hannah ; fes feuilles ont près
de huit pouces de longueur
fur cinq de largeur , & font
terminées en pointe : fes fleurs,
qui naiffent de bonne heure au
printems , font compofées de
douze pétales blancs , de la
même forme que ceux de la
feconde efpece ; le fruit en eft
plus long que ceux des autres,
mais il leur reffemble en toutes autres chofes. Le bois de
cet arbre eft d'un beau grain,
& de couleur d'Orange.

*Culture*. Toutes ces efpeces
fe multiplient par leurs graines, qu'il faut faire venir des
contrées où elles croiffent naturellement : on les met dans
du fable pour les envoyer en
Angleterre ; ce qu'il faut faire
le plutôt poffible ; car , fi on
les garde long-tems hors de la
terre, il eft à craindre qu'el—
les ne réuffiffent pas ; c'eft
auffi pour cette raifon qu'il
eft néceffaire de les femer
auffi-tôt qu'elles arrivent.

J'ai reçu de la Caroline , il
y a quelques années , une
bonne quantité de ces graines, que j'ai femées dans des
pots auffi-tôt ; j'ai placé ces
pots dans une vieille couche
chaude de tan, & j'ai obtenu
ainfi un grand nombre de plantes : mais les graines, qui ont
été apportées depuis peu en
Angleterre, ont fort mal réuffi ;
j'ignore, fi cela provient de
ce que ces femences avoient
été cueillies avant leur parfaite maturité , ou de quelqu'autre caufe : mais, il eft
certain que le défaut venoit
des femences ; parce que les

premieres , dont j'ai parlé,
quoiqu'elles euffent été femées
differemment, & traitées d'après
plufieurs méthodes par différentes perfonnes , ont également
réuffi partout.

On a auffi élevé plufieurs
plantes de la premiere efpece
par marcottes & par boutures ;
mais elles ont fait beaucoup
moins de progrès que celles
de femences, & elles ne parviendront pas à la même hauteur : ainfi , quand on veut
les multiplier , il vaut beaucoup mieux fe procurer des
graines de l'Amérique.

La premiere efpece vient très-
bien de femences ; mais il eft
très-difficile de conferver les
jeunes plantes pendant les deux
premieres années ; car, fi elles
font beaucoup expofées au foleil, leurs feuilles jauniffent,
& les plantes périffent bientôt:
ainfi, la meilleure méthode eft
de tenir les pots dans une couche de chaleur modérée, de
leur procurer de l'ombre avec
des nattes pendant la chaleur
du jour, & de leur donner
beaucoup d'air dans les tems
chauds. Pendant l'hiver , il faut
les mettre à l'abri de la gelée , leur procurer auffi de
l'air en tems doux, pour les
empêcher de moifir, & les arrofer très-peu. Par ce moyen,
on peut élever ces plantes, &
quand elles ont acquis de la
force, on les met en pleine
terre, où elles profiteront & fleuriront, fi elles fe trouvent placées dans un lieu chaud & abrité.

La feconde efpece n'eft pas
auffi difficile à élever que la
premiere ; mais, pour avancer

ces plantes, il eſt prudent, quand on les enleve des pots, de les remettre chacune féparément dans de petits pots remplis d'une terre molle & marneuſe, de les placer dans une couche de tan de chaleur modérée, de les tenir à l'ombre, & de leur procurer aſſez d'air. A la Saint-Jean, quand elles font bien enracinées, on les accoutume par dégrés au plein air, & on les tient enſuite dans un lieu abrité, où l'on pourra les laiſſer juſqu'à l'automne; mais, dès la premiere gelée, il faut les placer fous un abri, fans quoi leurs tendres branches ſe trouveroient faifies par le froid, ce qui les feroit fouvent périr juſqu'au bas. Quand ces plantes ont acquis de la force, on peut en mettre quelquesunes en pleine terre, à une expofition chaude & abritée; mais il eſt prudent d'en tenir une partie dans des pots, pour les mettre à couvert pendant l'hiver, & les conferver, en cas que les autres viennent à périr par les fortes gelées.

Si ces plantes font de bons progrès, elles feront aſſez fortes pour être mifes en pleine terre fix ou fept femaines environ après qu'elles auront été fémées; le tems le plus propre pour enlever & dreſſer ces plantes eſt le mois de Mars, avant qu'elles commencent à pouſſer : cependant, comme elles ne courent aucun rifque dans cette opération, lorſqu'en les mettant en pleine terre, on conferve une bonne motte à leurs racines, fi la faifon eſt tardive, il vaut mieux attendre



juſqu'au mois d'Avril pour les tranſplanter. Il eſt néceſſaire d'endurcir les plantes que l'on deſtine à être mifes en pleine terre, en les expofant à l'air auparavant autant qu'il eſt poſſible ; ce qui fervira auſſi à les retarder & à les empêcher de pouſſer : car, fi elles produifent des branches dans la ferre, elles feront trop tendres pour fupporter le foleil, juſqu'à ce qu'elles y foient accoutumées par dégrés, & la moindre gelée les pincera fortement; comme cela arrive fouvent fort tard dans le printems.

Pendant les deux ou trois hivers fuivans, après qu'elles ont été tranſplantées, il fera néceſſaire de mettre du terreau autour de leurs racines, & de couvrir leurs branches avec des nattes, fur-tout dans le tems des premieres gelées de l'automne, pour les raifons que nous avons données ci-deſſus; mais il ne faut cependant pas trop les couvrir, de peur que leurs branches ne moifiſſent, ce qui détruiroit certainement les principaux jets, & leur nuiroit autant que la gelée.

A mefure que ces plantes acquerront de la force, elles feront plus en état de fupporter le froid de notre climat; cependant il fera prudent de mettre chaque hiver du terreau autour de leurs racines, & de couvrir les têtes & les tiges pendant les fortes gelées.

La premiere efpece exige les plus grands foins, parce qu'elle eſt beaucoup plus tendre que les autres, qui endurent fort bien le froid fans de grandes

precautions quand elles ont acquis de la force. Comme ces
dernieres perdent leurs feuilles
en hiver, la gelée n'a pas autant de prise sur elles que sur
la premiere, dont les feuilles
restent souvent tendres vers les
extrémités des branches, sur-
tout quand elles croissent librement, & qu'elles poussent tard
en automne.

MAHAGONY, *ou* CEDRE
DES BARBADES. *V.* CEDRUS.

MAHAGONY BASTARD.
*V.* PADUS CAROLINIANA.

MAHALEB. *Voyez* CERASUS
MAHALEB.

MAJORANA. *Voyez* ORIGA-
NUM MAJORANA.

MALACOIDES. *Voyez* MA-
LOPE.

MALUS-COTONEA. *Voyez*
CYDONIA.

MALHERBE DENTELAI-
RE, *ou* HERBE AU CANCER.
*Voyez* PLUMBAGO.

MALHERBE, THAPSIE,
*ou* TURBITH BASTARD. *Voy.*
THAPSIA. L.

MALOPE. *Malacoïdes. Tourn.*
25. [ *Bastard Mallow.* ] 25 ;
Mauve bâtarde, *ou* Malvée.

*Caractères.* La fleur est de la
même forme que celle de la
*Mauve* ; elle a un double calice, dont l'extérieur est composé de trois feuilles en forme
de cœur, & l'intérieur est formé
par une feuille découpée en cinq
segmens ; la corolle est monopétale, & divisée en cinq parties jusqu'au fond, où elles sont
jointes, mais si près de la base, qu'elles ont l'apparence de
cinq pétales : dans le centre
s'éleve un pointal, environné
d'un grand nombre d'étamines



réunies, qui forment une espece de colonne ; le pointal
devient, dans la suite, un fruit
à plusieurs cellules, recueillies
en une tête, & qui renferment
chacune une simple semence.

Nous n'avons qu'une espece
de ce genre :

*Malope Malacoïdes, foliis ova-
tis, crenatis, glabris. Lin. Hort.
Cliff.* 347. *Hort. Ups.* 206. *Roy.
Lugd.* —*B.* 357. *Fabric. Helmst.*
p. 277. *Sabb. Hort.* 1. *f.* 50 ;
Mauve bâtarde à feuilles ovales, unies & crenelées.

*Malva Betonicæ folio. Moris.
Hist.* 2. *p.* 522. *S.* 5. *t.* 17. *f.*
11. *Bocc. Sic.* 15. *t.* 8. *f.* 2.

*Alcea Betonicæ folio, flore
purpureo violaceo. Barr. Ic.* 1189.

Cette plante a été séparée
par TOURNEFORT de la classe
des *Mauves,* pour en faire un
genre distinct, sous le titre de
*Malacoïdes,* mais LINNÉE en
a changé le titre en celui de
*Malope.* Elle ressemble beaucoup à la *Mauve,* mais elle
en differe cependant, en ce
qu'elle a ses cellules recueillies en une tête, qui a l'apparence un peu d'une mûre
de *Ronce* : ses branches sont
couchées presqu'à plat sur la
terre, & s'étendent à la distance d'un pied de chaque côté :
ses fleurs sortent simples sur
de longs pédoncules aux ailes
des feuilles, elles sont de la
même forme & de la même
couleur que celles de la *Mauve.*

On la multiplie par ses graines, qu'il faut semer dans la
place où elles doivent rester,
car elles ne souffrent pas la
transplantation ; en les semant
sur une plate-bande chaude en

Août , les plantes résisteront souvent pendant l'hiver & fleuriront de bonne heure dans la saison suivante. Par ce moyen , on peut en obtenir de bonnes semences , car celles qu'on ne seme qu'au printems , se perfectionnent rarement dans la même année en Angleterre , & elles périssent souvent en hiver , à moins qu'on ne les couvre d'un châssis. Comme elles ne subsistent guere plus de deux ou trois ans, il faut en élever chaque année de nouvelles.

MALPIGHIA.*Plum.Nov.Gen. 46. tab. 36. Lin. Gen. Plant.* 56. [ *Barbadoes Cherry.* ] Cerisier des Barbades.

*Caracteres.* Le calice est petit , persistant , & formé par cinq feuilles rapprochées , & il y a deux glandes ovales & tendres , adhérantes aux petites feuilles en - dedans & au - dehors ; la corolle a cinq pétales en forme de rein , concaves , entiérement ouverts , & pourvus d'onglets longs & étroits : la fleur a dix grosses étamines en forme d'alêne, érigées & terminées par des sommets en forme de cœur , & un petit germe rond,qui soutient trois styles minces , & couronnés par des stigmats obtus ; ce germe se change , dans la suite , en une grosse baie sillonnée, globulaire , & a une cellule qui renferme trois semences rudes , pierreuses & angulaires.

Ce genre de plantes est rangé dans la troisieme section de la dixieme classe de LINNÉE, intitulée , *Decandria Trygynia* , qui



renferme celles dont les fleurs ont dix étamines & trois styles.

Les especes sont :

1°. *Malpighia glabra , foliis ovatis , integerrimis , glabris , pedunculis umbellatis. Hort. Cliff.* 169. *Hort. Upsal.* 108. *Roy. Lugd.-B.* 459 ; Malpighie avec des feuilles unies , ovales & entieres & des pédoncules en ombelle.

*Malpighia fruticosa , erecta , foliis nitidis , ovatis , acuminatis , floribus umbellatis , ramulis gracilibus. Brown. Jam.* 230.

*Cerasus Jamaïcensis , fructu tetra-pyreno. Hort. Amst.* 1. *p.* 145 ; Cerisier de la Jamaïque , avec un fruit qui renferme quatre semences, ordinairement appelé *Cerisier des Barbades.*

*Arbor bacci-fera , folio sub-rotundo , fructu Cerasino , sulcato , rubro , poly-pyreno , officulis canaliculatis. Sloan. Jam.* 172.

2°. *Malpighia Punici-folia , foliis ovato-lanceolatis , acuminatis , glabris,pedunculis umbellatis ;* Malpighie avec des feuilles ovales , unies , en forme de lance , & terminées en pointe aiguë , & des pédoncules en ombelle.

*Malpighia Mali Punici facie. Plum. Nov. Gen.* 46 ; Malpighie qui a l'apparence d'un Grenadier.

*Cerasus Americana , Myrti conjugatis foliis , fructu acerbo , tetra-pyreno. Pluk. Alm.* 94. *t.* 57. *f.* 7.

3°. *Malpighia incana , foliis lanceolatis , subtùs incanis , pedunculis umbellatis , alaribus ;* Malpighie avec des feuilles en

**forme**

forme de lance , & blanches en deſſous , & des pedoncules en ombelle , qui ſortent des aiſſelles de la tige.

4°. *Malpighia urens , foliis cordato-lanceolatis , ſetis decumbentibus , rigidis , racemis lateralibus. Mill. Ic. t. 181. f. 1* ; Malpighie à feuilles en forme de lance & en cœur, ayant des paquets de fleurs qui ſortent aux côtés des tiges.

*Malpighia lati folia , folio ſubtùs ſpinoſo. Plum. Nov. Gen. 46 ;* Malpighie à larges feuilles , avec des épines au deſſous , communément appelé *Bois de Capitaine.*

*Meſpilus Americana, folio lato , ſubtùs ſpinoſo, fructu rubro. Tourn. Inſt. 642.*

*Arbor bacci ſera , folio oblongo ſubtiliſſimis ſpinis ſubtùs oppoſito , fructu Ceraſino , ſulcato , polypyreno , oſſiculis canaliculatis. Sloan. Jam. 172. Hiſt. 2. p. 106. t. 207. f. 3. Raii Dendr. 74.*

5°. *Malpighia nitida , foliis ovatis , acutis , glabris , pedunculis umbellatis alaribus terminalibuſque;* Malpighie avec des feuilles unies, ovales & à pointes aiguës , & des pédoncules en ombelle qui ſortent des côtés & des extrémités des branches.

6°. *Malpighia pannicuLata , foliis oblongo-cordatis , acuminatis , glabris, pedunculis panniculatis alaribus terminalibuſque ;* Malpighie avec des feuilles oblongues , unies , en forme de cœur & terminées en pointe aiguë , ayant des pédoncules en pannicule qui ſortent ſur les côtés & aux extrémités des branches.

*Apocynum fruticoſum , folio*


*oblongo , acuminato , floribus racemoſis. Sloan.Cat. 89;* Apocin en arbriſſeau , avec une feuille oblongue & à pointe aiguë , & des fleurs en grappes.

7°. *Malpighia anguſti-folia , foliis lineari-lanceolatis , ſetis utrinquè decumbentibus , rigidis, pedunculis umbellatis alaribus ;* Malpighie à feuilles linéaires, & en forme de lance , ayant des poils roides & penchés des deux côtés, avec des pédoncules en ombelle ſur les parties latérales des tiges.

*Malpighia linearis , foliis lanceolato-linearibus , ſetis decumbentibus , utrinquè rigidis. Jacq. Amer. p. 135.*

*Malpighia anguſti-folia , folio ſubtùs ſpinoſo. Plum. Nov. Gen. 46 ;* Malpighie à feuilles étroites , & armées d'épines en-deſſous.

8°. *Malpighia Ilici-folia , foliis lanceolatis , dentato-ſpinoſis , ſubtùs hiſpidis. Lin. Sp. Plant. 426 ;* Malpighie avec des feuilles en forme de lance , dentelées , épineuſes & garnies de piquans en-deſſous.

*Malpighia Aqui-folia. Lin. Syſt. Plant. tom. 2. pag. 371. Sp. 8.*

*Malpighia anguſtis & acuminatis Aqui-foliis. Plum. Nov. Gen. 46. Ic. 168. f. 1 ;* Malpighie à feuilles de Houx étroites & à pointes aiguës.

9°. *Malpighia lucida , foliis oblongo-ovatis , obtuſis , glabris , pedunculis racemoſis alaribus ;* Malpighie avec des feuilles oblongues , ovales , obtuſes & unies , ayant des pédoncules terminés par des fleurs branchues & naiſſantes ſur les côtés des branches.

10°. *Malpighia l'occigyva , foliis sub-ovatis dentato-fpinofis, pedunculis uni-floris* ; Malpighie à feuilles épineufes, dentelées & prefqu'ovales , ayant une feule fleur fur chaque pédoncule.

*Malpighia Cocci-fera. Linn. Syft. Plant. tom. 2. pag. 371. Sp. 9.*

*Malpighia humilis , ilicis Cocci-glandi-feræ foliis. Plum. Nov. Gen. 46. Ic. 168. f. 2* ; Malpighie nain à feuilles d'Ilex produifant des Glands de Kermès.

*Glabra.* La premiere efpece, qu'on cultive communément pour fon fruit en Amérique , s'éleve ordinairement à la hauteur de feize ou dix-huit pieds; fa tige eft mince, & couverte d'une écorce d'un brun clair ; fes feuilles font oppofées, ovales, unies, terminées en pointe aiguë , & durent toute l'année : fes fleurs fortent en paquets fur de longs pédoncules aux cotés & aux extrémités des branches ; elles font compofées de cinq pétales ronds, de couleur de rofe, & unis à leur bâfe : ces fleurs font remplacées par des fruits rouges, femblables à de petites *Cerifes* fauvages de la même groffeur, & fillonnées par plufieurs rainures , qui renferment chacun quatre noyaux angulaires, fillonnés, & entourés d'une chair mince , d'une faveur acide & agréable. Ce fruit mûrit fouvent en Angleterre.

*Punici-folia.* La feconde efpece croît naturellement à la Jamaïque ; elle s'éleve , avec une tige d'arbriffeau, à la hauteur de dix ou douze pieds , & fe divife en plufieurs branches



minces , étendues , couvertes d'une écorce d'un brun léger, & garnies de feuilles ovales, unies , en forme de lance , oppofées , & terminées en pointe aiguë : fes fleurs naiffent en petites ombelles aux extrémités des branches fur de courts pédoncules ; elles font d'une couleur de rofe pâle , & formées par cinq pétales obtus, concaves, découpés, & pourvus d'onglets longs & étroits, auxquels ils font joints ; ils s'étendent en s'ouvrant : & dans leur centre , eft placé un germe rond, qui foutient trois ftyles accompagnés de dix étamines , qui s'écartent à une certaine diftance : ce germe fe change, quand la fleur eft paffée , en une baie ronde , charnue , fillonnée, rouge quand elle eft mûre, & qui renferme trois ou quatre femences dures & angulaires. Les habitans des ifles de l'Amérique fe nourriffent de ce fruit.

*Incana.* La troifieme efpece eft originaire de Campêche, d'où elle m'a été envoyée , par le feu Robert MILLAR : elle s'éleve, avec une tige forte & ligneufe , à la hauteur de dix-huit ou vingt pieds, & fe divife en plufieurs branches couvertes d'un écorce rachetée de brun , & garnies de feuilles en forme de lance, oppofées & velues en-deffous : fes fleurs, qui naiffent en ombelles fur les parties latérales des branches, font de couleur de rofe , & produifent des fruits de forme ovale & cannelés comme ceux de l'efpece précédente.

*Urens.* La quatrieme fe trouve

à la Jamaïque, d'où le Docteur HOUSTOUN m'a envoyé ses semences; elle s'éleve avec une tige ligneuse à quinze ou seize pieds de hauteur, & se divise en plusieurs branches fortes, sillonnées, & couvertes d'une écorce brune : ses feuilles ont trois ou quatre pouces de longueur sur un de largeur à leur bâse, où elles sont arrondies en forme de cœur ; mais graduellement plus étroites vers leur extrémité ; elles sont couvertes en-dessous de pointes hérissées, qui entrent dans la chair quand on les manie, & qu'on ne retire qu'avec peine : les fleurs de cette espece sont disposées en ombelles sur les côtés des branches ; elles sont d'une couleur pourpre clair, de la même forme que celles des autres especes, & sont remplacées par des fruits ovales & sillonnés, comme ceux de la précédente. En Amérique on donne à cette plante le nom de *Couhage* ou *Cerisier de Cowitch*.

*Nitida.* La cinquieme croît naturellement aux environs de Carthagene en Amérique, d'où le Docteur HOUSTOUN m'a envoyé ses semences ; elle s'éleve à la hauteur d'environ dix pieds, avec une tige d'arbrisseau couverte d'une écorce tachetée d'un brun clair, & pousse latéralement vers son sommet des branches irrégulieres : ses feuilles sont ovales, unies, opposées, terminées en pointe aiguë, d'un vert clair en-dessus, & plus pâles en-dessous : ses fleurs naissent sur les parties latérales des tiges en peti-

tites ombelles & érigées; les pédoncules des ombelles ont à peine un pouce de longueur : ces fleurs sont d'un rouge pâle, de la même forme que celles des précédentes, & produisent des baies rondes, sillonnées, & couvertes d'une peau rouge qui renferme trois semences dures & angulaires.

*Paniculata.* La sixieme est originaire de la Jamaïque, d'où le Docteur HOUSTOUN en a envoyé les semences en Angleterre ; elle s'éleve à la hauteur de cinq ou six pieds, avec plusieurs tiges d'arbrisseau garnies de feuilles oblongues, en forme de cœur, de quatre pouces de longueur sur un pouce trois lignes de largeur à leur bâse, où elles sont arrondies en deux lobes en forme de cœur, mais graduellement plus étroites vers l'extrémité, unies, d'un vert pâle & jaunâtre, & opposées : ses fleurs sont disposées en panicule clair sur les côtés & aux extrémités des branches ; elles sont d'un pourpre clair & de la même forme que celles des autres especes, mais plus petites ; le fruit en est pointu & pas moins sillonné.

*Angusti-folia.* La septieme, qui m'a été envoyée de l'isle des Barbudes, s'éleve avec une tige d'arbrisseau à la hauteur de sept à huit pieds ; son écorce est d'un pourpre brillant, tachetée & sillonnée : cette tige se divise vers son sommet en plusieurs petites branches garnies de feuilles étroites, en forme de lance, opposées, à-peu près de deux pouces de longueur fur trois lignes de largeur, d'un vert luifant en-deffus, & brunes en deffous, où elles font fortement armées de pointes hériffées, qui pénètrent dans la chair & dans les habits de ceux qui les touchent : fes fleurs, qui naiffent en petites ombelles fur les côtés & aux extrémités des branches, font d'un pourpre pâle & de la même forme que celles des autres efpeces, mais plus petites ; elles font remplacées par des fruits ovales, petits, fillonnés, & de couleur pourpre, lorfqu'ils font mûrs.

*Ilici folia.* [f] La huitieme croît fans culture dans l'ifle de Cuba, où le Docteur Hous-TOUN l'a trouvée en grande quantité : elle s'éleve avec une tige d'arbriffeau à la hauteur de fept à huit pieds, & pouffe dans toute fa longueur des branches couvertes d'une écorce grife & garnie de feuilles étroites, épineufes comme celles du *Houx*, & hériffées de poils piquants en deffous : fes fleurs font produites en petites grappes fur les côtés des branches ; elles font d'un rouge pâle, &

de la même forme que celles des autres efpeces, mais plus petites ; fon fruit eft plus pointu que celui de l'efpece commune ; il prend une couleur pourpre foncé en mûriffant.

*Lucida.* La neuvieme m'a été envoyée de l'ifle de Barbude, où elle croît naturellement ; elle s'éleve avec une tige forte & ligneufe à quinze ou vingt pieds de hauteur, & fe divife en plufieurs branches écartées, couvertes d'une écorce grife, & garnies de feuilles oblongues, ovales, d'une fubftance ferme, d'un pouce environ de longueur fur fix lignes de largeur, arrondies à leur extrémité, d'un vert luifant, & oppofées : les fleurs fortent en paquets longs aux côtés & aux extrémités des branches fur des pédoncules longs & branchus : elles font de la même forme que celles des autres especes ; mais elles different dans leur couleur : quelques-unes font d'un rouge clair, & d'autres de couleur d'orange dans le même paquet ; elles font remplacées par des baies ovales, petites, moins fillonnées que celles des autres efpeces, & qui prennent une couleur pourpre foncé en mûriffant.

*Coccigrya.* La dixieme croît naturellement aux environs de la Havanne d'où le Docteur HUSTOUN en a envoyé les femences ; cet arbriffeau, qui s'éleve rarement au-deffus de deux ou trois pieds de hauteur, a une tige épaiffe & ligneufe, ainfi que les branches qui fortent à chaque côté vers le haut de la tige ; ces branches font couvertes d'une écorce rude, &

---

[f] Les Traducteurs ont joint à la huitieme efpece *Ilici-folia*, la defcription que MILLER a donné de la neuvieme efpece, *Lucida*, & vice-verfa : on fe borne à faire remarquer ce changement.

Ce n'eft pas de l'ifle de *Barbades*, comme difent les Traducteurs, que MILLER dit avoir reçu les feptieme & neuvieme efpeces de cette plante ; mais celle de *Barbude*, fort différente de *Barbades*, comme on a obfervé ailleurs. Voyez Tome III page 178.

grife, & garnies de feuilles luifantes, d'un demi-pouce de
longueur fur une largeur prefqu'egale, & qui femblent être
découpées à leur extrémité où
elles font creufes, ayant deux
angles qui s'élevent comme des
cornes, & font terminées par
une épine aiguë, ainfi que les
denteiures de côté : fes fleurs
naiffent des parties latérales des
branches, chacune fur un pédoncule d'un pouce de longueur ; elles font petites, d'un
rouge pâle, & de la même
forme que celles des autres efpeces ; les fruits qui ieur fuccedent font petits, coniques,
fillonnés, & d'un rouge pourpre, lorfqu'ils font mûrs.

On connoît deux autres efpeces de ce genre, qui ont été
nouvellement envoyées de l'A-
merique; mais comme elles n'ont
point fleuri ici, je ne pius en
donner aucune defcription. Si
ces parties chaudes de l'Amérique étoient vifitées par des
perfonnes habiles, on y trouveroit encore beaucoup d'autres efpeces ; car parmi un
grand nombre d'échantillons im-
parfaits, qui m'ont été envoyés
de l'Amérique Efpagnole, j'en
ai reconnu plufieurs, qui paroiffent être des efpeces différentes de ce genre : mais,
comme ces échantillons étoient
fans fleurs & fans fruits, elles
ne peuvent pas être établies.
Les habitans de ces contrées
ramaffent confufément les fruits
des différentes efpeces que l'on
vient de décrire, & s'en fervent
comme aliment : on cultive la
premiere dans quelques Ifies
pour fon fruit, quoiqu'il n'ait

pas un grand mérite ; la chair,
qui environne les noyaux, eft
fort mince ; mais elle a une
faveur agréable, qui fait rechercher ce fruit par les habitans
de ces pays chauds, où ils font
obligés de les manger pour fup-
pléer aux cerifes que l'on poffede en Europe, & qu'ils n'ont
point chez eux.

On conferve ces plantes dans
les jardins botaniques de l'Europe, où il y a des ferres chaudes ; elles méritent d'y occuper
une place, parce qu'elles gardent leurs feuilles toute l'année,
& qu'elles continuent ordinairement à fleurir depuis le mois
de Décembre jufqu'à la fin de
Mars ; pendant lequel tems elles
font un bel effet, parce qu'alors
il y a peu d'autres fleurs ; leurs
fruits mûriffent fouvent dans
notre climat : celles dont les
feuilles font armées de pointes,
comme le *Couitch*, méritent le
moins d'être admifes dans les
ferres chaudes, parce que l'on
ne les manie point fans danger,
& que leurs fleurs font moins
belles que celles des autres
efpeces.

La dixieme eft celle dont on
fait le plus de cas, à caufe de
fes fleurs qui naiffent en plus
gros paquets, & qui offrent
différentes couleurs dans la
même grappe ; ce qui fait une
belle variété : cette efpece croit
plus en arbre que les autres ;
fes feuilles font auffi d'une fubftance plus forte & d'un vert
luifant.

Comme ces plantes font originaires des parties méridionales de l'Amérique, elles ne fubfifteroient pas en Angleterre

pendant l'hiver fans le fecours d'une ferre chaude ; mais , quand elles ont acquis de la force , on peut les tenir en plein air dans une fituation chaude, depuis le milieu ou la fin de Juin jufqu'au commencement d'Octobre, pourvu que le tems continue à être doux jufqu'à ce moment. Les plantes ainfi traitées fleuriffent beaucoup mieux que celles qui font conftamment dans une ferre chaude.

On les multiplie toutes par leurs graines, qu'il faut femer fur une bonne couche chaude au printems. Quand les plantes font affez fortes pour être enlevées , on les met chacune féparément dans des petits pots remplis d'une terre riche , on les plonge dans une couche chaude de tan , & on les traite enfuite comme les autres plantes tendres , qui viennent des mêmes contrées : pendant les deux premiers hivers, il fera prudent de les tenir dans la couche de tan de la ferre chaude ; mais enfuite on pourra les placer fur des tablettes de la ferre ; on leur procurera un degré de chaleur tempérée, où elles profiteront mieux qu'à une grande chaleur ; on les arrofe deux ou trois fois par femaine , mais toujours légerement.

MALVA. *Tourn. Inft. R. H.* 94. *Tab.* 23. *Lin. Gen. Plant.* 751. ainfi appelée de μαλακίζω, ou μαλάσσω adoucir , parce que cette plante a la propriété de calmer les douleurs de colique. [ *Mallows.* ] Mauve.

*Caractères.* La fleur a un double calice, dont l'extérieur eft compofé de trois feuilles **en** forme de lance & perfiftant, & l'intérieur eft monophylle & découpé en cinq larges fegmens fur fes bords ; la corolle, fuivant TOURNEFORT , RAY, &c., eft monopétale, mais . fuivant LINNÉE, elle a cinq pétales qui font joints à leur bâfe, s'étendent en s'ouvrant, & tombent réunis enfemble : la fleur a un grand nombre d'étamines réunies au bas en un cylindre , mais écartées vers le haut , inférées dans la corolle, & terminées par des fommets en forme de rein ; dans le centre eft fixé un germe orbiculaire, qui foutient un ftyle court & cylindrique, avec plufieurs ftigmars velus & auffi longs que le ftyle : le calice fe change , quand la fleur eft paffée, en plufieurs capfules réunies en une tête orbiculaire, comprimées & fixées à la colonne ; elles contiennent chacune une femence en forme de rein.

Ce genre de plantes eft rangé dans la cinquieme fection de la feizieme claffe de LINNÉE, intitulée , *Monadelphia , Polyandria*, qui renferme celles dont les fleurs ont plufieurs étamines jointes au ftyle en un feul corps.

Les efpeces font :

1º *Malva fylveftris , caule erecto , herbaceo , foliis feptem-lobatis , acutis , pedunculis petiolifque pilofis.* Linn. Sp. *Plant.* 969. Reg. Ged. 1. p. 173. Scop. carn. ed. 2. n. 859. Pollich. Pall. n. 659. Mattusch. Sil. n. 512. Dœrr. Nass. p. 149. Blackw. f. 22. Reg. Bot. ; Mauve avec une tige érigée & herbacée, fept lobes aigus aux feuilles, des pédoncules & des pétioles velus.

*Malva caule erecto, foliis multipartitis.* Hort. Cliff. 347. Flor. Suec. 581, 627. Roy. Lugd.-B. 356. Dalib. Paris. 208.

*Malva sylvestris, folio sinuato.* C. B. P. 314; Mauve sauvage à feuilles sinuées, la petite mauve.

2°. *Malva rotundifolia, caule prostrato, foliis cordato-orbiculatis, obsoletè quinque-lobatis, pedunculis fructi-feris, declinatis.* Lin. Sp. 969. Hort. Cliff. 347. Fl. Suec. 580, 626. Mat. Med. 166. Roy. Lugd.-B. 356. Gron. Virg. 79. Dalib. Paris. 209. Hall. Helv. n. 1070. Crantz. Austr. 143. Scop. carn. 2. n. 858. Neck. Gallob. p. 294. Pollich. Pall. n. 658. Mattusch. Sil. n. 511. Dœrr. Nass. p. 148; Mauve avec des tiges penchées, des feuilles rondes, en forme de cœur, ayant des lobes usés, & des pédoncules portant fruits, & déclinants.

*Malva sylvestris, folio sub-rotundo.* Bauh. Pin. 314.

*Malva vulgaris, flore minore, folio rotundo.* J. B. 2. p. 949; Mauve commune à petite fleur & à feuille ronde.

*Malva sylvestris, pumila.* Fusch. Hist. 508.

3°. *Malva orientalis annua, caule erecto, herbaceo, foliis lobatis, obtusis & crenatis;* Mauve annuelle, avec une tige érigée & herbacée, & des feuilles à lobes obtus & crénelés.

*Malva orientalis, erectior, flore magno, suavè rubente.* Tourn. Cor. 3; Mauve orientale, avec une tige plus droite, & une grande fleur d'un beau rouge.

4°. *Malva crispa, caule erecto,* foliis angulatis, crispis, floribus axillaribus glomeratis. Lin. Sp. 970. Leers. Herb. n. 545. Dœrr. Nass. pag. 149; Mauve à tige érigée, & à feuilles angulaires & frisées, ayant des fleurs en grappes sur les côtés des tiges.

*Malva foliis angulatis, crispis, floribus axillaribus glomeratis.* Hort. Cliff. 347. Hort. Ups. 200.

*Malva foliis crispis;* Mauve à feuilles frisées.

*Malva crispa.* Dod. Pempt. 653.

5°. *Malva verticillata, caule erecto, foliis angulatis, floribus axillaribus glomeratis, sessilibus, calycibus scabris.* Virg. Cliff. 356. Hort. Cliff. 52. Hort. Ups. 200. Roy. Lugd.-B. 356. Jacq. Hort. f. 40 ; Mauve avec une tige érigée, des feuilles angulaires & des fleurs en paquets disposées aux aisselles des tiges, & sessiles.

6°. *Malva Chinensis, annua, caule erecto, herbaceo, foliis sub-orbiculatis, obsoletè quinquè lobatis, floribus confertis, alaribus, sessilibus;* Mauve annuelle, avec une tige érigée, herbacée & simple, des feuilles presque rondes, & formées par cinq lobes dentelés & usés, avec des fleurs en grappes, & sessiles aux tiges.

*Malva Sinensis, erecta, flosculis albis, minimis.* Boerh. Ind. Alt. 268; Mauve érigée & annuelle de la Chine, avec de fort petites fleurs blanches.

7°. *Malva Cretica, caule erecto, ramoso, hirsuto, foliis angulatis, floribus alaribus, pedunculis brevioribus;* Mauve avec une tige érigée, branchue & velue, des feuilles angulaires, & des fleurs qui sortent des aisselles

des tiges , fur de très courts pédoncules.

*Malva Cretica , annua , al-*
*tiffima , flore parvo ad alas um-*
*bellato. Tourn. Cor.* 2 ; La plus
grande Mauve annuelle de
Crète , avec de petites fleurs
qui naiffent en ombelles aux
aiffelles de la tige.

8°. *Malva Peruviana , caule*
*erecto , herbaceo , foliis lobatis ,*
*fpicis axillaribus , feminibus*
*denticulatis. Lin. Sp. Plant. Vil-*
*lich. Illuftr. n.* 24. *Jacq. Hort. t.*
156. *Kniph. Cent.* 7. *n.* 52 ;
Mauve avec une tige érigée
& herbacée, des feuilles a lobes & des épis de fleurs fructueufes difpofées en grappes ,
& placées fur les côtés des tiges , auxquelles fuccedent des
femences dentelées.

9°. *Malva Alcea , caule erecto,*
*foliis multi—partitis , fcabriufcu-*
*lis. Hort. Cliff.* 347. *Fl. Suec.*
582. 628. *Roy. Lugd. - B.* 356.
*Dalib. Paris.* 209. *Scop. Carn. ed.*
2., *n.* 860. *Pollich. Pal. n.* 660 ;
Mauve avec une tige érigée &
des feuilles rudes , divifées en
plufieurs parties.

*Alcea vulgaris. Clus. Hift.* 2.
*p.* 25. *Blackw. t.* 309.

*Alcea tenui-folia crifpa. J. B.*
2 , 953 ; Mauve de Verveine ,
à feuilles étroites & frifées ,
l'*Alcée.*

*Alcea vulgaris major. Bauh. Pin.*
316.

10°. *Malva mofchata , foliis*
*radicalibus reni-formibus , incifis ;*
*caulinis quinqué-partitis , pinna-*
*to multifidis. Hort. Upfal.* 202.
*Fl. Suec.* 2. *n.* 629. *Scop. Carn.*
*ed.* 2. *n.* 861. *Pollich. Pal. n.*
661. *Leers. Herb. n.* 547 ; Mauve dont les feuilles radicales

font en forme de rein , & celles des tiges divifées en cinq
parties , & terminées en pointes aîlées.

*Alcea folio rotundo , laciniato.*
*C. B. P.* 316 ; Mauve à feuilles rondes & découpées.

*Alcea vulgaris minor. Bauh.*
*Pin.* 316. Variété.

11°. *Malva Ægyptia , foliis*
*palmatis , dentatis , corollis ca-*
*lyce minoribus. Lin. Sp. Plant.*
690. *Jacq. Hort. t.* 65 ; Mauve
avec des feuilles dentelées , &
en forme de main , & des corolles plus petites que les calices.

*Alcea Ægyptia , Geranii fo-*
*lio. Juff.* Alcée d'Egypte à feuilles de *Géranium.*

12°. *Malva Bryoni-folia , foliis*
*palmatis fcabris , caule tomentofo*
*fruticofo , pedunculis multi-floris.*
*Prod. Leyd.* 356 ; Mauve dont
les feuilles font rudes & en
forme de main , & les tiges
cotonneufes , en forme d'arbriffeau , avec des pédoncules
qui foutiennent plufieurs fleurs.

*Althæa frutefcens , Bryoniæ*
*folio. C. B. P.* 316 ; Althæa en
arbriffeau, à feuilles de Bryone.

*Althæa profondè ferrato , fivé*
*dentato folio. Bauh. Hift.* 2. *p.* 955.

13°. *Malva Tournefortiana ,*
*foliis radicalibus quinqué-partitis,*
*tri-lobatis , linearibus , pedunculis*
*folio caulino longioribus , caule*
*procumbente. Amæn. Acad.* 4. *p.*
283 ; Mauve avec des feuilles
radicales , découpées en cinq
parties , & à trois lobes linéaires , & des pédoncules plus
longs que les feuilles de la
tige , qui eft penchée.

*Alcea marit ma Gallo-Provin-*
*cialis , Geranii folio. Tourn. inft.*

98. Alcée maritime de Provence, à feuilles de *Géranium*.

*Alcea minor maritima, tenui-
folia, procumbens. Herm. Parad.*
9. *t.* 9.

14°. *Malva Capensis, foliis
sub-cordatis, laciniatis, hirsutis,
caule arborescente;* Mauve à feuilles velues, découpées, & presqu'en forme de cœur, avec
une tige en arbre.

*Malva Africana frutescens,
flore rubro. Hort. Amst.* 2. *p.*
171; Mauve d'Afrique, en arbrisseau à fleurs rouges.

15°. *Malva Americana, foliis
cordatis, crenatis, floribus lateralibus solitariis, terminalibus spicatis. Prod. Leyd.* 359; Mauve à
feuilles crenelées, & en forme
de cœur, avec des fleurs qui
naissent simples, sur les côtés
des tiges, & en épis au sommet.

*Althæa Americana pumila,
flore luteo spicato. Breyn. Cent.*
124; petite Mauve d'Amérique
à fleurs jaunes & en épis.

*Sylvestris. Rotundi-folia.* On
trouve les deux premieres especes dans plusieurs parties de
l'Angleterre, mais on ne les
cultive guere dans les jardins.
La premiere est celle dont on
se sert communément en Médecine & qu'on recueille dans
les campagnes pour en fournir les marchés : elles sont
toutes deux si bien connues,
qu'il n'est pas nécessaire d'en
donner la description. Il y a
une variété de la premiere à
fleurs blanches qui produit les
mêmes semences; mais comme
elle ne differe que par sa couleur, elle ne peut pas être regardée comme une espece diftincte (1).

_________

(1) Toutes les parties de la *Mau-*

---



*Orientalis.* La troisieme qui
a été découverte par TOUR-
NEFORT dans le Levant, est
une plante annuelle dont la
tige est érigée; ses fleurs font
plus grandes que celles de l'espece commune, & d'un rouge
léger. On la cultive dans quelques jardins pour la variété.

*Crispa.* La quatrieme est annuelle, & s'éleve avec une
tige droite à la hauteur de
quatre ou cinq pieds; ses feuilles font frisées sur leurs bords,
ce qui la fait cultiver dans
quelques jardins pour sa singularité.

*Verticillata.* La cinquieme a
été découverte dans le Levant,
en premier lieu par TOURNE-
FORT, & ensuite par SHÉRARD,
qui en a envoyé des semences
dans plusieurs jardins, où les
plantes ont produit des fleurs &
des graines qui s'y font répandues si abondamment, que
cette espece est devenue aussi
commune que la *Mauve* ordinaire.

*Chinensis.* La sixieme a été
autrefois envoyée de la Chine
comme une plante potagere;
elle a été cultivée dans quelques jardins de l'Angleterre,
quoiqu'on n'en fasse pas usage

_________

ve font remplies, comme la racine
de *Guimauve*, d'une grande quantité
de mucilages propres à lubrifier les
parties excoriées, à émousser l'a-
crimonie des humeurs, & a relâcher les fibres trop tendues; cependant, comme ce mucilage est
plus grossier que celui de la *Guimauve*, on ne se sert guere de
cette plante a l'intérieur, on se
contente de la faire entrer dans les
lavemens, les fomentations émollientes, les cataplasmes, &c.

ici, parce que nous en avons beaucoup d'autres de ce genre, qui lui font préférables.

Cette plante eſt annuelle, & ſe multiplie aſſez fortement, pourvu qu'on lui permette d'écarter ſes ſemences ; elle croît aiſément & devient fort embarraſſante quand elle eſt une fois établie dans un endroit.

*Cretica.* La ſeptieme qui eſt originaire de l'Iſle de Candie, eſt une plante annuelle, dont les tiges s'élevent plus haut que celle de notre *Mauve* commune, & produiſent des branches plus longues & en plus grand nombre : ſes feuilles ſont angulaires, & ſes fleurs naiſſent ſur de courts pédoncules. Cette eſpece ſe multiplie beaucoup quand on lui donne le tems de répandre ſes ſemences.

*Peruviana.* La huitieme croît naturellement au Pérou, d'où ſes ſemences ont été envoyées au Jardin royal de Paris, par Joſeph DE JUSSIEU ; cette plante annuelle s'éleve à la hauteur d'environ deux pieds, avec une tige droite, branchue, & garnie de feuilles larges, velues & à trois lobes : ſes fleurs ſont produites en épis aux aiſſelles des tiges ; elles ſont petites & d'un bleu pâle ; elles paroiſſent dans les mois de Juin, & ſont remplacées par des ſemences qui pouſſent en abondance au printems ſuivant, ſans aucun ſoin, quand elles ſe répandent elles mêmes.

*Alcea.* La neuvieme eſt la *Mauve - Verveine,* commune, qu'on rencontre dans les environs de Londres : elle eſt biſannuelle, & ſes tiges s'élevent plus que celles de la précédente ; ſes feuilles ſont découpées en lobes obtus & dentelés ; ſes fleurs ſont larges ; elles paroiſſent dans les mois de Juin & de Juillet, & perfectionnent leurs ſemences en automne.

*Moſchata.* La dixieme differe de la neuvieme, en ce que ſes tiges ſont plus hautes & velues ; ſes feuilles ſont en forme de rein & agréablement découpées en ſegmens étroits. Cette plante croît naturellement en Angleterre & aux environs de Paris.

*Ægyptia.* La onzieme a été envoyée d'Egypte au Jardin royal à Paris, d'où elle s'eſt répandue dans pluſieurs autres : c'eſt une plante annuelle dont les tiges, longues d'environ un pied, ſont unies & inclinées vers la terre ; ſes feuilles qui ſont ſupportées par de longs pétioles, ſont en forme de main, & à cinq lobes qui ſe joignent par leur bâſe au pétiole, & ſont dentelées ſur leurs bords : les fleurs naiſſent ſimples aux aiſſelles de la tige, & en grappes à ſon ſommet ; elles ſont petites & d'un bleu pâle, leurs calices ſont grands & aigus ; elles paroiſſent dans le mois de Juin, & perfectionnent leurs ſemences en automne.

*Bryoni-folia.* La douzieme qui eſt originaire de l'Eſpagne, s'éleve avec une tige d'arbriſſeau & cotonneuſe, à la hauteur de quatre ou cinq pieds, & pouſſe de tous côtés, des branches garnies de feuilles angulaires, rudes & laineuſes ;

les pédoncules forrent des ailes des feuilles , & foutiennent
chacun quatre ou cinq fleurs
d'un pourpre brillant & de la
même forme que celles de la
*Mauve* commune : elles paroiffent dans le mois de Juillet , & leurs femences mûriffent en automne. Cette efpece ne fubfifte guere que deux
ou trois années , mais fes graines , en s'écartant , produifent
de jeunes plantes au printems
fuivant.

*Tournefortiana.* La treizieme
croît naturellement dans la
France méridionale : elle eft
annuelle & reffemble un peu
à la précédente ; mais les tiges
font plus longues & plus branchues ; fes feuilles font divifées prefque jufqu'au fond ,
en cinq lobes obtus , & profondément découpées fur leurs
bords : fes fleurs ont de fort
longs pédoncules , & leur calice eft large , piquant & à
pointe aiguë ; ces fleurs font
bleues & plus grandes que celles de la précédente. Cette
plante fleurit & perfectionne
fes femences vers le même
tems.

*Capenfis.* La quatorzieme ,
qui croît fans culture au Cap
de Bonne-Efpérance , s'éleve
avec une tige ligneufe à la
hauteur de dix à douze pieds ,
& pouffe de tous côtés des
branches dans toute fa longueur ; les tiges & les branches font fortement couvertes
de poils , & garnies de feuilles velues & dentelées fur
leurs bords ; de forte qu'elles
ont l'apparence de feuilles à
trois lobes. Sur les jeunes

plantes elles ont trois pouces
de longueur fur deux de largeur à leur bâfe , mais à mefure que les plantes vieilliffent ,
elles ont à peine la moitié de
ces dimenfions : fes fleurs naiffent aux côtés des branches fur
des pédoncules d'un pouce de
longueur ; elles font d'un rouge
foncé , & de la même forme que
celles de la *Mauve* commune ,
mais plus petites. Cette plante
continue à fleurir durant une
grande partie de l'année , ce
qui la fait rechercher.

Il y a dans cette efpece deux
variétés que plufieurs auteurs
ont données comme des efpeces différentes : la premiere eft
l'*Alcea Africana frutefcens , Groffulariæ folio ampliori , ungubus
florum atro rubentibus. Act. P.*
1729 ; Alcée ou *Mauve-Verveine* d'Afrique , en arbriffeau ,
avec de larges feuilles de *Grofeiller* , & une petite fleur dont
les onglets des pétales font d'un
rouge foncé.

L'autre eft l'*Alcea Africana
frutefcens , folio Groffulariæ , flore
parvo rubro. Boerh. Ind. Alt 1.*
271 ; Alcée ou *Mauve-Verveine*
baffe d'Afrique en arbriffeau ,
à feuilles de *Grofeiller* , avec
une petite fleur rouge. Les
feuilles de la derniere paroiffent fort différentes de celles
de toutes les autres , parce
qu'elles font profondément divifées en trois lobes , qui font
auffi fort dentelés ; de forte
qu'en la voyant on la pren-
droit pour une efpece diftincte :
mais comme je l'ai fouvent élevée , que j'ai vu des variétés
intermediaires , provenant des
femences d'une même plante ,

je ne puis la regarder que comme une simple variété.

On multiplie aisément cette espece par les graines, qu'on répand au printems sur une planche de terre commune ; mais comme les plantes qui en proviennent sont trop tendres pour subsister en plein air pendant l'hiver, dès qu'elles ont atteint la hauteur de trois ou quatre pouces, il faut les mettre chacune separément dans de petits pots remplis d'une terre fraîche & legere, les tenir à l'ombre jusqu'à ce qu'elles aient formé de nouvelles racines, & les mettre ensuite dans un lieu abrité avec d'autres plantes exotiques dures, où elles pourront rester jusqu'à l'automne : à l'approche des premieres gelées, on les enferme dans la serre, où on les traite comme les autres plantes dures du même pays, en leur donnant toujours beaucoup d'air dans les tems doux.

*Americana.* La quinzieme naît spontanément dans la plupart des isles des Indes Occidentales ; elle est annuelle, & s'éleve à-peu-près à un pied de hauteur ; elle pousse latéralement quelques branches courtes, laineuses & garnies de feuilles en forme de lance, couvertes de duvet, crenelées sur leurs bords, & placées alternativement sur de longs pétioles : les fleurs naissent simples sur les côtés de la tige, & en épis serrés au sommet : elles sont petites & d'un jaune pâle ; elles paroissent dans le mois de Juillet, & leurs semences mûrissent en automne.



On la multiplie par ses graines, qu'il faut semer au printems sur une couche chaude : quand les plantes sont en état d'etre enlevées, on les met chacune séparément dans des petits pots remplis d'une terre fraîche & légere : on les plonge dans une nouvelle couche ; on les garantit du soleil jusqu'à ce qu'elles aient produit de nouvelles fibres, & on leur procure ensuite de l'air à proportion de la chaleur de la saison : à la fin de Juin, on peut les placer en plein air dans une situation abritée, où elles fleuriront & perfectionneront leurs semences.

Les graines des autres especes doivent être semées à la fin de Mars sur une planche de terre fraîche & legere : quand les plantes ont atteint la hauteur de trois ou quatre pouces, on les transplante dans la place qui leur est destinée, à une bonne distance les unes des autres ; car, lorsqu'elles sont trop serrées, elles n'ont pas autant d'apparence : mais il vaut mieux les entremêler avec d'autres fleurs du même crû, parmi lesquelles elles feront une variété plus agréable.

On peut aussi les semer en automne ; car ces plantes supportent les plus grands froids de notre climat, quand elles sont placées sur un sol sec : elles y deviennent plus grandes, & fleurissent plutôt que celles qui ne sont semées qu'au printems ; si on leur permet d'écarter leurs semences, elles pousseront comme les especes précédentes, & profiteront également bien.

MALVA ARBOREA. *Voyez* LAVATERA VENETA.

MALVA ROSEA. *Voy.* ALCEA.

MALVINDA. *Voyez* SIDA.

MALUS. [ *The Apple—tree.* ] *le Pommier.*

*Caracteres.* Le calice de la fleur est formé par une feuille découpée en cinq segmens ; la corolle est composée de cinq pétales, qui s'étendent en forme de rose, & dont les onglets sont insérés dans le calice ; le fruit est creux vers le pédoncule, & ordinairement rond, & en ombelle au sommet, il est charnu & divisé en cinq cellules ou partitions, qui renferment chacune une semence oblongue.

LINNÉE a réuni le *Poirier*, le *Pommier* & le *Cognassier*, & n'en a fait qu'un seul genre ; il a de plus rapproché toutes les variétés de chaque espece ; il distingue le *Pommier* par le titre de *Pyrus foliis ferratis, pomis basi concavis. Hort. Cliff.* ; c'est-à-dire, *Poirier à feuilles sciées, dont le fruit est creux à la base.* Mais, quand on regarde le fruit comme un caractere distinctif du genre, on doit séparer le *Pommier* du *Poirier* : d'ailleurs cette distinction est établie par leur nature ; car les greffes de ces fruits ne prennent pas l'une sur l'autre, malgré tout le soin que l'on pourroit y apporter : j'ai cependant réussi quelquefois à faire prendre une greffe de *Pommier* sur un *Poirier* ; mais bientôt après elle périssoit, malgré toutes mes précautions : c'est-pourquoi on me permettra de continuer



à séparer le *Pommier* du *Poirier*, comme on l'a toujours fait avant LINNÉE.

Les especes sont :

1°. *Malus sylvestris, foliis ovatis, ferratis, caule arboreo;* Pommier à feuilles ovales & sciées, avec une tige d'arbre.

*Malus sylvestris, fructu valdè acerbo. Tourn. Inst. R. H.* 635 ; Pommier sauvage à fruit fort aigre.

*Pyrus, Malus sylvestris. Linn. Syst. Plant. tom.* 2. *pag.* 501. *Sp.* 3.

2°. *Malus coronaria, foliis ferrato angulosis ;* Pommier à feuilles angulaires & sciées.

*Malus sylvestris Virginiana, floribus odoratis. Cat. Hort.* 55. *Duham. Arb.* ᴛ ; Pommier sauvage de Virginie à feuilles odorantes.

*Pyrus coronaria. Linn. Syst. Plant. tom.* 2. *pag.* 503. *Sp.* 5.

3°. *Malus pumila, foliis ovatis, ferratis, caule fruticoso;* Pommier à feuilles ovales & sciées, avec une tige d'arbrisseau.

*Malus pumila, quæ potiùs frutex, quàm arbor. C. B. P.* 433 ; Pommier nain, qui est plutôt un arbrisseau, qu'un arbre, communément appelé *Pommier de Paradis.*

*Pyrus, Malus Paradisiaca. Lin. Syst. Plant. tom.* 2. *pag.* 502. *Sp.* 3. 1 ; Variété.

*Sylvestris.* Il y a deux variétés de la premiere espece, l'une à fruit blanc, & l'autre à fruit coloré en pourpre du côté exposé au soleil, qui ne sont qu'accidentelles ; il y en a aussi une autre à feuilles panachées, que l'on multiplie dans quelques pépinieres près de Londres : mais quand les arbres croiſſent vigoureuſement, leurs feuilles perdent bientôt leurs nuances, & deviennent unies.

*Coronaria.* La ſeconde croît naturellement dans pluſieurs parties de l'Amérique ſeptentrionale, où les habitans la cultivent pour ſe procurer des ſujets à greffer les autres eſpeces de *Pommiers*; ſes feuilles ſont plus longues & plus étroites qu'aucune des autres, & découpées en deux angles aigus ſur leurs côtés : ſes fleurs répandent une odeur agréable, qui parfume les bois de l'Amérique dans le tems où elles paroiſſent.

*Pumila.* La troiſieme eſpece eſt certainement diſtincte de toutes les autres ; car elle ne parvient jamais à une hauteur conſidérable : ſes branches ſont foibles, & à peine en état de ſe ſoutenir. Cette différence eſt conſtante dans les plantes élevées de ſemences.

Je n'ai pas diſtingué les *Pommiers* cultivés des eſpeces ſauvages, quoique je n'aie jamais vu l'eſpece cultivée, produite par les ſemences des *Pommiers ſauvages* : je ferai mention enſuite de quelques eſpeces de *Pommiers* venus de France, la plupart greffées ſur des ſujets de Paradis, & qui ont été fort eſtimées pendant quelque tems ; après quoi je traiterai des eſpeces de notre propre crû.

Il y a encore une eſpece de *Pommier*, que l'on connoît en Angleterre & dans l'Amérique ſeptentrionale ſous le nom de *Pomme de Figue*, & dont le fruit n'eſt pas fort eſtimé ; cependant comme quelques perſonnes aiment la variété, j'en ferai mention ici.

*Pomme de Rambour.* Le *Rambour* eſt un fort gros fruit, d'un beau rouge ſur le côté tourné au ſoleil, & rayé d'un vert pâle ou jaunâtre ; il mûrit de très-bonne heure, c'eſt à dire vers la fin d'Août, & devient bientôt farineux ; ce qui fait que l'on ne l'eſtime point en Angleterre.

*Pomme de Corpendu ou de Courpendule.* Cette pomme eſt fort groſſe, & d'une forme oblongue, avec quelques angles irréguliers, qui s'étendent depuis la bâſe juſqu'à la couronne ; elle eſt rougeâtre du côté du ſoleil, mais pâle au côté oppoſé ; ſon pédoncule eſt long & mince, de ſorte que ce fruit pend toujours vers le bas, ce qui lui a fait donner ce nom par les Jardiniers françois.

La *Reinette blanche* ou *Reinette françoiſe.* Ce fruit eſt beau, gros, d'une forme ronde, & d'un vert pâle ; mais il prend en mûriſſant une couleur un peu jaunâtre, marquée de petites taches griſes ; ſon ſuc eſt ſucré, & elle eſt bonne à manger crue ou cuite ; cette pomme ſe conſerve juſqu'après Noël.

La *Reinette griſe* eſt d'une groſſeur médiocre, de la forme de la *Reinette d'or*, d'un gris foncé du côté expoſé au ſoleil, & d'un gris mêlé de jaune ſur l'autre ; cette pomme eſt remplie de jus, & d'un goût agréable ; elle mûrit en Octobre, & ne ſe conſerve pas long-tems.

La *Pomme d'Api* eſt un petit

fruit dur, d'un pourpre brillant sur le côté du soleil, & d'un vert jaunâtre sur l'autre ; elle est très-ferme, & n'a pas beaucoup de goût : aussi ne la cultive-t-on guere que par curiosité. Ce fruit se conserve long-tems, & fait variété dans un dessert.

La *Calvil d'automne* est un gros fruit d'une forme oblongue, d'un beau rouge sur le côté du soleil, & dont le jus est vineux ; elle est fort estimée par les François.

Le *Fenouillet* ou *Pomme d'Anis* est d'une grosseur médiocre, un peu plus grosse que le *Pepin d'or*, & d'une couleur grisâtre : sa chair est tendre & d'un goût aromatique, qui a quelque rapport avec la semence *d'Anis* : le bois & les feuilles de cet arbre sont blanchâtres.

La *Pomme violette* est un fruit beau, gros, & d'un vert pâle, rayé d'un rouge foncé sur le côté du soleil : son suc est sucré & d'un goût de *Violette ;* ce qui lui a fait donner ce nom.

Le *Pommier sauvage*, qui est la premiere espece, dont il a été question, a toujours été regardée comme le sujet le plus propre à recevoir les greffes des autres especes, parce qu'il est fort dur, & qu'il subsiste long-tems ; mais depuis quelques années on a negligé ces sujets, & on a préféré de semer les *Pepins* de toutes les Pommes à cidre sans distinction, comme étant plus aisés à élever que les autres. Les Jardiniers appellent généralement *Pommiers sauvages* toutes

les especes produites des *Pepins* de toutes sortes de Pommes, & qui n'ont point été greffées ; mais j'ai toujours préféré de semer les *Pepins* de Pommes sauvages, parce que les sujets qu'ils fournissent donnent moins de bois, & durent plus long-tems : d'ailleurs plusieurs des meilleures especes de Pommes conservent mieux sur ces sujets leur véritable grosseur, leur couleur & leur goût ; au-lieu que sur d'autres ces fruits sont moins gros, d'un goût moins agréable, & ne se conservent pas aussi long-tems.

Le *Pommier de Paradis* étoit, il y a quelques années, fort recherché pour des sujets sur lesquels on greffoit les autres especes ; mais il ne dure pas aussi long-tems, & ces arbres ne parviennent jamais à une certaine hauteur, à moins que l'on ne les greffe assez bas pour que cette greffe puisse pousser elle-même des racines au-dessous ; alors le sujet ne sera plus d'aucune utilité, parce que la greffe tirera sa nourriture de la terre même : ainsi ces sortes de greffes sur *Paradis* ne font plus qu'un objet de curiosité, & ne servent plus que pour de très-petits jardins, pour lesquels ces especes d'arbres sont très-propres ; mais on ne peut jamais en attendre une quantité considérable de fruits.

On estimoit beaucoup ces arbres en France, où on les mettoit souvent en pots pour les servir chargés de fruits sur la table : mais cette singularité n'est point recherchée en

Angleterre ; de forte que les Jardiniers ne les multiplient pas beaucoup à préfent ici.

Il y a encore un autre *Pommier de Paradis* de Hollande , que l'on cultive beaucoup dans les pépinieres , pour greffer deffus les autres efpeces , quand on veut avoir des arbres nains ; ceux-ci ne périffent point & ne fe gâtent pas comme les autres , parce que la greffe n'y eft pas fi gênée ; auffi font ils généralement préférés pour des efpaliers ou arbres nains, qui doivent être contenus aifément dans de certaines limites.

Plufieurs perfonnes font auffi ufage des fujets de *Codlin* pour greffer des *Pommiers* , & les rendre nains, mais le fruit qui en provient n'eft pas fi ferme , & ne fe conferve pas auffi long-tems que fur les *Pommiers fauvages* ; c'eft - pourquoi il ne faut jamais greffer des fruits d'hiver fur cette efpece de tige.

*Coronaria*. Le *Pommier fauvage* de la Virginie à fleurs odorantes eft fouvent cultivé par ceux qui raffemblent toutes les variétés des arbres ; on le multiplie en le greffant fur le *Pommier fauvage* ou *commun* : mais comme il eft un peu tendre dans fa jeuneffe , il faut le planter dans une fituation chaude , fans quoi il court rifque d'être endommagé dans les hivers extrêmement rudes. On dit que les fleurs de cet arbre ont une odeur fort agréable dans la Virginie , où il croît dans les bois en grande abondance ; mais je n'ai point obfervé que cette odeur fût fort fenfible dans quelques-uns



qui ont fleuri en Angleterre ; de forte que je doute que l'efpece que l'on cultive dans nos jardins , foit la même que celle de Virginie : peut-être auffi a-t-elle dégénéré en la femant ; car c'eft de cette maniere que nous l'avons d'abord obtenue ici.

La *Pomme - Figue* eft regardée par plufieurs perfonnes comme étant produite fans avoir été précédée par aucune fleur ; mais cette opinion eft rejettée par des Obfervateurs qui affûrent qu'elle fuccede à une petite fleur très - volatile , & qui dure rarement plus d'un jour ou deux : je n'ai pas eu encore l'occafion de déterminer laquelle de ces deux opinions eft la plus jufte , n'ayant pas un arbre en ma poffeffion qui ait produit du fruit ; mais il faut efpérer que ceux qui les cultivent depuis plufieurs années , pourront enfin réfoudre ce problême.

Je me fouviens de la defcription d'un arbre de cette efpece donnée à la Société Royale dans une lettre écrite de la Nouvelle Angleterre par Paul DUDLEY , Ecuyer , & publiée dans les tranfactions philofophiques , n°. 385. Il eft dit que cet arbre étoit fort grand , & produifoit beaucoup de fruits fans aucunes fleurs préalables ; mais comme cet arbre étoit placé à quelque diftance de fon habitation , qu'il n'avoit pas occafion de l'obferver exactement lui même , & qu'il ne le vifitoit que deux ou trois fois vers la faifon où les fleurs paroiffent , il a pu n'être pas

informé

informé du prompt dépériffement de celles de cet arbre,
qui peut-être étoient tombées
avant qu'il les vifitât.

Les autres efpeces, ci-deffus
mentionnées, ont été envoyées
de France ; mais il n'y en a
que deux ou trois qui foient
fort eftimées en Angleterre ; favoir, *La Reinette blanche*, la *Rei-*
*nette grife*, & la *Pomme violette* : les
autres font des fruits printaniers,
qui ne fe confervent point; leur
chair eft toujours farineufe, & elles ne méritent pas d'être multipliées, d'autant plus que nous
avons beaucoup d'autres meilleurs fruits en Angleterre :
mais comme bien des gens aiment à avoir toutes les efpeces , j'en donnerai le détail,
ainfi que de toutes celles qui
font les plus eftimées, en les
plaçant fuivant l'ordre du tems
où leurs fruits mûriffent.

La *premiere Pomme*, que l'on
porte au marché, eft le *Cod-*
*lin* ; ce fruit eft fi bien connu
ici, qu'il eft inutile d'en donner la defcription. Après cela
vient la Pomme de *Margaret*,
qui eft d'une groffeur médiocre, moins longue que le *Cod-*
*lin*, d'un rouge pâle fur le
côté expofé au foleil, lorfqu'elle eft mûre , & d'un verr
léger du côté oppofé. Cette
pomme eft ferme , & d'un goût
agréable; mais elle ne fe conferve pas long-tems.

Le *Pearmain d'été* eft un
fruit oblong, & rayé de rouge
fur le côté expofé au foleil :
fa chair eft molle , & devient
farineufe en peu de tems, de
maniere qu'elle eft peu eftimée.

Le *Fill-Basket* de Kent, eft

une efpece de *Codlin*, très groffe, & un peu plus longue ;
elle mûrit un peu plus tard ,
& on la mange ordinairement
cuite.

La *Pomme tranfparente* a été
apportée en Angleterre depuis
peu d'années ; on la regarde
comme une curiofité ; elle vient
de Pétersbourg, où l'on affûre
qu'elle eft fi tranfparente , que
l'on en apperçoit parfaitement
les pepins en la tenant contre
le jour : mais ici c'eft un fruit
farineux & infipide , qui ne
vaut pas la peine d'être multiplié.

Le *Pearmain de Loan* eft un
beau fruit d'une groffeur médiocre ; elle eft d'un beau rouge, & rayée de même couleur
fur le côté tourné au foleil ;
fa chair eft vineufe ; mais elle
devient bientôt farineufe, &
n'eft pas fort eftimée.

La *Pomme de Coing* eft un
petit fruit, qui devient rarement plus gros que le *Pepin*
*d'or*, & qui reffemble à un
*Coing*; fur-tout vers la tige :
le côté tourné au foleil eft
d'une couleur brune , & l'autre
tire fur le jaune : cette Pomme
eft excellente pendant environ
trois femaines du mois de Septembre ; mais elle ne fe conferve
pas beaucoup plus long-tems.

La *Reinette d'or* eft un fruit fi
bien connu en Angleterre, qu'il
n'eft pas néceffaire d'en donner aucune defcription; elle
mûrit vers la Saint-Michel,
elle eft très-bonne pendant près
d'un mois . & l'on peut la
manger cuite ou crue.

Le *Pepin aromatique* eft auffi
une fort bonne pomme, à-

peu-près de la groſſeur de la non-Pareille, mais moins plate, un peu plus longue, & d'un brun clair ſur le côté expoſé au ſoleil : ſa chair eſt caſſante, & d'un goût aromatique. Ce fruit mûrit en Octobre.

Le *Pearmain* du Comté de Hertford, appellé par quelques-uns le *Pearmain d'hiver*, eſt un fruit d'une bonne groſſeur, plutôt long que rond, d'un beau rouge ſur le côté tourné au ſoleil, & rayé de la même couleur ſur l'autre : ſa chair eſt pleine de ſuc, & bonne en compote ; mais elle n'eſt pas eſtimée par ceux qui ont le palais délicat. Ce fruit eſt bon à manger en Novembre & Décembre.

Le *Pepin* de Kent eſt un fruit beau, gros, & d'une forme oblongue ; ſa peau eſt d'un vert pâle : ſa chair eſt caſſante & pleine d'un ſuc acide ; ce fruit eſt bon en compote, & ſe conſerve juſqu'en Février.

Le *Pepin* de Hollande eſt plus gros que le précédent, & un peu plus long ; ſa peau eſt d'un vert plus foncé : ſa chair eſt ferme & pleine de jus ; il eſt fort bon pour la cuiſine, & il ſe conſerve long-tems.

La *Reinette monſtrueuſe* eſt une fort groſſe pomme d'une forme oblongue, rouge ſur le côté expoſé au ſoleil, & d'un vert foncé ſur l'autre : ſa chair eſt ſouvent farineuſe, auſſi les curieux ne l'eſtiment pas beaucoup, & ne la conſervent qu'à cauſe de ſa groſſeur.

La *Pomme brodée* eſt fort groſſe, & à-peu-près de la forme du *Pearmain* ; mais ſes raies rouges ſont fort larges ; ce qui lui a fait donner par les Jardiniers le nom qu'elle porte : ce fruit eſt médiocre, & ne peut être mangé que cuit.

La *Rouſſette Royale*, appelée par quelques-uns *Rouſſette à enveloppe de cuir*, à cauſe de la couleur brune & foncée de ſa peau, eſt un fruit gros, beau, d'une figure oblongue & large à ſa baſe : ſa chair eſt jaunâtre ; c'eſt une des meilleures pommes pour la cuiſine, que nous ayions ; l'arbre qui la produit en donne beaucoup, & devient grand & beau. On mange ce fruit depuis le mois d'Octobre juſqu'en Avril ; ſon goût eſt agréable.

La *Rouſſette de Wheeler* eſt d'une groſſeur médiocre, plate & ronde ; ſon pédoncule eſt mince ; le côté tourné au ſoleil eſt d'un brun léger, & l'autre d'un jaune pâle, lorſqu'elle eſt mure : ſa chair eſt ferme, & ſon ſuc eſt d'un goût fort acide. Ce fruit eſt excellent pour la cuiſine, & ſe conſerve long-tems.

La *Rouſſette de Pile* n'eſt pas tout-à-fait ſi groſſe que la précédente, mais d'une forme ovale, brune ſur le côté du ſoleil, & d'un vert foncé ſur l'autre : ce fruit eſt très-ferme, & d'un goût acide & piquant ; il eſt très-bon à cuire, & il dure juſqu'en Avril & même plus tard, s'il eſt bien conſervé.

La *Non-Pareille* eſt un fruit aſſez généralement connu en Angleterre, quoiqu'on vende ſur les marchés ſous ce nom une autre pomme que les François appellent *Hautebonne* : ce fruit eſt plus gros, plus beau, p'us jaune que la *Non-Pareille* ; ſa couleur brune eſt plus brillante ; il mûrit auſſi avant elle, & paſſe beaucoup plutôt : il n'eſt pas ſi plat que la véritable *Non-Pareille*, & ſon ſuc eſt moins piquant : cette Pomme eſt cependant très-bonne. La *Non-Pareille* eſt rarement mûre avant Noël ; quand elle eſt bien ſoignée elle ſe conſerve parfaitement ſaine juſqu'au mois de Mai ; on la regarde, avec raiſon, comme une des meilleures Pommes connues.

Le *Pepin d'or* eſt preſque particulier à l'Angleterre ; il y a peu de pays où il réuſſiſſe auſſi bien ; mais il n'eſt pas également bon dans toutes les parties de notre Iſle, ce qui feroit cependant à déſirer : cette différence provient de ce qu'on le greffe ſur toutes ſortes de ſujets qui rendent le fruit plus gros, mais moins bon ; car dans ce cas ſa chair eſt moins ferme, & ſa ſaveur moins piquante : ce qui le rend quelquefois farineux : c'eſt pourquoi il faudroit toujours greffer ce fruit ſur des ſujets de *Pommiers* ſauvages, ſur leſquels il ne dégénere pas, comme ſur les autres ; & quoique le fruit ſoit alors moins beau, cependant il eſt d'un meilleur goût, & ſe conſerve plus long-tems.

Il y a encore d'autres eſpeces de *Pommes* ; mais comme elles ſont inférieures à celles-ci, je n'en parlerai point, d'autant plus que celles dont il vient d'être queſtion ſuffiſent pour fournir la table & la cui-



ſine pendant toute la ſaiſon de ces fruits ; & quand on peut ſe les procurer, aucune perſonne de bon goût ne mangera des autres. Je rapporterai ici la liſte de quelques-unes des eſpeces de *Pommes* que l'on préfere ordinairement pour faire du cidre, quoique dans chaque pays où cette liqueur eſt en uſage il y en ait de nouvelles eſpeces qu'on obtient ſouvent des ſemences ; mais celles-ci ont été fort eſtimées pendant quelques années ; ces eſpeces ſont :

La *Raie rouge.*

L'*Arbonnier royal du Comté de Devon.*

Le *Whitſour.*

Le *Under-Leaf, ou feuille baſſe du Comté de Héreford.*

La *Pomme de Jean*, ou *deux Annes.*

Le *Hanger perpétuel.*

Le *Moyle Gennet.*

Toutes ces eſpeces de *Pommiers* ſe multiplient par la greffe ſur des ſujets de la même eſpece ; car elle ne prend ſur aucun autre arbre fruitier : il y a trois eſpeces de ſujets dans les pepinieres ſur leſquels on greffe généralement les Pommiers : les premiers ſont appelés ſujets libres, & ſont élevés avec les pepins de toutes ſortes de *Pommes* ſans diſtinction ; on leur donne auſſi quelquefois le nom de ſujets de *Pommiers* ſauvages, car tous les arbres produits de ſemences, & qui n'ont point été greffés, ſont regardés comme des *Pommiers* ſauvages : mais comme on l'a obſervé auparavant, on doit toujours préferer les fujets élevés de pepins de *Pommes* fauvages, après qu'el-les ont été preffurées ; & j'ai trouvé plufieurs Ecrivains de mon fentiment. M. AUSTEN, qui a écrit il y a plus de cent ans, s'exprime ainfi : » Le » meilleur fujet pour greffer » les *Pommiers*, eft le fauvage, » fur-tout pour les efpeces à » fruits doux ; parce qu'il n'eft » pas fujet au chancre, & » qu'il devient un fort grand » arbre : je conçois qu'il doit » durer plus long-tems que le » fujet de *Pommes douces*, & » produire des fruits plus fer-» mes & plus propres à fup-» porter la gelée ».

Il eft très-certain qu'en gref-fant fouvent quelques efpeces de *Pommes* fur des fujets libres, les fruits deviennent moins fer-mes, moins piquans, & d'une plus courte durée.

La feconde efpece eft le *Chenet* ou le *Rampeur hollandois*, ou *Codlin de Hollande* ci-deffus mentionné ; celui ci eft defti-né à limiter les arbres dans leur croiffance, & à les ren-dre nains pour des efpaliers.

La troifieme efpece eft le *Pommier de paradis*, qui eft un arbriffeau fort bas, de peu de durée, & qui n'eft bon que pour des arbres à conferver dans des pots, par curiofité.

Quelques perfonnes ont pris des fujets du *Codlin* pour gref-fer les *Pommiers* & en faire des nains ; mais comme ceux-ci font ordinairement multipliés par rejettons, je ne confeille-rai pas d'en faire ufage en aucune maniere, non plus que d'élever des arbres de *Codlin*



par rejettons, mais plutôt de les greffer fur des fujets de *Pommiers* fauvages qui rendent le fruit plus ferme, plus de garde, & d'un goût plus pi-quant : ces arbres ainfi greffés, fe confervent fains plus long-tems, & ne pouffent jamais de rejettons comme font toujours les *Codlins* ainfi élevés de re-jettons : fi l'on n'arrache pas conftamment ces rejettons, les arbres s'affoibliront & devien-dront chancreux ; non-feule-ment les racines, mais auffi les nœuds de leurs tiges, pouf-fent toujours un grand nom-bre de fortes branches qui gar-niffent inutilement les arbres, les rendent défagréables à la vue, & leur font produire des fruits petits & d'une mauvaife forme.

La méthode d'élever des fu-jets avec des pepins de *Pom-mes* fauvages, eft de s'en pro-curer dans des preffoirs à ci-dre, & après les avoir fépa-rés de la chair, on les feme fur une planche de terre lége-re, & on les recouvre d'un de-mi-pouce à-peu-près d'épaiffeur de même terre : on peut les femer en Novembre ou en Dé-cembre, quand le fol eft fec ; mais dans un terrein humide il vaut mieux différer jufqu'en Février : dans ce cas on con-ferve les femences dans du fa-ble fec, & on les tient à l'abri des infectes & des fouris qui les dévoreroient s'ils pouvoient y atteindre ; il faut auffi les en préferver quand elles font fe-mées, en mettant des ratieres & des fouricieres pour les attra-per. Au printems, lorfque les plantes commencent à paroître, on les débarrasse soigneusement de mauvaises herbes , & si la saison est seche, il sera prudent de les arroser deux ou trois fois par semaine, & pendant l'été on doit toujours les tenir nettes de mauvaises herbes qui les empêcheroient de croître & les étoufferoient. Si les plantes profitent bien, elles seront en état d'être transplantées en des pepinieres au mois d'Octobre suivant : alors on laboure bien la terre qui leur est destinée ; on enleve exactement toutes les racines & les mauvaises herbes qui s'y trouvent; on y plante ces jeunes sujets en rangs éloignés de trois pieds, & à un pied de distance entr'eux, & l'on comprime bien la terre contre leurs racines : quand on les enleve dans le premier automne après qu'ils ont été semés, il n'est pas nécessaire d'en raccourcir les racines ; mais si elles sont disposées à pousser des branches vers le bas, il faut tailler les racines principales pour leur en faire pousser de côté : si la terre dans laquelle on les met, est bonne, & qu'on arrache constamment les mauvaises herbes qui y naissent, ces sujets feront des grands progrès, & ceux que l'on destine pour des arbres nains , pourront être greffés au printems, un an après qu'ils auront été mis en pepinieres, mais ceux dont on veut faire des arbres à plein-vent exigeront deux ou trois ans de plus d'accroissement , avant de pouvoir être greffés ; après ce tems ils auront plus de six pieds

de hauteur : toute la culture qu'ils exigent pendant ce tems étant détaillée à l'article PEPI-NIERE , je n'en parlerai point ici.

Je vais à présent donner la méthode de planter ceux que l'on destine à former des espaliers dans les jardins potagers : si ces jardins sont assez spacieux, on fera bien d'y placer non seulement les especes dont les fruits sont propres à être servis sur la table ; mais encore celles qui sont destinées aux usages de la cuisine : mais quand les potagers sont petits , il faut y mettre des arbres à plein-vent pour la table ; & comme les fruits propres à être cuits sont toujours les plus gros, & qu'ils ne mûrissent que fort tard , il est bon de mettre en espaliers les arbres qui les portent ; parce que , s'ils étoient à plein vent, ils courroient risque d'être abattus par les vents avant leur maturité , de maniere qu'ils ne seroient propres à aucun usage, & que d'ailleurs les contusions qu'ils auroient essuyées en tombant les disposeroient à la pourriture.

Les especes d'un crû médiocre & greffées sur des sujets de *Pommiers* sauvages ou sujets libres, doivent être plantées au moins à trente pieds de distance, & ceux d'un crû plus considérable, exigent plus de trente-cinq ou quarante pieds ; ce qui ne sera pas trop si la terre est bonne, & si les arbres sont proprement dressés ; car si l'on ne raccourcit point les branches, & si on les laisse croître dans toute leur longueur, en peu d'années les arbres fe toucheront : cette diftance peut paroître bien confidérable aux perfonnes qui n'ont jamais obfervé la vigueur avec laquelle ces arbres pouffent ; elles ne pourront jamais s'imaginer qu'ils foient capables de garnir l'efpalier ; mais fi l'on veut faire attention au crû des arbres à plein-vent de même efpece , & remarquer combien ils étendent leurs branches de tous côtés , on fera bientôt convaincu que ces arbres en efpalier ne s'étendant que de deux côtés feulement , doivent faire beaucoup plus de progrès , parce que la nourriture entiere de la racine n'eft employée que pour ces branches latérales.

On doit encore obferver de choifir des efpeces de mème crû pour garnir un mème efpalier ; car cela eft effentiel pour regler la diftance qu'on doit laffer entr'eux : fans cela les arbres qui étendent le plus leurs branches fe trouveroient avoir moins de place que ceux d'un moindre crû ; d'ailleurs les arbres d'un efpalier étant tous égaux dans leur croiffance , font un bien meilleur effet que fi les uns étoient plus hauts & les autres plus courts ; mais pour empêcher de tomber dans de pareils inconvéniens , je vais divifer toutes les efpeces de *Pommiers* en trois claffes.

1°. Arbres du plus grand crû.

*Toutes les efpeces de Pommes poires.* Péarmains.

*Le Pepin de Kent.*

*Le Pepin de Hollande.*

*La Reinette Monftrueufe.*

*La Rouffette royale.*



*La Rouffette de Wheeler.*

*La Rouffette de Pile.*

*La Non-Pareille.*

*La Pomme violette.*

2°. Arbres d'un crû médiocre.

*La Pomme de Margaret.*

*La Reinette d'or.*

*Le Pepin aromatique.*

*La Pomme brodée.*

*La Reinette grife.*

*La Reinette blanche.*

*Le Codlin.*

3°. Arbres du plus petit crû.

*La Pomme de Coing.*

*La Pomme tranfparente.*

*Le Pepin d'or.*

*La Pomme d'Api.*

*Le Fenouillet, ou Pomme d'Anis.*

On les fuppofe toutes greffées fur les mêmes efpeces de fujets. Si toutes ces efpeces font greffées fur des fujets de *Pommiers* fauvages , je ferois d'avis de les planter aux diftances fuivantes , fur-tout fi le fol eft bon : favoir les arbres du plus grand crû à quarante pieds les uns des autres ; ceux d'un crû médiocre à trente pieds , & ceux d'un plus petit crû à vingt-cinq pieds : l'expérience m'a prouvé que ces diftances n'étoient point trop fortes , car ayant planté ces arbres à vingt-quatre pieds , dans plufieurs endroits , ils y ont tellement pouffé , que dans l'efpace de fept ans leurs branches fe font rencontrées ; & dans quelques jardins où l'on a retranché de deux arbres l'un , fept ans après ils fe font encore prefque joints ; ainfi il vaut beaucoup mieux les placer d'abord à une bonne diftance, & planter entre eux quelques *Cerisiers*, *Groseillers*, ou autres especes de fruits nains qui produisent du fruit pendant quelques années, & qui pourront être enlevés quand les *Pommiers* commenceront à les toucher; car si on les plante d'abord plus serrés, on prend difficilement ensuite la résolution d'arracher des arbres fructueux, & alors on est forcé de faire usage du couteau, de la scie & du ciseau, plus qu'il ne faut pour la bonté à venir des arbres; souvent aussi, quand on arrache une partie des arbres, les distances se trouvent irrégulieres & trop grandes, & si l'on n'a pas prévu ce cas au moment de la plantation, l'espalier devient désagréable à la vue.

Quand les arbres sont greffés sur des sujets nains hollandois, ceux du plus grand crû doivent être plantés à trente pieds de distance; ceux d'un crû médiocre à vint-cinq pieds, & les plus petits à vingt pieds, ces distances ne feront pas trop fortes si les arbres profitent bien.

On ne doit pas employer des arbres qui aient plus de deux ans de greffe, & ceux d'un an sont préférables; il faut aussi avoir soin que les sujets soient jeunes, sains, unis, exempts de chancre, & qu'ils n'aient pas été taillés plus d'une ou deux fois dans la Pepiniere : quand on les enleve, on retranche entièrement de leurs racines toutes les petites fibres qui moisiroient & périroient si on les laissoit, & qui empêcheroient alors les nouvelles racines de pousser. On taille l'extrémité des racines, & l'on retranche toutes celles qui sont froissées, ou qui sont mal placées & qui se croisent. Pour ce qui concerne l'émondage des têtes, il n'y a rien autre chose à faire que de couper toutes les branches qui ne peuvent se dresser en espalier : en les plantant il faut avoir attention de ne pas trop enfoncer les racines dans la terre, sur-tout si le sol est humide, mais plutôt de les élever sur une petite éminence, en tenant les plates-bandes plus hautes La meilleure saison pour ces arbres dans les sols qui ne sont pas trop humides, est depuis le mois d'Octobre jusqu'au milieu ou à la fin de Novembre, si la saison continue douce; on peut enlever les arbres en toute sureté aussi tôt que leurs feuilles sont tombées : dès qu'ils sont plantés, il est prudent de placer un piquet près de chacun, & d'y fixer leurs branches, pour empêcher les vents de les secouer & de déranger leurs racines, ce qui détruiroit leurs jeunes fibres; car lorsque ces arbres sont plantés de bonne heure en automne, ils poussent bientôt un grand nombre de nouvelles fibres, qui étant fort tendres, sont nécessairement rompues par les secousses que les tiges éprouvent. Si l'hiver est rude, il sera bon de mettre du fumier pourri, du tan, ou quelqu'autre espece d'engrais sur la terre qui couvre leurs racines pour les garantir des impreſſions de la gelée ; mais je ne conſeillerai pas de faire cette opération avant que le froid ſe faſſe ſentir ; car ſi l'on répandoit quelque choſe ſur la ſurface de la terre autour des racines , auſſi tôt apres que les arbres ſont plantés , comme on le fait ſouvent, cela empêcheroit l'humidité de pénétrer dans la terre , & feroit plus de tort que de bien aux arbres.

Au printems ſuivant, avant que les arbres commencent à pouſſer, on enfonce à chaque côté deux ou trois piquets courts , auxquels on attache leurs branches auſſi horiſontalement qu'il eſt poſſible ; mais on ne doit jamais les couper comme on le fait quelquefois ; car il n'y a pas de danger qu'il ne pouſſe pas aſſez de branches pour garnir l'eſpalier , quand ils ſont une fois bien établis.

En émondant ces arbres , l'eſſentiel eſt de ne jamais tailler ni raccourcir aucune des branches , à moins qu'il n'y en manque pour remplir quelque vuide de l'eſpalier, car lorſqu'on ſe ſert trop de la ſerpette, on multiplie les branches inutiles , & l'on empêche l'arbre de produire du fruit. La meilleure méthode de traiter ces arbres , eſt de les examiner trois ou quatre fois dans le tems où ils pouſſent , de retrancher toutes les branches irrégulieres & mal placées , & de paliſſer les autres aux piquets dans la poſition qu'elles doivent garder : ſi ce travail eſt bien exécuté pendant l'été, il reſtera peu de choſe à faire en hiver ; & ſi

l'on plie leurs branches de tems en tems , à meſure qu'elles naiſſent, il ne ſera pas néceſſaire d'uſer de force pour les tenir baſſes , & on pourra le faire ſans aucun danger de les rompre. On doit laiſſer ſept ou huit pouces d'intervalle entre chaque branche lorſqu'elles doivent donner de très gros fruits , & quatre ou cinq pouces pour les petites eſpeces. Si l'on ſuit exactement ces ſimples inſtructions, on s'épargnera beaucoup d'ouvrage pour émonder, & les arbres auront une belle apparence en tout tems ; au-lieu que , ſi on laiſſe croître naturellement leurs branches en été, on aura plus de peine à les plier , ſur-tout ſi l'on attend pour cela qu'elles ſoient devenues ligneuſes; car alors il ſera neceſſaire de les fendre pour les rendre flexible. Toutes les eſpeces de *Pommiers* produiſent leurs fruits ſur des écuſſons, & continuent à en donner pendant un grand nombre d'années.

La maniere de dreſſer les eſpaliers ayant déja été détaillée à l'article **Espalier**, il n'eſt pas néceſſaire de la répéter ici : j'obſerverai ſeulement qu'il vaut mieux attendre pour les diſpoſer que les arbres aient trois ou quatre ans d'accroiſſement; juſqu'à ce moment on peut ſoutenir leurs branches avec quelques pieux , & épargner la dépenſe du treillage, qu'il ſuffira de placer quand ces arbres auront pouſſé aſſez de branches pour garnir toute la partie baſſe de l'eſpalier.

Je vais indiquer à préſent

comment on doit planter les vergers pour qu'ils foient du plus grand rapport poffible : la fituation la plus favorable à cette efpece de plantation, eft le penchant naturel d'une colline a l'expofition du fud ou fud-eft ; mais la pente n'en doit pas être trop roide, de peur que les terres ne foient emportées par les fortes pluies : quelques perfonnes préferent des fituations baffes au pied des collines, mais l'expérience m'a appris que tous les fonds environnés de montagnes ne conviennent point à cet ufage ; car ces efpeces de fituations étant expofées aux courans rapides de l'air, font néceffairement plus froides que des lieux plus ouverts : d'ailleurs ces vallons étant fort humides, en hiver & au printems, font auffi mal-fains pour tous les végétaux ; ainfi une petite élévation fur une colline expofée au foleil & à l'air, eft bien plus favorable que toute autre pofition. Quant au fol, une terre douce, marneufe, facile à remuer, & qui ne retient pas l'humidité, eft la meilleure : cette terre doit avoir trois pieds de profondeur. Quoique les arbres puiffent croître dans une terre très-forte, cependant ils profitent rarement auffi bien, & leurs fruits n'ont jamais une faveur auffi agréable que ceux qu'on recueille fur un terrein léger. Comme les arbres fruitiers réuffiffent mal fur le gravier ou le fable fort fec, on ne doit jamais choifir de pareils fols pour y planter des vergers.

Le terrein qu'on deftine à être planté doit être bien préparé une année avant ; on le laboure, & on y met du fumier long-tems auparavant, pour faciliter l'accroiffement des arbres ; au printems précédent on y plante des *Pois* ou des *Feves* en rangs un peu éloignés, afin qu'on puiffe y introduire la houe à cheval, pour détruire les mauvaifes herbes & ameublir la terre, car elle ne peut pas être trop labourée ou pulvérifée pour cet effet. Cette récolte fera enlevée long-tems avant la faifon de planter ; ce qui doit être exécuté auffi tôt que les arbres font dépouillés de leurs feuilles.

Dans le choix des arbres, on doit avoir l'attention de prendre ceux de deux ans de greffe, & de n'en jamais planter de vieux, ou de ceux qui font greffés fur d'anciens fujets ; car c'eft perdre du tems que d'en employer de pareils : les jeunes croiffent plus certainement & font bien plus de progrès que les vieux. On nettoie les racines comme il a déja été dit pour les arbres en efpalier, & on ne retranche dans les têtes que les branches mal placées ou qui fe croifent ; car il ne faut jamais couper leurs fommets, comme on le pratique fouvent mal-à-propos.

Dans un fol fertile, ces arbres doivent être placés à cinquante ou foixante pieds les uns des autres ; mais fi le terrein eft médiocre, quarante pieds pourront fuffire : mais rien n'eft plus mal entendu que de planter des arbres plus voifins dans un verger, & quoique bien des perſonnes puiſſent trouver cette diſtance trop grande, cependant je ſuis certain que ſi elles font attention aux avantages qui réſultent de cette pratique, elles feront de mon avis : je ne ſuis pas ſeul de cette opinion, car pluſieurs des anciens auteurs qui ont traité ce ſujet, ont ſouvent appuyé ſur la néceſſité de donner une diſtance convenable aux arbres fruitiers : je citerai particulièrement à cette occaſion un paſſage d'AUSTEN qui s'exprime ainſi : « je preſcrirois volontiers de planter ces » arbres à quatorze ou ſeize » pieds de diſtance, parce que » les arbres & les fruits tirent » de grands avantages d'être » ſuffiſamment éloignés les uns » des autres ; au moyen de » cela, le ſoleil échauffe les » racines, la tige, & les » branches de l'arbre ; & les » fleurs & les fruits qui naiſ- » ſent en plus grande abon- » dance, deviennent par cette » influence ſalutaire, beaucoup » plus beaux & de meilleure » qualité ». Il dit enſuite : » C'eſt lorſque les arbres ſont » plantés à une grande diſtance, » qu'on peut faire profit du » terrein qui ſe trouve au-deſ- » ſous & aux environs, en y » cultivant des légumes, ou » pour le marché, ou pour » l'uſage d'une famille : on » peut auſſi y planter des *Gro-* » *ſeillers*, des *Fraiſiers*, des » *Framboiſiers*, &c. » Il ajoute enſuite : » Lorſque les arbres » ont aſſez de place pour s'é- » tendre en liberté ils devien-

» nent fort gros & fort grands ; » ils produiſent une plus grande » quantité de fruits, & ſont » d'une bien plus longue durée. « Les hommes ſe trompent » quand ils prétendent que plus » il y a d'arbres dans un ver- » ger, plus la récolte doit être » abondante ; car deux ou trois » à qui on a laiſſé un eſpace » ſuffiſant pour croître & éten- » dre leurs branches, produi- » ront plus que ſix ou dix » autres, qui, étant trop ſerrés, » ſe nuiſent réciproquement. » Qu'on obſerve ſeulement » quelques *Pommiers* qui croiſ- » ſent à une grande diſtance » des autres & qui ont aſſez » de place pour développer » leurs racines & leurs bran- » ches, & on remarquera qu'un » ſeul en pleine croiſſance a » une plus groſſe tête & plus » de branches que quatre, ou » ſix, & même qu'un plus « grand nombre de ceux qui » croiſſent ſerrés les uns contre » les autres, quoique du même » âge ».

M. LAWSON, ancien planteur, conſeille auſſi de mettre les *Pommiers* à vingt verges de diſtance : comme ces deux Auteurs ont le mieux écrit ſur ce ſujet, & paroiſſent avoir eu plus d'expérience qu'aucun autre, je me ſers de leur autorité pour confirmer ce que j'avance ; le fait eſt cependant ſi évident qu'il ne faut que la moindre réflexion pour ſervir de preuve.

Quand les arbres ſont plantés, on les attache à des piquets pour qu'ils ne ſoient pas ſecoués ni déterrés par les grands vents : mais il faut avoir foin de mettre de la paille, du foin ou du drap de laine entre les arbres & les piquets afin qu'ils ne foient point déchirés par le frottement ; car, fi leur écorce venoit à être enlevée, il en réfulteroit de grandes bleffures, qui ne fe guériroient qu'au bout de plufieurs années, & qui peut-être ne fe recouvriroient jamais.

Lorfque l'hiver eft très-rude, il eft prudent de couvrir la furface de la terre autour des racines avec du terreau, afin que la gelée n'y pénetre pas & ne détruife pas les jeunes fibres ; mais il ne faut pas mettre ce terreau trop tôt, comme on l'a déja dit ci deffus, de peur que l'humidité ne puiffe defcendre jufqu'aux racines des arbres : l'on ne doit pas non-plus laiffer trop long-temps ces ouvertures au printems pour la même raifon ; c'eft pourquoi, quand on en veut prendre la peine, l'on place ce fumier pendant le tems des gelées, & on le retire quand elles font paf-fées ; afin que l'humidité du mois de Février puiffe avoir un libre accès : fi en Mars le tems devient fec, & que les vents deffechans du Nord ou d'Eft, regnent, comme il arrive fouvent, l'on fera bien de re-couvrir la terre, pour qu'elle ne perde point l'humidité qu'elle contient : cette manœuvre fera très - avantageufe aux arbres. Peut-être m'obfervera-t-on que c'eft fe donner grand embarras ; mais fi l'on confidere qu'une feule perfonne peut faire cet ouvrage en peu de tems, &

que le bénéfice qui en réfultera, dédommagera amplement de la peine & des frais, l'on ne re-fufera point de s'y foumettre. Tous ces arbres doivent être enclos, & conftamment à l'abri des incurfions du bétail. Il fera plus utile de laiffer la terre en friche pendant quelques années, que de la labourer ; les raci-nes en profiteront mieux, & feront plus de progrès : mais quand on veut employer le ter-rein, il ne faut mettre aucune plante trop près des arbres, pour ne point leur enlever leur nourriture ; & quand on laboure la terre, on doit avoir foin de ne pas en approcher de trop près, de crainte d'en-dommager leurs écorces ou leurs racines : mais la meilleure méthode eft de laiffer la terre inculte pendant cinq ou fix ans pour donner le tems aux raci-nes des arbres de s'étendre à une grande diftance ; après cela on pourra la labourer à chaque automne.

Il eft ordinaire dans plufieurs cantons de l'Angleterre de laif-fer la terre en pâturage, quand les arbres d'un verger font de-venus grands : mais cela n'eft point du tout prudent ; car j'ai fouvent vu des arbres de plus de vingt années, prefque dé-truits par des chevaux dans l'efpace d'une femaine, & quand on y introduit des moutons, ils frottent toujours leurs corps contre les tiges des arbres, & leur graiffe, s'attachant à l'é-corce, arrête leur crû, & les gâte en peu de tems : ainfi il vaut mieux labourer annuelle-ment la terre des vergers, &

y (emer des denrées qui ne con-
somment pas beaucoup de
nourriture.

En émondant les arbres d'un
verger , il faut se contenter de
retrancher les branches qui traversent les autres, parce qu'elles
froisseroient & déchireroient
l'écorce des autres ; l'on ôte
aussi toutes les branches mortes , mais on ne doit jamais tailler ni racourcir les jeunes ; on
enleve entierement les rejettons ou jeunes branches qui
sortent des tiges , ainsi que les
branches cassées par le vent ,
que l'on coupe à la division
de ces branches , ou tout près
de la tige d'où elles sortent :
ce travail doit être fait au mois
de Novembre , mais jamais par
un tems de gelée , ni au printems , quand la seve commence
à se mettre en mouvement.
La meilleure maniere de conserver les Pommes pour l'hiver
est de les laisser sur l'arbre jusqu'à ce qu'il y ait danger de
gelée , & de les cueillir par un
tems sec ; on les met en tas
pour les faire suer & jetter
leur feu , & on les laisse ainsi
pendant trois semaines ou un
mois ; ensuite on les examine
avec soin , on met de côté
toutes celles qui paroissent gâtées , on essuie bien celles qui
sont saines , on les enferme
dans de grandes cruches après
les avoir échaudées & sechées ,
& on les bouche bien pour en
exclure l'air : au moyen de ces
précautions, ces fruits se conserveront long tems , & leur chair
restera toujours ferme ; car ,
lorsqu'ils sont exposés à l'air ,



leur peau se ride , & leur chair
devient molle.

**MALUS ARMENIACA. V.**
ARMENIACA.

**MALUS AURANTIA. Voy.**
AURANTIA.

**MALUS LIMONIA. Voyez**
LIMONIA.

**MALUS MEDICA. Voyez**
CITREUM.

**MALUS PERSICA. Voyez**
PERSICA.

**MALUS PUNICA. Voyez** PU-
NICA.

**MAMMEA.** *Plum. Nov. Gen.*
44. *Tab.* 4. *Lin. Gen. Plant.*
583 ; Arbre à mammelles ; on
le nomme aussi *Abricotier* dans
les Indes , à cause de la ressemblance de son fruit avec
celui de cet arbre. [ *The Mam-
mee-Tree.* ] *Mammei* ou *Abricotier de Saint-Domingue.*

*Caractéres.* Le calice de la
fleur est composé de deux petites feuilles ovales , concaves ,
& qui tombent ; la corolle a
quatre pétales larges , concaves , & entièrement ouverts :
la fleur a plusieurs étamines
en forme d'alêne , & terminées
par des sommets ronds ; dans
son centre est placé un germe
rond , avec un style conique ,
de la longueur des étamines ,
& couronné par un stigmat simple & persistant ; ce germe devient ensuite un fruit gros ,
charnu , & de forme spherique ,
qui renferme un , deux ou trois
gros noyaux presqu'ovales.

Ce genre de plantes est rangé
dans la premiere section de la
treizieme classe de LINNÉE ,
intitulée *Polyandria Monogynia* ,
qui renferme celles dont les

fleurs ont plufieurs étamines & un ftyle.

Nous n'avons dans nos jardins qu'une efpece de ce genre, qui eft :

*Mammea Americana , ftaminibus flore brevioribus. Jacq. Amer.* 268. *t.* 181. *f. 82;* Mammei avec des étamines plus courtes que la fleur.

*Mammea foliis ovalibus , nitidis , fructu fub - rotundo , fcabro , Brown. Jam.* 248.

*Mammea magno fructu, Perficæ fapore. Plum. Nov. Gen.* 44. *Ic.* 170 ; Mammei avec un gros fruit qui a le goût de Pêche.

*Mammay. Bauh. Hift.* 1. *p.* 172. *Dalech. Hift.* 1836. *Lact. Amer.* 356.

*Malus Perfica maxima, foliis rotundis , fplendentibus , glabris, fructu maximo , fcabro , rugofo. Sloan. Jam.* 179. *Hift.* 2. *p.* 123. *t.* 217. *f. 3.*

*Arbor Indica,* Mammei *dicta. Bauh. Pin.* 417. *Raii Hift.* 1665.

Cet Arbre s'éleve en Amérique à la hauteur de foixante ou foixante & dix pieds ; fes feuilles font larges & roides , & fe confervent vertes toute l'année ; fon fruit eft auffi gros que le poing, d'un vert jaunâtre à fa maturité , & fort agréable au goût ; il croît en grande abondance dans l'Amérique efpagnole, où on le vend fur les marchés comme un des meilleurs fruits du pays : on le trouve auffi fur les montagnes de la Jamaïque , & il a été porté dans la plupart des Ifles Caraïbes , où il réuffit très-bien.

Il y a en Angleterre quelques plantes de cette efpece , que l'on conferve avec grand foin dans les jardins des curieux ; mais aucune n'eft encore parvenue à une groffeur confidérable ; de forte que nous ne pouvons efpérer de voir ni leurs fleurs ni leurs fruits avant quelques années. On peut les multiplier en plantant les noyaux, que l'on apporte fouvent des Indes occidentales ; mais ils doivent être très - frais , fans quoi ils ne germent point ; on les met dans des pots remplis d'une terre fraîche & légere , on les plonge dans une couche chaude de tan, & on les arrofe toutes les fois que la terre paroît feche : un mois ou fix femaines après, quand les plantes commencent à fe montrer, on les arrofe fouvent, & dans les tems chauds on fouleve les vitrages de la couche pour y introduire l'air : au bout de deux mois les racines des plantes auront rempli les pots ; alors on leur en donne de plus grands, en confervant autour de leurs racines autant de terre qu'il eft poffible : on remplit ces pots avec la même terre fraîche & légere ; on les replonge dans la couche de tan, on les arrofe, & on les tient à l'ombre jufqu'à ce qu'elles aient formé de nouvelles racines ; après quoi on les arrofe toutes les fois qu'elles en ont befoin , & on leur donne de l'air dans les tems chauds : ces plantes peuvent refter dans cette couche jufqu'à la Saint-Michel ; alors on les plonge dans la couche de tan de la ferre chaude, où elles doivent refter conftamment. On les arrofe légerement pendant l'hiver , & on lave exactement leurs feuilles pour les débarraffer des ordures dont elles font fujettes à fe couvrir dans la ferre : au printems fuivant on leur donne de la nouvelle terre, & fi les pots font trop petits, on leur en fubftitue d'autres, mais qui ne doivent cependant pas être trop grands, car elles ne produifent pas beaucoup de racines, & elles ne font des progrès qu'autant que leurs racines font gênées ; il faut les tenir conftamment dans la couche de tan de la ferre, & les traiter fuivant la méthode qui a été preferite pour le *Caffer.*

*Nota.* Les Américains font avec la fleur de cet arbre une liqueur excellente, qu'ils nomment *Créole.*

**MANCANILLE** *ou le* **MAN-CANILLIER.** *V.* HIPPOMANE MANCINELLA.

**MANCENILLIER** *ou* **MAN-CANILLE** , *ibid.*

**MANDRAGORA.** *Tourn. Inft. R. H. 76. Tab.* 12. *Atropa Mandragora. Lin. Gen. Plant. ed. Non. n.* 266. [ *Mandrake.* ] Mandragore.

*Caractères.* Le calice de la fleur eft large, en forme de cloche, droit, perfiftant, monophylle & découpé au fommet en cinq fegmens aigus; la corolle eft monopétale, droite, en forme de cloche, étendue, & un peu plus large que le calice : la fleur a cinq étamines en forme d'alène, arquées & garnies de poils à leur bâfe ; dans fon centre eft placé un germe rond, qui foutient un ftyle en forme

d'alène, & couronné par un ftigmat a tête : ce germe devient enfuite une baie ronde, groffe, & à deux cellules, avec un receptacle charnu & convexe fur chaque côté, rempli de femences en forme de rein.

Ce genre de plantes eft rangé, fous le titre d'*Atropa Mandragora,* dans la premiere fection de la cinquieme claffe de LINNÉE, intitulée *Pentandria Monogynia,* qui renferme celles dont les fleurs ont cinq étamines & un ftyle.

Nous n'avons qu'une efpece de ce genre dans les jardins anglois :

*Mandragora officinarum. Hort. Cliff.* 51. *Miller. Ic. t.* 173. *Roy. Lugd. - B* 423. *Hall. Helv. n.* 575. *Blackw. t.* 304. *Sabb. Hort.* 1. *t.* 1 ; Mandragore.

*Mandragora fructu rotundo. C. B. P.* 169 ; Mandragore à fruit rond.

*Atropa Mandragora. Linn. Syft. Plant. tom.* 1. *pag.* 504. *Sp.* 1.

*Mandragora Mas. Lobel. Ic.* 267.

*Mandragoras. Dod. Pempt.* 457.

Cette plante croît naturellement en Efpagne, en Portugal, en Italie, & dans le Levant ; on la conferve ici dans les jardins curieux : elle a une racine longue & cylindrique, comme celle d'un *Panais,* qui pénetre à trois ou quatre pieds de profondeur dans la terre ; cette racine eft quelquefois fimple & fouvent divifée en deux ou trois branches, prefque de la couleur du *Panais,* mais un peu plus foncée : de cette racine s'éleve un cercle de feuilles dures , qui font d'abord droites, mais qui se couchent sur la terre lorsqu'elles sont parvenues à leur entiere grandeur ; elles ont plus d'un pied de longueur sur quatre ou cinq pouces de largeur dans le milieu, & font plus étroites aux deux extrémités ; elles s'élevent immédiatement de la couronne de la racine fans aucun pétiole : du centre de ces feuilles fortent les fleurs, chacune fur un pédoncule féparé, de trois pouces environ de longueur, & qui fortent auffi de la racine ; ces fleurs ont cinq angles, & font d'un blanc herbacé ; elles s'étendent au fommet comme celles de la *Primevere* ; elles ont cinq étamines garnies de poils, & un germe globulaire, placé dans le centre, & qui foutient un ftyle en forme d'alêne : ce germe devient enfuite une baie molle, globulaire, couchée fur les feuilles, auffi groffe qu'une noix mufcade, quand elle a acquis toute fa groffeur, d'un vert jaunâtre à fa maturité, & remplie de chair, dans laquelle font renfermées des femences en forme de rein. Cette plante fleurit en Mars, & fes femences mûriffent en Juillet.

On la multiplie par fes graines, qu'il faut femer fur une terre légere auffi-tôt qu'elles font mûres ; car fi on les conferve jufqu'au printems, elles réuffiffent rarement bien ; mais celles d'automne pouffent au printems : quand les plantes paroiffent, on les débarraffe avec foin des mauvaifes herbes qui les environnent, &

on les arrofe dans les tems fecs, pour hâter leur accroiffement : on les laiffe dans le femis jufqu'à la fin d'Août, en obfervant toujours de les tenir nettes ; après quoi on les enleve avec précaution pour les mettre en place dans un fol léger & profond ; car comme leurs racines pénetrent très-profondément dans la terre, fi le terrein eft humide, elles fe pourriffent fouvent en hiver ; & fi elles font trop près du gravier ou de la craie, elles font peu de progrès : mais fi le fol eft bon, & qu'elles ne foient point dérangées, elles parviendront en peu d'années à une groffeur confidérable, produiront une grande quantité de fleurs & de fruits ; ces racines fubfiftent très-longtems.

Quelques perfonnes dignes de foi m'ont affuré qu'une de ces racines étoit reftée faine, & avoit confervé toute fa vigueur pendant plus de cinquante années ; j'ai vu moi-même plufieurs de ces plantes à peuprès du même âge, qui font encore à préfent en grande vigueur, & qui peuvent encore fubfifter un grand nombre d'années, puifque l'on n'y apperçoit encore aucun figne de dépériffement, mais il ne faut jamais les enlever, quand leurs racines font parvenues à une groffeur confidérable, parce que l'on cafferoit leurs fibres du bas, & que l'on arrêteroit ainfi leur accroiffement ; car, fi elles réfiftoient à cette opération, elles ne recouvreroient leur premiere force qu'au bout de deux ou trois ans. Il faut mettre ces plantes dans une situation chaude , sans quoi elles seroient détruites dans les hivers durs.

Quant à la ressemblance humaine que l'on suppose aux racines de ces plantes , c'est une imposture de Charlatans qui trompent le peuple & les ignorants avec des racines de *Brionne* figurées artificiellement, ou avec celles de quelques autres plantes : on peut en dire autant de beaucoup d'autres contes ridicules , que l'on débite sur ses propriétés , tels que celui d'y attacher un chien pour garantir de certain genre de mort la personne qui entreprendroit de l'arracher du gémissement qu'elle pousse en usant de sa force , &c. J'ai enlevé plusieurs grosses racines de cette plante , dont quelques - unes ont été transplantées dans d'autres endroits, & je n'ai jamais remarqué aucune différence entr'elles & celles des autres plantes qui s'enfoncent aussi profondément dans la terre (1).

_______________

(1) Quoique la *Mandragore* soit généralement regardée comme une plante stupéfiante , & analogue par ses propriétés à la *Jusquiame* & à la *Bella-Dona* , il paroit cependant certain que ses fruits n'ont aucune qualité malfaisante , & peuvent être mangés sans danger: au reste on n'emploie point cette plante intérieurement;mais on se sert de ses racines,de son écorce & de ses feuilles bouillies dans l'eau ou le lait, en forme de cataplasme ,pour dissoudre les tumeurs scrophuleuses & schirreuses.

La *Mandragore* entre dans la composition de l'onguent *Populeum* , dans l'*Aurea Alexandrina* &c.



**MANDRAGORE.** *Voyez* **MANDRAGORA.**

**MANGHAS.** *Voyez* **CERBERA MANGHAS**

**MANGIFERA.** *Lin. Gen. Plant.* 278. [ *The Mango-tree.* ] 278 ; Arbre de Mango.

*Caractères.* Le calice de la fleur est découpé en cinq segmens lancéolés : la corolle a cinq petales en forme d'alêne , de la longueur de la corolle , & couronnés par des sommets en forme de cœur; son germe est rond , & soutient un style mince , & terminé par un stigmat simple : ce germe prend ensuite la forme d'une prune oblongue , comprimée & en forme de rein , qui renferme une noix oblongue , laineuse , & de la même forme.

Ce genre de plante est rangé dans la premiere section de la cinquieme classe de **LINNÉE** , intitulée , *Pentandria Monogynia,* avec celles dont les fleurs ont cinq étamines & un style.

Nous n'avons qu'une espece de ce genre , qui est :

*Mangifera Indica. Lin. Sp.* 290 ; Arbre de Mango.

*Mangifera arbor. Bont. Jav.* 95. *Fl. Zeyl.* 471.

*Manga Indica , fructu Mango reniforme. Raii. Hist.* 1550.

*Manga domestica. Rumph. Amb.* 1. *p.* 93. *f.* 25.

*Persica similis , putamine villoso. Bauh. Pin.* 440.

*Mao , sivè Mau , sivè Manghos. Rheed. Mal.* 4. *p.* 1. *f.* 1. 2.

Cet arbre croît naturellement dans plusieurs parties des Indes , ainsi que dans le Brésil & quelques autres contrées, où il devient un grand arbre:

arbre : son bois est cassant, & son écorce devient rude avec l'âge : ses feuilles ont sept ou huit pouces de longueur, sur deux ou plus de largeur ; elles sont opposées, terminées en pointes, & traversées par plusieurs nervures qui s'étendent depuis la côte du milieu jusqu'à ses bords. Ses fleurs naissent en panicules lâches vers les extrémités des branches : elles ont chacune cinq pétales en forme de lance & ouverts, cinq étamines en forme d'alène, de la longueur de la corolle, & placées entre les pétales & un germe fixé dans le centre, & qui devient une *Prune* oblongue, grosse, & en forme de rein, qui renferme une noix rude & de la même forme. Les habitans des contrees chaudes de l'Amérique & des des Indes font grand cas de ce fruit quand il est tout-à-fait mûr ; on nous apporte en Europe ces fruits verds & marinés avant leur maturité, qui ne sont guere meilleurs que plusieurs autres qui sont préparés de la même maniere. D'après l'éloge qu'on fait de ces fruits plusieurs personnes qui en ont mangé de mûrs en Amérique, quelques curieux ont fait ce qu'ils ont pû pour se procurer l'arbre qui les donne, mais sans succès ; car je ne connois pas une seule de ces plantes élevée de semences en Europe : tous les fruits que j'ai reçus par hasard se sont pourris sans germer ; de sorte que je suis porté à croire que leur qualité végétative ne peut se

*Tome IV.*

conserver long-tems, & que la seule maniere de se procurer cet arbre en Angleterre, est de faire planter dans le pays même une bonne quantité de noix, dans une caisse remplie de terre, & quand les plantes qui en proviennent ont atteint la hauteur d'un pied, de les mettre sur le vaisseau pour les envoyer en Europe : mais il faut avoir soin dans la traversée, de les garantir de l'eau salée & des injures de la mer, de ne pas les arroser beaucoup, & quand le vaisseau arrive dans un climat froid, de les couvrir, surtout lorsqu'on approche de l'hiver : par ce moyen on peut apporter avec sûreté ces plantes ; ce qui a déja été exécuté pour une de cette espece, avec plusieurs autres, qui ont été apportées en Angleterre par le Capitaine QUICK, & qui sont à présent en bon état dans le jardin de Chelséa.

On en avoit déja transporté quelques-unes auparavant dans ce pays, mais elles ont été détruites par la trop grande chaleur qu'on leur a donné. Cette plante ne profite pas dans une couche chaude de tan ; la seule méthode pour la faire réussir est de la mettre dans un pot rempli de terre légere de jardin potager, & de la placer dans une terre seche ; on lui donnera tous les jours de l'air frais dans les tems chauds ; & en hiver, on la tiendra au dégré de chaleur tempérée indiqué par le thermomètre.

MANGLE. *Voyez* RHIZOPHORA.

MANIGUETE *ou* CARDA-
MONE. *Voyez* AMOMUM.

MANGOUSTAN. *Voy.* GAR-
CINIA.

MANIHOT *ou* MANIOC.
*Voyez* JATROPHA MANIHOT. L.

MANTELET DES DAMES.
*Voyez* ALCHEMILLA.

MAO, MAU *ou* MANGHOS.
*Voyez* MANGHI-FERA.

MARANTA. *Plum. Nov.
Gen.* 16. *Tab.* 36. *Lin. Gen.
Plant.* 5. [ *Indian Arrow-Tree.* ]
Racine à flèche des Indes.

*Caractères.* Le calice de la
fleur est petit, à trois feuilles,
& placé sur le germe; la corolle
qui est monopétale & labiée,
a un tube oblong, comprimé,
oblique & tourné en dedans;
son extrémité est découpée,
comme les fleurs labiées, en
six segmens, dont les deux latéraux font les plus larges : la
la fleur a une étamine membraneuse semblable à un segment de la corolle, avec un
sommet linéaire; son germe est
presque rond, & placé sous la
fleur : il soutient un style simple de la longueur de la corolle,
& couronné par un stigmat
triangulaire : ce germe se change dans la suite en une capsule
presque ronde, triangulaire, à
trois valves, & qui renferme
une seule semence ovale, rude
& dure.

Ce genre de plantes est rangé
dans la première section de la
première classe de LINNÉE,
intitulée, *Monandria Monogynia*, qui renferme celles dont
les fleurs n'ont qu'une étamine
& un style.

Les especes font :

1°. *Maranta Arundinacea, cul-*

*mo ramoso. Lin. Sp.* 2. *Fabric.
Helm. Step.* 2 ; Racine à flèche
des Indes, produisant des tiges
branchues.

*Maranta. Hort. Cliff.* 2. *Roy.
Lugd.-B.* 11.

*Maranta Arundinacea, Canna-
cori folio. Plum. Nov. Gen.* 16 ;
Maranta à feuilles de roseau
fleuri des Indes.

2°. *Maranta Galanga, culmo
simplici. Lin. Sp.* 2. *Mat. Med.
p.* 35 ; Maranta des Indes à
tige simple.

*Canna Indica, radice alba,
alexi-pharmica. Sloan. Cat. Jam.*
122 ; Maranta des Indes.

*Galanga. Rumph. Amb.* 5. *p.*
143. *t.* 63.

*Arundinacea.* La premiere es-
a été découverte par le Pere
PLUMIER, dans quelques établissemens françois en Amérique; il lui a donné ce nom
en l'honneur de Barthelemi MA-
RANTA, ancien Botaniste : les
semences de cette espece ont
été envoyées en Europe par le
feu Docteur William Hous-
TOUN, qui l'a trouvée en abondance près de la Vera - Cruz,
dans la Nouvelle-Espagne.

Elle a une racine épaisse,
charnue, rampante, & remplie
de nœuds, de laquelle sortent
plusieurs feuilles unies, de six
ou sept pouces de longueur,
sur trois de largeur à leur bâse,
mais plus étroites vers les deux
extrémités, & terminées en
pointes ; elles font de la couleur & de la même substance
que celles du *Roseau*, & placées sur des pétioles semblables ; elles fortent immédiatement de la racine : du milieu
de ces feuilles s'élevent des

tiges d'environ deux pieds de hauteur, divisées vers le haut en deux ou trois autres plus petites, & garnies à chaque nœud d'une feuille de la même forme que celle du bas, mais plus petites ; les extrémités des tiges sont terminées par un paquet lâche de petites fleurs soutenues par des pédoncules de près de deux pouces de longueur: les fleurs sont découpées en six segmens étroits & dentelés sur leurs bords ; au-dessous est l'embrion ou l'ovaire qui se change dans la suite en une capsule ronde, & à trois angles, renfermant une semence dure & rude. Cette plante fleurit ici dans les mois de Juin & de Juillet.

*Galanga.* La seconde espece a été apportée de quelques établissemens Espagnols de l'Amérique, dans l'Isle de Barbade & à la Jamaïque, où on la cultive dans les jardins comme une plante médicinale ; car on la regarde comme un remede infaillible pour guérir les morsures de Guêpes, & pour se garantir du poison de *l'arbre de Mancénillier.* Les Indiens appliquent la racine de cette plante sur les blessures faites par leurs flèches pour en faire sortir le poison, ce qui leur réussit très-bien ; ils arrachent les racines, & après les avoir bien nettoyées de toutes sortes d'ordures, ils les écrasent & les appliquent en forme de cataplasme sur la partie blessée ; ce qui attire le poison & guérit la blessure : ce remede arrête aussi les progrès de la gangrène, pourvu qu'il soit appliqué avant qu'elle soit trop avancée.



Cette espece ressemble fort à la premiere, mais sa tige est simple : ses fleurs sont plus petites & les segmens des corolles sont entiers ; c'est en cela que consistent leurs principales différences ; elle fleurit aussi dans le même tems.

Ces plantes étant originaires des pays chauds, & par conséquent fort tendres, ne peuvent subsister sous notre climat, sans le secours d'une serre chaude. On les multiplie par leurs racines rampantes, qu'on divise vers le milieu du mois de Mars, précisément avant qu'elles commencent à pousser de nouvelles feuilles : on plante ces racines dans des pots remplis d'une terre riche & légere ; on les plonge dans une couche de tan, d'une chaleur modérée, & on les arrose de tems en tems, mais modérément : car trop d'humidité les pourriroit bientôt tandis qu'elles sont dans un état d'inaction. Lorsque les feuilles commencent à paroître au-dessus de la terre, on les arrose plus souvent, & on leur donne de l'air chaque jour, à proportion de la chaleur de la saison & de la couche où elles sont placées. A mesure que les plantes avancent & deviennent fortes, on leur donne plus d'air : mais on les laisse constamment dans la couche de tan de la terre chaude, sans quoi elles ne feroient aucun progrès ; car lorsque les pots sont placés sur les tablettes de la serre, l'humidité se retire trop tôt des fibres qui s'étendent toujours sur les côtés & au fond des pots, de sorte que les plantes ne reçoivent pas beaucoup de nourriture : mais quand on les tient constamment dans le tan, & qu'on leur procure de l'air & les arrosemens néceffaires, elles profitent de maniere à pouffer affez de petites racines pour remplir les pots dans un été. Vers la Saint-Michel, la premiere efpece commence à fe flétrir, & peu de tems après, fes feuilles périffent jufqu'à la terre : mais il faut laiffer les pots dans la couche de tan pendant tout l'hiver, fans quoi les racines fubiroient le même fort ; car quoiqu'elles foient dans un état inactif, cependant elles ne tardent pas à fe rétrécir quand elles font hors de terre ; &, fi les pots au lieu d'être placés dans le tan, fe trouvent dans une partie feche de la terre, les racines fe rident & fe refferrent : mais quand on les laiffe dans la couche de tan, il ne faut les arrofer que très-peu, dès que leurs feuilles font flétries, de peur qu'elles ne foient attaquées de pourriture. La premiere efpece fleurit conftamment dans les mois de Juillet ou d'Août, & produit fouvent des femences mûres : mais la feconde ne fleurit pas fi exacte-ment, & fes fleurs font moins apparentes, parce qu'elles font très-petites & de peu de durée: elle n'a jamais produit de femences en Angleterre, & je n'ai jamais pu remarquer aucun rudiment de capfule après la fleur. Les feuilles de cette efpece fe confervent vertes pen-dant tout l'hiver, & elles ne fe flétriffent guere qu'au mois de Février, & quelquefois elles



fubfiftent jufqu'à ce que les nouvelles commencent à pouf-fer : c'eft en cela que confifte la principale différence qui dif-tingue ces deux efpeces.

MARCEAU. *Voyez* SALIX CAPREA.

MARCOTTE.

Plufieurs arbres & arbrif-feaux fe multiplient par mar-cottes, & cette methode eft même la feule qu'on puiffe em-ployer facilement, pour mul-tiplier ceux qui ne produifent point de femences dans ce pays.

La marcotte fe fait en fen-dant les branches de bas en haut, & en les couchant en-fuite dans la terre à un pied de profondeur, après que cette terre a été bien labourée & ameublie ; lorfque les branches font ainfi marcottées, on les arrofe légérement.

Si les branches ne fe plient pas aifément, on les affujettit en place avec un bâton four-chu ; & quand les marcottes ont pouffé affez de racines avant l'hiver fuivant, on les fépare de la plante principale, & on les met en pépiniere en fuivant la méthode qui a été prefcrite pour les plantes élevées de fe-mences.

Quelques perfonnes tordent la branche ou font une en-taille à l'écorce, & quand el-les ne peuvent pas la plier juf-que fur la terre, elles y attachent un petit baril, ou un panier rempli de bonne terre, & elles y mettent la branche.

*Marcottage des arbres.*

L'opération fe fait ainfi : 1°. prenez quelques-unes des bran-ches les plus flexibles, enter-

rez-les à-peu-près à un demi-
pied dans une bonne terre bien
ameublie , & affujettiffez les
avec des bâtons fourchus , que
vous laifferez, ainfi que l'extrémité de la *Marcotte* , d'un
pied ou d'un demi-pied hors de
terre : fi vous avez foin de leur
donner de l'eau pendant l'été ,
il eft probable qu'elles prendront racine avant l'automne ,
& qu'elles feront en état d'être
tranfplantées pour ce tems ;
mais fi elles n'ont point encore
pouffé de racines, vous les
laifferez plus long tems.

2°. Attachez fortement un
morceau de fil de fer autour
de la branche dans l'endroit où
vous voulez la marcotter : tordez bien enfemble les bouts du
fil de fer , afin qu'il ne fe détache pas ; & au-deffus , per-
cez avec une alène l'écorce de
la branche en plufieurs endroits ; couchez enfuite la branche dans la terre , comme nous
l'avons dit : cette méthode réuffit fouvent, tandis que les autres manquent.

3°. Coupez, ou faites une
fente en montant à l'endroit
de quelque nœud , de la même
maniere qu'on le pratique pour
les œillets ; c'eft ce que les
Jardiniers appellent donner des
langues aux *Marcottes.*

4°. Tordez la partie de la
branche que vous voulez mettre en terre , fi cela eft poffible , & couchez la branche
dans la terre , fuivant la premiere méthode.

5°. Coupez un cercle de l'é-
corce autour de la branche qui
doit être marcottée , de la largeur d'un demi-pouce dans l'en-



droit le plus facile à mettre
en terre , & traitez-la enfuite
comme il a été prefcrit pour
la premiere méthode.

La meilleure faifon pour marcotter les arbres durs qui perdent leurs feuilles , eft le mois
d'Octobre ; pour les plantes
tendres , c'eft le commencement
de Mars ; & pour les arbres
toujours verts , c'eft les mois
de Juin ou de Juillet. Quoiqu'on puiffe faire des *Marcot-*
*tes* en tout tems , cependant ces
faifons font les plus favorables,
par la raifon qu'elles ont tout
l'hiver & l'été pour pouffer
des racines. L'été eft une faifon
de l'année , où le foleil a affez
de force , & opere affez fur
la fève de l'arbre , pour nourrir la feuille & le bouton , mais
non pas pour faire pouffer les
réjettons.

Quand le peu de fève qui
s'éleve dans les branches eft
intercepté, comme cela arrive
fouvent par quelques-unes des
méthodes précédentes, les feuilles & les boutons tombent peu-
à-peu, & préparent par ce
moyen la *Marcotte* à pouffer des
racines pour fon entretien ,
qu'elle ne peut plus tirer de
la mere plante ; & comme elle
n'a befoin que de peu de nourriture en automne , il vaut
mieux faire les *Marcottes* ou les
boutures dans cette faifon que
dans toute autre , quoiqu'on
puiffe le faire auffi au printems, quand fa fève commence
à monter.

Le printems & l'été font favorables pour marcotter les petites plantes qui ne durent que

peu de tems, & qui prennent plutôt racine.

Si vous voulez marcotter les jeunes branches d'un arbre élevé, dont vous ne pouvez pas plier les branches jusqu'à terre, il faut vous servir de paniers d'osier, de caisses, de boites ou de pots, que vous remplirez d'une terre fine & meuble, telle que celle qui provient de la poussiere de taubes pourris, laquelle conservera mieux l'humidité, & sera plus propre à faire pousser des racines aux *Marcottes*. Les paniers, les boites ou pots doivent être attachés à un appui ou posés sur un trépied; on y couche les branches suivant l'une des quatre méthodes cidessus; mais il ne faut pas leur laisser trop de longueur, de crainte que la *Marcotte* ne soit endommagée par le vent, & que les secousses qu'elle pourroit éprouver ne cassent les pétites racines: plus les branches sont petites, moins il faut en laisser sortir hors de terre; on doit aussi avoir soin de les tenir nettes de mauvaises herbes.

Si le bois de l'arbre est dur, les plus jeunes rejettons prendront mieux racine; & si le bois est tendre, les plus vieilles branches feront celles qui réussiront le mieux.

Il y a beaucoup d'arbres & de plantes qui ne poussent point de racines de leurs branches ligneuses, quoique couchées avec le plus grand soin; cependant si les jeunes rejettons de ces arbres sont marcottés en Juillet, ils enracineront aisément. Ainsi, quand on trouve



des especes difficiles à marcotter par la méthode ordinaire, il faut les tenter dans cette saison; mais comme ces rejettons sont mous & herbacés, on ne doit pas leur donner trop d'humidité, de peur qu'ils ne se pourrissent: il vaudra mieux couvrir la terre où sont les *Marcottes* avec de la mousse, qui l'empêchera de se dessecher trop vîte, & conservera le peu d'humidité qu'on leur donnera de tems en tems.

MARCOTTE, que les Anglois appellent *Arcuation*, de *arcuare*, *plier* ou *courber en arc*, maniere spécialement appliquée à la méthode d'élever des arbres par *Marcottes*. Lorsqu'on veut employer cette méthode, on doit d'abord se procurer des plantes meres fortes, que l'on appelle ordinairement *stools*, *troncs* ou *souches*. Il est indifférent que les arbres soient tortus ou qu'ils aient quelqu'autre difformité; on les plante dans des plate-bandes de six pieds de largeur & en ligne droite, à six pieds de distance entr'eux.

La plate-bande doit être bien défoncée & parfaitement exempte de racines inutiles, de mottes, de pierres, &c., ces troncs ainsi placés poufferont, à proportion de leur force, un nombre plus ou moins grand de rejettons, qui pourront être marcottés à la Saint-Michel suivante: pour y parvenir, il faut labourer avec soin la terre autour de chaque tronc, en brisant exactement les mottes, & ôter toutes les pierres, comme auparavant; on plie ensuite les rejettons en arc, on les enfonce dans la terre à trois pouces environ de profondeur, & on les af-fujettit avec des bâtons four-chus que l'on fixe dans la terre, fur le rejetton dont on dirige l'extrémité vers le haut.

Lorfque les branches font placées de cette maniere au-tour du tronc, & qu'elles font bien affermies au moyen des fourches, on les recouvre tou-tes avec de la terre, à l'ex-ception de leurs extrémités qui doivent refter découvertes.

Quelques perfonnes tordent ces rejettons pour les faire prendre plus aifément racine; d'autres les fendent, comme on le pratique pour les œillets, ce qui eft toujours la méthode la plus fûre. Il fera prudent de répandre au-deffus une terre douce, pour empêcher les ge-lées d'y pénétrer, & de tenir la terre humide durant le prin-tems & l'été fuivant.

Vers la fin de Septembre on peut les découvrir & les exa-miner pour voir s'ils ont pris racine ; ce qui a lieu ordinai-rement : mais fi cependant ils n'en ont point, il faut les laiffer jufqu'à l'automne fuivant, tems auquel on les enlevera pour les planter en pepiniere. Les *Ormes*, les *Tilleuls*, les *Aulnes*, les *Platanes* & plufieurs autres arbres toujours verts & arbrif-feaux à fleurs peuvent être marcottés de cette maniere.

MARGUERITE A SEMEN-CES DURES. *Voy.* OSTEOSPER-MUM. L.

MARGUERITE DORÉE *ou* SOUCI DES BLEDS. *Voyez* CHRYSANTHEMUM.



MARGUERITE ( grande ). *Voy.* CHRYSANTHEMUM LEU-CANTHEMUM.

MARGUERITE ( petite ) *ou* PAQUERETTE. *Voyez* BELLIS PERENNIS.

MARGUERITE DE JAR-DIN A FLEURS DOUBLES. *Voyez* BELLIS HORTENSIS.

MARGUERITE BLEUE *ou* GLOBULAIRE. *Voyez* GLO-BULARIA. L.

MARGUERITE BASTAR-DE. *Voyez* SILPHIUM. L.

MARJOLAINE. *Voyez* ORI-GANUM.

MARNE.

C'eft une efpece de terre glai-fe, plus graffe & d'une qualité plus féconde, pour avoir été fi avant dans la terre, qu'elle n'a pu épuifer ni affoibiir fa qualité fertilifante par aucune production (1).

On croit que la *Marne* ap-proche beaucoup de la nature de la craie, & l'on attribue fa fertilité aux fels qu'elle contient & à fa qualité huileufe : on imagine qu'elle reçoit ces fels de l'air, & que c'eft par cette raifon que la meilleure, eft celle qui y a été plus long-tems expofée (2).

---

(1) La *Marne* n'eft point une argille pure, mais plutôt un mélan-ge d'argille & de terre calcaire dans différentes proportions ; fa qualité végétative ne vient point de ce qu'é-tant placée à une grande profondeur, elle n'a pu s'épuifer par aucune pro-duction, mais parce qu'elle contient differens fels qu'elle a retenus de fa premiere origine, & qui font fingu-lièrement propres à la végétation.

(2) La théorie des fubftances cal-caires, fi bien connue aujourd'hui, ne permet point de douter que la

La *Marne* a des qualités différentes dans les différens cantons de l'Angleterre. On en compte quatre efpeces ; en Suffex, la grife, la bleue, la jaune & la rouge ; la bleue eft la plus eftimée : viennent enfuite la jaune & la grife, & enfin la rouge, qui eft la moins eftimée de toutes.

En Suffex, la *Marne* reffemble beaucoup à la terre de Potier ; auffi eft elle la plus graffe de toutes celles qu'on trouve dans notre Ifle : dans les autres cantons, la *Marne* approche beaucoup de la terre forte.

En Chefhire, on compte fix efpeces de *Marne* : 1°. La *Marne* brunâtre avec des veines bleues & mêlées de petits morceaux de craie ou de pierre à chaux ; on la trouve communément fous la terre glaife ou la terre noire, à fept ou huit pieds de profondeur. Elle eft très difficile à couper.

2°. La *Marne* pierreufe, qui eft une efpece de pierre molle ou plutôt une efpece d'ardoife de couleur bleuâtre, que la ge-



lée & la pluie diffolvent aifément : on la trouve auprès des rivieres & des montagnes : cette *Marne* eft très-durable.

En Staffordshire, on eftime la *Marne* d'ardoife plus que celle qui eft glaifeufe. On préfere l'efpece bleue pour les terres labourables, & la grife pour les pâturages.

3°. La *Marne* tourbe, qui eft ferrée, forte, très-graffe & de couleur brune ; on la trouve près des montagnes, dans des terreins humides, marécageux & remplis de fable léger, à-peu-près à deux pieds ou un pied de profondeur ; on la regarde comme la plus forte de toutes les efpeces de *Marne* ; elle eft très-propre pour les terres fablonneufes ; mais il faut en mettre le double des autres.

4°. La *Marne* glaifeufe ; elle reffemble à la terre glaife, elle en approche d'affez près, mais elle eft plus graffe, & quelquefois mêlée de craie.

5°. La *Marne* d'acier, qui fe trouve communément au fond des étangs ; elle fe caffe ordinairement en morceaux cubiques : on la trouve quelquefois dans la terre fablonneufe.

6°. La *Marne* papier ; elle reffemble beaucoup à des feuilles de papier brun, mais elle eft d'une couleur moins foncée ; cette efpece eft la moins bonne de toutes, & il eft encore fort difficile de fe la procurer.

Les propriétés de toutes ces *Marnes* & leurs qualités fe diftinguent mieux par leur fimplicité ou leur pureté que par

---

*Marne* ne foit formée en partie de détrimens d'animaux marins, mêlés avec une quantité plus ou moins grande d'argile. Les grandes falunieres de la Touraine, où l'on voit encore des coquilles entieres, & dont le refte n'eft formé que par leurs débris, les corps femblables que l'on remarque dans les pierres à chaux, la craie & quelques efpeces de *Marne*, ne laiffent aucun doute fur l'origine & la nature de cette terre, & fur la caufe de fa fécondité, qui n'eft due qu'à l'acide phofphorique animal, & au fel neutre marin qu'elle contient.

leur couleur ; par exemple , si la *Marne* se casse en plusieurs morceaux ou en lames minces ; si elle est unie comme le plomb & sans mélange de gravier ou de sable ; si on peut la diviser comme les ardoises ; si elle se dissout à la pluie, ou si elle se résout en poussiere, lorsqu'elle a été exposée au soleil ; si elle ne se colle pas quand elle est seche, comme la terre glaise forte , & qu'au contraire elle soit grasse & tendre , qu'elle divise les particules de la terre où on la met, & qu'elle ne les lie point ensemble , on peut être assuré que c'est un bon engrais.

Quelques personnes proposent d'éprouver la qualité de la *Marne* , en la mettant dans un gobelet rempli d'eau. Elles la regardent comme bonne, si elle se dissout aussi-tôt, & si elle pétille dans l'eau ; elles ajoûtent encore qu'on la reconnoît pour être de bonne qualité, lorsqu'elle paroît grasse en la maniant ; mais la marque la plus sûre de sa bonté est sa dissolution par l'humidité ou la gelée. On peut connoître aussi la qualité de la *Marne* par la grande fermentation qu'elle éprouve lorsqu'on en plonge un morceau dans un verre rempli de vinaigre (1).

Quelques-uns conseillent de ne répandre d'abord la *Marne* qu'en petite quantité sur les terres , parce que , disent-ils , elle est sujette à *brûler*. D'autres pensent au contraire qu'il faut en mettre beaucoup , parce que le soleil diminue bientôt son onctuosité.

D'autres recommandent la *Marne* pour améliorer les terres sablonneuses & légeres ; mais la meilleure méthode qu'on puisse employer pour connoître à quelle espece de sol elle convient le mieux, c'est de l'essayer sur des terres qu'on croit d'une nature différente de celle qu'on veut engraisser. Les *Marnes* ne sont pas aussi favorables aux terres dans la premiere année que dans les suivantes.

---

(1) La proportion de la terre calcaire dans la *Marne* se reconnoît à l'effervescence & à la dissolution qu'elle éprouve dans les acides ; si cette effervescence est très-vive , & la dissolution complette , elle n'est qu'une terre calcaire sans mélange ; mais on en trouve très-peu de semblable , & il reste toujours une quantité plus ou moins grande d'argille, qui se précipite au fond du vase , dans lequel on a fait l'expérience : les *Marnes* très-argilleuses se reconnoissent encore à leur liant & à leur ténacité , qui les rapprochent de la nature de l'argille. Cette seule expérience , lorsqu'elle est faite avec exactitude & discernement , peut servir à reconnoître à quelle espece de terre telle *Marne* peut être propre ; les plus ténaces , qui contiennent une plus grande quantité d'argille , amélioreront beaucoup les terres sablonneuses & légeres ; celles , au contraire , qui se dissolvent le plus complettement dans les acides , & qui se réduisent facilement en poussiere , lorsqu'elles ont été quelque tems exposées à l'air, seront très propres à féconder les terres fortes & tenaces , que les racines des plantes ne pénetrent qu'avec peine , & dans lesquelles l'eau des pluies ne peut s'introduire.

On conseille de brûler la *Marne* avant de la répandre sur les terres, parce qu'au moyen de cette préparation, une voiture de cette espece fait autant d'effet que cinq d'une autre qui ne seroit pas brûlée.

La quantité de *Marne* doit être proportionnée à la profondeur du terrein ; car une trop grande quantité de cet engrais est quelquefois très-nuisible. Par exemple, si l'on en met beaucoup dans les terres fortes, & qu'on recommence souvent cette opération, la terre en devient si forte & si tenace qu'elle retient l'humidité comme un vase, de maniere que les propriétaires sont obligés de la saigner à grand frais, & de diminuer le prix du bail ; mais dans un terrein sablonneux on ne court aucun risque de mettre trop de *Marne* & de recommencer trop souvent, car cet engrais est le plus propre à de pareils sols.

MAROUTE *ou* CAMOMILLE PUANTE. *Voyez* ANTHEMIS COTULA.

MARRONIER *ou* CHATAIGNIER. *Voyez* CASTANEA.

MARRONNIER D'INDE. *V.* ÆSCULUS HIPPOCASTANUM.

MARRONIER D'INDE ECARLATE ET A FLEURS. *Voyez* PAVIA.

MARRUBE AQUATIQUE. *Voyez* LYCOPUS EUROPÆUS.

MARRUBE BAS, STACHYS *ou* EPIS FLEURIS. *Voyez* STACHYS. L.

MARRUBE BLANC. *Voyez* MARRUBIUM VULGARE.

MARRUBE NOIR *ou*



PUANT, *ou* LA BALLOTE. *Voyez* BALLOTA NIGRA.

MARRUBIUM. *Tourn. Inst. R. H.* 192. *Tab.* 1. 9. *Lin. Gen. Plant.* 640. *Pseudo-Dictamnus. Tourn.* 188. *Tab.* 89. *Lin. Gen. Plant.* 640 ; quelques uns dérivent ce nom de ⊐ ſ ſ ⊐ hébreu. *Marrob.* ; c'est-à-dire, un *jus amer* ; d'autres du mot latin *marcidum*, parce que les feuilles de cette plante sont ridées & qu'elles paroissent comme tortillées [ *Horehound* ] *Marrube.*

*Caracteres.* Le calice de la fleur est en forme d'entonnoir, d'une feuille égale sur ses bords, & étendue ; la corolle est labiée, & son tube est cylindrique : elle s'ouvre sur ses bords, où elle est divisée en deux levres ; la supérieure est étroite & aiguë, & l'inférieure est large, réfléchie & découpée en trois segmens, dont celui du milieu est large & dentelé : la fleur a quatre étamines placées au dessus de la levre supérieure, dont deux sont un peu plus longues que les autres, & terminées par des sommets simples ; elle a un germe à quatre pointes, qui soutient un style mince de la même longueur situé avec les étamines, & couronné par un stigmat divisé en deux parties : ce germe se change dans la suite en quatre semences oblongues & placées dans le calice.

Ce genre de plantes est rangé dans la premiere section de la quatorzieme classe de LINNÉE, intitulée, *Didynamia Gymnospermia*, qui renferme celles dont les fleurs ont deux étamines longues & deux courtes, & font remplacées par des femences nues & placées dans le calice.

Les efpeces font :

1º. *Marrubium vulgare*, *dentibus calycinis fetaceis, uncinatis.* *Hort. Cliff.* 342. *Fl. Suec.* 485. 531. *Mat. Med.* 150. *Roy. Lugd.-B.* 315. *Dalib. Paris.* 182. *Hall. Helv.* n. 258. *Reyg. Ged.* 1. p. 153. *Neck. Gallob.* p. 257. *Pall. it.* 1. p. 25. *Scop. carn. ed.* 2. n. 712. *Pollich. Pal.* n. 570 ; Marrube avec des dents crochues, & du poil rude au calice.

*Marrubium dentibus, calycinis fetaceis, uncinatis, medio corollarum fegmento orchideo. Crantz. Auftr.* p. 273.

*Marrubium album vulgare. C. B. P.* 230 ; Marrube blanc commun.

*Marrubium vulgare. Clus. Hift.* 2. p. 34.

*Marrubium album, villofum. Bauh. Pin.* 230. *Prodr.* 110.

2º. *Marrubium peregrinum, foliis ovato-lanceolatis, ferratis, calycum denticulis fetaceis. Hort. Cliff.* 311. n. 3. *Roy. Lugd.-B.* 314. *Gron. Orient.* 73. *Crantz. Auftr.* p. 274. *Jacq. Auftr. t.* 160. *Kniph. cent.* 7. n. 54 ; Marrube à feuilles ovales, en forme de lance & fciées, avec des dents garnies de poils rudes au calice.

*Marrubium Hifpanicum, fupinum, foliis fericeis, argenteis, Tourn. Inft.* 192. *Dill. Elth.* 219. t. 174. f. 215.

*Marrubium album, lati-folium, peregrinum. C. B. P.* 230. *Moris. Hift.* 3. p. 577. *S.* 11. t. 9. f. 8 ; Marrube étranger, blanc & à larges feuilles.



*Marrubium alterum, Pannonicum. Clus. Hift.* 2. p. 34.

3º. *Marrubium Creticum, foliis lanceolatis, dentatis, verticillis minoribus, dentibus calycinis fetaceis, erectis* ; Marrube à feuilles en forme de lance & dentelées, avec de plus petites têtes verticillées, & des dents érigées & à poils rudes au calice.

*Marrubium album, angufti-folium peregrinum. C. B. P.* 230 ; Marrube blanc, étranger & à feuilles étroites.

*Marrubium Creticum. Dalech. Hift.* 962.

4º. *Marrubium Alyffon, foliis Cunei-formibus, quinquè-dentatis, plicatis, verticillis involucro deftitutis. Hort. Cliff.* 311. *Roy. Lugd.-B.* 314. *Sauv. Monfp.* 151. *Kniph. cent.* 9. n. 63 ; Marrube à feuilles en forme de coin, ayant cinq dents pliffées & des têtes verticillées, fans enveloppe.

*Marrubium album, foliis profundè incifis, flore cœruleo. Moris. Hift.* 3. p. 377. *S.* 11. t. 10. f. 12.

*Marrubium Alyffon dictum, foliis profundè incifis. H. L.* ; Marube appelée *Madevort, Herbe à l'Enragé*, avec des feuilles profondément découpées fur leurs côtés.

*Alyffon Galeni. Cluf. Hift.* 2. p. 35.

5º. *Marrubium fupinum, dentibus calycinis fetaceis, rectis, villofis. Hort. Cliff.* 312. *Roy. Lugd.-B.* 315. *Sauv. Monfp.* 151. *Scop. carn. ed.* 2. n. 713 ; Marrube avec des dents velues, érigées, & du poil rude au calice.

*Marrubium album, fericeo, parvo & rotundo folio. Barr. Ic.* 685. *Boc. Mus.* 2. p. 78. t. 69.

*Marrubium Hispanicum , foliis sericeis , argenteis.* Tourn. 193 ; Marrube bas d'Espagne, avec des feuilles garnies de soie argentée.

*Marrubium album, Hispanicum, majus.* Barr. Ic. 686.

6°. *Marrubium candidissimum, foliis sub—ovatis, lanatis, superne emarginato-crenatis, denticulis calycinis subulatis.* Hort. Cliff. 312 ; Marrube à feuilles laineuses & presqu'ovales , dont les parties hautes sont dentelées & crénelées, avec des dents en forme d'alêne aux calices.

*Marrubium album , candidissimum & villosum.* Tourn. Cor. 12 ; Marrube le plus blanc & velu.

*Marrubium folio rotundo , candidissimo.* Boerh. Lugd.-B. p. 156. Dill. Elth. 218. t. 174. f. 214.

7°. *Marrubium Hispanicum , calycum limbis patentibus , denticulis acutis.* Hort. Cliff. 312. Hort. Upf. 169. Roy. Lugd. B. 315 ; Marrube avec des bords étendus aux calices , & des dents aigues.

*Marrubium album rotundi-folium Hispanicum.* Par. Bat. 201 ; Marrube d'Espagne à feuilles rondes.

*Marrubium sub - rotundo folio.* Barr. Ic. 797. Bec. Mus. 2. p. 167. t. 122.

8°. *Marrubium crispum, calycum limbis planis; villosis, foliis orbiculatis , rugosis , caule herbaceo;* Marrube avec des bords unis & velus au calice, des feuilles rondes & rudes, & une tige herbacée.

*Pseudo-Dictamnus Hispanicus, foliis crispis & rugosis.* Tourn. Inst. 188 ; Dictamne bâtard d'Espagne à feuilles rudes & frisées.

9°. *Marrubium suffruticosum; calycum limbis planis, villosis, foliis cordatis , rugosis , incanis , caule fruticoso ;* Marrube avec les bords des calices unis , des feuilles blanches, rudes & en forme de cœur, & une tige d'arbrisseau.

*Pseudo-Dictamnus Hispanicus, amplissimo folio , candicante & villoso.* Tourn. Inst. R. H. 118 ; Dictamne bâtard d'Espagne , avec une feuille blanche, fort large & velue.

10°. *Marrubium pseudo—Dictamnus , calycum limbis planis, villosis, foliis cordatis, concavis, caule fruticoso.* Hort. Cliff. 312. Hort. Upf. 169. Roy. Lugd.-B. 315. Kniph. cent. 8. n. 65. Sabb. Hort. Rom. 3. t. 47 ; Marrube avec des bords unis & velus aux calices , des feuilles en forme de cœur & concaves, & une tige d'arbrisseau.

*Pseudo-Dictamnus verticillatus, inodorus.* C. B. P. 222 ; Dictamne bâtard , verticillé & sans odeur ; faux Dictamne.

*Pseudo — Dictamnum.* Dod. Pempt. 281.

11°. *Marrubium acetabulosum , calycum limbis tubo longioribus , membranaceis , angulis majoribus, rotundatis.* Lin. Sp. Plant. 584 ; Marrube avec un bord membraneux aux calices, plus long que le tube, & des angles plus grands & ronds.

*Pseudo - Dictamnus acetabulis Moluccæ.* C. B. P. 222 ; Dictamne bâtard avec une cavité remplie de Baume des Moluques.

*Dictamnus falsus , verticillatus, pericarpio Conoïde , Bœticus.* Barr. Ic. 129.

Vulgare. La premiere espece
est le *Marrube blanc des boutiques*,
qui croît naturellement dans
plusieurs parties de l'Angleterre; & que l'on cultive rarement dans les jardins ; elle a
une racine ligneuse & fibreuse,
de laquelle sortent plusieurs
tiges quarrées, d'un pied &
plus de longueur, branchues
vers le haut, & garnies de
feuilles blanches, rondes, dentelées sur leurs bords & opposées : ses fleurs croissent en
fort grosses têtes verticillées
autour des tiges à chaque nœud:
elles sont petites, blanches, labiées, & ont des calices roides, blancs & découpés au
sommet en dix parties terminées
par des poils rudes & roides :
à ces fleurs succedent quatre
semences oblongues, noires &
placées dans le calice. Cette
plante fleurit dans le mois de
Juin, & ses semences mûrissent
en automne. (1).

Peregrinum. La seconde espece, que l'on rencontre en
Italie & en Sicile, s'éleve à
la hauteur de trois pieds, avec
des tiges quarrées & plus branchues que celles de la premiere ; ses feuilles sont plus
rondes, plus blanches, & placées à une plus grande distance:



ses fleurs ont des tubes plus
longs ; mais elles sont disposées
en têtes verticillées, moins
larges.

Creticum. La troisieme naît
spontanément en Espagne & en
Portugal ; elle s'éleve à la
hauteur d'environ trois pieds,
avec des tiges minces, blanches, & garnies de feuilles
fort blanches, beaucoup plus
longues & plus étroites que
celles de la seconde espece :
les têtes verticillées, que forment ses fleurs sont plus petites;
les dentelures garnies de poils
rudes du calice sont plus longues & érigées, & la plante
entiere a un goût agréable.

Alysson. La quatrieme est originaire de l'Espagne & de l'I-
talie; c'est une plante bis-annuelle, dont les tiges ont à-
peu-près la même longueur
que celles de la premiere espece ; ses feuilles sont en forme
de coin, blanches, & à dentelures obtuses : ses tiges verticillées de fleurs sont petites,
& n'ont point d'enveloppe :
ses fleurs sont plus éloignées
les unes des autres, & les dents
de leurs calices sont terminées
par des épines fort roides; elles
sont de couleur pourpre, &
plus grosses que celles de la
premiere espece.

Supinum La cinquieme croît
naturellement dans les Isles de
l'Archipel ; ses tiges ont rarement plus de huit ou neuf
pouces de longueur; elles sont
couvertes d'un duvet mou
& blanc ; ses feuilles sont petites, rondes, fort douces au
toucher, blanches & dentelées
sur leurs bords : les têtes ver-

---

(1) Toutes les parties de cette
plante sont apéritives, incisives, fondantes & emmenagogues, on s'en sert
avec quelque succès dans la suppression des regles , les obstructions des
visceres, l'asthme humide, les engor-
gements catharreux, &c.; elle fait
la base du syrop de *Prassis*; elle entre aussi dans la poudre *Diaprassii*,
dans l'*Hiera Diacolocytidos* & l'*Hiera
Logodii*.

ticillées font petites, fort laineufes & blanches, & fes fleurs
font petites & blanches.

*Candidiffimum.* La fixieme, qui
fe trouve en Efpagne, a des
tiges à-peu-près de la même
longueur que celles de la premiere ; fes feuilles font prefqu'ovales laineufes & crénelées
vers leur extrémité ; & les calices des fleurs ont des dentelures en forme d'alêne.

*Hifpanicum.* La feptieme eft
originaire de l'Iftrie, d'où fes
femences m'ont été envoyées :
fes tiges font plus érigées que
celles de l'efpece commune ;
fes feuilles font plus rondes &
plus fciées fur leurs bords, &
les calices des fleurs font étendus & terminés en fegmens
aigus : les fleurs font comme
celles de l'efpece commune,
& la plante entiere eft fort
blanche.

*Crifpum.* La huitieme, qui
naît fans culture en Efpagne
& en Sicile, pouffe beaucoup
de tiges roides & rondes, qui
s'élevent à plus de deux pieds
de hauteur, & font couvertes
d'un duvet cotonneux ; les
feuilles font prefque rondes,
rudes en-deffus & laineufes en-
deffous : fes têtes verticillées
de fleurs, font groffes ; les
bords des calices font plats &
velus : le tube de la fleur eft
à peine auffi long que le calice,
de maniere que l'on n'apperçoit que les deux levres.

*Suffruticofum.* La neuvieme
naît fpontanément en Efpagne:
fes tiges font ligneufes, hautes d'environ trois pieds, &
divifées en petites branches ;
fes feuilles font en forme de

cœur, rudes en-deffus & blanches en-deffous ; fes têtes verticillées font groffes ; les bords
des calices font plats & velus ;
le tube de la fleur eft plus
long, & les fleurs font plus
groffes que celles de l'efpece
précédente ; elles font d'un
pourpre pâle, & leurs levres
fupérieures font érigées.

*Pfeudo-Dictamnus.* La dixieme,
que l'on rencontre en Sicile &
dans les Ifles de l'Archipel,
s'éleve à la hauteur de deux
pieds, avec une tige d'arbriffeau divifée en plufieurs branches garnies de petites feuilles
en forme de cœur, & affez
rapprochées des tiges ; fes têtes
verticillées font moins groffes
que celles des deux efpeces
précédentes & le bord des calices eft plat : fes fleurs font
blanches, & la plante entiere
eft de même couleur.

*Acetabulofum.* La onzieme fe
trouve dans l'Ifle de Candie :
fes tiges fonr fort velues,
hautes d'environ deux pieds,
& garnies de feuilles en forme
de cœur, rudes en-deffus &
blanches en deffous : fes têtes
verticillées font groffes, & les
calices font découpés en plufieurs fegmens membraneux,
angulaires & ronds au fommet :
fes fleurs font petites, d'un
pourpre pâle; mais elles par-
roiffent à peine hors de leurs
calices : leurs levres fupérieures font érigées.

*Culture.* La premiere efpece
eft d'ufage en Médecine; fes
feuilles & les extrémités des
plantes font regardées comme
échauffantes, pectorales & propres à débarraffer les poumons

des flegmes épais & gluants qui les obſtruent, & à guérir ainſi les toux invétérées, ſur-tout dans les conſtitutions froides & humides; ſon ſuc, préparé ſous forme de ſyrop avec du ſucre ou du miel, diſſout les obſtructions du foie & de la rate, & ſoulage dans l'hydropiſie, la jauniſſe, les pâles couleurs, les ſuppreſſions de regles, & autres maladies du ſexe, pour leſquelles il y a peu d'herbes qui ſoient auſſi bonnes. La préparation officinale eſt le *Syrop de Praſſis*.

La quatrieme eſpece eſt l'*Herbe à l'Enragé* de GALIEN, que les anciens & quelques modernes recommandent contre l'hydrophobie; mais on s'en ſert rarement aujourd'hui. Cette plante eſt bis-annuelle, & périt ordinairement quand elle a perfectionné ſes ſemences.

On conſerve toutes ces plantes dans les jardins de botanique; mais il n'y en a que deux eſpeces qui puiſſent être cultivées dans les jardins d'agrément : ces eſpeces ſont les dixieme & onzieme, dont les tiges ſont ligneuſes. Comme ces plantes ſont fort blanches, elles font une variété agréable, quand elles ſont entremêlées avec d'autres : elles produiſent rarement des ſemences en Angleterre; mais on les multiplie par boutures, qui prennent aſſez aiſément racine, quand on les plante vers le milieu du mois d'Avril dans des plates-bandes à l'ombre.

Comme ces eſpeces ſont un peu tendres, on ne peut les conſerver dans les hivers ru-

des, qu'en les mettant à l'abri des gelées fortes, ſur-tout celles qui croiſſent dans une terre riche & féconde, où elles deviennent ſucculentes & plus ſenſibles au froid; mais quand elles ſont placées dans un terrein ſec & rempli de décombres, leurs racines ſont courtes, fermes, ſèches, & par conſéquent plus robuſtes : auſſi durent-elles beaucoup plus longtems que celles qui ſe trouvent dans une meilleure terre.

Les autres eſpeces ſe multiplient aiſément par leurs graines, que l'on ſeme au printems ſur une planche de mauvaiſe terre : quand les plantes commencent à pouſſer, on les tient nettes de mauvaiſes herbes, & on les éclaircit dans les endroits où elles ſont trop ſerrées, en laiſſant entr'elles un eſpace d'un pied & demi, afin que leurs branches puiſſent s'étendre librement; elles n'exigent d'ailleurs aucun autre ſoin : on peut auſſi les multiplier par boutures comme les deux autres. Si ces plantes ſont ſur un ſol ſec & de mauvaiſe qualité, elles ſubſiſteront pluſieurs années, mais dans une terre riche, elles durent rarement plus de trois ou quatre ans.

MARRUBIUM NIGRUM. *Voyez* BALLOTA.

MARSEAU, SAULE. *Voyez* SALIX.

MARTAGON. *Voy.* LILIUM POMPONIUM.

MARTAGON DE POMPONE. *Voyez* LILIUM ANGUSTI-FOLIUM.

MARTAGON (petit) DE VIRGINIE. *Voyez* MEDEOLA VIRGINIANA, L.

MARTYNE *ou* PLANTE CORNUE. *Voyez* MARTYNIA.

MARTYNIA. *Houſt. Gen. Nov. Martyne. Dec.* 1. 42. Le Docteur WILLIAM HOUSTOUN a ainſi nommé ce genre de plantes, qu'il a découvert en Amérique, en l'honneur de ſon ami M. Jean MARTYN, Profeſſeur de Botanique, à Cambridge. [ *Martyne* ], Plante cornue.

*Caracteres.* Le calice de la fleur eſt découpé en cinq parties, dont trois ſont érigées & les deux autres réfléchies : la corolle, qui eſt monopétale & en forme de cloche, a un tube large & gonflé, à la bâſe duquel eſt placé un nectaire boſſu ; le bord de la corolle eſt légèrement découpé en cinq ſegmens obtus, dont deux ſont tournés en-haut, & les trois autres, qui penchent vers le bas, repréſentent une fleur labiée : celle-ci a quatre étamines minces, courbées, réfléchies l'une ſur l'autre, & terminées par des antheres réunies ; ſon germe eſt oblong, placé ſous la fleur, & ſoutient un ſtyle court, & couronné par un ſtigmat uni ; le calice ſe change dans la ſuite en une capſule oblongue, gonflée & diviſée en deux parties, qui contient une noix dure, de la forme d'un cerf-volant, avec deux cornes fortes & courbées à l'extrémité, & à quatre cellules, dont deux ſont généralement ſtériles, & les deux autres renferment chacune une ſemence oblongue.

Ce genre de plantes eſt rangé dans la ſeconde ſection de la quatorzieme claſſe de LINNÉE, qui comprend celles dont les fleurs ont deux étamines longues & deux courtes, & dont les ſemences ſont renfermées dans une capſule.

Les eſpeces ſont :

1°. *Martynia annua, caule ramoſo, foliis angulatis. Lin. Sp. Plant. Fabr. Helmſt.* 240. *Kniph. eent.* 8. *n.* 66. *Sabb. Hort.* 2, *t.* 91 ; Martynia avec une tige branchue, & des feuilles angulaires.

*Martynia caule petioliſque fiſtuloſis, floribus bi-bracteatis. Gouan. Hort.* 322.

*Martynia foliis dentatis. Hort. Cliff.* 303.

*Martynia annua, villoſa & viſcoſa, folio ſub-rotundo. Houſt.* ; Martynia annuelle, velue & viſqueuſe, avec une feuille preſque ronde, & une large fleur rouge.

*Craniolaria. Lxfl. it.* 225.

*Proboſcidea. Schmid. it. t.* 12. R.

2°. *Martynia perennis, caule ſimplici, foliis ſerratis. Lin. Sp. Plant.* 618 ; Martyne avec une tige ſimple, & des feuilles ſciées.

*Martynia foliis ſerratis. Lin. Hort. Cliff.* ; Martyne à feuilles ſciées.

*Martynia perennis, folio ſubrotundo, rugoſo, flore cæruleo, rad. ce Dentariæ. Ehret. l'ict. t. 9. f.* 2.

3°. *Martynia Louiſiana, caule decumbente ramoſo, foliis integris, fructibus longiſſimis* ; Martyne avec une tige couchée & branchue, des feuilles entieres, & des fruits très-longs.

*Annua.* La premiere a été découverte par le Docteur Guillaume HOUSTOUN près de la Vera-Cruz, dans la Nouvellevelle-Espagne , d'où il a envoyé ses semences en Angleterre ; ses graines ont produit en 1731, dans le jardin de Chelléa, plusieurs plantes qui qui ont donné de belles fleurs, & perfectionné leurs semences, au moyen desquelles semences on a obtenu un grand nombre de nouvelles plantes dans l'année suivante.

Cette espece s'éleve à la hauteur de près de trois pieds , avec des tiges velues & herbacées, qui se divisent vers le haut en trois ou quatre grosses branches , garnies de feuilles ovales, oblongues, coupées en angles sur leurs bords, de cinq pouces de longueur, sur trois & demi de largeur à leur bâse, où elles font le plus larges, terminées en pointe velue, & couvertes d'une substance glutineuse, qui s'attache aux doigts quand on les manie : ses fleurs, qui naissent en épis courts & branchus à leur sommet, sont en forme de gueule, & d'un pourpre pâle. Elles font remplacées par des capsules longues, ovales, épaisses , dures, gluantes, divisées en deux parties à leur maturité , & qui renferment une coque dure , de la grosseur & presque de la même forme qu'un cerf-volant, avec deux cornes fortes & recourbées à l'extrémité : cette coque a deux sillons dans sa longueur à chaque côté & plusieurs petits qui se croisent dans le milieu : elle est si dure qu'on ne peut l'ouvrir qu'avec beaucoup de difficulté , sans endommager les amandes:



lorsqu'on y est parvenu, on observe quatre cellules oblongues , dont deux renferment ordinairement chacune une semence oblongue, & les deux autres font stériles : si l'on hâte le progrès de ces plantes au printems, elles commencent à produire leurs fleurs dans le mois de Juillet : ces fleurs paroissent d'abord dans les divisions des branches , & ensuite à leurs extrémités ; de maniere qu'elles se succedent jusqu'à la fin d'Octobre, qui est le tems ou ces plantes périssent. Les Jardiniers la nomment plante cornue , à cause de la forme de son fruit.

*Perennis.* La seconde est une espece vivace qui a été découverte par M. Robert MILLAR , aux environs de Carthagéne de l'Amérique, d'où il en a envoyé les semences en Europe : elle a une racine vivace & une tige annuelle ; cette tige se flétrit en automne, & les nouvelles repoussent au printems. Les racines de cette plante font épaisses, charnues & divisées en nœuds écailleux , à-peu-près comme celles de la *Dentaire* ; elles produisent plusieurs tiges, hautes d'environ un pied , épaisses , succulentes , de couleur pourpre, & garnies de feuilles épaisses & oblongues , dont la bâse est fort près de la tige ; elles font sciées sur leurs bords , rudes, d'un vert foncé en-dessus , & presque pourpre en - dessous : la tige est terminée par un épi court de fleurs bleues , en forme de cloche , qui ne s'ouvrent pas autant que celles de la précédente : elles paroiſſent ordinairement dans les mois de Juillet & Août ; mais elles ne produiſent point de ſemences en Angleterre.

La premiere étant annuelle ne peut être multipliée que par les graines qu'on ſeme dans des pots remplis d'une terre graſſe & légere, qu'on plonge dans une couche chaude de tan, & qu'on arroſe ſouvent pour les faire germer : les plantes paroiſſent au bout de trois ſemaines ou un mois, & elles croiſſent aſſez vite lorſqu'on leur procure aſſez de chaleur ; c'eſt-pourquoi il faut les tranſplanter un peu après qu'elles ont pouſſé, & les mettre chacune dans un pot ſéparé, qu'on remplit d'une terre graſſe & légere, & qu'on replonge dans une couche chaude, en obſervant de les bien arroſer, & de les tenir à l'ombre, juſqu'à ce qu'elles aient formé de nouvelles racines ; après quoi on leur donne beaucoup d'air dans les tems chauds, en ſoulevant tous les jours les vitrages de la couche : au moyen de ce traitement, ces plantes feront de ſi grands progrès, que leurs racines rempliront les pots dans l'eſpace d'un mois ou de ſix ſemaines ; alors on les tranſplantera dans d'autres pots d'un pied environ de diametre, qu'on remplira d'une terre graſſe & légere, & qu'on replongera dans la couche de tan de la ſerre chaude, où l'on doit laiſſer aſſez de place entr'elles, parce qu'elles étendent beaucoup leurs branches, & qu'elles s'élevent



à la hauteur de trois pieds & même davantage, ſuivant la chaleur de la couche : on doit les arroſer conſtamment, les tenir toujours dans la couche de tan, & leur donner beaucoup d'air dans les tems chauds ; mais elles ſont trop délicates pour être expoſées au-dehors en Angleterre.

*Nota.* On ſe contente à Metz de les ſemer ſur un bout de couche de *Melons* : on les couvre de cloches pour les préſerver des froids du printems, & elles réuſſiſſent à merveille, & beaucoup mieux que ſi elles étoient dans des pots & ſous des vitrages.

Lorſque les plantes profitent bien, elles pouſſent des branches latérales dont toutes produiſent des épis de fleurs ; mais comme il n'y a que les premiers épis qui produiſent de bonnes ſemences dans notre pays, il faut avoir grand ſoin de les conſerver.

Les fruits de la premiere eſpece ont une écorce ou enveloppe d'un vert foncé, auſſi épaiſſe & coriace que celle d'une amande : lorſque cette écorſe eſt mûre elle s'ouvre, & laiſſe à découvert le fruit, comme celle des *Amandes*, des *Noix*, &c. Sous chaque enveloppe, on trouve une coque dure comme une noix, de la forme d'un cerf-volant, & armée de deux cornes recourbées à l'extrémité : cette coque forme quatre cellules qui renferment très rarement plus de deux ſemences parfaites. Il faut ſemer les coques entieres, car elles ſont ſi dures, qu'il eſt preſqu'impoſſible d'en ôter les ſemences ſans les gâter : ſi elles produiſent chacune deux plantes, on les ſépare aiſément, ſur-tout ſi on les tranſplante dans leur jeuneſſe. Ces ſemences peuvent être gardées pluſieurs années : j'en ai conſervé une aſſez grande quantité en 1734 ; je les ai ſemées en partie l'année ſuivante, & elles n'ont produit aucunes plantes : j'ai continué à en ſemer d'année en année, ſans aucun ſuccès, juſqu'en 1738 ; alors j'ai mis en terre toutes celles qui me reſtoient, & parmi ces dernieres une ſeule a donné une plante ; de ſorte que ſi les ſemences ſont bonnes, il eſt certain qu'elles peuvent encore germer au bout de quatre années : c'eſt-pourquoi, lorſqu'on reçoit ici quelques ſemences rares, il eſt à propos d'en conſerver toujours quelques-unes pendant une ou deux années, de peur que les premieres ne ſoient détruites par quelqu'accident ; ſans cette précaution, on court riſque de perdre ces eſpeces en Europe.

*Perennis.* La ſeconde périt juſqu'à la racine en hiver, & repouſſe de nouvelles tiges au printems ; on la conſerve conſtamment dans la ſerre chaude, en la tenant plongée dans la couche de tan, ſans quoi elle ne profite pas dans ce pays. Pendant l'hiver, lorſque les plantes ſont flétries, on ne les arroſe que très-peu, parce que leurs racines ſe pourriſſent aiſément ; on peut tranſplanter & diviſer les racines de cette

eſpece au milieu du mois de Mars, & avant qu'elles aient commencé à pouſſer ; on les met dans des pots d'une grandeur médiocre, & remplis d'une terre riche & légere, & on les plonge dans la couche que l'on doit alors renouveler avec du nouveau tan. Lorſque les plantes commencent à pouſſer, on les arroſe fréquemment, mais avec modération, de peur que les racines ne ſe pourriſſent : à meſure que la chaleur de la ſaiſon augmente, on leur procure beaucoup d'air pour les fortifier ; on évite de les placer à l'ombre des autres plantes, & on ne les dérange plus : car ſi on les tranſplantoit encore, on les empêcheroit de fleurir : comme leurs racines ſont en très-grand nombre, elles ſuffiſent pour les multiplier ; on peut cependant ſe ſervir encore des rejettons des jeunes tiges qui prendront racine ſi on les plante dans des pots remplis de terre légere, & ſi on les plonge dans une couche de tan pendant l'été.

*Louiſiana.* La troiſieme eſpece croît naturellement à la Louiſiane, d'où ſes ſemences ont été portées en France : elle eſt annuelle ; ſa tige eſt ſucculente, viſqueuſe, & diviſée en pluſieurs branches, qui deviennent ſi peſantes que la tige ne peut les ſupporter, & qu'elles tombent ſi on ne les ſoutient pas. Les feuilles ſont larges, gluantes & velues ; quelques unes ſont découpées en angles ; mais la plûpart ſont entieres, de cinq à ſix pouces de longueur fur quatre de largeur au milieu : les fleurs qui naiſſent en petits epis aux aiſſelles de la tige, ſont d'un rouge pâle, & de la même forme & grandeur que celles de la premiere eſpece : elles ſont remplacées par des fruits de quatre à cinq pouces de longueur, couverts d'une peau verte & épaiſſe qui ſe détache & tombe lorſqu'ils ſont mûrs, & laiſſe à nud une coque rude en forme de cerf-volant, & armée de cornes très-longues à ſon extremité : cette coque s'ouvre en deux parties, & renferme pluſieurs ſemences ovales, couvertes d'une peau noire que l'on enleve avant de les mettre en terre.

Cette plante eſt annuelle, & doit être avancée au printems, en la femant ſur une couche chaude à la fin du mois de Mars ; lorſque les ſemences ont pouſſé, on les traite de la même maniere que celles de la premiere eſpece ; mais avec cette différence qu'il faut leur donner plus d'air pour les empêcher de filer, parce que cette eſpece eſt plus dure ; on ne les arroſe pas beaucoup en été, de peur de faire pourrir leurs branches ſucculentes avant que leurs ſemences ſoient mûres.

MARUM. *Voyez* TEUCRIUM MARUM.

MASQUE. *Voyez* MIMULUS RINGENS. L.

MASSE - BEDEAU ou ROQUETTE DES CHAMPS. *V.* BUANIAS ERUCAGO.

MASTIC DES INDES ou MOLE. *Voyez* SCHINUS.

**MASTIC DE SYRIE** *ou* MA-

RUM COMMUN. *Voyez* TEUCRIUM MARUM L.

MATRICAIRE. *Voyez* MATRICARIA.

MATRICAIRE BLANCHE. *Voyez* ACHILLEA ALPINA.

MATRICAIRE BASTARDE. *Voyez* PARTHENIUM.

MATRICARIA. *Tourn. Inſt. R. H.* 493. *tab.* 281. *Lin. Gen. Plant.* 867, ainſi appelé de matrice, parce que cette plante eſt propre à guérir les maladies de la matrice ; c'eſt pour cela qu'on lui donne auſſi le nom de *Parthenium de*, παρθίνος, *une vierge.* [ *Feverfew.* ] Matricaire.

*Caractères.* Cette plante a une fleur compoſée ou rayonnée ; les rayons ſont formés par pluſieurs demi-fleurons femelles, & le diſque, qui eſt hémiſphérique, contient des fleurons hermaphrodites ; ils ſont renfermés dans un calice commun & hémiſphérique, compoſé d'écailles linéaires à-peu-près égales. Les demi-fleurons femelles ſont en forme de langue, & découpés en trois parties à l'extrémité : ils ont un germe nud, qui ſoutient un ſtyle mince, & terminé par deux ſtigmats roulés. Les fleurons hermaphrodites ſont tubulés, en forme d'entonnoir, & découpés ſur leurs bords en cinq parties étendues ; ils ont chacun cinq étamines terminées par des antheres cylindriques, & un germe oblong & nud, avec un ſtyle mince, couronné par un ſtigmat étendu, & diviſé en deux parties. Les germes des deux eſpeces de fleurons ſe changent en ſemences simples, oblongues & nues.

Ce genre de plantes est rangé dans la seconde section de la dix-neuvieme classe de L I N-
N É E , qui renferme celles à fleurs radiées, dont les étamines & les styles sont joints, & les fleurons tous fructueux.

Les especes sont :

1°. *Matricaria Parthenium, foliis compositis planis, foliolis ovatis , incisis , pedunculis ramosis.* Hort. Cliff. 416. Hort. Ups. 263. Mat. Med. 188. Roy. Lugd.-B. 173. Mattusch. Sill. n. 633. Fl. Dan. t. 674. Kniph. cent. 5. n. 57. Regn. Bot. ; Matricaire avec des feuilles unies & composées, dont les lobes sont ovales & découpés, & des pédoncules branchus.

*Matricaria foliis pinnatis, pinnis semi-pinnatis, laciniis obtusis , floribus umbellatis.* Hall. Helv. n. 100.

*Matricaria vulgaris , seu sativa.* C. B. P. 133 ; Matricaire commune ou de jardin.

*Matricaria. Dod. Pemp.* 35. *Blackw. t.* 192.

2°. *Matricaria maritima receptaculis hemisphæricis , foliis bi-pinnatis , subcarnosis , suprà convexis , subtus carinatis. Lin. Sp. Plant.* 891 ; Matricaire avec des réceptacles hémisphériques, des feuilles doublement aîlées, charnues & convexes en-dessus , mais en forme de carène en dessous.

*Chamæmelum maritimum , perenne, humilius , foliis brevioribus , crassis , obscurè virentibus. Raii. Syn. Ed.* 3. *p.* 186. Camomille basse , maritime & vivace, avec



des feuilles courtes , épaisses & d'un vert foncé.

3°. *Matricaria Indica , foliis ovatis , sinuatis , angulis serratis, acutis;* Matricaire avec des feuilles ovales , sinuées , angulaires, & à dents aiguës.

*Matricaria latiori folio , flore pleno. Mor. Hist.* 3. *p.* 33.

4°. *Matricaria argentea , foliis bi-pinnatis , pedunculis solitariis. Hort. Cliff.* 415. *Roy. Lugd.-B.* 173; Matricaire avec des feuilles doublement ailées , & des pédoncules simples aux fleurs.

*Matricaria mono-leucanthemos, foliis argenteis , plerumque conjugatis Vaill. Act.* 1720. *p.* 369.

*Chamæmelum Orientale incanum , Mille - folii folio. Tourn. Cor.* 37.

5°. *Matricaria Americana , foliis lineari-lanceolatis, integerrimis, pedunculis uni-floris ;* Matricaire avec des feuilles entieres en forme de lance & linéaires , ayant une seule fleur sur chaque pedoncule.

*Parthenium.* La premiere espece est la *Matricaire* commune dont on se sert en Médecine : elle croît naturellement dans les haies, sur les bords des grands chemins , & sur les côtés des bancs de plusieurs parties de l'Angleterre. On la cultive souvent dans des jardins de Botanique pour fournir les marchés : cette plante est ordinairement bis - annuelle , & elle périt bien-tôt après qu'elle a perfectionné ses semences : sa racine est composée d'un grand nombre de fibres qui s'étendent au loin de tous côtés ; ses tiges s'élevent au-des-

fus de deux piés de hauteur ;
elles font rondes , roides, canelées & garnies de branches
qui s'étendent au - dehors de
tous côtés ; fes feuilles compofées de fept lobes découpés
en plufieurs fegmens obtus ,
font d'un vert jaunâtre : les
tiges & les branches font terminées par des fleurs difpofées prefqu'en forme d'ombelle
claire , & portées chacune fur
un pédoncule féparé , & de
deux pouces environ de longueur : elles font compofées
comme celles de la *Camomille* ,
de plufieurs rayons courts &
blancs qui entourent un difque
jaune , & formé par des fleurons hermaphrodites , en forme d'une demi - fphère : ces
fleurons font renfermés dans
un calice commun & écailleux,
& ils font remplacés par des
femences oblongues, angulaires & nues. Cette plante fleurit dans le mois de Juin , &
fes femences mûriffent en automne ; elle répand une odeur
defagréable : fes feuilles & fes
fleurs font d'ufage en Médecine , & on les ordonne particulierement dans certaines maladies des femmes ; elles ont
auffi la propriété d'échauffer,
de diffiper les vents, de guérir
les affections hyftériques , de
provoquer le flux menftruel,
ainfi que la partie de l'arriere-
faix & des vuidanges (1).

***

(1) Les feuilles & les fleurs de cette
plante font d'ufage en Médecine , &
peuvent être employées enfemble ou
féparement dans les mêmes circonftances : elles ont une odeur forte,
balfamique, & une faveur amere &



On conferve dans les jardins
de Botanique les variétés fuivantes de cette plante dont
plufieurs font affez conftantes
quand on recueille leurs femences avec foin ; mais quand
on les laiffe écarter , il eft
prefqu'impoffible de les avoir
fans mélange : en les femant
fur une piece de terre fraîche
où il n'y ait pas eu de ces
plantes auparavant , je crois
que leurs femences produiront
les mêmes efpeces que celles
fur lefquelles elles auront été
prifes : cependant comme elles
ne font qu'accidentelles , je
n'en ferai mention ici que
pour ceux qui font curieux de
raffembler les variétés.

1°. *Matricaire à fleurs très-
doubles.*

2°. *Matricaire à fleurs doubles,
dont les bordures ou rayons font
unis , & le difque fiftulaire.*

***

auftere : leurs principes actifs font
une huile éthérée, & une fubftance
fixe, réfineufe & gommeufe, très-
abondante.

La *Matricaire* agit en difcutant,
en fortifiant, & c'eft ainfi qu'elle
devient diurétique, céphalique, car-
minative, utérine, &c. : on la regarde avec raifon comme un puiffant remede pour rétablir le flux
menftruel, les vuidanges fuppri-
mees, ainfi que pour calmer les ac-
ces hyftériques, guérir les fleurs
blanches, pouffer les urines, diffiper
les vents, tuer les vers, & remé-
dier à toutes les maladies qui dé-
pendent de l'atonie des fibres &
de la mucofité des humeurs. On
l'emploie intérieurement depuis une
pincee jufqu'à deux en infufion
aqueufe ou vineufe, & extérieurement en forme de cataplafme , de
demi-bains, de fumigations, de lavemens , &c.

3º. *Matricaire avec de fort petits rayons.*

4º. *Matricaire avec des fleurons fort courts & fiſtulaires.*

5º. *Matricaire avec des têtes nues & ſans rayon.*

6º. *Matricaire avec des têtes nues couleur de ſoufre.*

7º. *Matricaire avec des feuilles élégantes & friſées.*

Toutes ces plantes ſe multiplient par leurs graines qu'il faut ſemer en Mars ſur une terre légere ; quand elles ſont pouſſées, on les tranſplante en pépiniere à huit pouces environ de diſtance entr'elles, où elles peuvent reſter juſqu'au milieu du mois de Mai : alors on les enleve avec une motte de terre à leurs racines, pour les placer au milieu des larges plates-bandes où elles fleuriront en Juillet & en Août, & donneront des ſemences mûres dans la même année, ſi l'automne eſt favorable ; mais il n'eſt pas prudent de leur en laiſſer porter, parce que cela affoiblit, & fait même périr les racines : ainſi lorſque les fleurs ſont paſſées, il faut couper leurs tiges pour leur en faire pouſſer de nouvelles, & conſerver les racines.

Quand les différentes variétés de ces plantes ſont entremêlées avec d'autres du même crû, elles produiſent un bel effet tant qu'elles ſont en fleurs ; ce qui a lieu ordinairement pendant un mois, & même quelfois plus long-tems : mais comme leurs racines ne durent guere que deux ou trois ans tout au plus, il faut élever de nouvelles plantes de ſemences pour remplacer les vieilles ; car



quoiqu'elles puiſſent être multipliées en diviſant leurs racines au printems ou en automne, cependant celles qu'on obtient ainſi ſont rarement auſſi bonnes que celles de ſemences : mais comme la ſeconde variété ne produit guere de bonnes graines, on la multiplie de cette maniere, ou par boutures que l'on plante au printems, & pendant tout l'eté : ces boutures prennent aiſément racine & font de bonnes plantes.

La ſeconde eſpece croît naturellement près de la mer dans pluſieurs parties de l'Angleterre ; je l'ai rencontrée en grande quantité ſur les côtes de Suſſex, & j'en ai apporté des plantes qui n'ont pas duré plus de deux ans dans le jardin, quoiqu'elles puiſſent ſe conſerver plus long-tems dans les lieux où elles naiſſent ; les tiges de cette plante pouſſent beaucoup de branches qui s'étendent près de la terre, & ſont garnies de feuilles d'un vert foncé, & compoſées de pluſieurs doubles aîles ou lobes, comme celles de la *Camomille commune*, mais d'une ſubſtance beaucoup plus épaiſſe, & dont les bords ſont tournés en arriere ; ce qui les rend convexes en-deſſus, & concaves en-deſſous : ſes fleurs ſont blanches comme celles de la *Camomille commune*, & diſpoſées preſqu'en forme d'ombelle ; elles paroiſſent dans le mois de Juillet, & perfectionnent leurs ſemences en automne.

On n'éleve guere cette plante par ſes graines, que l'on peut cependant ſemer, ou en automne, aussi-tôt qu'elles sont mûres, ou au printems, sur une terre ordinaire & dans presque toutes les situations ; quand les plantes poussent, elles n'exigent d'autre soin que d'être éclaircies où elles sont trop serrées, & tenues nettes de mauvaises herbes.

*Indica.* La troisieme espece se trouve dans plusieurs parties des Indes ; elle m'a été envoyée de Nimpu où elle croît en abondance ; elle s'éleve à la hauteur d'un pied & demi, & se divise en plusieurs branches garnies de feuilles angulaires, ovales, fortement sciées sur leurs bords & d'un vert pâle : ses fleurs naissent sur des pédoncules qui sortent des ailes des feuilles ainsi que de l'extrémité des branches ; toutes celles que j'ai vues jusqu'à présent étoient fort doubles, & aussi larges que les fleurs doubles dont il vient d'être question. Elles paroissent en Juillet ; & dans les années favorables, elles produisent des semences qui mûrissent tard en automne.

Cette espece se multiplie par semences qu'il faut répandre au printems sur une couche de chaleur tempérée ; on traite les plantes qui en proviennent suivant la méthode qui a été prescrite pour le *Chrysanthemum coronarium*, au moyen de quoi elles profiteront & fleuriront très-bien.

*Argentea.* La quatrieme espece qui croît sans culture dans l'Orient, s'éleve à un pied de hauteur. Ses feuilles sont ailées, argentées & générale-



ment opposées ; ses pédoncules sortent simples des parties latérales des branches, & soutiennent chacun une fleur blanche : cette plante fleurit en Juillet, & dans les années chaudes, elle perfectionne quelquefois ses semences en automne.

Cette espece doit être semée en Avril sur une plate-bande de terre légere à une bonne exposition ; quand les plantes sont devenues assez fortes pour pouvoir être enlevées, on les place dans les plates-bandes du parterre, où elles fleuriront & perfectionneront leurs semences, si elles sont tenues nettes de mauvaises herbes.

*Americana.* La cinquieme est originaire de l'Amérique septentrionale : c'est une plante vivace dont les tiges & les feuilles périssent en automne, & qui en pousse de nouvelles au printems ; ses tiges s'élevent à la hauteur d'un pied & demi, & se divisent vers le sommet en plusieurs branches fourchues : à chaque division est placée une feuille linéaire en forme de lance de deux pouces environ de longueur sur trois lignes de largeur, entiere sur ses bords, & d'un vert foncé, ses branches sont terminées par des pédoncules simples qui soutiennent chacun une fleur bleue fort semblables à celles de quelques especes d'*Astre* ou *Aster*. Mais comme son calice en est écailleux, & que ses semences n'ont point de duvet, on a placé cette espece dans ce genre. Ses fleurs paroissent dans les mois de Juillet & Août, & ses semences mûriffent en automne.

On la multiplie par fes graines, qui réufliflent plus furement quand on les feme auffitôt qu'elles font mûres, que quand on les conferve jufqu'au printems : il faut les placer en pleine terre. Quand les plantes font en état d'être enlevées, on les met dans les plates-bandes du parterre où elles fubfifteront plufieurs années fans abri, & produiront annuellement des fleurs & des femences.

**MAUROCENIA.** *Lin. Gen. Plant. edit.* 2 , 289. *Frangula. Hort. Elth.* 121. [ *The Hottentot-Cherry.* ] Cerifier des Hottentots.

*Caraɛteres.* Le calice de la fleur eft perfiftant & formé par une feuille divifée en cinq fegmens : la corolle a cinq pétales ovales & étendus : la fleur a cinq étamines placées entre les pétales, & couronnées par des antheres obtufes : dans fon centre eft fixé un germe rond, fans ftyle, mais furmonté par un ftygmat divifé en trois parties ; ce germe fe change dans la fuite en une baie ovale, & à une ou deux cellules, qui renferment chacune une femence fimple & ovale.

Ce genre de plantes eft claffé dans la troifieme fection du cinquieme ordre de LINNÉE, qui renferme celles dont les fleurs ont cinq étamines & trois ftyles ou ftigmats ; mais dans la derniere édition de fes genres, il l'a joint à la *Caffine* : cependant comme la fleur de la *Caffine* n'a qu'un pétale, & que celle-ci en a cinq ; que les baies de la premiere ont trois



cellules, & que celles de cette efpece n'en ont qu'une ou deux, je les ai féparées.

Les efpeces font :

1°. *Maurocenia Frangula, foliis fub-ovatis, integerrimis, floribus confertis lateralibus* ; Maurocene avec des feuilles entieres & prefqu'ovales, & des fleurs difpofées en paquet fur le côté des branches.

*Caffine Maurocenia. Lin. Syft. Plant. tom.* 1. *p.* 736. *Sp.* 4.

*Frangula femper virens, folio rigido fub-rotundo. Hort. Elth.* 146. *Tab.* 121 ; Aulne toujours vert, produifant des baies, avec une feuille prefque ronde & roide, communément appelé *Cerifier des Hottentots.*

*Cerafus Africana, foliis plerumque in fummo finuatis, fruɛu rubro. Pluk. Alm.* 49. *t.* 158. *f.* 2.

2°. *Maurocenia Phillyrea, foliis obverfè ovatis, ferratis, floribus corymbofis, alaribus & terminalibus* ; Maurocene avec des feuilles obverfes, ovales & fciées, & des fleurs en corymbe fur les côtés & aux extrémités des branches.

*Caffine Capenfis. Lin. Syft. Pl. t.* 1. *p.* 735. *Sp.* 1.

*Phillyrea Capenfis, folio Celaftri. Hort. Elth.* 315. *Tab.* 236 ; Phillyrea du Cap, avec une feuille de Celaftrus ou arbre à bâton, appelé par les Hollandois *Lepelhout.*

*Celaftrus Theophrafti. Clus. App.* 2.

*Frutex Æthiopicus, Alaterni foliis. Seb. Thes.* 1. *pag.* 46. *tom.* 29. *f.* 5.

3°. *Maurocenia Cerafus, foliis ovatis, nervofis, integerrimis* ; Maurocene avec des feuilles ovales, nerveufes & entieres.

*Cerafus Hottentotorum. Pluk. Almag.* 94. : le plus petit Cerifier des Hottentots.

4°. *Maurocenia Americana, foliis obverfè ovatis, emarginatis, floribus folitariis alaribus*; Maurocene avec des feuilles obverfes, ovales & dentélées fur leurs bords, & des fleurs folitaires fur les côtés des branches.

*Frangula folio fub-rotundo, rigido, fubtùs ferrugineo. Houft. Mfs.*; Aulne qui produit des baies, avec une feuille prefque ronde, roide & de couleur de fer au-deffous de cette feuille.

*Frangula.* La premiere efpece croît naturellement au Cap de Bonne-Efperance, où elle s'éleve à une hauteur confidérable; mais ici elle n'a guere plus de cinq ou fix pieds; fa tige forte, ligneufe & couverte d'une écorce de couleur de pourpre, pouffe plufieurs branches roides & garnies de feuilles fort épaiffes, prefqu'ovales, la plupart oppofées, de deux pouces environ de longueur fur prefque autant de largeur, d'un vert foncé; ces feuilles, outre cela, font entières; les fleurs de la plante, qui fortent en paquet fur les côtés des vieilles branches, font placées au nombre de trois, quatre ou cinq fur un même pédoncule mince : elles font compofées de cinq pétales unis, égaux, terminés en pointes aiguës, d'abord d'un jaune verdâtre, enfuite blancs, & tout-à-fait ouverts quand la fleur eft épanouie : dans fon centre eft placé un germe ovale &

couronné par un ftigmat divifé en trois parties; & entre chaque pétale eft fituée une étamine étendue comme les pétales, & terminée par une anthere obtufe. Le germe fe change, quand la fleur eft paffée, en une baie ovale & charnue : quelques-unes de ces baies n'ont qu'une cellule & d'autre en ont deux, dans chacune defquelles eft renfermée une femence ovale; ces baies prennent une couleur pourpre foncé en mûriffant; cette plante fleurit en Juillet & en Août, & fes femences mûriffent en hiver.

*Phillyrea.* La feconde efpece fe trouve auffi au Cap de Bonne-Efperance : elle a une tige ligneufe, qui ne s'éleve guere dans ce pays qu'à la hauteur de cinq ou fix pieds, & qui pouffe plufieurs branches couvertes d'une écorce d'un pourpre foncé, & garnies de feuilles roides, obverfes, ovales, fciées fur leurs bords, oppofées, d'environ un pouce & demi de longueur fur un peu plus de largeur, d'un vert clair, fupportées par de courts pétioles : fes fleurs naiffent en paquets ronds fur les côtés & aux extrémités des branches; elles font blanches & ont cinq petits pétales étendus, entre lefquels font placées les étamines qui s'étendent de la même maniere, & qui font terminées par des antheres obtufes:dans le centre eft placé un germe rond & couronné par un ftigmat divifé quelquefois en deux parties & d'autres fois en trois. Les fleurs paroiffent dans les mois de Juillet & d'Aout ; mais elles ne produisent point de baies en Angleterre.

*Cerasus.* La troisieme espece que l'on rencontre encore au Cap de Bonne-Esperance, s'éleve, avec une tige ligneuse, à-peu-près à la même hauteur que la précédente & se divise en plusieurs branches garnies de feuilles roides, ovales, de deux pouces environ de longueur sur presqu'autant de largeur d'un vert luisant, entieres & à trois nervures longitudinales ; elles sont quelquefois opposées & quelquefois alternes, & elles sont entourées par un bord fort & solide. Cette espece a produit des fleurs en Angleterre, & je suis entierement convaincu que les caracteres de ses fleurs sont les mêmes que ceux des autres.

*Americana.* La quatrieme, que le Docteur HOUSTOUN a trouvée dans des haies à la Jamaïque, d'où il a envoyé ses semences en Europe, s'éleve à la hauteur de quinze ou vingt pieds, avec une tige ligneuse, couverte d'une écorce brune & rude, & divisée en plusieurs branches garnies de feuilles roides, alternes, d'un pouce & demi environ de longueur sur un peu plus de largeur, dentelées à leur extrémité, avec un bord roide & réfléchi, grises en-dessus, d'une couleur de fer rouillé en dessous, supportées par de courts pétioles : ses fleurs naissent simples, dans la longueur des branches ; elles ont cinq petits pétales blancs & ter-

minés en pointe aiguë, avec cinq étamines minces, étendues & terminées par des antheres obtuses : dans leur centre est placé un germe rond qui soutient un stigmat long & divisé en deux parties persistantes ; ce germe devient une baie ronde, & à une ou deux cellules qui renferment chacune une semence oblongue.

*Culture.*

*Frangula.* La premiere espece est trop tendre pour subsister ici en plein air ; mais comme elle n'exige point de chaleur artificielle, elle peut être conservée en hiver dans une bonne serre, où elle mérite une place par la beauté de ses feuilles qui sont épaisses, d'un vert foncé & fort différent de celles de toutes les autres plantes.

On peut la multiplier en marcottant les branches qui poussent près de sa base ; mais comme elles sont long-tems à prendre racine, il est nécessaire de tordre les branches dans la partie qui doit être marcottée, pour les aider à en pousser. En les marcottant en automne, elles auront assez de racines pour être enlevées dans la même saison de l'année suivante : on la multiplie aussi par boutures ; mais cette méthode est ennuyeuse, parce qu'elles sont au moins deux ans à prendre racine : cependant, quand on veut essayer cette maniere, on prend les jeunes branches de la premiere année, après lesquelles on laisse un petit morceau du vieux bois ; on les plante au printems dans des pots remplis d'une terre marneuse, ou les plonge dans une couche de chaleur tempérée, on les couvre de vitrages pour en exclure l'air, & on les arrose bien quand on les plante ; mais ensuite elles n'exigent que peu d'humidité : on couvre chaque jour les vitrages avec des nattes, pour les mettre à l'abri du soleil pendant la chaleur du jour ; mais dans la matinée, avant que le soleil soit trop chaud, & dans l'après-midi, quand il est baissé, il faut les découvrir, afin que les rayons obliques du soleil puissent élever une chaleur douce sur les vitrages. Au moyen de ce traitement, les boutures pousseront des racines ; mais sans cela, elles réussissent rarement. Quand elles sont bien enracinées, on les met, chacune séparément, dans de petits pots remplis d'une terre molle & marneuse, on les tient à l'ombre jusqu'à ce qu'elles aient formé de nouvelles racines, & on les place ensuite dans une situation abritée pendant la plus grande partie de l'été ; mais aux approches de l'automne, on les enferme dans une serre, où on les traite comme les autres plantes du même pays, en leur donnant très-peu d'eau quand il fait froid, & de l'air quand le tems est doux. Pendant l'été, on les met en plein air dans une situation abritée, avec les autres plantes exotiques ; dans les grandes chaleurs, on les arrose trois fois par semaine, mais avec modération. Quand les plantes ont acquis de la force, elles produisent des fleurs & des fruits qui mû-



rissent parfaitement dans les années chaudes : si l'on répand ces graines dans des pots aussitôt qu'elles sont mûres, & si on les plonge dans la couche de tan de la serre, les plantes pousseront au printems suivant ; on les traitera ensuite comme celles qui ont été multipliées par boutures & par marcottes.

*Philiyrea.* La seconde espece n'étant pas tout-à-fait aussi dure que la premiere, on doit lui donner une place plus chaude dans la serre, & il ne faut pas l'exposer en plein air d'aussi bonne heure ni la laisser dehors aussi tard ; mais si la serre est chaude, elle n'aura besoin d'aucune chaleur artificielle. Cette plante peut être multipliée par marcottes & par boutures, comme la premiere, & elle exige les mêmes soins ; car les boutures prennent difficilement racine, ainsi que les marcottes, qui ne sont bonnes à être enlevées qu'au bout d'un an, & même elles ne réussissent point du tout si l'on n'a pas employé de jeunes branches.

Comme cette espece ne produit point de semences en Angleterre, & que les marcottes & les boutures prennent difficilement, elle est très-rare à présent en Europe.

*Cerasus.* La troisieme est encore plus rare qu'aucune des précédentes : on ne la multiplie qu'avec beaucoup de difficulté ; car les marcottes & les boutures restent communément deux ans avant de pousser des racines, & avant qu'on puisse les enlever : comme elle ne produit jamais de femences ici, il n'y a point d'autre maniere de la reproduire ; elle eſt auſſi tendre qu'aucune des autres, ainſi elle exige un dégré de chaleur tempérée en hiver, car elle ſubſiſte rarement en Angleterre ſans une chaleur artificielle. Au milieu de l'été, on peut la placer en plein air dans une ſituation chaude, mais il faut la retirer de bonne heure en automne, & avant que les nuits commencent à devenir froides, ſans quoi elle ſouffre tellement qu'elle ne peut ſe rétablir en hiver. Pendant l'été, on l'arroſe légerement trois fois la femaine dans les tems fecs, mais en hiver il ne lui faut que très-peu d'eau.

*Americana.* La quatrieme eſpece eſt beaucoup plus ſenſible au froid qu'aucune des autres, étant originaire d'un pays plus chaud ; on la multiplie par les femences qu'il faut ſe procurer de ſon pays natal, car elle n'en produit point en Europe. Comme ces graines ne pouſſent point la premiere année, il faut les mettre dans des pots remplis de terre légere, & les plonger dans une couche de tan de chaleur tempérée, où elles pourront reſter pendant tout l'été. En automne, on les plonge entre les autres plantes dans les places vuides de la couche de tan de la ſerre chaude, où on les laiſſera juſqu'au printems ; alors on les met dans une nouvelle couche chaude qui fera pouſſer les plantes : quand elles ſont en

état d'être enlevées, on les place, chacune ſéparement, dans de petits pots remplis de terre molle & marneuſe, on les replonge dans la couche chaude, & on les tient à l'ombre juſqu'à ce qu'elles aient formé de nouvelles racines ; après quoi on les traite de la même maniere que les autres plantes des mêmes contrées, on les tient toujours dans la couche, & en hiver on leur procure une chaleur tempérée, ſans laquelle elles ne peuvent ſubſiſter ici.

Toutes ces eſpeces ſe plaiſent dans un ſol doux, léger, marneux & pas trop ferme, pour qu'il ne retienne point l'humidité ; il ne doit pas être non plus ſi léger, car elles y réuſſiroient rarement : elles conſervent leurs feuilles pendant toute l'année, & ont une belle apparence en hiver : leurs feuilles ſont remarquables par leur roideur & leur beau vert. La premiere eſpece eſt la plus belle, parce que ſes fleurs mûriſſent en hiver, & font une agréable variété, quand les plantes en ſont bien chargées.

MAUVE *Voyez* MALVA.

MAUVE ROSE, D'OUTREMER *ou* DE TREMIER *ou* PASSE-ROSE. *Voyez* ALCEA ROSEA. L.

MAUVE EN ARBRE. *Voyez* LAVATERA.

MAUVE BASTARDE. *Voy.* MALOPE.

MAUVE DE JUIF. *V.* CORCHORUS. L. MELOCHIA.

MAUVE DE SYRIE *V.* HIBISCUS. L.

MAUVE DES INDES *ou* FAUSSE GUIMAUVE. *Voyez* SIDA. L.

MAUVE D'INDE. *V.* URENA. L.

MAUVE DE VIRGINIE *ou* NIMPHE DES BOIS. *Voyez* NAPEA.

MAYENNE *ou* AUBERGINE. *Voyez* MELONGENA.

MAYS, *ou* BLED DE TURQUIE. *Voyez* ZEA.

*Fin du Tome quatrieme.*

9 782329 469515